Gesamtverzeichnis des deutschsprachigen Schrifttums (GV) 1700 – 1910

Bearbeitet unter der Leitung von
Hilmar Schmuck und Willi Gorzny
Bibliographische und redaktionelle Beratung:
Hans Popst und Rainer Schöller

71

Jul - Kak

K · G · Saur München · New York · London · Paris 1983

CIP-Kurztitelaufnahme der Deutschen Bibliothek

Gesamtverzeichnis des deutschsprachigen Schrifttums :
(GV). – München, New York, London, Paris : Saur.
Bd. 1 – 6 bearb. unter d. Leitung von Peter Geils
u. Willi Gorzny.
ISBN 3-598-30000-X

1700 – 1910 / bearb. unter d. Leitung von Hilmar
Schmuck u. Willi Gorzny. Bibliograph. u. red.
Beratung: Hans Popst u. Rainer Schöller

NE: Schmuck, Hilmar [Bearb.]

71. Jul - Kak. - 1983.

Techn. Realisierung und Druck: Norbert Gärtner, Mainz-Kastel
Binden: Karl Schaumann, Darmstadt
Printed in the Federal Republic of Germany
ISBN 3-598-30000-X (Gesamtwerk)

Niels Juel und seine Zeit. A. d. Dän. übers. 2 Bde. 12. Leipzig 1848.

Hemigaster. E. neuer Typus unter d. Basidiomyceten v. H[ans] O[skar] Juel. M. 2 Taf. . . . *Stockholm: Boktr. P. A. Norstedt & söner 1895.* (22 S., 2 Taf.) 8.
= Bihang till K. Svenska Vet.-Akad. Handlingar. Bd 21. Afd. III. No 4.
[97. 3455

Muciporus und die Familie der Tulasnellaceen. Von H[ans] O[skar] Juel. M. 1 Taf. . . . *Stockholm: Kgl. Boktr. P. A. Norstedt & söner 1897.* (27 S., 1 Taf.) 8.
= Bihang till K. Svenska Vet.-Akad. Handlingar. Bd 23. Afd. III. No 12.
[97. 4118

Pyrrhosorus, eine neue marine Pilzgattung von H. O. Juel. Mit 1 Taf. *Stockholm 1901: P. A. Norstedt & söner.* (16 S.) 8°
= Handlingar, K. Svenska Vetenskaps-Akademiens. Bihang. Bd 26, Afd. 3, No 14.
[03. 11033

Stilbum vulgare Tode, ein bisher verkanntes Basidiomycet. Von H[ans] O[skar] Juel. Mit 1 Taf. *Stockholm 1898: P. A. Norstedt & söner.* (15 S.) 8°
= Handlingar, K. Svenska Vetenskaps-Akademiens. Bihang. Bd 24, Afd. 3, No 9.
[00. 5590

Studien über die Entwickelungsgeschichte von Saxifraga granulata von H[ans] O[skar] Juel. Mit 4 Taf. Upsala 1907: E. Berling. (41 S.) 4°
= Acta, Nova, Reg. Societatis Scient. Upsal. Ser. 4. Vol. 1, No 9. [07. 16603 9

Taphridium Lagerh. & Juel. Eine neue Gattung d. Protomycetaceen von H[ans] O[skar] Juel. Mit 7 Textfig. u. 1 Doppeltaf. *Stockholm 1902: P. A. Norstedt & Soner.* (29 S.) 8°
= Handlingar, Svenska Vetenskaps-Akademiens. Bihang. Bd 27, Afd. 3, No 16.
[02. 11232 9

Die Tetradenteilungen bei Taraxacum und anderen Cichorieen. Von H[ans] O[skar] Juel. Mit 3 Taf. Uppsala & Stockholm 1905: Almqvist & Wiksell. (21 S.) 4°
= Handlingar, K. Svenska Vetenskaps-Akademiens. N. F. Bd 39, No 4.
[05. 14648

Vergleichende Untersuchungen über typische und parthenogenetische Fortpflanzung bei der Gattung Antennaria von H[ans] O[skar] Juel. Mit 6 Taf. *Stockholm 1900: P. A. Norstedt & Soner.* (59 S.) 4°
= Handlingar, K. Svenska Vetenskaps-Akademiens. N. F. Bd 33, No 5.

Die Ustilagineen und Uredineen der ersten Regnell'schen Expedition. Von H[ans] O[skar] Juel. M. 4 Taf. . . . *Stockholm: Kgl. Boktr. P. A. Norstedt & söner 1897.* (30 S., 4 Taf.) 8.
= Bihang till K. Svenska Vet.-Akad. Handlingar. Bd 23. Afd. III. No 10.
[97. 4116

JUEL, CAROL. FRID., Nonnulla de præcipuis qui anno præterito apud nos regnarunt morbis. Diss. inaug. Kiliæ. 1835. 4. P.

Julchen; oder: Väter seht nach euern Kindern. Schausp. von Mayer. 8. Prag, Schönfeld. 784.

— oder liebe Mädchen spiegelt euch. Lustsp. in 5 A. v. Huber. 8. Wien, Wallishäußer. 808.

AMTMANNS Julchen. Abenteuerliche Erzählung aus dem letzten Franzosenkriege. Berlin 1817. 8°. (In der Bibl. d. Vereins f. d. Geschichte Berlins.) Rar!

Julchen Grünthal, s. F. H. Unger.

Julchen

JULCHENS Heirath, eine kostbar-pikante Geschichte aus ihren Tagebuchblättern von Julchen selbst erzählt. (c. 1900.) (E. Demuth, Strassb. i. E., c. 1900:)
„Die oft etwas unverfrorene Naivität einerseits, die pfiffige Altklugheit andererseits in Ehe-Sachen werden Julchen zu Jedermanns Freundin machen."

Julchens Bekenntnisse aus der Ehe. 2 Bde. 8. Leipz. 805. Joachim. 1 ⁄ 20 gl

Julchens Heirath. Schsp. v. Saurin. 8. Frkf. Andreä. 772.

— Nachtstunden, od. der seltene Mann, (Familiengeschichte vom Verf. der Familie Neubert). Mit Kpf. 2 Bde. 8. Leipz. 803. Joachim. 1 ⁄ 20 gl

— Nachtstunden, od. d. seltene Mann. Familiengesch. v. Verf. d. Familie Neubeck, m. K. 2 Bde. 8. Prag, Polt. (Joachim in Lpz.) 803.

— Reise durch England u. Frankreich; e. Arabeske. 8. Weißenf. (Hinrichs in Lpz.) 811.

— Reisen durch England u. Frankreich. 8. Leipz. N. Aufl. 811. Hinrichs. 1 ⁄ 8 gl

— Schwachheiten; e. Seitenstück zu Schilling's Röschens Geheimnisse. 8. Leipz. Joachim.

Jule, ein Trauersp. in 5 Aufz. 8. Jena, Voigt. 812.

Jules, W. E., Führer durch das Bielathal. Mit besonderer Berücksichtigung von Bad Schweizermühle. Mit einer (lith.) Karte des Bielathales. 8. (27 S. m. 1 Holzschntaf.) Dresden 877. Axt. n. — 50

Jülfs, J. C., und F. Balleer, lose Blätter. Ein Handbuch für Schifffahrttreibende. 2. umgearb. und verm. Aufl. 1. Abthl.: Die wichtigsten Seehäfen der Erde nach ihren hydrographischen, nautischen und commerciellen Beziehungen. 1. Bd.: Asien, Australien, Südamerika und West-Indien. gr. 8. (VIII, 717 S. mit 6 lithogr. Karten in qu. gr. 4. und qu. gr. Fol.) Oldenburg 870, Schulze'sche Buchh. * 9 —
A. u. d. T.: Die wichtigsten Seehäfen der Erde.

— — dasselbe. 1. Bd. Asien, Australien, Südamerika u. Westindien: Supplement enth. die nach Erscheinen d. 1. Bds. von 1869 bis Octbr. 1872 nöthig gewordenen Nachträge u. Berichtiggn. gr. 8. (123 S.) Ebend. 873. n. 2. — (1. Bd. m. Suppl. u. 2. Bd.: n. 20. —)

Jülfs, J. C., u. F. Balleer, die Seehäfen u. Seehandelsplätze der Erde, nach ihren hydrograph., naut. u. commerciellen Beziehungen. 2. Bd. Central-Amerika, Mexiko u. Nord-Amerika, nebst Anh., enth. viele Plätze Süd-Amerikas u. West-Indiens. gr. 8. (XVI, 640 S.) Oldenburg 875. Schulze. n. 9. —

Jülfs, J. C., und F. Balleer, die Seehäfen und Seehandelsplätze der Erde, nach ihren hydrograph., naut. und commerciellen Beziehungen. 3. Bd.: Europa. 1. Thl.: Spanien, Portugal und Süd-Frankreich. Bearb. von J. C. Jülfs. gr. 8. (XI, 388 S. mit 1 lithogr. Uebersichtskarte.) Oldenburg 878, Schulze'sche Hofbuchh. *
1. und 2. Bd. Ebendas. 1870,73. *.ℳ 20.

Jülg, Bernhard

Jülg, B., Festgruss aus Oesterreich, s. Siddhi-kür, Märchen.

—— mongolische Märchen, s. Ardschi-Bordschi.

Jülg, B., Mongolische Märchen. Erzählung aus der Sammlung Ardschi Bordschi. Ein Seitenstück zum Gottesgericht in Tristan und Isolde. Mongolisch und deutsch nebst dem Bruchstück aus Tristan und Isolde. Als Probe einer Gesammtausgabe von Ardschi Bordschi und den neun Nachtragserzählungen des Siddhi-Kür. 1867. gr. 8. (37 S.) Innsbruck, Wagner'sche U.-B. 1 fl. 20 kr.

Jülg, B., die Märchen des Siddhi-kür, } s. Siddhi-kür.
—— kalmükische Märchen, }

Jülg, Bernh., s. Märchen-Sammlung, mongolische.

– (Bearb.), s. Vater, Johann Severin: Literatur der Grammatiken, Lexika und Wörtersammlungen aller Sprachen der Erde. 2. Ausg. 1847.

Jülg, Bernh., über Wesen und Aufgabe der Sprachwissenschaft mit einem Ueberblick über die Hauptergebnisse derselben. Nebst einem Anhang sprachwissenschaftl. Literatur. Vortrag bei Gelegenheit der feierl. Verkündigung der Preisaufgaben. gr. 8. (IV, 63 S.) Innsbruck 868, Wagner'sche Universitäts-Buchh. *

Jülg, Hans

Jülg, H. Neupythagoreische Studien. gr. 8. (30 S.) Wien 892, Konegen. * 1 —

Jülg Dr. Hans: Studien zur neupythagoreischen Philosophie. 16. 14. Baden 91. 92. Progr.

Jülg, Joa., vita L. Aeli Seiani Tiberio imperante praefecti praetorio, adumbravit. gr. 8. (VII, 38 S.) Innsbruck 882, Wagner'sche Universitäts-Buchh. *

Jülg, Karl, Schillers Abhandlung üb. die Gesetzgebung des Lykurg, der XLII. Versammlg. deutscher Philologen u. Schulmänner als Probe e. Übersetzg. aus dem class. Deutschen in das class. Griechisch vorgelegt v. K. J. gr. 8. (31 S.) Trient 893. (Wien, C. Konegen.) n. 1. —

— Tronto ed i suoi dintorni, s.: Guide illustrate di città e paesi di tutto il mondo.

— Trento and the neighbouring district, s.: Towns and landscapes, illustrated, of the whole world.

Jülg, Karl, Trient, s.: Bruckmann's illustr. Reiseführer.

— Trient u. seine Umgebung, s.a. Städtebilder u. Landschaften aus aller Welt.

Trient und seine Umgebung. Von Prof. Dr. Karl Jülg. Mit 1 Panorama, 19 Ansichten, 1 Stadtpl. u. 1 Kt. München: Brückmann [1898]. 62 S. 8°
(Städtebilder u. Landschaften aus aller Welt. Nr 12.) (10. 6312

Julhiet, Ed.: Études sur les populations rurales en Allemagne, s. Blondel, Georges

Juli, der 25ste, od. das Freudenfest. Lstspl. in 1 Akt, s. Schmidt: Lieder im 5n Thle.

Juli, der Monat, Jesu, dem Erlöser, geweiht. Neue Uebersetzung aus dem Italien. nach der 2. verm. Ausg., nebst einer Meßandacht u. Litanei zu Ehren des Erlösers. Herausgeg. von der Versammlung des allerheil. Erlösers. 8. Wien 842. (Leipzig, Fr. Fleischer.) n. 1/3 ₰

– vgl. Julius ...

Juli, Der zwanzigste. Kassel 1809. V: *Huhn, Otto.* (R-N)

Julia, ou les souterrains de Mazzini p. Anne Radcliffe. av. fig. II Vol. 12. Münst. Coppenrath.

Alma Iulia. Illustrirte Chronik ihrer dritten Säcularfeier. Herausgegeben vom Akademischen Comité für Presse und Drucksachen. Redaction von Aug. Schäffler. 1882. Würzburg. Druck und Verlag der Thein'schen Druckerei (Stürtz).
Tit., 1 Bl., 184 S. m. Abb. 2°

Julia Virginia (Frl. Julia Virginia Scheuermann), s.a. Frauenlyrik unserer Zeit.

Frauenlyrik unserer Zeit. Hrsg. von Julia Virginia [d. i. Julie Virginia Scheuermann]. Mit 8 Bildn. Berlin & Leipzig: Schuster & Löffler 1907. (231 S.) 8° [F.] 07. 4203

— s.a. Primitien.

Primitien von Julia-Virginia. *Berlin-Charlottenburg: Verl. Continent [1903].* (167 S.) 8° [F.] 04. 14:30

— s.a. Sturm u. Stern.

Sturm und Stern. Gedichte von Julia Virginia [d. i. Julia Virginia Scheuermann]. Berlin & Leipzig: Schuster & Loeffler 1905. (131 S.) 8° 05. 11888

Julia de Fontenelle, Jean-Sébastien-Eugène, s.a. Fontenelle, Julia de

Theoretisch-praktisches Handbuch der Oelbereitung und Oelreinigung nebst einer Darstellung der Gasbeleuchtung. Aus dem französischen übersetzt von Gustav Heinrich Haumann. Ilmenau, 1828. pp. xvi–344, 8vo.

Julian, Kaiser. Ein Trauerspiel in 5 Akten. Stuttg. 1881. V: *Malsen, von.* (Studien z. vgl. Lit.-Gesch. 5, 1905, 102 ff.) (Zeitschr. f. Büch. N. F. 15, 1923, S. 112)

Julian, Kaiser. Ein Trauerspiel in 5 Acten. 8. (111 S.) Stuttgart 881, Metzler'sche Buchh. *

Julian, Adeline St., or the midnight-hour. II Vols. 8. Leipz., Wolf. (Schmidt). 4 ₰ 20 Gr

Julian Apostata. Tragödie. Elberfeld 1876. V: *Dittmar, G.* (Studien z. vergl. Lit.-Gesch. 5, 1905, 99 ff.) (Zeitschr. f. Büch. N. F. 15, 1923, S. 112)

Julian von Aeclanum, s. Julianus episcopus Eclanensis

Julian von Speyer, s. Julianus a Spira

Julian [Pseud.], s.a. Uschner, Karl August Wilhelm

† Julian, (Karl Aug. Wilh. Uschner,) Skizzen. (Erzähln. u. Gedichte.) 8. (15½ B.) Neuhaldensleben 835, Eyraud.

† Julian, (Karl Aug. Wilh. Uschner), Skizzen. Abenteuer, Erzählungen u. Phantasiestücke in Callot-Hoffmann's Manier. 2., verb. Ausg. 12. (9½ B.) Neuhaldensleben 846, Eyraud.

Juliana, oder: die wunderbaren Führungen der Vorsehung. Eine Erzählung für die Jugend. Aus dem Französ. 8. (VI, 258 S. mit 4 Stahlst.) Regensburg 870, Manz.

—— s. Bibliothek für die reifere christl. Jugend.

Juliane, oder die Belohnung der Tugend; ein Lustspiel in fünf Aufzügen. O. O. [ca. 1790]. V: *Harboe, Christine von geb. Falsen.* (MGT)

Juliane, s. a. L. F. Huber, Schauspiele.

Juliane. Ein Lustspiel in drei Aufzügen . . . Berlin 1794. V: *Huber, Ludwig Ferdinand.* (MGT) (GGr)

Juliane. Lustsp. v. Verf. d. heiml. Gerichts. (L. F. Huber.) 8. Berl. Voß. 794.
Schreibp.

Juliane, od. Wahnsinn a. Koketterie; e. Spiegel f. Mädchen v. A. Kuhn. 8. Berlin, Kunst- u. Ind. Compt.

Juliane, oder Wahnsinn aus Koketterie, von A. Kuhn. 8. Berlin. 808. Jetzt Schlesinger.

Juliane von Allern, oder so bessert man Koketten. Lustspiel. Berlin 1796. V: *Müchler, Carl Friedrich.* (Ky)

Juliane von Lindorak. Ein Schauspiel in fünf Aufzügen nach Gozzi. Hamburg 1779. Wien 1780. V: *Schröder, Frdr. Ludwig & Frdr. Wilh. Gotter.* (Mn) (VLBS VI, 303)

Juliane von Roubigne. Eine Erzählung in einer Reihe von Briefen . . . A. d. Engl. Quedlinburg 1804. V: *Mackenzie, Henry.* (GGr)

Juliane, Frau, zur Freude, s.: Stöll, Helene.

Juliane, Frau, frohe Jugend, s.: Stöll, Helene.

Juliane, drei Novellen. 16. (116 S.) Hamburg 882, Grädener und Richter. *ℳ 1,80.; geb. *

—— Sommerferien. Fortsetzung von Stadthaus und Landhaus. Eine Erzählung für Kinder von 8—12 Jahren. Mit 4 Bildern in Farbendr. nach Aquarellen von Paul Dütyffcke. 8. (VI, 140 S.) Ebendas. 882. geb.

Juliane, Sommerferien. Eine Erzählung für Kinder von 8—12 Jahren. 2. Aufl. 8. (VIII, 140 S. mit 4 Bildern in Farbendr. nach Aquarellen von Paul Dütyffcke. Hamburg 887, Verlagsanstalt und Druckerei, A.-G., vormals J. F. Richter. geb. * 1 50

Juliane, die Spielkameraden, s. Volks- u. Jugend-Bibliothek.

—— Stadthaus und Landhaus. Eine Erzählung für Kinder von 8—10 Jahren. Mit 4 Bildern in Farbendr. 1. Aufl. 1880; 2. Aufl. Mit 5 Bildern in Farbendr. nach Aquarellen von Paul Dütyffcke. 8. (VIII, 137 S.) Ebendas. 882. geb.

—— Stadthaus und Landhaus. Eine Erzählung für Kinder von 8—12 Jahren. 3. Aufl. 8. (VIII, 137 S. mit 5 Bildern in Farbendr. nach Aquarellen von Paul Dütyffcke.) Ebendas. 887. geb. * 1 50

— glückliche Zeiten. Eine Erzählg. f. Kinder von 11—13 Jahren. 8. (III, 123 S.) Gotha 888. Gera, Griesbach. geb. 2. —

Juliane. Glückliche Zeiten. Eine Erzählg. f. Kinder v. 11—13 Jahren. 8. (III, 123 S.) Gotha 888, F. A. Perthes. geb. 2 —

Juliano Kompanini, od. frappante Scenen aus d. Mönchsthum des südl. Europas vorigen Jahrhunderts, (v. Gli. Bens. Lehnert). kl. 8. Bresl. u. Leipz. 803. W. G. Korn. 1 ₰ 12 gr

Julianus Apostata. Tragödie v. Kuno v. der Kettenburg. 8. Berl. Salfeld. 812.

Julianus Antecessor Constantinopolitanus

Juliani epitome latina novellarum Justiniani. Ad XX librorum manuscriptorum et principalium editionum fidem recognovit, prolegomenis adnotatione addendis quibus compendia epitomes a Boherio, Sennetoniis fratribus, Pesnoto édita tabulae synopticae capitulorum omissorum et translatorum continentur. Instruxit Gust. Haenel. gr. 4. (LIV, 497 S.) Leipzig 873, Hinrichs' Verlag. cart. *

Julianus Apostata

Julian's, Kaiser, Bücher gegen die Christen. Nach ihrer Wiederherstellung übers. von Karl Johs. Neumann. gr. 8. (III, 53 S.) Leipzig 880. Teubner. n. 1.—

Julianus, des Kaisers, Cäsaren, übers. von C. N. v. Osiander; und Bartfeind, übers. von H. Reichardt, s. a. Prosaiker, griechische.

Julianus. Caesaren, übersetzt von C. N. Osiander. — Der Bartfeind, übersetzt von H. Reichardt. Stuttgart 1856. 8°.

— Caesares.

— — Gr. lat. et gallice. Cum varior. notis suisque ed. J. M. Heusinger. Cum figg. Goth. 736. 8. *Ib. 741. 8. 10 gr.

— Caesares cum annotat. etc. ind. adj. Heusinger c. fig. 8. Gotha, Mevius. 741.

Juliani Imperatoris Caesares et Misopogon; griech., nebst e. deutschen Uebersetzung u. Anmerkk. v. H. J. Lasius. 8. Greifsw. 771. (Knobloch in Leipz.) 1 ₰ Dass. blos deutsch. 16 gr

— Caesares ex recensione et cum adnotatt. G. C. Harles. 8. Erlang. 785. (Heyder). 16 gr

Iulianus, Imper., Caesares ex recensione et cum adnotat. T. C. Harles. 8. Erlang. Breuning. 786.

— défense du Paganisme en grec. et en franç. av. dissertat. et des notes par J. B. Boyer, (Marq. d'Argens.) 8. Berl. ... Ed. II. 767. Ed. III. 769. Voss. 1 ₰ 4 gr

Juliani Epistola ad Arsacium. Graec. et lat. cum perpetuo commentario historico et philologico Petr. Zornii. Sedini 729. 4. 18 gr.

Juliani Imperatoris quae feruntur Epistolae. Acced. ejusdem fragmenta breviora cum poematiis nec non Galli Caesaris ad Julianum fratrem Epistolae. Graece et Lat. Ad fidem libror. Mss. aeque ac typis excusor. recens., latinam versionem emend., cum prior. editor. tum suis observat. illustr. indicesque adjec. L. H. Heyler. 8 maj. (38 B.) Moguntiae 828, Kupferberg. Thlr.

Juliani imperatoris quae supersunt praeter reliquias apud Cyrillum omnia. Rec. Friedr. Carl Hertlein. 2 vol. 8. Leipzig, Teubner. [Vol. I. (VIII, S. 1—432.) 875. ℳ 4,50.; Vol. II. (VIII, 433—643.) 876. ℳ 2,25.]

Julianus, F. C., Spottschrift, die Kaiser. A. d. Griech. Halle 1788. Ü: *Bardili, Chph Gfr.* (HOFF) (DEGG) (KY) (MGT)

— Spottschr. der Kaiser. gr. 8. Halle, Gebauer. 788.

— librorum contra Christianos quae supersunt, s.: Scriptorum graecorum qui christianam impugnaverunt religionem quae supersunt.

— *Oratio in* Constantii *laudem*. Gr. et lat. c. anim. Wyttenbachii. Acc. ejusd, epist. critica ad Dav. Ruhnkenium. Graeca rec. notationem criticam indicesq. adiecit G. H. Schäfer. Lips. 802. 8. 1 rthlr. 8 gr.

— in Constantii laudem oratio. gr. et lat. c. animadv. Dan. Wyttenbach, ed. Schäfer. 8. maj. Lipsiae, Köhler. 802.

— zwo Spottschr. d. Cäsars u. Misopogon v. Lasius. 8. Greifsw. Röse. 771.

— — dass. m. griech. Text. 8. Ebend. 771.

Julians, des Kaiser, zwo Spottschriften d. Cäsars und Misopogon. Griechisch. v. H. J. Lasius. 8. 770. Ist Verlag von Enobloch in Leipzig.

— — dasselbe ohne den Originaltext. Ebend.

Julian's, Kaiser, philosophische Werke, s.a. Bibliothek, philosophische.

Kaiser Julians [**Julianus** imperator] philosophische Werke. Übers. u. erkl. von Rudolf Asmus. Leipzig: Dürr 1908. VIII, 222 S. 8° (Philosophische Bibliothek. Bd 116.) [09. 18179 9

Julianus episcopus Eclanensis

JULIAN'S Widerlegung der Bücher Augustins über den Ehestand u. die Lust. Ein Beytrag zur Dogmengeschichte in einem deutschen Auszuge von G. H. C. Rosenmüller, nebst einer Vorrede von Dr. J. G. Rosenmüller, Leipzig, 1796. 8°. (1/3 Rthl. E. Heyne, Reudnitz, vor 1875; jetzt theurer!) Selten!
Ehestandsalmanach I. p. 261.

Julians, e. Pelagian. Bischofs zu Eclanum, Widerlegung der Bücher Augustins über den Ehestand u. die Lust. Im Ausz. von G. H. K. Rosenmüller. Mit e. Vorrede v. J. G. Rosenmüller. 8. Leipz. 796. (Knobloch). 1 ₰ 4 ℊ

Julians Widerleg. der Bücher Augustins über den Ehestand u. d. Lust. Im Ausz. v. Rosenmüller. 8. Lpz. Martini. 796.

Julianus a Spira

Julian's v. Speier, Choräle zu den Reimoffizien des Franziscus- u. Antoniusfestes, hrsg. v. J. E. Weis, s.a. Veröffentlichungen aus dem kirchenhistor. Seminar München. Nr. 6.

Die Choräle **Julian's** von Speier zu den Reimoffizien des Franziscus- und Antoniusfestes. Mit e. Einl. nach Hss. hrsg. von J. E. Weis. Mit 1 Taf. *München: J. J. Lentner 1901.* (XXXVIII S.) 8°
— **Veröffentlichungen** aus d. Kirchenhist. Seminar, München. No 6.
[01. 10364

Julianus. Die liturgischen Reimofficien auf die Heiligen Franciscus und Antonius, gedichtet und componiert durch Fr. Julian von Speier (⟨† c. 1250⟩), in moderner Choralschrift mit kritischer Abhandlung und 10 phototypischen Tafeln erstmals hrg. von P. Hilarin Felder, O. M. Cap. Dr. und Lect. Theol. — *A. u. d. T.:* S. Francisci Assisiensis et S. Antonii Patavini Officia rhythmica, Auctore Fratre Juliano a Spira ⟨† c. 1250⟩, in littera et cantu adiectis tabulis phototypicis nunc primum edidit P. Hilarinus Felder.... — 179 + lxxii S. 8. Freiburg ⟨Schweiz⟩, ⟨B. Veith⟩, 1901. — Friburgi Helvetiorum... 1901. [fr. 7. —]

Julianus Teutonicus, s. Julianus a Spira

Julianus. 1903. [Pseud.]
u. **Steinberg**, Julius. [10. 3628

Julianus, s.a. Revision, die, des Liberalismus.

Die Revision des Liberalismus. Mit e. Anh.: Selbstinteresse u. Gemeinwohl. Von **Julianus**. Berlin: H. Walther 1903. (61 S.) 8° [F.] [03. 1133

Julianus, Flavius Claudius, s. Julianus Apostata

Jülich [Schlagwort]

Jülich, s.a. Aachen, Reg.-Bez. — Geologische Karten. Karte (Preussen).

Juliaci et Bergensis etc. — Ducatus — Cliviae et Meursiae Principatum etc. Ex prototypo Jaillotiano etc. Norimbergae auctior et emendatior reddita. Excudentibus Homannianis Heredibus. 1 : 350,000. 1 Bl.

Juliacensis, Cliviensis et Montensis etc. — Ducatus — Opera et Impensis Matthaei Seutteri, Augustani. 1 : 400,000. 1 Bl.

Jülich-Kleve-Berg, — Charte von der Königlich Preussischen Provinz — nach Le Coq, Wiebeking, Eckardt und andern zuverlässigen Materialien, entworfen und gezeichnet von F. W. Streit, Königl. Preuss. Hauptmann der Artillerie. Nürnberg im Verlage von Fried. Campe 1826. Wedermann sc. 1: 500,000. 1 Bl.

Jülich. Karte der Kreise Jülich, Bergheim, nebst Theilen der Kreise Düren u. Aachen. 1 : 80,000. gr. Fol. Düren 887. (Solinus.) n. 1,50

Jülich [Verfasser]

Ist der Guttemplerorden eine Geheimgesellschaft? Vortrag von Bernhard **Jülich**. Flensburg: Deutschlands Großloge II ⟨I. O. G. T.⟩ P. Jepsen 1906. (16 S.) 8° [F.] [07. 1474 8

Stenographie und Volksschullehrer. Ein Mahnwort an den Lehrer u. an alle, die es werden wollen. Von Bernhard **Jülich**, Lehrer in Magdeburg. *Hildesheim: H. Helmke 1900.* (15 S.) 8° [F.] [00. 8193 7

Jülich, C. A., neues ABC-Buch f. Dorfschulen. m. K. 8. Leipz. P. Vogel. 805.
Illum.

— Schreib- und Lesetafeln f. Dorfschulen. m. K. 8. Ebend. 805.

Töf, Tof, Tingeling, Fupp, Fupp, Fupp! Automobil-Lied. Text u. Musik von Emil Jülich. Karnevals-Marsch f. Klav. zu 2 Händen. *Köln: P. J. Tonger [1900?].* (3 S.) 4° [01. 5966 B

Jülicher, Adf., s.: Abhandlungen, theologische.

— Einleitung in das Neue Testament, s. a. Grundriss der theologischen Wissenschaften.

Einleitung in das Neue Testament von D. Adolf Jülicher, Prof., Marburg. 3. u. 4. Aufl. *Tübingen & Leipzig: J. C. B. Mohr 1901.* (XVI, 504 S.) 8°
— Grundriss d. Theologischen Wissenschaften. T. 3. [01. 577 10

Einleitung in das Neue Testament von D. Adolf Jülicher, Prof. 5. u. 6. neu bearb. Aufl. Tübingen: J. C. B. Mohr 1906. (XVI, 581 S.) 8°
— Grundriss d. Theolog. Wissenschaften. T. 3, Bd 1. [06. 3606 4

Jülicher, Adf., s.: Geschichte der christl. Religion.

Jülicher, A., die Gleichnissreden Jesu. 1. Hälfte: Allgemeiner Theil. gr. 8. (S. 1—288.) Freiburg i. Br. 886, Mohr. * 6 —
—— dass. — Schluss. gr. 8. (VII, S. 289—296.) Ebendas. 888. * — 60

— die Gleichnisreden Jesu. 1. Tl. Die Gleichnisreden Jesu im Allgemeinen. 2., neu bearb. Aufl. gr. 8. (XI, 328 S.) Freiburg i/B. 899. Tübingen, J. C. B. Mohr. n. 7. 20; geb. n.n. 9. 70

Jülicher, Adf., die Gleichnisreden Jesu. 2. Tl. Auslegg d. Gleichnisreden d. drei ersten Evangelien. gr 8. (VIII, 643 S.) Freiburg i/B. 899. Tübingen, J. C. B. Mohr. n. 12. 80; geb. in Halbfrz. n n. 15. 30 (Kplt.: n. 19. 40)

— Die Gleichnisreden Jesu. 2., neu bearb. Aufl. 2., unveränd. Abdr. 2 Tle. in 1 Bde. (VII, 328 u. VIII, 643 S.) gr. 8. Tübingen 910. J. C. B. Mohr. 20. —

— Hat Jesus gelebt? Vortrag, geh. zu Marburg am 1. III. 1910. (37 S.) 8. Marburg 910. N. G. Elwert's Verl. — 50

Hat Jesus gelebt? Vortrag geh. zu Marburg 1910 von D. Dr. Adolf Jülicher, Prof. 2. Aufl. Marburg: Elwert 1910. 37 S. 8° [10. 7209 4

— neue Linien in der Kritik der evangel. Ueberlieferung, s. a. Vorträge des hess. u. nass. theolog. Ferienkursus.

Neue Linien in der Kritik der evangelischen Überlieferung von D. Adolf Jülicher, Prof. Gießen: A. Töpelmann 1906. (76 S.) 8° [F.]
— **Vorträge** d. Hess. u. Nassauischen theol. Ferienkurses. H. 3. [07. 4001 4

— moderne Meinungsverschiedenheiten üb. Methode, Aufgaben u. Ziele der Kirchengeschichte, s. a. Reden, Marburger akademische. 1901. Nr. 6.

Moderne Meinungsverschiedenheiten über Methode, Aufgaben und Ziele der Kirchengeschichte. Rede geh. beim Antritt d. Rektorats am 31. Okt. 1901 von Adolf Jülicher. *Marburg: N. G. Elwert 1901.* (24 S.) 8° [F.]
— **Reden**, Marburger akademische, 1901. No 5. [01. 12456

— Paulus u. Jesus, s. a. Volksbücher, religionsgeschichtl. I, 14.

Paulus und Jesus. Von Prof. D. Adolf Jülicher-Marburg. 1.–10. Taus. Tübingen: J. C. B. Mohr 1907. (72 S.) 8° [F.]
— **Volksbücher**, Religionsgeschichtliche, f. d. deutsche christl. Gegenwart. Reihe 1, H. 14. [07. 8979

Jülicher, Adolfus: Die Quellen von Exodus I—VII, 7. Ein Beitrag zur Hexateuchfrage. Halis Saxonum 1880: (Metzger & Wittig in Leipzig). 34 S. 8°
Halle-Wittenberg, Phil. Diss. v. 25. Okt. 1880
Geb. Falkenberg bei Berlin 26. 1. 1857. V.
Der Rest der Diss. über: Die Quellen von Exodus VII, 8 — XXIV. 11. In: Jahrbücher für protestantische Theologie. Jg. 8. Leipzig 1882. S. 79—127 u. 272—315. — Verf. erlebte die Diplomerneuerung 1930 als D. theol., Geheimer Konsistorialrat, em. ordentlicher Professor für Neues Testament und Kirchengeschichte in Marburg.

— s.: Religion, die christliche.

— s.: Schriften, die, des Neuen Testaments.

Jülicher, Adolfus [Phil. Dr., Marchicus]: Theses theologicae .... Berolini, typ. expr. Gust. Schade (Otto Francke) (1886); 2 S. 4°.
Berlin, Theol. Fak., Thesen v. 10. Jul. 1886.

Jülicher, A., s.: Vincenz v. Lerinum, Commonitorium.

Jülicher, Reinhold: Vom Arbeitsfelde der einklassigen Schule. Lehrproben u. Präparationen, prakt. erprobt u. mit e. theoret. Grundlegung hrsg. von –, Mittelschull.
Leipzig: Siegismund & Volkening [1899]. (320 S.) 8°
= Sammelmappe, Pädagogische. H. 172. 173. (Reihe 15, H. 4. 5.).

Jülicher, Rhold., Präparationen zur unterrichtlichen Behandlung deutscher Musterstücke in der Volksschule. I. Bd. 80 Sprachstücke f. die Mittelstufe m. besond. Berücksicht. der Landschule. gr. 8. (VIII, 184 S.) Berlin 894. E. Mecklenburg. n. 2. —

[F.] Präparationen zur unterrichtlichen Behandlung deutscher Musterstücke in der Volksschule ... v. Reinhold Jülicher, Lehrer in Rixdorf-Berlin. Bd I. II. *Berlin: R. Mickisch (1894.95).* 2 Bde 8.
I. 80 Sprachstücke f. d. Mittelstufe m. bes. Berücks. d. Landschule. (1894.) (VIII, 184 S.)
II. 90 Sprachstücke f. d. Oberstufe. (1895.) (VII, 224 S.) [97. 6107

Jülicher, Rhold., Präparationen zur unterrichtl. Behandlg. deutscher Musterstücke in der Volksschule. II. Bd.: 90 Sprachstücke f. d. Oberstufe. gr. 8. (VII, 224 S.) Berlin (895) 897. R. Mickisch. n. 2. 50 (I. u. II. n. 4. 50)

— dasselbe. Neue Folge. I. Bd.: 76 Sprachstücke für sämtl. Stufen. gr. 8. (IV, 192 S.) Berlin 897. L. Oehmigke's Verl. n. 3. —

Jülichs-Platz, Der, in Köln. O. O. ca. 1820. V: *Fuchs, J. P.* (StBKöln I, 196)

Julie

— Comédie en 3 Actes p. Monvel. Mus. et des Aid. 8. Berl. Rottmann.

Julie oder Wettstreit der Pflicht und Liebe; ein Drama in drei Aufzügen. Wien 1766. V: *Heufeld, Frz. von.* (ML) (Ky)

Julie, ein Trauerspiel in fünf Aufzügen ... Kopenh. u. Leipz. 1767. V: *Sturz, Helfrich Peter.* (Ky) (MS) (Arch VII, 67)

— Trspl. in 5 A., mit einem Brief über d. deutsche Theater (von H. Pt. Sturz). 8. Kopenh. 767. Brummer. 8 gr. Mit neuem Titel. 8. Frankf. u. Leipz. 782. (Rabenhorst). 5 gr.

Julie, Trauerspiel in 5 Aufz. 8. Copenhagen, Proft. 767. (Brummer.)

Julie; Singspl. in 3 Aufz., aus d. Französ. 8. Wien 769. Trattner. 4 Gr.

— Singsp. a. d. Franz. 8. Wien, Trattner. 779.

— ou l'heureux repentir; anecdote historique p. Arnaud. 8. Francf. Gebhardt et K. (Hermann.) 771.

Julie oder der gute Vater, ein Schauspiel a. d. Franz. Frankfurt a. M. u. Leipzig 1772. V: *Non, Dominique Vivant Baron de.* (BrMm) Ü: *Faber, Johann Hnr.* (Ky) (ML)

— oder d. gute Vater; Schspl., aus d. Französ. (v. J. H. Faber). 8. Frankf. 772. Andreä. 6 Gr.

Julie. Singsp. in 3 A. a. d. Franz. v. Monvel. 8. Frankf. Andreä. 774.

— od. die glückliche Reue; eine Gesch. aus dem Franz. 8. Bresl. Gutsch. 776.

— oder die glückliche Reue; aus dem Französ. des Arnaud, (von J. G. Volkelt). 8. Bresl. 786. Gutsch. 3 Gr.

— oder d. kurze Irrthum; e. Operette, aus d. Französ. v. Jh. Mt. Kellner. 8. ... 777.

— oder der kurze Irrthum. Operette v. Monval. 8. Wetzlar, Winkler. 778.

Julie oder die dankbare Tochter. Offenbach 1780. Regensb. 1780. 1785. V: *Nesselrode, F. G. Freih. von.* (Ky)

— od. d. dankbare Tochter. Lustsp. v. Wesselrode. 8. Regensb. Montag. 780.

— oder d. dankbare Tochter, (von F. G. v. Nesselrode). 8. Offenb. 780. 8. Regensb. 785. Montag u. W. 4 Gr.

Julie, oder die gerettete Kindsmörderin; ein teutsches Originalschauspiel in 3 Akten ... Düsseld. [Carlsruhe] 1782. Prag 1785. V: *Wucherer, Wilhelm Friedrich.* (GGr) (MGT) (Wr) »Frankfurt 1782« (Ky)

— oder d. gerettete Kindesmörderin. Deutsches Orig.-Schspl. in 3 A. (von Wlh. Fr. Wucherer). 8. Frankf. 782. Gebhardt u. K. 3 Gr.

— od. d. gerettete Kindesmörderin. Deutsches Orig. Schausp. in 3 A. 8. Frkft. Gebhardt u. K. (Macklot in Carlsr.) 782.

— nebst einigen vermischten Aufsätzen von R. Feith, 8. Daselbst, 788. Schwickert. 15 sgl.
Dasselbe Buch mit 1 Kupf. 8. Manheim, 797. Schwan. 20 sgl.

JULIE oder geheime Geschichte eines Frauenzimmers von Gefühl u. Weltkenntniß. (Zahmer Roman.) 2 Bde. Altona 1791. 8°.
Wildmoser's Münchner Leihbibl.-Cat., Nr. 5586—87.

Julie zum Anhange die rührende Geschichte des Herrn und der Madame du F* ... A. d. Engl. Leipzig 1791. V: *Helen, Mary Williams.* Ü: *Weisse, Chn Felix.* (Ky) (MGT)

— ein Roman von H. M. Williams, aus d. Engl. 2 Thle. 8. Lpz. Weidmann. 791.

— Trspl. 8. Frankf. u. Leipz. 795. (Manh., Kaufmann). 6 Gr.

Julie oder Tugend und Liebe. Ein Lustspiel in vier Aufz. Dorpat 1796. V: *Nielsen, Chn Hnr.* (GGr) (Ky) (R-N)

— oder Tugend u. Liebe. Lstspl. in 4 A. (v. Chr. H. Nielsen). 8. Riga 797. Meinshausen. 8 Gr.

— od. Tugend u. Liebe. Lustsp. 8. Riga, Müller. 797.

Julie; von R. Feith, u. eil. and. Auff. d. näml. Verf. 8. Mannh. Schwan. 797.

— od. d. neue Heloise, Briefe zweyer Liebenden, aus einer kleinen Stadt am Fuße d. Alpen, herausg. v. J. J. Rousseau, übers. v. J. P. le Pique. 6 Thle in 4 Bdn. gr. 12. Frankf. A. Herrmann. (Mohr u. Z. in Heidelb.) 801—2.
mit Kpf.

— ou la nouvelle Heloise, p. J. J. Rousseau, nouv. Ed. 4 Vol. 8. Lpz. Gerh. Fleischer. (a. Levrault in Strasb.) 801.

— — la même. IV Vol. avec fig. 8. Bern, Typ.

— — la même. II Vol. 12. ibid.

— — la même. IV Vol. 12. Basle, Thourneisen.

— — la même. IV Vol. 12. Lpz. (Tourneisen in Cassel) 801.

JULIE, oder Erzählung zweyer unglücklich Liebenden. Eine wahre Geschichte. Leipzig, bei Joh. Gottlob Heinr. Richter. 1801. 8°. (14 ggr.).
Anzeige des Verlegers.

Julie, od. Erzählung zweyer unglücklich Liebenden. 8. Leipzig, Richter. 801. (Lauffer.)

— od. d. Blumentopf. Singsp. in 1 A. v. Treitschke. gr. 8. Wien, Wallishäußer. 803.

JULIE oder Leichtsinn und Ausschweifung. Eine abentheuerliche Geschichte. Quedlinburg, Gfr. Basse, 1812. 8°.
Tit. u. 172 SS. In zahmen Briefen. (2 Mk. Lesser, Breslau, c. 1875.)

Julie Farnese aus den Zeiten Papst Alexander VI. ... Leipzig 1796. V: *Albrecht, Johann Friedrich Ernst.* (Ky)

Julie und Friederike . . . Freyberg 1799. V: *Bernhardi*, *Elis. Eleonora.* (MGT) (schl)

Julie u. Friederike v. Philogyn (v. Madame E. L. Bernhardi). 8. Freyberg, Craz u. G. 799. Rthlr.

Julie de Grammont, eine rührende Geschichte; a. d. Engl. Leipz. 1790. V: *Weisse*, *Christian Felix.* (MGT) (Ky)

Julie und ihr Haus. Eine Reliquie . . . Leipzig 1847. V: *Schauenburg*, *Carl Hermann.* (BrVV)

Julie und ihr Haus. Eine Reliquie. Von einem Epigonen. 12. (244 S.) Leipzig 847, Brockhaus.

Julie von Hirtenthal, eine Geschichte in Briefen. Eisenach 1780—83. V: *Krögen*, *Carl Heinrich* (ML) (GGr) oder *Thon*, *Eleonore geb. Roedern.* (Ky) (schl) (GGr)

— v. Hirtenthal. Eine Geschichte in Briefen, (v. Eleonore Thon). 3 Thle. 8. Eisenach 780—83. Bärecke; (a. Hinrichs in Lpz.) 1 Thlr. 12 Gr.

— u. Ludolph; od. Liebe u. Edelsinn. Ein sentimentales Theatergemälde v. Bonafont. 8. Stuttgart, Magaz. f. Lit. 803.

Julie und Ludolph. Schauspiel n. d. Franz. Stuttgart 1804. V: *Bonafont*, *Carl Philipp.* (Ky)

Julie u. Ludolph. Schspl., nach d. Französ. (v. K. Ph. Bonafont). Stuttg. 804. (Sattler). 9 Gr.

— et Loudolphe, ou les Combats de l'amour etc. 8. Manh. 802. Schwan u. G. 8 Gr.

Julie von Marenfeld oder Eitelkeit verschlimmert das Herz. Frankf. u. Leipzig 1781. V: *Kuder*, *Ludwig.* (Ky) (MGT)

Julie Ormond. Oder die neue Niederlassung, siehe: Erzählungen, katholische, f. die reifere Jugend, 1. Bochn.

Julie Gräfin zu Palmira. Schauspiel nach dem Sujet des Erasmus Schleicher. Halberstadt [18??]. V: *Albrecht*, *Johann Friedrich Ernst* [?]. (GGr)

— Gräfin zu Palmira, n. d. Sujet in Er. Schleicher. 8. Halb. Groß. (Sommer in Lpz.) 808.

— Gräfin zu Palmira. Schspl., nach Erasmus Schleicher frei bearb. 8. . . . N. A. 808. (Leipz., Nauck). 4 Gr.

— von Parma, oder noch war es Zeit; (v. L. C. H. Bischoff). 8. Stendal 779. Franzen u. Gr. 3 Gr.

Julie von Rheinstein, eine Geschichte aus dem Bayrischen Sucessionskriege. Leipzig 1781. V: *Stroth*, *Elisabeth Christine Marie.* (ML) (Ky)

Julie von Rosenfeld. Eine Familiengeschichte . . . Berlin 1784. V: *Neumann*, *Joh. Jacob Nathanael.* (BGE) (Ky) (MGT) (Adel)

Julie von Roubigne. Erzehlung in Briefen . . . A. d. Engl. Leipz. 1778. V: *Mackenzie*, *Henry.* Ü: *Benzler*, *Joh. Lor.* (GGr) (Heine, Roman in Deutschl. Halle 1892 S. 13.)

Julie St. Albain. Dresd. 1801. V: *Bernhardi*, *Sophie geb. Tieck.* (Euph. V, 562.) (EE)

— St. Albain. 2 Bde. 8. Leipz. 801. (Nauck). 1 Thlr. 18 Gr.

— St. Laurence. Roman. gr. 16. Leipz. . . . (Nauck). 16 Gr.

Julie von Steinau. Eine interessante Geschichte . . . Berlin 1796. V: *Kosegarten*, *Friedrich Franz von.* (GGr) (Ky) (MGT) S. a. Steinau, Gräfin Julie von.

— v. Steinau; e. interessante Geschichte aus der letzten Hälfte des jetzt laufenden Jahrh., (v. Fr. Frz. Kosegarten). 2 Thle. 8. Berl. 796, 97. Unger. — Auch mit des Verf. Namen u. dem neuen T.: Gräfin Julie v. Steinau, od. die Wege des Schicksals. 2 Bde. Mit 1 Kpf. 8. Hamb. 803. Herold jun.) 3 Thlr.

Julie von Wahrenfeld oder Eitelkeit verschlimmert das Herz. Frankfurt a. M. 1787. V: *Kuder*, *Friedrich von.* (HS)

— v. Warteburg; e. wahre Geschichte. 8. Leipz. ... (Nauck). 3 Gr.

† Julie, (Karoline Engelhard,) gesammelte Briefe, 4 Bde., s. a. Briefe.
[Der eigentl. Name ist a. a. O. beizufügen.]

Julie, (Karoline Engelhard), gesammelte Briefe. 4 Thle. 8. Leipz. . . . 3e A. 830. Wienbrack. 3 Thlr.

— s. 1) Erzähll., von d. Verf. von Juliens Briefen. 2) Kraft, der Oberförster.

Julien, empereur romain, s. Julianus Apostata

Julien, Figuren-Zeichnen, s. Zeichnen-Schule, allgemeine.

Julien, J. Bapt., die Kunst vom Maaßnehmen u. Zuschneiden der Damenkleider nach dem Maaße, f. Damen, m. 40 erklärten Abbild. der modernsten Pariser Schnitte. Aus d. Franz. 16. (1 B. u. 2 Stnt.) Erfurt 844, Bartholomäus.

Julien, M. A., allgem. Memorandenbuch auf das Jahr 18.. A. d. Franz. 8. Tübingen, Laupp. 818.

Julien, de St., gründl. Unterr. d. Theorie und Praxis d. heutigen Büchsenmacherey. m. K. 8. Nürnberg, Raspe. 733.

Julien, Staniel., s.: Avadânas, die.

Julien, Stan., San-Tseu-King, le livre des phrases de trois mots, en chinois et en français suivi d'un grand commentaire, traduit du chinois et d'un petit dictionnaire chinois-français du San-Tseu-King et du Livre des milles mots. — Deux traductions du San-Tseu-King et de son commentaire. — Réponse à un article de la Revue critique du 8 Nov. 1873 par le marquis d'Hervey de Saint-Denys. (Extrait du Ban-Zai-Sau.) 165 pp. pet. in-4. Genève et Bâle, H. Georg. 1874. 15. —

Julien, Stanisl., s. Seidenwurm, der 4400jähr. Meister.

Julien, Th. von: Der ausübende Forstbetrieb, s. Marillac, St.

Julien-Scopon. Der Stunderufer zu Ternate a. d. Franz. Hamb. 1739. Ü: *Lamprecht, Jac. Frdr.* (JL)

JULIEN-SCOPON, Der Stundenrufer zu Ternate. Aus d. Frantzös. (mit Abdruck d. Urtextes) in Verse übersetzt (von Jacob Friedr. Lamprecht). Herrenhut (fing.) 1739. 8⁰. (5 Mk., stark beschn., Bernh. Liebisch, Leipzig, 1907.)
Seltene erotische Dichtung. Nicht in Weller's Lex. Pseud.

Julienfels, s.: Pfeiffer v. Julienfels.

Julienne, Eug., Ornamente f. Künste u. Industrie. Vollständige Sammlung aller Arten von Stylen, welche bei Verzierungen anzuwenden sind. 1. Lfg. Renaiss.-Styl. ½ gr. Fol. (8 lith. Bl.) Offenbach 842, Heinemann. *

Juliens und Carls gesammelte Briefe, 8. Leipzig, 780. Lincke. 8 sgl.

Juliens u. Karls gesammelte Briefe u. wahrhafte Geschichte, (v. Karl Hammerdörfer). 8. Leipz. 780. Schneider. 6 gr.

Juliens Nachlaß. Von der Verfasserin von Juliens Briefen. 8. (12 B.) Leipzig 844, Wienbrack.

— Traum in der Sommernacht, eine wahrhafte Geschichte, 2 Theile, mit Kupf. 8. Altona, 787. Kaven, 1 Rthl.

Juliens Umwandelung oder das wahre Geheimniß glücklicher Weihnachten. Geschrieben für den amerikan. S. S. Verein. 12. (71 S. mit Holzschn.) Philadelphia 851, (E. Schäfer und Koradi.) *

Juller, Carl, Stimmbildung u. Gesang-Unterricht. Ein Mahn- u. Weckruf. gr. 8. (81 S.) Karlsruhe 902. J. Lang. n. — 50

Juliette, oder wird sie sich entschließen? Lstspl. (von Jos. Gf. Schimann). 8. Prag 779. Gerle. 4 gr.

Juliette, od. geheime Gesch. eines Frauenzimmers v. Gefühl u. Weltkenntniß. 2 Bde. 8. Altona, Kaven. (Gräff in Leipz.) 791.

Juliette, od. geheime Geschichte eines Frauenzimmers von Gefühl u. Weltkenntniß. 2 Bde. 8. Leipz. 791. (Rauck). 1 ₰ 12 gr.

JULIETTE, oder geheime Geschichte eines Frauenzimmers von Gefühl und Weltkenntniß. 2 Bde. Leipzig, Heinrich Gräff, 1803. 8⁰. (1½ Rthl.)
Anzeige des Verlegers.

— — dasselbe, 2 Bde. 8. Leipz. Sommer. 807.

Juliette von Lüneville, eine Geschichte aus den Zeiten des letzten Friedensschlusses. Leipzig 1802. V: *Gleich, Joseph Alois.* (WBL) (Ky) (MGT) (NN)

— v. Lüneville; e. Geschichte aus d. Zeiten des letzten Friedensschlusses, (v. J. A. Gleich). 8. Leipz. 802. Liebeskind. 14 gr.

Juliette, E. A., vollst. Predigerbibliothek. 7 Quart. jedes zu 6 Abthl. gr. 8. Troppau. (Korn d. ältere in Breslau.) 782–84. (à 3 Rthlr.)

Juli-Kalender, s. Silberer, Viktor

Julin, Charles, recherches sur la morphologie des Tuniciers, s. Beneden, Edouard van.

Julin-Fabricius, Erinnerung an die Säcularfeier des Schillerfestes am 10. Novbr. 1859. Altona, Mentzel in Comm. Lex.-8. (16 S.) n. 5 ngr.

Juling, *Gustav* Anfangsgründe der Mathematik. 1 Theil: Lehrsätze. 8 (79 S.). Progr. Rsch. *Schönberg* 1886 (607).

Juling. Das Gymnasium m. zehnjährigem Kursus, s. Schriften d. deutschen Einheitsschulvereins.

Juling, G., fünfstellige Logarithmen-Tafeln f. Schüler. 8. (144 S.) Leipzig 900. F. A. Berger. Geb. in Leinw. n. 1.20

Juling, G., fünfstellige Logarithmen-Tafeln f. Schüler. 2. Aufl. (152 S.) 8. Leipzig (906). F. A. Berger. Geb. n. 1.20

Juling, G., die Organisation d. höh. Unterrichts in Mecklenburg-Schwerin u. Mecklenburg-Strelitz. [Aus: „Baumeister's Handb. d. Erziehungs- u. Unterrichtslehre f. höh. Schulen".] gr. 8. (12 S.) München 897. C. H. Beck. n. — 50

— s. Taschenbuch der höheren Schulen Deutschlands.

Juling, Marie, Jahres Abschied, s. a. Jugend-Bühne.

Jahres Abschied. Eine kleine Aufführung zum 'Sylvester' von Marie Juling. *Berlin: E. Bloch (1898).* (13 S.) 8° [F.]
= Jugend-Bühne. H. 4.

Julio Graf von Albino oder die Geheimen Italiens. Prag u. Leipz. 1800. V: *Jünger, Ernst Theod.* (Euph. III, 548)

Julio, P., rettet Euch! Roman. 2 Bde. 8. (V, 265 u. III, 281 S.) Berlin 894. F. Luckhardt. n. 6. —

Deutschlands Juli-Ordonnanzen oder die Bundestagsbeschlüsse vom 28. Juni 1832. Deutschland 1832. IV 46 S. 8.

Juli=Revolution, die, u. ihre Folgen. gr. 8. (2 B.) Berlin 836, G. Gropius. (?)

Die Juli-Revolution und ihre Folgen. Berlin, Gropius 1836. 30 S. 8.

Julische Alpen [Schlagwort]

Julische Alpen, s.: Alpen. Detailkarten. — Touristenkarten. Freytag.

Julitage, die, des Jahres 1830, s. Marrast.

Julitz, Curt. Osteologie und Myologie der Extremitäten und des Wickelschwanzes vom Wickelbären, Cercoleptes caudivolvulus, mit besonderer Berücksichtigung der Anpassungserscheinungen an das Baumleben. Diss. Phil. Bern. [Mit 6 Tafeln.] Separat-Abdruck aus dem Archiv für Naturgeschichte, Jahrg. 75.... 50 S. 8. Berlin, Nicolai, 1909.

Julius; ein Roman. 8. Bresl. Kayser.

JULIUS oder die Stufenleiter der Wolluſt. Bukareſt, Samuel Hecht. 8°.
Verb. d. Ldg. III Berlin A. 4 J. 197/12.

— e. Geschichte aus d. letzten franz. Kriege in Egypten. 2 Bde. 12. Lpz. Joachim.

JULIUS. Eine Geschichte aus dem lezten (!) französischen Feldzuge in Egypten. 2 Bde. Mit 1 TKpf. (nach Maillard von C. R. Schindelmayer in Wien gest.). Leipzig 1800. bei Phil. Jac. Schalbacher. 12°. Selten!
Abentheuerl., stellenw. etw. freier Roman.
1: TK., gestoch. Tit. m. lat. Lett., 131 S. 2: Gedr. Tit., 154 S.

— od. die Geschichte eines edlen Jünglings. 8. Altenb. Richter. (Akadem. Buchhandl. in Jena.) 782.

Julius oder die Geschichte eines edlen Jünglings. Altenb. 1783. V: *Gumprecht, Engelmann Glieb.* (MGT) »Jena 1782« (Ky)

— oder Geschichte eines edlen Jünglings, 8. Altenburg, 783. Richter. 15 gl.

— Seitenstück zu Guido v. Sohnsdom, s. a. G. Schilling.

Julius. Seitenstück zu Guido von Sohnsdom . . . Freyberg [1796]. V: *Schilling, Friedrich Gustav.* (GGr) (MGT) (NN)

— Seitenstück zu Guido v. Sohnsdom, v. demselb. Verf. (Gustav Schilling). 2 Thle. 8. Freyberg, Craz u. G. 808.

Julius oder das Vaterhaus. Nach dem Franz des François Guillaume Ducray Dumenil. Leipzig 1807. Ü: *Müller, Carl Ludw. Methus.* (Ky) (GGr)

— od. das Vaterhaus, nach Dücray-Dümenil. 2 Bde. m. K. 8. Leipz. Hinrichs. 807.
Velinpap.

— od. die Folgen der Lüge, ein warnendes Beispiel für Kinder, v. M. L. K***. 12. Landsh. 817. Storno. (Jaquet in Münch.) 1 gl

Julius oder die Pilgerfahrt des Lebens, in sechs Gesängen. 1829. V: *Wessenberg, Ign. Hnr. Freih. v.* (Cat. d. Stadtbibl. Zürich. Zürich 1864—97.)

Julius, oder wunderbare Fügungen der göttlichen Vorsehung. Eine Erzählung für Kinder u. Erwachsene. Von e. Jugendlehrer. 8. Bremen 841. (Kaiser.) 1/4 ℔

Julius Abentheuer auf seinen Reisen in fremde Welttheile. 2 Thle. 8. Nürnb., Bieling. 1 ℔ 8 gl

Julius, merkwürd. Abenteuer auf seinen Reisen in fremde Welttheile. Ein Buch zur Beförderung d. Länder- u. Völkerkunde unt. d. Jugend. 2 Thle. mit Kupf. 8. Nürnb. Bieling. (Leipz. Benj. Fleischer in Comm.) 813 u. 814.

Julius und Auguste oder Der Orden des Bundes. Th. 1—2. Leipzig: Jacobäer. 1795. 8°
1. 220 S. 1 Kpfr.; 2. 179 S.

°[Dasselbe.] N. Aufl. Leipzig: Jakobäer [richtig: Altona: Aue]. 1818. 8°
Kl. 3993, TB. 114.

JULIUS u. Auguste, oder der Orden des Bundes. (Romant.-erot. Roman.) 2 Thle. Neue unveränd. Ausg. Leipzig, Jacobäer, 1818. 8°.
Tit., 220 u. 179 SS. (3 Mk. Kühl; jetzt theurer!) — Zuerst gedr. ib. 1795. 200 u. 179 S. Mit 1 Kpf., der bei der 2ten Ausg. wegfiel. Enth. einige üppige Schäferscenen.

Julius, eine Blüte der Phantasie. Breslau 1800. V: *Kapf, Carl Gottlieb Hnr.* (GGr) (MGT) (Ky)

— e. Blüthe d. Phantasie. 8. Breslau, Gehr. 800.

— eine Blüthe der Phantasie, (v. K. Gli. Kapf). 8. Bresl. 800. Kayser in Leipz. 6 gl

Julius und Cäba, preussische Geschichte; a. d. Franz. Berlin. O. O. [ca. 1820]. Ü: *Müchler, Carl (Frdr.)* (Ky)

Julius und Cäba, preussische Geschichte. 1808. V: *Desmoulins.* (Zeitschr. f. Büch. N. F. 15, 1923, S. 112.)

— u. Cäba; preußische Geschichte aus d. Franz. v. Müchler, (deutsch u. französisch). 8. Berlin, Litfas.

Julius, Der ein und dreissigste, oder die Macht des Gerichts. Religiöse Gesänge. Berlin 1835. V: *Bock, Raphael.* (GGr X, 565) (Zeitschr. f. Büch. N. F. 15, 1923, S. 112)

Julius, der ein u. dreißigste, od. d. Macht d. Gerichts. Religiöse Gesänge. 8. (2 B.) Berlin 835, Logier.

— u. Eleonora v. Blankenstein, s. Blankenstein.

Julius u. Emilie, od. d. jungen Gartenfreunde, e. Leseb. f. lernbegierige Kinder. 8. Halle, 1808. (Gebauer.) — 22½

Julius und Evagoras, oder die neue Republik. Heidelberg 1814. 1822. V: *Fries, Jak. Friedrich.* (Lpz. Lit.-Ztg. 1815, 2108—11) (Jen. Allg. Lit.-Z. 1815, Nr. 77, 134 f.) (Zeitschr. f. Büch. N. F. 15, 1923, S. 112)

Julius u. Evagoras, od. die neue Republik. 1r Thl. 8. Heidelb. Mohr u. W. 815.

JULIUS und Julie, oder das unsichtbare Mädchen. 2 Theile. Wien, Pichler, 1805. 8°. (1⅓ Rthl.) Selten!

— Friedrich, Lebensjahre u. endliche Bildung, v. Julius Werden. 2 Bde. 8. Penig, Dienemann. 803. (I. 1 Rthlr. 18 gr. II. 1 Rthlr. 6 gr.)

— — dasselbe, wohlfeile Ausgabe. 2 Bde. (à 12 gr.)

— u. Marie, od. Verbannung u. Glück. Ein dramat. Gemälde d. Wahrheit v. Bonafont. 8. Stuttgart, Magazin f. Lit. 803.

Julius der Märtyrer. Ein Trauerspiel in drei Aufzügen . . . Sitten 1809. V: *Rauch, Ignaz.* (GGr) (Ky)

Julius und Minna, oder charakteristische Züge des menschlichen Herzens. Gera 1784. V: *Winkopp, Pet. Anton.* (Ky) (MGT)

— u. Minna, oder charakterist. Züge des menschl. Herzens, (von P. A. Winkopp). 2 Bde. 8. Gera 784. Haller. 1 ℛ

— und Minna, oder karakteristische Züge des menschl. Herzens, 2 Thle. 8. Gera, 784. Rothe. 1. Rthl.

—— der Monat Jesu, dem Erlöser geweiht. A. d. Italien. übers. gr. 12. (6½ B.) Wien 840, Mechitaristen-Congreg.-Bh.

– vgl. Juli . . .

— u. Rhea. Drama. 8. Linz 784. Suara. 4 ℊ

Julus u. Rhea. Duodrama. 8. Linz, Suara. 784.

– vgl. Julus und Rhea.

Julius Sabinus. Eine ernsthafte Oper . . . Nürnb. 1791. V: *Heiden, Nicolaus Adam.* (GGr)

Julius von Sassen; ein Trauerspiel in vier Aufzügen . . . Zürich 1796. V: *Zschokke, Johann Heinrich Dan.* (MGT) 2. Ausg. 1798. (Ky) (BrMm) (Cat. d. Stadtbibl. Zürich. 1864—97.) Trauerspiel in 4 Akten nach Zschokke. Grätz 1798. V: *Wetzinger, Glieb.* (GGr)

Julius von Tarent. Ein Trauerspiel. Leipz. 1776. V: *Leisewitz, Johann Anton.* (GGr) »Amsterdam 1776« (Wr) (Ky) (MGT) »1771« (Deutsche Litt. Denkm. 32, 1.)

Julius v. Tarent. Trsp. 8. Lpz. Weygand. 776. Rthlr.

Julius v. Tarent. Trauersp. in 5 Aufz. v. Leisewitz. 3te Aufl. 8. Leipz. Weygand. 815.

— v. Tarent. Trspl. (v. Jh. Ant. Leisewitz). 8. Leipz. 776. 4e A. 828. Weygand. 8 ℊ

Julius der Verworfene, vom Verfasser des Jägermädchens. Rudolstadt [18??]. V: *Cramer, Carl Glob.* (Ky)

— der Verworfene, vom Verf. des Jägermädchens (K. G. Cramer). 2 Thle. 8. Rudolst., (Fr. Fleischer in Lpz.) 1 ℛ 12 ℊ

— der Verworfene, vom Verf. des Jägermädchens (K. G. Cramer), m. K. 2 Thle. 8. Rudolstadt, Klüger. 802.

— Wartburg, od. die dunkeln Wege des Geschicks, (v. H. Müller VI.) 2 Thle. 8. Quedlinb. 818. Basse. 1 ℛ 16 ℊ

— Wartburg, oder die dunkeln Wege des Geschickes; vom Verf. d. Paulowna. 2 Thle. 8. Quedlinb. Basse. 818.

Julius Obsequens, s.a. Obsequens

— Obsequens, vide Valerius Maximus.

Julius, Obsequens, quae supers., de prodigiis, c. animadv. Schefferi. cur. Kappio. 8. Hof, Grau. 772.

Julius von der Traun [Pseud.], s.a. Schindler, Alexander Julius

Julius von der Traun, s. a. von der Traun.

Julius von der Traun, die Geschichte vom Scharfrichter Rosenfeld und seinem Pathen. (Novelle.) 8. (30 B.) Wien 852, Gerold's Sohn. *

Julius von der Traun, die Gründung von Kloster-Neuburg. Ein Gedicht. 16. (XIV und 141 S. mit 1 Radirung.) Leipzig 854, Herbig. Thlr.

Julius von der Traun, Oberösterreich. Ein Skizzenbuch. 8. (296 S.) Leipzig 848, Grunow.

—— die rosenegger Romanzen. 8. (IV und 224 S. mit 1 Radirung.) Wien 852, Gerold's Sohn. *

— Südfrüchte. Novellen. 2 Bde. 8. (541 S.) Leipzig 848, Grunow.

Julius (Hrsg.), s. Album für klassisches Orgelspiel

Julius, pikante Anekdoten u. lustige Schwänke zum Todtlachen. Zur Unterhaltg. u. zum Wiedererzählen in Gesellschaften. 16. (128 S. m. Abbildgn.) Wien 892. (Leipzig, Literar. Anstalt A. Schulze) n. — 40

Julius, ein Ball-Abenteuer. Komische Duoszene. 8. (15 S.) Wien 878, Neidl. *

Julius, ..., s. a. Blumen-Spende, die.

Julius, die Blumenspende. Eine Sammlung von 130 der schönsten Stellen aus den neuesten u. besten Schriftstellern Deutschlands. 16. Wien 840. Hirschfeld. (Leipzig, Einhorn.) 7/8 ₰

Die Börsenglocke. Frei nach *Schiller* von *Julius* (ps.). Berlin 1872. Kl. 8°.
Martin Breslauer's Berliner Octob.-Auct. 1910, no. 2478. Beibd. 2.

— ein Bosniak im Frack. Schwank mit Gesang. 8. (14 S.) Ebendas. 878. *

— ein Duell oder Fürst Augsburger und Graf Kohlrabi. Orig.-Posse mit Gesang in 1 Akt. 8. (16 S.) Ebendas. 878. *

— er braucht einen Regenschirm. Kom. Scene. gr. 8. (16 S.) Ebendas. 885. * — 40

— der Festredner. Orig.-Sammlung von Trinksprüchen, Festreden und Gelegenheitsgedichten zu Verlobungs- und Vermählungsfeierlichkeiten, silbernen und goldenen Hochzeiten, Taufen, Abschiedsfesten 2c. Im ernsten und heitern Genre verfaßt. gr. 16. (62 S.) Wien 879, Neidl. cart. *

Julius, die Fiaker-Familie. Wiener Lebensbild in 1 Akt. 8. (15 S.) Ebendas. 878. *

— erste, zweite und dritte Gallerie oder das Theaterpublikum von Pimperlhausen. Burleske Szene. gr. 8. (13 S.) Ebendas. 879. *

Julius, a. d. Geheimnissen d. Polizeihauses. E. indiscrete Geschichte. 12. (134 S.) Preßburg 898. M. Natali. n. 1. —

— Geschichte des Bauern-Krieges, s. a. Volks-Bibliothek, wohlfeilste.

Julius, (Pseud.), Geschichte des Bauern-Krieges. Dem deutschen Volke erzählt. 16. (88 S.) Hamburg 847, Berendsohn. n. 1/6 ₰

Julius, Dr., Geschichte Ludwig Philipp's, König d. Franzosen, s. Volksbibliothek, wohlfeilste, 26. Bdchn.

— Hand und Herz. Orig.-Lebensbild in 1 Akt. 8. (15 S.) Ebendas. 878. *

— Hausherr u. Hausmeister. Posse in 1 Akt. 8. (15 S.) Ebend. 878. n. — 40

— Hoch soll er leben! E. Sammlg. d. schönsten u. originellsten Toaste in Versen u. Prosa zu allen festl. Gelegenheiten, als Hochzeiten, Taufen, Geburts- u. Namensfesten, u. s. w. u. s. w. 12. (48 S.) Wien 898. (Leipzig, Literar. Anstalt, A. Schulze.) n. — 60

Julius, s.: Jupiter's Leiden.

— das denkende Kind. Eine Sammlung von Orig.-Rebussen, Räthseln, Charaden u. Scherzfragen für Kinder. Zur Erweckung des Scharfsinnes u. Stärkung der Denkkraft hrsg. 8. (63 S.) Ebend. 879. n. — 60

— Leben Ludwig Philipps, Ex-Königs der Franzosen, von seiner Geburt, den 6. Oct. 1773 bis zu seiner Entthronung, den 24. Februar 1848. 16. (116 S.) Hamburg 848, Berendsohn. Thlr. *

Julius, ein Lebensbild im Bauernhause. Ländliche Szene. 8. (14 S.) Wien 878. Neidl. n. — 40

— Bruder Liederlich. Szene mit Gesang. 8. (12 S.) Ebendas. 878. *

— ein Mädel um 27 Kreuzer. Komische Duoszene. 8. (12 S.) Ebendas. 878. *

Julius. Der Mörder u. sein Weib. Komische Duo-Scene. 8. (14 S.) Wien, Carl Fritz. 20 kr.
4ff.

Julius, der Mörder und sein Weib. Kom. Duoscene. 8. (14 S.) Wien 885, Neidl. * — 40

— Nathan der Dumme. Komische Szene. 8. (15 S.) Ebend. 878. n. — 40

JULIUS (ps.), Novellen. Glogau, Neue Günthersche Buchhdlg., 1807. 8°. (2/3 Rthl.)
Der Graf Odoni und die Fee Sidonia. — O Jemine! der Teufel! — Der Geisterkönig. — Babo. — Die Verschwörung. (Einiges etwas freien Inhalts.)

— neue Original-Glückwünsche zum Gebrauche für Kinder bei allen festlichen Gelegenheiten. gr. 16. (64 S.) Ebend. 879. cart. n. — 60

— neue Original-Glückwünsche zum Gebrauche f. Kinder bei allen festl. Gelegenheiten. 12. (64 S.) Ebd. 892. Kart. n. — 60

Julius, die jüngste Polen-Verschwörung und der Polen-Proceß, s. a. Volksbibliothek, wohlfeilste.

— die jüngste Polen-Verschwörung u. der Polen-Proceß. 16. (76 S.) Ebd. 848. n. 3 ₰

JULIUS (ps.), Neue originelle Polterabend-Scherze. Nebst ausführl. Bemerkungen über den Vortrag u. vollständ. Beschreibung der Costüme. Quedlinburg, Basse, 1837. 8°. 6½ Bogen.
A. G. Schmidt, Gallerie etc.

— Romeo und Julie oder eine Theaternärrin. Posse in 1 Akt. 8. (16 S.) Ebendas. 878. *

— der Schreiber in Hungersnoth. Posse in 1 Akt. 8. (15 S.) Ebend. 878. n. — 40

Julius, Spaziergänge auf dem Gebiete der Kirchenlehre. Populär-philosophische Betrachtungen. 1. und 2. Heft. gr. 16. Leipzig 860. 61, Kollmann. [1. Heft (80 S.) * 10 Ngr., 2. (96 S.) * 12 Ngr.] *

Julius, Taschen-Räthselbuch. Sammlung der schönsten u. pikantesten Räthsel u. Scherzfragen zur Unterhaltg. in Gesellschaften. 16. (128 S.) Wien 892. (Leipzig, Literar.- Anstalt A. Schulze.) n. - - 40

— der Tritsch-Tratsch. Komische Duoscene. 8. (12 S.) Ebend. 878. n. — 40

Julius, (I.), tabellar. Uebersicht der v. 5. bis 8. Mai 1842 abgebrannten Strassen nebst ihren Wohnungen u. Bewohnern nach der Umschreibung von Martini 1841. Lithogr. Roy.-Fol. Hamburg 842, Nestler u. Melle. à ·

— Verse u. Grüsse f. Ansichts-Postkarten in ernster u. heit. Form f. alle Gelegenheiten. 12. (82 S. m. Vignetten.) Pressburg 898. M. Natali. n. — 20

Julius, alte und neue Zeit. Duoszene. gr. 8. (8 S.) Wien 880, Neidl. *

Julius, C., ein armer Weberg'sell, s. Theater-Repertoir, Wiener.

Julius, Caspar, s. Julius, Kaspar

Julius, D. H., das Duell, s.: Theater, deutsches.

— drei Kränze. Orig.-Dichtgn. zu Polterabenden, Hochzeiten, Familien- u. Vereins-Festen. 3 Hfte. 8. Berlin 876. Spaeth. à 1. 20

1. Polterabend-Gedichte. (III, 124 S.)
2. Tischlieder, Tischreden, Toaste, Hochzeits-Zeitungen. (IV, 128 S.)
3. Lustspiele u. Possen. Den Bühnen gegenüber Mscr. (135 S.)

—— Liebhaber-Theater. Lustspiele und Possen zu Polterabenden und Familienfesten 2c. 1.—15. Heft. gr. 8. Ebendas. à Heft

Inhalt:

Heft 1. Die Dorfschule. (15 S.) 875.
" 2. Faust und Gretchen. (16 S.) 875.
" 3. Im Feldlager. (16 S.) 875.
" 4. Mädchenschwänke. (23 S.) 875.
" 5. Der Polterabend. (22 S.) 875.
" 6. Prinz Carneval. (8 S.) 875.
" 7. Dante's göttliche Comödie. (12 S.) 875.
" 8. Ein Wintermärchen. (8 S.) 875.
" 9. Eine Sprechstunde. (15 S.) 876.
" 10. Am Klavier. (16 S.) 876.
" 11. Der Dorfjunker. (12 S.) 876.
" 12. Der Silberhochzeitsmorgen. (16 S.) 876.
" 13. Der Herr Assessor. (16 S.) 876.
" 14. Cousin und Cousine. (35 S.) 876.
" 15. Vereins-Müller. (35 S.) 876.

— Polterabend-Gedichte f. ein u. mehr. Personen,
— Polterabend-Komödien,
— Tischlieder, Trinksprüche, Tischreden, Hochzeitszeitungen,
} s. a. Polterabend u. Hochzeit.

Polterabend-Gedichte für ein [!] und mehrere Personen von D. H. Julius. *Berlin: E. Bloch (1898).* (122 S.) 8° [F.]
— Polterabend und Hochzeit. Bd 15. [99. 8378

Polterabend-Komödien von D. H. Julius. *Berlin: E. Bloch (1898).* (135 S.) 8° [F.]
— Polterabend und Hochzeit. Bd 17. [99. 8380

Tischlieder, Trinksprüche, Tischreden, Hochzeitszeitungen von D. H. Julius. *Berlin: E. Bloch (1898).* (128 S.) 8° [F.]
— Polterabend und Hochzeit. Bd 16. [99. 8379

— wie 2 Tropfen Wasser, s. a. Universal-Bibliothek.

Julius. »Wie zwei Tropfen Wasser.« Lustspiel in 1 Akt, nach dem Französischen. (Bühnen-Manuskript.) 8. (16 S.) Wien, Ant. Schweiger 1853.

Julius, C., Sammlung humorist. Vorträge. 8. (112 S.) Berlin 874, Burmester und Stempell.

Julius, Friedrich

Julius und Berghaus. Geognostisches Bild des Harzes. Braunschweig, 1827.

Julius, F. u. Berghaus, H. Charte von dem Harzgebirge. Herausgegeben von H. Brose. (Auch unter dem Titel: Geognostisches Bild des Harzes. 1. Ed.) Berlin. 1822. Folio.

— Charte von dem Harzgebirge. Herausgegeben von H. Brose. Braunschweig. Auch unter dem Titel: Geognostisches Bild des Harzes. (Eine neue Auflage mit veränderter geognostischer Colorirung.) 1845. Folio.

Julius, F. und Berghaus, H. Charte von dem Harz-Gebirge und einem Theil der umliegenden Gegenden. Berlin 1822. 1 Bl. c. K. Ff.

Julius, Frdr., Charte v. dem Harz-Gebirge u. e. Theile der umliegenden Gegenden. Nach d. besten vorhandenen Hülfsmitteln u. vielen eigenen Messungen u. Reise-Bemerkungen bearb. Zuerst entworfen im J. 1817, vollständig ausgeführt in den J. 1818 bis 1821 v. Heinr. Berghaus; in Kpfr. gest. u. hrsg. von Heinr. Brose. [Berichtigte Ausg.] Fol. Braunschweig 850, Ramdohr. 1/3 ℛ; in Etui 1/2 ℛ; topographisch color. 5/12 ℛ; geognostisch color. 5/12 ℛ; auf Leinwand u. in Etui 2/3 ℛ

Julius und Berghaus. Topographische Karte des Harzgebirges. Braunschweig, 1852.

Julius, Fr. Der Preussische Staat nebst den Bundesstaaten in Nord-Deutschland. 1 : 2 000 000. Berlin 1825. 1 Bl. c. L.

Julius, Gustav. Die Aufforderung zu einer Volksversammlung — eine Entgegnung. Druck von E. Litfaß. 1 Bl. Fol.
Flugblatt. Berlin, 23. März 1848.

Julius, G.: „Die Bankbewegung in Deutschland" (Fortsetzung der Flugschrift: „Der Spuk des Bankgespenstes"), 1. und 2. Heft: „Die Entwicklung und Lösung der preussischen Bankfrage", (Leipzig) 1846. — Vorh.: Com. Bibl. Hamburg.

Julius, Gust., die Bankbewegungen in Deutschland. Fortsetzung d. Flugschrift Spuk des Bankgespenstes. 1. Hft. Die Entwickelung u. Lösung d. preuß. Bankfrage. gr. 8. (4 B.) Berlin 846, Fernbach. *

—— dass. 2. Hft. gr. 8. (4 1/4 B.) Ebds. 846. *

Julius, G. Die Bankbewegungen in Deutschland. Heft 2. Die Entwickelung und Lösung der preussischen Bankfrage. Fortsetzung. Leipzig 1846.

Julius, Gustav. Bankwesen. Ein neues Gespenst in Deutschland. Leipzig 1846. 175 S. 8.

—— Bankwesen. Ein neues Gespenst in Deutschland. gr. 8. (11 1/2 B.) Leipzig 846, Otto Wigand.) *

— s. Burton, Th. F., der afrikan. Sclavenhandel. — Gebrauch, über den liturgischen, der latein. Sprache.

JULIUS, G.: Ueber den liturgischen Gebrauch der lateinischen Sprache in der röm. kath. Kirche. Mit besonderer Beziehung auf Ungarn. Aus dem Ungarischen übersetzt und mit Anmerkungen versehen von G. Julius. Leipzig 1845: Otto Wigand. 120, 6 S. - gr. 8°

—— über die Hebung des kirchl. Lebens in der protestant. Kirche. Eine kirchenrechtl. u. praktische Erörterung. gr. 8. (22 1/2 B.) Leipzig 842, Brockhaus.

Julius, Gust. (H.), Ideen über die taktischen Formen der Infanterie um als Gefechtsform die bisherige Linienstellung der Bataillone außer Anwendung zu bringen. Dem deutschen Heere gewidmet. 8. (40 S. und 5 Stnt. in Fol.) Koblenz 848, Bädeker. *

— die Jesuiten. Geschichte der Gründung, Ausbreitung u. Entwickelung, Verfassung, Wirksamkeit d. Gesellschaft Jesu. Mit Stahlst. (In 10—12 Hftn.) 1.—11. Hft., jedes mit 1 Stahlst. 16. Leipzig 845, 46, Naumburg. à n. 1/6 ₰

Julius, G., die Jesuiten. Geschichte d. Gründung, Ausbreitung u. Entwickelung, Verfassung u. Wirksamkeit der Gesellschaft Jesu. Fortges. u. beendet von E. Th. Jäkel. 12—26. Hft. 16. (1. Bd. S. 737—774. 2. Bd. VI u. 884 S. m. 3 Stahlst.) Leipzig 848—52, Meißner. à n. 1/6 ₰ (cplt. n. 4 1/3 ₰)

Julius, G(ust.), die Jesuiten. Geschichte der Gründung, Ausbreitung rc. der Gesellschaft Jesu. Fortgesetzt und beendet von E. Th. Jäkel. 27—32. Heft. 16. (2. Bd. XIV und S. 885—1235. mit 1 Stahlst.) Leipzig 853—54, Meißner's Separat-Conto. *

1—26. Heft. Ebendas. 1845—52. * 4 Thlr. 10 Ngr.

—— S. Jordan's Leben u. Leiden, s. Trinks.

Julius, Gustav. Der Polenprozeß. Prozeß der beim Kammergericht als Betheiligte bei dem Unternehmen zur Wiederherstellung eines polnischen Staates in den Grenzen von 1772 wegen Hochverraths angeklagten 254 Polen. Berlin 1848. 711, 138 S. 4.

Julius, Reichstags-Briefe. I. Frankfurt a. M. 17. Mai 1848. S. 1—8. — 2. Frankfurt a. M. 23. Mai 1848. S. 9—16. 8°.

Julius, (Gustav). Reichstags-Briefe. 1. 2. Frankfurt a. M. Mai 1848. 16 S. 8.

—— die k. preuß. Seehandlung u. das bürgerliche Gewerbsvorrecht. gr. 8. (6¼ B.) Leipzig 845, Otto Wigand.

— Der Spuk des Bankgespenstes. Ein der liberalen Tagespresse gesetztes Denkmal. Leipzig 1846. 55 S. 8.

—— d. Spuk des Bankgespenstes. Ein d. liberalen Tagespresse gesetztes Denkmal. gr. 8. (3½ B.) Leipzig 846, Naumburg.*

—— Vertheidigung der leipziger allgemeinen Zeitung. gr. 8. (4 B.) Braunschweig 843, Otto. (Leipzig, Otto Wigand.)

Julius, G. Vide: Zeitungshalle (Berliner).

Julius, G. (Circulair die Zeitungshalle betreffend.) Aus beifolgendem Programm und Statut — Druck von A. W. Hayn. 1 Bl. 4.
Flugblatt. Berlin, 8. Juni 1848.

Julius, H., das Duell, } s. Theater, deutsches.
—— der Musikteufel, }

[Julius, Henriette Maria.] Leben und Denkwürdigkeiten der Frau Elisabeth Fry, nach d. Werke d. Töchter u. anderen Quellen bearb. von einer ihrer jüngeren Freundinnen in Deutschland [d. i.: Henriette Maria Julius]. — Hamburg: Rauhes Haus 1848. 357 S. 8°

– Dass., s.a. Leben ...

– s. More, Hanna.

Julius, Karl, dem und den, Ihnen und Sie. Anleitung zur Unterscheidung des dritten und vierten Falles der deutschen Wortbiegung; mit einem Anhang: das und daß. gr. 8. (16 S.) Leipzig 875, A. Krüger's Sep.-Conto. *

Julius, Karl (Jul. Müller), gibt es e. Gott?, s.: Brockenhaus-Erzählungen, Berliner.

Julius, Karl, das Leben Luthers in epischen Poesien. 16. (80 S.) Norden 883, Soltau's Verlag. *

Feine Ausg. *

— Im Sanatorium Schloß Niederlößnitz, s.: Brockenhaus-Erzählungen, Berliner.

Julius, Karl (Karl Julius Müller), Mutter Schloppe im Berliner Brockenhaus, s.: Brockenhaus-Erzählungen, Berliner.

Julius, Karl (Karl Jul. Müller), Trost im Leid. Anthologie f. Trauernde. gr. 8. (186 S. m. Titelbild.) Berlin (902). L. Frobeen. Geb. in Leinw. n. 2.—

Trost im Leid. Anthologie f. Trauernde von Karl Julius [d. i. Karl Heinr. Fr. Julius v. Stein]. *Berlin: L. Frobeen [1902].* (136 S.) 8° [F.] [illegible]

Julius, Kaspar

Julius, Casp., die griech. Danielzusätze u. ihre kanonische Geltung, s. a. Studien, biblische. VI. 3. 4.

Julius, Caspar, Dr. Theol., Stiftsvikar an d. St. Kajetanshofkirche in München: Die griechischen Danielzusätze und ihre kanonische Geltung. *Freiburg i. B.: Herder 1901.* (XI, 183 S.) 8° ¶ (= Biblische Studien, Bd 6, H. 3 u. 4.)
München, Theol. Diss. v. 1901
(Nur in beschränkter Zahl für den Austausch)

— Woher kommt das Wort „Kirche"? s.: Glaser, Ed.

Julius, Leop. Ueber die Agonaltempel der Griechen. München 1874. 8.

Julius, L., Ueber die Agonaltempel der Griechen. 1874. 45 S.

Julius, Leop., über das Erechtheion. Mit einem (lith.) Grundriss des Gebäudes. gr. 8. (33 S.) München 878. Th. Ackermann. n. — 60

Julius, Leopold, a. Steglitz-Berlin, Referendar am kgl. Amtsgericht zu Cammin in Pommern: Inwieweit ist der Verkäufer nach dem B.G.B. zur Lieferung mangelfreier Ware verpflichtet? Borna-Leipzig 1907: R. Noske. (IX, 51 S.) 8°
Erlangen, Jur. Fak., Ref. Binder, Diss. v. 18. Juni 1907
[Geb. 2. Juni 84 Fürstenberg, Mecklenburg; Wohnort: Cammin (Pommern); Staatsangeh.: Preußen; Vorbildung: Gymn. Neustrelitz; Studium: Freiburg i. B. 1, Berlin 5 S.; Rig. 14. Mai 07.]

Julius, Louis

– Alle Mittel gelten, s. Theater-Repertoir, Wiener.

Julius, L., s. Allerlei.

– Georgi, s. Theater-Repertoir, Wiener.

—— die Hochzeit unterm Schleier, s. Theater-Repertoir, Wiener.

– Eine Jugendsünde, s. Theater-Repertoir, Wiener.

Julius, L., eine Nacht in Salzbrunn, s. Both's, L. W., Bühnen-Repertoir.

— Numero Sicher, s. Both's Bühnen-Repertoir des Auslandes.

– Olga, s. Theater-Repertoir, Wiener.

Julius, Louis, der goldene Pfau. Humoristische Erzählung. 16. (VI und 160 S.) Leipzig 864, Seyfarth. *

— der Stellvertreter, s. Bloch's, E., Theater-Gartenlaube.

—— der Stellvertreter, s. Theater, das, des Auslandes.

Julius, Nikolaus Heinrich

— s. v. Beaumont, Amerika's Besserungs-System.

Nicol. Heinr. Julius Beitrag zur ältesten Geschichte der Hamburgischen Medicinal-Verfassung, nebst ungedruckten Urkunden des XV. und XVI. Jahrhunderts. Hamburg 1826. 8. (Cfr. Gerson et Julius Magazin f. ausländ. Lit. d. Heilk. 1826 et Allgem. medic. Annal. 1826, pag. 519.)

Julius, (N..H.,) Beitrag z. ältesten Geschichte d. hamburg. Medizinal-Verfassung, nebst ungedruckten Urkunden d. 15n u. 16n Jahrh. gr. 8. Hamb. 829, Perthes u. B.

Julius, N. H., Beiträge zur britischen Irrenheilkunde, aus eignen Anschauungen im Jahre 1841. gr. 8. (22⅙ B. u. 2 Stnt.) Berlin 844, Theod. Enslin.

Julius, Nik. Hnr., die amerikanischen Besserungs-Systeme, erörtert in einem Sendschreiben an W. Crawford, General Inspector der großbritannischen Gefängnisse. gr. 8. Leipzig 837. Brockhaus. 1/3 ℳ

Julius, N. H., Bibliotheca Germano-Glottica, oder Versuch einer Literatur der Alterthumer, der Sprachen und Völkerschaften, der Reiche germ. Ursprungs und german. Beymischung. gr. 8. Perthes und Besser. 817.

— s. Geo. Cheyne, der Weg der Gesundheit.

— s. G. Eichhorn, das gelbe Fieber.

— s. Clesiquiz, span. Staatsschriften.

Julius, Nikol[aus] Heinr[ich]: Die weibliche Fürsorge für Gefangene u. Kranke ihres Geschlechtes, aus d. Schriften d. Elisabeth Fry u. Anderer zus.gest. — Berlin: Enslin 1827. VIII, 127 S. 8°

— s. Jahrbücher der Gefängnißkunde.

Julius, Nik. Heinr., Jahrbücher der Straf- rc. Anstalten, s. Jahrbücher rc.

—— Magazin d. ausländ. Literat. d. gesammt. Heilkunde rc., s. Magazin rc.

—— England's Mustergefängniss in Pentonville, in seiner Bauart, Einrichtung u. Verwaltung abgebildet u. beschrieben. Aus den Berichten des Major's Jebb. gr. 8. (10⅓ B. u. 8 Taf. Abbild.) Berlin 846, Theod. Enslin. *

Julius, N. Nachr. v. d. Gesundh.-Zust. d. Hamburg. Kranken- u. Versorgungs-Häuser. Hamburg 1823.

— Nachricht v. d. Gesundheitszustande d. hamburg. Kranken- u. Versorgungshäuser u. d. Stadt Hamburg. 821 — 25. 2 Hefte. (Aus Julius u. Gersons Magazin abgedruckt.) gr. 8. Hamburg 824 u. 26. Perthes u. B. 1s Heft. 18 gr. 2s H. 20 gr.

—— Nachricht v. d. Gesundheits-Zustande d. Hamburg. Kranken- u. Versorgungs-Häuser u. d. Stadt Hamburg. 3. Hft. 1826. 1827. (A. d. „Magazin d. ausländ. Lit. d. Heilkunde.") gr. 8. (11 B. u. 8 lith. Tab.) Hamburg 829, Perthes u. Besser.
1. u. 2. Hft. 1821—25. Ebendas. 1824, 26. 1 Thlr. 14 Gr.

— Schleswig-Holsteins künftiges Strafsystem, erörtert im Vorwort der Schlesw.-Holst. Anzeigen für 1840 und in Bemerkungen zu dem Vorworte. Altona. 1840.

—— Schleswig-Holstein's künftiges Strafsystem, erörtert im Vorwort d. Schleswig-Holstein. Anzeigen f. 1840, u. in Bemerkn. zu d. Vorw. 8. (6 B.) Altona, Blatt.

– (Hrsg.), s. Ticknor, Georg: Geschichte der schönen Literatur in Spanien.

Julius, N. H., Kurzer Unterricht von der Hundswut. 8. Hamburg 21. Perthes, Besser & Mauke. M. –.75

—— Vorlesungen üb. d. Gefängniß-Kunde, od. üb. d. Verbesserung d. Gefängnisse u. sittl. Besser. d. Gefangenen, entlassenen Sträflinge rc., gehalten im Frühlinge 1827 zu Berlin. Erweitert hrsg., nebst e. Einleit. üb. d. Zahlen, Arten u. Ursachen d. Verbrechen in verschied. europ. u. amerikan. Staaten rc. M. 38 Beil. u. 4 Stndr. gr. 8. (33½ B. incl. d. Beil.) Berlin 828, Stuhr.

Julius, N. H.: Der Weg zur Gesundheit. Nach d. Engl. d. G. Cheyne frei bearb. Leipzig 1823. 188 S.

— der Weg zur Gesundheit, nach d. Engl. des G. Cheynefre bearb. Nebst e. Anhange. 8. Lpz. 823. Rein.

Julius, Nikol. Heinr., Zeugnisse deutscher Irrenärzte, für die Nothwendigkeit einer besonderen Irrenanstalt und gegen einen Anbau an das allgemeine Krankenhaus in Hamburg. Nebst einer Beigabe. gr. 8. (III und 52 S.) Hamburg 855, Perthes-Besser und Mauke. *

NORDAMERIKA. — Julius, N. H. Nordamerikas sittliche Zustände. Nach eigenen Anschauungen in den Jahren 1834, 1835 und 1836. 2 Bände. Mit Karte, 2 Musikbeilagen und 13 lithographischen Tafeln. 1016 S. Leipzig: Brockhaus 1839.

Julius, Paul, die künstlichen organischen Farbstoffe. Unter Zugrundelegung von sechs Vorlesungen, gehalten von E. Noelting, bearb. gr. 8. (VII, 235 S.) Berlin 887, Gaertner's Verlag. geb. * 6 —

— Notiz über das Hydrogenmagnesiumin. S. 92. II. 79 . . . . vgr.
Separatabdruck

Julius Paul: Über eine neue Reaktion des Benzidins. S. 89. II. 78 . . . . vgr.
Separatabdruck

—— tabellarische Übersicht der künstlichen organischen Farbstoffe, s. Schultz, G.

BUDAPEST. — Robert Julius (ps.?), Weibliche Nachtfalter. Erzählungen aus dem Budapester Leben. (190*.) (2 Mk. 20 Pfg. R. Klinger, Berlin, ca. 1905.)

Julius, V. A., der Äther. Vortrag, geh. am 3. IV. 1902 zu Utrecht im Ferienkursus f. Gymnasial- u. Realschullehrer. Aus dem Holl. übers. v. G. Siebert. gr. 8. (II, 52 S.) Leipzig 902. Quandt & Händel. n. 1.50

Julius, V. A., über das Grössenverhältniss der elektrischen Ausdehnung bei Glas u. Kautschuk, s.: Korteweg, D. J.

Julius, Vict., Philomena. Episches Gedicht. 8. (183 S.) Frankfurt a. M. 873. (Wien, F. Beck.) +

Julius, W., der drollige Anekdoten-Erzähler, oder: 300 scherzhafte Anekdoten zur angenehmen Unterhaltung. Gesammelt und zusammengetragen. 32. (119 S.) Mülheim a. Rhein 851. (Cöln, Lengfeld.) *

Julius, W., De Nicia demagogo et belli duce. Diss. 1858. 116 S.

Julius, W. A., Semmering und Reichenau. Führer für 1 oder 2 Tage. 16. (71 S. mit 1 Panorama der Semmeringbahn in Farbendr. in qu. gr. Fol. und 5 Illustr. in eingedr. Holzschn.) Wien 858, Wallishausser'sche Buchh. *

Julius, W. H. Die Licht- u. Wärmestrahlung verbrannter Gase. Gekrönte Preisarbeit d. Vereins zur Beförderg. d. Gewerbfleisses in Deutschland [Berlin]. Mit 4 lithogr. Taf. 4. (III, 86 S.) Berl. 890, Simion. * 5 —

Die Briefe des Sextus **Julius** Africanus an Aristides und Origenes hrsg. von Walther Reichardt, Oberl., Gr.-Lichterfelde. Leipzig: Hinrichs 1909. 84 S. 8°
(Texte u. Untersuchungen z. Geschichte d. altchristl. Literatur. Bd 34, 3 = Reihe 3. Bd 4. H 3.) [09. 17987

Juliusberg, Die Kartelle und die deutsche Kartellgesetzgebung. gr. 8°. Berlin, F. Vahlen, 1902.

Die Kartelle und die deutsche Kartellgesetzgebung von **Juliusberg**, Amtsrichter. *Berlin: F. Vahlen 1903.* (55 S.) 8° [F.] [03. 4973

Juliusberg, Eugen (geb. Oppeln 12. 12. 1836): De urinae et sanguinis in hydrope scarlatinoso natura. Berolini (1860). (32 S.) 8°
Berlin, Med. Diss. v. 15. Aug. 1860

Juliusberg, Fritz [app. Arzt aus Breslau]: **Bakteriologische Prüfung einiger neuer Desinfectionsmittel ... Breslau, Preuss & Jünger,** 1896; 34 S. 8.
Freiburg i. B., Med. Fak., Inaug.-Diss. v. 1896

Juliusberg, Isidorus *(geb. [Kobelwitz] in Oberschles. 1. 3. 1826)*: De tuberculosi ejusque ad scrophulosin relationibus. Vratislaviae (1851). (32 S.) 8°
Breslau, Med. Diss. v. 29. Juli 1851

Juliusberg, Max, aus Breslau: Infectiöse **Chorea** und ihre Beziehung zur rheumatischen Infection. *Leipzig 1900: A. Edelmann.* (27 S.) 8°
Leipzig, Med. Diss. v. (14. Juli) 1900

Juliusburger. **Die Sanatorien gegen die Schwindsucht.** Populärwissenschaftl. Betrachtg. gr. 8. (16 S.) Berl. 890, (Mickisch). — 50

Juliusburger, Eduard *(geb. Breslau 12. 9. 1845)*: Zur Behandlung der Placenta praevia. Breslau (1867). (38 S.) 8°
Breslau, Med. Diss. v. 2. Aug. 1867

Juliusburger, Oscar *(geb. Breslau 23. 10. 1855)*: Beiträge zur Kenntniss von den Geschwüren und Stricturen des Mastdarms. Breslau (1884). (128 S.) 8° *[Im Buchhandel 1884 bei Köhler in Breslau.]*
Breslau, Med. Diss. v. 6. Okt. 1884

Juliusburger, Osc., Beiträge zur Kenntniss von den Geschwüren und Stricturen des Mastdarms. Inaugural-Dissertation. gr. 8. (128 S.) **Breslau 884, (Köhler.)** *

Juliusburger, Otto. Gegen den Alkohol. Gemeinverständliche Aufsätze von Dr. O' J'. Mit einem Vorworte von Professor Dr. A[uguste] Forel. VIII + 84 S. 8. Berlin, Franz Wunder, 1904. [M. 1.—]

Juliusburger, Otto, **Alkohol u. Unsittlichkeit,** s.: **Lischnewska, Maria.**

— zur Alkoholfrage. Kritische Waffengänge. (28 S.) gr. 8. Flensburg (904). Deutschlands Großloge II des I.O.G.T. n. — 20

Zur sozialen Bedeutung der Geisteskrankheiten. Ein allgemeinverständl. Aufsatz von Dr. Otto **Juliusburger.** *Berlin: O. Koselowski 1903.* (32 S.) 8° [F.] [04. 1855

Juliusburger, Otto, Giordano Bruno u. die Gegenwart. gr. 8. (38 S.) Leipzig 902. H. Seemann Nachf. n. — 75

Gegen den Strafvollzug. Von Dr. med. Otto **Juliusburger.** ⟨1. Aufl.⟩ Berlin: J. Michaelis (1905). (30 S.) 8° [F.]
= **Arbeiter-Abstinenten-Bund,** Deutscher. No 9. [07. 10148

Dr. Otto **Juliusburger.** Weltanschauung und Abstinenz. (Erw. Fassung.) *Berlin: O. Koselowski [1903].* (14 S.) 8° [F.] [04. 1856

Juliusburger, Paul: Über das Dupré-Rankine'sche **Dampfspannungsgesetz.** Mit 3 Taf. *Breslau: S. Lilienfeld 1900.* (131 S.) 8°
München, Phil. Diss. v. 1900

Juliusburger, Pincus (geb. Ratibor 9. 4. 1838): De pneumonia ejusque decursu et therapia. Berolini (1864). (32 S.) 8°
Berlin, Med. Diss. v. 1. März 1864

Julklapp. (Zum Tl. farb.) illustr. deutsche Weihnachtsgabe 1909. (62 S.) 33×25 cm. Düsseldorf, J. Bagel. 1.50

JULLEMIER (Mlle.), Alexandrine (Hebamme der Facultät in Paris), Authentische Memoiren einer Hebamme; oder geheime Mittheilungen aus der Sittengeschichte der vornehmen Welt. Nach d. 2ten Aufl. d. Orig. frei übers. 2 Bde. Meissen, bei Frdr. Wilh. Goedsche. 1836. 8°. (1 Rthl. Schmidt, Halle, vor 1870; jetzt theurer!)

1: IV—226 S. 2: 2 Bll. 211 S. — Hier einige Kapitel-Ueberschr.: Die beiden Generationen der Liebe; Entbindung durch ein Gelächter; das Kind des Balles; die unschuldige Blutschande; Jesuitismus der Vaterschaft. — Die Seebäder; die Nachbarin; die beiden Zärtlichkeiten; Mittel, geheirathet zu werden; die beiden Jüdinnen; Philosophie einer Grisette etc. — Vergriffen!

Orig.: Mémoires authentiques d'une sage-femme (Mlle Alexandrine Jullemier, de la fac. de Paris). 2 vols. Paris, Dumont-Bonnaire, 1835. 8°. Ouvrage piquant rédigé par Touchard-Lafosse sur les Notes de Mlle. Jullemier. — 2e éd. Ibid. eod. a. (Avec cartons.) 8°. Voir Gay V. p. 2.

— — Dasselbe. Neue illustr. (Titel-) Ausgabe: Hinter dem Vorhang. Geheime Mittheilungen aus den Memoiren einer Hebamme über die Sittengeschichte der vornehmen Welt. 2 Thle. Mit 2 Lithogr. Leipzig u. Meissen 1850. 8°. (5 Kr. Halm & Goldmann, Wien 1904; 12 Mk. Adolf Weigel, 1907.)

Jullemier, Alexandrine, **hinter dem Vorhange.** Geheime Mittheilungen aus den Memoiren einer Hebamme über die Sittengeschichte der vornehmen Welt. Neue illustr. (Titel-)Ausg. 2 Thle. in 1 Bd. 8. (VIII und 437 S. mit 2 Stnt.) Meissen 850, Goedsche'sche Buchh.

Jullian, C., Notes gallo-romaines. 4 Tle. 1899—1900. 72 S.

Jullian, C., De protectoribus et domesticis Augustorum. S.-A. 1883. 96 S.

— **Les transformations politiques de l'Italie sous les empereurs romains. Diss. 1883. 216 S.**

Jullian, Camille. Vercingétorix. ... Für die Schule bearb. und mit Anmerkungen versehen von Dr. Hermann Sieglerschmidt.... Mit 11 Karten und Plänen und 5 Illustrationen [wovon 8 Tafeln]. XII + 176 S. 8. Glogau, Carl Flemming, [1903]. [geb. M. 2.40]
S. 173—176 **Anhang: Gedichte von Conrad Ferdinand Meyer.**

Camille **Jullian,** Prof., Bordeaux. Verkingetorix (Vercingétorix). Von d. Akad. gekrönt. 2. Aufl. Übers. von Dr. Hermann Sieglerschmidt, Prof. Mit 11 Karten u. 5 Ill. Glogau: C. Flemming [1906]. (XII, 328 S.) 8° [F.] [07. 3698

Jullian, Camille, Verkingetorix. Von der Académie gekrönt (Grand prix Gobert). 2. Aufl. Uebers. v. Herm. Siegler-schmidt. Mit 11 Karten u. 5 Illustr. (XII, 320 S.) 8. Glogau 906. Berlin, C. Flemming.
Geb. in Leinw. n. 3. —
1. Aufl. (XI, 179 S.) 903. Geb. n. 2. 40.

Julliard, Emile. La Femme, la Gloire et l'Argent, trois comédies (la diplomatie feminine, le Satellite, Sa majesté le roi Million). In-8°, 232 p. Genève et Bâle, H. Georg. 1885 3 —.

Julliard, G., de l'emploi du platre coulé dans le traitement des fractures. gr. 8. (27 S. mit 1 Stnt.) Basel 873, Georg. *

Julliard, G. L'éther est-il préférable au chloroforme? In-8°. 59 pages. Genève et Bâle, Georg & Co. 1894. 1 50

—— de l'ignipuncture. gr. 8. (32 S. mit 1 Stnt.) Ebendas. 874. *
Aus: Bulletin de la Soc. médicale de la Suisse romande, besonders abgedruckt.

—— Note sur un anévrysme intra-orbitaire et sur un cas d'absence de l'anus avec abouchement anormal du rectum. gr. 8. (15 S.) Ebendas. 873. *

—— Relation d'une opération d'ovariotomie. gr. 8. (20 S.) Ebendas. 874. *

Jullien, s.: Album, Berliner, f. Zeichner. — Zeichnenschule, allgemeine.

Jullien, André: Die vollständige Kellnerey des französischen Weinwirths, dargest. als practischer Unterricht über das, was mit dem Weine im Keller zu seiner Erhaltung, Verbesserung und Wiederherstellung von Krankheiten, so wie bey seiner Versendung zu Lande oder zur See, sowohl in Fässern als in Bouteillen, und darauf bey seinem Empfang zu geschehen hat. Alles nach den in Frankreich üblichen Verfahrungsarten. Von F. Jüllien [vielm.: André Jullien]. Aus d. Franz. nach der 4. Aufl. des Originals. Pesth: Hartleben 1829. XVI, 263 S., 3 Taf. -- ÜB Wien*

--- Dass. 2. Ausg. Ebd. 1833. -- [Zit. nach Heinsius]
BJ: Jullien, A. (F.) -- Bibliotheca oeconomica: Jüllien, A. -- Heinsius: Jüllien, A. -- Kayser: Jüllien, F. -- Weber, Jüllien, A.

Jullien, A[ndré]: Topographie aller bekannten Weinberge und Weinpflanzungen. Enthaltend ihre geographische Lage, die Anzeige der Art und der Qualität der Producte jedes Gewächses, die Verladungs- und Haupthandels-Orte; Benennung und Inhalt der verschiedenen Fässer und Gemäße; die gebräuchlichen Transportmittel, die Zoll-Tarife Frankreichs und des Auslandes, ... nebst einer General-Classification der Weine. Gekrönte Preisschrift. Nach d. 4. franz. Ausg übers. Bd 1.2. Quedlinburg & Leipzig: Basse 1833-35. -- 21*.100.Gei 1.Rüd.*
Bibliotheca oeconomica: Jüllien, A. -- Dochnahl: Jüllien, A. -- Weber: Jüllien, A. Quedlinburg 1833. 2. Aufl. 1835.

Jullien, A[ndré]: Der erfahrne Weinkellermeister. Enthaltend gründliche Belehrungen über die Bereitung des Weines, nebst Anweisung, die Weine zu bearbeiten und im Keller zu behandeln, sie zu prüfen, zu versenden, sowohl in Fässern als in Kisten und Körben, sie aufzufüllen und abzuziehen, zu würzen, zu mischen, zu schönen; von den Krankheiten und Ausartungen der Weine; von den Vorrichtungen zur Behandlung schäumender Weine; Wein- und Flüssigkeitsmaße der verschiedenen Länder und Städte; Beschreibung und Abbildung aller zum Weingeschäft nöthigen Geräthschaften, u. dgl. m. Für einen Jeden, der Wein bereitet, bearbeitet oder Handel damit treibt. Von F. Jüllien [vielm.: André Jullien]. Aus d. Franz. übers. und mit vielen Zusätzen bereichert von Eduard Roßnagel. 2., verb. Aufl. Quedlinburg & Leipzig: Basse 1833. VIII, 280 S., 2 Taf. Abb. -- 12*.43

--- Dass. 3., verb. Aufl. Ebd. 1836. VIII, 239 S. -- 17.51*

--- Dass. 4., verb. Aufl. Ebd. 1845. VIII, 237 S. -- 121*

Jüllien, F., der erfahrene Weinkellermeister. Enthaltend gründl. Belehrungen über die Bereitung des Weines, nebst Anweisung, die Weine zu bearbeiten und im Keller zu behandeln, sie zu prüfen u. dgl. m. Für einen Jeden, der Wein bereitet, bearb. oder Handel treibt. Nach dem Französ. bearb. und mit den neuesten Erfahrungen bereichert von Ed. Roßnagel. 5., verm. und verb. Aufl. gr. 8. (VIII und 236 S. mit 3 Stnt. Abbild. in qu. Fol.) Quedlinburg 859, Basse.

Jüllien, F., der erfahrene Weinkellermeister. Enth. gründl. Belehrungen über die Bereitung des Weines, nebst Anweisung, die Weine zu bearbeiten und im Keller zu behandeln, sie zu prüfen, zu versenden, sowohl in Fässern als in Kisten und Körben, sie aufzufüllen und abzuziehen, zu würzen, zu mischen, zu schönen; von den Krankheiten und Ausartungen der Weine; Beschreibung und Abbildung aller zum Weingeschäft nöthigen Geräthschaften u. dgl. m. Für einen Jeden, der Wein bereitet, bearbeitet oder Handel damit treibt. Neu bearb. und mit den neuesten Erfahrungen bereichert von Ed. Roßnagl. 6. Aufl., durchgeseh. und verb. von Wilib. Artus. gr. 8. (VII, 326 S. mit 5 lithogr. Taf. Abbildungen in qu. Fol.) Quedlinburg 871, Basse.

--- Dass. 7. Aufl., neu bearb. ... von Wilib. Artus und Eduard Roßnagel, umgearbeitet u. verb. von Eduard Roßnagel. Mit 120 Abb. Quedlinburg: Basse 1885. VIII, 322 S. -- 14.36.121*
Bibliotheca oeconomica: Jüllien, A. -- Bibliotheca oenologica: Jüllien, F. -- Cat. gén.: Jullien, André-H.A. -- Heinsius und Kayser: Jüllien, F. -- Weber: Jüllien, A.

Jüllien, F., der erfahrene Weinkellermeister. Enthaltend gründl. Belehrungen über die Bereitung des Weines, nebst Anweisung, die Weine zu bearbeiten und im Keller zu behandeln, sie zu prüfen, zu versenden, sie aufzufüllen und abzuziehen, zu verschneiden, zu kräftigen, zu schönen; von den Krankheiten und Verfälschungen der Weine; die Vorrichtungen zur Behandlung schäumender Weine; Beschreibung und Abbildung aller zum Weingeschäft nöthigen Geräthschaften; topograph. Darstellung der Weine und des Weinhandels; die Gesetze über die Kunstweine u. a. m. Für einen Jeden, der Wein bereitet, bearbeitet oder Handel damit treibt. Neu bearb. und mit den neuesten **Erfahrungen bereichert von Wilib. Artus und Ed. Roßnagel. 7. Aufl., umgearb. und verb. von Ed. Roßnagel. gr. 8. (VIII, 322 S. mit 120 Abbild., von welchen 119 auf 4 Taf.) Quedlinburg 885, Basse.** * 7 20

Jullien, der erfahrene Weinkellermeister, Ersatz, s.: Goldschmidt, Fritz, der Wein von der Rebe bis zum Konsum.

Jullien, C. E., Dampfmaschinen-Baukunst, s. Demme, A. B.

— Handbuch üb. den Bau ꝛc. der Dampfmaschinen, s.: Schauplatz, neuer, der Künste u. Handwerke, 158 u. 159. Bd.

Jullien, C. E. Theoretisch-praktisches Handbuch der Eisenhüttenkunde. Aus dem Französischen von C. Hartmann. Mit Atlas. Brüssel und Leipzig, 1861.

Jullien, C. E., theoretisch-praktisches Handbuch der Eisenhüttenkunde umfassend die Roheisen-, die Gusswaaren-, die Stabeisen-, die Stahl- und die Weissblechfabrikation, nebst Einleitung in die Grundsätze, auf denen diese Gewerbe beruhen. Für Chemiker, Physiker, Berg- und Hüttenbeamte etc. Autorisirte deutsche Bearbeitung von Carl Hartmann. gr. 4. (VIII und 308 S. nebst Atlas des Orig. mit 53 lithogr. Foliotaf.) Brüssel 861, Schnée. *

Jullien, L., et Larcher, les femmes jugées par les bonnes femmes, s. Larcher.

Jullien, Louis

Jullien, L., Tripper u. Ehe. Ins Deutsche übertr. u. hrsg. v. E. Hopf. 8. (IV, 320 S.) Berlin 899. [Gebr. Borntraeger.] Vogel & Kreienbrink. n. 3. —

Jullien, Louis, seltene u. weniger bekannte Tripperformen. Vorlesungen in Saint-Lazare v. J. 1905. Gesammelt v. Belgodère. Autoris. Übersetzung v. Geo. Merzbach. (III, 84 S.) Lex. 8. Wien 907. A. Hölder. 2. 60

Jullien, M., S. J., der Muttergottesbaum in Matarieh. Erinnerungen an den Aufenthalt der Hl. Familie in Aegypten. Auf Wunsch des Verf. ins Deutsche übertr. v. C. zur Haide. (107 S. m. Abbildgn. u. Titelbild.) 8. Regensburg 906. Verlagsanstalt vorm. G. J. Manz. n. 1.20

M. Ant. Jullien üb. d. beste Benützung d. Zeit, als erstes Mittel z. glückl. Leben; besond. f. junge Leute v. 15 bis 25 Jahren; nach d. neuesten A. a. d. Franz. übers. v. Jos. Ant. Schultes. *Regensb.* u. *Landsh.* (...) 2e Ausg. 836. 8° 20 gl

Jullien, M. A., über d. beste Benützung d. Zeit, als erstes Mittel z. glückl. Leben. Besond. f. junge Leute v. 15—25 Jahren. N. d. neuesten Aufl. a. d. Franz. übers. v. J. A. Schultes. 2. Ausg. 8. (31⅛ B.) Regensburg 836, Manz.

— Gedenkbuch, oder praktisches Buch der Zeitanwendung ꝛc. 8. Leipzig 829. (Melzer.) 7/12 ß

Jullien's, M. A., Gedenkbuch, od. prakt. Buch der Zeitanwendung ꝛc.; auf d. J. 18(30). Aus d. Französ. Mit e. Leipziger Post-Bericht (u. Börsenliste). Mit 2 Pergam.-Taf. 8. Leipz. 829. Abel. 18 gr ohne Post-Bericht u. Börsenliste. 14 gr

Jullien, M. A., Gedenkbuch od. prakt. Buch d. Zeit-Anwendung; als Geschäfts-Kalender u. Tagebuch f. alle Stände, auf d. J. 18(30). A. d. Franz. Mit e. Leipziger Post-Bericht (u. Börsenliste.) 8. (13½ B. u. 2 Pergamenttaf.) Leipzig, (Kayser.)

Jullien, (M. A.,) die Lebens-, Meß- u. Rechnungskunst (Biométrie). Aus d. Franz. mit Zusätzen v. Th. Thon. Mit 1 Kupfrt. 8. Ilmenau 825, Voigt.

— allgem. Memorandenbuch auf d. J. 18.. Aus d. Französ. übersezt u. mit Anmerkk. u. e. Anhang versehen v. Jh. K. Höck. 8. Tübing. 817. (Laupp). 21 gr

Jullien, M. A., Notiz-Taschen-Buch. Ein Geschäfts-Kalender auf alle Tage des Jahres f. alle Stände. 16. (295 S.) Bautzen 850, Reichel. ½ ß

Jullien, M. A., Versuch üb. die beste Methode die Zeit gehörig anzuwenden, für junge Leute nach d. 2te Aufl. Aus d. Franz. übersezt v. Schultes. 8. Regensb. Montag u. W. 811.

Jullien, P.-J. et Larcher, ce qu'on dit de la fidélité,
—— ce qu'on a dit du mariage, s. Larcher.

Jüllien, s. Jullien

Jüllien, F., s. Jullien, André

Jüllig, Grete, Gedichte. (119 S.) 16. Wien 908. C. Fromme. Geb. in Leinw. m. Goldschn. 1.50

Jüllig, Max. Ueber die Fortschritte der Telephonie, s. a. Vorträge d. Vereines zur Verbreitung naturwissensch. Kenntnisse in Wien.

Jüllig, M: Ueber die Fortschritte der Telephonie. Vortrag. Wien 1890

Jüllig, Max: Über die Gestalt der Kraftlinien eines magnetischen Drehfeldes. – 1894. 22 S., 4 Taf. Aus: Sitzungsber. d. kais. Akad. d. Wiss. in Wien. Math.-nat. Cl. Bd CIII, Abth. IIa, Juli 1894.
Diss. Wien, TH

Jüllig, M., die Kabeltelegraphie, s. a. Bibliothek, elektrotechnische.

Jüllig, M: Die Kabeltelegraphie. Leipzig . . . 1884

Jüllig, Max, Die Kabeltelegraphie. (Elektro-technische Bibliothek. Bd. XXVI.) 8. (XVI u. 256 S. mit 90 Abbild.) Wien, A. Hartleben. 1 fl. 65 kr., in Origbd. gebd. 2 fl. 20 kr.
1884.

Jüllig M, die Kabeltelegraphie. (Bibliothek, Elektrotechnische 26) Wien 1885

Jüllig Max: Zur Theorie der Metallthermometer (mit 1 Taf.). S. 79. H. 38 . . . . . vgr.
Separatabdruck

Jüllig, Max, zur Theorie der Metallthermometer. [Mit 1 (lith.) Taf.] [Aus: „Sitzungsber. d. k. Akad. d. Wiss."] Lex.-8. (26 S.) Wien 879. (Gerold's Sohn.) n. — 60

Julmy, N., die Ziegen-Rassen d. Schweiz. Monographie, hrsg. unt. d. Auspizien d. Gesellschaft f. Hebg. d. Kleinviehzucht d. französ. Schweiz. M. 8 Farbendr.-Taf. gr. 4. (33 S.) Aarau 896. Müller & Trüb. Geb. in Leinw. 6. —

Julmy, N., die Ziegenrassen der Schweiz. Monographie, hrsg. unter den Auspizien der Gesellschaft f. Hebg. der Kleinviehzucht der französ. Schweiz. Mit 8 Farbendr.-Taf. Neue [Titel-]Ausg. gr. 4. (33 S.) Bern [896.] 900. K. J. Wyss. Geb. in Leinw. n. 4. —

Julus und Rhea. Ein Duodrama . . . Paphos . . . [Linz] 1784. V: *Büschel, Joh. Gabr. Bernh.* (UGE)

– vgl. Julius und Rhea.

Jüly, H., s. Jülg, Hans

Jumeaux, les deux, de la vallée de Wendnitz. 12. (113 S. und 1 Stnt.) Strasburg 847, [Berger-Levrault Witwe und Sohn.]

Jumelin, (Jean Baptiste): Kurzer historischer Auszug von alle dem, was bisher sowohl vor, als wider die Trennung des Schaambeinknorpels bey einer schweren Geburt geschrieben und vorgenommen worden. Aus dem Französischen übers. 25 S. (S. 33 - 57). Leipzig: 1779

s.: Hunter, William: Bemerkungen über die bey schweren Geburten empfohlene Zertheilung der Schaambeine. (Reflections on dividing the symphysis of the ossa pubis. Dt.)

JB 3.889

Jummel, Friedrich Ottomar, Referendar in Leipzig: Der § 300 Str.G.B., ein Versuch seiner Auslegung. *Borna-Leipzig 1903: R. Noske.* (IX, 58 S.) 8° [3.]
Leipzig, Jur. Diss. v. 1903

Jummel, O., s. Decorationsmotive.

Jummerspach, Friedr., die landwirthschaftliche Baukunde. Ein Leitfaden bei Vorträgen über dieselbe so wie zum Gebrauche für Oekonomen und Landbaumeister. Lex.-8. (XI und 248 S. mit 2 Stnt. in qu. Fol. und 120 eingedr. Holzschn.) Wien 860, Braumüller's Verlags-Conto.

Jummerspach, Friedr., die landwirthschaftliche Baukunde. Leitfaden bei Vorträgen über dieselbe, sowie zum Gebrauche für Ökonomen und Landbaumeister. 2. umgearb. Aufl. gr. 8. (X, 270 S. mit 144 eingedr. Holzschn.) [Wien 881, Braumüller.] Berlin, Parey. *

Jummerspach, Fritz, landwirtschaftliche Gebäude. Entwürfe der Baustelle d. bayer. Landwirtschaftsrates. (In 4 Lfgn.) 1. u. 2. Lfg. (16 Taf. m. 8 S. Text.) 44,5×34,5 cm. Stuttgart (910). E. Ulmer. à Lfg. 3. —

Jumpelt, die Frau, s.: Schriften des sächs. Volksschriften-Verlags. 8. Jahrg. 1. Hft.

Jumpelt, August Wilhelm (Pirna), Ad decis. Saxon. El. XXIV. de anno 1746 dissertatio. Präs. D. Heinr. Gottfried Bauer. Lpz. (Langenheim) 22. X. 1778. 8 S. (4.50) 17155

— **Carl Friedrich** (Appollensdorf. Dresden), De vario censuum significatu & jure. Diss. jur. Präs. Justus Henning Böhmer. Halle (Johann Grunert) 6. III. 1722. 44 S. (6.80) 17156

— **Gottfried Wilhelm** (Apollensdorf/Saxo), De eo quod justum est circa restitutionem fructuum quoad eum, qui vicit in possessorio, sed postea succubuit in petitorio. Diss. jur. Rector Jo. Joachim Hahn. Präs. Jo. Philipp Streit. Erfurt (Grosch) 22. V. 1723. 28 S. (6.50) 17157
Gew.: Ludwig Alexander v. Seebach (Gr.- u. Kl.-Fahner, Gierstaedt), Georg Gottlieb Ritter.

— **Jacob Ephraim** (Niemegk. Dresden), Positiones miscellaneas ex jure cambiali, potissimum Saxonico. Diss. jur. Rector Jo. Joachim Hahn. Präs. Jo. Philipp Streit. Erfurt (Grosch) 24. V. 1723. 24 S. (6.20) 17158

Iumpertz, Carolus (geb. 1829 in Jülich): De foecundatione plantarum ... Bonnae, form. I. F. Carthaus (1855). 2 Bl., 27 S., 1 Bl., 1 Taf. 8.
Bonn, Phil. Fak., Diss. v. 23 Juni 1855

Jumperts, *Tilman Joseph* **Max: Der römisch-karthagische Krieg in Spanien.** 211—206. **Eine histor. Untersuchg ... Berlin, W. Weber,** 1892; 38 S. 8.
Leipzig, Phil. Fak., Inaug.-Diss. v. [11. März] 1892

Jumperts, Max. Der römisch-karthagische Krieg in Spanien. 211—206. Eine histor. Untersuchg. Diss. gr. 8. (27 S.) Berl. 892, W. Weber. * 1 —

Durchforstung der Kiefer. Von Forstmeister [Karl] **Junack**, Neudeck. Neudamm: Neumann 1908. 44 S. 8°
(Neudammer forstliche Belehrungshefte. [4.]) 10. 4187

JUNACK, Karl: Durchforstung der Kiefer. - Neudamm 1908. 44 S., m. Abb. - 2. Aufl. ebd. 1910. 46 S., m. Abb. - 3. Aufl. ebd. 1921. 54 S., 18 Abb. - 4. Aufl. ebd. 1931. 52 S. - (Neudammer forstl. Belehrungsh.)

Die Dürre des Sommers 1904 im deutschen Walde. Von Oberförster **Junack**, Ebstorf. Neudamm: J. Neumann 1907. (32 S.) 8° [F.] 07. 7976

JUNACK, Karl (Hrsg.): Grubenholztabelle für das oberschlesische Kohlenrevier. - Neudamm 1909. 39 S. - 2. Aufl. ebd. 1935. 39 S.

Junack, Max, Thierarzt aus Berlin: Aus d. Hygien. Institute d. thierärztl. Hochschule zu Berlin. Leiter: Prof. Dr. med. **Ostertag. Untersuchungen** über die Außen-Desinfection mittels mäßig gespannten strömenden Wasserdampfes mit besonderer Berücksichtigung der Desinfection der Milchkannen. Mit 1 Curve. *Stuttgart 1904: Union.* (27 S.) 8°
Gießen, Veterinär-med. Diss. v. 1904

Junck. De arte principum historicorum Graecorum. Pr. 1834. 18 S. 4°. 2.—

Junck, Johann Reinh.: P l e o n a s m o s linguae Graecae in N. T. occurrentes, s. M a y , Johann Heinrich [Praes.]

Junck, K.

—— Ludwig Frhr. v. Gablenz als kaiserl. Statthalter von Holstein. Eine Episode aus seinem Leben. gr. 8. (48 S.) Ebendas. 874. *

Junck, C., Grundriss der Geschichte des osmanischen Reichs, mit besond. Berücksichtigung der neuesten polit. Ereignisse im Orient. Nebst einem Anhang betr. das gegenwärtige Heerwesen der Türkei. gr. 8. (XII und 182 S.) Marburg 853, Elwert'sche Universitäts-Buchh.

— der russisch-türkische Krieg in der europ. Türkei u. in Asien in den Jahren 1828 u. 1829. Zum besseren Verständniß des gegenwärtigen Krieges bearb. Mit 1 (lith.) Uebersichtskarte des Kriegsschauplatzes in Asien (in 4.). Cassel 854. J. Luckhardt'sche Buchhdlg. (Bertram.) gr. 8. (VIII, 152 S.) n. 22½ ngr.

Junck, C., aus dem Leben des k. k. Generals der Cavallerie Ludwig Frhrn. v. Gablenz. Eine biographische Skizze nach den Mittheilungen des Generals bearb. 2. Aufl. gr. 8. (60 S. mit 1 Portr.) Wien 874, Faesy und Frick. *

Junck, Karl, der deutsch-französische Krieg 1870 und 1871. Historisch, politisch und kriegswissenschaftlich dargestellt. 2 Thle.

Mit (4 chromolithogr.) Karten und Plänen. gr. 8. Leipzig 876, Brockhaus. * *M.* 16.; geb. in Leinw. *

Inhalt:
Thl. 1. Vorgeschichte und Geschichte des Krieges bis zur Capitulation von Sedan. (XXVIII, 652 S.)
" 2. Von der Capitulation von Sedan und dem Fall von Metz bis zum Friedensschlusse. (XXIV, 572 S.)

Junck, Karl Franz Julius Heinrich

Junck, ein Wort an Deutschlands Volk, sein Heer und sein Parlament im Hinblick auf Deutschlands gegenwärt. Stellung. gr. 8. (22 S.) Fulda 848, Henkel's Buchh.

Junck, L., s. J u n c k , K.

Junck, Walth., Gesetz, die Wahlen f. d. 2. Kammer der Ständeversammlg. d. Königr. Sachsen betr., v. 28. März 1896 u. Ausführungs-Verordng. vom 10. Oktbr. 1896. M. e. Darlegg. d. Grundzüge d. Gesetzes hrsg. gr. 8. (IV, 159 S.) Leipzig 896. B. G. Teubner. Kart. n. 1.80

F. A. J. J ü n c k e , Danzig [Weingroßhandlung]. — Berlin: Eckstein [1910]. 13 S. 4° [Kopft.] (Dt. Industrie, dt. Kultur. 8, 12.) 1. 38 A.

Jüncke, Sam. Ad., sicher. und geschw. Hausarzt. 4. Vrmbg. (Compt. f. Litt. in Lpz.) 744.

Juncken, Johann Helfrich, s. J u e n g k e n

Juncker, s. Junker.

Das Christusbild des Paulus. Von Lic. Alfred **Juncker**, Prof. Halle a. S.: M. Niemeyer 1906. (36 S.) 8° [F.] 06. 1683 3

Die Ethik des Apostels Paulus. Von Lic. Alfred **Juncker**, Privatd., Breslau. Hälfte 1. *Halle a. S.: M. Niemeyer 1904.* 8° 04. 3931 3

— **das Gebet bei Paulus**, s. a. Zeit- u. Streitfragen, biblische.

Das Gebet bei Paulus. Von Lic. Alfred **Juncker**, Prof. Gr. Lichterfelde-Berlin: E. Runge 1905. (32 S.) 8° [F.]
= **Zeit- u. Streitfragen**, Biblische. Ser. 1. H. 6. [04. 490

Juncker, Alfred *Wilhelm Gotthold* [aus Ida- u. Marienhutte]: Das Ich und die Motivation des Willens im Christentum. Ein Beitrag zur Lösung des eudämonistischen Problems . . . Halle a. S., Druck v. E. Karras, 1891; 2 Bl., 75 S. 1 Bl. 8°
Halle, Theol. Fak., Inaug.-Diss. v. 24. Jan. 1891

Juncker, Alfr. Das Ich u. die Motivation d. Willens im Christentum. Ein Beitrag zur Lösg. d. eudämonist. Problems. gr. 8. (III, 75 S.) Halle a. S. 891, Niemeyer. * 1 20

Juncker, Alfred *Wilhelm Gotthold* [Lic. theol., Inspektor am Johanneum zu Breslau]: Umstehende Thesen wird . . . verteidigen . . . Breslau, Bresl. Gen.-Buchdr., 1896; 2 Bl. 8.
Breslau, Ev.-theol. Fak., Hab.-Thes. v. 7. März 1896
(Nicht für den Austausch)

Juncker's, Axel, Sammlung moderner deutscher Lyrik. 1.—4. Bd. kl. 8. Stuttgart, A. Juncker.
Geb. in Leinw. à n. 2. 50
1. Die ewige Hochzeit. Der brennende Kalender. Liebeslieder. Von Max Dauthendey. (149 S.) (905.)
2. Das Sommerlied. Gedichte. Von Johs. Schlaf. Mit e. Bilde v. Julie Wolfthorn. (171 S.) (905.)
3. Frührot. Der Tag. Gedichte. Von Hans Reinhart. (216 S.) (906.)
4. Der Ritt ins Leben. 1. Station: Der Traum. — 2. Station: Der Rausch. — 3. Station: Die Einkehr u. das Ende. Von René Schickele. (113 S.) (906.)

Juncker, C. F. (Praes.), s. Buechner, Ge. Fr.: De stupore dextri lateris ...

– vgl. Juncker, Friedrich Christian

Juncker, Chrn. Anleitung zu der Geographie der mitlern Zeiten (Deutschlands Jena 1712. 4. . . . . (1) (

Juncker's, Christian, Beschreibung d. Rennsteigs, s. Schriften d. Vereins f. Meiningische Geschichte u. Landeskunde.

Juncker, Christian, Bilder aus dem alten Salzungen. Auszüge aus J.'s „Ehre der gefürsteten Grafschaft Henneberg" 1704. (28 S.) 8. Salzungen 908. (L. Scheermesser.)
nn — 40

Juncker, Christian, Christian Junckers /// Weyl. des Fürstl. Gymn. zu Altenb. Directore, // Wohlunterwiesener // Briefsteller /// zum Gebrauch // Der Jugend auf Gymnasiis // und andern Schulen. // Nebst // Einem Anhange // Von des berühmten Hn. B. Neukirchs // Galanten Briefen /// Und einem kurtzgefaßten // Titular-buche /// Siebende / durch und durch verbesserte // Auflage. // Mit Kön. Poln. und Chur-Sächs. Privilegio. // Leipzig /// Bey Johann Friedrich Brauns sel. Erben /// 1732. - 20 Blatt (nicht paginiert, Titelkupfer, Titelblatt, Widmung, Vorrede und summarischer Inhalt. - 368 S. und noch 5 Blatt nicht paginiert Register und Errata.
b. S. T. 11c.85.

– s. Plutarchus: Περὶ παίδων ἀγωγῆς.

– Schaubühne der Welt, s. Ludolf(f), Hiob

Juncker, Daniel: Theses (miscell.). 1 Bl. – Basel, Jur.Diss.v.25.Feb.1704.

Juncker, E.

—— Werner Elbe. Roman. 3 Bde. 8. (294; 304; 282 S.) Berlin 887, Janke. * 15 —

Juncker, E. (Else Schmieden), Frühlingsstürme. Roman. 2 Bde. 8. (220 u. 222 S.) Berlin 895. O. Janke. n. 9. — ; geb. n. 10. —

Juncker, E., höhere Harmonie. Erzählung. 8. (259 S.) Berlin 884, Janke. *

— die Klosterschülerin u. andere Erzählungen. 8. (295 S.) Ebd. 894. n. 6. —

Juncker, E. (Else Schmieden), **unter Kosaken.** Erzählg. 8. (319 S.) Berlin 896. O. Janke. n. 6. —; erm. Pr. 2. —

Juncker, E., Lebensräthsel. Roman. 2 Bde. 8. (259 u. 285 S.) Berlin 878. Janke. 9. —

—— Lebensräthsel. Roman. 2. Aufl. 2 Thle. in 1 Bd. 8. (159; 178 S.) Ebendas. 880. *

[F.] Lebensrätsel. Roman v. E. Juncker. (Else Schmieden.) 3. Aufl. . . . *Berlin: O. Janke [1896].* (2 Bl., 280 S.) 1 Bd 8.
(Collection Otto Janke.) [97 7949

— im zweiten Rang u. andere Erzählungen. (V, 280 S.) Ebd. 890. n. 6. —; geb. n. 7. —

Juncker, E. Im zweiten Rang u. andere Erzählgn. 8. (V, 280 S.) Berl. 891, Janke. * 6 —; geb. * 7 —

Juncker, E., ihr Roman. Erzählung. 8. (V, 266 S.) Berlin 885, Janke. .. * 5 —

—— Im Schatten d. Todes. Roman, nebst musikal. Compositionen v. Alex. K. Jencken. 8. (VI, 226 S.) Ebd. 890. * 6 —

Juncker, E. (Else Schmieden), **im Schatten des Todes.** Roman. 2. Aufl. (V, 213 S.) 8. Berlin 907. O. Janke. n. 4. —

—— Schleier der Maja. Roman. 4 Thle. 8. (391; 382 S.) Berlin 882, Gebr. Paetel.
geb. in 2 Bde. *

—— Schleier der Maja. Roman. 2. neu durchges. Aufl. 4 Thle. 8. (201; 189; 199; 182 S.) Berlin 885, Gebr. Paetel. * M 12.—.; geb. in 2 Bde. * 15 —

—— der Verlobungstag und andere Novellen. (Der Verlobungstag. — Ein Frühlingstraum. — Eine Stunde im Paradiese. — Valse oubliée.) 8. (204 S.) Ebendas. 888. * 4 —
geb. ** 5 50

— gottlose Zeiten. Roman. 3 Bde. 8. (268, 246 u. 280 S.) Ebd. 893. n. 12 —; geb. n. 15. —

—— im Zenith. 8. (284 S.) Berlin 880, Janke.

Juncker, (Ern. Gust.) Eduard (geb. Warschau 23. 5. 1802)

— **Eduard** (Warschau), Nonnulla de sexu sequiori. Diss. med.-physiol. Bln. (August Petsch) 1. IX. 1829. 35 S. mit Biogr. (M.: Scholz.) (6.20) 17163
Oppon.: W. Alberti, E. Krieg, G. Holthoff. — Gew.: B. Filitz (Breslau).

Juncker, F.: „Abhandlung über die Folgen und Einflüsse von einem unter einem Volke entstandenen, im Verhältniss zu einem andern Volke übermässigen Metallreichthum", o. O. 1802.

Juncker, Friedrich August.
Handbuch der gemeinnützigen Kenntnisse . . . Stuttg. 1817. H· *Pahl, Joh. Gfr.* (MGT)

Frid[ericus] Christianus Iunckerus [Juncker]:
De Causa proxima febrium intermittentium naturae horroris, doloris, caloris, ex rationibus physico-chemicis deductae superstructa. [Resp.:] Christianus Gottlieb Berger. Halae Magdeb. (1770:) Grunert, 39 S. 8°

Halle, Med. Diss. v. 8. Febr. 1770

—, resp. Casp. Lud. **Curtius,** De explicando consensu partium, qui nervis debetur. 24 pp. Hal. 4°. 1770

— Friedrich Christian (Danus [= Dänemark]), De morbis colicam consequentibus. Diss. med. Halle (Johann Christian Hilliger) 13. V. 1749. 40 S. (6.50) 17164
Widm. v.: Sigism. Jac. Baumgarten, Andreas Elias Büchner, Johann Regius (Merseburg), Jacob Friedrich Heßling (dtsch.), Jo. Salom. Semler.

Frid[ericus] Christianus Iunckerus [Juncker]:
Observationes de inflammatione pedis et abscessu femoris sub curatione fracturae fibulae ortis. [Resp.:] Ioannes Carolus Kock. Halae ad Salam (1769:) Stephan. 20 S. 8°

Halle, Med. Diss. v. 13. Nov. 1769

Juncker, Fr. Chr., resp. J. G. F. **Buechner,** De stupore dextri lateris absque motus laesione. 24 pp. Hal. 4°. 1770

Ausführung der Poetischen Aufgabe der Deutschen Gesellschafft zu Leipzig, Dass die Grossmuth in allen Thaten Sr. Majest. des Königs in Pohlen und Chur-Fürstens zu Sachsen, ꝛc. hervor blicke, wodurch GOTTLOB FRIEDRICH WILHELM JUNCKER, ein Mitglied gedachter Gesellschafft, den Preiss auf das Jahr 1729. erhalten hat. Dresden s. a. Gedruckt bey Johann Conrad Stösseln. 8°.

Juncker, Gottlob Friedrich Wilhelm, Untersuchung der Hanckischen weltlichen Gedichte,
siehe Christian Hoffmann von Hofmannswaldau,
Herrn von Hoffmannswaldau und andrer Deutschen auserlesener und bißher ungedruckter Gedichte 7. Theil, Frankf. u. Leipzig (1727).

Juncker, Gust., praktisches Hülfsbuch zur Einübung der latein. Formenlehre. Im Anschluß an den gewöhnl. Gang der latein. Grammatik bearb. 1 u. 2. Cursus. gr. 8. (1: X u. 53 S. 2: VI u. 151 S.) Halle u. Braunschweig 851. 52, Schwetschke & Sohn. (1: 6 ngr. 2: 18 ngr.) 24 ngr.

Juncker, J.: De noxa atque utilitate animi pathematum ..., s. Grunov, Jo. God. [Praes.]

Juncker, Johann.

Juncker, J., resp. Jo. H. **Scheube,** De aërophobis, von lufft-scheuenden Personen. 28 pp. Hal. 4°. 1745

Johann Juncker
1679 – 1759

De Arte pharmaceutica medico admodum necessaria. [Resp.:] Henricus Adamus Otto. Halae Magdeb. (1744:) Hilliger. 23 S. 8°

Halle, Med. Diss. v. März 1744

Juncker, Joh. (Präs.), s. Bauer, Karl Franz: De natura robusta ...

– (Präs.), s. Becker, Johann Christian: De purpura alba maligna et benigna.

– (Präs.), s. Boehmer, M. F.: Casum cujusdam matronae ...

– (Präs.), s. Bolten, Joachim Friedrich: De gangliis generatim.

– (Präs.), s. Brodhag, C. F.: De utilitate dolorum.

Johann Juncker
1679 – 1759

De Chirurgia chirurgiae necessaria. [Resp.:] Casparus Fischer. Halae Magdeb. (1744:) Hilliger. 32 S. 8°

Halle, Med. Diss. v. März 1744

Junker, Johann: Chirurgie, worinnen alles, was zur Wund-Artzney gehöret, sowohl die wahren Grundsätze nach der Stahlianischen Lehrart, als auch die chirurgischen Operationes, nach den besten Autoren in CIII Tabellen abgehandelt worden. 764 S., gbd.

Halle: Waysenhaus 1722

JB 3.211

— Chirurgie. 4. Ebend. 744.

Junker, Jo., resp. H. P. **Oppermann,** De commodis ambiguis ex matrimonio hystericarum. 30 pp. Hal. 4°. 1755

Conspectus chemiæ theoretico-practicæ. **Vollständige Abhandlung der Chemie nach ihrem Lehr-Begriff und der** Ausübung, darin die Naturlehre, besonders von den Mineralien, der natürlichen Cörper ersten Bestandtheile, Verhalten gegen einander, Eigenschaften, Kräfte und Gebrauch, zur wohlgegründeten und nützlichen Anwendung in der Apotheckerkunst, andern Künsten und Handwercken, der Hauswirthschaft und gemeinen Leben, vornehmlich nach Becher's und Stahls Grundlehren ausgeführt, und mit eben dieser, wie auch anderer berühmten Chemicorum Erfahrungen bestätigt werden. Halle, 1749–53. 3 vols., 4to. Vol. I, pp. [xvi]-724-[54], 1749. Vol. II, pp. [viii]-568-[44], 1750. Vol. III, pp. [xx]-789-[51], 1753.

Juncker, Jh., (†d. 25. Oct. 1759.) vollständ. Abhandl. d. Chemie. Aus d. Latein. (von Jh. Joach. Lange). 3 Thle. 4. Halle 749—53. Waisenh.-B. 2 Rthlr 4 gr.

Juncker, Johannes.
Conspectus chemiæ theoretico-practicæ in forma tabularum repræsentatus, in quibus physica, præsertim subterranea, et corporum naturalium principia, habitus inter se, proprietates, vires et usus itemque præcipua chemiæ pharmaceuticæ et mechanicæ fundamenta e dogmatibus Becheri et Stahlii potissimum explicantur, eorundemque et aliorum celebrium chemicorum experimentis stabiliuntur. Halæ Magdeburgicæ, 1730. 2 vols., sm. 4to. Vol. I, pp. [x]-1086-[42 of Index]. Vol. II, pp. [xii]-598-[30 of Index]. Portrait of Juncker. Second edition, 1744.

Iunker, I., conspectus chemiae theor.-pract. in forma tabular. repraes. II Tmi. 4. Halae, Waisenh. 738—44. (I. 1 Rthlr. 4 gr. II. 14 gr.)

— conspectus chirurgiae tam medicae quam instrument. Tabb. CIII. 4. Halle 721. Ed. II. 731. Ed. III. 757. Waisenh.-B. 18 gr.

Conspectus chirurgiae tam medicae, methodo Stahliana conscriptae; quam instrumentalis, recentissimorum auctorum ductu coll., ... adjecto ind. sufficiente. Auctore Ioanne Iunckero [Juncker]. Halae: Orphanotropheus 1731. 661 S. 8°

— conspectus formulas medicas exhibens. Tabb. XVI. 8. Halle 723. Ed. II. 730. Ed. III. 739. Ed. IV. 753. Waisenh.-B. 3 gr.

Conspectus formularum medicarum, exhibens tabulis 16, tam methodum rationalem, quam remediorum specimina, ex praxi Stahliana potissimum desumta, et therapiae generali accomodata. Auctore Joanne Junckero [Juncker]. Ed.2. Halae Magdeb.: Orphanotropheum 1730. 110 S. 8°

Conspectus medicinae theoretico-practicae, tabulis 116 omnes primarios morbos, methodo Stahliana tractandos, exhibens: cum ind. ...et praef. (Georgii Ernesti) Stahlii [Stahl]. Auctore Ioanne Iunckero [Juncker]. Halae: Orphanotropheum 1718. 752 S. 8°

— **conspectus medicinae theoretico-practicae, tabulis CXVI, omnes primarios morbos methodo Stahliana tractandos exhibens. 4. Halle 718. Edit. II. tabulis CXXXVIII, cum indice et praef. Stahlii. 724. Ed. III. 734. Ed. IV. 750. Waisenh.-B.**

Conspectus pathologiae ad dogmata Stahliana praecipue adornatae et semeiologiae potissimum Hippocratico-Galenicae in forma tabularum repraesentatus. Auctore Ioanne Iunckero [Juncker]. Halae Magdeb.: Orphanotropheum 1736. 608 S. 8°

— — **physiologiae medicae et hygieines, in forma tabular. repraes. 4. Halae, Waisenh. 735.**

— — **physiologiae, phatol. et semiologiae in forma tabular. repraes. 4. ibid. 736.**

Conspectus therapiae generalis, cum notis in materiam medicam...a Ioanne Iunckero [Juncker]. Ed.2., corr. Halae Magdeb.: Orphanotropheum 1735. 520 S. 8°

— **conspectus therapiae general. c. not. in mat. med. et tab. XX. methodo Stahl. conser. 4. ibid. 739.**

— **therapiae specialis. Tabb. CXXXVIII omnes primarios morbos methodo Stahliana tractandos exhibens. 4. Halle 707. IVta vice editus, et notis passim illustratus, cum indice locuplete et praef. Excell. Stahlii. 750. Waisenh.-B.** 1 sp 24

Johann Juncker
1679 - 1759

De calculi Curatione nova, nuper in Britannia publicata modeste. [Resp.:] Ioannes Andreas Eichrodt. Halae Magdeb. (1741:) Hilliger. 25 S. 8°

Halle, Med. Diss. v. Okt. 1741

Johann Juncker
1679 - 1759

De Differentiis symptomatum. [Resp.:] Christophorus Fridericus Klermondt. Halae Magdeb. (1743:) Hilliger. 30 S. 8°

Halle, Med. Diss. v. 19. Sept. 1743

—, De doloribus eorumque causis generatim. Hal. 4°. 1 7 5 5

—, resp. Jo. Chr. **Unzer,** De doloribus capitis scandalo medicorum difficulter removendo. 40 pp. Hal. 4°. 1 7 4 1

—, Diss. de dysuria senili ex motibus haemorrhoidalibus oriunda. Hal. 4°. 1 7 4 3

Ioannes Junckerus [Juncker]: De Effectibus seniium morbis supervenientium. [Resp.:] Ioannes Sigismundus Schelling. Halae Magdeb. (1757:) Hilliger. 15 S. 8°

Halle, Med. Diss. v. 24. Nov. 1757

Johann Juncker
1679 - 1759

De Exostosibus. [Resp.:] Joannes Theophilus Ludwig. Halae Magdeb. (1756:) Hilliger. 44 S. 8°

Halle, Med. Diss. v. Dez. 1756

– (Präs.), s. F i e n e , Gottlieb Christian: De viscerum laesionibus rite dijudicandis ...

Juncker, Johann (Präs.), s. F r i t z e , Johann Friedrich: De usu corticis peruviani discreto et sollertius experimentando.

— griech. Grammatik, s. *Grammatica graeca*, sie erschien zuerst 1705 (von Jh. Juncker).

– (Präs.), s. G r ü e l , Joachim Friedrich: De motu post pastum.

– (Präs.), s. H e c h t l i n u s , Jo. Chr.: De chronicis deliriis legitime curandis.

Johann Juncker
1679 - 1759

De Hemicrania horologica. [Resp.:] Ioannes Christoph[orus] Ulricus Oppermann. Halae Magdeburgicae (1747:) Hilliger. 54 S. 8°

Halle, Med. Diss. v. Juni 1747

Juncker, Johann (Präs.), s. H ü t t e l , Ernst Ludwig: Exemplo plethorae demonstratur quod bonus theoreticus bonus quoque sit practicus.

— — (Waltershausen/Thüring.), De hypotheca nominum ejusque effectu. Diss. jur. Präs. Joh. Tobias Hoffmann. Jena (I. B. Heller) 27. IV. 1729. 38 S. mit Widm. v. Präs. (6.—) 17166

Joannes Junckerus [Juncker]: De Ictero gravidarum circumspecte tractando. [Resp.:] Ioannes Leopold[us] Amand[us] Schunemann. Halae Magdeb. (1747:) Hilliger. 36 S. 8°

Halle, Med. Diss. v. Aprl. 1747

Johann Juncker
1679 - 1759

Obstetricum Imperitia et errores casu quodam maxime luctuoso demonstrantur. [Resp.:] Philippus Adolphus Seelbach. Halae Magdeb. (1745:) Hilliger. 48 S. 8°

Halle, Med. Diss. v. Dez. 1745

Johann Juncker
1679 - 1759

De abscessuum & ulcerum Indole diversa. [Resp.:] Friderich Gottlob Leube. Halae Magdeb. (1745:) Hilliger. 20 S. 8°

Halle, Med. Diss. v. Mai 1745

[Teils.] Joannis Junckeri [Juncker] Institutiones physiologiae et pathologiae medicae quibus acc. Hygieine et Semeiologia. Rec. et forma tabularum in quaestiones et responsiones red. Theodorus Christophorus Ursinus [Ursin]. Halae: Orphanotropheum 1745. 712 S. 8°

— institution. **physiologiae et pathologiae. med. 8. ibid. 747.**

Johann Juncker
1679 - 1759
De viscerum Laesionibus rite diiudicandis et congrue tractandis. [Resp.:] Gottlieb Christian Fiane. Halae Magdeb. (1745:) Hilliger. 30 S. 8°
Halle, Med. Diss. v. Apr. 1745

—, Diss. de masticatione foliorum tabaci in Anglia usitata. Hal. 4°. 1744

Juncker, Jo., resp. Jo. Fr. Junius, Sistens meditationes nonnullas de morbis spasmodico-convulsivis. 45 pp. Hal. 4°. 1739

— — (Prorector), Commentatione de mense die que memoriae Christi nati antiquitus consecrato. Halle (Joh. Andr. Bauer) 25. XII. 1740. 28 S. (4.80) 17167

Junker, Jo., resp. J. L. Ruediger, Diss. de variabili hypochondriacorum mente. Hal. 4°. 1746

Junker, J., resp. Abr. v. Helmbach, De nova methodo curandi epilepsiam sine specificis. 27 pp. Hal. 4°. 1741

Johann Juncker
1679 - 1759
Monita circa curationes ulcerum rebellium. [Resp.:] Ioan(nes) Henricus Ehrenfried Thams. Halae Magdeb. (1759:) Hilliger. 24 S. 8°
Halle, Med. Diss. v. 22. Jan. 1759

Johann Juncker
1679 - 1759
De Morbis juvenum. [Resp.:] Godofredus Bernhardus Thiesen. Halae Magdeb. (1746:) Hilliger. 38 S. 8°
Halle, Med. Diss. v. Nov. 1746

Joannes Junckerus [Juncker]: De Morbis laboriosorum chronicis. [Resp.:] Christophor(us) Fridericus Otto. Halae Magdeb. (1745:)Hilliger. 34 S. 8°
Halle, Med. Diss. v. Apr. 1745

Johann Juncker
1679 - 1759
De Morbis virorum. [Resp.:] Iohannes Ferdinandus Pillich. Halae Magdeb. (1748:) Hilliger. 32 S. 8°
Halle, Med. Diss. v. Sept. 1748

Johann Juncker
1679 - 1759
De Ovuli impraegnati nexu cum utero. [Resp.:] Bernhardus Ferkuhn. Halae Magdeb. (1757:) Hilliger. 30 S. 8°
Halle, Med. Diss. v. 15. Juni 1757

Johann Juncker
1679 - 1759
De Nonnullis quae vulgo contemni solent in medicina. [Resp.:] Ioannes Fridericus Quitzmann. Halae Magdeb. (1745:) Hendel. 24 S. 8°
Halle, Med. Diss. v. 11. Mai 1745

— **Johann** (Halle), Observationes practicas de medicina quadam efficaci in motibus naturae exacerbatis. Diss. med. Präs. D. Michael Alberti. Halle Jan. 1718. 16 S. (6.—) 17165

Johann Juncker
1679 - 1759
Nonnullae Observationes circa tunicam retinam et nervum opticum. [Resp.:] Ioannes Henricus Moeller [1749]. Halae Magdeb. (1749:) Hilliger. 17 S. 8°
Halle, Med. Diss. v. Apr. 1749

Joannes Junckerus [Juncker]: De Odontalgia. [Resp.:] Johann Friedrich Andreas Schultze. Halae Magdeb. (1746:) Hilliger. 29 S. 8°
Halle, Med. Diss. v. Juni 1746

Johann Juncker
1679 - 1759
De Ophthalmia. [Resp.:] Gotthilf August Hoase. Halae Magdeb. (1744:) Hilliger. 16 S. 8°
Halle, Med. Diss. v. Nov. 1744

Juncker, Jo., resp. C. Wendt, De asthmatis vera pathologia et rationali therapia. Hal. 4°. 1752

Johann Juncker
1679 - 1759
De Pernionibus. [Resp.:] Ioannes Theodorus Fritze. Halae Magdeb. (1745:) Hilliger. 24 S. 8°
Halle, Med. Diss. v. Mai 1745

Johann Juncker
1679 - 1759
Principia ad modum operandi medicamentorum intelligendum. [Resp.:] Gotthilf Petrus Augustus Lysthenius. Halae Magdeb. (1756:) Hilliger. 27 S. 8°
Halle, Med. Diss. v. 12. Apr. 1756

Junker, Jo., resp. D. C. Langhammer, Diss. de prognosi Hippocratis, quod febris solvat apoplexiam, daß das Fieber den Schlag-Fluß curire. 28 pp. Hal. 4°. 1734

Johann Juncker
1679 - 1759
De salutari excretionum Promotione. [Resp.:] Johannes Andreas Reich. Halae Magdeb. (1746:) Hilliger. 38 S. 8°
Halle, Med. Diss. v. Aug. 1746

Johann Juncker
1679 - 1759
De Regulis generalioribus circa venaesectionem observandis. [Resp.:] Jacobus Fridericus Sander. Halae Magdeb. (1751:) Hilliger. 34 S. 8°
Halle, Med. Diss. v. 27. Apr. 1751

Johann Juncker
1679 - 1759
De acidorum dulcificatorum Respectu ad sanitatem, morbos et sanationem. [Resp.:] Wilhelmus Ludovicus Willius. Halae Magdeb. (1748:) Hilliger. 27 S. 8°
Halle, Med. Diss. v. Apr. 1748

Johann Juncker
1679 - 1759
De quadruplici haemorrhagiarum naturalium Respectu [Resp.:] Carolus Ludovicus Meckelburg. Halae Magdeb. (1746:) Gebauer. 28 S. 8°
Halle, Med. Diss. v. Okt. 1746

Junker, Jo., resp. Nic. **Martini**, De sinubus durae matris sinubus multorum malorum. 27 pp. Hal. 4°. 1743

—, De spasmis eorumque quadruplici respectu. Hal. 4°. 1752

Juncker, Jo., resp. Fr. C. **Meyenberg**, Diss. de spasmis eorumque quadruplici respectu. 53 pp. Hal. 4°. 1754

Junker, J., Diss. sist. raram epilepsiae speciem. Hal. 4°. 1765

Junker, Jo., Diss. specimen pathol.-therapeuticum in casu quodam terrificis motibus complicato. Hal. 4°.
1740

Junker, Jo., resp. **Lausberg**, Diss. de tenesmo haemorrhoidali. Hal. 4°. 1744

Juncker, Jo., Diss. de antimonii crudi usu interno. Hal. 4°. 1750

Johann Juncker
1679 - 1759

De Usu corticis Peruviani discreto et sollertius experimentando. [Resp.:] Ioannes Fridericus Fritze. Halae Magdeb. (1756:) Hilliger. 27 S. 8°

Halle, Med. Diss. v. 6. Nov. 1756

Ioannes Iunckerus [Juncker]: Usus venaesectionis in casibus quibusdam dubiis. [Resp.:] Rudolphus Carolus Fridericus Opitz. Halae Magdeb. (1756:) Hilliger. 29 S. 8°

Halle, Med. Diss. v. 19. Marz 1756

—, De utilitate animi pathematum. Hal. 4°. 1745

Junker, Jo., resp. J. N. **Hoff**, Diss. de vertigine. Hal. 4°.
1733

Juncker, Johann Christian Wilhelm

Junker, J. C. W., Archiv der Aerzte und Seelsorger wid. die Pockennoth, 7 St. gr. 8. Leipz. Weygand. 796—99. (1s 18 gr. 2s 22 gr. 3s 18 gr. 4s 1 Rthlr. 4 gr. 5s 22 gr. 6s 1 Rthlr. 7s 1 Rthlr. 4 gr.)

Conspectus rerum quae in pathologia medicinali pertractantur laudatis simul hujus doctrinae auctoribus iisque utplurimum probatissimis. Scripsit Jo[annes] Chr[istianus] Guilielmus Juncker. Halae Magdeb.: Orphanotropheus 1789. 242 S. 8°

— conspectus rerum, quae pertractantur in **pathologia** medic. II T. Halae, Waisenh. 789. 90.

— Etwas über d. Weinbergskrankheit d. verstorb. Dr. Bahrdt u. d. noch lebenden Kranken; zur Warnung. 8. Halle 792.

— **Grundsätze der Volksarzneykunde.** 8. Halle, Waisenh. 787.

Junker, J. Ch. W., Diss. qua hemicraniam sic dictam veram novo examini subjecit. Hal. 4°.
1791

Juncker, Joh[ann] Christ[ian] Wilhelm: Versuch einer allgemeinen Heilkunde zum Gebrauche akademischer Vorlesungen. Nebst vorläufigen Bemerkungen über einige Mittel, d. Arzeneykunst zu vervollkommnen u. d. Nutzen vorhandener medicinischer Kenntnisse in d. wirklichen Welt zu betreiben ... Thl 1. Halle 1788.
1, welcher diese vorläufigen Bemerkungen enthält.

— **Versuch einer allgem. Heilkunde; nebst Bemerkk. 2 Thle. 8. Halle 788, 91. Waisenh.:B. 1 ℛ 12 g**

— **Vorschl. und Nachr. über d. beste Verh. d. Mensch. in Rücks. der Pockenkrankh.** 1r 2r u. 3r Vers. gr. 8. Halle, Hemmerde. (Weigel.) 792–96. (1r 1 Rthlr. 2r 5 gr. 3r 1 Rthlr. 8 gr.)

— gemeinnütz. Vorschläge u. Nachr. über d. beste Verhalten d. Menschen in Rücksicht d. Pockenkrankheit. 1r Versuch; nebst Grens chem. Untersuch. des Abgangs d. Schafe rc. 1 ℛ u. 2r u. 3r Versuch. gr. 8. Halle 792—96. Schwetschke u. S. 2 ℛ 13 g

J[ohann] C[hristian] W[ilhelm] Juncker's gemeinnutzige Vorschläge und Nachrichten über die Pockenkrankheit ... Halle: Hemmerde & Schwetschke 1795. 67 S. 8°

— **Joh. Eberhard** (Leiningen/Pfalz), De diaphoreseos usu et abusu. Diss. med. Präs. D. Michael Alberti. Halle (Johann Christian Hendel) Okt. 1723. 24 S. (6.20) **17168**
Widm. v.: Präs., Johann David Engel, Jac. Zaumsegel.

— **Jo. Georg** (Waltershausen/Thüring.), De jure omnium in omnia. Präs. J. Philipp Slevogt. Jena (Nis) 11. IV. 1685. 18 S. (4.—) **17169**
Widm. v.: G. Schubart, Präs., M. Johann Georg Hattenbach, Gideon Elger, M. Joh. Philipp Juncker (Bruder).

— — Dasselbe. Ed. II. Jena (Joh. Bernhard Heller) 1720. 24 S. (5.50) **17170**
Widm. v.: G. Schubart, Präs.

— **Johann Georg jun.** (Waltershausen/Thüring.), De usuris ex deposito praestandis. Diss. jur. Präs. Caspar Achaz Beck. Jena (Heller) Juni 1722. 36 S. (6.50) **17171**
Gew.: Jacob u. Heinrich Sigism. Waitz, Tobias Brodkorb, Georg Heinr. Bachof, Philipp Marcus Marci, Jacob Braun, Georg Christoph Rhoen, Jo. Georg Juncker, Jo. Eman. Kreuchauf, David Backhaus, Jo. Samuel Wandersleb, Christoph Kestner, Jo. Martin Weissenborn. — Widm. v. Präs.

— **Jo. Heinrich** (Waltersh. / Thüring.), Judaeam rebus gestis et miraculis Christi claram. Präs. Johann Reinhard Rus. Jena (Jo. Bernh. Heller) Sept. 1733. 80 S. (7.50) **17172**
Widm. v.: Präs., Joh. Georg Juncker, sen. (an d. Präs.).

— **Jo. Matthaeus** (Waltersh. / Thüring.), Galilaeam rebus gestis et miraculis Christi claram. Präs. Jo. Franz Budde. Jena (Heller) 3. XII. 1718. 84 S. mit Widm. v. Präs. (7.50) **17173**

Juncker, Konrad

— **Cunrad** (Waltershausen/Thüring.), De privilegiis pauperum. Disp. jur. Präs. Joh. Volk. Bechmann (Obern=Tröbra). Jena (Johann Nis) Sept. 1668. 56 S. (7.—) 17160
Widm. v.: Präs., Theodor Meerbach (Gotha), Moritz Kramer (Dithmarschen), Matthäus Friedrich Vogel (Waltershaus.), Michael Habicht.

— — Dasselbe. Jena (Johann Nis) 1674. 56 S. o. Widm. (6.80) 17161

— — Dasselbe. Jena (Johann Nis) 1702. 56 S. ohne Widm. (6.50) 17162

Juncker, Conrad (Waltershausen/Thüring.), De simulatione. Disp. jur. Altdorf 2. V. 1676 (Jodocus Wilhelm Kohles) 1700. 30 S. (6.30) 17159

— **Ludwig Christian** (Halle), De damno ex scabie repulsa et remedio illud avertente. Diss. med. Halle (Johann Christian Hilliger) 28. X. 1750. 24 S. (6.—) 17175

Juncker v. Oberconreut, kurze Darstellung der Geschichte d. Infanterie-Regiments v. Voigts-Rhetz [3. Hannoversches Nr. 79]. Bearb. f. die Unteroffiziere u. Mannschaften d. Regiments. gr. 8. (68 S. m. eingedr. Kartenskizzen, 1 Portr. u. 1 Karte.) Hildesheim 890. Lax. n.n. — 50

Juncker v. Ober-Conreut, kurze Darstellung der Geschichte des Infanterie-Rgts. v. Voigts-Rhetz (3. hannov.) Nr. 79. Bearb. f. die Unteroffiziere u. Mannschaften des Rgts. 2. Aufl. (78 S. m. 1 Bildnis u. 1 Karte.) 8. Hildesheim 910. A. Lax. — 60

Juncker v. Ober-Conreut, Frl. Elisab., s.: **Weitra**, E. v.

Juncker von Ober-Conreut, Woldemar Frhr.

Juncker v. Ober-Conreut, Frhr. v., s. a. Im Polen-Aufruhr.

[5.] Im Polen-Aufruhr. 1846–1848. Aus d. Papieren e. Landrats. Von *,* (Vf.: [Woldemar] Frh **Juncker** v. Ober-Conreut, Reg.-Präs. zu Breslau.) *Gotha: F. A. Perthes 1898.* (2 Bl., 271 S.) 1 Bd 8. [98. 4070

Junckerstorff, Alfr., die **Arbitrage**. Münz- und Währungs-Verhältnisse. Das Prämien- und Stellagegeschäft. Praktische Darstellung für die deutschen Börsen. 8. (138 S.) Berlin 882, Haude und Spener'sche Buchh. geb.

Junckerstorff, Alfr., die **Arbitrage**. Münz- und Währungs-Verhältnisse. Das Prämien- und Stellagegeschäft. Praktische Darstellung, für die deutschen Börsen bearb. 2. unveränd. Aufl. 8. (138 S.) Berlin 885, Haude und Spener'sche Buchh. geb. * 2 —

Junckerstorff, Alfr. Unsere Handelsbeziehungen m. Ost-Indien. Eine Abhandlg. 8. (32 S.) Berl. 891, v. Trautvetter. * — 60

Katalog der Rüstungen- und Waffen-Sammlung des Herrn Karl **Junckerstorff** in Düsseldorf, nebst Möbeln, Bildern u. Antiquitäten aus demselben Besitz. Versteigerung ... 1905. Cöln: M. Lempertz 1905. (15 S., 17 Taf.) 2°(4°)
(Math. Lempertz'sche Kunstversteigerung 84.) [06. 4760

Junckheim, s. Junkheim.

Jundt, A., Argumentandi ratio qua ad defendendam Christianam religionem Q. Sept. Florens Tertullianus in apologetico et in suis adversus nationes „de testimonio animae et adversus scapulam" libris usus est. Diss. 1875. 83 S. 1.20

Jundt, Aug.

Jundt, A. Die dramatischen Aufführungen im Gymnasium zu Straßburg. Ein Beitrag zur Geschichte des Schuldramas im XVI. und XVII. Jahrh. 68 S. **Progr.** Pr. G. *Strassburg* 1881.

Jundt, Aug., die **dramatischen Aufführungen** im Gymnasium zu Strassburg. Ein Beitrag zur Geschichte des Schuldramas im 16. und 17. Jahrh. gr. 4. (69 S.) Strassburg 881, Schmidt'sche Universitäts-Buchh.

Jundt, Aug., Essai sur le mysticisme speculatif de maître Eckhart. Thèse. gr. 8. (VII, 151 S.) Strassburg 871. (Treuttel und Würtz.)

(Jundt, A[uguste].) Johann von Chur, genannt von Ratberg, und die Gottesfreunde. [A.] 8. [Leipzig 1880.]

Jundt, Emanuel. Rede, gehalten den 23. Juli 1832, bei der Errichtung des Freiheits-Baumes in Binningen, von E. J., Sohn. 8. *o. O.*

Jundt, **Jh., de origine susceptorum baptismalium. 4. Strassb. 756. Treuttel u. W.** 4 gr

Iundt, Is., de origine susceptorum baptismalium. 4. Strasb. Treuttel et W. (Bauer in Lps.) 756.

Jundzitt, Hippolit. Ueber die Ermittelung einiger Bitterstoffe im Biere. Diss. Dorpat. 8°. 51 pp.
1871.

Juneau County Rundschau : 1875–1892
Weekly, Circulation 1890, 500, Edited & published by Frank Heck, 1886–92.
Mauston, WI

Jünemann, Alfons: Eine literaturgeschichtliche Untersuchung über die Fortsetzungen der Kaiserchronik. Strassburg i. E. 1909: Goeller. 101 S. 8°
Straßburg, Phil. Diss. v. 24. Juli 1909, Ref. Martin
[Geb. 29. Jan. 85 Heuthen; Wohnort: Heuthen; Staatsangeh.: Preußen; Vorbildung: Gymn. Duderstadt Reife O. 06; Studium: Freiburg i. B. 1, Münster 1, Straßburg 5 S.] [U 10. 4084

Jünemann, *Henricus* Augustus *Nicolaus* [Heuthenensis]: De legione Romanorum I. Adiutrice ... (Erscheint vollst. in: Leipz. Studien z. class. Philol., XVI.) Lipsiae, typ. I. B. Hirschfeldi, 1894; 2 Bl., 39 S. 8.
Leipzig, Phil. Fak., Inaug.-Diss. v. [26. Juni] 1894

— -- compl. 1894. 140 S.

Jünemann, Franz: Kritische Bedenken **zu Kants Apriorismus.** Jena 1904: G. Neuenhahn. (55 S.) 8°
Jena, Phil. Fak., Ref. Liebmann, Diss. v. 5. Dez. 1904
[Geb. 12. März 81 Worbis; Wohnort: Worbis; Staatsangeh.: Preußen; Vorbildung: Gymn. Heiligenstadt Reife O. 00; Studium: Kiel 1, München 3, Münster 1, Jena 3 S.; Rig. 13. Juni 03.]

Jünemann, Frz., Kantiana. Vier Aufsätze zur Kantforschg. u. Kantkritik nebst e. Anh. (IV, 97 S.) gr. 8. Leipzig 907. E. Demme. 2.20

Kantiana. 4 Aufsätze z. Kantforschung u. Kantkritik, nebst e. Anh. Von Dr. Franz **Jünemann**. Leipzig: Demme 1909. VI, 97 S. 8° [09. 11618

Jünemann, Friedrich

Jünemann F, die Brikette-Industrie und die Brennmaterialien. (Bibliothek, Chemisch-technische 80) Wien 1881

Jünemann, Friedr., die Briquette-Industrie und die Brennmaterialien. Mit einem Anhang: Die Anlage der Dampfkessel und Gasgeneratoren mit besond. Berücksicht. der rauchfreien Verbrennung. Nach den neuesten Quellen und eigenen langjähr. Erfahrungen. 8. (IV, 396 S. mit 48 eingedr. Holzschn.-Abbild.) Wien 881, Hartleben's Verlag.

Jünemann, Frdr., die Brikett-Industrie u. die Brennmaterialien. Eine Darstellg. der Eigenschaften der festen, flüss. u. gasförm. Heizstoffe, wie Holz, Torf, Braunkohle, Coaks, Erdöl u. Spiritus, Wassergas, Halbwassergas u. Generatorgas, der Aufbereitung u. Brikettierung der Braun- u. Steinkohle u. der Untersuchung der Heizstoffe u. der Feuerungsanlagen. 2., vollständig umgearb. Aufl. (VII, 320 S. m. 67 Abbildgn.) 8. Wien 903. A. Hartleben. n. 5. —; geb. n. 5. 80

Jünemann F. die Fabrikation des Alauns. (Bibl. Chem. techn. 91) Wien 1882

— die Fabrikation des Alauns, der schwefelsauren und der essigsauren Thonerde, des Bleiweißes und des Bleizuckers. 8. (IV, 181 S. mit 9 eingedr. Holzschn. Abbild.) Ebendas. 882.

Jünemann Friedrich: Die Fragmente von Novalis über Religion und Christentum im Vergleich mit den Ansichten von Friedr. Schlegel und Schleiermacher.
II. 1910 PN 3026 372
Diss. Wien, Univ.

Jünemann, F., Rathgeber und Wegweiser für Auswanderer aus Oesterreich nach den verein. Staaten von Nordamerika. In Beziehung auf Ueberfahrt, Ankunft, Ansiedelung, Arbeitslohn, Boden, Gesundheit, Verfassung 2c. Nach den besten Quellen und nach eigener Anschauung. gr. 8. (XIV und 146 S.) Wien 849. (Leipzig, Hübner.) *

Jünemann Fr. Dr. Universal-Waaren-Lexikon. Wien und Leipzig, A. Dorfmeister. 1852. 8.

Jünemann, Friedr., reichhaltigstes und wohlfeilstes Universal-Waaren-Lexikon, in welchem mehr als 15000 Waaren-Artikel erklärt und deren besondere Kennzeichen genau angegeben sind. Nebst Vergleichung aller europ. und außereurop. Maaße, Gewichte und Valuten zu den im Kaiserstaate Oesterreich gebräuchlichen. Ein höchst nützl., ja wahrhaft unentbehrl. Hand- und Hilfsbuch für Jedermann 2c. Mit Benützung der neuesten und besten Quellen bearb. 12. (IV und 368 S.) Wien 852. (Leipzig, Hunger.)

Jünemann, Guillermo. El alma devota del sagrado corazón de Jesús ó sea un devocionario completo de esta devoción. 16. (VI. 520 S. m. 1 Stahlst.) Freib. i. Br. 892, Herder. * 1 60
geb. in Leinw. * 2 —; in Ldr. m. Goldschn. * 3 20

Jünemann, Guillermo, El alma devota del sagrado corazón de Jesús. Devocionario. 2. ed. revisada. (VIII, 484 S. m. Titelbild.) 16. Freiburg i/B. (905). Herder. Geb. in Leinw. n. 2. —

Jünemann, Guillermo, Antología universal de los mayores genios literarios. (X, 531 S. m. Titelbild.) gr. 8. Freiburg i/B. (910). Herder. 8.—; geb. in Leinw. 9. 20

Jünemann, G., devocion al sagrado corazon de Jesús. 2. ed. 16. (VI, 96 S.) Freiburg i/Br. 889. Herder. geb. n. -- 80

—— Devoción al sagrado corazón de Jesús. 2. u. 3. edic. 16. (V, 96 S.) Ebd. 889,91. geb. — 80

Jünemann, D. Guillermo, Devoción al sagrado corazón de Jesús. 4. ed., aumentada con un discurso pronunciado en la inauguración del templo del Sagrado Corazón de Jesús, en Concepción. 16. (VII, 148 S.) Freiburg i/B. 898. Herder. n. — 80

Jünemann, Guillermo, Historia de la literatura. 2. ed., cuidadosamente revisada. 8. (XII, 308 S. m. 50 eingedr. Bildnissen u. 1 Taf.) Freiburg i/B. 901. Herder. n. 2. 40; geb. in Leinw. n. 3. —; in Halbfrz. n. 4. —

— Historia general de la literatura. 4. ed., enteramente reformada. (XIII, 317 S. m. 55 Abb. u. Titelbild.) 8. Ebd. 910. 2.80; geb. in Leinw. 3. 40
3. ed. (X, 304 S. m. 49 Bildn. u. 1 Taf.) Ebd. 907.

Jünemann, Karl, Bittersüss. Gedichte. 8. (23 S.) Leipzig 898. P. Friesenhahn. — 60

Jung. – Für Jung und Alt. Ein Werbeblatt für entschiedenes Christentum. [Hrsg.: Gebr. Bramstedt.]
Elmshorn b. Hamburg: Bramstedt 1898 – (?).

Jung, Amalie, und das großherzogliche Fräulein-Institut in Mannheim. Ein Lebens- und Charakter-Bild. gr. 8. (218 S.) Weimar 873, Böhlau. *

Jung. Professor (Karl Gustav) J. Gestorben in Basel den 12. Juni 1864. [Necrolog. SA.] 8. [Basel 1864.]

Jung u. Dechent, zur Erinnerung an Hrn. Senior Dr. theol. Georg Eduard Steitz, Pfarrer an der St. Nicolaikirche u. Consistorialrath zu Frankfurt a/M. Zwei Reden, gehalten am Grabe den 22. Jan. 1879 u. im Verein für Geschichte u. Alterthumskunde den 27. Jan. 1879. gr. 8. (35 S.) Frankfurt a/M. 879. A. Neumann'sche Buchh. n. — 75

Jung's deutsche Feuerwehrbücher. 1.—23. u. 25. Heft. kl. 8. München, Ph. L. Jung. à Heft — 50
Buck, H., Feuermelde- u. Alarmierungswesen. Mit 45 Abbild. (88 S.) (908.) (11. 12. Heft.)
Dirnagl, das Rettungswesen bei den Feuerwehren. Mit 76 Abb. (127 S.) (909.) (15. 16. Heft.)
Effenberger, Bautechnik u. Feuerpolizei m. besond. Berücksicht. ihrer Beziehung zur Feuerwehr. Mit 58 Abbild. (110 S.) (908.) (7. 8. Heft.)
Elsner, Geo., Feuerschutz f. Fabriken. Eine Anregg. f. Architekten, Revisions- u. Verwaltungsbeamte u. Fabrikbesitzer. (125 S.) (910.) (19. 20. Heft.) Geb. 2. —
— Die Feuerspritzen u. ihre Verwendung auf der Brandstelle. Mit 43 Abb. (118 S.) (907.) (3. 4. Heft.)
— Das Schlauchmaterial nebst Zubehör, seine Verwendung u. Behandlung. Mit 34 Abb. (79 S.) (908.) (10. Heft.)
Feuer, das, seine Entstehung u. Wirkung. Brandursachen u. allgemeine Hilfsmittel gegen Schadenfeuer. Mit 9 Abbild. (58 S.) (907.) (1. Heft.)
Feuerbekämpfung, die. Brand- u. Rettungsdienst. (52 S.) (907.) (2. Heft.)
Herzog, Walt., Hand-Feuerlösch-Apparate. Mit 80 Abb. (74 S.) (909.) (17. Heft.) Geb. in Leinw. 1. 25
Jung, Ludw., Uebungsbuch f. Feuerwehren. 16. neu bearb. Aufl. (93 S. m. 38 Abb.) (910.) (25. Heft.)
Jung, Ph. L., die Feuerwachen, deren Bau u. Einteilung. Unter Mitwirkg. bewährter Fachleute hrsg. (132 S. m. 96 Abbildgn.) (910.) (21. 22. Heft.) Geb. 2. —
Qurin, Theophil, die Feuerleitern, ihre verschiedenen Systeme, deren Prüfung u. Instandhaltung. Mit zahlreichen Abbildgn. (115 S.) (907.) (5. 6. Heft.)
Schlunk, Wasserversorgung in Brandfällen. Mit 24 Abbildgn. (53 S.) (908.) (9. Heft.)
Schwartz, v., Brandursachen. Eine allgemein verständl. Anleitg. zur Kenntnis u. Feststellg. v. Brandursachen. (128 u. IX S.) (909.) (13. 14. Heft.)
Wendt, feuersichere Baumaterialien u. ihre Verwendung im Hochbau. (62 S.) (910.) (18. Heft.) Geb. 1. 25
Zeller, Karl, der Feuerbeschauer. Zum Gebrauch f. Mitglieder v. Feuerbeschau-Kommissionen, Beamte bei Polizei- u. Verwaltungsbehörden, Bauämtern, Kaminkehrer 2c. (69 S.) (910.) (23. Heft.) Geb. 1. 25
Heft 24 ist noch nicht erschienen.

[F.] Geschichte des Kgl. Preussischen Feldartillerie-Regiments Nr. 15 und seiner Stamm-Batterien. Auf dienstl. Veranl. bearb. v. **Jung,** Premierlt. . . . M. e. Bildn. S. Maj. d. Kaisers . . . *Berlin: E. S. Mittler & Sohn 1896.* (VI, 455 S., 1 Portr.) 1 Bd 8. 19' 4'61

Jung, Das Infusorienlager aus Kieselerde bei Oberohe. (Preuss. Zeitschr., Bd. 15.) Berlin 1867. 4.

Jung: De satira Romana. 44 S. –Neisse, Progr. 1862

Jung's kleine Taschen-Bibliothek. Nr. 1—3, 5 u. 6. 16. **Arad, H. v. Jung. (Wien, Verlagsanstalt Pallas.)** à n.n. — 15

1. Wie man Verbrecher erkennt. Bertillon's System. Aus den Geheimnissen der mod. Kriminalpolizei. (24 S.) 903.
2. 3. Lawn-Tennis. Mit der wortgetreuen Uebersetzg. der vom engl. Lawn-Tennis-Bund anerkannten Spiel- u. Wettregeln. Von Ralph. Stoddy. (87 S. m. 1 Fig.) 903.
5. 6. Fussball (Association). Mit wortgetreuer Uebersetzung der Spielregeln der „English Association Football Union", die jene f. d. J. 1903 als gültig anerkannt hatte. Von Ralph. Stoddy. (103 S.) 903.

Nr. 4 ist noch nicht erschienen.

Jung, allgemeine Therapie der Mund- u. Zahnkrankheiten, s.: **Horstmann, C.,** allgem. Therapie der Augenkrankheiten.

Jung, A. Ueber den Begriff des Tragischen. Inowraclaw, G., 1866. 14 S. 4. Progr.

Jung, A., Beiträge zu d. Geschichte d. Reformation. 1. Abthl. Geschichte d. Reichstags zu Speyer in d. J. 1529. gr. 8. (11 B.) Straßburg 830, Levrault.

—— dass. 2. Abthl. — A. u. d. T.: Geschichte d. Reformation d. Kirche in Straßburg u. d. Ausbreit. ders. in d. Gemeinden d. Elsasses. 1. Bd. gr. 8. (25¼ B.) Ebds. 830.

Jung, Adalbert: Studie über die Einwirkung thermischer Behandlung auf die Festigkeitseigenschaften und die Mikrostruktur hypereutektoider Stähle. Berlin: Borntraeger 1911. 46 S., 12 Taf. 4° ¶ Aus: Internat. Zeitschrift f. Metallographie. Bd 1.
Berlin, Dr.-Ing.-Diss. v. 2. 12. 1910

Jung, Adolf [cand. med. aus Aurich]: **Beitrag zur Pathogenese** der akuten Pankreatitis **im Anschl. an e. Fall** dieser Erkrankg . . . Göttingen, Druck d. Dieterich'schen Univ.-Buchdr., 1895; 37 S., 1 Bl. 8.
Göttingen, Med. Fak., Inaug.-Diss. v. [2. Febr.] 1895

Jung, Adf., Beitrag zur Pathogenese d. akuten Pankreatitis im Anschluss an e. Fall dieser Erkrankg. Diss. gr. 8. (37 S.) Göttingen 895. (Vandenhoeck & Ruprecht.) n. 1. 20

Jung, Adolf: Derivate des o-Tolyldithiobiurets. Freiburg i. B.: Speyer & Kaerner 1910. 32 S. 8°
Freiburg i. B., Phil. Diss. v. 10. Juli 1910, Ref. Gattermann
[Geb. 22. Juli 84 Konstanz; Wohnort: Breslau; Staatsangeh.: Preußen; Vorbildung: Johannes-Gymn. Breslau Reife M. 04; Studium: Freiburg i. B. 6, Breslau 5 S.; Rig. 6. März 10.] [U 10. 1060

Jung, Adolf, Hilfsarb. b. d. Staatsanwaltsch.: **Die Verwaltungsbefugnisse des Bundesrates.** Borna-Leipzig 1910: **Noske.** IX, 90 S. 8°
Erlangen, Jur. Diss. v. 28. Juli 1910, Ref. Rieker
[Geb. 5. Juli 83 Waldmohr; Wohnort: Zweibrücken; Staatsangeh.: Bayern; Vorbildung: Gymn. Zweibrücken Reife 01; Studium: Berlin 2, Kiel 1, Erlangen 5 S.; Rig. 1. Juli 10.] [U 10. 708

Jung, Albert [Rechtspraktikant aus Bruchsal]: **Die Bestrafung des Sklavenraubes und Sklavenhandels.** Systemat. Darstellg d. Reichsgesetzes v. 28. Juli 1895 . . . Konstanz, Buchdr. v. Reuss & Itta, 1897; 64 S. 8.
Freiburg i. B., Rechts- u. staatswiss. Fak., Inaug.-Diss. v. 1897

Jung, Alb., Hoffnungsblicke, s.: **Hauser, Mart.**

Jung, Alex., der **Bettler** von James Park. Eine Novelle. 8. (XVI und 235 S.) Leipzig 850, Weber. *

Jung, Alex., der Bettler von James Park. Eine Novelle. 8. (XVI u. 235 S.) Leipzig [illegible], Weber. n. 1⅓ [illegible]

Jung, Alex., Briefe üb. d. neueste Literatur. Denkmale e. literar. Verkehrs. gr. 12. (6¾ B.) Hamburg 837, Hoffmann u. Campe.

Jung, Alex., Briefe über Gutzkow's Ritter vom Geiste. Leipzig 856. Brockhaus. 8. (3 Bl., 237 S.) n. 20 ngr.

—— Charaktere, Charakteristiken und vermischte Schriften. 1. und 2. Bd. gr. 8. (VII und 484 S.) Königsberg 848, Samter. à Bd. 22½ Ngr.

Jung, Alex., Darwin, ein komisch-trag. Roman in Briefen an einen Pessimisten. 3 Bde. 8. (XIII, 272; 282; 268 S.) Jena 873, Costenoble.

Jung, Alex., Darwin. Ein komisch-trag. Roman in Briefen an einen Pessimisten. 2. (Titel-)Aufl. 3 Bde. 8. (272; 282; 268 S.) Jena (874)79, Costenoble.

Jung, A., über Fr. von Baader's Dogmatik. Erlangen 1867. 8.

Jung, Alex., über **Franz v. Baaders** Dogmatik als Reform der Societätswissenschaft und der gesellschaftlichen Zustände. gr. 8. (54 S.) Erlangen 868, Besold.

Jung, Alex., Elixire gegen die Flauheit d. Zeit. 16. (2¼ B.) Leipzig 846. (C. L. Fritzsche.)

JUNG, Alex., Frauen und Männer oder über Vergangenheit, Gegenwart und Zukunft der beiden Geschlechter, usw. Königsberg 1847. 8°. (1 Rthl.) (In Amsterdam: Bibl. Gerritsen.) (1 Mk. 50 Pfg. A. Bielefeld, vor 1900.)
Enthält Beiträge über: Das römische Weib. — Beatrice u. Dante. — Laura u. Petrarca. — Heloise u. Abelard. — Mutter Jesu. — Christine v. Schweden. — Ninon de Lenclos. — Rahel u. Bettina. — Reform d. geschlechtl. Verhältnisse.

Jung, Alexander: Frauen und Männer od. üb. Vergangenheit, Gegenwart u. Zukunft d. beiden Geschlechter, ein Seitenstück z. d. Vorlesungen üb. sociales Leben u. höhere Geselligkeit. — Königsberg: Theile 1847. 201 S. 8°

—— über die **Freisinnigkeit** innerhalb des Gesetzes. gr. 8. (3½ B.) Kiel 845. [Naeck.] *

—— Das Geheimniss der Lebenskunst. Ein Wanderbuch für alle Freunde des Nachdenkens und der Erhebung. 2 Bde. Leipzig: F. A. Brockhaus. 1858. 8°. (3⅓ Rthl.)
I: XXIV—374 S. (Vorw. dat. Königsb. i. Ostpr.). II: VIII—432 S.

Jung, Alex., die Harfe von Discatherine. Bekenntnisse eines Dichter-Philosophen. Ein Seitenstück zu des Verf. Roman Rosmarin. 2 Bde. gr. 8. (IX, 284; III, 235 S.) Leipzig 835, Friedrich. * 10 —

—— Friedr. Hölderlin und seine Werke. Mit besond. Beziehung auf die Gegenwart. gr. 8. (279 S.) Stuttgart 848, Cotta'sche Buchh.

—— Königsberg u. die Königsberger. gr. 8. (25½ B.) Leipzig 846, Kirchner. *

—— Königsberg in Preußen u. d. Extreme d. dortigen Pietismus. 8. (10 B.) Braunsberg 840, [Dorpat,] Model. *

— s. Literaturblatt, Königsberger.

—— die große National-Feier des 3. Universitäts-Jubiläums zu Königsberg. Mit 3 Beilagen. gr. 8. (10 B.) Königsberg 845, Bornträger'sche Sort.-Buchh.

—— Panacee und Theodicee. Illustrationen, Caricaturen der Gegenwart und Grundlinien einer neuen Weltanschauung. 2 Thle. 8. (XXVI, 245; 290 S.) Leipzig 875, Brockhaus. * geb. in 1 Bd.

—— Rosmarin oder die Schule des Lebens. Roman. 5 Thle. 8. (XXVI und 1568 S.) Leipzig 862, Brockhaus. à Thl. * 1 Thlr. 10 Ngr. *

—— Fr. Wilhelm Joseph v. Schelling und eine Unterredung mit demselben im J. 1838 zu München. gr. 8. (XIV und 98 S.) Leipzig 864, Fr. Fleischer.

ALEXANDER JUNG, Friedrich Schiller, der Dichter der deutschen Nation. Eine Festrede. Vorgetragen zur Vorfeier des hundertjährigen Jubiläums am 9. November in der Königlich. Deutschen Gesellschaft zu Königsberg. Königsberg 1859. Verlag der Gebrüder Bornträger. 8°.

—— Friedrich Schiller, der Dichter der deutschen Nation. Eine Festrede. gr. 8. (19 S.) Königsberg 859, Gebr. Bornträger. *

—— Vorlesungen üb. sociales Leben u. höhere Geselligkeit. gr. 8. (16¼ B.) Danzig 844, [Gerhard'sche Buch.]

—— Vorlesungen über die moderne Literatur der Deutschen. gr. 8. (16 B.) Danzig 842. [Gerhard'sche Buchh.]

—— Göthe's Wanderjahre und die wichtigsten Fragen des 19. Jahrhunderts. gr. 8. (X und 328 S.) Mainz 854, Kunze. *

—— Moderne Zustände. Rostock 1880. 8°. (Mk. 8—.) (4 Mk., eleg. Hlwdbd., A. Bielefeld.)
Interessante Aufsatze: D. Gründerwesen, d. Weltkrach u. d. Kunst. D. Reklame, d. Mystifikation u. d. Todtschweigen. Uns. Geselligkeit, d. Klatsch u. d. Klatschen. Das weibliche Doktorat, Physikat, Cölibat. Leichtsinn in Bez. auf den Tod. Der leibl. u. geist. Arbeiter. Die heutige Geisteskrankheit in beiden Hemisphären.

Jung, Alex., moderne Zustände. gr. 8. (XII, 387 S.) Rostock 880, Werther's Verlag.

Jung, Arth. Die pädagogische Bedeutung der Schopenhauerschen Willenslehre. Vorgetragen in der Hauptversammlg. d. Vereins der Lehrer höherer Lehranstalten der Prov. Posen zu Lissa am 11. Juni 1889 u. ergänzt durch Anmerkgn. gr. 8. (30 S.) Berl. 890, Gaertner. * — 80

Jung, Arthur Zur Erinnerung an K. Lehrs. 30 S. *Meseritz* 1880.
Progr.

Jung, Arthur, de fato Aeschyleo. Dissertatio inauguralis philologica. gr. 8. (IV und 54 S.) Königsberg 862, (Akademische Buchh. von Schubert und Seidel.) *

Jung, Arthur De homine Homerico. 4 (S. 3—33). *G. Meseritz* 1888 (146).
Progr.

Jung, Arth., Materialien zu schriftlichen u. mündlichen Übungen im lateinischen Ausdruck f. Ober-Tertia u. Unter-Secunda gr. 8. (XV, 227 S.) Berlin 883. Gaertner. n. 2. 40

Jung, Arth., s. Schiller's, Friedr. v., Briefe über die ästhetische Erziehung des Menschen.

Jung, Arthur Schiller und der Pessimismus. 24 S. *Meseritz* 1877.
Progr.

Jung, August, Dir. Dr.: [**Bericht** über Bau und Einweihung des neuen Gymnasialgebäudes.] *Neustadt OS. (1899): R. Reichelt.* (S. 22–25.) 4°
Neustadt Ob.-Schl., k. G, OP 1899 (207)

Jung, August [Dir. Dr.]: Geschichte des Gymnasiums zu Neustadt O.-S. bis zu seiner Übernahme auf den Staat. Neustadt O.-S., Druck v. H. Raupach (1890); S. 5–17: 4°
Neustadt Ob.-Schl., k. G, OP 1890 (191)

Jung, August (*geb. Glatz 22 11 1847*): Die Neurosen nach acuten Krankheiten. Breslau 1875. (29 S.) 8°
Breslau, Med. Diss. v. 7. Aug. 1875

Jung, Aug. Schule, Vaterhaus und Publikum in ihren gegenseitigen Beziehungen. Pädagogische Bemerkungen. 16 S. *Neustadt OS.* 1876.
Progr.

Jung, Augustus (*geb. Neiße 5 8 1834*): De Trichae metrici vita et scriptis. Vratislaviae (1858). (44 S.) 8°
Breslau, Phil. Diss. v. 14. Aug. 1858

Jung, Bruno, Referendar: Anfechtung und Schadenersatz beim Vorhandensein von Nebenmängeln eines der im § 481 B.G.B. bezeichneten Tiere. Essen-R. 1910: Petersen. 77 S. 8°
Erlangen, Jur. Diss. v. 26. April 1910, Ref. Binder
[Geb. 2. April 86 Essen a. R.; Wohnort: Essen; Staatsangeh.: Preußen; Vorbildung: Gymn. Essen Reife M. 04; Studium: Leipzig 4, Münster 5 S.; Rig. 18. Dez. 09.] [U 10. 709

Jung, C., s. Jung, K.

Jung, C. C., s. Jung, Konrad Christoph

Jung, C. G., s.a. Jung, Karl Gustav

Jung, C. G., Entw. e. neuen ABC- u. Lesebuchs. 8. Nrnb. Endter. 794.

Jung, C. W., Buchführung für das Wirtsgewerbe. (84 S.) gr. 4. Stuttgart (901). Zeller & Schmidt vorm. E. Rapfer. Geb. n. 2. 50

Jung, Carl, s. Jung, Karl

Jung, Ch[arles]. La foi, source de certitude. (Sermon prêché à St-Imier le 20 Novembre 1904 en) Réponse à (la Conférence de) M. le Professeur [Jules] Carrara (sur la Libre-Pensée). 11 p. 8. Saint-Imier, J. Bischofberger, 1905. fr. —. 20

Jung, Charles. Aus meinem Marineleben. Pittsburgh, n.d.
UC

Jung, Christianus Daniel (geb. am 26 Dez. 1801 in Kirchen a. d. Sieg Rgbz. Koblenz): Symbola ad doctrinam de vitiis circa abdomen congenitis . . . Accedunt tab. IV aeri incisae. Bonnae, typ: P. Neusseri (1825). 3 Bl., 22 S., 4 Taf. 4.
Bonn, Med. Fak., Diss. v. 27 Juli 1825

Jung, Christian Gottfried (Wiehe/Thür.), Actuarius peccans in citatione quoad causas civiles. Präs. Gustav Heinrich Mylius. Lpz. (Breitkopf) 8. V. 1738. 16 S. (5.50) 17177
Gew.: Wilhelm Ferdinand Frh. v. Bachoffen (Dobitschen). — Widm. v. Präs.

Jung, E., christliches Geburtstags-Album mit Textstellen der heiligen Schrift u. Versen auf alle Tage des Jahres. 16. (118 S.) Leipzig 878. Mutze. geb. n. 4. —; in Leder geb. n. 6. —

Jung, E. Gedanken über die menschliche Sprachaneignung. Eine sprachphilosophische Studie. Diss. Jena 1868. 34 S.

Jung, Eberhardus (geb. am 26 Febr. 1827 in Kessenich bei Bonn): De pseudoplasmatis quibusdam in nymphis et in clitoride, nec non de naevi verrucosi specie rariore ... Cum tab. una lapide incisa. Bonnae, typ. C. Krüger 1851. 27 S., 1 Bl., 1 Taf. 4.
Bonn, Med. Fak., Diss. v. 11 Aug. 1851

Jung, Ed., Saamenkörner des Edlen und Guten. In Beispielen zur Nachahmung und Warnung für Knaben und Mädchen. 8. (124 S. und 8 lithochrom. Bilder.) Chur 848, Grubenmann'sche Buchh.

Jung, Edwin, prakt. Arzt aus Harsleben: Ueber den Zeitpunkt des Eintrittes der Widal'schen Reaktion bei Typhus abdominalis. *Harsleben-Halberstadt 1903: J. Briest.* (35 S.) 8°
Halle, Med. Diss. v. 26. März 1903

Ueber den Wert der Wissenschaften eine Rede am Geburtstage Friedrichs des Zweiten gehalten in dem grossen Hörsaale der Universität zu Breslau von Eligius Jung, Lehrer der Aesthetik. 1786. Breslau. fol.

Jung, Elig. Aloys, († d. 2. März 1822.) kurze Geschichte d. Deutschen, oder Handbuch der deutschen Reichsgeschichte. 8. Bresl. 806. Graß, Barth u. C. 12 gr.

Jung, Emil [aus Wiesbaden]: Beitrag zur Kenntniss der syphilitischen Erkrankung des Acusticus-Stammes.... Würzburg, Etlinger's Buchdr. (F. Fromme), 1889; 40 S. 8°
Würzburg, Med. Fak., Inaug.-Diss. v. 1889

Jung, Emil, das Deutschtum in Australien u. Ozeanien, s. a. Kampf, der, um das Deutschtum. 19. Hft.

Jung, Emil: Das Deutschtum in Australien und Ozeanien. Mchn '02. 85 S. (Kampf um d. Dtm. 19.)

Jung, Emil, Radfahrseuche u. Automobilen-Unfug. Ein Beitrag zum Recht auf Ruhe. 8. (47 S.) München 902. A. Schupp. n. — 60

Jung, Emil, radikaler Reform-Katholizismus. Grundlagen e. deutschkathol. Kirche. (IV, 328 S.) gr. 8. München 906. E. Reinhardt. n. 4. 50

— Emil (Magdeburg), De senio ejusque morbis. Diss. physiol., pathol., anatom. Bln. (Nietack) 26. XI. 1835. 34 S. mit Biogr. (M.: J. Schwartzkopff.) (6.—) 17178
Oppon.: G. Kahle, W. Natorp, Felix v. Theiner. — Gew.: Dr. Barez, C. D. Turte.

Jung, Erich, die Bereicherungsansprüche u. der Mangel des „rechtlichen Grundes". Ein Beitrag zur Kenntnis des neuen Rechts. gr. 8. (IV, 155 S.) Leipzig 902. C. L. Hirschfeld. n. 4. 40

(B) **Jung, Erich**, d. Bereicherungsansprüche. 902. (RBL 31.) Jetzt: Tübingen, J. C. B. Mohr.

[F. u. Ant.] **Jung**, *Karl Adolf Valentin* Erich [Dr. jur. Regierungsass. in Mainz]: Causa finalis. E. Bakostudie ... Giessen, C. v. Münchow, Univ.-Dr., 1893; 35 S. 8.
Giessen, Phil. Fak., Inaug.-Diss. v. 1893

[F.] **Jung**, Erich [Dr. jur. et phil., Regierungsass.]: Delikt und Schadensverursachung. E. Beitr. z. Lehre v. ausserkontraktl. Schadensersatz m. bes. Berücks. d. Bestimmgn d. Bürgerl. Gesetzbuchs ... Heidelberg, C. Winter's Universitätsbuchh., 1897; 2 Bl., 164 S. 8.
Giessen, Jur. Fak., Hab.-Schr. v. 1897

[F.] **Jung**, Erich [aus Mainz]: Der Eigenthumsübergang beim Kommissions-Einkauf im Gebiete des gemeinen Rechts ... Mainz, Ph. v. Zabern's Druckerei, 1892; 38 S. 8.
Giessen, Jur. Fak., Inaug.-Diss. v. 1892

— von der „logischen Geschlossenheit" des Rechts, s. a. Festgabe der Gießener Juristenfakultät für Heinrich Dernburg.

Jung, Erich: Von der „logischen Geschlossenheit" des Rechts. Berlin 1900.
(in: Festg. d. Gießener Juristenfak. f. Dernburg.)

— „Positives" Recht, s. a. Festschrift f. die juristische Fakultät in Giessen.

'Positives' Recht. Ein Beitrag z. Theorie von Rechtsquelle u. Auslegung. Von Erich **Jung**. Prof., Greifswald. Giessen: A. Töpelmann 1907. (50 S.) 8°
Aus: Festschrift d. jur. Fak. d. Univ. Giessen z. 3. Jahrhundertfeier d. Alma Mater Ludoviciana.

Jung, E[rnst], cand. jur., [von Basel]: Die Ehescheidung im internationalen Privatrecht. Zür. Orell Füssli Dr. 1897. 108 S. 8°.
Zürich, Jur. Diss. [v. 4. Aug. 1897].

Die schweizerischen Freimaurer an ihre Mitbürger. [Von Ernst Konstantin Jung, v. Muralt-Gysl und H. Langsdorf.] Bern 1885: Haller. 16 S. 8°
Recens: ML. 14 (1885—1886) S. 218; °Basler Nachrichten. 1886, abgedr. in: Al. 12 (1886) S. 12—16; L. 9 (1886) S. 31—32 (B. Cramer).
cf. FZ. 58 (1904) S. 233—234.
Verteidigung gegen die der Frmrei gemachten Vorwürfe.

[Franz. Ausg. u. d. Tit.:]
°Les Francs-Maçons suisses à leurs concitoyens. Berne 1885: Haller.
[Al. 30 (1904) S. 82.]

Jung, Ernst Rob., s.: Adreßbuch der Stadt Langensalza.

Jung, Ewald, med. pract. aus Basel: Aus dem pathologischen Institut in Zürich. Über das Verhalten der Follikel bei der chronischen Appendicitis. [Mit 1 Tafel.] Zürich 1907. 35 S. 8°. [8. IV. 07.]
Zürich, Med. Diss. 1906/1907.

Jung, Ewald. Über das Verhalten der Follikel bei der chronischen Appendicitis. Diss. Med. Univ. Zürich. [Mit 1 Tafel.] *Kopftitel:* Aus dem pathologischen Institut in Zürich. 35 S. 8. Zürich, Gebr. Leemann & Co., 1907.

JUNG, F.: Das Geheimnis der Welt oder woher kommen und wohin gehen wir? als Problem, auf moralisch-sittlicher Grundlage beantwortet von F. Jung. Preßburg 1884. Selbstverlag. Druck v. Stampfel, Eder u. Comp. Neue vervollständigte Ausg. 100 S.

Jung, F.: [illegible] S. 117. IIa. [illegible] —50
Separatabdruck

Jung, F., die **Polarableitung** in rechtwinkeligen, krummlinigen Koordinaten. (14 S.) gr. 8. Wien 908. A. Hölder. —50

[illegible] S. 119. IIa. [illegible] —50
Separatabdruck

— Die **Polarableitungen** verschiedener Stufe u. ihr Zusammenhang. (16 S.) gr. 8. Ebd. 910. —50

Der Verzerrungstensor in [illegible] S. 118. IIa. [illegible] —35
Separatabdruck

— Der **Verzerrungstensor** in vektoranalytischer Darstellung. (9 S.) gr. 8. Ebd. 909. —35
3 Sonderabdr. aus: „Sitzungsber. d. k. Akad. d. Wiss."

Jung, F. W., die Anklänge der hochdeutschen Sprache, oder Aufstellung ihrer tonverwandten Wörter zum Behufe der Dichtkunst. A. mit d. Umschlagstitel: Deutsches Reimwörterbuch. 8. Darmstadt (Leipzig) 833. Baumann. 5/8 ₰ Velinp. 7/8 ₰

Jung, F. W., Handbuch der Dichtkunst oder Reimlexicon. Neu bearb. von Aug. Hager. 8. (V, 90 S.) Chemnitz 885, Hager. — 75

Jung, Felix: Beitrag zur Lehre von der conjugalen Paralyse. Kiel 1907: Krause. 16 S. 8°
Kiel, Med. Diss. v. 1. Aug. 1931 [U 31. 4440

Jung, Felix, Referendar: Der Lehrvertrag des Handlungslehrlings. Leipzig 1909: Edelmann. VI, 58 S. 8°
Leipzig, Jur. Diss. v. 5. Febr. 1909
[Geb. 5. Mai 82 Leipzig; Wohnort: Leipzig; Staatsangeh.: Sachsen; Vorbildung: Thomassch. Leipzig Reife O. 03; Studium: München 1, Berlin 1, Kiel 1, Leipzig 5 S.; Rig. 14. Jan. 07.] [U 09. 2559

Jung, Ferdinand: Chronik des Militärschützenvereins der Stadt St. Gallen von seiner Gründung 1860 bis 1910. St. Gallen, 1910.

Jung, Fr., über Leben in Gesundheit und Krankheit. Grundriß eines neuen Systems der Heilkunde. 8. Hadamar, Gelehrte-Buchhandl. 817.

Jung, Fr., üb. Leben in Gesundheit u. Krankheit. Grundriß eines neuen Systems der Heilkunde. 8. Hadamar 817. (Lanz in Weilb.) 12 ₰

Jung, Frz., praktische Anleitung zur systematischen Einrichtung der Archive für die Aufbewahrung der Urkunden und Akten der reichsfürstl. und reichsgräfl., der gräfl. und adeligen Häuser, wie auch der Patrimonialgerichts- und Majoratsherrschaften. gr. 8. (VI und 106 S.) Neuwied 848, (van der Beeck.) *

Jung, Frz., das Borg-Unwesen im Handwerk u. seine Bekämpfung durch Einziehungsämter auf genossenschaftlicher Grundlage, s.: Mittelstands-Bibliothek, gewerbliche. 1. Heft.

Jung, Franz: Zur Kenntnis der pathologischen Anatomie der Puerperal-Eklampsie ... Leipzig, Druck v. A. Edelmann, Univ.-Buchdr., *1894*; 37 S., 1 Taf. 8.
Leipzig, Med. Fak., Inaug.-Diss. v. 4. Apr. 1894

Jung, Frz., zur Kenntnis der pathologischen Anatomie der Puerperal-Eklampsie. Diss. gr. 8. (38 S. m. 1 farb. Taf.) Leipzig 894. (G. Fock.) n. 2. —

Franz JUNG — Die wichtigsten Methoden zur Lösung des Problems der Verteilung der Elektrizität auf zwei leitenden Kugeln und der Zusammenhang der resultierenden Lösungen
Prag, Phil. Diss. v. 1898/99

Jung, F[ranciscus] Lotharius (geb. am 7 Sept. 1808 in Kreuznach): De dothienenteritide eiusque plumbo acetico sanandi ratione ... Bonnae, typ. C. Georgii (1835). 2 Bl., 22 S., 1 Bl. 4.
Bonn, Med. Fak., Diss. v. 10 Apr. 1835

Jung, Franz Wilhelm

— Beiträge zu Ideen üb. Kirche u. Kirchengebräuche. gr. 8. Berl. Nicolai. 815.

— s. J. C. Damen, Bericht.

Jung, Franz Wilhelm. Erinnerungen an Johann Kaspar Lavater. Vorgelesen ... zu Frankfurt am Main den 14. Februar 1812. 8. Frankfurt am Main 1812.

Jung, Frz. Wlh., Erinnerr. an Joh. Casp. Lavater. 8. Frankf. a. M. 812. Varrentrapp. 14 ₰

— Erinnerungen an Joh. Casp. Lavater. 8. Frankf. am M. Wenner. 812.

— Hnr. Frauenlob; e. Gedicht. 2e Aug. 8. Mainz 819. v. Zabern.

— Klara; e. Gedicht. 8. Frankf. a. M. 814. Wenner.

— Odmar, ein dramat. Gedicht. gr. 8. Heidelb. Engelmann. 814.

— — Odmar. Ein dramat. Gedicht. 2te Ausg. gr. 8. Mainz, Kupferberg. 821.

— s. ferner: 1) Ossian's Gedichte. 2) J. J. Rousseau, vom geschichtl. Vertrage. 3) Uebel, üb. d., auf Erden.

Jung, Frieda (Frau Frieda Brauer), Festblüten. Für die Feierstunden der Frauenhülfe. 1. Heft. (50 S.) 8. Potsdam (906). Stiftungsverlag. n. 1. —

Jung, Frieda (Frau Frieda Brauer), Festblüten, Fortsetzg., s.: Festblüten.

— Festgedichte u. Freundesgrüße, s. a. Volksbücher, ostpreuß.

Festgedichte und Freundesgrüße von Frieda **Jung** [d. i. Brauer]. Gumbinnen: C. Sterzel 1906. (96 S.) 8° [F.]
= **Volksbücher**, Ostpreußische. Bdch. 4. [illegible] 10

— Freud u. Leid, s. a. Volksbücher, ostpreuß.

Freud und Leid von Frieda **Jung** [d. i. Brauer]. Gumbinnen: C. Sterzel 1905. (131 S.) 8° [F.]
= **Volksbücher**, Ostpreußische. Bdch. 2. [illegible]

Gedichte von Frida **Jung**. *Königsberg: Gräfe & Unzer 1900.* (VII, 94 S.) 8° [F.] [illegible] 10

Gedichte von Frida **Jung**. 2. Aufl. *Königsberg: Gräfe & Unzer 1900.* (VII, 113 S.) 8° [illegible]

Jung, Frieda, Gedichte. 3. Aufl. 12. (XV, 113 S.) Königsberg 900. Gräfe & Unzer, Buchh.
Geb. in Leinw. m. Goldschn. n. 2. 50
1. Aufl. (XI, 94 S.) Ebd. 900; geb. n. 2. —.

— Gedichte. 4. Aufl. (XV, 119 S. m. Bildnis.) 12. Königsberg 904. Gräfe & Unzer, Buchh.
Geb. in Leinw. n. 3. —

Gedichte von Frieda Jung. 5. Aufl. Mit d. Bildn. d. Dichterin. Königsberg: Gräfe & Unzer [1904]. (XII, 127 S.) 8° [F.] [05. 3400

Gedichte von Frieda Jung [d. i. Brauer]. 6. Aufl. Mit d. Bildn. d. Dichterin. Königsberg: Gräfe & Unzer [1905]. (XII, 127 S.) 8° [F.] [06. 1830 10

— Gedichte. 7. Aufl. (XV, 119 S.) kl. 8. Königsberg 908. Gräfe & Unzer. Geb. in Leinw. 3. 50

— — 8. Aufl. Ebd. [1908]. XV, 128 S. 8°

— Neue Gedichte. 1. u. 2. Aufl. (VIII, 151 S. m. Bildnis.) kl. 8. Ebd. (908). Geb. in Leinw. 3. 50

— — 3. Aufl. Ebd. [1910]. VIII, 151 S. 8°

— Maienregen, Gottessegen, s. a. Volksbücher, ostpreuß.

Maienregen – Gottessegen von Frieda Jung. (Vorr.: H[ermann] Braun, Superint., Angerburg.) *Gumbinnen: C. Sterzel 1904.* (94 S.) 8° [F.]
— Volksbücher, Ostpreußische. Bdch. 1. [04. 7860 10

In der Morgensonne. Kindheitserinnerungen von Frieda Jung [d. i. Brauer]. Mit e. Originalzeichn. von Paul Lenk. Bdch. 1. Gumbinnen: Sterzel 1910. 8°
(Ostpreußische Volksbücher. Bdch. 9.) [11. 1083 10

Jung, Friedr., Anschauungs-Unterricht, s. Feix, Heinr.

Jung, Friedr. (I.), kleine Erdkunde. Handbüchlein beim Unterrichte in der Geographie. 7. umgearb. Aufl. 8. (IV, 108 S.) Wiesbaden 887, Limbarth. * — 50

Jung, Frdr., Handbüchlein beim Unterrichte in der Geographie von Deutschland für Oberklassen der Elementarschulen. Wiesbaden 862. Limbarth. 8. (52 S.) n. 4 ngr

Jung, Friedr., Handbüchlein beim Unterrichte in der Geographie von Deutschland für Oberklassen der Elementarschulen. 1. Aufl. 1862. und 2., völlig umgearb. und reichlich verm. Aufl. 8. (66 S.) Wiesbaden 865, Limbarth. *

Jung, Friedr., Handbüchlein beim Unterrichte in der Geographie von Deutschland mit besond. Berücksicht. der Provinz Hessen-Nassau für Oberklassen der Elementarschulen. 3., nach der neuesten polit. Gestaltung umgearb. Aufl. 8. (64 S. mit 1 chromolithogr. Karte in 4.) Wiesbaden 869, Limbarth. *

—— Handbüchlein beim Unterrichte in der Geographie. 4., nach der neuesten polit. Gestaltung umgearb. Aufl. 8. (92 S.) Ebendas. 871. *

Jung, Frdr., Handbüchlein beim Unterrichte in der Geographie. 5., nach der neuesten polit. Gestaltg. umgearb. Aufl. 8. (88 S.) Wiesbaden 876. Limbarth. n. — 40

— Handbüchlein beim ersten Unterrichte in der Geographie. 6., umgearb. Aufl. 8. (80 S.) Wiesbaden 881. Limbarth. n. — 40

Jung, F., und H. Feix; durch die Heimath, s. Feix, H.

Jung, Fr[iedrich], Dr.: Über die Notwendigkeit, das Fachlehrertum an den höheren Schulen möglichst einzuschränken. *Saalfeld (Saale) (1900): Wiedemann.* (25 S.) 4°
Saalfeld, herz. RG, OP 1900 (761)

—— das deutsche Reich. Handbüchlein beim Unterrichte in der Geographie. 4. Aufl. 8. (IV, 48 S.) Ebendas. 874. *

Jung, Friedrich: Ruotger und der Aufstand Liudolfs von Schwaben. *Schwerin i. M. 1901: Bärensprung.* (32 S.) 8°
Schwerin, grossh. G Fridericianum, OP 1901 (716)

Jung, Friedrich, Oberlehrer, aus Lübtheen (Meckl.): Ruotger und der Aufstand Liudolfs von Schwaben. *Schwerin 1901: Bärensprung.* (32 S.) 8° [[. Progr. Schwerin, Gymn. Frideric. 1901.]
Rostock, Phil. Diss. v. [20. Juli] 1901

Jung, Friedrich [aus Themar]: Syntax des Pronomens bei Amyot ....
Jena, Druck v. G. Neuenhahn, 1887; 53 S. 8°.
Jena, Phil. Fak., Inaug.-Diss. v. 1887.

— der Reg.-Bez. Wiesbaden. [Heimatkunde.] Handbüchlein beim Unterrichte in der Geographie. 5. Aufl. Mit einer (chromolith.) Uebersichtskarte des Regierungsbezirks. 8. (64 S.) Ebend. 878. n. — 40

—— der Reg.-Bez. Wiesbaden. [Heimatkunde.] Handbüchlein beim Unterrichte in der Geographie. 6. Aufl. Mit 1 (chromolithogr.) Übersichtskarte des Regierungsbezirks. 8. (52 S.) Ebendas. 884.

—— der Reg.-Bez. Wiesbaden. [Heimatkunde.] Handbüchlein beim Unterrichte in der Geographie. 7. Aufl. 8. (60 S. mit 1 chromolithogr. Übersichtskarte des Regierungsbezirks.) Ebendas. 886. * — 40

Jung, Frdr., der Reg.-Bez Wiesbaden. (Heimatkunde.) Handbüchlein beim Unterrichte in der Geographie. 9. Aufl. 8. (66 S. m. 1 farb. Karte.) Wiesbaden 893. Ch. Limbarth. n. — 40; kart. n. — 60

— der Wohnort u. seine Umgebung mit besonderer Berücksichtigung von Wiesbaden [Heimatskunde]. 8. (48 S.) Ebend. 877. n. — 40

Jung, Friedr. Herm., Kirkel-Neuhäusel. Alte und neue Bilder aus der Geschichte einer pfälz. Gustav-Adolf-Gemeinde. gr. 16. (VI, 134 S.) Kaiserslautern 878, (Gotthold.) *

Jung, Friedrich Wilhelm

— — Aphrodite ꝛc. s. a. Gynäologie, 12s Bdchn.

JUNG, F. W. Aphrodite. Erhaltung der lebenden Geschlechter auf Erden. 2. Auflage. Berlin 1816. Mit 1 Titelkupfer und 1 Titelvignette, beide koloriert.

Jung, F. W., (Chr. G. Flittner,) Aphrodite, od. die wundervolle Werkstätte der Natur. 8. Berl. 816 u. 827. (Sander). 1 ℛ
(Vgl. Werkstädte, die wunderb., d. Natur.)

Jung, (F. W.,) Aphrodite, oder die wundervolle Werkstätte d. Natur. N. A. 8. Berl. 827, Flittner.

— — der Arzt für Jünglinge und Jungfrauen. s. Gynäologie. 20s Bdchn.

— der Arzt für Jünglinge u. Jungfrauen, s. unten: Kunst ꝛc.

— — über die Ehe. s. Gynäologie, 23s Bdchn.

Jung, F. W., die Ehe, od. Beiträge üb. schwächl. Ehestandsfähigkeit, nebst Anzeige d. zuverläß. Heilmittel, u. ein. Samml. merkw. Fälle aus Eheakten. 8. Berl. N. Soc. Buchh. 811.

— die Ehe, od. Beiträge üb. schwächliche Ehestandsfähigkeit, nebst Anzeige d. zuverlässigen Heilmittel, u. einer Samml. merkwürd. Fälle aus Eheakten. 8. Berl. 811. (Sander). 20 gr.

— — das Kabinet der Liebe, Mysterien des Ehestandes. s. Gynäologie. 14s Bdchn.

* — das Kabinet d. Liebe, od. wie kann man durch d. Genuß d. Liebe sein Leben verlängern, Gesundheit und Frohsinn erhöhen, u. eine gesunde genialogische Nachkommenschaft erzeugen. 1r Bd. 2te Ausg. mit 1 Titelk. 8. Ebend. 808.

— das Kabinet d. Liebe u. Ehe, oder wie kann man durch d. Genuß d. Liebe sein Leben verlängern rc. 8. (Berl.) 806. 2e Aufl., unt. d. T.: Das Kabinet d. Liebe, Mysterien d. Ehestandes rc. 817. Mit n. T.: Das Kabinet d. Liebe u. Ehe, od. Erfahrungen, ein glückl. Ehemann u. Vater gesunder u. schöner Kinder zu werden. 823. (Sander). 1 ℛ 8 gr.

— — Das Kabinet der Liebe und Ehe, oder Erfahrungen, ein glücklicher Ehemann und Vater schöner und geistreicher Kinder zu werden. Neue Ausgabe. Mit 1 Titelkupfer. Berlin 1823. XLIV, 240 S.

— das Kabinet d. Liebe u. Ehe, oder Erfahrungen, ein glücklicher Ehemann u. Vater, gesunder, schöner u. geistreicher Kinder zu werden. Neue Ausg. Mit Titelkupfr. 8. Berlin 823, Flittner.

Jung, F. W., Kunst, sich vor venerischer Ansteckung zu sichern rc. s. Gynäologie, 20s Bdchn.

JUNG, Fried. Wilh. Die Kunst, sich vor venerischer Ansteckung zu sichern, nebst Vorschlägen, durch Polizeianstalten die Lustseuche zu vertilgen. Deutschland (Leipzig) 1815. 8°. XIX, 200 S.

— die Kunst, sich vor d. venerischen Ansteckung zu sichern, nebst Vorschlägen, durch Polizeianstalten die Lustseuche zu vertilgen. 8. Berl. N. Soc. Buchh. 815.

— Kunst, sich vor d. venerischen Ansteckung zu sichern. 8. Berl. 815. 1 ℛ Dann unter d. T.: Der Arzt f. Jünglinge u. Jungfrauen, oder d. Kunst, sich vor d. vener. Ansteckung zu sichern rc. 3e Aufl. 8. Ebd. 820. (Sander). 1 ℛ

— — Mysterien des Ehestandes, oder Wie kann man durch den Genuß der Liebe sein Leben verlängern etc. 2. Ausgabe. Mit 1 Titelkupfer, Stürmer pinx., Meno Haas sc. Leipzig 1817. 12°. 2 Bl., 140 S. Halbldrbd.

Jung, Fritz, Referendar: Der Begriff des Sachmangels nach dem Bürgerlichen Gesetzbuch. Hannover [1910]: Göhmann. 51 S. 8°

Göttingen, Jur. Diss. v. 8. Dez. 1910, Ref. Titze

[Geb. 1. Sept. 88 Hannover; Wohnort: Hannover; Staatsangeh.: Preußen; Vorbildung: Lyz. I Hannover Reife O. 07; Studium: Freiburg i. B. 3, Berlin 1, Göttingen 2 S.; Rig. 27. Sept. 10.] [U 11. 1424

Jung, Fritz, Rechtsprakt.: Die Prozeßfähigkeit, insbesondere bei Geschäftsbeschränkten. Borna-Leipzig 1911: Noske. IX, 70 S. 8°

Erlangen, Jur. Diss. v. 16. Dez. 1910, Ref. Oertmann

[Geb. 22. Juni 84 Konstanz; Wohnort: Konstanz; Staatsangeh.: Baden; Vorbildung: Gymn. Karlsruhe Reife Juli 04; Studium: München 3, Freiburg i. B. 4 S.; Rig. 3. März 11.] [U 11. 824

Jung, Fritz, Johannes Schwebel, der Reformator v. Zweibrücken. (XII, 224 S. m. 4 Taf.) 8. Kaiserslautern 910. H. Kayser. 3. —

Jung, G., Atlas zur Geschichte des alten Bundes von Joh. Heinr. Kurtz. Entworfen und mit begleitendem Texte versehen. gr. 4. (6 lithogr. und ill. Karten mit 32 S. Text.) Berlin 859, J. A. Wohlgemuth. *

Jung, G., christliches Geburtstags-Album mit Textstellen aus der Heiligen Schrift und Versen auf alle Tage des Jahres. 8. (VIII, 123 S.) Leipzig 878, Mutze. geb. in Leinw. *
geb. in Leder mit Goldschn. *

Jung, G., Gesangstücke, (vierstimmig) f. d. Schule u. d. kirchl. Sängerchor zu Groß-Machenow gesetzt, od. doch mit passend. Texten versehen. III Hfte. 4. Berlin 833, (Oehmigke.)
Hft. I. Größere kirchl. u. die leichtesten liturg. Gesänge (4stimmig). (7 B.) 10 Gr.
Hft. II. Choräle, kirchl. u. religiöse Lieder, so wie die meisten übrigen liturg. Chorgesänge (4- u. 2stimmig). (6 B.) 10 Gr.
" III. Religiöse, Schul- u. andere erheiternde Lieder (4- u. 2stimmig). (6½ B.) 10 Gr.

Jung, G., christliches Merkbüchlein f. alle Tage. Mit Textstellen aus der Heiligen Schrift u. Versen versehen. 8. (VI, 255 S. m. 1 Lichtdr. u. 1 Chromolith.) Leipzig 886. Th. Knaur. geb. m. Goldschn. n. 4. —

Jung, G., S. J., cantica Sion. 220 2-, 3- u. 4stimm. ält. u. neuere latein. Gesänge. 4., sorgfältig verb. u. erhebl. verm. Aufl. 12. (XI, 516 S.) Strassburg 895. F. X. Le Roux & Co. n. 2. 40

Jung, G., S. J., Cantica Sion. 220 zwei-, drei- u. vierstimm. ältere u. neuere latein. Gesänge. 7. sorgfältig verb. u. erheblich verm. Aufl. (XI, 516 S.) kl. 8. Strassburg (904). F. X. Le Roux & Co. n. 2. 40; geb. in Leinw. n.n. 3. 40; französ. Ausg. (XII, 516 S.) n. 2. 40; geb. in Leinw. n.n. 3. 40

Jung, G. M., vollständige theoretisch-praktische Grammatik der englischen Sprache. Nach einem eigenthüml., durch vieljährige Erfahrung bewährten Systeme bearb., mit einer großen Anzahl von Beispielen und Aufgaben versehen; wobei besond. Rücksicht auf allmählige Steigerung vom Leichtern zum Schwereren genommen wurde. Nebst vielen zweckmäßig gewählten Lesestücken und Uebungen in der Conversation. Zum Schul- und Privatgebrauche. gr. 8. (XII und 496 S.) Nürnberg 853, Stein. *

Jung, G. M., theoretisch-praktisches Lehrbuch der englischen Sprache für den Schul- und Privat-Unterricht besond. höhere Lehranstalten. gr. 8. (VII und 288 S.) Nürnberg (861)62, Stein. *

Jung, G. M., erstes englisches Lese- und Conversationsbuch, gleichzeitig mit dem Unterrichte aus irgend einer engl. Grammatik oder engl. Lehrbuche, für engl. Unterklassen in allen Schulen, Gymnasien und Privatunterricht. gr. 8. (VIII und 96 S.) Nürnberg 863, Raw'sche Buchh. *

Jung, G. M., Pearls and gems. Uebungen zum Einstudiren u. richt. Uebersetzen aus dem Deutschen in's Englische. Mit einer reichhalt. Auswahl v. Mustersätzen, Beispielen, Anglicismen u. anderen im gewöhnl. Leben gebräuchl. Eigenthümlichkeiten. Unter Hinweisg. auf des Verf. engl. Grammatik. Für höhere Schulklassen u. zur selbstständ. Fortbildg. nach genossenem Unterricht. Neue unveränd. Ausg. 12. (192 S. m. Bildnis.) München 901. G. M. Jung's Erben. Kart. n. 1. 80

— Uebungen zum richtigen Uebersetzen aus dem Deutschen in's Englische. Mit einer reichhaltigen Auswahl von Mustersätzen, Beispielen, Anglicismen u. anderen im gewöhnlichen Leben gebräuchl. Eigenthümlichkeiten. Unter Hinweisung auf des Verf. englische Grammatik. Für höhere Schulklassen u. zur selbstständigen Fortbildung nach genossenem Unterricht. Ebend. 858. 12. (2 Bl., 187 S.) n. 12 ngr.

Jung G. Ph., Kalkulationsbuch fur Möbelfabrikanten, (Gewerbelehrer) Schreinermeister. (64 S) 4° Stuttgart 1910

Jung, G. W., die Verfassung der Gerichte zu Frankfurt a. M. u. das Verfahren bei diesen Gerichten in bürgerlichen Rechtsstreitigkeiten, dargestellt zur Einführung der Einwohner dieser Stadt in die am 1. Octbr. 1879 in Kraft tretenden neuen Justiz-Gesetze. 1. u. 2. Aufl. gr. 8. (51 S.) Frankfurt a/M. 879. A. Neumann'sche Buchh. n. 1. —

Jung, Gabriel, Metz, Medizinalpraktikant: Zur Diagnose und Histogenese des Ovarialkarzinoms. Leipzig 1908: G. Thieme. (23 S., 1 Taf.) 8° [Aus: Beiträge z. Geburtshilfe u. Gynaekologie Bd 12.]
Straßburg, Med. Fak., Ref. Fehling, Diss. v. 20. Febr. 1908
[Geb. 2. Okt. 83 Metz (Lothringen); Wohnort: Straßburg i. E.; Staatsangeh.: Elsaß-Lothringen; Vorbildung: Realsch. u. Lyzeum Metz Reife Aug. 01; Studium: Straßburg 5, München 1, Straßburg 4 S.; Coll. 31. Okt. 07; Approb. 17. Dez. 06.]

Jung, Georg, Drei Ansprachen an meine Wähler und Abschied von denselben. Berlin, W. Adolf u. Comp., 1849. 16 S. 8°.

Jung, Georg, aus Höchst a. M.: Beiträge zur Charakteristik des Livius und seiner römischen Quellen Coelius Antipater, Valerius Antias, Claudius Quadrigarius. *Marburg 1903: H. Bauer.* (66 S.) 8°
Marburg, Phil. Diss. v. [11. Nov.] 1903

Jung, Abgeordneter Georg, Der Berliner Cavaignac. Eine Entgegnung auf: Die Deutsche Central-Gewalt und die Preußische Armee. Berlin, Reuter u. Stargardt. 15 S. 8°.

— der Berliner Cavaignac. Eine Entgegnung auf: die Deutsche Central-Gewalt u. die Preuß. Armee. gr. 8. (15 S.) Berlin 848, Stargardt in Comm. 2 ngr

Jung, Georg, der berliner Cavaignac. Eine Entgegnung auf: Die deutsche Central-Gewalt und die preuß. Armee. gr. 8. (15 S.) Berlin 849, (Stargardt.) Thlr.

JUNG, G., Geschichte der Frauen. Th. 1 (einz.): Geschichte der Unterdrückung der Frauen u. ihrer allmähligen Selbstbefreiung bis zur Erscheinung des Christenthums. Frankfurt a. M. 1850. 8°. (1½ Rthl.) (1½ Mk. A. Bielefeld.)
2 Bll., 242 S. Enth. u. a.: Die Frauen im alten Israel, S. 64—83; die Hetäre (bei den Griechen), S. 110—115; die Knabenliebe, S. 137—149; Lucretia, Cornelia, Messalina, S. 202—211 etc.

Jung, G., Geschichte der Frauen. 1. Thl.: Geschichte der Unterdrückung der Frauen und ihrer allmähligen Selbstbefreiung, bis zur Erscheinung des Christenthums. 8. (242 S.) Frankfurt a. M. 850, Literarische Anstalt.

—— der Magistrat von Berlin. Seine Begriffe von Ehre, sein Muth, sein Verstand. gr. 8. (8 S.) Leipzig 848. (Berlin, Stargardt.) *

—— die Reactionäre. Was sie wollen. Was für Leute alles dazu gehören. An welchen Redensarten man sie besonders erkennt. Ein Handbuch für das Volk. 8. (27 S.) Berlin 849, Hofmann und Comp.

Jung, Georg, a. Rastatt, Kgl. Bezirksamtsassessor in Forchheim: Das Recht der Erbbegräbnisse mit besonderer Berücksichtigung des in Bayern geltenden Rechtes. Erlangen 1906: Junge & Sohn. (74 S.) 8° [F.]
Erlangen, Jur. Fak., Ref. Sehling, Diss. v. 31. Juli 1906
[Geb. 19. April 72 Rastatt; Wohnort: Forchheim; Staatsangeh.: Bayern; Vorbildung: Gymn. Speyer Reife Juli 92; Studium: Heidelberg 3, München 2, Erlangen 3 S.; Rig. 29. Mai 06.]

Jung, Georg. Rede am Grabe der am 18. und 19. März gefallenen Kämpfer. Zum Besten der Hinterbliebenen. Druck von F. Reichardt. 1 Bl. 4.
Flugblatt. Berlin, 22. März 1848.

—— Rede am Grabe der am 18. und 19. März gefallenen Kämpfer gehalten am 22. März 1848 (zu Berlin). 1 Bl. in 1. Berlin 848, (Schneider und Comp.) *

Jung, Georg. Den Wählern Berlins präsentire ich mich als Kandidat zu der bevorstehenden constituirenden Versammlung. Druck von Marquardt u. Steinthal
Flugblatt. Berlin, 26. April 1848.

Jung, Gust., funfzig Fabeln. 8. (IV u. 121 S. m. eingedr. Holzschn.) Wriezen 850, Roeder. ½ ℛ

—— Gedichte in plattdeutscher Mundart. 8. (VIII und 181 S.) Berlin 849, (Plahn'sche Buchh.) *

Jung, Gust., (aus der Priegnitz), Gedichte in plattdeutscher Mundart. gr. 12. (VIII und 184 S.) Berlin 854(55,) J. A. Wohlgemuth.

Jung, G(ust.), Club-Blatt, s. Club-Blatt.

Jung, Gust., Panorama der Mosel von Metz bis Coblenz. Nach d. Natur gez. u. m. den interessantesten, architektonischen u. geschichtlichen Denkmalern als Randbilder geziert. Lith. 4' 8" lang. Coblenz 850, Muller. 1 ℛ

Jung, Gust., aus stillen Stunden. Reimereien. (70 S.) 8. Leipzig 909. Modernes Verlagsbureau. 1. 50

Aus stillen Stunden. Reimereien von Gustav Jung. Berlin-Leipzig: C. Wigand 1909. 69 S. 8° [illegible]

Jung, H., die Handwerker-Kammern. Vortrag, geh. im Gewerbeverein zu Arnstadt. gr. 8. (16 S.) Arnstadt (900). (E. Frotscher.) — 30

— dasselbe. 2. Aufl., m. e. Anh., Verzeichnis der Gewerbe- u. Handwerkskammern im deutschen Reiche. gr. 8. (18 S.) Ebd. 901. — 30

— Katechismus f. junge Handwerker. I. Materialienkunde. 1.—4. Hft. 8. Ebd. 902. à n. — 40
1. Für Bäcker. (IV, 32 S.) — 2. Für Maler, Tüncher und Lackirer. (IV, 31 S.) — 3. Für Fleischer. (IV, 45 S.) — 4. Für Friseure, Perrückenmacher u. Barbiere. (IV, 27 S.)

Jung, H., Katechismus f. junge Handwerker. I. Materialienkunde. 1. 2. 5. u. 6. Heft. kl. 8. Arnstadt, E. Frotscher. à n. — 40
1. Für Bäcker. 2. verm. Aufl. (IV, 32 S.) 904. — 2. Für Maler, Tüncher u. Lackirer. 2. verb. Aufl. (38 S.) 905. — 5. Für Schmiede. (IV, 37 S.) 905. — 6. Für Schuhmacher. (IV, 31 S.) 905.

Jung, H., Katechismus f. junge Handwerker. I. Materialienkunde. 1.—4. u. 7.—12. Heft. kl. 8. Arnstadt, E. Frotscher. à — 40
1. Für Bäcker. 3. verm. Aufl. (IV, 36 S.) 908. — 2. Für Maler, Tüncher u. Lackierer. 3. verb. Aufl. (41 S.) 909. — 3. Für Fleischer. 2. Aufl. (4 u. 49 S.) 910. — 4. Für Friseure, Perückenmacher u. Barbiere. 2. Aufl. (28 S.) 909. — 5. Für Tischler. (IV, 37 S.) 907. — 8. Für Zimmerer. (IV, 40 S.) 907. — 9. Für Drechsler. (IV, 37 S.) 908. — 10. Für Schneider. (39 S.) 909. — 11. Für Kupferschmiede u. Klempner. (41 S.) 909. — 12. Für Maurer u. Dachdecker. (IV, 48 S.) 910.

Jung, H., Lehr- u. Lesebuch f. ländl. Fortbildungsschulen, s.: Deißmann, K.

Jung, H., Leitfaden für den Unterricht in der Chemie in Mädchenschulen. 2 Curse. gr. 8. Weimar 887, A. Krüger. *ℳ 2.20.; geb. * 3 20

Inhalt:
Cursus 1. Anorganische Chemie. (V, 98 S.) *ℳ 1.—; geb. *ℳ 1.50.
" 2. Organische Chemie. (IV, 123 S.) *ℳ 1.20.; geb. *ℳ 1.70.

—— Leitfaden für den Unterricht in der Chemie und Technologie in Seminarien, Real-, Gewerbe- und Fortbildungsschulen, höheren Bürger- und Handelsschulen. I. Kursus. Anorganische Chemie. gr. 8. (VI, 129 S.) Ebendas. 887. * 1 20
geb. * 1 70

Jung, H., Leitfaden f. den Unterricht in der Chemie u. Technologie in Seminarien, Real-, Gewerbe- u. Fortbildungsschulen, höheren Bürger- u. Handelsschulen. II. Kurs: Organische Chemie. gr. 8. (VIII, 156 S.) Würzburg 893. K. W. Krüger. n. 1. 60 (I u. II.: n. 2. 80)

Jung, H., neue Sätze üb. Symmetralfunctionen u. die Abel-schen Functionen der Riemann'schen Theorie, s.: Schottky, F.

— der Spring zu Mühlberg i. Thür. 8. (27 S.) Ebd. 901. n. — 60

Jung, H. Versuch eines Lehrbuches der Fabrikwissenschaft. Nürnberg. 1794.

— der Wechsel im Geschäftsverkehr der Gewerbetreibenden. (21 S. m. 1 Formular.) 8. Ebd. 908. n. — 40

Jung, H. L., Merksteine auf dem Wege des Lebens. Vorträge auf dem Gebiete der Lebensphilosophie. 8. (IV und 60 S.) München 867, Merhoff's Verlag. *

Jung, Hans: Beiträge zur Siedelungskunde der Zauche und des Nuthe-Nieplitz-Gebietes. Mit 8 lith. Taf. Halle a. S. 1909: Kaemmerer. VI, 91 S. 8°
Halle, Phil. Diss. v. 30. April 1909, Ref. Philippson
[Geb. 27. Jan. 84 Lehnin; Wohnort: Lehnin; Staatsangeh.: Preußen; Vorbildung: Städt. Gymn. Brandenburg a. H. Reife O. 03; Studium: Halle 2, Breslau 2, Halle 6 S.; Rig. 4. Juli 08.] [U 09. 1666

Jung, Hans, Referendar: Schuldner und Gläubiger bei der Sicherungsübereignung von Mobilien. Leipzig: Wigand 1909. 60 S. 8°
Leipzig, Jur. Diss. v. 24 Juli 1909
[Geb. 22. Febr. 80 Leipzig; Wohnort: Leipzig; Staatsangeh.: Sachsen; Vorbildung: Gymn. Torgau Reife O. 01; Studium: Jena 2, Leipzig 6 S.; Rig. 19. Juni 07.] [U 09. 2560

Jung, Harry, Hermann Sudermann. gr. 8. (32 S.) Minden 902. C. Marowsky. n. — 60

Jung, Heinrich, Dr.: Caesar in Aegypten (48/47 v. Chr.). Historisch-kritische Untersuchung. *Mainz 1900: H. Prickarts.* (50 S.) 4°
Mainz, grossh. G, MP 1900 (684)

Jung, Heinrich, aus Essen: Über die kleinste Kugel, die eine räumliche Figur einschliesst. *Marburg 1899: (B. G. Teubner in Leipzig).* (26 S.) 8°
Marburg, Phil. Diss. v. [14. Aug.] 1899

Jung, Heinr., über die Perioden der reducirten Integrale erster Gattung. (5 S.) Lex.-8. Berlin 904. (G. Reimer.) n. — 50
Sonderabdruck aus: „Sitzungsber. d. preuß. Akad. d. Wiss."

Jung, Heinr., Simon Petrus. Ein bibl. Lebens- u. Charakterbild. Vortrag, geh. zu Elberfeld im reformiert. Schriftenverein am 20. II. 1910. (16 S.) 8. Elberfeld (910). Verlag des reformierten Schriftenvereins. — 20

— die allgemeinen Thetafunktionen v. vier Veränderlichen. (20 S.) Lex.-8. Ebd. 905. n. 1. —
Sonderabdr. aus: „Sitzungsber. d. preuss. Akad. d. Wiss."

Jung, *Heinrich* [Dr.]: Verzeichnis der in der Umgebung Arnstadts vorkommenden Käfer. Arnstadt, Bussjaeger'sche Hofbuchdr., 1895; 1 Bl., IV—V, 48 S. 8.
Arnstadt, fürstl. R, OP 1895 (745)

Jung, *Heinrich* [Dr.]: Verzeichnis der in der Umgebung Arnstadts vorkommenden Käfer. Th. 2. [Forts. d. P-Beil. 1895.] Arnstadt, Bussjaeger'sche Hof-Buchdr., 1896; 1 Bl., 49—104 S. 8.
Arnstadt, fürstl. R, OP 1896 (736)

Jung, Heinr., neue Wandtafeln f. den Unterricht in der Naturgeschichte [Zoologie u. Botanik] in feinstem Farbendr. auf schwarzem Hintergrunde f. höhere Lehranstalten, Volksschulen, Ackerbau-, Obstbau-, Forst-Schulen etc. Bearb., gemalt u. hrsg. unter Mitwirkg. von G. v. Koch u. F. Kluensell. 60 Taf. Zoologie u. 60 Taf. Botanik in je 6 Lfgn. à 10 Blatt. 100×75 cm. Darmstadt 892. Frommann & Morian. Auf Leinw. m. illustr. Begleithft. à Lfg. n.n. 80. —; auch in Halblfgn. à n.n. 18. —

Jung, Heinr., neue Wandtafeln f. d. Unterricht in d. Naturgeschichte [Zoologie u. Botanik] in feinstem Farbendr. auf schwarzem Hintergrunde f. höh. Lehranstalten, Volksschulen, Ackerbau-, Obstbau-, Forst-Schulen etc. Bearb., gemalt u. hrsg. unt. Mitwirkg. von G. v. Koch u. F. Quentell. 60 Taf. Zoologie u. 60 Taf. Botanik in je 6 Lfgn. à 10 Blatt. 100×74 cm. 3. Lfg. Botanik. Darmstadt 894. Frommann & Morian. Auf Leinw. m. illustr. Begleitheft. gr. 8. (III S. u. 12 Taf. m. untergedr. Text.) n.n. 30. —; auch in Halblfgn. à n.n. 18. —

Jung, Heinr., neue Wandtafeln f. den Unterricht in der Naturgeschichte [Zoologie u. Botanik] f. höh. Lehranstalten, Volksschulen, Ackerbau-, Obstbau-, Forstschulen etc. Bearb., gemalt u. hrsg. unter Mitwirkg. v. G. v. Koch u. F. Quentell. 60 Taf. Zoologie u. 60 Taf. Botanik in je 6 Lfgn. à 10 Blatt. 100×74 cm. 4. Lfg. Botanik. Mit Text. (16 S. m. Abbildgn.) 8. Darmstadt 906. Frommann & Morian. nn 25.—; auf Leinw. nn 80—; einz. Taf. nn 3.50; auf Leinw. nn 4. —

Jung, Heinrich, aus Essen: Die Wurzelfunktionen in dem durch die Gleichung G (p, q)=0 vom Range 2 und durch die Gleichung z² =H (p, q) definierten algebraischen Körper K (p, q, z). *Marburg 1902: J. A. Koch.* (31 S.) 8°
Marburg, Phil. Hab.-Schr. v. [3. Mai] 1902

Jung, Herm., das Gymnasium zu Zweibrücken u. die Zweibrücker Kirchenschaffnei. Eine histor. Skizze u. eine Rechtsfrage. gr. 8. (19 S.) Zweibrücken 899. (Stuttgart, F. Lehmann.) n. — 40

Jung, Hermanus, a. Breslau: Der Irrtum beim Erbschaftsantritt nach römischem Recht. Borna-Leipzig 1907: R. Noske. (XI, 60 S.) 8°
Breslau, Jur. Fak., Ref. Leonhard-Schott, Diss. v. 8. Juni 1907
[Geb. 22. Sept. 85 Rotterdam; Wohnort: Hirschberg i. Schl.; Staatsangeh.: Niederlande; Vorbildung: Gymn. Bunzlau Reife O. 04; Studium: München 1, Berlin 1, Freiburg i. B. 1, Breslau 3 S.; Rig. 15. Mai 07.]

Jung, Herm., die Karlskirche in Zweibrücken. Ein Gedenkblatt zur 200jähr. Wiederkehr ihrer Grundsteinlegg. (16 S.) 8. Zweibrücken (908). (F. Lehmann.) — 20

Jung, Hermann (geb. am 9 Okt. 1849 in Kreuznach): Ueber Uraemie ... Bonn, Druck v. J. Trapp 1872. 31 S., 1 Bl. 8.
Bonn, Med. Fak., Diss. v. 23 Dez. 1872

Jung, Hermann Robert

Der Friedhof zu Köln-Melaten. M. 25 Ansichten u. 2 Pl. Von H. R. Jung u. J. Ibach. *Köln a. Rh.: Kölner Verl.-Anst. u. Dr. 1898.* (71 S., 1 Pl.) 1 Bd 8. 97 8585

[F.] Rheinische Gärten. Gärten und Schmuckplätze der Stadt Mainz. Einst und jetzt. Von H[erm.] R[ob.] Jung, Städt. Obergärtner zu Köln [u.] W. Schröder, Gartendir. d. Stadt Mainz. *Neudamm: J. Neumann 1898.* (3 Bl., 70 Sp.) 1 Bd 4. [98 341

— — dasselbe. Das Heidelberger Schloss u. seine Gärten in alter u. neuer Zeit u. d. Schlossgarten zu Schwetzingen. M. 4 Lagenplänen u. 35 Abb. im Text. Lex.-8. (VII, 74 S.) Berlin 898. G. Schmidt. n. 2. 50

[F.] Die Gartenanlagen am Dom zu Köln einst und jetzt. E. Beitr. z. Gesch. d. Freilegung d. Kölner Domes. Von H. R. Jung, Städt. Obergärtner zu Köln ... *Neudamm: J. Neumann 1896.* (3 Bl., 44 Sp.) 1 Bd 4. [96 4435

Das Heidelberger Schloss und seine Gärten in alter u. neuer Zeit und der Schlossgarten zu Schwetzingen v. H[erm.] R[ob.] Jung, Stadtobergärtner zu Köln, u. W. Schröder, Gartendir. d. Stadt Mainz. M. 4 Lagenpl. u. 35 Abb. im Text. *Berlin: G. Schmidt 1898.* (4 Bl., 73 S.) 1 Bd 4.(8.)
(Rheinische Gärten.) [98 10400

Jung, H. R., die Verteilung v. Pflanzen zur Zimmerkultur an Schulkinder der Stadt Cöln, s.: Esser, P.

Jung, Hugo, approb. Arzt aus Stolp i. Pom.: **Aus d. pathol. Institut zu Greifswald. Zur Casuistik der Lymphosarcome der Rachentonsille.** *Greifswald 1901: H. Adler.* (30 S.) 8°
Greifswald, Med. Diss. v. 8. Aug. 1901

Jung [Hugo], Dr.: Die Schotterlager in Arnstadts Umgebung. Arnstadt 1907: Bußjaeger. (S. 3—29.) 4° [F.]
Arnstadt, fürstl. R OP 1907 (898)

Jung, Hugo: Das Verhältnis Thomas Middleton's zu Shakspere. Naumburg a. S. 1903: Lippert & Co. (51 S.) 8°
[Erschien vollst. 1904 als: Münchener Beiträge zur roman. u. engl. Philol., H. 29.] München, Phil. Diss. v. 1902

Jung, Hugo, das Verhältnis Thomas Middleton's zu Shakspere, s. Beiträge, Münchener, zur roman. u. engl. Philologie. 29.

Das Verhältnis Thomas Middleton's zu Shakspere. Von Dr Hugo Jung *Leipzig: A. Deichert 1904.* (99 S.) 8°
— Beiträge, Münchener, z. roman. u. engl. Philologie. H. 29. [03. 14000

Jung, J., Bauer oder Grossgrundbesitzer? Gedanken zu einer liberalen Bauernpolitik. 8°. Darmstadt, E. Rother, 1907. 2. Aufl. 8°. Ebd. 1908.

Jung, J., Bauer od. Großgrundbesitzer? Gedanken zu e. liberalen Bauernpolitik. 1. u. 2. Aufl. (84 S.) 8. Darmstadt 907. 08. (E. Roether.) — 30

[F.] Bedeutung und Behandlung des Kirchenliedes in der Volksschule. Von J. Jung, Rektor. *Neuwied Leipzig: Heuser 1898.* (13 S.) 1 Bd 8.
— Schule, Für die, aus d. Schule. H. 76. [97. 7644 5

– Dass., s.a. Für die Schule aus der Schule.

Jung, J., Zu Tertullians auswärtigen Beziehungen. S.-A. 1891. 14 S.

– Bezwungen, s.a. Sammlung kleiner Volksschriften.

[F.] Bezwungen. Erzählg v. J. Jung. *Barmen D. B. Wiemann [1898].* (52 S.) 1 Bd 8.
— Sammlung kleiner Volksschriften. No 20.

Jung, J., Bibelkunde. Kurze Einleitg. in d. heil. Schriften d. Alten u. Neuen Testaments. gr. 8. (72 S.) Wiesbaden 888. Ebbecke. n. 1. —

Jung, J., Bibelkunde. Kurze Einleitg. in die hl. Schriften des Alten u. Neuen Testaments. [Aus: „J. Kiffen's Unterredgn. üb. die bibl. Geschichten“.] (Neue Titel-Ausg.) gr. 8. (72 S.) Leipzig 891. G. A. Kaufmann. n. – 75

– Christ, der Retter ist da!, s.a. Waldesrauschen - Waldesfrieden.

Christ, der Retter ist da! Eine Weihnachtsgeschichte von J. Jung *(Kassel [1900]: E. Röttger.)* (16 S.) 8° [F.]
— Waldesrauschen – Waldesfrieden. No 4. [03. 9395

Jung, J., Geographisch-Historisches bei Procopius v. Caesarea. S.-A. 1883. 31 S.

– Das Heimweh, s.a. Waldesrauschen - Waldesfrieden.

Das Heimweh. Erzählung von J. Jung. *(Kassel [1900]: E. Röttger.)* (16 S.) 8° [F.]
— Waldesrauschen – Waldesfrieden. No 5. [03. 9396

Jung, J., deutsche Kolonien. Leipzig 1884

— die innere Mission u. die Schule, s.a. Für die Schule aus der Schule.

Jung, Rekt. J., Die innere Mission und die Schule. Konferenz-Vortrag. »Für die Schule aus der Schule. Belehrende pädagog. Abhandlungen u. Aufsätze.« (16 S.) Neuwied 1901. Heuser's Verl.

Die innere Mission und die Schule. Konferenz-Vortrag von J. Jung, Rektor. *Neuwied & Leipzig: Heuser [1902]* (16 S.) 8 [F.]
— Schule, Für die, aus der Schule. H. 91

— Musterbriefsteller, s.: Hoffmann, O. G.

— am Scheidewege, s.a. Volksbücher, neue.

[F.] Am Scheidewege. Erzählg v. J. Jung, Rektor in Königswinter a. Rh. M. 4 Ill. *Berlin: Christl. Zeitschriftenver. 1895.* (103 S.) 1 Bd 8.
— Volksbücher, Neue. Bdch. 32. [97 7615

– Aus alten Tagen, s.a. Sammlung kleiner Volksschriften.

[F.] Aus alten Tagen. Erzählg v. J. Jung. *Barmen: D. B. Wiemann [1898].* (48 S.) 1 Bd 8.
— Sammlung kleiner Volksschriften. No 25.

— Taschen-Fremdwörterbuch, s.: Hoffmann, O. G.

Jung, J., Weihnachtsglück, s.a. Waldesrauschen. — Waldesfrieden. 19. Hft.

Weihnachtsglück. Erzählung von J. Jung. *L[engerich]: B[ischof] & K[lein] [1903].* (16 S.) 8° [F.]
— Waldesrauschen – Waldesfrieden. No 19.

— auf Wiederseh'n, s.a. Waldesrauschen — Waldesfrieden. 11. Hft.

Auf Wiedersehen. Erzählung von J. Jung. *o. O. [1902].* (16 S.) 8° [F.]
— Waldesrauschen – Waldesfrieden. No 11. [03. 9331

Jung, J. C., Blick empor, s.: Heidelmann's, A., Theaterbibliothek.

— Belohntes Gottvertrauen, s.: Heidelmann's, A., Theaterbibliothek.

Jung, J. C., s.: Heidelmann's, A., Theaterbibliothek.

— Der Heiland kommt, s.: Heidelmann's, A., Theaterbibliothek.

Kein Heim. Weihnachtsspiel in 2 Akten von J. C. **Jung**. Bonn: A. Heidelmann [1905]. (11 S.) 8° [F.]
= **Theaterbibliothek**, A. Heidelmann's. H. 164. [illegible]

Fern der Heimat. Schauspiel in 3 Akten aus Deutsch-Südwest-Afrika von J C **Jung**. Bonn. A. Heidelmann [1904]. (28 S.) 8° [F.]
= **Theaterbibliothek**, A. Heidelmann's. H. 135. [illegible]

— Ludwig XVII. (Kapet), s.: Radermacher's, J., Vereinsbühne.

Weihnachten im Walde. Schauspiel in 1 Akt mit Gesang u. lebenden Bildern von J. C. **Jung**. Bonn: A. Heidelmann [1904]. (7 S.) 8° [F.]
— **Theaterbibliothek**, A. Heidelmann's. H. 124. [illegible]

Jung, J. H., s. Jung, Johann Heinrich

– s. Jung-Stilling, Johann Heinrich

Jung, J. P., Lohnrechner für Tagelöhne von 10 Centimen bis 10 Franken und auf einen Vierteltag bis einen Monat. 8. (136 S.) Leipzig 876, Drugulin. *

Jung, J. P., Lohnrechner für Tagelöhne von 10 Centimen bis 10 Franken und auf 1 Vierteltag bis 1 Monat. 2. Aufl. 8. (136 S.) Salzwedel 882, Schuster's Wwe.

— dass. — für Kreuzer und Gulden. 8. (136 S.) Ebendas. 876. *

— dass. — von 10 Kreuzern bis 10 Gulden. 2. Aufl. 8. (136 S.) Ebendas. 882.

— dass. — für Pfennige und Mark. 8. (136 S.) Ebendas. 876. *

— dass. — von 10 Pfennigen bis 10 Mark. 2. Aufl. 8. (136 S.) Ebendas. 882.

Jung, J. P., Lohnrechner f. Tagelöhne v. 10 Pfennigen bis 10 Mark u. auf e. Vierteltag bis e. Monat. 4. Aufl. 12. (136 S.) Salzwedel 893. A. Schuster's Wwe. n. 1. —

Jung, J. W., das Vaterherz. Schspl. 8. Köln 785. Imhof. 2 gr.

Jung, *Jakob* [app. Arzt aus Limburg]: Beitrag zur Differentialdiagnose der tuberculösen und gliomatösen Erkrankungen des Auges ... (Aus: Graefe's Arch. f. Ophthalmol. XXXVII. Bd., 4. Abth.) Leipzig, W. Engelmann, 1891; 36 S., 1 Taf. 8.
Heidelberg, Med. Fak., Inaug.-Diss. v. [31. Juli] 1891

Jung, Jakob [app. Arzt aus Weilerbach (Rheinpfalz)]: Über einen Fall von Carcinom der Damm- & Aftergegend ... Freiburg i. Br., Buchdr. v. G. Mehlhase, 1897; 32 S., 2 Bl. 8.
Freiburg i. B., Med. Fak., Inaug.-Diss. v. 1897

Jung, Jakob, a. Offenbach a. M.: Zur Kenntnis katalytischer Wirkungen bei der Acetylierung organischer Verbindungen. Heidelberg 1907: K. Rössler. (38 S.) 8°
Heidelberg, Naturw.-math. Fak., Ref. Curtius, Diss. v. 20. Juni 1908
[Geb. 29. Dez. 82 Offenbach a. M.; Wohnort: Münster i. W.; Staatsangeh.: Hessen; Vorbildung: Oberrealsch. Darmstadt Reife O. 01; Studium: Gießen 5, Heidelberg 6 S.; Rig. 26. Nov. 07.]

Jung, Jac., aus den Tagen der Liebe und Vertraulichkeit, s. Aus den Tagen.

Jung, Jac., aus den Tagen der Liebe und Vertraulichkeit. Ein poetisches Album. Trier 858. Gall in Comm. 16. (186 S.) u. 12 ngr.

Jung, Jakob Friedrich

Jung, Jak. Fr., († d. 25. Juni 1754) compend. theologiae thetico-polemicae. 8. Ulm 752. Bartholomäi. 12 gr.

— Jacob Friedrich (Tübingen), De Israelis in sua religione constantia ex Josuae cap. XXIV, v. 15. & 16. Diss. theol. Präs. Martin Chladen. Wittenbg. (Gerdes) 9. XI. 1717. 28 S. (6.—) 17180

Iung, Iac. F., Florilegium Virgilianum s. phrases et sententiae ex Virgilio. 8. Ulm, Rothe. 728.

* **JUNG**, J F. Vollstandige Schatz Kammer der Hoch-Deutschen Dicht u Reym Kunst, In sich haltend einen Auszug der besten und reinesten Gedichten, von allerley Gattungen, bey frohlich und traurigen Begebenheiten welche theils noch nie gedruckt, theils aus den besten Deutschen Poeten gezogen und von allen anstossigen und Heydnischen, oder mythologischen Redens Arten gesaubert allen Liebhabern der edlen Dicht-Kunst mit Fleiss zusammen getragen und auf Befehl und Gutachten der Oberen zum öffentlichen Druck befordert 3 Thle. Ulm 1729 8°. (10 Mk. A. Bielefeld, 1911.)
Anthologie zahmer Poesieen, nicht häufig.

— Schatzkamm. hochdeutsch. Reim- u. Dichtkunst. 3 Thle. 8. Ulm, Bartholomäi. 729.

Iung, Ioach., Opuscula botan. physica ex rec. Fogelii et Vagetii c. eor. annot. 4. Cob. Ahl. 747.

Jung, Johann

— Academiae Heidelbergensis Acta ad Concilior. Constant. Basil. Florentini historiam. 4. Heidelb. 772

— Antwortschreiben an d. Hrn. Mobelstecher e. theolog. Censur. 8. Heidelb. 779.

Jung, Jh., († d. 10. Sept. 1793.) Betracht. üb. die Abänderungen d. geistl. Gegenstände in d. Wahlcapitulation Kaisers Leopold II. gr. 8. Mainz 791. Fischer. 14 gr.

— Chronologia hebdomadum Danielis ex genuina versione LXX, nunc primum Romae edita. 4. Heidelb. 774.

Jung, Joann., Theologia hebdomadum Danielis ex genuina versione LXX nunc primum Romae edita, novo conatu cum optimorum chronologorum calculo conciliata una cum animadversionibus in cc. II. Michaelis et Hassenkampii exegesin et chronotaxin. Heidelberg, 1774, 4°, 42 S.

— Disputatio, quid operae contulerint electores et principes Palatini in conficiendis nationis German. concordatis. gr. 4. München 786. (G. Franz). 2 gr.

— Dissertationes psychologicae contra V. V. et P. P. Materialistas et Epicureos. 8. Heidelb. 766.

— elementa staticea et mechanicea. 8. Heidelb. 767.

Jung, Johann (Präs.), s. Enhueber, Christian Tobias: Origines historicae juris sacrorum.

— Epicrisis de variis hodie literatorum in theologia morum accusanda, vindicanda, reformanda studiis ac iudiciis. 4. Heidelb. 773.

— facta dispensationum episcopalium historica ex tribus primis seculis collecta et vindicata una cum P. P. doctrina thematis selecti ex hist. ecclesiastica. 8. Mainz 787.

Jung, Johann, Assist. d. Handelskammer in Mainz: **Gesamtvertretung,** Gesamtvollmacht. Untersuchungen zum Titel: **'Vertretung,** Vollmacht' des Bürgerlichen Gesetzbuches. **Mainz** 1909: Prickarts. VIII, 106 S. 8°

Gießen, Jur. Diss. v. 15. März 1909, Ref. Leist

[Geb. 22. Nov. 79 Mainz; Wohnort: Mainz; Staatsangeh.: Hessen; Vorbildung: Gymn. Worms Reife M. 04; Studium: München 2, Berlin 1, Gießen 5 S.; Rig. 26. Mai 08.] [U 09. 1093

Jung, J., Grundriß der christlichen Sittenlehre m. besond. Berücksicht. d. sozialen Frage u. der wicht. Rechtsgrundsätze üb. Kirche u. Staat. Bearb. f. die oberen Klassen der höh. Lehranstalten. gr. 8. (VIII, 96 S.) Freiburg (Schweiz) (900). Universitätsbuchh. Geb. in Leinw. n. 1. —

Jung, J[ohann]. Grundriss der christlichen Sittenlehre, mit besonderer Berücksichtigung der sozialen Frage und der wichtigsten Rechtsgrundsätze über Kirche und Staat. Bearb. für die oberen Klassen der höheren Lehranstalten. 2. Aufl. 143 S. 8. Freiburg ⟨Schweiz⟩. ⟨Otto Gschwend⟩, 1907. [geb. fr. 1. 50]

Jung, J., Grundriß der christl. Sittenlehre m. besond. Berücksicht. der sozialen Frage u. der wichtigsten Rechtsgrundsätze üb. Kirche u. Staat. Bearb. f. die oberen Klassen der höh. Lehranstalten. 2. Aufl. (143 S.) 8. Freiburg (Schweiz) 907. Universitäts-Buchh. Geb. 1. 50

Jung, J., dispensationum episcopalium historia ex tribus pr. sec. collecta et vindicata. Mogunt. 1787. 8.

— Imago veri Principis, ad consecrationem Episcopi et Principis Bambergensis F. C. de Stadion. Fol. Bamb. 753.

— isagoge in historiam ecclesiasticam. 8. Frankf. a. M. 776. Ed. II. 781. Varrentrapp. 10 gl.

— Isagoge in hist. eccles. N. Test. 8. Frft. Varrentrapp et W. 781.

— Diss. critico-polemica de Jubilaeo et Indulgentiis. 8. Heidelb. 770.

— origines historiae juris sacrorum Comment. I. II. 8. Heidelb. 782, 83. ... Fortgesetzt: Objecta sacrae potestatis. Exercitatio I. Dogmata ecclesiae vindicata, salvo jure imperantium. 8. Mainz 784.

— Philippus Cellensis oblivioni ereptus. 8. Heidelb. 780.

Jung, Johannes, Ausführliche Rechtfertigung der Gründe für die Erklärung der Stelle Isaiä 7, 14 auf Jesum und Mariam samt einer Beleuchtung des Isenbiehlischen neuen Versuches. Heidelberg, 1778, 8°, 188 S.

— Rechtfertigung d. Gründe f. die Erklärung d. Stelle Jes. 7, 12. auf Jesum u. Mariam. 8. Heidelb. 778. Pfähler. 12 gl.

— de structura globi terraquei exteriori, et quomodo corpora marina petrifacta in montis terraeque strata pervenerint. 8. Heidelb. 767.

— Thorax hydrostaticus secundum principia hydrostatices explicatus et in Rheno coram Eminentiss. Mogunt. et Sereniss. Palatino S. R. J. Electoribus exhibitus. 8. Mainz 765.

— Widerlegung d. Gesprächs zwischen Isenbiehl u. Jung. 8. Heidelb. 779.

v. Jung, Jh. Andr., († d. 5. Oct. 1788.) s. Grammatik, portugiesische, u. setze hinzu: (v. Jh. Andr. v. Jung).

Jung, Joh. Cph., Diss. med. inaug. de consvetudinis efficacia generali in actibus vitalibus. Halæ Magd. 1705. 4. P. [Præs. Georg Ern. Stahl]. 35 S.

— **Johann Georg Christoph** (Schwarzburg), De cardialgia. Diss. med. Halle (Bathe) o. J. (ca. 1790.) 22 S. (5.50) 17182

Jung, Johann Heinrich, s.a. Jung-Stilling

Johann Heinrich Jung
1715–1799

Io[annis] Henr[ici] Iungii [Jung] Dissertatio philologico-iuridica de conditione medicorum apud veteres Romanos nec non ad Domitii Ulpiani fragmentum ex libro VIII. de omnibus tribunalibus quod exstat in l.1.pr. et §§ 1–3. D.de extr. cognit. liber singularis. Osnabrugi: Kislingius 1739. 30 S. 4°

Jung, Jh. Hnr. I., († d. 14. April 1799.) historiae antiquiss. Comitatus Benthemiensis libri III. 4 maj. Hannov. 773. Hahn. 6 gl.

— **Johann Heinrich,** De jure recipiendi Judaeos cum generatim tum speciatim in terris Brunsvico-Luneburgicis. Tractat. jurid. Präs. Georg Heinrich Ayrer. Götting. (Abraham Vandenhoeck) 10. II. 1741. 6 Bl., 212 S., tlws. dtsch. (15.—) 17183
Gew.: Gerlach Adolph Frh. v. Münchhausen (Strausfurth). — Widm. v. Präs., Abrah. Gottl. Winckler.

Jungius, Joannes Henricus: „De jure salinarum tum veteri tum hodierno liber singularis. Accedit Casparis Sagittarii viri clar. dissertatio de originibus ac incrementis sulciae luneburgensis recognita aucta et continuata nec non sylloge documentorum plurimam partem ineditorum pro salina luneburgensi cum sigillis impp. aeri incisis", Gottingae 1743. — Vorh.: Bibl. des Oberlandesgerichts Celle — Mg. 172 — des Kammergerichts Berlin — Ec. 4906 — des Preuß. Oberbergamts Dortmund — E. I. 22 — des Vereins zur Wahrung der bergbaulichen Interessen Essen-Ruhr — Gd. 8.

Jung, J. H., De jure salinarum, tum veteri tum hodierno liber singularis. Göttingen, 1743. 252 S.

— de iure salinar. 4. Gott. Schulz. 745.

— (Hrsg.), s. Origines Guelficae.

— über Reliquien, ein Auszug a. d. Lat. v. J. A. C. Thon. gr. 8. Hannov. Hahn. 784.

Jungii, J. H., Disquisitio antiquaria de reliquiis et profanis et sacris carumque cultu. Acc. Lipsanographia sive thesaurus reliquiarum Electoralis Brunsvico-Luneb. Edit. IV. anim. aucta et tab. aen. illustr. *Hannov.* 783. 4. 2 rth. 12 gr.

— disquisitio antiquaria de reliquiis et profanis et sacris, eorumque cultu; accedit Lipsanographia s. thesaurus reliq. elect. Brunsv.-Luneburg; edit. IV animadvers. aucta et tabb. aen. illustr. 4. Hannov. 793. Hahn. 2 ꝝ 12 ϑ.

— Verconius Thurinus, s. de poena famis apud veteres, lib. V. 8 Rotterd. 762.

- (Hrsg.), s. Vergilius Maro, Publius: Opera. 1756.

(Vorr.), s. Walther, Johann Ludolph: Lexicon diplomaticum.

– (Vorr.), s. Westenberg, Johann Ortwin: Opera omnia juridica.

— Johann Jacob (Böblingen), De retractu territoriali, Germanice Marck=Losung. Disp. jur. Präs. Wolffgang Adam Schoepff. Tübing. (Bauhof & Franck) März 1748. 44 S. (6.50) 17184

Jung, Johann Nepomuk von

Jung, Johann von: „Das Bergrecht in den sämmtlichen k. k. österreichischen Staaten. Zum Leitfaden der Vorlesungen über dasselbe an der k. k. Wiener Universität bearbeitet und mit Rücksicht auf die preußischen usw Bergrechte dargestellt", Wien 1822. — Vorh · Preuß Oberbergamt Dortmund — E. h. 188.

v. Jung, (J.) das Bergrecht in den sämmtl. k. k. österr. Staaten, zum Leitfaden d. Vorlesungen über dass. an der k. k. Wiener Universität. gr. 8. Wien, 822, Geistinger, Landshut, Krüll.

Jung, Johann, Darstellung des ungarischen Privatrechtes, nach dem in seiner Art als classisch anerkannten Werke: Institutiones juris privati hungarici, des Herrn Emmerich von Kelemen rc. 4 Bände. gr. 8. Wien, Bauer. 818.

— — dessen 5r Bd. gr. 8. Ebend. 819.

— Darstell. d. Ungarischen Privat-Rechts. 2e Aufl. 2 Bde. gr. 8. Wien 827, Beck.

Id.: Jus personar. privatum regni Hungariae, secundum systema cod. civilis Imperii Austriaci. *Viennae*, Sollinger. 828. 8maj. (1 Thlr. 10 Gr.)

Jung, Johannes, s.a. Jung, Johann

Jung, Joh., Sabbath-Stunden. Gedichte. 12. (129 S.) Ruhrort 878. (Köln, Schergens.)

Jung, Josef

Jung, J., Entwickelung d. deutschen Post- u. Telegraphenwesens in den letzten 25 Jahren. Gedenkblätter zum 25jähr. Bestehen e. einheitl. Post- u. Telegraphenwesens in Deutschland. 3. unveränd. Aufl. gr. 8. (VIII, 186 S. m. 7 graph. Taf.) Leipzig 893. Duncker & Humblot n. 3. 80

Jung, Jos., Nanette. Lebensbild in 2 Aufzügen u. 1 Nachspiel (unter Zugrundelegg. histor. Skizzen.) 8. (52 S.) Stuttgart (Kernerstr. 49) 901. Selbstverlag. n. 1. —

Jos f JUNG Versuch einer übersichtlichen Darstellung der Entwicklung der Lehre von der Wahrscheinlichkeit bei Philosophen und Mathematikern, soweit dieselbe für die Logik von Bedeutung ist
Prag, Phil. Diss. von 1898/99

Jung, J., der Weltpostverein u. der Wiener Postkongreß. [Aus: „Jahrbuch f. Gesetzgebg. rc."] gr. 8. (V, 58 S. m. 2 graph. Darstellgn.) Leipzig 892. Duncker & Humblot. n. 1. 60

Jung, J[oseph]. Der Weltpostverein und sein Einfluss auf den Weltverkehr und die Weltwirtschaft. Ein Vortrag, gehalten in der Gesellschaft für Erdkunde und Kolonialwesen zu Strassburg. Mit 5 lithographischen Tafeln. IV + 47 S. 8. Strassburg, J. H. Ed. Heitz, 1903. [M. 3. —]

Jung, Julius: Die Anfänge der Rumänen. Kritisch-ethnographische Studie In: Zeitschrift für die österreichischen Gymnasien, Wien, 27/1876, S. 1–19. Sonderdruck: Wien: Gerold 1876

Jung, Jul., Fasten der Prov. Dacien. Mit Beiträgen zur röm. Verwaltungsgoschichte. gr. 8. (XLII, 193 S.) Innsbruck 894. Wagner. n. 4. 80

Jung, J., Julius Ficker (1826—1902). Ein Beitrag zur deutsch. Gelehrtengeschichte. (XV, 572 S. m. 1 Bildnis.) gr. 8. Innsbruck 907. Wagner. 12. —

Jung, J., Geographie u. Topographie v. Rom u. röm. Provinzen, s.: Handbuch der klassischen Altertumswissenschaft. 3. Bd.

Jung, Jul., zur Geschichte der Gegenreformation in Tirol. Festschrift zu Ehren der 29. Versammlung deutscher Philologen und Schulmänner in Innsbruck, 28. Septbr.—1. Octbr. 1874. gr. 8. (38 S.) Innsbruck 874, Wagner'sche Univeraitäts-Buchh. *

Jung, Jul., Grundriss d. Geographio v. Italien u. d. Orbis romanus, s.a. Handbuch d. klass. Altertumswissenschaft.

Grundriss der Geographie von Italien und dem Orbis Romanus v. Dr. Julius Jung, o. Prof. ... in Prag. 2. umgearb. u. verm. Aufl. M. alphab. Reg. *München: C. H. Beck 1897.* (VIII, 178 S.) 1 Bd 4.(8.)
— **Handbuch** d. klass. Altertums-Wissenschaft. Bd 3. Abt. 3. Hälfte 1. (97. 278)

Jung, s. Handbuch der klass. Altertumswissenschaft.

Jung, Jul., die romanischen Landschaften des römischen Reiches. Studien über die inneren Entwicklungen in der Kaiserzeit. gr. 8. (XXXII, 571 S.) Innsbruck 881, Wagner'sche Universitäts-Buchh.

— - Leben und Sitten der Römer in der Kaiserzeit, s. Wissen, das, der Gegenwart.

Jung J, Leben und Sitten der Römer in der Kaiserzeit. 2 Bde (Wissen der Gegenwart 15. 17) Leipzig 1883-84

Jung, Julius. Leben und Sitten der Romer in der Kaiserzeit . Leipzig. G. Freytag. Prag. F Tempsky 1883—1884.
2 Abt. 2°
I 1883: Vortit., Tit., 2 Bl. 198 S. m. 78 Abb.; 1 Taf. in Holzschn.
II 1884: Vortit. Tit. 1 Bl., 200 S. m. 72 Abb.; 1 Taf. in Holzschn.

Jung, Jul., Roemer und Romanen in den Donauländern. Historisch-ethnograph. Studien. gr. 8. (XLIV, 315 S.) Innsbruck 877, Wagner'sche Universitäts-Buchh. *

Jung, Jul., Roemer und Romanen in den Donaulaendern. Historisch-etnograph. Studien. 2. Aufl. gr. 8. (VIII, 372 S.) Innsbruck 887, Wagner'sche Universitäts-Buchh. * 7 60

– Theoderich der Große, s. Sammlung gemeinnütziger Vorträge.

Jung, *Philipp* Julius [Referendar]: Über die Unterschiede der Gesellschaft mit beschränkter Haftung von der Aktien-Gesellschaft in Errichtung, Vertretung und Geschäftsführung ... Frankfurt a. M., Druck v. R. Mahlau, 1897; 1 Bl., 54 S., 1 Bl. 8.
Marburg, Jur. Fak., Inaug.-Diss. v. [20. Jan.] 1897

Jung, Jul., f.: **Weltgeschichte.**

Jung, K., Anleitung z. Ertheilung des Schreiblese-Unterrichtes nach Ph. M. Nabholz bearb. gr. 8. (8⅜ B. u. 3 Tab.) Freiburg in Br. 846, Herder'sche Vrlgsh. *

Jung, K., Lesebuch für Elementarschüler. 1. Stufe. (Unter Zugrundelegung der von dems. Verf. hrsg. „Anleitung zur Ertheilung des Schreibleseunterrichtes nach Ph. M. Nabholz" bearb.) 2. Aufl. 8. (60 S.) Constanz 851, Meck. *

Jung, C., der landwirthschaftliche Unterricht in der Volksschule. 2. Aufl. gr. 8. (47 S.) Lahr 863, Geiger.

Jung, K. T., (engl. Sprachlehrer), über d. Besonderheiten Englands, d. engl. Nation u. Sprache. Eine Abhandlung beim Anfang seiner öffentl. Lehrstunden an d. Universität zu Breslau. 8. Bresl. 812. Groß, B. u. C. 5 K

Jung, Karl

Jung, Carl, Anatomie u. Pathologie d. Zähne u. d. Mundes unter bes. Berücksicht. d. Indicationen f. d. zahnärztl. Therapie. Ein Handbuch f. Studirende d. Medizin u. Zahnheilkunde. gr. 8. (VIII, 199 S. m. 86 Abb.) Wien 898. F. Deuticke. n. 6. 50

Jung, Karl, und Aug. Linz, Anleitung zum Gesang-Unterricht in der Volksschule. Nach Pestalozzi'schen Grundsätzen bearb. gr. 8. (XII, 150 S.) Donaueschingen 869, Albenhoven. *

Jung, Carl, das Füllen der Zähne u. die verwandten Arbeiten. (VII, 295 S. m. 276 Abbildgn.) gr. 8. Wien 905. F. Deuticke. n. 7. —

Jung, Dr. med. Carl, Die Handhabung der Instrumente zur Extraction der Zähne. Mit 27 Abbildungen. Gr.-8. (23 S.) —.90
Wien: Deuticke 1898

Jung, Carl, Aethiopiens Königstochter. Ein Schauspiel. 8. (III, 142 S.) Wien 897. H. Kirsch. n. 2. —

Laboratoriumskunde des Zahnarztes. Von Prof. Dr. [Karl] Jung, Berlin. Berlin: Berlinische Verlagsanst. 1905. (96, XVI S.) 8° [05. 13459

Jung, Dr. med. Carl, Lehrbuch der zahnärztlichen Technik. Ein Handbuch für Studirende. Mit 199 Abbildungen. Gr.-8. (X, 196 S.) 3.30
Wien: Deuticke 1897.

— **Lehrbuch der zahnärztlichen Technik.** 2. umgearb. u. erweit. Aufl. (XI, 342 S. m. 326 Abbildgn.) gr. 8. Wien 904. F. Deuticke. n. 8. —

Jung, Karl, Lehrbuch der zahnärztlichen Technik. 3., umgearb. u. erweit. Aufl. (XII, 509 S. m. 574 Abb.) gr. 8. Wien 907. F. Deuticke. 11. —

— **Leitfaden der Zahn- u. Kieferkorrektur.** (IV, 113 S. m. 165 Abbildgn.) gr. 8. Ebd. 906. n. 5. —

JUNG, Carl
(F) Mutter und Tochter. Eine Tragödie von Carl Jung. Wien. 1900. Kirsch. 16°. 120 S. fl. 1.—

Jung, Karl, Referendar: Das Recht des deutschen Adels im Glatzer Lande nach dem ältesten Mannengerichtsbuch von 1346 bis 1390. Borna-Leipzig 1910: Noske. 57 S. 8°
Breslau, Jur. Diss. v. 24. Okt. 1910, Ref. H. Meyer, O. Fischer
[Geb. 22. Juli 84 Endersdorf, Kr. Grottkau; Wohnort: Voigtsdorf, Kr. Grottkau; Staatsangeh.: Preußen; Vorbildung: Gymn. Leobschütz Reife O. 04; Studium: Breslau 3, München 1, Breslau 4 S.; Rig. 15. Febr. 10.] [U 11. 616

Jung, Karl, zur Reform des evangel. Religionsunterrichts in der württemberg. Volksschule, f. a. **Beiträge** zum erzieh. Unterricht.

Jung, Karl: Zur Reform des evangel. Religionsunterrichts in der württ. Volksschule. Cannstatt: Hopf 1903

Jung, Carl [pr. Zahnarzt, Assist. am Zahnärztl. Inst. d. Kgl. Univ. zu Berlin]: Untersuchungen über die Bacterien der Zahncaries ... Berlin, E. Dreyer's Buchdr., *1892;* 52 S., 2 Bl. 8.
Berlin, Med. Fak., Inaug.-Diss. v. 20. Dez. 1892

Jung, Karl, a. Pirmasens: **Wahl und rechtliche Stellung des Praesidenten der Republik in Frankreich, der Schweiz und den Vereinigten Staaten von Nordamerika.** Erlangen 1907: E. Th. Jacob. (81 S.) 8°
Erlangen, Jur. Fak., Ref. Rieker, Diss. v. 2. April 1907
[Geb. 23. Juni 83 Pirmasens; Wohnort: München; Staatsangeh.: Bayern; Vorbildung: Gymn. Landau (Pfalz) Reife M. 02; Studium: Heidelberg 2, München 2, Erlangen 2, Cambridge 1, Grenoble 1 S.; Rig. 5. März 07.]

— **Zahn- u. Kieferkorrektur in der Alltagspraxis.** (19 S. m. Abb.) 8. Pforzheim (909). (Leipzig, H. Licht.) 1. —
Sonderabdruck aus: „Deut. zahnärztl. Ztg."

Jung, Karl Emil

Jung, Carl Emil, Australien u. Neuseeland. Historische, geographische u. statistische Skizze. Mit 10 (eingedr. Holzschn.-)Illustr. 1. u. 2., verb. u. vielfach verm. Aufl. gr. 8. (VI, 90 S.) Leipzig 879. Mutze. n. 2. —

Jung, Karl Emil, Australien und Neuseeland. Historische, geograph. und statist. Skizze. 1. und 2. verb. und vielfach verm. Aufl. gr. 8. (VI, 90 S. mit 10 eingedr. Holzschn.-Illustr.) [Leipzig 880, Mutze.] Gera, Genschel. *

Jung, Karl Emil, der Weltteil Australien, f. a. Wissen, das, der Gegenwart.

Jung, Karl Emil: Der Weltteil Australien. Abth. 1. Der Australkontinent und seine Bewohner. Mit 14 Vollbildern, 21 in den Text gedruckten Abbildungen und 2 Karten in Holzstich. Abth. 3. I. Melanesien. (Teil 2.) II. Polynesien. (Teil 1.) Mit 27 Vollbildern und 31 in den Text gedruckten Abbildungen. Abth. 4. I. Polynesien. (Teil 2.) II. Neuseeland. III. Mikronesien. Mit 15 Vollbildern und 35 in den Text gedruckten Abbildungen. Leipzig 1882 u. 1883. 3 Bde. (Bd. 1: 269; Bd. 3: 296; Bd. 4: 263 S.) 8°

Jung KE, Australien. 4 Bde (Wiss. der Gegenw. 6. 8. 11. 13.) Leipzig 1882-83

—— deutsche Kolonien. Ein Beitrag zur besseren Kenntniss des Lebens und Wirkens unserer Landsleute in allen Erdteilen. 8. (IV, 304 S.) Prag 884, Tempsky. — Leipzig, Freytag. *M 5.; geb.

Jung, Karl Emil, deutsche Kolonien mit besonderer Berücksichtigung der neuesten deutschen Erwerbungen in Westafrika und Australien. 2. verm. Ausg. 8. (XLVIII, 302 S.) Prag 885, Tempsky. — Leipzig, Freytag. *.5 —

—— Lexikon der Handelsgeographie. Handels- und Industrieverhältnisse aller Staaten mit den neuesten Ausweisen über Aus- und Einfuhr, Produktion, Verkehr und zahlreichen statist. Tabellen. Mit 1 (chromolithogr.) Karte des Weltverkehrs. 8. (IV, 564 S.) Leipzig 882, Bibliograph. Institut. geb.

Jung, Karl Ferdinand

Kurze doch gründliche Anweisung, was die Comicia Burggraviae in Nürnberg seyn und involvire? Dann was es mit der Hoheit des Kays. Land-Gerichts Burggrafthums Nürnberg vor eine aigentliche Beschaffenheit habe? Samt einer angehängten Genealogia von denen . . Burggrafen. Aus gemeinen fontibus eruiret v. Carl Ferdinand **Jung**. Onolzbach. 1733.

—— Aigentliche und Grundhaltende Fortsetzung der . . . Genealogie von denen . . Burggraffen zu Nürnberg . . . vom Chur-Fürst Friedrich dem I. zu Brandenburg anfahend und bis auf dessen Glorreichestes Lebens-Ende continuirend. - Abgebildet v. Carl Ferdinand **Jung**. ebd. 1735. 8°.

Jung, K. Ferd., Anweis., was die comitiva Burggraviae in Nürnberg sey u. involvire rc. 8. Nördlingen, Beck. 733 —735. Rthlr.

— Miscellanea, enth. versch. d. G.sch. d. mittl. Zeitalt. erläuternde Dokumente. 5 Thle. Nürnb. Raspe. (Lochner.) 739—48.

Jung, Karl Gustav

Jung, Carl Gust.: Animadversiones quaedam de ossibus generatim et in specie de ossibus raphogeminantibus, quae vulgo ossa suturarum dicuntur. [Erstes med. Rektoratsprogramm.] 1827.

Jung, (C. G.,) **Animadversiones quaedam de ossibus generatim et in specie de ossibus raphogeminantibus, quae vulgo ossa suturarum dicuntur.** gr. 4. (Mit 4 Abbildd. in Steindr.) Basel 827, (Schweighauser.)

Jung, C. G., s.: Assoziationsstudien, diagnostische.

— Die Bedeutung des Vaters f. das Schicksal des Einzelnen. (21 S.) gr. 8. Wien 909. F. Deuticke. 1. —
Sonderabdruck aus: „Jahrb. f. psychoanalyt. u. psychopathol. Forschgn."

— die psychologische Diagnose d. Tatbestandes, s.a. Grenzfragen, juristisch-psychiatrische. IV, 2.

Jung, C[arl] G[ustav]. Die psychologische Diagnose des Tatbestandes. [Mit Figuren.] *Kopftitel:* Aus der psychiatrischen Universitätsklinik in Zürich. S. 1—47. 8. Halle a. S., Carl Marhold, 1906.
(Juristisch-psychiatrische Grenzfragen. Zwanglose Abhandlungen. Hrg. von Professor Dr. jur. A[ugustin] Finger..., Prof' Dr. med. A[lfred] Hoche... [und] Oberarzt Dr. med. Joh[ann] Bresler .... Band 4, Heft 2. II + 61 S. Einzelpreis M. 1. 20. [Nr. 1.])

Jung, K. G., über die seitliche Erhabenheit in dem Lateral-Ventrikel des menschl. Gehirnes. gr. 4. (2½ B. u. 1 Stnt.) Basel 811, Schweighauser'sche Buchh.

—— über das Gewölbe in dem menschl. Gehirne. gr. 4. (4 B. u. 3 Stnt.) Basel 815, Schweighauser'sche Buchh. *

— s.: Jahrbuch f. psychoanalytische u. psychopathologische Forschungen.

— Der Inhalt der Psychose, s.a. Schriften zur angewandten Seelenkunde. 3. Heft.

Jung, C[arl] G[ustav]. Der Inhalt der Psychose. Akademischer Vortrag, gehalten im Rathause der Stadt Zürich am 16. Jänner 1908. II + 26 S. 8. Leipzig und Wien, Franz Deuticke, 1908. [M. 1.25]
Schriften zur angewandten Seelenkunde, hrg. von Prof. Dr. Sigm[und] Freud. Heft 3.

— Uber Konflikte der kindlichen Seele. (26 S.) gr. 8. Wien 910. F. Deuticke. 1. —
Sonderabdruck aus: „Jahrb. f. psychoanalyt. u. psychopathol. Forschgn.".

Jung, C[arl] G[ustav]. Über die Psychologie der Dementia praecox. Ein Versuch von Dr. C. G. J', Privatdozenten ... in Zürich. IV + 180 S. 8. Halle a. S., Carl Marhold, 1907. [M. 2.50]

Jung, C(arl), G(ustav) [I. Assistenzarzt an der Heilanstalt Burghölzli]: Zur Psychologie und Pathologie sogenannter occulter Phänomene. Leipzig 1902. 121 S. 8°.
Zürich. Med. Diss. 1901/1902.

Jung, C[arl] G[ustav]. Zur Psychologie und Pathologie sogenannter occulter Phänomene. Eine psychiatrische Studie von Dr. med. C. G. Jung ... in Zürich. [Mit Figuren.] IV + 122 S. 8. Leipzig, Oswald Mutze, 1902. [M. 3. —]

Jung, C[arl] G[ustav], II. Arzt an der Irrenanstalt Burghölzli: Ueber das Verhalten der Reaktionszeit beim Assoziationsexperimente. Leipzig 1905. 38 S. 8°. S.-A. a. d. Journal f. Psychologie u. Physiologie der Sinnesorgane. [14. VI. 05.]
Zürich. Med.-Hab.-Schr. 1904 1905.

Jung, C[arl] G[ustav]. Über das Verhalten der Reaktionszeit beim Assoziationsexperimente. Habilitationsschr. Med. [Univ.] Zürich. [Sep.-Abdr. aus: Journal für Psychologie und Neurologie. Band 4.] 38 S. gr.-8. Leipzig, Johann Ambrosius Barth, 1905.

Jung, K. G., über d. Verhältniß d. Anatomie zu d. medicin. Wissenschaft, u. üb. d. Leistungen d. Anatomen an d. Baseler Hochschule. Rectoratsrede. 8. (3 B.) Basel 828, Schweighauser.

Carl Gust. Jung Rede über das Verhältniss der Anatomie zu der medicinischen Wissenschaft und über die Leistungen der Anatomen an der Baseler Hochschule. Basel 1829. 8.

Maurerische Zeichnung zum Andenken an die Feier des Winter-Johannisfestes in der s.·. ehrw.·. ger.·. u.·. vollk.·. Loge Zur vollkommenen Eintracht im O.·. von Mülhausen am 16ten Tag des 9ten Monats 5844 von K[arl?] G[ust.?] **Jung.** [Mülhausen 1844.] 11 S. 8°
Rede nach d. Aufnahme i. d. Bund (Üb. Wesen u. Aufgabe d. Frmrei).

Maurerische Zeichnung, zum Andenken an die Feier des Winter-Johannisfestes in der Loge zur vollkommenen Eintracht im Or. von Mühlhausen am 16ten Tag des 9ten Monats 5844 von K[arl] G[ustav] **Jung.** o. O. [1844]. 11 S. 8°.

Jung, (Karl Theodor) Heinrich [aus Frankfurt am M.]: **Beiträge zur Geschichte des nord- und mitteldeutschen Minnegesangs besonders in Thüringen.** (Teilpublikation.) . . . Frankfurt a. M., Druck v. Gebr. Knauer, 1891; 47 S., 1 Bl. 8°
Göttingen, Phil. Fak., Inaug.-Diss. v. [11. März] 1890

Jung, Konrad Christoph

— Verzeichniß d. meisten bisher bekannten europ. Schmetterlinge. 8. Frankf. 782. Eichenberg. 12 gr.

Jung, Konr. Cph., († d. 31. Juli 1816.) Verzeichniß d. bisher bekannten Schmetterlinge aus allen Welttheilen. 2 Thle. 8. Anob. 791—93. Gassert. 2 Rthlr.

Jung, L. A., poet. und pros. Skizzen. 8. Frkf. Reifenstein (Hermann). 785.

Jung, Loth. Die Heilquellen Kreuznachs, s. Schneegans, E. Geschichte d. Nahethales.

Jung, Ludwig, s.a. J u n g , Ph. Ludwig

— siehe: Anleitung der Kinder zur ersten heil. Communion.

Jung, Ludw., Anleitungen f. den Dienst der Feuerwehr-Commandanten. 3. Aufl. 12. (31 S.) München 894. Ph. L. Jung. Kart. n. — 45

Jung, Ludw., drei Antworten aus dem Neuen Testamente auf drei Fragen über die Person u. Lehre Jesu Christi. gr. 8. (160 S.) Freiburg i/Br. 881. Kiepert. n. 3. —

Jung, L., s. Arvisenet, M., Vergißmeinnicht.

—— aus der Schule in's Leben. (38 S.) 1883; 2.—7. Aufl. 16. (39 S.) (Ebendas.) 884. *

—— aus der Schule in's Leben. 8.—10. Aufl. 16. (39 S.) Ebendas. 885—88. *

— aus der Schule ins Leben. 11.—15. Aufl. 16. (39 S.) Ebd. 889. n. — 20

— aus der Schule ins Leben. 17. Aufl. gr. 16. (39 S.) Ebd. n. — 20

Jung, Ludw., aus der Schule ins Leben. 22—25. Aufl. Jubiläumsausg. (Je 39 S.) 16. München (905). Ph. L. Jung. n. — 20

— Aus der Schule ins Leben. 38. Aufl. (39 S.) 16. München (908). P. L. Jung. p — 20

— dalla scuola nella vita. Tradotta dal tedesco da Francesco-Diettrich Kalkhoff. 22. ed. 1. ed. italiana. (39 S.) 16. Ebd. (905). n. — 25

Jung, L., Peter Debord, oder Folgen des Umgangs mit gefährlichen Menschen. Eine lehrreiche Geschichte. Nach dem Französ. des M. B. d'Erauvillez frei bearb. 2., mit einem Anhange verm. Aufl. 12. (178 S. und 1 Holzschn.) Paderborn 851, Schöningh.

Jung, L., Peter Debord, oder Folgen des Umgangs mit gefährlichen Menschen. Eine lehrreiche Geschichte. Nach dem Französ. des M. B. d'Erauvillez frei bearb. 3., mit einem Anhang über Freimaurerei verm. Aufl. 12. (180 S. mit Holzschnt.) Paderborn 856, Schöningh.

Jung, Ludw., Denksprüche und Lebensregeln für alle Tage des Jahres. gr. 16. (91 S.) München 867, Manz. *

Empfindungen treuer Bruderliebe bei der dem Andenken des Fürsten Blücher von Wahlstadt gewidmeten Trauerloge ausgesprochen in der □ zu den drei Hammern [in Halberstadt] von L[udw.] Jung. Den 27. Okt. 1819. Halberstadt [1819]: Delius. 2 Bl. 8⁰ [Umschlagtit.]
Gedicht: „Tiefe Stille herrscht in diesen Hallen..."

Jung, L., s. d'Erauvillez, Peter Debord. — Desj. Kasimir Basil.

Jung, Ludw., Feuer und Licht. Ein Büchlein für's Volk. 16. (35 S.) München 875, (Franz'sche Buchh.) *

Jung L. Feuer und Licht. 2. Auflage. München 1875

—— die Feuerlöscheinrichtungen in den größeren Städten Deutschlands. gr. 8. (III, 102 S.) (Ebendas.) 876. *

Jung, Ludw., Feuerlöschordnungen. 8. (103 S.) München 873, (Franz'sche Buchh.) *

—— das Feuerlöschwesen in Markt- und Landgemeinden. 1.—3. Aufl. (104 S.) 1869—73. * 75 Pf., und 4. Aufl. 16. (99 S.) (Ebendas.) 875. *

— Feuersbrunst und Feuerschutz in Gasthöfen. München 1892.

Jung, L. Feuerschutz in München.

— Die Feuersicherheit in öffentlichen Gebäuden. München 1878.

Jung, Ludw., die Feuersicherheit in öffentlichen Gebäuden. gr. 8. (64 S.) München 879. Franz in Comm. n. 1. 40

—— für Feuerwehren. I. gr. 16. (112 S.) (Ebendas.) 874. *

—— dass. — II. gr. 16. (114 S.) (Ebendas.) 875. *

—— für Feuerwehren. 3. Bd. 8. (132 S.) (Ebendas.) 877. *
1. und 2. Bd. (Ebendas.) 1874,75. à Bd. ℳ 1,40.

Jung, Ludw. (L.), für Feuerwehren. 4. und 5. Bd. 8. (130; 126 S.) München 882, (Franz'sche Buchh.) à Bd. *ℳ 1,40.
1.–3. Bd. (Ebendas.) 1874—77. à *ℳ 1,40.

Jung, Ludw., f. Feuerwehren. 5. u. 6. Hft. 8. (à 126 S.) München 884. 86. (Franz' Verl.) à n. 1. 40 (1—6.: n. 7. 60)

Jung, Ludw., für Feuerwehren. 6.—9. Heft. 8. (126; 125; 128; 123 S.) München 886—89, Franz' Verlag. à Heft *ℳ 1.40. *
1.—5. Heft. Ebendas. 1874 - 82. *ℳ 7.—.

Jung, Ludw. Für Feuerwehren. 10. Heft: Ueberblick üb. die f. den Feuerwehrmann wichtigsten Lehren der Baukunde. Von Wilh. Fried. 8. (194 S. m. Abbildgn.) Münch. 889, Franz' Verlag. * 1 80

—— dass. — 11.—18. Heft. 8. (à Heft ca. 128 S.) Ebd. 890—92. à Heft * 1 40
1.—9. Heft. Ebd. 1874—89. * 12 60.

— f. Feuerwehren. 13.—21. Hft. 8. (à 128 S.) Ebd. 891—893. à n. 1. 40

— dasselbe. 22.—24. Hft. 8. Ebd. 894 à n. 1. 40 (1—24 zusammen: n. 27. —)
22. Rückblicke u. Erinnerungen beim 25jährigen Jubiläum als Vorsitzender d. bayerischen Landes-Feuerwehr-Ausschusses. (120 S. m. Bildnis.)
23. (120 u. VIII S.)
24. Feuersbrünste u. Feuerschutz in Kirchen. (110 S.)

Jung, Ludw., f. Feuerwehren. 25. Hft. 8. (120 u. VIII S. m. Abb.) München 895. Ph. L. Jung. n. 1. 40 (1.—25.: n. 28. 40; ermäß. Preis 25. —

Jung, Ludw., für Feuerwehren. 26. u. 27. Hft. 8. (121 u. 127 S.) München (900. 902). Ph. L. Jung. à n. 1.40

Jung, L., Für Feuerwehren. 27. Hft. 8. (127 S.) München '01, Ph. L. Jung. 1.40

— die Förderung des Feuerlöschwesens in Bayern. Ebend. 870. gr. 8. (52 S.) n. 6 ngr.

—— Gesetze, Ministerial- und Regierungs-Entschließungen, nebst Urtheilen des obersten Gerichtshofes in Bezug auf das Feuerlöschwesen in Bayern. 8. (92 S.) Ebendas. 877. *

(Jung, L.,) Gottlieb u. Wilhelm, Gottlieb.

– s.a. Große. – Der große Tag nahet heran!

—— der große Tag nahet heran, s.a. Tag.

— der große Tag nahet heran! oder Briefe über die erste Kommunion von einem ehemal. amerikan. Missionär. Nach der 2. französ. Ausgabe bearb. u. herausg. 5. verb. u. mit einem Anh. verm. Ausg. Münster 854. Regensberg. 12. (XII, 225 S. u. 1 Holzschn.) 7½ ngr.

— der große Tag nahet heran! oder Briefe über die erste Kommunion von einem ehemal. amerikan. Missionäre. Nach der 2. französ. Ausg. bearb. und hrsg. 10.—12. Aufl. 12. (X, 205 S.) Ebendas. 875—83. cart.

Jung, L., der große Tag nahet heran! oder Briefe über die erste Kommunion von einem ehemal. amerikan. Missionäre. Nach der 2. französ. Ausg. bearb. und hrsg. 13. Aufl. 12. (XI, 205 S. mit 1 Farbendr.) Münster 887, Regensberg'sche Buchh. cart. * — 80

Der große Tag nahet heran! oder Briefe über d. erste Kommunion von e. ehem. amerikan. Missionäre. Nach d. 2. franz. Ausg. bearb. u. hrsg. von Abbé L. Jung. 17. Aufl. *Münster: Regensberg 1902.* (189 S.) 8° [F.]

— Handbuch des bayerischen Feuerlösch- und Rettungswesens. Hrsg. im Auftrage des bayer. Landes-Feuerwehr-Ausschusses. 8. (230 S.) Hof 884, Grau und Comp. *

Jung, L., der Herr ist mein Antheil ꝛc., s.a. Herr.

Jung, L., der Herr ist mein Antheil! oder Briefe über die Beharrlichkeit nach der ersten heil. Kommunion. Nach dem Französ. bearb. Nebst einem Anhange. 4. verb. Aufl. Münster 854. Regensberg. 12. (VIII, 217 S. u. 1 Holzschn.) 5 ngr.

Jung, Abbé L., der Herr ist mein Anteil! od. Briefe üb. die Beharrlichkeit nach der 1. hl. Kommunion. Vom Verf. d. Werkchens: Der große Tag nahet heran! Nach dem Franz. bearb. Nebst e. Anh. 6., verb. Aufl. gr. 16. (VIII, 170 S.) Münster i/W. 893. Regensberg. Kart. — 60

Der Herr ist mein Antheil! oder Briefe über die Beharrlichkeit nach der ersten Kommunion. Vom Verf. des Werkchens: Der grosse Tag nahet heran! Nach d. Franz. bearb. von Abbé L. Jung. Nebst e. Anh. 7. verb. Aufl. *Münster: Regensberg 1902.* (VIII, 170 S.) 8° [F.]

Jung, Ludw., über die Hindernisse, welche der Achtung vor der Rechtspflege durch den Mangel eines übersichtlichen Geschäftsganges bei dem gerichtlichen Sportel- u. Cassenwesen entgegenstehen, und über die Mittel, wodurch solche im Interesse des Staates und der Unterthanen beseitigt werden können. Mit Tabellen. gr. 8. Berlin 836. L. Oehmigke. ½ rℓ

— Hort und Heim armer Knaben. Zur Bildung von Erziehungsvereinen und Errichtung von Knabenanstalten hrsg. (28 S.) 1881; 2. Aufl. gr. 8. (39 S.) München 884, (Franz'sche Buchh.)

—— Jesus kommt, s.a. Jesus.

Jung, L., Jesus kommt! oder Predigten und Anreden vor, bei und nach der ersten Kommunion; nebst vielen kurzen für die sakramental. und die geistl. Kommunion dienl. Betrachtungen. Gesammelt und bearb. 3. verb. Aufl. gr. 8. (VIII, 234 S.) Augsburg 884, Rieger'sche Buchh. *

Jung, L., neue Jugendzeitung, s. Jugendzeitung.

— Kind, hüte dich vor Feuer u. Licht! Eine freundl. aber ernste Warng. 12 Aufl. 12. (8 S.) Ebd. 894. n.n. — 5

— Mai-Blumen aus dem Garten Gottes. Mit Betrachtungen u. Gebeten zunächst für die Mai-Andacht. München 865. Regensberg. 16. (XII, 347 S. mit 1 Stahlst.) n. 12⅓ ngr.

— die Menschenrettung in Brandfällen. Vortrag, geh. in der Versammlg. der Münchener Feuerwehr am 4. Mai 1880. 12. (16 S.) Ebd. 880. n. — 20

— Merksteine auf d. Wege d. Lebens. Vorträge auf d. Gebiete d. Lebensphilosophie. 2. Aufl. 8. (IV, 104 S.) Ebd. 895. 1.20; geb. n. 1.80

—— die göttliche Mutter als Vorbild des katholischen Priesterthums. Betrachtungen für Priester und Kleriker besonders zur Mai-Andacht. Nach dem Französ. 12. (X und 134 S.) Schaffhausen 853, Hurter'sche Buchh.

—— über rechtl. Natur u. zweckmäß. Benutzung d. preuß. Renten-Versicherungs-Anstalt zu Berlin. 1. Aufl. (3 B.) 839. * 7 Gr. 2. Ausg. gr. 12. (3½ B.) Berlin 840, Jonas Brlgh.

Jung, Ludw., über rechtliche Natur und zweckmäßige Benutzung der Preußischen Renten-Versicherungs-Anstalt in Berlin. 3. Ausg. Berlin 860. Jonas' Verlag. 16. (XV, 56 S.) n. 10 ngr.

—— das Ordensleben, s.a. Ordensleben, das.

Jung, Abbé L. — Das Ordensleben. Ein Handbüchlein für wirkliche Ordenspersonen und für Solche, die sich zum klösterlichen Leben berufen glauben. Neu herausgegeben von — —. 16. (VI, 328 S.) Wien. Mechitharisten Buchdruckerei. 1854.

—— das Ordensleben. Ein Handbüchlein für wirkl. Ordenspersonen und für Solche, die sich zum klösterl. Leben berufen glauben. Neu hrsg. 2. Aufl. 16. (XVI, 191 S.) Münster 883, Regensberg. *

Jung, L., das Ordensleben. Ein Handbüchlein f. wirkl. Ordenspersonen u. f. Solche, die sich zum klösterl. Leben berufen glauben. 3. Aufl., durchgesehen v. e. Mitgliede des Kapuzinerordens. (XV, 184 S.) kl. 8. Münster 906. Regensberg. Geb. in Leinw. n. 1.—

— katholisches Spruchbüchlein für Glaubens- und Sittenlehre; nach der Eintheilung des Katechismus von P. J. Deharbe. Gesammelt und verfaßt für die liebe Jugend. Mainz 857. Kirchheim. 12. (56 S.) n. 2 ngr.

— Sprüche für Kinder. Aus dem Spruchschatz des „Knabenhort" in München hrsg. 16. (20 S.) (Ebendas.) 882. *

— Steiger-Uebungen. [Aus: „Uebungsbuch f. Land-Feuerwehren".] 12. (20 S.) Ebd. 895. n. — 20

—— eine Stunde in Betrachtung und Anbetung, s. Stunde.

— Uebungen d. Spritzenmannschaft. [Aus: „Uebungsbuch f. Land-Feuerwehren".] 12. (16 S. m. Fig.) Ebd. 895. n. — 15

Jung, Ludw., Uebungsbuch f. Feuerwehren, s.: Jung's deutsche Feuerwehrbücher.

—— Uebungsbuch für Landfeuerwehren. 1.—4. Aufl. (61 S. mit eingedr. Holzschn.) 1870—73. * 60 Pf., und 5. Aufl. 16. (73 S.) Ebendas. 875. *

—— Uebungsbuch für Landfeuerwehren. 6. und 7. Aufl. 16. (72 S.) (Ebendas.) 876,78. **

— Uebungsbuch für Landfeuerwehren. 11. Aufl. 12. (80 S.) Ebd. 890. n.n. — 50

— Uebungsbuch f. Land-Feuerwehren. XIII. Aufl. 12. (72 S. m. Fig.) Ebd. 898. n. — 50

—— Vergißmeinnicht, s. Arvisenet.

—— entfernte und nähere Vorbereitung zur ersten heil. Kommunion, durch Lehren und Gebete. 8. (VI und 216 S.) Augsburg 850, Rieger'sche Buchh.

Jung, Luise

Jung, L., s. a.: Bernow, L.

Jung, L., Baden-Baden, s.: Wanderbilder, europäische.

Jung, L. (L. Bernow), Schloß Favorite. Ein Geleit- u. Erinnerungsbüchlein. [Aus: „Das Buch vom Türkenlouis".] 8. (32 S.) Freiburg i/B. 896. Lorenz & Waetzel. 1. —

— badische Geschichte f. Schule u. Haus. Mit 2 Kunstdruck-Blättern u. 12 Abbildgn. 1.—5. Taus. gr. 8. (IX, 293 S.) Freiburg i/B. 900. F. E. Fehsenfeld. Geb. n. 3. —; eleg. geb. in Leinw. n. 3. 50

— des Schwarzwalds schönste Sagen, auf fröhl. Fahrt erzählt u. allen Besuchern Badens gewidmet. 2. verb. Aufl. Mit Deckelzeichng. „Elfenreigen" v. Rud. Grüner. (VIII, 192 S. m. Abbildgn.) 12. Baden-Baden (903). F. Spies. Kart. n. 2. 50

Jung, M., Rede bei d. zu Ehren d. sel. Herrn Baron v. Hirsch v. d. israelit. Cultusgemeinde Ung.-Brod am 20. Ijar 5656 (3. Mai 1896) in d. Synagoge daselbst veranstalt. Trauerfeier. gr. 8. (13 S) Ung.-Brod 896. (Brünn, B. Epstein & Co.) — 30

v. Jung, Ritter Mich., deutsche Vespergesänge zur öffentl. Gottesverehrung auf alle Sonn- u. Festtage d. kathol. Kirchenjahres; nebst e. Anh. von Wettenliedern ꝛc. 8. Kempten 813.

Jung, Moritz [Cand. phil.]: Kritik der sämmtlichen Bücher „Aboth" in der althebräischen Literatur. . . . *Mainz, Joh. Wirth'sche Hofbuchhdr.* (1889); 64 S. + 1 Bl. 8°

Leipzig, Phil. Fak., Inaug.-Diss. v. 21. Jan. 1889

Jung, Otto (Heinr. August) (geb. Mainz 25. 7. 1862). Beitrag zur Kenntniss des Daphnetins. Berlin (1885). (38 S.) 8°

Berlin, Phil. Diss. v. 18. Juli 1885

Jung, Otto, patriotische Gewissenserforschungen. Gesammelte Aufsätze politischen, volkswirthschaftlichen u. moralphilosophischen Inhalts. 2. (Titel-)Aufl. (v.: „Aus d. Provinz"). gr. 8. (VII, 201 S.) Berlin (1876) 880. Bohne u. 3. —

Jung, Otto, aus der Provinz. Betrachtungen polit., volkswirthschaftl. und moralphilosoph. Inhalts. gr. 8. (V, 201 S.) Düsseldorf 876. (Berlin, Grieben.) *

Jung, P., über des Karäers Japhet arabische Erklärung des Hohenliedes. Göttingen. 38 p.

Schul-/Univ.-Schrift 1867.

Jung, P., was muß man v. der Entstehungsgeschichte des Menschen wissen? Gemeinverständlich beantwortet. gr. 8. (72 S.) Berlin (902). H. Steinitz. n. 1.—

JUNG, P. J. H.: Ein Wort üb. die Freiheit in der evangel.-protestant. Kirche aus d. rechtl. Gesichtspuncte. *Frkf.*, Herrmannsche Buchhandl. 837. gr. 8. (12 Gr.)

Jung, P. J. H., ein Wort üb. d. Freiheit in d. evangel.-protestant. Kirche aus d. rechtl. Gesichtspunkte. gr. 8. (5 B.) Frankfurt a. M. 837, [Kettembeil.]

Jung, Paul [Assistenzarzt der Universitäts-Frauenklinik Bern]: Zur Kritik der Reifezeichen der Frucht. Strassburg i. E. 1902. 48 S. + 2 Tabellen. 8°.

Bern. Med. Diss. 1902/1903.

Jung, Paul. Zur Kritik der Reifezeichen der Frucht. Diss. Med. Bern. [Mit 2 Tabellen.] 46 S. 8. Strassburg i. E., C. & J. Gœller, 1902.

Jung, Paulus Augustus) Guil. (geb. Gross-Machnow in d. Mark 1. 5. 1830). De necrosi. Berolini (1853). (32 S.) 8°

Berlin, Med. Diss. v. 21. Sept. 1853

Jung, Ph. Ludwig

– Bäder und Sommerfrischen im bayer. Hochland, s. Roggenhofer, Georg

Jung, Ph. Ludw., s.: Bericht üb. den 10. Verbandstag deutscher Berufsfeuerwehren.

Jung, Ph. L., von der Brandstätte. Sammlung v. Berichten üb. die Tätigkeit der Feuerwehren bei Feuersbrünsten. (III, 96 S. m. Abbildgn.) gr. 8. München (905). Ph. L. Jung. n. 2. —

— Feuer u. Licht. Belehrungen für's Volk. 6. vollständ. umgearb. Aufl., hrsg. v. Rud. Fried. (51 S.) kl. 8. Ebd. 908. p — 30

— Vier Jahrzehnte Feuerlöschwesen u. Lebenswirksamkeit. Nach Vollendg. e. 40jähr. Feuerwehrtätigkeit seines lieben Vaters des kgl. Rates Ludwig Jung gewidmet den Freunden u. Kameraden. (56 S. m. 1 Bildnis.) gr. 8. Ebd. 906. 2. 80

– Deutsche Feuerwehrbücher, s. Jung's deutsche Feuerwehrbücher.

— Wodurch Brände entstehen. Bildliche Darstellg. (1 Bl.) 18×70 cm. München 908. Ph. L. Jung. p — 10

Jung, Philipp

Jung, Ph., Beiträge zur frühesten Ei-Einbettung beim menschlichen Weibe. (112 S. m. 20 Fig. auf 7 Taf.) Lex. 8. Berlin 908. S. Karger. 8. —

Jung, Ph., zur Diagnostik des Puerperalfiebers, s.a. Sammlung klinischer Vorträge.

Zur Diagnostik des Puerperalfiebers von P[hil.] Jung. (Greifswald). *Leipzig: Breitkopf & Härtel 1901.* (12 S.) 8°
= Sammlung klinischer Vorträge. N. F. No 297. [..1557

Jung, Philipp [app. Arzt aus Frankfurt a. M.]: Ein Fall von pappillärem[!] Ovarialkystom mit Recidiv und Tod an Carcinoma hepatis ... Tübingen, Druck v. H. Laupp jr, 1896; 12 S. 8.
Tübingen, Med. Fak., Inaug.-Diss. v. 1896

Jung, Ph., s: Krankheiten, die, des Beckenbindegewebes.

— Pathologie u. Therapie der Frauenkrankheiten, s.: Martin, A.

Jung, R., Beitrag zur Geschichte d. evang. Volksschulen d. Siegerlandes. [Aus: „Sieg-Lahn-Zeitung".] gr. 8. (31 S.) Siegen 896. H. Montanus. n. — 75

Jung, Richard, prakt. Arzt: Aus d. Kgl. chirurg. Universitätsklinik, Herr Geheimrat Prof. Dr. Mikulicz. Zur operativen Behandlung der Varicen der unteren Extremitaet. *Breslau 1899: Bresl. Genossenschafts Buchdr.* (38 S.) 8°
Breslau, Med. Diss. v. 2. März 1899

Jung, Robert [aus Bonn]: Aus d. psychiatr. Klinik zu Bonn. Ein Beitrag zur Kenntnis der traumatischen Psychosen ... Bonn, Univ.-Buchdr. v. C. Georgi, 1893; 40 S., 1 Bl. 8.
Bonn, Med. Fak., Inaug.-Diss. v. [9. März] 1893

Jung, Rud., das historische Archiv d. Stadt Frankfurt a. M., s. Bestände u. s. Geschichte. Mit Unterstützg. d. Stadt Frankfurt a. M. hrsg. v. d. Verein f. Geschichte u. Alterthumskunde zu Frankfurt a. M. gr. 8. (IV, 297 S.) Frankfurt a/M. 896. K. Th. Völcker. n. 4. —

Jung, Rud., s.: Baudenkmäler, die, in Frankfurt.

– Die Baudenkmäler in Frankfurt a. M., s. Wolff, Karl

Jung, Rudolf, Kandidat d. Rechte a. Malchow: Der Börsenterminhandel und der dem Reichstage am 19. Febr. 1904 vorgelegte „Entwurf eines Gesetzes betr. die Änderung des Abschnittes IV des Börsengesetzes". Würzburg 1907: J. Seelmeyr. (86 S.) 8°
Erlangen, Jur. Fak., Ref. Sehling, Diss. v. 20. März 1907
[Geb. 16. März 83 Malchow (Mecklenburg-Schw.); Wohnort: Penitz b. Kleinow (Priegnitz); Staatsangeh.: Mecklenburg-Schw.; Vorbildung: Realgymn. Perleberg Reife M. 03; Studium: Rostock 1, Marburg 1, Berlin 2, Erlangen 3 S.; Rig. 28. Sept. 06.]

Jung, R., Frankfurter Chroniken und analistische Aufzeichnungen der Reformationszeit, s. Quellen zur Frankfurter Geschichte.

Jung, Rud., die englische Flüchtlingsgemeinde in Frankfurt a. M. 1554—1559, s.a. Forschungen, Frankfurter histor. 3. Heft.

Die englische Flüchtlings-Gemeinde in Frankfurt am Main 1554–1559. Von Archivdir. Prof. Dr. Rudolf Jung. Mit 1 Taf. Frankfurt a. M.: Baer 1910. 60 S. 4°(8°)
(Frankfurter Historische Forschungen. H. 3.) [10. 7136

— s.: Goethe's Briefwechsel m. Antonie Brentano.

Jung, Rud., Herzog Gottfried der Bärtige unter Heinrich IV. Ein Beitrag zur Geschichte des deutschen Reichs und besonders Italiens im 11. Jahrh. gr. 8. (99 S.) Marburg 881, Elwert'sche Verlagsh.

Jung, R., s.: Inventare d. Frankfurter Stadtarchivs.

– Der Römer in Frankfurt a. M., s. Wolff, Karl

– Die St. Katharinen-Kirche in Frankfurt a. M., s. Wolff, Karl

— Das Frankfurter Stadtarchiv, seine Bestände u. seine Geschichte, s.a. Veröffentlichungen der histor. Kommission der Stadt Frankfurt a. M. I.

Das Frankfurter Stadtarchiv. Seine Bestände u. s. Geschichte. Von Prof. Dr. Rudolf Jung, Dir. d. Stadtarchivs. Frankfurt a. M.: Baer 1909. XXIV, 414 S. 4°(8°)
(Veröffentlichungen d. Histor. Kommission d. Stadt Frankfurt a. M. 1.) [09. 7001

Jung, W., Geognostische und bergmännische Beschreibung des Blei-, Zink- und Eisenerzbergwerks Breinigerberg (Regierungsbezirk Aachen) in den Rheinlanden. Köln, 1867. 29 S. mit 4 Taf.

Jung, W., Flora des Herzogthums Nassau, oder Verzeichniß der in dem Herzogthum Nassau wildwachsenden Gewächse, zugleich ein Leitfaden beim Unterricht auf Gymnasien u. Pädagogien. gr. 8. Hadamar u. Weilb. 832. Lanz. 2 [illegible] 8 [illegible]

Jung, W., Rechenbuch f. Fortbildungsschulen. Ergänzungshefte zu den Übungsbüchern f. den Rechenunterricht an Volks- u. Mittelschulen. Schüler-Ausg. 2 Tle. 8. Reutlingen 892. J. Kocher. n. 1. 10
1. Gewerbliches Rechnen. (116 S.) n. — 60
2. Geometrisches Rechnen. Mit e. Anh.: Invaliditäts-, Alters-, Kranken- u. Unfall-Versicherung. (96 S.) n. — 50

— dasselbe. Lehrer-Ausg. 8. (288 S.) Ebd. 892. n. 2. 40; kart. n. 2. 70

—— Rechenbuch für Fortbildungsschulen. Ergänzungshefte zu den Übungsbüchern f. den Rechenunterricht an Volks- u. Mittelschulen. Schüler-Ausg. 2 Tle. 8. Ebd. 893. * 1 10
1. Gewerbliches Rechnen. (116 S.) * — 60.
2. Geometrisches Rechnen. Mit e. Anh.: Invaliditäts-, Alters-, Kranken- u. Unfall-Versicherg. (96 S.) * — 50.

—— dass. — Lehrer-Ausg. 8. (288 S.) Ebd. 893. * 2 40; cart. * 2 70

Jung, W., Übungsbuch für den Rechenunterricht (für Volks-, Mittel-, Töchter- und Fortbildungsschulen). 1. und 2. Bdchn. Lehrer-Ausg. 8. Reutlingen 888, Kocher. cart. *
Inhalt:
Bdchn. 1. Für die Unterklassen der Volks- und Mittelschulen. Das Rechnen mit reinen und einfach benannten ganzen Zahlen. (112 S.) *ℳ 1.40.
" 2. Für die Mittelklassen der Volks- und Mittelschulen. Das Rechnen mit mehrfach benannten Zahlen [dezimal durchgeführt], gemeinen Brüchen und Dezimalbrüchen. (143 S.) *ℳ 1.60.

—— dass. — 1. und 2. Bdchn. Schüler-Ausg. 8. Ebendas. 888. [1. Bdchn. (68 S.) ** 40 Pf.; 2. Bdchn. (100 S.) ** 50 Pf.] cart. **

—— dass. — an den Oberklassen der Volks- und Mittelschulen sowie für Fortbildungsschulen. Das bürgerl. Rechnen, nebst 170 Übungstaf. für das Kopfrechnen, stufenmäßig geordnet. 8. (152 S.) Ebendas. 888. *

— dasselbe. Mit e. Anh.: Praktische Beispiele aus der Raumlehre, schwierigere Beispiele f. fähigere Rechner u. Wiederholungsaufgaben zum Kopfrechnen. Lehrer-Ausg. 2. Aufl. 8. (323 S.) Ebd. 890. cart. n. 2. 70

— dasselbe, an den oberen Abteilungen ein- u. zweiklassiger Volksschulen. Stufenmäßig geordnet. Lehrer-Ausg. 8. (151 S.) Ebd. 890. cart. n. 1. 60

— dasselbe. Schüler-Ausg. 8. (76 S.) Ebd. 890. n.n. — 35

—— desgl. — an Mittelklassen der Volks- u. Mittelschulen. (II.) Das Rechnen m. mehrfach benannten Zahlen, Dezimalbrüchen u. gemeinen Brüchen. Schüler-Ausg. 5. Aufl. 8. (103 S.) Ebd. 891. cart. ** — 50

Lehrer-Ausg. Ebd. 1888. * 1 60.

—— desgl. — an den Oberklassen der Volks- u. Mittelschulen, sowie f. Fortbildungsschulen. Das bürgerl. Rechnen, nebst 170 Übungstafeln. f. das Kopfrechnen, stufenmäßig geordnet. Schüler-Ausg. 5. Aufl. 8. (152 S.) Ebd. 891. cart. ** — 70

—— desgl. — an den Mittelklassen ein- u. zweiklassiger Volksschulen. Das Rechnen m. mehrfach benannten Zahlen [dezimal durchgeführt], gemeinen Brüchen u. Dezimalbrüchen. Schüler-Ausg. 8. (55 S.) Ebd. 892. * — 30; Lehrer-Ausg. (83 S.) cart. * 1 —

Jung, W. Übungsbuch f. d. Rechenunterricht an den Unterklassen d. Volks- u. Mittelschulen. Das Rechnen mit reinen u. einfach benannten ganzen Zahlen. Schüler-Ausg. 2. Aufl. 8. (79 S.) Reutlingen 893, Kocher. * — 40

Lehrer-Ausg. Ebd. 1888. * 1 40.

— dasselbe, an den Oberklassen der Volks- u. Mittelschulen, sowie f. Fortbildungsschulen. Das bürgerl. Rechnen, nebst 170 Übungstafeln f. das Kopfrechnen, stufenmäßig geordnet. Schüler-Ausg. 7. Aufl. 8. (184 S.) Ebd. 893. Kart. n.n. — 70

— dasselbe, an den oberen Abteilungen ein- u. zweiklassiger Volksschulen. Stufenmäßig geordnet. Schüler-Ausg. 8. Aufl. 8. (96 S.) Ebd. 894. Kart. n. 35

Jung, W., Übungsbuch f. den Rechenunterricht an den Mittelklassen d. Volks- u. Mittelschulen. Das Rechnen m. mehrf. benannten Zahlen (dezimal durchgef.), gemeinen Brüchen u. Dezimalbrüchen. Lehrer-Ausg. 2. Aufl. 8. (145 S.) Reutlingen 896. J. Kocher. Kart. n. 1. 60

—— methodische Winke und Resultate zu dem Übungsbuch für den Rechenunterricht an den Oberklassen der Volks- und Mittelschulen, sowie für Fortbildungsschulen. Mit einem Anhang: Prakt. Beispiele aus der Raumlehre, schwierigere Beispiele für fähigere Rechner und Wiederholungsaufgaben zum Kopfrechnen. 8. (176 S.) Ebendas. 888. cart. *

[J.] **Jung,** Walther [Gerichtsref.]: Abrechnung einer Zahlung des Schuldners auf mehrere Geldschulden nach gemeinem Rechte ... *Berlin, Deutsche Verl.- u. Buchdr.-A.-G.*, 1894; 70 S., 1 Bl. 8.
Rostock, Jur. Fak., Inaug.-Diss. v. [25. Aug.] 1894

Jung, Wilhelm [pr. Arzt]: 26 Fälle von Placenta praevia ... Göttingen, Druck d. Dieterich'schen Univ.-Buchdr., 1895; 31 S. 8.
Göttingen, Med. Fak., Inaug.-Diss. v. [21. Dez.] 1894

Jung, Wilh., 26 Fälle v. Placenta praevia. Diss. gr. 8. (31 S.) Göttingen 895. (Vandenhoeck & Ruprecht.) n. — 80

Jung, Wilh., de fide codicis Veronensis cum recensione Victoriana comparati. Dissertatio inauguralis. gr. 8. (48 S.) Hannoverae 881. (Göttingen, Vandenhoeck und Ruprecht's Verlag.) *

Jung, Wilh., Der Gewerbsmann und die gewerblichen Verhältnisse Württembergs; zugleich eine Würdigung der gewerbswissenschaftl. Ergebnisse einer Reise in Frankreich des Herrn Ober-Steuerraths Mor. Mohl. gr. 8⁰. Ulm, Nübling, 1845.

Jung, Wilh., der Haushaltungsunterricht in der Mädchen-Volksschule, s.a. Magazin, pädagog.

Jung, Wilhelm: Der Haushaltungsunterricht in der Mädchen-Volksschule. — Langensalza: Beyer 1899. 35 S. 8° (Pädag. Magazin. 123.)

Jung, Wilhelm, Architekt a. Durlach: Die Klosterkirche zu Zinna im Mittelalter. Ein Beitrag zur Baugeschichte der Zisterzienser. Straßburg: J. H. E. Heitz 1904. (100 S.) 8°
Tübingen, Phil. Fak., Ref. v. Lange, Diss. v. 8. Nov. 1904
[Geb. 30. Nov. 69 Durlach; Wohnort: Tübingen; Staatsangeh.: Baden; Vorbildung: Realgymn. Durlach Reife M. 90; Studium: Karlsruhe T.H. 8, Berlin 4, Tübingen 2 S.; Rig. 25. Febr. 04.]

Jung, Wilh., die Klosterkirche zu Zinna im Mittelalter, s.a. Studien zur deutschen Kunstgeschichte. 56. Hft.

Die Klosterkirche zu Zinna im Mittelalter. Ein Beitrag z. Baugeschichte d. Zisterzienser von Wilhelm Jung. Mit 6 Taf., 1 Schaubild u. 9 Abb. *Straßburg: J. H. E. Heitz 1904.* (IV, 98 S.) 8°
= Studien z. Deutschen Kunstgeschichte. H. 56.

Jung, Wilh., Frdr. Solger, Willy Spatz, die Kunstdenkmäler des Kreises Lebus, s.a. Kunstdenkmäler, die, der Prov. Brandenburg. VI, 1.

Die Kunstdenkmäler des Kreises Lebus. Unter d. Schriftleitung d. Provinzialkonservators Theodor Goecke bearb. von Architekt Dr. Wilhelm Jung, Privatd. Dr. Friedrich Solger, Oberl. Dr. Willy Spatz. Mit 3 Kt., 32 Taf., 317 Abb. Berlin: (Brandenb. Provinzialverband.: Voss in Komm.) 1909. XLVII, 325 S. 4°(8°)
(Die Kunstdenkmäler d. Prov. Brandenburg. Bd 6, T. 1.)

Jung, Wilhelm, Assistenzarzt a. d. Universitäts-Frauenklinik in Marburg a. L. Die Metastasenbildung bei Magencarcinom. Rudolstadt 1906: F. Mitzlaff. (15 S.) 8°
Tübingen, Med. Fak., Ref. v. Baumgarten, Diss. v. 15. Sept. 1906
[Geb. 15. Dez. 74 Kirchhain, Reg.-Bez. Cassel; Wohnort: Marburg i. H.; Staatsangeh.: Preußen; Vorbildung: Gymn. Marburg Reife O. 98; Studium: Marburg 10, München 1 S.; Coll. 7. Juli 06; Approb. 26. Febr. 04.]

Jung, Wilhelm [aus Wiesbaden]: Über die Oxime des Anisils ... Erlangen, k. b. Hof- u. Univ.-Buchdr. v. F. Junge, 1896; 72 S., 1 Bl. 8.
Erlangen, Phil. Fak., Inaug.-Diss. v. 4. März 1896

JUNG, WILH. FR. Der in dem Grafen von Zinzendorf noch Lebende und Lehrende wie auch Leidende und Siegende Doctor Luther, ... 2 Teile in 1 Bd. Frankfurt & Leipzig 1752. 4 Bl. 382 S. 1 Bl. 4°. Alter Pbd. 48.—

Jung, Wilh. Fr., († d. 27. März 1775.) der in dem Grafen v. Zinzendorf noch lebende u. lehrende, wie auch leidende u. siegende Dr. Luther. 8. Görlitz 752. (Leipz., Kummer). 16 gr.

Jung-Janotta, H., das Richard Wagner-Theater in Berlin u. die Sängerfrage, m. e. Geleitwort v. Gust. Manz. (40 S. m. 2 Taf.) gr. 8. Berlin (909). F. Harnisch & Co. — 80

Jung-Stilling, Elise v., Vorlagen für den elementaren Zeichenunterricht. qu. gr. 4. (100 z. Thl. farb. Taf. mit 2 Bl. Text.) Riga 886, (Mellin und Neldner.) In Mappe **

Jung-Stilling, Fr[iedrich] von: Ein Beitrag zur Livländischen Agrarstatistik. Riga 1881: Müller. V, 26 S., 4 Kt. 4°

Jung-Stilling, Fr. v., Beitrag zur Bevölkerungsstatistik Livlands für die J. 1847—1863. Hrsg. aus dem Material des Livländ. statist. Comités. gr. 4. (VI und 46 S.) Riga 866, (Kymmel.) *

Jung-Stilling, Fr. v., Beitrag zur Gebäude-Statistik der Stadt Riga für das J. 1866. Hrsg. im Auftrage des statist. Comité's der Stadt Riga, aus dem Material desselben. gr. 4. (V, 42 S. mit 8 Tab. in qu. Fol.) Riga 868, (Kymmel.) *

Jung-Stilling, Fr. v., Beitrag zur Statistik der Gebäude u. Grundplätze in der Stadt Riga für das Jahr 1879. Bearb. u. hrsg. im Auftrage der statistischen Commission der Stadt Riga. Imp.-4. (XII, 139 S. m. Tab.) Riga 882. (Kymmel.) n. 9. —

—— Bericht über die Probezählung ausgeführt im Kirchspiel Lubahn in Livland am 21. Octbr./2. Novbr. 1865. gr. 4. (VI und 38 S. mit 7 Tab. in qu. Fol.) Riga 866, (Kymmel.) *

Jung-Stilling, Fr. v., s.a. Ergebnisse der baltischen Volkszählung vom 29. Decbr. 1881.

—— und Wilfried Anders, Ergebnisse der baltischen Volkszählung vom 29. Decbr. 1881. Kartographische Darstellung der Bevölkerungsdichtigkeit in der Stadt Riga. Anhang zum 1. Bde. der Ergebnisse der livländ. Volkszählung. Entworfen und hrsg. auf Veranstaltung der statist. Commission der Stadt Riga. Imp.-Fol. (3 chromolithogr. Karten mit 1 S. Text.) Riga 883, (Deubner.)

—— Material zu einer allgemeinen Statistik Livlands und Oesels. Mit Genehmigung des livländ. statist. Comité's aus dem Material desselben zusammengestellt. 3. Jahrg. gr. 4. (VIII und 165 S. mit 2 Tab. in qu. gr. Fol.) Riga 866, (Götschel's Buchh.) *

Jung-Stilling, Fr. v., s.a. Material z. Statistik etc. der Stadt Riga.

Jung-Stilling, Fr. v., Material zur Statistik der Geburten, Sterbefälle u. Ehen der Stadt Riga in den J. 1881—1885. Zusammengestellt u. hrsg. aus dem Material der statist. Commission der Stadt Riga. gr. 4. (VII, 241 S.) Riga 887. (Jonck & Poliewsky). n.n. 5.—

Jung-Stilling, v., Statistisches Material zur Beleuchtung livländischer Bauernverhältnisse. gr. 8°. St. Petersburg 1867.

—— statistisches Material zur Beleuchtung livländischer Bauer-Verhältnisse zusammengestellt und hrsg. gr. 8. (XI, 130 S. mit 1 Tab. in qu. gr. 4.) St. Petersburg 868. (Leipzig, Fr. Fleischer.) *

Jung-Stilling, Frdr. v., die Resultate der am 3. März 1867 in der Stadt Riga ausgeführten Volkszählung. Zusammengestellt u. hrsg. im Auftrage d. statist. Comités der Stadt Riga. gr. 4. (XXIV, 312 S. m. 25 Tab. in qu. Fol.) Riga 870. (Kymmel.) n. 4. 50

Jung-Stilling, Fr. von: Riga in den Jahren 1866—1870. Ein Beitrag zu Städte-Statistik. — Riga: Deubner (1873). VII, 123 S.

—— Riga in den J. 1866—1870. Ein Beitrag zur Städte-Statistik. gr. 8. (VII, 128 S.) Riga 874, Deubner. *

Jung-Stilling, Fr. v., die directen Steuern der livländischen Bauerngemeinden im J. 1871. Aus dem Material des livländ. ritterschaftl. statist. Büreaus zusammengestellt. gr. 8. (VIII, 24 S. mit 6 Tab. in qu. gr. 4. und qu. Fol.) Riga 875, (Deubner.)

Jung-Stilling, Johann Heinrich

– s.a. Stilling

Jung, Jh. Hnr. II., (gen. Stilling,) († d. 2. Apr. 1817.) Abhandlungen ökonom.: statist. Inhalts. gr. 8. Kopenh. 788. Schubothe. 10 gr (Ohne sein Vorwissen.)

Jung, Johann Heinrich (genannt Stilling) und andere: „Abhandlungen des staatswirthschaftlichen Instituts zu Marburg", Offenbach 1790 (Ulr. Weiss und Carl Ludwig Brede). — Vorh.: UB Marburg und Göttingen.

– Dass., s.a. Abhandlungen ...

Jung J. H.: Anleitung z. Cameral-Rechnungs-Wissenschaft nach einer neuen Methode d. doppelten Buchhaltens z. Gebrauch d. akademischen Vorlesungen. Leipz. 1786. 200 S. 6 Tab.

Jung, Jh. Hnr. (gen. Stilling). Anleitung zur Kameralrechnungswissenschaft. gr. 8°. Leipzig, Weidmann, 1786.

--- öffentl. Anschlag bei d. Antritt des Lehrstuhls d. Kameralwissenschaft. gr. 4. Mannh. 778. Löffler. 3 gr

— Antrittsrede. gr. 8. Marburg, Krieger. 787.

Jung, Joh. Heinr., (auch Heinr. Stilling genannt), Antwort durch Wahrheit in Liebe, auf die an mich gericht. Briefe des Hrn. Prof. Sulzers üb. Katholizismus und Protestantismus. gr. 8. Nürnb. Raw. 811.

— Apologie d. Theorie d. Geisterkunde, veranlaßt durch ein üb. dieselbe abgefaßtes Gutachten d. geistl. Ministeriums in Basel. gr. 8. Nürnb. 809. Raw. 6 gr

Jung gen. Stilling, Joh. Heinr., Apologie d. Theorie d. Geisterkunde, veranlaßt durch e. üb. dies. abgefaßtes Gutachten d. Hochwürd. geistl. Ministeriums zu Basel. Als 1. Nachtr. zur „Theorie d. Geisterkunde." Neue Aufl. gr. 8. (4¼ B.) Nürnberg 833, Raw.

Dess. „Theorie d. Geisterkunde." gr. 8. Ebendas. 1808, hrbgs. Pr. 16 Gr.

Jung, Johann Heinrich (genannt Stilling): „Einige wichtige Bemerkungen über das Studium der Staatswirthschaft. Nebst dem Beweiss, daß auch die Vieharzneikunde wesentlich dazu gehöre". — Abgedruckt in den Vorlesungen der kurpfälzischen physikalisch-ökonomischen Gesellschaft vom Winter 1784—1785, Band I, Mannheim 1785. — Vorh.: UB Breslau und Landesbibliothek Karlsruhe.

– s. Bibellehre. Über, und Christentum für gebildete Laien.

Johann Heinrich Jung-Stilling

Blicke in die Geheimnisse der Natur-Weisheit denen Herren von Dalberg, Herdern und Kant gewidmet. [Verf.: Johann Heinrich Jung-Stilling]. Berlin & Leipzig 1787: Decker. XVI, 156 S. 8°

Briefe [Johann Heinrich] Jung-Stillings an seine Freunde. (Hrsg.: A. Vömel, Pfarrer.) Berlin: Wiegandt & Grieben 1905. (XV, 188 S.) 8° [F.]

[05. 13500

Jung, Jh. Hnr. ll., (gen. Stilling.) Chrysäon, oder das goldene Zeitalter, in 4 Gesängen. 8. Nürnb. 818. Raw. 10 gr Hbg. Pr. 6 gr

Jung, J. H., (genannt Stilling) Chrysäon, oder das goldene Zeitalter, in 4 Gesängen. 8. Nürnberg, Raw. 819.

Jung, Johann Heinrich (genannt Stilling): „Daß die Kameralwissenschaft auf einer besonders hiezu gestifteten Hohen Schule vorgetragen werden müsse, zum Nuzen der Staaten und der Bürger erörtert. — Erster Beweis. Womit zugleich die Kollegia von dem Sommer Halben Jahre 1770 öffentlich angekündigt werden", Lautern 1770. — Vorh.: UB Heidelberg.

JUNG, Johann Heinrich (Jung-Stilling): Dass die Kameralwissenschaft auf einer besonders hiezu gestifteten Hohen Schule vorgetragen werden müsse, zum Nutzen der Staaten und Bürger erörtert. Erster Beweis. Womit zugleich die Kollegia von dem Sommerhalbjahre 1780 öffentlich angekündigt werden. - Lautern 1780. 20 S., 2 Bl.

— Erzählungen. Mit e. Vorrede herausgeg. v. J. L. Ewald. 3 Bdchn. 8. Frankf. 814 u. 815. Hermann. (à 18 gr) 2 Thlr 6 gr Hbg. Pr. 1 Thlr 8 gr

— d. christl. Menschenfreundes bibl. Erzählungen 1s, 2s 3s H. 8. Ebend. 808—10. (à 6 gr.)

— des christl. Menschenfreundes biblische Erzählungen. 4s—14s Heft. 8. Ebend. 811—16. (à 6 gr.)

Jung, Johann Heinrich (genannt Jung-Stilling): „Gedanken über den Revolutionsgeist unserer Zeit", Marburg 1794 (Krieger).

— — Gedichte, nach seinem Tode herausgeg. von D. W. E. Schwarz. gr. 8. Frankfurt a. M., Herrmann. 821.

— aus dem Geisterreiche, s.: Universal-Bibliothek f. das christliche Haus. Nr. 9. 10.

Jung, Jh. Hnr. ll., (gen. Stilling), Florentins v. Fahlendorn Geschichte. 3 Thle. 8. Manh. 781. Neue Aufl. 825. Löffler. 1 Thlr 8 gr

—— Geschichte uns. Herrn Jesu Christi u. d. Gründung d. christl. Kirche durch d. Apostel, nebst d. Zerstör. Jerusalems. 4 Hfte. 8. (26½ B. u. Jung-Stillings Bildn.) Nürnberg 841, Raw'sche Buchh.

— Geschichte des Herrn v. Morgenthau. 2 Bde 8. Berl. 779. Rottmann. 1 Thlr 12 gr

— — eine wahre Geschichte, oder Stillings Lebensgeschichte. 6r Bd. Mit 1 Kupf. 8. Heidelberg, Mohr und W. 817.

— — dieselbe im Ausz. auf Druckp. ohne Kupf. 8. Ebend. 817.

— Grundlehren d. Staatswirthschaft, s. unten System.

Das Heimweh, eine Geschichte von Heinr. Stilling [d. i. Joh. Heinr. Jung]. Th. 1—4. T. 5: [oder Schlüssel zum Heimweh.] Marburg: Krieger 1794—1797. 8°

TB. 100.

— — N. A. Ebd. 1800.

°[Dasselbe.] T. 1—5. Stuttgart 1836. 8°

TB. 274. Später öfter neuaufgelegt.

Das Heimweh von Johann Heinrich Jung gen. Stilling. 1.—[5.] Tl. Neueste Ausgabe. Stuttgart: Scheible 1876. 8°.

1. 288 S.; 2. 298 S.; 3. 309 S.; 4. 309 S.; [5.] Der Schlüssel zum Heimweh. 220 S. Allegorischer Roman. Handelt vom „Orden der Kreuzritter". Auch der Rosenkreuzerorden spielt eine Rolle. Teil 5 deutet die Allegorie.

Jung-Stilling, Joh. Heinr., das Heimweh u. der Schlüssel zu demselben. Neue verb. Ausg. Bearb. v. Johs. Landenberger. Mit dem Bilde des Verf. (In 4 Bdn.) 1. Bd. (XVI, 194 S.) gr. 8. Lorch 910. K. Rohm. Kart. 3. 25; auch in 13 Lfgn. à — 20

Jung, Johann Heinrich (genannt Stilling): „Staatswirthschaftliche Ideen", Marburg 1789 (ein Heft). — Vorh.: Bayerische Staatsbibliothek München und Landesbibliothek Kassel.

— staatswirthschaftl. Ideen. 1s Heft. 8. Marb. 789. Krieger. 10 gr

Jung, Johann Heinrich (genannt Jung-Stilling): „Staatswirthschaftliche Ideen", 1. (einziges) Heft, Marburg 1796.

— staatswirthschaftl. Ideen. 1s Heft. Marburg, Krieger. 798.

Jung, Johann Heinrich (gen.: Jung-Stilling): „Jubelrede über den Geist der Staatswirthschaft", Mannheim 1787. — Vorh.: UB München — Polit. 1562.

Jung, Jh. Hnr. (gen. Stilling). Jubelrede über den Geist der Staatswirthschaft. gr. 8°. Manheim (Löffler) 1787.

— Jugend. Eine wahrhafte Geschichte. (Neue Ausg.) (178 S. m. 1 Stahlst.) kl. 8. Leipzig 907. Insel-Verlag. In Pappbd. 4. —

Jung's [genannt Stilling], Joh. Heinr., Leben, s. Meyer's Volksbücher.

(Johann Heinrich) Jung-Stillings Leben [Lebensgeschichte]. Volksausg. mit 4 Bild. *Siegen i. W.: Westdeutsche Verlagsanst. (1903).* (262 S.) 8° [F.]

Jung-Stilling's (Heinr.), Leben. Volksausg. m. 4 Bildern. (262 S.) gr. 8. Siegen (904). Westdeutsche Verlagsanstalt. Geb. in Bibliotheksbd. n.n. 1. 25; in Leinw. n. 1. 50

— Leben d. Theodore v. Linden. 2 Thle. 8. Manh. 783. N. A. 825. Löffler. 1 Thlr 8 gr

— Lebensbeschreibung. 5 Thle. Mit Kpf. u. Vign. 1r Thl., od. Jugend. 8. Berl. 777. N. Aufl. 806. (Nottmann). 16 gr 2r Thl., od. Jünglingsjahre. 8. Ebd. 778. N. Aufl. 806. 16 gr 3r Thl., od. Wanderschaft. 8. Ebd. 778. N. Aufl. 806. 16 gr 4r Thl., oder häusl. Leben. 8. Ebd. 789. 20 gr 5r Thl., oder Lehrjahre. 8. Ebd. 804. 1 Rthlr 20 gr Holl. P. 2 Rthlr 18 gr Alle 5 Thle. in d. Neuen Ausg. 5 Rthlr 6r Thl. Alter. Herausg. von W. Schwarz. Mit e. Nachw. v. F. H. C. Schwarz. Mit 1 Kpf. 8. Heidelb. 817. Winter. 21 gr Im Ausz. Druckp. 12 gr

Jung-Stilling's, Johann Heinrich, Lebensgeschichte, s. a. Familienbibliothek, Calwer.

— Lebensgeschichte, s. a. Universal-Bibliothek Nr. 663—667.

—— Lebensgeschichte, od. dessen Jugend, Jünglingsjahre, Wanderschaft, Lehrjahre, häusl. Leben u. Alter. Neue vollständ. Ausg. Mit Stilling's Bildniß, Sterbelager u. Grabdenkmal. 8. (53⅞ B.) Stuttgart 813, Scheible, Rieger u. Sattler. *

Jung's, Joh. Heinr., genannt Stilling, Lebensgeschichte oder dessen Jugend, Jünglingsjahre und Wanderschaft nebst Mittheilungen aus den Lehrjahren, dem häusl. Leben und Alter. Hrsg. vom evangel. Bücher-Verein. gr. 8. (IV und 284 S.) Berlin 851, (J. A. Wohlgemuth.) **

Jung's, Joh. Heinr., [genannt Stilling,] Lebensgeschichte; oder dessen Jugend, Jünglingsjahre, Wanderschaft, Lehrjahre, häusl. Leben und Alter. Eine wahrhafte Geschichte. 3. Aufl. Mit einer einleitenden Vorrede von v. Kapff. 8 Lfgn. gr. 16. (862 S. mit Portr. in Stahlst.) Stuttgart 857—59, Rieger'sche Verlagsh. à Lfg. 4 Ngr.

—— Lebensgeschichte oder dessen Jugend, Jünglingsjahre und Wanderschaft, nebst Mittheilungen aus den Lehrjahren, dem häusl. Leben und Alter. 3., unveränd. Aufl. gr. 8. (III und 265 S.) Berlin 859(62), (Wiegandt und Grieben.) *

Jung's, Joh. Heinr., gen. Stilling, Lebensgeschichte od. dessen Jugend, Jünglingsjahre u. Wanderschaft, nebst Mitteilgn. aus seinem späteren Leben u. Alter. 6. Aufl. gr. 8. (VIII, 265 S. m. 2 Abbildgn.) Basel 892, [Spittler.] Jaeger u. Kober. * 1 —; geb. * 1 60

— Lebensgeschichte, v. ihm selbst erzählt. Neu bearb. v. e. seiner Ururenkel. (Mit 8 Bild. auf Kunstdr.-Papier.) (IV, 228 S.) 8. Konstanz (907). Christl. Buch- u. Kunstverlag C. Hirsch. 1.50; geb. in Leinw. 2. —

Jung, Johann Heinrich: Lehrbegriff der theoretischen und praktischen Thierarzneykunde. Zum Behuf d. Vorles. durchaus umgearb. von Johann David Busch. Heidelberg 1795. VIII, 423 S.

Jung, Jh. Hnr. (gen. Stilling). Lehrbuch der Finanzwissenschaft. 2 Thle. 8°. Mannheim 1781/82. 2. Aufl. 1787—1789.

— Lehrbuch d. Finanzwissenschaft. 2 Thle. 8. Manh. 781, 82. 2e Aufl. 787. (Löffler). 1 Rthlr 12 gr 2r Thl. einzeln. 20 gr

— Lehrb. der Finanzwissenschaft. gr. 8. Leipz. Weidmann. 789.

Jung J. H.: Lehrbuch d. Forstwirthschaft. 2. verm. u. verb. Aufl. 2 Th. (1 Vol.). Mannheim 1787.

Jung, Johann Heinrich (genannt Jung-Stilling): „Gemeinnütziges Lehrbuch der Handlungswissenschaft für alle Klassen von Kaufleuten und Handlungsstudierende", Leipzig 1785. — Vorh.: Com. Bibl. Hamburg. — Dasselbe, Neuauflage, Leipzig 1799. — Vorh.: UB und StB Köln.

— gemeinnütz. Lehrbuch d. Handlungswissenschaft. gr. 8. Leipz. 785. 2e Aufl. 788. Weygand. 1 Rthlr 16 gr

— Lehrb. d. Handlungswissensch. gr. 8. Leipz. Weygand. 799.

Jung, Jh. Hnr. (gen. Stilling). Lehrbuch der Kameralwissenschaft oder Kameralpraxis. gr. 8°. Marburg (Krieger) 1790.

Jung, Johann Heinrich (genannt Jung-Stilling): „Lehrbuch der Staats-Polizeywissenschaft", Leipzig 1788. — Vorh.: UB Bonn — Ke 213.

— Lehrb. d. Staats- und Polizeywissensch. gr. 8. Leipzig, Weidmann. 788.

Jung, Joh. Heinr., (Stilling) Lehrb. d. theoret.-prakt. Tierarzneikd., umgearb. v. J. D. Busch. 8. Heidelberg (785.) 799. (Frankfurt, Körner.) M. 2.

— — dass. gr. 8. Heidelb. Pfähler.

Jung, Johann Heinrich: Lehrbuch der Vieharzneykunde. Thl 1. 2. Heidelberg 1785–87.
1. Physiologie u. Pathologie. 1785.
2. Med. Materie u. Chirurgik. 1787.

— — Z. Behuf d. Vorlesungen durchaus umgearb. v. J. D. Busch, m. Tit.: Lehrbegriff d. theoret. u. prakt. Thierarzneykunde. Sst. 1795. 423 S.

Jung, Johann Heinrich (genannt Jung-Stilling): „Lehrsätze der Naturgeschichte für Frauenzimmer", Karlsruhe 1816 (Braun).

– s. Mein Torso.

— der christl. Menschenfreund, in bibl. Erzählungen für Bürger u. Bauern. 14 Hefte. 8. Nürnb. 803 – 16. Raw. 1 Rthlr 8 gr

Jung, Johann Heinrich. Der christliche Menschenfreund in Erzählungen für Bürger und Bauern. Hägerstown: Gruber, 1807. DLC, CSmH, MWA, MdHi, NN, PPLT

— Methode, den grauen Staar auszuziehen u. zu heilen. Mit Kpf. 8. Marb. 790. 2e A. 798. Krieger. 8 gr

— — Methode, den grauen Staar auszuz. u. zu heilen, nebst einem Anh. v. verschied. and. Augenkrankh. u. d. Kurart ders. M. Kpfrn. Marburg 791.

— der graue Mann, e. Volksschr. 1s — 25s H. 8. Nürnberg, Raw. 795—810. (à 4 gr.)

— der graue Mann, eine Volksschrift. 26s — 30s Heft. 8. Nürnb. Raw. 811 — 15. (à 4 gr.)

— — der graue Mann. 31s Heft. Herausgegeb. von Galanor. 8. Nürnberg, Raw. 820.
Auch unter dem Titel:
Mann, der graue, eine ganz unvermuthete Erscheinung im Jahr 820.

Jung, (Joh. Heinr., gen. Stilling) der graue Mann; als Stillingsche Fortsetzung. 32s — 38s Heft. Herausg. v. Pred. Lachmann. 8. Nürnb. 822. Raw. à 4 gr.

— — 39s — 41s Heft, herausgeg. v. de Valenti. 830, 31. (à 4 gr) 12 gr (39s Hft. Auch u. dem T.: Eine ganz unvermuthete Erscheinung im J. 1830.)

— der graue Mann. 42s Hft. Herausg. v. de Valenti. (Enth.: Die Begebenheiten in Basel am 3. Aug. 1833. — Nachricht üb. die Zigeuner bei Nordhausen. Schluß.) 8. Nürnberg 833. Raw. 1/6 ℛ

— **Nachahmung der Vaterlandsliebe**, s. Vorlesungen, zwei.

— große Panacee wid. die Krankheit d. Religionszweifels. 8. Frankf. Eichenberg. 776.

Jung, J. H., gen. Stilling, die Pilgerreise zu Wasser und zu Lande, oder Denkwürdigkeiten der göttlichen Gnadenführung und Vorsehung in dem Leben eines Christen, der solche reichlich an sich erfahren hat auf dem Läuterungs-, Prüfungs- und Heiligungswege. Nebst einer Abhandlung von der Mystik als der Reinigung durch das Blut Christi. Neue durchgeseh. Aufl. 8. (464 S.) Stuttgart 862, Scheible.

— üb. Reliquien; ein Auszug aus d. Latein. von J. A. C. Thon. gr. 8. Hannov. 784. Hahn. 4 ℊ

Jung, J. H. über den Revolutionsgeist unserer Zeit zur Belehrung der bürgerl. Stände. Marburg 1793. 64 S.

Jung, J. H., über den Revolutionsgeist unsr. Zeit. 8. Marb. Krieger. 793. Rthlr.

— Schatzkästlein. gr. 12. Nürnb. 816. Raw. 14 ℊ Hbg. Pr. 9 ℊ Dass. in 8. Prag 817. (Enders). 14 ℊ

[Jung, genannt] Stilling, [Johann] Heinrich. H' Stillings Schatzkästlein. Neue durchgesehene Ausgabe. II + 86 S. 8. Ascona, C. v. Schmidtz, (1905). [fr. —. 75]

Jung-Stilling, Heinr., s.: Schatzkästlein, neues christliches.

— Schleuder eines Hirtenknaben gegen den Hohn sprechend. Philister, d. Verf. d. Nothanker. 8. Frankf. Eichenberg. 775.

— ascetische Schriften. 8. Frankf. a. M. 779. Eichenberg. 18 ℊ (Eichenberg hat es nicht!)

Jung, Jh. Hnr. H., (genannt Stilling), sämmtliche Schriften. Zum erstenmale vollständig gesammelt u. herausg. von Verwandten, Freunden und Verehrern des Verewigten. Mit einer Vorrede von J. U. Grollmann. 1r Bd. A. u. d. T.: Jungs, gen. Stilling Lebensgeschichte, oder dessen Jugend, Jünglingsjahre, Wanderschaft, Lehrjahre, häusliches Leben und Alter. (1e—4e Lfrg.) Mit Stillings Bildniß. gr. 8. Stuttgart 835. Henne. (Scheible.) 1 ℛ — 1r Bd. (5e u. letzte Lfrg.) Enthält u. a.: Vater Stillings Lebensende, beschrieben von seinem Enkel Wlh. Heinr. El. Schwarz. 2e etwas umgeänderte Aufl. (v. Geh. Kirchenrathe Prof. Dr. Schwarz). Mit 1 Kpfr. gr. 8. Ebd. 835. (Scheible.) 1/4 ℛ

— 2r Bd. (oder 6e—9e Lfrg.) A. u. d. T.: Scenen aus dem Geisterreiche. 2 Thle. — Chrysäon, oder das goldene Zeitalter in 4 Gesängen; nebst einigen Liedern u. Gedichten. Mit 1 Kpfr. gr. 8. Ebd. 835. 1 ℛ

— 3r Bd. (oder 10e—14e Lfrg.) A. u. d. T.: Die Siegsgeschichte der christl. Religion in einer gemeinnütz. Erklärung der Offenbarung Johannis. (5 Lfrgg.) gr. 8. Ebd. 835. (836.) 1 1/4 ℛ

— 4r u. 5r Bd. (oder 15e—24e Lfrg.) A. u. d. T.: Das Heimweh und der Schlüssel zu demselben. 5 Thle in 2 Bden. gr. 8. Ebd 836. 2 1/2 ℛ

— 6r—8r Bd od. 25e—38e Lfrg. A. u. d. T.: Theobald oder d. Schwärmer; u. Theorie d Geisterkunde. gr. 8. Ebd. 837. 3 1/2 ℛ

— 9r Bd. (In 6 L.) Der graue Mann, e. Volksschrift. — Sämmtliche Romane, nämlich die Geschichte Florentins von Fahlendorn. — Die Geschichte des Herrn v. Morgenthau. — Lebensgeschichte der Theodore von der Linden. gr. 8. Ebd. 837. 1 1/2 ℛ

— 10r u. 11r Bd. (In 8 Lfrgg.) Des christlichen Menschenfreunds biblische Erzählungen. 2 Bde. gr. 8. Ebd. 837. 2 ℛ

— 12r Bd. (In 4 Lfrgg.) Erzählungen. gr. 8. Ebd. 837. 1 ℛ

— 13r Bd. (In 4 Lfrgg.) Schatzkästlein, Gedichte u. Taschenbuch der Unterhaltung. gr. 8. Ebd. 838. 1 ℛ

Jung, Jh. Hnr. H., (genannt Stilling), sämmtliche Schriften. Ergänzungs-Band. Enthält: Der christlichen Menschenfreund. — Ueber den Revolutionsgeist. — Vertheidigung. — Ueber Reliquien. — Antwort durch Wahrheit. — Die große Panacee. — Schleuder eines Hirtenknaben. — Theodicee. gr. 8. Stuttgart 838. Scheible. 2 1/3 ℛ (Complet 17 1/3 ℛ)

Jung, J. H., gen. Stilling, sämmtl. Schriften. Ausg. in gr. 8. Stuttgart 835—37, jetzt Hanke in Zürich: Erzählungen. 3/4 ℛ — Das Heimweh, nebst Schlüssel dazu. 2 Bde. 1 1/2 ℛ — Lebensgeschichte. 5/6 ℛ — Des Menschenfreundes bibl. Erzählungen. 5/6 ℛ — Romane: (Geschichte Florentins v. Fahlendorn; Theodore v. d. Linden; des Herrn von Morgenthau.) 5/6 ℛ — Scenen aus d. Geisterreich. 3/4 ℛ — Schatzkästlein, Gedichte, Taschenbuchunterhaltungen ꝛc. 3/4 ℛ — Siegesgeschichte der christl. Religion. 3/4 ℛ — Theobald oder d. Schwärmer. — Theorie d. Geisterkunde. 3/4 ℛ — Ergänzungsband ꝛc. 3/4 ℛ

Jung genannt Stilling. Johann Heinrich. Sendschreiben an die Bürger Helvetiens, von D. J' H' Jung..., sonst auch Heinrich Stilling genannt. (Marburg den 3. Jul. 1802.) 8. Winterthur.

— Sendschreiben an Hellmann, dessen Urtheil, die Lobstein. Staarmesser betreff. 8. Frankf. a. M. 775.

— — Siegesfeyer. Eine Scene aus der Geisterwelt. Seinen Freunden und Verehrern, von ... r .. 8. Stutgart, Steinkopf. 817.

— Siegesgeschichte d. christl. Religion u. eine gemeinnütz. Erklärung d. Offenbarung Johannis. gr. 8. Nürnb. 799. N. A. 822., mit Nachtr. u. Register, Raw. 2 ℛ 16 ℊ Der Nachtrag apart. 8. Ebd. 805. 16 ℊ

Jung [-Stilling], Johann H. Die Siegesgesch der Chr Relig in einer gemeinnützigen Erklärung der Offenbarung Johannes. Reading, 1814.

— Siegesgeschichte der christl. Religion. Neue Aufl. gr. 8. Nürnberg 823, Raw.

Jung (genannt Jung-Stilling) Johann Heinrich: „System der Staatswirthschaft; ein Elementarbuch für Regentensöhne und alle, die sich dem Dienst des Staats und der Gelehrsamkeit widmen wollen". 1. (einziger) Teil; a. u. d. T.: „Grundlehren der Staatswirthschaft", Marburg 1792. — Vorh.: UB Würzburg — Oec. publ. 49.

Jung, Jh. Hnr. (gen. Stilling). System der Staatswirthschaft. 1. Thl. A. u. d. T.: Grundlehren der Staatswirthschaft. 8°. Marburg (Krieger) 1793.

— Scenen aus dem Geisterreiche. 2 Thle. 8. Frankf. 797. N. A. 800, 801. 3e Aufl., 2 Bde. 8. Ebd. 817. 4e Aufl. 831. Boselli. 2 ℛ 16 𝔤𝔯

J. H. Jung (Scenen a. d. Geisterreiche. Frkf. a. M., Brönner. B. (797-801.) 3e A. 803. 2 Thle. 8° 2 ℛ 16 𝔤𝔯)

— Scenen a. d. Geisterreiche. 2 Thle. 8. Frkf. Varrentrapp u. W. 803. (à 1 Rthlr. 8 gr.)

— — Scenen aus dem Geisterreiche. 2 Bde. 3te verb. Aufl. 8. Frankfurt a. M., Boselli. 817. à Band 1 Rthlr. 8 Gr.

—— Scenen aus dem Geisterreiche. Chrysäon. — Das Schatzkästlein. 5., allein rechtmäß. und verm. Aufl. hrsg. und mit einem Vorworte, wie mit Anmerkungen versehen von M. Göbel. 8 Lfgn. gr. 16. (856 S.) Stuttgart 865, Rieger'sche Verlagsh. à Lfg. 4 Ngr.

Jung, Joh. Heinr., genannt Stilling, Scenen aus dem Geisterreiche. 2 Thle. vollständig in 1 Bde. gr. 16. (468 S.) Stuttgart 870, Scheible.
Vgl.: Bodemann, Friedr. Wilh.

—— Scenen aus dem Geisterreiche. 6. Aufl. gr. 16. (480 S.) Stuttgart 875, Scheible's Verlag.

Jung gen. Stilling, Joh. Heinr., Scenen aus dem Geisterreiche. 8. Aufl. 8. (482 S. m. Abbildgn.) Stuttgart (Kanzleistr. 8 A B) 898. J. Junginger. Geb. 3.—

— Taschenbuch f. Freunde d. Christenthums. A. u. d. T.: christl. Taschenbuch für d. J. 1805 — 16. 12. Nürnb., Raw. Hbg. Pr. 2 ℛ

— Theobald, oder die Schwärmer. 8. Leipz. . . . 2e A. 797. 3e Aufl. 828. Weygand. 1 ℛ 21 𝔤𝔯

— Theodicee, od. Bericht. u. Vertheid. der Schleuder des Hirtenknaben. 8. Frkft, Eichenberg. 776.

— Theorie der Geisterkunde, in e. natur-, vernunft- u. schriftmäß. Beantwortung der Frage: was von Ahnungen, Gesichten und Geistererscheinungen geglaubt u. nicht geglaubt werden müsse. Mit 1 Kpf. gr. 8. Stuttgart. (Nürnb.) 808. Raw. 1 ℛ

Jung, Joh. Heinr., gen. Stilling, Theorie der Geisterkunde in e. natur-, vernunft- u. bibelmäßigen Beantwortung der Frage: Was v. Ahnungen, Gesichten u. Geistererscheinungen geglaubt u. nicht geglaubt werden müßte. Neue Ausg. m. Vorwort v. Karl Fr. Pfau. Mit e. Portr. „Die weiße Frau". (377 S.) 8. Leipzig 903. [K. F. Pfau]. Nestmann & Wittig. n. 3. —; auch in 10 Lfgn. à n. — 30

— s. Vergilius Maro, Publius: Georgikon. 1787.

— Verklärung. gr. 8. Nürnberg, Raw. 821.

— Eickels Verklärung, eine Scene aus der Geisterwelt. 8. Frkf. a. M. 788. Gebhardt u. K. 2 𝔤𝔯

— Lavaters Verklärung. gr. 8. Frankfurt, Hermann. 801.

Schreibv.

Jung, Jh. Hnr. (gen. Stilling). Versuch einer Grundlehre sämmtlicher Kameralwissenschaften. 8°. Manheim, Acad. B., 1779. (Löffler.)

Jung, Johann Heinrich (genannt Stilling): „Versuch einer Grundlehre sämmtlicher Cameralwissenschaften zum Gebrauch der Vorlesungen auf der Kurpfälzischen Kameral-Hohen-Schule zu Lautern", Mannheim 1779 (Schwan). — Vorh.: Bayerische Staatsbibliothek München (Signatur Cam. 78); ferner Stadtbibliothek Koblenz.

— Versuch e. Lehrbuchs der Fabrikwissenschaft. gr. 8. Nürnb. 785. 2e Aufl. 794. (Eichhorn; auch Lauffer in Leipz.) 1 ℛ 16 𝔤𝔯

— Versuch e. Lehrb. der Fabrikwissensch. gr. 8. Nürnb. Grattenauer. 794.

JUNG, Johann Heinrich (Jung-Stilling): Versuch eines Lehrbuchs der Forstwirthschaft. - Mannheim, Lautern 1781 u. 1782. 2 Tl. 318 S. u. 354 S. - 2. Aufl. u. d. T.: Lehrbuch der Forstwirtschaft. ebd. 1787. 2 Tl. 317 S. u. 380 S.

— Vers. e. Lehrb. der Forstwissenschaft. 2 Thle. 8. Mannheim, Akad. Buchh. (a. Löffler.) 787. (1r 16 gr. 2r 20 gr.)

Jung J. H.: Versuch eines Lehrbuchs d. Landwirthschaft d. ganzen bekannten Welt in so fern ihre Produkten in den europäischen Handel kommen. Leipz. 1783. 456 S.

— Versuch eines Lehrbuchs der Landwirthschaft d. ganzen Welt. gr. 8. Lpz. Weygand. 783.

Jung, Johann Heinrich (genannt Stilling): „Versuch eines Lehrbuchs der Vieharzneikunde", 2 Teile, Heidelberg 1785, 1786 (Pfähler). Neue von J. D. Busch umgearbeitete Auflage u. d. T.: „Lehrbuch der theoretischen und praktischen Thierarzneikunde", Heidelberg 1799 (Frankfurt a. M., Körner; Rein in Leipzig).

— Vertheidigung geg. die schwere Beschuld. e. Journalisten. 8. Nürnb. Raw. 807.

—— sämmtliche Werke. Neue vollständ. Ausgabe. 12 Bde. 16. Stuttgart 841, 42, [Scheible, Rieger u. Sattler.] Thlr.
Bd. 1. Stilling's Lebensgeschichte. (54 B. u. J's. Bildn.)
= 2. Scenen aus d. Geisterreiche. — Chrysäon od. d. goldene Zeitalter. — Das Schatzkästlein. (49 B.)
= 3. Siegesgeschichte d. christl. Religion. (43½ B.)
= 4. Das Heimweh. 1—3. Thl. (55 B.)
= 5. Das Heimweh (Schluß). — Schlüssel zum Heimweh. — Die große Panacee. — Schleuder eines Hirtenknaben. — Theodicee. (52¼ B.)
= 6. Theobald od. d. Schwärmer. — Theorie d. Geisterkunde. (51½ B.)
= 7. u. 8. Der graue Mann. 2 Bde. (46 u. 41½ B.)
= 9. Florentin v. Fahlenborn. — Herr v. Morgenthau. — Theodore v. der Linden. (66 B.)
= 10. Der christl. Menschenfreund. — Des christl. Menschenfreundes bibl. Erzählungen. 1. Bd. (59½ B.)
= 11. Des christl. Menschenfreundes bibl. Erzähln. 2. Bd. — Ueber Revolutionsgeist. — Vertheidigung gegen Beschuldigungen. (61 B.)
= 12. Erzählungen, Gedichte u. Taschenbuchaufsätze. (52 B.)

Jung, Joh. Heinr., genannt Stilling, sämmtl. Werke. Neue vollständ. Ausg. 96 Lfgn. 8. (631½ B. u. J's. Portr.) Stuttgart 843, 44, Scheible, Rieger u. Sattler. à 3¾ Ngr.

Jung-Amerika: 1889†—1895†
Monthly. Published in English and German. Title varies: GERMAN-ENGLISH MONTHLY, 1895. Circulation: 1891, 2800; 1895, 1950. Edited & published by Jung-Amerika Co. Quarto, each issue 8 pages.
Cleveland, OH

Jung-Amerika. Zeitschrift f. Schule u. Haus. Red.: H. H. Fick. Unter Mitwirkg. v. Const. Grebner, Emil Kramer u. A. 1. u. 2. Bd. Dezbr. 1901—Juni 1903. à 10 Nrn. gr. 8. (à ca. 16 S.) Cincinnati, O., G. Muehler. à Bd. n. 1.50

Jung-Amerika. Zeitschrift f. Schule u. Haus. Red.: H. H. Fick. Unter Mitwirkg. v. Const. Grebner, Emil Kramer u. A. 3.—5. Bd. gr. 8. Cincinnati, O., G. Muehler. à n. 2.—
3. Septbr. 1903—Juni 1904. 10 Nrn. (VI, 160 S. m. Abb.) — 4. Septbr. 1904—Juni 1905. 10 Nrn. (VI, 158 S. m. Abb. u. 1 Taf.) — 5. Oktbr. 1905—Mai 1906. 8 Nrn. (II, 130 S. m. Abbildgn.)
Erscheint nicht mehr.

Jungandreas, R, Fibel, s.: Runkwitz, K.

— Kinderschatz f. Schule u. Haus, s.: Runkwitz, K.

Jungandreas, R., zur Reform des Religionsunterrichts, s. a. Magazin, pädagogisches.

Zur Reform des Religionsunterrichts. Ein Vortrag nebst Lehrplanskizze von R. Jungandreas. Langensalza: Beyer 1907. 33 S. 8°
(Pädagogisches Magazin. H. 310.) [illegible]

Jungbauer Ad.: Schiller und Herder. I 37 Prachatitz 05.
Progr.

— Joh. Gabriel Seidl. 7. ibd. 04.
Progr.

Jungbauer, Ferd., die verhängnisvolle Nachtwache, s.: Zintl, Frz. Xav.

Jungbauer, Gust., Volksdichtung aus dem Böhmerwalde, s. a. Beiträge zur deutsch-böhmischen Volkskunde. VIII.

Volksdichtung aus dem Böhmerwalde. Gesammelt u. hrsg. von Gustav **Jungbauer**. Mit Singnoten u. 2 Lichtdruckbild. Prag: J. G. Calve 1908. (XXXVI, 232 S.) 8° [5.]
— Beiträge z. deutsch-böhmischen Volkskunde. Bd 8. [illegible]

Jungbauer, L. C., deutsches Te Deum laudamus. 4. Landshut, Krüll. 805.

Jungberg, C. G., s. Parleur, Schwedisch, Englisch, Französisch u. Deutsch.

Jung-Berlin. Organ des Kreisverbandes Berliner evangel. Jünglingsvereine u. des ältesten evangel. Männer- u. Jünglingsvereins in Berlin. Gegr. 1851. Red.: Arnold. Jahrg. 1907. 12 Nrn. (à 4 S.) Lex. 8. Berlin, Schriftenvertriebsanstalt. Nicht im Handel.

Jungblot

— — Eheglück ist höchstes Erdenglück! (Um 1910.) 8°.
Verb. d. Ldg. III Berlin B. 1. J. 164/10.

JUNGBLOT, Dr. Frauenleiden und soziales Elend, deren Ursachen und wirksame Bekämpfung. Ein Mahnwort an die deutschen Frauen. Leipzig (um 1908). 8°.
Verb. d. Ldg. Leipzig 2 A. 145/12.

Jungblut, Friedrich Wilhelm, aus St. Goar a. Rh., Assistenzarzt im Magdeb. Drag.-Reg. No 6: Über hochgradige Verätzungsstrikturen des Oesophagus, behandelt durch Gastrostomie und retrograde Dilatation. *Berlin (1903): G. Schade.* (30 S.) 8°
Berlin, Med. Diss. v. 12. Juni 1903

Jungblut, Georg, cand. med. aus Gelsenkirchen: Ein Fall von Melanosarkom der Haut mit Metastasenbildung und nachfolgender Kompressionsmyelitis. *München 1898: Kastner & Lossen.* (29 S.) 8°
München, Med. Diss. v. 1898

Jungblut, Heinrich, Prof. Dr.: Die Arbeitsweise Ciceros im ersten Buche über die Pflichten. Frankfurt a. M. 1907: Enz & Rudolph. (80 S.) 4°
Frankfurt a. M., Lessing-G OP 1907 (485)

Jungblut, Heinrich: Cicero und Panätius im zweiten Buche über die Pflichten. Frankfurt a. M. 1910: Enz & Rudolph. 30 S. 4°
Frankfurt a. M., Lessing-G OP 1910 (535) |S 10. 209

Jungblut, H., latein. Formenlehre, s.: Perthes, Herm.

Jungblut, H., Quaestionum de paroemiographis pars prior, s. a. Dissertationes philologicae Halenses.

Jungblut, Henricus: Quaestionum de paroemiographis p. prior. De Zenobio. Halis Saxonum 1882: Karras. 42 S. 8°
Halle-Wittenberg, Phil. Diss. v. 25. Juli 1882
Geb. Halle a. d. S. 6. 1. 1857. V.
Ersch. auch in: Dissertationes philologicae Halenses. Vol. 5. Halis Sax. 1883. S. 201—244.

— lateinische Wortkunde, s: Perthes, Herm.

Jungbluth, Alphons, a. Aachen: Beiträge zu einer Beschreibung der Dichtersprache Friedrichs von Spe. Bonn 1906: E. Eisele. (98 S.) 8°
Bonn, Phil. Fak., Ref. Litzmann, Diss. v. 31. Mai 1906
[Geb. 2. Juni 80 Aachen-Burtscheid; Wohnort: Aachen; Staatsangeh.: Preußen; Vorbildung: Kaiser Karls-Gymn. Aachen Reife O. 00; Studium: Aachen T.H. 1, Münster 1, Gießen 1, Münster 1, Lüttich 1, Bonn 6 S.; Rig. 5. Juli 05.]

Jungbluth, Bern. (Joseph.) (geb. Aachen 4. 7. 1819): De anencephalis. Berolini (1843). (30 S.) 8°
Berlin, Med. Diss. v. 6. Nov. 1843

Jungbluth, Franz, aus Bad Neuenahr: Über Gesetzmäßigkeiten und Eigentümlichkeiten in der Struktur der dritten Cyanbandengruppe. *Leipzig: J. A. Barth 1904.* (20 S.) 8°
Bonn, Phil. Diss. v. [13. Juni] 1904

Jungbluth, Frz., die Restauration des Aachener Münsters bis zur Hälfte des Jahres 1862. Aachen 862. (Leipzig, Wengler.) 8. (59 S.) n. 5 ngr.

Jungbluth, Georg, approb. Arzt aus Bonn a. Rh.: Aus d. pharmakol. Institut d. Universität Bonn. Experimentelle Untersuchungen über den Einfluss des Alkohols auf das putride Fieber. *Bonn 1902: J. Trapp.* (36 S.) 8°
Bonn, Med. Diss. v. 29. Juli 1902

Jungbluth, Herm., zur Behandlung der Placenta praevia, s. Sammlung klinischer Vorträge.

Jungbluth, Hermann (geb. am 11 Sept. 1844 in Aachen): Beitrag zur Lehre vom Fruchtwasser und seiner übermässigen Vermehrung ...
Bonn, Buchdr. v. J. Trapp 1869. 2 Bl., 29 S., 1 Bl., 1 Taf. 8.
Bonn, Med. Fak., Diss. v. 8 Juli 1869

Jungbluth, Richard: Sprachliche Untersuchung der von Guignard, Dijon 1878 herausgegebenen Altfranzösischen Cistercienserinnen-Regel. *Erlangen 1898: F. Junge.* (28 S.) 8°
¶(Gekrönte Preisarbeit. — Erschien vollständig in: Romanische Forschungen, Bd 10 H. 4.)
Bonn, Phil. Diss. v. 18. Mai 1898

Jungbluth, Th., Die Gründung der evang.-luth. Kirchen in Rußland. St. Petersburg 1855

Jungborn-Echo. Kurze Gesch. d. Jungborn, bes. interessante Urteile, Berichte, Artikel u. wichtige Kurberichte. Hrsg. von Adolf Just. 3. verm. Aufl. *Stapelburg Harz: R. Just 1900.* (60 S.) 8° [J.] 10. 09

Jungbrunnen; neue Märchen von einem fahrenden Schüler. Berlin 1850. V: *Heyse, Paul.* (Brümmer, Lex. deutscher Dichter. 4. Aufl. IV, 158.)

Jungbrunnen, der. Neue Märchen von einem fahrenden Schüler. 8. (VII und 218 S. mit 1 Holzschn.) Berlin 850, A. Duncker. *

Jungbrunnen. Eine Sammlung v. Dichtungen ernsten u. heiteren Inhalts aus alter u. neuer Zeit zum Vortragen in christlichen Vereinen. 1.—3. Hft. gr. 8. (48 S.) Dresden 893. (O. Hackebeil.) à n. — 20

Jungbrunnen. Eine Sammlg. v. Dichtgn. ernsten u. heit. Inhalts aus alter u. neuer Zeit zum Vortragen in christl. Vereinen. 4.—7. Hft. gr. 8. (S. 49—112.) Dresden 895. 97. (O. Hackebeil.) à n. — 20

— Eine Sammlg. v. Dichtgn. ernsten u. heiteren Inhalts aus alter u. neuer Zeit zum Vortragen in christl. Vereinen. 8. Hft. gr. 8. (S. 113—128.) Dresden 898. Verbandsbuchh. n. — 20

Jungbrunnen. Eine Sammlg. v. Dichtgn., ernsten u. heiteren Inhalts aus alter u. neuer Zeit zum Vortragen in christl. Vereinen. 9.—11. Heft. (S. 129—176.) 8. Dresden (905). Verbandsbuchh. (E. Zacharias). à n. — 20

Jungbrunnen. (Ein Schatzbehalter deutscher Kunst u. Dichtg.) 1.—6. Bd. 4. Berlin. Düsseldorf, Fischer & Franke. Geb. in Leinw. n. 49.—

1. Märchenbuch, das, des Jungbrunnen. 1. Bd. Märchen v. den Gebrüdern Grimm, Ludw. Bechstein, Hans Chrn. Andersen u. J. K. Aug. Musäus. Mit Bildern v. Frz. Stassen, Bernh. Wenig, Max Dasio u. Geo. A. Stroedel. (204 S.) (900.) n. 7.50
2. Lieder u. Schwänke aus der deutschen Vergangenheit. Mit Bildern v. Bernh. Wenig, Geo. Barlösius u. Frz. Stassen. (152 S.) (900.) n. 7.50
3. Lieder, deutsche, in Bildern v. Erich Kulthan, Hans v. Volkmann, Herm. Bek-Gran, Frz. Stassen u. Ernst Liebermann. (252 S.) (900.) n. 9.—
4. Märchen, deutsche. 2. Bd. Enth. Märchen v. Hans Chrn. Andersen, den Gebr. Grimm u. J. K. Aug. Musäus, m. Bildern v. Frz. Hein, Hugo L. Braune, Arpad Schmidhammer u. Max Bernuth. (172 S.) (900.) n. 7.50
5. Sang, deutscher. Allerlei Lieder in Bildern v. Ernst Liebermann, Arpad Schmidhammer, Horst-Schulze u. Jos. Carben. (202 S.) (901.) n. 7.50
6. Volksmärchen. Von Gust. Schwab u. J. K. Aug. Musaeus. Mit Bildern v. Jos. Damberger, Rich. Mauff, Frz. Stassen u. Frz. Müller-Münster. (362 S.) 902. n. 10.—

— (Ein Schatzbehalter deutscher Kunst u. Dichtg.) 1.—40. Bdchn. 4. Berlin. Düsseldorf, Fischer & Franke. n. 56.30; Subskr.-Pr. f. 12 Bdchn. à n. 1.—

Inhaltsübersicht in alphabetischer Ordnung:

Andersen, H. Chr., Glockentiefe u. andere Märchen. Zeichnungen v. Dasio. (41 S.) (902.) (Bd. 30.) n. 1.25
— der kleine Klaus u. der große Klaus. — Des Kaisers neue Kleider. Märchen, in Bildern v. Ernst Ewerbeck. (43 S.) (902.) (Bd. 38.) n. 1.25
— der Reisekamerad. Mit Bildern v. Frz. Hein. (47 S.) (900.) (Bd. 10.) n. 1.50
— der Schweinehirt. Die Prinzessin auf der Erbse. Märchen. Zeichnungen v. M. Dasio. (32 S.) (900.) (Bd. 8.) n. 1.25
— die kleine Seejungfer, illustriert v. F. Haß. (38 S.) (902.) (Bd. 33.) n. 1.25
Aus der Jugendzeit. Deutsche Volkslieder in Bildern v. Arpad Schmidhammer. (48 S.) (901.) (Bd. 20.) n. 1.50
Bärenhäuter, der, u. die 7 Schwaben. (2 Märchen in Bildern v. Frz. Staßen.) (55 S.) (899.) (Bd. 1.) n. 1.25
Brinckman, John, Voß u. Swinegel ore Dat Brüden geit üm. (Mit Bildern v. Max Bernuth.) (42 S.) (901.) (Bd. 22.) n. 1.50
Burschenlieder, deutsche, in Bildern v. J. Carben. (41 S.) (901.) (Bd. 28.) n. 1.25
Fortunat u. seine Söhne. Mit Zeichngn. v. Fr. Stassen. (198 S.) (901.) (Bd. 25—27.) n. 4.50
Genovefa. Illustr. v. Rich. Mauff. (46 S.) (902.) (Bd. 36.) n. 1.50
Grimm, Brüder, die Gänsemagd. — Der Eisenhans. 2 Märchen m. 30 Zeichngn. v. Hugo L. Braune. (36 S.) (900.) (Bd. 15.) n. 1.25
— Frau Holle u. andere Märchen, m. Bildern v. Erich Kulthan. (49 S.) (49 S.) (902.) (Bd. 35.) n. 1.25
— drei Märchen. (Der Meisterdieb. Bruder Lustig. Die Brüder.) Illustr. v. Wilh. Stumpf. (65 S.) (901.) (Bd. 29.) n. 1.50
— Marienkind u. andere Märchen. Mit Bildern v. F. Müller-Münster. (37 S.) (901.) (Bd. 23.) n. 1.50
Heimaterde. Der Heimat Lob in Liedern, m. Bildern v. Ernst Liebermann. (56 S.) (901.) (Bd. 21.) n. 1.50
Heute roth — morgen tot. Deutsche Soldatenlieder, in Bildern v. Herm. Bek-Gran. (48 S.) (900.) (Bd. 5.) n. 1.25
Jahreszeiten, die, in Liedern. Mit Bildern v. Horst-Schulze. (45 S.) (901.) (Bd. 24.) n. 1.50
Kinderlieder. Illustr. v. Erich Kulthan. (44 S.) 900. (Bd. 16.) n. 1.25
Königskinder. 5 Märlein v. Prinzen u. Prinzessinnen u. was ihnen wunderbares begegnet, in Bildern v. Bernh. Wenig. (56 S.) (900.) (Bd. 4.) n. 1.50
Liebe, Lied u. Lenz. 25 Volkslieder, illustr. v. Fr. Staßen. (47 S.) (899.) (Bd. 3.) n. 1.25
Lieder der Minnesänger. Ins Hochdeutsche übertr. v. E. Escherich. In Bildern v. Bernh. Wenig. (48 S.) (900.) (Bd. 13.) n. 1.50
Märchen, zwei, in Bildern v. Max Bernuth. (40 S.) (901.) (Bd. 19.) n. 1.25
Münchhausen. Illustriert v. Wilh. Stumpf. (49 S.) (902.) (Bd. 37.) n. 1.50
Musäus, Joh. Karl Aug., stumme Liebe. Ein Märchen. Mit Bildern geschmückt v. Jos. Damberger. (56 S.) (900.) (Bd. 12.) n. 1.50
— Libussa. Märchen. Illustriert v. Rich. Mauff. (52 S.) (900.) (Bd. 11.) n. 1.50
— Zwei Märchen vom Rübezahl. Illustr. v. G. A. Stroedel. (61 S.) (900.) (Bd. 7.) n. 1.80
— die Nymphe des Brunnens. Mit Bildern v. F. Müller-Münster. (98 S.) (902.) (Bd. 34.) n. 1.50
— Rübezahl u. das Hirschberger Schneiderlein, e. Märchen v. M., in Bildern v. Arpad Schmidhammer. (38 S.) (901.) (Bd. 18.) n. 1.25
Romanzen, Balladen, Legenden in Bildern v. Frz. Stassen. (48 S.) (900.) (Bd. 9.) n. 1.50
Sachsen's, des weyl. Nürnberger Handwerksmeisters Hans, lustige Schwänke, mit Bildern verziert v. Geo. Barlösius u. dem deutschen Publico zu Nutz u. Frommen neu ediret. (47 S.) (899.) (Bd. 2.) n. 1.25
Siegfried, der gehörnte. Ein deutsches Volksbuch, m. Bildern v. Hugo L. Braune. (52 S.) (902.) (Bd. 39.) n. 1.50
Volkserzählungen, m. Bildern geschmückt v. Joh. Boßard. (34 S.) (902.) (Bd. 32.) n. 1.25
Vom dummen Teufel. Allerlei Teufelsschwänke, m. Bildern verzieret v. Geo. Barlösius. (40 S.) (900.) (Bd. 14.) n. 1.25
Wald- u. Waidmannslieder, m. Buchschmuck von Hans v. Volkmann. (48 S.) (902.) (Bd. 40.) n. 1.50
Wanderlieder, deutsche, in Bildern von Hans v. Volkmann. (48 S.) (900.) (Bd. 6.) n. 1.50
Wickram, Geo., Schwänke aus dem Rollwagenbüchlein, in Bildern v. M. Bernuth. (46 S.) (902.) (Bd. 31.) n. 1.50
Zeit, goldene. Der Liebe Lust u. Leid in Liedern u. Bildern v. Ernst Liebermann. (50 S.) (900.) (Bd. 17.) n. 1.50

— (Ein Schatzbehalter deutscher Kunst u. Dichtg.) 41. bis 43. (Schluß-)Bdchn. 4. Berlin (903). Fischer & Franke. à n. 1.50; f. e. Reihe v. 12 Bdchn. à n. 1.—

41. Winterreise. Von Wilh. Mueller. Bilder v. H. Heise. (36 S.)
42. Lieder der romantischen Lyrik. Illustr. v. Geo. A. Stroedel. (51 S.)
43. Jahr, das festliche. Mit Bildern v. Frz. Stassen. (47 S.)

— dasselbe. 7.—9. Bd. 4. Ebd. Geb. in Leinw. n. 25.— (1.—9.: n. 74.—)

7. Allerlei Märchen f. Jung u. Alt. Von Brüder Grimm, Hans Christian Andersen u. Gust. Schwab. Mit zahlr. Bildern v. Frz. Müller-Münster, Wilh. Stumpf, Max Dasio, Erich Kulthan, Fritz Haß, Rich. Mauff u. Hugo L. Braune. (330 S.) (902.) n. 10.—
8. Erzählungen u. Schwänke in Bildern v. Max Bernuth, Johs. Bossard, Wilh. Stumpf, Ernst Ewerbeck. (219 S.) (903.) n. 7.50
9. Liederbuch, das, des Jung-Brunnen, m. Bildern von Hans v. Volkmann, Hans Heise, Geo. A. Stroedel, Frz. Stassen. (179 S.) (903.) n. 7.50

Fortsetzung u. d. T.:

Jungbrunnen – Bücherei

Jungbrunnen. Festgabe zum 45. Stiftungsfest der „Bastei", Verein jüngerer Buchhändler, Dresden, am 2. II. 1902. Mit Beiträgen von Joh. v. Wagner (Renatus), F. Avenarius, Leo Lenz, P. K. Rosegger u. A. 4. (18 S.) Dresden (902). (C. Weiske.) n.n.n. 1.—

Jungbrunnen-Bücherei. Neue Folge. 1. u. 2. Bd. 4. Ebd. Geb. in Leinw. n. 20.—

1. Till Eulenspiegel's Streiche, aus dem alten Volksbuche ausgewählet u. zur Ergötzung v. Jung u. Alt aufs neu hrsg. von Johs. Nickol, dazu mit gar lustigen Bildern gezieret durch Geo. Barlösius. (142 S.) Düsseldorf (903). n. 5.—
2. Walther v. der Vogelweide, Lieder u. Sprüche, in den besten Uebertraggn. ins Neuhochdeutsche hrsg. v. Johs. Nickol, mit Vollbildern, Vignetten u. Randleisten von Frz. Stassen. (VIII, 142 S.) Düsseldorf (903). n. 15.—

Erscheint nicht weiter.

Jungbursche: Der Jungbursche

① Offizielles Zentralorgan der schweizerischen Jungburschen-Vereine ③ Der Skorpion ④ Freie Jugend (Zh) ⑤ August 1907—Dezember 1910 ⑥ 4° ⑦ zuerst unregelmäßig, dann Monatsblatt ⑨ Zürich Conzett & Co. ⑪ Zentralvorstand der schweizerischen Jungburschen-Vereine ⑫ links-sozialistisch ⑭ Zh. Z.

Jungburschenvereine, die schweizerischen. Eine kurze Wegleitg. f. Freunde der sozialist. Jugend-Organisationen. Bearb. u. hrsg. vom Zentralvorstand der schweizer. Jungburschenvereine. (55 S. m. Abbildgn.) 8. Zürich 909. Buchh. des schweiz. Grütlivereins. — 60

Jungck

— s. a. **Jung, Jungk.**

Jungck, Christian Ludwig (Berlin), Observationes botanicae in floram Halensem. Halle (F. A. Grunert, Vater) April 1807. 26 S. (4.50) 17187

Jungck, C., Abschieds-Predigt über 1. Cor. 2, 1—5. gehalten in Linz a. Rh. am 20. Novbr. 1853. gr. 8. (16 S.) Sigmaringen 854, (Beck.) Thlr. **

Jungck, C., Preußens Aufgabe. Predigt am Krönungstage den 18. Oct. 1861 gehalten. Sigmaringen 861. (Liehner.) 8. (16 S.) 3 ngr.

Jungck, Max: Flora von Gleiwitz und Umgegend (I. Teil) Einleitung und Kryptogamen. Gleiwitz, Neumann's Stadtbuchdr., 1889; 1 Bl., X, 50 S. 8°
Gleiwitz, k. OR, OP 1889 (205)

Jungck, Max [Dr.]: Flora von Gleiwitz und Umgegend (II. Teil.) (Forts. d. P-Beil. 1889.) Gleiwitz, Neumann's Stadtbuchdr., 1890; 1 Bl., S. 51 108. 8°
Gleiwitz O.-S., k. OR u. techn. Fach-S. OP 1890 (208)

Jungck, Max [Dr.]: Flora von Gleiwitz und Umgegend (III. Tl.) (Forts. d. P-Beil. 1889. 90.) Gleiwitz, Neumann's Stadtbuchdr., 1891; 1 Bl., S. 109 -142; 8°
Gleiwitz O.-S., k. OR u. techn. Fach-S, OP 1891 (211)

Jungck, Max [ord. Lehrer d. K. Oberrealschule zu Gleiwitz]: Flora von Gleiwitz und Umgegend. . . . Gleiwitz, Neumann's Stadtbuchdr., 1889; 1 Bl. + X + 127 + 1 S. 8°
Göttingen, Phil. Fak., Inaug.-Diss. v. 26. Jan. 1889

Jungck, M., Flora v. Gleiwitz u. Umgegend. 8. (X, 142 S.) Gleiwitz 889. Jaeger. cart. n. 1. 80

Jungck, M., der Stahl-Prozeß im Siemens-Martin-Ofen. gr. 4. (20 S.) Gleiwitz 881, Jaeger. cart. *

Jungcken, Jo. Helf., Der nach den heutigen vernunftmäßigen aus der Anatomie und Chymie hergeführten Grundregeln unterrichtete, sichere und sorgfältige Medicus oder Leib-Artzt. 850 S. Frkf. u.

1702

Jungclaus, H., die Wendung auf d. Kopf nach d. Erfahrungen bis 1829. Eine pract. geburtshülfl. Abhandlung, d. medicin. Facultät zu Würzburg vorgelegt. 8. (5 B.) Würzburg 829. (Hannover, Hahn.)

Jungclaus, H. A., D[illegible]tions-Formulare zum Gebrauch beim Unte[illegible] i. d. Navigationsschulen. 3., verb. Aufl. Fol. (4 S.) Bremerhaven 897. G. Schipper. n.n. — 15

Jungclaus, H. A., Magnetismus u. Deviation der Compasse in eisernen Schiffen für den Unterricht in Navigationsschulen, sowie zum Selbstunterricht, aus dem Englischen des Merrifield, F. R. A. S., mit dessen Genehmigung übersetzt u. theilweise neu bearb. Mit 4 (lith.) Fig.-Taf. gr. 8. (X, 131 S.) Bremerhaven 881. Tienken. geb. n. 4. —

Jungclaus, H. A., Magnetismus und Deviation der Kompasse in eisernen Schiffen für den Unterricht in Navigationsschulen, sowie zum Selbstunterricht. 2. mit vielen Beispielen und mit Uebungs-Aufgaben vers. Aufl. 8. (VIII, 195 S. mit 1 Stnt.) Bremerhaven 887, Tienken. geb. *

— Magnetismus u. Deviation der Compasse. 2. Aufl. Anh. dazu: Ueber d. Einwirkg. der electr. Licht- u. Kraftübertragungs-Anlagen in Schiffen auf d. Compass. 8. (24 S.) Ebd. 897. — 60 (Hauptwerk m. Anh.: n. 5. 60)

Jungclaus, H. A., Magnetismus u. Deviation der Compasse in eisernen Schiffen f. den Unterricht in Navigationsschulen u. zum Selbstunterricht. 3. m. Beispielen u. Uebungsaufgaben versehene u. verb. Aufl. gr. 8. (VIII, 218 S. m. 2 Taf.) Bremerhaven 901. v. Vangerow'sche Buchh. Geb. in Leinw. n. 5. —

Jungclaus, Heinrich [Arzt]: Sechs Fälle von Melanosarkom des Auges aus der Strassburger Universitäts-Augenklinik ... Strassburg i. E., Buchdr. Ch. Müh & C., 1897; 47 S. 8.
Strassburg, Med. Fak., Inaug.-Diss. v. 1897

Jungclaus, J. A., s.: Haushaltungs-Kalender, allgemeiner.

Jungclausen, s. Jungclaussen

[J.] 200 -500 Mark Reinertrag jährlich vom Morgen Land durch Rhabarberkultur. Im Selbstverl. hrsg. v. H[einrich] Jungclaussen, Baumschule ... Frankfurt a. O. 2. Aufl. ... *Frankfurt a. O.: Comm.-Verl. v. Trowitzsch & Sohn 1894.* (27 S.) 1 Bd 8. [illegible]

Jungclaussen, Hermann Julius

Jungclaussen, H. J., lasset uns für einander beten! Vortrag, gehalten auf der Predigerconferenz in Borbye den 26. Mai 1858. gr. 8. (16 S.) Schleswig 858, Heiberg. *

Jungclaussen, J., s.: Blätter f. Seemanns-Mission.

Jungclaussen, J., acht Tage Cholerakrankenpflege. 1. u. 2. Aufl. 8. (24 S.) Hamburg 892. Herold's Verl. n. — 40

— die Evangelisationsmethode d. Apostels Paulus. gr. 8. (26 S.) Hamburg 898. Schriften-Niederlage d. christl. Vereins Junger Männer. n. — 20

Jungclaussen, Jakob Philipp Albrecht

Jungclaussen, J. P. A. Andeutungen über locale Anschauungen in der Sprache. Schleswig, G., 1846. 13 S. 4. Progr.

— Andeutungen über die Errichtung höherer Bürgerschulen. Schleswig. 1838. 4. (Skoleprogr.).

Zur Anhörung der öffentlichen Reden und Declamationen etc. ladet ein Jakob Philipp Albrecht **Jungclaussen.** (1850.) ebd. 1850. 4°.

Zur Anhörung der Reden, wodurch . . . das 3. Jubelfest der Reformation . . . wird gefeiert werden, ladet ein Jacob Philip Albrecht **Junglaussen.** Glückstadt. 1817. 4°. Gymn.-Progr.

Jungclausen. J. P. A., De appositione. Pr. 1839. 10 S. 4°.

Beiträge zur neuesten Geschichte der Domschule v. Jacob Philipp Albrecht **Jungclaussen.** Schleswig. 1852. 8°. Gymn.-Progr.

Beiträge zur Geschichte der hiesigen Schule. Von Jacob Philipp Albrecht Jungclaussen. Glückstadt. 1822. 4°.

Die ältere Geschichte der Domschule v. Jakob Philipp Albrecht Jungclaussen. Schleswig. 1842. 4°. Gymn.-Progr.

Zu den Classen-Prüfungen der Domschule . . . ladet ein Jakob Philipp Albrecht Jungclaussen.
(1849.) ebd. 1849. 4°.

Nachricht von der auf unserer Schule einzuführenden Censur-Vertheilung v. Johann Philip Albrecht Jungclaussen. Glückstadt. 1828. 4°.

Zu den . . . Prüfungen der hiesigen Gelehrten-Schule werden die Mitglieder des Schulcollegiums . . . eingeladen v. Johann Philip Albrecht Jungclaussen. (1816, 19, 22, 1825—28, 1830—31.) Glückstadt. 1816, 19, 22, 1825—28, 1830—31. 4°.

Zu den öffentlichen Prüfungen der Domschule . . . ladet ein Jakob Philipp Albrecht Jungclaussen.
(1839—44. 46—47.) Schleswig. 1839—44. 46—47. 4°.

Eine Schulschrift, zunächst für das Publicum der Domschule. Von Jacob Philip Albrecht Jungclaussen. Schleswig. 1849. 4°. Gymn.-Progr.

Ueber Schulverbesserungen von Seiten des Unterrichts und der Disciplin v. Jacob Philip Albrecht Jungclaussen. Glückstadt. 1820. 4°. Gymn.-Progr.

⊙ Sendschreiben an die ungelehrten Uebersetzer der 95 Antithesen des Consistorialraths Boysen v. Jacob Philipp Albrecht Jungclaussen. Glückstadt. 1818. 8°.

Ueber die Verdienste der Reformatoren um die Schulen; nebst einigen Bemerkungen über das Schulwesen neuerer Zeit (v. Jakob Philip Albert Jungclaussen. Glückstadt. 1817. 4°. Gymn.-Progr.

Einige Vorschläge über die Anwendung der allgemeinen Schulordnung auf die Glückstädter Gelehrten-Schule v. Johann Philip Albrecht Jungclaussen. Glückstadt. 1816. 4°.

Jungclaussen, Julius

[M.] Das 'völlige' Heil in Christo. Von Pastor Jungclaussen in Breklum . . . Breklum: 'Sonntagsbl. für's Haus' 1898. (14 S.) 1 Bd 8.

Ein seelenverderbender Irrtum v. 'Julius' Jungclaussen. Breklum. 1898. 8°

Ueber das Greisenalter bei Homer. Von Wilhelm Jungclaussen. Flensburg. (1870.) 4°. Gymn.-Progr.

Vorträge gehalten im Tattersall am Blocksberge. 1. Ueber das Pferd. 2. Ueber die Amazonen. Dem Dienstag-Reitklub im Kieler Tattersall gewidmet v. Wilhelm Jungclaussen. Kiel. 1895. 8°

De Campio et Buchsenschützio Xenophontis Hellenicorum interpretibus. Scripsit Wilhelm Theodor Jungclaussen. Meldorf. 1862. 4°. Gymn.-Progr.

Jungclaussen, Wilh. Thdr., zur Chronologie der Gedichte des Quintus Valerius Catullus. Itzehoe 857. Nusser in Comm. gr. 4. (28 S.) n. 10 ngr.

Jungclaussen, W(ilh.) Th(eod.), Leitfaden für den ersten Unterricht in der Geographie. gr. 8. (27 S.) Kiel 853, Akademische Buchhandlung. *

⊙ Quaestio syntactica de Taciteі sermonis proprietate in usurpandis verbi temporibus modis participiis. Von Wilhelm Theodor Jungclaussen. Kiel. 1848. 4°. Gymn.-Progr.

Jungclaussen, Wilh. Thdr., Questio syntactica de Tacitei sermonis proprietate in usurpandis verbi temporibus modis participiis. 4maj. (IV und 44 S.) Kiliae 848, Schröder et socii. *.

Jungclaussen, W. Th., Rede zur Säcularfeier Schillers. Gehalten am 10. Novbr. 1859 in der Aula des neuen Schulgebäudes der Gelehrtenschule zu Meldorf. Heide 859. Pauly. gr. 4. (8 S.) 6 ngr.

Jungclaussen, Wilh. Thdr., die Revision unserer Gelehrtenschulen seit der Verbindung mit Preussen. Rede zur Gymnasial-Feier am Geburtstage des Königs gehalten. gr. 8. (15 S.) Flensburg 868, Herzbruch. [Westphalen.] *

Jungdeutschland. Eine Schrift für alle reichsfeindl. Söhne des Vaterlandes. Mit zahlreichen statist. Nachweisen und Berechnungen von Arminius. gr. 8. (27 S.) Leipzig 887, Werther. *

Jung-Deutschland. Hrsgbr.: Alex. Wald. 1. Jahrg. Juni—Dezbr. 1892. 14 Nrn. gr. 4. (à Nr. ca. 100 S. m. Illustr.) Lpz., (Rust). v. Juni—Septbr. * 1 60; v. Octbr.—Dezbr. * 1 20; * 2 80
Nicht weiter erschienen.

Jung-Deutschland. Hrsg.: Alex. Wald. 1. Jahrg. Juni 1892—Mai 1893. 12 Nrn. (à ca. 2 Bog.) gr. 4. Leipzig, (C. Rust). n. 4. 80

Jung-Deutschland. Neue Folge des: „Liebetraut". Von deutscher Art u. Kunst. Hrsg. v. Max Beyer. April—Septbr. 1900. 6 Nrn. gr. 8. (à ca. 18 S.) Eberswalde, S. Dyck. n. 2. —
Vergl.: Stimmen der Gegenwart.

Jung-Deutschland. Der deutschen Jugend v. deutschen Erziehern. Jugendzeitung. Hrsg. unter verantwortl. Leitg. v. Langner. 1. Jahrg. April—Dezbr. 1905. 39 Nrn. (à ca. 8 S. m. Abbildgn.) gr. 4. Breslau, P. Förster. Postfrei n.n. 2. 88

— dasselbe, verbunden m. „Der Gymnasiast". Halbmonatsschrift zur Einführg. in das Leben der Gegenwart, unter Mitwirkg. v. G. Burckhardt, Erdm. Langner, M. Saupe hrsg. 2. Jahrg. April 1906—März 1907. 24 Nrn. (à ca. 12 S. m. Abbildgn.) 4. Altenburg, R. Fuchs. n. 4. —
A. u. d. T.: Gymnasiast, der, verb. m. „Jung-Deutschland".

— verbunden m. „Der Gymnasiast", Fortsetzg., s.: Gymnasiast, der, verbunden m. „Jung-Deutschland".

Jung-Deutschland. Ein Blatt f. die deutsche Kinderwelt. Red.: Th. Brandin. 1.—3. Jahrg. 1908—1910. à 52 Nrn. (à 4 S. m. Abbildgn.) gr. 8. Berlin, Schriftenvertriebsanstalt. à Jahrg. — 60

— Eine illustr. Zeitschrift f. die deutsche Jugend. Organ der evangel. Jugendvereine Deutschlands. Red.: Wilh. Dröner. 15.—17. Jahrg. 1908—1910. 52, 52 u. 24 Nrn. (208, 208 u. 384 S.) Lex. 8. Barmen, Westdeutsch. Jünglingsbund. à Jahrg nn 1. 80
Vergl.: Für unsere Jungen.

— Lesebuch f. höh. Lehranstalten. Bearb. u. hrsg. v. Herm. Kasten u. Karl Schmidt. A. Unterklassen: Sexta bis Quarta. Mit 1 Kunstbeilage von Fritz v. Uhde. (VIII, 590 S.) 8. Leipzig 910. F. Brandstetter. 2.70; geb. in Leinw. n 3. 20

— Lüben u. Nackes Lesebuch f. die Vorschulen höh. Lehranstalten. Bearb. u. hrsg. v. Herm. Kasten u. Karl Schmidt. Mit 1 Kunstbeilage v. Hans Thoma. (VIII, 422 S.) 8. Ebd. 910. 2.—; geb. in Leinw. n 2. 50

—— im Buchhandel. Neues Fach- u. Lehrblatt f. die deutsche Gehilfenschaft im Buchhandel u. in den verwandten Handelsfächern. 1. Jahrg. Juni–Dezbr. 1892. 17 Nrn. (Bog. m. Abbildgn.) gr. 4. Berl., Heichen. Juni—Septbr. (4 Nrn.) ** — 40; Oktbr.—Dezbr. ** 1 —; ** 1 40

— im Buchhandel. Neues Fach- u. Lehrblatt f. die deutsche Gehilfenschaft im Buchhandel u. in den verwandten Handelsfächern. 1. Jahrg. Juni 1892—Mai 1893. 52 Nrn. (Bog.) gr. 4. [Berlin, P. Heichen.] Frankfurt a/O., Th. Heinrich. n.n. 4. —

— in Heimat u. Fremde. Zur Unterhaltg. u. Belehrg. f. die Jugend hrsg. v. Heinr. Beckey. (VIII, 312 S. m. Abb. u. Titelbild.) gr. 8. Lengerich (909). Bischof & Klein. Geb. in Leinw. 3. 50

Jung-Deutschland und Jung-Elsaß
① Halbmonatschrift für Dichtkunst, Kritik und modernes Leben. Halbmonatsschrift für Dichtkunst und Kritik (1.2.1896) ② Jung-Deutschland und Jung-Schweizerland (15.2.1897) ⑤ 1893—1897 ⑥ 4° ⑦ Halbmonatsschrift (aber viele Doppelnummern) ⑧ Kaiserslautern: Ph. Rohr (Inh. Emil Rohr) (1895—15. 9. 1896); Basel: Emil Birkhäuser (20. 12. 1896). Nachher wird kein Drucker mehr genannt ⑨ G. L. Kattentidt, Verleger, Basel und A. Fahlbusch, Zürich (seit 1897) ⑩ G. L. Kattentidt ⑪ literarische Zeitschrift ⑫ Bi: U (unvollständig) ⑬ BGSZ 12 erwähnt auf S. 292 eine weitere Zeitschrift »Jung-Schweizerland und Jung-Deutschland« - Separatausgabe von Jung-Deutschland und Jung-Elsaß, erste Nummer am 1. 7. 1895. Es handelt sich wohl aber um die Titeländerung (v. sub 2).

— u. Jung-Elsaß. Halbmonatsschrift f. Dichtkunst, Kritik u. modernes Leben. 2. Bd. Juli—Decbr. 1893. 12 Nrn. (2 Bog.) gr. 4. Straßburg, G. L. Kattentidt. n. 3. —

— — dasselbe. 3. u. 4. Bd. Jahrg. 1894. 24 Nrn. (2 Bog.) gr. 4. Ebd. n. 6. —

Jung-Deutschland u. Jung-Elsaß. Halbmonatsschrift f. Dichtkunst, Kritik u. modernes Leben. 3. u. 4. Jahrg. 1895—1896. à 24 Nrn. (à ca. 2 Bog.) gr. 4. Straßburg. Basel, G. L. Kattentidt. à Jahrg. n. 6. —

Jung-Deutschland u. **Jung-Elsass.** Halbmonatsschrift für Dichtkunst, Kritik u. modernes Leben. 5. Jahrg. 1897. In-4°. Basel, G. L. Kattentidt. Halbjährlich 4 —

Jung-Deutschland und Jung-Schweizerland
v. Jung-Deutschland und Jung-Elsaß.

Jung-Deutschlands Flotten- u. Kolonial-Kalender 1910. (80 S. m. Abbildgn.) kl. 8. Würzburg, H. Stürtz. — 20

Jung-Deutschland's Musenalmanach. Hrsg. v. der Red. der Halbmonatsschrift f. Dichtkunst, Kritik u. modernes Leben Jung-Deutschland u. Jung-Elsaß. 1. Jahrg. 1894. 12. (XIII, 205 S. m. Bildnis.) Straßburg, G. L. Kattentidt. n. 2. —; geb. n. 3. —

Jung-Deutschland's Musenalmanach. Hrsg. v. d. Red. d. Halbmonatsschrift f. Dichtkunst, Kritik u. modernes Leben Jung-Deutschland u. Jung-Elsaß. 2. u. 3. Jahrg. 1895 u. 1896. 12. (XVI, 294 u. V, 271 S. m. je 1 Bildn.) Ebd. à n. 2. —; geb. n. 3. —

— dasselbe. 4. Jahrg., s.: Musen-Almanach, neuer.

Jung-Deutschland's ausgewählte Volkslieder. Dem deutschen Jugendbund gewidmet. gr. 8. (15 S.) Berl. 892, Dewald. — 10

Junge, der. Illustrirte Jugend-Zeitg. Red.: Max. Staub. Dezbr. 1901—Novbr. 1902. 12 Hfte. Lex.-8. (à ca. 12 S. m. Farbdr.) Berlin, L. Traube. n. 8. —

Junge, der. Illustr. Jugend-Zeitg. Schriftleitung: Helene Sarner. 5. Jahrg. 1906. 12 Hefte. (à ca. 12 S. m. Abb. u. Taf.) Lex.-8. Berlin, Jugendschriften-Verl. H. Sarner. n. 3. —

Junge, der. Illustr. Jugend-Zeitg. Schriftleitung: Helene Sarner. 6. Jahrg. 1907. 12 Hefte. (à ca. 24 S. m. Abb.) Lex. 8. Berlin, O. Dreyer. 3. —

Junge, der dumme, von Meißen. 8. Neuburg, (Joachim in Leipz.) 805.

Junge, ein lieber. Frei nach dem Engl. von M. Karstens. 8. (225 S.) Basel 883, Schneider. cart. *

Junge, ein lieber. Frei nach dem Engl. v. M. Karstens. 2. Aufl. 8. (III, 196 S.) Basel 890. Geering. n. 1. 60; geb. n. 2. 40

Junge, ein lieber. Frei nach d. Engl. v. M. Karstens. 2. Aufl. 8. (III, 196 S.) Basel 891, Geering. * 1 60; geb. * 2 40

— u. Mädchen. Illustr. Jugend-Ztg. Schriftleitg.: Helene Sarner. 5. Jahrg. 1906. 12 Hefte. (à ca. 12 S. m. Abbildgn. u. Taf.) Lex.-8. Ebd. n. 3. —
Erscheint nicht mehr.

— u. Mädchen. Illustr. Jugend-Zeitg. Schriftleitg.: Helene Sarner. 7. Jahrg. 1908. 12 Hefte. (à ca. 12 S. m. Abb. u. Taf.) Lex. 8. Ebd. 3. —
Fortsetzg., s.: Hans u. Grete.

Junge, Gesetze und Verordnungen für die Polizeiverwaltung und Strafrechtspflege, s. Held.

Junge: Sammlung der im Regierungs-Bezirk Frankfurt a. Oder gültigen Ministerial-, Ober-Präsidial- und Regierungs-Polizei-Verordnungen. Frankfurt a. O. 1892.

Junge, die Unterstützungs-Anstalt für nothleidende Aerzte in ihrer Beziehung zur ärztl. Association und Reform. gr. 8. (32 S.) Breslau 850, (Trewendt und Granier.) *

Junge, Zusammenstellung der von der königl. Regierung in Frankfurt a. O. erlassenen Polizei-Verordnungen. gr. 8. (XVII, 197 S.) Frankfurt a. O. 874, (Harnecker und Comp.) ** 3 —

Die Ruderal- und Baggerflora hiesiger (der Hamburger) Gegend A. Junge. Hamburg. 1891. Separat-Abdruck aus Bd. 7 der Verhandlungen des Vereins für naturwissenschaftl. Unterhaltung zu Hamburg. 8°.

Junge, A., s.: Verhandlungen d. Vereins f. naturwissenschaftl. Unterhaltg. zu Hamburg.

Junge, Adolf, a. Hameln: Über Gerichtsbeamte und Gerichtsverhältnisse in der Litteratur des alten Frankreichs. Hameln 1906: C. W. Niemeyer. (XII, 124 S.) 8°
Göttingen, Phil. Fak., Ref. Stimming, Diss. v. 30. Okt. 1906
[Geb. 15. Febr. 84 Hameln; Wohnort: Hameln; Staatsangeh.: Preußen; Vorbildung: Gymn. Hameln Reife O. 02; Studium: Göttingen 3, Berlin 1, Göttingen 4 S.; Rig. 3. Mai 06.]

Junge, Alfr. Die Vorgeschichte der Stenographie in Deutschland während d. 17. u. 18. Jahrh., s. Handbibliothek der stenographischen Wissenschaft.

Junge, August

Junge, A. Beschreibung eines neuen Messtisches. Freiberg. 1860.

Junge, Aug., Schiffs-Collisionen auf See u. auf den m. der See in Verbindung stehenden Gewässern. Instruction der Rhoder an die Capitaine, betr. Verhalten der Schiffsführer vor u. nach erfolgter Collision. 3. unveränd. Aufl. gr. 4. (VI, 64 S.) Hamburg 900. L. Friederichsen & Co. Kart. n. 10. —

Junge, Aug, Schiffs-Kollisionen auf See u. auf den m. der See in Verbindung stehenden Gewässern. Instruktion der Reeder an die Kapitäne, betr. Verhalten der Schiffsführer vor u. nach erfolgter Kollision. 4., verb. Aufl. (VIII, 68 S.) Lex.-8. Hamburg 906. L. Friederichsen & Co. Kart. n. 10. —

Junge, Aug., Tafel der wirklichen Länge der Sinus und Cosinus für den Radius 1000000 und für alle Winkel des ersten Quadranten von 10 zu 10 Secunden für Markscheider, Geometer, Eisenbahningenieure etc. insbesond. für Diejenigen, welche bei trigonometr. Berechnungen die Thomas'sche Rechenmaschine benutzen. Fol. (III und 90 S.) Leipzig 864, Felix.

Junge, Aug., welche Karten sind schon heraus? Wieviel Augen zählen die Stiche? rc. Skat-Hilfsverfahren. 8. (8 S.) Bromberg 892. O. Hertel. — 80

Die Macht des Maurerliedes. Unserm Br.·. J. C. Weisser aus Liebe und Dankbarkeit gewidmet von C. W. **Jungé**. Im Juni 5858. [Frankfurt a. M.: 1858.] 2 Bl. 8° [Umschlagtit.]
Gedicht: „Kennt ihr das Lied, das herrlich tönet . . .“

Junge, C. Gl., gottesdienstl. Handlungen. gr. 8. Ebend. 799.

— Versuch einer neuen Liturgie. 2 Thle. gr. 8. Ebend. 799.

Junge, Chr. Gbd., D. de duratione poenarum infern. recentioris auct. sententiam expendens. Alt. 782. 4.

Junge, Chr. Gbd., de poenarum divinarum vi emendatrice. Alt. 782. 4.

Junge, Christian Gottfried

Junge, C. Gf., christl. Andachten z. Vorbereit. u. Feyer des heil. Abendmahls. 8. Nrnb. Endter. 792.

Junge, Christian Gottfried (Hrsg.). s. Aufsätze, Philosophische und theologische.

Junge, Chr. Gf., († d. 27. März 1814.) Entwurf e. ABC- u. Lesebuchs. 8. Altd. 787. N. A. 8. Nürnb. 791. 3e A. 827. Endter. 8 gl

Junge, C. G., Lehren u. Vorschriften d. christl. Religion, zum Unterricht d. Jugend. 8. Nürnb. Monath u. Kußler. 812.

Junge, Chr. Gf., Lehren und Vorschriften der christl. Religion zum Unterricht d. Jugend, mit einer kurzen Religionsgeschichte, den kleinen Katechismus Luthers u. einigen Schulgebeten. 4e Aufl. 8. Nürnberg 834. Recknagel. 3/8 Rthlr

— Lesebuch f. Kinder. 8. Nürnb. Monath u. Kußler. 787.

(Junge, Chr. Gottfr.) Standrede bey dem Grabe des Herrn Generals Hermann Hieronymus Pez v. Lichtenhof. fol. Nürnberg 1791.

Junge, E., Anleitung f. die Wert- u. Rentabilitätsberechnung der Obstkulturen, s.: Christ.

— die Gemüseverwertung im Haushalt. (VII, 121 S. m. 43 Abbildgn.) 8. Wiesbaden (906). R. Bechtold & Co. n. 1. 50

Junge, E., Obsteinkochbüchlein, s.: Mertens, R.

— Zeitfragen im Obstbau. Eine kleine Sammlg. v. Vorträgen üb. Obstbau u. Obstabsatz f. Obstzüchter u. Gartenbesitzer. Mit 27 Bepflanzungsplänen im Text. (VI, 111 S.) 8. Wiesbaden (910). R. Bechtold & Co. 1. 80

Junge, E. F.

Ders. Aphorismen aus d. Gesch. d. Astronomie d. Alten. 1. Abth. 22 S.
Zeitz, Progr. 1836

Junge, E. F. Aphorismen aus der Geschichte der griechischen Astronomie vor Aristarchos aus Samos. 24 S. nebst 4 Taf. . . . .
Zeitz, Progr. 1830

Junge, E. F., d. Spirale des Archimedes in analytisch-geometr. Darstellung. 4. Zeitz 826. (Webel). ...

Junge, Ernestus Fridericus: Cycloidis expositio analytico-geometrica.
Halle-Wittenberg. Phil. Diss. v. 13. Dez. 1820
Geb. [Dornburg (Kr. Zerbst) 27. 11. 1796]
Ms. fehlt.

Junge, Ferd. Julius Ern. (geb. Berlin 16. 8. 1837): De partu praematuro artificiali. Berolini (1860). (32 S.) 8°
Berlin, Med. Diss. v. 26. März 1860

Junge, Fr. Zur Rede des Kleon (Thucydides III, 37—40). 19 S. Progr. G. *Altenburg* 1879.

Junge, Fr., das Wiedersehen nach dem Tode, od. was hat der Mensch nach seinem Tode zu erwarten? Der Seele ewiges Leben, deren Wiedervereinigung m. unsern Lieben, Ort, Zeit u. Beschaffenheit ihrer Fortdauer nach dem Tode, m. d. Gründen der Vernunft u. Schrift beleuchtet. 16. (4 B.) Bautzen 842, Reichel.

Junge, Franz Erich: Die rationelle Auswertung der Kohlen als Grundlage für die Entwicklung der nationalen Industrie. Berlin: Springer 1908. 91 S. 8° ¶ (Ersch. auch als Buch ebd. 1909.)
Erlangen, Phil. Diss. v. 14. Dez. 1908, Ref. v. Eheberg
[Geb. 12. Jan. 77 Bunzlau; Wohnort: New York; Staatsangeh.: Preußen; Vorbildung: Friedrichs-Wendersche Oberrealsch. Berlin Reife O. 98; Studium: Berlin Techn. Hochsch. 7, Erlangen 2 S.; Rig. 15. Juli 08.] [U 09. 834

— Amerikanische Wirtschaftspolitik. Ihre ökonom. Grundlagen, ihre sozialen Wirkgn. u. ihre Lehren f. die deutsche Volkswirtschaft. (VII, 801 S.) gr. 8. Ebd. 910. 7. —

Junge, Frdr., Abriss der allgem. Weltgeschichte, s.: Müller, Dav

Junge, Frdr., Beiträge zur Methodik d. naturkundlichen Unterrichts in Abhandlungen u. Beispielen. 2., verm. Aufl. gr. 8. (VIII, 136 S.) Langensalza 894. H. Beyer & Söhne n. 1. 50

Junge, Frdr., Beiträge zur Methodik d. naturkundl. Unterrichts in Abhandlgn. u. Beispielen. 3., verm. Aufl. gr. 8. (VIII, 182 S.) Langensalza 898. H. Beyer & Söhne. n. 1. 80

Junge, Frdr., Beiträge zur Methodik des naturkundlichen Unterrichts in Abhandlungen u. Beispielen. 4., verm. u. verb. Aufl. (VIII, 238 S.) gr. 8. Langensalza 904. H. Beyer & Söhne. n. 2. 80

Junge, Friedrich [Dir. Prof. Dr.]: Berechtigungen des Realgymnasiums. Magdeburg, Druck v. E. Baensch jun., 1893; 56-57 S. 4.
Magdeburg, RG, OP 1893 (266)

Junge, Friedrich [Dir. Prof. Dr.]: *Bericht über die Feier des 75jährigen Bestehens der Anstalt.* Magdeburg, Druck v. E. Baensch jun., 1895; 50—51 S. 4.
Magdeburg, RG, OP 1895 (266)

— alte Geschichte,
— Geschichte d. deutschen Volkes. f.: Müller, Dav.

Junge, Friedr. (I.), Geschichtsrepetitionen für die oberen Klassen höherer Lehranstalten. 8. (VI, 126 S.) Berlin 885, Vahlen. cart. *

Junge, Friedr. (I.). Geschichtsrepetitionen f. d. ober. Klassen höherer Lehranstalten. 2. verb. Aufl. 8. (VIII, 128 S.) Berl. 892, Vahlen. cart. * 1 20

— Geschichtsrepetitionen f. die oberen Klassen höherer Lehranstalten. 2., verb. Aufl. 8. (VII, 128 S.) Berlin 893. F. Vahlen. Kart. n. 1. 20

— Geschichtsrepetitionen f. d. ob. Klassen höherer Lehranstalten. 3., verb. Aufl. 8. (VI, 128 S.) Berlin 898. F. Vahlen. Kart. n. 1. 20

Junge, Frdr., Geschichtsrepetitionen f. die oberen Klassen höh. Lehranstalten. 4., verb. Aufl., besorgt von Rud. Lange. (VII, 133 S.) 8. Berlin 904. F. Vahlen. Kart. n. 1. 40

— der Geschichtsunterricht auf Gymnasien u. Realgymnasien nach den preussischen Verordnungen vom 31. März 1882. Ein erweitertes Vorwort zu Dav. Müllers Geschichtsbüchern f. Lehrer der Geschichte. gr. 8. (38 S.) Ebend. 886. n. — 75

— der Geschichtsunterricht auf den höheren Schulen nach den Lehrplänen vom 6. Jan. 1892. Ein Nachtrag zu dem erweit. Vorwort zu Dav. Müllers Geschichtsbüchern v. 1886 f. Lehrer der Geschichte. gr. 8. (28 S.) Ebd. 892. n. — 50

— Leitfaden zur Geschichte des deutschen Volkes, f.a. Müller, Dav.

Junge, F., Leitfaden f. den Geschichtsunterricht in den oberen Klassen höherer Töchterschulen. Bearb. m. Benutzung v. Dav. Müller's Leitfaden zur deutschen Geschichte. Mit 9 geschichtl. Karten u. 5 Bildertaf. zur Kunstgeschichte. gr. 8. (XIV, 224 S.) Berlin 889. Vahlen. geb. n. 3. —

— **Leitfaden f. den Geschichtsunterricht in höheren Bürger- u. Mädchen-Schulen.** Bearb. unter Benutzg. v. Dav. Müllers Leitfaden zur deutschen Geschichte. Mit 9 geschichtl. Karten u. 5 Bildertaf. zur Kunstgeschichte. 2. (Titel-)Ausg. gr. 8. (XIV, 224 S.) Berlin 891. F. Vahlen. Geb. in Leinw. n. 3. —

— Leitfaden f. den Geschichtsunterricht in höh. Bürger- u. Mädchenschulen, bearb. m. Benutzg. v. Dav. Müllers Leitfaden zur deutschen Geschichte. 3., verb. Aufl., besorgt v. Rud. Lange. Mit 9 geschichtl. Karten u. 5 Bildertaf. zur Kunstgeschichte. gr. 8. (XVI, 233 S.) Berlin 900. F. Vahlen. Geb. in Leinw. n. 3. —

Junge, Frdr., Leitfaden f. den Geschichtsunterricht in Real-, höh. Bürger- u. Mädchenschulen, bearb. m. Benutzg. v. Dav. Müllers Leitfaden zur deutschen Geschichte. 4., verb. Aufl., besorgt v. Rud. Lange. Mit 9 geschichtl. Karten u. 5 Bildertaf. zur Kunstgeschichte. (XVIII, 284 S.) 8. Berlin 907. F. Vahlen. Geb. 3. —

Junge, Friedr., Martin Luther. Sein Leben, dem deutschen Volke erzählt. 1.—3. Aufl. 8. (VIII, 164 S. mit Bildnissen und Facs.) Berlin 883, Siemenroth. geb. *

— Martin Luther. Sein Leben, d. deutschen Volke erz. Mit Bildnissen u. Fcsm. 4. Aufl. (11.—15. Tausend.) 8. (VIII, 162 S.) Berlin 898. Siemenroth & Troschel. Geb. in Leinw. n. 1. 25

— s. Müller, Dav., Geschichte des deutschen Volkes. — Leitfaden zur Geschichte des deutschen Volkes.

Junge, Friedr. (II.), Naturgeschichte in der Volksschule. I. Der Dorfteich als Lebensgemeinschaft, nebst einer Abhandlung über Ziel und Verfahren des naturgeschichtl. Unterrichts. gr. 8. (XII, 250 S.) Kiel 885, Lipsius und Tischer. *
geb. *

Junge, Friedr. (II.). Naturgeschichte in der Volksschule. I. u. II. gr. 8. Kiel 891, Lipsius u. Tischer. * 5 80; geb. * 7 —
1. Der Dorfteich als Lebensgemeinschaft, nebst e. Abhandlg. über Ziel u. Verfahren d. naturgeschichtl. Unterrichts. 2. verb. u. verm. Aufl. (XV, 256 S.) * 2 80; geb. * 3 40.
2. Die Kulturwesen der deutschen Heimat, nebst ihren Freunden u. Feinden, e. Lebensgemeinschaft um den Menschen. 1. Die Pflanzenwelt. (XVI, 371 S.) * 3 —; geb. * 3 60.

— Naturgeschichte. I u. III. Lex.-8. Kiel, Lipsius & Tischer. n. 4. —; geb. n. 5. 60
I. Der Dorfteich als Lebensgemeinschaft, nebst e. Abhandlung über Ziel u. Verfahren des naturgeschichtl. Unterrichts. 3. verb. u. verm. Aufl. (11.—16. Tauf.), m. 1 Titelbild, 1 Portr. u. 91 Abbildgn. im Text. Hrsg. v. Ads. u. Otto Junge. (XXIV, 291 S.) 907. n. 2. 80; geb. n. 3. 60
III. Die Urwesen. Eine Einführg. in das Leben auf kleinstem Raum. (IX, 70 S. m. 26 Abbildgn. u. Bildnis.) 905. n. 1. 20; geb. n. 2. —
II, 2 ist noch nicht erschienen.

Junge, Fridericus: De Ciliciae Romanorum provinciae origine ac primordiis. Halae 1869: (Tragmann in Torgau). 34 S. 8°
Halle-Wittenberg, Phil. Diss. v. 20. [vielmehr: 24.] Febr. 1869
Geb. Torgau 30. 3. 1847. V.
Im Buchhandel Berlin: Calvary 1869. III, 56 S. 8°

Junge, Frider., de Ciliciae Romanorum provinciae origine ac primordiis. Berlin 869. (Calvary & Co.) gr. 8. (III, 56 S.) n. 16 ngr.

Junge, Friedrich [Prof. Dr., Dir.]: Quellen und Hilfsmittel zur deutschen Geschichte. E. Ergänzg zu David Müllers Gesch. d. deutschen Volkes. Magdeburg, Druck v. E. Baensch jun., 1893; 1 Bl., 24 S. 4.
Magdeburg, RG, OP 1893 (266)

Junge, Prof. Dr. Friedrich, Director d. Realgymnasiums zu Magdeburg. Quellen und Hilfsmittel zur deutschen Geschichte. Eine Ergänzung zu David Muller's Geschichte des deutschen Volkes
8. Berlin 1903.

Die Urwesen. Eine Einführung in d. Leben auf kleinstem Raum von Friedrich **Junge**, weil. Rektor. Mit 26 Abb. u. 1 Portr. (Vorr.: Otto Junge, Oberl.) Kiel & Leipzig: Lipsius & Tischer 1905. (XII, 70 S.) 8° [5.]
= **Junge**, Friedrich: Naturgeschichte. 3. [05. 9877] 8

Zur Klarstellung des Sachverhalts erlaubt sich der Unterzeichnete den nach stenographischen Aufzeichnungen ausgeführten Bericht über die Verhandlungen des Schöffengerichts zu Uetersen am 17. Februar 1898 zu veröffentlichen. Elmshorn, den 25. Februar 1898. **G. Junge.** Elmshorn. (1898.) 8°

Junge, Gustav

Junge, G., wann haben die Griechen das Irrationale entdeckt? (44 S. m. 4 Fig.) gr. 8. Halle 907. Buchh. des Waisenhauses. 1. —
Sonderabdr. a.: „Novae symbolae Joachimicae".

Junge, des alten Jäger Heinr., Sympathie- und Naturheilmittel. Ein Hausarzt in der Stadt und auf dem Lande oder schneller Rath und sichere Hülfe bei vielen vorkomm. Krankheiten und Unglücksfällen, namentlich für Solche, welche zu entfernt von der Stadt wohnen und daher auf die Hülfe des Arztes und der Apotheke immer erst spät zu hoffen haben, enth. 280 Krankheiten mit mehr als 1250 Heilmitteln, mit welchen man solche schnell und sicher, theils durch bloße Haus- und Sympathiemittel, theils durch die einfachsten und überall zu findenden Kräuter und Gartenpflanzen curiren kann rc. gr. 8. (XII und 200 S.) Potsdam 867, Döring.

Junge, des alten Jäger Heinrich, Sympathie- und Naturheilmittel. Ein Hausarzt in der Stadt und auf dem Lande, oder schneller Rath und sichere Hülfe bei vielen vorkomm. Krankheiten und Unglücksfällen rc. enth. 280 Krankheiten mit mehr als 1250 Heilmitteln, mit denen man solche schnell und sicher, theils durch bloße Haus- und Sympathiemittel, theils durch die einfachsten, Kräuter und Gartenpflanzen kuriren kann, rc. 2. Aufl. 1868, und 3. Aufl. gr. 8. (XII, 200 S.) Potsdam 870, Döring.

— **Heinrich Anton** (Hamburg), De simulatione. Diss. jur. Präs. Heinrich Cocceji. Frankfurt a. O. (Christoph Zeitler) 7. XII. 1693. 20 Bl. (6.50) 17189
Gew.: Weipert Ludwig Fabricius.

— — Dasselbe. Frankfurt a. O. (Christoph Zeitler) 1714. 20 Bl. (6.50) 17190

Junge, Herm., Wilhelm Raabe, s. a. Schriften der literarhistorischen Gesellschaft Bonn. IX.

Junge, Hermann: Wilhelm Raabes Komposition und Technik. Dortmund 1910: Ruhfus. 64 S. 8° ¶ (Ersch. vollst. u. d. T.: Wilhelm Raabe, Stud. üb. Form u. Inhalt s. Werke, als: Schriften d. Literarhistor. Ges. Bonn. H. 9.)
Bonn, Phil. Diss. v. 27. Juli 1910, Ref. Litzmann
[Geb. 31. März 84 Hamburg; Wohnort: Hamburg; Staatsangeh.: Preußen; Vorbildung: Gymn. Wandsbek Reife O. 03; Studium: Erlangen 3, Marburg 3, Kiel 1, Bonn 5 S.; Rig. 6. Juli 10.] [U 10. 389

Junge, Hugo, wirrer Schaum. Gedichte. (80 S.) kl. 8. Strassburg 905. J. Singer. n. 2. —

Junge, J. F., capita nonnulla doctrinae de mutatione fidei commissor. familiae. 4. Nürnb. 798. Monath u. K. 4 kr

— **Johann Friedrich Christ.** (Nürnberg), Criticam disquisitionem virium vitalium. Diss. med. Altdorf (Johann Paul Meyer) 28. VII. 1796. 30 S. (6.—) 17191

Iunge, I. F. C., critica virium vital. disquisitio. 4. ibid. (et. Lechner.) 796.

Junge, J. F. C., critica virium vitalium disquisitio. 4. Nürnb. 796. Monath u. K. 4 kr

Junge, Jh. Gf., neues Agendbuch für d. Nürnb. Kirchendiener. 8. Nürnb. 801.

— christl. Andachten zur Vorbereit. u. Feier d. heil. Abendmahls. 8. Nürnb. 792. Endter. 8 kr

— s. Aufsätze, Philosoph. u. theolog.

— s. Döderlein, J. E.: Summa etc. u. Religionsunterricht.

— Einsegnungsrede bei d. frühen Grabe Joh. G. Mart. Friedhofs, stud. Med. aus Petersburg. 8. Nürnb. 794. Monath u. K. 1½ kr

— u. G. C. Waldau, Feiertagspredigten. 4. Nürnb. 781.

— gottesdienstl. Handlungen bei Taufe u. Abendmahl. gr. 8. Nürnb. 799. Monath u. K. 9 kr

— Lehren u. Vorschriften d. christl. Religion, zum Unterricht d. Jugend. 8. Nürnb. 812. Monath u. K. 9 kr

— Lesebuch für Kinder, die schon lesen können. 8. Nürnb. 787. Monath u. K. 4 kr

— s. Melon, Abhandl.

— s. Schauplatz, Neuer, d. Natur. 3 Thle.

— s. Uebersicht d. Entwickelung menschl. Kräfte.

— Versuch e. neuen Liturgie, oder Samml. von Gebeten u. Anreden. 2 Thle. gr. 8. Nürnb. 793. Monath u. K. 1 fl 8 kr

— s. Wissenschaft, Die gründl.

Jünge, Karl Ferd., Beitrag z. prakt. Erklär. d. Neuen Testaments, aus d. Predigten u. mit e. Vorr. d. Hrn. Chrstph. Fr. v. Ammon rc., gesammelt. gr. 8. (31 B.) Leipzig 837, [Kirchner.]

Junge, Karl Wilh., Nachklänge. Aus den hinterlassenen Papieren bearb. u. hrsg. v. Otto Hüttig. gr. 8. (236 S.) Breslau 874. Trewendt. 5. 25

Karl Wilhelm Junge

Carolus Guilielmus Junge: De Pseudoplasmatum in c. h. obviorum natura et indole. Erlangae 1822: Junge. 36 S. 4

Erlangen, Med. Diss. v. 15. Febr. 1822

Jungo, Kurt: Ueber die magnetischen **Kraftlinien Faradays.** *Leipzig 1900: A. Edelmann.* (S. 1—32.) 4°
Leipzig, k. G, OP 1900 (577)

Junge, Kurt, üb. d. magnetischen Kraftlinien Faradays. Progr. gr. 4. (82 S.) Leipzig 900. (J. C. Hinrichs' Verl.) n. 1. 20

Junge, Mt. Hnr., Anreden bei d. Confirmationshandlung 1789, 91. 8. Dresd. 798. Gerlach. 5 kr (Walther). 2 kr

— — dies. 1790. gr. 8. Dresd. Walther.

— würdige Feier des wieder hergestellten Friedens, eine Predigt. 8. Dresd. 807. Walther. 3 kr

— Predigt am 8. Sonnt. nach Trinit. 1799. gr. 8. Dresd. 799. Walther. 3 gr

— Predigten über d. weise Benehmen bei den Klagen böser Zeiten. 8. Dresd. 800. Walther. 16 gr

Junge, Otto, Schmeils „wissenschaftliche Beleuchtung" der Jungeschen Reformbestrebungen um einige Normalkerzen verstärkt. (10 S.) gr. 8. Kiel 907. Lipsius & Tischer. — 30

Junge, Otto, Friedrich Junge, s. Magazin, pädagog.

Friedrich Junge. Ein Lebensbild. Von Otto Junge, Oberl. Langensalza: H. Beyer & Söhne 1905. (16 S.) 8°
— Magazin, Pädagogisches. 11. 268. 06. 6039 3

Junge, P., s.: Acker, der.

Junge, P., u. M. Lamminger, d. neue Firnißblase in ihrer schönsten Wirkung. Ein Anhang zu d. Schrift: Lamminger, über d. Firnißsieden d. Buchdrucker. 8. Nürnb. 820. Stein. 2 gr

Junge, Paul, Alter schützt vor Torheit nicht (Durch List zum Ziel), s.: Vereinstheater.

Junge, P., Beiträge zur Kenntnis der Gefässpflanzen Schleswig-Holsteins. (S. 47—108.) Lex.-8. Hamburg 905. (L. Gräfe & Sillem.) n. 1. 50
Sonderabdruck aus: „Jahrb. d. Hambg. wiss. Anstalten".

— Die Cyperaceae Schleswig-Holsteins einschliesslich des Gebiets der freien u. Hansestädte Hamburg u. Lübeck u. des Fürstent. Lübeck. (S. 125—277 m. 74 Abbildgn.) Lex. 8. Hamburg 908. (L. Gräfe & Sillem.) 4.—
Sonderabdr. aus: „Jahrb. d. hamburg. wissenschaftl. Anstalten".

Die Pteridophyten Schleswig-Holsteins einschließlich des Gebiets der Freien und Hansestädte Hamburg (nördlich der Elbe) und Lübeck und des Fürstentums Lübeck v. P. Junge. Mit 21 Textabb. Aus dem Jahrbuch der Hamburgischen Wissenschaftlichen Anstalten. 27. 1909. Hamburg. 1910. 4°

— Schul- u. Exkursionsflora v. Hamburg-Altona-Harburg u. Umgegend. Mit 89 Textabb. in 67 Fig. (XII, 286 S.) 8. Ebd. 909. Geb. in Leinw. 4. —

Junge, Rudolf, aus Berlin, Unterarzt im 2. Bad. Feldart.-Reg. No 30: Aus d. chirurg. Abt. d. St. Hedwigskrankenhauses zu Berlin. Dirigierender Arzt: Prof. Dr. Rotter. Ein seltener Fall von Uretercyste. *Berlin (1904): G. Schade.* (35 S.) 8°
Berlin, Med. Diss. v. 19. März 1904

Junge, Valentin

Junge, W., und P. Gudenrath, elementar. Sprachschule f. Kinder in Volksschulen, auch bei d. wechselseit. Schuleinrichtung anwendb. 1. u. 2. Stufe. 8. Itzehoe 835. (Dessau, Auc.) à 1/4 Thlr.
Stufe 1. Lese-, Denk- u. Sprechübungen. (3 B.)
„ 2. Sprechunterricht. (2 1/4 B.)

—— dess. — 3. Stufe: Satzlehre, s. Gudenrath, P.

Junge, W., u. P. Gudenrath, elementarische Sprachschule für Kinder in Volksschulen, auch bei der wechselseitigen Schuleinrichtung anwendbar. 1e Stufe: Lese-, Denk- u. Sprechübungen. 8. Itzehoe 835. (Altona, Aue; auch Kiel, Bunsow.) 1/8 ₰
— 2e Stufe: Sprachunterricht. 8. Ebd. 835. (Ebd.) 1/8 ₰
— 3e Stufe: Satzlehre. 8. Ebd. 837. (Ebd.) 1/8 ₰

Junge, W. Vide: Krug, Leop.

Junge, W., Nachr. über den jetzigen Zustand d. Friedrichs-Waisenhauses in Berlin, s. Leop. Krug.

Junge, Wilhelm, appr. Arzt a. Hackemühlen b. Stade: Ein Fall von Angiosarkom (Perithelom) am Halse bei einem 7 Monate alten Kinde. Kiel 1906: H. Fiencke. (17 S.) 8°
Kiel, Med. Fak., Ref. Helferich, Diss. v. 14. Mai 1906
[Geb. 22. April 75 Hackemühlen b. Stade; Wohnort: Dannenberg a. d. Elbe; Staatsangeh.: Preußen; Vorbildung: Gymn. Göttingen Reife M. 05; Studium: Jena 1, München 2, Rostock 4, Kiel 8 S.; Coll. 1. Juni 06; Approb. 18. Mai 06.]

Jungeblodt, Heinrich [aus Lippstadt]: Aus d. Pharmakolog. Institut d. Univ. Bonn. Über die narkotische Wirkung von Hydroxylamin und Natriumnitrit. . . . Lippstadt, Buchdr. v. E. Hegener, 1889; 25 + 1 S. + 1 Bl. 8°
Bonn, Med. Fak., Inaug.-Diss. v. [28. Jun. 1890]

Jüngel, Karl, a. Telz (Mark): Ueber p-Aminooxydiphenylamine. (Berlin 1908: E. Ebering.) (49 S.) 8°
Berlin, Phil. Fak., Ref. Gabriel, Diss. v. 12. Aug 1908
[Geb. 13. Jan. 84 Telz; Wohnort: Charlottenburg; Staats[illegible] [illegible]ßen. Vorbildung: Friedrichs-Werdersche Oberrealsch. Berlin Reife [illegible] Studium Berlin 2, Freiburg i. B. 1, München 1, Jena 1, Techn. Hochsch. Berlin [illegible] S.; Rig. 23. Juli 08.]

[J.] Jungels, Johann Peter [Dir.]: Abriss der lateinischen Formenlehre. Tl 1. Gross-Glogau, Druck v. C. Flemming, *1893;* 30 S. 8.
Gross-Glogau, k. Kath. G, OP 1893 (187)

Jungels, [Johann Peter]: [Lebensabriss des in den Ruhestand getretenen Direktors Dr. Johannes Oberdick.] *Breslau 1898: R. Nischkowsky.* (S. 20.) 4°
Breslau, k. kath. St. Matthias-G, OP 1898 (187)

Jungels, Johann Peter [Dir.]: *Lebensabriss und Schriften des Professors Dr. Robert Scholz.* Gross-Glogau, Druck v. C. Flemming, *1896;* S. 19. 4.
Gross-Glogau, k. Kath. G, OP 1896 (189)

Jungels, Johann Peter, Dir.: Lehrproben des induktiven Anfangsunterrichtes im Lateinischen. (T. 1.) Breslau 1904: R. Nischkowsky. (S. 1-XXVII.) 4°
Breslau, k. kathol. St. Matthias-G OP 1904 (214)

Jungels, [Johann Peter]: [Professor Dr. Paul Schuster † 9. September 1904.] S. 21—22. 4.
Progr. Kgl. kath. St. Matthias-Gymn. *Breslau* 1905 (214)

„Jungen", die, und die „Alten" in der österreichischen Verfassungspartei. Ein Beitrag zur Orientirung in dem bevorsteh. Wahlkampfe. gr. 8. (86 S.) Leipzig und Berlin 873, Luckhardt'sche Verlagsh. * 1 20

Jungen, die, v. Holzgrün. Eine Erzählg. 8. (IV, 548 S.) Leipzig 892. F. Schneider. n. 5. —; geb. n. 6. —

Jungen, unsere vier. Von der Verf. von: „Ein lieber Junge". Deutsche autoris. Übersetzung von M. Karstens. 8. (176 S.) Hamburg 884, Agentur des Rauhen Hauses. *
geb. *

Jungen, unsere vier. Von d. Verf. v.: „Ein lieber Junge". Deutsche autoris. Übersetzg. v. M. Karstens. 2. Aufl. 8. (234 S.) Hamburg 899. Agentur des Rauhen Hauses. n. 1. 50; geb. in Leinw. n. 2. —

Vollständige Schatzkammer der Hoch-Deutschen Dicht- und Reimkunst, in sich haltend einen Auszug der besten und reinesten Gedichten etc. Von J. Fr. Jungen. Ulm. 1729. 3 Thle. 8o.

Jungendres, Jh. Wlh., († d. 12. Dec. 1767.), s. Advocat, d. redende. — Schleudersteine.

SCHUTZSCHRIFT für das schöne Geschlecht wider folgende lieblose Lehre .... Nun will ich lernen, wie ein Mann ein böses Weib strafen soll .... (von *Johann Wilhelm Jungendres*). O. O. 1753.
Anon.-Lex. IV. p. 58 (nach Will). — Höchst selten!

— s. Tyrolerin. — Zigeunerin.

Jungendres, Seb. Jak., (†d. 16. Mai 1765.), s. Beitrr. zu d. gelehrten Wissensch.

Jungendres, Seb. J., Disquisitio in notas character. libror. a typogr. incunab. ad ann. MD. impressor. Norimb. 740. 4.; »zu 12 gr.

Jungendres, Seb. Jac., Einleit. zur Heraldik für die Jugend in Frag- und Antw. mit Kupf. 8. Nürnb. Monath. 730.

— Kaiserhistorie von Julius Cäsar bis auf Carl VI. 8. Ebend. 733.

Jungendres. Seb. Jac. Memorabilia Gustavi Magni ejusque filiae Christinae, regum Suecorum. 4. Francofurti et Lipsiae 1750.

— de veter. gentil. et Ludaeor. theologia mystica. 4. ibid. 728.

v. Jungenfeld, Frhr. Edm., über d. Pfandrecht an eigner Sache. Eine Probeschrift. Gießen 829.

Jungengel, Max [Dr., Assistenzarzt d. chir. Klinik d. Univ. Würzburg]: Die Hauttransplantation nach Thiersch. M. 2 Taf. (Aus: Verh. d. phys.-med. Ges. zu Würzb. N. F. xxv. Bd.) Würzburg, Stahel, 1891; 2 Bl., 64 S., 2 Taf. 8.
Würzburg, Med. Fak., Inaug.-Diss. v. 1891

JUNGENMÜLLERS Lustige Nach-Comödie, betitult: der verirrte Geist. 12°.
Ohne nähere Angabe in Multif. generis libr. cat. Lips. 1750. p. 662.

Jungens-Streiche. Rüpeleien, Geheimnisse u. Abenteuer unserer Jugend. 1.—72. Bd. (à 32 S.) 8. Berlin (907—09). Verlag moderner Lektüre. à — 10

Jünger, e., Jesu. Von M. v. O. 8. (80 S. m. 1 Bildnis.) Schwerin 900. F. Bahn. Kart. n. 1.—

Jünger, e., Jesu. (Ein Lebensbild.) Von M. v. O. 8. bill. Ausg. (48 S. m. Titelbild.) 8. Schwerin 907. F. Bahn. n. — 80

„**Jünger, ein, welchen sein HErr lieb hatte**". Lebensskizze des selig entschlafenen Oberconsistorialraths und Ritters Justus Nicolaus Ripke, weil. Oberpastor an St. Nicolai zu Reval. 8. (15 S.) Mitau 887, E. Behre's Verlag. *

Jünger, Arthur

Jünger's Universal-Repetitorium. Das Physikum. Anatomie, Physiologie, Zoologie, Botanik, Physik, Chemie. gr. 8. (V, 861 S.) Breslau 902. Preuss & Jünger. n. 6.—; geb. n.n. 7.—
124*

Jünger's medizinische Universal-Repetitorien. 6 Nrn. Lex.-8. Breslau, Preuss & Jünger. n. 11.—; geb. n. 15.—
Repetitorium der Anatomie. Systematische u. topograph. Anatomie, Entwicklungsgeschichte u. Histologie f. Studenten u. Kandidaten der Medizin. (IV, 182 S.) 905. n. 3.—; geb. n. 4.—
Repetitorium der pathologischen Anatomie f. Studenten u. Kandidaten der Medizin. (III, 134 S.) 906. (Nr. 3.) n. 3.—; geb. n. 4.—
Repetitorium der Hygiene f. Studenten u. Kandidaten der Medizin. (II, 49 S.) 906. (Nr. 5.) n. 1.50; geb. n. 2.—
Repetitorium der Pharmakologie f. Studenten u. Kandidaten der Medizin. (II, 61 S.) 906. (Nr. 4.) n. 1.50; geb. n. 2.—
Repetitorium der Physiologie f. Studenten u. Kandidaten der Medizin. (75 S.) 905. n. 2.—; geb. n. 3.—

Jünger, Christian Friedrich

— — Analecta de more homines immolandi I. Freiberg (Barthel) 8. III. 1776. 4 Bl. (2.—) 17081
David Gotthelf Moller (Freiberg), Christlieb Immanuel Holzmüller (Oederan).

— — Dasselbe. II. Freiberg (Barthel) 11. VII. 1776. 4 Bl. (2.—) 17082
Jacob Friedrich Benedict (Hartha), Polycarp Gottl. Hofmann (Haynichen).

— — De auctionibus veterum Romanorum commentatio. Chemnitz (Stoessel) April 1752. 4 Bl. 23 S. (5.—) 17072

— — De castigationibus scholasticis recte moderandis. Freiberg (Barthel) Juli 1780. 4 Blatt. (2.—) 17091
Johann Samuel GlGoeckner (Pretzschendorf), Johann Samuel Goebel (Ruppendorf).

— — De commodis severae educationis apud gentes priscas. Freiberg (Barthel) Mai 1780. 4 Bl. (2.—) 17090
Friedrich Jacob Richter (Freiberg), Johann Friedrich Clocker (Freiberg), Carl Leopold Hennig (Freiberg).

— — De decoro antiquorum I. Freiberg (Barthel) Febr. 1784. 4 Bl. (2.—) 17101
Johann David Klemm (Freiberg).

— — Dasselbe. II. Freiberg (Barthel) Juli 1784. 4 Bl. (2.—) 17102
Christian Leberecht Koch (Tuttendorf).

— — Dasselbe. III. Freiberg (Barthel) 12. XII. 1784. 4 Bl. (2.—) 17103
August Theophil Thieme (Freiberg).

— — (Rector d. Schule zu Neustadt b. Dresden), De decurionibus in municipiis et coloniis Imperii Romani exercit. brevis. 9. VII. 1772. 12 Seiten. (3.—) 17073

— — De diis malorum auctoribus. Freiberg (Barthel) 5. IV. 1775. 4 Bl. (2.—) 17079
Johann Gottfried Herfter (Koenigshayn), Jo. Gottlob Kraus (Dresd.).

— — De honore sepulturae I. Freiberg (Barthel) 16. VII. 1781. 4 Bl. (2.—) 17093
Christian Friedrich Schubert (Obergrun).

— — Dasselbe. II. Freiberg (Barthel) Dez. 1781. 4 Bl. (2.—) 17094
Johann Gottlob Wunderlich (Sayda), Carl Gottlob Zieger (Alt-Oschatz).

— — De jurejurando ejusque solennibus ap. antiquos. Freiberg (Barthel) 14. VII. 1779. 4 Bl. (2.—) 17088
Jo. Samuel Goebel (Ruppendorf).

— — Dasselbe. II. Freiberg (Barthel) 4. XI. 1779. 4 Bl. (2.—) 17089
Christian Gottlieb Weisius (Freiberg), Christian Gottlob Hoernig (Colmnitz).

— — De laudationibus funebribus specim. II. Freiberg (Barthel) Sept. 1773. 4 Bl. (2.—) 17075
Justus Heinrich Koch (Frauenstein), Jo. Carl Meisner (Leipzig), Jo. Georg Buchheim (Elgersdorf).

— — De luctu ad honorem sepulturae pertinente. Freiberg (Barthel) März 1782. 4 Bl. (2.—) 17095
Carl Leopold Hennig (Freib.), Samuel Gottlob Frisch (Freib.).

— — De necessario precum et laboris nexu. Freiberg (Barthel) 12. VII. 1775. 4 Bl. (1.50) 17080
Hieronymus Sam. Gottlob Waeger (Freiberg), Johann Daniel Einert (Conradsdorf).

— — De nominibus. Freiberg (Barthel) 12. III. 1778. 4 Bl. (2.—) 17085
Johann Christian Gottlob Liebius (Freiberg).

— — Dasselbe. II. Freiberg (Barthel) 14. VII. 1778. 4 Bl. (2.—) 17086
Christian Gottlieb Weisius (Freib.), Samuel Friedrich Klopfer (Fridebach).

— — Dasselbe. (Schluss.) Freiberg (Barthel) 4. III. 1779. 4 Bl. (2.—) 17087
Jo. Friedrich Glocker (Freiberg).

— — Ad oratiunculam, in memoriam Jo. Christ. Richteri audiendam, inspectores et fautores scholae summopere colendos, et inter eos virum summe venerabilem M. Jo. Gottlob Richterum, pastorem urbis nostrae primarium, superintendentem, et inspectorem scholae Freybergensis, nuper creatum, invitat. Freiberg (Barthel) März 1781. 4 Bl. (3.—) 17092
Georg Friedr. Tzschoekel (Freiberg), Jo. Samuel Goebel (Ruppendorf).

— — Ludorum scenicorum origines I. Freiberg (Barthel) 12. II. 1785. 4 Bl. (2.—) 17104
Jo. Carl Christian Kessel (Freiberg).

— — Dasselbe. II. Freiberg (Barthel) Juli 1785. 4 Bl. (2.—) 17105
Gottlob Rudolph Wipprecht (Dippoldiswalde).

— — Dasselbe. III. Freiberg (Barthel) 5. IV. 1786. 4 Bl. (2.—) 17106
Johann Gottfried Kohl (Freiberg).

— — Dasselbe. IV. Freiberg (Barthel) 20. VI. 1786. 4 Bl. (2.—) 17107
Friedrich August Dorn (Augustusburg).

— — Dasselbe. V. Freiberg (Barthel) März 1787. 4 Bl. (2.—) 17108
Gottlob Benjamin Strahmer (Freiberg), Carl Gottlob Pfund (Conradsdorf), Christian Fr. Ehregott Kliemann (Frauenstein).

— — Dasselbe. VI. Freiberg (Barthel) 15. XI. 1787. 4 Bl. (2.—) 17109
August Leberecht Loewe (Großschirma), Wilhelm Samuel Glasewald (Simselwitz).

— — Dasselbe. VII. Freiberg (Barthel) März 1788. 4 Bl. (2.—) 17110
Christian Friedrich Adolph Liebius.

— — Dasselbe. VIII. Freiberg (Barthel) 16. VIII. 1788. 4 Bl. (2.—) 17111
Georg Leberecht Helbig (Naundorf), Carl Samuel Geisler (Freiberg).

— — Dasselbe. IX. Freiberg (Barthel) April 1789. 4 Bl. (2.—) 17112
Carl Gottfried Franklus (Freiberg), Carl Samuel Tzschoekel (Freiberg).

— — Dasselbe. X. Freiberg (Barthel) 16. VIII. 1789. 4 Bl. (2.—) 17113
Johann Christoph Schneider (Zethau), Ludwig Bethmann Klemm, Friedrich Christian Richter.

— — Dasselbe. XI. Freiberg (Barthel) März 1790. 4 Bl. (2.—) 17114
Ludwig Bethmann Klemm (Freiberg), Johann Christian Wilhelm Geyder (Siebenlehn).

— — Dasselbe. XII. Freiberg (Barthel) Aug. 1790. 4 Bl. (2.—) 17115
Friedrich August Wunderlich (Sayda).

— — Dasselbe. XIII. Freiberg (Barthel) April 1791. 4 Bl. (2.—) 17116
Johann Gottlob Weidelt (Freiberg), Johann Gottlob Beyer (Freiberg), Johann Gotthelf Fischer (Waldheim).

— — Dasselbe. XIV. Freiberg (Barthel) Okt. 1791. 4 Bl. (2.—) 17117
Friedrich Wilhelm Schroeer (Grosswaltersdorf).

— — Dasselbe. XV. Freiberg (Gerlach) 10. IV. 1792. 4 Bl. (2.—) 17118
Carl Christian Hunger (Marienberg), Jo. Gotthelf Fischer (Waldheim), Friedrich Adolph Kuhn (Dresden).

— — Dasselbe. XVI. Freiberg (Gerlach) 10. IX. 1792. 2 Bl. (1.50) 17119
Christian Traugott Dietrich (Lippersdorf).

— — Dasselbe. XVII. Freiberg (Gerlach) 11. IV. 1793. 4 Bl. (2.—) 17120
Friedrich Adolph Kuhn (Dresden), Jo. Gottfried Kori (Frauenstein).

— — Dasselbe. XVIII. Freiberg (Gerlach) Aug. 1793. 4 Bl. (2.—) 17121
Christian Carl Günther (Oederan).

— — De gentium adversus deos suos pietate. Freiberg (Barthel) 12. VII. 1777. 4 Bl. (2.—) 17083
Adolph Ferdinand August Kroehn (Glauchau).

Chr. Frid. Jünger progr. quaedam ad historiam medicinae ex antiquis collecta. Freiberg. 1794. 4. (ad Paläphat. c. 21., Ovid. fast. V. 749, Cic. divin. II. 66.; de Aesculapio Dictamno al.; auctore non medico.) — Progr. Pars altera collectorum ex antiquis ad historiam medicinae. Freiberg. 1794. 4.

— — Quaedam ad historiam medicinae ex antiquis collecta. Freiberg (Gerlach) April 1794. 4 Blatt. (2.—) 17122
Christian Traugott Dietrich (Lippersdorf), Christian August Noch (Kleinwaltersdorf).

— — Dasselbe. II. Freiberg (Gerlach) Aug. 1794. 2 Bl. (1.50) 17123
Johann Ludwig Tauscher (Sayda).

Jünger, Christian Friedrich (Conrector d. Chemnitzer Schule), Illustr. atque generos. domino, domino Gallo Maximiliano libero baroni de Racknitz dynastae Lockwitzii, . . . diem natalem feliciter reversum maxima cum reverentia atque submissione gratul., et quaedam de Horatio, praecipueque de ejus placitis philosophicis addit. Lpz. (Langenheim) 1752. 24 S. (4.—) 17071

— — (Rector), De Judaeorum reliquiis per computationem divinam, ad constituendum cum reliquis terrae gentibus populum dei in novo testamento, a cetera gente separatis, ad illustrandum locum ad Rom. IX, 27. 28. exercitatio. Freiberg (Barthel) 7. IV. 1773. 4 Bl. (3.—) 17074
Jo. Friedrich Eschkius (Freiberg), Carl Friedrich Walther (Sayda).

— — De lustrationum inter gentes ritibus. Freiberg (Barthel) 16. XI. 1777. 4 Bl. (2.—) 17084
Jo. Frid. Christian Kuhn (Martinsrod.Henneb.).

— — De auctionum Romanarum solemnibus exercit. I. Freiberg (Barthel) 12. III. 1774. 4 Bl. (2.—) 17076
Jo. Simon Benjamin Sieghard (Freiberg), Ambrosius Bethmann Bernhardi (Freiberg.)

— — Dasselbe. II. Freiberg (Barthel) April 1774. 4 Bl. (2.—) 17077
Johann Carl Meisner, Jo. Gottlieb Heinr. Em. Eger (Glauchau), Tobias Gottlob Haenel (Herrndorf), David Gotthelf Moller (Freiberg).

— — Dasselbe. III. Freiberg (Barthel) Juli 1774. 4 Bl. (2.—) 17078
Franz Ludwig Brunnemann (Freiberg).

— — De inani studio fabularum priscarum absurditatem per allegoricam interpretationem minuendi I. Freiberg (Barthel) 16. V. 1782. 4 Bl. (2.—) 17096
Christian Gottlieb Weisius (Freiberg), Carl Wilhelm Zimmermann (Pirna), Johann Gottfried Fleischmann (Freiberg), Carl Christian Schroeter (Forchheim).

— — Dasselbe. II. Freiberg (Barthel) 16. VII. 1782. 4 Bl. (2.—) 17097
Christian Theophil Steinert (Freiberg), Johann Christian Beyer (Lichtenberg).

— — Dasselbe. III. Freiberg (Barthel) April 1783. 4 Bl. (2.—) 17098
Friedrich Christian Aster (Freiberg), Benjamin Friedrich Albert (St. Michaelis).

— — Dasselbe. IV. Freiberg (Barthel) 7. V. 1783. 4 Bl. (2.—) 17099
Samuel Gottlob Frisch (Freiberg), Friedrich Gottlob Richter (Freiberg).

— — Dasselbe. (Schluss.) Freiberg (Barthel) Juli 1783. 4 Bl. (2.—) 17100
August Christian Matthesius (Waldheim), Johann Georg Lamm (Tanneberg).

Jünger, Ernst [aus Hannover]: Synthesen in der m-Terpenreihe ... Rostock, Dissertations-Druckerei, 1896; 32 S. 8.
Heidelberg, Naturw.-math. Fak., Inaug.-Diss. v. [25. Apr.] 1896

JUNGER, Ernst Theod., Carolo Carolini, der Räuberhauptmann. Eine Arabeske aus der Mitte des 16. Jahrhunderts. Als Gegenstück zu Rinaldo Rinaldini. Mit Kpfrn. Prag und Leipzig, Polt, 1800. 8⁰.

— — Julio, Graf v. Albano oder die Geheimen Italiens. Abenteuerliche Familiengeschichte italienischer Emigrirten gegen Ende des 18. Jahrhunderts. Mit Titelkpf. Ebd. 1800. 8⁰. (2 Mk. 50 Pfg. Alfr. Lorentz, Lpz., 1905.)
Anon.-Lex. II. p. 345 (nach Euphorion III, 548).

Jünger, E. Th., Graf Julio v. Albino, od. die Geheimen Italiens. 8. Prag 800. (Joachim in Leipz.) 12 ℋ

— f. Sagen aus der Geister- u. Zauberwelt.

SAGEN aus der Geister- und Zauber-Welt (von *E. Th. Jünger*). Leipzig 1805.
Anon.-Lex. IV. p. 4 (nach Meusel u. Goedeke); Kayser hat „1802".

SEERÄUBERIN, Die, von Tunis. Eine Arabeske aus dem achtzehenten Jahrhunderte, vom Verfasser Carolo Carolini *(Ernst Theod. Jünger).* Leipzig, im Magaz. f. Literatur (1803). 8⁰.
Gestoch. Tit. u. 112 S. (incl. Nebentit. u. 1 Bl. Vorw. d. ungenannten Vf., dat. Herbst 1802). — Zahm.
Das Anon.-Lex. IV. p. 66 nennt irrig (nach Goedeke) *Joh. Jos. Polt* als Verfasser.

Jünger, Franz, (Psdn.), Fritz der Schwabe u. seine alten Basen. 8. Stuttg. 798. Löflund. 1 ℔

— f. Lesage, der Baccalaureus von Salamanca.

Jünger, Heinrich

Jünger, H., Befugnis d. Prozeßbevollmächtigten zum Abschluß e. Vergleichs nach der deutschen Civilprozeßordnung unter besond. Berücksicht. der preußischen Vormundschaftsordnung. gr. 8. (III, 33 S.) Neuwied 891. Heuser's Verl. n. 1. —

Jünger, H., bricht Kauf die Miete im Bezirk d. Oberlandesgerichts zu Frankfurt a/M.? Nach heut. Recht u. nach d. deutschen bürgerl. Gesetzbuch bearb. gr. 8. (III, IV, 50 S.) Wiesbaden 897. R. Bechtold & Co. n. 1. 50

Jünger, Heinr., praktische Einführung in das Wechselrecht nach der allgemeinen deutschen Wechselordnung durch Beispiele an Wechseln, Protesten u. Rechtsfällen, nebst Text der allgemeinen deutschen Wechselordnung u. des Wechselstempelgesetzes. 8. (III, 148 S.) Berlin 890. Puttkammer & Mühlbrecht. n. 2. 40

Jünger, H., die nassauischen Landrechte. gr. 8. (III, 95 S. m. 1 farb. Karte.) Wiesbaden 895. R. Bechtold & Co. n. 3. —

Jünger, Heinrich [Gerichts-Ass. zu Wiesbaden]: Prozeß-Vollmacht und Legitimation zum Abschluß eines Vergleichs nach der deutschen Civilprozeßordnung unter besonderer Berücksichtigung der preußischen Vormundschaftsordnung. ... Neuwied, Heuser's Buchdr. (Louis Heuser), 1890; 80 S. 8°

Göttingen, Jur. Fak., Inaug.-Diss. v. 11. Jul. 1890

— **Territorien u. Rechtsquellen im Bezirk d. Oberlandesgerichts zu Frankfurt a/M., nebst Karte m. d. Bezirken d. Rechtsgebiete u. Gerichte u. d. Lamprecht'schen Statut. gr. 8. (XII, 155 S.) Ebd. 896. n. 6.50**

— **Johann David (Bautzen),** De jure revocandi integram donationem inter vivos inofficiosam. Specim. cont. caput jur. controvers. Präs. D. Christian Heinr. Breuning. Lpz. (Langenheim) 24. IX. 1768. 8 S. (2.50) 17125

* **JÜNGER,** Joh. Friedr. (1759—97), Prinz Amaranth, mit der großen Nase. Eine moralische Erzählung aus den Jahrbüchern der Regierung Königs Dideltapp des Großen, und dessen Gemahlin, Kikelkakel der Weisen. Nebst historischen Nachrichten vor der Königin Carunkel, dem Prinzen Hämpeditchen u. dem Zauberer Talpatsch. 1 s (einz.) Bdchn. (Nach J's Tode herausgeg.) Berlin 1799. 8°. (12 Mk. 50 Pfg., unbeschn., Edm. Meyer, Berlin, 1908.) (In Berlin: Yw 801.)

Jünger, Jh. Fr., Prinz Amaranth, mit der großen Nase rc. 8. Leipz. 799. (W. Rauck). 8 gr

— die Badekur; Lstspl., s. oben Lustspiele.

— der offene Briefwechsel; Lstspl., s. unten Lustspiele.

— s. Camille, oder Briefe zweier Mädchen.

— die Charlatans, oder d. Kranke in d. Einbildung; Posse in 3 A. 8. Regensb. 803. Montag u. W. 7 gr

— **Johann Friedrich (Leipzig),** De conditione nominis ferendi ultimis voluntatibus adscripta. **Präs. D. Christ. Gottl. Richter. Lpz. (Jacobäer) 14. I. 1780. 38 S. (6.—)** 17127

Gew.: Christian Felix Weiss. — Widm. v. Präs.

— s. Copentry, Der kleine Cäsar.

— Dank u. Undank; Lstspl., s. unten Lustspiele.

— der blinde Ehemann. Operette. 8. Berl. 784. Maurers B. 5 gr

— das Ehepaar aus d. Provinz; Lstspl., s. unten kom. Theater.

* — — Ehestandsgemählde. Leipzig. Bey G. J. Göschen. 1790. 8°. (In Berlin: Yw 781; auch in der Berliner Magistrats-Bibl.)

Portr. d. Verf., 338 S. incl. 2 Bll. Vorr. dat. Wien 26. Dec. 1789. — 1. Die gute Ehe, in 75 Kapiteln. mit Überschriften. (Ist eine Umarbeitung einer Erzählung im 3. Bdchn. von: Vetter Jakobs Launen (s. weiter unten). 2. Ferdinand, ein Gegenstück zur guten Ehe, in 65 Kap., mit Überschriften. (Beides zahm.)

— l'Enlèvement; Coméd., trad. de l'allem. 8. Halle, Kümmel. 10 gr — le même. 8. Leipz. 797. Leo. 8 gr

— die Entführung, s. unten kom. Theater.

Jünger, J. F., die Entführung, s. Universal-Bibliothek Nr. 864.

— s. Er mengt sich in Alles.

— Er mengt sich in Alles. Lstspl. nach d. Engl., s. unten komisches Theater.

Jünger, J. F., Er mengt sich in Alles, s. Theater-Bibliothek, classische. — Universal-Bibliothek.

— ein seltner Fall, oder d. Mutter die Vertraute ihrer Tochter. Lstspl. in 3 A. 8. Regensb. 803. Montag u. W. 9 gr

— die beiden Figaro. Lstspl. in 5 A. 8. Regensb. 804. Montag u. W. 9 gr

— die Flucht aus Liebe; Lstspl. in 5 A. 8. Regensb. 804. Montag u. W. 9 gr

— Freundschaft u. Argwohn; Lstspl., s. unten Lustspiele.

* — — Fritz, ein komischer Roman. 6 Thle. Mit Kptrn. von Jury u. A. Berlin u. Leipzig, A. Nicolai, 1796—1800. 8°. (In Berlin: Yw 791.)

Stellenweise freier Roman aus dem Theaterleben. — Nur Bd. 1—4 von Jünger.

— Fritz; ein kom. Roman. 6 Bde. 8. Leipz. 807. N. A. 817. (W. Rauck). 4 ℛ

— — Dasselbe. Ebd. 1821. 8°. (3 Mk. Julius Neumann, Magdeb., 1906.)

— s. Gallisch: Gedichte.

Jünger's, Joh. Friedr., Gedichte, herausgegeben von Joh. Georg Eck. 8. Leipzig, Kühnsche Buchhandlung. 821.

— s. Georgy, Sämmtl. Werke.

— — Des Grafen Heinrich von Moreland merkwürdige Geschichte und Abentheuer, nach *Brooke*. 2 Thle. Leipzig, Weygand, 1783. 8°. (2²/₃ Rthl.) (l. c.)

— Geschichte Wilhelminens. 2 Thle. 8. Berl. 795 u. 96. (Köchly in Leipz.) 1 ℛ 8 gr

— die Geschwister vom Lande, s. unten kom. Theater.

— Jeannot, oder wer den Schaden hat, darf für den Spott nicht sorgen. 8. Leipz., Dyck. 4 gr

— der Instinkt, oder wer ist Vater zum Kinde; Lstspl., s. unten Lustspiele.

— das Kleid aus Lyon; Lstspl., s. unten Lustspiele.

— die Comödie aus d. Stegreif, s. unten kom. Theater.

— der Krug geht so lange zum Wasser bis er bricht. Regensb. 802. Montag u. W. 9 gr

Jünger, J. F., Vetter Jakobs Launen, s. c. Jakob.

— — Vetter Jacobs Launen. 6 Thle. (Sammlung von Anekdoten, Erzählungen; in Bdchn. 4—6 der Roman: „Eine Geschichte von Hinten".) Mit Portrait des Cousins Jacques. Leipzig, Göschen, 1787—92. 8°. (2 1/2 Rthl.) (3 Mk., 6 Thle. 1789—90, unsaub. Expl., der Vorige.)

— — Dasselbe. 6 Thle. Mit 3 Titelkpfrn. Ebd. 1810. 8°. (3 Mk. der Vorige.)

— der doppelte Liebhaber; Lstspl., s. unten Lustspiele.

Jünger, J. F., Lustspiele. 5 Thle. 8. Leipz. 785—89. Dyck. 4 ß (I enthält: Die Badekur, in 2 A. 7 gr — Freundschaft u. Argwohn, in 5 A. 10 gr — II enth.: Der Strich durch d. Rechnung, in 4 A. 6 gr — Der offene Briefwechsel, in 5 A. 8 gr — III. enth.: Der doppelte Liebhaber, in 3 A. 7 gr — Verstand u. Leichtsinn, in 5 A. 12 gr — IV. enth.: Das Kleid aus Lyon, in 4 A. 8 gr — Der Revers, in 5 A. 8 gr — V. enth.: Der Wechsel, in 4 A. 8 gr — Dank u. Undank, in 3 A. 6 gr — Der Instinkt, in 1 A. 3 gr)

— Maske für Maske; Lstspl. nach Marivaux, s. unten komisches Theater.

– s. a. Melancholische, Der.

— —, Der Melancholische. Eine Geschichte nach d. Englischen. 3 Bde. Mit Kpf. Berlin 1795—96. 8°. (3 Rthl.) Engelmann I. p. 177.

– s. Mooreland, Merkwürd. Geschichte.

— theatral. Nachlaß. 2 Thle. 8. Regensb. 803—4. Montag u. W. 3 ß 16 gr (I enth.: 1) Der Krug geht zu Wasser ꝛc. 2) Was seyn soll ꝛc. 3) Ein seltner Fall. 4) Die Charlatans. 5) Das Recidiv. II. 1) Stolz u. Liebe. 2) Flucht aus Liebe. 3) Selim v. Algier. 4) Die beiden Figaro's. 5) Der tolle Tag.)

— der Revers; Lstspl., s. oben Lustspiele.

— das Recidiv; Lstspl. in 3 A. nach Marivaux. 8. Regensb. 803. Montag u. W. 9 gr

— Adolphine Rosenthal, oder d. Schein betrügt. Lstspl. 8. Leipz. 801. Kohler. 6 gr

— — Der Schein betrügt. 2 Thle. (1: — zum Glück vielleicht nur Roman; 2: — leider! vielleicht nur Roman.) Liebau, Lagarde und Friedrich, 1787—89. 8°. (1 1/3 Rthl.) (l. c.) (3 Mk., A. Bielefeld, 1911.)

Jünger, Jh. Fr., der Schein betrügt. 2 Thle. 8. Libau 787—789. (Leipz., Rein). 1 ß 8 gr

— Selim, Prinz v. Algier. Trspl. in 5 A. 8. Regensb. 804. Montag u. W. 8 gr

— Stolz u. Liebe. Lstspl. in 3 A. 8. Ebd. 804. 10 gr

— der Strich durch d. Rechnung; Lstspl., s. oben Lustspiele.

— der tolle Tag, oder d. Hochzeit des Figaro. Lstspl. in 5 A. Regensb., Montag u. W. 10 gr

Jünger, J. F., komisches Theater, s. a. Volksbibliothek, deutsche.

— komisches Theater. 3 Thle. 8. Leipz. 792—95. Göschen. 3 ß 4 gr (Inhalt: Das Ehepaar aus d. Provinz, e. Lstspl. 6 gr — Die Entführung, e. Lstspl. N. A. 6 gr — Die Geschwister vom Lande. 9 gr — Komödie aus d. Stegreif. 5 gr — Maske für Maske, e. Lstspl. 8 gr — Er mengt sich in Alles, e. Lstspl. 7 gr — Der Ton unserer Zeiten, e. Lstspl. 3 gr — Die unvermuthete Wendung, e. Lstspl. 10 gr)

JUNGER, J. F. Komisches Theater. 2 Bde. Leipzig 1861. 8°. [E. III, 475.]

— der Ton unsrer Zeiten; Lstspl., s. oben kom. Theater.

— Verstand u. Leichtsinn; Lstspl., s. oben Lustspiele.

—, Vetter Jakobs Launen.

Jünger, J. F., was sein soll, schickt sich wohl. Orig.-Lstspl. in 3 A. 8. Regensb., Montag u. W. 6 gr

— der Wechsel; Lstspl., s. oben Lustspiele.

— das Weibercomplott; Lstspl. 8. Leipz. 785. Dyck. 10 gr

— Weiberlist; Lstspl. 8. Leipz. 804. (Klein), a. Rein. 8 gr

— die unvermuthete Wendung, s. oben kom. Theater.

Jünger, J. F., Wilhelmine, eine Geschichte in 2 Thlen. 8. Berlin 795, 96. (Fr. Fleischer in Leipzig.) 1 1/3 ß

— — Wilhelmine, eine Geschichte in 2 Thlen. (1r Thl.: Es ist nicht alles Gold, was glänzt. 2r Thl.: Es glänzt nicht alles, was Gold ist.) Ebd. 1795—96. 8°. (1 1/3 Rthl.) (l. c.) (9 Mk. Edm. Meyer, Berlin, 1908.)

* **WURMSAMEN** von Wurmfeld, Huldreich, ein komischer Roman (von *Joh. Friedr. Jünger*, geb. 1759 zu Leipzig, † als k. k. Hoftheaterdirektor zu Wien 1797). 3 Bde. Mit 6 Kpfrn. (incl. 3 Titelkpfrn). Leipzig, Dyk, 1781—87. 8°. (In Berlin: Yw 761; auch in Warmbrunn.)
Anon.-Lex. IV. p. 420 (nach Meusel) hat „1781—83".

Jünger, Karl, weißen Frauenhänden ... Gedichte. (140 S.) 8. Wiesbaden 907. R. Bechtold & Co. 2.—; geb. n 2.50

— Leibgeboren. Ein neues Bündel Verse. (95 S.) 8. Hildesheim 911. F. Borgmeyer. 1.50; geb. 2.50

Jünger, Nathan, s. a.: Rump, Joh.

Jünger, Nathanael

— Hof Bokels Ende. Ein Bauernroman aus der Lüneburger Heide zur Zeit des letzten Königs v. Hannover. 3. Aufl. (7.—9. Tausd.) (463 S.) 8. Wismar 910. Hinstorff's Verl. 4.—; geb. in Leinw. 5.—

— Heidekinds Erdenweg. Eine Erzählg. aus d. Lüneburger Heide. (IV, 387 S.) 8. Wismar 908. [H. Bartholdi.] Hinstorff's Verl. 5.—; geb. 6.—; erm. Pr. 4.—; geb. 5.—

Jünger, Nathanael, Heimgefunden. Die Geschichte e. Menschenkindes, nach e. alten Orig.-Berichte dem christl. Hause erzählt u. ausgelegt. (XII, 303 S.) 8. Dresden 906. C. L. Ungelenk. n. 2.80; geb. in Leinw. n. 3.60

Jünger, Nathan., heimgefunden. Ermäß. Pr. kart. n. 1. 50.

— **Himmelsstrahlen in Erdendunkel. Worte an Weinende u. Wankende. (XI, 251 S.) 8. Leipzig 906. G. Wigand. n. 3. —; geb. in Leinw. n. 4. —**

— **Der Pfarrer v. Hohenheim. Ein Pastorenleben. 1. bis 5. Tauf. (IV, 474 S.) 8. Wismar 910. Hinstorff's Verl. 4.—; geb. in Leinw. 5. —**

— **ungehaltene Predigten e. Altmodischen. Zeitliches u. Zeitloses. 1. u. 2. unveränd. Aufl. (VIII, 272 S.) 8. Halle 905. 907. C. E. Müller. n. 3. —; geb. n. 4. —**

— **Pastor Ritgerodts Reich. Ein Roman aus d. Heide. 1.—4. Tauf. (416 S.) 8. Ebd. 910. 4.—; geb. in Leinw. 5. —**

— **vermessener Wahn u. vergessene Wahrheit. Worte u. Winke f. Suchende u. Sorgende. (X, 250 S.) 8. Leipzig 906. G. Wigand. n. 3. —; geb. in Leinw. n. 4. —**

Jünger, O. Die Torfstreu in ihrer Bedeutung f. die Landwirtschaft u. die Städtereinigung. gr. 8. (44 S. m. Abbildgn.) Berl. 890, Parey. * 1 —

Junger, Oskar, Bayreuther T. B.-Marsch, Text v. A. Gramß. Bayreuth, 4°.

Jünger, Otto, was Kinder zu ihrem Vergnügen zeichnen u. d. Zeichenunterricht. Autoris. Übersetzg. aus d. Dän. v. Osw. Gerloff. (50 S. m. Abb.) 16×23,5 cm. Kiel 907. R. Cordes. Kart. 2. —

Jünger, Wilhelm, aus Münstereifel: Über die Komplikation der Gravidität mit Ovarialtumoren. *Würzburg 1903: C. S. Becker.* (33 S.) 8°
Würzburg, Med. Diss. v. 1903

Jüngerich, Wilhelm, appr. Arzt a. Verviers: Ein Beitrag zur operativen Behandlung der Larynxtuberkulose. Erlangen 1907: E. Th. Jacob. (27 S.) 8°
Erlangen, Med. Fak., Ref. Denker, Diss. v. 4. April 1907
[Geb. 5. Mai 79 Verviers (Belgien); Wohnort: Erlangen; Staatsangeh.: Preußen; Vorbildung: Gymn. Bielefeld, Gütersloh Reife O. 98; Studium: Marburg 2, Kiel 2, Berlin 1, Erlangen 1, München 4 S.; Coll. 16. März 07; Approb. Jan. 06.]

Jungermann, Heinrich [app. Arzt]: Über einen bemerkenswerten Fall einer spontanen Geburt in Schädellage mit Vorfall eines Armes ... Dresden, Druck v. G. Löseke, 1895; 29 S. 8.
Leipzig, Med. Fak., Inaug.-Diss. v. [17. Dez.] 1895

Jungermann, K. [pr. Arzt in Nürnberg]: Ein Fall von sekundärer Nervenoperation. . . . Erlangen, Druck d. Univ.-Buchdr. v. E. Th. Jacob, 1888; 31 S. 8°
Würzburg, Med. Fak., Inaug.-Diss. v. 1888

Jungermann, Dr. Moritz, Albrecht V., der Grossmüthige, Herzog in Bayern. Eine von der philosoph. Fakultät d. Ludwig-Maximilians-Universität München gekrönte Preisschrift. (Mit e. Vorr. von *Heinr. Russwurm*, Prof. am Lyceum zu Passau.) München 1843. Gedr. bei Frz. Seraph Hübschmann. 8°. Ppb.
VI—128 S., 1 Bl. Inh.

Jungermann, Mor., Handbuch des bayerischen Hypotheken- und Prioritäts-Rechtes mit Einschluß des hierauf bezüglichen Verfahrens. In alphabetischer Materienfolge. Nebst einem Anh. von Formularien. München 857. (Finsterlin.) gr. 8. (VIII, 375 S.) n. 2 ℳ.

Jungermann, W., die Errichtung eines Reichs-Eisenbahn-Amtes. Gesetz vom 27. Juni 1873. gr. 8. (24 S.) Berlin 874, Kortkampf. * 1 —

Jüngermann, Emil, a. Lüdenscheid i. Westf.: Über Derivate des Isoamylanthrons. (Berlin 1905: G. Schade.) (51 S.) 8°
Berlin, Phil. Fak., Ref. Gabriel, Diss. v. 23. Dez. 1905
[Geb. 16. Okt. 75 Lüdenscheid; Wohnort: Lüdenscheid; Staatsangeh.: Preußen; Vorbildung: Sophien-Realgymn. Berlin Reife M 03; Studium: München 4, Berlin 8, Charlottenburg T.H. 2, Berlin 1 S.; Rig. 14. Dez. 05.]

Jüngermann, Erich: Aus d. Psychiatr. u. Nerven-Klinik d. Univ. Kiel. Kasuistischer Beitrag zur Lehre von den Kleinhirntumoren. Elberfeld 1908: Langewiesche. 27 S. 8°
Kiel, Med. Diss. v. 8. Dez. 1908, Ref. Siemerling
[Geb. 16. Nov. 82 Herscheid; Wohnort: Barmen; Staatsangeh.: Preußen; Vorbildung: Realgymn. Barmen Reife O. 02; Studium: Marburg 1, Berlin 3, Kiel 1, Marburg 1, Kiel 4 S.; Coll. 31. Dez. 07; Approb. 1. Jan. 09.] [U 09. 2269

Jüngerschaft, die, Jesu in unsern Tagen. Von e. Einsamen. gr. 8. (VII, 48 S.) Stuttg. 890, [Paulus]. Rud. Roth. * — 60

Jüngerschaft, die, Jesu, in uns. Tagen, 2. Aufl., s.: Pfeile d. Heils.

Junges, Dominik. Ed., St. Thomas a. d. Kyll. Ein Beitrag zur Geschichte des Klosters u. des Ortes. (56 S. m. Abb.) 8. Trier 904. Paulinus-Druckerei. n. — 50

Jungesbluth, Aug., Verzeichniss wüst gewordener Ortschaften, Burgstellen, Umwallungen u. dergl. im Herzogthum Braunschweig und den angrenzenden hannoverschen Landestheilen. Gesammelt und mit Belegstellen versehen. gr. 8. (52 S.) Braunschweig 887, Sattler. *

Jungfer [Sachliches OW]

JUNGFER, Die, oder Begebenheiten der Fraulein Doverfield, eine wahrhafte Geschichte in 2 Theilen. Aus d. Franzos Leipzig 1768. 8°.
Wiener Cat. verbotener Bücher von 1774.

Jungfer, **die, od. Begebenheiten des Fräuleins Doverfield, aus dem Franz. 8. Stettin, Drevenstädt. (a. Hertel in Lpz.)** 768.

Jungfer, Die alte, ein Lustspiel in drey Aufzügen. Berlin 1749. V: *Lessing, Gotthold Ephraim.* (ML) (GGr)

Jungfer, die alte. **Eine Erzählung von der Verf. des „Tagebuchs eines armen Fräuleins" (Marie Nathusius). 8. (228 S.) Halle 856(57,) Mühlmann.**
Aus: Volksblatt für Stadt und Land, Jahrg. 1856, besonders abgedruckt.

Jungfer, Die alte. Eine Erzählung ... Halle 1857. V: *Nathusius, Maria.* (Ky)

Jungfer, die alte. Eine Erzählung von der Verf. des „Tagebuchs eines armen Fräuleins" (Maria Nathusius.) 2. Aufl. 8. (228 S.) Halle 858, Mühlmann.
Aus: Volksblatt für Stadt und Land. Jahrg. 1856, besonders abgedruckt.

Jungfer, die alte, s. Nathusius.

Jungfer Gertrud. Romantisches Schauspiel in 5 Aufzügen von T. v. D. 8. (151 S.) Arnsberg 874, Grote. * 2 —

Jungfer [Schlagwort]

Jungfer, s.: Preussen. Messtischblätter.

Jungfer [Verf.]

Jungfer, Ernst: Die Unterschiede zwischen der Papstwahl und den Bischofswahlen nach dem gemeinen Kirchenrecht. Borna-Leipzig 1909: Noske. VIII, 45 S. 8°
Breslau, Jur. Diss. v. 12. Okt. 1909, Ref. Brie, Fischer
[Geb. 24. April 80 Tillendorf; Wohnort: Grenoble; Staatsangeh.: Preußen; Vorbildung: Gymn. Bunzlau Reife O. 04; Studium: München 1, Berlin 1, Marburg 1, Breslau 1, Freiburg i. B. 5, Breslau 1 S.; Rig. 30. Nov. 08.] [U 10. 501

Jungfer, Hans, die Juden unter Friedrich dem Großen. Nach urkundl. Quellen. 8. (47 S.) Leipzig 880, Grunow. *

Jungfer, Hans, die Juden unter Friedrich dem Großen. Nach urkundl. Quellen. 2. (Titel-)Ausg. 8. (47 S.) Leipzig 891. H. Beyer. n. — 50

Jungfer, Hans, Untersuchungen der Nachrichten über Friedrich's I. griechische und normannische Politik bis zum Wormser Reichstage [31. März 1157]. gr. 8. (46 S.) Berlin 874, Weber. *

Jungfer, Joh. Der Prinz v. Homburg. Nach archival. u. a. Quellen. Mit zahlreichen Briefen u. Aktenstücken u. e. Fcsm. gr. 8. (VII, 148 S.) Berl. 890, Brachvogel u. Ranft. * 2 40

Jungfer, Joh[annes]: Germanisches aus Spanien. [1. 2.] Lpz. [’08]. Aus: Polit.-anthropol. Revue. 6, 11; 7, 1.

Jungfer, Johs., die schwedischen und brandenburgischen Kriegsdienste Landgraf Friedrichs von Homburg. gr. 4. (22 S.) Berlin 888, Gaertner's Verlag. *

Jungfer, Johannes, (Prof. Dr.): Über **Personennamen in den** Ortsnamen Spaniens und Portugals. *Berlin: R. Gaertner 1902.* (22 S.) 4°
Berlin, Friedrichs-G, OP 1902 (55)

Jungfer, Johs., über Personennamen in d. Ortsnamen Spaniens u. Portugals. Progr. 4. (22 S.) Berlin 902. [R. Gaertner.] Weidmann. n. 1. —

Jungfer, Jul., wiener prakt. Köchin, od. Oestreich, baiersche Kochkunst. Handb. f. Hausfrauen u. Köchinnen. gr. 8. (6 B.) Breslau 811, (Schletter.)

Jungfer, Paul [Hütteningenieur aus Teutschel, Kreis Liegnitz]: Der gegenwärtige Mansfelder Kupferhüttenprozess und über neue Methoden zur Bestimmung geringer Mengen Wismuth und Antimon im Handelskupfer . . . . Berlin, *Druck d. Graphischen Anst.*, 1887; 2 Bl. + 51 S. u. 1 Taf. 8°
Rostock, Phil. Fak., Inaug.-Diss. v. 2. Jul. 1887

Jungfer, Paul, der gegenwärtige Mansfelder Kupferhüttenprozess und über neue Methoden zur Bestimmung geringer Mengen Wismuth und Antimon im Handelskupfer. Inaugural-Dissertation. gr. 8. (51 S. mit 1 autogr. Taf.) Berlin 887. (Freiberg, Craz und Gerlach.) *

Jungfer, Th. Lexikalische Eigentümlichkeiten der Chwalczewski-schen Chronik. 24 S. **Progr.** *Rogasen* 1883.

Jungfer, Thaddäus: Die Beziehungen der Julimonarchie zum Königreich Polen in den Jahren 1830/31. (Lissa i. P. 1909: Schmädicke.) 88 S. 8°
Berlin, Phil. Diss. v. 27. Febr. 1909, Ref. Schiemann
[Geb. 23. Okt. 81 Rogasen; Wohnort: Lissa i. P.; Staatsangeh.: Preußen; Vorbildung: Gymn. Lissa i. P. Reife O. 03; Studium: Breslau 4, Berlin 6 S.; Rig. 20. Juli 08.] [U 09. 206

Jungferbasen - Gespräch zwischen den . . . Jungfrauen Anna Maria Spitznäsel und Katherine Barbara Krumhälsel. Strassb. 1814. V: *König.* (GGr)

Jungfern, die belesenen, s. J. G. Dyck, Theater.

Jungfern, Die belesenen; Posse in einem Akte nach Moliere. Leipz. 1787. V: *Dyck (Dyk), Joh. Gfr.* (MGT) (ML)

Jungfern, die belesenen,. Lustsp. 8. Lpz. Dyk. 787.

JUNGFERN, Die neugierigen, am Kafetische (sol). (Typogr. Ornam. u. Zierleiste.) O. O. 1764. 8°. (5 Mk. Gust. Priewe, 1895.) Sehr rar!
80 S. (incl. Tit. u. 4 Bll. *Anhang:* „Lustiger Kehraus", in Versen, wie Prosa gedr., eine Art Quodlibet). Die Hauptschrift besteht in einer Sammlg. curioser, meist sexueller Fragen u. Erörtergn., stellenw. derb u. frei.

Jungfern-ABC, das goldene, mit Anmerkungen und in Erzählungen wahrer Geschichten. Von einem ihrer ächten Freunde. In 2 Abtheilungen. gr. 8. Elberf. Mannes. (Leipz. Bruder.) 811.

Jungfern-ABC, d. goldene, mit Anmerkungen u. Erzählungen wahrer Geschichten. Von einem ihrer ächten Freunde. In 2 Abtheil. gr. 8. Elberf. 811. Mannes. (Centr.-Compt. in Leipz.) 10 K

Jungfern-Advokat, Der auf alle Fälle wohleingerichte. Wie er die sogenannte Jungfern-Anatomie, Worinnen auf alles dasjenige, Was man sonst dem Frauenzimmer vorzurücken pflegt, aus dem Jungfern-Recht mit starken Gründen geantwortet. Von Lilio Chamedri. Virginitatis defensore. Gedruckt in eben dem Jahr, Da ein jedes Mägdlein eine Jungfrau war. O. O. [Leipzig] 1715. V: *Sincerus, Am.* (BGE [3]VII/316) (Baer 737/861)

JUNGFERNBERG, Pantaleon v., Der Satirenschreiber (ps.), Schurkenstreiche des Herrn Amor. Ein scherzhafter Warnungsspiegel f. Liebende u. Alle, die sich verlieben wollen. In vorliegende Form gebracht von —. Quedlinburg u. Leipzig, Gfr. Basse, 1830. 12°.
73 S. (incl. Tit. u. 1 Bl. Inh.:) 1. Hero u. Leander. 2. Helena's Entführung (S. 31—56). 3. Ivan u. Blanka. E. Ballade in 4 Gesängen (1—2 stellenw. erot.). Selten! — Am Schluss noch 7 unbez. S. Verlagsanz. d. Firma.

Jungfernheide [Schlagwort]

Jungfernheide, s.: Berlin.

Jungfernheide, s.: Tegel.

JUNGFERNKRANZ, Der. (Ein Theaterstück.) Wien. Verlag Lumen, 1909. 8⁰. (Kr. 15—.) (4 Mk. 50 Pfg., wie neu im Orig.-Lwdbd., B. Seligsberg, Bayreuth. 1911.)

— — Dasselbe. Ebd. 1910. 8⁰. (3 Mk., unbeschn. in Orig.-Umschl., Hans Lommer, Gotha. 1911.)
„Der Jungfernkranz" schreibt Hofrat Dr. M. Burckhard, „der gesellschaftliche Heuchelei und Immoralität geisselt, hat, auch wenn er unzüchtige Handlungen oder sittlich anstössige Reden vorführt, darum noch durchaus keinen unzüchtigen oder sittlich anstössigen Inhalt." (Wurde vom Staatsanwalt nicht beschlagnahmt.) — Nur in 500 Expll. gedruckt.

Jungfernkranz, der. 2. Aufl. (158 S.) 8. Wien 910. Verlag Lumen. 3. 50

Jungfernprobe, die, ein Spiel zum Todtlachen. Fol. Nrnb. Comm. Bür. 803.

JUNGFERN-PROTOCOLL, Das.

Die Nadel führt den meisten Krieg,
Und raubt dem Degen offt den Sieg
Wenn man den Frieden nicht will stören,
So muß man den Pantoffel ehren.

O. O. (Halle, C. H. Hemmerde) 1746. 8⁰. Rar!
8 Bll., unpag. Rücks. d. 1. leer. — M. M. V. 1745. D 1 b: Cat. Meissner III
Reime, überschrieb.: „Actum, am Tage Rosimund, in Trautmannsdorff zur Mittagsstund, im Jahr, als man mit Bomben schosse, u. Tag u. Nacht viel Blut vergosse".

Jungfernraub, der durch die Liebe entdeckte, aus d. Engl. 8. Frankf. 752.

JUNGFERNRAUB, Der sächsische. Ein Original-Schauspiel in fünf Aufzügen. (Typ. Vign.) Zweite Aufl. Leipzig (ohne Adresse), 1787. 8⁰. (In Dresden.)
Tit., 1 Bl. Personen-Verz., 392 S. — Nirgends citirtes merkw. Sittenbild, dessen Schauplatz vornehmlich Leipzig u. Dresden. — Ed. 1. c. 1785?

JUNGFERN-RAUB, Der versteckte, durch die Liebe aber entdeckte merkwürdige. Aus d. Engl. und mit einer lustigen Vorrede von Ferd. Augustin Haushan (sic!). Frankfurt und Leipzig 1752. 8⁰. (In Dresden: Litt. germ. rec. C. 361.) (1 Rthl. Scheible, c. 1870; jetzt theurer!)
240 SS. Zieml. harmlose Liebesgeschichte. Ist wohl deutsches Gewächs.

JUNGFERNSCHAFT, Meine verlorene. Geſtändniſſe einer geilen Witwe. — 1892. — Babylon, Don Juan Caſanova, 1903. 8⁰.
Verb. d. Ldg. Hamburg L. 1718/12.

MEINE verlorene Jungfernschaft. Geständnisse einer geilen Wittwe. II. Aufl. (Kl. Ornam.) Berlin 1892. Auf Kosten der Wittwe Fummel. 8⁰. Starkes Pap. Lat. Typen. (2 Mk. eine böhm. Firma, 1901.)
21 S. (incl. Tit. u. 5 S. originelles Vorw. d. „Verlegers" Leckfritz), 1 S. erot. Verlag. (11 Nrn.) — Ein andrer Druck hat 16 S. (incl. S. 3—6 Vorwort). Dialogisirte Reimerei.

JUNGFERNSCHAFT, Meine verlorene. Erlebniſſe einer geilen Witwe. 2. und 3. Auflage. Berlin, Auf Koſten der Witwe Fummel. 8⁰.
Verb. d. Ldg. I Berlin 4 C. M. 142/02.

ROSINENS Jungfernschaft, oder: Was alles auf der Reise passiren kann. Berlin 1892. 8⁰. (Mk. 2—.)
Sotadicum schlimmster Art, längst verschwunden. — Verboten v. L.-G. Wien, 26. V. 1897. § 516.

§ * **JUNGFERSCHAFT,** Die verlohrne, ein Lustspiel. Der betrogene Alte, ein Nachspiel. Franckfurt u. Leipzig 1752. 8⁰. 5¼ Bogen. Rar!

JUNGFERNSCHAFT, Die verlorene. (Um 1900.) 8⁰.
Verb. d. Ldg. Chemnitz A. III 286/02.

JUNGFERN-SCHUBSACK, Der anatomirte. Leipzig 1723. 4⁰. 2 Bogen.
In Versen? Höchst selten! — Cat. Meissner III.

Jungfern-Schule, Die, oder Frauenzimmer-Philosophie a. d. Franz. ... Paris [Frankf. a. M.] 1737. V: *Hélot* (oder *Milot*). (BGE) V: *Helot.* (Wr)

Jungfern-Schule, Erbauliche, oder Unterredung zwischen der Mad. de Maintenon und ihrem gewesenen Ehemann. [A. d. Franz.] Herrnhut 1748. V: *Habert.* (Wr)

§ **JUNGFERN-SCHULE,** Die lustige u. wohlgemuthete, Darinnen das seltsame Leben u. Verrichtungen eines Amanten, Auch dessen Lehr-Art, wie ohne grosse Mühe brav Geld zu verdienen, anmuthig beschrieben wird. Mit Titelkpf. Franckfurt u. Leipzig 1747. 8⁰. (Auch in Dresden, K. B. Lit. Germ. rec. C. 1011.) (6 Mk. E. Frensdorff, c. 1905.)
Nicht sotadisch, aber sehr curios u. rar! 214 S. (incl. TK. u. Titel in Roth u. Schwarz). S. 184—189 ein satyrisches Gedicht, die Erlebnisse eines „Bruder Madido" in Pyrmont schildernd.

JUNGFERNSTICH, Der, in der Stadt (links), auf dem Lande (rechts). O. O. u. J. (c. 1890). Schmal gr. Fol. Offenes Bl. à 2 Col., nur auf 1 Seite bedruckt. Lat. Lett.
Der rechts stehende Text in Bauern-(plattdeutschem) Dialekt.

JUNGFERNSTIEG, Der, Lustspiel in 1 Aufzug. 1746. 8⁰. Sehr rar!
Citirt in Gottsched's Vorrath.

JUNGFERNTAXATOR, Der. 1764. 8⁰.
G. A. Lange, Buchh. in Berlin, Cat. vom J. 1764. (ohne Ortsangabe). — Sehr selten!

Jungferntrost. Hieroglyphisch-typische Stoßseufzer über das ††† gröbere Geschlecht. Ergrübelt von Laura Schimmelhuber. 8. (16 S.) Frankfurt a. M. 883, Gebr. Knauer.

Jungferschaft, Zeichen und Werth der, s. Gynäkologie.

Jungfer- u. Junggesellenschule, wohleingerichtete, aus dem Franz. 8. Liegnitz. 749.

Jungfrau, Die, ihr Beruf und ihre Bildung; ein Festgeschenk ... Augsb. 1840. V: *Eith, Gabriel.* (ErGr)

Jungfrau, die, ihr Beruf u. ihre Bildung. Ein Festgeschenk f. Jungfrauen v. d. Verf. d. „Stunde d. Andacht" (G. Eith. — Neue Ausg.) 8. (20 B. u. 1 Stahlst.) Augsburg 840, v. Jenisch u. Stage'sche Buchh.
Frühere Ausg., vgl. Eith.

—— die betende, e. Gebet- u. Erbauungsbuch f. d. weibl. Jugend. M. 1 Stahlst. 12. Grätz 839, (Kienreich.) *

Jungfrau, die bethende. Katholisches Gebeth- und Erbauungsbuch. 3. Aufl. 12. (144 S. mit 1 Stahlst.) Gratz 856(57,) (Ferstl'sche Buchh.) *

Jungfrau, die christliche. Illustr. Monatsschrift z. religiösen Erbaug. u. Unterhaltg. M. d. Beilage: D. gute Congreganistin. Red. v. Gratian v. Linden, O. Cap. 1. Jahrg. Oktbr. 1898–Septbr. 1899. 12 Hfte. (à ca. 2 Bog. m. Abb.) gr. 8. Münster, Alphonsus-Buchh. n. 1.20

Jungfrau, die christliche. Illustr. Monatsschrift zur religiösen Erbaug. u. Unterhaltg. Mit der Beilage: Die gute Congreganistin. Red. von Gratian v. Linden, O. Cap. 2—6. Jahrg. Oktbr. 1899—Septbr. 1903. à 12 Hfte. gr. 8. (à ca. 32 S.) Münster, Alphonsus-Buchh. à Jahrg. n. 1. 20

Jungfrau, die christliche. Illustr. Monatsschrift zur religiösen Erbaug. u. Unterhaltg. Mit der Beilage: Die gute Congreganistin. Red. von Gratian v. Linden, O. Cap. 6.—9. Jahrg. Oktbr. 1903—Septbr. 1907. à 12 Hefte. (à Jahrg. 380 S.) 8. Münster, Alphonsus-Buchh. à Jhrg. n. 1. 20

Jungfrau, die christliche. Illustr. Monatsschr. z. religiös. Erbaug. u. Unterhaltg. Mit d. Beilage: Die gute Congreganistin. Red. v. Petrus Chrysologus, O. Cap. 10.—18. Jahrg. Oktbr. 1907—Septbr. 1911. à 12 Hefte. (à Jahrg. II, 576 S.) gr. 8. Münster, Alphonsus-Buchh. à Jahrg. 1.20

——— die christliche, im Brautstande. 16. (10 B. auf weißem od. roth. Papier.) Frankfurt a. M. 838. [Leipzig, Kersten.] (Mit od. ohne Goldschn.) ½ Thlr., in Seide

Jungfrau, die christliche, im Brautstande. 2., unveränd. (Titel-)Ausg. 16. (V und 146 S.) Leipzig 851 (52,) D. A. Schulz.

Jungfrau, die christliche, in der Schule der Heiligen. Von einem Missionär Unserer Lieben Frau von La Salette. Autoris. Uebersetzung nach der 2. verb. Aufl. von J. Klenk. 8. (VIII, 439 S.) Mainz 872, Kirchheim.

Jungfrau, die eiserne, s. a. J. A. Gleich.

JUNGFRAU, Die eiserne: eine Geistergeschichte, halb Dialog, halb Erzahlung, von dem Verfasser der Geisterburg. Mit TKpf u. TVign. Prag, Widtmann, 1799. 12°. 270 S. Zahm. (1 Mk. 20 Pfg., geles Expl., Taussig, Prag, 1906.) Ed. I ibid. 1797 (Schlesinger's Berliner Leihbibl.-Cat., 1825. S. 161)

Jungfrau, die, eiserne,. Schsp. in 3 A. 8. Wien, Wallishäuser. 806.

Jungfrau, die eiserne, e. Geistergesch. aus d. Vorzeit Böhmens. gr. 12. (9 B. u. Titlkpfr.) Wien 810, Mayer u. Comp. Thlr.

Jungfrau Europa im Wochenbette. 2 Bde. 8. Erfurt u. Gotha, Hennings. 1 ₰ 16 ₰

Jungfrau, d. fromme, ein Andachtsbuch. 8. Nürnb. 823. Monath u. K. 14 ₰

—— Gattin und Mutter oder die weiblichen Pflichten, dargestellt in einer moral. Erzählung. Nach dem Französ. bearb. von Frz. Maria Brug. Mit einer Vorrede von Chrph. v. Schmid. 12. (XII und 226 S. mit 1 Stahlst.) Augsburg 848, Schmid'sche Buchh.

—— Gattin und Mutter, oder: Die weiblichen Pflichten, dargestellt in einer moralischen Erzählung. Nach dem Französ. bearb. von Frz. Maria Brug. Mit einer Vorrede von Chrph. v. Schmid. 2., verb. Aufl. gr. 12. (243 S. mit 1 Stahlst.) Augsburg 853, Schmid'sche Vrlgsh.

Jungfrau, die, von der Wengernalp gesehen. Nach der Natur aufgenommen und gestochen von *C. Huber*. Breitformat. Stichgrösse 75 cm. breit, 50 cm. hoch. Berlin, Stiefbold & Cie. 1881

Jungfrau, Der hl., der Jungfrauen zu ihrem Kirchenbau in Aachen. Aachen 1855. V: *Debey, Matthias Hubert Dominik Maria.* (KD)

Jungfrau, die Irokesische, s. Jugendbibliothek.

Jungfrau von London, Die, oder geheime Geschichte von Hannover. Paris [Erfurt] 1804. V: *Arnold, Ign. Ferd. (Theodor Ferdinand Cajetan).* (BGE) »Erfurt u. Gotha« (BGE) (Ky)

— die, von London, od. geheime Hofgeschichte von Hannover, (v. Th. F. K. Arnold). 2 Thle. 8. Erfurt u. Gotha 804. Hennings. 1 ₰ 16 ₰

Jungfrau, die, mit der eisernen Maske, vom Verf. des Carlo di Franceci. Wohlfeilere Ausgabe. 8. Pirna, Friese. 812. Rthlr.

Jungfrau, die mit der eisernen Maske. Wohlf. Ausg. 8. Pirna, Friese. 817.

— die, mit der eisernen Maske. N. A. 8. Pirna 817. Friese. 18 ₰

— d., von Nikomedia; e. Sage a. d. kirchlichen Vorzeit v. L. Th. Kosegarten. 16. Berl. Weiß. 808.

—— die, von Orleans, s. a. Ausland, das belletristische. — Kindertheater.

— die, v. Orleans, nach Voltaire, s. a. Neudrucke literarhistorischer Seltenheiten. Nr. 3.

Jungfrau von Orleans, die. s. a. Volksbücher. 39. Heft.

Jungfrau, die, von Orleans, ein heroisch-komisches Ged. s. a. Voltaire.

Jungfrau, die, v. Orleans. Eine romant. Tragödie v. Fr. Schiller. 12. Berlin, Unger. (Schade.) 802.

— von Orleans. Schilderung der Begebenheiten dieses unglücklichen Opfers des Fanatismus und der Politik, m. K. gr. 8. Bresl. Buchheister. 802.

— — dasselbe neue Aufl. gr. 8. Tubing. Cotta. 805.

Jungfrau, die, von Orleans; eine romant. Tragödie von Fr. v. Schiller. N. Aufl. gr. 8. Tübingen, Cotta. 816.

Jungfrau von Orleans, die, eine treue Schilderung d. Begebenheiten dieses unglückl. Opfers des Fanatismus u. d. Politik, aus ächten Quellen geschöpft vom Verf. des Romandо. Mit 1 ill. Kpf. N. Aufl. 8. Bresl 820. Buchheister. 12 ₰

Jungfrau, Die, von Orleans. Ein historischer Roman vom Verfasser der Whitefriars. Aus dem Englischen von Wilhelm Schöttlen. Stuttgart 1850. V: *Robinson, Emma.* (EB)

—— von Orleans, die. Ein Tugendbild aus vergangener Zeit. Für's Volk erzählt. 1. Aufl. 1872, und 2. Aufl. 8. (64 S.) Reutlingen 874, Enßlin und Laiblin. — 20

Jungfrau von Orleans, Die travestirte. Posse in 2 Akten mit Prolog und Epilog. Berlin 1803. V: *Voss, Julius von.* Vgl. stadtBiblBerlin 5 (1907), S. 165. (DARP)

— d. v. Orleans, travestirt. Posse in 2 A. m. Prolog u. Epilog (v. Jul. v. Voß.) 8. Berlin, Schmidt. 803.

— die travestirte, von Orleans. Posse in 2 A. 8. Berl. 803. (Heinemann in Stolp.) 16 gr.

Jungfrau, Die, des Schlosses Rome. [Tübingen 1798.] V: *Helwig, Amalie von, geb. Freiin von Imhoff.* (NN)

Jungfrau, Die stille. Eine wunder- und geheimnissvolle Geschichte. Dresd. 1804. V: *Schulze, Frdr. Aug.* (pseud. *Fr. Laun*). (BGE)

— die stille, e. wunder- u. geheimnißvolle Geschichte, (v. Fr. Laun, Fr. A. Schulz.) 2 Thle. 8. Dresden, Arnold. 808.

Jungfrau, Die strahlende, oder Berggeist. Leipzig 1800. Olmütz 1800. Wien 1797. V (nicht): *Spiess, Chr. Hirsch.* (BGE [3]7/398) (Hdschr. Mitth. von Gustav Gugitz, Wien.) (GGr V/508, Nr. 9/35) (BiblPort)

— die strahlende, od. d. Berggeist; e. Zaubergesch. a. dem Nachlasse v. Chr. H. Spieß. 8. Leipz. Joachim. 800.

JUNGFRAU, Die, vom Stuhl. Ein komisches Heldengedicht. („Ueber allem Zauber Liebe.") Leipzig Johann Friedrich Hartknoch. 1876. Breit-kl. 8°. Gepr. Orig.-Sarsenetbd. m. G. u. lithogr. Umschl. 127 S. (incl. Tit.). Zahm. (In Dresden.)
Das nahezu unbekannt gebliebene Opus enth. diverse literar. Seitenhiebe.

Jungfrau, die, vom Stuhl. Ein komisches Heldengedicht. 2. Aufl. gr. 8. Leipzig 876. Wartig's Verl. n. 1.50

Jungfrau, Die wandernde, ein Seitenstück zum unbekannten Wanderer . . . Braunschw. 1802. 1803. V: *Bertrand, Gottlieb.* (Ky) (GGr) (MGT)

— die wandernde; ein Seitenstück zum unbekannten Wanderer unter vielen Gestalten, vom Verf. d. Unerforschlichen (G. Bertrand.) 2 Thle. 8. Braunschw. Schröder. 803.

Jungfrau, Die, von Wien. Eine lokale Posse mit Gesang. Musik von W. Müller. Wien 1814. 72 S. 8°. V: *Gewey, Frz. Karl.* Vgl. XIV. Versteig.-Kat. Ign. Schwarz, 1. Teil. Wien 1926. Nr. 323. (DARP)

— die, von Wien, locale Posse mit Gesang in 2 Aufz. 8 Wien, Wallishauser. 814.

— der, Tugend. Seelsorgebriefe an e. Jungfrau üb. sexuelle Dinge. Eine Mitgabe auf den Lebensweg. (48 S.) 8. Berlin (904). L. Frobeen. 1. —; geb. 1.50; erm. Pr. — 60; geb. 1. —

— die, im Weltleben. Ein Begleitbuch zur religiös. Belehrg. u. zeitgemäßen Unterweisg., den kathol. Töchtern aller Stände gewidmet v. Rosa Electa. Mit e. Vorrede von Gratian v. Linden. O. Cap. 12. (XII, 211 S. m. 1 Stahlst.) Ebd. (900). Geb. in Leinw. 1.80

Jungfraubahn. Festspiel zur Einweihung der I. Sektion Scheidegg-Gletscher. Zürich [1898]. V: *Steiner, Leonhard.* (BSchwLk V, 9 h) (Zuwachsverz. d. Bibliotheken in Zürich 1898 ff.)

Jungfraubahn. Die Jungfraubahn. [Erstellt durch die] Maschinenfabrik Oerlikon. — Le chemin de fer de la Jungfrau. [Projet exécuté par les] Ateliers de Construction Oerlikon. (Oerlikon-Zürich.) 1901. [Mit 57 Tafeln.] 26 + 20 S. 4. (Zürich I, Jacques Bollmann.)

Jungfraubahn. Die J'-B', Berner Oberland (Schweiz). [Illustrierte Beschreibung hrg. durch die J'-B'-Gesellschaft.] ([Mit] Anhang (1903).) II + 24 + *Anhang* 1 S. 8. Zurich, Hofer & C°, [1902].

JUNGFRAU und Junggesellen Belustigung oder Glücks-Buch, welches mit mancherley kurtzweil. Sprüchen u. Schwencken, vieler Vögeln, u. vierfüssigen Thieren, erfüllet und zusammengetragen worden. Mit Leber-Reimen u. schönen Rätzelein angefüllet. O. O. u. J. (c. 1700?). 8°. (In Darmstadt: E 5764, 100.)
32 S. Unter d. Leber-Reimen u. Räthseln Einiges mehr als derb. Höchst seltene Jahrmarkts-Schrift!

Jungfrauen und Schauspieler, Berlins. Berl. 1804. V: *Meyer, Wilhelm Ferdinand.* (MGT) (Adel)

Jungfrauen, Die tyroler ekstatischen. Leitsterne in die Gebiete der Mystik. Regensb. 1843. V: *Volk, Wilh.* (EB)

Jungfrauen, die tyroler ekstatischen. Leitsterne in die dunklen Gebiete der Mystik. 2 Bde. gr. 8. (53 B.) Regensburg 843, Manz.

Jungfrauen, die 22 schlafenden, Geistergesch. v. Chr. H. Spieß, m. K. 3 Thle. 8. Lpz. Leo. 795 96. (I. 1 Rthlr. 12 gr. II. 1 Rthlr. 4 gr. III. 1 Rthlr.) Rthlr.

Jungfrauen, Die zwölf schlafenden. Eine Geistergeschichte. Wien 1797. V: *Spiess, Chn. Hnrch.* (wrztg 1798, S. 192) (biblrort)

— die zwolf schlafenden, 3 Theil:. Ein Schausp. mit Gesang v. Hensler. 8. Wien, Schaumburg. 801. (à 7 gr.)

Jungfrauen, die zwölf schlafenden,. Schsp. in 4 A. v. Jul. v. Voß. m. K. u. Gesängen. 8. Berl. Schöne. 805.

Jungfrauen, Die zwölf schlafenden. Höchst interessante Ritter- und Geister-Geschichte. Wien [ca. 1900]. V: *Neidl, Julius.* (EB)

Jungfrauen-Bund, Der —. Zweite Auflage. 16. (24 S.) Gratz. Aus der C. Tanzer'schen Buchdruckerei. Bei Josef Sirolla. 1854.

Jungfrauen-Bund, der — Dritte Auflage. Gratz, 1857. Aus der C. Tanzer'schen Buchdruckerei. Bei Josef Sirolla. (24 S, 8.)

Jungfrauengebetbuch. 8. Bregenz, Brentano

Jungfrauen-Kalender, evangelischer, f. d. J. 1907. Hrsg. von Ernst Kalb. (104 S. m. Abbildgn.) 8. Stuttgart, Buchh. der ev. Gesellschaft. n. — 25

Jungfrauen-Kalender, evangel., f. d. J. 1911. 8. Jahrg. In Verbindg. m. d. Verband d. evangel. Jungfrauenvereine Deutschlands hrsg. v. A. Hinderer. (102 S. m. Abb. u. 2 Taf.) 8. Stuttgart, Verl. d. ev. Gesellsch. — 25

JUNGFRAUEN und Junggesellen Lust, Neuvermehrte. Bestehend in Neunzig gantz neu ersonnenen und noch niemal in Druck ausgegangenen keuschen Lust und Liebesliedern .. zusammen getragen .... von Hanns Waldschmidt Mit Titelholzschnitt. Gedruckt im Jahr. (!) (c 1700?) 8°
W. v Maltzahn p 304 no. 719 „Unbekannt!"

Jungfrauen-Tribut, Der, des modernen Babylon (Enthüllungen der »Pall Mall Gazette«). Budapest 1885. V: *Stead, William Thomas.* (Köln. Zeitung Nr. 439, 20. April 1912)

Jungfrauen-Tribut, der, des modernen Babylon. [Enthüllungen der „Pall Mall Gazette".] Einzige vollständige deutsche Uebersetzung. gr. 8. (VIII, 104 S.) Budapest 885, Grimm. *

—— dass. — 12. (87 S.) Hamburg 885, Scharbius.

—— dass. — im modernen Babylon. (Sensationelle Enthüllungen der Londoner „Pall Mall Gazette".) 1.—4. Aufl. 8. (72 S.) München 885, Merhoff's Verlag.

JUNGFRAUEN-Tribut im modernen Babylon. Bericht der Geheimen Kommiſſion der »Pall Mall Gazette«, überſetzt von Schoenlank. Nürnberg 1885.

Jungfrauen-Tribut. Der, d. modernen Babylon. (Enthüllungen d. „Pall Mall Gazette".) Uebers. v. Josef Cymba. 8. (48 S.) Pressburg, G. Heckenast's Nachfolger (R. Drodtleff). 60 kr. N b.
1885

Jungfrauen-Tribut, der, in München, oder Sodoma an der Isar. (*Prozess Luise Reitz* u. Genossen.) München. C. Merhoff, 1886. 8°. Cart.
22 S. – Die 9 Angeklagten (6 Frauen, 3 Männer) wurden zu Strafen von 1 Monat Gefängniss bis 3½ Jahr Zuchthaus verurtheilt

Jungfräulichkeit, die. Der unbefleckten, jungfräulichen Gottesmutter geweiht. Aus dem Französ. Schaffhausen 859. Hurter. 8. (368 S.) 18 ngr.

Jungfräulichkeit, die. Der unbefleckten, jungfräul. Gottesmutter geweiht. Nach dem Französ. 2. verb. Aufl. gr. 16. (VIII, 453 S.) Regensburg 876, Manz.

Jungfräulichkeit! Una poenitentium. (63 S.) gr. 8. Frankfurt a/M. 906. H. Demuth. n. — 80

Jungfrau-Massiv [Schlagwort]

Jungfrau-Massiv, s.: Westentasche-Karten-Collection.

Jungfrau v. Orleans [Schlagwort]

Jungfrau v. Orleans. Teetz, F., Schulwandkarte zu Schillers Jungfrau v. Orleans. Gezeichnet von Ed. Gaebler. 1 : 1,000,000. 2 Blatt à 57,5×92 cm. Farbdr. Leipzig (900). G. Lang. n. 6. —; auf Leinw. n. 10.—

Jungfrau Railway. The J' R', Bernese Oberland <Switzerland>. [Illustrated Description published by the J' R' Society.] 2d Ed. II + 24 p. 8. Zurich, Hofer & Co, [1903].

EUFEMIA, genannt Gertrud von Köln. — Die durch die Flucht aus dem königlichen Hause erhaltene Jungfrauschaft, vorgestellt in gegenwärtiger kurzer Lebensbeschreibung der seligen Eufemia, genannt Gertrud von Cölln. Köln, b. Chr. Everaerts O. J. (Ende 18 Jahrh.) 8°. Selten!
Blenz's Bibl. Berlin 1844, no. 764.
— — Dasselbe. O. O. u. J. 8°. (42 xr. Theod. Ackermann, Munchen, 1875.)

JUNGFRAUSCHAFT, Die durch die Flucht aus dem Königl. Hause erhaltene, vorgestellt in gegenwärtiger kurzer Lebensbeschreibung der sel. Eufemia (genannt Gertrud von Cöln). Koln, bey Everaerts. O. J. (c. 1800). 8°. 48 S. (4 Mk., Expl. mit Censurstempel, v. Zahn & Jaensch. Dresden, 1909.) Selten!

Jungfrauschaften und Plaisanterien, Die, mit Maitressen. Berlin 17?? V: *Siede, Joh. Christian.* (Sauer, Säculardicht. Berl. 1901. S. 618.)

Jungfried, E., Deutschlands Stern od. d. Reiches Stolz u. Hoffnung. Patriotische Erzählg. 1. Hft. gr. 8. (32 S. m. 1 Illustr.-Taf.) Berlin 890. W. Grosse. — 10

Jungfried, Ernst, Deutschlands Stern od. d. Reiches Stolz u. Hoffnung. Patriotische Erzählg. 2.—80. (Schluß-) Hft. gr. 8. (S. 33—1928 m. 79 Illustr.-Taf.) Berlin 889. 890. W. Grosse. à — 10

Junggeselle, Der. Lustspiel in 5 A. Nach dem Franz. Augsburg 1785. V: *Lambrecht, Matthias Georg.* (GGr)

Junggeselle, der alte; e. Lstspl., nach d. Französ. von M. G. Lambrecht. 8. Augsb. 785. v. Jenisch u. St. 4 gr.

— — Lustsp. nach dem Franz. v. Huber. 8. Lpz. Schmidt. 797. •

Junggeselle, der alte, Lustspiel nach dem Franz. von L F. Huber. N. Aufl. 8. Frankf. a. M., Sauerländer. 819.

Junggeselle, Der Letzte. Karlsruhe 1846. V: *Kettner, von.* (Hof- u. Landesbibl. Carlsruhe. Zugangsverz. 1900.)

Junggesellen. Schwank in drei Aufzügen. Kronstadt 1877. V: *Kühlbrandt, Ernst.* (Trausch IV, 255)

Junggesellen, Die drei betrübten. Scherz für drei Herren. Elgg [1906]. V: *Huggenberger, Alfred.* (BBullschw 14, S. 175)

Junggesellen, d., eigner Herd. Ein pract. Kochbuch f. akadem. u. nicht akadem. Mitglieder der Junggesellenzunft. (Kochende Junggesellen. Ein Koch-Ratgeber f. d. Junggesellen Abendtisch.) Hrsg. v. Lucullus redivivus. gr. 16. (47 S. m. 6 Fig.) Charlottenb. 891, Mann. cart. * 1 -

Junggesellen-Almanach von Heinr. v. Nachtfalter. 8. (128 S. mit Illustr.) Budapest 886, Gust. Grimm's Verlag. *

JUNGGESELLEN-BIBLIOTHEK. Serie I. 10 Bde. Mit zahlr. Illustr. Berlin, o. J. (c. 1890?). 8°. Vergriffen! (5 Mk. H. Hugendubel, München, c. 1905.)
Inhalt: 1. Bauernliebe. 2. Doralice. 3. Nackt. 4. Diskretion. 5. Gluck bei Frauen. 6. Das Spitzentaschentuch. 7. Eine Badebekanntschaft. 8. Die kleine schlaue Mizzi. 9. Junge Ehe. 10. Ihre Mama.

— — Serie II. (Lag nicht vor.)

— — Serie III. 10 Bde. M. zahlr. Illustr. Ebd., o. J. 8°. (4 Mk. der Vorige.)
Inhalt: 1. Von den Amorsälen nach Transvaal. 2. Circe. 3. Die Chansonnette. 4. Plaisir d'amour. 5. Sein Ideal. 6. Die Dame in Schwarz. 7. Der diskrete Heilige. 8. Pariserinnen. 9. D. Verführer. 10. Unsere Kinder.

JUNGGESELLEN-KALENDER für 1895. Circular der Verlagshandlung. Kunstverlag Phönix in Budapest.
Verboten vom L.-G. Wien, 16. Jänner 1895. § 516

Aus einer modernen **Junggesellenklause.** Eine Inventur. (2. Aufl.) Leipzig: C. F. Müller 1893. (85 S.) 8° [F.] [illegible]

Junggesellen-Kochbuch, f. Junggesellen v. e. alten Junggesellen. 2. Aufl. gr. 8. (168 S.) Regensburg 896. B. Hennings. n. — 50

Junggesellen-Kochbüchlein. Von einem alten Junggesellen für Junggesellen. 8. (29 S.) Neu-Ulm 882, Stahl. *

Junggesellennot. Prakt. Ratschläge zur Verbesserg. des Junggesellendaseins v. einem Einsamen. 8. (VIII, 41 S.) Dresden 899. E. H. Meyer. n. 1. —

Junggesellen-Steuer. Von *.*. (Rh. Gerling.) (30 S.) 8. Oranienburg (907). Orania-Verl. — 60

JUNGGESELLENTREIBEN im Reiche der Liebe. Bilder aus dem Leben des Verfassers. 2 Bde. Rotterdam, o. J. (Stuttgart, J. Scheible, 1876). 12°. (Mk. 10— eine böhmische Firma, c. 1901; 12 Mk. Paul Graupe, Berlin, 1908; im Preise steigend.)
116 u. 158 SS. Eines der interessanteren sotad. Produkte üppigster Art; wohl auf wirklichen Erlebnissen des „Junggesellen" (eines jungen Handwerkers) beruhend.

— — Illustrationen hierzu. (Mk. 10— eine böhmische Firma.)

Junggesellenwirthschaft, die, s. G. F. Treitschke.

Junggesellenwirthschaft, die,. Singsp. in 1 Aufzug v. Treitschke. gr. 8. Wien, Wallishäußer. 803.

Jens Peter **Junggreen.** Udtalelser om Nordslesvigs nationale Ret. 1868—1877. Flensborg. [1892.] 8°.

Junghahn, Alfred *Gustav* [aus Berlin]: Ueber Ditoluidobernsteinsäure nebst Derivaten m. e. Anh. üb. einige Derivate d. Dianilidobernsteinsäure ... Berlin, A. W. Schade's Buchdr., 1893; 42 S., 1 Bl. 8.
Berlin, Phil. Fak., Inaug.-Diss. v. 5. Juli 1893

Die Chemische Industrie. Von Dr. Alfred **Junghahn.** Privatd. zu Charlottenburg. *Berlin: (Handelsvertragsver.) 1902.* (71 S.) 8°
— Interesse d. deutschen Industrie an d. Handelsverträgen. II. 10. [illegible]

Junghahn, Emil August [Prof. Dr.]: Agos-Sühne als politische Forderung bei Thukydides I 126—139. Berlin, R. Gaertners Verlagsbuchh., 1890; 31 S. 4°
Berlin, Luisenst. G, OP 1890 (65)

Junghahn, Aem. A.: De Simonidis Cei epigrammatis quaestiones. 41 S. – Berlin Luisst. G., Progr. 1869.

Junghahn, Emil Aug., Studien zu Thukydides. Neue Folge. Historisch-Kritisches, Exegetisches, Polemisches. gr. 8. (95 S.) Berlin 886, Calvary und Comp. *
Aus: Berliner Studien für classische Philologie und Archäologie, besonders abgedruckt.
Die frühern Aufsätze erschienen in: Jahrbücher für klass. Philologie, Bd. 111 und 117.

—— neue Thukydidesstudien, s. Studien, Berliner, für classische Philologie und Archäologie.

Junghaehnel, Moritz Julius Eduard (Dresden), De pharmacis quibusdam e cupro paratis. Disp. med. Präs. Johann Carl Friedrich Leun. Lpz. (Staritz) 14. V. 1822. 36 S. (6.—) 17192
Gew.: Carl Friedr. Junghaehnel (Hoekendorf), Carl Friedrich Nicolai (Zschopau).

Junghähnel-Album, s.: Glaser's, Conr., Taschenalbum Ideal. 41. Bd.

Junghaendel, Max, Aegypten. Heliogravuren nach Orig.-Aufnahmen. Mit Vorwort u. erläut. Text v. Geo. Ebers. gr. Fol. (25 Taf. m. 3 S. u. 25 Bl. Text.) Berlin 894. Cosmos, Verlag f. Kunst u. Wissenschaft. In Leinw.-Mappe n. 100. —; in 5 Lfgn. à n. 20. —: Drucke auf Seide m. Text in Mahagoni-Kasten n. 500. —

Junghändel, Max, la arquitectura de España estudiata en sus principales monumentos. Texto sumario por D. Pedro de Madrazo. Lex.-8. (91 S.) Dresden 897. Gilbers. n. 5. —

Junghändel, M., die Baukunst Spaniens, in ihren hervorragendsten Werken dargestellt. (In 6 Lfgn.) 1.—3. Lfg. Fol. (à 25 Lichtdr.-Taf. m. 2 Bl. Text.) Dresden 889. 890. Gilbers' Vorl. In Mappe. à Lfg. n. 25. —

— dasselbe. 4. Lfg. Fol. (22 Lichtdr.- u. 2 Farbendr.-Taf. m. Text S. 5—12.) Ebd. 890. In Mappe. n. 25. —

— die Baukunst Spaniens, in ihren hervorragendsten Werken dargestellt. Text v. Corn. Gurlitt. 5.—8. (Schluss-)Lfg. gr. Fol. (93 Lichtdr.- u. 6 farb. Taf. m. Text IV u. S. 13—36.) Dresden 891—893. Gilbers. In Halbleinw.-Mappen à n. 25. — (8 Lfgn. n. 200. —); 2 Halbldr.-Mappen zu den 2 Bdn. n.n. 15. —

— die Baukunst Spaniens, Nachtrag, s.: Baukunst, die, Spaniens.

— Frankfurt a/M. Aufnahmen nach d. Natur. In Lichtdr. ausgeführt v. d. Verlagsanstalt f. Kunst u. Wissenschaft vorm. Friedrich Bruckmann in München. Fol. Frankfurt a/M. 895. H. Keller.
Geb. in Leinw. m. Goldschn.: 22 Blatt n. 25. —; 12 Blatt n. 15. —

Junghänel, Alexander, und E. R. Eger: Festgabe, s. Eger, E. R.

Junghänel, Alex., Festspiele für die Jugend. 2. Reihe 3 Hefte und 3. Reihe 2 Hefte. 12. Leipzig 883, Siegismund und Volkening. *
2. und 3. Reihe in je 1 Heft à *
1.—3. Reihe geb. in 1 Bd. *

Inhalt:
Reihe 2. 1. Heft: Der Kaiser und der Abt. Nach Bürgers gleichnamigem Gedicht dramatisch bearb. (21 S.) * 20 Pf.
" 2. 2. Heft: Rübezahls Rache. Nach einem Märchen von Musäus dramatisch bearb. (36 S.) * 25 Pf.
" 2. 3. Heft: Die drei Wünsche. Schwank in 1 Akt. (24 S.) * 20 Pf.
" 3. 1. Heft: Der Prinzenraub. Drama in 4 Abtlgn. (68 S.) * 40 Pf.
" 3. 2. Heft: Hassan oder die Erbschaftsreise. (22 S.) * 20 Pf.
Die 1. Reihe bildet: Fricke, W., dramatische Festspiele für die Jugend. * 40 Pf.

Junghänel, Alex. (I.), Kursus zur Einführung in die Geometrie. gr. 8. 1. und 2. Aufl. (IV, 48 S. mit eingedr. Fig.) Berlin 879, Hempel. *

Junghänel, Alex. (II.), Rübezahls Rache, s. Wallner, E., deutsche Festspielhalle.

Junghänel, A., Sammlung ausgeführter Stilarbeiten, s. Sammlung.

Junghänel, Alex., und J. G. Scherz, Sammlung ausgeführter Stilarbeiten für Mittelclassen. Ein Hilfsbuch für Lehrer bei Ertheilung des stilistischen Unterrichts in Stadt u. Landschulen. Chemnitz 864. Focke. 8. (X, 127 S.) n. 10 ngr.

Junghänel, A., 200 Stilarbeiten, s. Sammlung ausgeführter Stilarbeiten.

—— und J. G. Scherz, 200 ausgeführte Stilarbeiten, s. Scherz, J. G.

Junghänel, Alexander, und E. R. Eger: Zwergengeschichten, s. Eger, E. R.

Junghann, ein stereometrischer u. ein planimetrischer Lehrsatz. Perleberg. 1865.
Schul-/Univ.-Schrift

Junghann, Carl August, s. Junghann, Karl August

Junghann, Curd, s. Junghann, Kurd

Junghann, G. Ueber eine Klasse von Funktionen, worin die Sinus und Cosinus begriffen sind. 9 S. . . . .
Luckau, Progr. 1837

Junghann, G. Über Potenzial-Functionen des dritten Grades. 16 S. .
Luckau, Progr. 1844

Junghann Studien über das sphärische Dreieck. 15 S. . .
Luckau, Progr. 1848

Junghann, Gust., Tetraedrometrie. 2 Thle. gr. 8. Gotha 862,63, Thienemann. *
Inhalt:
Thl. 1. Die Goniometrie dreier Dimensionen. (XVI und 143 S. mit 9 Stnt. in gr. 4.) * 1 Thlr.
" 2. Die Eckenfunctionen in Verbindung mit Längen-, Flächen- und Körpergrössen. (IX und 191 S. mit 2 Stnt. in gr. 4.) * 1 Thlr. 10 Ngr.

Junghann, Jh. Gtl., Begriff u. Wesen e. Elementarschule. 8. Leipz. 815. Barth. 3 gr

— über d. Greisenalter. 8. Halberst. 825. (Vogler in Potsdam). 14 gr

Junghann, Karl August

Junghann, C. A. De iis, quae Caesare et Tacito testibus de rebus divinis et humanis censuerint Germani, commentatio. 32 S. . . . .
Aschersleben, Progr. 1828

Junghann, Carolus Augustus: * Quae, Caesare et Tacito testibus de rebus divinis et humanis censuerint Germani. 32 Bl. 8° (4°)
Halle-Wittenberg, Phil. Diss. v. 8. Juli 1826
Geb. [Halberstadt 17. 2. 1804]
Ersch. nach Engelmann-Preuß Halae 1827. 4° und mit geringen Aenderungen u. d. T.: De iis, quae ... Ascaniae 1828: Haller. 34 S. 8° (4°) Aschersleben, Gymn.-Progr.

Junghann, C. Rede bei der Todtenfeier des Rectors Burckardt, am 15. Februar. 12 S. . . . .
Aschersleben, Progr. 1830

Junghann, Kurd

Junghann, Curd, die Farbe in der bildenden Kunst. gr. 8. (52 S.) Berlin 894. J. Bohne. n. 2. 50

Junghann, Otto: Bilden das mandatum tua gratia und die Empfehlung einen Verpflichtungsgrund? *Berlin 1898: G. Schade.* (35 S.) 8°
Erlangen, Jur. Diss. v. 26. Apr. 1897

1802–1902. Die Gründung und Weiterentwicklung der Königshütte ⟨Oberschlesien⟩. Festschrift z. 100 jähr. Jubelfeier ihres Betriebes von O[tto] **Junghann**, Bergrat. [Nebst Tafelbd.] (Berlin 1902: Eckstein.) 1 Bd 4°, 1 Bd quer-4° (07. 16373)

Junghanns, C.

Junghanns, Körpermessgn. an Rindern u. Schweinen, s.: Lydtin.

Junghanns u. **Schmidt**, das Schwein, s.: Landmanns, d., Winterabende.

Junghanns u. **Schmid**, Zucht, Haltung, Mastung u. Pflege des Schweines, s.: Landmann's, des, Winterabende.

Junghanns, Carl, s. J u n g h a n n s , Karl

Junghanns, Christian Gotthilff (Sitten/Misn.), De infamia stupri abolenda. Disp. jur. Präs. Augustin Leyser. Wittbg. (Eichsfeld) 23. XII. 1735. 16 S. (5.50) 17193

— **Gotthelf Renardus** (Pegau), De obliteratione arteriarum adjecto hujus modi casu novo ad arteriam brachialem pertinente. Diss. chir. Lpz. (Oskar Leiner) 21. V. 1853. 35 S. mit Biogr. (M.: J. S. Petermann.) (6.—) 17194
Krankengeschichte d. Carl Nauck (Leipzig).

Junghanns, J. F., s. J u n g h a n s , Johann Friedrich

— **Jo. Friedrich** (Annaberg), De usu judiciis Horatiani in re judiciaria Romanorum publica ad Livii locum libro I. cap. XXVI. scriptiuncula. — Qua viro Gottfried Leberecht Dietze abitum ex academia Lipsiensi amicorum quorundam nomine gratul. Lpz. (Langenheim) 14. IV. 1777. 19 S. (4.50) 17195
Gratul.: T. F. Benedict (Annaberg), I. F. L. Gottschald (Grünhayn), I. F. Hahmann (Leipzig), C. F. Koehler (Annaberg), I. C. Loeser (Muromontanus), I. F. Manitius (Merseburg), I. F. Müller (Buchholz), C. R. E. Riedel (Olbernhau), I. C. H. Zschiesche (Annaberg).

— — Dasselbe. (De judicio Horatiano ejusque in jure usu.) Exercitat. jur. civil. Präs. D. August Friedrich Schott. Lpz. (Loeper) 27. V. 1777. 25 S. mit Widm. v. Präs. (5.50) 17196

Junghanns, Karl

Junghanns, Carl, Beleuchtung der Bittschrift der Handelskammer von Elberfeld u. Barmen an den rheinischen Landtag. gr. 8. (6½ B.) Leipzig 843, Fr. Fleischer. *

(J u n g h a n n s , C.): „Die Fabrikindustrie des Zollvereins. (Keine Schutzzölle, nur Finanzzölle!)". Leipzig 1848

—— der Fortschritt des Zollvereines. gr. 8. (XVI und 320 S. mit 191 S. Tab., wovon 103 in qu. gr. 4.) Leipzig 848, Weidmann'sche Buchh. *

— s. Handels-Zeitung, Leipziger.

Junghanns, Karl [aus Waldshut]: Zur Kenntnis des ana-Chlorchinolins. . . . Freiburg i. B., Buchdr. v. Chr. Ströcker, 1890; 43 S., 1 Bl. 8°
Freiburg i. B., Phil. Fak., Inaug.-Diss. v. 1890

Junghanns, Carl, das Contirungssystem des Zollvereins. 8. (30 S.) Leipzig 849, Weidmann'sche Buchh.

—— erster Unterricht in der Volkswirthschaftslehre im Sinne der Handelsfreiheit. (Keine Schutz- nur Finanzzölle.) 8. (93 S.) Leipzig 849, G. Mayer.

— die Volkswirthschaftslehre für Jedermann u. 6 volkswirthschaftliche Trugschlüsse des Hrn. Bastiat. [Keine Schutzzölle, nur Finanzzölle!] 8. (80 S.) Leipzig 848, Weidmann. 3 ngl

– (Red.), s. Z e i t u n g , für Handel und Fabriks-Industrie.

Junghanns, Oskar, Medizinalprakt.: Aus d. Frauenkl. zu Dresden. Über Mesenterialzysten und einen Fall von Blutzyste des Mesenteriums. Borna-Leipzig 1910: Noske. 39 S. 8°
Leipzig, Med. Diss. v. 18. Okt. 1910, Ref. Zweifel
[Geb. 27. Okt. 83 Jahnsbach; Wohnort: Dresden; Staatsangeh.: Sachsen; Vorbildung: Realgymn. Annaberg Reife O. 05; Studium: Leipzig 10 S.; Coll. 28. Okt. 11.] [U 11. 3035

Junghanns, Rudolf, Referendar beim Kgl. Amtsgericht Grimma: Der Umfang der Entschädigungspflicht bei der Enteignung nach dem sächsischen Gesetz vom 24. Juni 1902. Borna-Leipzig 1907: R. Noske. (VIII, 43 S.) 8° [F.]
Leipzig, Jur. Fak., Diss. v. 3. Juli 1907
[Geb. 18. Dez. 83 Rochlitz i. S.; Wohnort: Grimma; Staatsangeh.: Sachsen; Vorbildung: Fürsten- u. Landessch. Grimma Reife O. 03; Studium: Leipzig 7 S.; Rig. 10. Juli 06.]

Junghanns, Th., poetische Musterstücke, s. Baron, M.

Junghanns, Th., s.: Muttersprache, die.

Junghanns, Th. Die Muttersprache, s. Berthelt, Aug.

— Proben aus den Werken neuerer Dichter, s.: Baron, M.

Junghanns, Th., deutsche Sprachschule, s. Baron, M.

Junghannß, Emil, Chronik von Oelsnitz im Erzgebirge. Eine histor., geograph., statist. Beschreibg. des Dorfes. (VIII, 688 S. m. 6 Taf.) gr. 8. Oelsnitz 901. (H. Sigling.) Geb. in Leinw. n. 14. 70

Junghannss, Karl Wilhelm

Junghannss, Carl Wilhelm (Merseburg), De opio analecta quaedam historica. Diss. med. Präs. Christian Friedrich Ludwig. Lpz. (Klaubarth) 23. VI. 1815. 25 S. (6.—) 17198

Junghannss, Rudolf, Referendar aus Pirna: Die stille Gesellschaft des Handelsgesetzbuchs vom 10. Mai 1897. *Dresden 1901: E. Pierson.* (VII, 79 S.) 8°
Leipzig, Jur. Diss. v. 1904

Junghans: Beweis eines stereometrischen Satzes. 28 S. Dortmund. Progr. 1863.

J u n g h a n s Gebr., Katalog der Uhrenfabrik. 1897/98. (325 S.) Schramberg 1897

Junghans: Zur Methodik. Das vierte Pythische Epinikion des Pindaros. 16 S.--Lüneburg, Progr. 1868

Junghans und Köllner, Weihrede, s. Köllner.

Junghans, A., s. Keller's, O., Unterrichtshefte für das gesamte Baugewerbe. [11. Heft]: Technologie.

Junghans, (A.) Lehrbuch der Gesch. d. Deutschen, f. Schulen u. höhere Bildungsanstalten sowohl, als z. Selbstunterricht. gr. 8 Nordhausen 824, Landgraf.

J u n g h a n s , A.: „Der juristische Rathgeber in der Stadt und auf dem Lande; oder gesetzliche und Vorsichtsregeln und Vorschriften zu allen, im bürgerlichen und Geschäftsleben vorkommenden, nicht processualischen rechtlichen Geschäften. Ein Hand- und Hülfsbuch für den Geschäftsmann, Bürger und Landmann", Nordhausen 1825 (Landgraf).

— der juristische Rathgeber in d. Stadt u. auf dem Lande; oder gesetzl. u. Vorsichts-Regeln u. Formulare zu allen im bürgerl. u. Geschäfts-Leben vorkommenden nichtprozessual. Rechts-Geschäften. 8. Nordhausen 826, Landgraf.

Junghans, A., Technologie. Chemische Grundbegriffe. Baumaterialienkunde. Ziegel-, Kalk-, Gips- u. Zementfabrikation. Brauerei- u. Brennereianlagen, s.: Keller's, O., Unterrichtshefte f. das gesamte Baugewerbe.

Junghans, Carl ..., s. Junghans, Karl ...

Junghans, Constantin W., s. Junghans, Konstantin W.

Junghans, Emil, in sternenheller Sommernacht. Märchen. 12. (III, 163 S.) Frankfurt a. M. 883, Grobel. *
geb. *

Junghans, Emil, in sternenheller Sommernacht. Märchen. 2. Aufl. 12. (163 S.) Leipzig 886, Förster's Verlag.
geb. mit Goldschn. *

Junghans, Erhard: Ueber Bromderivate des Phenanthrenchinons. 1904. 57 S. 8° Vgl. Berichte d. Deutschen Chem. Gesellschaft. Jg. 37.
Stuttgart, Dr.-Ing.-Diss. v. 27. 7. 1904

Junghans, Friedrich *Ferdinand* [aus Dortmund]: Die Mischprosa Willirams ... (Th. e. gröss. Arb.) Berlin, Mayer & Müller, *1893*; 1 Bl., 41 S. 8.
Berlin, Phil. Fak., Inaug.-Diss. v. 12. Aug. 1893

Junghans, Frdr., der Redner, s.: Buch, das praktische, f. jederm.

— der schriftliche Verkehr in allen Lebenslagen, s.: Buch, das prakt.

Junghans, Geo., Geschichte d. Kirchenvisitationen d. Hanauer ev. reform. Kirche im 18. Jahrh., dazu: Geschichtl. Abhandlg. üb. d. Hanauer Quartal-Convente im 17. Jahrh. gr. 8. (76 S.) Coblenz 893. (Buchh. d. evang. Stifts.) 1. 50

Junghans, Gottfried (Freiberg), De favore salarii. Diss. jur. Präs. Peter Müller. Jena (Gollner) Okt. 1681. 12 Bl. (6.50) 17199

— — Dasselbe. Jena (Paul Ehrich) 1713. 24 S. (6.—) 17200

Junghans, Gustav [aus Wolmirstedt]: Ueber die Einwirkung von Thionylchlorid auf einige aromatische Amine ... Rostock, Univ.-Buchdr. v. Adler's Erben, 1892; 33 S. 8.
Rostock, Phil. Fak., Inaug.-Diss. v. [17. März] 1892

Junghans, H., Jakob Schöpper als theolog. und dramat. Schriftsteller, s. Döring, A., Johann Lambach.

Junghans, H., deutsche Sprachschule in Uebungsbeispielen, s. Baron, M.

Junghans, H., evang. u. epist. hist. Sterbekunst. 8. Lpz. 721.

Junghans, H. A., der Rosengarten, s. Universal-Bibliothek Nr. 760.

Junghans, Herm., der kleine Musterzeichner. Anleitung für den Elementar-Unterricht im geometr. Zeichnen. Zum Gebrauche an Gewerkenschulen, Fortbildungsschulen und für den Selbstunterricht. 25 lithogr. Taf. gr. 4. (1 Bl. Text.) Weimar 887, B. F. Voigt.

Junghans, Herm. Der kleine Musterzeichner. Anleitg. f. den Elementar-Unterricht im geometr. Zeichnen. 2. (Titel-)Aufl. 25 (lithogr.) Taf. gr. 4. (1 Bl. Text.) Weim. 890, Voigt. 1 50

Junghans, J. A., Rechenkatechismus f. Schulen rc. 8. Rudolstadt. (B. Fleischer in Leipz.) 799.

— praktischer Unterricht zum Kopf- und Tafelrechnen. 8. Ebend. 809.

Junghans, Jh. Aug., (Schullehrer), Lehrbuch d. Geschichte d. Deutschen, für Schulen u. höhere Bildungsanstalten sowohl, als zum Selbstunterricht. gr. 8. Nordh. 824. (Dörffling in Leipz.) 3 ₰ Hbg. Pr. 1 ₰ (NB. Soll ein wörtl. Abdruck von „H. Luden's Vorlesungen über deutsche Geschichte" seyn.)

— d. juristische Rathgeber in d. Stadt u. auf dem Lande; oder Gesetzl. u. Vorsichtsregeln u. Formulare zu allen im bürgerl. u. Geschäftsleben vorkommenden nichtprocessuel. Rechtsgeschäften. 8. Nordh. 826. (Dörffling in Leipz.) 1 ₰ 4 gr

— Rechenkatechismus für Schulen rc. 8. Rudolst. 799. 20 gr

— prakt. Unterricht zum Kopf- u. Tafelrechnen, für Handel u. Wandel. 8. Rudolst. 809. (Fr. Fleischer in Leipz.) 12 gr

Junghans, Johann Christian August

Junghans, J. C. A., (Advocat zu Sondershausen), Geschichte d. Schwarzburg. Regenten. gr. 8. Leipz. 821. (Hartmann). 1 ₰ 12 gr

Junghans, Johann Friedrich

– Progr. de gabellae detractione ex usu fori Saxonici Electoralis aestimanda. Spec. I.—IV. 4. Leipz 804, 5.

— **M. Jo. Friedrich,** Historia juris civilis de divortiorum caussis et poenis ex legibus utriusque codicis et novellis illustrata. Diss. I. Leipzig (Sommer) 12. IX. 1782. 52 S. (6.20) 17202

— — De mortis causa donationum indole. Praefatus ad audiend. orat. qua recitanda munus professoris juris extraordinarii. Lpz. (Sommer) 7. XII. 1785. 20 S. (5.50) 17203

Junghans, J. F.: Initia jur. civ. sec. ord. Instit. adorn. tabulasq. adj. *Lpz.*, Schwickert. 786. gr. 8. (1 Thl. 4 Gr.)

Junghans, Jh. Fr., († d. 21 Dec. 1819.) initia juris civilis secund. ord. institut., c. tab. 8. Leipz. 787. Schwickert. 1 ₰ 4 gr

Junghanns, J. F.: Versuch ein. Unterrichts in Vormundschaftssachen, bes. für Vormünder, z. Gebrauch f. Rechts-Unkund. in Kursachsen nach d. allg. Vormundschaftsordn. entw. *Leipzig*, Schwickert. 787. 8. (6 Gr.)

— **Johann Samuel** (Misnensis Saxo.), De causis contemti jurisjurandi. Diss. jur. Präs. Carl Christian Kohlschütter. Wittbg. (Adam Christian Charisius) 3. IV. 1792. 16 S. (5.—) 17204
Gew.: Friedrich August v. Schmid.

Junghans, Jul., auserwählte Sammlung v. komischen Vorträgen. 1.—16. Hft. 12. (à 32 S. m. Bildern.) Chemnitz 872—894. C. A. Hager. à — 25
4. Hft. m. Beiträgen v. Ed. Linderer. 12.—16. Hft. m. Noten.

Junghans, Jul., auserwählte Sammlung von komischen Vorträgen. 1—4. Hft. 16. (à 32 S.) Chemnitz 880. Hager. à — 25
1. u. 2. 4. Aufl.

Junghans, K. F., Lehrbuch der ebenen Geometrie für Schüler höherer Lehranstalten, mit Anleitung zur geometr. und algebraischen Analysis und eine Auswahl theils gelöster, theils nicht gelöster Aufgaben. 2 Thle. gr. 8. (VII, 260 S. mit 316 eingedr. Holzschn.; III, 291 S. mit 289 eingedr. Holzschn.) Berlin 879, Weidmann'sche Buchh. à Thl. *ℳ 2,40. *

Junghans, K. F., Sammlung von Lehrsätzen und Aufgaben aus der Planimetrie, s. Gaubtner, J. O.

Junghans, Karl: Geldeinziehungsgeschäfte d. Post. 1910.

Junghans, Karl, Melodien zum allgemeinen Taschenliederbuche für Deutschlands Sänger. Ein- u. mehrstimmig gesetzt. 16. Rudolstadt 836. Fröbel. (Leipzig, Engelmann.) 1 ⅓ ℳ (Mit d. Liederbuche 1⅔ ℳ)

Junghans, Karl, bacc. iur., Referendar: Die rechtliche Natur der Geldeinziehungsgeschäfte der Reichspost. Borna-Leipzig 1910: Noske. VI, 57 S. 8°
Leipzig, Jur. Diss. v. 1. Nov. 1910
[Geb. 23. Juni 82 Wurzen; Wohnort: Leipzig; Staatsangeh.: Sachsen; Vorbildung: Gymn. Wurzen Reife O. 02; Studium: Jena 3, Leipzig 7 S.; Rig. 28. Jan. 07.] [U 11. 2872

Junghans, Karl Ferdinand

Junghans, Carolus Ferdinandus: • De Commentario Hipparchi ad Aratum. 108 S., 1 Taf. 8° (4°)
Halle-Wittenberg, Phil. Diss. v. 20. Mai 1848
Geb. [Tennstedt (Kr. Langensalza) 9. 5. 1826]

Junghans, Carl Frdr. Die staatsrechtliche Garantie der Unentfernbarkeit der Richter vom Standpunkt der europ. Politik und der preuß. Gesetze vom 29. März 1844. Berlin, Heymann 1846. 68 S. 8.

Junghans, Carl Fr., die staatsrechtl. Garantie d. Unentfernbarkeit d. Richter v. Standpunkte der heutigen europäischen Politik u. d. preuß. Staatsdienstgesetze v. 29. März 1844. 2 krit. Beleuchtungen. 8. (4½ B.) Berlin 846, Heymann. *

Junghans, Carl Heinr., Bemerkungen auf e. Reise durch Deutschland, Frankreich, Algier u. Spanien in d. J. 1831—1835. 16. (23 B.) Rostock 838, Oeberg. •

Junghans, Konstantin W.

Elektrische Überlandzentralen. Öffentl. Vortrag d. Obering. C[onstantin] W **Junghans**, Königsberg. Königsberg i. Pr. 1910: Ostpreuss. Dr. 18 S. 4° [10. 910 10

Junghans, Oskar [aus Schramberg]: Über elektromagnetische Drehung der Polarisationsebene in Gläsern und deren Verwendung zur Stromstärkemessung. Zürich 1902. 27 S. 8°.
Zürich. Phil. Diss. H. S. 1901/1902.

Junghans, Osk. Emil: Der Fluss in seiner Bedeutung als Grenze zwischen Kultur- und Natur-Völkern. *Leipzig-Plagwitz 1899: E. Stephan.* (V, 77 S.) 8°
Leipzig, Phil. Diss. v. [16. Mai] 1899

Junghans, Otto, auserwählte Sammlung von komischen Vorträgen. 9.—11. Heft. 12. (à Heft 32 S.) Chemnitz 885—87, Hager. à Heft 25 Pf.
1.—8. Heft. Ebendas. 1880. à Heft 25 Pf.

Junghans, Otto, auserwählte Sammlung v. komischen Vorträgen. 17. Bd. Mit Noten u. Illustr. 12. (32 S.) Chemnitz 894. C. A. Hager. — 25

Junghans, Otto, appr. Tierarzt: Aus dem Klinischen Institute für große Haustiere der Königl. Tierärztl. Hochschule in Dresden. (Medizinalrat Prof. Dr. Röder.) Tallianine und seine Wirkung. Geithain 1907: J. Schmidt. (71 S.) 8° [J.]
Gießen, Veterinär-Med. Koll., Ref. Pfeiffer, Diss. v. 19. März 1907
[Geb. 29. Okt. 81 Geithain-Neumarkt (Sachsen); Wohnort: Geithain-Neumarkt; Staatsangeh.: Sachsen; Vorbildung: Realgymn. Borna Reife O. 02; Studium: Dresden 8 S.; Rig. 20. Dez. 06.]

Junghans, Paul, appr. Arzt: Über das Verhalten von Pepsin und Trypsin im Mageninhalt. (Ein Beitr. z. Funktionsprüfung des Pancreas.) Halle a. S. 1910: Kaemmerer. 30 S. 8°
Halle, Med. Diss. v. 6. Aug. 1910, Ref. Mohr, Schmidt
[Geb. 10. Mai 85 Eschwege; Wohnort: Halle a. S.; Staatsangeh.: Preußen; Vorbildung: Friedrichs-Gymn. Kassel Reife O. 04; Studium: München 5, Jena 1, Halle 1, Göttingen 1, Halle 2 S.; Coll. 2 Aug. 10; Approb. 15. Juni 10.] [U 10. 1690

JUNGHANS, Philip. Casp.: Icones Plantarum ad vitam expressas. - Halae 1787-1790. In einzeln. H. ersch.

— Icones plantar. ad vitam impressarum. Cent. I. Fasc. 1—4. Fol. Halle 788, 90.

Junghans (P. C.). Icones plant. Cent. I. Halae, 1789. fol.

——— Icones pl. officinalium. Cent. I. Halae, 1784. fol.

Iunghans, Ph. Casp., icones plantar. officin. Cent. I. Fasc. I. fig. I — VI. fol. Halae, Hemmerde. 792.

Junghans, Ph. Kasp., († d. 30. Mai 1797.) icones plantar. officin. Cent. I. Fasc. 1. 2. Fol. Halle 792, 93. 1 ℛ 6 gℊ

— icones plantar. rarior. ad vitam impressae. Cent. I. Fasc. 1. 2 fig. I—XII. Fol. maj. ibid. 792, 93. 2 ℛ 12 gℊ

[Junghans (P. C.).] Index pl. horti bot. halensis. Halae, 1771. 8°.

— **Samuel Friedrich** (Chemnitz), De condemnatione ad bestias. Disp. jur. civil. Präs. D. Johann August Cleemann. Lpz. (Sommer) 25. X. 1771. 24 S. (5.50) 17205
Gew.: Heinrich Friedrich Innocent Apel, Frau Doctor Apelin (dtsch.). — Widm. v. Präs.

— — De gabellae detractione ex usu fori Saxonici Electoralis aestimanda specim. I. Disp. jur. Leipzig 16. V. 1793. Dresden (Carl Christian Meinhold). 36 S. mit dtsch. Anh. (5.50) 17206
Gew.: Christian Gotthelf Frh. v. Gutschmid (Kl.-Wolmsdorf), Friedrich Ludwig Wurmb (Grossen-Furra), Adolph Heinrich Graf v. Schoenberg (Mutschen, Cannewitz), Otto Ferdinand v. Loeben (Ober-Gerlachsheim, Nieder-rudelsdorf), Georg Wilhelm v. Hopfgarten (Mulverstedt . .). — Betr. u. a.: Michael Lochmann (Prettin), Joh. Wilh. Barnickel geb. Zöphel, Christian Heinrich Paulssen (Eckartsberga), Xaver v. Dietel (Wermsdorf) u. Schwester v. Sasso (Ingolstadt), Joh. de Fuchs (Wien), v. Arnett, Samuel Gottlieb u. M. Christian Viertel (Steinau u. Groß-Milkau), Joh. Christian u. Joh. Gottlieb Moter, Carl Heinrich v. Ponickau, Anna Hedwig du Bousquet geb. Anhorn v. Hartwiss, Christiane Dorothee Marie Schumacher (Artern), Joh. Gottfried Schreyer (Brethleben), Johann Philipp Müller (Artern).
Tl. II. s. Beyer, Joh. Gottlob (Nr. 2569).

— — Dasselbe. III. (Sollemnia inauguralia candidati Daniel Bernhard Herold [Leipzig]). Lpz. (Klaubarth) 20. III. 1804. 22 S., tlws. dtsch. mit Biogr. H.'s. (5.—) 17207
Betr. u. a.: Carl Friedrich Conrad Preuser (Apolda), Johann Georg Zöptritz, Anne Marie Schramm geb. Becker, Anne Regine Thomas, Anne Rosine Anders (Reichenau), Johann Christian Marckstein (Bautzen).

— — Dasselbe. IV. (Sollemnia inauguralia candidati Johann August Lebrecht Seyfert [Dresden]). Lpz. (Richter) 1. VIII. 1805. 19 S., tlws. dtsch. mit Biogr. S.'s. (M.: F. E. Sachs.) (4.50) 17208
Betr. u. a.: Johann Justus Lucas (Leipzig), Anne Magdalene Stoll (Waltershausen/Gotha), Lisette Magdalene Schlonicke (Kalkwitz/Brandenburg), Marie Magdalene Wohlfeld (Dahme), Sophie Elisabeth Michaelis (Halle), Johann August Lohse (Freyburg), Charlotte Ludovice Gödicke verw. gewes. Müller (Frankensehrda/Zinna).

— — Solemnia inauguralia candidati Carl August Christian Gruber (Weissensee/Thüring.). — De finibus regundis circa caussas minutas in foris Sax. Reg. Spicileg. I. Lpz. 10. V. 1814. 16 S. mit Biogr. G.'s. (M.: S. Ch. Maertens.) (5.50) 17209

Junghans, Samuel Friedrich [Präs.].
s. G e r s t a e (c) k e r , Johann August: De jurejurando calumniae secundum principia juris Romani, Germanici, canonici et Saxonici.

Junghans, Sophie, die Amerikanerin. Roman. 8. (357 S.) Leipzig 886, Reißner. *M 4.50.; geb. *

—— der Bergrath. Roman in 4 Bdn. gr. 8. (161; 157; 220; 241 S.) Berlin 888, Dominik. *
geb. in 2 Bde. *

Junghans, Sophie, der Bergrat. Roman. 3. Aufl. Wohlf. Ausg. 8. (495 S.) Berlin 898. F. Fontane & Co. n. 5. —; geb. n. 6. —

Junghans, Sophie, die Brautschau. Roman. 8. (469 S.) Berlin 892. Deutsches Verlagshaus Bong & Co. n. 7. 50; geb. n. 9. —

—— Zwei Brüder. Roman. 3 Bde. 8. (184; 184; 202 S.) Lpz. 889, Reißner. * 9 —; in 1 Bd. geb. * 10 —

Junghans, Sophie, Chambre garnie. — Die Familie Lester. Erzählungen. 2. (Titel-)Aufl. 8. (282 S.) Jena 883, Costenoble.
Erschien zuerst 1874 u. d. T.: Freudvoll und Leidvoll.

Junghans, Sophie, Haus Eckberg. Roman in 2 Bdn. 8. (273; 362 S.) Leipzig 878, Hirzel. *

Junghans, Sophie, unter der Ehrenpforte, s. a. Reclam's Novellen-Bibliothek.

—— Unter der Ehrenpforte. Novellen. 8. (515 S.) Berl. 891, [Dominik]. Fontane u. Comp. * 7 50; geb. ** 8 50

—— die Erbin wider Willen, s. Collection Spemann.

— Lore Fay. Erzählg. 8. (257 S.) Dresden 897. E. Reißner. n. 3. —; geb. n. 4. —

Junghans, Sophie, Freudvoll und Leidvoll. Erzählungen. 2 Bde. 8. (285; 282 S.) Jena 873, Costenoble. 9 —

Junghans, Sophie
Freudvoll und Leidvoll. Erzählungen. Bd 1.2. Jena: Costenoble 1874. 8°

—— die Gäste der Madame Santines. Roman. 2 Bde. 8. (152; 242 S.) Leipzig 884, Reißner. *
geb. in 1 Bd. *

Junghans, S., Gedichte. Cassel 869. Leipzig, C. Luckhardt's Sep.-Cto. 16. (VII, 142 S.) 15 ngr; in engl. Einb. mit Goldschn. 22½ ngr.

Junghans, Sophie, Gehen od. Bleiben. Roman. 8. (405 S.) Dresden 899. E. Reißner. n. 5. —; geb. n. 6. —

— geschieden. Roman. 2 Bde. 8. (309 u. 310 S.) Stuttgart 895. Deutsche Verlags-Anstalt. n. 8. —; geb. n.n. 10. —

— um das Glück. Roman in 2 Bdn. 8. (276 u. 309 S.) Köln 896. A. Ahn. n. 8. —; geb. n. 10. —

—— Helldunkel. Roman. 2 Bde. 8. (359; 468 S.) Leipzig 885, Reißner. *M 9.—.; geb. *

— Hymen. Roman. gr. 8. (356 S.) Ebd. 902. n. 4. —; geb. n. 5. —

—— Hella Jasmund und andere Erzählungen, s. Collection Spemann.

— Käthe. Geschichte e. modernen Mädchens. 2 Thle. 8 (326 u. 335 S.) Leipzig 876. Hirzel. n. 7. —

— ein Kaufmann. Roman. 8. (514 S.) Stuttgart 898. Deutsche Verlags-Anstalt. n. 5. —; geb. n.n. 6. —

— junge Leiden. Roman. 8. (468 S.) Braunschweig 900. G. Westermann. n. 5. —; geb. n. 6. —

—— neue Novellen. 8. (III, 407 S.) Leipzig 883, Breitkopf und Härtel. *M 5,40.; geb. *

—— Orsanna und andere Erzählungen. 2 Bde. 8. (304; 282 S.) Jena 880, Costenoble.

— ein Räthsel. Roman. 2 Bde. 8. (303 u. 208 S.) Berlin 889. Dominik. n. 8. —

— Der geraubte Schleier, s.: Volksbücher, Wiesbadener.

— Schwertlilie. Roman. 8. (367 S.) Stuttgart 893. J. G. Cotta Nachf. n. 4. —; geb. in Leinw. n. 5. —

Junghans, Sophie. Die Schwiegertochter, s. a. Goldschmidt's Bibliothek f. Haus u. Reise.

Junghans, Sophie, die Schwiegertochter. Novelle. 8. (297 S.) Berlin 882, A. Goldschmidt.

—— Die Schwiegertochter. Novelle. 2. Aufl. 8. (297 S.) Berl. 891, A. Goldschmidt. geb. in Leinw. * 2 50

—— Spiegelungen. Roman. 2 Bde. 8. (316; 279 S.) Berlin 887, Dominik. *M 9.—.; geb. *

Junghans, Sophie

Verflossene Stunden. Novelle.
Leipzig: Günther. New-York: Schmidt 1871. 219 S. 8°

—— Suum cuique. Erzählung. 2. (Titel-)Aufl. 8. (285 S.) Jena 883, Costenoble.
Erschien zuerst 1874 u. d. T.: Freudvoll und Leidvoll.

—— Eine Versuchung. Roman. 1. u. 2. Aufl. 8. (472 S.) Dresd. 890, Verlag d. Universum. * 7 50; geb. * 9 —

— Wisel. Das Gelübde, s.: Universal-Bibliothek.

— zu rechter Zeit. Roman. 3 Bde. 8. (328, 346 u. 352 S.) Stuttgart 893, Deutsche Verlags-Anstalt. n. 12. —

— zu rechter Zeit. Roman. (Neue [Titel-]Ausg.) 3 Tle. in 2 Bdn. 8. (328, 346 u. 352 S.) Stuttgart [893.] (902). Deutsche Verlags-Anstalt. n. 2. 50; geb. n. 3. —

Junghans, Wilhelm

Junghans, V.: Über Tacitus Agricola. 16 S.– Lüneburg Joh., Progr. 1872.

Junghans, W., Das vierte pythische Epinikion des Pindaros. Pr. 1868. 16 S. 4°. 1.—

Junghans, Wilhelm, prakt. Arzt: Aus d. Kgl. Universitäts-Poliklinik f. Hautkranke in Königsberg i. Pr. Ueber die Genese der Lues hereditaria. *Königsberg i. Pr. 1904: O. Kümmel.* (40 S.) 8°
Königsberg, Med. Diss. v. 11. Juli 1904

Junghans, Wilh., die Geschichte der fränkischen Könige Childerich und Chlodovech, kritisch untersucht. gr. 8. (152 S.) Göttingen 857, Vandenhoeck und Ruprecht's Verlagsh. *

Junghans, W., kurze Geschichte der Stadt und des Kreises Hanau, nebst einer chronolog. Uebersicht der Haupt-Ereignisse. Allen Freunden der Heimat gewidmet. gr. 8. (199 S.) Hanau 887, König's Buchh. *

Junghans, Wilh., Graf Heinrich der Eiserne von Holstein in den Kriegen des Nordens und im Dienste fremder Fürsten. Mit urkundl. Beilagen. gr. 8. (69 S.) Soest 864, Schulbuchh. *

Die Landesarchive Schleswig-Holsteins. (Von Wilhelm Junghans. Kiel. 1864.) Hektographirt! 4°.

—— die älteren Landesarchive Schleswig-Holsteins und deren Rücklieferung von Seiten Dänemarks. Eine Denkschrift. gr. 8. (27 S.) Kiel 865, Homann. *

Junghans, W., Eine vermeintl. Lücke in der Exposition der Electra. Pr. 1874. 15 S. 4°. 1.50

Junghans, Guil., Questionum Sophoclearum specimen II. de Oedipi Colonei oraculis ex execrationibus. (Ex programmate Joannei Luneburgensis.) 4. (8 S.) Luneburgi 849, (libr. Engel.) *

Junghans, W., Vindiciae Sophocleae. Pr. 1846. 22 S. 4°.

Junghans, Wilh. Chr., Johann Sebastian Bach als Schüler der Partikularschule zu St. Michaelis in Lüneburg oder Lüneburg eine Pflegstätte kirchl. Musik. gr. 4. (42 S.) Lüneburg 870, Herold und Wahlstab'sche Buchh. 1 50

Junghans, W. Chr., neuer Liederhain. Sammlung mehrstimmiger Lieder für Schule und Haus. 4. Abth.: Weltliche u. geistliche Lieder für Sopran, Alt, Tenor u. Baß. 2 Hefte. Hannover 858. Hahn. 4. (1 Bl., 34; 1 Bl., 32 S.) Jedes Heft 5 ngr.
Abth. 1—3 erschienen anonym.

Junghans, W. Ch., neuer Liederhain für Schule und Haus. Vorstufe. Weltliche und geistliche Lieder für das erste Jugendalter. 2., verm. Aufl. 8. (II und 54 S.) Hannover 862, Hahn'sche Hofbuchh.

—— neuer Liederhain. Sammlung mehrstimm. Lieder für Schule und Haus. 1. Abthl. und 2. Abthl. 1. Heft. Lex.-8. Hannover, Hahn'sche Buchh. 1 —
Inhalt:
Abthl. 1. Knabenlieder. Für Sopran und Alt zwei-, drei- und vierstimmig gesetzt. 2. Aufl. (32 S.) 871. 50 Pf.
2. Jünglings- und Männerlieder. Für Männerstimmen gesetzt. 1. Heft. 38 Lieder. 2. Aufl. (32 S.) 869. * 50 Pf.
Vorstufe, 2. Abthl. 2. Heft, 3. Abthl. und 4. Abthl., 2 Hefte. Ebendas. à * 50 Pf.

Junghans, W. Chr., neuer Liederhain. Sammlung mehrstimm. Lieder für Schule und Haus. 2. Abtl.: Jünglings- und Männerlieder. Für Männerstimmen gesetzt. 2. Heft. 2. Aufl. Lex.-8. (32 S.) Hannover 885, Hahn'sche Buchh. * — 50
Vorstufe, 1. Abtl., 2. Abtl., 1. Heft, 3. und 4. Abtl. Ebendas. 1855—71. * ℳ 2.80.

— vierstimmiges Schulgesangbuch im Auftrage des Lehrercollegiums des Johanneums zu Lüneburg hrsg. Lüneburg 867. Herold & Wahlstab'sche Buchh. 8. (32 S.) n. 4 ngr.

Junghanß, A., Feuerungsanlagen. Ventilation d. Räume, — Tiefbaukunde, s.: Keller's, O., Unterrichtshefte f. d. gesamte Baugewerbe.

Jung-Hauser, Alb., ein Hoffnungsleben. Lebensbeschreibg. d. Markus Hauser. (175 S. m. 1 eingedr. Bildnis.) 8. Zürich (909). Gotha, Missionsbuchh. P. Ott. Geb. in Leinw. 1. 50

Jung-Heidelberg. Feuchtfröhliche Bilder aus dem Studentenleben. (96 S. m. Abbildgn.) gr. 8. Berlin 904. Verlag der „Lustigen Blätter", n. 1. —

Jungheinrich, (J.) G., eine 50jährige Sammlung v. Haus- u. Gebrauchsmitteln aller Art. 4. sehr verm. Aufl. (311 S.) gr. 8. Leipzig (905). H. Hedewig's Nachf. 2. —; geb. 3. —
3. Aufl. (XV, 324 S.) (904.) 2. —; geb. 3. —.

Jungheinrich, G., eine 50jähr. Sammlung v. Haus- u. Gebrauchsmitteln aller Art. 5. sehr verm. Aufl. 19.—24. Tausd. (311 S.) gr. 8. Leipzig (910). H. Hedewig's Nachf. 2.—; geb. 3. —

Junghenn, Thdr., Hanau's Jubelfeier der Leipziger Befreiungsschlacht am 18. Oktbr. 1863. Hanau 863. Klein. (König's Sortbhdlg.) 8. (33 S.) n. 5 ngr.

Jungherr, Ernst, approb. Arzt aus Eisenach: **Beziehungen von Darmerkrankungen zu Erkrankungen der weiblichen Generationsorgane.** *Leipzig 1903: B. Georgi.* (41 S.) 8°
Leipzig, Med. Diss. v. (30. März) 1903

Jungherr, Fritz, Referendar aus Eisenach: **Haften aus schuldlosem Handeln nach dem B.G.B.** *Eisenach 1902: E. Engelhardt.* (32 S.) 8° [J.]
Jena, Jur. Diss. v. (25. Sept.) 1902

Junghers, Wilh. [Dr. med.]: Ein Beitrag zur Diagnose und operativen Behandlung von Coecumtumoren ... Kreuznach, Buchdr. F. Harrach, 1896; 33 S. 8.
Würzburg, Med. Fak., Inaug.-Diss. v. 1896

Jungherz, Wlad. (Hrsg.), s. Veterinär, Österreichisch-ungarischer.

Jung-Holland. (Malbuch.) (4 farb. u. 4 schwarze Bl.) qu. kl. 8. Mainz (906). J. Scholz. — 50

Jung-Hollands lustiges Treiben. Ein Malbuch. (20 z. Tl. farb. S.) 22×31,5 cm. Nürnberg (907). Th. Stroefer. 1. 20

Junghuhn, Franz Wilhelm

Junghuhn, Fr., über Javan'sche Balanophoreen, s. Acta n. phys.-med. Acad. Caes. Leopold. Carol. XVIII. Suppl. I.

Junghuhn, Franz, die Battaländer auf Sumatra. Im Auftrage S. E. des General-Gouverneurs von Niederländisch Indien Hrn. P. Merkus in den J. 1840 und 41 untersucht und beschrieben. Aus dem holländ. Original übersetzt vom Verf. 2 Thle. Chorographie. — Völkerkunde. gr. 8. (VIII und 300, X und 388 S. mit 19 Stnt. in 4. und Fol.) Berlin 847, G. Reimer.

Junghuhn, Fr., fossiles de Java. Description des restes fossiles d'animaux des terrains tertiaires de l'ile de Java, recueillis sur les lieux. Publiés par J. A. Herklots. IV. partie: Echinodermes. Leide 854. Brill. gr. 4. (IV, 24 S. u. 5 lith. Taf.) un. 1 ₰. 9 ngr.
1—3. Liefg. sind noch nicht erschienen.

Junghuhn, Frz., Java seine Gestalt, Pflanzendecke und innere Bauart. Nach der 2., verb. Aufl. des holländ. Orig. in's Deutsche übertr. von J. C. Hasskarl. 3 Bde. Mit eingedr. Holzschn. gr. 8. Leipzig, Arnoldische Buchh. [1. (483 S.) 2. (964 S.) 3. (XXIV und 316 S.) Mit 1 Atlas enth. 50 Stnt. und 5 Lithochrom. in gr. 8., 4. und Fol. 852—54.] *

Junghuhn, Frz., Java seine Gestalt, Pflanzendecke und innere Bauart. Nach der 2., verb. Aufl. des holländ. Originals in's Deutsche übertragen von J. K. Hasskarl. 3 Abthlgn. 2. Ausg. gr. Lex.-8. Leipzig 857, Arnoldische Buchh. [1. Abthl (483 S. mit 1 chromolithogr. Taf., 6 lithogr. Höhenkarten in qu. Fol. und eingedr. Holzschn.) * 2 Thlr. 20 Ngr. 2. Abthl. (XII und 964 S. mit 39 Stnt. in 8, 4. und Fol. und eingedr. Holzschn.) * 5 Thlr. 10 Ngr., 3. Abthl. (X und 316 S. mit 5 Stnt. in 4. und Fol. und eingedr. Holzschn.) * 2 Thlr.] *

—— Java-Album. Landschafts-Ansichten von Java nach der Natur aufgenommen. In Farbendr. qu. gr. Fol. (11 Lithochr. und 1 Bl. Text.) Leipzig 855(56,) Arnoldische Buchh. *

Junghuhn (Fr.). Katalog der geologischen Sammlung von Java. Gravenhage 1854. 8.

—— elf (lithochrom.) Landschafts-Ansichten von Java nach der Natur gezeichnet. Mit 1 (Bl.) erklärendem Texte. gr. Fol. Leipzig 853, Arnoldische Buchh. *

—— Plantae Junghuhnianae. Enumeratio plantarum, quas, in insulis Java et Sumatra, detexit. Fasc. I. 8maj. (106 S.) Lugduni Bat. 851, (Brill.) **

Junghuhn, Frz., Plantae Junghuhnianae. Enumeratio plantarum, quas, in insulis Java et Sumatra, detexit. Fasc. I et II. gr. 8. (S. 1 - 270.) Lugduni Batav. 851. 52. (Brill.) (I. n. n. 5/6 ₰ II. n. 1 1/4 ₰) n. 2 1/12 ₰

Junghuhn, Friedr., topographische u. naturwissenschaftl. Reisen durch Java. Für die kaiserl. Leopold.-Carol. Akademie d. Naturforscher bevorwort. v. C. G. Nees von Esenbeck. Mit ein. aus 38 Tafeln u. 2 Höhenkarten bestehenden Atlasse. gr. 8. (33 1/4 B.) Magdeburg 845, Baensch. *

—— Rückreise von Java nach Europa mit der sogenannten englischen Ueberlandpost im Septbr. und Octbr. 1848. Aus dem Holländ. übertragen von J. C. Haßkarl. gr. 8. (V und 186 S. mit 4 lithochrom. Ansichten und 2 lithogr. Karten in Fol.) Leipzig 852, Arnoldische Buchh. *

Junghuhn, Friedrich, s. Junghuhn, Franz Wilhelm

Jung Japan beim Spiel. (In Buchform.) gr. 4. (22 farb. Taf. m. eingedr. Text u. Beschreibg. v. Frida Schanz.) Lpz. 889, C. Twietmeyer. geb. 4 50
—— dass. — (In Leporelloform z. Aufstellen.) gr. 4. (24 Chromolithogr. auf Carton.) Ebd. 889. * 6 —

Jungingen [Schlagwort]

Jungingen, s.: Württemberg. Höhenkurvenkarte.

Junginger, Alex. [aus Rossach bei Schönthal (Württemberg)]: Ueber Schornsteinfegerkrebs. . . . Würzburg, Buchdr. v. Leo Woerl, 1889; 20 S. + 1 Bl. 8°
Würzburg, Med. Fak., Inaug.-Diss. v. 1889

Junginger, Emil. Das Civilveterinärwesen Bayerns. Eine Sammlg. der dasselbe betreff. zur Zeit gelt. Gesetze u. Verordngn. 2c. Mit Inhaltsverzeichniß u. Sachregister. 2 Hälften. gr. 8. (IV, S. 1—272; S. 273—588.) Würzb. 890,91, Stuber's Verl. à Hälfte * 4 —; * 8 —

Junginger, Emil, das Civilveterinärwesen Bayerns. E. Sammlg. d. dasselbe betreff. Gesetze u. Verordngn. 2c. z. Handgebr. f. Studirende d. Thierheilkunde, Thierärzte, sow. f. d. m. Ausführg. d. Veterinärpolizei betraut. Behörden. Ergänzungsbd. gr. 8. (V, 444 S.) Würzburg 897. A. Stuber's Verl. n. 7. — (Hauptwerk u. Ergänzungsbd.: n. 15. —; auf einmal bezogen n. 12. —)

Jung Israel. Illustr. Halbmonatsschrift f. die jüd. Jugend. XI. Jahrg. v. Israelit. Jugendfreund. 24 Nrn. (à ca. 16 S. m. Abbildgn. u. Taf.) gr. 8. Berlin-Charlottenburg. Köln, Jüd. Verlag. n. 4. —
Vergl.: Jugendfreund, israel. — Erscheint nicht mehr.

Jung Israel. Halbmonatsschrift f. d. jüdische Jugend. Jg. 1, H. 1. Berlin: Jung Israel 1910. 4° III. 79

Jung-Juda. Zeitschrift für unsere Jugend. Red.: Siegm. Springer. Hrsg.: Filipp Lebenhart. 4.–6. Jahrg. Oktbr. 1903—Septbr. 1906. à 25 Nrn. (à Jahrg. IV, 396 S. m. Abb.) 8. Prag, Verlag Jung-Juda. à Jhrg. n. 5. —

Jung-Juda. Zeitschrift f. unsere Jugend. Red.: Siegm. Springer. Hrsg.: Filipp Lebenhart. 7. Jahrg. Oktbr. bis Dezbr. 1906. 8 Nrn. (128 S. m. Abb.) 8. Prag, Verl. Jung-Juda. 1.25

— dasselbe. 8. Jahrg. 1907. 26 Nrn. (à ca. 16 S. m. Abb.) 8. Ebd. 5. —

Jungius, Joach. Festrede zur Feier seines 300. Geburtstages, s. Wohlwill, E.

Jungius', Joachim, Leben, s. Avé-Lallemant, Rob. Ch. B.

Jungius, C. L., de vocabulis antiquae comoediae atticae quae apud solos comicos aut omnino inveniuntur aut peculiari notione praedita occurrunt. gr. 8. (XXIV, 358 u. 6 S.) Traiecti ad Rhenum 897. Amsterdam, J. Müller. n. 10. —

Jungius, F., s. Küchenzeitung.

Jungius, Fr. Wilh., († d. 18. Dec. 1814.) ausführl. Bericht über meine Luftreise am 16. Sept. 1805. Mit 1 Vign. 8. Berl. 805. Maurers B. 3 ℊ

— Bericht über meine zweite Luftreise. 8. Berl. 807. Maßdorf. 12 ℊ

— ausführl. Bericht über meine dritte Luftreise in Begleitung des Hrn. Dr. Zeune. Mit e. Anhange d. Letztern. 8. Berl. 810.

— Lehre von der Permutation und Combination d. binomisch. Lehrsatz. der Theorie der unmöglichen Größen und Gleichen dargestellt. gr. 8. Berlin, Maßdorf. 806.

— d. Lehre von d. Permutation u. Kombination, d. binomische Lehrsatz, d. Theorie d. unmögl. Größen u. Gleichungen dargestellt. gr. 8. Berl. 806. (Reimer). 12 ℊ

Jungii, J. F., Florilegium Virgilianum seu phrases et sententiae ex Virgilio. Ulm. 728. 8. 4 gr.

Jungius, Johann Heinrich, s. J u n g

Jungius, L. F., vollständige u. umfass. theoret.-prakt. Anweisung d. gesammt. Kochkunst. Ein auf 30jähr. Erfahr. gegründ. Lehr- u. Hülfsb. f. d. größten herrschaftl. Tafeln, so wie f. d. Haushaltungen aller Stände 2c. 3 Bde. gr. 8. Berlin, Reimer. [1. (37 B.) $1\frac{1}{2}$ Thlr., 2. (27 B.) 838. $1\frac{1}{6}$ Thlr., 3. (21 B.) 839. 1 Thlr.]

Jungius, L. F., die Feld- und Garnisonküche der Soldaten, s. Soldaten-Freund, der.

Jungius, L. F., allgemeines deutsches Kochbuch für mittlere u. kleinere Haushaltungen. Eine leicht verständliche Anweisung über die Zubereitung aller Speisen der einfachen Küche, zum Gebrauch für Hausfrauen u. Köchinnen. gr. 12. Berlin 842, Morin. 1 ℛ Schön geb. $1\frac{1}{2}$ ℛ — 2. verb. u. verm. Aufl. gr. 12. Ebend. 843. 1 ℛ geb. $1\frac{1}{4}$ ℛ — 3. verm. u. verb. Aufl. 12. Ebend. 844. 1 ℛ geb. $1\frac{1}{3}$ ℛ — 4. mit einem alphabet. Register verm. Aufl. 12. Ebend. 845. 1 ℛ geb. $1\frac{1}{3}$ ℛ

— dass. 2. Thl. 2. verb. u. stark verm. Aufl. A. u. d. T.: Vollständiges Küchen-Lehrbuch oder das Gesammtgebiet der Küche, Speisekammer, des Tafelwesens u. der Haushaltung. Eine gründliche Unterweisung über Beschaffenheit, Ankauf u. Zubereitung der Nahrungsmittel, mit einem Küchenkalender u. Universal-Küchenzettel auf das ganze Jahr. 8. (XVI u. 436 S.) Ebd. 849. 1 ℛ

—— allgemeines deutsches Kochbuch. Eine leicht verständl. Anweisung über die Zubereitung aller Speisen der einfachen Küche für Hausfrauen, Köche und Köchinnen. 1. Ausg. der 5. Aufl. (VI und 523 S.) 1849. und 2., mit neuen Wirthschaftsregeln verm. Ausg. der 5. Aufl., nebst einem Vorwort über Kochbücher. gr. 12. (XXXVIII und 523 S.) Berlin 851(52,) Morin.

Jungius, L. F., allgemeines deutsches Kochbuch. Eine leicht verständliche Anweisung über die Zubereitung aller Speisen der einfachen Küche für Hausfrauen, Köche und Köchinnen. 6., verm. u. verb. Aufl. Berlin 853. Grobe. (Bergemann.) 12. (X, 558 S.) 1 ℛ

Jungius, L. F., deutsches Kochbuch für bürgerliche Haushaltungen. Ein neues prakt. Handbuch für deutsche Hausfrauen als Ergebniß langjähr. Erfahrungen. 2. Aufl. gr. 8. (VII und 357 S.) Berlin 864, Schroeder's Verlag. cart.

Jungius, L. F., die einfache Küche in ihrem ganzen Umfange. Ein neues Koch- und Lehrbuch für alle Stände. gr. 8. (VII und 357 S.) Berlin 869, Schroeder's Verlag.

Jungius, L. F., vollständ. Küchen-Lehrbuch, od. das Gesammtgebiet der Küche, Speisekammer, des Tafelwesens u. der Haushaltung. M. ein. Küchenkalender u. Universal-Küchenzettel auf das ganze Jahr f. Hausfrauen, Köchinnen, Köche u. Gastwirthe. 8. ($26\frac{1}{2}$ B.) Berlin 844, Morin. Thlr.

—— dass. 2. Thl. Vollständ. Küchen-Lehrbuch od. das Gesammtgebiet der Küche, Speisekammer, des Tafelwesens u. der Haushaltung. 8. ($26\frac{3}{4}$ B.) Ebds. 845.

— vollständiges Wörterbuch f. Küche u. Wirthschaft oder gastronomisches Lexicon. Eine alphabet. Darstellung d. feinen u. d. gewöhnl. Küche 2c. Für Hofhaltungen, Gasthöfe u. Haushaltungen aller Stände. gr. 8. (IV u. 533 S.) Leipzig 848, Hermann in Comm. n. $1\frac{2}{3}$ ℛ

—— die Zubereitung der Mehlspeisen und Puddings sowohl der süßen Mehl- und Käsemehlspeisen als auch der süßen Puddings und der Fleisch- und Fischpuddings. gr. 12. (60 S.) Berlin 853, Grobe.

Jungk

— s. a. **Jung, Jungck.**

Jungk, ..., (Pred.), d. Schulfeier d. 3ten Jubelfestes d. Uebergabe d. Augsburg. Confession, am 27. Juli 1830 in d. Marienkirche zu Berlin. 8. Berl. 830. Bechtold u. H. 3 ℊ

Jungk, Veranschaulichung einiger Erscheinungen an der Volta'schen Säule mit Bezug auf die Zweifel, ob die Erde als Leiter oder als Reservoir der Elektricität galvan. Ströme zu betrachten ist. gr. 8. (14 S. mit 1 Stnt.) Berlin 863, Gaertner. *

Jungk, Anna, Entwurf zu e. Lehrplan f. höhere Mädchenschulen. Im Auftrage des Vorstandes (des allgem. deutschen Lehrerinnenvereins) hrsg. unter Mitwirkung and. Sachverständiger. (30 S.) gr. 8. Leipzig 904. [Th. Hofmann.] B. G. Teubner. n. — 60
Sonderabdruck aus: „Die Lehrerin".

Wie stellen wir Lehrerinnen uns zu der Forderung „Gleiche Bildung für Mann und Frau"? Vortrag, geh. zu Kiel am 26. Mai 1893 (v. Anna **Jungk.** Bonn. 1893). 8°

[F.] Urkundliche Geschichte des Dorfes Bischmisheim im Kr. Saarbrücken. Z. Feier d. 1400jähr. Bestehens dess. Von Rektor [August Herm.] **Jungk.** *(Saarbrücken: Gebr. Hofer [1896].)* (23 S.) 1 Bd 8. [97. 1467

Jungk, A. H., Heimatkunde des Kreises Saarbrücken für Schule und Haus. gr. 8. (VI, 74 S.) Saarbrücken 887, Klingebeil. cart. ** 1 —

Jungk, A. H., Heimatkunde des Kreises Saarbrücken f. Schule u. Haus. 2. Aufl. (VI, 109 S. m. 1 farb. Karte.) 8. Saarbrücken 908. C. Schmidtke. Kart. 1. 60

Jungk, C. G. Über die Meeresströmungen. 24 S.
Berlin, W. G., Progr. 1849

Jungk, Hermannus Conradus Martinus: De fideicommisso familiae relicto Romano. Berolini (1547 [!vielmehr: 1847]): Nietack. 54 S. 8°
Halle-Wittenberg, Jur. Diss. v. 1. März 1847
Geb. [Dolgelin (Kr. Lebus) 27. 2. 1822]

Jungk, Herm., die bremischen Münzen. Münzen und Medaillen des Erzbisth. und der Stadt Bremen mit geschichtl. Einleitung. Hrsg. von der histor. Gesellschaft des Künstlervereins. Lex.-8. (X, 408 S. mit 39 lithogr. und phototyp. Taf.) Bremen 875, Müller's Verlagsh. *

Jungk, Konrad Friedrich August

Jungk, Conrad Friedr. August (Cottbus), De originibus et progressu episcopalis judicii in causis civilibus laicorum usque ad Justinianum. Diss. jur. Bln. (Nietack) 18. II. 1832. 72 S. (6.50) 17211

Oppon.: Jul. Kohlstock, Jul. Wollheim, Lud. Wilh. Schroeter. — Gew.: Clem. Klenze, Eduard Gans.

Jungk, Paul, Kasperle-Theater, s. a. Kindertheater, neues.

[K.] Kasperle-Theater in Versen v. Paul Jungk. *Berlin: Kühling & Güttner [1895].* (32 S.) 1 Bd 8.
= Kindertheater, Neues. H. 1. (96. 5550

Jungk, S. F. De arte principum historicor. Graecor. 16 S. . .
Berlin, W., Progr. 1834

Jungk, S. F. Über die philosophische Propädeutik als Unterrichtsgegenstand auf Schulen. 30 S. . . .

Berlin, W.G., Progr. 1846

Jungk, Wilh., Dienstboten-Hausschatz. Ein prakt. Ratgeber f. Dienstboten in ihrer Stellg. sowie besonders im späteren eigenen Heim. Mit 98 Abbildgn. im Text u. auf 8 Taf. sowie m. 27 Schnittmusterfig. (IV, 411 S.) 8. Leipzig (903). Th. Thomas. Geb. n. 2. 80

Jungk, Wilh., der Weg z. Arbeiter-Wohlstand. Ein Hausschatz f. jede Familie. Hrsg. unter Mitwirkg. v. Kennerinnen u. Kennern der Arbeiterverhältnisse. 8. (392 S. m. 69 Abb.) Leipzig 900. Th. Thomas. Geb. in Leinw. n. 2. —

— der Weg zum häuslichen Wohlstand. Ein prakt. u. unentbehrl. Hausbuch f. jede Familie. Mit 98 Abbildgn. im Text u. auf 8 Taf. sowie 27 Schnittmusterfig. (IV, 393 S.) gr. 8. Ebd. (903). Geb. n. 3. 20

Jungk, Wilh[elm]. Der Weg zum Häuslichen Wohlstand. Ein Hausschatz (und Rathgeber) für jede Familie. Hrg. unter Mitwirkung von Kennerinnen und Kennern der Verhältnisse aller Volksklassen. Mit 69 Abbildungen. 397 S. 8. Basel, Wilh. Afterbach, 1902. [geb. fr. 4.—]

Jung-Kärnten. Hrsg. u. Schriftleiter: Ant. Gitschthaler. 1. Jahrg. 1893. 24 Nrn. (à ca. 2 Bog.) hoch 4. Klagenfurt, (A. Raunecker). n.n. 4. 80

— dasselbe. 2. Jahrg. 1894. 24 Nrn. (à ca. 3 Bog.) hoch 4. Ebd. n.n. 8. —

Jung-Kärnten. Eine Halb-Monatsschrift. Schriftleiter: Ant. Gitschthaler. 3. Jahrg. 1895. 24 Nrn. (à ca. 3 Bog. m. Abb.) hoch 4. Klagenfurt (A. Raunecker). n.n. 8. —;
Weiter nicht erschienen. einz. Nrn. n.n. — 40

Jungkeim, Johann Christoph (Altzheim), Dissertatio de eo quod justum est circa amortizationem ac de orthodoxa et inconcussa ejusdem propugnandae methodo, quam cum subnexis ex jure canonico parergis. Präs. P. Philipp Friderich, S. J. Heidelberg (Johann Jacob Haener) Mai 1747. 48 S. (6.80) 17212

Jungken, Heinrich Bernhard (Frankf. a. M.)
Aegrum apoplexia ex podagra retrocedente laborantem exhibens.
Giessae 4. Sept. 1733: E. H. Lammers. 34 S. 4°

Jungken, Johann Helfrich

s.: Juengken, Johann Helfrich

Jüngken, J. Ch., Wildbad Gastein, Wildbad am Schwarzwalde, Pfeffers und Ragatz. Eine balneologische Novelle. 8. Berlin 869, Hirschwald. * — 50

Jüngken. J. Ch., der Krieg u. die Mittel seine feindlichen Folgen für Gesundheit u. Leben zu bekämpfen. Ein Beitrag zur Krankheitskunde. Nebst Beschreibg. der Barackenstadt auf dem Tempelhofer Felde in Berlin. gr. 8. (35 S.) Berlin 870. v. Decker. — 75

Jüngken, Wiesbaden als Kurort. Den städt. Behörden Wiesbadens gewidmet. 8. (29 S.) Berlin 867, A. Hirschwald. *

Jüngken, Jh. Chr., († d. 17. Aug. 1789.) Abrisse über d. Sonn- u. Festtags-Evangelien von 1763—75. 8. Halle, Waisenh.-B. (à Jahrg. 18 Kr) 9 Rthl 18 Kr

— d. Freude des Herrn für den vollendeten Gerechten in d. Ewigkeit, e. Predigt. gr. 8. Halle 769. Waisenh.-B. 3 Kr

— Gedächtnißpredigt auf den Oberdiakonus Stephan Schulz. 8. Halle 777.

Jüngken, Johann Christian

Jüngken, J. C., über die Anwendung des Chloroformes bei Augenoperationen. Ein Sendschreiben. gr. 8. (21 S.) Berlin 850, (A. Hirschwald.) *

Jüngken, J. Ch., die Augendiätetik oder die Kunst, das Sehvermögen zu erhalten und zu verbessern. gr. 8. (VIII, 144 S.) Berlin 870, v. Decker'sche Geh. Ober-Hofbuchdr. 2 25

Jüngken, J(ohann) C(hristian): Ueber die Augenkrankheit, welche in der Belgischen Armee herrscht. Nebst einigen Bemerkungen über die Augenkrankheiten am Rheine und über Augenblennorrhoen im Allgemeinen. 51 S., gbd.

Berlin: Schüppel 1834

JB 4.274

Juengken, J[oh.] C[hristian.]: De blennorrhoeis oculi humani commentatio pathologica. Berolini 1837. (28 S.) 4°
Berlin, Med. Fak., Antrittsprogr. v. [26. Apr.] 1837

Jüngken, Joan. Christian. (geb. Burg Juni 1793): De pupillae artificialis, per coreoncion Graefianum conformatione. Berolini 1817. (22 S.) 8°
Berlin, Med. Diss. v. [3.] Mai 1817

Jüngken, J. Chr., das Choreonceon, ein Beitrag zur künstl. Pupillenbildung. Mit 1 Kpf. 8. Berl. 817. (Recht). 1 Rthl 4 Kr

Jungken, Ch., das Coroncion, ein Beytrag zur künstlichen Pupillenbildung. Mit 1 Kupfertafel. 8. Leipzig, Liebeskind. 817.

— die Lehre v. d. Augenkrankheiten. Ein Handb. z. Gebr. b. Vorlesn., u. z. Selbstunterr. f. angeh. Aerzte. Mit e. diagnost. Tab. d. Augenentzündungen. (4 Bl. gr. Fol.) gr. 8. (61½ B. excl. Tab.) Berlin 832, Schüppel.

Jüngken, J(ohann) C(hristian): Die Lehre von den Augenkrankheiten. Ein Handbuch zum Gebrauche bei Vorlesungen und zum Selbstunterrichte für angehende Aerzte. 2.verm.Aufl. 995 S., gbd., 1 Tab.

Berlin: Schüppel 1836

JB 4.275

Jüngken, J(ohann) C(hristian): Die Lehre von den Augenkrankheiten. Ein Handbuch zum Gebrauche bei Vorlesungen und zum Selbstunterrichte für angehende Aerzte. 3.Aufl. 704 S., gbd.

Berlin: Förstner 1842

JB 4.276

—— die Lehre v. d. Augenoperationen. Ein Handb. f. angeh. Aerzte u. Wundärzte. M. 4 Kpfrt. (gr. 4. u. Fol.) gr. 8. (58 B.) Berlin 829, Schüppel.

— s. Dr. Lerch, Makrobiotik d. Augen.

Jüngken, Joann. Christ.: Nunquam lux clara ophthalmiae neonatorum causa est occasionalis. Berolini (1817). (26 S.) 8°
Berlin, Med. Fak., Hab.-Schr. v. 25. Okt. 1817

— s. Wörterbuch, encyclop., der medicin. Wissenschaften.

Jüngken, Jo. Fried. (Magdeburg), De methodi roborantis usu et abusu. Diss. med. Präs. Philipp Friedrich Meckel. Halle (Bathe) 3. X. 1796. 43 Seiten. (6.20) 17128
Gew.: Johann Philipp Müller, Johann Carl Friedrich Meyer.

Juengken, Johann Helfrich

Johann Helfrich Juengken

Joh[ann] Helffrich Jüncken [Juengken] Kurtzgefaste neue Beschreibung der uhralten hochgepriesenen warmen Bädern zu Wißbaden. Deren Tugenden, Kräfften u. Contente, samt deren rechten Gebrauch betr. ... o.O. 1715: Andreä. 48 S. 8°

JUNCKEN, JOHANN HELFRICUS.
* Chimia experimentalis curiosa, ex principiis mathematicis demonstrata; in qua ex triplici regno remedia generosiora a neotericis et aliis hactenus inventa fideliter exhibentur, adjunctis singularium remediorum formulis . . . . Francofurti, 1681. pp. [xx]-898, 12mo. Plate and engraved title-page.
Another edition, 1702.

Jüngken, J. Helfr., Chirurgia manual., oder kurz. Begr. von der Chirurgie u. d. Operation. m. K. 8. Nrnb. Endter. 718.

Johann Helfrich Juengken

Joh[annes] Helfric[us] Jungken [Juengken: Compendium chirurgiae manualis absolutum] Chirurgia manualis. Oder kurtzer doch vollkommener Begriff derer zu der Chirurgie in specie gehörigen Operationen oder Hand-Arbeiten, wie solche e. rechtschaffenen Chirurgo experimentaliter zu erlernen... nöthig sind,... Denen bey dieser 4. Ed. beygefüget Einige kurtze verm. anatomisch Fragen... Nürnberg: Rüdiger 1716. 516, 154 S. 8°

[Sondert.:] Kurtzer Anhang, bestehend in einigen anatomischen Fragen uber diejenigen Theile des menschlichen Körpers, welche einem Chriurgo[!] zu wissen höchst nützlich u. nöthig vorfallen. 1718.

Johann Helfrich Juengken

Corpus pharmaceutico-chymico-medicum universale. Sive Concordantia pharmaceuticorum compositorum discordans, modernis medicinae practicis dicata. - Notis ad mentem clarissimorum virorum hinc inde breviter illustr. & coll., studio & opera Johan[nis] Helfrici Jungken [Juengken]. Ed.2., priori longè auctior redd., per D[avidem] de Spina. Francofurti a.M.: Knochius 1711. 1146 S. 4°

— Corpus pharmaceutico-chymico-medicum univers. fol. Frcf. Esslinger. (et. Weidmann in Lips.) 732.

Juengken, Johann Helfrich: Corpus pharmaceutico-chymico-medicum universale sive concordantia pharmaceuticorum compositorum discordans, modernis medicinae practicis dicata. Editio tertia, prioribus longe auctior reddita per David Baron de Spina. 1271 S., gbd., Abb.

Francofurti ad Moenum: Knoch 1732

JB 1.714

— Fundamenta medicinae modernae eclect. 8. Frcf. Stock. 718.

JUNGKEN, JOHANNES HELFRICUS.
* Lexicon chimico-pharmaceuticum in duas partes divisum, quarum prior continet processus selectos chimicos, sive medicamentorum chimicorum vulgo, sed usualium potissimum elaborationes, ex recentiorum curiosorum medicorum laboratoriis noviter prodeuntes, selectas et probatas. Altera pars composita pharmaceutica tam usualia, quam alia his subordinata et rationi consentanea exhibet; adeo ut medicus practicus, nec non pharmacopœus, lexico hoc instructus, diffusioribus aliis materiam hanc pertractantibus carere commodè queat. Opus diu desideratum et proxime in commodum ita dispositum. Norimbergæ, 1699. pp. [xxxii]-265-[xiii]-423-[xxxvi], 12mo.
Second edition in 1709.
Third edition: Lexicon chymico-pharmaceuticum in duas partes distinctum; ubi pars prior continet selectos processus chymicos potissimum hactenus magis usuales et originaliter et medicorum, non vero pharmacopolarum, laboratoriis prodeuntes; pars altera exhibet composita pharmaceutico-Galenica, tam hactenus usualia, quam alia his subordinata et correctiora dicta. Editio tertia, novitatibus nonnullis auctior reddita, et quidem cum præfamine de contractioribus pharmacopoliis, juxta modernæ rei medicæ statum, rite instituendis, atque medicorum non tantum privatam medicamentorum chymicorum elaborationem, sed et dispensationem a pharmacopolis hinc inde acriter impugnatam concernente, etc. Norimbergæ, 1729. pp. 535-[ix], 12mo. Folding title-page.

— Lexicon chymico-pharmaceuticum. Nürnb. Raspe. 729.

Juengken, Joh(ann) Helfrich: Manuale, sive vade mecum praxeos medicae modernae, pro memoria sublevanda conscriptum. Editio secunda priori superstructa, atque altera et tertia parte auctior reddita. Pars 1 - 3, gbd.

Francofurti: Zieger 1707

JB 6.542

— Manuale s. vademecum praxeos medicae modernae. 8. ibid. 740.

Juengken, Jo(hann) Helfr(ich): Nach den heutigen, Vernunfft-mässigen, aus der Anatomie und Chymie, hergeführten Grund-Regeln der Medicin, unterrichtende, sichere sorgfältige Medicus. Aller inneren Parthien des menschlichen Gebäues, so wol gesunden Stand, als zufällige Kranckheiten...verhandelend. 886 S., gbd., Abb.

Franckfurt u.Leipzig: typ.Andreä 1701

JB 1.972

Jüngken, Jo. Helff., Wohlunterrichtender sorgfältiger Medicus, welcher nach denen Grund-Reguln so aus der heutigen Anatomie u. Chymie hergenommen, alle innere Theile des menschl. Leibes beschreibet, u. dessen zufällige Kranckheiten getreulich, abhandelt, dargestellt, daß ein jeder, der vor seine Gesundheit Sorge träget, so wol seine eigene Constitution daraus Erkennen, als in anfallenden Kranckheiten sich selbst rathen u. helffen kan. Mit Kpf. 850 S. Nürnb. 1725. 8°.

1725

— wohlunterr. sorgfält. Medicus und Leibarzt. 2 Thle. m. K. 8. Lpz. 729.

Juengken, Joh(ann) Helfr(ich): Wohlunterrichtender sorgfältiger Medicus, welcher nach denen Grund-Reguln, so aus der heutigen Praxi Medica hergenommen, alle so wol schwangerer Weiber und Kind-Betterinnen, als auch kleiner Kinder Kranckheiten, und deren Zufälle getreulich abhandelt; mit beygefügten sichern Medicamenten, und Unterricht, wie solche zu gebrauchen. 382 S., gbd., Abb.

Nürnberg: Rüdiger 1729

JB 3.795

Johann Helfrich Juengken

Joh[ann] Helffr[ich] Jungken [Juencken], Wohlunterrichtender sorgfältiger Medicus [Medikus], welcher nach denen Grund- Reguln, ... alle so wol schwangerer Weiber u. Kind- Betterinnen, als auch kleiner Kinder Kranckheiten,... abhandelt; mit beygefügten sichern Medicamenten,... Samt e. ... Reg. Nürnberg: Rüdiger: Herborn 1729: Andreä. 375 S. 8°

Jungklaaß, das königl. evangelische Schullehrer-Seminar zu Steinau a. d. O. Erster öffentl. Bericht 1853. gr. 8. (80 S.) Steinau 853. (Breslau, Hirt's Verlag.) **

—— dass. — Zweiter öffentl. Bericht. 1854. gr. 8. (75 S.) Steinau 855. (Breslau, Hirt's Verlag.) *

Jungklaaß, K., s.: Taschenkalender f. d. deutsche Turnerschaft.

Jungklaus, Erich, approb. Arzt aus Berlin: Aus d. Universitäts-Frauenklinik zu Marburg. Foetale Peritonitis. *Marburg 1898: C. L. Pfeil.* (55 S.) 8°
Marburg, Med. Diss. v. 5. Sept. 1898

Jungklaus, Friedrich, Dr. phil., Arzt: Die Formen der Gallensteine, und die Häufigkeit der Cholelithiasis bei Psychopathen ⟨nebst e. Anh. über Milzkonkremente⟩. Weimar 1909: Wagner. VIII, 91 S. 4°(8°) ¶(Ersch. auch als Buch m. Taf. ebd.)
Jena, Med. Diss. v. 1. Nov. 1909, Ref. Dürck
[Geb. 24. Sept. 75 Pyritz; Wohnort: Bielefeld; Staatsangeh.: Preußen; Vorbildung: Marienstift-Gymn. Stettin Reife M. 93; Studium: Berlin 2, Jena 6, München 1, Jena 3 S.; Coll. 21. Juli 09; Approb. 25. Juli 99.] [U 10. 2298

Jungklaus, Friedrich: Der Magen der Cetaceen. *Jena: G. Fischer 1897.* (IV, 94 S.) 8° ¶(Aus: Jenaische Zeitschrift für Naturwissenschaft, Bd 32. -- Mit Tafeln.)
Jena, Phil. Diss. v. [30. Juli] 1897

Jungklaus, Walter, a. Pyritz i. Pommern: Pathologisch-anatomische Untersuchungen bei akuter und chronischer Geflügelcholera. Mit 2 Abbildungen. Borna-Leipzig 1906: R. Noske. (25 S.) 8°
Leipzig, Phil. Fak., Ref. Eber-Kirchner, Diss. v. 8. Dez. 1906
[Geb. 13. Nov. 77 Pyritz in Pommern; Wohnort: Berlin; Staatsangeh.: Preußen; Vorbildung: Marienstifts-Gymn. Stettin Primareife M. 99; Studium: Tierärztl. Hochsch. Berlin 7, Univ. Berlin 4, Leipzig 3 S.; Rig. 2. Nov. 06.]

Jungkunz: Metricae versionis Iliados libri primi specimen. 16 S.–Landshut, Progr. 1864

JUNGKUNZ, Friedrich (Regensburg): Beiträge zur Casuistik der Wunden infolge von Menschenbiss.- München: Wolf 1884. 26 S.
19.5.1884 - Urk (Titel: De vulneribus morsu hominum effectis.); Chr 1883/84,14
Diss. Ingolst.-Landsh.-Mchn.

Streiflichter auf den Zeitkreis 1815—1848 und die Märzbewegungen des letztgenannten Jahres. Eine Ferienlektüre für reifere Gymnasiasten. — Von J. B. Jungkunz, G. P. — 1878. Passau, Jos. Bucher. — S. 3–48°.
Progr. Passau, K. Gymn.

Jungl, Nic. Gebete u. Lieder zur heil. Messe. Mit e. Anh. Für österr. Volksschulen bearb. 2. verm. u. verb. Aufl. 16. (38 S.) Graz 889. Moser. * — 16

Jungl, Nic., Gebete u. Lieder zur hl. Messe. M. e. Anh. Für österr. Volksschulen bearb. 4., rev. Aufl. gr. 16. (40 S.) Graz 895. U. Moser. n. — 16

Jungl, Nikol., Gebete u. Lieder zur hl. Messe. Mit e. Anh. Für österr. Volksschulen bearb. 12., durchgeseh. Aufl. (40 S.) kl. 8. Graz 910. U. Moser. — 16

Jungl, Nicolaus, Orgelbegleitung zu den Liedern aus: „Gebete und Lieder zur heiligen Messe". Für österreichische Volksschulen bearbeitet. Gr.-8. (56 S.) Cart. Graz: Moser 1889. 1.20

— Tugendakte. Vor u. nach jeder Kommunion zu erwecken. Zum gemeinsamen Gebrauche hrsg. 21. Aufl. 266.—280. Tausend. (8 S.) 16. Ebd. 910. 100 St. nn 3. —

Jung-Land, Halbmonatsschr. f. d. junge Landvolk. Verantwortlich: W. Hohn. 1.—8. Jahrg. Oktbr. 1908—Septbr. 1911. à 24 Nrn. (à Jahrg. 196 S.) 33×23 cm. M.-Gladbach, Volksvereins-Verl. à Jahrg. 1.60; geb. 2. —

Junglas, Joh. Pet., Leontius v. Byzanz, s. Forschungen z. christl. Literatur- u. Dogmengeschichte. VII, 3.

Junglas, Johannes Peter, Privatgeistl. d. Diöz. Trier: Leontius von Byzanz. Studien zu seinen Schriften, Quellen und Anschauungen. Berlin 1907: G. Schade. (63 S.) 8° ¶(Erscheint als: „Forschungen z. altchristl. Literatur- u. Dogmengeschichte" Bd 8 H. 2.)
Breslau, Kath.-theol. Fak., Ref. Pohle, Diss. v. 18. Febr. 1907
[Geb. 2. April 76 Wirfus, Kr. Cochem i. Rheinland; Wohnort: Berlin; Staatsangeh.: Preußen; Vorbildung: Gymn. Prüm i. d. Eifel; Studium: Trier 8 S. kath. Theol. (Priestersem.), Berlin 1 phil., München 1 phil. S.; Rig. 16. Nov. 05.]

Leontius von Byzanz. Studien zu s. Schriften, Quellen u. Anschauungen von Oberl. Dr. Joh. Pet. Junglas. Paderborn: F. Schöningh 1908. (XII, 166 S.) 8°
[Ein T. erschien als Inaug.-Diss. Breslau 1907.]
— Forschungen z. christl. Literatur- u. Dogmengeschichte. Bd 7, H. 3. [illegible]

Jungler, J. F.

— de principum personarumque illustrium funeribus imaginariis. Ibid. 1735. 4.

Jungliberale: Der Jungliberale v. Unterwaldner.

Jungling, Christian Ernst (Langensalza), Observationes juris ecclesiastici circa jura patronatus subselliorum in templis et sepulturae. Disp. jur. Präs. Caspar Heinrich Horn. Wittbg. (Wwe. Gerdes) April 1714. 40 S., tlws. dtsch. (6.80) 17214

— — Dasselbe. Ed. II. Wittbg. (Wwe. Gerdes) 1734. 40 S. (6.50) 17215

Jüngling, Der. Leipzig 1747—48. H: *Cramer, Johann Andreas, Joh. Arnold Ebert* & *Niklas Dietrich Giseke.* (Uz-Gleim, Briefw. Tübingen 1899. S. 474.) (Schmidt, Er., Beiträge zur Kenntniss der Klopstockschen Jugendlyrik. Strassb. 1880. S. 50—73.) & *Glieb Wilh. Rabener.* (ERSCHDL)

Jüngling, der, eine Wochenschr. 2 Bde. 8. Königsb. Hartung. 775.

— der; oder der junge Herr und sein Hofmeister als Nebenbuhler. Lustsp. 8. München, Lindauer. 788.

Jüngling, der, die Geschichte seiner Verirrung u. dessen Rückkehr. 8. Frankf. 790. Doll in Augsb. 12 gr.

JÜNGLING, Der. Geschichte seiner Verirrungen und dessen Rückkehr zur Tugend. (Liederlicher Roman.) Mit TKpf. Leipzig, Jacobäer, 1790. 8°. Selten!
198 SS. Dialogisirt u. in Briefen. Der Held heisst Carl v. Stromfeld. (6 Mk. Lesser, Breslau, 1875.)

Jüngling, der alte, Lustspiel von E. Lebrün. 8. Mainz, Kupferberg. 820.

— der blühende und der verblühte, Lustspiel in 2 Theilen, v. Jul. v. Voß. s. neuere Lustspiele von J. v. Voß.

Jüngling, Der dankbare. Pressburg 1782. V: *Schedius, Ludwig.* (GGR VII/60, Nr. 48/1) (WBL 29/552) (BIBLPORT)

Jüngling, der deutsche. Hrsg. vom deutschen Verein f. das Fortbildungsschulwesen. 1. Bd. 5 Hfte. gr. 8. (à ca. 36 S.) Wittenberg 903. R. Herrosé. — 75

Jüngling, der deutsche. Hrsg. vom deutschen Verein f. das Fortbildungsschulwesen. 2. Bd. 5 Hefte. (à ca. 32 S) gr. 8. Wittenberg 903. R. Herrosé. n. — 75

— dasselbe. 3.—9. Bd. gr. 8. Leipzig, B. G. Teubner. n. 6. 40
3. Oktbr. 1903—März 1904. 10 Nrn. (IV, 240 S.) n. 1.—
4. Mai—August 1904. 8 Nrn. (IV, 192 S. m. Abb.) n. — 80
5. Oktbr. 1904—März 1905. 12 Nrn. (IV, 240 S. m. Abb.) n. 1.—
6. April—Septbr. 1905. 12 Nrn. (IV, 192 S. m. Abb.) n. — 80
7. Oktbr. 1905—März 1906. 12 Nrn. (IV, 240 S. m. Abb.) n. 1.—
8. April—Septbr. 1906. 8 Nrn. (IV, 192 S. m. Abb.) n. — 80
9. Oktbr. 1906—März 1907. 12 Nrn. (IV, 240 S. m. Abb.) n. 1.—

Jüngling, der deutsche. Begründet v. Osk. Pache. Hrsg. v. deutsch. Verein f. d. Fortbildungsschulwesen. 10.—16. Bd. 8. Leipzig, B. G. Teubner. 6. 20
10. April—Septbr. 1907. 12 Nrn. (à ca. 24 S. m. Abb.) — 80
11. Oktbr. 1907—März 1908. 10 Nrn. (à ca. 24 S. m. Abb.) 1. —
12. April—Septbr. 1908. 8 Nrn. (à ca. 16 S. m. Abb.) — 80
13. Oktbr. 1908—März 1909. 10 Nrn. (à ca. 16 S. m. Abb.) 1. —
14. April—Septbr. 1909. 8 Nrn. (à ca. 16 S. m. Abb.) — 80
15. Septbr. 1909—März 1910. 12 Nrn. (à ca. 16 S. m. Abb.) 1. —
16. April 1910—März 1911. 12 Nrn. (à ca. 16 S. m. Abb.) — 80

— der deutsche, in Frankreich. 8. Leipzig, Weygand. 789.

Jüngling, Der dichtende. Prag bey Mangold. 1770. 8°. 230 S.
Goedeke VI, 720, 5: Vgl. Prager gelehrte Nachrichten 1771. 1, 372. — Neue Litteratur 1772. 1, 124—126. „Aber wodurch verdient denn Prag das Unglück, beständig fremde Werke, die kein auswärtiger Verleger umsonst annehmen würde, in seinen Mauren an das Licht treten zu sehen?"

Jüngling, Der, in der Einsamkeit. Berlin 1761. V: *Merkel, Glieb.* (Kat. d. Bibl. Fr. Schnitzer, München 1902. S. 45.)

— der, in d. Einsamkeit, (von Gli. Merkel). 1r Thl. 2e A. gr. 8. Berl. 765. N. A. 779. Voß. 12 gr.

— d., in d. Einsamkeit. 8. Lpz. Compt. f. Lit. (a. Duyle in Salzb.) 795.

Jüngling; der fromme, ein Andachtsbuch. 8. Nürnb. (822.) Monath u. K.

Jüngling, d. katholische, nach d. Vorbilde d. hl. Aloisius v. Gonzaga, s.: Schutzfreund, katholischer.

— der katholische. Vollständiges Gebetbuch f. d. Jugendvereinigg. (120 S.) 16. Köln (909). J. P. Bachem. Geb. in Leinw. nn — 50

— der kranke. 8. Wien, Camesina. 788.

— d. kranke. 8. Wien 788. Heubner. 5 gr.

— der kranke, 8. Wien, 738. Hörling. 10 sgl.

— der, von Nain. Drama in 3 A. (von C. G. Nisbeck). 4. Halle 778. Hendel. 6 gr. 8. Zürich 778. Orell. 6 gr.

Jüngling, Der rechtschaffene. Eine Rede bey Gelegenheit der feyerlichen Austheilung der Schulprämien im Hochfürstl. Dietrichsteinischen Gymnasium der frommen Schulen in Nicolsburg den 10. Herbstmonat 1779. Brünn. V: *Royer, Alois.* (Boehm. Litteratur 1779) (BIBLPORT)

Jüngling, der reiche. Ein Wort an Jünglinge zur Aufmunterg. u. Warng. 16. (24 S.) Brem. 890, Verlag d. Tractathauses. * — 15

Jüngling, Der, und die Schöne oder Vergnügen und Anmuth ... Amsterdam [Leipzig] 1761. V: *Kritzinger, Frdr. Adolph.* (BGE) (WR)

Jüngling, Schweizer, s. Schweizerjüngling.

— der schwermüthige, eine moralische Erzählung, von der Verf. der Gesch. Fr. von Sternheim, (Sophie von la Roche) 8. Basel, 783. Serini. 4 ggl.

— der, vom Stande, nach den vier Tageszeiten geschildert, mit einer Zugabe. gr. 8. Frankfurt, van Düren. 781.

Jüngling, Der, vom Stande nach den vier Tagzeiten geschildert nebst einer Zugabe. Wien 1781. V: *Parini*. (wrztg 1781, Beil. bei Nr. 77, Bücherverzeichnis Trattnern Nr. 3) (Biblport)

Jüngling, Der, wie er seyn und nicht seyn soll. Ein kleiner Beitrag zur Bildung der Jugend. [Apenrade] [1827]. V: *Greif, Gust. J. P.* (Bruun, Bibl. Danica. I, 990.)

Jüngling, Ew. Aug., Erklärung katholischer Kirchenlieder f. den Schulgebrauch. Unter Mitwirkg prakt. Schulmänner bearb. u. hrsg. gr. 8. (159 S.) Düsseldorf 892. L. Schwann. n. 2.

Jüngling, Ew. Aug., Erklärung kathol. Kirchenlieder f. den Schulgebrauch. Unter Mitwirkg. prakt. Schulmänner bearb. u. hrsg. 2., verb. u. verm. Aufl. (VIII, 159 S.) gr. 8. Düsseldorf 903. L. Schwann. n. 2. —; kart. n. 2.40

Jüngling, Ew. Aug., Erklärung katholischer Kirchenlieder f. den Schulgebrauch. Unter Mitwirkg. prakt. Schulmänner bearb. u. hrsg. 3. Aufl. (VIII, 159 S.) 8. Düsseldorf 910. L. Schwann. 1.50; geb. 1.80

— das hochwürdigste Gut. Andachtsbüchlein zur Verehrg. des allerheiligsten Altarssakramentes. (196 S. m. 1 Farbdr.) 16. Essen 905. Fredebeul & Koenen. Geb. in Leinw. n. — 50

— [illegible]

Jüngling, Ew. Aug., Manna der christlichen Seele. Kathol. Gebetbuch. 16. (XVI, 560 S. mit Farbentitel und 1 Stahlst.) Salzburg 886, Pustet. 1 20

—— Paradies der christlichen Seele. Kathol. Gebetbuch. 16. (XVI, 562 S. mit chromolithogr. Titel und 1 Stahlst.) Ebendas. 885. 1 80

Jüngling, Ew. Aug., St. Barbara-Büchlein. Vugl. Handbüchl. f. d. Mitglieder d. Bruderschaft z. Verehrg. d. hl. Barbara z. Erlangg. e. glückseL. Sterbestunde. 1.—10. Tauf. 16. (163 S. m. farb. Titelbild.) Essen 897. Fredebeul & Koenen. Geb. in Leinw. n. — 60

[J.] Christlicher Seelengarten. Kathol. Gebetb. v. Ewald Aug. Jüngling, Priester d. Erzdiöz. Köln. *Essen Ruhr: Fredebeul & Koenen [1897]*. (2 Bl., 512 S., 1 Taf.) 1 Bd 8. (98. 5316

Jüngling, Georg Gottlob

Jüngling, Gottlob „Beiträge zur Elementarmathematik". Einige Eigenschaften der Dreiecke, Vierecke und Vierseite. pg. 29—91. 4°. J. J. Barfus'sche Univ.-Buchdr.
Erlangen. Progr. 1848/49

Jüngling, Gottl. „Bemerkungen über verschiedene Gegenstände der Elementarmathematik". I. Bemerkungen zur ebenen Trigonometrie. II. Bemerkungen zur Auflösung der Gleichungen vom dritten Grade. pg. 23—28. 4°. J. Paul Adolph Junge.
Erlangen. Progr. 1842/43

Jüngling, Gottl. „Zur Elementarmathematik. III. Ueber die Kugeln, welche die Seitenflächen eines Tetraeders berühren". pg. 23—28. 4°. Joh. Paul Ad. Junge.
Erlangen, Progr. 1846/47

Jüngling, G., Sammlung von Aufgaben und Lehrsätzen aus Geometrie, Stereometrie und Trigonometrie, nebst den Grundzügen der neuern Geometrie. gr. 8, (260 S. und 3 Stnt. in 4.) Regensburg 818, Manz.

Jüngling, Georg Gottlob (Lehrer der Mathematik) „Ueber das Wesen und den Nutzen der descriptiven Geometrie". pg. 3—11. 4°. Mit einer Tafel. H. Mintzel's Wittwe.
Hof, Progr. 1839/40

Jüngling, Hermann Aufruf an die Bürger Berlins, einen Verein zu stiften „zum Schutz gegen Anarchie" — Druck von Brandes u. Schultze. 1 Bl. Fol.
Flugblatt. Berlin, 7. Sept. 1848.

Jüngling, Herm., Jesuitismus in verschied. Lebensverhältnissen. — Das 19. Jahrhundert ist sein Grab. 2. Aufl. gr. 8. (2 B.) Altenburg 845. (Helbig.) *

—— 1. Cor. 16, V. 13. Wachet, stehet im Glauben, seid männlich u. seid stark! gr. 8. (1 B.) Altenburg 845. (Helbig.)

—— an die Männer der verbündeten deutschen Staaten, die wahren Freunde unsrer Fürsten, die wahren Freunde des Vaterlandes, die edlen Männer aller Völker. gr. 4. (½ B.) Altenburg 845. (Helbig.) *

Jüngling, Herrmann Rede aus dem Herz des Volkes an unseren Landesvater, an die neuen Minister und an die Heldenbürgerschaft und Einwohner von Berlin. Selbstverlag. 2 Bl. 4.
Flugblatt. Berlin, 31. März 1848.

Jüngling, Hermann Volks-Eigenthum Aufruf an die Maschinenbau-Arbeiter und an alle Arbeiter in Berlin. Druck von Brandes und Schultze 1 Bl. Fol.
Flugblatt. Berlin, 22 April 1848.

Jungling, Joh. Bapt. Am Lande. (Fortsetzung.) Dem Institute zur Erziehung mittellos verwaister k. k. Officiers-Töchter zu Oedenburg gewidmet. 3. Aufl. gr. 8. (13 S.) Wien, Ueberreuter. 50 kr.
1861

SIE kommt! (von *Johann Baptist Jüngling*) Wien, o. J. (1854).
Anon.-Lex. V. p. 269. (Eigenbericht.)

Jüngling, Johann Philipp Bernhard, Oeffentliches und freudiges // Glaubens= //Bekänntnüß /// Eines // Von dem Pabstthum // Zur unveränderten Augspurgischen Confes- //sion bekehrten // Lutheraners, // Welches // Zu Bezeugung seiner Beständigkeit // Bey der einmal erkannten // Evangelischen Wahrheit // In einer ARIE // Nach der bekandten Melodie: // Wer nur den lieben GOtt läßt walten /// Darinnen alle Artikel // der unveränderten // Augspurgischen Confession // enthalten /// In dem Evangelischen // Jubel=Jahr // in öffentlichen Druck gegeben // M. Johann Philipp Bernard Jüngling /// gewesener Hoch=Fürstl. Würtzburgischer Pfarr, // Prediger und Beicht=Vater etc. // Gedruckt im Jubel=Jahr 1717. - 8 Blatt (nicht paginiert).
Dem Leipziger Rat gewidmet.

B. S. T. 8°.355.

Jüngling, Karl: Fortschritte auf d. Gebiete d. Naturerkenntnis im Zeitalter d. Reformation. *Kronstadt 1898.*
in: **Zeit, Aus d., d. Reformation** ... Festschr. z. Honterusfeier.

Jüngling, Karl Über Kohlehydrate. 53 S. **Progr.** *Kronstadt* 1881.

Jüngling, Kurt, Gerichtsreferendar: Zur Lehre vom Boten und vom Stellvertreter. Breslau 1906: A. Schreiber. (54 S.) 8° [J.]
Greifswald, Jur. Fak., Ref. Pescatore, Diss. v. 20. Dez. 1906
[Geb. 10. März 84 Habelschwerdt, Schl.; Wohnort: Habelschwerdt; Staatsangeh.: Preußen; Vorbildung: Gymn. Glatz Reife O. 03; Studium: Freiburg i. B. 1, Berlin 1, München 1, Breslau 1, Greifswald 2 S.; Rig. 18. Juni 06.]

Jüngling, Louis, die Staaten-Reform od. die Vereinigung der Parteien durch die Lösung der materiellen Frage. 8. (52 S.) Leipzig 848, Matthes. n. 6 ngr

Jüngling, Madelaine, moderne Häkelkunst. gr. 16. (68 S. m. 1 lith. Taf. in gr. Fol.) Wien 850, Bermann. n. 1/3 ℛ

v. Jüngling, Nicolaus Friedr. Leopold, aus Witebsk. Ueber die Mischung der feuerbeständigen Alkalien. Diss. Dorpat. 16°. 36 pp.

Jüngling, Otto, Medizinalprakt.: Aus d. chir. Univ.-Klinik zu Berlin (Dir.: Bier). Über die Behandlung der Prostatahypertrophie mittels Injektion von artfremdem Blut. Leipzig: Vogel 1908. 32 S. 8° ¶(Aus: Deutsche Zeitschr. f. Chirurgie. Bd 96.)
Leipzig, Med. Diss. v. 5. Dez. 1908, Ref. Trendelenburg
[Geb. 19. Jan. 84 Unterlenningen; Wohnort: Stuttgart; Staatsangeh.: Württemberg; Vorbildung: Karls-Gymn. Stuttgart Reife Juli 02; Studium: Tübingen 5, Kiel 1, Berlin 4 S.; Coll. 23. Dez. 08; Approb. 1. April 09.] [U 09. 2790

Jüngling, *Traugott* Paul *Theodor* [pr. Arzt aus Obernkirchen]: Über Arterien-Zerreissungen nebst zwei Fällen spontaner Aortenruptur ... Leipzig, Druck v. F. Bär, 1894; 26 S. 8.
Leipzig, Med. Fak., Inaug.-Diss. v. 8. Juni 1894

Jünglinge

— für, Fragmente aus d. Brieftasche eines Weltbürgers, (v. Fr. Spach). 8. Frankf. a. M. 791. Gebhardt u. K. 12 gl.

Jünglinge, an Deutschlands, von ein. deutschen Jüngling. Mit erläuternden Anmerkungen. 8. Cassel, Griesbach. 814.

Jünglinge, an, die wegen ihrer künftigen Bestimmung d. älterl. Haus verlassen. 8. Berl. 813. Mittler. 10 gl

— u. Mädchen, an, ein Beitrag zur Sittenlehre u. Erziehungskunde. 8. Bresl. 797. Gehr. 10 gl NB Ist ein neuer Titel zu d. Buche: Chr. Aug. Peschek, Versuch über d. Ausartung d. Begattungstriebes.

— **und Mädchen, für**, bey Eintr. in das Jugendalter. Ein Confirmationsgesch. (v. J. D. Mauchard.) 8. Tüb. Heerbrand. 794.

Jünglinge jedes Standes, für, traurige Wahrheiten, im Romanengewande; e. Pendant zu d. Buche: f. Töchter edler Herkunft. 8. Altenb. Richter, (Akadem. Buchhandl. in Jena.) 790.

Jünglinge, Die zwölf schlafenden. Eine Geistergeschichte als Seitenstück zu den zwölf schlafenden Jungfrauen von C. G. Spiess. Leipzig 1797. Olmütz 1799. V: *Czapek, Joseph Max.* (wrztg 1798, S. 732; S. 2154) (wrztg 1797, S. 3477; S. 3784) (BGE [1]7/391 Leipzig 1798) (Fideicomiss-Bibliothek Wien 2/849) (BIBLPORT)

Jünglings, des, Freund. Blätter f. d. erwachs. männl. Jugend. Hrsg. v. B. Mehmke. Oktbr. 1897 – Septbr. 1898. 26 Nrn. (à ca. 10 S. m. Abb.) Lex.-8. Stuttgart (M. Holland). n.n. 1. —

Jünglings, des, Freund. Blätter f. die erwachsene männl. Jugend. Hrsg. v. B. Mehmke. 3.—6. Jahrg. 1899—1902. à 52 Nrn. gr. 4. (à ca. 4 S. m. Abbildgn.) Stuttgart (Holland & Josenhans). à Jahrg. n.n. 1. —

Jünglings, des, Freund. Blätter f. die erwachsene männl. Jugend. Hrsg. v. B. Mehmke. 7. Jahrg. 1903. 52 Nrn. (IV, 224 S. m. Abbildgn.) gr. 4. Stuttgart (Holland & Josenhans). n. 1. —

— dasselbe. 8.—10. Jahrg. 1904—1906. à 12 Hefte. (IV, 220; IV, 240 u. IV, 288 S. m. Abbildgn.) Lex.-8. Ebd. à Jhrg. n. 1. 20

Jünglings, des, Freund. Hrsg. v. B. Mehmke. 11.—14. Jahrg. 1907—1910. à 12 Hefte. (IV, 350; IV, 824; IV, 292 u. IV, 284 S. m. Abb.) Lex. 8. Stuttgart (Holland & Josenhans). à Jahrg. 1. 50

Jünglings, des studierenden, Verkehr m. Gott. Eine Auswahl von Gebeten u. Gesängen zunächst zum Gebrauche beim Schul-Gottesdienste. 8. (VI, 60 S.) Iglau 880. Bayer. geb. n. 1. —

Jünglings, des studierenden, Verkehr mit Gott. Eine Auswahl von Gebeten und Gesängen zunächst zum Gebrauche beim Schul-Gottesdienste. 8. (VI, 60 S.) Iglau 881, Bayer. geb.

— **des, Tugend.** Seelsorgebriefe an e. Jüngling über sexuelle Dinge. Eine Mitgabe auf den Lebensweg. (48 S.) 8. Berlin (904). L. Frobeen. 1. —; geb. 1. 50; erm. Pr. — 60; geb. 1. —

Jünglingsbilder, biblische. 8. (16 S.) Stuttgart 876, Buchh. der Evangel. Gesellschaft. *

Jünglingsblatt, Berliner. Hrsg. z. Besten d. Aelt. Evang. Jünglingsvereins. Red.: E. Hülle. 12.—16. Jahrg. 1895—1898. à 12 Nrn. (à 4 S.) gr. 4. Berlin. (Leipzig, H. G. Wallmann.) à Jahrg. n. — 50

Jünglingsblatt, Berliner. Hrsg. zum Besten des Aeltesten evang. Männer- u. Jünglingsvereins in Berlin. Gegründet 1851. Red.: Th. Brandin. 18. u. 19. Jahrg. 1901 u. 1902. à 12 Nrn. gr. 4. (à ca. 4 S.) Berlin. (Leipzig, H. G. Wallmann.) à Jahrg. n.n. — 55
Der 18. Jahrg. ist von E. Hülle redigiert.

Jünglingsblatt, Berliner. Hrsg. zum Besten des Aeltesten evang. Männer- u. Jünglingsvereins in Berlin. Gegründet 1851. Red: Th. Brandin. 20.—23. Jahrg. 1903—1906. à 12 Nrn. (à 4 S.) Lex.-8. Berlin, Schriftenvertriebsanstalt. à Jhrg. n. — 50

Jünglingsblatt, Berliner, Fortsetzg., s.: Jung-Berlin.

Jünglings-Bote. Rheinisch-westphäl. Jünglings-Bund. Redact.: Krummacher. 21. Jahrg. 1868 à 26 Nrn. (à ½ Bog.) 8. Barmen, (Klein.) Jahrg. 1868 — 95

Jünglings-Bote. Rheinisch-westphälischer Jünglings-Bund. Red.: Krummacher. 22. u. 23. Jahrg. 1869 u. 1870. à Jahrg. 26 Nrn. (B.) Barmen, Klein. gr. 8. Jeder Jahrg. n.n. 9½ ngr.

Jünglings-Bote. Rheinisch-westphälischer Jünglings-Bund. Red.: Krummacher. 24. Jahrg. 1871. 26 Nrn. (à ½—1 B.) gr. 8. Barmen, Klein im Comm. n.n. — 95

— dasselbe. 25. u. 26. Jahrg. 1872 u. 1873. à 26 Nrn. (½ B.) 8. Ebend. à Jahrg. n.n. 1. —

— dasselbe. 27—29. Jahrg. 1874—1876. à 26 Nrn. (½ B.) 8. Ebend. à Jahrg. n. 1. 50

Jünglings-Bote. Rheinisch-westphäl. Jünglings-Bund. Red.: Krummacher. 30. u. 31. Jahrg. 1877 u. 1878. à 26 Nrn. (½ B.) gr. 8. Barmen, Klein. — Wiemann in Comm. à Jahrg. n. 1. 50

— dasselbe. 32—35. Jahrg. 1879—1882. à 26 Nrn. (B.) hoch 4. Elberfeld, (Buchh. der Evangel. Gesellschaft). à Jahrg. n. 1. 60

Jünglings-Bote. Hrsg. v. dem Rheinisch-Westfäl. [Westdeutschen] u. Süddeutschen Jünglings-Bunde. Red.: K. Krummacher u. E. Kiesner. 36—39. Jahrg. 1883—1886. à 26 Nrn. (B.) hoch 4. Elberfeld, Buchh. d. Evangel. Gesellsch. à Jahrg. n. 1. 60

Jünglings-Bote. Organ f. die Jünglingsvereinssache, zunächst in West- und Süddeutschland. Red.: K. Krummacher u. E. Kiesner. 40. Jahrg. 1887. 26 Nrn. (B.) hoch 4. Elberfeld, (Buchh. der Evangel. Gesellschaft). n. 1. 60

— dasselbe. 41. Jahrg. 1888. 26 Nrn. (B.) hoch 4. Ebd. n. 3. —

— dasselbe. 42. 43. Jahrg. 1889. 1890. à 26 Nrn. (B.) hoch 4. Ebd. à Jahrg. n. 2. 40

Jünglings-Bote. Organ f. die Jünglingsvereinssache zunächst in West- u. Süddeutschland. Red.: K. Krummacher u. E. Kiesner. 44.—47. Jahrg. 1891—1894. à 26 Nrn. (Bog.) hoch 4. Elberfeld, Schriftenverl. d. Westdeutschen Jünglingsbundes. à Jahrg. n. 1. 60

Jünglings-Bote. Organ f. d. Jünglingsvereinssache zun. in West- u. Süddeutschland. Hrsg. v. d. westdeutschen (rheinisch-westfäl.) u. süddeutschen Jünglingsbunde. Red.: K. Krummacher u. E. Kiesner. 48. u. 49. Jahrg. 1895—1896. à 26 Nrn. (Bog.) hoch 4. Elberfeld, Buchh. d. Westdeutschen Jünglingsbundes. à Jahrg. n. 1. 60

— dasselbe. Hrsg. v. d. westdeutschen Jünglingsbunde. Red.: K. Krummacher. 50. Jahrg. 1897. 26 Nrn. (Bog.) hoch 4. Ebd. n. 1. 60

— dasselbe. Red.: K. Krummacher u. W. Dröner. 51. Jahrg. 1898. 52 Nrn. (Bog.) hoch 4. Ebd. n. 2. —
Kann auch vierteljährlich bezogen werden.

Jünglings-Bote. Organ f. die Jünglingsvereinssache zunächst in Westdeutschland. Schriftleitung: Weller. 55. Jahrg. 1902. 52 Nrn. hoch 4. (à ca. 8 S.) Elberfeld, Buchh. des Westdeutschen Jünglingsbundes. n.n. 2. 40

Jünglings-Bote. Organ f. die Jünglingsvereinssache zunächst in Westdeutschland. Schriftleitg.: Weller. 56. Jahrg. 1903. 52 Nrn. (IV, 416 S.) hoch 4. Elberfeld. Barmen, Buchh. des westdeutschen Jünglingsbundes. n. 2. 40; geb. n. 4. —
Fortsetzung, s.: Leuchtturm, der

Jünglings-Bote, der, für christliche Jünglinge und Jünglingsvereine. Redig. von Dürselen und Rich. Frowein. 1847. Juli—Decbr. 6 Nrn. (Bog.) 4. Meurs 847, (Dolle.) *

— sächsischer. Verbands-Blatt der Männer- u. Jünglingsvereine in Sachsen u. in Thüringen. Hrsg. vom Verband der ev.-luth. Männer- u. Jünglingsvereine im Kgr. Sachsen. Schriftleitung: Frenzel. 14.—16. Jahrg. 1891—1893. à 24 Nrn. (Bog.) hoch 4. Dresden, Schriftenniederlage d. sächs. Jünglingsbundes. à Jahrg. n. 1. 60

— sächsischer. Verbands-Blatt d. Männer- u. Jünglingsvereine in Sachsen u. in Thüringen. Hrsg. v. Verband d. ev.-luth. Männer- u. Jünglingsvereine im Kgr. Sachsen. Schriftleitg.: Frenzel. 18.—20. Jahrg. 1895—1897. à 24 Nrn. (à ca. 1 Bog.) hoch 4. Dresden, Verbandsbuchh. (E. Zacharias.) à Jahrg. n. 1. 60

— dasselbe. [illegible] u. Jünglingsvereine ec. [illegible] 21. Jahrg. 1898. 24 Nrn. ([illegible] n. 1. 60
[illegible]

— sächsischer. Bundes-Blatt der Männer- u. Jünglingsvereine in Sachsen u. in Thüringen. Hrsg. vom Bunde der ev.-luth. Männer- u. Jünglingsvereine im Königr. Sachsen. Schriftleitung: E. Zacharias. 22.—25. Jahrg. 1899—1902. à 24 Nrn. hoch 4. (à ca. 8 S.) Dresden, Verbandsbuchh. à Jahrg. n. 1. 60

— sächsischer. Bundes-Blatt der Männer- u. Jünglingsvereine in Sachsen u. in Thüringen. Hrsg. vom Bunde der ev.-luth. Männer- u. Jünglingsvereine im Königr. Sachsen. Schriftleitung: E. Zacharias. 26.—29. Jahrg. 1903—1906. à 24 Nrn. (à Jahrg. 192 S.) Lex.-8. Dresden, Verbandsbuchh. (E. Zacharias). à Jhrg. n. 1. 60

Jünglings-Bote, sächs. Bundes-Blatt d. Männer- u. Jünglingsvereine in Sachsen u. in Thüringen. Hrsg. v. Bunde d. evang.-luth. Männer- u. Jünglingsvereine im Königr. Sachsen. Schriftleitung: E. Zacharias. 30. u. 31. Jahrg. 1907 u. 1908. à 24 Nrn. (à Jahrg. 192 S.) Lex. 8. Dresden, Verbandsbuchh. (E. Zacharias). à Jahrg. 1. 60
Fortsetzg., s.: Bundeswarte.

Jünglingsbund, elsässischer evangelischer, 1892. Als Erinnerg. an das Bundesfest am 26. Juni 1892 in Strassburg i/E. gr. 8. Strassburg i/E. 892. (C. A. Vomhoff.) — 30
1. Vorwort üb. Vereinshauswesen. — 2. Bundesbericht 1891/92. — 3. Festpredigt v. Weltbrecht. (39 S.)

Jünglingsfest-Predigten von Dürselen, Hugenbubel, Karl Krummacher, Friedr. Wilh. Krummacher, Quandt, Thelemann und Weber. Hrsg. vom Comité des Rheinisch-Westfäl. [Westdeutschen] Jünglingsbundes. gr. 8. (VII, 70 S.) Gütersloh 880, (Bertelsmann.)

Jünglingsfreund, der, eine Anleitung, vernünftig u. gut zu werden. 8. Leipz. 820. (W. Nauck.) 15 gr

Jünglingsfreund, der, eine Anleit. vernünftig und gut zu werden. 8. Leipzig, Sommer. 820.

Jünglingsfreund. Jahrbuch f. evang. Jünglings- u. christl. Männer-Vereine. 1898. 1. Jahrg. Hrsg. v. Herm. Faulhaber. 12. (90 S. m. Abb.) Schw. Hall 897. Stuttgart, Buchh. f. Inn. Mission. n. — 40

— Jahrbuch f. 1899. 2. Jahrg. Hrsg. v. Herm. Faulhaber. 12. (59 S. m. Abb.) Ebd. — 25

Jünglingsjahre, Heinrich Stillings; eine wahrhafte Geschichte. Berlin 1778. V: *Jung, Joh. Hnr.* (MGT)

Jünglingsverein, der. Eine Monatsschrift f. d. Leiter u. Vorstände evang. Männer- u. Jünglingsvereine. Unt. Mitwirkg. v. Hesekiel, Krummacher, Tiesmeyer etc. hrsg. v. Berlin u. Thiele. 1.—4. Jahrg. 1895—1898. à 12 Hfte. (Bog.) gr. 8. Berlin, Buchh. d. Ostdeutschen Jünglingsbundes. à Jahrg. n. 2.—

Jünglingsverein, der. Eine Monatsschrift f. die Leiter u. Vorstände evangel. Männer- u. Jünglingsvereine. Unter Mitwirkg. von Hesekiel, Tiesmeyer, Hennig u. a. hrsg. v. F. Berlin u. W. Thiele. 5.—8. Jahrg. 1899—1902. à 12 Hfte. gr. 8. (à ca. 16 S.) Berlin, Buchh. des ostdeutschen Jünglingsbundes. à Jahrg. n. 2.—

Jünglingsverein, der. Eine Monatsschrift f. die Leiter u. Vorstände evangel. Männer- u. Jünglingsvereine. Unter Mitwirkg. v. Hesekiel, Tiesmeyer, Hennig u. a. hrsg. v. F. Berlin u. W. Thiele. 9. Jahrg. 1903. 12 Hefte. (à ca. 16 S.) gr. 8. Berlin, Buchh. des ostdeutschen Jünglingsbundes. n. 2.—

— dasselbe. Nebst: Handreichung f. die Vereinsarbeit. Unter Mitwirkg. v. Hesekiel, Berlin, Tiesmeyer u. a. hrsg. v. M. Ulich. 10.—12. Jahrg. 1904—1906. à 12 Hefte. (à ca. 12 u. 12 S) 8. Ebd. à Jhrg. n. 2.50

Jünglingsverein, der. Eine Monatsschr. f. die Leiter u. Vorstände evang. Männer- u. Jünglingsvereine. Nebst: Handreichung f. d. Vereinsarbeit. Unter Mitwirkg. v. Hesekiel, Berlin, R. Mumm u. a. hrsg. v. J. Jordan u. P. Mendelsohn. 13.—16. Jahrg. 1907—1910. à 12 Hefte. (à Jahrg. 288 S.) 8. Buchh. d. ostdeutsch. Jünglingsbundes. à Jahrg. 2.50

Bund der deutsch-schweizerischen, evangelisch-christlichen Jünglings- und Männervereine. Jahresberichte über das Jahr 1900. (Beilage zu Nr. 5 des «Schweizerischen Jünglingsboten» vom 1. März 1901.) 11 S. 8. Basel, Basler Druck- und Verlags-Anstalt, 1901.

Junglöw, Heinrich [app. Arzt aus Rendsburg]: Ueber einige Entwickelungsvorgänge bei Reptilien-Embryonen ... (Aus: Anat. Hefte. II.) Würzburg, kgl. Universitätsdr. v. H. Stürtz, 1891; 16 S., 2 Bl., 1 Taf. 8.
Kiel, Med. Fak., Inaug.-Diss. v. [10. März] 1892

Jungmair, Rudf., Gmundner Blümel'n oder nu á mal allerloa Gedangá, G'sángl und Begebnuß'n in ob der enns'scher Volksmundart. 3. unveränd. Aufl. gr. 16. (225 S.) Salzburg 873, Dirr. 1 60

Jungmair's, R., Dichtungen in ob der enns'schen Volksmundart. Mit dem Bildnisse d. Verf. Dem Nachlasse entnommen, ausgewählt u. m. e. biograph. Skizze versehen v. J. Rauch. 2. Aufl. 8. (428 S.) Vöcklabruck 883. (Linz a/D., Mareis.) n. 3.—

Jungmair's, Rud., Dichtungen in ob der enns'scher Volksmundart. Ausgewählt u. m. e. Lebensbeschreibg. des Dichters versehen v. Joh. Rauch. 3., verm. Aufl. 8. (224 S. m. Bildnis.) Linz 893. Städtebilder-Verlag (E. Mareis). n. 3.—; geb. n. 3.60

Jungmair's, Rud., Dichtungen in ob der enns'scher Volksmundart. Ausgew. u. m. e. Lebensbeschreibg. des Dichters vers. v. Joh. Rauch. 3., verm. Aufl. (Neue [Titel-]Ausg.) 8. (224 S.) Linz (893) 896. ... Ebenhöch. n. 2.—

Jungmair, Rud., 's Paradeis u. d' Wildnuß, s. a. Dialectdichtungen, oberösterr. 5.

's Paradeis und d' Wildnuss. (A g'scheitt Betrachtung.) Von Rudolf Jungmair. *Linz: E. Mareis 1900.* (8 S.) 8° [F.]
= Dialektdichtungen, Oberösterreichische. No 5. [w. 633]

— d' Schulpfrüefung, s. a. Dialectdichtungen, oberöst. 4.

D' Schulprüefung. Von Rudolf Jungmair. *Linz: E. Mareis 1900.* (4 S.) 8° [Umschlagt. F.]
= Dialektdichtungen, Oberösterreichische. No 4. [w. 633]

Jungmann, er sucht einen Vetter, s. Kühling's, A., Album für Liebhaber-Bühnen.

Jungmann, Albert, Bilder der Natur. 16. (XV und 141 S.) Dresden 853. [Leipzig, Literatur-Bureau.] *

Jungmann, Alb., Bilder der Natur. Dresden 853. Schaefer. 16. (XIV, 1 Bl., 141 S.) n. 24 ngr

Jungmann, Alfr., Ergebnisse v. 240 operierten Lupusfällen, s.: Spitzer, Ludw.

Jungmann, Andr., Kunst, schöne Kinder zu zeugen, nichts weniger als Posse. 8. Arnst. 792. Wagdorf. 10 gr

Jungmann, Ant. Jb., Beleuchtung d. Streitfrage über d. Orthographie, veranlaßt durch Hrn. Jb. Negedly's Widerlegung d. sogenannten analog-orthograph. Neuerungen in d. böhmischen Sprache. 8. Prag 829. Kronberger u. W. 4 gr

— Lehrbuch d. Geburtshülfe. 2 Bde. 8. Prag 811. Enders. 1 Rthl 12 gr

— Lehrbuch d. Geburtshülfe für Hebammen. gr. 8. Prag 812. (Kronberger u. W.) 2 Rthl

Jungmann, (Ant. Joh.) Lehrbuch d. Geburtshülfe f. Hebammen. gr. 8. Prag 824, (Kronberger u. W.)

Jungmann, Ant(on) Joh(ann): Das Technische der Geburtshilfe zum Gebrauche bei Vorlesungen über Operationen für Mediciner und Wundärzte. 208 S., gbd.

Prag: Kronberger 1824

JB 3.980

Jungmann, Bernh., brevis analysis tractatus de Deo creatore. gr. 8. (44 S.) Regensburg 875, Pustet. — 60

—— brevis analysis tractatus de Deo uno et trino. gr. 8. (52 S.) Ebendas. 874. — 80

—— brevis analysis tractatus de novissimis. gr. 8. (36 S.) Ebendas. 874. — 60

Jungmann, Born., dissortationes soloctao in historiam ecclesiasticam. Tom. I ot II. gr.8. (IV, 460 u. 464 S.) Regonsburg 880. 81. Pustot. à n. 4. —

Jungmann, Born., dissortationos seloctae in historiam occlesiasticam. Tom. III—VI. gr. 8. Regonsburg, Pustot. n. 16. 50 (I—VI.: n. 24. 50)
III. (151 S.) 882. n. 4. —. — IV. (404 S.) 881. n. 3. 60. — V. (610 S.) 885. n. 4. 60. — VI. (458 S.) 886. n. 4. 30

Jungmann, B., dissertationes selectao in historiam ecclesiasticam. Tom. VII et ultimus. gr. 8. (475 S.) Regensburg 887. Pustet. n. 4. 20 (cplt.: n. 28. 70)

— Institutiones patrologiae, s. Fessler, Josef

— **institutiones theologiae dogmaticae specialis. Tractatus de deo creatore.** gr. 8. (354 S.) Ebend. 871. 3. —

— **dasselbe.** Ed. II. gr. 8. (390 S.) Ebend. 875. 3. 60

— **dasselbe. Tractatus de Deo creatore. Ed. V. gr. 8. (IV, 384 S.) Ebd. 900. 3. 60**

—— dass. — Tractatus de Deo uno et trino. 1. edit. (IV, 339 S.) 1870, et 2. edit. gr. 8. (IV, 377 S.) Ebendas. 874. 3 —

Jungmann, Bern., Institutiones theologiae dogmaticae specialis. Tractatus de deo uno et trino. Ed. V. gr. 8. (IV, 380 S.) Regensburg 899. F. Pustet. 3. 80

Jungmann, Bern., institutiones theologiae dogmaticae specialis, in usum seminarii Brugensis. Tractatus de gratia. Bruxellis 868. (Emmerich, Romen.) gr. 8. (513 S.) n. 1 a*ß*

—— dass. — Tractatus de gratia. 2. edit. gr. 8. (IV, 314 S.) Ebendas. 873. 3 —

Jungmann, Bern, institutionos theologiae dogmaticao specialis. Tractatus de gratia. Ed. VI. gr. 8. (VI, 312 S.) Regensburg 896. F. Pustot. 3. —

— **dasselbe.** Tractatus de novissimis. gr. 8. (317 S.) Ebend. 871. 3. —

— dasselbe. 2. ed. gr. 8. (346 S.) Ebend. 874. 3. 30

— institutiones theologiae dogmaticae specialis. Tractatus de novissimis. Ed. III. gr. 8. (346 S.) Ebend. 885. 3. 30

— **dasselbe. Tractatus de novissimis.** Ed. IV. gr. 8. (344 S.) Ebd. 898. 3. 30

—— dass. — Tractatus de vera religione. gr. 8. (IV, 214 S.) Ebendas. 874. 2 40

Jungmann, Bernardus, Institutiones theologiao dogmaticae generalis. Tractatus de vera religione. Regensburg, Pustet, 1895, 8°, IV, 259 S., 4. Aufl., 2,80 Mk.
1. Aufl. 1874.

— **dasselbe. Tractatus de vera religione. Ed. V. gr. 8. (IV, 256 S.) Ebd. 901. 2. 80**

—— dass. — Tractatus de verbo incarnato. gr. 8. (387 S.) Ebendas. 872. 3 60

— **dasselbe. Tractatus de verbo incarnato. Ed. V. gr. 8. (408 S.) Ebd. 897. 3. 60**

Jungmann, Bernhard, appr. Arzt a. Münster i. W.: Aus der Universitäts-Frauenklinik in Gießen. Die in der Gießener Frauenklinik in den Jahren 1892—1900 ausgeführten Ovariotomien bei Tumoren des Ovarium, mit besonderer Berücksichtigung des Dauererfolges. Gießen 1905: v. Münchow. (26 S.) 8°

Gießen, Med. Fak., Ref. Pfannenstiel, Diss. v. 23. Dez. 1905
[Geb. 3. April 80 Münster i. W.; Wohnort: Münster; Staatsangeh.: Preußen; Vorbildung: Gymn. Münster Reife O. 00; Studium: Freiburg i. B. 1, München 1, Kiel 3, Berlin 1, München 1, Gießen 3 S.; Coll. 30. Nov. 05; Approb. 24. Nov 05.]

Jungmann, Berthold [aus Kobylin]: Ein Fall von Endotheliom '(Endothelkrebs)' des Magens ... Würzburg, Becker's Univ.-Buchdr., 1892; 27 S. 8.
Würzburg, Med. Fak., Inaug.-Diss. v. 1892

Jungmann, Carl, s. Jungmann, Karl

Jungmann, Conrad Christian, s. Jungmann, Konrad

Jungmann, E., Anleitungen zur Zimmer-Gymnastik. Allgemein verständlich dargestellt. (VIII, 100 S. m. 48 Abbildgn.) 8. Berlin (904). Neufeld & Henius. 1. —; geb. 1. 50

Jungmann, E., wie treibe ich Zimmergymnastik? Allgemein verständlich dargestellt. 4.—6. Taus. (VIII, 100 S. m. 48 Abb.) 8. Berlin (910). Neufeld & Henius. 1.—; geb. 1. 50

Jungmann, Eduard

Jungmann, Ed., Eckernförde und der 5. April 1849. Eine artillerist. Episode aus dem deutsch-dän. Kriege. Aktenmäßig dargestellt. gr. 8. (IV und 45 S. mit 2 lithgr. Plänen in gr. Fol.) Hamburg 851(52,) Perthes-Besser und Mauke. *

Jungmann, Ed., Eckernförde u. d. 5. IV. 1849. Eine artillerist. Episode. Aktenmäß. dargest. Neue, aus d. Nachlaß d. Verf. ergänzte Aufl. Zur 50jähr. Gedenkfeier hrsg. v. Ernst Jungmann. gr. 8. (IV, 48 S.) Eckernförde 898. C. Heldt. n. — 80

Jungmann, Emil, Coniectanea Fulgentiana, ad Philologos Germaniae Lipsiae congregatos salutant scholae Thomanae magistri.

— Coniectanea Fulgentiana. S.-A. 1872. 16 S. 4°.

Jungmann, Emil *Lebensgang von Fr. A. Eckstein.* 4 (S. 25—30 der Schuln.). **Progr.** Thomassch. *Leipzig* 1886 (498).

Jungmann, A. Quaestionum Fulgentianarum capita duo. Diss. 1870. 32 S. 1.50

Jungmann, Emil Quaestiones gennadianae. 25 S. **Progr.** Thom. *Leipzig* 1881.

Jungmann, Emil, quaestiones Gennadianae. 4. (25 S.) Leipzig 881. (Hinrichs' Sort.) n. 1. 50

Jungmann, Emil *Kantor Prof. Dr. Wilhelm Rust, † 2. Mai 1892.* 4 (S. 20—21 der Schuln.). **Progr.** Thomasg. *Leipzig* 1893 (510).

— Die Zeit des Fulgentius. S.-A. 1877. 14 S.

Jungmann, Ernst

—— Tönnies Evers. Eine Geschichte aus der Zunftzeit. 8. (186 S.) Lübeck 888, Max Schmidt. * 3 —

Jungmann, Ernst [gen. Kaiser] [illegible]: Ein Fall von [illegible] Leber mit Adenombildung und Uebergang derselben in Carcinom. Berlin (1881) [illegible] 8°
Berlin, Med. Diss. v. 2. Juni 1881

Jungmann, Ernst, nordische Herbstblätter. Gedichte. 12. (VI, 164 S.) Königsberg 883, Schubert und Seidel. geb. mit Goldschn. *

Jungmann, Ernst: Eine alte Hamburger Schützenordnung. Hamburger Nachrichten vom 11. Juli 1909.

—— Skomand. Ein Sang aus dem Kampfe des deutschen Ordens gegen die heidn. Preußen. 12. (V, 137 S.) Ebendas. 883. *ℳ 2,40.; geb.

Jungmann, Ernst, Skomand. Eine Schilderung aus der Zeit der Eroberung Preußens durch den deutschen Orden. 2. illustr. Aufl. kl. 8. (X, 137 S. mit 4 Taf.) Leipzig 887, Strübig. geb. * 2 40

(S) Jungmann, Ernst, Skomand. 887. (RB225.) Jetzt: Leipzig, R. König.

Jungmann, Ernst. Sinkende Zeiten. Erzählung aus dem letzten Hansakriege. gr. 8. (301 S.) Bresl. 890, Schles. Verlags-Anstalt. * 5 —; geb. * 6 —

Jungmann, Ernst, sinkende Zeiten. Erzählg. aus d. letzten Hansakriege. (Neue Titel-Ausg.) 8. (301 S.) Breslau (890) 898. Schles. Buchdruckerei ꝛc. n. 2. —

Jungmann, Eugen [aus Breslau]: Einfluss der menschlichen Verdauungssäfte auf altbackenes und frisches Brot. '(Aus d. hygien. Institut in Würzburg.)' ... München, Druck v. R. Oldenbourg, 1895; 19 S. 8.
Würzburg, Med. Fak., Inaug.-Diss. v. 1895

Jungmann, Georg (Neckarsteinach)
Beiträge zur Lehre von der Windegeburt bei Achsellage.
Giessen: Brühl I. 1850. 58 S. u. 1 Taf. (in △ mit "Thesen")
Diss. med. 7.9.1850. vorh. 26.

Jungmann, Geo., Beiträge zur Lehre von der Windegeburt bei Achsellage. Inaugural-Dissertation. gr. 4. (III und 58 S. mit 1 Stnt.) Giessen 850, (Ricker.) *

Jungmann, Hans, Referendar in Leipzig: Das deutsche Kauffahrteischiff als Begehungsort strafbarer Handlungen. Borna-Leipzig 1905: R. Noske. (VII, 61 S.) 8°
Leipzig, Jur. Fak., Diss. v. 29. Juli 1905
[Geb. 10. Mai 80 Leipzig; Wohnort: Leipzig; Staatsangeh.: Sachsen; Vorbildung: Thomassch. Leipzig Reife O. 99; Studium: Leipzig 8 S.; Rig. 25. Juni 03.]

Jungmann, J., Romanzen, allegorische Dichtungen, poetische und dramatische Aufsätze. 8. Prag, Enders. 820.

Jungmann, Jos., die Andacht zum heiligsten Herzen Jesu und die Bedenken gegen dieselbe. Ein Schreiben an einen Freund aus dem Laienstande. gr. 8. (52 S.) Innsbruck 871, Wagner'sche Universitäts-Buchh. * — 60

Jungmann, Jos., die Andacht zum heiligsten Herzen Jesu und die Bedenken gegen dieselbe. Ein Schreiben an einen Freund aus dem Laienstande. 2. Aufl. 12. (VII, 51 S.) Freiburg i. Br. 885, Herder'sche Verlagsh. * — 40

Jungmann, Jos., Aesthetik. 2. vollständig umgearb. und wesentlich erweit. Aufl. des Buches „Die Schönheit und die schöne Kunst". gr. 8. (XXXVI, 950 S.) Freiburg i. Br. 881, Herder'sche Verlagsh.

—— Aesthetik. 3. verm. und verb. Aufl. in 2 Bdn. gr. 8. (XX, 364; XXIII, 650 S.) Ebendas. 886. * 12 — geb. * 15 —

—— Gefahren belletristischer Lectüre. Ein Vortrag, gehalten im kathol. Casino zu Innsbruck. 1. und 2. verm. Aufl. 8. (69 S.) Ebendas. 882.

JUNGMANN, J., Gefahren belletristischer Lecture. Innsbruck 1872. Gr. 8°. (60 Pfg. Heberle, Cöln, 1890.)

— Gefah[illegible] [illegible]tristischer Lectüre. Ein Vortrag, geh. im kathol. Casino zu Innsbruck. 2. u. verm. Aufl. 8. (69 S.) Ebend. 884. n. — 60

—— das Gemüth und das Gefühlsvermögen der neueren Psychologie. gr. 8. (III, 292 S.) Ebendas. 869. 2 80

—— das Gemüth, und das Gefühlsvermögen der neueren Psychologie. 2. verm. und verb. Aufl. gr. 8. (X, 219 S.) Ebendas. 884. * 3 20

— das Gemüth, u. das Gefühlsvermögen der neueren Psychologie. 2., verm. u. verb. Aufl. gr. 8. (X, 219 S.) Ebend. 885. n. 3. 20

—— fünf Sätze zur Erklärung und zur wissenschaftlichen Begründung der Andacht zum heiligsten Herzen Jesu und zum reinsten Herzen Mariä. 8. (VIII, 112 S.) Ebendas. 869. * 1 20

Jungmann, Jos., die Schönheit und die schöne Kunst. Nach den Anschauungen der sokrat. und der christl. Philosophie in ihrem Wesen dargestellt. gr. 8. (XII und 532 S.) Innsbruck 866, Wagner'sche Universitäts-Buchh.

Jungmann, J., Theorie der geistlichen Beredtsamkeit, s. a. Bibliothek, theologische.

Jungmann, Jos., S. J., Theorie d. geistlichen Beredsamkeit. Akadem. Vorlesgn. Neu hrsg. v. Mich. Gatterer, S. J. 4. Aufl. (Theolog. Bibliothek.) (XV, 700 S.) gr. 8. Freiburg i/B. 908. Herder. 10.—; geb. in Halbsaff. 12.60

Jungmann, Jos., zur Verehrung Unserer Lieben Frau, namentlich ihrer unbefleckten Empfängniß. Andachtsübungen. Mit einer Meßandacht und Beicht- und Communion-Gebeten. 2. verm. und verb. Aufl. 16. (VIII, 208 S. mit 1 Stahlst.) Freiburg i. Br. 879, Herder'sche Verlagsh.

— zur Verehrung Unserer Lieben Frau, namentl. ihrer unbefleckten Empfängniß. [illegible] Meß- andacht, Beicht- u. Communion-[illegible] 3. Aufl., besorgt v. Frz. Hattler, S. J. 16. (XII, 204 S. m. Abb. u. 1 Stahlst.) Freiburg i/B. 896. Herder. n. 1. 20; geb. in Leinw. n. 1. 60

Jungmann, Josefa

Jungmann, Jos., Histoire literatury české aneb saustawný přehled spisu českych s krátkau historií národu, oswícení a jazyka. 2. Wydání. (Nákladem českeho museum číslo XXXII.) gr. Lex.-8. (526 S.) Prag 849, (Rziwnatz.) *

Jungmann, Josefa, Slownjk Česko-Nemecky. 1r—5r Bd. 5s u. letzses Heft. gr. 4. Praze —839. (Kronberger et Rziwnatz.) n. 36 ₰

Jungmann, Jos., gesammelte Schriften (neuböhm.), s. Bibliotecka, nowočeská.

– (Red.), s. Zeitschrift zur Förderung einer zeitgemäßen Reform der Gymnasialstudien.

Jungmann, Karl, René Descartes. Eine Einführg. in s. Werke. (IX, 234 S.) Lex. 8. Leipzig 908. F. Eckardt. 6.50

Jungmann, Karl, René Descartes. Jetzt: Leipzig, Fel. Meiner.

— Die Weltentstehungslehre des Descartes, s. a. Studien, Berner, zur Philosophie. 54.

Jungmann, Carl. Die Weltentstehungslehre des Descartes. IV + 51 S. 8. Bern, Scheitlin, Spring & Cie., 1907.
Ausg. A: Diss. Phil. Bern ... von K' J' ...
Ausg. B: Von Dr. K' J' ... [fr. 1. —.] — Berner Studien zur Philosophie und ihrer Geschichte ... Band 54.

Jungmann, Konrad Christian

JUNGMANN, CONRAD CHRISTIAN. Wieder-lebender Polter-Hanß, Welcher nicht nur Durch Erzehlung mancherley ergotzlicher Geschichten, sinnreicher Fragen und Antworten, wohlausgesonnener Gasconaden und Schertz-Reden, gleichwie verschiedener Gedichte, ... die Melancholey zu vertreiben gedencket, sondern auch Zwey bewährte Mittel wider das leydige Podagra mitleydig an die Hand giebet. Aus dem Frantzösischen übersetzt. Weißenburg, J. A. Sauer [Nürnberg, Seitz] 1721. *Frontispiz (Der Polterhans mit e. Pokal)*, gedr. Titel, 303 S. Hübsches HPgt. d. Z. m. Rsch. 120.—
H. ... III, 4... „als wohl deutsches Original"

— — Dasselbe. Ebd. 1731. 12⁰. (4 Mk. Kirchhoff & Wigand, Lpz., vor 1885.)

Jungmann, L., 81 Choräle, 3 stimmig gesetzt. gr. 8. (63 S.) Weimar 89?. L. Thelemann. n. —60

Jungmann, Leo, die letzten 6 Wochen. Militär-Schauspiel in 3 Akten. Umschlagzeichnung v. Alfr. Busch. (64 S.) 8. Leipzig (910). R. Sattler. 1.20

Jungmann, Max, pract. Arzt aus Schildberg (Preussen): Casuistischer Beitrag zur Behandlung intrakapsulärer Schenkelhalsfrakturen. *Freiburg i. B. 1902: H. Epstein.* (18 S.) 8°
Freiburg i. B., Med. Diss. v. 1902

Jungmann, Max, Dornen. (84 S.) 8. Berlin 906. L. Simion Nachf. n. 2.—; geb. n. 3.—

Jungmann, Max, Heinrich Heine e. Nationaljude. Eine krit. Synthese. 8. (48 S.) Berlin 896. S. Cronbach. n.—75

Jungmann, Max, Irrfahrten. Jüdisches Epos in 8 Gesängen. gr. 8. (70 S.) Leipzig (900.) M. W. Kaufmann. n. 1.—

— d. Kampf ums Hängen, s.: Anders, N. J.

Jungmann, Paul (Elbergeld): Beiträge zur Freundschen Lehre vom Zusammenhange primärer Rippenknorpelanomalien mit Lungentuberkulose und Emphysem.- (Wiesbaden: Bergmann 1909.) 52 S.- S.-Abdr. aus: Frankfurter Zeitschrift für Pathologie. Bd. 3.
10.12.1910 - Chr 1910/11,24; U 11.552
Diss. Ingolst.-Landsh.-Mchn.

Jungmann, Robert

Jungmann, R., Algier oder Scenen und Skizzen aus d. Leben eines polnischen Flüchtlings. Mit 3 Abbildd. 8. Schweidnitz 840. Heege. 1 ₰

Jungmann, Rob., Algier, od. Scenen u. Skizzen aus d. Leben e. polit. Flüchtlings. 8. (13¾ B. u. 3 Abbild.) Schweidnitz 841, Heege.

——— die orientalische Blumen- u. Fruchtmalerei. Oder deutl. Anweis. binnen wenigen Stunden diese Art d. Malerei vollkommen zu erlernen; nebst 1 Farben-Tab., z. Gebr. f. d. noch Ungeübten in dieser Kunst. M. 1 col. Titbl. als Muster. gr. 8. (2 B.) Breslau 841, Graß, Barth u. Comp.

[J.] **Jungmann**, Robert [Dr. iur., Rechtspraktikant zu Nürnberg]: Das Verbrechen der Abtreibung ... Nürnberg. Druck v. J. L. Stich, 1893; 44 S. 8.
Erlangen, Jur. Fak., Inaug.-Diss. v. 1893

Jungmann, Rob, das Verbrechen der Abtreibung. gr. 8. (44 S.) München 893. J. Schweitzer, Verl. n. 1.—

Jungmann, Saul [pract. Arzt]: Zur Operation und Nachbehandlung des Empyem .... Breslau, H. Proskauer Jr., 1886; 2 + 40 S. 8°.
Breslau, Med. Fak., Inaug.-Diss. v. 10. Aug. 1886.

Jungmann, Saul, zur Operation und Nachbehandlung des Empyem. Inaugural-Dissertation. gr. 8. (38 S.) Breslau 886, (Köhler.) * 1 —

Jungmann, Thom., die Heilkraft der Elektrizität. Eine gemeinverständl. Zusammenfassg. v. Urteilen u. Erfahrgn. erster Autoritäten auf diesem Gebiete, m. Anführg. u. Abbildg. der zur Selbstbehandlg. benötigten Apparate. gr. 8. (95 S. m. 28 Abb.) Bruck-München 898. (München, P. Zipperer.) n. 1.—

Jungmarker, M. C., piscinam Bethesdae haud fuisse balneum animale. Gryph. 1766. 4.

Jungmayr, Alfred: Aus der Chirurg. Klinik zu München. Gastrostomie. *München 1898: F. Bickel.* (31 S.) 8°
München, Med. Diss. v. 1898

JUNGMAYR, Max (München): Ueber die Phlegmasia alba dolens puerperarum.- München: Deschler 1847. 18 S.
11.6.1847 - Urk (Titel: De phlegmasia alba dolente puerperarum.); F 66
Diss. Ingolst.-Landsh.-Mchn.

Jungner, J. Richard

JUNGNER, J. R.: Wie wirkt träufelndes und fliessendes Wasser auf die Gestaltung des Blattes. Einige biologische Experimente und Beobachtungen. - Stuttgart 1895. 40 S., 3 Taf. - (Bibliotheca botanica H. 32)

– Dass., s. a. Bibliotheca botanica.

Jungner, J. R., die Zwergzikade (Cicadula sexnotata Fall.) u. ihre Bekämpfung, s. a. Arbeiten der deutschen Landwirtschafts-Gesellschaft. 115. Hft.

Die Zwergzikade (Cicadula sexnotata Fall.) und ihre Bekämpfung. Von Dr. J. R[ichard] **Jungner**, Assist. Mit 1 Taf. sowie 2 Abb. u. schemat. Darst. Berlin: Deutsche Landwirtsch.-Gesellsch. 1906. (49 S.) 8° [J.]
— **Arbeiten** d. Deutschen Landwirtsch.-Gesellschaft. H. 115.

Jungnickel, Alfr. (geb. Leuten 11. 3. 1856): Ueber Entstehung der Metastasen bei Diphtheritis. Berlin (1878). (31 S.) 8°
Berlin, Med. Diss. v. 24. Dez. 1878

Jungnickel, C. G., praes. C. G. **Stentzel**, De consuetudine altera natura. 34 pp. Vitemb. 4°. 1737

— Ferd. Friedrich (Freienwalde a. Oder). De tumore albo. Diss. med. Bln. (Nortmann) 14. IV. 1824. 23 S., mit Biogr. (6.20) 17218
Oppon.: Fr. Ecke, E. Ramberg, B. Rave. — Gew.: v. Hertefeld, Heinrich Schwiening.

Jungnickel, Frdr., Staatsminister Albert v. Maybach. Ein Beitr. z. Gesch. d. preuß. u. deutsch. Eisenbahnwesens. Mit e. Bildnis Maybachs u. 3 Brief-Fksms. (VIII, 134 S.) 8. Stuttgart 910. J. G. Cotta Nachf. 3.—; geb. in Leinw. 4.—

Jungnickel, Gustav

—— über die rechte Art u. Weise vor Gott zu erscheinen. Predigt über Lucas 18, 9 bis 14. gr. 8. (1 B.) Schweidnitz 846, Heege. *

Jungnickel, Gust., das Fundament des Deutschkatholicismus. 2. Timoth. 2, 19. Predigt gehalten vor der deutschkatholischen Gemeinde in Dresden am 8. Sonntage nach Trinitatis 1861. Dresden 861. Geh. gr. 8. (11 S.) n. 2½ ngr.

Jungnickel, Gust., siehe dein König kommt zu dir! Predigt gehalt. am 1. Adv. 1845. gr. 8. (1 B.) Schweidnitz 846, Weigmann.

Jungnickel, L. H., Schafe. Farbige Originallithographie. 20×20 cm signierte Drucke K 15.—, gewöhnliche Drucke K 6.—

Jungnickel, Ludw. H., Tiere, s: Mappe-Mal-Vorlagen.

Jungnickel, Max, aus e. Träumerwerkstatt. Gedichte. (29 S.) 8. Leipzig-Gohlis 909. B. Volger. —80

Jungnitz, Anton

— Abhandl. über d. geograph. Länge u. Breite von Alt-Jauer u. Milkau. 8. Bresl. 807.

Jungnitz, (L.) Ant., († d. 26. Juni 1831.) Aphorismen von d. Lehre über d. Elektricität. gr. 8. Bresl. 796. Gehr. 2 Gr.

— Beobacht. d. Mondfinsterniß d. 22. Oct. 1790. 4. Bresl. 790.

– s. Gedichte, Kleine.

— Grundriß d. Naturlehre, zum Gebrauch für Vorlesungen. 1r—3r Thl. Mit 1 Kpft. gr. 8. Bresl. 804, 5. Barth. (Holzuker). 2 Rthl 8 Gr

– s. Hell, M.: Beitrr.

– s. Sternbilder, Drei neue.

– s. Was ist Aufklärung.

Jungnitz, Ernst

—— Geschichte des religiösen Lebens in Deutschland während des 18. Jahrh. 1. Abthl. gr. 8. (13½ B.) Charlottenburg 841, Bauer. *

Jungnitz, Er., Geschichte des religiösen Lebens in Deutschland während des 18. Jahrhunderts. I. Abthl. 8. Charlottenburg 845. (Leipzig, Voigt u. Fernau.) n. 1⅙ Rthl

— s. auch: Geschichte der französ. Revolution.

Jungnitz, Ernst, Geschichte d. französ. Revolution v. 1787 u. 1788. 2 Thle. gr. 8. (12½ B.) Charlottenburg 846, Bauer.

— Religion und Kirche 2c., s. Denkwürdigkeiten zur Geschichte der neuern Zeit seit der französ. Revolution.

Jungnitz, Josef

Jungnitz, J., das Breslauer Brevier u. Proprium. gr. 8. (VII, 120 S.) Breslau 893. G. P. Aderholz. n. 2.—

Jungnitz, Jos., die Breslauer Domkirche. Ihre Geschichte u. Beschreibg. (IV, 148 S. m. 3 Taf.) kl. 8. Breslau 908. G. P. Aderholz. 1.—

Jungnitz, Jos., Charakterbilder aus d. Clerus Schlesiens, s.: Meer, Aug.

Jungnitz, Jos., Firmungsbüchlein. Unterricht u. Gebete f. Firmlinge. Ster.-Aufl. 8. (23 S.) Breslau (902). F. Goerlich. n. —10

Jungnitz, Jos. Archidiakonus Petrus Gebauer. Ein Zeit- u. Lebensbild aus der schles. Kirchengeschichte d. 17. Jahrh. Mit Portr. u. Facsm. gr. 8. (VII, 145 S.) Bresl. 892, Aderholz. * 2—

Jungnitz, Jos., die Breslauer Germaniker. (XII, 409 S.) gr. 8. Breslau 906. G. P. Aderholz. n. 4.—

— Martin v. Gerstmann, Bischof v. Breslau. E. Zeit- u. Lebensbild aus d. schles. Kirchengeschichte d. 16. Jahrh. gr. 8. (VII, 535 S. m. 1 Bildn.) Breslau 898. G. P. Aderholz. n. 5. 60

Jungnitz, Jos., Geschichte der Dörfer Ober- und Nieder-Mois im Neumarkter Kreise. Nach archival. Quellen dargestellt. gr. 8. (V, 287 S. mit Holzschn.) Breslau 885, (Aderholz.) * 3 —

— Geschichte d. Fronleichnamsprozession in Breslau. [Aus: „Schles. Pastoralbl."] 8. (20 S.) Ebd. 898. —30

— d. Grabstätten d. Breslauer Bischöfe. Namens d. Vereins f. Geschichte u. Alterthum Schlesiens bearb. gr. 4. (III, 44 S. m. 18 Lichtdr.-Taf.) Breslau 895. Max Tietzen. n. 4.—

— Anton Lothar Graf v. Hatzfeldt-Gleichen, Kanonikus, Offizial u. Generalvikar v. Breslau, s. a. Darstellungen u. Quellen zur schlesischen Geschichte. 7. Bd.

Anton Lothar Graf von Hatzfeld-Gleichen, Kanonikus, Offizial u. Generalvikar von Breslau. Von Joseph **Jungnitz**. Mit Bildnis. Breslau: F. Wohlfahrt 1908. (48 S.) 8° [F.]
— **Darstellungen** u. Quellen z. schles. Geschichte. Bd 7. 105. 15... 2

—— die heilige Hedwig. Ein Heiligenbild für das christl. Volk. 12. (VII, 132 S. mit dem Stahlst.-Bilde der Heiligen.) Ebendas. 885. * 1 —
2. Aufl., s. unten: Wallfahrtsbüchlein.

Jungnitz, Jos., kleine Kirchengeschichte für katholische Schulen. 8. (48 S.) Breslau 880. Goerlich. n. —30

Jungnitz, Jos., kleine Kirchengeschichte für katholische Schulen. 2. Aufl. 8. (47 S.) Breslau 884, Goerlich's Verlag.

—— kleine Kirchengeschichte für katholische Schulen. 3. Aufl. 8. (47 S.) Breslau 888, Goerlich. * — 30

— kleine Kirchengeschichte f. kathol. Schulen. 6. Aufl. 8. (47 S.) Breslau 897. F. Goerlich. n. — 30

Kleine Kirchengeschichte für katholische Schulen von Dr. Joseph Jungnitz, Geistl. Rat. 7. Aufl. *Breslau: F. Goerlich [1903].* (47 S.) 8° [F.]
04 9803 2

— kleine Kirchengeschichte f. katholische Schulen. 8. Aufl. (47 S.) kl. 8. Breslau (906). F. Goerlich. n. — 80

— Kleine Kirchengeschichte f. kathol. Schulen. 9. Aufl. (47 S.) kl. 8. Breslau (910). F. Goerlich. — 30

—— Die Kongregation der grauen Schwestern v. der hl. Elisabeth. Festschrift zum 50jähr. Bestehen der Kongregation. gr. 8. (115 S.) Ebd. 892. * 2 —

—— Legende der Heiligen für Schule und Haus. (XIV, 366 S. mit 1 Stahlst.) 1881. M 2.; geb. * M 2,50.; 2. Aufl. 8. (XIV, 366 S.) Ebendas. 883. M 1,50.; geb. *

—— Legende der Heiligen für Schule und Haus. 2. Ster.-Aufl. 8. (XIV, 366 S. mit 1 Stahlst.) Ebendas. 886. 1 50
geb. * 2 —

— Legende der Heiligen. 3. Aufl. 8. (XIV, 366 S. m. 1 Stahlst.) Ebd. 890. 1. 50; geb. n. 2. —

— Legende der Heiligen. 4. Aufl. 8. (XIV, 866 S. m. 1 Stahlst.) Breslau 892. F. Goerlich. Geb. in Leinw. n. 2. —

— Legende d. Heiligen. 5. Aufl. 8. (XIV, 366 S. m. 1 Stahlst.) Ebd. 898. 1. 50; geb. in Leinw. n. 2. —

— Legende der Heiligen. Neue Ster.-Aufl. m. 12 Bildern. 8. (XII, 866 S.) Ebd. (901). 1. 50; geb. in Leinw. n. 2. —

— August Meer. Ein Lebensbild. 8. (186 S. m. 1 Bildn.) Breslau 898. G. P. Aderholz. n. 1. —

— Karl Otto. Ein Lebensbild. (67 S.) 8. Breslau 904. G. P. Aderholz. n. — 50

—— Die Breslauer Ritualien. 8. (38 S.) Bresl. 892, Aderholz. * — 50
Aus: Schles. Pastoralbl., besonders abgedruckt.

[F.] Das heilige Sakrament der Firmung. Unterr. u. Gebete f. Firmlinge. Von Dr. Joseph Jungnitz, Geistl. Rat ... 7. Aufl. *Breslau: F. Goerlich [1896].* (23 S.) 1 Bd 8.
[98. 4800

— das hl. Sakrament d. Firmung. Unterr. u. Gebete f. Firmlinge. 8. Aufl. 8. (23 S.) Breslau 898. F. Goerlich. — 10

— das hl. Sakrament der Firmung. Unterricht u. Gebete f. Firmlinge. 9. Aufl. 8. (23 S.) Ebd. (900.) — 10

— die Sanctio pragmatica des Bischofs Franz Ludwig. 8. (28 S.) Breslau 900. G. P. Aderholz. n. — 50

— Das St. Joseph-Stift in Breslau. Festschrift zur Feier seines 50jähr. Bestehens. (58 S. m. 4 Taf.) 8. Breslau 907. (G. P. Aderholz. — Goerlich & Coch.) nn 1.50

— Sebastian v. Rostock, Bischof v. Breslau. 8. (VII, 232 S. m. Lichtdr.-Bildnis.) Breslau 890. Aderholz' Buchh. n. 3. —

—— Sebastian v. Rostock, Bischof v. Breslau. Mit dem Portr. Rostocks. gr. 8. (VII, 232 S.) Ebd. 891. * 3 —

— Verzeichnis der Breslauer Bischöfe, s. Wutke, Konrad: Stamm- u. Übersichtstafeln der schlesischen Piasten.

— s.a. Visitationsberichte der Diözese Breslau.

Visitationsberichte der Diözese Breslau. Archidiakonat Breslau. T. 1. Nebst Visitationsordnungen hrsg. von Dr. J[osef] Jungnitz. *Breslau: G. P. Aderholz 1903.* 4°
— Veröffentlichungen aus d. fürstbischöflichen Diözesan-Archive zu Breslau. Bd 1, T. 1.
[03. 5949

—— Wallfahrtsbüchlein für fromme Verehrer der heil. Hedwig. 2. veränd. Aufl. des St. Hedwigsbüchleins. 12. (72 S. mit 1 Bild.) Ebendas. 888. — 30
1. Aufl., s. oben die heil. Hedwig.

— Wallfahrtsbüchlein für fromme Verehrer der hl. Hedwig. Ausg. zum 700jähr. Jubiläum der St. Hedwigskirche in Trebnitz (1203—1903). Ster.-Aufl. 12. (116 S. m. Titelbild.) Breslau (902). F. Goerlich. n. — 30

Jungo, Ph., erstes franz. Lesebuch. 8. (5¾ B.) Glarus 845. (St. Gallen, Huber u. Comp.) *

Jung-Russland (in russischer Sprache.) Stuttgart

Jungschläger, Werner, Quebrachoholz-Zoll. Die Verhandlgn. im preuß. Abgeordnetenhause u. im rhein. Provinzial-Landtage. Seine Bedeutg. f. den Gerberei- u. Schälwald-Betrieb u. f. die gesammte Leder verbrauch. Bevölkerg. des Deutschen Reiches. [Aus: „Deutsche Gerber-Zeitg."] 8. (20 S.) Köln 894. P. Neubner. — 75

Jung-Schön-Blond-Fridolins Sängerfahrt. Spielmannslieder von Brigitta v. dem Blüthenriede. Hrsg., befür. u. bevorwortet v. B. Westenberger. 8. (37 S.) Berlin (Friedenau) 887. Thiel. n. 1. —

Jungschultz, Joh. Ferdinand: Historiam universalem, s. Berger, Theodor

Iungschulz de Röbern, v. Röbern.

Jungschützen-Reglement und Schiessordnung des k. k. pr. bürg. Scharfschützenkorps der kön. freien Bergstadt Graslitz. kl. 8. Prag 1870.

Jung-Schweizerland und Jung-Deutschland
v. a. Jung-Deutschland und Jung-Elsaß (sub 15)

Jung-Schweizerland und Jung-Deutschland. Halbmonatsschrift f. Dichtkunst und Kritik. Herausgegeben von *G. L. Kattentidt* und *A. Fahlweid.* I. Jahrg. No 1. Gr. in-8°. 16 S. Basel, G. L. Kattentidt. 1896 Halbjährlich 4 —

Jungsschulz de Roebern, F.: Obs. binae de asthmate singulari..., s. Vogel, Rud. Aug. (Praes.)

Jung-Siegfried. Zeitschrift für das Jugendwerk unter Deutschlands Grofsloge II des I. O. G. T. Schriftleitung: J. Koopmann, Norddörfer auf Sylt. Geschäftsstelle: Frau M. Laser, Flensburg. Jg. 1 ff., 1899/1900 ff. 8°.

Jung-Siegfried. Der deutschen Jugend in Stadt und Land. Dargeboten von Konrad Agahd. (Bd 1.) Berlin: Verein f. Soz. Ethik u. Kunstpflege (1909–10). 8° A 12. 8627

Jung-Siegfried. Zeitschrift f. d. Jugendwerk unt. Deutschlands Großloge II des J. O. G. T. Nebst Beilage: Die Wehr. Schriftleitg.: J. Koopmann. 11. u. 12. Jahrg. 1909 u. 1910. à 12 Hefte. (à ca. 16 S. m. Abb.) 8. Hamburg, Deutschlands Großloge II. à Jahrg. 1. —

Jung-Siegfried herauf! Ein turnerisches Festsp., Königshütte (O.-S.) 1902, 20 S., 8°.

Jüngst's Haus- u. Reise-Bibliothek, s. a. Haus- u. Reise-Bibliothek.

Jüngst's Haus- u. Reise-Bibliothek. Nr. 1—18, 20—23. 8. Weimar 889. 890. Jüngst & Co. à n. — 50

1. Der alte Schmuggler. Novelle v. L. Rosen. Illustr. von O. Sitzmann. (62 S.)
2. Frau Schwiegermama wider Willen u. Aus der Schule des Lebens v. H. Dietz. Illustr. v. A. Hug. (48 S.)
3. Die Schatten der Politik. Nach dem Amerikan. v. A. S. Illustr. v. O. Sitzmann. (122 S.)
4. Für u. wider das Vaterland von L. Rosen. Illustr. von O. Sitzmann. (74 S.)
5. Meine Mutter! Von L. v. Döring. Illustr. v. J. Schmidt-Glinz. (72 S.)
6. 7. Die gestohlenen Familiendiamanten. Nach dem Engl. bearb. v. Jenny Piorkowska. Illustr. v. O. Sitzmann. (160 S.)
8. Chiffre A. B. C. Humoreske aus dem Studentenleben von Carola v. Eynatten. Illustr. v. O. Sitzmann. (52 S.)
9. Helene. Novelle v. J. Fichtner. Illustr. v. S. Thon. (98 S.)
10. Der Eisenbahn-Räuber. Novelle v. L. Rosen. Illustr. von S. Thon. (46 S.)
11. Erlentraude. Novelle v. H. Lambrecht. (61 S.)
12. Albrecht Thaer's Epigonen. Novelle v. W. Uhr. (66 S.)
13. Die Schauspielerin. Künstler-Novelle v. H. Thom. (48 S.) geb. n. 1. —
14. Täuschungen. Novelle v. J. Fichtner. (128 S.)
15. Schweizertreue. Novelle v. Asta Lindenberg. (80 S.)
16. Der Ring d. Vogt. Novelle v. F. Koch-Breuberg. (71 S.)
17. Sarina. Eine Herzensgeschichte aus Java's blauen Bergen. — Mein Freund Tirk. Eine Erinnerung aus meinen Ind. Fahrten. Von E. Alto. (68 S.)
18. Else. Eine Erzählung v. A. L. (74 S.)
20. 21. Der Waldwächter. Von Clara Schott. 8. (125 S.)
22. Zwei Novellen. Von H. Thom. 8. (64 S.)
23. Humoresken in ungebundener u. in gebundener Rede von G. Dull. 12. (56 S.)

Jüngst, Antonie, Wilhelm Achtermann, s.: Erzählungen f. Schulkinder. VII. 12.

Jüngst, A., Consolatrix afflictorum. Erzählung aus dem 14. Jahrh. 12. (188 S. m. Titelbild.) München 899. Alphonsus-Buchh. Kart. n. 1. —

Jüngst, Antonie, Consolatrix afflictorum. Erzählung aus dem 14. Jahrh. 2. Aufl. (181 S. m. 7 Taf.) 8. Münster 908. Alphonsus-Buchh. Geb. in Leinw. 2. —

— A. v. Droste-Hülshoff, s.: Erzählungen f. Schulkinder. VIII. 1.

— Die Eichhöfer, s. a. Bücherhalle, die.

Die Eichhöfer. Dorfgeschichte aus d. Münsterlande von Antonie Jüngst. Kevelaer: Thum [1910]. 315 S. 8°
(Die Bücherhalle. Bd 11.) [11. 4734]

— Engel auf Erden, s.: Erzählungen f. Schulkinder.

— Gezeichnet! Ein Büchlein v. der Fürsorge. Mit Beiträgen v. Hedw. Dransfeld, Antonie Haupt, M. Herbert u. a. hrsg. (IV, 147 S.) kl. 8. Münster 905. Aschendorff. Geb. in Leinw. n. 1. 50

Jüngst, Antonie, gesucht u. gefunden. Tagebuchblätter e. alten Fräuleins. 8. (169 S.) Paderborn 890. F. Schöningh. n. 2. —; geb. n. 3. —

— Gesucht u. Gefunden. Tagebuchblätter e. alten Fräuleins. 2. Aufl. (176 S.) 8. Paderborn (909). F. Schöningh. 2.—; geb. 3. —

— Ohne Halt u. Hort, s.: Aus Vergangenheit u. Gegenwart.

Jüngst, A., Conradin, der Staufe. Episches Gedicht in 20 Gesängen. 12. (356 S.) Paderborn 883, F. Schöningh. geb.

Jüngst, A., Conradin der Staufe. Episches Gedicht in 20 Gesängen. 2. durchges. Aufl. 12. (343 S.) Paderborn 888, F. Schöningh. *M 3.—.; geb. mit Goldschn. * 4 80

Jüngst, A., Konradin, d. Staufe. Episches Gedicht in 20 Gesängen. 3. Aufl. 12. (340 S.) Paderborn 898. F. Schöningh. n. 3.; geb. in Leinw. m. Goldschn. n. 4. 80

Konradin, der Staufe. Episches Gedicht in 20 Gesängen von A[ntonie] Jüngst. 4. Aufl. Paderborn: Schöningh 1910 (1911). 339 S. 8° [11. 11571]

— Kreuz- u. Trost-Gedichte, s.: Petrinus, G. H., geistliche Wallfahrt nach Golgatha.

— Unter'm Krummstab. Ein Sang aus alter Zeit. 12. (196 S.) Ebd. 889. * 2 —; geb. m. Goldschn. * 3 20

— unterm Krummstab. Ein Sang aus alter Zeit. 2. Aufl. 12. (III, 195 S.) Paderborn 902. F. Schöningh. Geb. in Leinw. m. Goldschn. n. 3. 20

— das Leben e. Gefahr, der Tod e. Gnade. Erzählung. 12. (72 S.) Aachen 902. J. Schweitzer. — 80; geb. in Skytogen n. — 50

— Leben u. Weben. Lieder u. Gedichte. 12. (XI, 320 S.) Ebd. 895. n. 2. 80; geb. in Leinw. m. Goldschn. n. 4. 20

Los von Rom — Hin nach Rom! Dichtung: A[ntonie] Jüngst. Comp.: F. Lehmann. *Heiligenstadt: F. W. Cordier [1901].* (7 Bl.) 8° [Umschlagt. J.] [... 8739]

— Maria v. Magdala. Dichtung in Bildern. (VI, 179 S.) kl. 8. Münster 909. H. Schöningh. 2.—; geb. 3. —

— ein Meteor, s. a. Aus Vergangenheit u. Gegenwart.

[J.] Ein Meteor (u. a. Erzählgn) v. A(ntonie) Jüngst. *Kevelaer: Butzon & Bercker 1898.* (65 S.) 1 Bd 8.
= Vergangenheit, Aus, u. Gegenwart. Bdch. 5.

— Bernhard Overberg. Bilder aus dem Leben e. kathol. Priesters u. Schulmannes. Dichtung. (VIII, 185 S.) kl. 8. Ebd. 906. n. 1. 60; geb. in Leinw. n. 2. 40

— Quo vadis?, s.: Nowowiejski, Fel.

— Reginald v. Reinhardsbrunn. E. Thüringer Waldgeschichte. 8. (III, 326 S.) Paderborn 897. F. Schöningh. 3. —; geb. n. 4. —

— Reginald v. Reinhardsbrunn. Eine Thüringer Waldgeschichte. 2. Aufl. (III, 326 S.) 8. Paderborn (908). F. Schöningh. 3.—; geb. 4. —

— Roma aeterna. Stimmungsbilder in Poesie u. Prosa aus der ewigen Stadt. 12. (IV, 323 S.) Münster 900. H. Schöningh. n. 2. 40; geb. in Leinw. n. 3. 60

— Roma aeterna. Stimmungsbilder in Poesie u. Prosa. 2., verm. Aufl. (IV, 359 S.) kl. 8. Ebd. 905. Geb. in Leinw. m. Goldschn. n. 8. 60

Jüngst, A., der Glocken Romfahrt. Ein Bilderkreis. 12. (IV, 254 S.) Münster 884, Verlag des „Westfäl. Merkur". * 1 60 geb. mit Goldschn. * 3 —

— der Glocken Romfahrt. Ein Bilderkreis. 2. verm. Aufl. 12. (324 S.) Münster 899. Westfäl. Vereinsdruckerei. n. 2. 40; geb. in Leinw. n. 3. 60

— der Glocken Romfahrt. Ein Bilderkreis. 2. verm. Aufl. (324 S.) kl. 8. Münster 905. H. Schöningh. n. 2. 40; geb. in Leinw. m. Goldschn. n. 3. 60

— Schattenseiten (Er muß Beamter werden. Das Glück m. u. ohne Gold. Ein Kind der Straße. Ein Paar Apfelschimmel. Standesehre. Ein zerstörtes Leben), s.: Familien-Bibliothek.

— Schicksalswalten. Novellen. (248 S.) kl. 8. Münster 910. Alphonsus-Buchh. Geb. in Leinw. 3. 60

— Sommerfäden. Neue Gedichte. (264 S.) kl. 8. Ebd. (910). Geb. in Leinw. 4. —

— Strandgut d. Lebens. Ges. Novellen. 1. Bd. 8. (III, 291 S.) Ebd. 898. n. 2. 60; geb. in Leinw. n. 3. 60

— Strandgut des Lebens. Gesammelte Novellen. 2. Bd. 8. (III, 361 S.) Paderborn (902). F. Schöningh. n. 3. —; geb. n. 4. —
1. Bd. Ebd. 898. n. 2. 60; geb. n. 3. 60.

Jüngst, A., der Tod Baldurs. Episches Gedicht. 12. (141 S.) Paderborn 886. F. Schöningh n. 1. 50; geb. n. 2. 80

— der Tod Baldurs. Episches Gedicht. 2. Aufl. (III, 148 S.) kl. 8. Ebd. 905. n. 1. 60; geb. in Leinw. m. Goldschn. n. 3. —

— Guta v. Triberg. Ein Schwarzwaldmärchen. 12. (51 S. m. Titelbild.) Freiburg i/B. 898. Herder. n. 1. —; geb. in Leinw. n. 1. 50

— Vater Unser. Ein Cyclus v. Gedichten. 8. (56 S.) Paderborn 892. F. Schöningh. n. 1. —

— Wege u. Ziele, s.: Für Herz u. Haus. 17. Bd.

— aus meiner Werkstatt. Neue Gedichte. 12. (VIII, 276 S.) Ebd. 902. n. 2. 80; geb. n. 3. 80

— wider Willen. Wandelungen. Hüben u. Drüben. Drei Novellen. 8. (310 S.) Köln 892. J. P. Bachem. 3. 50; geb. n. 4. 75

Jüngst, C., Schmelzversuche m. Ferro-Silicium. [Aus: „Zeitschr. f. Berg-, Hütten- u. Salinenwesen".] gr. 4. (99 S. m. 9 Taf. in Fol.) Berlin 890. Ernst & Korn. n. 16. —

Jüngst, C. G., Leitfaden z. evangel. Confirmanden-Unterricht. 8. (5½ B.) Lingen 836, Jülicher.

Jüngst, Ernst

Arbeitslohn und Unternehmergewinn im rheinisch-westfälischen Steinkohlenbergbau. Von Dr. Jüngst, Essen-Ruhr. Essen: Selbst-Verl. d. Ver. f. d. bergbaul. Interessen im Oberbergamtsbezirk Dortmund (1906). (34 S.) 4° [Umschlagt.]
Aus: 'Glückauf'. Berg- u. hüttenmänn. Zeitschr. Jg. 42. 1906. [6. 1437] 10

Entwicklungstendenzen im Ruhrbergbau. Von Dr. Ernst Jüngst. Essen-Ruhr: 'Glückauf' 1910. 34, 4 S. 4° [10. 10946] 5

Jüngst, Ernst: Festschrift zur Feier des fünfzigjährigen Bestehens des Vereins für die bergbaulichen Interessen im Oberbergamtsbezirk Dortmund in Essen. 1858–1908. Im Auftr. des Vereinsvorstandes bearb. [Mit Abb. u. Pl.] Essen: Verl. der berg- u. hüttenmänn. Ztschr. Glückauf 1908. 190 S. 4°
[Umschlagt.:] Bergbau-Verein Essen.

Jüngst, E., Die Lage der Bergarbeiter im Ruhrrevier. Besprechung des gleichnamigen Buches von L. Piper. Essen-Ruhr, 1903. 6 S.

Jüngst, E., Die öffentlichen Lasten des Ruhrbergbaues. Essen-Ruhr, 1910. 27 S. mit 3 Diagr.

Jüngst, E., Die Rentabilität der westfälischen Staatszechen. Essen-Ruhr, 1910. 14 S.

Jüngst, E., Der gegenwärtige Stand des Spülversatz-Verfahrens und die Aussichten für seine zukünftige Verwendung. Vortrag. Mit Anhang: Die Verwendung eiserner Grubenstempel und Pfändungseisen in Verbindung mit dem Spülversatzverfahren. Gelsenkirchen, 1905. 18 S. mit 17 Abb.

Jüngst, Fritz, die nutzbaren Lagerstätten, s.a. Bibliothek der gesamten Technik.

Die nutzbaren Lagerstätten. Mit geol. Einführung. Ein Leitfaden f. prakt. Bergleute von Fritz Jüngst. Mit 100 Abb. Hannover: M. Jänecke 1908. (183 S.) 8°
— Bibliothek d. gesamten Technik. Bd 77. [08. 11073] 7

Jüngst, G., qua ratione Messias pater in sacris audiat? Brem. 1708. 4.

Jüngst, Hugo. Frühling, o goldne Zeit! [Gedicht von] Jul[ius] Gersdorff. Für Männerchor componirt von H' J'. Op. 96. Partitur. 5 S. gr.-8. St. Gallen, Zweifel-Weber, [1907]. Partitur fr. 1.25, Stimmen —. 20

Jüngst, Hugo C., Flammenzeichen. Ausgewählte Zeitgedichte. (30 S.) 8. Dresden-Blasewitz (903). Verlag der deutschen Litteratur- u. Kunstzeitg. n. — 60

Jüngst, Hugo C., die Furcht vor dem Kinde. Ein modernes Scherbengericht. 2. Aufl. 8. (39 S.) Leipzig 902. H. Seemann Nachf. n. — 50

Jüngst, Hugo C. Herzblut. Gedichte. 8. (74 S.) Lpz. 892, Claußner. * 1 —

Jüngst, Hugo C., s.: Litteratur- u. Kunstzeitung, neue.

— Seelenaccorde. Neue Gedichte. 12. (184 S.) Dresden 896. E. Pierson. n. 2. —; geb. n. 3. —

Jüngst, Hugo C., der Sturz Haeckels. Eine Abrechng. (20 S. m. 1 Fig.) 8. Leipzig-Gohlis 910. B. Volger. — 50

— Sudermann od. Liliencron? Ein Wort an Verständige. 8. (18 S.) Ebd. 893. — 20

— Sudermann od. Liliencron? Ein Wort an Verständige. (Neue [Umschlag-]Ausg. [2. Tausend.]) 12. (18 S.) Leipzig [893.] 900. Düsseldorf, Lorelei-Verlag. — 20

— s.: Zeitschwingen.

Jüngst, J. Gfr., gehalt. Kanzelreden üb. auserles. Spr. der heil. Schr. 8. Celle, Gsellius. 749.

Jüngst, I. P., Lexicon latino-belgicum ex maj. Scheller. 8. maj. Zütphen, Thieme. 807.

Jüngst, Johs. Das hl. Abendmahl in der evangelischen Kirche. gr. 8. (16 S.) Viersen 890, Hoster. * — 25

Jüngst, Johs., die Ausbildung der Mädchen geringen Standes f. das Hauswesen, s. a. Zimmer's Handbibliothek der praktischen Theologie.

Jüngst, Johannes: Die Ausbildung der Mädchen geringen Standes für das Hauswesen. — Gotha: Perthes 1891. 52 S. 8° (Zimmers Handbibliothek d. praktischen Theologie. 11-14, 9a.)

Jüngst, Johs., deutsche Bischöfe u. die Beerdigung von Protestanten. (21 S.) gr. 8. Halle 904. E. Strien. n. — 45
Sonderabdruck aus: „Deutsch-ev. Blätter"

— Chronik v. St. Johannisberg. (91 S.) gr. 8. Kirn 902. R. Schleich. n. — 60

Jüngst, Johs., Danket dem Herrn! Der 25. Juni [Worms] und der 3. Juli [Königgrätz] 1868. Predigt. 8. (16 S.) Elberfeld 868, Langewiesche. * — 25

Die Geschichte der evangel. Gemeinde Viersen. Hrsg. von Johannes **Jüngst**, Pfarrer. (Viersen): Selbstverl. 1901. 48 S. 8° [Umschlagt.]
[11. 13270 B]

Die Geschichte der evangel. Gemeinde Viersen. Hrsg. von Johannes **Jüngst**, Pfarrer. M.Gladbach: Selbstverl. 1901. 48 S. 8° [Umschlagt.]

Jüngst, Johs., ist die Hoffnung auf e. Wiedersehen nach dem Tode christlich? Ein Friedhofsgespräch. gr. 8. (89 S.) Gießen 899. J. Ricker. n. — 80

Jüngst, Johs., die evangelische Kirche u. die Separatisten u. Sektierer der Gegenwart. 8. (III, 60 S.) Gotha 881. F. A. Perthes. n. 1. —

Jüngst, Johs., s.: Kirchenlieder, die, f. die Schulen in Rheinland u. Westfalen.

— **Kultus- u. Geschichtsreligion** (Pelagianismus u. Augustinismus). Ein Beitrag zur religiösen Psychologie u. Volkskunde. gr. 8. (79 S.) Giessen 901. J. Ricker. n. 1. 60

— das evangelisch-kirchliche Leben der Rheinprovinz, dargestellt m. besond. Berücksicht. der Verschiedenheit von Oberrhein u. Niederrhein. gr. 8. (52 S.) Halle 902. E. Strien. n. — 90
Sonderabdruck aus: „Deutsch-ev. Blätter".

— Dogmengeschichtl. Lesebuch, s.: Rinn, Heinr.

Jüngst, Johs., Kirchengeschichtl. Lesebuch, s.: Rinn, Heinr.

Jüngst, Johs., amerikanischer Methodismus und Robert Pearsall Smith. Skizze aus der neuesten Kirchengeschichte. Mit einem Vorwort von W. Krafft. gr. 8. (IV, 107 S.) Gotha 875, F. A. Perthes.

—— der Methodismus in Deutschland. Beitrag zur neuesten Kirchengeschichte. 2. Aufl. gr. 8. (V, 56, 66 S.) Ebendas. 877.

— der **Methodismus** in Deutschland. Ein Beitrag zur neuesten Kirchengeschichte. 3. Aufl. (VIII, 119 S.) 8. Giessen 906. A. Töpelmann. n. 2. 40; geb. in Leinw. n. 3. 20

— Pietisten, s. a. Volksbücher, religionsgeschichtliche.

Pietisten. Von Pfarrer Lic. J[ohannes] **Jüngst**-Stettin. 1.–10. Taus. Tübingen: J. C. B. Mohr 1906. (80 S.) 8° [F.]
— **Volksbücher**, Religionsgeschichtliche, f. d. deutsche christl. Gegenwart. Reihe 4. H. 1.
[06. 14046]

Jüngst, Johs., die Quellen der Apostelgeschichte. gr. 8. (V, 226 S.) Gotha 895. F. A. Perthes. n. 4. —

— Tridentinisches Seminar, akademische Fakultät, bischöfliche Macht. (II, 36 S.) gr. 8. Halle 908. Groß-Salze, E. Strien. — 80
Sonderabdruck aus: „Deutsch-ev. Blätter".

Jüngst, J., „garstige Sophismen". Ein Dank an Hrn. Professor Dr. Einig f. seine „Offene Antwort" auf Hrn. Professor D. Beyschlag's „Offenen Brief an Bischof Korum v. Trier", s.: Streitschriften, freundschaftliche.

Iuengst, Ioannes [Rhenanus]: Theses theologicae ... ad licentiati in theologia evangelica honores impetrandos ... Bonnae, typ. C. Georgi typogr. acad., 1895; 2 Bl. 8.
Bonn, Ev.-theol. Fak., Thes. v. 26. Jan. 1895
(Nicht für den Austausch)

—— Wesen und Berechtigung des Methodismus. gr. 8. (VI, 41 S.) Ebendas. 876.
Eine Neubearbeitung vorstehender Schrift erschien u. d. T.: Der Methodismus in Deutschland.

— die wild- u. rheingräflichen **Censur- u. Gemeindeordnungen** des 16. u. 17. Jahrh. (S. 117–157.) gr. 8. Tübingen 903. J. C. B. Mohr. n. 1. 80
Sonderabdruck aus: „Theol. Arbeiten a. d. rhein. wiss. Prediger-Ver."

Jüngst, K., die Kreuzkapelle der hl. Elisabeth am Lahnberg. 12. (27 S.) Fulda 893. (Fuldaer Actien-Druckerei.) n. — 25

Jüngst, L., Stiefmütterchen. Mit 16 Orig.-Zeichngn. gr. 8. (III, 233 S.) Leipzig 900. Darmstadt, E. Wartig's Verl. Geb. in Leinw. n. 3. —

Jüngst, L. V., kurzer Abriß d. Pflanzenkunde, z. Unterr. an höh. Lehranstalten. 8. (8½ B.) Bielefeld 833, [Velhagen u. Klasing.]

Jüngst, Anleitung zur deutschen Rechtschreibung mit Wörterverzeichniß. Unter Mitwirkung des Lehrer-Collegiums an dem Gymnasium und der Realschule zu Bielefeld hrsg. 8. (IV, 97 S.) Bielefeld 871, Velhagen und Klasing. * — 80

Jüngst, L. V., die volksthüml. Benennungen im Königr. Preußen. gr. 8. (VIII u. 128 S.) Berlin 848, Decker. 12 ngr

Jüngst, L. V. Die deutsche Declination. 16 S.
Bielefeld, Progr. 1843

Jüngst, L. V., Flora von Bielefeld, zugleich d. Standorte d. seltneren Pflanzen im übrigen Westfalen enthalt. gr. 12. (15 B.) Bielefeld 837, Helmich. *

Jüngst, L. V. Flora der nächsten Umgebung Bielefelds. 95 S. 8. . . .
Bielefeld, Progr. 1833

—— Flora Westfalens. 2., umgearb. Aufl. der Flora von Bielefeld ꝛc. von dems. Verf. 8. (XVII und 438 S.) Bielefeld 852, Helmich. *

Jüngst, L. V., Flora Westfalens. 3. Aufl. Bielefeld 869. Helmich. 8. (XI. 480 S.) geb. n. 1 ₰ 6 ngr.

Jüngst, L. V., Flora Westfalens. 3. Aufl. [2. (Titel-)Ausg.] 8. (480 S.) Bielefeld 884, Helmich.

—— freimüthige Gedanken über eine zweckmäßige Umgestaltung d. Gymnasien. 8. (1¾ B.) Bielefeld 836, Velhagen u. Klasing.

— Karten zum ersten geograph. Cursus. Fol. Bielefeld 832. (Helmich). 8 K

—— erster Cursus d. Unterr. in d. Geographie. 8. (3 B.) Lemgo 831, Meyer.

—— dass. zweiter Cursus. 8. (18 B.) Bielefeld 832, Helmich.

Jüngst, L. V., erster Cursus des Unterrichts in der Geographie. 2. Aufl. gr. 8. (3⅛ B.) Lemgo 844, Meyer'sche Hofbuchh.

Jüngst, L. V., erster Cursus des Unterrichts in der Geographie. 3. Aufl. 8. (52 S.) Lemgo 852, Meyersche Hofbuchh. *

Jüngst: Nachträge zur Flora Westphalens. 25 S. – Progr. Bielefeld 1856.

—— die deutsche Rechtschreibung. Ein Handbuch für Lehrer u. z. Selbstgebrauche. gr. 8. (19¼ B.) Münster 843, Regensberg. *

—— die Regeln d. deutschen Rechtschreibung. Ein Leitfaden, f. Schüler bestimmt. 8. (3⅛ B.) Münster 841, Regensberg.

—— die Regeln der deutschen Rechtschreibung. Ein Leitfaden f. Schüler bestimmt. 8. (3 B.) Münster 842, Regensberg.

Jüngst, L. W. Schlußrede, (geh. bei Einweihung des Gymn.-Geb.) 7 S. .
Bielefeld, Progr. 1831

—— Westfalen- u. Rheinland, s. Westfalen.

ROSEN, Ludw. (d. i. *Ludw. Volrath Juengst*), Wanderbuch eines Schwermüthigen. Hamburg, Hoffmann u. Campe, 1834. 8°. 14 Bogen. (Velinp. 1⅓ Rthl.)
Anzeige der Verlagsfirma. — Zahn.

Jüngst, Luise

— schwer errungen. Novelle. 8. (152 S.) Ebd. (899). n. 1. 50; geb. n. 2. 50

Jüngst, Luise, Farfalla. Erzählg. f. d. reifere Jugend. M. Titelbild v. Fel. Schmidt. 8. (132 S.) Düsseldorf 895. A. Bagel. Geb. 1. 50

Jüngst, Luise, Prinzessin Lola. Erzählung. 8. (174 S.) Bielefeld 894. A. Helmich. n. 1. 50; geb. m. Goldschn. n. 2. 25

Jüngst, Luise, drei Märchen. Mit 6 Chromolithogr. nach Entwürfen von Adf. Schmitz. 8. (251 S.) Düsseldorf 884, A. Bagel's Verlag. cart.

Jüngst, Luise, eine Mutter. Erzählung. 8. (144 S.) Bielefeld (901). A. Helmich. n. 1. 50; geb. n. 2. 50

Jüngst, Theodor [cand. med. aus Wingeshausen in Westfalen]: Aus d. pharmakolog. Institut d. Univ. Greifswald. Experimentelle Untersuchungen über Sedum acre .... Greifswald, Druck v. Julius Abel, 1887; 50 S. 8°.
Greifswald, Med. Fak., Inaug.-Diss. v. 12. Aug. 1887.

Jüngst, Wilhelm

--Über d menschliche Arbeit. Ihr Wesen, Zweck u Lohn. Cinci. 1881.

--Zur Charakteristik d amerikanischen Zoll-Tarifs. Cinci. 1873.

--Zur Frauenfrage. Cinci. 1874.

--Geld u Geldwirtschaft. Vortrag gehalten im Dten Lit Club von Cinci am 1. Okt 1879. Cinci. 1880.

--Über d landwirtschl Verhältnisse d VS. Pamphlet. 1881.

--Was bedeutet Freihandel für d VS v A? Gesch d Freihandelslehre u ihre Anwendung auf hiesige Verhältnisse. Zwei Vortr. Cinci. 1885.

--Wesen u Ziele d Soc-Demokratie. Cinci. 1878.

Jung-Tirol. Ein moderner Musenalmanach aus d. Tiroler Bergen, in Verbindg. m. J. Heimfelsen, A. Chr. Jenny, Frz. Kranewitter ꝛc. hrsg. v. Hugo Greinz u. Heinr. v. Schullern. 8. (V, 308 S. m. 1 Bildn.) Leipzig 899. G. H. Meyer. n. 3. —; geb. in Leinw. n. 4. —

Jung-Wandervogel. Jg. 1. Hamburg: Bundesleitung d. Jung-Wandervogels, Bundes f. Jugendwandern 1910 11. 8° A 12.10,4

†Jung-Wein, G., (G. F. Most,) Eloah. Erhebungen des Herzens zu Gott, in e. Reihe v. Liedern, Morgen- u. Abendopfern, Gebeten u. Hymnen; nebst Betrachtn. üb. Leben u. Tod. Für gebild. Christen. 1. Bdchn. 8. (8½ B.) Rostock 829, Stiller.

† Jung-Wein, Geo., (Geo. Friedr. Most,) die zwölf Monate d. Jahres. Naturschilderungen. 8. (7½ B.) Leipzig 839, Melzer.

Jung Werner (Pseud.), s.a. Beck, Albin

Jung Werner's Gedichte aus vergangenen Tagen. Hrsg. vom wissenschaftlich-gesell. Verein „Apollo" in Brünn. (32 S.) 1881. 90 Pf.; 2. Aufl. 8. (66 S.) Brünn 883, (Knauthe.) *

Jung-Wien, s.: Entwürfe zu Architekturen u. Flächen-Dekorationen junger Wiener Künstler.

Jung-Wilhelm. Heitere Bilder aus der Jugendzeit Kaiser Wilhelms II. Verse v. Hilarus. Zeichngn. v. Max Lankeit. (179 S.) Lex. 8. Berlin 910. G. Auerbach. 2.50; geb. 3.50; farb. 5.—; geb. 6. —

Jungwirth, Glo. Friedrich Christoph

— — De jure sociorum neutralitatis armatae contra Anglos. Wittbg. (Chn. Phil. Meltzer) 15. V. 1797. 32 S. (—.—) 17220
Gew.: Detlev Graf v. Einsiedel.

Jungwirth, Glo. Fr. Cph., († d. 7. Dec. 1825.) de lite super revocandis locis bello Georgiano acquis. contra Norimberg. a princ. Elect. Pal. Bavar. nuper reassumta. 4maj. Manh. 794. Schwan u. G. 6 K

Jungwirth, M. Gottlob Friedrich Christoph (Libschwitz/Vogtl.), De lite super revocandis locis bello Georgiano acquisitis contra Norimbergenses a principe electore Palatino-Bavarico nuper reassumta. Diss. jur. Präs. Christian Friedrich Wilisch. Wttbg. (Adam Christian Charisius) 27. I. 1794. 36 S. u. 2 „tab. genealog. gentis Wittelsbachianae". (6.50) 17219
Gew.: Gottlieb Wernsdorf, Johann Matthias Schroeckh, Georg Christoph Jungwirth (Vater). — Widm. v. Präs.

JUNGWIRTH, Jos., Preiscourants in böhm. u. deutscher Sprache. Prag
Verboten vom L.-G. Prag, 1. März 1895. § 516.

Jungwirth, Joseph, Preiskourants in böhmischer und deutscher Sprache. Prag (1895).
In Oesterreich verboten.

Jungwirth, Karl, O. S. B., die selige Hemma u. ihr Heiligtum in Gurk. Erbauungsschriftchen m. 33 Abbildgn. (87 S.) kl. 8. Klagenfurt (906). Buch- u. Kunsth. des St. Josef-Vereines. n. —50

Jungwirth Th.: Über den Chor der griechischen, speciell der Sophokleischen Tragödie. 51. Melk. 78. **Progr.**

Jungwirth, Th.: Das sogenannte Eintagesgesetz in den uns erhaltenen Tragödien des Sophokles. Ein Beitrag zur Kenntnis der Oeconomie der griechischen Tragödie. 34 S. 4° – Melk OG., Progr. 1871.

Jungwirth Theodor: P. Augustin Obenaus. †. 6. Melk 95. **Progr.**

Juni, der 18te, auf der Höhe von Galtgarb gefeyert von Königsbergs Burschen. 8. Königsberg, Bornträger. 818.

Juni, d. 25., 1830, s. Der.

Juni, Der fünfundzwanzigste, 1530, oder ... Schilderung der Männer, welche bei der Übergabe der Augsburgischen Confession gegenwärtig waren ... Dresden u. Leipz. 1830. V: *Jaspis, Lebrecht Sigm.* (Ky:

Juni, d. 25ste 1530, oder kurze gedrängte Schilderung d. Männer, welche bei d. Uebergabe d. Augsb. Confession gegenwärtig waren, nebst e. Geschichtskalender aus Luthers Leben, als Gedenkblatt an d. Jubelfeier 1830, (v. L. S. Jaspis). 3e A. 8. Dresd. 830. (Arnold). 2 K

Juni, der siebente, 1840. Christl., patriot. Gedicht, von Preußenherz in der Fremde, *Νεαπολίτης ὑπ' ἄχρῳ*. 4. (1 B.) Nordhausen 840, (Schmidtsche Buchh.)

Am 4. Juni 1851. Dem Meister Rauch bei Ueberreichung einer Medaille. Berlin 1851. 4°.

[F.] Zum 24. Juni 1898. (S. Kgl. Hoheit d. Grossherzog Carl Alexander dargebr.) (Als Ms. gedr.) (Vorr.: P[aul] v. Bojanowski, H[ugo] Burkhardt, C[arl] Ruland ...) *Weimar: Hofbuchdr. 1898.* (4 Bl., 74 S., 1 Bl., 12 Taf.) 1 Bd 2. [98. 6843]

Juni, 24., 1904. Landshut in Schlesien. [Landshut i. Schl. 1904.] H: *Köhler, Joh. Georg Reinhard.* (wolfstieg II, 824)

Junia Romana, Genrebilder. Nach d. Leben gezeichnet. 2 Thle gr. 12. (21 B.) Marburg 838, (Elwert'sche Univ.-Buchh.)

—— das Wildhaus. Novelle. 2 Bde. gr. 12. (21¼ B.) Marburg 810, Elwert'sche Univ.-Buchh.

Juniata Valley Berichter: Sept. 11, 1839 – May 1841. Mifflintown, PA
Weekly. Edited & published by Jacob Myers

Juniata Valley Berichter und Familien-Unterweiser: 1839.
Die Alte und Neue Welt on Dec. 7, 1839 reports the publication of this newspaper by "Henry Meyers" and comments that he has much good will but needs an editor.
New York, NY

Juni-Andacht zur Verehrung des allerheiligsten Herzens Jesu. Enthaltend die nöthigen Gebete und Gesänge, wie eine solche Andacht passend öffentlich in der Kirche oder privatim im Hause gehalten wird, nebst Betrachtungen für jeden Tag des Monates Juni. Hrsg. von einem römisch-kathol. Priester. 16. (VIII, 152 S. mit 1 Stahlst.) Dülmen 880, Laumann'sche Verlagsh. geb.

Prager Juni-Ereignisse, Die, in der Pfingstwoche des Jahres 1848 nach den Ergebnissen der hierüber gepflogenen gerichtlichen Untersuchung 2. Aufl. 8. Wien 1849.

Prager Juni-Ereignisse 1848, Die. Hiezu Plan von Prag (Aus:) „Mittheilungen des k. und k. Kriegs-Archivs." Neue Folge, X. 8. Wien 1898.

Juni-Kalender, s. Sildbe...., Viktor

Junilii Africani instituta regularia divinae legis ex ... libro qui inscribitur „Theodor v. Mopsuestia und Junilius Africanus als Exegenten". In usum praelectionum publicarum ed. Henr. Kihn. gr. 8. (64 S.) Freiburg i. Br. 880, Herder'sche Verlagsh.

Junior, C., s. Rechenhefte. — Rechenschüler, der.

— s.: Rechenschüler, der.

Junior, E., der Rechenschüler, s. Dünges, Ph.

Juni- und Juli-Tage 1866 ... 2. Aufl. ... 8. Cassel 1866. 1 00.

Juni- und Julitage 1866 in Frankfurt a. M. 2. Aufl. 8. (51 S.) Kassel 867. C. Luckhardt's Separat-Conto. *

Junius redivivus (Pseud.). 1899, s.a. Bauer, Erwin

Junius redivivus, s.a. Zuchthausvorlage, die sogen., u. der deutsche Reichstag.

Die sogenannte 'Zuchthausvorlage' und der Deutsche Reichstag. Zeitgemässe Betrachtungen von Junius redivivus. *Berlin & Leipzig: F. Luckhardt 1899.* (106 S.) 8° [F. u. Ant.] ...2

Junius, Bericht üb. die Verhandlungen des IX. internation. Ophthalmologen-Congresses.

Junius Briefe üb. Grossbrittanien, s. Briefe üb. den Zustand. von Grossbr.

Junius der Jüngere. Er kehrt zurück. Berlin, Friedländersche Buchdruckerei. 1 Bl. 8.
Flugblatt. Berlin, 1848/49.

Junius jun., l'Escarmoucheur politique, s. l'Escarmoucheur, politique.

Junius jun., ein kritischer Gang durch die heiligen Schriften der Juden oder neue Betrachtungen über das alte Testament und die Bibel überhaupt. Mit vielen auffälligen Citaten versehen. 8. (40 S.) Zürich 873, Verlags-Magazin. * — 60

Junius, humoristisches Gespräch zwischen zwei Deputirten der Rechten u. Linken. gr. 8. (8 S.) Berlin 849, Weyl & Co. $1^1/_3$ ngl

Junius, du Jésuitisme en Belgique. Mot d'avis aux princes et aux états allemands. (Traduit de l'Allemand.) gr. 8. Düsseldorf 846, Buddeus. 12 ngl

Junius, s. a. Judenthum, das, u. die Tagespresse.

Junius, [illegible] Judenthum u. [illegible] Tagespresse. [illegible] Mahnwort in ernster Stunde. [illegible], H. Ju[illegible] 8°. 32 S. Beibd.

Junius, d. Judenthum u. d. Tagespresse. Leipz. 879.

Junius, die verschwundene Kaiser-Quelle zu Tölz od.: Wie die deutsche Wissenschaft sich wieder einmal blamirt hat. Eine unglaubl., aber wahre Geschichte f. Gesunde, Kranke u. Aerzte. gr. 8. (31 S.) München 892. E. Merhoff. n. — 50

Junius' Letters. 32. (320 Seit. u. 2 Kpfr.) London and Berlin 837, [Asher and Cp.] *

Junius, Lettres. gr. 8. Bas. (Tourneysen, Cassel.) 795.

— Paul Lindau u. das literarische Judenthum. Eine Controverspredigt aus der Gegenwart. 3. Aufl. gr. 8. (32 S.) Lpz. 892, Minde. * — 50

Junius, „Philister über Dir!“ 1.—3. Aufl. gr. 8. (124 S.) Berlin 890. Steinitz' Verl. n. 1. 50

Junius, s.: Rock, der sogenannte heilige, zu Trier.

Junius jr., Rußland u. England, s. Tagesfragen, politische.

— the political Skirmisher, s. Skirmisher, the political.

— s.: Testament, das, Peter d. Großen.

Junius, s.: Unionsfrage, die skandinavische.

Junius, Untersuchung zur Aetiologie des Trachoms. (S. 388—410 m. 5 Taf.) gr. 8. Berlin 910. S. Karger.
Sonderabdr. a.: „Ztschr. f. Augenheilkde.“ 2. 50

Junius, Adolf, a. Hörde i. W.: Beiträge zur Kenntnis der Molybdate. [Berlin] (1905: G. Schade.) (39 S.) 8°
Berlin, Phil. Fak., Ref. Landolt, Gabriel, Diss. v. 29. Juli 1905
[Geb. 13. Nov. 82 Hörde i. Westfalen; Heimatsort: Hörde; Staatsangeh.: Preußen; Vorbildung: Realgymn. Dortmund Reife O. 01; Studium: Charlottenburg 4, Berlin T.H. 4 S.; Rig. 17. Juli 05.]

Junius, (C.), Briefe. Deutsch von A. Ruge. 8. (XXXII und 463 S.) Mannheim 847, Grohe. Thlr. * 2 —

— dass. — 2. Aufl. (Miniatur-Ausg.) 16. (XXIV und 418 S.) Leipzig 847, Verlagsbureau. * 1 10

Junius-Briefe. Stat nomine umbra. Deutsch von Arnold Ruge. Dritte durchaus berichtigte Auflage. Leipzig 1867. V: *Francis* [?], *Philip.* (Brockhaus, F., Die Briefe des Junius. Leipzig 1876.) (Francis Letters by Keary. London 1901.)

Junius' Briefe. Stat nominis umbra. Deutsch von Arn. Ruge. 3., durchaus bericht. Aufl. gr. 8. (XX und 320 S.) Leipzig 867, C. F. Winter'sche Verlagsh. *

Junius, Briefe. Übertr. v. F. P. Greve. (XXX, 452 S.) 8. Leipzig 909. Insel-Verlag. 5.—; geb. in Leinw. 6. —

— neue Briefe. 1. Heft. gr. 8. (48 S.) Königsberg 849, Samter. — $7^1/_2$

— humoristisches Gespräch zwischen zwei Deputirten der Rechten und Linken. gr. 8. (8 S.) Berlin 849, Weyl und Comp. — $1^1/_2$

Junius, C., neue Politik. 2 Thle. 8. Mannheim 846, Grohe. n. $3^1/_2$ ß

— neue Politik. 2 Thle. 8. (VIII und 559, X und 469 S.) Mannheim 847, Grohe. *

JUNIUS (ps.), Wespenstiche und Schwertstreiche. (Gedichte.) 1849.
Weller, Lex. Ps. p. 289.

— Wespenstiche und Schwertstreiche. (Gedichte.) gr. 16. (69 S.) Berlin 850, [Grobe.] *

Junius, Chr. Fr., (†...) compendium Seckendorfianum, oder kurzgefaßte Reformationsgeschichte aus Veit Ludw. von Seckendorff Historia Lutheran. zur allgem. Erbauung zusammengezogen &c. 4 Thle, mit Anh. 8. Halle 755. Waisenh.: Buchh. 4 ß

— Dass., in einem verb. Ausz. mit Anmerkk. herausg. von Jh. Fr. Roos II. 2 Bde. gr. 8. Tübing. 781, 82. 2e verb. Aufl. 788. Fues. 2 ß 16 K

Junius, Christian Friedrich (Ansbach), De testamentis conjugum reciprocis. Theses jurid. Präs. Jo. Samuel Stryk. Halle (Christoph Andreas Zeitler) 6. IV. 1702. 60 S. (6.80) 17221
Widm. v.: Samuel Stryk.

— — Dasselbe. Von Testamenten, welche Ehe=Leute unter einander errichten. Halle (Jo. Christ. Grunert) o. J. 60 S. mit Widm. (6.80) 17222

[F. u. Ant.] **Junius,** Ernst *Friedrich* [aus Quedlinburg]: Ueber Phenylmethyldithiobiuret ... Würzburg, Buchdr. d. „Neuen Bayer. Landeszeitg“, 1895; 50 S., 2 Bl. 8.
Würzburg, Phil. Fak., Inaug.-Diss. v. 1895

Junius, Franc. Jani Jac. Alb., Comment. praemio ornata de patrum apostolicor. doctrina morali. 4 maj. ($15^1/_4$ B.) Lugduni Batav. 833, Luchtmans. (Lipsiae, Weidmann; Weigel.)

Junius, F. J. J. A., de Justino martyre apologeta adversus ethnicos. 8 maj. ($7^1/_2$ B.) Lugduni Bat. 836, Hazenberg. (Lipsiae, libr. Weidmann; T. O. Weigel.) *

Junius der Aeltere, Franciscus, s. Cuno, Fr. W.

Junius, Franz. Von der Malerei der Alten. A. d. Latein. Breslau 1770. Ü: *Steinberg, Chn Gottlieb* & *Carl Frdr. Lentner.* (Ky) (ML)

Junius, Frz., von d. Malerei d. Alten. Aus d. Latein. (von Chr. Gli. Steinberg u. Lentner). 8. Bresl. 770. (Gosohorsky). 1 ß

Junius, Friedrich August

— — De annulo Romanorum sponsalitio commentatio. Lpz. (Langenheim) 24. IV. 1744. 20 Seiten (5.—) 17224
Gew.: Christian Wilhelm Küstner, Georg Zacharias Winckler, Carl Ferdinand Hommel, Georg Gottlieb Sigel.

— — u. **Georg Heinrich Antastius,** Sportularum apud Romanos quotidianarum antiquitates. Lpz. (Langenheim) Mai 1745. 40 S. (6.50) 17225

— **Friedrich August,** De requisitis magistri jureconsulto maxime necessariis disserens. — Viro clar. Ulrico Godofredo Junio (Leipzig) fratri optimo summam in philosophia capessenti lauream gratul. frater Germanus. Lpz. (Langenheim) 25. II. 1740. 12 S. (5.—) 17223

— — De sorte remedio subsidiario caussas dubias dirimendi dissertatio. Lpz. (Jo. Gottl. Imman. Breitkopf) 27. IX. 1746. 38 S. (6.50) 17226

— **Johann Friedrich,** De vitiis pecorum venalium. Diss. jur. Präs. Christian Gottl. Buder. Jena (Ritter) 10. VIII. 1740. 62 S. mit Widm. v. Präs. (7.—) 17227

— **Ludwig Wilhelm** (Leipzig), De cultura morti deae olim exhibita breviter disserit simulque viris praenob. doctiss. Jeremiae Rostio (Grimma) et Benjamin Reichelio (Stechau/Altenburg) summos in philosophia honores fortunatos esse jubet. Lpz. (Langenheim) 1743. 20 S. (5.—) 17228

— — De custodibus sepulcrorum apud Romanos commentatio. Lpz. (Langenheim) 18. IX. 1744. 22 S. (6.—) 17229
Gew.: M. Christian Gottlob Eichler.

— — u. **Georg Heinrich Antastius** (Sagan/Schles.), De gynaeceis Graecorum commentatio. Lpz. (Langenheim) 26. V. 1745. 40 S. (6.50) 17230

Junius, Melchior: „Rathgeber zum Freyen. Das ist Ein Politischer Discurs vom Heiligen Ehestand. Aus den berühmbtesten Politischen Scribenten vnnd Heiliger Schrifft anmuthigen Sprüchwörtern / Lieblichen Reimen vnd schönen gleichnüssen mit grossem fleiss zusammen getragen . . . .", Magdeburg 1609 (In Verlegung Johann Franken).

Die für den Arzt als Gutachter auf dem Gebiete der Unfallversicherung in Betracht kommenden gesetzlichen Bestimmungen und wichtigsten Entscheidungen des Reichs-Versicherungsamts, mit besond. Berücks. augenärztl. Fragen. Zsgest. von Dr. [Paul] **Junius,** Magdeburg. Berlin: S. Karger 1906. (VIII, 64 S.) 8°
— Zeitschrift f. Augenheilkunde. Bd 15, Beilageheft. [16. 1906

Junius, Paul [cand. med.]: Über Haut- und Sekretionsströme, spez. d. Amphibien ... Königsberg i. Pr., Hartungsche Buchdr., 1895; 32 S., 2 Bl. 8.
Königsberg, Med. Fak., Inaug.-Diss. v. 12. Nov. 1895

Junius, Paul [app. Arzt aus Quedlinburg]: Zusammenstellung einer Anzahl perinooplastischer Operationen aus der Klinik des Herrn Geh. Medizinalrat Prof. Dr. Winckel. . . . München, Buchdr. v. M. Ernst, 1891; 53 S. 8°
München, Med. Fak., Inaug.-Diss. v. 1891

— **Ulrich,** Ad orationem inauguralem professioni ordinariae mathematum . . . invitat. Lpz. 1. VII. 1711. 16 S. (4.—) 17231

— — Ad solennem magistrorum promotionem . . . invit. Lpz. (Fleischer) 11. II. 1723. 20 S. (4.—) 17232
Chn. Weis (Leipzig), Joh. Chn. Scholber (Altenburg), Adam Friedrich Trainer (Promnitz/Misn.), Lor. Joh. Friedr. Dihn (Hagenow/Mecklenbg.), Joh. Ernst Philippi (Dresden), Ehrenfried Ebelt (Groszschocher/Misn.), Chn. Nathan. Hochmuth (Zschorlau/Misn.), Joh. Gottlieb Hoffmann (Sorbiga/Misn.), Friedr. Lebr. Goetz (Zwickau), Joh. Gottfr. Schmid (Sorbiga/Misn.), Jac. Friedr. Grahl (Reichenbach/Misn.), Jac. Woit (Elbingen / Preuss.), Carl August Huth (Pegau), Joh. Christophil Friderici (Briesnitz/Tautenburg), Joh. Joach. Boemiche (Massow / Pom.), Adam Gottlob Kuhn (Stoessen/Misn.), Joh. Gottlieb Weitkorn (Osterfeld/Misn.), Heinr. Gottfr. Heyland (Lpz.), Joh. Georg Graevius (Leipzig), Joh. Benjamin Seydel (Hohenstein/Schoenburg), Joh. Michael Lincke (Breslau), Chn. Gottfr. Eschenhagen (Crosna [=Krossen]/Schles.), Gottlob Friedrich Gudius (Lauban / Laus.), Gg. Jac. Kehr (Schleusingen).

Junius, Ulr., Ephemerides motuum coelestium an. 1701,2,3, 4. Lps. Gleditsch.

Junius, U., errores astrologorum circa thema Chr. genethliacum. Lips. 1701. 4.

Junius-Briefe, s.a. Junius, C.

Juniusbriefe, maritime, an den Herausgeber der „Triester Zeitung". 8. (35 S.) Triest 874, Schimpff. * 1 —
Aus: Triester Zeitung, besonders abgedruckt.

Junius-Briefe über das strategische Verhältniss zwischen Österreich-Ungarn und Russland . . . Oedenburg 1874. V: *Nagy, J. v.* & *J. Manéga.* (KA)

—— über „das strategische Verhältniss zwischen Oesterreich-Ungarn und Russland". Eine politisch-militär. Studie von J. v. N. und J. M. gr. 8. (135 S. mit 1 lithogr. Uebersichts-Karte in Fol.) Oedenburg 874. (Wien, Gerold's Sohn.) * 4 —

Junius-Psalter, der altengl., hrsg. v. Eduard Brenner, s.: Forschungen, anglistische. 23. Heft.

Junk, Aloys [aus Ebersdorf (Schles.)]: Zur Kenntnis der Naphtazine ... Erlangen, Druck d. Univ.-Buchdr. v. E. Th. Jacob, 1892; 24 S. 8.
Erlangen, Phil. Fak., Inaug.-Diss. v. 1892

Junk, Ernst: Theorie der Traversenstiegen. – 1910. 73 S., 10 Taf.
Diss. Wien, TH

JUNK, J. Nep.: Das Bergrecht in d. sämmtl. k. k. österreich. Staaten, zum Leitf. d. Vorlesungen üb. dasselbe an der k. k. Wiener Universit. herausg. u. mit Rücksichtnahm. auf die preuss. Bergrechte dargest. *Wien* (Gerold). 822. gr. 8. (16 Gr.)

Junk, J. P., die wichtigsten Regeln über das Geschlecht der französischen Dingwörter in Versen, ein Beitrag zur Grammatik der französischen Sprache. Frankfurt a. M. 861. (Jäger'sche Buchhdlg.) gr. 8. (15 S.) n. 4 ngr.

Junk, K., der deutsch-französische Krieg 1870—71. 2 Bände. Leipzig 1876. 8.

Junk, Karl

Junk, Carl, Hochschulen im allgemeinen, s.: Eggert, H.

Junk, Paul

Junk, Lieutn., praktische Anleitung zur Ertheilung eines systematischen Turn-Unterrichts bei der Cavallerie. 16. (103 S.) Hannover 877, Helwing'sche Verlagsh.

Junk, Beitrag zur theoretischen und praktischen Ausbildung der Kavallerie im Felddienst, nebst erläuternden Beispielen. gr. 8. (VIII, 91 S. mit 1 Karte.) Gera 887, Reisewitz. * 2 40

Junk, Beitrag zur theoretischen u. praktischen Ausbildung der Kavallerie im Felddienst, nebst erläut. Beispielen u. e. Anh. 2., auf Grund der Felddienst-Ordng. vom 23. Mai 1887 umgearb. u. verm. Aufl. gr. 8. (125 S. m. 1 Karte.) Berlin 893. R. Eisenschmidt. n. 2. 40

— die Bewegungen u. das Entkommen des XIII. französischen Korps (Vinoy) 1870. gr. 8. (VIII, 90 S. m. 1 Karte.) Ebd. 894. n. 2. —

Junk, Gedenkblätter d. im Kriege 1870/71 gefall. u. gestorb. Offiziere u. Offiziersaspiranten d. deutschen Kavallerie. gr. 8. (76 S.) Berlin 896. A. Bath. n. 1. 60

Junk, das Gewehr 91 u. seine Munition. Auf Grund d. offiziellen Leitfadens u. der bis 31. 12. 1892 zu demselben erschienenen Deckblätter. Als Hülfsmittel f. Lehrer u. Schüler in Fragen u. Antworten bearb. 8. (40 S. m. 16 Abbildgn.) Berlin 893. Liebel. n. — 20

— der Karabiner 88 u. seine Munition. Auf Grund d. offiziellen Leitfadens u. der bis 31. 12. 1892 zu demselben erschienenen Deckblätter. Als Hülfsmittel f. Lehrer u. Schüler in Fragen u. Antworten bearb. 8. (40 S. m. 16 Abbildgn.) Ebd. 893. n. — 20

Junk, die Kavallerie im russisch-japan. Kriege 1904/05. Betrachtungen üb. deren Leistungsfähigkeit, Verwendung u. Führg. (IV, 87 S.) gr. 8. Leipzig 907. O. Gracklauer. 2. 20

Junk, die 1. Kavallerie-Division im Kriege 1870/71, s.a. Beiträge zur Kriegsgeschichte. 1.

Die erste Kavallerie-Division im Kriege 1870/71. Mit e. Schlussbetracht. über d. Notwendigkeit, Kavallerie-Divisionen bereits im Frieden aufzustellen. Von [Paul] Junk, Major a. D. *Berlin: A. Bath 1902.* (94 S.) 8° = Beiträge zur Kriegsgeschichte. H. 1. 103. 568

Junk, die 5. Kavalleriedivision v. 3. IX. 1870 bis z. 25. III. 1871. Nach d. Kriegs-Akten, Tagebüchern, and. handschriftl. Aufzeichngn. rc. dargest. M. 2 Uebersichtskarten u. 9 Anlagen. gr. 8. (XII, 312 S.) Berlin 898. Militär-Verlag R. Felix. n. 8. —

—— Kommandobuch für den gesammten inneren Dienst der Kavallerie. Nach den einschläg. Dienstesvorschriften zusammengestellt. 16. (64 S.) Ebendas. 888. cart. * — 60

— Kommandobuch f. die Kavallerie. Ein Merkbuch f. jüngere Offiziere u. Unteroffiziere. Auszüge u. Zusammenstellgn. aus den einschläg. Dienstvorschriften unter besond. Berücksicht. der Kommandos. 2., veränd. Aufl. gr. 16. (IV, 120 S.) Berlin 893. A. Bath. Kart. n. 1. —

Junk Rudolf: Ueber die Bamberger Glaubens- und Beichtformel und das Stück von Himmel und Hölle. H. 1903 PN 1625 Diss. Wien Univ. 130

Junk, Dr. V.

Junk, D. V., Wiener Baurathgeber. Allgemeine Arbeits- und Materialpreise im Baufache für den Bereich der österreichisch-ungar. Monarchie. Mit einem Anhang über Assekuranz-Schätzungen. Unentbehrl. Handbuch für jeden Bauführer, Schätzmann, Ingenieur etc. (V, 636 S.) 1880; 2. verm. Aufl. gr. 8. (VII, 751 S.) Wien 882, [Lehmann und Wentzel.] Spielhagen und Schurich. geb.

Junk, D. V., Wiener Baurathgeber. Allgemeine Arbeits- u. Materialpreise im Baufache, f. den Bereich v. Oesterreich-Ungarn zusammengestellt. Mit e. Anh. üb. Assekuranz-Schätzgn. Unentbehrliches Handbuch f. jeden Bauführer, Schätzmann, Ingenieur etc. 3. Aufl. Mit 593 Illustr. gr. 8. (VII, 807 S.) Wien 885. Spielhagen & Schurich. n. 9. —; geb. n. 10. —

Junk, D. V., Wiener Baurathgeber. Allgemeine Arbeits- u. Materialpreise im Baufache, f. den Bereich v. Oesterreich-Ungarn zusammengestellt. Mit e. Anh. üb. Assekuranz-Schätzgn. 4., unveränd. Aufl. Mit 593 Illustr. gr. 8. (VII, 807 S.) Wien 888. Spielhagen & Schurich. n. 9. —; geb. n. 10. —

Junk, D. V., Wiener Baurathgeber. Allgemeine Arbeits- u. Materialpreise im Baufache, f. den Bereich v. Oesterreich-Ungarn, Bosnien u. die Herzegowina zusammengestellt, u. f. Deutschland u. die Schweiz anwendbar. Mit e. Abth. üb. das Assecuranz-Wesen. 5., umgearb. Aufl. gr. 8. (XI, 942 S. m. 932 Illustr. u. Bildnis.) Wien 894. Spielhagen & Schurich. n. 10. —; geb. in Leinw. n. 11. —

Junk, D. V., Wiener Bauratgeber. Allgemeine Arbeits- u. Materialpreise im Baufache f. den Bereich v. Österreich-Ungarn, Bosnien u. d. Herzegowina zusammengestellt u. f. Deutschland u. die Schweiz anwendbar. Mit e. Abteilg. üb. d. Assekuranz-Wesen. Unentbehrliches Handbuch f. jeden Bauführer, Bauherrn etc. u. jedermann, der üb. Bauangelegenheiten zu urteilen hat, u. f. alle Realitäten- u. Fabrikbesitzer, welche ihre Objekte e. reellen Feuerversicherg. unterziehen wollen. 6., gänzlich umgearb. u. verm. Aufl. (XV, 1080 S. m. 1366 Abb. u. Bildnis.) 8. Wien (907). Spielhagen & Schurich. 14. —; geb. n 15. —

—— das Theater-System der Gegenwart und Zukunft vom technischen, sicherheitspolizeilichen und assekuratorischen Standpunkte. Vortrag, gehalten im Fachverein der österreichisch-ungar. Assekurateure in Wien am 23. Jan. 1881. gr. 8. (40 S. mit 1 Taf.) Wien 881, Spielhagen und Schurich.

Junk, D. V., Versicherungs-Kalender pro 1890. I. Jahrg. Unentbehrliches Taschenbuch für Assecuranzbeamte jeden Standes, für Inspectoren, Acquisiteure, Agenten, Liquidatoren, Experte und Schätzmeister der Feuer-, Lebens- und Hagel-Branche, ferner für Fabrikanten, Gutsbesitzer, Directoren, Verwalter, Administratoren und Oekonomen, überhaupt für Jedermann, welcher mit dem Assecuranzwesen irgend eine Beziehung pflegt. 16. (240 S. mit Notizbuch.) Eleg. in Leinwd. geb. Wien: Perles 1889 1.75

Junk, Vict., ein neues Bruchstück aus Rudolfs v. Ems Weltchronik. (21 S.) gr. 8. Wien 906. (A. Hölder.) n. — 75
Sonderabdruck aus: „Sitzungsber. d. k. Akad. d. Wiss."

— die Epigonen des höfischen Epos, s.a. Sammlung Göschen.

Die Epigonen des höfischen Epos. Auswahl aus deutschen Dichtungen d. 13. Jhs von Dr. Victor **Junk**. Leipzig: Göschen 1900. 143 S. 8°
(Sammlung Göschen. 289.) A 11

Junk, Vict., Goethes Fortsetzg. d. Mozartschen Zauberflöte, s.a. **Forschungen z. neueren Litteraturgeschichte.**

Goethes Fortsetzung der Mozartschen Zauberflöte. Von Dr. Victor **Junk**. *Berlin: A. Duncker 1899.* (VI, 77 S.) 8°
— Forschungen z. neueren Litteraturgeschichte. 12.

— Gralsage und Graldichtung des Mittelalters. S. 168 4. . . . . 4.30
Separatabdruck

Junk, Vict., Rede auf E. S. Engelsberg, geh. bei der vom akadem. Gesangverein am 28. XI. 1909 im kleinen Festsaale der Universität veranstalteten akadem. Engelsberg-Feier. (11 S.) gr. 8. Wien 909. Gerold & Co. — 50

Max Reger als Orchesterkomponist u. s. Symphonischer Prolog zu e. Tragödie Op. 108 f. großes Orchester. Von Dr. Victor **Junk**. Leipzig: Hesse 1910. 22 S. 8°.

— **Register,** s.: **Fontes rerum austriacarum.**

— s.: **Rudolf's v. Ems Willehalm v. Orlens.**

Junk Viktor: Veranlassung und Zeit der Abfassung von Goethes Fragment „Die Zauberflöte", zweiter Teil. D: Forschungen zur neueren Literaturgeschichte, XII. Berlin.
1899 PN 1199 Diss. Wien Univ. 90

Junk, Wilh., internationales Adressbuch f. Antiquar-Buchhändler. International directory of second-hand booksellers. — Annuaire international des libraires d'occasion. (XV, 81 S. m. 1 Bildnis.) gr. 8. Berlin 906. W. Junk. Geb. in Leinw. n.n.n. 4.50

Meine Alpenfahrt. Von W[ilhelm] **Junk**. Mit Zeichnungen von Lucian Bernhard. Berlin: Modern-Humorist. Verl. [1905]. (35 Bl.) 4°

Bibliographia botanica. W[ilhelm] **Junk**. [Nebst] Suppl. Berlin: (Junk) 1909–10. 8°
Suppl. [u. d. T.:] Junk. Plantarum anatomia et physiologia. 1910. 6

Junk, Wilh., Bibliographia Linnaeana. Verzeichniss der Schriften Karl v. Linné's. hoch 4. (10 S.) Berlin 902. W. Junk. n. 2. —

— s.: **Coleopterorum catalogus.**

— **Entomologen-Adressbuch. The entomologist's directory. Annuaire des entomologistes.** (VI, 296 S.) gr. 8. Ebd. 905. Geb. in Leinw. n. 5. —

— s.: **Facsimile-Edition.**

Junk, W. (Red.), s. Laboratorium et Museum.

— **Carl v. Linné u. seine Bedeutung f. d. Bibliographie. Fest-Schrift.** (19 S. m. 2 Bildnissen.) 31,5×24 cm. Berlin 907. [W. Junk.] Leipzig, Th. O. Weigel. 1.50; erh. Pr. 2.50

— **Linné's species plantarum, ed. princeps, u. ihre Varianten, m. Beschreibung e. neuen. Mit 12 Fcsm.-Taf. Ein Jubilaeums-Epilog.** (12 S.) gr. 8. Berlin 907. W. Junk. 2. —

Plantarum anatomia et physiologia. Auct. W[ilhelm] **Junk**. Berlin: (Junk) 1910. 135 S. 8°
(Antiquar. Lagerkatalog. Nr 37.)
(Junk: Bibliographia botanica. Suppl. [1.]) 6

Verlags-Catalog, Catalogue of Books published by, Catalogue des Livres de Fonds de W. **Junk**. Berlin: (W. Junk 1900). (32 S.) 8° 10

Junk, W., wie sie uns betrügen, s.a. **Eckstein's mod. Bibliothek.**

Wie Sie Uns Betrügen. 8 solche Geschichten von W[ilhelm] **Junk**. 1.–10. Taus. *Berlin: R. Eckstein Nachf. [1903].* (95 S.) 8°
— Bibliothek, Ecksteins Moderne. No 24.

Junkel, Otto, Medizinalprakt.: Aus d. Prosectur d. Krankenh. München r. d. I. ⟨Prosector: Oberndorfer.⟩ Ein Fall von totaler Embolie der Aorta abdominalis. Dortmund 1908: Boden & Firchow. 37 S. 8°
München, Med. Diss. v. 22. Febr. 1909, Ref. v. Bollinger
[Geb. 2. Aug. 82 Münster i. W.; Wohnort: Dortmund; Staatsangeb.: Preußen; Vorbildung: Friedrichs-Gymn. Kassel Reife M. 02; Studium: Würzburg 5, München 1, Berlin 2, München 2 S.; Coll. 22. Febr. 09; Approb. 31. Jan. 09.] [U 09. 3345

Meine Kriegserlebnisse 1870–1871. Den Jungen im Eckartshause erzählt von B[ernhard] **Junkelmann**, Pfarrer in Auerstedt. *Eckartsberga: Eckartshaus 1900.* (160 S.) 8° [F.] 3

Junkelmann, B., meine Kriegserlebnisse 1870—71. Den Jungen im Eckartshause erzählt. gr. 8. (160 S.) Eckartsberga 900. (Leipzig, H. G. Wallmann.) n.n. 1. —

Junkelmann, Moritz (Querfurt), De cacochymiis sanguinis indeque oriundis aegritudinibus. Diss. med. Jena (Schlotter) 20. IV. 1827. 18 Seiten. (5.—) 17233

Junkelmann, Walter, Grh. Sächs. Gerichtsassessor: Der Einfluß der Reichs-Unfall-Versicherungs- (bezl. Fürsorge-) Gesetze vom 30. Juni 1900 auf die in § 823 B.G.B. geregelten Ansprüche. *Pößneck 1904: W. Gärtner.* (VIII, 96 S.) 8°
Jena, Jur. Diss. v. (22. Dez.) 1903

Jünkens Kunst, sein eign. Medicus zu seyn ꝛc. 4. Leipz. Comt. f. Lit. 744.

JUNKER, Anton. Ein komischer (stellenw. etwas freier) Roman in acht Gesängen. Allen Hypochondristen gewidmet. Mit drastischem Titelkpf. (hübsche Radirung. J. Pentzel inv. & fec.). Weißenfels u. Leipzig, bey Friedr. Severin. 1788. 8°. Tit. u. 162 S. Selten!

Junker, der gute, (von Geo. Gust. Fülleborn). 8. Ulm 794. Wohler. 4 xr

Junker, Der gute, oder Nachrichten von den Einrichtungen des Barons Biderb ... Ulm 1795. V: *Afsprung, Johann Michael.* (MGT) (Ky) (GGr) »Ulm 1794« V: *Fülleborn, Georg Gustav.* (Ky)

Junker, d. gute, oder Nachr. von den Einrichtungen des Baron Biderb, in d. Herrschaft Freudenthal, (von J. M. Afsprung). 8. Ulm 795. Wohler. 4 gr.

DER JUNKER UND DER TREUE HEINRICH Ein Rittermärchen. Mit Einleitung und Anmerkungen herausgegeben von KARL KINZEL. (Festschrift. Der Gesellschaft für deutsche Philologie zum 5. Jahre ihres Bestehens.) Berlin, 1880. W. Weber. 8°.

– Dass., s.a. Englert, Sebastian

Heinrichs Buch oder Der **Junker** und der treue **Heinrich.** Ein Rittermärchen. Nach e. Dillinger Hs. m. Einl. hrsg. v. ... Sebastian Englert, ... Gymnasiall. *Würzburg: A. Stuber* 1892. (XVII, 66 S., 1 Bl.) 1 Bd 8. [92. 3714

— Peter v. Quakenbach; eine Klostergeschichte. 8. Leipz. 816. (Krappe). 18 gr.

Junker Peter von Quakenbach. Eine Klostergeschichte. 8. Leipzig. Weygand (in Comm.) 816.

Junker und **Pfaffe** ... *Berlin: Comm. Verl. v. H. Baake; (Dr. v. Janiszewski & Quitt) [1896].* (28 S.) 1 Bd 8. [98. 7350

Wider Junker und Pfaffen. Ein Wort der Warnung an den Bürger und Landmann von der Volksversammlung in Magdeburg. Magdeburg 1848. 13 S. 8.

JUNKER und Pfaffen im Gewande des Sprichworts und unter der Geissel des Volkswitzes. Vom Verfasser der „Allotria. Ungeflugelte Worte". Berlin 1873. 8°. (Mk 1 –.) (50 Pfg Beck Nördlingen.)

JUNKER und Pfaffen im Gewande des Sprichworts und unter der Geißel des Volkswitzes. 2. Auflage. Berlin um 1875.

Junker u. Pfaffen im Gewande d. Sprichworts u. unter der Geissel d Volkswitzes. Vom Verf. der „Allotria. Ungeflügelte Worte." 2. Aufl. 8. (XII, 41 S.) Berlin 875. Denicke. n. 1. —

Junker u. Pfaffen im Gewande des Sprichworts u. unter der Geissel des Volkswitzes. Vom Verf. der „Allotria. Ungeflügelte Worte". 3., unveränd. (Titel-) Aufl. 8. (XII, 41 S.) Berlin (1875) 879. Mönchhoff. n. 1. —

Junker und **Pfaffen** im Gewande des Sprichworts und unter der Geissel des Volkswitzes. Vom Verf. der „Allotria. Ungeflügelte Worte". 3. neugeordn. und reich verm. Aufl. 8. (81 S.) Leipzig 886. Laudien. * 1 50

Junker u. Pfaffen im Gewande d. Sprichworts u. unter der Geissel d. Volkswitzes. Vom Verf. der „Allotria. Ungeflügelte Worte". 4., neu geordnete u. reich verm. Aufl. 8. (61 S.) Leipzig 890. Laudien. n. 1. —

Junker, Der Wiener, und eine Pariser Nymphe. Ein komisches Geschichtchen gesungen in Versen von einem neu angekommenen Pariser. Wien 1784. V: *Lippert, ... Dr.* (Post von Wien 1784, S. 540) (Spion von Wien 1784, 2 St., S. 2) (Wiener Blättchen 23/3 1784, S. 110) (Bespr. Realzeitung Nr. 13, 1784, S. 214/215, S. 2058) (Biblrort)

Junker, Diss. de antim. crud. usu interno. Hal. 4°. 1730

Junker, A., treues Gedenken. Christliche Erinnerungsworte. (V, 866 S. m. 4 Farbdr.) kl. 8. Reutlingen (904). R. Bardtenschlager. Geb. in Leinw. m. Goldschn. 3. —

— **Gott m. Dir.** Christliche Erinnerungs- u. Erbauungsworte. Mit besond. Berücksicht. der hohen Festtage. (370 S.) 16. Ebd. (905). Geb. in Leinw. m. Goldschn. 2. —

— **christliches Vergißmeinnicht.** Mit besond. Berücksicht. der hohen Festtage. (372 S. m. 4 Farbdr.) 16. Ebd. (904). Geb. in Leinw. m. Goldschn. 1. 40

Junker, Aloys. Zur Geschichte d. wirtschaftl. Verfassung d. ehemaligen Herrschaft Broich bis z. 18. Jh. 8°
Aus: Zeitschrift d. Geschichtsvereins. Mühlheim a. d. Ruhr 1909.

Junker, Aloys, a. Neuss: Zur Verfassungs-, Verwaltungs- und Wirtschaftsgeschichte der Herrschaft Broich (b. Mülheim a. d. Ruhr.) Münster i. W. 1909: Gesellsch. f. Buchdr., Neuss. VIII, 68 S. 8° ¶(Forts. ersch. in: Blätter d. Mülheimer Geschichts-Vereins.)
Münster, Phil. Diss. v. 22. Juli 1909, Ref. Meister
[Geb. 18. Juni 85 Mettmann; Wohnort: Munster i. W.; Staatsangeh.: Preußen; Vorbildung: Gymn. Neuß Reife O. 05; Studium: Innsbruck 2, München 2, Munster 5 S.; Rig. 23 Dez. 08.] [U 09. 3596

Junker, C., s.a. Junker, Karl

Junker, Betrachtungen über das, bei der Schiffbarmachung der Gebirgsflüsse, in neuerer Zeit, beobachtete Verfahren und Angabe der Gründe, weshalb die Erfolge den Erwartungen nicht entsprechen können. Zur geneigten Prüfung mitgetheilt. gr. 8. (23 S.) Coblenz 865. (Berlin, Ernst und Korn.) *

Junker, C., Briefsteller zum Gebrauch der Jugend rc. 12. Leipz. Hilscher. 746.

— **Ehrengedächtniß Luthers.** gr. 8. Nürnberg Endter. 706.

Junker, C., Geschichte d. Schreibekunst, vorzügl. in Hinsicht auf d. deutschen Schriftarten, nebst den Hauptregeln derselben. Mit 1 Kpfr. 8. Wien 804.

—— das Gesetz der Bewegung des fließenden Wassers, mathemat. begründet, mit Andeutungen, wie die entwickelten Formeln zur Berechnung der Erfolge der Flußregulirungen anzuwenden sind. Im Interesse des Flußbaues mitgetheilt. gr. 8. (S. 1—26.) Coblenz 866. (Berlin, Ernst und Korn.) *

—— dass. — (Fortsetzung.) gr. 8. (S. 27—74 mit 1 Stnt.) Ebendas. 867. *

— **Grundleg. zur Kirchenhist. A. und N. Test.** 8. Hamb. Martini. 727.

— lineae primae eruditionis universae, c. supplem. Wilischii. 4. Altenb. Richter. 714.

Junker, C. Ueber die Schiffbarmachung der Gebirgsflüsse. Coblenz 1865.

— de vita et scriptis Iobi Ludolphi. 8. Lps. 710.

— idem lib. 8. Lps. Bauer. 710.

Junker, C. L., s. Junker, Karl Ludwig

Junker, C. M. v., s. Junker, Karl M. v.

Junker, Carl, s. Junker, Karl

Junker, Ch.

— Anleit. zur Geogr. der mittlern Zeiten. 4. Jena, Bielke. 712.

Junker, Elise [Pseud.]
s. Schmieden, Elise [Wirkl. Name]

Junker, (F. C.) Dianaskologie, oder die Lehre von dem Ausstopfen d. Thierkörper, wie solches auf die leichteste Art erlernt, u. wie von e. Jeden, ohne fremde Anweisung u. mit geringen Kosten, ein Naturalien-Kabinet angelegt werden kann, nebst gründl. Anweis. z. Fangen, sammeln u. Zubereiten d. Insekten zu demselben Behufe. Mit 2 Steintaf. 8. Hanau 825, Edler.

Junker, F. C., Dianaskologie, od. d. Lehre v. Ausstopfen d. Thierkörper u. wie solches auf d. leichteste Art erlernt, auch wie von e. Jeden, ohne fremde Anweis. u. mit geringen Kosten, e. Naturalien-Cabinet angelegt werden kann; nebst e. gründl. Anweis. z. Fangen, Sammeln u. Zubereiten d. Insecten zu diesem Behufe. Für Liebhaber v. Naturaliensammlungen, nach eignen Erfahrn. bearb. 2. Aufl. M. 2 lith. Taf. 8. (9 B.) Hanau 832, Edler. 16 Gr., Schrbp.

Junker, Fr.

— s. Spitter's Handbuch.

— Gott in d. Natur. Eine Predigt. gr. 8. Manh. 826. Schwan u. G. 3 ℳ

Junker, (Fr.,) histor.-krit. u. philologischer Commentar üb. den Brief Pauli an die Colosser. Einleitung, Urtext mit d. Varianten nach d. Griesbachischen Recension, Inhaltsanzeigen, u. nach Abschnitten geordnete, ununterbrochen fortlaufende Wort- u. Sacherklärung. gr. 8. Manh. 827, Löffler.

Junker, Fr., histor.-krit. u. philolog. Commentar über den Brief Pauli an d. Colosser. Einleitung, Urtext mit d. Varianten nach d. Griesbachischen Recension, Inhaltsanzeigen, u. nach Abschnitten geordnete, ununterbrochen fortlaufende Wort- u. Sacherklärung. gr. 8. Manh. 828. Löffler. 1 ℳ

Junker, Fr., Lobrede auf Carl Friederich, ersten Großherzog v. Baden. gr. 8. (3 B.) Mannheim 829, (Schwan u. Götz.)

Dr. Fr. Junker. Nekrolog auf den bisherigen Inspektor der Anstalt, Herrn Kirchenrat Hitzig. S. 3 des Programms. Lörrach, P 1850

— Predigt über den Werth d. Eintracht. gr. 8. Manh. 824. Löffler. 4 ℳ

—— über d. Werth d. Lebens. Predigt. gr. 8. ... Mannheim ..., Schwan u. Götz.

—— Worte d. Trostes am Grabe d. Dr. P. Bostari zu Mannheim. gr. 8. ... Mannheim 828, Schwan u. Götz.

Junker, Fr. Ch. [Praes.], s. Horn, E. Wilhelm: De rara epilepsiae specie.

Junker, Fr. Chr.

Iunker, F. C., materiae med. compend. 4. Halae, Waisenh. 750.

Junker, Fr. Chr., Compendium materiae medicae. 4 Halle 760. Waisenh.-B. 10 ℳ

Junker, Frz., das feine Benehmen in Gesellschaften. 8. (48 S.) Oberhausen (Styrum) 887, Spaarmann. — 30

Junker, F., der angenehme Gesellschafter im Zimmer u. im Freien, bei Landpartien u. s. w. 12. (48 S.) Oberhausen (Styrum) 887. Spaarmann. — 30

—— die schönsten und beliebtesten Gesellschafts- und Pfänderspiele. 8. (48 S.) Ebendas. 887. — 30

Junker, Frz., d. schönsten u. beliebtesten Gesellschafts- u. Pfänderspiele. 2. Aufl. 12. (48 S.) Styrum 895. A. Spaarmann. — 30

Junker, Friedrich

Junker, Fr., höhere Analysis, s.a. Sammlung Göschen.

Junker, F. Höhere Analysis. I. II. Leipzig 1898.

Junker Fr, höhere Analysis. I. Teil: Differentialrechnung. (192 S) 16° (Sammlung Göschen 87) Leipzig 1898

— Höhere Analysis. 2 T. 3. verb. Aufl. Neudruck. Leipz. 1908—11. Fig. (1. Differentialrechnung. 204 S. — 2. Integralrechnung. 190 S.) (Sammlung Göschen. 87—88).

Junker, Fr[iedrich]: Physkalische (!) Aufgaben aus dem Gebiet des Magnetismus und der Elektrizität für die Oberklassen höherer Lehranstalten zusammengestellt von Fr. J. 1 Bl., 48 S., 1 Taf. 8.
Progr. Kgl. Realgymn. u. Kgl. Oberrealschule *Ulm* 1904 (704).

— physikalische Aufgaben aus dem Gebiet des Magnetismus u. der Elektrizität, f. Oberklassen höherer Lehranstalten zusammengestellt. (IV, 48 S. m. 1 Taf.) gr. 8. Ulm 904. (Leipzig, B. G. Teubner.) n. — 80

Junker, Frdr., methodisch geordnete Aufgabensammlung zur Arithmetik u. Algebra, f. Gymnasien, Realgymnasien, Oberrealschulen u. verwandte Lehranstalten. (VIII, 309 S. m. 41 Fig.) 8. Stuttgart 910. E. Ulmer.
Geb. in Leinw. 2. 80

Junker, Frdr., d. symmetrischen Functionen d. gemeinschaftl. Variablenpaare ternärer Formen. Tafeln d. ternären symmetr. Functionen vom Gewicht 1 bis 6. [Aus: „Denkschr. d. k. Akad. d. Wiss."] gr. 4. (104 S.) Wien 897. (C. Gerold's Sohn.) n. 6. 80

Junker, Fr. [aus Lendsiedel in Württemberg]: Über Algebraische Korrespondenzen. ... Tübingen, L. Fr. Fues'sche Buchdr. (W. Armbruster & O. Riecker), 1889; 69 S. 8°
Tübingen, Naturw. Fak., Inaug.-Diss. v. 1889

— Repetitorium u. Aufgabensammlg. zur Differentialrechng., s.a. Sammlung Göschen.

Repetitorium und Aufgabensammlung zur Differentialrechnung von Dr. Fr[iedrich] Junker, Prof. Mit 46 Fig. 2., verb. Aufl. Leipzig: Göschen 1905. 129 S. 8°
(Sammlung Göschen. 146.) (11. 1432) 11

Junker F.: Repetitorium u. Aufgabensammlung z. Differentialrechnung. 2. verb. Aufl. Neudruck. Leipz. 1907. 129 S. Fig. (Sammlung Göschen. 146).

· Repetitorium u. Aufgabensammlg. zur Integralrechng., s.a. Sammlung Göschen.

Repetitorium und Aufgabensammlung zur Integralrechnung von Dr. Fr[iedrich] Junker, Prof. Mit 52 Fig. 2., verb. Aufl. Neudr. Leipzig: Göschen 1908. 135 S. 8°
(Sammlung Göschen. 147.) [11. 1432] 11

Junker, Friedrich (Weinheim)
De Essenorum necnon Gnosticorum in epistolis Pauli ad Ephesios et Colossenses frustra quaesitis, et Alexandrino-Judaeorum vestigiis recte quaerendis.
Diss. phil. Giessen 12.9.1827.
(Hat. lt. Promotionsakten handschriftlich vorgelegen, liegt nicht mehr bei.)

Junker, Friedrich August

— s. Anweis. für Lehrer über den ersten Unterricht.

Junker, Fr. Aug., († d. 8. Jan. 1816.) pädagog. Aphorismen. Herausg. von J. W. A. Ziegenbein. 8. Braunschw. 819. Meyer. 12 gr.

— s.a. Exempeltafeln.

Junker, F. A., Exempeltafeln. Ein Hülfsmittel beym Rechnungs-Unterr. in Volksschul. 8. Halle, Waisenh. (auch Daisenberger, Augsb.) 802.

Junker, F. A., Exempeltafeln; das ist: 138 Tafeln mit beinahe 2000 abgesond. ausgerechneten zweckmäßigen Exempeln. Ein unentbehrl. Hülfsmittel beim Rechnungsunterrichte in Volksschulen 2c. 8. Halle, Waisenhausbuchhandl. 811.

— — Exempeltafeln, d. i. 136 Tafeln mit 800 Exempeln. 4te Aufl. 8. Halle, Waisenhaus-Buchhdl. 817.

(Junker, Friedr. Aug.,) Exempeltafeln; das ist 136 Tafeln mit beynahe 2000 abgesond. ausgerechn. zweckmäß. Exempeln. — Als Anh. zu dess. „Handb. gemeinnütz. Kenntnisse." Neue Aufl. f. d. preuß. Staaten in Silbergroschen. (3½ B. 8. u. 17 B. Tab. qu. 8.) Halle 828, Buchh. d. Waisenhauses.

(——) Exempeltafeln, das ist: 144 Tafeln mit beinahe 2000 abgesond. ausgerechn. zweckmäß. Exempeln. Ein unentbehrl. Hülfsmittel beim Rechenunterr. in Volksschulen u. daher als Anh. zu d. Handb. gemeinnütz. Kenntnisse. 6., verb. Aufl. 8. (22 B., woven 18 nur auf einer Seite bedr. sind.) Halle 838, Buchh. d. Waisenhauses.

—— dass. — Ausg. f. d. preuß. Staaten in Silbergroschen. 2., verb. Aufl. 8. Ebds. 838.

Junker, Friedr. Aug., 144 Exempeltafeln mit beinahe 2000 abgesondert ausgerechneten zweckmäßigen Exempeln. Ein unentbehrl. Hülfsmittel beim Rechenunterrichte in Volksschulen. 7., nach den neuesten Münz- und Gewichtsverhältnissen bericht. Aufl. 8. (62 S. mit 144 Bl. Exempeltaf.) Halle 861, Buchhandlung des Waisenhauses.

— Grundlegung z. deutschen Sprache. gr. 8. Braunschw. Schulbuchh. 805.

— Grundlegung zur Kenntniß d. deutschen Sprache. 2te verb. Aufl. gr. 8. Braunschw. Schulbuchh. 811.

— Grundlegung z. Kenntniß d. deutschen Sprache f. deutsche Schulen. 3e Aufl. gr. 8 Brschw. 823, Schulbuchh.

— Grundlegung zur deutschen Sprachkenntniß. 2e Aufl. gr. 8. Braunschw. 811. 3e A. 823. Schulbuchh. 5 gr (1e Aufl., s. Grundlegung.

— s.a. Handbuch der gemeinnützigsten Kenntnisse für Volksschulen.

— Handbuch der gemeinnütz. Kenntn. für Volksschulen. 3 Thle. gr. 8. Halle, Waisenh. 803—4. (1r 14 gr. 2r 10 gr. 3r 1 Rthlr.)
Schreibp. auf e. Seite gedr. (1r 1 Rthlr. 2r 18 gr. 3r 1 Rthlr. 8 gr.)

— Handbuch d. gemeinnützigsten Kenntnisse f. Volksschulen. 3 Thle. 1r Thl. 8te Aufl. 2r Thl. 7te Aufl. 3r Thl., 6te Aufl. 8. Ebend. 813 u. 15. (1r 14 gr. 2r 10 gr. 3r 1 Rthlr.) a —

Junker, Friedrich August. Handbuch der gemeinnützigen Kenntnisse ... Stuttg. 1817. H: *Pahl, Joh. Gfr. v.* (NN)

— — Handbuch der gemeinnütz. Kenntnisse für Volksschulen. 1r Thl. 9te Aufl. (14 Gr.) 2r Thl. 8te Aufl. gr. 8. Ebend. 817 — 819. 10 Gr.

Junker, (Fr. A.,) Handbuch der gemeinnütz. Kenntnisse für Volksschulen. 2r Thl. 9e Aufl. 822. 10 gr. 3r Thl. 2e Abtheil mit 3 Kupfert. 7e Aufl. 1 Rthl. gr. 8. Halle 824, Waisenhaus Buchhandl.

Junker, Friedr. Aug., Katechismus f. Volksschulen, s.a. Ernst, J., Lehrbuch 2c.

— s.a. Katechismus, Biblischer, für Volksschulen.

— bibl. Katechismus für Volksschulen. 8. Ebendas. 810.

— biblischer Katechismus f. Volksschulen. 12te Aufl. 8 Ebend. 813.

— — Katechismus für Volksschulen. 15te Aufl. 8. Ebend. 819.

— bibl. Katechismus f. Volksschulen. 17e Aufl. 8. Halle 823, Waisenhaus B.

(Junker, Friedr. Aug.,) bibl. Katechismus f. Volksschulen. Mit dazu gehör. Erläutern. u. Beziehungen auf das (dess.) „Handb. gemeinnütz. Kenntnisse." 18. u. 19. Aufl. (à 8 B.) 8. Halle 828, 34, Buchh. d. Waisenhauses. à Thlr.

— der Kinderfreund, od. erstes Lehr- u. Lesebuch für Anfänger im Lesen u. Denken, verm. Ausg. Hamb, Gundermann. 814.

— Rechentafeln. Ein Hülfsmittel beym Rechnungsunterr. in Volksschul. 8. Ebend. 811.

— 138 Rechentafeln, mit 2000 ausgerechneten Exempeln. Ein Hülfsmittel beim Rechnungsunterricht in Volksschulen. 8. Halle 811. 5e A. 821. Waisenh.-B. 16 gr Dies. in Silbergroschen berechnet. Ebd. 827. 16 gr

— kl. Schulbuch, s.a. Schulbuch.

— — kleines Schulbuch fur Anfänger im Lesen und Denken. 14te Aufl. 8. Braunschweig, Schulbuchhandlung. 821.

—— kleines Schulbuch f. Anfänger im Lesen u. Denken. 40., 46. u. 56. Aufl. (à 4 B. u. 1 B. Anh.: Erster histor. Religionsunterr. ꝛc., nebst d. Katechismus Lutheri.) 8. Braunschweig 830, 31, 34, [Vieweg.] à

— kleines Schulbuch für Anfänger im Lesen u. Denken. 46te Aufl. (Mit 1 Anhang: Erster histor. Religionsunterricht ꝛc. nebst d. Katechismus Lutheri.) 8. Braunschweig 831. Schulbuchh. 1¹/₃ ℛ — 76te Aufl. 8. Ebd. 840. 1¹/₃ ℛ

Junker, Friedr. Aug., kleines Schulbuch f. Anfänger im Lesen u. Denken. 81. Aufl. 8. (5 B.) Braunschweig 843, Schulbuchhandlung. *

Junker, F. A., kleines Schulbuch f. Anfänger im Lesen u. Denken. 95. Aufl. 8. Braunschweig 849, Vieweg & Sohn. 2 ngℛ — 96. Aufl. 8. Ebd. 849. n. 1²/₃ ngℛ — 97. Aufl. 8. Ebd. 849. n. 1²/₃ ngℛ — 98. Aufl. 8. Ebd. 850. n. n. 1¹/₂ ngℛ — 99. Aufl. 8. Ebd. 851. — 100. Aufl. 8. Ebd. 851. — 101. Aufl. 8. (à 80 S.) Ebd. 852. n. n. 1¹/₂ ngℛ

— über d. Sonnenmikroskop. 8. Braunschw. 791. Schulbuchh. 1 ℛ

— 138 Tafeln mit 2000 abgesondert, ausgerechneten zweckmäß. Exempeln. 5e Aufl. 8. Halle 821, Waisenhaus B.

— dieselben Tafeln in silbergroschen berechnet. Eb. 827.

— uber den Unterr. s. Unterricht.

Junker, Fritz, Arzt a. Heidelberg: Beitrag zur pathologischen Anatomie der Syringomyelie. Weinheim 1904: W. Diesbach. (51 S.) 8°

Heidelberg, Med. Fak., Ref. Arnold, Diss. v. 14. Okt. 1904

[Geb. 28. Juli 79 Hiddesbach; Wohnort: Heidelberg; Staatsangeh.: Baden; Vorbildung: Gymn. Heidelberg Reife Juli 98; Studium: Heidelberg 10 S.; Coll. 23. Febr. 04; Approb. Aug. 03.]

Junker, Fritz, a. Stützerbach: Molekulargewichte anorganischer Stoffe in Lösungen. Weida i. Th. 1907: Thomas & Hubert. (62 S.) 8°

Leipzig, Phil. Fak., Ref. Beckmann-Le Blanc, Diss. v. 4. Juni 1907

[Geb. 30. Juli 78 Stützerbach i. Th.; Wohnort: Halle a. S.; Staatsangeh.: Preußen; Vorbildung: Gymn. Wohlau Obersekunda M. 96, Pharm. Staatsprufung Dresden Juni 04; Studium: Leipzig 9 S.; Rig. 30. Apr. 07.]

Junker, Georg Adam

— fragmenta XII tabularum, ex restitutione J. N. Funccii, ad optima antiquitatis monumenta diligent. expr., cum perspicua paraphrasi in usum lect. acad. recudi fecit. 8. Gotting. 756.

— et Gotsched Grammaire méthodique et raisonnée. 8. Strasb. Levrault. 798.

— s. 1) Lefebure, Mittel d. Krebs. 2) Leroi, üb. Seidelbastrinde.

— Principes nouv. de la lang. allem. ou nouv. Grammaire allem. à l'us. de la nation franç. etc. gr. 8. Strasbourg, König. 802.

— Notions élémentaires de la langue allemande. 8. Paris et Strasb. König. 802.

Juncker, Geo. Adm., († d. ... April 1805.) nouv. principes de la langue allem. à l'usage des Franç. 8. Hanau 760. 2e A. Frankf. a. M. 762. Fleischer. 12 ℛ 3e A. Paris 768. 4e A. gr. 8. Strassb. 780. N. A. 809. (Treuttel u. W.) 1 ℛ

Junker, G. A., nouv. principes de la langue allem. à l'us. des Franç. 8. Frcf. Fleischer. 762.

— — le m. liv. gr. 8. Strasb. König. 809.

Junker, G. A., Nouveaux principes de la langue allemande. 2e edit. gr. 8. Strasbourg. 809. Ist jetzt Verlag von Treuttel und Würtz.

— Recueil hist., ou choix de pièces moral. instruct. et amusantes en franç. et allem. 8. Strasb. Treuttel. 772.

Junker, H., Sammlung von Schriftmustern älterer u. neuerer Zeit. Nach den vorzüglichsten Kalligraphen bearb. u. hersg. Frankfurt a. M. 867 Keller. qu. 4 (55 Steintaf.) In Carton n. 2 ℛ

Junker, H., das Skelet eines Mannes, s. Lucae, J. Ch. G.

Junker, Hans Curt, Studentenulk u. Anderes. (III, 192 S.) 8. Dresden 905. E. Pierson. n. 2. 50; geb. n. 3. 50

Junker, Heinr., die Elektrisirmaschine, — die Luft, } s.: Gabelsberger-Bibliothek.

— Fractur-Vorschriften in stufenmäßig geordneten Vorlegeblättern für Schulen und zum Selbstunterrichte mit einer Beigabe von zwei Linienblättern. Frankfurt a. M. 854. (Keller.) gr. 4. (9 lith. Bl.) n. 14 ngr

Junker, Heinr., deutsche Vorschriften für untere und mittlere Klassen, sowie zum Privatgebrauche. Frankfurt a. M. 855. Auffarth in Comm. gr. 4. (21 lith. Bl.) n. 10 ngr

Junker, Heinrich Paul

Junker, Heinr. P., s.: Collection Teubner.

Junker, Heinr. P., Grundriss der Geschichte der französischen Litteratur von ihren Anfängen bis zur Gegenwart, s. a. Sammlung v. Kompendien f. das Studium u. die Praxis.

Grundriss der Geschichte der Französischen Litteratur von ihren Anfängen bis zur Gegenwart. Von Dr. Heinrich P. Junker, Oberl. 3. verm. u. verb. Aufl. *Münster i. W.: H. Schöningh 1898.* (XX, 498 S.) 1 Bd 8.

— Sammlung v. Kompendien f. d. Studium u. d. Praxis. Ser. 1. [II.] 2.

Grundriss der Geschichte der Französischen Litteratur von ihren Anfängen bis zur Gegenwart. Von Dr. Heinrich P[aul] Junker, Oberlehrer. 3. verm. u. verb. Aufl. *Münster i. W.: H. Schöningh 1898.* (XX, 498 S.) 1 Bd 8.

— Sammlung v. Kompendien f. d. Studium u. d. Praxis. Ser. 1. [No] 2.

Grundriss der Geschichte der französischen Litteratur von ihren Anfängen bis zur Gegenwart. Von Heinrich P[aul] Junker, Oberl. a. D. 4. verm. u. verb. Aufl. *Münster i. W.: H. Schöningh 1902.* (XX, 554 S.) 8°

— Sammlung von Kompendien f. d. Studium u. d. Praxis. Ser. 1, 2.

Grundriß der Geschichte der französischen Literatur von ihren Anfängen bis zur Gegenwart. Von Dr. Heinrich P[aul] Junker. Oberl. a. D. 5, verm. u. verb. Aufl. Münster i. W.: H. Schöningh 1905. (XXII, 579 S.) 8°
(Sammlung von Kompendien f. d. Studium u. d. Praxis. Ser. 1, 2.) [05. 8451 9

Grundriß der Geschichte der französischen Literatur von ihren Anfängen bis zur Gegenwart. Von Heinrich P[aul] Junker, Dir., Braunschweig. 6. verm. u. verb. Aufl. Münster i. W.: H. Schöningh 1909. XXII, 608 S. 8°
(Sammlung von Kompendien f. d. Studium u. d. Praxis. Serie 1, 2.) [09. 8486 2

Junker, Heinr. *Paul* [Dr.]: Lehrversuch im Englischen nach der neuen Methode von Ostern 1890 bis Ostern 1893. Bockenheim, Druck v. F. Kaufmann & C., 1893; 3—34 S. 4.
Bockenheim, st. R. P 1893 (413)

— s.: Teubner's, B. G., school texts.

Junker, H. P. Paul Scarron's „Virgile travesti". Diss. Münster 1883. 41 S.

Junker, Heinr. Paul, Paul Scarron's „Virgile travesti". gr. 8. (41 S.) Oppeln 883, Franck's Buchh.

Junker, Hermann, aus Wallertheim (Hessen): Ueber Abkömmlinge der Tetronsäure und Bistetronsäure. *Jena 1901: A. Kämpfe.* (46 S.) 8°
Jena, Phil. Diss. v. (7. Juni) 1901

Junker, Herm., Beitrag zur Lehre v. den Gewichten der menschlichen Organe, s.a. Abhandlungen, Münchener medicinische.

Junker, Hermann [Dr. app. Arzt aus Vörstetten]: ... Beitrag zur Lehre von den Gewichten der menschlichen Organe ... (= Münchener med. Abh., Heft 58.) München, J. F. Lehmann, 1894; 34 S. 8.
München, Med. Fak., Inaug.-Diss. v. 1894

— Bericht über die Grabungen der Kaiserlichen Akademie der Wissenschaften in Wien auf dem Friedhof in Turah, Winter 1909–1910. Mit einem Kapitel von D. E. Derry (mit 51 Taf., 1 Plane und 88 Textfiguren). D 56,1 . . . . 24.—
Separatabdruck

Das Götterdekret über das Abaton (mit 24 Textfiguren und 1 Plane). D 56,4 . . 9.90
Separatabdruck

Grammatik der Denderatexte. Bearb. von Hermann **Junker.** Leipzig: J. C. Hinrichs 1906. (VIII, 207 S.) 4° [Text autogr.]
= **Junker:** Grammatik d. Ptolemäertexte. T. 1. [06. 8890

(Grammatik der Ptolemäertexte von Hermann **Junker.** T. 1.) Leipzig: J. C. Hinrichs 1906. 4° [06. 8889

— und Czermak, W. Koptische Texte im Dialekt von Gebel Dair. S 174 3 . . . . . 2.—
Separatabdruck

Nachruf [für Leykam. Unterz.:] Herm. **Junker.** [Frankfurt a. M. 1888.] 2 Bl. 8° [Kopftit.]

Junker, Herm., koptische Poesie des 10. Jahrh. I. u. II. Tl. (Text u. Übersetzg.) (243 S.) Lex. 8. Berlin 911. K. Curtius. 27.50
I. (VII, 93 S. m. 2 Taf.) 908. 7.50. — II. (243 S.) 911. 20.—
Sonderabdr. a.: „Oriens christianus".

Junker, Hermann, aus Bendorf: Über das Schriftsystem im Tempel der Hathor in Dendera. (T. 1 u. 2.) *Berlin 1903: A. Schaefer.* (32 autogr. S.) 4° ¶ (Teil A u. B d. eingereichten Arbeit mit Kürzungen.)
Berlin, Phil. Diss. v. 21. Dez. 1903

— Die Stundenwache in den Osirismysterien, nach den Inschriften v. Dendera, Edfu u. Philae dargestellt, s. a. Denkschriften der kaiserl. Akademie der Wissenschaften in Wien. Philos.-histor. Kl. 54, I.

Die Stundenwachen in den Osirismysterien. Nach den Inschriften von Dendera, Edfu und Philae, dargest. von Hermann **Junker.** Mit 2 Taf. Wien: Hölder in Komm. 1910. 124 S. 4°
(Denkschriften d. Kais. Akademie d. Wiss. in Wien. Phil.-hist. Kl. Bd 54, Abh. 1.)
[10. 11750

— sprachliche Verschiedenheiten in den Inschriften v. Dendera. (24 S.) Lex.-8. Berlin 905. (G. Reimer.) n. 1. —
Sonderabdruck aus: „Sitzungsber. d. preuss. Akad. d. Wiss."

Junker, Hubert, Gerichtsref. aus Olpe i. Westf.: Die Genehmigung im Bürgerlichen Gesetzbuch. *Olpe 1899: F. X. Ruegenberg.* (84 S.) 8° [J.]
Erlangen, Jur. Diss. v. 18. Jan. 1899

Junker, J. Erziehungsspiegel. Schattenbilder und Lichtbilder. 1. Schattenbilder. 16. Zürich, 8. Schröter. 1884? cart. 2 —

Iunker, I. G. C., Dissert. de causis Aegritudinum therapeuticis. 8. maj. Hannov. Hahn. 783.

Junker, Jo., Diss. Aeger apoplexia, ex podagra retrograda, laborans. Giss. 4°.
1723

Junker, Johann, s. Juncker

Junker, Johann Christian Wilhelm, s. Juncker

Junker, Josef [Apotheker, aus Aachen]: Über die Phenyl- und Para-Tolyl-Oxychlorphosphine der aromatischen Amine und über die Para-Benzophosphinsäure und einige Derivate derselben ... Rostock, C. Hinstorffs Buchdr., 1896; 53 S. 8.
Rostock, Phil. Fak., Inaug.-Diss. v. [20. Dez.] 1895

Junker, Josef [Dr.]: Geometrische Untersuchungen über bicentrische Vierecke. Crefeld, J. B. Klein'sche Buchdr., 1892; 3—20 S., 2 Taf. 4.
Crefeld, R. P 1892 (476)

Junker, Josef [aus Mittelheim im Rheingau]: Die Verallgemeinerung der Hermite'schen Transformation im Zusammenhang mit der invarianten theoretischen Reduktion der Gleichungen .... Köln, Druck v. M. Dumont-Schauberg, 1887; 2 Bl. | 32 S. 4°.
Freiburg i. B., Phil. Fak., Inaug.-Diss. v. 1887.

Junker, Josef, der Verallgemeinerung der Hermiteschen Transformation im Zusammenhang mit der invarianten theoretischen Reduction der Gleichungen. Diss. Freiburg i. B., 1887, Fr. Wagnersche Univ.-Buchh. 4°. 32 S.

Junker, Jos., die Verallgemeinerung der Hermiteschen Transformation im Zusammenhang m. der invarianten theoretischen Reduktion der Gleichungen. Ein Beitrag zur Invariantentheorie. gr. 4. (III, 32 S.) Köln 887. (Crefeld, J. Groven.) n. 2. —

Junker, Karl

JUNKER, Carl
Die Aufhebung des Zeitungsstempels und die österreichische Presse. Denkschrift im Auftrage und auf Grund einer Enquête des Reichsverbandes österreichischer Buchdruckereibesitzer verfasst von Carl Junker. Wien. 1901. Holzhausen. Gr.-8°. V, 67 S. K 1.—

Junker, Carl, die f. den Buch-, Kunst- u. Musikalienhandel sowie f. d. Papierhandel wichtigsten Bestimmungen im neuen Zolltarif. Im Auftrage des Vereines der österreichisch-ungar. Buchhändler zusammengestellt. (XV, 48 S.) 8. Wien 907. W. Frick. 3. —

Junker, Carl, s. a. Decimal-Classification, die.

Die Decimal-Classification. Gekürzte allg. Tafeln. Deutsche Ausg. Besorgt v. Carl Junker. '[025.4]' *Wien: A. Hölder 1897.* (65 S.) 1 Bd 8.
= Office internat. de bibliographie à Bruxelles. Publication No 14.
(97. 6931

Das Internationale Institut für Bibliographie in Brüssel von Carl Junker. *Leipzig 1897: Ramm & Seemann.* (13 S.) 8° [Z.]
Aus Börsenblatt f. d. Deutschen Buchhandel. 1897, No 1
— [Office International de Bibliographie. Publ. No 19.] (00. 1981

JUNKER, Carl
Die Berner Convention zum Schutze der Werke der Litteratur und Kunst und Oesterreich-Ungarn. Von Carl Junker. Wien. 1900. [In Comm.] Hölder. Gr.-8°. 107 S. K 2.40

— Korporation der Wiener Buch-, Kunst- u. Musikalienhändler. 1807—1907. Festschrift z. Feier d. hundertjähr. Bestehens der Korporation am 2. VI. 1907. (Umschlagzeichng.: Jos. Urban.) (59 S.) Lex. 8. Wien (907). (F. Deuticke.) nn 5. —

Junker, C., Project für Zuleitung des [illegible] von St. Canzian nach Triest. Wien 1875.

— o. allgem. bibliograph. Repertorium u. d. erste internation. bibliograph. Conferenz in Brüssel 1895. (Decimal-Index 010. Publication de l'institut international de bibliographie.) gr. 8. (34 S.) Wien 896. A. Hölder. n. 1. —

Junker Karl — Skizzen aus dem Projekte der Wasserleitung für Triest. Vom Civil-Ingenieur —. Triest, 1855. Lithogr. B. Linassi. (5 Bl. Fol.)

Über den Stand der Bibliographie in Oesterreich. Bericht erstattet d. zweiten internat. bibliograph. Conferenz v. Carl Junker, Secr. f. Oesterr. d. Institut Internat. de Bibliogr. '[01.09 (436)]' *Wien: A. Hölder 1897.* (23 S.) 1 Bd 8. (97. 6932

JUNKER, Carl
(F) Der Verein der österreichisch-ungarischen Buchhändler 1859—1899. Ein Beitrag zur Geschichte des österreichischen Buchhandels. Festschrift anlässlich des vierzigjährigen Bestandes des Vereines im Auftrage des Vorstandes verfasst von Carl Junker. Wien. 1899. [In Comm. R. Lechner (Wilh. Müller)]. 4°. 70 S. Mit 1 Tafel. fl. 3.—

Junker, Karl, zur Wasserversorgungsfrage. Das Dreiquellen-Project besprochen im österreich. Ingenieur- und Architekten-Vereine am 9. Decbr. 1865. gr. 8. (24 S. mit 4 Stnt.) Wien 865, (Gerold's Sohn.) *

Juncker, Karl Ldw. († d. 30. Mai 1797.)

— Beschreib. des Mannlichschen Kunstkabinets zu Schafhausen. 8. Schafhausen 775.

Juncker, Karl Ldw., Betrachtt. über Malerei, Ton- u. Bildhauerkunst. 8. Basel 778. Serini. 8 ℊ

Junker, K. L., Christusköpfe, m. K. 8. Bern, Typ. Soc. 777.

Junker, K. L., Über Flügel und geflügelte Gottheiten. Ein Beitrag zur Geschichte der Kunst. Frankf. u. Leipzig 786. 8. (61 Seiten).

— über Flügel und geflügelte Gotth., e. Beytr. z. Gesch. der Kunst. 8. Nrnb. Monath. 786.

— erste Grundl. zu e. Samml. neuer Kupferstiche. 8. Bern, Typ. Soc. 777.

— Grundsätze d. Malerei, für ihre Liebhaber. 8. Zürich 775. Orell. 8 ℊ

— Grunds. der Malerey, für ihre Liebhaber. 8. Zürich, Orell. 788.

Junker, K. L., Jupiter, eine Antike. 8. Nürnberg. 788. Hat jetzt Lauffer in Leipzig.

— zwanzig Componisten; e. Skizze. 8. Bern 776. Typ. G. 6 ℊ

— Pflichten eines Kapellmeisters. kl. 8. Winterthur, Steiner. 782.

— s. a. Portefeuille für Musikliebhaber.

— zwey Predigten für Gera gehalten. 8. Basel, Schweighauser. 781.

— s. a. Reise von Karlsruhe nach Stuttgart.

Meine Reise von Karlsruhe nach Stuttgart (von *Carl Ludwig Junker*). Neustadt a. d. Aisch u. Leipzig 1786.
Anon.-Lex. III. p. 362 (nach Meusel). Kayser hat „1787".
— Karl

— Tonkunst. 8. Bern 777. Typogr. Soc. 6 ℊ

— über den Werth d. Tonkunst. 8. Bayr. 786. (Grau in Hof). 10 ℊ Mit n. Titel Leipz. 813. Hinrichs. 10 ℊ

— über den Werth der Tonkunst. 8. Bayr. Lübeck. 786.

Junker, C. L., üb. den Werth d. Tonkunst. Neue Ausg. 8. Leipz. Hinrichs. 812.

Junker, K. L., üb. den Werth d. Tonkunst. Neue unveränd. Aufl. 8. Leipz. Hinrichs. 813.

— ästhet. Versuche. 8. Bern, Typ. Soc. 778.

JUNKER, Karl M.
Flächen-Tabellen für die Cubatur-Berechnung von Erdarbeiten. Gerechnet von Karl M. Junker. Budapest. 1900. (In Comm. Lehmann & Wentzel in Wien.) Lex.-8°. 56 S. K 1 50

Junker, Karl M., Flächen-Tabellen f. die Cubatur-Berechnung v. Erdarbeiten. (56 S. m. 3 Fig.) Lex.-8. Budapest 906. (L. Toldi.) n. 1. 20

Junker, Carl M. v., Sehnen-Tafel für den Radius = 500 von 1' bis 90°. gr. 8. (22 S.) Leipzig 873, Scholtze. (*ℳ 1,50.) * 1 60

Junker, Carl M. v., Tabellen der Steigungsverhältnisse von 1:40 bis 1:1000 für Distanzen von 1 bis 100 und der analogen Neigungswinkel. gr. 8. (32 S.) Wien 872, Lehmann und Wentzel. *

Junker, Matth., Lese- u. Lehrbuch f. mittl. Elementarklassen. Nach den in d. Schriftchen: „Die Zwecke d. Lesens rc." ausgesproch. Grundsätzen ausgearb. 8. (6½ B.) Essen 835, Bädeker. Thlr. *

—— dass. — 2. Thl. Real-Buch f. mittl. Elementarklassen. 8. (17 B.) Ebds. 835. •

Junker, Matth., Lesebüchlein f. unt. Elementarklassen. Nach den in d. Schriftchen „Die Zwecke d. Lesens" ausgesproch. Grundsätzen bearb. 8. (3 B.) Essen 836, Bädeker.

Junker, Matth., u. Chr. Kemmer, Sprach- u. Stylübungsbuch f. Elementarschüler. 2., verm. Aufl. 12. (6 B.) Köln 844, Du Mont-Schauberg'sche Buchh. *

Junker, Matth., die Zwecke d. Lesens u. d. zur Erreichung dieser Zwecke nöthige Beschaffenheit d. Lesestoffes, f. Volksschulen, nach d. v. M. Wagner im methodolog. Lehrkursus 1832 zu Bruhl gegeb. Andeutn., nachgewiesen. Mit Anmerkn. u. e. Vorw. v. M. Wagner. 8. (6¾ B.) Essen 834, Bädeker.

Junker, Max, Kammergerichtsreferendar: Die Eigentümerdienstbarkeit nach dem Rechte des Bürgerlichen Gesetzbuches. Ein Beitrag zur Lehre des BGB von den Rechten an eigener Sache. Greifswald 1907: F. W. Kunike. (98 S.) 8°

Greifswald, Jur. Fak., Ref. Jung, Diss. v. 14. Aug. 1907

[Geb. 21. Juni 85 Siegburg (Rheinprov.); Wohnort: Berlin; Staatsangeh.: Preußen; Vorbildung: Gymn. Montabaur i. Hessen-Nassau Reife O. 03; Studium: Berlin 6 S.; Rig. 5. Juli 07.]

Junker, Max, die Eigentümerdienstbarkeit nach dem Rechte des Bürgerl. Gesetzbuches. Ein Beitrag zur Lehre des BGB. v. d. Rechten an eigener Sache. (98 S.) gr. 8. Berlin 907. H. Bahr. 2. 50

Junker, O(tto): Zur Umgestaltung des naturwissenschaftlichen Unterrichts in der höheren Mädchenschule. Weimar 1906: Hof-Buchdruckerei. (S. 3—16.) 4°

Weimar, Sophienstift OP 1906 [239]

Junker, P. Gust., der Glaube im Leben der Väter. (56 S.) 8. Bremen (903). Buchh. u. Verlag des Traktathauses. Geb. in Leinw. n. — 85

Junker, P. G. Aus dem Lande der Berge. Erinnergn. an e. Schweizerreise. Der Jugend u. ihren Freunden dargeboten. gr. 4. (32 S. m. Illustr.) Brem. 889, Verlag d. Tractathauses. * — 60

— **Paulus,** der Apostel Jesu Christi. Ein Lebensbild. 8. (72 S.) Ebd. (902). — 50

Junker, P. Gust., wer war Doktor Martin Luther? Beantwortet durch Zeugnisse namhafter Männer, Auszüge aus seinen Schriften u. e. Skizze seines Lebens. 8. (72 S.) Bremen (902). Verlag des Tractathauses. — 50

Junker, P. J., Beiträge zur Chronologie und Geschichte im Alterthume, namentlich der israelitisch-ägyptischen Beziehungen. Auf Grundlage des Flavius Josephus mit besonderer Berücksichtigung der hebräischen Urkunden. Die Umschiffung Libyens durch die Phoniker. Historische Abhandlung. Leipzig 863. Dyk. gr. 8. (94 S.) n. 15 *ngr.*

Junker, P. J. Über die Chronologie des Flavius Josephus. 20 S.

Conitz, Progr. 1848

Junker, P. J. Glaubensänderung der Stadt Conitz um d. J. 1550 und die Pfarrkirche zu St. Johann. Eine Vorgeschichte des Jesuiten-Collegiums in Conitz. 24 S. . . . .

Conitz, Progr. 1841

— Hauptbegebenheiten der Geschichte, tabellarisch dargestellt. gr. 8. Lpz. 827. Wienbrack.

Junker, P. J., Lehrbuch der Geschichte als Leitfaden bei Vorträgen derselben zunächst f. obere Classen der Gymnasien u. gleichstehende Lehranstalten. I. Thl. Geschichte des Alterthums. 2., verb. Aufl. des Leitfadens. gr. 8. (14½ B.) Leipzig 841, Wienbrack.

Junker, (P. J.,) Leitfaden bei Vorträgen d. Geschichte in den obern Klassen d. Gymnasien. 1r Thl. Gesch. d. Alterthums. gr. 8. Lpz. 823, Wienbrack.

Junker, P. J., Leitfaden bei Vorträgen d. Geschichte in d. obern Klassen d. Gymnasien. 2. u. 3. (letzt.) Thl. gr. 8. Leipzig, Wienbrack.

Thl. 2. (Gesch. d. Mittelalters. (15½ B.) 82? 18 Gr.
„ 3. (Gesch. d. Neuzeit. (14½ B.) 835. 18 Gr.
1. Thl. Gesch. d. Alterthums. Ebendas. 1823. 12 Gr.

Junker, P. J. Das Mittelalter. (Allgem. histor. Betrachtungen über den ersten Zeitraum des Mittelalters.) 6 S. . . . .

Conitz, Progr. 1831

Junker, P. J. Die Umschiffung Libyens durch die Phöniker. Widerlegung der von Mannert und Bredow gegen die Umschiffung aufgestellten Gründe. 20 S. . . . .

Conitz, Progr. 1835

Junker, P. J., Untersuchungen über die ägyptische Sothisperioden, chronologische Tafeln derselben in Verbindung mit den Jahren der gebräuchlichsten Aeren und ägyptisch-julian. Kalender verschied. Zeiten der Sothisperiode II. gr. 8. (IV und 44 S.) Leipzig 859, Dyk'sche Buchh. •

Junker, P. J. Ueber den Vortrag der Geschichte in Gymn. 9 S. . . .

Progr. Conitz 1827

Junker, Paul Über die Valenz der Elemente. 10 S. *Rendsburg* 1880
Progr.

JUNKER, PAUL. Ueber die Werthigkeit der Elemente, und über einige Derivate des Para-Tolylphenylketons. Marburg, 1880.

Junker, Wilhelm

—— s. Buchta, Rich., der Sudan unter ägyptischer Herrschaft.

(Junker, Wilhelm: Wissenschaftliche Ergebnisse von Dr. W. Junkers Reise in Zentral-Afrika 1880—85. Mit vier Karten. Gotha 1889. (II, 111 S.)
= Ergänzungshefte zu Petermann's Geographischen Mittheilungen. No. 92 u. 93. 4°.

Junker's, Wilh., Reisen in Afrika. 1.—4. Lfg. gr. 8. (S. 1—128 mit Illustr. und 2 Karten.) Wien 888, Hölzel's Verlag. à Lfg. * 50 Pf. * 2 —

Junker's, W., Reisen in Afrika 1875—1889. Nach seinen Tagebüchern unter der Mitwirkg. v. R. Buchta hrsg. v. dem Reisenden. Mit ca. 300 Orig.-Illustr. v. L. H. Fischer, R. Buchta, G. Schweinfurth u. A. u. zahlr. Orig.-Karten. 1.—37. Lfg. gr. 8. (1. Bd. XVI, 585 S., 2. Bd. XVI, 560 S.) Wien 889. 890. Hölzel. à Lfg. n. — 50 (1. Bd. cplt.: n. 9. 50; geb. n. 12. —; 2. Bd. cplt. n. 9. —; geb. n. 11. 50)

Junker's, Wilh., Reisen in Afrika 1875—1886. Nach seinen Tagebüchern bearb. u. hrsg. v. dem Reisenden. Mit ca. 300 Orig.-Illustr. v. Ludw. Hans Fischer, Rich. Buchta, G. Schweinfurth u. A. u. zahlreichen Orig.-Karten. 38.—61. Lfg. gr. 8. (3. Bd. XVI, 740 S.) Wien 891. [E. Hölzel.] Leipzig, G. Fock. à n. — 50 (3. Bd. 1882—1886: n. 11. 50; geb. in Leinw. n. 14. 50; 3 Bde. kplt.: n. 30. —; geb. n. 38. —)

—— Reisen in Zentralafrika, s. Petermann's, A., Mitteilungen aus J. Perthes' geograph. Anstalt.

Junker, Wlh. Aug. († d. 5. Oct. 1825.)

Junker, W. A., Gedichte, 8. Dresden, Hilscher in Comm. 818. Rthlr.

Junker, Wlh. Aug., der Sieg des reinen Sinnes, oder die Schwergeprüften. 2 Thle. 8. Frberg 820. Graz u. G. 2 ß 8 Gr

— der verhängnißvolle Spazierritt. 2 Thle. 8. Freiberg, Graz u. G. 1 ß

Junker från Frederikshamm, Will, Gedichte. (59 S.) 8. Berlin 909. Leipzig, Modernes Verlagsbureau. 1. 50

Gedichte von Will Junker från Fredrikshamm. Berlin Leipzig: C. Wigand 1909. 59 S. 8°

Junker von Langegg, Ferdinand Adalbert

Junker v. Langegg, F. A., s. Langegg, F. A. Junker v.

Junker v. Langegg, Ferd. Adb., El Dorado. Geschichte der Entdeckungsreisen nach dem Goldlande El Dorado im XVI. und XVII. Jahrh. 2 Thle. in 1 Bde. gr. 8. (XVIII, 128, 132 S.) Leipzig 888, Friedrich. * 5 —

Junker v. Langegg, Ferd. Adb., Krypto-Monotheismus in den Religionen der alten Chinesen u. anderer Völker. gr. 8. (III, 79 S.) Leipzig 892. W. Engelmann. n. 1. 50

Junker v. Langegg, F. A., Midzuho-gusa. Segenbringende Reisähren. Nationalroman u. Schilderungen aus Japan. 3 Bde. 8. Leipzig 880. 81. Breitkopf & Härtel. n. 18. 50; geb. n. 23. —

1. Vasallentreue. [Chiu-shin gura-no-bu.] (X, 320 S.) n. 4. 50; geb. n. 6. —
2. Schilderungen aus Japan. [Jatsu-roku-no-pu.] (VI, 417 S. m. 1 lith. Karte.) n. 6. 50; geb. n. 8. —
3. Schilderungen aus Japan. [Jatsu-roku-no-pu.] (VI, 473 S.) n. 7. 50; geb. n. 9. —

Junker v. Langegg, Ferd. Adb., japanische Thee-Geschichten. Fu-sô châwa. Volks- u. geschichtl. Sagen, Legenden u. Märchen der Japanen. 1. Cyklus. gr. 8. (XXXII, 364 S.) Wien 884. Gerold's Sohn. cart. n. 8. —

Junkermann's, Aug., Humoristikum. Eine Sammlung heiterer Vortragsstücke v. erprobter Wirksamkeit meist aus dem Repertoire d. Hrsg. A. Junkermann, k. württ. Hofschauspielers, 1. Komikers am k. Hoftheater in Stuttgart. Mit Illustr.: Aug. Junkermann in seinen Reuter-Charakteren. 8. (XII, 307 S.) Stuttgart 886. Levy & Müller. n. 3. —; geb. n. 4. —

— dasselbe. (1. Bd.) 4., verb. Aufl. 8. (XIV, 307 S.) Ebd. 890. n. 3. —; geb. n. 4. —

— dasselbe. Neue Folge. Unter Mitwirkg. v. M. Barack, F. Bodenstedt, G. Bötticher u. s. w. hrsg. v. A. Junkermann. Mit e. Vorspiel: Meine zweite Amerikafahrt. 8. (VIII, 320 S. m. Portr.) Ebd. 889. n. 3. —; geb. n. 4. —

Junkermann, Aug., Humoristikum. Eine Sammlung heiterer Vortragsstücke von erprobter Wirksamkeit meist aus dem Repertoire des Herausgebers. Mit Illustr.: August Junkermann in seinen Reuter-Charakteren. (I.) 5., verb. Aufl. 8. (XVI, 346 S.) Stuttgart (899). Levy & Müller. n. 3. —; geb. n. 4. —

— dasselbe. Neue Folge. Unter Mitwirkg. v. H. Bandlow, M. Barack, Frdr. Bodenstedt ꝛc. Mit e. Vorspiel: Meine zweite Amerikafahrt. 2. Aufl. 8. (XII, 352 S. m. Bildn.) Ebd. (900). n. 3. —; geb. in Leinw. n. 4. —

— Memoiren e. Hof-Schauspielers. Illustr. v. H. Graube. 2. Aufl. 8. (IV, 266 S.) Stuttgart 889. Süddeutsches Verlags-Institut. n. 3. —

Junkermann, Friedrich Arnold [aus Xanten (Niederrhein)]: Antifebrin als Febrifugum und Nervinum .... Würzburg, Paul Scheiner's Buchdr., 1887; 27 + 1 S. 8°.
Würzburg, Med. Fak., Inaug.-Diss. v. 1887.

Junkermann, Friedrich Arnold, Antifebrin als Febrifugum und Nervinum. Diss. Würzburg 1887, Stahelsche Univ.-Buchh. 8°. 27 S.

Junkermann, Karl: Zur Casuistik der epibulbären Tumoren. *Greifswald 1898: J. Abel.* (28 S.) 8°
Greifswald, Med. Diss. v. 11. März 1898

Junkermann, Max, Referendar aus Barmen: Die Wirkungen der Kraftloserklärung einer Schuldverschreibung auf den Inhaber nach dem Bürgerlichen Gesetzbuche und der Reichscivilprozeßordnung. *Bonn 1903: E. Eisele.* (68 S.) 8°
Freiburg i. B., Rechts- u. staatswiss. Diss. v. 1903

Junker's, Verbene, Liebe. Ein Roman, dem toten Oskar Wilde v. e. ungenannten Autor gewidmet. (295 S.) 8. München 907. G. Müller. n. 4. —; geb. n. 5. —

Junkers & Co.: Preislisten, betr. Badeeinrichtungen. Nr 25. 1902 ff. Dessau

Junkers & Co.: Veröffentlichungen verschiedener Art betr. Heizungseinrichtungen. 1909 ff. Dessau

Junkers, H: Über Abführung der Abgase bei Gasöfen. Dessau 1907

Junkers, W(ilhelm) (geb. am 13 Dez. 1857 in Merten im Siegkr.) Ueber fettige Entartung in Folge von Chloroform-Inhalationen .. Bonn, Univ.-Buchdr. v. C. Georgi 1883. 50 S., 1 Bl. 8.
Bonn, Med. Fak., Diss. v. 15 Dez. 1883

Junkersdorf, Peter, a. Bonn: Über Umwandlungsprodukte von β-Oxy-m-kresocumarin-α-carbonsäureester und β-Oxy-m-kresocumarin. Bonn 1907: C. Georgi. (62 S.) 8°
Bonn, Phil. Fak., Ref. Anschütz, Diss. v. 6. Aug. 1907
[Geb. 18. Nov. 78 Bonn; Wohnort: Bonn; Staatsangeh.: Preußen, Vorbildung: Kgl. Gymn. Bonn Reife O. 01; Studium: Bonn 13 S.; Rig. 3. Juli 07.]

Junkerthum, Das, wie es entstanden ist und wie weit es uns gebracht hat. Von P. Gotha 1863. V: *Neigebaur, J. D. F.* (Bl. f. liter. Unterh. 1866, 222 f.) (Zeitschr. f. Büch. N. F. 15, 1923, S. 112)

Junkerthum, das, wie es entstanden ist und wie weit es uns gebracht hat. Von P. gr. 8. (VIII und 76 S.) Gotha 863, Stollberg'sche Verlagsb.

Junkerwelt

Aus der Junkerwelt. Vom Verf. von "Nach der Natur." Th. 1.2. 1850
s. Hauenschild, Georg Spiller von [Verf.]

Junkheim, J. J. L., s. Junkheim, Johann Zacharias Leonhard

Junkheim, Jh. Zach. Lhd., († d. 17. Aug. 1790.) Antrittspredigten. 8. Ansb. 778. Haueisen. 4 Gr

— decas quaestionum synodalium ad articulum IX. Aug. Confess. de baptismo 1776. Ad art. X.—XIII. 1777—80. Ad art. XIV. de ordine ecclesiastico 1781. Ad art. XV. de ritibus ecclesiasticis 1782. Ad art. XVI. de rebus civilibus 1783. Ad art. XVII. de Christi reditu 1784. Ad art. XVIII. de libero arbitrio 1785. Ad art. XIX. de causa peccati 1786. Ad art. XX. de bonis operibus 1787. Ad art. XXI. de cultu sanctorum 1788. Ad conclusionem primae partis August. confess. 1789. Ad prooemium posterioris partis August. conf. 1790. Fol. Anspach.

— Fr.: Sollte es gewiß seyn, daß die Worte 1 Mose II. 24. nicht Adams Worte ꝛc. 4. Erlangen, Gredy und B. 772.

— Frage: Sollte es so gewiß seyn, daß d. Worte 1 B. Mos. 2, 2. nicht Adams Worte, sondern eine Anmerk. Moses sind? 8. Erlang. 772. (Heyder). 4 gl

— Frage: Sollte es so gewiß seyn, d. die Worte 1 B. Mos. 2, 2. nicht Adams Worte, sondern eine Anmerk. Moses sind? 8. Ebend. 773.

— 1) ... Wochenschr. 2) Gesangbuch, Ansbach 3) Heraus. Orc...

— vom Privatfleiß d. Schüler. 4. Götting. 762.

— Samml. einig. (8) Predigten. 8. Gött. 762. (Ansb., Posch). 12 gl

— von dem Uebernatürlichen in den Gnadenwirkungen. gr. 8. Erlang. 775. Mit neuem Titelbl. 800. (Heyder). 1 rl 12 gl

Junkheim, J. J. L., von d. Uebernatürl. in den Gnadenwirkungen. gr. 8. Erlang. Breuning. 800.

Junckheim, J. ... de ... argumenti, quod ad ... endam chr. rel. divinam originem a constantia ... desumitur. Gottingae. 1751. 4.

— Progr. I—IV. de vita et scriptis Laurentii Laelii. 4. Götting. 764.

Junkmann, Wilh., Gedichte. 2., verm. Aufl. 16. (14 B.) Münster 844, Deiters.

Junkmann, W., elegische Gedichte. gr. 12. (5 B.) Münster 836, Deiters.

Junkmann, W., elegische Gedichte. gr. 12. Münster 837. Deiters. 1/2 rl

Junkmann, Guilelmus: De peregrinationibus et expeditionibus sacris ante synodum Claromontanam. Vratislaviae (1859). (61 S.) 8°

Breslau, Phil. Fak., Ant.-Progr. ... Prof. v. 9. Apr. 1859

— s. v. Spee, Fr., Trutz-Nachtigall.

Iunkmann, Gulielmus (geb. am 2 Juli 1811 in Münster Westf.): De vi ac potestate quam habuit pulchri studium in omnem Graecorum et Romanorum vitam ... Bonnae, form. F. P. Lechneri 1847. 2 Bl., 101 S., 1 Bl. 8. ¶ Erschien zugleich selbständig bei Welter in Köln.
Bonn, Phil. Fak., Diss. v. 19 März 1847

Junkmann, W., de vi ac potestate quam habuit pulchri studium in omnem Graecorum et Romanorum vitam. 8maj. (101 S.) Cöln 847, libr. Welter.

Juno abortans, s.a. Heß, Heinrich Ludwig von

Juno abortans, das ist: Ein Brief an das Publicum ... Mölln 1760. V: *Hess, Heinrich Ludwig von.* (Schr) (BGG) (Wr)

Junod, A., les écoles de commerce et leur rôle dans la formation pratique des jeunes commerçants. — La formation pratique de jeunes commerçants, s.: Gesellschaft, schweizerische, f. kaufmännisches Bildungswesen.

Junod, J[ean]-Alf[red]. Essai sur l'élargissement mécanique du thorax. Avec dix-sept figures intercalées dans le texte. *Kopftitel:* Gymnastique médicale. 48 p. 8. Genève & Bâle *et* Lyon. Georg & Co; Paris. Fischbacher. 1902. [fr. 1. -]

Junod. L[ouis]. Phases de la question neuchâteloise: Récit véridique des Evénements de 1831. 1848 et 1856. 8. Bâle 1866.

(Junot, Mde. Laurette v.), s. Abrantes.

Junot, Laurette, Herzogin von Abrantes, Memoiren oder historische Denkwürdigkeiten über Napoleon, die Revolution, das Direktorium, das Konsulat, das Kaiserreich und die Restauration. A. d. Französ. 18 Bde. (325 B.) 8. Leipzig 1831—36. 81,00

JUNOT, L., Herzogin von Abrantes. Die Salons von Paris. Gemälde und Portraits aus der großen Welt. (Ende des 18. und Anfang des 19. Jahrhunderts.) Aus dem Französischen. 6 Bde. Quedlinburg 1837—1840.

Sereth, St.-UR.: Zur Geschichte der Anstalt v. R. Junowicz. 9. 1885. Progr.

Junowicz, R., die Lichtlinie in den Prismenzellen der Samenschalen. [Mit 2 (lith.) Taf.] [Ausgeführt im k. k. pflanzenphysiolog. Instituto in Prag.] [Aus: „Sitzungsber. d. k. Akad. d. Wiss."] Lex.-8. (18 S.) Wien 877. (Gerold's Sohn.) n.n. — 70

Junowicz (R.). Die Lichtlinie in den Prismenzellen der Samenschalen. Wien, 1879. 8°.

Junowitsch, Juda, aus Sebastopol (Rußl.): ... Die karaeischen Fest- und Fasttage von Samuel ben Moses ha-Ma'arabi. Hrsg. nach einer Berliner Handschrift. *Berlin 1904: H. Itzkowski.* (21, 35 S.) 8° [Arab. u. Ant.]
Straßburg, Phil. Diss. v. 1903

Junowsky, E., Kommentar f. die prakt. Arbeit im chemischen Laboratorium. (III, 148 S.) 8. Schöneberg-Berlin (908). P. Franke. Geb. 4. 80

Junski Stephan: Ein Beitrag zur Theorie des F²-Büschels und F²-Bündels mit gemeinsamem Polartetraeder. S. 122. Ha. 1920 . . . . K —.80
Separatabdruck

Jüntgen, Otto, a. Hilden (Rheinland): Drei Bisdiphenylenfulgide, ihre Konstitution, ihre Farbe und ihr Verhalten gegen Licht und Wärme. Weida i. Th. 1908: Thomas & Hubert. (79 S.) 8°
Leipzig, Phil. Fak., Ref. Hantzsch-Beckmann, Diss. v. 27. Juli 1908
[Geb. 21. März 81 Hilden; Wohnort: Hilden; Staatsangeh.: Preußen; Vorbildung: Oberrealsch. Düsseldorf Reife O. 03; Studium: München 2, Aachen 2, Leipzig 6 S.]

Juon, Paul, Anhang zur Harmonielehre v. P. Tschaikowsky. Praktisches Uebungsbuch (enth. 1000 Aufgaben). 2 Tle. gr. 8. (65 u. 66 S.) Leipzig (900). P. Jurgenson. à n. 2. 20

100 Aufgaben als Beitrag zum praktischen Studium des Contrapunktes zsgest. von Paul Juon. [Berlin: Schlesinger 1905.] (8 S.) 4° [Kopft.]
fo. 1906

Aufgabenbuch für den einfachen Kontrapunkt. Von Paul **Juon.** Berlin: Schlesinger; Wien: Haslinger 1910. 54 S. 8° (11. 11046

— **praktische Harmonielehre.** 2 Bde. gr. 8. Berlin 901. Schlesinger'sche Bh. à n. 2.—
1. Lehrbuch. (IV, 67 S.) — 2. Aufgabenbuch. (54 S.)

— **praktische Harmonielehre.** 2. Bd. Aufgabenbuch. (2. Aufl.) (54 S.) Lex.-8. Ebd. 905. n. 2.—

Juon, Paul. Sonate für Bratsche und Klavier. Op. 15. *Partitur (resp. Klavier-Stimme) u. Bratschen-Stimme. Part.* 25 *u. Bratsche* 7 S. 4. Berlin, Schlesinger; Wien, Carl Haslinger, [1901]. zus. M. 6.—
Der Componist Juon ist geborner Russe, einer aus Sent (Unter-engadin) ausgewanderten Familie entstammend.

Jupes nouvelles. Fachblatt f. Rockmodelle. Jahrg. 1905 u. 1906. à 4 Hefte. (à 20 Taf. m. 2 S. deutschem u. französ. Text.) gr. 4. Wien, B. Finkelstein & Bruder. à Jhrg. n. 7.—; einzelne Hefte n. 2.50; m. farb. Taf. à Jhrg. 12.—; einzelne Hefte n. 3.50

Jupes nouvelles. Ed. spéciale du Grand Chic. Jahrg. 1910. 4 Nrn. (à ca. 40 S. m. farb. Abb. u. deutschem u. französ. Text.) 37,5×27,5 cm. Wien, Palais de la mode „Le Grand Chic". 12.—; einz. Nrn. 3.50

Jupes parisiennes. Edition spéciale du chic parisien. Administrateur-gérant: Arnold Bachwitz. Jahrg. 1909 u. 1910 à 12 Nrn. (à ca. 16 S. m. z. Tl. farb. Abb. u. 2 S. Text in franz., engl. u. deutscher Sprache.) 37×27,5 cm. Wien, Verlag des „Modejournal" Chic parisien usw. à Jahrg. 16.—; halbj. 9.—; einz. Nrn. 1.75

— dasselbe. Kleine Ausg. Jahrg. 1909. 12 Nrn. (à ca. 7 Bl. m. 2 S. Text.) 16,5×22 cm. Ebd. Halbj. 4.—; viertelj. 2.70; einz. Nrn. — 90

— **genre Tailleur.** Special-Album. 2. Jahrg. Novbr. 1905—Oktbr. 1906. 12 Nrn. (à ca 28 S. farb. Abb. m. 4 S. Text in französ., engl. u. deutscher Sprache.) Lex.-8. Wien, Verlag d. Modezeitgn. Chic Parisien usw. n. 16.—; einzelne Nrn. n. 1.75

— dasselbe. (Kleine Ausg.) 12 Nrn. (à ca. 14 S. schwarze Abbildgn. m. 2 S. Text.) 8. Ebd. n. 8.—; einzelne Nrn. n. — 90

Jupiter Dolichenus; Erklärung einer zu Remagen gefundenen Steinschrift... Bonn 1857. V: *Braun, Joh. Wilh. Jos.* (Zuwachsverz. d. Biblioth. in Zürich 1898 ff.)

Jupiter, Mozart, und Schikaneder. Nach der ersten Vorstellung der Zauberflöte im neuen Theater an der Wien. In Knittelversen. Wien 1802. V: *Perinet, Joachim.* (Gustav Gugitz: J. Perinet. In: Jahrbuch der Grillparzer-Gesellschaft XIV [1904], S. 160] (BIBlPORT)

Jupiter und Schinznach. Drama per Musica . . . O. O. 1777. V (Lieder): *Lenz, Jac. Michael Reinhold, Glieb Conr. Pfeffel & Joh. Casp. Lavater.* (MN) H: *Salis-Marschlins, J. Ulysses von.* V (Vorwort): *Pfeffel, Glieb Conrad.* (Bächtold. Litt. d. Schweiz. Frauenf. 1892. S. 199. 669.)

Jupiter u. Schinznach. Drama. 8. Zürich, Orell. 778.

Jupiters Bericht über den Hrn. Urian auf d. Insel Elba. 8. Berl. 814. (Sander). 4 K

Jupiters Bericht üb. den Hrn. Urian auf d. Insel Elba. 8. Berl. Neue Soc. Buchh. 814. a.d.

Jupiter's Leiden. I. Jupiter u. seine Familie. II. Jupiter u. sein Volk. Eine milde Satyre. Von „Julius", e. Deutschen in England. 2. Aufl. (II, 157 S.) 8. Leipzig 906. J. v. Schalscha-Ehrenfeld. n. 2.50

Juppen. Carl. aus Düsseldorf (Rheinland): Synthese des 3,4'-Dioxyflavonols. Bern 1906. 32 S. 8°. [15. XII. 05.]
Bern. Phil. Diss. 1905/1906

Juppen, Carl. Synthese des 3, 4'-Dioxyflavonols. Diss. Phil. Bern ... von K' J'.... 32 S. 8. Bern, W. Wälchli, 1906.

Jüppenblättli
v. Rhein-Bote.

Jüptner, G. E., kurzgefaßte Geschichte Schlesiens z. Gebr. f. Stadt- u. Landschulen. 8. (7¼ B.) Schweidnitz 830. (Breslau, Pelz.)

Jüptner, G. E., kurzgefaßte Geschichte Schlesiens, z. Gebr. f. Stadt- u. Landschulen. 2., verm. u. umgearb. Aufl. 8. (7¼ B.) Schweidnitz 840, Hege.

—— Leitfaden z. Kunde v. Deutschland u. Preußen, in besond. Beziehung auf K. Hälsig's „Wandkarte v. Deutschland." 8. (4 B.) Breslau 830, Pelz.

— Leitfaden zur Kunde von Deutschland u. Preußen, in besond. Bezieh. (auf K. Hälsig's Wandkarte v. Deutschland. 8. Schweidnitz 830. (Bresl., Pelz). 4 K

Jüptner, Hans v.
s. **Jüptner** v. Jonstorff, Hans Frh. v. (10. 1310

Jüptner v. Jonstorff, Hauptm. Ant. Ritter v., die Feld-Artillerien Oesterreichs, Frankreichs, Italiens, der Schweiz, Englands, Preußens und Rußlands. Im Auftrage des Reichs-Kriegs-Ministeriums für die k. k. Armee zusammengestellt. gr. 8. (XI, 311 S. mit 13 lithogr. Taf. in qu. Fol.) Wien 871, Seidel und Sohn. *

Jüptner (v. Jonstorff), Hans Frhr. v., die nächsten Aufgaben der Chemie des Eisens u. Stahles. (5 S. m. Fig.) hoch 4. Stuttgart 900. Freiburg i/B, J. Bielefeld. n. — 50
Sonderabdruck aus: „Baumaterialienkunde".

Jüptner v. Jonstorff, Hans Frhr. v., Beiträge zur Theorie der Eisenhüttenprozesse. Ein Versuch zur Einführg. der physikalisch-chem. Anschaugn. in die Technik. (48 S. m. 6 Abb.) Lex. 8. Stuttgart 907. F. Enke. 1.20
Sonderabdr. a.: „Sammlg. chem. u. chemisch-techn. Vortr."

— **Beiträge** zur Theorie des Generator- (od. Luft-) u. des Wassergases. (60 S. m. 11 Abbildgn.) Lex.-8. Stuttgart 904. F. Enke. n. 2.40
Sonderabdruck aus: „Sammlg. chem. u. chem.-techn. Vortr."

Jüptner v. Jonstorff, Hanns Frhr., d. Bestimmg. d. Heizwertes v. Brennmaterialien, s. a. Sammlung chem. u. chemisch-techn. Vorträge.

JÜPTNER, HANS VON.
Die Bestimmung des Heizwerthes von Brennmaterialien. Stuttgart, 1898. 8vo. Ill.
Sammlung chemischer und chemisch-technischer Vorträge.

— Beziehgn. zwischen Zerreissfestigkeit u. chem. Zusammensetzg. v. Eisen u. Stahl. gr. 8. (III, 38 S.) Leipzig 895. A. Felix. n. 1. 20

— Beziehgn. zwischen d. chem. Zusammensetzung u. d. physikal. Eigenschaften v. Eisen u. Stahl. gr. 8. (VI, 68 S.) Ebd. 896. n. 2. —

– Die Einführg. einheitl. Analysenmethoden, s.a. Sammlung chem. u. chem.-techn. Vorträge.

— Einführung (Die) einheitlicher Analysenmethoden. Stuttgart, 1896. 8vo. Ill.
Sammlung chemischer und chemischtechnischer Vorträge.

— Fortschritte im Eisenhütten-Laboratorium in den letzten 10 Jahren. 2 Bde. gr. 8. Leipzig 895. A. Felix. n. 25. 50
1. (V, 270 S. m. 99 Fig.) n. 8. 50
2. (VIII, 549 S. m. 79 Fig.) n. 17. —

——— Fortschritte im Eisenhütten-Laboratorium in den letzten 10 Jahren. Band 1 (1895) und 2 (1896). Leipzig. 8.

— s.: Fromme's montanist. Kalender f. Österreich-Ungarn.

Das chemische Gleichgewicht auf Grund mechanischer Vorstellungen von H. v. Jüptner [Hanns Frh. Jüptner v. Jonstorff], Prof. Mit 60 Fig. Leipzig & Berlin: Teubner 1910. IV, 307 S. 8° [10. 13861

Jüptner H v, Grundzüge der Siderologie. 3 Bde Leipzig 1900-07

v. Jüptner, H. Grundzüge der Siderologie I II. Leipzig 1901.

— Grundzüge der Siderologie. Für Hüttenleute, Maschinenbauer etc, sowie zur Benutzg. beim Unterrichte bearb. 1. u. 2. Tl. gr. 8. Leipzig, A. Felix. n. 31. —
1. Die Konstitution der Eisenlegiergn. u. Schlacken. (VIII, 315 S. m. 10 Abbildgn. u. 11 Taf.) 900. n. 13. —
2. Zusammenhang zwischen therm. u. mechan. Bearbeitg., Konstitution u. Eigenschaften der Eisenlegiergn. (VIII, 408 S. m. 16 Abbildgn. u. 22 Taf.) 902. n. 18. —

— Grundzüge der Siderologie. Für Hüttenleute, Maschinenbauer u. s. w. sowie zur Benutzg. beim Unterrichte bearb. III. Tl. 2 Abtlgn. gr. 8. Leipzig, A. Felix. n. 15. 50 (Kplt. n. 46. 50)
1. Die Wechselwirkgn. zwischen Eisen u. verschiedenen Agentien. (III, 152 S. m. 3 Abb. u. 19 Taf.) 904. n. 6. 50
2. Dasselbe. 2. Abtlg.: Die hüttenmänn. Prozesse. (XI u. S. 153—427 m. 15 Abbildgn. u. 1 Taf.) 904. n. 9. —

Jüptner v. Jonstorff, Hanns Frhr., praktisches Handbuch für Eisenhütten-Chemiker. gr. 8. (XII, 324 S. mit 2 Taf. und 75 Textfig.) [Wien 885, Faesy.] Leipzig, Felix. * 7 20

JÜPTNER VON JONSTORFF, H.
Praktisches Handbuch für Eisenhütten-Chemiker. Wien, 1885. 8vo.
Traité pratique de chimie métallurgique. Traduit de l'allemand par E. Vlasto. Édition française revue et augmentée par l'auteur. Paris, 1891. 8vo.

Jüptner v. Jonstorff, Hanns Frhr., die Heizstoffe u. das Wichtigste aus der Wärmelehre. [Aus: „Encyklopädie der gesammten Forst- u. Jagdwissenschaften".] gr. 8. (120 S. m. Abbildgn.) Wien 890. Perles. n. 5. —

— Heizversuche an Kesselfeuergn. [Aus: „Oesterr. Zeitschr. f. Berg- u. Hüttenwesen".] gr. 4. (21 S.) Ebd. 894. n. 1. —

— s.: Kalender, Fromme's montanist.

– Kohlenstoffformen im Eisen, s.a. Sammlung chem. u. chem.-techn. Vorträge.

— Kohlenstoffformen im Eisen. Stuttgart, 1896. 8vo. Ill.
Sammlung chemischer . . . Vorträge.

— Compendium d. Eisenhüttenkunde f. Hütten- u. Bergleute, Chemiker, Ingenieure etc. u. Hörer höh. techn. Lehranst. gr. 16. (XIII, 445 S. m. 2 Tab.) Wien 896. C. Fromme. Geb. in Leinw. n. 5. —

— Lehrbuch der physikalischen Chemie f. technische Chemiker u. zum Gebrauche an technischen Hochschulen u. Bergakademien. 2 Tle. gr. 8. Wien, F. Deuticke. n. 12. —
I. Materie u. Energie. (V, 194 S. m. 21 Abb.) 904. n. 4. —
II. 1. Chemisches Gleichgewicht u. Reaktionsgeschwindigkeit. 1. Hälfte. Homogene Systeme. (III, 162 S. m. 6 Abb.) 904. n. 3. 50
2. Dasselbe. 2. Hälfte. Heterogene Systeme. (V u. S. 163—358 m. 68 Abbildgn.) 905. n. 4. 50

— Lehrbuch der chemischen Technologie der Energien. I. Bd. 2 Tle. u. II. Bd. gr. 8. Ebd. n. 19. —
I. 1. Die chem. Technologie der Wärme u. der Brennmaterialien. 1. Tl.: Wärmemessung, Verbrenng. u. Brennmaterialien. (V, 240 S. m. 118 Abbildgn.) 905. n. 7. —
2. Dasselbe. 2. Tl.: Die techn. Feuergn. u. die Kälteerzeugg. Mit 182 Abbildgn. (V, 256 S.) 906. n. 7. —
II. Die chem. Technologie der mechan. Energie. Explosivstoffe u. Verbrennungsmotoren. (V, 190 S. m. 51 Abb.) 906. n. 5. —

— Lehrbuch der chem. Technologie der Energien. III. (Schluss-)Bd.: Die chem. Technologie d. strahl. u. der elektr. Energie. (V, 393 S. m. 203 Abb.) gr. 8. Wien 908. F. Deuticke. 10. —
Bd. I u. II. Ebd. 905. 06. 19.—.

-- Neues vom Eisen, s.a. Vorträge des Vereines zur Verbreitung naturwiss. Kenntnisse in Wien. 45. Jhrg. 4. Heft.

Jüptner v. Jonstorff, H. Freih. v., Neues vom Eisen. [Vorträge des Vereines zur Verbreitung naturwissenschaftlicher Kenntnisse in Wien. 45. Jahrg. Heft 4.] 8°. (Ill. 28 S. mit 4 Tafeln.) † K 1.20
Wien: Braumüller 1905.

— neuere Richtungen in der Chemie, s.: Vorträge des Vereines zur Verbreitung naturwiss. Kenntnisse in Wien. 44. Jahrg. 6 Heft.

Jüptner v. Jonstorff, H. Frhr. v., zur Sicherheit des Lebens in den Theatern mit besond. Berücksicht. der Theaterbrände, s.: Boog, C.

— u. Frdr. Toldt, chemisch-calorische Studien üb. Generatoren u. Martinöfen, Fortsetzg., s.a. Toldt. Frdr., üb. Details v. Siemens-Martinöfen.

— u. F. Toldt, chemisch-calorische Studien üb. Generatoren u. Martinöfen. [Aus: „Oesterr. Zeitschrift f. Berg- u. Hüttenwesen".] gr. 4. (31 S. m. 3 Fig.) Leipzig 888. (Felix.) n. 1. 20

— u. Frdr. Toldt, chemisch-calorische Untersuchgn. üb. Generatoren u. Martinöfen. 2. Aufl. Lex.-8. (III, 96 S. m. Fig.) Ebd. 900. n. 3. 20

— die Untersuchung v. Feuerungs-Anlagen. Eine Anleitg. zur Anstellung v. Heizversuchen. 8. (VIII, 511 S. m. 49 Abbildgn.) Wien 891. Hartleben. n. 6. —; geb. n. 6. 80

Jüptner v. Jonstorff, H: Die Untersuchung von Feuerungs-Anlagen. Wien, Post und Leipzig 1891. (Chem.-techn. Bibliothek. Bd 185)

v. Jonstorff, Jüptner. Zerreissfestigkeit und Zusammensetzung von Eisen und Stahl. Nebst Ergänzung. Leipzig. 1895/96.

Jupunoff, Iwàn [aus Elena '(Bulgar.)']: Cyst-Adenoma doriparum ... Würzburg, P. Scheiner's Buchdr., 1896; 35 S. 8.
Würzburg, Med. Fak., Inaug.-Diss. v. 1896

Jura: Le Jura
① Feuille d'annonces des villes et des campagnes, commerciale, industrielle et agricole, puis: Journal de l'industrie, du commerce, de l'agriculture (dès 1869: Journal industriel, commercial, agricole; dès 1915: Organe industriel, commercial, agricole), avec un résumé des nouvelles et feuille d'annonces pour tous les Districts. Organe industriel, commercial, agricole. Journal suisse d'annonces (dès 1943) ③ Feuille d'annonces des villes et des campagnes, commerciale, industrielle et agricole ⑤ 24. 12. 1851 (cont.) ⑥ in-2° ⑦ hebdomadaire; 2× par semaine (dès 15. 12. 1863), puis: 3× par semaine ⑧ Porrentruy: Victor Michel, S.A. «Le Jura» ⑨ Le Jura du dimanche (Supplément historique et littéraire. 16. 12. 1894—2. 8. 1914) ⑩ l'imprimeur ⑪ J. Choffat, Constant Bodenheimer, Schaller, V. Michel fils (1866—1890), Ad. Kohler (1890—1918), Virgile Chavannes (1890—20. 8. 1933), E. Juillerat ⑫ neutre en politique ⑬ BGSZ: 1 (no. 6396), 308, 962, 973; Le Jura, numéro spécial, décembre 1950. Centenaire du journal Le Jura — 1850. 1950, un siècle de vie jurassienne. Porrentruy 1950, 460 pages ⑭ Be: L, St.

Berner Jura: Der Berner Jura
① Fortschrittliches Organ der deutschsprechenden Bevölkerung des Jura — Anzeiger für die jurassischen Amtsbezirke ⑤ 1901—31. 12. 1932 ⑥ 2° ⑦ halbwöchentlich, später Wochenblatt ⑧ Delsberg: Boéchat; Buchdruckerei des Berner Jura ⑨ Illustriertes Sonntagsblatt (inhaltlich identisch mit dem Illustrierten Unterhaltungsblatt, Gratis-Beilage zur Gotthard-Post) ⑪ E. Schafroth, G. Moser, Paul Regli, August Wetzler, H. Vogt, Charles Schenk ⑫ fortschrittlich ⑬ BGSZ: 962, 973 ⑭ Be: L. St ⑮ Vertritt die Interessen des deutschsprechenden, protestantischen Bevölkerungsteil des Jura.

Jura: Le Jura Bernois
① Journal politique, industriel et Feuille d'avis; plus tard: Feuille d'avis de Saint-Imier (et ajouté après quelque temps: Journal politique, commercial et industriel); plus tard: Organe des Libéraux du Xe arrondissement - Feuille d'avis de Saint-Imier et du Vallon; Journal Progressiste, Industriel et Commercial. Feuille d'Avis de Saint-Imier et du Vallon. Quotidien national ③ Le Vallon ⑤ 1862 (cont.) ⑥ in-2° ⑦ 2× par semaine, plus tard: 3× par semaine, aujourd'hui: 6× par semaine ⑧ St-Imier: E. Großniklaus, D. H. Bessat, Pierre Großniklaus ⑨ La Récréation (Journal littéraire hebdomadaire); L'Alerte (Journal intermittent - Supplément au Jura Bernois; selon BGSZ 962, p. 4: supplément au Progrès I, 1875; ce journal paraît pour soutenir les campagnes électorales et donne des Ephémérides pour servir à l'histoire du Jura) ⑩ les imprimeurs ⑪ E. Großniklaus, F. Allemand, Charles Neuhaus, Paul Bourquin, Henri Girardin ⑬ BGSZ: 1 (no. 6397), 309, 962, 973 ⑭ Be: L.

Jura, Quaedam Civitatis Gedanensis, defensa interregno. Gedani 1764. V: *Lengnich, Gottfried.* (ML)

Jura: Le Jura du dimanche
v. Le Jura.

Jura fundamentalia terrarum Prussiae una cum pacto feudi districtuum Leoburgensis et Bythoviensis, caeterisque eosdem districtus concernentibus monumentis. Gedani 1733

Jura et libertates dissidentium in regno Poloniae. Berolini 1708. V: *Jablonski (Jablonsky), Dan. Ernst.* (Barbier)

Iura et libertates dissidentium in relig. christ. in Polon. 8. Bresl. W. G. Korn. 754.

— Mecklenburgica, oder d. zwischen dem Herzog und der Ritter- und Landschaft aufger. Vertr. rc. 4. Neubrandb. 724 —737.

Jura possessorii decisa illustrissimorum Löwenhaupt in feudum Coloniense Brezenheim. S. l. 1745. V: *Senkenberg, Joh. Erasm.* (Holz)

Jura primaevae Moraviae ... S. l. 1781. H: *Habrich.* (CO)

Jura regni Croatiae, Dalmatiae et Slavoniae. Cum Privilegiis, Libertatibus, Articulis et Constitutionibus Diaetarum seu generalium Congregationum ejusdem regni ac Constitutionibus Diaetarum seu Comitiorum regni Hungariae, idem socium regnum spectantibus, ex corpore juris hungarici excerptis. Edidit Joannes Kukuljević aliter Bassani de Sacchi. 3 Partes in 6 Vol. (Agram 861—62.) (Wien, Gerold's Sohn.) Lex.-8. (499, 361 u. 198 S.) n. 4 47

Jura, Schweizer, s. Schweizerjura.

— S. Sedis romanae in S. literis fundata etc., s. Quis est Petrus.

Jura S. S. sedis romanac in S. S. litteris fundata, documentis antiquis illustrata ac canonicis sancto onibus stabilita. N. A. Köln 1797. V: *Frölich, Wolfgang.* (KY 4/420) (BiblPort)

— S. Sedis romanae in S. Literis fundata etc. 4. Colon. Fabricius. 797.
Schreib.

Jura successionis illustrissimorum Löwenhaupt in Dynastiam Brezenheim ... S. l. 1745. V: *Senkenberg, Joh. Erasm.* (Holz)

Jura. Der J' zur Zeit des dreitzigjährigen Krieges ... s. (B[ins, Cajetan]).

Jura, O., s. a. Paragraphenmühlen, die.

Die Paragraphenmühlen. Harmlose Schilderungen in Reimform von Referendarius O. **Jura**. Mit Ill. von Hermann Abeking. Berlin & Leipzig: Silva-Verl. (1910). 52 S. 4°

Jura, Rud., s. a.: Hirschberg-Jura, Rud.

Jura, Rud., nach Amerika, s.: Rumpelt, Alex.

— Entlarvt. Kriminal-Erzählung. (111 S.) 8. Mülheim-Ruhr (910). J. Bagel. —30

Jura, Rud. (Rud. Hirschberg), Rechtsanwalt Lohmann. Roman. 8. (328 S.) Berlin (902). C. Duncker. n. 3. 50

Jura, Rud., s.: Marinelli, B.

— Die Schwiegermutter nach Noten, s.: Apollotheater.

— die Varietéprinzessin, s.: Viktoria-Sammlung Nr. 8.

Die Jurabahn in Baselland. Soll die Konzession für ein Tracé rechts oder links der Birs ertheilt werden? Dem h. Landrath vorgelegt durch die Gemeinderäthe von Arlesheim und Münchenstein. 11 Stn. 8. 1872

Jura-Blatt
⑤ 1871—1872 ⑦ Wochenblatt; später halbwöchentlich ⑧ Delsberg ⑬ BGSZ: 1 (no. 6399), 12, 973.

Jura-Blätter
③ Basellandschaftliche Zeitung (Abspaltung der Jura-Blätter nach der Übernahme des Druckes und der Herausgabe durch J. R. Förster) ④ Basellandschaftliches Wochenblatt (II) (?) ⑤ 2. 1. 1839—9. 3. 1839 ⑥ 4° ⑦ Wochenblatt ⑧ Liestal: Banga & Honegger ⑩ Benedikt Banga ⑪ Benedikt Banga ⑫ liberal ⑬ BGSZ: 954 (p. 70, 78/80) ⑭ Li: K.

Jura-Bote
③ Balsthaler Bote ④ Jura-Post (II) ⑤ 1889—29. 12. 1915 ⑥ 2° ⑦ wöchentlich 2× ⑧ Balsthal: Othmar Baumann ⑨ Illustriertes Sonntagsblatt ⑩ Othmar Baumann, Dr. Rudolf Baumann ⑪ Dr. Rudolf Baumann (seit 1908) ⑫ freisinnig ⑬ Oltner Geschichtsblätter 1952, Nr. 7 ⑭ So; Z; Be; L ⑮ »Der politische Idealismus schuf den Jura-Boten; der unpolitische Materialismus ward ihm zum Untergang« (Nr. 1 der Jura-Post).

Jura-Eisenbahn. Section Basel-Grellingen. Rechtsseitige und linkseitige Birsthallinie. Gez. durch das technische Bureau v. Alioth & Co. 1 Plan mit Längenprofilen. 1841

Juragewässercorrection, Die, im Jahr 1853. Bern 1854. V: *Kutter, W. R.* (BSchwLk V, 9 d)

Juraklänge in Solothurner Mundart ... Zürich 1853. V: *Schild, Franz Joseph.* (AarK)

Jurandić, Fel., die peripatetische Grammatik. gr. 8. (III, 127 S.) Agram 895. Fiume (Piazza S. Michele 23), Selbstverlag. n.n. 4. —

Die peripatetische Grammatik v. Felix Jurandić, Gymnasialprof. *Agram: Dr. d. 'Narodne novine' 1895.* (2 Bl., 126 S., 1 Bl.) 1 Bd 8.

Jurandić, Fel., Prinzipiengeschichte der griechischen Philosophie. (VIII, 218 S.) 8. Agram 905. (G. Trpinac.) n.n. 2. —

Juranville, Clarisse, et Pauline Berger, ausgew. Erzählgn., hrsg. v. Clem. Klöpper, s.: Schulbibliothek, französ. u. englische.

Jurany, (C. A. u. A.,) Rethe, alphabetisch geordnete Uebersicht derjenigen Gegenstände, welche nach d. für d. Jahr 1822—24 angeordneten Erhebungsrollen entweder e. Abgabe unterworfen sind oder davon befreit bleiben. Nebst Rechnungstabellen. Fol. Lpz. 822. (Magazin f. Ind.) Schreibp.

Jurany, C. W., Moderne Milchwirtschaft. Gr.-8°. (267 S.) † * K 2 —
Wien: Eisenstein 1903.

Jurányi, L., üb. die Entwickelung der Sporangien u. Sporen der Salvinia natans. Mit 2 (lith.) Taf. gr. 8. (20 S.) Berlin 873. Friedländer & Sohn. n. 2. 40

Jura-Post (I)
③ Grenchner Wochenblatt ⑤ 1. 4. 1874—Oktober 1877 und Januar 1880—1881 ⑦ wöchentlich 3× ⑧ Grenchen: Offizin »jurapost«, F. Jungen ⑫ gouvernemental ⑬ BGSZ: 1060; Strub, W.: Heimatbuch Grenchen (Solothurn 1949), S. 541; Historische Mitteilungen (Oltner Tagblatt) 1953, Nr. 12.

Juraschek, Frz. v., s.: Hübner's, Otto, geographisch-statistische Tabellen aller Länder der Erde.

Juraschek, F. v., s. Hübner's statistische Tafel aller Länder der Erde.

Juraschek, Frz. v., d. Ortsgemeinde u. d. Ortschaft in d. Wählerclasse d. Städte, Märkte u. Industrialorte im österr. Wahlrecht, s.a. Abhandlungen üb. Fragen d. österr. Wahlrechtes.

Juraschek, Dr. Franz von, Die Ortsgemeinde und die Ortschaft in der Wählerclasse der Städte, Märkte und Industrialorte im österreichischen Wahlrecht. Gr.-8. (46 S.) —.60
Wien: Manz 1895.

Juraschek, Frz. v., Personal- und Realunion. Mit einem Anhang: Das rechtl. Verhältniß zwischen Oesterreich und Ungarn. gr. 8. (124 S.) Berlin 878, C. Heymann's Verlag. *

Internat. statist. Institut. Schlußfolgerungen aus der Abhandlung über den 'Flächeninhalt und die Volksdichtigkeit Europas'. (Verf.: [Franz] v. **Juraschek**) (Berlin 1903: J. Sittenfeld.) (3 S.) 8° [Kopft.]

Die 9. Session des internationalen statistischen Instituts in Berlin vom 20. bis 25. Sept. 1903. Von Hofrat Dr. Franz v. **Juraschek**. Wien: A. Hölder 1904. (S. 137–199.) 4°(8°)
Aus: Statist. Monatschrift. 1904.

— s.: Staaten, die, Europas.

— d. österreichischen Städte in d. Reichsrathswahlordnung, s.: Abhandlungen üb. Fragen d. österr. Wahlrechtes.

Juraschek, Dr. Franz von, Abhandlungen über Fragen des österreichischen Wahlrechtes. II. Inh.: Die österreichischen Städte in der Reichsrathswahlordnung. Mit einem vollständigen Verzeichnisse der österr. Städte, sowie der in der Städteclasse für das Reichsrathswahlrecht wahlberechtigten Märkte und Industrialorte von Professor Franz Rausch. Gr.-8. (68 S.) —.90
Wien: Manz 1896.

Juraschek, F. Ritter von, s. Städtebuch, österreichisches, Bd. 12.

Juraschek, Fr. v., geographisch-statistische Tabellen, — statistische Tafel, } s.: Hübner, Otto.

— s.a. Übersichten der Weltwirtschaft.

Juraschek: Übersichten der Weltwirtschaft. J. 1885—1889. Langenscheidt. Berlin. 1896.

— die Volkszählung von 1880 in Oesterreich-Ungarn. Im Anh.: Die Zählung vom 16. Juni 1879 in Bosnien u. der Herzegowina. Eine statist. Studie. [Aus: „Bukowinaer Rundschau".] gr. 8. (40 S.) Czernowitz 882. (Wien, Perles.) n. 1. —

Jurasich, Giov., Dizionario italiano-illirico. gr. 16. (IX und 784 S.) Triest 863, (Schubart.) *

Chemins de fer **Jura-Simplon**, Exploitation. Instruction concernant le bloc-système entre Renens et Morges, Double voie. (Système Siemens & Halske.) Du 1er juillet 1901. [Avec 1 tableau.] 23 p. 8. Lausanne, H. Vallotton & Toso, 1901.

Jura-Simplon-Bahn. Instruktion betreffend den Dienst der Signalstation Obermatt und den Zugsverkehr auf der Gemeinschaftsstrecke Obermatt-Langnau. 2. Aufl. vom 30. Juni 1900. 9 S. 8. Bern, Lack Aeschlimann & Jost, 1901.

Jura-Simplonbahn, die, im J. 1895 od. Konversion, Simplondurchstich u. Dividende v. Junius Cassander. gr. 8. (59 S.) Zürich 894. C. Schmidt. n.n. — 80; französ. Ausg. (58 S.) n.n. — 80

Die Balkon-Gärtnerei in ihrem ganzen Umfange. Nach d. neuesten Erfahrungen über d. geschmackvolle Kästen-Bepflanzung, Farbenzusammenst., Aussaaten, Pflege u. Überwinterung d. Balkonpflanzen etc. (Verf.: Paul **Juraß**.) Mit 24 Abb. *Baumschulenweg b. Berlin: Selbstverl. 1903.* (68 S.) 8°

Juraß, Paul, die Balkongärtnerei in ihrem ganzen Umfange. Praktische Anleitg. zum Schmucke der Balkone u. Fenster m. Blumen. 2. Aufl. Vollständig neu bearb., verb. u. verm. v. Johs. Schneider. Mit 24 Orig.-Aufnahmen des Verf. u. 4 Abb. (VIII, 112 S.) 8. Wiesbaden (910). R. Bechtold & Co. 1. 20

— Friedhofsschmuck u. Grabbepflanzung, m. e. Vorwort: Der Friedhof in heut. Zeit. Anleitung üb. zeitgemäße u. prakt. Bepflanzg. v. Grabstätten, Ausschmückg. derselben m. Topf- u. Kübelpflanzen, leb. u. künstl. Blumen, Dekoration v. Grüften u. Erbbegräbnissen jeder Art, unter Berücksicht. der verschiedenen Jahreszeiten u. der örtl. Verhältnisse. (56 S. m. 11 Abbildgn.) gr. 8. Ebd. 904. n. 1. —

— Laubengärten bei der Großstadt od. Der Laubenpächter v. Berlin. Enth. genaue Anleitg. üb. zweckmäß. Einrichtg. u. Bepflanzg. v. Laubengärten, Ackerparzellen, Haus-, Pacht- od. Schrebergärten jeder Art. Mit 7 Lauben-Abbildgn. u. 5 beigegebenen Gartenplänen, außerdem ist der Schrift e. Situationsplan e. ganzen Laubenkolonie beigefügt. (56 S.) 8. Ebd. 904. n. 1. —; geb. n. 1. 50

Juraß, Paul, Rosenbuch f. Jedermann. Die Kultur, Behandlg. u. Pflege der Rose in monatl. Arbeitseinteilg. Unter Mitwirkg. hervorrag. Rosenzüchter bearb. 8. (VIII, 128 S. m. 19 Abbildgn. u. 8 Taf.) Berlin 901. P. Parey. Geb. in Leinw. n. 2. 50

Jurassien: Le Jurassien (I)
⑤ 27. 6. 1835—1837 (2e semestre) ⑥ in-4° ⑦ «Ce journal paraît plus ou moins fréquemment, suivant l'importance des matières, mais autant que possible chaque semaine» (annonce à la tête du journal) ⑧ Porrentruy: V. Michel & Cie. ⑪ C. Guenet ⑫ libéral ⑬ BGSZ: 962, 973; Münch, Studien zur Bernischen Presse 1830—1848: p. 97 ⑭ Be: I. ⑮ Organe de Jules Thurmann. Dès son premier numéro, il se pose comme adversaire décidé de l'«Ami de la Justice», qu'il appelle ironiquement l'«ami de la Justine».

Jurassien: Le Petit Jurassien
Complétez: ④ Journal du Jura ⑤ dernier numéro de la Tribune Jurassienne: 18. 6. 1956.

Jurassien: Le Petit Jurassien
① Feuille d'avis du Jura. Organe des intérêts jurassiens et Journal d'annonces; puis: Journal quotidien (...) année de la Feuille d'avis du Jura ② Petit Rauracien (1915, exemplaire unique). Le Drapeau Jurassien (13. 3. 1915—22. 5. 1915). Tribune Jurassienne (dès le 11. 2. 1919) ③ Feuille d'avis du Jura ⑤ 1903 (cont.) ⑥ in-2° ⑦ tribehdomadaire; dès 1. 1. 1904: 6× par semaine; dès 3. 11. 1905: quotidien ⑧ Moutier: Arnold Tripet-Dubois, Tripet & Froidevaux, Imprimerie du Petit Jurassien S.A. (dès 1925) ⑨ Le Feuilleton du Samedi. Supplément du Petit Jurassien dès 1923 ⑪ Léna Froidevaux, Marcel Bechler, Henri Strahm, O. Robert ⑫ neutre en politique ⑬ BGSZ: 1 (no. 6402), 310, 962, 973: Petit Jurassien, numéro spécial du 50e anniversaire (1952) ⑭ Be: L. St. ⑮ En 1915 la feuille fut suspendue pour 2 mois à cause de la francophilie exacerbée de son rédacteur. Remplacé par le «Petit Rauracien» et par le «Drapeau jurassien».

Jurasz, Anton, appr. Arzt a. Heidelberg: Beitrag zur Kenntnis der Dermoide und Teratome im kleinen Becken, besonders der retrorectal gelegenen. Heidelberg 1907: K. Rössler. (31 S.) 8°
Heidelberg, Med. Fak., Ref. Narath, Diss. v. 1907
[Geb. 11. Febr. 83 Heidelberg; Wohnort: Heidelberg; Staatsangeh.: Baden; Vorbildung: Gymn. Heidelberg Reife M. 00; Studium: Heidelberg 10 S.; Coll. 13. Nov. 07; Approb. 10. Juni 07.]

Geschichte der Laryngologie an der Universität Heidelberg seit der Erfindung des Kehlkopfspiegels bis zum 1. Okt. 1908. Von Dr. A[nton] Jurasz, Prof. Würzburg: C. Kabitzsch 1908. (VII, 54 S.) 4°(8°)

Jurasz, A., das systolische Hirngeräusch d. Kinder. Historische u. klinisch-anatomische Untersuchungen. gr. 8. (VI, 96 S.) Heidelberg 877. C. Winter. n. 2. 80

Die Krankheiten der oberen Luftwege. Klinische Beobachtungen u. Erfahrungen, gesammelt in d. Klinik f. Kehlkopf-, Rachen- u. Nasenkranke von Dr. A[nton] Jurasz, Prof. Heidelberg. (In 3 H.) Mit Holzschn. *Heidelberg: C. Winter 1891(-92).* (XI, 527 S.) 8°

Jurasz, A., die Krankheiten der oberen Luftwege. Klinische Beobachtgn. u. Erfahrgn., gesammelt in der ambulator. Klinik für Kehlkopf-, Rachen- u. Nasenkranke. 1. Hft. Die Krankheiten der Nase. gr. 8. (XV, 107 S. m. 5 Holzschn.) Heidelberg 891. C. Winter. n. 3. —

Jurasz, A., die Krankheiten der oberen Luftwege. Klinische Beobachtgn. u. Erfahrgn., gesammelt in der ambulator. Klinik f. Kehlkopf-, Rachen- u. Nasenkranke. 2. u. 3. (Schluss-)Hft. gr. 8. Heidelberg, C. Winter n. 9. — (kplt.: n. 12. —)
2. Die Krankheiten d. Rachens. (S. 109—239 m. 3 Holzschn.) 891. n. 3. —
3. Die Krankheiten d. Kehlkopfes u. der Luftröhre. (S. 241—527 m. 6 Holzschn.) 892. n. 6. —

— s.: Monatsschrift f. Ohrenheilkunde.

Jurasz, A., über die Sensibilitätsneurosen des Rachens und des Kehlkopfes, s. Sammlung klinischer Vorträge.

Jurasz, Kasimir: Das Lagergeschäft in der Rechtsprechung. Heidelberg 1909: Zöller. VIII, 48 S. 8°
Heidelberg, Jur. Diss. v. 13. Jan. 1910, Ref. Schröder
[Geb. 20. Mai 84 Heidelberg; Wohnort: Heidelberg; Staatsangeh.: Baden; Vorbildung: Gymn. Rastatt Reife 03; Studium: Heidelberg 8 S.; Rig. 4. Aug. 09.]
[U 10. 1903

Jûraszek, Joh., Zeitschrift über den schlechten Zustand der ungar. Privatwälder. gr. 8. (102 S.) Pesth 846, (Eggenberger.) *

Juratzka, Jak., die Laubmoosflora von Oesterreich-Ungarn. Handschriftl. Nachlass, enthaltend die Beschreibung der in Oesterreich-Ungarn wachsenden Laubmoose mit Ausnahme der Leskeaceae, Hypnaceae, der Andreaeaceae und der Sphagnaceae. Zusammengestellt von J. Breidler und J. B. Förster. Hrsg. von der k. k. zoologisch-botan. Gesellschaft in Wien. Mit dem (lithogr.) Bildnisse Juratzka's. gr. 8. (X, 385 S.) Wien 882, (Braumüller.) — Leipzig, (Brockhaus' Sortiment und Antiq.)

Juratzka, Jakob, Die Laubmoosflora v. Oesterreich-Ungarn. Handschriftlicher Nachlass. Zusammengest. v. J. Breidler & J. B. Förster. 8. (VIII u. 385 S. m. Bildniss.) Wien, *Alfred Holder. 7 fl. 50 kr.
1883

Jura-Zeitung: Die Jura-Zeitung (Be)
① Ein Blatt zur Verbreitung patriotischer Grundsätze; später: Ein schweizerisches Volksblatt zur Förderung eines jeden geistigen wie materiellen Fortschrittes ③ Bieler Intelligenzblatt ④ Neue Jura-Zeitung ⑤ 1844—29. 12. 1849 ⑥ 4° ⑦ zuerst halbwöchentlich, dann wöchentlich 3×, zuletzt 6× ⑧ Biel: J. U. Oftenhäuser, Buchdruckerei der Jura-Zeitung (ab 27. 3. 1847), Lithographie und Buchdruckerei Gebrüder Benz (ab 2. 5. 1848), Lithographie und Buchdruckerei J. M. Benz (ab 20. 9. 1848) ⑪ Bucher, Fürsprech ⑫ freisinnig ⑬ BGSZ: 1 (Nr. 6438), 959, 973 ⑭ Be: L. S.

Jura-Zeitung: Die Jura-Zeitung (Ne)
① Allgemeiner Anzeiger für den Kanton Neuenburg und dessen Umgebung ⑤ 1. 1. 1867—1869 ⑥ in-2° ⑦ wöchentlich 3× ⑧ La Chaux-de-Fonds: Buchdruckerei der Gesellschaft der Jura-Zeitung ⑨ Jurassisches Unterhaltungsblatt ⑩ Gesellschaft der Jura-Zeitung ⑫ radikal ⑬ BGSZ: 1040 a (p. 268, Nr. 17) ⑭ Ne: V (29. 12. 1867—24. 6. 1868).

Jura-Zeitung: Neue Jura-Zeitung
③ Die Jura-Zeitung ④ Schweizer Handels-Courrier ⑤ 1. 1. 1850—Dezember (?) 1852 ⑥ 4°. ⑦ wöchentlich 3× ⑧ Biel: Lithographie und Buchdruckerei J. M. Benz ⑫ freisinnig ⑬ BGSZ: 1 (Nr. 6438), 959, 973 ⑭ Be: S ⑮ Da die «Jura-Zeitung» ihren fortschrittlichen Kurs mehr und mehr verloren hatte, vereinigten sich gegen Ende 1849 mehrere freisinnige Männer, um das alte Blatt in neuer Form erstehen zu lassen. Dazu der Aufruf v. 15. 11. 1849, den Bützberger u. a. unterschrieben. Einen Prozeß der Regierung gegen das Blatt vermerkt die «Berner Zeitung» (V) für 1850.

Jurčič, J., Juri Kozjak, slovenski janičar. Povest iz petnajstega stoletja domače zgodovine. Klagenfurt 864. (Leon.) 8. (104 S.) n. 10 ngr.

Jurda Josef: Die Anakreontik in Tháms „Básně v řeči vázané" und ihr Verhältnis zu den deutschen Dichtern.
H. 1910 PN 2853 Diss. Wien. Univ.

De iure hereditatis. Ex opere: Noldin, S. J.: de praeceptis et C. C. A. usui privato auditorium accomodavit S. W. (Walts.) (2. Aufl.) (38 S.) 8. Brixen, Pressvereins-Buchh. 1907 1. —

Jure, de, generis humani vel divisi in gentes vel in unam civitatem scilicet hunc orbem conjuncti, seu de jure gentium et cosmopolitico. gr. 8. Stuttgart, Steinkopf. 811.

— summor. imperantium in religionem et conscientiam civium commentatio. 4. Basel. 758.

— de, augusti et rom. Imperii in Parmae et Placentiae ducat. 4. Lps. 734.

Iure, de, mineras in territorio inventas ultra territ. prosequendi. 4. Augsb. Wolf.

— de, pascendi, et imprimis de iure ovium. 4. Cellis. 741.

De Jure pascendi et in primis de jure ovium materiisque affinibus. German. Von Hut- und Weide-Schafen. Schafereyen. und andere hierbey gehörigen Materien. Cellis 1714.

Jureck, J. C.

—— erstes Sendschreiben an Hrn. Czerski. 12. (1 B.) Lissa 845. (Günther.)

Jureck, J. C., offenes Sendschreiben an römisch-kathol. Christen, auf Veranlassung der Rechtfertigung des Herrn Czerski, wegen seines Abfalles von der römischen Hofkirche. 12. Lissa 845. (Günther.) 3 ngl

Lietuvos Demokratų partija. Paskutiniai judėjimai Galicijos Rusinų arba Ukrainiečių. Parašė St. Jūreivis. Tilžėje: Saunus 1900. 12 S. 8°

[Die letzten Bewegungen d. galiz. Russen oder Ukrainier.] Aus: 'Varpas'.

10. 1066? 10

Jurek, Christian, Referendar: Haftung für Rechts- und Sachmängel bei Schenkungen nach dem Bürgerlichen Gesetzbuch, §§ 523 und 524 BGB. Breslau 1906: H. Fleischmann. (54 S.) 8°

Breslau, Jur. Fak., Ref. Schott-Leonhard, Diss. v. 16. Nov. 1906

[Geb. 24. Dez. 77 Poln. Neudorf, Kr. Oppeln; Wohnort: Poln. Neudorf; Staatsangeh.: Preußen; Vorbildung: Gymn. Oppeln Reife O. 00; Studium: Breslau 7 S.; Rig. 22. Juli 04.]

Jurende, Karl Jos., Bauernfreund, oder Pflugkalender, ein ganz neu entworfener Wirthschaftskalender auf das Jahr 1815 u. 1816. 1r u. 2r Jahrg. 4. Brünn, Gastl. (à 16 Kr) 1 fl 8 Kr

— Gedächtnißbuch merkwürd. Sittensprüche, Lebens- u. Klugheitsregeln. 8. (Troppau) 793.

— Hochgesänge, eine Beylage zum Luzifer oder Lichtbringer. 8. Brünn (812.)

Jurende's illustrirter vaterländischer Pilger. Geschäfts- und Unterhaltungsbuch für alle Kronländer des österreichischen Kaiserstaates 1856. Allen Freunden der Kultur aus dem Lehr-, Wehr- und Nährstande, vorzüglich allen Natur- und Vaterlands-Freunden geweiht. Mit vielen Illustrationen und Kupf. 43. Jahrgang oder neue Folge. Erster Jahrgang. (Als Mährischer Wanderer 45. Jahrgang.) Mit einem Titelkupfer: Die Stadt Linz. Wien. Druck und Verlag von L. C. Zamarski, Universitäts-Buchdruckerei (vormals J. P. Sollinger). (280 S. 7 Bl. 4.)

Jurende. Illustrirter vaterländischer Pilger. Geschäfts- und Unterhaltungsbuch für alle Kronländer des österreichischen Kaiserstaates 1857. Allen Freunden der Kultur aus dem Lehr-, Wehr- und Nähr-Stande, vorzüglich allen Natur- und Vaterlandsfreunden geweiht. Mit vielen Illustrationen und Kupfern. 44. Jahrg. oder Neue Folge 2ter Jahrg. (Als mährischer Wanderer 46. Jahrgang.) Mit einem Titelkupfer: Die Stadt Innsbruck. Wien. Druck und Verlag von L. C. Zamarski. (232 S. 4.)

Jurende's illustrirter vaterländischer Pilger. Geschäfts- und Unterhaltungsbuch für alle Kronländer des österr. Kaiserstaates 1858. Allen Freunden der Kultur aus dem Lehr-, Wehr- und Nährstande, vorzüglich allen Natur- und Vaterlands-Freunden geweiht. Mit vielen Illustrationen und Kupfern. 45. Jahrg. oder neue Folge 3. Jahrg. Als mähr. Wanderer 47. Jahrg. Wien. Dr. und Verlag von der typogr.-literar. und artist. Anstalt in Wien. (L. C. Zamarski, K. Dittmarsch und Komp. (206 S. 3 Bl. 4.)

Jurende, Karl Jos., vaterländ. Pilger. Geschäfts- u. Unterhaltungsbuch f. alle Provinzen d. österr. Gesammtreiches. 1828—35. Allen Freunden d. Kultur alls dem Lehr-, Wehr- u. Nährstande; vorzüglich allen Natur- u. Vaterlands-Freunden geweiht. Als ein Versuch zur Verbesserung des Kalenderwesens zuerst für das Jahr 1809 gegründet. gr. 4. Brünn, Gastl. à J.

Jahrg. 1809—27. Ebendas. à 1 Thlr. 16 Gr.

Jurende, Karl Jos., vaterländischer Pilger. Geschäfts- und Unterhaltungsbuch für alle Provinzen des österr. Kaiserstaates. Als ein Versuch zur Verbesserung des Kalenderwesens zuerst für das Jahr 1809 gegründet. 1824—1833. ... 1834 u. 1835. 21r u. 22r Jahrg. (Als Mährischer Wanderer. 23r und 24r Jahrg.) gr. 4. Brünn 834, 35. Gastl. (à J. n. 2 fl) 4 fl
— ders. für d. J. 1837—1841. 25—29r Jahrg. (Als Mährischer Wanderer 26r—30r Jahrg.) gr. 4. Ebd. (Wien, Beck.) (à J. n. 2 fl) 10 fl

Jurende, Karl Jos., vaterländischer Pilger. Geschäfts- u. Unterhaltungsbuch f. alle Provinzen d. österreich. Kaiserstaates. 1836—42. Allen Freunden d. Kultur aus d. Lehr-, Wehr- u. Nährstande, vorzügl. allen Natur- u. Vaterlands-Freunden geweiht. Als ein Versuch z. Verbesser. d. Kalenderwesens zuerst f. d. J. 1809 gegründet. 23—29. Jahrg. (Als Mährischer Wanderer. 25—31. Jahrg.) Mit lithogr. u. xylograph. Abbildn. gr. 4. Brün. (Wien, Beck'sche Univ.-Buchh.) [836. (...), 37. (51½ B.), 38. (59½ B.), 39. (58 B.), 40. (...), 41. (58 B.), 42. (56¼ B.) à * 2 Thlr.]

Vgl. 8. Bd. 1. Abthl. S. 402.

Jurende, Karl Jos., vaterländischer Pilger. Geschäfts- u. Unterhaltungsbuch f. alle Provinzen d. österreich. Kaiserstaates 1843—47. 30—34. Jahrg. Als mährischer Wanderer 32—36. Jahrg. Mit Abbildungen u. Karten. gr. 4. (à 54—55 B.) Brünn, Winiker's Buchh. à J. *

Vgl. 9. Bd. 1. Abthl. S. 467.

Jurende. Vaterländischer Pilger für 1853. 4. Wien, J. P. Sollinger's Witwe.

Jurende's Vaterländischer Pilger. Geschäfts- und Unterhaltungsbuch für alle Kronländer des österr. Kaiserstaates 1855. Allen Freunden der Kultur aus dem Lehr-, Wehr- und Nähr-Stande, vorzüglich allen Natur- und Vaterlandsfreunden geweiht. Als ein Versuch zur Verbesserung des Kalenderwesens zuerst für das Jahr 1809 gegründet. 42 Jahrgang. Als Mährischer Wanderer 44. Jahrgang. Mit einem Titelkupfer: Die Haupt- und Residenzstadt Wien. 4. (250 S.) Wien. Druck und Verlag von L. C. Zamarski.

— vaterländischer Pilger im Kaiserstaat Oesterreich. Ein nation. Kalender &c. f. d. Jahre 1822—27., s. a. unt. Mähr. Wanderer.

Jurende, vaterländischer Pilger im Kaiserstaat Oestreich. Ein Naton. Kalender &c. f. d. Jahre 1822—27. 8. Brünn, Gastl. à Jahrg.

— redlicher Verkündiger, ein Archiv des Mannichfaltigen u. Interessanten. 18 Hefte. 4. Ebd. 814. 8 gr.

— Vorläufer d. Luzifers, d. i. Lichtbringers; oder d. große äußerst merkwürdige Komet, welcher im Herbst 1811 in d. Nordregion des Firmaments erschien. gr. 8. Brünn 812. Trassler. 6 gr.

— mährischer Wanderer, ein ganz neu entworfener Nationalkalender. 1r — 17r Jahrg. 1809—23. gr. 4. Brünn, Gastl. à Jahrg. 1 ℛ 16 gr. (A. u. d. T.: Vaterländischer Pilger in d. Kaiserstaaten Oesterreichs.)

Jurende, mährischer Wanderer, ein ganz neu entworfener Nationalkalender. 1r — 5r Jahrg. gr. 4. Brünn, Gastl. 812—16.
Auch unt. d. Titel:
Vaterländischer Pilger in d. Kaiserstaaten Oestreichs.

— — Mährischer Wanderer, ein Nationalkalender. 6r — 10r Jahrg. 8. Ebend. 817 — 821. à 1 Rthlr. 16 Gr.
Auch unter dem Titel:
vaterländ. Pilger im Kaiserstaate Oesterreich.

Jurende's Mährischer Wanderer. Geschäfts- und Unterhaltungsbuch für alle Kronländer des österreichischen Kaiserstaates 1853 u. 54. Allen Freunden der Kultur &c. geweiht. Als ein Versuch zur Verbesserung des Kalenderwesens zuerst für das J. 1809 gegründet. 42. u. 43. Jahrg. Als Vaterländischer Pilger 40. u. 41. Jahrg. Mit 1 Titel-Zeichnung (in Kpfrst. in Fol.) und vielen xylograph. Abbildgn. (Holzschn. im Text.) Wien, Sollinger. (Zamarski.) gr. 4. (328; 324 S.) Jeder Jahrg. 1 ℛ. 6 ngr.

Jurende's mährischer Wanderer. Geschäfts- und Unterhaltungsbuch für alle Kronländer des österreich. Kaiserstaates 1853 und 1854. Als ein Versuch zur Verbesserung des Kalenderwesens, zuerst für das Jahr 1809 gegründet. 42. Jahrg. (Als Vaterländ. Pilger 40. und 41. Jahrg.) à Jahrg. mit vielen Vign. und Abbildungen (in eingedr. Holzschn.) gr. 4. Wien [Zamarski.] [1853. (328 S. mit 1 Kpfrst. in qu. Fol.) 1 Thlr. 6 Ngr., 1854. (324 S. mit 1 Stahlst. in qu. gr. Fol.) 24 Ngr.] Thlr.

Jurende, Karl Jos., Zeichen d. Zeit, oder so sprach Napoleon vor 16, 8 u. 2 Jahren. 1s—3s Heft. gr. 8. Brünn 814. Gastl. 1 ℛ 12 gr. Hbg. Pr. 10 gr.

— — Zeichen der Zeit, oder so sprach Napoleon vor 16, 8, u. 2 Jahren. 1s — 3s Heft. gr. 8. Ebend. 816.

Jurenka, Hugo

— Analecta Pindarica. S.-A. 1896. 7 S. —.70

Jurenka, Hugo: Archilochos von Paros. Aus den Fragmenten dargestellt. 8 (15 S.). Progr. K. k. Maximilians-G. *Wien* 1900.

Jurenka, Hugo (Hrsg.), s. A e s c h y l u s : Die Perser.

Jurenka, Hugo, Auswahl aus den römischen Lyrikern m. griech. Parallelen, s. a. Meisterwerke d. Griechen u. Römer in kommentierten Ausgaben.

Jurenka, H., Auswahl aus den römischen Lyrikern mit griechischen Parallelen. [Meisterwerke der Griechen und Römer. III.] Gr.-8°. (Textheft 68 S., Kommentar 84 S.)
Wien: Gräser 1902.

Auswahl aus den römischen Lyrikern mit griechischen Parallelen. Hrsg. u. erkl. von Hugo Jurenka. Textheft. Einl. u. Komm. *Leipzig & Berlin: B. G. Teubner 1903.* 2 Bde 8°
— Meisterwerke d. Griechen u. Römer. 3. [illegible]

Jurenka, Hugo Beiträge zur Kritik der ovidischen Heroiden. 32 S. 8. Progr. G. VIII. Bez. *Wien* 1881.

Jurenka, H., De Callimacho Apollonii Rhodii inimico. Coniecturae ad Heroides Ovidianas. Quaest. crit. S.-A. s. a. 20 S.

Jurenka, H., Die „Dithyramben" d. Bakchylides. S.-A. 1899. 11 S.

Jurenka, Hugo Entwicklung des griechischen Epinikions bis auf Pindar. 8 (S. 22—30).
Progr. K. k. Staats-G. im IX. Bezirke *Wien* 1895.

Jurenka Hugo: De Ibidibus Callimachea et Ovidiana quaestio critica.
1882 PN 235 Diss. Wien Univ.

Jurenka, H., Zur Klärung d. Sappho-Frage. S.-A. 1887. 24 S.

— Novae lectiones Pindaricae. S.-A. 1898. 84 S. 1.—

Jurenka, Hugo, erstes lateinisches Lesebuch zumeist aus Cornelius Nepos. Mit erklär. Anmerkgn. f. Schüler. 2 Thle. gr. 8. Wien, A. Hölder. n. 1.36
1. Text. (IX, 68 S.) 890. n. — 72
2. Anmerkungen. (IV, 36 S.) 891. n. — 64

Jurenka, Hugo, die neugefund. Lieder d. Bakchylides. Text, Uebersetzg. u. Commentar. gr. 8. (XX, 161 S.) Wien 898. A. Hölder. n. 7. —

Jurenka, Hugo. Zu Cornelius Nepos Milt. 5, 3, s. XVIII. Bd. 2. Abthl. S. 664: Studien, Wiener, 8. Jahrg.

— Die neugefundene Ode d. Sappho. S.-A. 1899. 16 S.

Pindarus. Jurenka, Hugo Pindars erste und dritte olympische Ode. Proben einer exegetisch-kritischen Ausgabe. 8 (24 S.).
Progr. K. k. Staatsg. i. IX. Bezirke *Wien* 1894.

— der ägyptische Papyrus des Alkman. [Aus: „Sitzungsber. d. k. Akad. d. Wiss."] gr. 8. (35 S.) Wien 896. (C. Gerold's Sohn.) n. — 90

Jurenka, Hugo Quaestiones criticae. I. De Callimacho Apollonii rhodii inimico. II. Coniecturae ad Heroides ovidianas. 20 S. 8.
Progr. G. *Wiener-Neustadt* 1885.

Jurenka, Hugo, quaestiones criticae. I. De Callimacho Apollonii Rhodii inimico. II. Coniecturae ad Heroides Ovidianas. gr. 8. (20 S.) Wien 885. (Pichler's Wwe. & Sohn.) n. — 50

Jurenka, Hugo, Schulwörterbuch zu H. St. Sedlmayers P. Ovidi Nasonis carmina selecta. Mit vielen in den Text gedr. Fig. 8. (VI, 250 S.) Prag 885. Tempsky. — Leipzig, Freytag. n. 1. 60; Einbd. n.n. — 25

— Schulwörterbuch zu Heinr. Steph. Sedlmayers ausgewählten Gedichten d. P. Ovidius Naso. 2., völlig umgearb. u. verm. Aufl. 8. (VI, 324 S. m. 51 Fig.) Prag 892. F. Tempsky. — Leipzig, G. Freytag. n. 1. 80; geb. n.n. 2. 10

Jurenka, Hugo, Schulwörterbuch zu ausgewählten Gedichten (Metamorphosen u. elegische Dichtungen) des P. Ovidius Naso. (Neue [Titel-]Ausg.) (VIII, 336 S. m. 82 Abbildgn.) gr. 8. Leipzig 903. G. Freytag. — Wien, F. Tempsky. Geb. in Leinw. n. 2. 50

Jurenka, Hugo, Schulwörterbuch zu Heinrich Stephan Sedlmeyers ausgew. Gedichten des P. Ovidius Naso. 3. umgearb. u. verb. Aufl. (VI, 178 S. m. 52 Abbild.) gr. 8. Leipzig 906. G. Freytag. — Wien, F. Tempsky. Geb. 2. —

— Schulwörterbuch zu Ovids Metamorphosen, sow. zu e. Auswahl aus d. eleg. Dichtgn. M. 82 in den Text gedr. Abb. gr. 8. (VIII, 336 S.) Leipzig 898. G. Freytag. Geb. in Leinw. n. 3. 40

Jurenka, H., Pindars VI nemeisches Siegeslied. S.-A. s. a. 14 S.

Jurenka, Hugo, Wörterverzeichnis zu Heinrich Stephan Sedlmayers ausgew. Gedichten des P. Ovidius Naso. 8. (IV, 163 S.) Leipzig 902. G. Freytag. Geb. in Leinw. n. 1. 5[illegible]

Jurenka, H., Zur Würdigung d. Römeroden d. Horaz. S.-A. 1898. 18 S.

Juret, P. C.: Etude grammaticale sur le latin de S. Filastrius. Erlangen 1904. 192 p. 8°. S.-A. aus Roman. Forschungen Bd. 19.
Freiburg i. Schw. Phil. Diss. 1904/1905.

Juret, P. C[olomban, O. S. B.]. Etude grammaticale sur le latin de S. Filastrius. Thèse Lett. Fribourg ⟨Suisse⟩. [Extrait des: Romanische Forschungen, Band 19, Heft 1, Januar 1905.] II + 192 p. 8. Erlangen, Fr. Junge, 1904.

Juretschke, Paul [aus Leimerwitz '(Schles.)']: Einfluss verschiedener Ölkuchensorten auf den Fettgehalt der Milch und auf die Beschaffenheit des Butterfettes ... Leipzig-R., Druck v. O. Schmidt, 1893; 85 S., 1 Bl., 1 Tab. 8.
Leipzig, Phil. Fak., Inaug.-Diss. v. [22. Juni] 1893

Juretzka, Ernst: Die Entwickelung unstetiger Funktionen nach den Eigenfunktionen des schwingenden Stabes auf Grund der Theorie der Integralgleichungen. Breslau 1909: Fleischmann. 52 S. 8°
Breslau, Phil. Diss. v. 14. Okt. 1909, Ref. Kneser
[Geb. 14. April 83 Beuthen O.-S.; Wohnort: Breslau; Staatsangeh.: Preußen; Vorbildung: Realgymn. Tarnowitz Reife O. 03; Studium: Breslau 12 S.; Rig. 21. Juli 09.] [U 10. 612

ROTHKOPFS JÜRGE. (Leipzig, Taubert; c. 1810?) 8°. (2 gr.)
Sehr selten gewordenes Volksbüchlein.

Jürgens, die deutsche Politik Preußens und das berliner Central-Preßbureau, s. Politik.

Jürgens, Ueb. d. Ursprung u. die Verwendung des ager publicus. Pr. 1870. 11 S. 4°.

Jürgens, A. (Red.), s. Mitteilungen des Vereins mitteldeutscher Spiritus-Interessenten zu Halle.

Jürgens, A., s. Soldaten-Lieder.

Jürgens, A., Tabelle zur Umwandlung v. preuß. Längen- u. Flächenmaßen in altes hannov. Maßsystem u. umgekehrt. gr. 8. (12 S.) Burgdorf (900). H. Börges. n. — 45

Wirtschafts- und Verwaltungs-Geschichte der Stadt Varel. Von Ado Jürgens. Mit 7 Abb. Oldenburg: G. Stalling 1908. (VIII, 188 S.) 4°(8°) [J.]
[08. 7[illegible]

Jürgens, Alex., Beiträge zur Kenntniss der Alkaloide des Aconitum Napellus. Inaugural-Dissertation. gr. 8. (45 S.) St. Petersburg 885. (Dorpat, Karow.) * 1 —

Jürgens, Alexander Karl

Jürgens, A. C., s. a. Börsen-Handbuch, Hamburgisches.

Jürgens, hamburg. Börsenhandbuch. Smlg. v. d. Handel betr. Gesetzen, Verordngn., Statuten etc. 2. Aufl. Hmbg. 887.

— Jürgens, Hamburgisches Börsenhandbuch. Sammlg. von den Hamburg. Handel betreff. Usancen, gesetzl. Bestimmgn. etc. 3. Aufl. Hmbg. 890.

Jürgens, A. C., hamburgisches Börsen-Handbuch. Sammlung v. den hamburg. Handel betr. Usanzen, gesetzl. Bestimmgn., Verordngn., Statuten, Regulativen, Tarifen etc. 4., ergänzte Aufl. 12. (VII, 288 S.) Hamburg 893. O. Meissner's Verl. n. 3. —

Jürgens, A. C., Hamburgisches Börsen-Handbuch. Sammlg. v. d. hamburg. Handel betreff. Usanzen, gesetzl. Bestimmgn., Verordngn., Statuten, Regulativen, Tarifen etc. 5., umgearb. Aufl. 12. (VII, 287 S.) Hamburg 898. O. Meissner's Verl. In Leinw. kart. n. 3. —

Jürgens, A. C., hamburg. Börsen-Handbuch. Sammlg. v. den hamburg. Handel betreff. Usanzen, gesetzl. Bestimmgn., Verordngn., Statuten, Regulativen, Tarifen etc. 6., umgearb. Aufl. 12. (VII, 274 S.) Hamburg 900. O. Meissner's Verl. In Leinw. kart. n. 3. —

Hamburgisches Börsen-Handbuch. Sammlung von den hamburg. Handel betr. Usanzen, gesetzl. Bestimmungen ... Tarifen etc. Hrsg. von Dr. A[lexander] C[arl] **Jürgens**, Sekr. 7. umgearb. Aufl. Hamburg: O. Meissner 1906. (VII, 279 S.) 8°
[06. 15064

Jürgens, A. C., Gesetz, betr. die Erhebung von Reichs-Stempelabgaben, vom 1. Juli 1881. Nebst den Ausführungsverordnungen, Bundesrathsbeschlüssen, amtl. Entscheidungen &c. Für den Gebrauch im geschäftl. Verkehr zusammengestellt und erläut. gr. 8. (III, 155 S.) Hamburg 883, Friederichsen und Comp. cart.

— die Mannheimer Hafenanlagen, Lagerhäuser und Bestimmungen über Lagerhauspapiere [Warrants]. Bericht, erstattet an die Handelskammer zu Hamburg. gr. 4. (32 S. mit 1 Anlage und 1 chromolithogr. Karte.) Ebendas. 883.

Jürgens, Bruno

Jürgens, B., vergleichende microscopisch-pharmacognostische Untersuchungen einiger officinellen Blätter mit Berücksicht. ihrer Verwechselungen und Verfälschungen. Inaug.-Diss. gr. 8. (62 S.) Dorpat 889. (Karow.) n. 1. 20

Jürgens, C., Wanda. Domina mea severa. gr. 8. (163 S.) Dresden 902. H. R. Dohrn. n. 2. —

JÜRGENS, C., Wanda, Domina Mea Severa. Roman. Pressburg, Herm. Hartleb (c. 1906). Gr. 8°. (Mk. 2—.)

Jürgens, Carl, s. J ü r g e n s , Karl

Jürgens, Emma, Kochbuch f. Jedermann. Eine Sammlg. v. erprobten Orig.-Rezepten f. d. mittl. u. klein. Haushalt. 8. (VIII, 120 S.) Berlin (901). A. Meyer. Geb. n. 1.—

Zur Auflösung linearer Gleichungssysteme und numerischen Berechnung von Determinanten. Eine Festgabe zur 5. Säcular-Feier der Univ. Heidelberg am 2. Aug. 1886. Gewidmet von der Kgl. Technischen Hochschule zu Aachen. Auf Wunsch des Rectors u. Senats dargeboten von Dr. Enno **Jürgens.** 1886. 20 S. 4^0 Aachen

Festrede zur Vorfeier des Geburtstages Sr. Majestät des Kaisers und Königs Wilhelm II. gehalten 1903 in d. ... Kgl. Techn. Hochschule zu Aachen von Prof. Dr. E[nno] **Jürgens**. Aachen 1903: La Ruelle. (20 S.) 8° [07. 6177

Jürgens, Enno: Die Form der Integrale der linearen Differentialgleichungen. Halle 1875: (Reimer in Berlin). 21 S. 8° (4°)
Halle-Wittenberg, Phil. Hab.-Schr. v. 22. April 1875
Aus: Crelle's Journal f. d. reine u. angewandte Mathematik. Bd 80. Berlin 1875. S. 150—168.

Jürgens, Enno, allgemeine Sätze über Systeme von zwei eindeutigen und stetigen reellen Functionen von zwei reellen Veränderlichen. gr. 8. (18 S. mit eingedr. Holzschn.) Leipzig 879. (Berlin, Mayer und Müller.)

Jürgens, E[nno]: (Die Stellung der Mathematik im Leben der Völker.) [1903.] 20 S. 8^0 Aachen

Jürgens, Enno, zur Theorie der linearen Differential-Gleichungen mit veränderlichen Coefficienten. gr. 8. (23 S.) Heidelberg 873, C. Winter's Universitäts-Buchh.

Juergens, Franc. Guil.: (geb. Lubeck 1820): De nervi optici morbis. Berolini (1844). (20 S.) 8°
Berlin, Med. Diss. v. 20. Jan. 1844

Jürgens, G., observationes in Caesium Bassum et Atilium Fortunatianum, s.: Koil, H.

Jürgens, G. C., vermischte Gedichte. 8. Oldenburg, Schulz. 816.

– Dasselbe, s.a. J ü r g e n s , G. L.

Jürgens, G. G. B., Algae aquaticae quas et in littora maris Dynastiam Jeveranam et Frisiam orientalem alluentis rejectas, et in harum terrarum aquis habitantes, colleg. et exsiccavit. Wasser-Algen auf der Nord-Westküste Deutschlands, besonders Jever- und Ostfrieslands und in deren Gewässern gesammelt. 1s bis 10s Heft. Fol. Hannover, Gebr. Hahn. (in Comm.) 816 — 820. à Heft 1 Rthlr.

Jürgens, G. H. B., Algae aquaticae quas et in littora maris Dynastiam Jeveranam et Frisiam orientalem alluentis rejectas et in harum aquis habitantes colleg. et exsiccavit. Wasser-Algen auf der Nord-Westküste Deutschlands, besond. Jever- u. Ostfrieslands u. in der. Gewässern gesammelt. 1s bis 19s Heft. Fol. Hannover 816—22. (Hahn). (à Heft 1 ℛ) 19 ℛ

Jürgens, G. H. B., Algae aquaticae. Wasser-Algen auf d. Nordwest-Küste Deutschlands, besonders Jevers u. Ostfrieslands, u. in deren Gewässern gesammelt. Heft 1—19. Jever Hannover 1816—22. Fol.

Jürgens, G. L., vermischte Gedichte. 8. Oldenb. 816. Schulze. 16 ℛ

– Dasselbe, s.a. J ü r g e n s , G. C.

Jürgens, Geo., die ‚Epistolae Ho-Elianae', s.: Studien, Marburger. zur englischen Philologie. 1. Hft.

Jürgens, Georg, aus Cassel: Die 'Epistolae Ho-Elianae'. Ein Beitrag zur englischen Litteraturgeschichte. *Marburg 1900: R. Friedrich.* (87 S.) 8°
Marburg, Phil. Diss. v. [24. Okt.] 1900

Die 'Epistolae Ho-Elianae'. Ein Beitrag z. engl. Litteraturgesch. Von Georg **Jürgens**. Dr. phil. *Marburg: N. G. Elwert 1901.* (87 S.) 8°
= Studien. Marburger, z. engl. Philologie. H. 1. [00. 13916

Jürgens, Georg, approb. Arzt aus Wennemen: **Über einen Fall von Epitheliom des Peritoneums im Kindesalter.** *Freiburg i. B. 1902: Ch. Lehmann's Nachf.* (35 S.) 8°
Freiburg i. B., Med. Diss. v. 1902

Jürgens, Georg *Johann* [aus Tengshausen '(Grossh. Oldenb.)']: Über das Vorkommen von atypischen Mitosen ... Berlin, Buchdr. v. G. Schade, *1895;* 30 S., 1 Bl., 1 Taf. 8.
Berlin, Med. Fak., Inaug.-Diss. v. 23. Juli 1895

Juergens, Gustavus: De rebus Halicarnassensium. P. prior. De rebus externis. Halis Saxonum (1877): Gebauer-Schwetschke. 70 S. 8°
Halle-Wittenberg, Phil. Diss. v. 22. Okt. 1877
Geb. Wintzingerode (Harz; Kr. Worbis) 12.3.1856. V.

Jürgens H.: Ueber die Unterschiede d. in Australien u. d. in Deutschland erzeugten Merino-Kammwolle . . . Diss. Leipz. 1895. 79 S. 37 Tab.

Das Gut Drage und die dazu gehörigen Dorfschaften nach Niederlegung des Hoffeldes und Verteilung der Dorfgemeinheiten 1782-1820. Von Hedde **Jürgens**. Ein Beitrag z. Landeskunde, hrsg. von Dr. phil. A[rthur] Gloy. Kiel 1897: A. F. Jensen. (55 S.) 8° [8.] [05. 1[illegible]8

Jürgens, Heinrich, approb. Arzt aus Herzberg a. H.: **Über die in der Stadt Göttingen vom 1. April 1877 bis 1. April 1900 beobachteten Fälle von Typhus abdominalis.** *Göttingen 1900: L. Hofer.* (21 S.) 8°
Göttingen, Med. Diss. v. [6. Sept.] 1900

Jürgens, Heinr., über die in der Stadt Göttingen vom 1. IV. 1877 bis 1. IV. 1900 beobachteten Fälle v. Typhus abdominalis. Diss. gr. 8. (21 S.) Göttingen 900. (Vandenhoeck & Ruprecht). n. — 60

Jürgens, Heinrich, Medizinalprakt.: ⟨**Aus d. physiol. Inst. d.** Univ. Marburg.⟩ Die **Wirkung des Nervus vagus auf das** Herz der Vögel. Bonn: **Hager 1909.** 21 S. 8° ¶(**Aus:** Archiv f. d. gesammte Physiol. d. Menschen u. d. Tiere. Bd 129.)
Marburg, Med. Diss. v. 7. Okt. 1909, Ref. Schenck
[Geb. 6. Sept. 83 Kassel; Wohnort: Kiel; Staatsangeh.: Preußen; Vorbildung: Realgymn. Kassel Reife M. 02; Studium: Marburg 5, München 2, Marburg 4 S.; Coll. 24. Juli 09; Approb. 15. Juni 09.] [U 10. 3321

Jürgens, Heinrich Benedikt

Jürgens, H. Bd.: Repertorium z. Gebr. b. allen Ausgaben d. kaiserlich. Wahlcapitulation Franz II., Leopold's II., Joseph's II., Franz I. u. Karl's VII. *Helmst.,* **Fleckeisen. 793. gr. 4. (16 Gr.)**

Juergens, Henr. Guil. (geb. Letmathe in Westf. 1820): De natura contagii modoque quo in organismum agat. Berolini (1845). (30 S.) 8°
Berlin, Med. Diss. v. 31. Dez. 1845

Jürgens, Hermann *Diedrich* [aus Gevelsberg '(Prov. Westf.)']: Ueber den Halsechinococcus ... Greifswald, Druck v. J. Abel, 1897; 52 S. 8.
Greifswald, Med. Fak., Inaug.-Diss. v. 19. März 1897

[F.] **Jürgens,** *Hermann Otto* Herbert [aus Matzdorf]: Über die Unterschiede der in Australien und der in Deutschland erzeugten Merino-Kammwolle. Beitrag z. Wollkunde, m. e. Einl. über d. Entwickelg d. Schafzucht in Australien ... Leipzig, Druck v. Sellmann & Henne, 1895; VIII, 79 S., 1 Bl., 19 Bl. Tab. 8.
Leipzig, Phil. Fak., Inaug.-Diss. v. [4. Dez.] 1895

Johann Friedrich Juergens

De Scirrhis glandularum colli maximis feliciter exstirpatis. Helmstadii (1777:) Schnorr. 28 S. 8°
Helmstedt, Med. Diss. v. 31. Dez. 1777
2. Ex.: Ms 86 (14)

Juergens, Johann Heinrich (Lübeck), De angina generatim et de angina membranacea speciatim. Diss. med. Bln. (Feister & Eisersdorff) 31. XII. 1829. 35 S. mit Literatur u. Biogr. (M.: E. Schroeder.) (6.—) 17130
Oppon.: Gabler, Seemann, Levens. — Gew.: Fried. Vehsemeyer.

Jürgens, Johannes [aus Hagen]: Über die Genese der sogenannten Schleimpolypen des Cervix uteri und das Verhalten ihrer Blutgefässe. ... Osnabrück, Buchdr. v. A. Liesecke, 1890; 19 S. 8°
Würzburg, Med. Fak., Inaug.-Diss. v. 1890

Jürgens, Jul., das Rätsel der Hasenheide, s.: Von Buch zu Buch.

Jürgens, K., s. 1) W. Carleton, Skizzen. 2) Mittheilungen aus d. Tagebuche e. Arztes. 3) Wochenblatt, literarisches.

JÜRGENS, K. G.: Andeutungen üb. Vertretung d. Kirche auf dem Landtage. *Braunschw.*, Meier. 831. gr. 8. (4 Gr.)

JÜRGENS, K. G.: Bemerkk., veranlasst durch den, d. Ständen d. Herzogth. Braunschw. im Okt. 1831 vorgelegt. Entwurf ein. revid. Landschaftsordn. *Braunschw.*, Meyer. 831. gr. 8. (6 Gr.)

Jürgens, K. H., s. a. Roberts, H.

Jürgens, K. H., s. Chamier, das Leben eines Seemannes.

—— über d. Nothwendigkeit durchgreif. Reformen bei d. gegenwärt. Lage Deutschlands. Mit einleit. Bemerkn. üb. die v. Hrn. v. Strombeck vor Kurzem abgehandelte Frage: Was ist Rechtens, wenn die oberste Staatsgewalt d. Staatszwecke entgegenhandelt? gr. 8. (11 B.) Braunschweig 831, Vieweg.

Jürgens, Karl

Jürgens, Carl, zur Bundesreform-Frage. 8. (72 S.) Frankfurt a. M. 857. [Mainz, Kirchheim.]

Jürgens, K. Deutschland im französ.-sardin. Kriege 1856–59. 2. Aufl. (610) 8. Basel 1859. 3,60.

—— Deutschland im französisch-sardinischen Kriege, vom pariser Congreß 1856 bis zum Frieden von Villafranca 1859. 1. Aufl. In 2 Hälften. 1859,60: 2 Thlr. 4 Ngr. und 2., wohlf. (Titel-) Ausg. gr. 8. (XV und 610 S.) Basel (860)62, Bahnmaier's Verlagsb.

Jürgens, Karl (Hrsg.), s. Flugblätter aus d. deutschen Nationalversamml.

Jürgens, Karl: Flugblätter aus der deutschen Nationalversammlung, s. Bernhardi, K.

Jürgens, Karl, etymologisches Fremdwörterbuch der Pflanzenkunde, mit besonderer Berücksicht. der deutschen Flora. gr. 8. (IV, 120 S.) Braunschweig 878. Bruhn's Verl. n. 2. —

Jürgens, Karl, neues etymologisches Fremdwörterbuch mit Bezeichnung der Betonung und Aussprache. 20 Lfgn. gr. 8. (VIII, 947 S.) Berlin 872—75, Henschel. [München, Th. Ackermann.] à Lfg. * 50 Pf. *

Jürgens, Karl. Zur Geschichte des deutschen Verfassungswerkes 1848—49. In zwei Abtheilungen. Braunschweig. F. Vieweg 1850. XIV 573, VIII 301 S. 8. (1. Abth. Vom Frühjahr bis Dezember 1848. 2. Abth., 1. Hälfte: bis zum Schluß der ersten Verfassungsberathung.)

Jürgens, Carl, Zur Geschichte des deutschen Verfassungswerkes 1848—49. 2. Abthl. 2. Hälfte (Schluß:) Bis zur Selbstauflösung der Nationalversammlung. gr. 8. (X und 734 S.) Hannover 856(57,) Helwingsche Hofbuchh.
1. Abthl. und 2. Abthl. 1. Hälfte. Braunschweig 1850, Vieweg und Sohn. * 4 Thlr.

Jürgens, C(arl), das apostolische Glaubensbekenntniß und die Forderung, von dessen kirchl. Gebrauche entbunden zu werden. gr. 8. (102 S.) Göttingen 848, Dieterich'sche Buchh. *

Jürgens, Karl, Luthers Leben. 1. Abthl. A. u. d. T.: Luther v. seiner Geburt bis z. Ablaßstreite 1483—1517. 1. u. 2. Bd. gr. 8. Leipzig 846, Brockhaus. à n. 2½ Thlr

— Luther's Leben. 1. Abth. Luther von seiner Geburt bis zum Ablaßstreite. 1483 — 1517. 3. Bd. gr. 8. (VIII u. 696 S.) Leipzig 847, Brockhaus. n. 2½ Thlr (I, 1—3: n. 7½ Thlr)

— etymologisches Lehnwörterbuch d. deutschen Sprache. gr. 8. (IV, 72 S.) Ebend. 877. n. 1. 35

Jürgens, Karl, seine Magnificenz. Akademisches Lebensbild in 5 Akten. 8. (114 S.) Stuttgart 884, (Metzler'sche Buchh.) *

Meta. Schauspiel in 4 Akten v. Karl Jürgens. Berlin 1895. 8°

(Hamburger Theater-Repertoir. Nr. 17)
Skat-Kruse. Plattdeutsches Lustspiel mit Gesang in 1 Aufzuge v. Karl Jürgens. Hamburg. o. J. 8°

— Studien zur deutschen Geschichte und Politik. Die Ursachen des Verfalls und Untergangs des deutschen Reiches. Die Gründung des preuß. Staats. Droysens Geschichte der preuß. Politik. Preußens Beruf. Der preuß.-österreich. Antagonism. Die Bundesreform. Bremen 856. Strack. gr. 8. (2 Bl., 413 S.) 1 Thlr. 15 ngr.

— ein freies Votum über die Nichtzulassung Dr. Rupp's zur 5 Hauptversammlung d. evang. Vereins d. Gust.-Ad.-Stiftung. gr. 8. (60 S.) Berlin 847, Veit u. Co. ¼ Thlr

Jürgens, Konst. v., russischer Sprachführer. Konversations-Wörterbuch für Reise und Haus. 32. (VIII, 408 S.) Leipzig 888, Bibliograph. Institut. geb. * 8 —

Jürgens, Max, d. Einmaleins im Kreise. Prakt. Anleitg. f. d. Gebrauch d. Tabelle zu mündl. u. schriftl. Rechenübgn. in Schule u. Haus. gr. 8. (12 S. m. Tabelle 4 S.) Langensalza 897. H. Beyer & Söhne. n. — 20; Tabelle allein — 06

Jürgens, Otto

Jürgens, O., ein Amtsbuch des Klosters Walsrode, s. Q. Veröffentlichungen zur niedersächs. Geschichte. 2.

Ein Amtsbuch des Klosters Walsrode. Hrsg. von Dr. O[tto] Jürgens. *Hannover: M. & H. Schaper 1899.* (61 S.) 8° [F.]
Aus: Hannoversche Geschichtsblätter.
— Veröffentlichungen z. niedersächsischen Geschichte. II. 2. [00.4987

— s.: Bödeker's, Senior, Tagebuch.

Jürgens, O., s.: Chronik, hannoversche.

Jürgens, Otto, Geschichte der Stadt Lüneburg. [Aus: „Hannov. Städtebuch".] gr. 8. (120 S. m. 6 Kunstbeilagen in Lichtdr.) Hannover 891. Hahn. n. 3. —

— s. Katalog d. Stadt-Bibliothek zu Hannover.

Katalog der Stadt-Bibliothek zu Hannover. Im Auftrage der städtischen Verwaltung herausgegeben von O. Jürgens. Hannover 1901. XXVIII, 783 S. 8°. [A 235

⊙ Katalog der Stadtbibliothek zu Hannover hrgg. v. Otto Jürgens. Hannover. 1901. 8°.
—— Nachtrag 1. ebd. 1903. 8°.

Jürgens, Otto [aus Hannover]: Die Landeshoheit im Fürstenthum Lüneburg bei Beginn des Erbfolgekrieges (1371). . . . Hannover, Druck v. August Grimpe, 1888; VIII + 89 S. + 1 Bl. 8°
Göttingen, Phil. Fak., Inaug.-Diss. v. 24. Jul. 1888

Jürgens, Otto, die Landeshoheit im Fürstenthum Lüneburg bei Beginn des Erbfolgekrieges [1371]. gr. 8. (VIII, 83 S.) Hannover 888, Hahn'sche Buchh. *

Jürgens, Paul, appr. Arzt a. Celle, Unterarzt b. 2. Lothring. Inf.-Reg. Nr. 131: Über den Unterschied zwischen Mord und Selbstmord durch Erdrosselung unter Veröffentlichung dreier Fälle von Selbsterdrosselung. Berlin (1908): G. Schade. (68 S.) 8°
Berlin, Med. Fak., Ref. Orth, Diss. v. 23. April 1908
[Geb. 2. Febr. 82 Celle; Wohnort: Berlin; Staatsangeh.: Preußen; Vorbildung: Gymn. Steglitz Reife O. 01; Studium: Berlin 10 S.; Coll. 23. März 08; Approb. 15. April 08.]

Jürgens, R., Beiträge zur normalen u. patholog Anatomie d. menschl. Beckens. [Aus: „Festschrift f. R. Virchow".] gr. 4. (16 S. m. 1 Taf.) Berlin 891. G. Reimer. n. 1. 60

Jürgens, Rud. (geb. Tengshausen in Oldenb. 19. 1. 1843): Anatomie und Physiologie der Knolle von Solanum tuberosum im Zustande der Winterruhe und der Keimung. Berlin (1872). (47 S.) 8°
Berlin, Med. Diss. v. 8. Aug. 1872

Jürgens, Theda, Perlen aus den Tiefen der Seele. Gedichte. (88 S. m. Bildnis.) 8. Hamburg (906). (J. Kriebel.) n. 1. 50; geb. in Leinw. n. 2. 50

Jürgens, Theodor Gustav

Jürgens, Th. G., Demüthiget euch unter die gewaltige Hand Gottes! Predigt am Bettage den 27. Juni 1866 in der Stadtkirche zu Weißenfels gehalten. Weißenfels 866. Prange. gr. 8. (11 S.) n. 2¼ ngr.

— Predigt über Offenbarung Johannis 3, 1—3, gehalten bei der Hauptversammlung des Gustav-Adolfs-Vereins der Provinz Sachsen zu Erfurt am 22. Juli 1868. Erfurt 868. Villaret. 8. (16 S.) n. 3 ngr.

Jürgens, Thdr. Gust., Rede bei der feierlichen Enthüllung des Denkmals auf dem Schlachtfeld von Roßbach am 5. Novbr. 1861. gr. 8. (14 S.) Weißenfels 861, (Prange.) *

Jürgens, Thdr. Gust., Rede bei der feierlichen Enthüllung des Denkmals auf dem Schlachtfeld von Roßbach am 5. Novbr. 1861. Weißenfels 862. Prange in Comm. gr. 8. (14 S.) n. 2½ ngr.

Jürgens, Victor, a. Ostrow (Rußland): Zur Kenntnis der m-Toluylsäure. (Berlin 1907: A. W. Schade.) (29 S.) 8°
Berlin, Phil. Fak., Ref. Fischer, Diss. v. 5. Aug. 1907
[Geb. 11./24. Nov. 84 Ostrow (Gouv. Pskow, Rußland); Wohnort: Berlin; Staatsangeh.: Rußland; Vorbildung: Klass. Gymn. Pskow; Studium: Berlin 8 S.; Rig. 30. Mai 07.]

Jurgens, W: Preisliste über Fischer's neue Düngerstreumaschine. Lübz i. M. (1897?)

Jürgens, Wilhelm, a. Arnsberg (Westfalen): Über die elektrolytische Reduktion von Acetessigestern zu Kohlenwasserstoffen. Würzburg 1908: F. Staudenraus. (72 S., 2 Tab.) 8°
Würzburg, Phil. Fak., Ref. Tafel, Diss. v. 7. Mai 1908
[Geb. 27. Mai 71 Arnsberg; Wohnort: Würzburg; Staatsangeh.: Preußen; Vorbildung: Gymn. Arnsberg Reife O. 91; Studium: Bonn 6, Leipzig 1, Marburg 1, Würzburg 17 S.; Rig. 26. Febr. 07.]

Jürgensen, De tertio Martiani Capellae libro. S.-A. 1874. 88 S.

Die Entwicklung im nördlichen Schleswig v. C. J. Jürgensen. (Köln. 1908.) Fol., geb. in 4°. Ausschnitt aus: Kölnische Zeitung. Morgen-Ausgabe, Montag, 5. Okt. 1908, Nr. 1046.

Jürgensen, Chr., Kochlehrbuch u. prakt. Kochbuch f. Ärzte, Hygieniker, Hausfrauen, Kochschul. (XXXVI, 465 S. m. 31 Abb. auf 2 Taf.) gr. 8. Berlin 910. J. Springer. 8.—; geb. in Leinw. n 9. —

Jürgensen, Chr., procentische, chemische Zusammensetzung der Nahrungsmittel des Menschen. Graphisch dargestellt. hoch 4. (16 S. mit 1 Chromolithogr.) Berlin 888, Hirschwald. *

Procentische, chemische Zusammensetzung der Nahrungsmittel des Menschen. Graphisch dargest. von Dr. Chr. Jürgensen, pr. Arzt, Kopenhagen. 2. Aufl. (Vorr.: C[arl] A[nton] Ewald.) *Berlin: A. Hirschwald 1903.* (23 S.) 8° [03. 5400

Plattdütsche Burenleeder. 'ne lüttje Gav' för de armen Burenfru'ns un Kinner von Eduard Jürgensen in Friedenau. Neue verm. Aufl. *Berlin: Thormann & Goetsch [1902].* (8 S.) 8° [F.] [02. 4667

— s.: Deutschlands Liederschatz.

Jürgensen, Eduard (Red.), s. Eekboom, De.

Jürgensen, Ed., aus Kalau u. Umgeg., s.: Deutschlands Humorschatzkästlein.

— Fritze Meisterfahrers Lehr- u. Rennjahre, nebst traurigem Endlauf. Den großen Altmeistern Wolfgang Göthe, Wilhelm Busch u. August Lehr ehrfurchtsvoll gewidmet. Zeichnungen v. Joh. Bahr. gr. 8. (46 S.) Berlin 899. W. Ißleib. n. 1. —

Jürgensen, Ed. Münchhausen d. Jüngste u. and. Lügenden. Sommerlektüre. 8. (VII, 150 S. m. Abbildgn.) Berl. 891, Schorer. 1 —

Original-Kalauer. Zum Trost in allen verzweifelten u. sonstigen Lebenslagen. Zsgest. von Eduard Jürgensen. *Charlottenburg: A. Michow; (Berlin: Tessaro-Verl. [1902].)* (63 S.) 8°
[Umschlagt.:] Humorschatzkästlein.
= Volksbücher. 27. [03. 1304

Jürgensen, Eduard, Original-Kalauer. Zum Trost in allen verzweifelten u. sonst. Lebenslagen. (63 S.) 16. Berlin (907). W. Frey. — 10

Jürgensen, Ed., König Kalauer-Kauer's hinterlassene Schriften, aus dem Auwaihischen übers. (Nebst e. Anh.: Poesien e. Wahnwitzboldes.) 8. (IX, 714 S.) Berlin 894. Leipzig, P. List. n. 1. 60

Jürgensen, Eduard (Red.), s. Sümmdagsbladd, Plattdütsch.

— d. Radler's Wunderhort (Radlerlieder), s.: Deutschlands Liederschatz.

Jürgensen, Ernst, s.a. Jürgenssen, Ernst

Jürgensen, Ernst, appr. Arzt aus Tübingen: **Zur Pathologie des** Magencarcinoms. *Naumburg a. S.: Lippert & Co. 1900.* (15 S.) 8°
Tübingen, Med. Diss. v. 1900

Jürgensen, H., **Massbuch für Schuhmacher.** 2. verb. Aufl. 12. (142 S.) Lübeck 886, (Carstens.) geb. *

Jürgensen, Hans: Henrik Ibsens Einfluss auf Hermann Sudermann. Heilbronn a. N. 1904. 84 + 1 S. 8°. [22. X. 03.]
Lausanne. Thèse lit. 1903/1904.

Jürgensen, Hans. **Henrik Ibsens Einfluss auf Hermann Sudermann.** Diss. Phil. (= Lett.) Lausanne. II + 85 S. 8. Heilbronn a. N., Otto Weber, (1903).

Bemerkung derjenigen resp. Herren Haus-Eigenern in Flensburg, welchen die auf beyfolgender Charte von dem Flensburgischen Stadts-Felde angezeigte und numerirte Ländereyen zu ihren Häusern gehören, nebst beygefügten Nachrichten etc. Gezeichnet u. gesam. v. Hans Joachim **Jürgensen,** 1779. Flensburg. 1780. Fol.

Jurgensen, Heike, enthüllte Brandscene u. Beraubung des Eigenthums in Norddithmarsen. Ein histor.-psychol. etc. Gemälde, verbunden mit Vorschlägen zu deren endlichen Zerstörung. 8. Friedrichsstadt 815. (Kam nicht in den Buchhandel.)

Jürgensen, Herm., **Esperanto in 20 Lektionen, s.: Franckh's** Sprachbücher. **Nr. 2.**

— s.a. Wörterbuch Deutsch-Esperanto.

Wörterbuch Deutsch-Esperanto unter Red. von Dr. [L.] Samenhof hrsg. von Hermann Jürgonson u. M. Pagnier. *Berlin: Möller & Borel [1904].* (234 S.) 8°
(Kolekto Esperanta.) [04. 8600]

Wörterbuch Deutsch-Esperanto, unter Red. von Dr. [Ludwig] Zamenhof hrsg. von Hermann **Jürgensen** u. M. Pagnier. 2. verm. Aufl. Berlin: Möller & Borel [1906]. (277 S.) 8° [07. 10563]

Jürgensen, Hermann: Wörterbuch Deutsch-Esperanto unter Red. von Dr. [Ludwig] Zamenhof [Samenhof] hrsg. von Hermann Jürgensen u. M. Pagnier. 3. unveränd. Aufl. Berlin: Möller & Borel [1909]. 277 S. 8°

Wörterbuch Esperanto-Deutsch von Hermann Jürgensen. *Berlin: Möller & Borel [1904].* (VII, 220 S.) 8°
(Kolekto Esperanta.) [04. 8680]

Wörterbuch Esperanto-Deutsch von Hermann **Jürgensen.** 2. verm. Aufl. (Vorr.: L[udwig] Zamenhof.) Berlin: Möller & Borel [1906]. (VIII, 248 S.) 8° [07. 10572]

— **Wörterbuch Esperanto-Deutsch.** 3. **unveränd. Aufl.** (VIII, 248 S.) kl. 8. Berlin (909). Esperanto Verlag Möller & Borel. 2.—; geb. 2. 50

Jürgensen, J. (Tond./Holst.), De periculosa conceptione instrumenti. Diss. jur. Präs. Johann Joach. Schoepffer. Rostock (Joh. Weppling) 10. X. 1705. 4 Bl., 44 S., tlws. dtsch. (6.50) 17131
Gew.: Johann Ludwig Frh. v. Koenigstein (Ohe, Dolroth), Georg Holmer.

Sammlung der die Schiffsmessung betreffenden Bestimmungen. Zsgest. u. hrgg. v. J. **Jürgensen.** Apenrade. 1856. 4°

Jürgensen, J. Joachim

— geograph. Leitfaden in Verbindung d. Weltgeschichte, Naturgeschichte u. Technologie, mit einem Vorworte v. P. A. M. Kochen. 8. Kopenh. 822.

Jürgensen, (J. J.,) kl. deutsche Sprachlehre f. Bürger- u. Landschulen. 8. Kopenhagen 826, (Meitzel,)

Jürgensen, J. J., kleine deutsche Sprachlehre f. Bürger- u. Volksschulen. 3., verm. Ausg. 8. Kopenhagen 839, Reitzel.

Jürgensen, Jh. Chr., († d. 8. Nov. 1823.), Beschreib. einer großen Naturbegebenheit in der Landschaft Eiderstedt. 8. Schlesw. 807.

— s. Kunstverträge, Schlesw.

Jürgensen, Jürgen, Fieber. **Afrikanische Novellen. (Autoris. Übertragg. aus dem Dän. v. Herm. Kiy. Die Buchausstattg. ist v. Max Schwerdtfeger. 1. u. 2. Taus.)** (282 S.) 8. **Frankfurt a/M. 910. Literar. Anstalt.** 4.—; geb. 5. —

— Christian Svarres **Kongofahrt. Eine Geschichte** aus dem Urwald. **(Autoris. Übertragg. aus dem Dän.** v. Herm. Kiy.) (324 S.) 8. **Ebd. 910.** 4.50; **geb. in Leinw. 6. —**

Jürgensen, Louis Urban, s. Jürgensen, Urb., die höhere Uhrmacherkunst.

Jürgensen, P., **Readings in english prose and poetry; to which is prefixed an introductory sketch of the history of the english language and literature. With notes. In two parts.** gr. 8. (33 B.) Copenhagen 845, Reitzel. Thlr

Jürgensen, Richard, aus Hamburg: § 950 BGB. *Rostock 1903: C. Hinstorff.* (111 S.) 8°
Rostock, Jur. Diss. v. [10. Nov.] 1903

Jürgensen, Thdr. v., Erkrankungen d. Kreislaufsorgane, s.a. Pathologie u. Therapie, spec. XV. 1.

JÜRGENSEN, Theodor von
Erkrankungen der Kreislaufsorgane **Insufficienz (Schwäche) des Herzens.** Von Prof. Dr. Theodor von Jürgensen in Tübingen. Mit 20 Abbildungen. Wien, 1899. Holder. Gr.-8°. VII, 22 S.

Erkrankungen der Kreislaufsorgane. Endocarditis. Von Prof. Dr. Theodor v. **Jürgensen** in Tübingen. Mit 25 Abb. u. 2 Taf. in Farbendr. *Wien: A. Hölder 1900.* (VI, 177 S.) 8°
= Pathologie, Specielle, u. Therapie. Bd 15, Th. 1, Abth. 3. [00. 5675]

Erkrankungen der Kreislaufsorgane. Klappenfehler. Von Prof. Dr. Theodor v. **Jürgensen** in Tübingen. Mit 25 Abb. u. 2 Taf. *Wien: A. Hölder 1903.* (VI, 151 S.) 8°
= Pathologie, Specielle, u. Therapie. Bd 15, T. 1, Abt. 4. [03. 5790]

Jürgensen, Thdr. v., acute Exantheme, Masern, — dasselbe, Scharlach, Rötheln, Varicellen, } s. a. Pathologie und Therapie, spec.

Jürgensen, Theodor v.: Acute Exantheme. Einleitung. Masern. Wien 1895. VII, 168 S. **Bf 610, IV, 3, Abt. 1**
(Specielle Pathologie u. Therapie. Hrsg. von H. Nothnagel. Bd IV, 3, Abt. 1.)

Jürgensen, Theodor v.: Acute Exantheme. Scharlach, Rötheln, Varicellen. Wien 1896. VIII, 303 S. **Bf 610, IV, 3, Abt. 2**
(Specielle Pathologie u. Therapie. Hrsg. von H. Nothnagel. Bd IV, 3, Abt. 2.)

Jürgensen, Thdr., vier Fälle v. Transfusion d. Blutes. [Aus „Berliner klin. Wochenschrift."] gr. 8. (61 S.) Berlin 871. Hirschwald. n. 1. 60

—— über die leichteren Formen des Abdominaltyphus, —— Grundsätze für die Behandlung der croupösen Pneumonie, } s. Sammlung klinischer Vorträge.

Jürgensen, Thdr. v., Handbuch der Krankheiten der Lunge, s. Handbuch der speziellen Pathologie und Therapie.

—— Handbuch der Krankheiten des Respirations-Apparates, s. Handbuch der speciellen Pathologie und Therapie.

— die wissenschaftliche Heilkunde u. ihre Widersacher, s.: Sammlung klinischer Vorträge.

Jürgensen, Thdr., antiphlogistische Heilmethoden, s. Handbuch der allgemeinen Therapie.

—— die Körperwärme des gesunden Menschen. Studien. gr. 8. (IV, 100 S. mit 1 lithogr. Taf. in qu. gr. 4.) Leipzig 873, F. C. W. Vogel.

—— Lehrbuch der speciellen Pathologie und Therapie mit besonderer Berücksichtigung der Therapie. Für Studierende und Aerzte. gr. 8. (XII, 794 S.) Leipzig 886, Veit und Comp. *M 15.—.; geb. *

Jürgensen, Thdr. v. Lehrbuch der speziellen Pathologie u. Therapie m. besond. Berücksicht. der Therapie. Für Studierende und Ärzte. 2. verb. u. verm. Aufl. Lex.-8. (XII, 797 S.) Lpz. 889, Veit u. Comp. * 15 —; geb. * 17 —

Jürgensen, Thdr. v., Lehrbuch der speziellen Pathologie u. Therapie m. besond. Berücksicht. der Therapie. Für Studierende u. Ärzte. 3., neu bearb. u. verm. Aufl. Lex.-8. (XII, 848 S. m. Abbildgn.) Leipzig 894. Veit & Co. n. 16. —; geb. in Halbfrz. n. 18. —

— Lehrbuch der speziellen Pathologie u. Therapie m. besond. Berücksicht. der Therapie. Für Studierende u. Ärzte. 4., neu bearb. u. verm. Aufl. gr. 8. (XII, 895 S. m. Abbildgn.) Leipzig 902. Veit & Co. n. 15. —; geb. in Halbfrz. n. 17. 50

— s.: Mitteilungen aus der Tübinger Poliklinik.

—— croupöse Pneumonie. Beobachtungen aus der Tübinger Poliklinik (unter Mitwirkung von Frz. Keller, Jos. Scheef, Rich. Dürr und Alex. Kees) hrsg. gr. 8. (VII, 316 S. mit 1 Stnt.) Tübingen 883, Laupp'sche Buchh. *

Jürgensen, Thdr., klinische Studien über die Behandlung des Abdominaltyphus mittels des kalten Wassers. Nach dem Material der medicin. Abtheilung des akadem. Hospitals zu Kiel. Leipzig 866. F. C. W. Vogel. Lex.-8. (VIII, 123 S. mit 8 St.) n. 1 ₰ 10 ngr.

Jürgensen, Urb., allgem. Grundsätze d. genauen Zeitm. d. Uhren ꝛc. Mit K. gr. 4. Kopenh. 805. Brummer. 6 ₰ Dass. französ.: Principes de l'exacte messure du temps par les horloges, avec XIX pl. gr. 4. Ebd. 805 6 ₰

— — dass. französ. mit Atlas. 4. Copenhagen. (Turneisen in Cassel.) 805.

Jürgensee, Urb., allgem. Grundsätze d. genauen Zeitm. d. Uhren ꝛc. m. K. gr. 4. Copenhagen, Brummer. 806.

— — dass. französ. Ebend.

Jürgensen, Urban, allgem. Grundsätze d. genauen Zeitmessung durch Uhren, od. Zusammenfass. d. Grundsätze d. Uhrenbaues z. sorgfältigsten Zeitmessung, mit e. Anh. versehen, enth. zwei Abhandln. üb. d. Uhrmacherkunst u. Beschreib. e. sehr genau gehenden Metallthermometers. N. d. 2. durch Ludw. Urban Jürgensen besorgten u. verm. Ausg. deutsch bearb. gr. 4. (17 B. u. 1. Kpfr.- u. 16 Stnt. qu. ½ Fol.) Leipzig 840, L. Schumann.

— s. Kunst, die, die Edelsteine für die Zwecke der Uhrmacherei zu bearbeiten.

Jürgensen, Urban, die höhere Uhrmacherkunst. Regeln für die genaue Abmessung der Zeit durch Uhren, oder Anweisung zur Verfertigung astronom., nautischer u. a. genauen Uhren; nebst der Beschreibung der Kunst, die Edelsteine, zum Gebrauche in der Uhrmacherkunst, zu durchbohren u. zuzuschleifen. — Nach dem vom Verfasser, für die 2. französ. Ausg. des Werkes, bestimmten Plane neu bearb., mit Zusätzen verm. u. herausgeg. von Louis Urban Jürgensen. Mit 1 Atlas von 23 Taf. u. dem Bildnisse d. Verf. gr. 8. Kopenhagen 842. (Höst; Hamburg, Perthes-Besser u. Mauke.) n. 6 ₰

Jürgensen, Wilhelm

Jürgensen, W., die Brüder. Trspl. in 1 A. 8. Schlesw. 821. Taubst.-Inst. 10 K

Gedichte v. Wilhelm Jürgensen. Schleswig. 1827. 12°.

Jürgensen, W., († d. 5. April 1827.) Gedichte für meine Kinder. Weihnachtsgabe. 8. Schlesw. 806.

Jürgensen, Wilh., Martinslieder, s. a. Wort u. Brauch.

Jürgensen, Wilhelm: Martinslieder. Untersuchung und Texte. Breslau: Marcus 1909. 50 S. 8° ¶(Ersch. vollst. als: Wort u. Brauch. H. 6.)
Kiel, Phil. Diss. v. 16. Nov. 1909, Ref. Kauffmann
[Geb. 30. März 82 Schleswig; Wohnort: Flensburg; Staatsangeh.: Preußen; Vorbildung: Oberrealsch. Flensburg Reife O. 03; Studium: Tübingen 2, Leipzig 1, Berlin 2, Kiel 6 S.; Rig. 5. Dez. 08.] [U 10. 2507

Martinslieder. Untersuchung u. Texte von Dr. Wilhelm Jürgensen. Breslau: Marcus 1910. VI, 174 S. 8°
(Wort u. Brauch. H. 6.) 10. 749 2

— Benj. Schmolk. Etwas über ihn u. von ihm. 8. Schlesw. 826.

— Warum? Lstspl., s. A. v. Kotzebue, Almanach. J. 1825.

Jürgensmann, Wilhelm, a. Osnabrück: Die französischen Ortsadverbia in pronominaler Verwendung. Borna-Leipzig 1907: R. Noske. (XX, 105 S.) 8°
Göttingen, Phil. Fak., Ref. Stimming, Diss. v. 6. Nov. 1907
[Geb. 25. Dez. 82 Osnabrück; Wohnort: Osnabrück; Staatsangeh.: Preußen; Vorbildung: Ratsgymn. Osnabrück 26. Febr. 01; Studium: Berlin 3, München 1, Bonn 1, Göttingen 6 S.; Rig. 5. Dez. 06.]

Jürgensmeyer, Johannes [cand. med. aus Störmede (Westfalen)]: Beiträge zu Schusswunden der Brust durch kleine Projektile . . . Würzburg, Druck d. Kohl & Hecker'schen Buchdr., 1886; 28 S. 8°
Würzburg, Med. Fak., Inaug.-Diss. v. 1886.

Jürgensmeyer, Johannes, Beiträge zu Schusswunden der Brust durch kleine Projektile. Diss. Würzburg 1886, Stahelsche Univ.-Buchh. 8°. 28 S.

Jürgensohn, Ant., die heilige Schrift und der gläubige Kriticismus. Vortrag gehalten auf der kurländ. Jubelsynode am 26. Aug. 1885. gr. 8. (32 S.) Mitau 885, (Besthorn.) *
Aus: Mittheilungen und Nachrichten für die evangel.-lutherische Kirche in Rußland, besonders abgedruckt.

Jürgensohn, Arved, s.: Münnich, Graf Ernst v., Memoiren.

Patentgesetzgebung und Erfinderschicksale. Von Arved Jürgensohn. Berlin: C. Heymann 1906. (126 S.) 4° [07. 901

Jürgensohn, Arved, Weltporto-Reform. Das nah. Welt-Pennyporto in neuer Beleuchtg. (XVI, XXIV, 312 S.) gr. 8. Berlin 909. 10. Liebheit & Thiesen. 6. 50

Jürgensohn, Wilh., Bauer einspannen, sonst kann dir niemand vorspannen! Auf Anregg. des Hrn. Stadthaltereirathes Grafen Leo Küenburg verf. 12. (23 S.) Korneuburg 894. J. Kühkopf. — 24

Jürgensohn, Wilh., habt acht! 3 gemeinverständl. kurze Geschichten f. jung u. alt. 12. (64 S.) Korneuburg 895. J. Kühkopf — 50

Jürgensohn, Wilh. Habt acht! Drei gemeinverständliche kurze Geschichten für Jung und Alt. Korneuburg 1896.

Jürgensohn, Wilh., Schutz dem Mittelstande! Ein Wort f. die Erhaltg. u. Kräftigg. d. Mittelstandes auf dem Fundamente e. im Geiste F. W. Raiffeisen's wirthschaftlich gesicherten, physisch u. moralisch tücht. Bauernthums, als allein verläßl. Bürgschaft des socialen Friedens. gr. 8. (XX, 220 S.) Wien 890. Kirsch. n. 2. 40

— Schutz dem Mittelstande! Was reibt ihn auf? Was könnt' ihn retten? 2., vervollständ. (Titel-)Ausg. 8. (XXXII, 220 S.) Wien 893. H. Kirsch. n. 2. 40

Catalogue alphabétique des éditions ⟨Propriété de l'éditeur⟩ P. Jurgenson à (Leipzig et) Moscou. [Nebst] Suppl. 1897-99. *Leipzig, Moscou: P. Jurgenson (1897–1900).* 2 Bde: 8° [01. 6240

Juergenson, K., Beiträge zur Pharmacognosie d. Apocyneenrinden. Inaug.-Diss. gr. 8. (68 S.) Dorpat 889. (Karow.) n. 1. 20

Jürgenssen, Ernst: Ueber eine Art Bewegungen eines Punktes auf einer Kugelfläche. Halle a/S. 1881: o. Dr. 42 S., 1 Taf. 8°
Halle-Wittenberg, Phil. Diss. v. 19. Juli 1881
Geb. Berlin 15. 7. 1855. V.
Im Buchhandel Halle (Berlin: Mecklenburg) 1881.

Jürges, Paulus *Christianus* [Vismariensis]: De Sallustii historiarum reliquiis capita selecta ... Einbeck, typ. expr. J. Schroedter, 1892; 88 S., 1 Bl. 8.
Göttingen, Phil. Fak., Inaug.-Diss. v. [29. Nov.] 1892

Jürges, Paul, de Sallustii historiarum reliquiis capita selecta. Diss. gr. 8. (88 S.) Einbeck 892. (Göttingen, Dieterich's Sort.) n. 2. –

Jürges, Paul, d. modernen Systeme v. Büchergestellen u. verstellbaren Legeböden, s.a. Sammlung bibliothekswissenschaftl. Arbeiten.

Die modernen Systeme von Büchergestellen mit verstellbaren Legeböden v. Dr. Paul Jürges, Volont. d. k. Univ.-Bibl. zu Marburg. (Vorr.: K[arl] Dziatzko.) *Leipzig: M. Spirgatis 1895.* (VI, 30 S., 1 Bl., 4 Taf.) 1 Bd 8.
= Sammlung bibliothekswissenschaftl. Arbeiten. H. 9. [96. 4134

Jürges, Wilh. „Herr Gorilla". Turnerischer Schwank in 1 Aufzuge. gr. 8. (III, 19 S.) Hof 891, Lion. * — 60

Jürging, H. Voltaire's dramatische Theorien. Ein Beitrag zur Entwickelungsgeschichte des neufranzösischen Dramas, mit besonderer Berücksichtigung der Tragödie. Diss. Münster 1885. 73 S.

Jurjavés, Park (bei Agram in Croatien.) qu. Fol. (10 S. und 12 Stnt. in Tondr. mit 1 lithogr. Situat.-Plane in Imp.-Fol.) Wien 853, (Gerold's Sohn.) *

Jurjavés, Park, (Georgenfeld bei Agram in Croatien). Wien (853.) Gerold in Comm. qu. Fol. (10 S. Text, 12 lith. Taf. in Tondr. u. lith. u. color. Situations-Plan des erzbischöfl. Parkes Jurjavés nächst Agram in Croatien. Gez. von C. Zasche.) n. 10 *ℳ*.

Helvetiorum, de juribus, circa sacra. 8. Zürich. Orell. 769.

Jurich, Bruno, die Stomatopoden der deutschen Tiefsee-Expedition, s.a. Ergebnisse, wissenschaftliche, der deutschen Tiefsee-Expedition. VII, 6.

Jurich, Bruno: Die Stomatopoden der deutschen Tiefsee-Expedition. Mit 6 Tafeln. Jena: G. Fischer 1904. (51 S.) 4°
¶[= Wissenschaftl. Ergebnisse der deutschen Tiefsee-Expedition. Bd. 7, Lief. 6.]
Leipzig, Phil. Fak., Ref. Chun u. Pfeffer, Diss. v. 12. Okt. 1904
[Geb. 6. April 76 Pröšitz b. Mutzschen; Wohnort: Penig; Staatsangeh.: Sachsen; Vorbildung: Seminar Grimma Wahlfähigkeitsprüfung 99; Studium: Leipzig 7 S; Rig. 19. Jan. 04.]

Die Stomatopoden der deutschen Tiefsee-Expedition. Von Bruno Jurich. Mit ⟨Taf. 1–6⟩. *(Jena: G. Fischer 1904.)* (S. 362–408.) 4°
= Ergebnisse, Wissenschaftl., d. deutschen Tiefsee-Expedition auf d. Dampfer Valdivia 1898–1899. Bd 7, Lfg 6. [04. 14480

Jurie, Bertha v., Spitzen u. ihre Charakteristik. (VIII, 79 S. m. 35 Abb. auf 21 Taf.) gr. 8. Berlin 907. B. Cassirer. 3.50; geb. n 4. 50

Jurić, Theod., Handbuch der k. k. österreich. Medicinal-Gesetze von 1786 bis auf die neueste Zeit. gr. 8. (16⅛ B.) Wien 813, Kaulfuß Wwe., Prandel u. Comp.

Juriš, Theodor: Die Pflichten und Rechte der österreichischen Aerzte. 110 S., gbd.

Wien: Kaulfuß & Prandel 1847

JB 5.482

Juriš, Theodor: Repertorium der k.k.österreichischen Medicinal-Verordnungen mit besonderer Rücksicht auf die Provinz Nieder-Österreich. 249 S., gbd.

Wien: Kaulfuß & Prandel 1843

JB 5.481

Jurien de la Gravière, E, Pour l'empire des mers, hrsg. von J Hengesbach, s.a. **Schulbibliothek** französischer u. englischer Prosaschriften. I. 50.

Pour l'empire des mers! Extrait de Guerres maritimes sous la République et l'Empire par E[dmond] **Jurien de La Gravière**. Ausgew. u. erkl. von Dr. J[osef] **Hengesbach**, Oberl. Mit 1 Bildn. Nelsons, 2 Schlachtpl. u. 1 Abb. [Text nebst] Wörterbuch. Berlin: Weidmann 1903–04. 2 Bde 8°
[Text.] 1903. Wörterbuch. Zsgst. von Friedrich Schmidt. 1904.
— **Schulbibliothek** franz. u. engl. Prosaschriften aus d. neueren Zeit. Abt. 1, Bdch. 50.

Jurien de la Gravière, J. P. E. Nelson u. die Seekriege von 1789—1815. Mit 1 Portr. Leipzig 1847. 359 S.

Jurien de La Gravière, E. Nelson u. d. Seekriege v. 1792—1815. Nach d. Franz. (VII, 359) 8. Leipzig 1847. — ib. 1865. — ib. 1870. 3,00.

Jurieu, Uebung d. Andacht u. Tractat v. d. Liebe Gottes. 2 Thle. 8. Cassel. 710–14.

JURIK, Johannes: Cognatio spiritualis tamquam matrimonii impedimentum in sua historica evolutione usque ad praesens tempus e fontibus demonstrata. — (1900) 189 S. 4° (Handschr.) Diss. 527
Diss. Wien, Univ.

Jurik, Josefine, Epistein gegen die allgemeine Verjudung. 12. (160 S.) Marburg a. D. 885, Jurik. *

Jurik, Josefine, **Fingersatzlehre** f. die Zither. gr. 8. (16 S.) Trier 888. P. E. Hoenes. — 75

— **Methode** beim Unterricht im Anschluss an die Darr'sche Zitherschule. gr. 8. (IV, 95 S.) Ebd. 888. 2. 50

Jurinac, Adolf E. [k. Gymn.-Prof. aus Waraždin in Kroatien]: Ein Beitrag zur Kenntniss der Fauna des Kroatischen Karstes und seiner unterirdischen Höhlen .... München, Akad. Buchdr. v. F. Straub, 1888; 36 S. u. 1 Taf. 8°
Jena, Phil. Fak., Inaug.-Diss. v. 1888

Jurinac, Adolf E., ein Beitrag zur Kennthiss der Fauna des Kroatischen Karstes und seiner unterirdischen Höhlen. Diss. Jena 1888, G. Neuenhahn. 8°. 36 S. mit einer Taf.

Jurine, Louis

Jurine, L., Abhandlung über die Brustbräune. Eine Preisschrift. A. d. Französ. von Dr. K. L. Menke. gr. 8. Ebend. 816.

Jurine, Louis: Abhandlung über den Croup. (Mémoire sur le croup. Dt.) Übers. von Philipp (Cornelius) Heineken. Mit einer Vorrede und Anmerkungen hrsg. von J(ohann) A(braham) Albers. 303 S., gbd.

Leipzig: Göschen 1816

JB 4.166

Jurine, (Louis,) histoire des monocles, qui se trouvent aux environs de Genève. Mit 22 Kupfrt. gr. 4. Genf 820, Paschoud.

— nouvelle méthode de classer les Hyménoptères. Vol. I. Avec fig. gr. 4. Zürich 807. Orell. 12 ℳ

Jurion, Auguste Paul, u. Vendelin Jurion: Die Lebensversicherung im Grosssherzogthum Luxemburg. Die unbestreitbaren Wohlthaten der Lebensversicherungs-Anstalten werden um so allgemeiner benutzt werden, je mehr das Wesen und Wirken derselben in das Volksbewusstsein eindringen wird.
Luxemburg: V. Bück 1883. 28, 1 S. 8°

Jurion, Vendelin: Die Lebensversicherung im Grossherzogthum Luxemburg ..., s. Jurion, Auguste Paul

Juris ..., s. J u s ...

Juris, Arnold

Juris, A. Über das Reich des Odovakar. 23 S. **Progr.** *Kreuznach* 1883.

Juris, Arnoldus: De Sophoclis vocibus singularibus. Halis Saxonum 1876: Ploetz. 49 S. 8°
Halle-Wittenberg, Phil. Diss. v. 10. Nov. 1876
Geb. Giessen bei Köln 24. 1. 1852. V.
Verf. erlebte die Diplomerneuerung 1926 als Gymnasial-Professor a. D. in Bad Kreuznach,

Jurisch. Wie gewann und wie führte Augustus für das Jahr 32 v. Chr. die Alleinherrschaft? (20.) 4. Löwenberg 1872.

Jurisch, Konrad Wilhelm

Jurisch, Konr. W., Über die Arbeit als Rechtsboden. 8°.
Aus: Annalen d. Naturphilosophie. Bd 4. 1904.

Jurisch, K. W: Beiträge zur Aërologie des Rauches. Plauen i. V. 1907

Über die Beseitigung der Rauchplage in Karlsbad. Von Prof. Dr. Konrad W[ilhelm] **Jurisch**. (Karlsbad: Vereinigung d. Karlsbader Ärzte [1905].) (10 S.) 4° [Umschlagt.]
Aus: Mitteilungen d. Vereinigung Karlsbader Ärzte. No 3.

Jurisch, K. W: Über die Beseitigung der Rauchplage in Karlsbad. Karlsbad (1906)

Jurisch, Konr. W., Ueber die Beseitigung der Rauchplage in Städten. M. 1 Taf Berlin 1906. 4°.
Aus: Gewerbl. Techn. Ratgeber. Jg 5, H. 20. 1906.

Jurisch, Konr. W., Beweis des Fermatschen Satzes. (4 S.) Lex. 8. Berlin 908. C. Heymann. — 40

— 2. **Beweis des Fermatschen Satzes.** (12 S.) Lex. 8. Ebd. 909. 1. 60

— Zwei Denkschriften üb. Luftrecht, s.a. **Sammlung** v. Abhandlungen üb. Abgase u. Rauchschäden. 4. Heft.

Jurisch, K[onrad] W.: Zwei Denkschriften über Luftrecht dem Ausschuß des Bundes der Industriellen in Berlin für das Studium der Errichtung einer gewerblich technischen Reichsbehörde mit Benutz. d. Ergebnisse d. vom Ausschuß veranstalteten Umfrage unterbreit. Berlin 1910. 8°
(Sammlung von Abhandl. üb. Abgase u. Rauchschäden. 4)

Jurisch, Konrad W., Über die Einseitigkeit in unserem geistigen Schaffen. (Berlin 1906.) 8°.
Aus: Deutsche Monatsschr. f. d. gesamte Leben. Jg 5, H. 6.

Jurisch, K. W: Aus der Entwicklungsgeschichte der Ammoniaksoda-Industrie. System Honigmann. Berlin 1907

Jurisch, K. W: Aus der Entwicklungsgeschichte der Ammoniaksoda-Industrie. System Pollaczek. Berlin 1907

Jurisch, Konr., Über die Fabrikation von bleihaltigen Anstrichfarben in England. 4°.
Aus: Gewerbl. Techn. Ratgeber 1906. H. 22.

Jurisch, Konr. Wilh., die Fabrikation von chlorsaurem Kali und anderen Chloraten. gr. 8. (VIII, 229 S. mit 65 Holzschn. im Text und 5 lithogr. Taf.) Berlin 888, Gaertner's Verlag. geb. *

Jurisch, Konr. W., die Fabrikation von schwefelsaurer Thonerde. gr. 8. (V, 113 S. m. Fig.) Berlin 894. S. Fischer Verl. n. 5.—

Jurisch, Konr. W., Die Förderung des deutschen Aussenhandels durch ein Reichshandelsamt. 4°.
Aus: Zeitschrift f. angewandte Chemie. Jg 16, 1903. H. 43.

Jurisch, Konrad W., Zur Gebühren-Ordnung für Zeugen und Sachverständige. 8°.
Aus: Zeitschrift f. öffentl. Chemie. Jg 1909, H. 3/4.

Jurisch, Konr. W., üb. Gefahren f. d. Arbeiter in chem. Fabriken, Unfallverhütungsmittel u. Arbeitsbedinggn. E. durch d. engl. Parlamentsbericht von 1893 veranl. krit. Besprechg. engl. u. deutscher Industrieverhältnisse. Lex.-8. (IV, 130 S. m. 4 Taf.) Berlin 895. R. Gaertner. n. 5.—

— **üb. Gefahren f. Arbeiter in chem. Fabriken.** Eine Vertheidigg. gr. 8. (19 S.) Berlin 896. Fischer's technolog. Verl. n.n. —75

Ueber Gefahren für Arbeiter in chemischen Fabriken. E. Vertheidigg v. Dr. Konrad W[ilhelm] Jurisch, Docent ... zu Berlin. *Berlin: M. Krayn 1896.* (19 S.) 1 Bd 8. [97. ...]

Jurisch, Konr. Wilh. Grundlage der Philosophie der Kultur. gr. 8. (76 S. m. 2 Taf.) Berl. 890, C. Heymann. * 2 —

Grundzüge des Luftrechts. Von Konrad W. Jurisch. *Berlin: C. Heymann 1897.* (VI S., 1 Bl., 86 S.) 1 Bd 8. [97. ...]

— **Handbuch der Schwefelsäurefabrikation.** gr. 8. (VII, 368 S. m. 39 Abbildgn.) Stuttgart 893. F. Enke. n. 14.—

Jurisch, Konr. W., Ueber Luftrecht. Berlin 1904. 8°. [Umschlagtit.]
Aus: [illegible] f. angewandte Chemie zu Berlin 1903. Bd 4.

Ueber deutsches Luftrecht. Nachweis der Nothwendigkt e. gesetzl. Regelg der bereits vorhandenen Vorschriften üb. Reinerhaltg d. Luft. Von Dr. Konrad W[ilh.] Jurisch, Docent ... zu Charlottenburg-Berlin. Nach e. ... in d. Gesellsch. f. öffentl. Gesundhtspflege geh. Vortr. *Berlin: Gedr. bei L. Schumacher 1896.* (1 Bl., 18 S.) 1 Bd 8. [96. ...]

Das Luftrecht in der Deutschen Gewerbeordnung. Von Prof. Dr. Konrad W[ilhelm] Jurisch. Berlin: C. Heymann 1905. (XII, 364 S.) 8° [05. ...]

— Über Luftsalpeter, s.: **Arbeiten auf den Gebieten der Gross-Gasindustrie. II.**

Aus der Praxis der Ammoniaksoda-Industrie. Von Konrad W. Jurisch. Chemische Durcharbeitung d. Systems Solvay. Cöthen (Anhalt) Chemiker-Zeitung 1906. (80 S.) 8° [Umschlagt.]
Aus: Chemiker-Zeitung. [07. ...]

— **Salpeter u. sein Ersatz.** (VIII, 856 S. m. 45 Abb. u. 2 Bildnissen.) Lex. 8. Leipzig 908. S. Hirzel. 10.—; geb. 12.—

Jurisch, Konr. W., Was ist Staatswohl? Tl 1. 2. (Berlin 1906.) 8°. *[Kopftit.]*
Aus: Deutschland, Monatsschrift f. d. ges. Kultur 1906. H. 45.

Jurisch, [Konr. W.], Ueber den gegenwärtigen Stand der luftrechtlichen Interessen. [Berlin 1904.] 8°. [Kopftit.]
Aus: Hygienische Rundschau. 1904.

— **Stickstoffdüngung.** (III, 40 S. m. 1 Taf.) Lex. 8. Ebd. 908. 1.50
Sonderabdruck aus vorstehendem Werke.

Jurisch, Konr. W.: Luftrechtliche Studie zu § 25 der Gewerbeordnung. (Berlin 1903.)
(S.-A. a.: Chemische Industrie. 1903, Nr 7. 8.)

JURISCH, KONRAD WILHELM.
Die Vereinigung der Gewässer. Eine Denkschrift im Auftrage der Flusskommission des Vereins zur Wahrung der Interessen der chemischen Industrie Deutschlands. Berlin, 1888 [?].

— **die Verunreinigung der Gewässer.** Eine Denkschrift, im Auftrage der Flusscommission d. Vereins zur Wahrung der Interessen der chemischen Industrie Deutschlands bearb. hoch 4. (VIII, 117 S.) Berlin 890. Gaertner. n. 10.—

Jurisch, Reinhard Anmerkungen zu Schillers Gedicht „Die Künstler". 8 (S. 13–33).
In: II. Abschnitt der Festschrift z. 50jähr. Jubiläumsfeier des Rg. am Zwinger zu *Breslau* 1886.
Progr.

Jurisch, Reinhard [Oberl.]: Schiller als Weltbürger und Freund seines Vaterlandes. Breslau, Druck v. Graß, Barth u. Comp. (W. Friedrich.), 1889; 16 S. 4°
Breslau, RG am Zwinger, OP 1889 (202)

Jurisch, R. u. A. Otto. Breslauer Wanderbuch. Ein Verzeichn. v. Ausflügen in d. nähere u. weit. Umgegend v. Breslau. 1. u. 2. verb. Aufl. 12. (VIII, 47 S.) Bresl. 889, Max u. Comp. [* — 50] * — 30

Jurisch, R., u. A. Otto, Breslauer Wanderbuch m. Orientirungsplan. Ein Verzeichnis v. Ausflügen in die nähere u. weitere Umgegend v. Breslau. Auf Grund eigener Erfahrgn. zusammengestellt. 3., verb. Aufl. 12. (VIII, 65 S.) Breslau 894. J. Max. n. — 50

[F.] Breslauer Wanderbuch mit Orientirgspl. E. Verzeichnis v. Ausflügen in d. nähere u. weitere Umgegend v. Breslau. Auf Gr. eigener Erfahrgn zsgest. v. R[einh.] Jurisch u. A[ug.] Otto. 4. verm. Aufl. *Breslau: J. Max 1895.* (3 Bl., 66 S., 1 Kt.) 1 Bd 8. [96. 3964]

Jürisch, Daniel (Prenzlau/Ukermark), De modo inverso in processu civili et criminali vitando. Diss. jur. Präs. Christian Wildvogel. Jena (Müller) 1717. 44 S. (6.80) 17132

Jurisconsulti anonymi de supremo in regno Sax. tribunali ante hos centum annos inaugurato, jam antiquato, ad amicum epistola. 8. (1 B.) Misenae 834, Klinkicht et fil.

De Jurisconsulto aesthetico. Progr. rectoris academiae Ludovicianae. Giessae 1773.

Jurisdictio, Die auf das allerbeste gegründete, ecclesiastica Catholischer Landes-Herrn über ihre protestirende Unterthanen. [Nürnberg] 1726. V: *Moser, Johann Jacob.* (Moser, J. J., Lebensgeschichte von ihm selbst beschrieben. Frankfurt u. Leipzig 1777. III, 125.)

Die auf das allerbest begründete Jurisdictio ecclesiastica katholischer Landes-Herrn üb. ihre protestirende Unterthanen, erwiesen von SINCERO. 726. 4.

De Jurisdictione militari, et cum primis ea, quae competit magistratibus militaribus in Imperio, iisque vel Caesareanis, vel Imperii, & Circulorum, vel denique Statuum singulorum occasione formandae in Imperio militiae perpetuae. Editio nova. Norimbergae 1741.

Jurisdictionsbezirk, Der, des k. k. innerösterreichischen Küstenland-Appellations- und Criminalobergerichtes von J. F . . . . . ch E. v. L . . . . . ch. V: *Fachbach von Lohnbach, Josef* (?), Hauptmann. (Megerle v. Mühlfeld, Oesterreich. Adels-Lexikon) (Hdschr. Mitth. von Direktor Dr. Ferdinand Eichler, Graz, u. Direction der U.-Bibl. Innsbruck, 15. XI. 1905.)

Jurisdictionsnorm, s.a. Gesetze u. Verordnungen, österreichische.

[J.] Jurisdictionsnorm. Gesetz v. 1. Aug. 1895 üb. d. Ausübg d. Gerichtsbarkt u. d. Zuständigkt d. ord. Gerichte in bürgerl. Rechtssachen sammt Einführgsgesetz. *Wien: K. k. Hof- u. Staatsdr. 1896.* (V, 94 S.) 1 Bd 8.
— Handausgabe d. österr. Gesetze u. Verordngn. H. 110.

— u. **Civilprocess-Ordnung,** d. neue, sammt d. Einführungs-Gesetzen. (D. Gesetze v. 1. VIII. 1895.) Reg.-Bl. No. 110—118. (Deutsch u. böhmisch.) 8. (669 S.) Prag 897. Bursik & Kohout. n. 8. 40

Jurisdictionsnorm u. **Civilprocess-Ordnung,** die neue, sammt den Einführungs-Gesetzen. (Die Gesetze vom 1. VIII. 1895.) (Deutsch u. böhmisch.) Prag 898.

Jurisdikzionsnormo für die k. k. Marine. Norma giurisdizionale per l'I. R. marina. Fol. Wien 1803.

Jurisdictionsnormen. — Gerichts- und Concursordnung. — Geschäftsordnung d. Gerichte, s.: Taschenausgabe der österr. Gesetze. VI. Bd.

Jurisdiktions-Verhältnisse der (bad.) Gendarmerie. o. O. u. J. 7 S.

Juriskorić v. Hagendorf, Anton, k. und k. General-Major d. R., gewesener Obmann der II. (militärischen) Abth. Die militärische Abtheilung in der internationalen Ausstellung für Volksernährung, Armee-Verpflegung, Armee-Ausrüstung u. s. w. mit ihren bemerkenswerthen Objecten. (Lithographirt.) gr. 4. Wien 1894.

Jurisprudentia

Iurisprudentiae Antehadrianae quae supersunt ed. F[ranz] P[eter] Bremer. P. 1. *Lipsiae: B. G. Teubner 1896.* 8.
(Bibliotheca script. Graec. et Rom. Teubneriana.)

Iurisprudentiae antehadrianae quae supersunt edidit F. P. Bremer. Pars I. Liberae rei publicae iuris consulti. 8. (V, 424 S.) Leipzig 896. B. G. Teubner. n. 5. —

Iurisprudentiae antehadrianae quae supersunt ed. F. P. Bremer. Pars II: Primi post principatum constitutum saeculi iuris consulti. Sectio I et II. 8. (IV, 582 u. XXVII, 639 S.) Leipzig 898, 901. B. G. Teubner. à n. 8. —; geb. à n. 8. 80

Iurisprudentiae antejustinianae quae supersunt. In usum maxime academicum composuit, recensuit, adnotavit Ph. Ed. Huschke. 8. (XVI und 748 S.) Leipzig 861, Teubner.

Jurisprudentiae antejustinianae quae supersunt. In usum maxime academicum composuit, recensuit adnotavit Ph. Ed. Huschke. Editio altera aucta et multis locis emendata. 8. (XVI und 770 S.) Leipzig 867, Teubner.

Iurisprudentiae antejustinianae quae supersunt. In usum maxime academicum compos. rec., adnot. Ph. Ed. Huschke. Ed. tertia rursus aucta et multis locis emendata. 8. (XVIII, 820 S. m. 2 Steintaf. in 8. u. qu. 4.) Leipzig 874. Teubner. n. 6. 75

Jurisprudentiae antejustinianae quae supersunt. In usum maxime academicum composuit, rec., adnotavit Ph. Ed. Huschke. Edit. IV. denuo aucta et emendata. 8. (XVIII, 842 S.) Leipzig 879, Teubner.

Jurisprudentiae anteiustinianae quae supersunt. In usum maxime academicum composuit rec., adnotavit Ph. Ed. Huschke. Ed. V. denuo aucta et emendata 8. (XX, 880 S.) Leipzig 886. Teubner. 6. 75

Iurisprudentiae ante justinianae reliquias in usum maxime academ. compositas a Ph. Eduardo Huschke ed. VI aucta et emendata ediderunt E. Seckel et B. Kuebler. Vol. I. (XXXI, 504 S.) kl. 8. Leipzig 908. B. G. Teubner. 4.40; geb. in Leinw. 5. —

Jurisprudentia genuina . . . Oder die aus denen ersten und wahren Grundsätzen demonstrirte und verbesserte Rechtsgelehrsamkeit . . . Frankf. u. Leipzig 1755. V: *Brenk, Joh. Wolfg.* (EngJ)

Jurisprudentia genuina, oder die aus denen ersten u. wahren Grundsätzen demonstrirte u. verbess. Rechtsgelehrsamkeit rc. (Von J. W. Brenk.) 2 Thle. 4. Frankf. u. Leipz. 755. N. A. 4. Nürnb. 780. Stein. 18 K

Iurisprudentia genuina, ex primis juris principiis scientifica methodo demonstrata. 4. Nürnb. Stein. 780.

Jurisprudentia Germaniae ... Bibliographie d. deutschen Gesetzgebung u. Rechtswissenschaft unter Mitw. von Fachgenossen gesammelt u. sachl. geordnet von Georg Maas, Bibliothekar. (Jg. 1.) 1905. Berlin: W. Moeser 1906. 8°

Jurisprudentia Romana et Attica: cont. varios commentatores, qui jus Rom. et Attic.: item classicos aliosque autores veteres . . . illustrarunt. Cum praef. Jo. Gottl. Heineccii, (T. 3:) Petri Wesselingii. Lugduni Bat. 3 Bde fol.

T. 1. in quo Franc. **Balduini** opuscula omnia. 1738.
„ 2. in quo Barth. **Chesii** interpretationum juris libri 2 et de differentiis juris liber. Item Guidi **Panciroli** variarum lectionum libri 3. 1739.
„ 3. in quo Sam. **Petiti** leges Atticae et commentarius. 1741.

Jurisprudentia, Sacra, Christo Supremo Legislatore in terris sub orbe tritices triumphante, Coronata . . . [Bamb.] 1754. V: *Jung, Johann.* (Jes)

Jurisprudentia vetus Ante-Justinianea etc. C. commentariis viror. doctor. integris. Ex rec. et c. notis Ant. Schultingii. Lugd. B. 714. 4. Ed. auct. cura J. D. Ritteri. Lips. 737. 4. 4rthl.

Jurisprudentia vetus Antejustinianea ex recens. et c. not. Ant. Schultingii. *Lips.* 717. 4. Edit. nova, collata c. add. antiquissimo *Wurceburg.* et *Gothano,* (cur. J. Dan. Ritter.) De illustratione jur. civ. antiqui ex lectione classicor. auctorum praef. est D. G. Henr. Ayrer. —recusa (cur. F. Finistres) *Cervariae* 744. 12. — *Lips.,* Weidmann. 837. 4. (4 Thlr.)

Jurisprudenz, die, des Oberappellations-Gerichts der vier freien Städte Deutschlands in bürgerlichen Rechtssachen aus Lübeck 1848—1864. Redig. von Wunderlich. 2 Bde. gr. 8. (928 S.) Bremen 866, Gesenius. *

Jurisprudenz, Die, des Oberappellationsgerichtes der vier freien Städte Deutschlands in Wechselsachen 1821—57. Nebst Anhang aus der Jurisprudenz des Handels- und Obergerichtes zu Hamburg in Wechselsachen. November 1855 bis 1857. Frankfurt a. M. 1858. V: *Wunderlich*, *Gottlob Friedrich Walter Agathon*. (ADB)

Jurisprudenz, die, des Oberappellations-Gerichts der vier freien Städte Deutschlands in Wechselsachen. 1821—57. Nebst Anhang aus der Jurisprudenz des Handels- und Obergerichts zu Hamburg in Wechselsachen. Novbr. 1855—57. gr. 8. (XXXII und 448 S.) Frankfurt a. M. 858, Sauerländer's Verlag. *

Jurisprudenz, westphäl., Samml. bemerkenswerther Beschlüsse des Cassationshofes im Königreich Westphalen. 1r Bd. 1s—3s u. 2r Bd. 1s Heft. gr. 12. Quedlinb. 811 u. 12. Basse. (à 12 gr) 2 Rthlr (A. u. d. französ. T.: Jurisprudence Westphalienne etc.)

Jurisprudenz, westphäl., Sammlung bemerkenswerther Beschlüsse des Cassationshofes im Königr. Westphalen. 1r Bd. 1n, 2n, 3n u. 4n Bds 1s. gr. 12. Quedlinb. Basse, 811 u. 12. (à 12 gr.)
Auch unt. d. franz. Titel:
Jurisprudence Westphalienne etc.

Westphälische Jurisprudenz. Sammlung bemerkenswerther Beschlüsse des Cassationshofes im Königreich Westphalen über interessante Rechtsfragen. Bd 1, H. 1—3. [Mehr nicht ersch.] Quedlinburg 1812.
[Nebentit.:] Jurisprudence westphalienne. Collection d'arrêts remarquables de la cour de cassation au royaume de Westphalie.

Jurist, der, eine Zeitschrift, vorzüglich für die Praxis des gesammten österr. Rechtes, unter Mitwirkung von Jos. Kitka, Mor. v. Stubenrauch und Eugen Alex. Megerle v. Mühlfeld, herausg. von Ign. Wildner. 1r u. 2r Bd. à 2 Hefte. gr. 8. Wien 839. Braumüller u. Seidel. 4 Rthlr

Jurist, der, eine Zeitschr. vorzüglich f. d. Praxis d. gesammten österr. Rechtes, unt. Mitwirk. vieler Rechtsgelehrten hrsg. v. Ign. Wildner Edlen v. Maithstein. Jahrg. 1839—42. od. 1—8. Bd. (1—4. à 2 Hfte, 5—8. à 3 H.) gr. 8. Wien, Braumüller u. Seidel. à J.

Jurist, der, eine Zeitschrift vorzüglich für die Praxis des gesammten österreich. Rechtes. Hrsg. v. Ign. Wildner v. Maithstein. Jahrg. 1843, 44 od. 9—12. Bd. (à 3 Hfte.) gr. 8. Wien, Braumüller u. Seidel. à J. *

—— dass. Neue Folge. Jahrg. 1845—47 od. 1—6. Bd. (à 3 Hfte.) gr. 8. Ebds. à J. *
Jahrg. 1839—42. od. 1—8. Bd. Ebendas. à J. * 4 Thlr.

Jurist, der. Eine Zeitschrift vorzügl. für die Praxis des gesammten österr. Rechtes. Hrsg. von Ign. Wildner v. Maithstein. Jahrg. 1848. Neue Folge. 7. und 8. Bd. à 3 Hefte. gr. 8. Wien, [Braumüller.] *
Vgl. 10. Bd. 1. Abthl. S. 420.

Der Jurist. E. Übersicht über sämtliche auf Grund d. jurist. Studiums ergreifbaren Berufe innerhalb u. ausserhalb d. Staatsdienstes. Unter Berücks. d. neuesten Bestimm. d. deutschen Bundesstaaten dargest. von e. Juristen. Stuttgart 1907. 8°.
(Violets Berufswahlbücher.)

Jurist, der, u. d. Bauer. Lustspiel v. J. Rautenstrauch. 8. (Comt. f. Lit. in Lpz.) 777.

JURIST, Der curieuse, welcher seine Gedancken über einige Lehrsätze aus denen geist- u. weltlichen Rechten eröffnet, solche nach der Wahrheit und Vernunft beurtheilet. 3 Communicationen (soviel ersch.?). Franckfurt und Leipzig 1745. 8°.
Cat. universalis d. Buchhandlg. d. Waisenhauses in Züllichau (174*); J. N. Fritz's in München Cat. 1770, S. 232.

— d. curieuse, welch. seine Gedanken üb. einige Lehrsätze a. d. geistl. u. weltl. Rechten eröffnet. 3 Communicate. 8. Frft. 745—46.

Jurist, der räsonnabel liebende. 8. Leipz. 739.

— d. lustige, s. o. Rottmann.

Jurist, Der lustige, welcher im ersten Theil nicht allein ... Rechtsfragen erörtert ... sondern auch im andern Theil eine kurtze Anweisung, wie allerhand Suppliquen abzufassen ... mittheilet ... Frankf. u. Leipz. 1716. V: *Rottmann*, *Frdr. Julius*. (BrMm) (BGG)

Der lustige Jurist, welcher im 1. Th. nicht allein mancherley ergötzende ... Rechts-Fragen erörtert, verschiedene seltsahme Gerichts-Händel darstellet ... sondern auch im 2. Th. eine kurtze Anweisung, wie allerhand Suppliquen, Instrumenta und andere Rechts-Briefe ... abzufassen ... mittheilet. Von F. J. R. 3. Aufl. Bremen 1725.

Jurist, der lustige. Heiteres in Wort u. Bild aus dem Juristen-Leben. Des „Vademecum f. Juristen" 3. Tl. gr. 8. (176 S.) München (901). Braun & Schneider. n. 2.—; kart. n.n. 2.60
Vergl.: Vademecum f. lust. u. traur. Juristen — Zur Erheiterg.

Jurist, d. neu angehende, m. seltsam. Fällen &c. 8. Frft. Beumelburg. 742.

Jurist, Der patriotische. Cöln 1725. H: *Budaeus*, *Joh. Chn Ghelf.* (ML)

— d. patriotische. 4 Thle. 8. Cöln, Grbl. 726.

Jurist, Der raisonnirende, welcher aus der Vernunft ... seine Gedanken über einige Lehren der Rechtsgelehrsamkeit entdecket. Jena 1714. H: *Glafey*, *Adam Friedrich*. (ML)

JURIST, Der raisonnirende, welcher aus der Vernunft .... seine Gedancken über einige Lehren der Rechtsgelehrsamkeit entdecket (hrsg. von Adam Friedr. Glafey). 3 Stücke (soviel ersch.). Jena 1714. 8°.
Huhold, Journale etc. 4. Ausg. Jena 1717. 8°. S. 18; Anon.-Lex. II. p. 347 (nach Meusel).

Jurist, der vollkommene, s. o. Fr. Aug. Fritzsche, der Rechtsgelehrte.

Jurist, Der vollkommene. Ein Handbuch für junge Leute, die sich den Rechten widmen und auch für Eltern, die ihre Söhne zum Juristen bestimmen wollen. Leipzig 1792. V: *Fritsche, Frdr. Aug.* (Erman & Horn, Bibliogr. d. dtsch. Universitäten. 1. Leipzig u. Berlin 1904.)

— d. vollkommene, ein Handbuch f. junge Leute, d. sich d. Recht. widmen rc. 8. Lpz. Graffé. 792.

— — dass. neuere Auflage. 8. Lpz. Hinrichs. 811.

Juristenbrevier. Historia juris civilis. Ein Lehrgedicht in 5 Gesängen von Iuris Doctorandus. 1. und 2. Aufl. gr. 16. (83 S.) Hamburg 878,79, Grüning. ℳ 1.; geb.

Die **Juristenfacultät** zu Berlin und der Dr. Witte. [Hrsg. von d. juristischen Facultät der Königl. Friedrich-Wilhelms-Universität zu Berlin.] Berlin: F. Dümmler 1817. (28 S.) 8°

Die Juristenfacultäten und die Collegiengeldfrage. E. Denkschrift v. Professoren d. rechts- u. staatswissenschaftl. Facultäten Wien u. Graz. *Wien [S.] Graz: Selbstv. 1896.* (32 S.) 1 Bd 4.(8.) 196. 7330

Juristen-Kalender, deutscher. Uebersicht des in den einzelnen Staaten des deutschen Reichs und in der österreich. Monarchie gelt. Rechts, mit vorzugsweiser Berücksicht. der civilprocessrechtl. Vorschriften sowie des besteh. Concurs- und Accord-Verfahrens in Handelssachen, unter Entwickelung des Organismus der Justiz- und Verwaltungsbehörden unter Beigabe eines Verzeichnisses sämmtl. Staats- und Rechtsanwälte, Notare bezügl. Gerichtsvollzieher im deutschen Reiche und Gesammt-Oesterreich nach officiellen Quellen nebst einem für den Gebrauch auf kaufmänn. Comptoiren und jurist. Expeditionen eingerichteten, in allen Staaten anwendbaren Kalender. Unter Mitwirkung von J. Schiele, v. Feder, Berolzheimer etc. hrsg. von Kleinschmidt. Im Anhang Darstellung industrieller, finanzieller, commercieller und polit. Einrichtungen und Leistungen aller Art, welche auf das Privat- und öffentl. Leben Bezug haben. Redig. von B. Stockmann. 1. und 2. Aufl. (VI, 327 S.) 1872. *ℳ 12., und 3. Aufl. in 10 Lfgn. hoch 4. (III, 408 S.) Leipzig 873, Serbe'sche Verlagsh. *

—— dass. — Supplemente zur 1. Aufl. enth. weitere, praktisch wichtige, gesetzl. Bestimmungen aus dem Gebiete des Civil-Rechts, Civil- und Straf-Processes sämmtl. deutschen Bundes-Staaten und Gesammt-Oesterreichs, unter steter Allegirung der unterlieg. Gesetze etc. sowie Berichtigungen und bezügl. Ergänzungen der im deutschen Juristen-Kalender enth. Advocaten- etc. Verzeichnisse. Unter Mitwirkung von Mehreren hrsg. von Kleinschmidt. hoch 4. (III, 82 S.) Leipzig 873, Serbe'sche Verlagsh. *

Deutscher **Juristen-Kalender.** Uebersicht des in den einzelnen Staaten des Deutschen Reichs und in der österreichischen Monarchie geltenden Rechts, mit vorzugsw. Berücks. der civilproceßrechtl. Vorschriften, sowie des bestehenden Concurs- und Accord-Verfahrens in Handelssachen . . . Unter Mitw. v. . . . hrsg. v. [H.] Kleinschmidt. [Nebst] Suppl. (1.) 2. Leipzig 1872—74.

F r o m m e ' s österreichischer **Juristen-Kalender,** s. J u r i s t e n - K a l e n d e r, Österreichischer.

Juristen-Kalender, neuer österr., s. Gerichtshalle.

Neuer österr. Juristen-Kalender für das Jahr 1903. 8°. (XXII, 168 S.) Gratisprämie f. d. Abonnenten d. „Gerichtshalle". Wien: Breitenstein 1903.

Juristen-Kalender, neuer österreichischer, f. d. Jahr 1908. In Verbindg. m. e. Fristenvormerkungs-Protokoll. Hrsg. v. der Red. der „Gerichtshalle". Hrsg.: M. Breitenstein. (XX, 168 S., Schreibkalender u. 18 S.) kl. 8. Wien, M. Breitenstein. 11. 8 Geb. 3. —

— neuer österreichischer, f. d. J. 1910. In Verbindg. m. e. Fristenvormerkungs-Protokoll. Hrsg. v. der Red. der „Gerichtshalle". Hrsg.: Max Breitenstein. (XX, 171 S., Schreibkal. u. 17 S.) kl. 8. Wien, M. Breitenstein. Geb. in Leinw. 3. 40

Juristenkalender, österreichischer. Hrsg. v. d. „Oesterr. Centralblatt f. d. jurist. Praxis" unter Red. v. **Geller** u. **Jolles.** Wien, Perles. Jährlich

J u r i s t e n - K a l e n d e r, oesterreichischer, für 1870—1873. 1.—4. Jahrg. 32. (276 S. mit 1 Tab. in 4.; 256 S. mit 1 Tab. in 4.; 276; 284 S.) Wien, Perles. geb. Jahrg. 1870. Jahrg. 1871—1873 à

—— dass. — Taschenbuch für Advokaten, Notare, Justiz- und Verwaltungsbeamte. Redig. und hrsg. von Gust. Kohn. 5. und 6. Jahrg. 1874 und 1875. 16. (XXIV, 346; XVIII, 358 S.) Ebendas. geb. à Jahrg.

—— österreichischer. Taschenbuch für Advocaten, Notare, Justiz- und Verwaltungsbeamte. Redig. und hrsg. von Gust. Kohn. 7.—11. Jahrg. 1876—1880. 16. (338, 380; 206, 189; 190, 184; 198, 190 S.) Wien, Perles. geb. à Jahrg. ℳ 3,20.; in Leder geb. *

— - ö s t e r r e i c h i s c h e r. Taschenbuch für Advocaten, Notare, Justiz- und Verwaltungsbeamte. Redig. und hrsg. von Gust. Kohn. 12. und 13. Jahrg. pro 1881 und 1882. 16. (VII, 193, 189; VII, 196, 189 S.) Wien, Perles. geb. à Jahrg. *

— dass. — für die J. 1883—1885. 14.—16. Jahrg. [Neue Folge 1.—3. Jahrg.] Hrsg. und redig. von Leo Geller. gr. 16. (IV, 161, 128; IV, 167, 130; IV, 187, 128 S.) Ebendas. geb. à Jahrg. *

—— österreichischer, für das J. 1887. 18. Jahrg. [Neue Folge. 5. Jahrg.] Hrsg. und redig. von Leo Geller. gr. 16. (IV, 201, 130 S.) Wien, Perles. geb. *

—— dass. — für das J. 1888. 19. Jahrg. [Neue Folge. 6. Jahrg.] Hrsg. und redig. von Leo Geller. 2 Bde. gr. 16. (1. Bd. V, 205, 130 S.) Ebendas. geb. *
1. Thl. allein geb. in Leinw. *ℳ 3.—; in Leder *
2. Thl. allein geb. in Leinw. *

—— dass. — für das J. 1889. 20. Jahrg. [Neue Folge. 7. Jahrg.] Hrsg. von dem „Oesterreich. Centralblatt für die jurist. Praxis" unter der Redact. von Leo Geller. 2 Bde. gr. 16. (1. Bd. IV, 202, 130 S.) Ebendas. geb. *
1. Thl. allein geb. in Leinw. *
2. Thl. allein geb. in Leinw. *ℳ 3.20.; in Leder *

J u r i s t e n - K a l e n d e r, österreichischer, f. d. J. 1890—1893. 21.—24. Jahrg. [Neue Folge VIII.—XI. Jahrg.] Hrsg. v. dem „Oesterr. Centralblatt f. die jurist. Praxis" unter der Redact. von Leo Geller u. Herm. Jolles. gr. 16. (IV, 222 u. Tagebuch; IV. 216 S. u. Tagebuch; IV, 183 S. u. Tagebuch; IV, 240 S. u. Tagebuch.) Wien, Perles. geb. in Leinw. à Jahrg. * 3 — geb. in Ldr. 21.—23. Jahrg. à * 4 —; 24. Jahrg. * 4 40

Juristen-Kalender, Oesterreichischer, f. d. J. 1890. 21. Jahrg. [Neue Folge. 8. Jahrg.] Herausgeg. von dem „Oesterr. Centralblatt für die juristische Praxis", unter der Redaction von Dr. Leo Geller. Gr. 16. (222 S. mit Tagebuch.) In Leinwd. geb. 1.60, eleg. in Leder geb. 1889 2.20

Juristen-Kalender, Oesterreichischer, pr. 1891. XXII. Jahrg. (Neue Folge, XI. Jahrg.) Hrsg. von dem „Oesterr. Centralblatt für juristische Praxis" unter der Redaction von Dr. Leo Geller, Hof- und Gerichts-Advocat in Wien und Dr. Hermann Jolles. 16. (220 S. mit Tagebuch.) Eleg. gebd. in Leinwand 1.60, in Leder geb. 1890 2.20

Juristenkalender, Oesterreichischer, für das Jahr 1892. 23. Jahrg. Herausgegeben von dem österr. Centralblatte für „juristische Praxis" unter der Redaction von Dr. Leo Geller u. Dr. Hermann Jolles. 16. (222 S. u. Tagebuch.) In Leinw. geb. 1891 1.60

Juristenkalender, Oesterr., für das Jahr 1893. 24. Jahrg. (Neue Folge. 11. Jahrg.) Herausgegeben und redigirt von Hof- u. Gerichts-Advocaten Dr. Leo Geller. Gr.-16. (240 S. mit Tagebuch in Leinwand geb. 1.60, in Leder geb. 1892 2.20

Juristen-Kalender, Oesterr., für das Jahr 1894. 25. Jahrg. (Neue Folge. 12. Jahrg.) Herausgegeben von dem „Oesterr. Centralblatt für die juristische Praxis" unter der Redaction von Dr. Leo Geller und Dr. Hermann Jolles. Taschenf. (202 S. mit Tagebuch.) In Lwd. geb. 1.60, in Leder geb. 1893 2.

Juristen-Kalender, Oesterr., für das Jahr 1895. 26. Jahrg. (Neue Folge 13. Jahrg.) Herausgegeben von dem „Oesterr. Centralblatt für die juristische Praxis" unter der Redaction von Dr. Leo Geller und Dr. Herman Jolles. Taschenf. (200 S., mit Tagebuch.) In Lnwd. geb. 1.60, in Leder geb. 1894 2.20

Juristen-Kalender, Oesterr., für das Jahr 1896. 26. Jahrg. (Neue Folge 14. Jahrg.) Herausgegeben von dem „Oesterr. Centralblatt für die juristische Praxis" unter der Redaction von Dr. Leo Geller und Dr. Herman Jolles. Taschenf. (200 S., mit Tagebuch.) In Lnwd. geb. 1.60, in Leder geb. 1895 2.20

Juristen-Kalender, Oesterr., für das Jahr 1897. 27. Jahrg. (Neue Folge, 15. Jahrg.) Herausgegeben von dem „Oesterr. Centralblatt für die juristische Praxis" unter der Redaction von Dr. Leo Geller und Dr. Herman Jolles. Taschenf. (204 S., mit Tagebuch.) In Lnwd. geb. 1.60, in Leder geb. 1896 2.20

Juristen-Kalender, Oesterr., für das Jahr 1898. 21. Jahrg. (Neue Folge, 16. Jahrg.) Herausgegeben von dem „Oesterr. Centralblatt für die juristische Praxis" unter der Redaction von Dr. Leo Geller u. Dr. Hermann Jolles. Taschenf. (208 S., mit Tagebuch.) In Lnwd. geb. 1.60, in Leder geb. 1897 2.20

Juristen-K[illegible], [illegible], f. d. J. 1899. 30. Jahrg. [Ne[illegible] XVII. Jahrg.] Hrsg. v. d. „Oesterr. Cent[illegible] Praxis" unt. d. Red. v. Leo Geller u. [illegible] Jolles. gr 16. (IV, 201 S. u. Tagebuch.) Wien, [illegible]. Geb. in Leinw. n. 3.—

Österreichischer **Juristen-Kalender** für das Jahr 1900. XXXI. Jahrgang. (Neue Folge XVIII. Jahrgang). Herausgegeben von dem „Österr. Centralblatt für die juristische Praxis" unter der Redaction von Dr. Leo Geller und Dr. Hermann Jolles. Wien. Perles. 16°. 210 S. mit Tagebuch. Geb. fl. 1.60

Oesterreichischer **Juristen-Kalender** für das Jahr 1901. XXXII. Jahrgang. (Neue Folge XIX. Jahrgang.) Herausgegeben von dem „Oesterr. Centralblatt für die juristische Praxis" unter der Redaction von Dr. Leo Geller und Dr. Hermann Jolles. Wien. Perles. 8°. 212 S. und Agenda. Geb. K 3.20

Österreichischer **Juristen-Kalender** für das Jahr 1902. XXXIII. Jahrgang. (Neue Folge XX. Jahrgang.) Herausgegeben von dem „Österr. Centrablatt für die juristische Praxis" unter der Redaction von Dr. Leo Geller und Dr. Hermann Jolles. Wien. Perles. 16°. 220 S. mit Tagebuch Geb. K 3 20

Juristen-Kalender, österreich., f. d. J. 1903. 34. Jahrg. [Neue Folge XXI. Jahrg.] Hrsg. v. dem „Oesterr. Centralblatt f. die jurist. Praxis" unter der Red. v. Leo Geller u. Herm. Jolles. 12. (IV, 206 S. u. Tagebuch.) Wien, M. Perles. Geb. in Leinw. n. 3.—

Oesterreichischer **Juristen-Kalender** für das Jahr 1904. 35. Jahrg. (Neue Folge 22. Jahrg.) 8°. (224 S.) geb. K 2 40 Wien: Perles 1903.

Juristen-Kalender, oesterreichischer, f. d. Jahr 1905. 36. Jahrg. (Neue Folge XXIII. Jahrg.) Hrsg. v. dem „Oesterr. Zentralblatt f. die jurist. Praxis" unter der Red. v. L. Geller u. H. Jolles. (IV, 216 S. u. Tagebuch). kl. 8. Wien, M. Perles. 1905 Geb. in Leinw. 3. —

Juristen Kalender, oesterreichischer, f. d. Jahr 1906. 37. Jahrg. (Neue Folge XXIV. Jahrg.) Hrsg. v. dem „Oesterr. Zentralblatt f. die jurist. Praxis" unter der Red. v L. Geller u. H. Jolles. (IV, 202 S. u. Tagebuch.) kl. 8. Wien, M. Perles. 1906 Geb. in Leinw. 3. —

Juristen-Kalender, österreichischer, für das J. 1907. 38. Jahrg. [Neue Folge XXV. Jahrg.] Hrsg. v. dem „Oesterr. Zentralblatt f. die jurist. Praxis" unter der Red. von Leo Geller u. Herm. Jolles. (IV, 226 S. u. Tagebuch.) kl. 8. Wien, M. Perles. Geb. in Leinw. n. 3.—

Juristen-Kalender, österreichischer, f. d. Jahr 1908. 39. Jahrg. (Neue Folge XXV. Jahrg.) Hrsg. v. dem „Oesterr. Zentralblatt f. die jurist. Praxis" unter der Red. v. L. Geller u. H. Jolles. (IV, 230 S. u. Tagebuch.) kl. 8. Wien, M. Perles. 1908 Geb. in Leinw. 3. —

— österreichischer, f. d. J. 1909. 40. Jahrg. (Neue Folge XXVII. Jahrg.) Hrsg. v. d. „Oesterr. Zentralblatt f. d. jurist. Praxis" unter d. Red. v. L. Geller u. H. Jolles. (IV, 235 S. u. Tagebuch.) kl. 8. Wien, M. Perles. Geb. 3. —

— — f. d. J. 1910. 41. Jahrg. [Neue Folge XXVIII. Jahrg.] (IV, 235 S. u. Tagebuch.) Ebenda. Geb. 3. —

Juristen-Kalender, österreichischer, f. d. J. 1911. 42. Jahrg. [Neue Folge XXIX. Jahrg.] Red. v. d. „Oesterr. Zentralblatt f. die jurist. Praxis" unter der Red. v. Leo Geller u. Herm. Jolles. (IV, 242 S. u. Tagebuch.) kl. 8. Wien, M. Perles. Geb. in Leinw. 3. —

— Fromme's österreichischer. Red. v. Frühwald. Wien. Jährl.

—— dass. — für die J. 1873—1875. 1.—3. Jahrg. Redig. von Jos. Frühwald. 16. (VI, 156; 354; 367 S.) Wien, Fromme. geb. à Jahrg. *

Juristen-Kalender, oesterreichischer, für die J. 1876—1880. 4.—8. Jahrg. Redig. von Jos. Frühwald. 16. (388; VIII, 380; VIII, 195, 190; VIII, 201, 190; VIII, 211, 192 S.) Wien, Fromme. à Jahrg. geb. in Leinw. * à Jahrg. geb. in Leder *

Juristen-Kalender, österreichischer, für das J. 1881. 9. Jahrg. Redig. von Jos. Frühwald. Mit 5 (lithogr.) Orientirungs-Plänen zum k. k. Justiz-Palast in Wien. Veröffentlicht mit Bewilligung des hohen k. k. Justizministeriums. gr. 16. (VIII, 185, 192 S.) Wien, Fromme. geb.

—— Fromme's österreichischer, für die J. 1882—1885. 10.—13. Jahrg. Redig. von Jos. Frühwald. gr. 16. (VIII, 200, 192; VIII, 190, 190; VIII, 195, 192; VIII, 206, 192 S.) Ebendas. geb. à Jahrg. *

Juristen-Kalender, Fromme's österreichischer, für die J. 1886—1889. 14.—17. Jahrg. Redig. von Jos. Frühwald. gr. 16. (VIII, 201, 192; 202, 192; VI, 211, 192; VII, 224, 192 S.) Wien, Fromme. geb. à Jahrg. Brieftaschen-Ausg. à Jahrg. *

—— Fromme's österreichischer, f. d. J. 1890—1893. 18.—21. Jahrg. Redig. v. Jos. Frühwald. gr. 16. (VI, 222; VI, 248; VII, 220; VI, 262 S. u. je 1 Tages-Notizbuch.) Wien, Fromme. geb. à Jahrg. in Leinw. * 3 20; Brieftaschen-Ausg. * 4 40

Juristen-Kalender, Fromme's Oesterreichischer, für das Jahr 1894. 22. Jahrg. Redigirt von Dr. Josef Frühwald. 16. (300 S. mit Tages-Notizbuch.) In Leinwand geb. 1.60 Brieftaschen-Ausgabe * 2.20
1893

Juristen-Kalender, Fromme's österr., für das Jahr 1895. 23. Jahrg. Redigirt von Hof- und Gerichts-Advocaten Dr. Josef Frühwald. Gr.-16. (VII, 272 S. und Tages-Notizbuch.) Gebunden in Leinwand 1.60, Brieftaschen-Ausgabe * 2.20
1894

Juristen-Kalender, Fromme's österr., für das Jahr 1896. 24. Jahrg. Redigirt von Hof- und Gerichts-Advocaten Dr. Josef Frühwald. Gr.-16. (VII, 292 S. und Tages-Notizbuch.) Gebunden in Leinwand 1.60, Brieftaschen-Ausgabe 1895 * 2.20

Juristen-Kalender, Fromme's österr., für das Jahr 1897. 25. Jahrg. Redigirt von Hof- und Gerichts-Advocaten Dr. Josef Frühwald. Gr.-16. (VIII, 269 S. und Tages-Notizbuch.) Gebunden in Leinwand 1.60, Brieftaschen-Ausgabe 1896 * 2.20

Juristen-Kalender, Fromme's österr., für das Jahr 1898. 26. Jahrg. Redigirt von Hof- und Gerichts-Advocaten Dr. Josef Frühwald. Gr.-16. (VIII, 275 S. und Tages-Notizbuch.) Gebunden in Leinwand 1.60, Brieftaschen-Ausgabe 1897 * 2.20

— **Fromme's österreichischer, f. d. J. 1899. 27. Jahrg. Red. v. Jos. Frühwald. gr. 16. (VIII, 295 S. u. Tages-Notizbuch.) Wien, C. Fromme. Geb. in Leinw. n. 3.20; Brieftaschen-Ausg. n. 4.40**

Fromme's österreichischer Juristen-Kalender für das Jahr 1900. XXVIII. Jahrgang. Redigirt von Dr. Josef Frühwald. Wien. Fromme. 16°. 266 S. mit Tagesnotizbuch. Geb. fl. 1.60
Brieftaschen-Ausgabe * fl. 2.20.

— **Fromme's österreichischer, f. d. J. 1901. 29. Jahrg. Red. v. Jos. Frühwald. 12. (VIII, 300 S. u. Tages-Notizbuch.) Wien, C. Fromme. Geb. in Leinw. n. 3.20; Brieftaschen-Ausg. n. 4.40**
Fortsetzung s.: Fromme.

Fromme's österreichischer Juristen-Kalender für das Jahr 1902. Redigirt von Dr. Josef Frühwald. XXX. Jahrgang. Wien. Fromme. 8°. 303 S. Geb. K 3.20
Briefaschen-Ausgabe K 4.40.

Fromme's österreichischer Juristenkalender für das Jahr 1904. 32. Jahrg. 8°. (VIII, 300 S.) geb. K 3.20, Brieftaschenausgabe K 4.40

Fromme's österreich. Juristenkalender f. d. J. 1905. 33. Jahrg. Red. v. J. Frühwald. (VII, 285 S. u. Tages-Notizb.) kl. 8. Wien, C. Fromme. 1905 Geb. in Leinw. 3. 20; Brieftaschen-Ausg. 4. 40.

Fromme's österreich. Juristenkalender f. d. J. 1906. 34. Jahrg. Red. v. J. Frühwald. (VIII, 291 S. u. Tages-Notizb.) kl. 8. Wien, C. Fromme. 1906 Geb. in Leinw. 3. 20.; Brieftaschen-Ausg. 4 40.

Fromme's österreich. Juristenkalender f. d. J. 1907. 35. Jahrg. Red. v. J. Frühwald. (VIII, 298 S. u. Tages-Notizb.) kl. 8. Wien, C. Fromme. 1907 Geb. in Leinw. 3. 20; Brieftaschen-Ausg. 4. 40.

Fromme's österreich. Juristenkalender f. d. J. 1908. 36. Jahrg. Red. v. J. Frühwald. (VIII, 298 S. u. Tages-Notizb.) kl. 8. Wien, C. Fromme. 1908 Geb. in Leinw. 3. 20; Brieftaschen-Ausg. 4. 40.

Fromme's österreich. Juristenkalender f. d. J. 1909. 37. Jahrg. Red. v, J. Frühwald. (VII, 293 S. m. Tagesnotizbuch.) kl. 8. Wien, C Fromme. Geb. 3. 20; Brieftaschenausg. 4. 40.
— — f. d. J. 1910. 38. Jahrg. (VII, 305 S. u. Tagesnotizbuch) Ebenda. Geb. 3. 20; Brieftaschenausg. 4. 40.

Juristen-Kalender, Schweizer., auf das Jahr 1890. Ein Taschenkalender für Richter, Verwaltungsbeamte, Anwälte etc. Hrsg. von *A. Reichel.* Nebst Anhang: Sammlung schweizer. Bundesgesetze in Taschenformat. 1. Bändchen. 1889. In-12°. 320 u. 100 S. Bern, Schmid, Francke & Co. Leinw. 3 —

Juristen-Kalender, Schweizerischer, auf das Jahr 1891. Ein Taschenkalender für Richter, Verwaltungsbeamte, Anwälte, Rechtsagenten, Notare, Betreibungsbeamte und Studierende der Rechtswissenschaft. Hrsg. von *A. Reichel.* Nebst Anhang: Sammlung schweizer. Bundesgesetze in Taschenformat. 2. Bändchen. 1890. In-12°. 226 u. 88 S. Bern, Schmid, Francke & Co., 1891. Leinwd. u. broch. 3 —

— **schweizerischer, auf d. J. 1891. Hrsg. v. A. Reichel. 2 Thle. gr. 16. (219 u. Sammlung schweizer. Bundesgesetze. 2. Bdchn. 88 S.) Bern 891. Schmid, Francke & Co. Geb. u. geh. n. 2. 50**

Juristenkalender, Schweiz. Taschenkalender für Anwälte, Notare und Geschäfts-Agenten auf das Jahr 1895. I. Jahrgang. Kl. in-8°. 224 S. Aarau, Emil Wirz. 1894 **1 60**

Juristenkalender. Schweizerischer Juristen-Kalender für das Jahr 1904. [Jahrg. 1.] Redaktion: C(äsar) O(tto) Riesen, Fürsprech in Bern. 152 [+ 16 leere] S. 8. Bern, Haller. [geb. fr. 2. —]

Juristenkalender. Schweizerischer J'-K' = Almanach Suisse des Juristes. 1905. [Jahrg. 2.] Redaktion: C(äsar) O(tto) Riesen, Fürsprecher in Bern. II + 240 S. 8. Bern, Haller. [geb. fr. 2.—]

Juristenpost, die. Anzeiger f. d. Juristenwelt Deutschlands. 1. Jahrg. 1896. 3 Nrn. (Bog.) gr. 4. Berlin, F. Stahn. n. — 75
Weiter nicht erschienen.

Juristentag, XXIV. deutscher. Posen, d. 12.—14. IX. 1898. (Führer durch Posen etc.) gr. 16. (111 S. m. Abb. u. 2 Plänen.) Posen 898. (J. Jolowicz.) Geb. in Leinw. n. 3. —

Dem XXVII. Deutschen **Juristentage**. Allgem. österr. Gerichts-Zeitung. ... Beiträge: (Das abstrakte Schuldversprechen) von Dr. Emil Steinbach. (Die Entschuldungsfrage auf d. Juristentage. Von Sektionschef) Dr. Franz Klein. (Österr. Streiflichter auf d. Frage d. landwirtschaftl. Bodenverschuldung. Von) Prof. Dr. Ferdinand Schmid. (Zur Frage d. gesetzl. Regelung d. Arbeitsvertrages. Von) Dr. Max v. Schuster (v. Bonnott). (Die Wirkungen d. Nichterfüllung e. Vertrages nach österr. bürgerl. Rechte. Von Privatd.) Dr. Robert v. Mayr. (Das 'Recht am eigenen Bilde' im reichsdeutschen Entwurfe e. Kunsturheberrechtes. Von Prof.) Dr. Heinrich Schuster. (Ziele d. Strafrechtsreform in Österreich. Von Hofrat Prof.) Dr. Heinrich Lammasch. (Die Degeneration u. d. Strafrecht. Von Prof.) Dr. Hans Groß. (Die strafrechtl. Behandlung jugendl. Personen. Von Oberstaatsanw.) Dr. Hugo Hoegel. (Der Verlöbnisbruch im österr. Recht. Von Hofrat Prof.) Dr. Horaz Krasnopolski. (Das richterl. Belastungs- u. Veräußerungsverbot. Von Prof.) Dr. Anton Rintelen. (Praxis u. Theorie im Rechte. Von) Konrad Schneider, Oberlandesger.R. ⟨Stettin⟩. (Das Recht d. Kindes. Von) L(ydia) v. Wolfring. Verantwortl. Red.: Dr. Eduard Coumont, Dr. Carl Schreiber. *Wien: Manz 1904.* (170 S.) 8°
Aus: Allgem. österr. Gerichts-Zeitung. Jg. 55, No 30—38. [04. 13158

Zum XXVIII. Deutschen **Juristentage**. Festgabe überreicht v. Kieler Ortsausschuß. Berlin: F. Vahlen 1906. (256 S.) 8° [06. 13087

28. Deutscher Juristentag zu Kiel 9. bis 13. September 1906. Kiel. (1906.) 8°.

Juristenwelt. Wochenschrift f. jüngere Juristen. Hrsg.: Assessor Dr. Paul Posener. Bd 1. Berlin: H. W. Müller 1906. 8° [Z.] [07. 9434

Juristenwelt. Wochenschrift f. jüngere Juristen. Hrsg. u. Red.: Paul Posener. I. Jahrg. Oktbr. 1906—März 1907. (2 Bde.) 24 Nrn. (à 16 S.) 8. Berlin [H. W. Müller]. Wilmersdorf, Dr. W. Rothschild. n. 5. —

Juristenwelt. Rechts- u. staatswissenschaftl. Wochenschrift. Hrsg. u. Red.: Paul Posener. III.—V. Bd. April—Dezbr. 1907. 38 Nrn. (à ca. 16 S.) gr. 8. Berlin-Wilmersdorf, Dr. W. Rothschild. à Bd. 2. 50
Erscheint nicht mehr.

Juristen-Zeitung

—— allgemeine [früher „Oesterreich. Advocaten-Zeitung"] Hrsgbr. und Redact.: Bernh. Stall, Otto Kerpal und Marc. Frydmann. 1.—4. Jahrg. 1878—1881. à Jahrg. 52 Nrn. (à Nr. 1½—2 Bog.) hoch 4. Wien, Gerold und Comp. à Jahrg. **

—— dass. — Hrsgbr. und Redact.: Bernh. Stall und Marc. Frydmann. 5. Jahrg. 1882. 52 Nrn. (à Nr. 1½—2 Bog.) hoch 4. (Ebendas.) **

—— dass. — Hrsgbr. und Redact.: Bernh. Stall, Marc. Frydmann und Adf. Gallia. 6. Jahrg. 1883. 52 Nrn. (à Nr. 1½—2 Bog.) hoch 4. (Ebendas.) **

—— dass. — Hrsgbr. und Redact.: Bernh. Stall. 7. Jahrg. 1884. 52 Nrn. (à Nr. 1½—2 Bog.) hoch 4. (Ebendas.) **

Juristen-Zeitung, allgemeine [früher „Oesterreichische Advocaten-Zeitung"]. Hrsgbr. und Redact.: Bernh. Stall. 8. Jahrg. 1885. 52 Nrn. (à Nr. 1½—2 Bog.) hoch 4. Wien, O. Frank's Nachf. **

—— allgemeine. Redact.: S. Goldberger. 9. Jahrg. 1886. 36 Nrn. (à Nr. 1½—2 Bog.) hoch 4. Wien, Administration. **

Juristen-Zeitung, allgemeine. Centralblatt f. Verwaltung u. Rechtspflege. Red. v. **Breitenstein.** Wien. Jährl. 36 No.

Juristen-Zeitung, allgemeine. Centralblatt f. Verwaltg. u. Rechtspflege. Hrsg. u. red. v. M. Breitenstein. 10.—14. Jahrg. 1887—1891. à 36 Nrn. (1½ B.) hoch 4. Wien, Breitenstein. à Jahrg. n. 16. —

Juristen-Zeitung, allgemeine. Centralblatt f. Verwaltg. u. Rechtspflege. Hrsg. u. red. v. Max Breitenstein 15.—18. Jahrg. Octbr. 1891—Septbr. 1895. à 36 Nrn. (1½ Bog.) hoch 4. Wien, M. Breitenstein. à Jahrg. n. 16. —

Juristen-Zeitung, Allgemeine. Centralblatt für Verwaltung und Rechtspflege. Herausgegeben und redigirt von J. U. Dr. Max Breitenstein. XV. Jahrgang. 26 Nrn. 4. 1891 8.—, halbj. 4.—

Juristen-Zeitung, Allgemeine. Centralblatt für Verwaltung u. Rechtspflege. Herausgegeben und redigirt von J. U. Dr. Max Breitenstein XV. Jahrgang. 1892. 36 Nrn Kl.-4. 8.— Halbjährig 1892 4.—

Juristen-Zeitung, Allgemeine. Centralblatt für Verwaltung u. Rechtspflege. Herausgegeben und redigirt von J. U. Dr. Max Breitenstein. XVI. Jahrg. 1892/93. 36 Nrn. 4. 8.— Halbjährig 1892 4.—

Juristenzeitung, Allgemeine. Centralblatt für Verwaltung und Rechtspflege. Herausgegeben und redigirt von Jur. Dr. Max Breitenstein. XVII. Jahrg. 1893. 36 Nrn. Lex.-8. 8.—

Juristen-Zeitung, allgemeine. Centralblatt f. Verwaltg. u. Rechtspflege. Hrsg. u. red. v. Max Breitenstein. 19. Jahrg. Oktbr. 1895 — Septbr 1896. 36 Nrn. (à ca. 12 S.) hoch 4. Wien, M. Breitenstein. n. 16. —
Weiter nicht erschienen.

Deutsche **Juristen-Zeitung.** Organ für das gesammte Rechtswesen, [später:] Gesetzgebung, Rechtsprechung und Rechtswissenschaft. Hrsg. Friedr. Wallmann. Jg. 1—10. Charlottenburg, [später:] Berlin, [zuletzt:] Lankwitz 1877—85. 10 Bde (Jg. 1. 2. fol.)

Juristen-Zeitung, deutsche. Organ für das gesammte Rechtswesen. Hrsgbr. und Chefredact.: F. Wallmann. 1. Jahrg. 1877. 312 Nrn. (Bog.) Fol. Berlin, (Kortkampf.)

—— dass. — Organ für Rechts- und Verwaltungswesen. Hrsgbr.: F. Wallmann. 2. Jahrg. 1878. 52 Nrn. (à 1—2 Bog.) Fol. Berlin. (Charlottenburg, Huber.) *
Nicht weiter erschienen.

Juristen Zeitung, deutsche. Organ für Gesetzgebung, Rechtsprechung und Rechtswissenschaft. Hrsgbr. und Chefredact.: Fr. Wallmann. Mit Beiblatt: Zeitschrift für preuß. Recht. Jahrg. 1879—1885. à Jahrg. ca. 80 Nrn. (Bog.) 8. Lankwitz b. Gr.-Lichterfelde, Wallmann's Verlag.
à Bd. (50 Bog.) ℳ 7,50.; mit Beiblatt *
Nicht weiter erschienen.

Deutsche **Juristen-Zeitung.** Hrsg. von P[aul] Laband, M[elch.] Stenglein, H[erm.] Staub, (seit Jg. 10:) von Laband, O. Hamm, Ernst Heinitz. Jg. 1—16. Berlin 1896—1911. 17 Bde
(Seit 1903 mit Sonderbeil.:) **Spruchsammlung** der Deutschen Juristen-Zeitung. Bearb. von L. G. R. Hoffmann.
Gesamt-Reg. z. Jg. 1—10. 1896—1905. Bearb. von Arth. Schindler. 1907.

— deutsche. Hrsg. v. P. Laband, M. Stenglein u. H. Staub. 1.—3. Jahrg. 1896—1898. à 24 Nrn. (à ca. 20 S.) hoch 4. Berlin, O. Liebmann.
à Jahrg. n. 14. —
Kann auch vierteljährlich bezogen werden.

Juristen-Zeitung, deutsche. Hrsg. von P. Laband, M. Stenglein, H. Staub. 4.—7. Jahrg. 1899—1902. à 24 Nrn. hoch 4. (XV, 508; XVIII, 532 S. m. 1 Portr.; XX, 564; XIX, 584 S. m. 1 Portr.) Berlin, O. Liebmann.
à Jahrg. n. 14. —; geb. n. 16. —

Juristen-Zeitung, deutsche. Begründet v. P. Laband, M. Stenglein, H. Staub, Hrsg. v. P. Laband, O. Hamm, Ernst Heinitz. 8.—10. Jahrg. 1903—1905. à 24 Nrn. (XX, 648 S.; XXIV S. u. 1294 Sp. u. 78 u. 1264 Sp.) Lex.-8. Berlin, O. Liebmann. à Jhrg. n. 14. —; geb. n. 16. —

— dasselbe. Gesamt-Register z. I.—X. Jahrg. 1896—1905. Bearb. v. Arth. Schindler. (IV S. u. 418 Sp.) Lex. 8. Ebd. 907. 4.80; geb. n. 5. 80

Juristen-Zeitung, deutsche. Begründet v. Laband, Stenglein, Staub. Hrsg. v. P. Laband, O. Hamm, E. Heinitz. 11. Jahrg. 1906. 24 Nrn. (Nr. 1. 104 Sp.) Lex.-8. Berlin, O. Liebmann. Vierteljährlich 4. —; einzelne Nrn. —. 80.

Juristen-Zeitung, deutsche. Begründet v. Laband, Stenglein, Staub. Hrsg. v. P. Laband, O. Hamm, Ernst Heinitz. 12.—15. Jahrg. 1907—1910. à 24 Nrn. (128 u. 1952 Sp.; 96, 1792 u. 402 Sp.; 104 u. 1920 Sp. u. 80 u. 1844 Sp.) Lex. 8. Berlin, O. Liebmann.
à Jahrg. 16.—; geb. 19. —

— dasselbe. XII. Jahrg. Sonderbeilage, enth. e. vergleich. Gegenüberstellg. des Entwurfs e. Gesetzes, betr. Aendergn. des Gerichtsverfassungsgesetzes, d. Zivilprozessordng., des Gerichtskostengesetzes u. der Gebührenordng. f. Rechtsanwälte u. der entsprech. bish. Gesetzesbestimmgn. Nebst der einleit. Uebersicht u. der Begründg. (43 S.) Lex. 8. Ebd. 907.
1. 50
Nur f. Abonnenten der Juristen-Zeitung.

— schweizerische. Hrsg. v. Eug. Curti u. Arth. Curti. 1. Jahrg. Juli 1904—Juni 1905. 12 Nrn. (24, 288 S.) Lex.-8. Zürich, Schultheß & Co. n. 9. 60

— dasselbe. Begründet v. Eug. Curti u. Arth. Curti. Red.: J. Holliger unter ständ. Mitwirkg. v. Eug. Curti, Arth. Curti, E. Kirchhofer, G. Bachmann, Max Huber, Ernst Brand. 2. u. 3. Jahrg. Juli 1905—Juni 1907. à 24 Nrn. (II. Jhrg. 48 u. 316 S.) Lex.-8. Ebd. à Jhrg. n. 9. 60

Juristenzeitung, schweizerische. Gegr. von Curti. Red.: J. Holliger. 4. Jahrg. Juli 1907—Juni 1908. 24 Nrn. Lex.-8. Zürich, Schulthess & Co.
Halbjährlich 4. 80.

— schweizerische. Revue suisse de jurisprudence. Publikationsorgan des schweizer. Anwaltsverbandes. Red.: H. Leemann, F. Baer unt. ständ. Mitwirk. v. Eug. Curti, Arth. Curti, E. Kirchhofer, G. Bachmann, Max Huber, Ernst Brand. 4.—7. Jahrg. Juli 1907—Juni 1911. à 24 Nrn. (4.—6. Jahrg. XXXIX, 360; XXXII, 400 u. XXXVI, 392 S.) Lex. 8. Zürich, Schultheß & Co.
à Jahrg. 9. 60

Juritsch, Geo., Adalbero, Graf v. Wels und Lambach, Bischof von Würzburg und Gründer des Benedictiner-Stiftes Lambach in Ober-Oesterreich. Ein Beitrag zum Investiturkampfe. Nach Quellen bearb. gr. 8. (V, 151 S.) Braunschweig 887, Schwetschke und Sohn. *

Juritsch, Georg:
Ansprache anlässlich des Hinscheidens Ihr. Majestät der Kaiserin Elisabeth. 8 (S. XXIX—XXXI). K. k. Staats-Ober-G. *Mies* 1899.
Progr.

Juritsch, Georg: *Ansprache bei dem Leichenbegängnisse des verstorbenen Gymnasiallehrers Johann Stary.* 8 (S. XXXII—XXXIII).
Progr. K. k. Staats-Ober-G. *Mies*

Juritsch, Georg: Die Deutschen und ihre Rechte in Böhmen und Mähren im XIII. und XIV. Jahrhunderte. Nach Quellen bearbeitet. (Umschlagtitel: ... Jahrhunderte.) VIII, 183 S. 8.
Progr. K. k. Staats-Ober-Gymn. *Mies* 1905.

Juritsch, Geo., die Deutschen u. ihre Rechte in Böhmen u. Mähren im XIII. u. XIV. Jahrh. Nach Quellen bearb. Progr. (VIII, 183 S.) Lex.-8. Wien 905. (F. Deuticke.) n. 3. —

Juritsch, *Georg:* Die Festfeier am 13. Juli 1895 anläßlich des 25jährigen Bestandes der Anstalt. (Umschlagtitel: ... Bestandes des k. k. Staatsgymnasiums in Mies, Böhmen.) 8 (18 S.). **Progr.** K. k. Staats-Ober-G. *Mies* 1896.

Juritsch, Georg: Die Festfeier des fünfzigjährigen Regierungs-Jubiläums Seiner k. u. k. Apostolischen Majestät des Allergnädigsten Kaisers Franz Josef I. am 2. December 1898. Rede 8 (8 S.).
Progr.

Juritsch, Geo., Geschichte der Babenberger u. ihrer Länder. (976—1246.) gr. 8. (XXIV, 726 S. m. 1 genealog. Tab.) Innsbruck 894. Wagner. n. 12. 80

Juritsch, G., Geschichte d. Bischofs Otto I. v. Bamberg, d. Pommern-Apostels. (1102—1139.) Ein Zeit- u. Kulturbild aus der Epoche des Investiturkampfes u. d. beginn. Streites der Staufen u. Welfen. Nach Quellen bearb. gr. 8. (XVI, 479 S.) Gotha 889. F. A. Perthes. n. 9. —

Juritsch, Georg Geschichtliches von der königlichen Stadt Mies in Böhmen. 8 (93 S., 1 Abb.). K. k. Staats-Ober-G. *Mies* 1895.
Progr.

— Geschichtliches von der königl. Stadt Mies in Böhmen. Progr. (93 S. m. 1 Taf.) Lex.-8. Mies 895. (A. Dworžak.) n. 1. —

Juritsch, Geo., Handel u. Handelsrecht in Böhmen bis zur husitischen Revolution. Ein Beitrag zur Kulturgeschichte d. österreich. Länder. Nach Quellen bearb. (XVI, 126 S.) gr. 8. Wien 907. F. Deuticke. 4. —

JURITSCH, Georg
Der dritte Kreuzzug gegen die Husiten. (1427). Ein Beitrag zur Geschichte Kaiser Siegmunds und des Königreiches Böhmen. Nach Quellen bearbeitet von Dr. Georg Juritsch. Wien und Prag. 1900. Tempsky. Leipzig. Freytag. Gr.-8°. 52 S. K 1.80

Der Kampf um die Wahrheit. Die naturgemäße Lebensweise ⟨Erde u. Lehm⟩ vor Gericht. Von Adolf **Just**. Jungborn-Stapelburg: R. Just 1907. (73 S.) 8° [F.] [08. 4591 3

Kehrt zur Natur zurück! Die wahre naturgemässe Lebensweise als einziges Mittel z. Heilg aller Krankheiten u. Leiden d. Leibes, d. Geistes u. d. Seele v. Ad(olf) **Just**. Das naturgemässe Bad, Licht u. Luft, Erdkraft, Naturgem. Ernährg. 3. Aufl. *Jungborn: Buchh. d. Jungborn 1898.* (XII, 281, 18 S., 1 Taf.) 1 Bd 8. [98. 8557 IIa

— **kehrt zur Natur zurück! Die wahre naturgemässe Heil- u. Lebensweise u. das rechte Seelenheil. Das wiedergefundene Paradies. 2 Bde. 4. bedeutend verm. Aufl. gr. 8. Ebd. n. 7. —; geb. in Leinw. 9. —; (kplt. in 1 Bd. n. 6. —; geb. n. 7. 50)**
1. Die Körperpflege. Wasser, menschl. Heilkräfte, Licht, Luft, Erde, Nahrung, Obstbau. (XII, 324 u. XIII S.) 900. n. 4. —; geb. in Leinw. n. 5. —
2. Der Jungborn. Weitere ausführlichere prakt. Anweisungen u. die äussersten Ziele u. Schlussfolgergn. (VII u. S. 327—553 m. Abbildgn.) 901. n. 3. — geb. n. 4. —

Kehrt zur Natur zurück! Die neue, wahre naturgemäße Heil- u. Lebensweise. Wasser, Licht, Luft, Erde, Früchte, wahres Christentum u.s.w. Von Adolf **Just**. 5. wesentl. erw. u. vervollk. Aufl. Mit 74 Abb. *Stapelburg-Harz: Jungborn 1903.* (X, 681 S.) 8° [F.] [03. 5413

Kehrt zur Natur zurück! Die neue, wahre naturgemäße Heil- u. Lebensweise. Wasser, Licht, Luft, Erde, Früchte – Geist u. Körper. Von Adolf **Just**. 6. wesentl. erw. u. vervollk. Aufl. Mit vielen Abb. Jungborn-Stapelburg: R. Just 1905. (VIII, 574 S.) 8° [F.] [05. 6616 3

Kehrt zur Natur zurück! Die wahre naturgemäße Heil- u. Lebensweise, Wasser, Licht, Luft, Erde, Früchte, und wirkliches Christentum. Von Adolf **Just**. Mit vielen Abb. 7. wesentl. vervollkommnete Aufl. Jungborn-Stapelburg ⟨Harz⟩: R. Just 1910. IX, 706 S. 8° [10. 16655

Kleidung und Betten in ihrem Verhältnis zur Natur. Von neuen, ernsten Gesichtspunkten betrachtet von Adolf **Just**. Mit Abb. Jungborn-Stapelburg: R. Just 1905. (59 S.) 8° [F.]
Aus: Kehrt z. Natur zurück! 6. Aufl. [07. 10007

— **Kleidung u. Betten in ihrem Verhältnis zur Natur. Von neuen, ernsten Gesichtspunkten betrachtet. 2. Aufl. (IV, 60 S. m. Abbildgn.) 8. Ebd. 910. — 75**

Die naturgemäße Lebensweise in kürzester Darstellung von Adolf **Just**. Gedrängter Auszug aus: Adolf Just, Kehrt z. Natur zurück! Jungborn-Stapelburg a. H.: R. Just 1907. (20 S.) 8° [07. 7980 3

Just, Adf., die Nussbutter, ihre Begründung, Herstellung u. Bedeutung. (36 S.) 8. Jungborn-Stapelburg 910. R. Just. — 40

Just, Ad. Das neue Paradies der Gesundheit. Hildesheim 1897. Mk. —.50.

Das Neue Paradies der Gesundheit. Die wahre naturgemässe Lebensweise in kurzgef. Darstellg v. Ad(olf) **Just**. 2. Aufl. *Jungborn: Buchh. d. Jungborn [1898?].* (1 Bl., 48 S.) 1 Bd 8. [98. 8558 IIa

Just, Ad. Rechtfertigung Sebastian Kneipp's u. Louis Kuhne's als wahre Heilkünstler u. gründliche Widerlegung ihrer Anfeindungen. 8. (37 S.) Braunschw. 892, Graff. * — 60

Just, Adf., Taschenbuch üb. einfache Theorie u. Praxis d. Baumwollspinnerei, s.: Demuth, Theob.

Just, Albert [app. Arzt]: Über die Verbreitung der melanotischen Geschwülste im Lymphgefässsystem. . . . Hamburg, Druck d. Verlagsanst. u. Druckerei A. G. (vormals J. F. Richter), 1888; 63 S. 8°
Strassburg, Med. Fak., Inaug.-Diss. v. 1888

Just, Albr., s.: Altenau, Jul. v.

Just, Albrecht (geb. Altenau a. H. 26. 12. 1837): De doctrina, quae apud Romanos de foris fuit, quaestiones quaedam. Berolini (1862). (82 S.) 8°
Berlin, Jur. Diss. v. 14. Aug. 1862

Just, Alexander

— Über β-Toluylpikolinsäure und γ-Tolylpyridylketon. S. 103. IIb 152 . . . . . . vgr.
Separatabdruck

Just Alexander: Einwirkung von alkoholischem Kali auf ein Gemenge von Formaldehyd und Isobutyraldehyd. S. 105. IIb 19 . . . . vgr.
Separatabdruck

Just, Alex., die analytischen Reaktionen der technisch wichtigen Elemente. Mit Anh.: Anleitung zur Aufsuchung u. Trennung der Elemente. (VIII, 130 S. m. 19 Abbildgn.) 8. Wien 904. A. Hartleben. n. 2. —; geb. n. 2. 80

Just A, die analytischen Reaktionen der technisch wichtigen Elemente. (130 S) (Bibliothek Chemisch-technische 278) Wien 1904

Just, Alfr., der moderne Arbeiter u. die bürgerl. Gesellschaft. Vortrag, geh. in der Volksversammlg. der kirchlich-sozialen Konferenz u. des Breslauer evangel. Arbeitervereins in der Breslauer Festwoche am 7. X. 1902. gr. 8. (24 S.) Görlitz 902. R. Dülfer. n. — 80

Just, A., die evangelischen Arbeitervereine, s. Fortschritt, sozialer.

— Die evangelischen Arbeitervereine. 8°. Leipzig, F. Dietrich, 1906. (Sozialer Fortschritt, Heft 81.)

Just, A[lfred]: Der Gesamtverband der Evangelischen Arbeitervereine Deutschlands, seine Geschichte und seine Arbeiten. 2. Aufl. Gütersloh 1913. 8°
[1. Aufl. 1906.]

Just B.: Anatomie u. Physiologie der Hymenopteren mit bes. Berücksichtigung der bekanntesten Formen. 32. Baden 80. **Progr.**

Festpredigt zum 650jährigen Jubiläum der Elisabeth-Kirche zu Breslau am 17. Nov. 1907 geh. von Pastor B[runo] **Just**. (Breslau 1907: Graß, Barth & Co.) (8 S.) 8° [Kopft. F.] [08. 7305 2

Just, B., Festpredigt zum 650jähr. Jubiläum der Elisabethkirche zu Breslau, am 17. XI. 1907 geh. (8 S.) 8. Breslau (907). (Evangel. Buchh.) — 20

Just, C., Englisch f. Hotel- u. Restaurant-Angestellte, s.: Morgan, James.

Just, C., Englisch f. Mediziner, s.: Hacless, John.

Just, C. A., Erndtepredigt am 20sten S. n. d. Dreyein. Feste 1817 gehalten. 8. Eger, Kobrtsch. 818.

Just, C. A., Erndtepredigt am 20n Sonnt. nach d. Dreiein. Feste 1817 gehalten. 8. Eger 818. Kobrtsch. 4 K

— — **Predigten bey seiner Amtsveränderung gehalten. 8. Ebend. (Nürnberg, Riegel und W. in Comm.) 820.**

— Predigten bei seiner Amtsveränderung gehalten. 8. Ebd. 821. (Nürnb., Riegel u. W.) 4 K

Just, Carl ..., s. Just, Karl ...

Just, Christian, Nina. Ein Märchen üb. Religion u. Recht. (54 S.) 8. Strassburg 910. J. Singer. 1. 50

Just, C., d. Siddhânta od. d. Geheimlehre d. modernen Sivaismus, s.: Sammlung v. Missionsschriften.

Jurock, Curt [aus Schlottnig bei Liegnitz]: Über die Anhäufung von Blutpigment in den Lymphdrüsen nach Verletzungen, bes. Fracturen ... Liegnitz, Druck v. H. Krumbhaar, 1893; 24 S., 1 Bl. 8.
Erlangen, Med. Fak., Inaug.-Diss. v. Juli 1893

Juroszek Leopold: Ein Beitrag zur Geschichte der Lautgruppe „zi" in Ortsnamen.
1901 PN 1384 Diss. Wien, Univ.

Juroszek Dr. Leop.: Die Sprache der Ortsnamen. 8 Wien III. R. (Rainer) 02.
Progr.

Jurovsky, Schloima, a. Rußland: Über peripherische Deltoideuslähmung und über die galvanische Erregbarkeit des Deltoideus. Berlin (1904): G. Schade. (25 S.) 8°
Berlin, Med. Fak., Ref. Ziehen, Diss. v. 22. Dez. 1904
[Geb. 26. Aug. 77 Balta, Süd-Rußland; Heimatsort: Balta; Staatsangeh.: Rußland; Vorbildung: Ananjen, Gouv. Cherson Reife 99; Studium: Heidelberg 2, Bern 3, Berlin 4 S.; Rig. 1. März 04.]

JUROWSKY, Leo (Odessa): Der Russische Getreideexport. Seine Entwickelung und Organisation.- Stuttgart: Union 1910. IV,196 S. = Münchener volkswirtschaftliche Studien. 105.
20.6.1910 - Chr 1909/10,21; U 11.3565
Diss. Ingolst.-Landsh.-Mchn.

Der russische Getreideexport, s. Entwickelung u. Organisation. Von Leo **Jurowsky**. Stuttgart & Berlin: Cotta 1910. VIII, 196 S. 8°
(Münchener Volkswirtschaftliche Studien. St. 105.) [11. 1006 3

Jurrjens, D. H., Disquisitio literaria de democratiae apud Athenienses origine et processu. Diss. 1858. 111 S. 2.—

Jürries, Beiträge zur prakt. Ausbildung der Infanterie-Kompagnie im gefechtsmäß. Schießen auf Grund des Exerzier-Reglements 1906 u. der Schießvorschrift 1905 (Entwurf). (118 S.) kl. 8. Berlin 907. Liebel. 1.40

Jurry's, Jos., Schreib-Methode für die rechte und linke Hand. 4., umgearb. Aufl. qu. gr. 8. (XII und 30 Stnt.) Ansbach 854, Junge. *

Jurs, J., u. G. F. F. Rung, deutsche Dichter, s. Dichter.

Jürs, Heinrich

— die Tante Dibber. Soloscherz f. e. Dame. 8. (12 S.) Hamburg 883. Kramer. — 60

Jürs, Heinr. Illustrirter Führer durch Hamburg - Altona u. Umgegend. Mit Plänen, Ansichten u. 20 Genrebildern nach Zeichngn. v. H. Schwindrazheim. 8. (86 S.) Altona 889, Reher. cart. * — 80

Jürs, Heinr., hoch un platt, for Jeden wat. Gedichte. 8. (188 S.) [Altona 876, Grabow.] Meerane, Send.

Jürs, Heinr., hoch un platt, for Jeden wat. Gedichte. 2. Aufl. 8. (186 S.) Hamburg 876. Reßler & Melle. 2. 70

Plattdeutsche Humoresken. Zum Vorlesen in Vereinen u. geselligen Kreisen von Heinrich **Jürs**. Hamburg: Kramer 1893. 182 S. 8°
(Jürs: Plattdeutsche Schriften. Bd 7.) [09. 13308

Jürs, Heinr., „Pipmantjes". Plattdütsche un missingsche Snaken ton Vordregen mank fidele Lüd. Illustr. v. Chr. Förster. 8. (160 S.) Hamburg 897. Central-Buchh. v. Th. Nielsen. n. 2.—; geb. m. Goldschn. n. 3.—

— spaßige Rimels. Plattdeutsche humorist. Dichtungen. 8. (VIII, 152 S.) Hamburg 877, Kramer. * ℳ 2.; geb. *

— spaßige Rimels. Plattdeutsche humorist. Dichtungen. 2. Thl. 8. (160 S.) Ebendas. 880. * ℳ 2.; geb. *
1. Thl. Ebendas. 1877. * ℳ 2.; geb. * ℳ 3.

— dass. — Plattdeutsche humorist. Gedichte zum Vortrag in Vereinen und geselligen Kreisen. 3. Thl. Mit dem (Holzschn.-) Portr. des Verf. 8. (IV, 156 S.) Ebendas. 882. * geb. *

Jürs, Heinr., spaßige Rimels. Plattdeutsche humorist. Dichtungen. 1. Thl., 2. Aufl., und 4. Thl. 8. (VIII, 152; IV, 156 S.) Hamburg 886,87, Kramer. à Thl. * ℳ 2.—. *
2. und 3. Thl. Ebendas. 1880—82. à * ℳ 2.—.

— Spaßige Rimels. Plattdeutsche humorist. Dichtgn. 2. u. 3. Thl. 2. Aufl., u. 5. Thl. 8. (à Thl. 160 S.) Ebd. 889—91. à Thl. * 2 —; * 6 —; geb. à Thl. * 3 —; * 9 —
1. u. 4. Thl. Ebd. 1886,87. à Thl. * 2 —; * 4 —.

Jürs, Heinr., spaßige Riemels. Plattdeutsche humorist. Dichtgn. (zum Vortrag in Vereinen u. gesell. Kreisen). 1. Thl. 3. Aufl. 8. (VIII, 152 S.) Hamburg 900. G. Kramer, Verl. n. 2.—; geb. n. 3.—

— neues Schatten-Theater, s. a. Fastnachts-Bühne.

Neues Schatten-Theater von Heinrich Jürs ... 2. verm. Aufl. Berlin: E. Bloch (1896). (42 S.) 8° [5.]
= Fastnachts-Bühne. H. 81. [93 1263

— plattdeutsche Schriften. 1., 5. u. 7. Bd. 8. Ebd. à n. 2.—; geb. n. 3.—
1. Hoch u. Platt, for Jeden wat. Humoristische Gedichte. 3. Aufl. (160 S.) 893.
5. Spaßige Rimels. Plattdeutsche humoristische Gedichte. 4. Thl. 2. Aufl. (VI, 156 S.) 894.
7. Plattdeutsche Humoresken. Zum Vorlesen in Vereinen u. gesell. Kreisen. (183 S.) 893.

— Fru Schur er Tollansluß-Geschichte. Soloscherz für einen Herrn oder eine Dame. 8. (14 S.) Hamburg 889, G. Kramer.

— s. Unterhaltungs-Abend, der.

— wat Fru Lütt op de Utstellung in Hamborg passirt is. Soloscherz f. e. Herrn od. e. Dame. 8. (19 S.) Hamburg 889. Kramer. n. — 50

— Moto de Tänpien god jünd. Solo-Scherz f. e. Herrn od. e. Dame. 8. (14 S.) Ebd. 892. * — 50

Jürs, Heinr., zweiter Cyklus klassischer Citate, travestirt in lebenden Bildern, s. Unterhaltungs-Abend, der.

Jürs, J., s. Dichter, deutsche.

Jursa, Jan, Čitanka pro školy obecné. Díl I. vydání pětidílného s mluvnicí. Wien und Prag. K. k. Schulbücher-Verlag. Preis, gebunden 80 h.
1904.

— — Čitanka pro školy obecné. Díl I. vydání pětidílného bez mluvnice. Wien und Prag. K. k. Schulbücher-Verlag. Preis, gebunden 60 h.
1904.

Jursa, Jan, Čitanka pro školy obecné. Díl II. vydání pětidílného. Pro 3. školní rok vícetřídních škol.) Wien und Prag. K. k. Schulbücher-Verlag. Preis, gebunden 90 h.
1903.

Jursa, Jan, Čítanka pro školy obecné. Díl II. vydání dvojdílného. Část prvá s 3 mapkami. Prag und Wien 1904. K. k. Schulbücher-verlag. Preis, gebunden 1 K 30 h.
Část druhá s mapkou. Prag und Wien 1904. K. k. Schulbücher-verlag. Preis, gebunden 1 K 50 h.
Dieser II. Teil des zweiteiligen böhmischen Lesebuches wird zum Unterrichtsgebrauche an Volksschulen mit böhmischer Unterrichtssprache für zulässig erklärt

Jursa, Jan, Čítanka pro školy obecné. Díl III. vydání trojdílného, s dvěma mapkami. Wien und Prag 1904. K. k. Schulbücherverlag. Preis, gebunden 1 K 60 h.

Jursa Jan, Čítanka pro školy obecné. Díl III, vydání čtyrdílného. Pro 4 třídu pětitřídních škol. S pomocí komise čítankové sestavil. Prag und Wien 1908. Schulbücherverlag. Geb. K 1.40.

Jursa Jan, Čítanka pro školy obecné. Díl IV. pro 5. školní rok 7—8 třídních škol. Wien und Prag 1907. Schulbücherverlag. Geb. K 1.20.

Jursa Jan, Čítanka pro školy obecné. Díl IV, vydání čtyrdílného. S pomocí komise čítankové sestavil. Prag und Wien 1908. Schulbücherverlag. Geb. K 1.80.

Jursa Jan, Čítanka pro školy obecné. Díl V, vydání pětidílného, s mapkou. Pro šestou třídu šestitřídních škol. S pomocí komise čítankové upravil. Prag und Wien 1908. Schulbücherverlag. Geb. K 1.80.

Jursa, Jan, Müller, Josef, Cvičebnice jazyka českého pro školy obecné. Díl II. vydání trojdílného. Wien 1903. K. k. Schulbücher-Verlag. Preis, gebunden 90 h.

Jürss, Fritz, approb. Arzt, Assist. am Inst. f. Pharmakol. u. physiol. Chemie d. Landesuniv. Rostock: **Beiträge zur Kenntnis der** Wirkung des Oleum Thujae aethereum. *Rostock 1903: Adlers Erben.* (IX, 118 S.) 8°
Rostock, Med. Diss. v. [15. Dez.] 1903

Beiträge zur Kenntnis der Wirkungen einiger als Volksabortiva benutzten Pflanzen, Tanacetum, Thuja, Myristica. Von Dr. med. Fritz Jürss. Rostock. Mit 3 farb. Taf. Nebst e. Vorw. von Prof. R[udolf] Kobert. *Stuttgart: F. Enke 1904.* (VI, 112 S.) 8° [04. 1309]

Jürß, Jul., s.: Gudrun.

Woher kommt es, dass viele, die gute Christen sein wollen, sich wenig oder garnicht am kirchlichen Leben beteiligen? Vortrag von Pastor P. Jürss in Hemmingstedt. Meldorf 1905: Bundies. 16 S. 8° [05. 13617]

Jurst, J. F., Lehr- und Exempelbuch rc. worin gezeigt wird, daß der Ertrag d. geringsten Gutes in kurzer Zeit erhöhet werden kann. 2te Aufl. 8. Passau, (Pustet). 821.

Jürst, Hans Gerhard, aus Berlin: Beitrag zur Constitution des Thebains. Eine Untersuchung über das durch Destillation des Thebenols von Freund erhaltene Pyren und Destillation des Thebenins. Zürich 1907. 42 S. 8°. [13. VII. 07.]
Zürich. Phil. Diss. II. S. 1906/1907.

Jürst, Hans Gerhard. Beitrag zur Constitution des Thebains. Eine Untersuchung über das durch Destillation des Thebenols von Freund erhaltene Pyren und Destillation des Thebenins. Diss. Phil. [II.] Univ. Zürich. 42 S. 8. Zürich, Grapentien & Zicker, 1907

Jurt, B.

— — das metrische Mass und Gewicht verglichen mit den bisherigen schweiz. Massen und Gewichten und umgekehrt, nebst den dazu gehörigen Reduktionstabellen und den Preisangaben einzelner Waaren. 32 S. 8. *1876* —. 40

Jurt, Burkhard

Jurt, B., Pius IX. Anrede, gehalten an der Generalversammlung des schweiz. Piusvereins in Luzern den 27. Sept. 1876. 13 S. 8. Luzern, Gebr. Räber *1876* —. 15

Jurt, Burkh., das Licht des Glaubens. Festrede, gehalten bei der Versammlung des Schweizer Pius-Vereins in Sursee den 26. August 1869. Luzern 869. Gebr. Räber. gr. 8. (15 S.) 8 ngr

Jurt, Burkart, über den Werth der Seele. Festpredigt, gehalten in der Pfarrkirche zu Sachseln am Feste des sel. Nikolaus v. Flühe, Sonntag den 8. April 1883. gr. 8. (16 S.) Luzern 883, Gebr. Räber. *

Jurthe, Emil, u. Otto Nietzschke, Handbuch der Fräserei. Kurzgefasstes Lehr- u. Nachschlagebuch f. den allgem. Gebrauch in Bureau u. Werkstatt. Gemeinverständl. bearb. Mit ca. 300 Abbildgn., 27 Tab. u. e. Anh. üb. Konstruktion der gebräuchl. Zahnformen bei Stirn- u. kon. Getrieben sowie Schnecken- u. Schraubenrädern. Lex.-8. (VIII, 232 S.) Frankfurt a/M. 900. (J. Alt). n. 5.—; geb. in Leinw. n. 5.50

— u. Otto **Nietzschke,** Handbuch der Fräserei. Kurzgefasstes Lehr- u. Nachschlagebuch für den allgem. Gebrauch in Bureau u. Werkstatt. Gemeinverst. bearb. 2., umgearb. u. verm. Aufl. Mit 371 Abbildgn., 30 Tab. u. e. Anh. über Konstruktion der gebräuchl. Zahnformen bei Stirn- u. kon. Getrieben, sowie Schnecken- u. Schraubenrädern u. die dafür festgelegten Normen. (XI, 395 S.) gr. 8. Frankfurt a/M. 903. J. Alt. n. 7.—; geb. n. 8.—

Jurthe, Emil, Rechenbuch f. Metallarbeiterklassen, s.: Bucks, Wilh.

Jurthe, Emil, Rechenb. f. Metallarbeiterklassen, s.: Neuschäfer, Herm.

Jury-Berichte üb. d. schweiz. Betheiligung an der Wiener Welt-Ausstellung 1873. s. a. Berichte.

Jury-Berichte über schweiz. Betheiligung bei der Wiener Welt-Ausstellung 1873. Hsggb. v. Mitgliedern der Internationalen Jury, 1. u. 2. Heft. gr. 8. Schaffhausen, C. Baader.
Heft 1. Maschinenwesen und Transportmittel, von Prof. Dolabar. 1. 50
Heft 2. Land- und Forstwirthschaft, Wein-, Obst-, Gartenbau, v. Prof. Landolt. 1. —
1874

Jury-Berichte über die schweiz. Betheiligung bei der Wiener Weltausstellung 1873, hsggb. von den Mitgliedern der internation. Jury. gr. 8. Schaffhausen, C. Baader.
Heft 6: Rapport sur le développement de l'industrie horlogère dans le canton de Neuchâtel. (Groupe XIV.) 52 pp. gr. in-8. *1874* 1. —

Jury-Berichte über die schweiz. Betheiligung bei der Wiener Weltausstellung; hsggb. v. d. Mitgliedern der Internationalen Jury. gr. 8. Schaffhausen, C. Baader.
Heft 8: Chemische Industrie. Von Prof. E. Kopp in Zürich. 166 Stn. gr. 8. 3. —
Heft 11: Cuirs et Peaux, p. E. Mercier à Lausanne. 16 pp. gr. 8. —. 40
Heft 14: Beaux-Arts, p. Th. de Saussure à Genève. 19 pp. gr. 8. —. 40
1844

Jury-Berichte üb. d. schweizer. Betheiligung bei der Wiener-Weltausstellung 1873. Hrsg. v. d. Mitgliedern der Internationalen Jury. Heft IX. Gruppe XVI: Heereswesen von General Hans Herzog in Aarau. M. 15 lithogr. Tfln. 168 Stn. gr. 8. Schaffhausen, C. Baader. 5. —
1845

Jury-Berichte über die schweiz. Betheiligung bei der Wiener Weltausstellung; hsggb. v. d. Mitgliedern der Internationalen Jury. gr. 8. Schaffhausen, C. Baader.
Heft 13, 1. Thl.: Erziehungs-, Unterrichts- und Bildungswesen. 1. Thl. v. Dr. F. v. Tschudi in St. Gallen. 37 Stn. gr. 8. —. 75
Dasselbe mit französ. Text. 1845

Jury-Berichte üb. die schweiz. Betheiligung bei der Wiener Weltausstellung; hsggb. v. d. Mitgliedern der Internationalen Jury. gr. 8. Schaffhausen, C. Baader. Heft 13, 2. Thl.: Erziehungs-, Unterrichts- u. Bildungswesen, v. Prof. E. Rambert in Zürich. 1845 2. 10

Jury-Berichte an den hoh. Bundesrath der schweiz. Eidgenossenschaft über die Weltausstellung in Philadelphia 1876, hrsg. von den Mitgliedern der internation. Jury. Winterthur, J. Westfehling.
1. Heft: A. Göldy, Stickerei-Industrie. 15 S. 8. —. 65
2. Heft: Baumwollindustrie 48 S. 8. 1. 25
3. Heft: Maschinen-Industrie 47 S. 8. 1. 25

Jury-Berichte über die Pariser Weltausstellung 1878, s.: Weltausstellung, internationale, 1878 in Paris.

IURYK, Stephanus: De statu ecclesiae Graeco-Ruthenae ante synodum Berestensem anno 1596 ejusque unione cum ecclesia Romana in hac synodo peracta. — (1897) 80 S. 4° (Handschr.) Diss. 465
Diss. Wien, Univ.

Jurziczka, Ant., Ruhm Oesterreichs Krieger. Ein Lesebuch zur moral. Erziehung u. Bildung d. Soldaten, so auch f. die Winterschulen zu gebrauchen. Ausgestattet mit 100 auserlesenen Beispielen der Heldentugenden aus den letzten Kriegsjahren 1813 u. 1819. 2. verb. u. verm. Aufl. 8. (IV u. 139 S.) Wien 850, Gerold. n. 8 ngr

Jus Austriacum in monarchiam Hispanicam assertum. Ratisbonae [1701?]. V: *Buddeus, Joh. Franz.* (BrMm) (Barbier)

Jus canonicum, in tres libros divisum . . . Monachii 1774—80. V: *Leeb, Leopold.* (Ky) (EngJ) (BB)

Jus canonicum, in III. libr. historia ecclesiastica illustratum, praxi Germaniae, et praesertim Bavariae accommodatum (a. L. Leeb). *Monachii*, Libr. academ. III. Tomi. 774. 80. 8maj.

Jus civile Ante-Justinianeum, codd. et optim. edd. ope a societate lctor. curatum. Praefatus est et indicem editt. adjecit G. Hugo. Berol. 805. 15. Vol. I. Tom. I. II. 8. (T. I. 3 rthl. 16 gr. T. II. 4 rthl. 4 gr.)

Jus civile Antejustinianeum Codicum et optimarum Editionum ope a societate ICtor. curatum. Praefatus est et indicem editionum adj. Gst. Hugo. T. I., *Ulpianum, Paulum, Gajum, Papinianum, Modestinum, Auctorem Regularum, Codices Gregorianum* et *Hermogenianum, Theodosiani* vero libros decem priores continens. Tom. II. contin. Cod. *Theodos.* libb. sex posteriores, novellas constitutt. Impp. Justiniano anteriorum, Mosaicar. et Romanar. LL. collationem, consultationem veteris cujusdam ICti, Legem Romanam Burgundionum, Fragmenta ICtor. ac constitutt. Impp. a finium regundorum auctoribus collecta, denique indicem duplicem. *Berl.*, Mylius, 815. gr. 8. (7 Thl. 12 Gr.)

— civile Antejustinianeum, codicum et optimarum editionum ope a societate jurisconsultorum curatum. Praefatus est et indicem editionum adj. G. Hugo. II Tom. 8maj. Berl. 815—17. Mylius. 7 ₰ 12 K

Juris civilis Antejustinianei reliquiae ineditae ex cod. mscr. bibl. pontif. Vaticanae, cur. A. Maio. Insunt etiam Symmachi orationum partes, C. Jul. Victorii ars rhetorica, Caecilii Minutiani Apuleji fragm. et orthographia. *Rom.* 823. 8. Cum II. tabb. aen. bibliograph. *Romae.* (*L.*, Weigel). 824. 8maj. (7 Thl.)

Juris

— civilis ecloga, qua cum Justinianeis institutionibus Novellisque 48 et 127, cont. Gaji institut. Commentarii IV, Ulpiani regularum liber singularis, Pauli Sentent. libri V, et breviora quaedam veteris prudent. monum. praem. Gaji et Pomponii fragmentis, quibus constat Pandect. titulus de Or. jur. tribusque de JCtorum auctorit constitutionibus. Ad us. praelectionum. 1 Vol. 12. Paris 822, Panjat.

Jı [illegible]

Jus Culmense correctum, una cum processu juris pro dioecesi Varmiensi; constitutionibus Mauritii, nec non Sigismundi regis, et Alberti marchionis. Cui in fine adduntur Flores legum auth. re Thoma de Thomasettis. Brunsbergae 1711. fol.

Jus Culmense ex ultima revisione. Oder das vollständige Culmische Recht . . . vermehrt und verbessert wieder aufgelegt. Danzig 1767. H: *Bartels, Joh. Hnr.* (Kat. d. Bibl. d. dtsch. Reichstages. Berl. 1882.)

Jus Culmense . . . oder das vollständige Culmische Recht . . . Danz. 1767. H: *Hanow, Mich. Christoph.* (Schr) »Danzig 1745« (BrMm)

Jus Culmense, ex ultima revisione, od. d. vollständige Culmische Recht, mit Anmerkk. u. s. w. Beilagen u. Registern u. ein. kurzen Historie desselben (v. Mich. Cph. *Hanov.*) *Danzig*, Wedel. 768. Fol. (2 Thl. 8 Gr.)

Jus, Borussico-Brandenb. commune. Ex german. latine versum. IV Tomi. 8maj. Berl. 797—800. (W. Nauck in Leipz.) 6 ₰ Schrbp. 6 ₰ 12 gl

Jus Borussico-Brandenburgicum commune . . . Berolini 1800. Ü: *Eisenberg, Friedrich Philipp.* (MGT)

Jus Borussico - Brandenburgicum commune ex Germ. lat. vers. (a. F. Ph. Eisenberg et aliis.) *Berl.*, Nauck. 800. 4 Thle 8. (6 Thl.) (auch franz. *Paris.* 803.)

Jus domaniale. Francof. 1701. V: *Frise, Christoph.* (EB)

Jus domaniale ex celeberrimorum jurisconsultorum praesertim Germanorum tractatibus, disputationibus, . . . repraesentatum. in 6 partes divisum (a Chrph. Frise). Francofurti ad M. 1701.

Jus eligendi ducem statibus Curlandiae . . . uindicatum. S. l. 1758. V: *Wolf, Chn Freih. von.* (Holz)

Jus eundi in partes in causis politicis, ou Demonstration pour prouver, que le droit des Etats de l'Empire, de se former en corps séparé, s'étend aux causes politiques. Trad. de l'Allemand. O. O. 1759. V: *Strube, Jul. Melch.* (Kat. der ständ. Bibl. Stuttg. 1907. S 205.)

Jus gentium redactum ad limites suos . . . [Monachii 1753.] V: *Desing, Anselm.* (AarK)

Jus georgicum Regni Hungariae et partium eidem adnexar. commentatus est C. Pfahler. (II Partes.) 8maj. (42½ B. u. 1 Tab.) Viennae 828, Schaumburg et Soc.

Jus graeco-romanum, ed. **Zachariae v. Lingenthal** I—VII. Leipz. 856—83.
I. Practica ex actis Eustathii Romani. 856.
II. Liber juridicus alphabeticus. 856.
III. Novellae constitutiones imperatorum post Justin. 857.
IV. Ecloga privata aucta. 865.
V. Synopsis Basilicorum. 869.
VI. Prochiron auctum. 870.
VII. Epitomae legum tit. XXIV et sequentes. 883.

Jus graeco-romanum. Pars I.: Practica ex actis Eustathii Romani. Ex cod. Laurentiano ed C. E. Zachariae a Lingenthal. Lipsiae 856. T. O. Weigel. gr. 8. (X, 312 S.) n. 2 ₰.

Jus graeco-romanum. Pars I. Et s. t.: Practica ex actis Eustathii Romani. Ex cod. Laurentiano ed. C. E. Zachariae a Lingenthal. 8maj. (X und 312 S.) Lipsiae 856, T. O. Weigel. *

—— id. — Pars II. Et s. t.: Liber juridicus alphabeticus s. Synopsis minor et ecloga legum in epitome expositarum. Edidit C. E. Zachariae a Lingenthal. 8maj. (455 S.) Ibid. 856. *

Jus graeco-romanum. Pars III. Et s. t.: Novellae constitutiones imperatorum post Justinianum quae supersunt collatae et ordine chronologico digestae. Edidit C. E. Zachariae a Lingenthal. gr. 8. (XXXIV und 749 S.) Leipzig 857, T. O. Weigel. *
Pars I und II. Ebendas. 1856. * 4 Thlr. 20 Ngr.

Jus graeco-romanum. Pars IV. Et s. t.: Ecloga privata aucta. Ecloga ad Prochiron mutata et Epanagoge aucta. Edidit C. E. Zachariae a Lingenthal. gr. 8. (V und 376 S.) Leipzig 865, T. O. Weigel. *
Partes I—III. Ebendas. 1856,57. * 10 Thlr.

Jus graeco-romanum. Pars V. et VI. Edidit C. E. Zachariae a Lingenthal. gr. 8. Leipzig 870, (T. O. Weigel.) *
Inhalt:
Pars V. Synopsis basilicorum. Edidit C. E. Zachariae a Lingenthal. (IX, 707 S.) * M 13.
» VI. Prochiron auctum. Edidit C. E. Zachariae a Lingenthal. (VII, 439 S.) * M 9.
I—IV. Ebendas. 1856—65. * M 37.

Jus graeco-romanum. Pars VII (Finis.): Epitomae legum tit. XXIV et sequentes. Edidit C. E. Zachariae a Lingenthal. gr. 8. (VI, 213 S.) Leipzig 884, G. E. Schulze. *

— od. Schrader. Berlin 863.

Jus matrimonii veterum Indor. cum eodem Hebraeorum jure subinde comparatum. Comment. *Bonnae*, Weber. 829. 8maj. (16 Gr.)

— Mecklenburgicum et Lubecense illustrat. una c. accessionib., jus Hamburgense ex et applicantib. II pts. fol. Rostock. 751.

Jus metropolit. Moguntinum in ditionem Fuldens. perpetuo possessam contra scriptum Fuldense etc. Sanctiss. Benedicto XIV. exhibitum. Ed. alt. Mogunt., 754. (Varrentrapp in *Frankf.*) Fol. (2 Thl.)

Jus publicum Hungariae, c. not. auctoris et J. Benzke ex originali ejus exemplari desumptis, nunc primum in lucem emissis. *Viennae*, Krauss. 790. 8. (16 Gr.)

Jus et obseruantia circa tutelam illustrem Saxonicam. S. l. 1748. V: *Gruner, Joh. Frdr.* (Holz)

Jus Pandectarum secund. ord. institut., f. F. G. Liekefett. Rthlr.

— ac possessio Imp. Germ. in Genua Ligustica ejusq. ditionib. 4. Hannov. 750.

Jus ac possessio, Imperii Germanici in Genua Ligustica. Hannover 1751. V: *Senckenberg, Hnr. Chn Freih. v.* (Barbier) (Pütter, Litt. d. Teutsch. Staatsr. Gött. 1773—91. III, 30.)

Jus potandi oder deutsches Zech-Recht. Commentbuch des Mittelalters. Nach dem Original von 1616 mit Einleitung neu hrsg. von Max Oberbreyer. 1. und 2. Aufl. (XIX, 89 S.) 1877; 3. Aufl. (XXII, 89 S.) 1878; 4. Aufl. 16. (XXIV, 89 S.) Heilbronn 879, Gebr. Henninger.

Jus potandi. Deutsches Zech-Recht. Commentbuch des Mittelalters. Nach dem Orig. von 1616 mit Einleitung neu hrsg. von Max Oberbreyer. 5. Aufl. 16. (XXIII, 89 S.) Heilbronn 883, Gebr. Henninger. *

Jus potandi. Deutsches Zech-Recht. Commentbuch d. Mittelalters. Nach dem Original v. 1616 m. Einleitg. neu hrsg. v. Max Oberbreyer. 6. Aufl. 16. (XXIV, 88 S.) Lpz. 890, Fock. * 1 —

Jus et ratio domus Dei. Tyrnaviae 1718. V: *Donati, Frdr.* (Jes)

Jus circa sacra, nimirum reformandi et episcopale statibus et nobilitati immediatae imperii vi juris territorialis in subditos Augustanae confessioni addictos et res eorum sacras competens. Wetzlariae 1718. fol.

— circa sacra reformandi et episcopale. fol. Wetzlar, Winkler. 718.

Juris romani Antejustinianei etc. Fragmenta Vaticana e codice Palimpsesto. Cura A. Maji. 8maj. Berl. 822. Dümmler. 18 ½

Juris romani Antejustinianei fragmenta Vaticana e cod. Palimpsesto, cur. A. Majo. *Berlin*, Dümmler. 824. 8maj. (18 Gr.)

Juris romani singularia, juxta ord. legalem Pandectarum ad titulos librorum, quos spectant, exhibita. *Düsseldorf*, Schreiner. 825. 8. (7 Gr.)

Jus Silesiacum secundum usum modernum illustratum, sive commentationes et dissertationes clarissimorum virorum Silesiae jura illustrantes. Suiduitii o. J.

[Ist Abdr. der „Deliciae" mit veränd. Tit.]

— Silesiacum s. deliciae juris Silesiaci. 4. Schweidn. Korn jun. 736.

Jus terrestre nobilitatis Prussiae correctum. Ed. correctior auctiorque, adjectis passim allegatis ex Herbarto et constitutionibus regni. Gedani 1736.

—— Theolachticum redivivum, s. Wenckebach, C.

Jus Transsilvanico-Saxonicum. Auctore Ladislao quondam Nagy de Branyitska. Edit. per Leop. Nagy de Branyitska. 8maj. (16½ B.) Claudiopoli 845. (Libr. v. Hochmeister.)

Jus, Vertheidigtes, regium in Ecclesiasticis der Herzoge von Bayern. Ingolstadt 1763. V: *Ickstadt, Johann Ad. (Baron von).* (Th)

Jusatz, [Hugo]: Unserm neuen König. S. 29. 4.
Progr. Zweite städt. Realschule *Leipzig* 1906 (711).

Jusatz, Carolus Hugo *Fredericus Julius* [Waltershusanus]: De irrationalitate studia rhythmica ... (Aus: Stud. Lips., vol. XIV.) Lipsiae, cur. S. Hirzel, 1893; 1 Bl., 175—351 S. 8.
Leipzig, Phil. Fak., Inaug.-Diss. v. [6. Juli] 1893

Jusatz, C. H., De irrationalitate studia rhythmica. S.-A. 1893. 177 S. 2. —

Juschkewitsch [Russe]
s. Juškevič

Juschkowii, Prof., Oratio jus Justinianeum cum noviss. juris Rossici codice componens, s. H. R. Stoeckhardt, de juris Justinianei etc.

Jusefowitsch, Alexander (geb. Odessa 10. 1. 1814): De adiposi praecipue locali (adiecta tumoris steatomatoso-fibrosi insignis historia et tabula). Berolini (1838). (30 S.) 8°
Berlin, Med. Diss. v. 24. März 1838

JUSÉLIUS, Emil

Studien über Iriscysten. Helsingfors 1906. IV + 80 pg. 8:o nebst Tafeln.
Diss. Hels.

Jüsgen, Hans, Dr. med., appr. Arzt a. Aachen: Über den Einfluss des Frühaufstehens der Wöchnerinnen auf die Milchsekretion. Emmendingen: Druck- u. Verlags-Ges. vorm. Dölter 1908. (17 S.) 8°
Freiburg i. B., Med. Fak., Ref. Krönig, Diss. v. 1908
[Geb. 21. Juli 82 Aachen; Wohnort: Cöln; Staatsangeh.: Preußen; Vorbildung: Gymn. Bonn Reife 01; Studium: Heidelberg 1, Bonn 2, Freiburg i. B. 2, München 2, Berlin 1, Freiburg i. B. 2 S.; Coll. 14. Juni 07.]

Jüsgen, Max, Referendar: Der Begriff des Unternehmens im RStGB. Borna-Leipzig 1906: R. Noske. (VI, 78 S.) 8°
Rostock, Jur. Fak., Ref. Wachenfeld, Diss. v. 20. Juli 1906
[Geb. 15. Juni 81 Aachen; Wohnort: Cöln; Staatsangeh.: Preußen; Vorbildung: Gymn. Bonn Reife O. 01; Studium: Tübingen 3, Bonn 3 S.; Rig. 4. Mai 06.]

Juskevič, Semen Solomonovič

[Russ.] Evrei. Pověst' S[emena Solomonoviča] Juškeviča. München: Marchlewski 1904. 202 S. 8°
[Die Juden.]
(Novosti russkoj literatury.) 10g. 12456

Juschkewitsch, Ssemjon, eine Familie. Komödie in 4 Akten. (In russ. Sprache.) (68 S.) 8. Berlin (908). J. Ladyschnikow. 1. —

Juschkewitsch, S., die Fremde. Schauspiel in 3 Akten. (In russ. Sprache.) (83 S.) 8. München 903. [Etzold & Co.] Berlin, Bühnen- u. Buchverlag russ. Autoren, J. Ladyschnikow. n. 1. —

— Ghetto, s. a. Bibliothek berühmter Autoren. 7. Bd.

Semjon Juschkewitsch [Semen Juškevič]: Ghetto. Einzig autor. Übers. von Sonja Wermer. Umschlag von Berthold Löffler. 6.–10. Taus. Wien & Leipzig: Wiener Verl. 1903. (94 S.) 8°
— Bibliothek berühmter Autoren. 7. 10s. 12443 8

— Dina Glank. Drama in 4 Akten. (In russ. Sprache.) (92 S.) gr. 8. Stuttgart 906. Berlin, Bühnen- u. Buchverlag russ. Autoren, J. Ladyschnikow. n. 1. 50

[Aut. u. Russ.] Dina Glank, Drama in 4 Akten von S. Juschkewitsch Semen [Solomonovič] Juškevič. Dina Glank, drama v 4 dějstv. Stuttgart: Dietz 1906. 92 S. 8° 10g. 12455

— Dina Glank. Drama in 4 Aufzügen. (100 S.) 8. Ebd. 908. 1. 50

— die Gouvernante, s.: Bibliothek berühmter Autoren. 44. Bd.

— der Hungor. Drama in 4 Akton. (In russ. Sprache.) (180 S.) gr. 8. Stuttgart 905. [J. H. W. Diotz Nachf.] Berlin, Bühnen- u. Buchverlag russ. Autoren, J. Ladyschnikow. n. 2. —

— die Juden. Erzählung. (In russ. Sprache.) (202 S.) 8. München 904. [Etzold & Co.] Berlin, Bühnen- u Buchverlag russ. Autoren, J. Ladyschnikow. n. 2. —

— die Parias. Erzählung aus dem Leben der russ. Juden. Autoris. Uebersetzg. aus dem Russ. (Neue [Titel-]Ausg.) (198 S.) 8. München [904] (906). Etzold & Co. n. 2. —

— Prolog. (In russ. Sprache.) (194 S.) 8. München 903. [Etzold & Co.] Berlin, Bühnen- u. Buchverlag russ. Autoren, J. Ladyschnikow. n. 2. —

[Russ.] Prolog. Pověst S[emena Solomonoviča] Juškeviča. München: Marchlewski 1903. 194 S. 8°
[Der Prolog. Novelle.]
(Novosti russkoj literatury.) log. 7444

Jusmann, D., ein Kampf um Wahrheit, Recht u. Existenz! Nachklänge der Broschüre: „Zustände in der Heidelberger Universitäts-Irrenklinik". (Offener Bericht an d. Rektor der Heidelberger Universität kgl. Hoh. Großherzog Friedrich v. Baden.) (26 S.) gr. 8. Heidelberg 910. Jünger & Co. — 50

Jußen, J. F., Aufmunterung zur Beförder. des Gewerbfleißes. 8. Aachen, Schwarzenberg. 810.

— Grundriß der Meßkunst. 1r Bd. 12. Aachen 809. Schwarzenberg. (Schreiner). 8 gr.

— Grundriß der Meßkunst. 1r Bd. 12. Ebend. 810.

— üb. Pflicht der Eltern die Kuhpocken zu impfen. 4. Ebd. 810.

— Rede, über d. Pflicht d. Eltern u. Vorgesetzten, ihren Kindern die Kuhpocken zu impfen. 4. Aachen 809. (Schreiner). 4 gr.

Jüssen, Edmund, aus Chicago. N.-A.: Beiträge zur Kenntniss der Klausschichten in den Nordalpen. (S. A. aus: Jahrbuch d. k. k. geol. Reichsanstalt. 1890. Bd 40. S. 381—398). (Wien A. Hölder 1890.) S. 381—398. Tafel II. 8°.
Zürich, Phil. Diss. [v. 14. Juli 1890].

Jüssen, Edm., über pliocäne Korallen von der Insel Rhodus. [Aus: „Sitzungsber. d. k. Akad. d. Wiss."] Lex.-8. (11 S. m. 1 Tafel.) Wien 890. (Tempsky.) n. — 50

Jüssen, (F. J.,) Handb. üb. d. Brantweinsteuer-Einricht. ꝛc., s. Linde.

Jüssen, Ferd., Gedichte. 2. Aufl. gr. 16. (204 S.) Gülpen 890. (Aachen, J. Schweitzer.) — 60

Jüssen, W., d. Bewerthg. d. Thomasmehle, s.: Wagner, Paul

Jussewitsch, Samuel [cand. med. aus Iwanowskoe (Russland)]: Ueber die Absorption von Alkaloiden in verschiedenen Organen des lebenden Thierkörpers .... Würzburg, Druck u. Verl. der Stahel'schen Univ.-Buch- & Kunsthandlung, 1886; 15 S. 8°.
Würzburg, Med. Fak., Inaug.-Diss. v. 1886.

Jussewitsch, Sam., über die Absorption von Alkaloiden in verschiedenen Organen des lebenden Thierkörpers. [Aus dem pharmakolog. Institut der Universität Würzburg.] gr. 8. (12 S.) Würzburg 886, Stahel'sche Universitäts-Buchh. *
Aus: Verhandlungen der physikal.-medizinischen Gesellschaft zu Würzburg, besonders abgedruckt.

Jussieu, A. L. de, genera plantar. sec. ordines naturae disposita recudi cur. notisq. adj. S. Usteri. 8. maj. Zürich. Ziegler. 791.

— — id. lib. 8. maj. Paris. 791.

— genera plantar. sec. ordin. nat. disposita, juxta meth in horto Paris. exarata. 8. Paris u. Leipz. 792. (Brockhaus). 1 Rthlr 8 gr.

— genera plantar. sec. ordin. nat. disposita, iuxta meth. in horto paris. exaratam. 8. Paris et Lps. Gleditsch. 792.

— s. Uebersicht d. Pflanzen.

de Jussieu, Adrien, († d. 29. Juni 1853), die Botanik, siehe a. Beudant, Milne-Edwards u. v. Jussieu.

Jussieu A. v.: Die Botanik. Aus d. Franz. v. G. Kiessling. 4 Bd., Bd. 3 og 4 à 2 Abth. (1 Vol.). Stuttg. 1844. (1160) S. Fig.
(=: Populäre Naturgesch. d. drei Reiche. Bd. 9-12). 52.

Jussieu's, A. v., Elementarkurs der Botanik, abgefaßt nach d. Programm der Universität v. Paris v. 14. Septbr. 1840. Aus d. Französ. übers. u. m. Anmerk. u. Zusätzen versehen v. H. M. Schmidt-Göbel u. Joh. Pfund. 1. Abthl. gr. 8. (15⅝ B. u. 5 Stnt.) Prag 841, Calve'sche Vrlgsh. *

de Jussieu, (A.,) de Euphorbiacearum generibus medicisque earundem viribus Tentamen, tabulis aeneis 18 illustr. 4 maj. Paris 825, Levrault.

de Jussieu, A., s. J. Paxton, die Cultur d. Georginen.

Jussieu, A. v., F. S. Beudant, Milne-Edwards, populäre Naturgeschichte, s. Beudant, F. S.

— populäre Naturgeschichte d. drei Reiche, s. Beudant, F. S.

Jussieu's u. De Candolle's natürl. Pflanzen-Systeme, nach ihren Grundsätzen entwickelt u. mit d. Pflanzen-Familien v. Agardh, Batsch u. Linné, so wie mit d. Linné'schen Sexual-System verglichen. Für Vorlesn. u. z. Selbstunterr., v. C. Fuhlrott. Mit Vorr. v. C. G. Nees v. Esenbeck. gr. 8. (15½ B. u. 2 Tab. gr. Fol.) Bonn 829, Weber.

Jussieu, Laurent de

— Anton u. Moritz. Eine gekrönte Preisschrift. Deutsch bearb. v. Ch. L. Hahn. 8. Wiesbaden 824. 2e A. 825. Schellenberg. 10 gr. (a. Löffler in Manh.) 14 gr.

Jussieu, Laurent de, Leben und Abenteuer des Vaters Simon von Nantua. Eine unterhaltende und belehrende Erzählung für das Volk, oder Goldregeln für Alt und Jung. Gekrönte Preisschrift. Mit Bildern. 12. (X und 285 S.) Ulm 849, Fr. Ebner.

Jussieu, L. P. de, Leben u. Schicksale zweier Strafgefangenen. Nach d. gekr. Preisschr.: „Anton u. Moritz" frei übers. v. J. B. Ristelhueber. gr. 8. (10⅛ B. u. 1 Abbild.) Hamburg 838, [Fr. u. Andr. Perthes.]

de Jussieu, L. P., Simon von Nantua, oder der Meßkaufmann. Eine Preisschrift. Aus d. Französ. übers. 8. Rudolstadt 819. Hofbuchh. 20 gr.

Jussieu, Laur. de, Simon de Nantua. Télémaque moderne. Ouvrage qui a obtenu le prix proposé par la société pour l'instruction élémentaire en faveur du meilleur livre à l'usage des habitants des villes et des campagnes, et auquel l'Académie franç. a décerné un prix extraordinaire de 6000 Francs provenant de la Fondation Monthyon. Enrichi de Notes grammaticales et d'un Vocabulaire par E. Hauschild. 8. (12 B.) Leipzig 846, Baumgärtner.

Jussieu, Laurent de, der erfahrene Kaufmann Simon v. Nantua; od. Goldregeln f. Alt u. Jung, um in allen Verhältnissen d. Lebens beliebt, wohlhabend u. glücklich zu werden. N. d. Franz. gr. 12. (12⅓ B. u. ⅓ B. Tab.) Ulm 840, Ebner'sche Bh.

—— Télémaque moderne. Histoire de Simon de Nantua, racontée à la jeunesse. 8. (11 B.) Stuttgart 845, Neff.

—— Télémaque moderne. Histoire de Simon de Nantua, racontée à la jeunesse. 2. Édition. 8. (157 S.) Stuttgart 848, Neff.

Jussieu, Laurent de, Télémaque moderne. Histoire de Simon de Nantua. Ouvrage qui a obtenu le prix proposé par la Société pour l'instruct. élément. etc. Adapté à l'usage des classes, particulièrement des écoles dites réales. 4. édit. Stuttgart 855. Neff. 8. (1 Bl., 157 S.) 7½ ngr.

Jussieu, Laur. de, Télémaque moderne. Simon de Nantua. Enrichi de notes grammaticales et d'un vocabulaire par Ernest J. Hauschild. 2. édit. Leipzig 865. Baumgärtner's Buchh. 8. (186 S.) 12 ngr.

Jussieu, Laur. de, Télémaque moderne. Histoire de Simon de Nantua. Racontée à la jeunesse. Ouvrage couronné. 5e édit. 8. (157 S.) Stuttgart 871, Neff. *

Jussuf, Kurt, es gibt e. Glück. Gedichte. (101 S.) 8. Berlin (W. 62, Lützowplatz 6) (908). Eckstein & Engel. 2.50

Jussuf, Kurt: Es gibt ein Glück. Gedichte von –. Berlin: Eckstein & Engel [1909]. 98 S. 8°

Jussuf, L., die lebende Megilla. Purimlustspiel m. Gesang in 3 Acten Zur Aufführg. f. Kinder in israelit. Schulen u. Familien. gr. 8. (20 S.) Hamburg 888. Saenger. n. — 75

JUSSUF, Mured (Damascus): Der grosse Staat.- München: Wolf 1834. 36 S.
2.12.1833 - Urk (Titel: 8e catarenta.); F 68
Diss. Ingolst.-Landsh.-Mchn.

Jussy [Schlagwort]

Jussy, s.: Schweiz, Atlas.

Just von Stromberg, ein Pfälzisches National-Schauspiel in fünf Aufzügen . . . Mannheim 1782. 1785. 1787. V: *Maier, Georg Wilhelm.* (Adel)

Just, das Reichsgesetz, betr. die Invaliditäts- u. Altersversicherung vom 22. Juni 1889. Nebst den Ausführungs-Bestimmgn. d. Reichs u. der grösseren Bundesstaaten. Mit Kommentar. gr. 8. (X, 564 S.) Berlin 892. Siemenroth & Worms. n. 9.—; geb. in Leinw. n. 10.50

Just, die Unfallversicherung der in land- und forstwirtschaftlichen Betrieben beschäftigten Personen nach dem Reichsgesetz vom 5. Mai 1886 und den zu demselben ergangenen Ausführungsbestimmungen der Bundesstaaten, unter besonderer Berücksichtigung der für die einer Berufsgenossenschaft nicht angeschlossenen Betriebe des Reichs und des Staates maßgebenden Vorschriften bearb. gr. 8. (XVI, 397 S.) Berlin 888, Siemenroth und Worms. *ℳ 7.—; geb. *

Just, A., meine Beobachtungen üb. d. am Eisleber Salz-See vorkomm. Vögel. Ein kl. Beitr. z. Vögelkunde. 8. (7½ B.) Leipzig 832, (Kollmann.)

— 100 Entwürfe zu Vorträgen in evangelischen Arbeiter- usw. Vereinen, s.: Müller, J. H.

Just, A. Ein gefährlicher Patient, s. Volkstheater, Wiener.

Just, Adf., Dampfkessel, Dampfmaschinen, Triebwerk u. elektrische Beleuchtung, s.: Demuth, Theod.

Das Echo von Jungborn. Kurze Geschichte von Jungborn, besond. interessante Urteile, Berichte, Artikel u. wichtige Kurberichte. Hrsg. von Adolf **Just.** 5. wesentl. vervollkommn. Aufl. Jungborn-Stapelburg: R. Just 1905. (51 S.) 8° [F.] [07. 10804

Just, Adf., Echo v. Jungborn. Allerlei aus u. üb. Jungborn u. einige Gedichte. 6. Aufl. (46 S.) 8. Jungborn-Stapelburg 907. R. Just —50

Die Erde als Heilmittel von Ad[olf] **Just.** *Jungborn, Post Stapelburg-Harz: [R. Just 1899.]* (1 Bl.) 2°

Die Hilfe auf dem Wege! Geistes- u. Seelenleben von Adolf **Just.** Jungborn-Stapelburg a. H.: R. Just 1907. (140 S.) 8° [07. 7078 3

Jungborn, Station Eckerthal der Bahn Harzburg-Ilsenburg-Wernigerode. Luftkurort f. wahre naturgemässe Lebensweise von Ad[olf] **Just.** *(Jungborn: R. Just [1899].)* (32 S.) 8° [Umschlagt.]

Jungborn. Luftkurort, Lehranst. f. naturgemässe Heil- u. Lebensweise in Eckerthal im Harz. Neue Methode von Ad[olf] **Just.** *Osterwieck/Harz [1900]: A. W. Zickfeldt.* (28 S.) 8° [Umschlagt.]

Just, Adf., Jungborn-Echo. Kurze Geschichte des Jungborn, besonders interessante Urteile, Berichte, Artikel u. wicht. Kurberichte. 2. verm. Aufl. gr. 8. (IV, 60 S.) Stapelburg-Harz 902. Buchh. Jungborn. —30

Jungborn-Echo. Kurze Gesch. d. Jungborn, bes. interessante Urteile, Berichte, Artikel u. wichtige Kurberichte. Hrsg. von Adolf **Just.** 3. verm. Aufl. Stapelburg-Harz: R. Just 1903. (60 S.) 8° [F.]

Jungborn-Echo. Kurze Geschichte d. Jungborn, besond. interessante Urteile, Berichte, Artikel u. wichtige Kurberichte. Hrsg. von Adolf **Just.** 4. verm. Aufl. Stapelburg: Buchh. Jungborn 1904. (48 S.) 8° [F.] [07. 10805

Der Jungborn-Tisch. Die Zusammenstellung, Zubereitung u. Aufbewahrung d. Speisen für d. neue, wahre naturgemäße Heil- u. Lebensweise. Ein neues, einfaches vegetar. Kochbuch. Von **Adolf Just.** Mit Abb. *Stapelburg-Harz: R. Just 1903.* (32 S.) 8° [F.]
Aus: Just: Kehrt z. Natur zurück!

Der Jungborn-Tisch. Die Zusammenstellung, Zubereitung u. Aufbewahrung d. Speisen f. d. neue, wahre naturgemäße Heil- u. Lebensweise, sowie alles Wissenswerte f. d. Küche von Adolf **Just.** 2. verm. Aufl. Mit Abb. Stapelburg: Buchh. Jungborn 1905. (38 S.) 8° [F.]
Aus: Kehrt z. Natur zurück! 6. Aufl. [07. 10804

—Der Jungborn-Tisch. Die Wahl, Zusammenstellg., Zubereitg. u. Aufbewahrg. der Speisen f. die naturgemässe Heil- u. Lebensweise, sowie alles Wissenswerte f. die Küche. 4. verm. Aufl. Unter Mitarbeit der Küchenleitg. v. Rudolf Just's Kuranstalt Jungborn (i. Harz.) (IV, 102 S. m. Abbildgn.) 8. Ebd. 910. Geb. in Leinw. 1.40

Der Kampf um die Wahrheit. Die naturgemäße Lebensweise ⟨Erde u. Lehm⟩ vor Gericht. Von Adolf Just. Jungborn-Stapelburg: R. Just 1907. (73 S.) 8° [F.] [08. 4901 3]

Kehrt zur Natur zurück! Die wahre naturgemässe Lebensweise als einziges Mittel z. Heilg aller Krankheiten u. Leiden d. Leibes, d. Geistes u. d. Seele v. Ad(olf) Just. Das naturgemässe Bad, Licht u. Luft, Erdkraft, Naturgem. Ernährg. 3. Aufl. *Jungborn: Buchh. d. Jungborn 1898.* (XII, 281, 18 S., 1 Taf.) 1 Bd 8. [98. 8333 IIa]

— kehrt zur Natur zurück! Die wahre naturgemässe Heil- u. Lebensweise u. das rechte Seelenheil. Das wiedergefundene Paradies. 2 Bde. 4. bedeutend verm. Aufl. gr. 8. Ebd. n. 7. —; geb. in Leinw. 9. —; (kplt. in 1 Bd. n. 6. —; geb. n. 7. 50)
1. Die Körperpflege. Wasser, menschl. Heilkräfte, Licht, Luft, Erde, Nahrung, Obstbau. (XII, 324 u. XIII S.) 900. n. 4. —; geb. in Leinw. n. 5. —
2. Der Jungborn. Weitere ausführlichere prakt. Anweisungen u. die äussersten Ziele u. Schlussfolgergn. (VII u. S. 327—653 m. Abbildgn.) 901. n. 3. — geb. n. 4. —

Kehrt zur Natur zurück! Die neue, wahre naturgemäße Heil- u. Lebensweise. Wasser, Licht, Luft, Erde, Früchte, wahres Christentum u.s.w. Von Adolf Just. 5. wesentl. erw. u. vervollk. Aufl. Mit 74 Abb. *Stapelburg-Harz: Jungborn 1903.* (X, 681 S.) 8° [F.] [03. 5403]

Kehrt zur Natur zurück! Die neue, wahre naturgemäße Heil- u. Lebensweise. Wasser, Licht, Luft, Erde, Früchte – Geist u. Körper. Von Adolf Just. 6. wesentl. erw. u. vervollk. Aufl. Mit vielen Abb. Jungborn-Stapelburg: R. Just 1905. (VIII, 574 S.) 8° [F.] [05. 6616 3]

Kehrt zur Natur zurück! Die wahre naturgemäße Heil- u. Lebensweise, Wasser, Licht, Luft, Erde, Früchte, und wirkliches Christentum. Von Adolf Just. Mit vielen Abb. 7. wesentl. vervollkommnete Aufl. Jungborn-Stapelburg ⟨Harz⟩: R. Just 1910. IX, 706 S. 8° [10. 16435]

Kleidung und Betten in ihrem Verhältnis zur Natur. Von neuen, ernsten Gesichtspunkten betrachtet von Adolf Just. Mit Abb. Jungborn-Stapelburg: R. Just 1905. (59 S.) 8° [F.]
Aus: Kehrt z. Natur zurück! 6. Aufl. [07. 10007]

— Kleidung u. Betten in ihrem Verhältnis zur Natur. Von neuen, ernsten Gesichtspunkten betrachtet. 2. Aufl. (IV, 60 S. m. Abbildgn.) 8. Ebd. 910. — 75

Die naturgemäße Lebensweise in kürzester Darstellung von Adolf Just. Gedrängter Auszug aus: Adolf Just, Kehrt z. Natur zurück! Jungborn-Stapelburg a. H.: R. Just 1907. (20 S.) 8° [07. 7980 3]

Just, Adf., die Nussbutter, ihre Begründung, Herstellung u. Bedeutung. (36 S.) 8. Jungborn-Stapelburg 910. R. Just. — 40

Just, Ad. Das neue Paradies der Gesundheit. Hildesheim 1897. Mk. —.50.

Das Neue Paradies der Gesundheit. Die wahre naturgemässe Lebensweise in kurzgef. Darstellg v. Ad(olf) Just. 2. Aufl. *Jungborn: Buchh. d. Jungborn [1898!].* (1 Bl., 48 S.) 1 Bd 8. [98. 8338 IIa]

Just, Ad. Rechtfertigung Sebastian Kneipp's u. Louis Kuhne's als wahre Heilkünstler u. gründliche Widerlegung ihrer Anfeindungen. 8. (37 S.) Braunschw. 892, Graff. * — 60

Just, Adf., Taschenbuch üb. einfache Theorie u. Praxis d. Baumwollspinnerei, s.: Demuth, Theod.

Just, Albert [app. Arzt]: Über die Verbreitung der melanotischen Geschwülste im Lymphgefässsystem. . . . Hamburg, Druck d. Verlagsanst. u. Druckerei A. G. (vormals J. F. Richter), 1888; 63 S. 8°
Strassburg, Med. Fak., Inaug.-Diss. v. 1888

Just, Albr., s.: Altenau, Jul. v.

Just, Albrecht (geb. Altenau a. H. 26. 12. 1837): De doctrina, quae apud Romanos de foris fuit, quaestiones quaedam. Berolini (1862). (82 S.) 8°
Berlin, Jur. Diss. v. 14. Aug. 1862

Just, Alexander

— Über 3-Tolylpikolinsäure und 3-Tolylpyridylketon. S. 109. Hb. 152 . . . . vgr.
Separatabdruck

Just Alexander: Einwirkung von alkoholischem Kali auf ein Gemenge von Formaldehyd und Isobutyraldehyd. S. 105. Hb. 19 . . . . vgr.
Separatabdruck

Just, Alex., die analytischen Reaktionen der technisch wichtigen Elemente. Mit Anh.: Anleitung zur Aufsuchung u. Trennung der Elemente. (VIII, 180 S. m. 19 Abbildgn.) 8. Wien 904. A. Hartleben. n. 2. —; geb. n. 2. 80

Just A. die analytischen Reaktionen der technischen wichtigen Elemente. (130 S.) (Bibliothek Chemisch-technische 278) Wien 1904

Just, Alfr., der moderne Arbeiter u. die bürgerl. Gesellschaft. Vortrag, geh. in der Volksversammlg. der kirchlich-sozialen Konferenz u. des Breslauer evangel. Arbeitervereins in der Breslauer Festwoche am 7. X. 1902. gr. 8. (24 S.) Görlitz 902. R. Dülfer. n. — 80

Just, A., die evangelischen Arbeitervereine, s. Fortschritt, sozialer.

— Die evangelischen Arbeitervereine. 8°. Leipzig, F. Dietrich, 1906. (Sozialer Fortschritt, Heft 81.)

Just, A[lfred]: Der Gesamtverband der Evangelischen Arbeitervereine Deutschlands, seine Geschichte und seine Arbeiten. 2. Aufl. Gütersloh 1913. 8°
[1. Aufl. 1906.]

Just B.: Anatomie u. Physiologie der Hymenopteren mit bes. Berücksichtigung der bekanntesten Formen. 32. Baden 80. Progr.

Festpredigt zum 650 jährigen Jubiläum der Elisabeth-Kirche zu Breslau am 17. Nov. 1907 geh. von Pastor B[runo] Just. (Breslau 1907: Graß, Barth & Co.) (8 S.) 8° [Kopft. F.] [08. 7303 2]

Just, B., Festpredigt zum 650 jähr. Jubiläum der Elisabethkirche zu Breslau, am 17. XI. 1907 geh. (8 S.) 8. Breslau (907). (Evangel. Buchh.) — 20

Just, C., Englisch f. Hotel- u. Restaurant-Angestellte, s.: Morgan, James.

Just, C., Englisch f. Mediziner, s.: Hacless, John.

Just, C. A., Erndtepredigt am 20sten S. n. d. Dreyein. Feste 1817 gehalten. 8. Eger, Kobrtsch. 818.

Just, C. A., Erndtepredigt am 20n Sonnt. nach d. Dreiein. Feste 1817 gehalten. 8. Eger 818. Kobrtsch. 4 K

— — Predigten bey seiner Amtsveränderung gehalten. 8. Ebend. (Nürnberg, Riegel und W. in Comm.) 820.

— Predigten bei seiner Amtsveränderung gehalten. 8. Ebd. 821. (Nürnb., Riegel u. W.) 4 K

Just, Carl ..., s. Just, Karl ...

Just, Christian, Nina. Ein Märchen üb. Religion u. Recht. (54 S.) 8. Strassburg 910. J. Singer. 1, 50

Just, E., d. Siddhânta od. d. Geheimlehre d. modernen Siwaismus, s.: Sammlung v. Missionsschriften.

Just, E. A., Leitfaden f. den Positiv-Entwicklungsprocess auf Gelatine-Emulsions-Papier, m. e. Anh.: Die Vergrösserg. auf Emulsions-Papier mittels Projection direct nach Negativen. gr. 8. (X, 228 S. m. 31 Abbildgn. u. 1 Taf.) Wien 890. (Leipzig, Gracklauer.) n.n. 6. —

Just, E. A., Rathgeber für den Positivprocess auf Albuminpapier. Besprechung der beim Albumin-Copirverfahren vorkommenden chem. Vorgänge und photogr.-chem. Arbeiten vom wissenschaftl. und ökonom. Standpunkt. 2. verm. und verb. Aufl. gr. 8. (XVI, 120 S.) Wien 888. (Leipzig, Gracklauer.) **

Just, Emil, Naturheilverfahren u. Kneipp-Cur, ein Segen f. Einzelne, wie f. Familie u. Staat. Vortrag, geh. am 6. X. 1898 in Warnsdorf. gr. 8. (7 S.) Warnsdorf 898. A. Opitz. n. — 04

Just, Er. Wilh. Friedr., Rede, s. Erinnerungs-Denkmal 2c.

Just, Ernst, das königl. sächs. Ergänzungssteuer-Gesetz, s.: Handbibliothek, juristische.

— das königl. sächs. Gesetz, die Abänderung des Ergänzungssteuergesetzes betr., s.: Handbibliothek, juristische.

Just, Ernst. 75 deutsche Sonntagsschullieder [zweistimmig], m. erklär. engl. Uebersetzg. gr. 8. (69 S.) Bradford 889. (Berl., Deutsche Evangel. Buch- u. Tractat-Gesellschaft.) * — 50

Die Frage: Ob es den Wissenschaften zum Schaden oder Nutzen gereiche, wenn die Gelehrten ihre mehrsten Werke in ihrer Muttersprache heraus geben? untersuchte in einem Danksagungsschreiben an die Königliche Deutsche Gesellschaft zu Königsberg, ERNST GOTTLIEB JUST, ... Den 17ten des Wintermonaths 1756. ib. — 4°.

Just, Frid., de arcubus supernumerariis qui in Iride observantur. Dissertatio mathematico-physica. Königsberg 862. (Schubert & Seidel.) gr. 4. (27 S. u. 1 lith. Taf.) n. 15 ngr

Just: Geschichte der Theorien des Regenbogens. 17 S.– Marienburg, Progr. 1863.

— **Friedrich August** (Merseburg), An et quatenus deferri possit super parentum testamento jusjurandum. Präs. D. Heinr. Gottfried Bauer.. Lpz. (Langenheim) 18. IX. 1762. 8 S. (4.50) 17242

Just, G., der hydraulische oder sogenannte Estrichgips. — Untersuchungen über die Bildungsverhältnisse der oceanischen Salzablagerungen, s.: **Hoff, J. H. van't.**

Just, Gerhard, aus Karlsruhe: **Löslichkeit von Gasen in organischen Lösungsmitteln.** Mit 7 Fig. im Text. *Leipzig: W. Engelmann 1901.* (28 S.) 8° ¶ (Aus: Zeitschrift f. physikal. Chemie, Bd 37, H. 3.)
Leipzig, Phil. Diss. v. [14. Juni] 1901

Just, Gerhard, Dr. phil.: Physikalisch-chemische Studien an Eisensalzen. Mit 4 Fig. im Text. Leipzig: W. Engelmann 1908. 104 S. 8° ¶ Aus: Zeitschrift f. physik. Chemie. Bd 63.
Karlsruhe Te. H., Hab.-Schr. v. 10. 4. 1908

Just, G***rs (Levers), im 18ten Jahrh. Kaufmann, Bürger u. Brauer in H****r, in kleinen kurzweiligen Geschichten. 8. Copenhag. Arntzen u. H. (Hahn in Hannover.) 802.

Just, Gr**. Was er bei seines Leibes Leben als Bürger, Kaufmann u. Brauer in d. Residenz H**r redete u. begann. In kleinen kurzweil. Geschichten. 8. Altona 803. Hammerich. 16 gr

Gustav **Just**: Als die Völker erwachten. Literar. Bewegung u. Zeitstimmung in Deutschland u. Österr. vor Beginn d. Feldzuges 1809. Wien & Leipzig: C. W. Stern 1907. (96 S.) 8° [F.] [07. 1176]

Just, Gust., der Friede v. Schönbrunn, s.: Kriegsjahr, das, 1809 in Einzeldarstellungen. 9. Bd.

Just, Gustav: Der Friede von Schönbrunn. Von Hauptm. Dr. –. Wien & Leipzig: Stern 1909. 89 S. 8°
(Das Kriegsjahr 1809 in Einzeldarstellungen. Bd. 9.)

— u. Th. Färber, der biblische Geschichtsunterricht der Unterstufe. 20 Präparationen. (V, 96 S.) 8. Ebd. 904. Geb. in Leinw. n. 2. 20

Just, Gust., Lutherbuch, enth. Luthers Leben u. Wirken, nebst einigen einleit. u. abschließ. Capiteln aus der allgemeinen Kirchen- u. Missionsgeschichte. Für Schule u. Haus. (IV, 100 S. m. Abbildgn.) 8. St. Louis, Mo. 902. (Zwickau, Schriften-Verein.) Geb. in Leinw. n. 1. 20

— **Politik od. Strategie? Kritische Studie üb. den Warschauer Feldzug Österreichs u. die Haltg. Russlands 1809. Mit e. Anh. bisher ungedruckter Aktenstücke u. e. Kartenbeilage.** (III, 82 S.) Lex. 8. Wien 909. L. W. Seidel & Sohn. 2. 40
Erweit. Sonderabdr. aus: „Streffleur's militär. Ztschr."

Just, Gustav: Das Herzogtum Warschau von seinen Anfängen bis zum Eintritt in den Kampf mit Österreich 1809. Progr., Diss. von 1906/1907

Was ist und wie errichtet man eine Handelsgesellschaft? Nach d. neuen Handelsgesetzb. f. d. prakt. Gebr. dargest. von **Hans Just**. *Berlin: H. Steinitz (1900).* (70 S.) [00. 7455]

Just, Hans, was muß der Arbeiter der Gegenwart wissen? Die rechtl. u. sozialpolit. Vorschriften f. die Arbeiter in industriellen u. gewerbl. Betrieben, nebst den allgem. staatsbürgerl. Rechten u. Pflichten sowie den wichtigsten Vorschriften u. Einrichtungen der Hygiene. (80 S.) gr. 8. Berlin (903). H. Steinitz. n. 1. —

— welche Rechte u. Pflichten haben die Handelsgesellschafter? Nach dem neuen Handelsgesetzbuch unter Berücksicht. des neuen bürgerl. Gesetzbuches f. den prakt. Gebrauch dargestellt. gr. 8. (72 S.) Ebd. (900). n. 1. —

Just, H., Welche Rechte und Pflichten haben die Handelsgesellschafter? Nach dem neuen Handelsgesetzbuch unter Berücksicht. des neuen bürgerl. Gesetzbuches f. den prakt. Gebrauch dargestellt. gr. 8. (72 S.) Berlin, H. Steinitz. 1. —

Just, Hans, wie führt man e. Prozeß vor dem Amtsgericht? Die wichtigsten Vorschriften der Civilprozeßordnung u. des Gerichtsverfassungsgesetzes vom 17. V. 1898 hinsichtlich des Verfahrens vor den Amtsgerichten u. Anleitg. zur selbständ. Führung v. Prozessen vor dem Amtsgericht. gr. 8. (88 S.) Berlin (900). H. Steinitz. n. 1. —

Just, wie wird e. Ehe geschlossen u. geschieden? Gemeinverständliche Darstellg. Berlin 899.

Just, Hans, wie wird e. Ehe geschlossen u. geschieden? Gemeinverständl. Darstellg. der Erfordernisse der Eheschließg., der persönl. Rechtsverhältnisse der Ehegatten u. des Ehescheidungsrechts nach dem bürgerl. Gesetzbuch. gr. 8. (VII, 62 S.) Berlin (900). H. Steinitz. n. 1. —

Just, Herm., s. Blätter, Oberlausitzer.

Just, (H.,) de fide Taciti scriptio I. qua disseritur, quatenus Tacitus fidem ipse sibi habendam indicaverit. Praef. est Fr. Lindemann. gr. 8. Zittau 827, Schöps.

Just, H., Geschichte d. Sächs. Verfassung. Nebst e. Würdigung d. Inhalts d. Verfassungs-Urkunde u. e. Betracht. üb. d., was zu ihrer Erfüllung theils schon geschehen ist, theils noch geschehen soll. Denkschr. z. Jahresfeier d. Uebergabe d. Sächs. Verfassungs-Urkunde an d. Landstände. gr. 8. (3¼ B.) Zittau 832, [Leipzig,] Taubert jun. Thlr.

Just, Herm., das Gesetz wegen Einführung einer kurzen Verjährungsfrist für gewisse Forderungen vom 23. Juli 1846. Eine Warnungstafel für den tägl. Verkehr. 1. Aufl. (31 S.) 1849. und 2., verb. Aufl. 16. (32 S.) Zittau 850, Pahl.

Just, J. A. H., üb. Friedrich Wilhelm III. 8. Frft. (Böhme, Lpz.) 798.

Just, Jh. Bapt., Predigt bei Gelegenheit d. hundertjähr. Feierlichkeit von Erbauung u. Einweihung der U. L. F. Kirche auf dem sogenannten Mariahilfsberge zu Bilsbiburg. 4. Landsh. 796. Thomann.

Just, Jh. Chr., von der gelehrten u. der gemeinen Erziehung, zur Beförder. wahrer Glückseligkeit. 8. Berl. 783. Reimer. 10 ggr.

[F.] Humoristische Gedichte v. Johannes Just. *Giebichenstein bei Halle a. S.: Selbstv.; (Halle: Dr. v. E. Karras) [1897].* (1 Bl., 154 S.) 1 Bd 8.
(97. 8326

Wilde Rosen. Humorist. Gedichte u. Vorträge von Johannes Just. *Halle a. S.: Selbstverl. [1900].* (150 S.) 8° [F.]
(00. 5337 3

Just, Johannes Wilhelm, approb. Arzt aus Zwickau: **Ueber die operative Behandlung der tuberkulösen Spondylitis.** *Leipzig 1900: B. Georgi.* (48 S.) 8°
Leipzig, Med. Diss. v. (30. Nov.) 1900

Just, Josef. s. Bericht der Genossenschaft der Büchsenmacher. . .

Just, Jos., der politische Bezirk Böhm. Leipa. Ein Beitrag zur Heimathskunde für Schule u. Haus. Hrsg. v. Böhm. Leipaer Lehrervereine. Mit 1 (lith.) Karte (in Fol.). 8. (VIII, 139 S.) Böhm. Leipa 879. Hamann. n. 1. 40.

Just (Just. Coel.): Kurzer Anszug d. vorzüglichsten kursächs. Gesetze z. Gebr. für Bürgerschulen, Dorfschaften u. Schulmeisterseminare. *Leipzig*, Göschen. 800. 8. (8 Gr.)

— über die jetzige Beschaffenheit der Klosterschule z. Roßleben. 8. Erf. 788. Keyser. 3 ggr.

— über den Charakter u. Werth d. vorzügl. Erziehungs- u. Lehranstalten unseres Zeitalters. 8. Gotha 795. Perthes. 4 ggr.

Just, Just. Ed., v. d. gelehrt. u. d. gemein. Erziehung z. Glückseligk.it. 8. Berl. Realsch. 785.

— über d. öffentl. Gottesverehrer in geschloss. Schulen. 8. Erf. 790. Keyser. 3 ggr.

— von d. Hang zur Thätigkeit u. Trägheit im Menschen. 8. Gotha 799. Perthes. 4 ggr.

— s. S. F. K. Morus, Anleitung.

— über d. Verhältniß des Gräfl. Hauses Stollberg gegen das Churhaus Sachsen. gr. 8. Freib. 802. Craz u. G. 6 ggr.

Just, Karl: Das neue weibliche Bildungsideal und die Organisation unseres Mädchenlyceums. Rede z. Einweihung d. neuen Karolinum am 20. Okt. 1909. Altenburg 1910: Hauenstein. S. 1—7. 4°
Altenburg S.-A., Karolinen-S, st. ML m. Sm u. Frauen-S P 1910 [4] [S 10. 210

Just, Karl, Charakterbildung u. Schulleben od. Die Lehre v. der Zucht. Vorträge, geh. bei den Ferienkursen in Jena. (IV, 85 S.) gr. 8. Osterwieck 907. A. W. Zickfeldt. 1. 50

Just, Karl, Grundriß der Psychologie, s.: Krüger, Johs.

— s.: Herbart, Pestalozzi u. Herr Professor Paul Natorp.

— s.: Jahrbuch des Vereins f. wissenschaftliche Pädagogik.

Just, Karl, d. abschließende Katechismus-Unterricht. 2 Hefte. gr. 8. (68 u. III, 93 S.) Altenburg 896. 97. H. A. Pierer. n. 2. 25

Just, Karl, der abschließende Katechismusunterricht. I. u. II. Tl. 2. Aufl. gr. 8. Altenburg, A. H. Pierer. n. 2. 30
I. (71 S.) 904. n. — 95. — II. (98 S.) 905. n. 1. 35.

Just, Karl: Ueber Labyrinthdichtungen für Wasser. Diss. Darmstadt. Berlin 1910
(Aus: Dingler's polytechn. Journal. 1911)

— kirchengeschichtliches Lesebuch. I. u. III. Tl. gr. 8. Ebd. n. 1. 70
I. Das Christentum u. das röm. Reich. Für höhere Lehranstalten hrsg. (III, 64 S.) 903. n. — 70
III. Dr. Martin Luther u. die evangelische Kirche. Für höhere Lehranstalten hrsg. (III, 136 S.) 903. n. 1. —
Der II. Tl. ist noch nicht erschienen.

— Märchenunterricht. 12 Volksmärchen, in darstell. Form f. d. Mutter u. Lehrer d. Kleinen dargeboten. gr. 8. (XI, 82 S.) Leipzig 896. A. Deichert Nachf. n. 1. 85

— Märchenunterricht. 12 Volksmärchen, in darstell. Form f. die Mütter u. Lehrer der Kleinen dargeboten. 2. Aufl. (XII, 82 S.) 8. Leipzig 906. A. Deichert Nachf. n. 1. 35, geb. n.n. 1. 80

Just, K., die Herbart-Ziller'sche Pädagogik auf der Klosterlausnitzer Pastoralkonferenz. Eine Widerlegung. Vortrag, gehalten am 16. Septbr. 1887 im pädagog. Verein zu Altenburg. 8. (28 S.) Altenburg 887, Pierer. *

Just, Karl, s.: Praxis d. Erziehungsschule.

— kirchengeschichtlicher Unterricht. I. u. III. Tl. gr. 8. Altenburg, H. A. Pierer. n. 2. 35
I. Das Christentum u. das römische Reich (Präparationen). (IV, 52 S.) 903. n. 1. —
III. Dr. Martin Luther u. die evangel. Kirche. (Präparationen.) (IV, 88 S.) 903. n. 1. 35
Der II. Tl. ist noch nicht erschienen.

(Just. C[arl].) [Johann Heinrich] Pestalozzi's Unterrichtsmethode. [A.] 8. (Langensalza 1882.)

Just, Karl: Was gedenkt unsere Stadt zu tun für eine weitergehende Ausbildung unserer Mädchen. Vortrag. Altenburg S.-A. 1909: Unger. S. 5—11. 4°
Altenburg, Karolinen-S, st. ML P 1909 [4] [S 09. 234

— s.: Zeitschrift f. Philosophie u. Pädagogik.

Just, Karl Alex. Hnr., über Friedrich Wilhelm III. 8. Frankf. a. M. 793. (Gnoblauch in Leipz.) 12 K

Just, Karl August

— — De privato in principem imperii, usurariae praevitatis reo. Disp. jur. Präs. D. Joh. Florens Rivinus. Lpz. (Immanuel Titius) 18. X. 1725. 50 S. (6.80) 17249
Gew.: August Justus (Vater). — Widm. v. Präs.

— **Carl August** (Dresden), Schediasma quo trium scholarum naturae juris et artis imperativus disce loqui explanatur. Präs. Christian Reineccius. Weissenfels (G. A. Leg) 21. IX. 1723. 38 Seiten. (6.80) 17248
Gew.: Johann Georg Men (Scheubengrobsdorf u. Obernessa).

Just, Carolus Christianus (geb. Meseritz 17..): De commotione cerebri. Vratislaviae 1817. (24 S.) 4°
Breslau, Med. Diss. v. [11. Nov.] 1817

Just, Carl Gtlieb., tägliches Kniebeugen vor dem Vater im Himmel im Namen unsers Herrn Jesu Christi. Ein Beitrag zur Hausandacht auf jeden Tag nach Maßgabe des christl. Kirchenjahres, auch als Confirmationsgeschenk, Hochzeitsgabe und Andenken bei sonst feierl. Gelegenheiten zu gebrauchen. 2 Hefte. 8. Eisleben 862,63, Christlicher Verein im nördlichen Deutschland. [1. Heft. (IV und 282 S.) geb. 9 Ngr., 2. Heft. (344 S.) geb. 9¾ Ngr.]

Just, Carl Gtlieb., tägliches Kniebeugen vor dem Vater im Himmel im Namen unsers Herrn Jesu Christi. Ein Beitrag zur Hausandacht auf jeden Tag nach Maßgabe d. christl. Kirchenjahres, auch als Confirmationsgeschenk, Hochzeitsgabe u. Andenken bei sonst feierl. Gelegenheiten zu gebrauchen. 4. Aufl. 8. (IV, 731 S.) Eisleben 887. Christl. Verein im nördl. Deutschland. Geb. 2. 10

Just, Karl Gottl., s. Bisarrerien. –

– das Blumensträußchen; e. Gedichte-Samml. für Jedermann, zum Besten seiner Pflegetochter gebunden. 8. Dresd. 826. (Arnold).

– s. Dorfhandel, Über den.

– s.a. Ehrenrettung, Zittaus, wider e. ertappten Reisenden.

ZITTAU. — Ehrenrettung Zittaus wider einen verkappten Reisenden (von *Carl Gottlob Just*). Zittau 1789. Sehr selten!
Anon.-Lex. II. p. 8 (nach Kayser, Otto u. Meusel).

— **Carl Gottlob** (Zittau), De Hermunduris et Thuringis secundum Ptolemaeum. Diss. philos. Präs. Justin Elia Wüstemann. Wittbg. (Ephraim Gottlob Eichsfeld) 24. I. 1756. 24 S. (6.20) 17250
Gew. (v. Präs.): Johann Gotthelf v. Globig.

Just, K. Gtl., kl. Catechismus. 8. Jena, Frommann. 804. Rthlr.

— neues kurzgef. u. leichtes Lehr- u. Lesebuch für die Dorfjugend, u. zum Gebrauch in Dorfschulen bestimmt. 8. Leipz. u. Chemn. 798. 2e A. 8. Jena 799. 3e A. 807. Frommann. 5 K

— **Carl Gottlob** (Z. L.), Locationem servitutis realis praecipue juris pascendi. Präs. Georg Friedrich Kraus. Wittbg. (Ephraim Gottlob Eichsfeld) 16. XII. 1757. 18 S. (5.—) 17238

– s.a. Rhapsodien. Aus d. Gesch. d. menschl. Geschlechts.

RHAPSODIEN aus der Geschichte des menschlichen Geschlechts (von *Carl Gottlob Just*). Leipzig 1776
Anon.-Lex.-Lex. III. p. 383 (nach Kayser, Otto, Meusel).

— Spruchbuch für die Schuljugend in kleinen Städten u. auf d. Lande. 8. Chemn. 799. 3e A. 8. Leipz. 821. 6e A. 826. (W. Rauck). 2 K

Just, K. G., Spruchbuch f. die Schuljugend in kleinen Städten u. auf dem Lande. 2te Aufl. 8. Leipzig, Sommer. 815.

Just, K. G., Spruchbuch für die Schuljugend in kleinen Städten und auf dem Lande. 3te Aufl. 8. Leipzig, Sommer. 820.

Just, (K. G.,) Spruchbuch f. d. Schuljugend. Oder d. christl. Religionslehre in biblischen Sprüchen u. Liederverf. 6e mit Anleit. z. richtigen Declamation d. Verse vers. Aufl. 8. Lpz. 826, Sommer.

Just, Karl Gtlo., Spruchbuch f. d. Schuljugend in kleinen Städten u. auf d. Lande. Oder, d. christl. Religionslehre in bibl. Sprüchen u. Liederversen. 8., mit Anleit. z. richt. Deklamation d. Verse verseh. Aufl. 8. (5 B.) Leipzig 836, Rauck. *

— **Carl Otto Ludwig** (Zittau), De resectione epiphysium cum decapitationis utriusque radii exemplo. Diss. med. Lpz. (Staritz) 5. VI. 1840. 40 S. mit Literatur. (5.50) 17239
Gew.: Johann Christian August Clarus, Carl August Kuhl, Philipp Adolph Ferdinand Just (Zittau).

Just, Karl S.

Just, K. S., die Fortbildung der Kantischen Ethik durch Herbart, s.: Studien, pädagogische.

—— zur Pädagogik des Mittelalters, s.a. Studien, pädagogische.

Just, Karl S., Zur Pädagogik des Mittelalters. Leipzig 1879. 8.
In: Paedagogische Studien. H. 6.

Just, L., Graf Wigger. Dramatisches Zeitgemälde aus Thüringens Geschichte. Volksschauspiel in 2 Akten. 8. (XVI, 100 S.) Mühlhausen i/Th. 890. G. Danner. n. 1. 20

Just, Leop. s.a. Jahresbericht, botanischer.

Just, Dr. Leop., Botanischer Jahresbericht. Systematisch geordnetes Repertorium der botanischen Literatur aller Länder. Berlin 1874—80 — Für die Jahre 1873—78 — Bd. 1—6 — 8°.

Just's Botanischer Jahresbericht. - Berlin. Jg. 11-67. 1883-1944. - (M. n. ersch.)

Just's botanischer Jahresbericht. Systematisch geordnetes Repertorium der botan. Literatur aller Länder. Begründet 1873. Vom 11. Jahrg. ab fortgeführt und unter Mitwirkung von Askenasy, Batalin, Benecke etc. hrsg. von E. Koehne und Th. Geyler. 11. Jahrg. [1883]. 2 Abthlgn. gr. 8. Berlin Gebr. Borntraeger. [1. Abthl. 1. Heft. (S. 1—352.) 885. **ℳ 10.—.; 2. Heft. (IV, S. 353—641.) 885. **ℳ 8.—. 2. Abthl. 1. Heft. (S. 1—528.) 886. **ℳ 15.—.; 2. Heft. (S. 529—800.) 886. **ℳ 8.—.; 3. Heft. (VI, S. 801—1126.) 886. **ℳ 10.—.] **

—— dass. — 12. Jahrg. [1884]. 2 Abthlgn. à 2 Hälften. gr. 8. Ebendas. [1. Abthl. 1. Hälfte. (S. 1—416.) 886. **ℳ 13.—.; 2. Hälfte. (IV, S. 417—688.) 886. **ℳ 8.—. 2. Abthl. 1. Hälfte. (S. 1—480.) 887. **ℳ 15.—.; 2. Hälfte. (VIII, S. 481—750.) 887. **ℳ 9.—.] **

—— dass. — Vom 11. Jahrg. ab fortgeführt und unter Mitwirkung von Batalin, Benecke, Cieslar etc. hrsg. von E. Koehne und Th. Geyler. 13. Jahrg. [1885]. 2 Abthlgn. à 2 Hälften. gr. 8. Ebendas. [1. Abthl. 1. Hälfte. (S. 1—480.) 887. **ℳ 15.—.; 2. Hälfte. (VIII, S. 481—851.) 888. **ℳ 12.—. 2. Abthl. 1. Hälfte. (S. 1—224.) 888. **ℳ 7.—.; 2. Hälfte. (VIII, S. 225—785.) 888. **ℳ 18.—.] **

—— dass. — Vom 11. Jahrg. ab fortgeführt und unter Mitwirkung von Cieslar, v. Dalla Torre, H. Fischer etc. hrsg. von E. Koehne und Th. Geyler. 14. Jahrg. [1886]. 1. Abthl. 3 Hefte und 2. Abhtl. 2 Hefte. gr. 8. Ebendas. 888. [1. Abthl. 1. und 2. Heft. (S. 1—640.) à **ℳ 10.—.; 3. Heft. (VIII, S. 641—947.) **ℳ 10.—. 2. Abthl. 1. Heft. (S. 1—192.) **ℳ 6.—.; 2. Heft. (VIII, S. 193—666.) **ℳ 15.—.] **

Jahrg. 1.—10. im Preise herabgesetzt auf **ℳ 200.—.

Just's botanischer Jahresbericht. Systematisch geordnetes Repertorium der botan. Literatur aller Länder. Begründet 1873. Vom 11. Jahrg. ab fortgeführt u. unter Mitwirkg. v. Cieslar, v. Dalla Torre, U. Dammer etc. hrsg. v. E. Koehne. 15. Jahrg. [1887]. 2 Abthlgn. à 2 Hefte. gr. 8. Berl. 889,90, Gebr. Bornträger. [1. Abthl. 1. Heft. (S. 1—384.) ** 12 —; 1. Abthl. 2. Heft u. 2. Abthl. 2 Hefte. (X, S. 385—603; VIII, 901 S.) ** 36 —.] ** 48 —

—— dass. — Unter Mitwirkg. von v. Dalla Torre, U. Dammer, E. Fischer etc. hrsg. v. E. Koehne. 16. Jahrg. [1888]. 2 Abthlgn. à 2 Hefte. gr. 8. Ebd. 890. [1. Abthl. (VIII, 789 S.) ** 25 —; 2. Abthl. (VIII, 627 S.) ** 20 —.] ** 45 —

—— dass. — Unter Mitwirkg. von v. Dalla Torre, E. Fischer, Giltay etc. hrsg. v. E. Koehne. 17. Jahrg. [1889]. 2 Abthlgn. à 2 Hefte. gr. 8. Ebd. [1. Abthl. 1. Heft. (S. 1—320.) 891. ** 10 —; 2. Heft. (VIII, S. 321—733.) 892. ** 13 —; 2. Abthl. 1. Heft. (S. 1—336.) 892. ** 11 —; 2. Heft. (VIII, S. 337—587.) 892. ** 8 —.] ** 42 —

—— dass. — 18. Jahrg. [1890]. 1. Abthl. 1. u. 2. Heft. gr. 8. (480 S.) Ebd. 892. à Heft ** 8 —; ** 16 —

— dasselbe. 18. Jahrg. [1890]. 2 Abthlgn. gr. 8. Ebd. n.n. 47. —

1. Abth. 3 Hfte. (VI, 752 S.) 892. n.n. 25. —. — 2. Abth. 3 Hfte. (643 S.) 893. n.n. 22. —.

— dasselbe. 20. Jahrg. [1892]. 1. Athlg. 1. Hft. gr. 8. (432 S.) Ebd. 894. n.n. 14. —

Just's botanischer Jahresbericht. Systemat. geordn. Repertorium d. botan. Literatur aller Länder. Begründet 1873. Vom 11. Jahrg. ab fortgef. u unt. Mitwirkg. v. Brick, v. Dalla Torre, Hoeck u. A. hrsg. v. E. Koehne. 20. Jahrg. [1892]. 1. Abth. 2. Hft. u. 2. Abth. 2 Hfte. gr. 8. Berlin, Gebr. Borntraeger. n.n. 27. — (20. Jahrg. kplt.: n.n. 41. —)

I. 2. (VII u. S. 433—614.) 894. n.n. 6. —
II. 1. (272 S.) 894. n.n. 9. —
II. 2. (X u. S. 273—621.) 895. n.n. 12. —

— dasselbe unt. Mitwirkg. v. Brick, v. Dalla Torre, Filarszky u. A. hrsg. v. E. Koehne. 21. Jahrg. [1893]. 2 Abthlgn. à 2 Hfte. gr. 8. Ebd. n.n. 43. —

I. 1. (240 S.) 895. n.n. 8. —. — I. 2. (VII u. S. 241—584.) 896. n.n. 12. —.
II. 1. (308 S.) 895. n.n. 12. —. — II. 2. (X u. S. 309—694.) 896. n.n. 11. —.

— dasselbe. 22. Jahrg. [1894]. 2 Abthlgn. à 3 Hfte. gr. 8. Ebd. n.n. 40. —

I. 1. 2. (288 S.) 896. à n.n. 5. —. — I. 3. (VII u. S. 289—506.) 897. n.n. 7. 50.
II. 1. 2. (288 S.) 896. à n.n. 5. —. — II. 3. (X u. S. 289—614.) 897. n.n. 12. 50.

— dasselbe. 23. Jahrg. [1895]. 1. Abthlg. 2 Hfte., u. 2. Abthlg. 3 Hfte. gr. 8. Ebd. n.n. 44. —

I. 1. (160 S.) 897. n.n. 6. 50. — I. 2. (VII u. S. 161—439.) 897. n.n. 11. 50
II. 1. 2. (320 S.) 897. à n.n. 6. 50. — II. 3. (X u. S. 321—630.) 898. n.n. 13. —.

— dasselbe. 24. Jahrg. [...] 1. Abthlg. 1. u. 2. Hft. u. 2. Abthlg. 1. u. [...] gr. 8. Ebd. 898. à Hft. n.n. 7. —

I. 1. 2. (320 S.) — II. 1. 2. (320 S.)

Just's botanischer Jahresbericht. Systematisch geordnetes Repertorium der botan. Literatur aller Länder. Begründet 1873. Vom 11. Jahrg. ab fortgeführt u. unter Mitwirkg. v. Brick, v. Dalla Torre, Filarszky etc. hrsg. v. E. Koehne. 24. Jahrg. (1896). 1. Abtlg., 3. Hft. u. 2. Abtlg. 3. u. 4. Hft. gr. 8. Leipzig 899. Gebr. Borntraeger. n.n. 25. 50; (24. Jahrg. kplt. n.n. 53. 50)

I, 3. (VIII u. S. 321—488.) n.n. 9. —. — II, 3. (S. 321—480.) n.n. 7. 50. — II, 4. (IX u. S. 481—648.) n.n. 9. —.

— dasselbe. 25. Jahrg. (1897). I. Abtlg., 3 Hfte. u. II. Abtlg., 4 Hfte. gr. 8. Ebd. n.n. 63. 50

I, 1. (S. 1—160.) 899. n.n. 7. 50. — I, 2. (S. 161—320.) 899. n.n. 8. 50. — I, 3. (VIII u. S. 321—533.) 900. n.n. 12. 50. — II, 1. (160 S.) 899. n.n. 7. 50. — II, 2. (S. 161—320.) 899. n.n. 7. 50. — II, 3. (S. 321—480.) 899. n.n. 8. 50. — II, 4. (IX u. S. 481—681.) 903. n.n. 11. 50.

— dasselbe. Hrsg. v. K. Schumann. 26. Jahrg. (1898). I. u. II. Abtlg. à 4 Hfte. gr. 8. Ebd. n.n. 75. —

I, 1. (160 S.) 899. n.n. 8. 50. — 2. (S. 161—320.) 900. n.n. 8. 50. — 3. (S. 321—480.) 900. n.n. 8. 50. — 4. (VIII u. S. 481—663.) 900. n.n. 10. 50. — II, 1 u. 2. (320 S.) 900. à n.n. 8. 50. 3. u. 4. (IX u. S. 321—714.) 901. n.n. 22. —.

— dasselbe. 27. Jahrg. (1899). I. Abth. 3 Hfte., u. II. Abth. 4 Hfte. gr. 8. Ebd. n.n. 66. 75

I, 1. (160 S.) 900. n.n. 8. 50. — I, 2 u. 3. (VII u. S. 161—545.) 901. n.n. 21. 25. — II, 1. (160 S.) 901. n.n. 8. 50. — II, 2. (S. 161—320.) 901. n.n. 8. 50. — II, 3 u. 4. (X u. S. 321—655.) 902. n.n. 20. —.

— dasselbe. 28. Jahrg. (1900). I. Abth. 3 Hfte., u. II. Abth. 4 Hfte. gr. 8. Ebd. n.n. 67. 50

I, 1. (160 S.) 901. n.n. 8. 50. — I, 2 u. 3. (VII u. S. 161—507.) 901. 902. n.n. 19. 50. — II, 1 u. 2. (320 S.) 902. à n.n. 8. 50. — II, 3 u. 4. (X u. S. 321—680.) 902. n.n. 22. 50.

— dasselbe. 29. Jahrg. (1901). I. Abth. 1. u. 2. Hft. (S. 1—320.) gr. 8. Ebd. 902. à n.n. 8. 50

Just's botanischer Jahresbericht. Systematisch geordnetes Repertorium der botan. Literatur aller Länder. Begründet 1873. Unter Mitwirkg. v. Brick, Bohlin, Pilger u. a. hrsg. v. K. Schumann. 29. Jahrg. (1901). I. Abth. 3. Heft u. II. Abth. 6 Hefte. Lex.-8. Leipzig 903. Gebr. Borntraeger. n.n. 69. 50; (29. Jahrg. kplt. n.n. 86. 50)

I. 3. (VII u. S. 321—584.) 903. n.n. 14. 50
II. (X. 1024 S.) 903. n.n. 55. —

— dasselbe. Unter Mitwirkg. von C. Brick, K. Bohlin, K. v. Dalla-Torre u. a. hrsg. von Karl Schumann u. F. Fedde. 30. Jahrg. (1902). I. Abtlg. 4 Hefte u. II. Abtlg. 5 Hefte. Lex.-8. Ebd. n.n. 105. 75

I. (VII, 714 S.) 903. n.n. 38. 25
II. (VIII, 1313 S.) 903—905. n.n. 67. 50

— dasselbe. Unter Mitwirkg. v. P. Beckmann, A. Born. C. Brick u. a. hrsg. v. F. Fedde. 31. Jahrg. (1903). I. Abtlg. 5 Hefte u. II. Abtlg. 7 Hefte. Lex.-8. Ebd. n.n. 122. 10

I. (XI, 892 S.) 904. n.n. 49. —
II. (IX, 1326 S.) 904. 905. n.n. 73. 10

— dasselbe. Unter Mitwirkg. v. L. Adamović, P. Beckmann, A. Born u. a. hrsg. v. F. Fedde. 32. Jahrg. (1904). I. Abtlg. 2 Hefte u. II. Abtlg. 7 Hefte. Lex.-8. Ebd. n.n. 136. 85
I. (III, 886 S.) 905. n.n. 47. 75
II. (XI, 1630 S.) 905. 906. n.n. 89. 10

— dasselbe. 32. Jahrg. Anh. Lex.-8. Ebd. n.n. 5. —
Repertorium novarum specierum regni vegetabilis. Centralblatt für Sammlg. u. Veröffentlichg. von Einzeldiagnosen neuer Pflanzen. Auctore Frdr. Fedde. Fasc. I. (1905). (VI, 202 S.) 905.

— dasselbe. 33. Jahrg. (1905). I. Abtlg. 1.—3. Heft. S. 1—720.) Lex.-8. Ebd. 906. n.n. 38. 20

Just's botanischer Jahresbericht. Systematisch geordnetes Repertorium der botan. Literatur aller Länder. Begründet 1873. Unter Mitwirkg. v. L. Adamovic, P. Beckmann, A. Born u. a. hrsg. v. F. Fedde. 33. Jahrg. (1905). I. Abtlg. 4. Heft; II. Abtlg. 4 Hefte u. III. Abtlg. 6 Hefte Lex. 8. Leipzig, Gebr. Borntraeger. 119.60; (kplt. nn 157. 80)
I, 4. (VIII u. S. 721—892.) 907. nn 10. 50
II. (4 Hefte.) (V, 598 S.) 907. nn 36. 10
III. (6 Hefte.) (IX, 1213 S.) 907. 08. 73. —

— dasselbe. 33. Jahrg. Anh. Lex.-8. Ebd. n.n. 5. —
Repertorium novarum specierum regni vegetabilis. Centralblatt für Sammlg. u. Veröffentlichg. von Einzeldiagnosen neuer Pflanzen. Auctore Frdr. Fedde. Fasc. II. (1906.) (VI 202 S.) 906.

— dasselbe. Unter Mitwirkg. v. C. de Bruyker, C. Brick, K. v. Dalla Torre u. a. hrsg. v. F. Fedde. 34. Jahrg. (1906). 3 Abtlgn. Lex. 8. Ebd. nn 153. 25
I. (4 Hefte.) (VI, 630 S.) 907. nn 38. —
II. (4 Hefte.) (VII, 701 S.) 908. nn 42. 75
III. (6 Hefte.) (VIII, 1364 S.) 908. 09. nn 72. 50

— dasselbe. 35. Jahrg. (1907). I. u. II. Abtlg. u. III. Abt. 1.—3. Heft. Lex. 8. Ebd. nn 138. 70
I. (5 Hefte.) (XII, 910 S.) 908. 09. nn 55. 10
II. (3 Hefte.) (VIII, 704 S.) 909. 10. nn 45. 60
III. 1—3. (S. 1—638.) 909. 10. nn 38. —

— dasselbe. 36. Jahrg. (1908). 5 Hefte, II. Abtlg. 1.—4. Heft u. III. Abtlg. 1. u. 2. Heft. Lex. 8. Ebd. 109. 50
I. (5 Hefte.) (VIII, 861 S.) 909. 10. nn 52. 50
II. 1—4. (S. 1—640.) 910. nn 38. —
III. 1. 2. (S. 1—320.) 910. nn 19. —

— dasselbe. 37. Jahrg. (1909). I. Abtlg. 1. Heft. (S. 1—240.) Lex. 8. Ebd. 910. nn 14. 25

Just, (Johann) Leopold *(geb. Filehne in Pos. 27. 5. 1841)*: Keimung und erste Entwickelung von Secale cereale unter dem Einfluss des Lichts. Breslau (1870). (53 S.) 8° *[Im Buchhandel 1870 bei Maruschke & Berendt in Breslau.]*
Breslau, Phil. Diss. v. 12 Febr. 1870

Just, Leop., Keimung und erste Entwickelung von Secale cereale unter dem Einflusse des Lichts. Inaugural-Dissertation. gr. 8. (50 S.) Breslau 870, (Maruschke und Berendt.) *

Just, L(eopold), Dr.: Die Keimung von Triticum vulgare. Ein Beitrag zur Lehre von der Stoffwanderung in den Pflanzen. 1873. 38 S., 1 Taf. 8° ¶ Aus: Annalen d. Oenologie. Bd 3.
Karlsruhe Te. H., Hab.-Schr. v. 26. 2. 1873

Just, Ludw., Elisa, Gottes heiliger Prophet. Allen Freunden des göttlichen Wortes gewidmet. 8. (110 S.) Hagen 882. Risel & Co. n. 2. —

Just, Ludw.: Über ein Haupthindernis des genügenden Fortschrittes so mancher Gymnasialschüler. 13 S. – Wien J., Progr. 1851.

Just, Ludw.: Realien-und Sprachenstudium an unseren Gymnasien im Verhältnise zu einander. 6 S. – Wien J., Progr. 1860.

Just, Ludw., s.: Recht, L.

Just, Ludwig — Jan Slavik, oder: Jugendleben eines Handwerkers. Eine wahre Geschichte aus unsern Tagen, herausgegeben von — —. Wien, 1856. Gedr. bei A. Pichlers Witwe & Sohn. Eigenthum des Herausgebers. (VIII. 250 S. 8. Mit 6 kolorirten Bildern.)

Just, Ludw., Jan Slawik, oder: Jugendleben eines Handwerkers. Eine wahre Geschichte aus unsern Tagen. Wien 856. Seidel in Comm. 8. (VIII, 250 S. u. 6 Lithogr. in Farbendr.) n. 1 ₰.

Just, O., über Augenfehler, s. Bildungsblätter für unser Volk.

Just jun., O., s. Walther, J. C. W., Heilformeln.

Confirmanden-Reden, gehalten in der Loge Friedrich August zu den 3 Zirkeln in Zittau, aus dem maurerischen Nachlass von Otto Just. [Mit e. Vorw. v. Aug. Schiller.] Zittau: Oliva 1890. 100 S. 8°
Recens: FZ. 44 (1890) S. 207—208 (K. Pilz); L. 13 (1890) S. 104 (B. Cramer).
8 Reden.

— Otto (Zittau), De variis linguam removendi methodis, ratione habita periculi ex sanguine nimium amisso oriundi. Diss. chirurg. Präs. Ernst Heinrich Weber. Lpz. (C. E. Elberti) 15. XI. 1859. 56 S. mit umfangr. Literatur u. Biogr. (M.: E. Wagner.) (6.20) 17243
Oppon.: Haake, Hochmuth, Unger. — Gew.: Philipp Adolph Ferdinand Just (Zittau), Adolph Winter.

Just, Otto, Oybin im Zittauer Gebirge als Terrain-Kurort [System Oertel]. Mit einer topogr. Schilderung von „Oybin und seiner Umgebung" und „Verzeichniß der markirten Terrain-Kurort-Wege" von Alfr. Moschkau. gr. 8. (21 S.) Oybin 886. (Zittau, Oliva.) *

Just, Otto, Wegeordnung f. die Prov. Westpreußen vom 27. IX. 1905. Erläutert. (XXIV, 151 S.) gr. 8. Berlin 906. C. Heymann. n. 5. —

Just, Rich., Grundriss der Handelswissenschaft, s.: Findeisen, C. F.

Just, Rich., kaufm. Rechnen, s. Sammlung Göschen.

Just R. kaufmännisches Rechnen. I. II. (je 125 S) III. (Sammlung Göschen 139. 140. 187) 16° Leipzig 1901. 02. 04

— u. Alfr. Jorcke, kaufmännisches Rechnen f. Handelsschulen u. kaufmännische Fortbildungsschulen. 2 Tle. 8. Leipzig, F. Hirt & Sohn. nn 3. 55
1. (148 S.) 908. nn 1.30; Lösungen (18 S.) 908. — 80
2. (232 S.) 908. nn 2.25; Lösungen (24 S.) 909. — 80

Just, Richard [aus Dresden]: **Über das Verhalten von Piperidin-Basen gegen aromatische Halogenverbindungen. . . . Dresden, Druck d. Albanus'schen Buchdr., 1891; 47 S. 8°**
Tübingen, Naturw. Fak., Inaug.-Diss. v. 1891

Just, Robert. Alpdorf und Kurort Arosa. (Separatabdruck des ersten Teils von « Die Gemeinde A'. Ihr Wirtschaftsleben vor und seit dem Fremdenverkehr » [von] R' J'.) VIII + 56 S. 8. Zürich, Rascher & Co, 1908. [fr. 2. —]

— Die Gemeinde Arosa, s. a. Studien, Zürcher volkswirtschaftliche. 11. Heft.

Just, Robert, aus Wien: **Die Gemeinde Arosa. Ihr Wirtschaftsleben vor und seit dem Fremdenverkehr. Zürich 1907. VIII + 168 S. 8°. S.-A. aus den Zürcher volkswirtschaftlichen Studien. Heft 11. [26. XI. 07.]**
Zürich. Staatswiss. Diss. 1907/08.

Just, Robert. Die Gemeinde Arosa. Ihr Wirtschaftsleben vor und seit dem Fremdenverkehr. VIII + 168 S. 8.
Ausg. A: Diss. Staatsw. Univ. Zürich ... von R' J' aus Wien. Zürich, Druck J. Leemann, 1907.
Ausg. B: Von Dr. R' J'. Zürich, Verlag Rascher & Co., 1908. [fr. 7.—.] — Zürcher volkswirtschaftliche Studien.... Heft 11.

Just, **St., Zoranne et Zulnar. Oper en 3 A. 8. Braunschw. 806. Pluchart. 6 gl.**

Just, Theod., Die Schundliteratur, e. Verbrechensursache u. ihre Bekämpfung (Duisburg 1909) 8

Just, Thdr., die Schundliteratur, e. Verbrechensursache, u. ihre Bekämpfung. 1.—7. Taus. (31 S.) 8. Düsseldorf 909. C. Schaffnit. — 30

Die Schundliteratur, eine Verbrechensursache, und ihre Bekämpfung. Von Theodor **Just**, ev. Strafanst.-Pfarrer in Düsseldorf. Duisburg [um 1910]: Dietrich & Hermann. 31 S. 8° [10. 1409]

Just, Walter, Arzt aus Leipzig: **Beitrag zur Kenntnis der Erkrankungen des Rückenmarkes bei der progressiven Paralyse.** *Würzburg 1901: H. Stürtz.* (38 S.) 8°
Würzburg, Med. Diss. v. 1901

Just, Walt., die romantische Bewegung in der amerikanischen Literatur: Brown, Poe, Hawthorne. Ein Beitrag zur Geschichte der Romantik. (V, 93 S.) gr. 8 Berlin 910. Mayer & Müller. 2. —

Just, Zölestin August

— — Principium et fines omnis de tutela juris adumbrare conatus est, viro consult. et amic. Henrico Doerrien, summos in utr. jure honores gratul. Grimma (Goeschen) 1809. 10 S. (4.50) 17241

— Coelestin August (Merseburg), De vita et constitutionibus D. Pertinacis. Präs. D. August Friedrich Schott. Lpz. (Langenheim) 25. VI. 1772. 50 S. (6.50) 17240
Gew.: Carl August, Johann Coelestin u. Christian Wilhelm Just. — Widm. v. Präs.

Just-Bartsch, Clara, der Glaube an Gott u. Unsterblichkeit ohne Wunder u. Dogmen. Ein offenes Frauenwort, gerichtet an die Versammlg. e. freireligiösen Vereinigg. in Straßburg i E., Novbr. 906. Nebst e. Anh. (Was uns not tut). 2. Aufl. (30 S.) gr. 8. Straßburg 908. J. H. E. Heitz. 1. —

— Jesus der Menschensohn u. die Sakramente im Geiste unserer Zeit. Eine Brücke zwischen Glauben u. Wissen. (38 S.) Lex. 8. Ebd. 908. 1. —

Justamandus [Pseud.] s. G l e i c h m a n n , Johann Zacharias [wirkl. Name.]

Justamond, J. O., prakt. chirurg. Werke, herausg. mit Anmerkk. von Wilh. Houlston; aus d. Engl. von Chr. Fr. Michaelis 11. gr. 8. Leipz. 791. (Haon). 1 ₰ 16 gl.

Justchens Gesellschaftsbuch, enth. Frage- u. Antwortsprüche. Halle, Dreyßig.

Juste, Ed., Dissertation sur l'origine des poëmes attribués à Homère, et sur les cycles épiques de l'antiquité et du moyen âge. gr. Lex.-8. (V und 65 S.) Bruxelles 849. Leipzig, Muquardt. *

Juste, Thdre., l'Allemagne depuis 1815; suivi du texte officiel de la constitution prussienne et des droits fondamentaux de l'empire d'Allemagne. 18. (225 S.) Bruxelles 850, Muquardt. *

Juste, Théodore Le comte de M e r c y - A r g e n t e a u (Souvenirs diplomatiques du XVIIIe siècle) 8 Bruxelles, Leipzig 1863.

Juste, Th., le coup d'état du 18. Juin 1789. Notice. 8. (36 S.) Bruxelles 874. Muquardt. n. — 80

— les fondateures de la nationalité Belge. Le Baron Nothomb, secrétaire-rapporteur de la commission de constitution et membre du comité diplomatique etc. 2 parties. gr. 8. (XVIII, 186 u. VIII, 257 S.) Ebend. 874. n. 8. —

— le même. Lord Palmerston. gr. 8. (VII, 115 S.) Ebend. 873 n. 3. —

— le même. Louis de Potter, membre du gouvernement provisoire d'après des documents inédits. gr. 8. (VII, 128 S.) Ebend. 874. n. 5. —

Juste, Thdr., Geschichte der Gründung der constitutionellen Monarchie in Belgien durch den Nationalcongreß, nach amtl. Quellen. 1. und 2. Bd. gr. 8. Brüssel 850, Muquardt. [1. (XXIV und 307 S.) 2. (XI und 332 S.) à Bd. * 1 Thlr. 20 Ngr.] Thlr. *

Jüste, Thdr., Geschichte der Gründung der belgischen Monarchie nach amtlichen Quellen. 2. (Titel-)Ausg. 2 Bde. gr. 8. (XXXV und 639 S.) Brüssel 854, Muquardt. *

— histoire de Belgique. 3. édit. entièrement refondue et considérablement augmentée. Dessins de H. Hendrickx. 2 tomes. Bruxelles (854.) (Muquardt.) Lex.-8. (1 Bl., 383 S.; 415 S. m. Holzschn. im Text u. 98 Holzschn., wovon 25 color.) nn. 12 ₰.

— histoire de la révolution des Pays-Bas, sous Philippe II. 2 tomes. Bruxelles 855. Muquardt. gr. 8. (1 Bl., 615; XV, 496 S.) n. 5 ₰. 10 ngr.

Juste, Thdr., Leopold I. König der Belgier. Nach ungedr. Quellen geschildert. Deutsch von J. J. Balmer-Rinck. Gotha 869. F. A. Perthes. Lex.-8. (XXXI, 565 S.) n. 4 ₰

— les Pays-Bas sous Charles V. Vie de Marie de Hongrie. Tirée des papiers d'état. Introduction à l'histoire des Pays-Bas sous Philippe II. Ebend. 855. gr. 8. (VII, 144 S.) n. 1 ₰.

Juste, Théodore, das Wachstum der russischen Macht. Das Testament Peter des Grossen. Aus dem Französ. übers. gr. 8. (IV, 46 S.) Leipzig 887, Gressner und Schramm. * 1 —

Juestel, Jos. Aloys. Gedächtnissrede auf den Tod Leopolds II. 8 Grätz 1792

Jüstel, Gelegenheitsreden. 8. Grätz, Tusch.

Juster, Berou: Untersuchungen über Beizen. Bern 1899. 93 S. 8°.
Bern. Phil. Diss. 1898/99.

Juster, D.: De ficu arefacta. Abo. 1724. 4°

JUSTER, Heinrich
(F) Das einstweilige Bauverbot. Eine Studie aus dem Grenzgebiete des Privat- und Processrechtes von Dr. Heinrich Juster. Separatabdruck aus der „Gerichtshalle" 44. und 45. Jahrgang. Wien und Leipzig. 1901. Breitenstein. Gr.-8°. 56 S. K 1.—

Juster, Heinr., das Zurückbehaltungsrecht nach bürgerlichem Rechte im Konkurse. (45 S.) gr. 8. Wien 906. M. Breitenstein. n. — 80
Sonderabdruck aus: „Gerichtshalle".

Justesse, H. D. Histoire de la Commune de Paris. 4. Zürich, Paris 1872. — ib. 1879. fr. 7.50.

Justesse, H. D., histoire de la Commune de Paris. gr. 4. (358 S. mit eingedr. Holzschn.) Zürich 879. Dancker. n. 6. —

Justh, Sigism., f. die künftigen Generationen, s.: Bibliothek der fremden Zungen.

Iusti, Lipsii Politicorum, sive Civilis Doctrinae Libri VI. etc. fol. Vien. Gerold. 751.

Justi u. Beck, Erscheinungen, s. Erscheinungen.

Justi, Satyren d. 18ten Jahrh. 8. Nordhausen, Nitsche.

Justi, Amalie

s. a. Amalie Holst.

v. Justi, Amalie, nachherige v. Holst, soll d. Verf. d. (E. G. Müller) zugeschriebenen: „Bemerkk. über die Fehler unserer modernen Erziehung" seyn.

Iusti, C. C. de., Thymelaea mesereo ejus viribus usuque medico. 8. Marb. Krieger. 798.

Justi, C. H. Z. Systematischer Grundriss aller ökonomischer und Kameralwissenschaften. 8°. Frankfurt a. O., Acad. B., 1759.

Justi, Carl ..., s. Justi, Karl ...

Justi, Ferdinand

— — Abfertigung des Dr. Martin Haug. Leipzig 1868.

Justi, Ferd., Abfertigung des Dr. Martin Haug, Mitgliedes der k. bayer. Akademie u. Prof. des Sanskrit in München. Leipzig 869. F. C. W. Vogel. gr. 8. (64 S.) n. 10 ngr.

Justi, Ferdinand, Beiträge zur alten Geographie Persiens. Abtheilung I. II. (Universitäts-programme.) Marburg 1869. 1870.

Justi, Ferd., s. Bundehesh.

Zu der am 4. Nov. 1888 . . . stattfindenden feierlichen Einführung des neuen Rectors . . . ladet ein d. z. Rector Ferdinand Justi, Dr. d. Phil., Prof. d. vergl. Gramm. u. d. germ. Philologie. — Inhalt: Catalogi studiosorum Marpurgensium cum brevibus annalibus coniuncti fasciculus decimus quintus annos ab 1629 ad usque 1636 complectens. Marburg, C. L. Pfeil'sche Univ.-Buchdr., 1888; IV + 68 S. + 1 Bl. 4°

Justi, Ferd., s.: Dulcis, des Prof. Catharinus, Leben.

— Geschichte d. alten Persiens, s. a. Geschichte, allgemeine, in Einzeldarstellungen.

Justi, Ferdinand. Geschichte des alten Persiens . . . Berlin, G. Grote'sche Verlagsbuchhandlung 1879.
VIII S., 1 Bl., 252 S. m. 30 Abb., 14 Taf. 8°.
(Allgem. Geschichte in Einzeldarstellungen hrsg. von Wilhelm Oncken. 1. Hauptabt. T. 4.)

Justi, Ferd., Geschichte der orientalischen Völker im Altertum, s.: Weltgeschichte, allgemeine.

— kurdische Grammatik. gr. 8. (XXXIV, 256 S.) St. Petersburg. Leipzig 880. Voss' Sort. n. 8. 70

— kurdische Grammatik. gr. 8. (XXXIV, 256 S.) St. Petersburg 882. (Leipzig, Voss' Sortiment.)

Justi, Ferd., Handbuch der Zendsprache. Altbactrisches Worterbuch. Grammatik. Chrestomathie. (In 4 Liefgn.) 1—3. Liefg. Leipzig 864. Vogel. 4. (XXII, S. 1—353.) Jede Liefg. n. 2 ₰

—— s. Jaba, Aug., Dictionnaire kurde-français.

Justi, Ferd., iranisches Namenbuch. Gedr. m. Unterstützg. d. kgl. Akademie d. Wissenschaften. gr. 4. (XXVIII, 526 S.) Marburg 895. N. G. Elwert's Verl. n.n. 40. —

Justi, Ferdinand. Über die kurdischen Spiranten. (Gratulationsschrift der Universität Marburg an Justus Olshausen.) Marburg 1873.

Justi, F., e. Tag aus dem Leben d. Königs Darius, s. a. Sammlung gemeinverständl. wissenschaftl. Vorträge.

Justi F. ein Tag a. d. Leben d. Königs Darius. (Slg. w. V. 178) Berlin 1873

Justi, Ferd., hessisches Trachtenbuch, s. a. Veröffentlichungen der histor. Kommission f. Hessen u. Waldeck. I.

Justi, Ferdinand. Hessisches Trachtenbuch. Marburg. N. G. Elwert'sche Verlagsbuchhandlung (1899—)1905
2 Tit., 2 Bl., 94 S., 1 Bl. m. 6 Abb., 1 Karte u. 32 farb. Taf. gr. 2°
S. auch DW 12

Hessisches Trachtenbuch von Ferdinand **Justi.** (In 4 Lfgen.) Mit 32 Bl. in Farbendr., 1 Karte u. 6 Abb. Marburg: N. G. Elwert 1900—05. (91 S.) gr. 2°
= Veröffentlichungen d. Histor. Kommission f. Hessen u. Waldeck. 1.

Justi, F. Die zusammensetzung der nomina in den indogermanischen sprachen, zunächst in hinsicht der form. Diss. Marburg 1861. 135 S.

Justi, Ferd., über die zusammensetzung der nomina in den indogermanischen sprachen. gr. 8. (III und 136 S.) Göttingen 861, Dieterich'sche Buchh. *

Justi, Fr. Gerhard Ludolf Heinrich von

— Bemerkk. üb. die, durch die letzten Sturmfluthen bewürkten, von innen her entstandenen Deichbrüche; nebst Vorschlag zur Construction einer innern Dossirung der Deiche. Mit 2 Steinzeichn. 8. Hamb. 825, Herold.

Justi, F. G. L. H. v., üb. d. vortheilhaft. u. bequemst. a. z. Defension dienlichst. Kanallinien in Holstein. 8. Schlesw. Christiani. 805.

— über eine Kanalverbindung zwischen der Elbe u. d. Ostsee, s. J. A. Lorenzen.

Justi, v., Nothwendigkeit der neuen Steuer auf Grundstücke in sämmtl. dän. Provinzen. 8. Altona, Hammerich.

Justi, Fr. Ghrd. Ldlf. H. v. Nothwendigkeit der neuen Steuer auf Grundstücke in sämmtlichen dänischen Provinzen. 8°. Schleswig (Hammerich in Altona) 1803.

Plan zur Schiffbarmachung der Trave von dem Ausflusse der Brandau bis zur Lemenbrücke bei Oldesloe als Fortsetzung der Verbindung des Kielerhafens mit der Trave bey dieser Stadt. v. Heinrich von **Justi.** (Lübeck 1822) Lithogr. 1 Bl. Fol. 69 28,8 cm. (beschn.). Aufgez. a. Carton

Plan zur Schiffbarmachung der Schwentine und der Plöner-Seen als Fortsetzung der Verbindung des Kielerhafens mit der Trave bey Oldesloe v. Heinrich von **Justi.** (Lübeck 1822) Lithogr. 1 Bl. Fol. 69 50 cm. Aufgez. a. Carton

Ebenso wie der vorige aus: Lorentzen u. von Justi, Ueber eine Kanalverbindung der Elbe und Ostsee. 2 Fortsetzung. Lübeck. 1822.

Plan zur Verbindung der Ober-Trave mit dem Grossen-Ploener-See v. Heinrich von **Justi.** (Schleswig 1821) Lithogr. 1 Bl. Fol. [illegible] 62 cm (besch.) Aufgez. a. Carton.

Aus: Lorentzen u. von Justi, Ueber eine Kanalverbindung zwischen der [illegible] Magazin Bd 1 Heft 1 S. [illegible]. Schleswig. 1821.

Prüfung und Würdigung der beiden im diesjährigen Februar-Stück des politischen Journals so betitelten merkwürdigen Schriften des geographischen und ökonomischen Landinspectors Herrn Gudme über die neuerlich in Anregung gekommenen Kanalangelegenheiten von Heinrich von **Justi.** Schleswig 1821. 8°.

v. Justi, (H.,) Prüfung u. Würdigung d. beiden Schriften Gudmes, über die Kanal-Angelegenheiten. gr. 8. Schleswig 822, Taubstummen-Institut.

— Prüfung u. Würdigung d. beiden Schriften Gudmes, über d. Kanalangelegenheiten. gr. 8. Schlesw. 823. Taubstummen-Institut. 10 ß

— Hydraulische Schriften. 2 Hfte. 1s Hft. A. u. d. T.: Sicherung Hamburgs u. seines Hafens gegen die Fluthen d. Elbe von der See her, u. gegen d. etwanigen Anschwellungen d. Alster. Mit 2 Steint. 8. Hamb. 825. Herold. 6 ß 2s Hft. Bemerkk. über die, durch die letzten Sturmfluthen bewürkten, von innen her entstandenen Deichbrüche; nebst Vorschlag zur Construction einer innern Dossirung der Deiche. Mit 2 Steinzeichn. 8. Hamb. 825. Herold. 5 ß

v Justi, (F. G. L. H.,) Sicherung Hamburgs u. seines Hafens gegen die Fluthen der Elbe von der See her, und gegen die etwanigen Anschwellungen der Alster. Mit 2 Steint. 8. Hamb. 825, Herold.
(Hat auch den Titel: Hydraulische Schriften. 2s Heft)

Justi, Fr. Gerh. Ludlf. H. v., Theorie d. Chausseebaues u. seiner vortheilhaftesten Bearbeitung nach richt. Grundsätzen. Nebst e. Anh. v. Chausseebau mit gespalt. Steinen auf dazu dienlichen Localen. 8. (13 B.) Hamburg 828, Herold.

Justi, v., üb. d. Zusammenh. d. Stadt- u. Landnahrungsgesch. 8. Schlesw. Röhß. 803.

— über den Zusammenhang d. Stadt- u. Landgeschäfte. Eine weitere Ausführung d. obigen Schrift „über d. Nothwendigkeit ic." 8. Schlesw. 804. Röhß. 12 ß

Justi, Friedrich [pr. Arzt aus Marburg]: Beitrag zur Kenntnis der hyalinen Kapillarthrombose in Lunge und Niere. '(Aus d. patholog. Institut zu Marburg)' ... Marburg, Univ.-Buchdr. '(R. Friedrich)', 1894; 27 S., 1 Bl., 1 Taf. 8.
Marburg, Med. Fak., Inaug.-Diss. v. 2. Juni 1894

Justi, G., über adenoide Neubildungen im Nasen-Rachen-Raume, s.: Sammlung klinischer Vorträge.

[F.] Der Königlich preussische Baugewerkschullehrer Herr Martin Girndt in Idstein im Taunus als Verfasser mathematischer Lehrbücher v. G. E. **Justi.** Als Ms. gedr. *Detmold: (Buchdr. Fr. Preuss) 1897.* (1 Bl., 18 S.) 1 Bd 8.

Justi, Gust., der Unterschied der Persönlichkeit u. der Subjectivität. gr. 8. (3¼ B.) Frankfurt a. M. 844, Sauerländer's Verl.

Justi, Heinrich Ernst (Rotleberode/Stollberg), De hydrope tunicae vaginalis testiculi eique medendi viis variis. Diss. chirurg. Jena (Mauk) 20. VII. 1782. 38 S. (6.20) 17244

Iusti, I. A., Observationes seriem ovica genitalia muliebria etc. 8. Marb. Krieger. 798.

Justi, Johann Heinrich Glob. [wirkl. Name] s.a. Anaxagoras vom Occident [Pseud.]

Justi, J. H. G.: Abhandlung von der Abtretung eines Reichs-Lehns in den Frieden mit auswärtigen Mächten worinnen zugleich erwiesen wird, daß die Herzogthümer Parma, Placenz und Guastalla, ohngeachtet der in dem Aachischen Frieden an den Durchl. Infant Don Philipp beschehenen Abtretung, dennoch wirkl. Reichs-Lehen sind. Frankfurt u. Leipzig 1750.

Justi, Johann Heinrich Gottlob von: „Ausführliche Abhandlung von den Steuern und Abgaben", 1. (einziger) Teil, Königsberg und Leipzig 1762. — Vorh.: Com. Bibl. Hamburg.

Justi, Joh. Hnr. Glob, Abhandlung von den römischen Feldzügen in Teutschland oder wie weit der Römer Waffen in Nord- und Ost-Teutschland eingedrungen. Leipzig 1748. 4. . . . . (D.)

— gekrönte Abhdl. üb. d. Frage: wie die Kupfererze besser bearbeitet werden können? gr. 8. Lpz. Kummer. 776.

Justi, Jh. Hnr. Glo. Abhandlung von der Macht, Glückseligkeit und Credit eines Staates. 8°. Ulm, Gaum, 1760.

Justi, Joh. H. Gottl. v. Abhandlung von den Mitteln der Erkenntniss in ökonomischen und Cameral-Wissenschaften, dem gemeinen Wesen recht nützlich zu machen. 8°. Göttingen, v. d. Hoeck, 1755.

— Abhandl. von d. Probirkunst d. Erze. 8. Götting. 750.

— **Johann Heinrich Gottlob von** (Kgl. Großbrittan. Bergrath), Rechtliche Abhandlung von denen Ehen, die an und vor sich selbst ungültig und nichtig sind; (de matrimoniis putativis). Wobey zugleich von dem Wesen der Ehe und dem großen Einflusse der Ehegesetze in die Glückseligkeit des Staats gehandelt wird. Lpz. (Bernhard Christoph Breitkopf) 1757. 204 S. (10.—) 17246

Justi, Jh. Hnr. Glo. Abhandlung von den Steuern und Abgaben. 2 Theile. 8°. Königsberg, Hartung, 1762.

Justi, Johann Heinrich Gottlob von: „Abhandlung von der Vollkommenheit der Landwirthschaft und der höchsten Kultur der Länder", Ulm 1761.

Justi, Johann Heinrich Gottlob von: „Vollständige Abhandlung von den Manufakturen und Fabriken", 2 Bände, Kopenhagen 1758—1761. — Vorh.: UB und StB Köln, Abt. I, — V 26 — 8. 2. Auflage, hersg. von Johann Beckmann, Berlin 1780; 3. Auflage, hersg. mit Verbess. und Anmerk. von Johann Beckmann, Berlin 1789. vorh.: Com. Bibl. Hamburg.

U 20 **Justi, Johann Heinrich Gottlob von.** Vollstandige Abhandlung von den Manufacturen und Fabriken. Zwote Ausgabe, mit Verbesserungen und Anmerkungen. Berlin, bey Joachim Pauli 1780.
2 Teile. 8°.
1 Erster Theil, welcher die allgemeinen Grundsätze und Betrachtungen enthält.
2. Zweyter Theil, welcher alle einzelne Manufacturen u. Fabriken nach der Eintheilung ihrer Materialien abhandelt. Tit., 5 Bl., 612 S., 20 Bl. Reg

— Abhandl. von d. Zusammenhange d. Vollkommenheit d. Sprache mit d. blühenden Zustande d. Wissenschaften. 4. Wien 750.

Justi, J.H.G.v. (Mitarb.), s. Abhandlungen von Eisenhämmern u. hohen Oefen in Teutschland.

— Abhandlungen v. der Vollkommenheit d. Landwirthschaft u. der höchsten Cultur d. Länder. Ulm u. Leipz. 1761. 88 S.

— v. d. Abtretung e. Reichslehns in d. Frieden. 4. Wien. (Monath, Nürnb.) 751.

Justi, J. H. Gl. v., d. handelnde Adel, welchem d. kriegerische Adel entgegengeſ. wird. 8. Gött. Vandenhök. 756.

v. Justi, Joh. Heinr. Gli.: **Anweisnng zu einer guten deutschen Schreibart in Rechtssachen.** *Leipz.*, Breitkopf u. Härtel. (21 Gr.)

Justi, Joh. Heinrich Gottlob von. Anweisung zu einer guten Deutschen Schreibart und allen in den Geschäfften und Rechtssachen vorfallenden schriftlichen Ausarbeitungen ... Zweyte verbesserte Auflage. Leipzig, B. Chr. Breitkopf, 1758. 8°. 6 Bl. 676 S. 6 Bl. und 1 gefalt. Tabelle.
— — [Dasselbe Werk.] Nach der zweyten verbesserten Auflage. Leipzig, Breitkopf, 1769. 8°. 6 Bl. 676 S., 6 Bl. u. 1 gefalt. Tabelle weltl. u. geistl. Würden.

— Beantwort. d. Preisfr.: Auf was für eine leichtere u. sowohl in Ansehung der Zeit als d. Holzes weniger kostbare, durch d. Erfahrung bewehrte Art kann man aus d. gewonnenen Kupfererzen Garkupfer erhalten. Mit 1 Kupfert. 4. Münch. 765. (G. Franz). 6 gl.

— fortgeſ. Bemühungen z. Vortheile d. Naturkunde. 4 St. 8. Berlin, Rüdiger. 760.

— fortgesetzte Bemühungen z. Vortheile d. Naturkunde. 4 Stcke. 8. Berl. 761 u. 62. Rüdiger. 20 gl.

— die Chimäre des Gleichgewichts v. Europa, aus den richtigst. Gründen d. Staatskunst erwiesen u. a. d. neuesten Weltbegebenh. erläut. 2 Thle. 4. Altona, Iversen. 758.

Justi, Johann Heinrich Gottlob von: „Die Chimäre des Gleichgewichts der Handlung und Schiffahrt", Altona 1759. — Vorh.: Com. Bibl. Hamburg.

— la Chimère de l'Equilibre du Commerce et de la Navigation. 8. Coph. Proft. 763.

— Fabeln ...

— und Erzählungen von Thieren aus sehr alten längst verrosteten Zeiten, bey deren Lesung man ganz sanft und süß wird einschlafen können. (Prosa-Satyren von *Joh. Heinrich Gottlob v. Justi.*) Cölln am Rhein 1759. 8°. 8 Bll. u. 168 S.
Goedeke IV. 28, 16; Weller, fing. Dr., nennt den Verfasser.

v. Justi, J. H. Gl. Von den römischen Feldzügen in Deutschland. 4. Copenhagen 1748. 0 50

— d. Folgen d. wahr. u. falsch. Staatskunst in d. Gesch. des Psammitichus, Königs v. Egypten u. der damal. Zeiten. 2 Thle. gr. 8. Frft. Hermann. (Gebhardt u. K. a. Brönner.) 759–60.

— **Jo. Heinrich Gottlob** (Brucca/Thüring.), De fuga militiae. Diss. jur. Präs. Augustin v. Leyser. Wittbg. (Schlomach) 18. VII. 1744. 16 S., tlws. dtsch. (5.50) 17245
Gew.: Wiegand v. Gersdorff (Plischwitz). — Widm. v. Präs.

— d. entdeckte Geheimniß d. neuen sächsischen Farben. 8. Wien 750.

— Geschichte d. Erdkörpers nach seiner Beschaffenheit hergeleitet u. erwiesen. gr. 8. Berl. 771. (Voicke). 1 rß

— Geschichte d. Erdkörpers nach sein. Beschaffenh. gr. 8. Berlin, Himburg. 771.

Justi, J. H. G. v., Geschichte des Erdkörpers. gr. 8. Berlin. 771. Ist jetzt Verlag von Liebeskind in Leipzig.

Justi, Johann Heinrich Gottlob von: „Die Grundfeste zu der Macht und Glückseligkeit der Staaten, oder ausführliche Vorstellung der gesamten Polizeywissenschaft", 2 Bände, Königsberg und Leipzig 1760, 1761. — Vorh.: Preußische Staatsbibliothek Berlin, UB Halle, Marburg, Göttingen, Greifswald.

— Grundveste z. d. Macht u. Glückseligk. d. Staaten. 2 Bde. gr. 4. Königsb. Hartung. 761.

von Justi, J. H. G. Die Grundfeste zu der Macht und Glückseligkeit der Staaten, oder ausführliche Vorstellung der gesammten Polizei-Wissenschaft. *Königsberg und Leipzig, G. L. Woltersdorf.*

Justi (J. H. G. v.), Grundriss des gesammten Mineralreichs etc. Göttingen 1757. 8.

Justi, J. H. G. v., Grundriss des gesammten Mineralreiches. 2. Ed. Göttingen. 1765. 8.

— Grundr. des gesammt. Mineralreichs, worin alle Fossilien beschr. werden. 8. Gött. Vandenhök. 768.

— Grundriß einer guten Regier. gr. 8. Frankf. Brönner. (a. Gebhardt u. K.) 759.

Justi, Johann Heinrich Gottlob von: „Grundsätze der Polizeywissenschaft, in einem vernünftigen, auf den Endzweck der Polizey gegründeten Zusammenhang; zum Gebrauch akademischer Vorlesungen", Göttingen 1756. 2. Auflage ebenda 1759; 3. Auflage, mit Verbesserungen und Anmerkungen herausgegeben von Johann Beckmann, ebenda 1782.

— Grundsätze der Polizeywissenschaft in e. vernünftigen Zusammenhange, zum Gebrauch akadem. Vorlesungen. 8. Götting. 756. 2e A. 759. 3e, von Jh. Beckmann verm. Ausg. 782. Vandenhöck u. R. 1 rß

v. Justi, Johann Heinrich Gottlob: „Auf höchsten Befehl an S. Röm. Kaiserl. und zu Ungarn und Böhmen Königl. Majestät erstattetes allerunterthänigstes Gutachten von dem vernünftigen Zusammenhange und practischen Vortrage aller Oeconomischen und Cameralwissenschaften wobey zugleich zur Probe die Grundsätze der Policeywissenschaft mit denen darzu gehörigen practischen Arbeiten vorgetragen werden, benebst einer Antrittsrede von dem Zusammenhang eines blühenden Zustandes der Wissenschaften mit denjenigen Mitteln, welche einen Staat mächtig und glücklich machen", hersg. von D. E. v. K., Leipzig 1754 (Das Gutachten ist datiert: Wien, den 15. Oct. 1752). — Vorh.: UB Breslau. — Signatur: Cam. I Al.

Justi, Jh. Hnr. Glo. Gutachten von dem vernünftigen Zusammenhange und praktischem Vortrag aller ökonomischen und Kameralwissenschaften. gr. 8. Leipzig, Breitkopf u. H., 1754.

— Kunst, Silber zu raffiniren. 4. Könbg. Kanter. 765.

— — dasselbe. 4. Glogau, C. F. Günther. 764.

— v. d. Macht, Glückseligk. u. Credit e. Staates. 8. Ulm, Gaum. 760.

— v. Manufakturen u. Fabriken. 2 Bde. v. Bekmann. gr. 8. Berlin, Pauli. 788.

— v. d. Manufaktur- u. Fabrikenreglement. 8. Berlin, Realsch. 762.

— von d. Manufaktur- u. Fabrikenreglement. 8. Berl. 762. (Reimer). 4 ℊ

— deutsche Memoires, s. Memoires, deutsche.

Justi, Johann Heinrich Gottlob v.: „Deutsche Memoires; oder Sammlung vermischter Anmerkungen, die Staatsklugheit, Oekonomie, Polizey- und Finanzwesen betreffend", 3 Theile, Wien 1760.

von Justi, J. H. G. Montes pietatis oder Leih-Assistenz u. Hülfshäuser, Leihebanken u. Lombards ingleichen von Leibrenten, Todten-Cassen u. Lotterien. Neue verb. Aufl. des Werkes von Marperger. Leipzig und Ulm 1760.

Justi, Johann Heinrich Gottlob von: „Die Natur und das Wesen der Staaten als die Grundwissenschaft der Staatskunst, der Polizey und aller Regierungswissenschaften, desgleichen als die Quelle aller Gesetze", Berlin, Stettin und Leipzig 1760. — Vorh.: Com. Bibl. Hamburg; Preuß. Staatsb. Berlin. — 2. Aufl., mit Anmerkungen von N. G. Scheidemantel, Leipzig 1771, vorh.: Bibl. des Kammergerichts Berlin

Justi, Joh. Heinr. Gottlob von. Natur und Wesen der Staaten . . . Mietau 1771. H: *Scheidemantel, Heinrich Gottfried.* (ML)

— Natur u. Wesen d. Staaten. gr. 8. Mietau. (Sommer, Lpz.) 771.

— Nichtigkeit u. Ungrund d. Monaden. 8. Halle, Garbe. 748.

— der deutsche Patriot, in e. physikal. Vorschlägen, s. Patriot.

Justi, Johann Heinrich Gottlob von (Hersg.): „Göttingische Policeyamts-Nachrichten, oder vermischte Abhandlungen zum Vortheil des Nahrungsstandes aus allen Theilen der oeconomischen Wissenschaften, benebst verschiedenen in das Göttingische Policeywesen einschlagenden Verordnungen und Nachrichten de a. 1755, 1756 und 1757 (bis Juli). — Vorh.: UB Göttingen (Quartal 1—3), Landesbibliothek Dresden (unverleihbar). — Fortgesetzt 1768 u. d. T.: „Wöchentliche Anzeigen von gemeinnützigen Sachen".

— Götting. Polizeiamtsnachrichten oder vermischte Abhandll. zum Vortheil d. Nahrungsstandes aus allen Theilen der ökonom. Wissenschaften, vom Monat Juni 1755 bis Juli 1757. 8 Quartale. 8. Götting., Vandenhöck u. R. 2 ℛ 16 ℊ

Justi, Johann Heinrich Gottlob v.: „Gesammelte Polizey- und Finanzschriften über Gegenstände der Staatskunst, Polizey- und alle Regierungswissenschaften", 3 Theile, Kopenhagen 1761—1764.

— zwei Preisfragen d. Baier. Acad. d. W. über d. Ursprung d. alten Herzöge von Baiern u. deren Verhältniß gegen d. Fränk. Monarchie. 8. Kopenh. u. Leipz. 763. (Brummer). 6 ℊ

— chymische Schriften, worin d. Wesen ꝛc. d. Metalle erörtert wird. 3 Thle. m. K. gr. 8. Berlin, Realsch. 771-74.

Justi, Johann Heinrich Gottlob von: Gesammlete chymische Schriften, worinnen das Wesen der Metalle und die wichtigsten chymischen Arbeiten...abgehandelt werden. Bd 1 - 2, gbd.

Berlin u.Leipzig: Verlag der Real-Schule 1760 - 1761

JB 274

— gesammelte chymische Schriften, worin d. Wesen d. Metalle, u. die wicht. chymischen Arbeiten ꝛc. erörtert werden. 3 Thle. Mit Kupf. gr. 8. Berl. 760—71. (1r Bd. 2e A. 774.) (Reimer). 1 ℛ 18 ℊ

Justi, Johann Heinrich Gottlob von.
Gesammelte chymische Schriften worinnen das Wesen der Metalle und die wichtigsten chymischen Arbeiten von dem Nahrungstand und das Bergwesen ausführlich abgehandelt werden. Berlin und Leipzig, 1760–71. 3 vols., 8vo. Ill.
Vols. I and II, Zwote Auflage. Berlin und Leipzig, 1773–74.

Justi, Jh. Hnr. Glo. Gesammelte politische und Finanzschriften, über wichtige Gegenstände der Staatskunst, Kriegswissenschaft und des Kameral- und Finanzwesens. 3 Thle. gr. 8°. Kopenhagen 1761—64 (Brummer).

Justi, H. Gl., hist. u. polit. Schriften. 2 Thle. gr. 8. Frft. Hermann. 760.

— — Historische u. juristische Schriften. 2 Bde. Frankfurt u. Leipzig 1760—61. 8°. (In Marburg, Univ.-Bibl.: I. C. 213 u.) (15 Sgr. Heberle, Cöln, ca. 1872; jetzt theurer!)
Handelt u. a. über Ehehindernisse, Strafe der Trunkenheit etc.

v. Justi, Jh. Hnr. Glo., histor.-juristische Schriften. 2 Theile. gr. 8. Frankfurt a. M. 760 u. 61. Brönner. (a. Gebhardt u. K.) 2 ℛ 8 ℊ

— moral. u. philosoph. Schriften. 3 Bde. gr. 8. Berl. 760 u. 61. (Andrä in Leipz.) 3 ℛ 22 ℊ

— moral. u. philos. Schriften. 3 Bde. gr. 8. Berlin, Rüdiger. 760-61.

— ökonom. Schriften, über Gegenstände d. Stadt- u. Landwirthschaft. 2 Bde. 8. Berl. 760 u. 61. Mit n. Titel 766 u. 67. Realschul-Buchh. 1 ℛ 8 ℊ

Justi, Johann Heinrich Gottlob von: „Politische und Finanzschriften über wichtige Materien der Regierungsangelegenheiten, des Kriegeswesens und der Cameralgeschäfte", 2 Theile, Kopenhagen 1760.

— polit. u. Finanzschriften üb. Materien d. Regierungsangelegenh. ꝛc. 3 Thle. gr. 8. Kopenh. Proft. 762–64.

§ * — — Joh. Heinr. Gottlobs von Justi Scherzhafte und Satyrische Schriften. 3 Bde. Mit 1 Titelvign. Berlin, Stettin u. Leipzig, in Verlag Joh. Heinr. Rüdigers. 1760. Gr. 8°. (In Berlin: Yy 5491; auch in Carlsruhe: Qb 682.) (5 Mk. Scheible, 1892; 9 Mk. E. Frensdorff, Berlin, 1904.)
I: 14 Bll., 494 S. II: 8 Bll., 512 S. III: 4 Bll., 489 u. Reg.

§ * – — Dasselbe. 3 Bde. 2. verbess. Aufl. Berlin u. Leipzig, in Verlag Joh. Heinr. Rüdigers. 1765. 8°. (In Berlin: B. D. 8486—88; Bd. 1–2 auch in Frankfurt a. M., Stadtbibl.)
476, 456 u. 452 SS. (exl. Vorst. u. Reg.)

— Staatskunst, erwiesen u. aus d. neuest. Weltbegebenh. erläutert. 2 Thle. 4. Altona, Iversen. 758.

Justi, Jh. Hnr. Glo. Staatswirthschaft, oder systemat. Abhandlung aller ökonom. und Kameralwissenschaften. 2 Theile. 8°. Leipzig 1755. 2. Ausg., 2 Theile. Leipzig, Breitkopf u. H., 1758.

JUSTI, J. H. G. v.: Staatswirthschaft oder systematische Abhandlung aller ökonomischen und Cameralwissenschaften, die zur Regierung eines Landes erfordert werden. - Leipzig 1755. - 2. Aufl. ebd. 1758. 2 Tl. 608 u. 744 S.

— Staatswirthschaft, oder Grundſ. aller ökonom. u. Cameralwissensch. gr. 8. Lpz. Breitkopf. 758.

— v. d. Steuern u. Gaben. 8. Könbg. Hartung. 762.

Justi, Jh. Hnr. Glo. v. System des Finanzwesens, nach vernünftigen aus dem Endzweck der bürgerlichen Gesellschaften und aus der Natur aller Quellen der Einkünfte des Staates hergeleiteten Grundsätzen und Regeln. 4°. Halle 1766.

Justi, Joh. Hnr. Glob, Von dem Unterschied der alten teutschen Sueven zu den Zeiten J. Caesars, des Tacitus und im 3. u. folg. Jahrh. In: Justi, Hist. u. jurist. Schrr. Frankfurt 1760. Bd. I. . . . . (D.)

Justi, Johann Heinrich Gottlob, Untersuchung der Lehre von den Monaden und einfachen Dingen, worinnen der Ungrund derselben gezeigt wird. Preisarbeit. Berlin 1748.

(Justi, Johann Heinrich Gottlob von): „Entdeckte Ursachen des verderbten Münzwesens in Teutschland, nach ihren ersten und wahren Ovellen (sol); wobey zugleich neue und wirksame Mittel dagegen vorgeschlagen werden, die ein jeder Reichsstand vor sich, ohne Mitwirkung des Reichs und ohne Recesse mit seinen Mitständen, in Ausübung bringen kann", Leipzig 1755 (Bernh. Chrstph. Breitkopf). — Vorh.: Bibl. des Kammergerichts Berlin — Jf. 87 — StB Nürnberg, Com. Bibl. Hamburg.

Justi, J. G. H. L., über d. Ursprung der alten Herzoge in Bayern. 8. Kopenh. Proft. 763.

— Vergleichungen d. Europäischen mit d. Asiatischen u. andern vermeintlich barbarischen Regierungen. gr. 8. Berl. 762. Rüdiger. 1 ℛ 6 K

— v. d. Vollkommenheit d. Landwirthschaft. 8. Ulm, Gaum. 760.

Justi, Johann Heinrich Gottlob von: „Neue Wahrheiten zum Vortheil der Naturkunde und des gesellschaftlichen Lebens der Menschen", Stück 1—12, Leipzig 1754—1758 (Bernh. Christoph Breitkopf). — Vorh.: Preußische Staatsbibliothek Berlin (Signatur Lf 16 200) und Landesbibliothek Dresden. — Derselbe: Fortsetzung: „Fortgesetzte Bemühungen zum Vortheil der Naturkunde und des gesellschaftlichen Lebens der Menschen", Stück 1—4, Berlin und Stettin 1759—1761. — Vorh.: Landesbibliothek Dresden.

Justi (v.). Abhandlung: Wie können die Kupfererze mit Ersparung von Zeit und Kohlen bearbeitet werden. Leipzig 1776. 8.

— d. Wirkungen d. Folgen d. wahren u. falschen Staatskunst in d. Gesch. d. Psammitichus, Königs von Egypten u. d. damal. Zeiten. 2 Thle. gr. 8. Frankf. a. M. 759 u. 60. Hermannische B. (Gebhardt u. K., a. Bronner). 2 ℛ

Iusti, I. I. G., de opio. 8. maj. Marb. Krieger. 803.

Justi, Karl, die ästhetischen Elemente in der Platonischen Philosophie. Ein historisch-philosophischer Versuch. Marburg 860. Elwert. (Frankfurt a. M., Völcker.) gr. 12. (VIII, 196 S.) 16 ngr.

Justi, C., Der römische Hof zu Wickelmann's Zeit. S.-A. 1865. 15 S. —.75

Justi, Carl, Michelangelo. Beiträge zur Erklärg. der Werke u. des Menschen. gr. 8. (VIII, 430 S. m. 4 Abbildgn.) Leipzig 900. Breitkopf & Härtel. n. 12. —; geb. in Leinw. n. 14. —; Liebhaberausg. auf Pergament n. 16. —; geb. in Halbfrz. n. 18. —

Justi, Carl, Michelangelo. Neue Beiträge zur Erklärg. seiner Werke. (VII, 448 S. m. 41 Taf.) Lex. 8. Berlin 909. G. Grote. 18.—; geb. 20. —

— Miscellaneen aus drei Jahrhunderten spanischen Kunstlebens. 2 Bde. Lex. 8. Ebd. 20.—; geb. 24. —
1. (VII, 343 S. m. 85 Abb. u. Bildnis.) 908. 10.—; geb. 12. —
2. (V, 364 S. m. 17 Abb. u. 1 Taf.) 908. 10.—; geb. 12. —

Justi, Carl, Murillo. Mit Abbildgn. in Kupferätzg., Holzschn. u. Autotypie. gr. 4. (XII, 96 S.) Leipzig 892. E. A. Seemann. Geb. in Leinw. n. 6. –

Murillo von Carl Justi. Mit Abb. 2. Aufl. Leipzig: E. A. Seemann 1904. (VIII, 103 S., 22 Taf.) 4° [F.] (o3. 4381 4

Justi, Karl: Aus dem Pathologischen Institut der Universität Marburg. Ueber die Unna'schen Plasmazellen in den normalen und tuberculösen Granulationen. M. 1 Taf. *Marburg: (G. Reimer in Berlin) 1897.* (51 S. mit Taf.) 8° ¶(Aus: Virchow's Archiv für pathologische Anatomie und Physiologie und für klinische Medicin, Bd 150.)
Marburg, Med. Diss. v. 21. Okt. 1897

Justi, Carl, Diego Velazquez und sein Jahrhundert. 2 Bde. Mit einem Abriss des literar. und künstler. Lebens in Sevilla. Lex.-8. (VII, 428; X, 433 S. mit 2 Titelbildern und 52 Illustr.) Bonn 888, Cohen und Sohn. * ℳ 36.—.; geb. * 44 —

Justi, Carl, Diego Velazquez u. sein Jahrhundert. 2 Bde. 2. neubearb. Aufl. (XXX, 367 u. VII, 399 S. m. 68 Abb. u. 2 Taf.) Lex.-8. Bonn 903. F. Cohen. n. 36. —

— Winckelmann. Sein Leben, seine Werke und seine Zeitgenossen. 1. Bd. A. u. d. T.: Winckelmann in Deutschland. Mit Skizzen zur Kunst- und Gelehrtengeschichte des 18. Jahrh. Nach gedr. und handschriftl. Quellen dargestellt. Lex.-8. (XII und 525 S. mit 1 Stahlst.) Leipzig 866, Vogel.

Justi, Carl, Winkelmann. Sein Leben, seine Werke u. seine Zeitgenossen. 2. Bd. Mit dem Portät d. Cardinal Albani (in Kpfrst.) A. u. d. T.: Winkelmann in Italien. Mit Skizzen zur Kunst- u. Gelehrtengeschichte d. 18. Jahrh. Nach gedruckten handschriftl. Quellen dargestellt. 1. u. 2. Abth. Lex.-8. (398 u. X, 440 S.) Leipzig 872. F. C. W. Vogel. à Abth. 9. — (I u. II, 1. 2.: 27. —)

Justi, Carl, Winckelmann u. s. Zeitgenossen. 2., durchgeseh. Aufl. 3 Bde. gr. 8. Leipzig 898. F. C. W. Vogel. à n. 12. —; geb. à n.n. 14. 50 auf Büttenpapier, geh. à n. 20. —
1. Winckelmann in Deutschland. (VI, 429 S. m. 1 Bildn.)
2. 3. Winckelmann in Italien. (IV, 374 u. IV, 423 S. m. 1 Bildn.)

Justi, Carl, die Verklärung Christi. Gemälde Raphaels in der Pinakothek des Vatican. Eine Rede. gr. 8. (III, 39 S.) Leipzig 870, F. C. W. Vogel.

Justi, Carl, Dante und die göttliche Komödie, s. Vorträge, öffentl.

Justi, Ritter Karl Wilh., Abendphantasien. 8. Marb. 790.

Justi, Karl Wilh., Amalie Elisabeth, Landgräfin v. Hessen. Versuch ein. Darstellung ihres Lebens u. Charakters. Mit 2 Portraits. 8. Gießen, Heyer. 811.

– s.a. Amos.

Justi, C. W., Amos u. Micha, neu übers. u. erläut. 8. Lpz. Göschen. 799.

– u. Fr. G. Mursinna, Annalen der deutschen Universitäten. Mit 6 Silhouetten. 8. Marb. 798. Krieger. 2 ₰

— dem Andenken der Jungfer Antje Cramer geweiht, (e. Standrede u. ein Gedicht). 8. Marb. 802.

— dem Andenken H. A. F. v. Eschstruth geweiht. 8. Marb. 792.

– s. Andenken Pfeiffers.

Justi, Karl Wilh., einige Bemerkungen üb. d. neulich vorgeschlag. Reform d. protestant. Kirchenverfassung, in besond. Bezieh. auf Kurhessen. gr. 8. (1¾ B.) Marburg 832, Garthe.

Justi, K. W., Blumen althebräischer Dichtkunst, e. Sammlung a. d. Musestunden v. Eichhorn Hufnagel ꝛc. 8. Gießen, Heyer. 8 Bog.

– s. Bruchstücke aus d. Leben der Landgräfin Amalie Elisabeth.

– s. Denkwürigkeiten, Hessische.

— Elisabeth d. Heilige. 4. Marb. 795. (Krieger). 3 ʒ

— Elisabeth, d. heilige, nach ihrem Leben dargestellt. 8. Zürich, Ziegler. 797.

Justi, Elisabeth d. heilige. 4. Marburg, Krieger. 799.

Justi, Karl Wilh., Elisabeth die Heilige, Landgräfin v. Thüringen u. Hessen. Nach ihren Schicksalen u. ihrem Charakter dargestellt. Neue, sehr verm. u. verb. Aufl. gr. 12. (15¼ B. u. 1 lith. Bild.) Marburg 835, Garthe.

– s. Engelschall, J. F.: Leben u. dessen Gedichte.

– s. Erscheinungen im Haine Thuisko's.

Justi, K. W., die Feyer des 3ten Reformations-Jubelfestes zu Marburg. 8. Leipzig, Barth. 819.

– s. Fremerey, Wlh.: Gedichte.

— Gedichte, m. K. u. Mus. Siegen, Müller u. Comp. Velinp.

— Gedichte, mit 1 Kpf. u. 5 Musikbeil. 8. Marb. 808. (Siegen, Müller). (a. Rein in Leipz.) 1 ₰ 12 ʒ Velinp. 2 ₰ 2e A. Mit 2 Kpf. 810. 8. (Frankfurt a. M., Jäger.) 1 ₰

— — Gedichte. 2te Aufl. 8. Frankfurt a M., Jäger. 817.

—— Gedichte. Mit Tilkpfr. u. drei musikal. Kompositionen. Neue Samml.; die späteren Gedichte d. Verf. 1. Aufl. 834., u. 2. Ausg. (N. Tit.) (à 6 B.) gr. 12. Marburg 835, Elwert. ü

— s. Genius d. Sokrates.

Justi, C. W., über den Genius des Socrates. Eine historisch-philosophische Untersuchung. Leipzig 779. 8.

—— Grundlage zu e. Hess. Gelehrten-, Schriftsteller- u. Künstler-Geschichte, v. J. 1806 bis z. J. 1830. Fortsch. v. Strieder's „Hess. Gelehrten- u. Schriftsteller-Geschichte" u. Nachträge zu dies. Werke. gr. 8. (54 B.) Marburg 831, Garthe.
„F. W. Strieder, Grundlage zu e. hess. Gelehrten- u. Schriftsteller-Gesch., seit d. Reformation bis auf uns. Zeiten (1806), fortges. v. L. Wachler u. K. W. Justi." 18 Bde. 1780—1819. (1—15. Bd. (Cassel, Luckhardt.) 15 Thlr. 16 Gr.; 16. Bd. Marburg, Krieger. 1 Thlr. 12 Gr.; 17. u. 18. Bd. Marburg, Garthe. 4 Thlr.)

Justi, (Carl Wilh.,) Gründzüge e. Geschichte d. Universität Marburg. 8. Marb. 827, Krieger.

– s. Habakuk.

—— Sionitische Harfenklänge. gr. 8. (27 B.) Leipzig 829, Barth. 2 Thlr., Schrbp. 2 Thlr. 6 Gr., Vlnp. 2 Thlr. 12 Gr., Schwzrp.
Kann als 3. Thl. v. „J. G. v. Herder, vom Geist d. Ebräischen Poesie" angesehen werden.

– s. Herder, J. G. v.: Geist d. hebr. Poesie.

— s. Hiob.

JUSTI, C. W., Salomonische Hochgesänge der Liebe. Marburg 1808. 8°. (In Marburg, Univ.-Bibl.)

— das Hospital zu Heina; Vers. e. Darstell. s. ehemal. u. gegenwärt. Beschaffenheit. 4. Marb. 803.

– s. Joel.

– s. Kästner, Abr. Ghf.: Neueste Sinngedichte u. Einfälle.

– s. Micha.

— Teutona's Nacht u. neuer Morgen. Im Herbstmonate 1812 gesungen. 8. Marb. 813.

— — Nahum, s. Nahum.

– s.a. Nationalgesänge der Hebräer.

— Nationalgesänge d. Hebräer. 8. Marburg, Krieger. 803.

— — Nationalgesange d. Hebräer. 1r Thl. 8. Marburg. 803. Ist Verlag von Barth in Leipzig.

— — dessen 2r u. 3r Thl. 8. Ebend. 816 — 18. (2r 1 Rthl. 12 Gr. 3r 20 Gr.)
(alle 3 Thle 3 Rthlr. 2 Gr.)

—— Predigt, am Feste d. Grundsteinlegung d. St. Elisabeth-Kirche zu Marburg, d. 16. Aug. 1835, gehalten. gr. 8. (1 B.) Marburg, Elwert'sche Univ.-Buchh.

— die dritte Säkularfeier d. Universität Marburg. 8. Marburg 827, Garthe.

– s. Salomonische Hochgesänge der Liebe.

— s. Elise Sommer, Gedichte rc.

—— Sophie, erstgebor. Tochter d. heil. Elisabeth, Herzogin v. Brabant u. Landgräfin v. Hessen. gr. 12. (3 B.) Marburg 838, Elwert'sche Univ.-Buchh.

— Taschenbuch d. Vorzeit auf's Jahr 1821. Marb. 820. Krieger. 1 ℛ 12 ℊ Dass. f. 1828. Mit Kpf. u. Steindr. 12. Marb. 828. Garthe. 1 ℛ 16 ℊ

— Triumphgesang über Babylon, Jes. Kap. 14. 8. Marb. 789. Krieger. 4 ℊ Neue verm. Aufl. 8. Leipz. 818.

—— die Vorzeit, (Taschenbuch) f. 1828. Mit Kpfrn. u. Stnt. 12. ... Marburg, Garthe.

—— die Vorzeit. 10. Jahrg. 1839. gr. 12. (18 B. u. 5 Bild.) Marburg, Elwert'sche Univ.-Buchh.
1—8. Jahrg. 1820—27. Marburg, Krieger. 13 Thlr., hb. Pr. 4 Thlr., einzeln à 16 Gr., 9. J. 1828. Marburg, Garthe. 1 Thlr. 16 Gr.

Justi, Leonh. Joh. Karl, verm. Abhandll. über wichtige Gegenstände d. theol. Gelehrsamkeit. 2 Bde. 8. Halle 795—98. (Laue in Berl.) 1 ℛ 18 ℊ

— Einrichtung des Predigerseminars an d. Universität Marburg. 8. (Marb.) 792. Krieger. 2 ℊ

— Etwas v. Geiste d. milden Stiftungen. 8. Marb. 793. Krieger. 3 ℊ (12e Nachr. vom evangel.-lutherischen Waisenhause zu Marburg).

— Etwas v. Geiste d. milden Stiftungen d. Landgrafen Philipps d. Großmüthigen. 4. Leipz. 800. Fleischer. 4 ℊ

— über die d. Aegyptiern von d. Israeliten bei ihrer Abreise abgeforderten Geräthe Mos. 3, 11. 12. 8. Frankfurt a. M. 777.

— über Lebendigbegraben, s. Ph. Breitenstein, Etwas.

— Plan zur Verbesser. d. luther. Bürgerschule zu Marburg; nebst e. Vorschlage, d. Lebendigbegraben durch Einrichtung e. Leichenhauses unmöglich zu machen. 8. Marb. 797.

Justi, L. J. K., Warnung v. d. Aberglauben rc. gr. 8. Halle Curt. 796.

Justi, Leonh. Joh. Karl, († d. 12. Mai 1800.) Warnung vor d. Aberglauben rc. gr. 8. Halle 796. (Laue in Berl.) 3 ℊ

— Weissagungsgesang Mosis an die Israeliten 5 B. Mos. 32, aus d. Urschrift v. Neuem übers. u. mit e. Erläuter. begleitet. 8. Götting. 774.

Justi, L. J. K., Weissagungsgesang Mosis rc., ist Verlag von Dieterich in Göttingen u. d. Pr. 1/12 ℛ

Justi, Ludw., Dürers Dresdener Altar, s.a. Beiträge zur Kunstgeschichte. XXX.

Dürers Dresdener Altar. Von Ludwig Justi. Mit 7 Abb. Leipzig: E. A. Seemann 1904. (40 S.) 8°
— Beiträge z. Kunstgeschichte. N. F. 30.

Justi, Ludwig, aus Marburg a. d. Lahn: Jacopo de' Barbari und Albrecht Dürer. *Berlin 1898: A. Damcke.* (51 S.) 4° (8°) ¶ (Aus: Repertorium f. Kunstwissenschaft, Bd 21.) — [Vgl. 1897/98 Bonn No 111.]
Bonn, Phil. Diss. v. 30. Juli 1808

Justi, Ludwig: Albrecht Dürer und Jacopo de' Barbari. *Bonn 1898: C. Georgi.* (6 S.) 8° ¶ [Nur Titelblatt, Vita und Thesen.]
Bonn, Phil. Diss. v. 30. Juli 1898

Justi, Ludw., konstruierte Figuren u. Köpfe unter den Werken Albrecht Dürers. Untersuchungen u. Rekonstruktionen. hoch 4. (II, 71 S. m. 27 Abb. u. 8 Taf.) Leipzig 902. K. W. Hiersemann. Geb. in Leinw. n. 20. —

— das Kaiser Friedrich-Museum zu Berlin, s.: Clemen, Paul.

Justi, Ludw., Giorgione. 2 Bde. (367 u. 42 S. u. 64 Taf. m. Text auf der Rückseite.) Lex. 8. Berlin 908. J. Bard. 20. —; geb. in Leinw. 25. —; in Halbmaroquin 40. —

— Die italienische Malerei des XV. Jahrh., s.a. Geschichte der Kunst. II.

Die italienische Malerei des XV. Jahrhunderts von Ludwig Justi. (Mit 192 Taf.) Berlin: Fischer & Franke [1910]. 144 S. 4°
(Geschichte d. Kunst hrsg. von L. Justi. [1.])

Justi, P. F. W. G., vollständ. Reihenfolge aller, seit d. Reformation bis auf d. gegenwärt. Zeit an d. St. Elisabethkirche zu Marburg gestandenen Pfarrer; nebst vorausgeschickten kurzen Nachrichten v. dieser Kirche. 8. (4¾ B.) Marburg 835, Garthe.

Justi, P. H. C., Schauplatz d. vorzüglichsten Künste u. Handwerke, z. Belehr. u. Unterhalt., besond. d. Jugend. 3 Thle. 12. (21½ B. u. 8 Stnt.) Stuttgart 836, Hoffmann'sche Vrlsbh.

Justi, P. H. C., Technologie, s. Jugendbibliothek, wissenschaftliche. 3r Thl.

— Technologie für die Jugend. Ebd. 1/8 ℛ

Justi, Peter Paul

Justi, P. P., Specimen observationum criticar. Vienn. 764. 4. [illegible]

Justi, Pet. Paul, specimen observation. crit. in veter. scriptor. loca. 4 maj. Wien 775. Trattner. 6 ℊ

Justi, Philipp Konrad

Justi, Ph. Konr., († d. 25. Mai 1782.) das Verhalten Gottes bei d. Kriegen d. Menschen. 8. Marb. 760. Keßler. 5 ℊ

Justi, Phil. Conr., das Verhalt. Gottes b. d. Kriegen. 8 Marb. Keßler. 761.

Justi, W. Vide: Centralblatt f. d. land- u. forstw. Unfallversicherung.
— — Land (Das).

Justicius, Emil, das neue Prozeßverfahren vor dem Amtsgericht. Die wichtigst. Vorschriften der Zivilprozeßordng. u. des Gerichtsverfassungsgesetzes v. 17. V. 1898 in der vom 1. IV. 1910 ab gelt. Fassg. hinsichtlich d. Verfahrens vor den Amtsgerichten m. e. Anh., enth. das deutsche Gerichtskostengesetz u. Anleitg. zur selbständ. Führg. v. Prozessen vor dem Amtsgericht. (79 S.) 8. Berlin 910. H. Steinitz. 1. —

Justification der eingewandten Appellation, in Streitsachen einer ehrsamen Gemeinde Remüß ... gegen die Nachbarschaft Samnaun ...; mit beigefügter Bitte, dieselbe Rechtens zu befördern. fol. Chur 1779.

Justigesenii, Catechismus-Fragen, üb. d. kl. Catechismum D. Martin Lutheri, nebst beygesetzten Schrift-Sprüchen zu Beweisung d. Antwort auf vorgesetzte Fragen. Weyland zusammen getragen v. Joh. Eberhard Bußmann. Anitzo mit D. M. Lutheri einfält. Fragen verm. 12. (9 B.) Braunschweig 831, J. H. Meyer.

v. Justin, K. F., Almanach der berühmt. deutschen Helden d. jetzigen u. d. verfloss. drei Jahrhund. 2c. Auf d. J. 1793. 8. Regensb.

— erster Feldzug der k. k. u. k. Preuß., auch Hessischen Armeen gegen Frankreich im J. 1792. 8. Regensb. 793.

Justin, K. F. v. Geschichte des durch die französische Revolution zwischen dem größten Teil der europäischen Mächte u. der franz. Nation veranlaßten Krieges. 1.—5. Feldzug 1792 bis 1796. T. 1—5. Regensburg 1794—1797.

Justin, Plac., polit. u. statist. Geschichte d. Insel Hayti (Sanct Domingo), nach amtl. Bericht. u. mitgetheilten Nachrichten d. J. Berokett. Nach d. Französ. v. C. G. Hennig. gr. 8. Ronneburg 827. Fr. Schumann. 2 ₰ 8 ℋ

Justina; oder Unterschied der Klugheit u. List. Schauspiel. a. d. Franz. 8. 746.

Justinelli, modus celebrandi missam. 12. Colon. Fabricius.

Justinger, Konrad

Justinger, C., Berner Chronick vom Anfang der Stadt Bern bis in das Jahr 1421. Herausgeg. von E. Stierlin u. J. R. Wyß. Mit Holzschn. 8. Bern, Haller. 818.

Justinger, Conrad. C' Justingers Berner-Chronik, von Anfang der Stadt Bern bis in das Jahr 1421. Hrg. von E[manuel] Stierlin ... und J[ohann] R[udolf] Wyss.... [Mit 1 Vignette und 4 Tafeln.] 8. Bern 1819.

Justinger, Conr., die Berner-Chronik. Nebst 4 Beilagen: 1) Cronica de Berno. 2) Conflictus Laupensis. 3) die anonyme Stadtchronik oder der Königshofen-Iustinger. 4) Anonymus Friburgensis. Hrsg. im Auftrag und mit Unterstützung der allgem. geschichtsforschenden Gesellschaft der Schweiz von G. Studer. gr. 8. (XLVIII, 499 S.) Bern 870, Wyss. * 6 40

Justinger, Conrad. Die Berner-Chronik des C' J'. Nebst vier Beilagen: 1) Cronica de Berno. 2) Conflictus Laupensis. 3) Die anonyme Stadtchronik oder der Königshofen-Justinger. 4) Anonymus Friburgensis. Hrg. im Auftrag und mit Unterstützung der allgemeinen geschichtforschenden Gesellschaft der Schweiz von Dr. [Gottlieb Ludwig] Studer. 8. Bern 1871.

Justini Fastenpredigten. 4. Augsb. Wolf. 730.

— marianische Lob- u. Sittenpredigten. 4. Ebendaselbst 724.

— musikal. Schlagwerk. Fol. Ebend. 725.

Iustinianea prima. 12. Coburg. Ahl.

Justiniani, Laurentius, von den Wonnen der selig. Gottesliebe, s. Leitsterne auf d. Bahn d. Heils. 13r Bd.

Justinianus, Imperator, M.
Slavicae genti vindicatus . . . Witteb. 1742.
H: *Schwarz, Gottfried.* (ML) (Stri)

Un édit de l'empereur Justinien II. [**Iustinianus** Imperator] en faveur de la basilique de Saint Démétrius à Salonique, d'après une inscription déterrée dans la basilique même. ⟨Avec un fac-s.⟩ Publ. par Petros N. Papageorgiu. ⟨À l'occasion du II. Congrès d'archéol. chrétienne à Rome.⟩ *Leipzig: B. G. Teubner 1900.* (12 S.) 4° [00. 1117

Justinianus, Flavius Petrus Sabbatius, Imperator

Justinian, Flav., Codicis summ. Perusin. anonym. scriptor. collect. etc. s. *Ἀνέκδοτα* Tom. II.

Justiniani, codicis, fragmenta Veronensia ed. Paulus Krueger. gr. Fol. (VII, 84 S.) Berlin 874. Weidmann. geb. n. 20. —

— Corpus juris civilis, s. *Corpus* juris civilis.

(Justinianus I. Imperator:) Corpus juris civilis. Recogn. Paulus Krueger [&] Theodorus Mommsen. Ed. ster. 8. Vol. 1. 2. Berolini: Weidmann 1899—1906. 2 Bde 4°
1. Institutiones. Recogn. P. Krueger. Digesta. Recogn. Th. Mommsen 1899.
2. Codex Justinianus. Recogn. P. Krueger. 1906. [07. 8,80

(Justinianus I. Imperator.) Corpus iuris civilis. Recogn. Paulus Krueger [&] Theodorus Mommsen. Ed. ster. 10. Vol. 1. Berolini: Weidmann 1905. 4° [07. 2899

(Justinianus I. Imperator.) Corpus juris civilis. Recogn. Paulus Krueger [&] Theodorus Mommsen. Ed. ster. 11. Vol. 1. Berolini: Weidmann 1908. 4°

Justiniani Augusti digesta. Recognovit adsumpto in operis societatem Paulo Kruegero Th. Mommsen. Fasc. I — IV. Libri I—XXIX. Accedunt tabulae duae. 4. (1. Bd. XVIII und 907 S. und 54 S.) Berlin 866—68, Weidmann'sche Buchh. [Fasc. 1. * 3 Thlr. 10 Ngr., Fasc. 2. * 1 Thlr. 10 Ngr., Fasc. 3. und 4. à * 1 Thlr. 20 Ngr.] *

Justiniani Augusti digesta seu pandectae. Recognovit adsumpto in operis societatem Paulo Kruegero Th. Mommsen. Fasc. V—VIII. (2. Bd.) 4. Berlin, Weidmann'sche Buchh. * 32 —
Inhalt:
Fasc. V. Libri XXX—XXXVII. (S. 1—320.) 868. *ℳ 8.
» VI. Libri XXXVIII—XXXXIIII. (S. 321—640 und 32 S. variae lectiones mit 4 Stnt. in Fol.) 869. *ℳ 10.
» VII. Libri XXXXIIII—XXXXVIII. (S. 641—816 und 8 S. variae lectiones.) 870. (*ℳ 4,50.) *ℳ 5.
» VIII. [ultimus.] Praefatio Th. Mommseni. Praefationes Justiniani. Libri digestorum XXXXVIII—L. Additamenta IV—VII. Tabulae V—X. (LXXXVI, LVI, S. 817—969, und S. 40—75 mit 10 Chromolithogr. und 8 Bl. Emmendata.) 870. *ℳ 9.
1. Bd. Ebendas. 1866—68. *ℳ 24.

Justinian's Institutionen, s. a. Violet's Juristen-Bibliothek.

— vier Bücher d. Institutionen nach dem angehängten Grundtext übers. (v. Chr. Fr. Helwing u. J. A. H. Heldmann). 8. Lemgo 765. Meyer. 16 ℋ

Justinian's Institutionen, I. Buch, besond. v. den Personen, Welches Buch in diesem Büchlein Zu deutsch ist gegeben in zierlichen Reimlein v. J. F. H. Recht. gr. 12. (4⅔ B.) Oldenburg 842, Schulzesche Buchh.

Justinian's Institutionen in sinngetreuer deutscher Uebersetzung nebst sprachlichen u. sachlichen Erläuterungen, Glossarien u. Indices. Bearb. v. e. praktischen Juristen. Neue [Titel-]Ausg. (IV, 816 S.) 8. Stuttgart [882]903. W. Violet. n. 2. —

Die Institutionen des Kaisers Justinian [**Justinianus** 1. Imperator]. Lat. u. deutsch nebst Marginalien. Von Dr. [Martin] Scherer, Rechtsanw. Berlin: Buntrock 1910. 263 S. 4°(8°)

– Institutiones

—— id. —, s. **Corpus** juris civilis etc. instr. Ed. Schrader.

—— Institutionum libri IV., s. a. **Promptuarium.**

— — typis variis nucleum exhibentibus. 18. Colon. 712.

— — c. not. Dittmari. 8. Ienae. 720.

— — c. commentar. I. Schilteri. 8. Lips. 721.

— — c. not. Vinnii et Norici. 12. Lips. 722.

— — c. annotat. I. P. Ludovici. 8. Giess. 725.

— — c. notis Stryckii. 8. Halae. 726.

Iustinianus, Imp., Institutiones juris c. not. Boehmeri. 4. Halae, Waish. 728.

— — sine notis. 18. Francf. Andreae. 752.

— — ex Theophili paraphrasi illustr. libri IV. 8. Francf Esslinger. 746.

— — c. not. et castig. A. Vinnii. 8. Vien. Trattner. 755.

***Justiniani* Imper. Institutiones cum notis Ev. Ottonis, studio Jh. Rud. Iselin. 4. Basel 760. Thurneisen.**

— institutiones. 12. Strassb. 771. Treuttel u. W. 12 ℋ

— institut. ex recens. Jak. Cujacii, cur. et animadvers. nonnullas adj. J. B. Köhler. 8maj. Gött. 772. Dieterich. 12 ℋ

— institutiones in carmen contract. auctore J. A. Dracone. J. C. in us. stud. juvent. denuo editae J. A. Falkner. 8. Basel 784. Decker. 12 ℋ

— institutionum libri IV. Recens. et indices adj. F. A. Biener. 8maj. Berl. 812. (Dümmler). 1 ₰

Justiniani, D., Institutionum Libri IV. Recens. et indices edit. adjecit. J. A. Biener. 8maj. Berol. Dümmler. 814. Rthlr.

Justiniani, Institutionum libri IV. Textu ad codicem olim Heilsbronnensem, nunc Erlangensem recogn. edid. Dr. C. Bucher. 8 maj. Erlangen 826, Palm et Enke.

Justiniani, Flavii, Institutiones. Ad opt. subsidior. fidem contextum recens. Emil. Ferd. Vogel. 8 maj. (10 B.) Lipsiae 838, Serig.

—— id. — A. u. d. T.: Die Institutionen d. Kaisers Justinian, in 4 Büchern. Ins Deutsche übers. v. W. M. Roßberger. (Mit d. latein. Texte zur Seite.) gr. 8. (35½ B.) Berlin 829, Voß.

—— Institutionum lib. IV. Ad fid. antiquor. libror. ed., variant. lect. locor. parallelor. delect. adj. Ed. Schrader, in operis societat. accedentibus Theoph. Luca Fr. Tafelio, Gualth. Frider. Clossio, post huius discessum Christ. Joh. C. Maiero. Edit. stereot. 12maj. (9⅓ B.) Berolini 836, Reimer. Thlr.

Justiniani, D., institutionum libri IV ad fidem cod. mss. nec non optimae notae editionum recensuit Ed. Laboulaye. 16. (V und 293 S.) Parisiis 851—55. (Lipsiae, Gerhard.) *

—— **institutiones recensuit Paul Krueger. gr. 8. (IV und 172 S.) Berlin 867, Weidmann'sche Buchh.** *

—— **Institutionem** libri IV. Cum praefatione et ex recognitione Ph. Eduardi Huschke. 8. (XIX, 205 S.) Leipzig 868, Teubner. (90 Pf.) 1 –

—— imperatoris, **Institutionum** libri IV. Ad fidem antiquorum librorum ed., variantium lectionum locorumque parallelorum delectum adjecit Ed. Schrader, in operis societatem accedentibus Theoph. Luc. Fr. Tafelio, Gualth. Frid. Clossio, post hujus discessum Christ. Joh. C. Maiero. Edit. ster. 8. (VI, 216 S.) Berlin 874, G. Reimer. 1 –

Iustiniani institutiones. Recensuit Paul. Krueger. Ed. II. gr. 8. (VI, 176 S.) Berlin 899. Weidmann. n. 1. 60

Justinian, Institutiones. Recensuit Paul Krueger. Ed. III. (VIII, 175 S.) 8. Berlin 908. Weidmann. 1. 60

— et digesta recogn. **Krüger** et **Mommsen.** 2. Aufl. Berl. 877.

Justinianus, Der Teutsche; das ist: Kaysers Justiniani Institutionum, oder der Grund-Lehren des Römischen Rechtes vier Bücher . . . Augspurg 1718. Ü: *Weng, Chph Frdr.* (Degen) (Schz)

Justinianus --- , Der Teutsche // JUSTINIANUS, // Das ist: // Kaysers JUSTINIANI INSTITUTIONUM, // Oder: // Der Grund-Lehren // Deß // Römischen Rechts // Vier Bücher. // Auß dem Lateinischen Grund-Text in das Teutsche übersetzt, und durch // einen vollständigen Teutschen Commentarium erläutert, // Also, daß in selbigem // (I.) Alle im geringsten dunckel-scheinende oder würcklich dun- //ckele Stellen deß Textes auß dem Römischen Alterthum, andern Rö- //mischen Gesetzen, deren Zusammenhang, der Vernunfft, und denen Muthmassungen der Gelehrten // erkläret, (2.) durch Anmerckungen viele wichtige und nützliche in den Text nicht vorkommende // Materien abgehandelt, (3.) in dem fast bey jedem §o. beygefügten Heutigen Gebrauch die in // Teutschland und dessen besondern Provincien und Städten heut zu Tag übliche Römische und // Teutsche Rechte auß denen Statutis und hiervon handlenden Autoribus // vorgeleget werden. // Auß denen besten alten und neuen Commentariis und andern Autoribus, // wie auch seinen eigenen Meditationibus zusammen getragen, auch mit kurtzen Marginalien und mit // einem vollständigen Indice der vornehmsten Sachen versehen, und sowohl der Studirenden Jugend, als auch // denen Beambten, Advocaten, Procuratoren, Kauff-Leuten und andern, zumahlen mehrere der Rö- //mischen und Teutschen Rechte, als der Lateinischen Sprach Liebhabern zum nützlichen // Gebrauch in den Druck gegeben. // Augspurg, verlegts Paul Kühtze, 1716. - 8 Blatt (nicht paginiert) Titel und Vorrede. - 996 S.
Unser Exemplar geht nur bis zum "Ende deß Dritten Buchs". Auf der letzten Seite steht die Paginierung: 996 biß 1036.

B. S. T. 4°.70b.

Iustinianus. De dioecesi Aegyptiaca lex ab imp. Iustiniano a. 554 lata, quam addita versione latina et notis ed. C. E. Zachariae a Lingenthal. Appendix II. ad ed. novellarum Iustiniani ordine chronologico digestarum. 8. (75 S.) Lpz. 891, Teubner. 1 20
Appendix [I.] Ebd. 1884. — 60. — s. : Zachariae a Lingenthal, C. E.

Justiniani novellarum constitutionum versio, s. Authenticum.

Justiniani novellae, Appendix dazu, s.: Zachariae a Lingenthal, C. F.

Justiniani Novellae constitutiones. Ex Graeco in Latinum conversae et notis illustratae ab Hombergk zu Vach. Marburg. 717. 4. 2 rthlr.

Justiniani, imperatoris, novellae quae vocantur sive constitutiones, quae extra codicem supersunt, ordine chronologico digestae. Graecis ad fidem codicis Veneti castigatis ed. C. E. Zachariae a Lingenthal. 2 partes et appendix. Leipzig, Teubner. [Pars 1. (XVI, 564 S.) 881. *M* 6.; Pars 2. (436 S.) 881. *M* 4,50.; Appendix. (36 S.) 884. 60 Pf.]
Vgl.: Zachariae a Lingenthal, C. E.

— Pandekten, s. a. Violet's Juristen-Bibliothek.

— Pandekten Buch I—IV in sinngetreuer deutscher Uebersetzung nebst sprachl. u. sachl. Erläutergn., Glossarien u. Indices. Bearb. v. e. praktischen Juristen. Neue [Titel-]Ausg. (IV, 332 S.) 8. Ebd. [883]903. n. 2.—

Justinians Pandekten [Digesta] Buch I–IV in sinngetreuer deutscher Übersetzung nebst sprachl. u. sachl. Erl., Glossarien u. Indices. Bearb. von e. prakt. Juristen. Neue Ausg. *Stuttgart: W. Violet 1903.* (IV, 332 S.) 8° [F.]

Justinian's neue Verordnungen über die Intestaterbfolge oder Versuch einer Uebersetzung der Novelle CXVIII und d. sie betreffenden Stellen d. Novellen CXXVII ꝛc. von Fr. Ortloff. 8. Coburg, Biedermann. 816.

— neue Verordnungen über die Intestaterbfolge oder Versuch einer Uebersetzung der Novellen CXVIII u. d. sie betreffenden Stellen d. Novellen CXXVII ꝛc. von Fr. Ortloff. 8. Cob. 816. Riemann. 12 gGr.

Justinus Alethophilus

Iustini Alethophili ICti epistola ad Iustinum Febronium ICtum, qua continentur animadversiones in commentarium, quem is nuper ediderat in suam retractationem Pio VI. P. M. . . . submissam. Alethopoli 1781, in 4°, 30 pp.
Nova biblioth. Frib. VI, 471—81.

Justinus Febronius

Iustini Febronii ICti commentarius in suam retractationem Pio VI. P. M. Kal. Nov. anni 1778. submissam. Frankfurt, Schäfer. 1781. 4°.

—— Deutsch: Erklärung über seinen Widerruf, der an Papst Pius VI. im J. 1778 eingeschickt worden. Aus dem Latein. übersetzt von A. Striebel. Augsburg 1781, 8°.

Iustini Febronii Iurisconsulti de statu Ecclesiae deque legitima potestate Romani Pontificis liber singularis ad reuniendos dissidentes in religione christiana compositus. Bullioni (i. e. Francofurti ad Moen.), apud Guilelmum Evrardi (Eßlinger). 1763, 4°, 2 Bde. 655 u. 646 S.; 1765 u. 1770 verm. Aufl.; 1770—4, 4 Bde, 4°.

Iustinus Febronius abbreviatus et emendatus, i. e. de statu Ecclesiae tractatus, ex s. scriptura, traditione et melioris notae catholicis scriptoribus adornatus, ab auctore ipso in hoc compendium redactus. Köln u. Frankfurt 1777, 4°, 310 S.

Justinus Magister

Justini, Magistri, Lippiflorium hrsg. von Geo. Laubmann. — Herr Bernhard zur Lippe von Paul Scheffer-Boichorst. gr. 8. (III, 209 S.) Detmold 872, Meyer'sche Hofbuchh. *

Das Lippiflorium (des Justinus Magister). Ein westfälisches Heldengedicht aus d. 13. Jh. Lat. u. deutsch nebst Erl. von Hermann Althof. Mit 1 Pl. d. Festung Lippstadt. *Leipzig: Dietrich 1900.* (141 S.) 8° [F.]

Justinus Martyr

Justinus, Sanctus. 'Απόδειξις resurrectionis carnis fragmentum . . . Helmst. 1764. Ü & H: *Teller, Wilh. Abrah.* (Hoff) (Ebert)

— ἀπόδειξις resurrectionis carnis, fragmentum editum cum observatt. historico-criticis a W. A. Teller. 4. Helmst. 766.

Iustinus, Martyr, apologiae e recens. Grabiana, c. var. lect. ed. Chr. W. Thalemann. 8. Lips. Klaubarth. 755.

Justini, Martyris et Philosophi S., Apologiae. Ed. Jo. Wil. Ios. Braunius. In us. praelectionum. 8maj. (9½ B.) Bonnae 850, Habicht.

Justini, S., Apologiae. Edidit Jo. Guil. Jos. Braunius. In usum praelectionum. Editio II. gr. 8. (XII und 152 S.) Bonn 860, Habicht.

Justini, S., martyris et philosophi, apologiae. Ed. Jo. Guil. Jos. Braunius. In usum praelectionum. Edit. III curavit Const. Gutberlet. gr. 8. (XII, 120 S.) Leipzig 883, Lesimple's Verlag.

Justini, S., martyris et philosophi, Apologiae. Ed. Io. Guil. Jos. Braunius. In usum praelectionum. Ed. III. curavit Constant. Gutberlet. (Nova impressio tituli.) gr. 8. (XII, 120 S.) Limburg 890. Verl. der St. Marien-Stiftg. n. 2. 50

— zweyte Apologie u. Beweis d. Alleinherrsch. Gottes, griech. u. deutsch. m. Anm. v. J. A. Gbz. gr. 8. Nürnb. Monath u. K. 706.

Justinus, des heiligen, Apologien, s. Bibliothek der Kirchenväter.

Justin's, des Märtyrers, Apologieen, s.: Sammlung ausgewählter kirchen- u. dogmengeschichtlicher Quellenschriften. I. 1.

—— Brief an Diognetus, griechisch und deutsch, mit Einleitung und Erläuterungen von Hoffmann. 4. (II und 26 S.) Neisse 851, Hennings. *

Der Brief an Diognet [angebl. Vf.: Iustinus Martyr], die Perle des christlichen Altertums'. Übs. u. gewürdigt v. Dr. Wilhelm Heinzelmann, Prof. *Erfurt: H. Neumann 1896.* (1 Bl., 32 S.) 1 Bd 8.

[F.] Der Brief an den Diognet. [Vf.: Justinus Martyr.] Uebs. v. E. Klein, Pfarrer in Lichtenrade—Berlin. *Berlin: Buchh. d. Berliner Stadtmiss. (1898).* (22 S.) 1 Bd 8.
— Schatzkammer, Aus der, heiliger Väter. II. 1.

JUSTINI Martyris cum Tryphone Judaeo dialogus secundum regulas criticas examinatus et *νοθεύσεως* seu falsitatis et suppositionis suspectus atque convictus, opera et studio CHR. GOTTL. KOCH. Kilonii. 1700.

Justini epistola ad Diognetum, rec. J. C. Th. Otto, s. Epistola.

— Gespräch von d. Wahrheit u. Göttlichkeit d. christl. Religion, mit d. Juden Trypson. Aus d. Griech. mit d. Leben Justins, v. N. Brunn. gr. 8. Basel 822. Spittler. 11 gr.

— des Märtyrers, eines christl. Philosophen aus dem Anfang des 2. Jahrhunderts, Gespräch von der Wahrheit u. Göttlichkeit der christl. Religion, mit dem Juden Tryphon. Aus d. Griechischen übers. u. mit einer Vorrede, nebst dem Leben Justins begleitet von Nikol. v. Brunn. 8. 1822. Zürich, Hanke. 1/2 Thlr.

Justini, S., opera ed. J. C. Th. Otto, s.: Corpus apologetarum christianorum, Vol. III.

—— opera, s. Corpus apologetarum christianorum saeculi secundi.

— — Gr. et lat. curante Oberthür. Wirceb. 777. 3 Vol. 8.

Justinus, S. Opera omnia. Wirceb. 1777—78. H: *Onymus, Adam Jos.* (schmal)

Justini, S., Philos. et Mart. Opera. Recens. prolegomenis, adnotatione ac versione instruxit indicesque adjecit Jo. Car. Theod. Otto. Praefat. est L. F. O. Baumgarten-Crusius. Tom. I. II. et III. Pars I. Jenae, Mauke. [I. (23 1/2 B. u. u. 1 Stnt.) 842. 2 Thlr. 10 Ngr., II. (39 3/4 B.) 43. 2 Thlr. 22 1/2 Ngr., III. 1. (15 B. u. 1 Stnt.) 46. 1 Thlr. 6 Ngr.]

— s. Opera omnia polem. Sanctorum.

— vide opera patrum graec.

Justins, d. Philosophen u. Märtyrers, Rechtfertigung d. Christentums. (Apologie I u. II.) verdeutscht v. H. Veil. Pr. 1893. VIII, 64 S. 1.60

— Rechtfertigung des Christentums (Apologie I u. II). Eingeleitet, verdeutscht u. erläutert v. H. Veil. gr. 8. (XXXII, 146 S.) Strassburg 894. J. H. E. Heitz. n. 5. 60

Justinus Miechoviensis, P. F., de rosario mysterio. Discursus praedicabiles selecti ex percelebri opere super litanias lauretanas ad usum concionatorum. Editionem emendatam et auctam curavit J. Ziegler. gr. 8. (XII, 240 S.) Regensburg 889. Verlags-Anstalt. n. 3. 20

Justinus redivivus. Allgemeine Lehrsätze der Pferdezucht in neuem Gewande. 8. (31 S.) Wittenberg 66. Herrosé. M. —.50

Justinus, Johann Christoph

Justinus, J. Chr., allgem. Grundsätze z. Vervollkommnung der Pferdezucht, anwendbar auf d. übrigen Hausthierzuchten. 8. Wien 815. (Gerold). 20 gr. Hbg. Pr. 12 gr.

Justinus, J. Chr., hinterlass. Schriften üb. d. wahren Grundsätze d. Pferdezucht, üb. Wettrennen u. Pferdehandel in England, nebst Aphorismen üb. d. Exterieur in besond. Beziehung auf Zuchtthiere. Hrsg. v. G. A. v. Kapotsány. Mit Anmerkn. vers. v. J. Hörmann. gr. 8. (17 B.) Wien 850, Gerold. Thlr.

Justinus', Joh. Chrph., hinterlassene Schriften über die wahren Grundsätze der Pferdezucht. 2. Aufl. Hrsg. und mit Erläuterungen versehen auf Veranlassung Sr. Durchlaucht des Fürsten Carl zu Trauttmansdorff. gr. 8. (XII, 166 S. mit lithogr. Portr.) Wien 884, F. Beck. *M 3.; geb. *

Justinus, Marcus Junianus

Justinus, Auszug aus des Trogus Pompejus philippischer Geschichte, s. Sammlung griech. und röm. Classiker.

Iustinus, Trogi Pompeji epitomator, christianae juventutis usibus accommodatus a C. T. Zimbsch. 8. Lips. Kummer. 804.

Justinus, Marcus Justinianus. Ἐπιτομὴ τῶν Φιλιππικῶν τοῦ Πομπηΐου Τρόγου . . . Ἐν Λειψίᾳ 1817. Ü: *Philippides, Demetrius.* (Ebert)

Justini Trogi Pompei historiarum Philippicarum epitoma. Recensuit Just. Jeep. Leipzig 859. Teubner. 8. (CCVIII, 273 S.) 27 ngr.; Velinpap. 1 Thlr. 6 ngr.

— — Editio minor. Ebend. 859. 8. (273 S.) 7 1/2 ngr.

Iustini, M., Iuniani, epitoma historiarum Philippicarum Pompei Trogi ex recensione Frc. Ruehl. Accedunt prologi in Pompeium Trogum ab Alfr. de Gutschmid recensiti. 8. (LXII, 315 S.) Leipzig 886, Teubner. 1 50

M. Iuniani Iustini Epitoma historiarum Philippicarum Pompei Trogi. Ex rec. Francisci Ruehl. Acc. prologi in Pompeium Trogum ab Alfredo de Gutschmid recensiti. (Ed. ster.) Lipsiae: Teubner 1907. LXII, 315 S. 8°
(Bibliotheca scriptorum Graec. et Rom. Teubneriana) [illegible]

—— Philippische Geschichte v. Chr. Schwarz, s. a. Prosaiker, röm.

—— dies. übers. v. E. Schaumann, s. a. Uebersetzungs-Bibliothek d. griech. u. lat. Klass., IV. Abthl.

Justinus [Marcus Junianus], philippische Geschichte, Wörterbuch dazu, s. Eichert, Otto.

— Philippische Geschichte, übers. von Chr. Schwarz. Vollständig in 6 Bdchen. 16. Stuttgart ..., Metzler. Subscr.-Preis à 1/6 Thlr.

— ins Französ. übersetzt von Favier, mit deutschen Noten. 8. Liegn. 755. Siegert. 16 gr.

Justinus, philippinische Geschichte von Schmidt. gr. 8. Lemgo, Meyer. 786.

— — dieselbe z. Gebrauch d. ersten Anfänger v. A. C. Meineke u. Wörterb. 8. Ebend. 793.

— — das Wörterbuch dazu apart. 8. Ebend. 794.

— philosophische Geschichte, übersetzt u. erläutert v. K. Fr. L. Kolbe. 1r Bd. I—XVI. gr. 12. Münch. 824, Fleischmann.

—— Philippische Geschichte, übers. u. erläut. v. K. Fr. L. Kolbe. 2. Bd. gr. 12. (22 1/2 B.) München 828, Fleischmann.
1. Bd. Ebendas. 1824. 1 Thlr. 6 Gr.

— Philippische Geschichte in 24 Büchern, übers. u. mit Anmerkk. versehen v. E. Schaumann. 1s—5s Bdchn. 12. Prenzlau 830, 31. Ragoczy. 1 Thlr. 6 gr.

Justinus Philippische Geschichte, übers. u. mit erläut. Anmerk. begleit. v. Chr. Schwarz. 6 Bdchn. 16. Stuttgart 834—36. Metzler. (à 1/6 Thlr.) 1 Thlr.

Justinus. Philippische Geschichte, übersetzt von Christian Schwarz. Stuttgart 1838. 8°.

— historiae philippicae

— id. lib., c. Lünemann, s. Bibliotheca etc. Vol. VIII.

— id. — ex Trogo Pompejo, illustr. El. Johanneau et Dubner, s. Bibliotheca nova script. lat.

— — ex recens. I. Vossii. 12. Francf. Andreä.

— — c. not. varior c. A. Gronovii. 8. Leid. Hack. 719.

— — cura Maittaire. 12. Bas. Fick. 725.

— — c. not. ad mod. Minelli. 12. Lips. 759.

— — c. not. Milleri. 8. Berl. Haude. 748.

— — dieselben ins Franz. übersetzt v. Favier, mit deutschen Noten. 8. Ebend. 755.

— historia philippica, e rec. I. G. Graevii, c. ejusd. et I. F. Gronovii animadv., cur. I. F. Fischer. 8. Lips. Weidmann. 757.

— mit Emm. Sinceri deutschen Noten. 8. Augsb. 758. 20 gr

— historiae Philippicae. Cum integris commentariis Jac. Bongarsi, Frc. Modii, Matth. Berneggeri, N. Z. Boxhornii, Js. Vossii etc. Curante Abr. Gronovio. Ed. II. 8. Leyd. 760. Luchtmans. (Weigel in Leipz.) 4 rß

Justini histor. Philippicae. 12. Halle 770. Waisenhaus B. Ed. III. in us. stud. juvent. 12. 780. Ed. IX. 8. ibid. 825. 6 gr

— ex recens. Gronovii. 8. Nürnb. 775. Riegel u. W. 8 gr

— historiarum libri XLIV scholis accommodat. 8. Mainz 778.

Justinus. Historiarum libri XLIV. Editio tertia. Halae 1780. 8°.

— histor. Philipp. 8. Würzb. 780. Stahel. 6 gr

— histor. Philipp. mit deutschen erklärend. Noten v. Sincerus. 8. Frankfurt 782. Brönner. 1 rß

— Editio accurata. 8maj. Biponti 784. 18 gr Ed. II. 802. Treuttel u. W. in Strassb. 1 rß 2 gr

— histor. Philipp. 8. Manh. 790. Ed. nova 822. Löffler. 12 gr Postp. 20 gr

— zum Gebrauch d. ersten Anfänger, mit kurzen histor. u. grammat. Anmerkk. u. Wörterbuch v. A. G. Meinecke. 8. Lemgo 793. Meyer. 1 rß 4 gr Das Wörterbuch apart 8 gr

— historiarum libri IV. ex recension. Gronovii. 8. Norimb. Riegel et W. 801.

— — 8. maj. Biponti. (Treuttel et W. in Strasb.) 802.

— historiar. Philippicar. libri XLIV, textum Graevianum passim refinxit etc. indicibusque et rerum et verbor. illustravit J. C. Wetzel. 8maj. Lign. 806. Ed. nova (wohl nur neuer Titel). 8maj. Leipz. 817. Barth. 1 rß 18 gr

Justinus, historiarum philippicarum L. IV. cur. Wetzel. 8. maj. Liegnitz. Siegert. 806. Rthlr.

— Historia philippica, cura Fr. Xav. Schoenberger. 8. Vienn. Pichler. 806.

Schreibp.

Schweiz. Pap.

— — idem liber, m. gegenübers. deutsch. Uebersetz. 4 Thle. ibid. 806.

Schreibp.

Schweiz. Pap.

— — sine not. 8. Halae, Waisenh. 809.

Justinus, M. J. Historiarum Philippicarum Libri XLIV ... Darmst. 1813. H: *Storck, Joh. Justus.* (HS) (Ky)

Justinus, historiarum Philippicarum libri XLIV. Editio usui scholarum adcommodata. Darmst. Heyer et Leske. 813.

— histor. libri XLIV. Editio sexta. 8. Halae, Waisenhausbuchh. 815.

Justinus, historiar. Philippicar. libri XLIV textum Graevianum passim refinxit etc. indicibusque et rerum et verbor. illustravit J. C. Wetzel. Ed. nova. 8maj. Lipsiae, Barth. 817. Rthlr.

— — historiarum libri XLIV ex recens. Gronov. Ed. nova. 8. Nürnberg, Riegel und W. 817.

Justinus, historiarum libri XLIV in usum juvent. Ed. 7a. 8. Halle, Waisenh. Buchhdl. 819.

— historiarum libri XLIV ad. opt. libr. fidem acc. editi. Edit. stereot. 12. Leipz. 822 u. 29. Tauchnitz. 5 gr Fein P. 10 gr

— id. lib. 8. Marb. 823, Krieger.

— id. lib. in us. juvent. 9e Aufl. 8. Halle 825, Waisenh.

— historiae Philippicae ad opt. editt. fidem scholar. in usum adornavit G. H. Lunemann. 8. Leipz. 827. Hahn. 8 gr

— id. — Ex recens. Abr. Gronovii et cum divers. lect. Graevianae accurate edid., doct. hominum commentarios var. lect. libror. nondum adhib. suasque adnotat. atque indices adjec. C. H. Frotscher. Praemittitur notitia litterar. et A. H. L. Heerenii. Comment. de Trogi Pompeii fontibus et auctoritate. Vol. I. 8maj. (26 B.) Lipsiae 827, Kühn. 1 Thlr. 8 Gr., Schrbp. 2 Thlr., Vlnp.

— id. lib. Mit deutschen Inhaltsanzeigen, erläut. Anmerkk. u. d. Varianten d. Prager Handschrift, zum Gebr. in Schulen v. Ign. Seibt. gr. 8. Prag 827, Enders. 1 Rthl. 8 gr. Vel. Pap.

Justinus, Historiae Philippicae ex rec. A. Gronovii et cum diversitate lectionis Graevianae accurate ed. C. H. Frotscher. Vol. I—III. 8maj. Lipsiae 827—30, [T. O. Weigel.] [I. (25¾ B.) 1½ Thlr., II. (43 B.), III. (34½ B.) à 2 Thlr. Schrbpap. Vlnpap.

—— id. — Mit Anmerkn. v. C. Benecke. gr. 8. (33¼ B.) Leipzig 830, Hartmann.

Justini Historiae Philippicae. Secundum vetustiss. codices prius neglectos recognovit, brevi adnotatione critica et historica instr. Fr. Duebner. Accessit index rerum locuplet. 8maj. (29 B.) Lipsiae 831, Teubner. 1 Thlr. 16 Gr., Engl. Pap.

—— id. — Für den Schulgebr. histor. u. grammat. erläut. v. W. Fittbogen. gr. 8. (30½ B.) Halle 835, Schwetschke u. Sohn.

— historiarum Philippicarum ex Trogo Pompejo, illustr. El. Johanneau et Dubner. II Vol. Lex.-8. Leipzig 838. Barth. 2⅓ ℛ (Vergl. Bibliotheca nova Scriptorum latinorum. Vol. XVII et XXV.)

—— id. — 8maj. (20¾ B.) Monachii 841, libr. scholarum Regia. (Ratisbonae, Manz.) *

Justini Historiarum libri XLIV. ad optimor. libror. lect. accurate editi. Nova edit. stereot. 16. Leipzig 843, K. Tauchnitz. ¼ ℛ fein P. ⅓ ℛ

Justini historiae Philippicae. Zum Gebrauch für die Schüler der mittleren Gymnasialclassen bearb. von G. H. Th. Hartwig. I: Abthl.: Liber I—XII. 8. (VIII und 111 S.) Braunschweig 852, Vieweg und Sohn.

Justini historiae Philippicae. Zum Gebrauch für die Schüler der mittleren Gymnasialklassen bearb. von G. H. Th. Hartwig. 3 Abthlgn. 8. Braunschweig 860, Vieweg und Sohn. à Abthl. * 10 Ngr. *

Inhalt:
Abthl. 1. Liber 1—12. 2. Aufl. (VIII und 111 S.)
» 2. Liber 13—28. (VI und 99 S.)
» 3. Liber 29—44. (94 S.)

Justini historiarum libros in usum scholarum ediderunt H. Domke et G. Eitner. 2 Partes. 8. Breslau 865, Maruschke und Berendt. [Pars I. (IV und 204 S.) * 18 Ngr., Pars II. (130 S.) * 12 Ngr.] *

—— historiarum ex Trogo Pompeio excerptarum libri XLIV. Ad meliorum librorum lectiones accurate editi. Nova edit. ster. C. Tauchnitiana. Nova impressio. 16. (IV und 276 S.) Leipzig 866, Holtze.

Iustini Historiarum ex Trogo Pompeio excerptarum libri XLIV. Ad meliorum librorum lectiones accurate editi. Nova edit. ster. C. Tauchnitiana. Nova impr. 16. (IV, 276 S.) Leipzig 870, Holtze. — 75

Justinus, übers. von Forbiger, s. Bibliothek, Langenscheidt'sche, sämmtl. griechischer und römischer Klassiker.

Justinus s. Bibliothek d. Übersetzungen

— Weltgeschichte, übersetzt mit erläut. Anm. v. Ostertag, s. Sammlung d. neuest. deutsch. Uebersetz. d. römisch. Prosaiker 1ste Abtheil.

— Weltgeschichte von J. P. Ostertag. 2 Bde. 8. Frankfurt 781. 2e A. 792. Hermann. 1 ℛ 4 ℊ Hbg. Pr. 14 ℊ (vergl. auch Samml. d. Uebers. d. Griechen u. Römer).

Justin's Weltgeschichte. Uebersetzt und mit Anmerkungen von J. P. Ostertag. (2 Bde.) 8. Frankfurt a. M. 1792.

Justinus, Osk., Amor auf Reisen. Lustige Geschichten. 8. (VI, 154 S.) Berlin 888, Steinitz' Verlag. * 1 50

Justinus, Osk. Die Ausstellung, s. Univers.-Bibliothek Nr. 2686.

Justinus, Osk., häuslicher Bilderbogen. (Aus dem literar. Nachlasse.) 8. (III, XIII, 311 S.) Breslau 894. Schles. Verlags-Anstalt. n. 4. —; geb. n. 5. —

—— die Ehestifterin, s. Universal-Bibliothek Nr. 2242

Justinus, Osc.: Eine stille Familie, s. Kühling's, A., Volks-Schaubühne.

– Griechisches Feuer, s. Universalbibliothek

— Frauenkünste, s.: Zehnpfennig-Bibliothek.

—— Freunde, höret die Geschichte! Ein musikal. Scherz. [Am Clavier zu lesen.] 4. (13 S.) Berl. 890, Boll's Verlag. * — 60
Für die Käufer d. Boll's musikal. Kalender ** — 30

Justinus, Osc., Freunde, höret die Geschichte! Ein musikal. Scherz. (Am Clavier zu lesen.) (13 S.) Lex.8. Berlin 897. Boll & Pickardt. — 60

— lustige Heiratsgeschichten, s.: Zehnpfennig-Bibliothek.

—— Berliner Humor. Auf rollendem Rade. Illustrirt v. O. Michael. 8. (158 S.) Berl. 889, Steinitz' Verlag. * 1 50

—— In der Kinderstube, s. Universal-Bibliothek Nr. 2594.

—— humoristisches Kleeblatt, s. Mehring's Unterhaltungsbibliothek.

—— Kyritz-Pyritz, s. Wilken, H.

—— die Liebesprobe, s. Universal-Bibliothek Nr. 2345.

—— Gesellschaftliche Pflichten, s. Wilken, H.

—— ein Photographie-Album. Augenblicksbilder aus der Gesellschaft. 12. (96 S.) Berlin 885, H. Steinitz. geb. 2 —

— e. Proletarierkind. Humoristischer Roman aus dem Berliner Leben in 2 Bdn. (1. „Trudchen". — 2. „Fräulein Gertrud".) 8. (235 u. 315 S.) Ebd. 894. n. 7. 50; geb. n. 9. 50

—— Italienischer Salat. Allerlei Heiteres aus dem Lande der Citronen, aufgetischt. 8. (VIII, 221 S.) Berl. 892, Wilhelmi. * 2 —

Justinus, Osk., italienischer Salat. (Strauch's Unterhaltungs-Bibliothek.) (Neue Titel-Ausg.) 8. (VIII, 221 S.) Leipzig [892.] (899). A. Strauch. 2. —

—— In der Zehnmillionen-Stadt. Berliner Roman aus dem Ende d. 20. Jahrh. 1. u. 2. (Titel-)Aufl. 8. (138 S.) Dresd. 890,92, Pierson. 1. Aufl. * 1 50; 2. Aufl. * 1 —

Ⓑ — In der Zehnmillionen-Stadt. 892. Jetzt: Berlin, Verlag Berlin-Wien.

—— s. Zehnpfennig-Bibliothek Nr. 2, 3, 5 u. 7.

– Unser Zigeuner, s. Kühling's, A., Volks-Schaubühne.

Justitia Caesareanorum armorum contra Turc. Sultanum a malevolorum criminationibus vindicata, cum adjuncto de subsidiis in bellum Turcicum ab Imperio aliisque Religionis christianae consortibus praestandis opusculo. s. l. 1737.

Justitia caussae Hanoicae, oder Wahrhafte Vorstellung, was es um die von Hn Assessore von Bernsdorff . . . diuulgirte Mandata . . . vor eine eigentliche Beschaffenheit habe . . . Hanau 1703. V: *Herpfer, Joh. Dan.* (Holz)

Justitia causae palatinae, seu defensio juris regalis palatini in homines proprios. Heidelbergae 1702. V: *Rusdorff, Joh. Joach. von.* (Jöch)

Iustitia causae Palatinae s. defensio iuris regalis palatini in homines proprios etc. II Vol. folio. Mannh. Löffler. 738.

Justitia causae Rantzovianae oder Beweis, dass die Fürstl. Holstein-Gotorff. Praetension auf die Grafschaft Rantzau weder in jure noch facto gegründet sey. O. O. 1714. 4.

Justitia, Madame, im Guckkasten oder genaue und gründliche Untersuchung eines Excesses . . . Heilbronn a. N. u. Rothenburg a. d. T. 1826. V: *Wagner, Gottlob Friedrich.* (GGr)

Justitia, Madame, im Guckkasten oder Untersuch. e. Excesses, welchen e. Gans im Fluge begangen hat. Von d. Verfass. d. Schulmeisterswahl zu Blindheim. gr. 8. Heilbr. 826. Glaß. 4 gr.

Justitia illustris controversiae... pro Domina de Wangenheim contra Dominum de Wizleben. S. l. [ca. 1730]. V: *Dietmar, Joh. Wilh.* (Holz)

Justitia possessionis electoralis ecclesiae Coloniensis super Caesaris insula, vulgo Kayserswerth eiusque attinentiis. o. O. 1724.

Justitia possessionis Palatinae super Caesaris insula vulgo Kayserswerth et appertinentiis. Dusseldorpii 1703.

Justitia possessionis Palatinae super Caesaris insula vulgo Kayserswerth et appertinentiis. Wetzlariae 1709.

Justitia brandenburgici de re vectigali priuilegii . . . Onolzb. 1700. V: *Pachelbel von Gehag, Wolfg. Gabriel.* (Adel) (Fiker)

Justitiarien, die. Schattenriß v. E. R. M—ch. gr. 8. (8 B.) Charlottenburg 846, Bauer. *

Justiz in Appenzell-Ausserrhoden . . . St. Gallen 1852. V: *Indermauer, Jacob.* (AarK)

Justiz, die, unter der oesterreichischen neuen Aera. Illustrirt durch den Process Heidenreich. gr. 8. (152 S.) Jena 869, Deistung. * 2 —

Justiz und Verwaltung sowie die künftige Behörden-Reorganisation im Königr. Sachsen. Von einem sächs. Gerichtsvorstande. gr. 8. (45 S.) Leipzig 867, Baumgärtner's Buchh. *

Justizämter, über Preußische, u. deren [illegible] über neue Gerichtsverfassung. Ein Vortrag [illegible] in dem Magdeburger Wochenbl. Nr. 30 ic. 18[illegible], u. [illegible] 2. Erwiderungen in der Magdeb. Zeitung Nr. [illegible] 1845 der Beilage. gr. 8. Quedlinburg 845, Franke. [illegible]

Justiz-Assessoren, die, und die Advokatur in Preußen. Ein Votum von einem preuß. Justizbeamten, aber keinem unbesoldeten Assessor. gr. 8. (20 S.) Stettin 859, Graßmann's Verlag. Thlr. *

Justizbehörden, d. Preußischen, u. deren Personale im J. 1832. (Monat Juli.) Systemat. geordn. nach Provinzen u. nach d. Ressortverhältnissen sämmtl. Ober- u. Untergerichte. gr. 8. Berl. 832. Brandenburg. 12 gr.

Justiz-Behörden, die Preußischen, deren Personal- u. Ressortverhältnisse im Jahre 1833 (Monat Juli). Systematisch geordnet nach Provinzen u. nach den Dienstverhältnissen sämmtl. Ober- und Untergerichte. (Mit Nachtragen.) 8. Berlin ... Grantz. $^1/_2$ ℔

Justiz-Behörden, die Preuß., u. deren Personale im J. 1832, 33. Systemat. geord. nach Provinzen u. nach d. Ressort-Verhältnissen sämmtl. Ober- u. Untergerichte. gr. 8. ($9^1/_2$ B.) Berlin, [Th. Brandenburg.] à 12 Gr., hrbgf. Pr.

Justizbehörden, die k. k., für die Herzogthümer Steiermark, Kärnten und Krain mit dem Personal- und Concretal-Status der sämmtl. bei den k. k. Gerichtsbehörden und Staatsanwaltschaften in diesen Kronländern angestellten Beamten. Aemtlich hrsg. von dem Praesidio des k. k. vereinten Oberlandesgerichtes. gr. 8. (IV und 87 S.) Gratz 855, (Ferstlsche Buchh.)

Justizbehörden, die k. k. — für die Herzogthümer Steiermark, Kärnten und Krain mit dem Personal- und Konkretalstatus der sämmtlichen bei den k. k. Gerichtsbehörden und Staatsanwaltschaften in diesen Kronländern angestellten Beamten. Aemtlich herausgegeben von dem Präsidium des k. k. vereinten Oberlandesgerichtes. Gratz. 1855. Druck und Verlag von A. Leykam's Erben. (88 S. 8.) geh.

Justiz- u. Polizey-Blatt, gemeinnütz., d. Deutschen, zur Beförd. wahr. Wohlfahrt unter denselben, herausg. v. C. G. Steinbeck, (ist d. Forts. v. Slevogts allgem. Justiz- u. Polizey-Rügen 6r Jahrg.) Jhg. 1810. 4. Jena, Göpfert.

— — Forts. desselb., s. Archiv f. Justiz u. Polizey.

Justiz- u. Polizei-Blätter, allgemeine deutsche, s. Hartleben.

Justiz- u. Polizeiblätter, allgemeine deutsche, s. Policeyfama.

— u. Polizeifama, s. Policeyfama.

Justiz-Bureau-Blatt für gerichtliche Subaltern-Beamte. Redig. von Rich. Höinghaus, L. Liebgott, J. Fenner. 1. Jahrg. April—Decbr. 1853. 18 Nrn. und 2. Jahrg. 1854. 24 Nrn. (Bog.) 4. Berlin, Nauck und Comp. [1. Jahrg. * $22^1/_2$ Ngr., 2. Jahrg. * 1 Thlr.] * 1

Fortges. u. d. T.: Bureau-Blatt für gerichtliche Beamte.

Justiz-Extrakt das ist unfehlbare Tropfen gegen habituelle Geistes-Verstopfung. Von Nervatius Tertius. 8. (96 S.) Forst i. L. 866, Unverzagt und Comp. *

Justiz-, Kameral- u. Polizei-Fama, s. Th. Hartleben.

Justiz-, Kameral- u. Polizeifama, s. Policeyfama.

Justiz-, Cameral- u. Polizei-Fama, allgem. Neue Folge. Redig. v. Tddinger. Jahrg. 1829. Jul.—Dec 78 Nrn. u. Beiln., u. 1830. 12 Hfte. Stuttgart, Cotta. [829. gr. 4. 2 Thlr. 18 Gr., 30. gr. 8. 5 Thlr. 12 Gr.]
„Polizei-Fama, hrsg. v. Th. Hartleben," Jahrg. 1802—7. à 3 Thlr. 4 Gr. — (Forts. u. d. T.:) „Polizeiblätter, hrsg. v. dems.," J. 1808—14. à 4 Thlr. 6 Gr. — (Forts. u. d. T.:) „Allgem. Justiz-, Cameral- u. Polizeifama, hrsg. v. dems.," J. 1815—27. à 5 Thlr. 12 Gr. (Jahrg. 1828 u. 29. Jan.—Juni erschienen nicht.) Ebendas. — Obiges bildet hierzu die Fortsetzung.

Justiz- u. Polizey-Fama, Deutsche. Hrsg. von Dr. *Theod. Konr. Hartleben* (hochfürstl. salzb. wirkl. Hofrath, ordentl. Staatsrechtslehrer an der hohen Schule das. etc.). Bd. 1—2 (in 1 vol., enthält 153 Nrn. vom 1. Jan.—29. Dezbr. 1802). Salzburg, Wien u. Tübingen. 4⁰. Ppb. Gans saub. Expl.
622 u. 632 S.

Justiz- und Polizey-Fama, Deutsche. Herausg. v. Theod. Konr. Hartleben (u. Al. Lips.). Jahrg. 1802—1827. 26 Bde. Stuttgart u. Tübingen, J. G. Cotta, 1802—1827. 4⁰. Ppbde. 180.—
Der Titel wechselt im Laufe der Jahre in „Allgemeine deutsche Justiz- und Polizey-Fama", „Allgemeine Polizey-Blatter", „Allgemeine Justiz- u. Polizey-Blatter", „Allgemeine deutsche Justiz, Kameral- und Polizey-Fama".

Justizgebäude am Münchner Platz in Dresden-Altstadt, erbaut in den J. 1902—1907 vom königl. Landbauamt Dresden I, Gläser, Kramer. 72 Taf. 50×35,5 cm. Mit Text. (20 S.) 36,5×25 cm. Dresden 910. G. Kühtmann. In Halbleinw.-Mappe 40. —

Justizgesetze, die, vom Jahre 1855/56. Nördlingen, Beck. 8. (3 Bl., 52 S.) 5 ngr.

Justizgesetze f. d. Grossherzogth. Baden. 6 Thle. Mannheim 879—80.
I. **Bingner**, Civilrecht (Landrecht). 879.
II. **Kamm**, Civilprozess- u. Konkursordng. 879.
III. — u. **Heinsheimer**, Gesetze üb. Gerichtsverfassg., Rechtsanwaltschaft, Gerichtskosten. Gebühren. 880.
IV. **v. Neubronn**, Handelsgesetzbuch, Wechselordng. 879.
V. **v. Seyfried**, Ges. betr. Verwltg. d. freiwill. Gerichtsbarkeit. 879.
VI. — u. **v. Neubronn**, Strafrecht. 880.

Justizgesetze für das Großherzogthum Baden. 6 Abthlgn. gr. 8. Mannheim 879. 80. Bensheimer. n. 52 —; geb. n.n. 60. 80; auf Schreibpapier n. 68. —; geb. n.n. 79. —
1. Civilrecht, Badisches Civilgesetzbuch [Landrecht] nebst Ergänzungen, bearb. von A. Bingner. (XXIX, 850 S.) n. 12. —; geb. n.n. 13. 50; Schreibpapier n. 16. —; geb. n.n. 18. —
2. Das allgemeine deutsche Handelsgesetzbuch u. die allgemeine deutsche Wechselordnung, nebst den Reichs-Gesetzen über Genossenschaften, Urheberrecht, Bank-, Münz-, Post-, Eisenbahnwesen, Pfandbriefe u. den bezügl. Einführungs-Gesetzen u. Verordnungen f. das Großherzogthum Baden, bearb. v. Frdr. Frhr. v. Neubronn. (XVII, 743 S.) n. 9. —; geb. n.n. 10. 50; auf Schreibpap. n. 12. —; geb. n.n. 14. —
3. Gesetze u. Verordnungen über die Verwaltung der freiwilligen Gerichtsbarkeit. Bearbeitet v. Eug. v. Seyfried. (XIV, 643 S.) n. 9. —; geb. n.n. 10. 50; auf Schreibpap. n. 12. —; geb. n.n. 14. —
4. Civilprozeß-Ordnung u. Konkurs-Ordnung f. das deutsche Reich, nebst Ergänzungen, bearb. v. Edm. Kamm. (XVI, 398 S.) n. 6. —; geb. n.n. 7. 40; auf Schreibpap. n. 7. 50; geb. n.n. 9. —
5. Strafrecht. 1. Unterabtheilung. Das Strafgesetzbuch f. das deutsche Reich u. die neben demselben geltenden Strafbestimmungen anderer Gesetze, bearb. v. Eug. v. Seyfried. (XXII, 453 u. Register XLV S.) 2. Unterabth. Die Strafprozeßordnung für das deutsche Reich nebst den übrigen das Strafverfahren betreff. reichs- u. landesgesetzl. Bestimmungen u. den einschlag. Verordnungen, bearb. v. Frdr. Frhr. v. Neubronn. (IX u. S. 455—797, nebst Register VII S.) n. 10. —; geb. n.n. 11. 50; auf Schreibpap. n. 13. —; geb. n.n. 15. —
6. Gesetze u. Verordnungen über Gerichtsverfassung, Rechtsanwaltschaft, Gerichtskosten, Gebühren. Bearb. v. Edm. Kamm u. Max Heinsheimer. (XV, 492 S.) n. 6. —; geb. n.n. 7. 40; auf Schreibpap. n. 7. 50; geb. n.n. 9. —

— neue, und Verordnungen für das Königreich Bayern. 1. Bdchn. Justiz-Gesetze und Verordnungen von 1856/57 nebst Erläuterungen u. Citaten hiezu. (3 Liefgn.) München 857, 58. Franz. 8. (S. 1—288.) Jede Liefg. 12 ngr.

— **und Verordnungen**, neue, für das Königreich Bayern. 1. Bdchn. Gesetze, Verordnungen, Entschließungen rc. präjudiciellen Inhaltes [Jahrgg. 1856—1859] nebst Erläuterungen, Citaten u. Register. 3—6. Liefg. München 859—61. Franz. 8. (LXVI, S. 289—798.) Jede Liefg. 12 ngr.

—— dass. — 2. Bdchn. 1. Lfg.: Gesetze, Verordnungen, Entschließungen rc. präjudiciellen Inhaltes vom 1. Jan. 1860 bis 10. Juli 1861 nebst Erläuterungen und Citaten hiezu. 8. (S. 1—128.) Ebendas. 861.

—— und Verordnungen, neue, für das Königr. Bayern. 2. Bdchn. 2.—6. Lfg. und 3. Bdchn. 3 Lfgn. 8. (2. Bd. LXX und S. 129—688 und 3. Bd. 384 S.) München 862,63, Franz'sche Buchh. à Lfg. 12 Ngr.
1. Bdchn. und 2. Bdchn. 1. Lfg. Ebendas. 1857—61. * 2 Thlr. 24 Ngr.

— — 2. Bdchn. Gesetze, Verordnungen, Entschließungen rc. präjudiciellen Inhaltes vom 1. Janr. 1860—28. Mai 1862. 6 Liefgn. nebst Erläuterungen u. Citaten hiezu. Ebend. 862, 63. 8. (LXX, 688 S.) Jede Liefg. 12 ngr.

— — 3. Bdchn. 1—3. Liefg. Verordnungen, Vollzugs-Vorschriften rc. vom 28. Mai bis 12. Juni 1862. Ebend. 863. 8. (S 1—384.) Jede Liefg. 12 ngr.

Justizgesetze, die neuen, für das Großherzogth. Baden. Amtliche Ausg. I—III. gr. 8. Karlsruhe, Müller'sche Hofbuchh. *
Inhalt:
Abthl. I. Strafprozeßordnung. (XVII und 174 S.) 864. * 15 Ngr.
„ II. Prozeß-Ordnung in bürgerlichen Rechtsstreitigkeiten. (XXVII und 340 S.) 864. * 24 Ngr.
„ III. Gerichtsverfassung. Anwaltsordnung. Strafverfahren. Polizeistrafgesetzbuch. Gerichtsbarkeit und Verfahren in Polizeistrafsachen. Verwaltung der freiwill. Gerichtsbarkeit, Notariat. Gerichtliche Sportel- und Stempelordnung. Mit den dazu gehör. Verordnungen. Verordnungen über das Verfahren in Steuer- und Zollstrafsachen und in Forststrafsachen. (IV und 317 S.) 865. * 22 Ngr.

—— die neuen, des Deutschen Reichs, als: Gerichtsverfassungs-Gesetz, Strafprozeß-Ordnung, Civilprozeß-Ordnung, Konkurs-Ordnung, nebst den Einführungsgesetzen. Vollständig mit Anmerkungen und Erläuterungen von einem prakt. Juristen, nebst einem ausführl. Wortregister. 1. und 2. Aufl. gr. 8. (V, 452 S.) Berlin 879, Burmester und Stempell. cart. *

—— die neuen, des Deutschen Reichs, als: Gerichtsverfassungs-gesetz, Strafproceß-Ordnung, Civilproceß-Ordnung, Konkurs-Ordnung, nebst den Einführungsgesetzen. Vollständig mit Anmerkungen und Erläuterungen von einem prakt. Juristen, nebst einem ausführl. Wortregister. 3. Aufl. gr. 8. (V, 452 S.) Berlin 880, Burmester und Stempell. cart. *

Justiz-Gesetze, österreichische. Sammlung der vom 1. Janr. 1856 an publicirten Gesetze in Justizsachen. Mit chronologischen, alphabetischen u. Materien-Registern. 1. u. 2. Bd. 1. Janr. 1856 bis 31. Decbr. 1859. Wien 860. Tendler & Co. 16. (IV, 1036 S.) n. 2⅓ ℳ

Justizgesetze, Österreichische: s.a. G e l l e r, Leo, Gesetze Österreichische

Justizgesetze, Oesterr., mit Erläuterungen aus der Rechtsprechung. 4. durchgesehene und erheblich vermehrte Auflage. Herausgegeben von Dr. Leo Geller. Band I. Verfassungs- und Staatsgrundgesetze. Allgem. bürgerl. Gesetzbuch sammt einschl. Novellen. 8. (1098 S.) Wien: Perles 1892 4.40

Justizgesetze, Oesterreichische. Mit Erläuterung aus der Rechtsprechung und Einleitungen von Doctor Leo Geller. V. Bd. 4. durchgesehene u. erheblich vermehrte Auflage. (Mittlere Ausgabe.) 8. (VIII, 828 S.) 4.40, in Halbfranzband 5.—
— — VI. Bd. 4 durchgesehene und erheblich vermehrte Auflage. (Mittlere Ausgabe.) 8. (VIII, 545 S.) 3.40, in Halbfrzbd. Wien: Perles 1894?

Justizgesetze, Oesterreichische. Mit Erläuterungen aus der Oberstgerichtlichen Rechtsprechung von Dr. Leo Geller, Hof- und Gerichts Advocat. 5. vollständig neu bearbeitete und wesentlich vermehrte Auflage. Grosse Pracht-Ausgabe. Lieferung 3. Lex.-8. (S. 209—304) 1897 1.20

Justizgesetze, Oesterreichische. Mit Erläuterungen aus der Rechtsprechung von Dr. Leo Geller, Hof- und Gerichts-Advocat. 5. vollständig neu bearbeitete und wesentlich vermehrte Auflage. Grosse Ausgabe. Lfrg. 4. Lex.-8. (S. 305—400) 1897 1.20

Justizgesetze, Oesterreichische. Mit Erläuterungen aus der Rechtsprechung und Einleitungen von Dr. Leo Geller, Hof- und Gerichts-Advocat. 5., vermehrte und verbesserte Auflage. Grosse Ausgabe. Lfrg. 5. Lex.-8. (S. 401—496) Wien: Perles 1897 1.20

Justizgesetze, Oesterreichische. Mit Erläuterungen aus der Rechtsprechung und Einleitungen von Dr. Leo Geller, Hof- und Gerichts-Advocat. 5., vermehrte und verbesserte Auflage. Grosse Ausgabe. Lfrg. 6. Lex.-8. (S. 497—592) Wien: Perles 1897 1.20

Justizgesetze, Oesterreichische. Mit Erläuterungen aus der oberstgerichtlichen Rechtssprechung von Dr. Leo Geller. 5., vollständig neu bearbeitete und vermehrte Auflage. Grosse Pracht-Ausgabe. 7. Lieferung. Lex.-8. (S. 593 bis 688) 1898 1.20

Justizgesetze, Oesterreichische. Mit Erläuterungen aus der oberstgerichtlichen Rechtssprechung von Dr. Leo Geller, Hof- und Gerichts-Advocat. 5. vollständig neu bearbeitete und wesentlich vermehrte Auflage. Grosse Pracht-Ausgabe. 8. Lieferung. Lex.-8. (S. 689—784) 1898 1.20

Justizgesetze, Oesterreichische. Mit Erläuterungen aus der Rechtssprechung und Einleitungen von Dr. Leo Geller, Hof- und Gerichts-Advocat. 5. vollständig neu bearbeitete und vermehrte Auflage. Grosse Ausgabe. Lieferung 9. Lex.-8. (S. 785—854, Register VIII S. Allgemeine Wechselordnung. 12 S.) 1898 1.20

Justiz-Gesetze, Oesterreichische. (Mittlere Ausgaben IV, I.) Civilprocessordnung, Jurisdictionsnorm und Advocatenordnung, nebst Einführungs-Gesetzen und Durchführungs-Verordnungen. Mit Erläuterungen aus den Materialien der Fragen-Beantwortung des Justiz-Ministeriums und der Rechtsprechung. Von Dr. Leo Geller. Dritte, neu bearbeitete und ergänzte Auflage. 8. (XXIII, 775 S.) 3.40 Eleg. geb. Wien. Perles 1898. 4.—

Geller, Dr. Leo, Oesterreichische Justiz-Gesetze. Pracht-Ausgabe. Band I. Verfassungs- und Staatsgrundgesetze. Allgemeines bürgerliches Gesetzbuch sammt einschlägigen Novellen. Mit Erläuterungen aus der Rechtsprechung, Einleitungen und Literatur-Gesetzgebung. Fünfte, neu bearbeitete und erheblich vermehrte Auflage. Lex.-8. (XI, 853 S.) 10.—
— — Elegant in Halbfranz geb. 11.—
Wien: Perles 1898.

Justizgesetze, Oesterreichische. Mit Erläuterungen von Dr. Leo Geller. 5. Auflage. Grosse Pracht-Ausgabe. Lex.-8. Lieferung 9. (I. Abthlg. 2. Bd. S. 13—108) 1898 1.20

Geller, L., Österreichische Justizgesetze. 5. Bd. 2. Abt. Sonderstrafgesetze und strafrechtliche Nebengesetze. [Österr. Gesetze. 1. Abt.] 8°. (X, 620 S.) K 7.—, geb. K 8.20
Wien: Perles 1905.

Justizgesetze, preußische, zu den deutschen Reichs-Justizgesetzen. Enthaltend: 1. Ausführende Gesetze zum deutschen Gerichtsverfassungsgesetze und zur deutschen Konkursordnung; 2. Ausführende Gesetze zur deutschen Civilproceßordnung und deutschen Strafproceßordnung, sowie zum deutschen Gerichtskostengesetze; 3. Schiedsmannsordnung und Hinterlegungsordnung. Mit Erläuterungen und Sachregister. gr. 8. (166 S.) Neuwied 882. Heuser's Verlag.

Justizgesetze für das deutsche Reich. — Königl. Sächs. Ausführungsgesetze zu den Justizgesetzen für das deutsche Reich. Textausgabe m. Erltgn. Leipzig.

Justizgesetze, die, für das Deutsche Reich. [1. Gerichtsverfassungs-Gesetz. — 2. Die Civilprozeß-Ordnung. — 3. Die Strafprozeß-Ordnung. — 4. Die Konkurs-Ordnung.] Text-Ausg. m. Sachregister. 1—3. Aufl. 8. (60, 238, 134 u. 64 S.) Berlin 877. C. Heymann's Verl. cart. n. 3. —

Justizgesetze, die, für das Deutsche Reich. [1. Gerichtsverfassungs-Gesetz. — 2. Civilprozeß-Ordnung. — 3. Strafprozeß-Ordnung. — 4. Konkurs-Ordnung.] Text-Ausg. m. Sachregister. 8. (III, 49; V, 210; IV, 123 u. III, 63 S.) Darmstadt 877. Jonghaus. n. 2. 50; geb. n. 3. —

— dasselbe. Nebst Einführungs-Gesetzen u. ausführlichen Sachregistern. 8. Berlin 877. Kortkampf. In 1 Bd. geb. n. 6. —; einzeln cart. n. 6. —

1. Civilprozeß-Ordnung. Vom 30. Jan. 1877. (X, 246 S.) n. 2. —
2. Gerichts-Verfassungs-Gesetz. Vom 27. Jan. 1877. (VI, 67 S.) n. 1. —
3. Konkurs-Ordnung. Vom 10. Febr. 1877. (IV, 68 S.) n. 1. —
4. Strafprozeß-Ordnung. Vom 1. Febr. 1877. (VIII, 149 S.) n. 2. —

— dasselbe. Mit ausführl. Sachregister, hrsg. v. der Red. des deutschen Rechtsbuchs. Volks-Ausg. gr. 8. (VII, 304 S.) Berlin 877. C. Pfeiffer. 3. —

— dasselbe. Mit Einleitung, Paragraphenüberschriften, Anmerkungen u. Sachregister. I—IV. 8. Dresden 877. Meinhold & Söhne. n. 5. 40

I. Gerichtsverfassungsgesetz nebst Einführungsgesetz. Von Thdr. Siebdrat. (VIII, 71 S.) n. — 80
II. Civilprozeßordnung nebst Einführungsgesetz. Von J. Richter. (XV, 272 S.) n. 2. —
III. Strafprozeßordnung nebst Einführungsgesetz. Von Thdr. Siebdrat. (XI, 153 S.) 1. 80
IV. Konkursordnung nebst Einführungsgesetz. Bearb. von C. Rud. Boost. (X, 80 S.) n. — 80

— dass. — Text-Ausg. mit Inhalts-Verzeichniß und Sachregister. 4 Bde. gr. 16. [Köln und Neuß 877.] Düsseldorf, Schwann. cart. in 1 Bd. *M. 3.; geb. *

Inhalt:
Bd. 1. Das Gerichtsverfassungsgesetz. (78 S.)
„ 2. Die Civilprozeßordnung. (282 S.)
„ 3. Die Strafprozeßordnung. (176 S.)
„ 4. Die Konkursordnung. (98 S.)

— dasselbe. I. Civilrecht. Gerichtsverfassungsgesetz. — Civilprozeßordnung. — Konkursordnung. Mit Inhaltsangaben über die einzelnen Paragraphen u. vollständ. Sachregistern, bearb. v. Justizbeamten. 8. (68, 286 u. 74 S.) Leipzig 877. Roßberg. geb. n. 2. 50

— dass. — Mit Erläuterungen von Th. Hauck, H. G. A. Hullmann, H. Marquardsen, L. Seuffert. 1.—20. Lfg. oder 1.—3. Bd. gr. 8. Nördlingen, Beck'sche Buchh. *

Inhalt:
Lfg. 1. 2. 5. 6. 8. 10. 12. 13. 15. 18. 19. (1. Bd.) Civilprozeßordnung vom 30. Jan. 1877 nebst dem Einführungsgesetze erläutert von Loth. Seuffert. 11 Lfgn. [1.—9. Lfg. (II, S. 1—720.) 877,78. à Lfg. *M. 1,40.; 10. und 11. Lfg. (XXXVI, S. 721—912.) 879. *M. 3,40.; compl. *M. 16.]
„ 3. 7. 9. 14. 16. (2. Bd.) Konkursordnung vom 10. Febr. 1877 nebst dem Einführungsgesetze erläutert von Aug. Hullmann. 5 Lfgn. (VIII, 388 S.) 877,78. à Lfg. *M. 1,40.; compl. *M. 7.
„ 4. 11. 17. 20. (3. Bd.) Gerichtsverfassungsgesetz für das Deutsche Reich vom 27. Jan. 1877, nebst dem Ausführungsgesetze für das Königr. Bayern vom 23. Febr. 1879. Erläutert von Thom. Hauck. 4 Lfgn. [1. und 2. Lfg. (S. 1—160.) 877,78. à Lfg. *M. 1,40.; 3. Lfg. (S. 161—246.) 878. *M. 1,60.; 4. Lfg. (78 S.) 879. *M. 1,40.; compl. *M. 6.]

— dasselbe. [1. Das Gerichtsverfassungs-Gesetz. 2. Die Civilprozeß-Ordnung. 3. Die Strafprozeß-Ordnung. 4. Die Konkurs-Ordnung.] Text-Ausgabe mit Einführungsgesetzen, Inhalts-Verzeichnissen, Sachregistern u. den preußischen Ausführungsgesetzen. gr. 16. (V, 108; VIII, 300; VII, 176 u. V, 116 S.) Düsseldorf 879. Schwann. cart. n. 3. —

Justizgesetze, die, für das Deutsche Reich. 1. und 2. Bd. 8. Leipzig 879, Roßberg'sche Buchh. geb. *

Inhalt:
Bd. 1. Gerichtsverfassungsgesetz. Civilprozeßordnung mit dem Gesetz, betr. die Anfechtung von Rechtshandlungen außerhalb des Konkursverfahrens. Strafprozeßordnung. Konkursordnung. Mit ausführl. Sachregistern. 1. Aufl. (68, 286, 74 S.) 1877. geb. *M. 2,50.; 2. Aufl. (III, 68; IV, 295; IV, 166; III, 76 S.) *M. 3.50.
„ 2. Rechtsanwaltordnung. Gebührenordnung für Rechtsanwälte. Gerichtskostengesetz, nebst Gebührenordnung für Gerichtsvollzieher und Gebührenordnung für Zeugen und Sachverständige. (III, 36; III, 52; III, 78 S.) *M. 2,20.

Justizgesetze, die, für das Deutsche Reich. Gerichtsverfassungs-Gesetz, Civilprozeß-Ordnung, Strafprozeß-Ordnung und Konkurs-Ordnung. Amtl. Ausg. mit französ. Uebersetzung. 8. (122, 450, 273, 139 S.) Straßburg 879, Schultz und Comp. *M. 10.; cart. *

Justizgesetze für das Deutsche Reich. — Lois de justice pour l'Empire d'Allemagne. (Deutsch und französisch, amtlich autorisirte Ausgabe.) Strassburg i. E. 879.

1. Das Gerichtsverfassungs-Gesetz, vom 27. Januar 1877. — Loi sur l'organisation judiciaire, du 27 janvier 1877.
2. Die Civilprozessordnung, vom 30. Januar 1877. — Code de procédure civile, du 30 janvier 1877.
3. Die Strafprozessordnung, vom 1. Februar 1877. — Code de procédure criminelle, du 1 février 1877.
4. Die Konkursordnung, vom 10. Februar 1877. — Code des faillites, du 10 février 1877.

— — die, für das Deutsche Reich. [I. Gerichtsverfassungsgesetz. II. Civilproceßordnung. III. Strafproceßordnung. IV. Konkursordnung.] Text-Ausg. mit Einführungsgesetzen, preuß. Ausführungsgesetzen, Anmerkungen, Parallelstellen und Sachregistern. Nebst Anhang. 12. (VI, 56; VI, 151; V, 90; IV, 62; Anhang 117 S.) Düsseldorf 880, Schwann'sche Verlagsh. geb. *

Justiz-Gesetze, die, f. das Königr. Sachsen, s.a. Handbibliothek, Leipziger, jurist.

Justiz-Gesetze, die, für das Königr. Sachsen. Enth. die das Privat- und Strafrecht betr. Reichs- und Landesgesetze, sowie die damit in Verbindung stehenden Verordnungen. Neue Folge. 1. Bd. Das J. 1874 enth. Mit einem Inhaltsverzeichniß und Sachregister. 8. (XII, 204 S.) Leipzig 875, Roßberg'sche Buchh. * 1 50

— — die, für das Königr. Sachsen. Enth. die das Privat- und Strafrecht betr. Reichs- und Landesgesetze, sowie die damit in Verbindung steh. Verordnungen. Neue Folge. 2. Bd.: Das J. 1875 enth. Mit Inhaltsverzeichniß und einem Sachregister. 8. (VIII, 196 S.) Leipzig 876, Roßberg'sche Buchh. *

— — dass. — Neue Folge. 3. Bd.: Die J. 1876 und 1877 enth. Mit Inhaltsverzeichniß und Sachregister. 8. (VIII, 190 S.) Ebendas. 878. *

— — dass. — Neue Folge. 4. Bd.: Das J. 1878 enth. Mit Inhaltsverzeichniß und Sachregister. 8. (VIII, 134 S.) Ebendas. 879. *

1. Bd. Ebendas. 1875. *M. 1,50.

— — die, für das Königr. Sachsen. Enthaltend die das Privat- und Strafrecht betr. Reichs- und Landesgesetze, sowie die damit in Verbindung stehenden Verordnungen. Neue Folge. 5. Bd.: Das Jahr 1879 enthaltend. Mit Inhaltsverzeichniß und Sachregister. 8. (VIII, 118 S.) Leipzig 880, Roßberg'sche Buchh. * 1 50

— — dass. — Neue Folge. 6. Bd.: Das J. 1880 enthaltend.

Justizgesetze, die, für das Königr. Sachsen. Enth. die das Privat- u. Strafrecht betr. Reichs- u. Landesgesetze, sowie die damit in Verbindung stehenden Verordnungen. Neue Folge. 6. Bd. Das J. 1880 enth. Mit einem Inhaltsverzeichniß u. Sachregister. 8. (VII, 215 S.) Leipzig 881. Roßberg. n. 1. 80

— dasselbe. Neue Folge. 7. Bd. Das J. 1881 enth. Mit Inhaltsverzeichniß u. Sachregister. 8. (VIII, 172 S.) Ebend. 882. n. 1. 80

Justiz-Gesetze, die, f. das Königr. Sachsen. Enth. die das Privat- u. Strafrecht betr. Reichs- u. Landesgesetze, sowie die damit in Verbindg. steh. Verordngn. Neue Folge 8. Bd. Das J. 1882 enth. Mit Inhaltsverzeichniß u. Sachregister. 8. (VIII, 246 S.) Leipzig 883. Roßberg. n. 2. 50

— dasselbe. Neue Folge. 9. Bd. Das J. 1883 enth. Mit Inhaltsverzeichniß u. Sachregister. 8. (IV, 170 S.) Leipzig 884. Roßberg. n. 1. 80

Justiz-Gesetze, die, f. das Königr Sachsen. Enth die das Privat- u. Strafrecht betr. Reichs- u Landesgesetze, sowie die damit in Verbindg. steh. Verordngn. Neue Folge. 10. Bd. Das J. 1884 enth. Mit Inhaltsverzeichniß u. Sachregister zu den Bdn. 1—10 u. den Gesetzen u. Verordngn. zur Ausführg. der Reichsjustizgesetze. Abth. 1 u. 2. 8. (VIII, 280 S.) Leipzig 885. Roßberg. n. 2. 70; Einb. n.n. — 30

— dasselbe Neue Folge. 11. Bd. Das J. 1885 enth. Mit Inhaltsverzeichniß u. Sachregister. 8. (VII, 121 S.) Ebend. 886. n. 1. 50; Einbd. n.n. — 30

Justiz-Gesetze, die, f. das Königr. Sachsen. Enth. die das Privat- u. Strafrecht betr. Reichs- u. Landesgesetze, sowie die damit in Verbindg. steh. Verordngn. Neue Folge. 12. Bd. Das J. 1886 enth. Mit Inhaltsverzeichniß u. Sachregister. 8. (VI, 108 S.) Leipzig 887. Roßberg. n. 1. 50; geb. n.n. 1. 80

— dasselbe. Neue Folge. 13. Bd. Das J. 1887 enth. Mit Inhaltsverzeichniß u. Sachregister. 8. (IV, 106 S.) Ebd. 888. n. 1. 50; geb. n.n. 1. 80

— dasselbe. Neue Folge. 14. Bd. 2 Abthlgn. Das Jahr 1889 enth. 8. (VI, 194 S.) Ebd. 890. n. 2. 40; geb. n. 2. 70

Justiz-Gesetze, die, f. das Königr. Sachsen. Enth. die das Privat- u. Strafrecht betr. Reichs- u. Landesgesetze, sowie die damit in Verbindg. steh. Verordngn. Neue Folge. 15. Bd. Das J. 1890 enth. 8. (V, 146 S.) Leipzig 891. Roßberg. n. 2. —; kart. n.n. 2. 30

— dasselbe. Neue Folge. 16. Bd. Das J. 1891 enth. 8. (VI, 222 S.) Ebd. 892. n. 2. 70; kart. n.n. 3. —

— dasselbe. Neue Folge. 17. Bd. Das J. 1892 enth. Mit Inhaltsverzeichniß u. Sachregister. 8. (VII, 129; III, 54; III, 38; IV, 51; IV, 61 u. VIII S.) Ebd. 893. n. 3. —; kart. n.n. 3 40

— dasselbe. Neue Folge 18. Bd. Das J. 1893 enth. Mit Inhaltsverzeichniß u. Sachregister. 8 (VI, 121 S.) Ebd. 894. n. 1. 80; kart. n.n. 2. 10

Justiz-Gesetze, die, f. d. Königr. Sachsen. Enth. d. d. Privat- u. Strafrecht betr. Reichs- u. Landesgesetze, sow. d. damit in Verbindg. steh. Verordngn. Neue Folge. 19. Bd. D. J. 1894 enth. M. Inhaltsverzeichniß u. Sachreg. 8. (VI, 236 S.) Leipzig 895. Roßberg. n. 3. —; kart. n. 3. 40

— dasselbe. Neue Folge. 20. Bd. Das J. 1895 enth. M. Inhaltsverzeichn. u. Sachreg. 8. (VI, 211 S.) Ebd. 896. n. 3. —; kart. n. 3. 40

— dasselbe. Neue [illegible] D. J. 1896 enth. M. Inhaltsverzeichniß u [illegible] reg. 8. (VI, 158 S.) Ebd. 897. n. 2. —; kart. n. 2. 30

— dasselbe. Neue Folge. 22. Bd. D. J. 1897 enth. M. Inhaltsverzeichniß u. Sachreg. 8. (IV, 124 S.) Ebd. 898. n. 1. 80; kart. n. 2. 10

Justizgesetzgebung, die, des Königr. Hannover, s. a Leonhardt.

Justizgesetzgebung, die, des Königr. Hannover. Unter besond. Berücksicht. der Regierungs- und ständischen Motive zum pract. Gebrauche hrsg. von Adph. Leonhardt. 1—3. Bd. gr. 8. (VI und 961 S.) Hannover 851—52, Helwingsche Hofbuchh. * 5

Justizgesetzgebung, die, des Königreichs Hannover. Unter Berücksichtigung der Regierungs- und ständischen Motive zum pract. Gebrauche hrsg. von A. Leonhardt. 1. Bd. 2., verm. und verb. Aufl. A. u. d. T.: Die Strafproceßordnung und deren Nebengesetze. 2., verm. und verb. Aufl. gr. 8. (IX und 424 S.) Hannover 853, Helwing'sche Hofbuchh. *

—— dass. — 2. Bd. 2., verm. und verb. Aufl. A. u. d. T.: Die bürgerliche Proceßordnung und deren Nebengesetze. 2., verm. und verb. Aufl. gr. 8. (VII und 552 S.) Ebds. 853. *

—— dass. — hrsg. von A. Leonhardt. 3. Bd. 2., verm. und verb. Aufl. A. u. d. T.: Das Gerichtsverfassungsgesetz und dessen Nebengesetze. 2., verm. und verb. Aufl. gr. 8. (V und 310 S.) Ebds. 853. *

Justizgesetzgebung, die, des Königr. Hannover. Unter besond. Berücksicht. der Regierungs- und ständ. Motive zum pract. Gebrauche hrsg. von A. Leonhardt. 1. Bd. 3. Aufl. A. u. d. T.: Die Strafproceßordnung und deren Nebengesetze. 3. Aufl. gr. 8. (III und 514 S.) Hannover 859, Helwing'sche Hofbuchh. *

—— dass. — 2. Bd. 3. Aufl. A. u. d. T.: Die bürgerliche Proceßordnung und deren Nebengesetze. 3. Aufl. gr. 8. (XXIX und 710 S.) Ebendas. 861. *

—— dass. — 3. Bd. 3. Aufl. A. u. d. T.: Das Criminalgesetzbuch und dessen Nebengesetze. Für den prakt. Gebrauch zusammengestellt und erläut. 3. Aufl. gr. 8. (XXIII und 296 S.) Ebendas. 860. *

Justiz-Gesetzgebung für die neuen preussischen Landestheile. Taschen-Ausg. 16. (104 S.) Berlin 868, C. Heymann's Verlag. * 1 20

Justizgesetzgebung, d. neue, d. Königreichs Würtemberg. Amtliche Handausgabe. 6 Bde. Stuttgart 869—80.
I. Gerichtsverfassung.
II. Civilprozessordnung.
III. Strafprozessordnung.
IV. Reichs- u. Landesgesetze.
V. VI. " " "

—— die neue, des Königr. Württemberg. Amtliche Handausg. 1.—4. Bd. und 5. Bd. 1. Abthl. gr. 8. Stuttgart, Metzler's Verlag. * 35 25

Inhalt:
Bd. 1. Gerichtsverfassung. Mit alphabet. Sachregister. (XXXV, 343 S.) 871. * M. 4,40.
" 2. Civilprozeß-Ordnung. 3 Abthlgn. Mit alphabet. Sachregister. (VIII, 749 S.) 869. * M. 12.
Jede Abthl. der Civilprozeßordnung auch einzeln unter folgenden Titeln:
Abthl. 1. Civilprozeßgesetz. Nebst alphabet. Sachregister zur 1. und 2. Abthl. (Gesetz und Commissionsberichte.) * M. 3,80.
" 2. Commissionsberichte. * M. 6,40.
" 3. Die Motive. (III, 259 S.) * M. 2,80.
" 3. Strafprozeßordnung. 3 Abthlgn. mit alphabet. Sachregister. (148; 528 S.) 868. * M. 10.
Jede Abthl. der Strafprozeßordnung auch einzeln unter folgenden Titeln:
Abthl. 1. Strafprozeßgesetz. Nebst alphabet. Sachregister zur 1. und 2. Abthl. (Gesetz und Commissionsberichte.) * M. 3,20.
" 2. Commissionsberichte. * M. 7,20.
" 3. Die Motive. (IV, 71 S.) * 85 Pf.
Bd. 4. Reichs- und Landesgesetze nebst Motiven und Commissionsberichten, Vollzugs- und weitere Verfügungen. (V, 444 S.) 872. * M. 5,40.
" 5. 1. Abthl. Reichs- und Landesgesetze nebst Motiven und Commissionsberichten, Verordnungen, Vollzugs- und weiteren Verfügungen. (V, 268 S.) 874. * M. 4.

—— die neue, im Königr. Württemberg. Amtl. Handausg. 5. Bd. 2. Thl. und 6. Bd. 1. und 2. Thl. gr. 8. Stuttgart 876, Metzler'sche Verlagsh. *

Inhalt:
Bd. 5. Reichs- und Landesgesetze nebst Motiven und Commissionsberichten, Verordnungen, Vollzugs- und weitere Verfügungen. 2. Thl. (S. 269—780.) * M. 7.
" 6. Gesetze, nebst Motiven und Commissionsberichten, Verordnungen, Vollzugs- und weitere Verfügungen. 1. und 2. Thl. [1. Thl. (S. 1—484.) * M. 6.; 2. Thl. (S. 485—1060.) * M. 7.]
1.—4. Bd. und 5. Bd. 1. Thl. Ebendas. 1868—74. * M. 35,80.

Justizgesetzgebung, die, des Deutschen Reichs. Hrsg. von v. Sarwey und G. Thilo. 1. Abthl. 4 Bde. und 2. Abthl. 3 Bde. gr. 8. Berlin, C. Heymann's Verlag. *
geb. in 4 Halbfrzbde. **

Inhalt:

Abthl. 1. Bd. 1. Die Konkurs-Ordnung für das Deutsche Reich vom 10. Febr. 1877. Bearb. von v. Sarwey. (LVI, 606 S.) 879. *M 18.; geb. **M 19,50.
" 2. Die Strafprozeß-Ordnung für das Deutsche Reich vom 1. Febr. 1877. Bearb. von G. Thilo. (XXIII, 605 S.) 878. *M 12.; geb. **M 13,50.
" 3. Die Civilprozeß-Ordnung für das Deutsche Reich vom 30. Jan. 1877. Bearb. von v. Sarwey. 2 Thle. (XXXVIII, 739; IV, 462 S.) 879. *M 22.50.; geb. **M 24.
" 4. Das Gerichtsverfassungsgesetz für das Deutsche Reich, nebst Einführungsgesetz vom 27. Jan. 1877. Erläutert von G. Thilo. (XIV, 312 S.) 879. *M 6,50.; geb. **M 8.
" 2. " 1. Die Rechtsanwalts-Ordnung vom 1. Juli 1878. Erläutert von Fr. Meyer. (XII, 150 S.) 879. *M 3,50.
" 2. Das deutsche Gerichtskostenwesen, enth. das Gerichtskostengesetz vom 18. Juni 1878, die Gebührenordnung für Zeugen und Sachverständige vom 30. Juni 1878, die Gebührenordnung für Gerichtsvollzieher vom 24. Juni 1878. Für den prakt. Gebrauch bearb. von Carl Pfafferoth. 1. und 2. unveränd. Aufl. (VII, 185 S.) 878,79. *M 4.; geb. **M 5.
" 3. Die Gebühren-Ordnung für Rechtsanwälte vom 7. Juli 1879. Erläutert von Fr. Meyer. (X, 127 S.) 879. *M 3.

Justizgreuel (Die) von Barcelona. Dokumentarisch belegter Bericht über die Anwendung der Tortur im heutigen Spanien. 2. Aufl. 8°. Berlin, Wilh. Spohr, 1897.

Justizjuristen u. höh. Lehrer in Sachsen. (7 S.) Lex. 8. Leipzig 910. Dresden, C. A. Koch. — 30
Sonderabdruck aus: „Korr.-Bl. f. d. akad. gebild. Lehrerstand."

Justiz-Katechismus f. Unter-Bediente d. Landes-Justiz-Collegien. 8. Berlin 806, (Nauck.)

Justiz-Catechismus für Unterbediente der Landes-Justiz-Collegien. Berlin 1806.

– [Dasselbe.] Berlin: Decker 1818.

JUSTIZKODEX. –. Bearb. von Dr. Ignaz de Luca . . . Schmidtbauer u. Co., Wien . . . 1793-1821. 1.–10 Bd.

Justizcommissar, der kleine. Eine Anweisung die am häufigsten vorkommenden Prozeß-Arten ohne Hülfe eines Rechts-Anwaltes zu führen nebst Angabe der betr. Gesetzesstellen und Beifügung der nöthigen Klageformulare. gr. 8. (47 S.) Berlin 868, Mecklenburg. — 40

Justiz-Commissar, der neueste, f. d. kgl. preuß. Lande, od. deutliche Anweisung, Schuldforderungen jeder Art ohne Beiziehung eines Rechtsgelehrten einzuklagen, nebst den nöthigen Belehrungen üb. die verschiedenen Prozeßarten, Rechtsmittel u. Rechtswohlthaten, das neue Verjährungsgesetz u. die Beweiskraft der Handlungsbücher. 2., verb. Aufl. gr. 8. (1 B.) Halberstadt 845, Lindequist u. Schönrock.

—— der preuß., od. prakt. Handbuch f. Geschäftsmänner u. Kapitalisten bei Einziehung ihrer Forderungen im gerichtl. Wege, mit Rücks. auf die neuern gesetzl. Vorschriften: nebst Erläuterungen u. Formulare zu Klagen, Executions-Gesuchen u. Liquidations-Libellen. 1. u. 2. Aufl. gr. 8. (à 4½ B.) Breslau 843, Freund. Thlr. à -

Justiz-Kommissar, der preußische, oder prakt. Handbuch für Geschäftsmänner und Kapitalisten, namentlich: Kaufleute, Fabrikanten, Apotheker, Handelsleute, Professionisten u. Hausbesitzer, bei Einziehung ihrer Forderungen im gerichtl. Wege, mit Rücksicht auf die neuern gesetzl. Vorschriften; nebst Erläuterungen u. Formularen zu Klagen, Executions-Gesuchen u. Liquidations-Libellen. gr. 8. Breslau 843, Freund. ¼ ℔ — 2. Aufl. gr. 8. Ebend. 843. ¼ ℔ — 3. verb. Aufl. gr. 8. Ebend. 846, Trewendt. ¼ ℔

Justiz-Minister, der königl. sächsische, und § 2 der Landes-Verfassung. gr. 8. (12 S.) Dresden 870, G. Dietze. * — 30

Justizministerialblatt von 1867—77.

Justizministerialblatt f. das Königr. Bayern. Amtlich hrsg. vom k. Staatsministerium der Justiz. München. Jährl.

Justizministerialblatt f. das Königr. Bayern. Amtl. hrsg. vom k. Staatsministerium der Justiz. Jahrg. 1871—1876 à (ca 36 Nrn.) (½ B.) gr. 8. München (Kaiser.) à Jahrg. n. 4. 50

Justizministerialblatt für das Königr. Bayern. Amtlich hrsg. vom k. Staatsministerium der Justiz. Jahrg. 1877—1879. gr. 8. (à Nr. ca. ¾ B.) München, (Kaiser). à Jahrg. n.n. 4. —

— dasselbe. Jahrg. 1880—1882. gr. 8. (à Nr. ca. 1¼ B.) Ebend. à Jahrg. n.n. 6. —

Justizministerialblatt f. das Königr. Bayern. Amtlich hrsg. vom k. Staatsministerium der Justiz. Jahrg. 1883—1886. gr. 8. (Nr. 1. ¾ B.) München, (Kaiser). à Jahrg. n.n. 6. —

Justizministerialblatt f. das Königr. Bayern. Amtlich hrsg. vom k. Staatsministerium der Justiz. Jahrg. 1887—1890. à ca. 36 Nrn. gr. 8. München, (Kaiser). à Jahrg. n.n. 6. —

Justizministerialblatt f. d. Königr. Bayern. Amtlich hrsg. vom k. Staatsministerium der Justiz. Jahrg. 1891—1893. gr. 8. München, (Th. Ackermann). à Jahrg. n.n. 6. —
Erscheint in zwanglosen Nummern.

Justizministerialblatt f. d. Königr. Bayern. Amtl. hrsg. v. k. Staatsministerium d. Justiz. Jahrg. 1895—1898. gr. 8. (322; 404; 298 u. 704 S.) München (Th. Ackermann.) à Jahrg. n.n. 4. —

— dasselbe. Alphabet. Haupt-Sachregister zu Jahrg. 1863—1895 einschliesßl. 2. Aufl. Nach d. Stande der Gegenwart bearb. v. Hugo Huber. gr. 8. (III, 109 S.) München 896. J. Schweitzer, Verl. n. 3. —

Justizministerialblatt f. d. Königr. Bayern. Alphabetisches Haupt-Sachregister (Jahrg. 1902—1909 einschließlich), nach dem Stande der Gegenwart bearb. v. Hans Leichtenstern. (33 S.) gr. 8. München 910. J. Schweitzer Verl. 1. 20

Justiz-Ministerial-Blatt für die Preußische Gesetzgebung und Rechtspflege. Hrsg. im Bureau des Justizministeriums. Jg. 1—74. Berlin 1839—1912. 80 Bde
Hauptreg. zu Jg. 1839—43. 1844.
" " " 1844—48. 1849.
Reg. zu Jg. 1839—76. 1877.
" " " 1877—96. 1897.
" " " 1877—1911. 1912.
Sach-Reg. zu Jg. 1839—59. Hrsg. v. Rummelspacher. 1860.

— dass. Registerband, s.: Haupt-Register.

—— dass. — **Sach-Register, s. Rummelspacher.**

Justiz-Ministerial-Blatt f. d. preuß. Gesetzgebung u. Rechtspflege. Hrsg. im Bureau d. Justiz-Ministeriums z. Besten d. Justiz-Offizianten-Wittwen-Kasse. 1—4. Jahrg. 1839—42. [839. (60 Nrn. Bog.), 40—42. (à 52 Nrn. à ½—2 Bog.)] 4. Berlin, Heymann. à J. *

Justiz-Ministerial-Blatt f. d. preußische Gesetzgebung u. Rechtspflege. Hrsg. im Bureau des Justiz-Ministeriums zum Besten der Justiz-Offizianten-Wittwen-Kasse. 5—9. Jahrg. 1843—47. à 52 Nrn. (à 1/2—2 B.) 4. Berlin, Heymann. à J. *

—— dass. Haupt-Register zu den ersten 5 Jahrgängen. (1839—1843.) 4. (23 1/2 B.) Ebds. 843. *
1—4. Jahrg. 1839—42. Ebendas. à Jahrg. * 2 Thlr.

Justiz-Ministerial-Blatt für die preuß. Gesetzgebung und Rechtspflege. Hrsg. im Bureau des Justiz-Ministeriums. 10—14. Jahrg. 1848—52. à Jahrg. 52 Nrn. (Bog.) 4. Berlin, C. Heymann. à Jahrg. *

Justiz-Ministerial-Blatt für die preußische Gesetzgebung und Rechtspflege. Hrsg. im Bureau des Justiz-Ministeriums. 15—18. Jahrg. 1853—56. à Jahrg. 52 Nrn. (Bog.) 4. Berlin, Decker'sche geheime Ober-Hofbuchdr. à Jahrg. ** 2 —

Justiz-Ministerial-Blatt für die preußische Gesetzgebung und Rechtspflege. Hrsg. im Bureau des Justizministeriums. 19—23. Jahrg. 1857—61. à Jahrg. 52 Nrn. (à 1/2—3 Bog.) 4. Berlin, Decker'sche geheime Ober-Hofbuchdruckerei. à Jahrg. **

Justiz-Ministerial-Blatt für die preußische Gesetzgebung und Rechtspflege. Hrsg. im Bureau des Justiz-Ministeriums. 24.—29. Jahrg. 1862—67. à Jahrg. 52 Nrn. (à 1/2—3 Bog.) 4. Berlin, v. Decker'sche geheime Ober-Hofbuchdruckerei. à Jahrg. **

—— für die preußische Gesetzgebung und Rechtspflege. Hrsg. im Bureau des Justiz-Ministeriums. 30.—36. Jahrg. 1868—1874. à Jahrg. 52 Nrn. (à 1/2—3 Bog.) 4. Berlin, v. Decker'sche Geh. Ober-Hofbuchdr. à Jahrg. ** 6 —

—— für die preußische Gesetzgebung und Rechtspflege. Hrsg. im Bureau des Justiz-Ministeriums. 37.—41. Jahrg. 1875—1879. à Jahrg. 52 Nrn. (à 1/2—3 Bog.) 4. Berlin, v. Decker's Verlag. Jahrg. 1875 **
Jahrg. 1876—1879 à **

—— dass. — Register, umfassend die Jahrgänge 1839—1876. Im amtl. Auftrage hrsg. 4. (368 S.) Ebendas. 877. *

—— für die preußische Gesetzgebung und Rechtspflege. Hrsg. im Bureau des Justiz-Ministeriums. 42.—46. Jahrg. 1880—1884. à Jahrg. 52 Nrn. (à Nr. 1/2—3 Bog.) 4. Berlin, v. Decker's Verlag. à Jahrg. **

—— für die preußische Gesetzgebung und Rechtspflege. Hrsg. im Bureau des Justiz-Ministeriums. 47.—50. Jahrg. 1885—1888. à Jahrg. 52 Nrn. (à Nr. 1/4—2 Bog.) 4. Berlin, v. Decker's Verlag. à Jahrg. ** 6 —

—— für die preußische Gesetzgebung u. Rechtspflege. Hrsg. im Bureau d. Justiz-Ministeriums. 51.—54. Jahrg. 1889—1892. à Jahrg. 52 Nrn. (à Nr. 1/4—2 Bog.) 4. Berl., v. Decker. à Jahrg. ** 6 —

— für die preußische Gesetzgebung u. Rechtspflege. Hrsg. im Bureau d. Justiz-Ministeriums. 53.—56. Jahrg. 1891—1894. à 52 Nrn. (à 1/4—2 Bog.) 4. Berlin, R. v. Decker. à Jahrg. n.n. 6. —

— für d. preußische Gesetzgebg. u. Rechtspflege. Hrsg. im Bureau d. Justiz-Ministeriums. 57.—60. Jahrg 1895—1898. à 52 Nrn. (à ca. 4 S.) 4. Berlin, R. v. Decker. à Jahrg. n.n. 6. —

— dasselbe. Register, umf. d. Jahrgänge 1877—1896. I. amtl. Auftr. hrsg. gr. 4. (III, 165 S.) Ebd. 897. n. 6. —

Justiz-Ministerial-Blatt f. die preußische Gesetzgebung u. Rechtspflege. Hrsg. im Bureau des Justiz-Ministeriums. 61.—64. Jahrg. 1899—1902. à 52 Nrn. 4. (VIII, 24 u. 926; VIII, 20 u. 654; VIII, 20 u. 810 u. VI, 22 u. 306 S.) Berlin, R. v. Decker. à Jahrg. n.n. 6. —

Justiz-Ministerial-Blatt f. d. preuss. Gesetzgebg. u. Rechtspflege. Hrsg. im Bureau d. Justiz-Ministeriums. 62. Jahrg. 1900. 52 Nrn. 4. Berlin, R. v. Decker. 6. —

Justiz-Ministerial-Blatt f. d. preuss. Gesetzgebg. u. Rechtspflege. Hrsg. im Bureau d. Justiz-Ministeriums. 63. Jahrg. 1901. 52 Nrn. 4. Berlin, R. v. Decker. 6. —

Justiz-Ministerial-Blatt f. d. preuss. Gesetzgebg. u. Rechtspflege. Hrsg. im Bureau d. Justiz-Ministeriums. 64. Jahrg. 1902. 52 Nrn. 4. Berlin, R. v. Decker. 6. —

Justiz-Ministerial-Blatt f. die preußische Gesetzgebung u. Rechtspflege. Hrsg. im Bureau des Justiz-Ministeriums. 65.—68. Jahrg. 1903—1906 à 52 Nrn. (293, 332, 376 u. 571 S.) gr. 8. Berlin, R. v. Decker. à Jhrg. nn. 6. —

Justiz-Ministerial-Blatt f. d. preuss. Gesetzgebg. u. Rechtspflege. Hrsg. im Bureau d. Justiz-Ministeriums. 66. Jahrg. 1904. 52 Nrn. 4. Berlin, R. v. Decker. 6. —

Justiz-Ministerial-Blatt f. d preuss. Gesetzgebg. u. Rechtspflege. Hrsg. im Bureau d. Justiz-Ministeriums. 67. Jahrg. 1905. 52 Nrn. gr. 8. Berlin, R. v. Decker. 6. —

Justiz-Ministerial-Blatt f. d. preuss. Gesetzgebg. u. Rechtspflege. Hrsg. im Bureau d. Justiz-Ministeriums. 68. Jahrg. 1906. 52 Nrn. gr. 8. Berlin, R. v. Decker. 6. —

— f. die preußische Gesetzgebg. u. Rechtspflege. Hrsg. im Bureau des Justizministeriums. 69.—72. Jahrg. 1907—1910. à 52 Nrn. (VII, 619; VI, 425; VI, 396 u. VI, 439 S.) gr. 8. Berlin, R. v. Decker. à Jahrg. nn 6. —

Justiz-Ministerial-Blatt f. d. preuss. Gesetzgebg. u. Rechtspflege. Hrsg. im Bureau d. Justiz-Ministeriums. 69. Jahrg. 1907. 52 Nrn. gr. 8. Berlin, R. v. Decker. 6. —

Justiz-Ministerial-Blatt f. d. preuss. Gesetzgebg. u. Rechtspflege. Hrsg. im Bureau d. Justiz-Ministeriums. 70. Jahrg. 1908. 52 Nrn. gr. 8. Berlin, R. v. Decker. 6. —

Justiz-Ministerial-Blatt f. d. preuss. Gesetzgebg. u. Rechtspflege. Hrsg. im Bureau d. Justiz-Ministeriums. 71. Jahrg. 1909. 52 Nrn. gr. 8. Berlin, R. v. Decker. 6. —

Justiz-Ministerialblatt f. d. preuss. Gesetzgebg. u. Rechtspflege. Hrsg. im Bureau d. Justiz Ministeriums. 72. Jahrg. 1910. 52 Nrn. gr. 8. Berlin, R. v. Decker. 6. —

—— königlich sächsisches. Amtlich hrsg. vom Ministerium der Justiz. Redact.: Munz. 1. Jahrg. 1867. gr. 4. Dresden, Heinrich. *

—— königlich sächsisches. Amtlich hrsg. vom Ministerium der Justiz. Redact.: Munz. 2.—8. Jahrg. 1868—1874. à Jahrg. ca. 10 Nrn. gr. 4. Dresden, (Bach.) à Jahrg. ** 3 —

Justiz-Ministerial-Verfügung, die, vom 16. April 1845, beleuchtet von einem Unterrichter. gr. 8. (1 B.) Charlottenburg 845, Bauer.

Justizministerial-Verordnungen [1. Novbr. 1881] über das Verfahren in Wechselangelegenheiten u. über die Regelung des Handelsverfahrens in u. außer Streitsachen. gr. 8. (III, 47 S.) Budapest 882. Ráth. n. 1. 20

Justizministerium Mühler, das. Oder Rechtsverfassung, Rechtsverwaltung u. Rechtspflege in Preußen 1832—44. Rhapsodieen aus der Feder eines pract. Juristen. 8. (6 B.) Hamburg 845, Verlags-Comptoir. *

Justizmord u. Regierungsgräuel in Ungarn und Oesterreich, od. actenmäss. Leben u. Geschichte d. wegen Toleranz verfolgten Ungar. Edlen M. Raby von Raba und Mura. 2 Bde. *Strassburg*, (Schmidt in *Leipzig*.) 798. 8. (2 Thl.)

Justizmord u. Regierungsgreuel in Ungarn u. Oestreich od. actenmäß. Leben u. Gesch. der weg. Toleranz verfolgt. Ungr. Edlen M. Raby v. Raba u. Mura. 2 Bde. 8. Strasburg. (Wolf, Lpz.) 798.

— vom, ein Votum d. Kirche. Untersuchung über Zulässigkeit d. Todesstrafe aus d. christl. Standpunkte (v. K. A. Hase). gr. 8. Leipz. 826. Jühring. 16 K

Justizmorde, über, eine Denkschrift, verfaßt bei Gelegenheit d. neuerl. Entscheidung e. bekannten Criminalprozesses, u. belegt mit d. Geschichte d. ungerechten Verurtheilung des J. Lesurque zu Paris 1796. gr. 8. Lpz. 822, Zirges.

Justizmorde, die, der Neuzeit aller Länder. Interessant und belehrend dem Volke erzählt. 4.—20. Lfg. Lex.-8. (S. 73—480 mit vielen Illustr. in Holzschn.) Leipzig 868, Minde.
à Lfg. 40 Pf. 6 80
1.—3. Lfg. s. XIV. Bd. 2. Abthl. S. 55: Löffler, G.

Justiz-Norma (Churfürstl. Maynzische), wie künftighin bey dero gesammten Militari sowohl in Criminal- als Civil-Sachen fürzuschreiten seye. Mit Beylagen. (Hrsg. v. Auditeur Schmitt.) Maynz 1766. 62 S.

Justizorganisationsgesetze, Die grösseren, für das Herzogthum Braunschweig . . . Braunschweig 1850. H: *Degener, R.* (Engl)

Justizorganisationsgesetze, die größeren, für das Herzogth. Braunschweig nebst einem kurzen, den Motiven, Berichten und Verhandlungen über dieselben entnommenen Commentare. 2 Bde. (1. Bd., die betreff. Gesetze enthaltend. — 2. Bd., den Commentar enthaltend. Zusammengestellt von R. Degener.) gr. 16. (XVI und 547 S.) Braunschweig 850, Vieweg und Sohn. *

Justizpalast, der, zu München. Architekt: Frdr. v. Thiersch. Photograph. Aufnahmen v. Otto Aufleger. (1. Abth.) gr. Fol. (20 Lichtdr.-Taf.) München 898. L. Werner. In Mappe n. 20. —

Justizpalast, der, zu München. Architekt: Frdr. v. Thiersch. Photographische Aufnahmen v. Otto Aufleger. (II. Abth.) gr. Fol. (20 Lichtdr.-Taf.) München 899. L. Werner. In Mappe n. 20. —

Justiz-Palast, der neue, in Wien. Ein Führer durch dessen Räumlichkeiten, nebst einer kurzen Baugeschichte. Mit 5 (lithogr.) Orientirungs-Plänen, veröffentlicht mit Bewilligung des hohen k. k. Justizministeriums, und 2 Beilagen. 16. (28 S.) Wien 881, Fromme.

JUSTIZPFLEGE. Über die —, eine Abhandlung zum Wohle der Menschheit von J. B. W. Kurzbeck. Wien 1781. 1 vol. 168 S.

Justizpflege, über die, e. Abhandl. z. Wohl d. Menschheit. 8. Wien 781. Kurzböck. (Leipz., Barth). 8 K (Gerold in Wien. 5 K

— — dieselbe. 8. Wien, Gerold. 781.

Justizpflege, üb. die, eine Abhandl. z. Wohl d. Menschh. 8. Wien, Kurzböck. (Camesina.) 782.

— — dieselbe. 8. Leipzig, Barth. 783.

Justiz-Reform, die deutsche, der Zukunft, s. u. Staatsstreich od. Reformen! 2. Tl.

Justiz-Reform, Die deutsche, der Zukunft. Verfaßt von einem Ausland-Deutschen. Zürich 1904. V: *Walz, Fritz.* (Ber!)

Die deutsche **Justiz-Reform** der Zukunft. Verf. von e. Ausland-Deutschen. Buch 1. *Zürich: Zürcher & Furrer 1904.* 8° [F.]
— **Staatsstreich** oder Reformen! T. 2. [04.1916.4

Justiz-Reglement für den Magistrat der Königlichen Haupt- und Residenz-Stadt Breslau. [Dat.:] Berlin den 1. Nov. 1787. Breslau (1787). fol.

Justiz- u. Polizeirügen, zur Beförderung des Menschenwohls, herausg. von Chr. A. H. Clodius. 1r—5r Jahrg. 4. Jena 805—9. Göpferdt. (Schmid). 10 ₰

Justizsachen; besonders in Rücksicht auf d. Gesetzgebung u. Justizverfassung in Alt- u. Rheinpreußen. 8. Leipz. 827. E. Klein. 8 K

Justiz-Sachen: besonders in Rücks. auf die Gesetzgebung u. Justiz-Verfassung in Alt- u. Rhein-Preußen. Leipzig 1827.
(S.-A. a.: Minerva. 1827 Bd 2.)

Justiz-Statistik, badische, f. d. J. 1887—1894. Bearb. im großherzogl. Justizministerium. gr. 4. Karlsruhe, Ch. F. Müller. à 2. 70
1887, 1888 u. 1889. (VI, 129; VII, 129 u. VII, 127 S.) 890.
1890 u. 1891. (VII, 139 u. VII, 141 S.) 893.
1892. (VII, 141 S.) 894.
1893. (VII, 141 S.) 896.
1894. (VII, 147 S.) 898.

Justiz-Statistik, badische, f. d. J. 1895. Bearb. im großherzogl. Justizministerium. gr. 4. (VII, 145 S.) Karlsruhe 899. Ch. F. Müller. 2. 70

Justiz-Statistik, badische, f. d. J. 1904 u. 1905. Bearb. im grossherzogl. Justizministerium. (à IV, 80 S.) Lex.-8. Karlsruhe 905. 906. Ch. F. Müller. à n. 2. 70
Für die Jahre 1896—1903 nicht erschienen.

Justiz-Statistik, badische, f. d. J. 1904. Bearb. im grossherzogl. Justizministerium. (IV, 80 S.) Lex.-8. Karlsruhe '05, Ch. F. Müller. 2. 70.

Justiz-Statistik, badische, f. d. J. 1905. Bearb. im grossherzogl. Justizministerium. (IV, 80 S.) Lex.-8. Karlsruhe, C. F. Müller. 1906 2. 70.

Justiz-Statistik, badische, einschliesslich Gefängnis-Statistik f. d. J. 1906, 1907 u. 1908. Bearb. im grossherzogl. Justizministerium. (VII, 146; VII, 144 u. VII, 150 S.) Lex. 8. Karlsruhe 907—09. C. F. Müller. à 2. 70

Justiz-Statistik, badische, einschliesslich Gefängnis-Statistik f. d. J. 1906. Bearb. im grossherzogl. Justizministerium. (VII, 146 S.) Lex.-8. Karlsruhe '07, C. F. Müller. 2. 70.

Justiz-Statistik, badische, einschliesslich Gefängnis-Statistik f. d. J. 1907. Bearb. im grossherzogl. Justizministerium. (VII, 144 S.) Lex.-8. Karlsruhe, C. F. Müller. 1908 2. 70.

Justiz-Statistik, badische, einschliesslich Gefängnis-Statistik f. d. J. 1908. Bearb. im grossherzogl. Justizministerium. (VII, 150 S.) Lex.-8. Karlsruhe, C. F. Müller. 1909 2. 70.

— badische, einschl. Gefängnisstatistik f. d. J. 1910. Bearb. im grossherzogl. Justizministerium. (VII, 150 S.) Lex.-8. Karlsruhe, C. F. Müllersche Hofbuchhandlung. 1910 2. 70.

— bayerische, f. d. J. 1906—1909. (XL, 103; XL, 119; XLI, 122 u. XLIII, 126 S.) 33,5×25,5 cm. München 907—10. Ch. Kaiser. à 2. —
Vergl.: Ergebnisse der Zivil- u. Strafrechtspflege usw. des Königreich Bayern.

Bayerische **Justizstatistik**. [1.] Für d. J. 1906. München: Ch. Kaiser 1907. 4° [F.]
Anf. s. u. d. T.: Geschäftsaufgabe d. Gerichte d. Kgr. Bayern ...; u. Ergebnisse d. Zivil- u. Strafrechtspflege bei d. Gerichten d. Kgr. Bayern. 107. 16374

Justizstatistik, bayerische, f. d. J. 1907. (XL, 119 S.) München '08, Ch. Kaiser. 2. —

— bayerische, f. d. J. 1908. (XLI, 122 S.) 4. München, Ch. Kaiser. 2. —
1905

Justizstatistik, bayerische, f. d. J. 1909. (XLIII, 126 S.) München, C. Kayser. 1910 2. —

Deutsche **Justiz-Statistik**. Bearb. im Reichs-Justizamt. Jg. 1—15. Berlin 1883—1911. 15 Bde

Justiz-Statistik, deutsche. Bearb. im Reichs-Justizamt. 1. Jahrg. gr. 8. (VIII, 167 S.) Berlin 883, Puttkammer und Mühlbrecht. cart.

Justiz-Statistik, deutsche. Bearb. im Reichs-Justizamt. 2. und 3. Jahrg. gr. 8. (VIII, 265; VIII, 291 S.) Berlin 885,87, Puttkammer und Mühlbrecht. cart. à Jahrg. * 8 —
1. Jahrg. Ebendas. 1883. * M 5.—.

Justiz-Statistik, deutsche. Bearb. im Reichs-Justizamt. IV.—V. Jahrg. gr. 8. (VIII, 267; VIII, 275 S.) Berl. 889,91, Puttkammer u. Mühlbrecht. cart. à Jahrg. * 8 —

Justiz-Statistik, deutsche. Bearb. im Reichs-Justizamt. V. u. VI. Jahrg. gr. 8. (VIII, 276; VIII, 293 S.) Berlin 891. 893. Puttkammer & Mühlbrecht. Kart. à n. 8. — (I—VI.: n. 46. —)

— deutsche. Bearb. [illegible] Justizamt. VII.—VIII. Jahrg. gr. 8. ([illegible] u. VIII, 293 S.) Berlin, 895. 97. Puttkamm[illegible] Mühlbrecht. Kart. à n. 8. —; (I—VIII: ermäß. Preis n. 36. —)

— deutsche. Bearb. im Reichs-Justizamt. IX. u. X. Jahrg. gr. 8. (à VIII, 298 S.) Berlin 899. 901. Puttkammer & Mühlbrecht. Kart. à n. 8. —

— deutsche. Bearb. im Reichs-Justizamt. XI. u. XII. Jahrg. (VIII, 318 u. VI, 270 S.) gr. 8. Berlin 903. 905. Puttkammer & Mühlbrecht. Kart. à n. 9. —

— deutsche. Bearb. im Reichs-Justizamt. XIII. u. XIV. Jahrg. (VI, 300 u. VI, 284 S.) gr. 8. Berlin 907. 09. Puttkammer & Mühlbrecht. Kart. à 9. —

[illegible] gr. 8. Ansbach 846, [illegible] 1/12 Thlr

Justiz-Verwaltung, Die, in den neuen Preussischen Landestheilen. Herausgegeben von Beamten des Königlichen Ober-Appellationsgerichts. Berlin 1867—68. H: *Reinecke, J. C. & R. Kühn.* (KGBerlin I, 1630)

Justizverwaltung, die, in den neuen preußischen Landestheilen. Hrsg. von Beamten des königl. Ober-Appellationsgerichtes. Berlin 867. Heinicke. gr. 8. (VIII, 842 S.) n. 2 Thlr

Justizwesen, über das, im Königreich Hannover, s. Zeitung, jurist. Ergänzungs-Heft. Nr. 17.

Justiz-Zeitung, deutsche. Organ für Gesetzgebg. der Neuzeit. Red. v. mehreren deutschen Juristen. 8—11. Jahrg. 1871—1873 à 24 Nrn. (B.) gr. 4. Rheinberg, Küpper. à Jahrg. n. 6. —

Justiz-Zeitung, deutsche. Organ für Gesetzgebung der Neuzeit auf dem Gebiete der Justiz und Verwaltung. Redig. von mehreren deutschen Juristen und hervorragenden Verwaltungsbeamten unter Verantwortlichkeit von Ed. Küpper. 12.—16. Jahrg. 1875—1879. à Jahrg. 24 Nrn. (Bog.) gr. 4. Rheinberg, Küpper. à Jahrg. *

Justiz-Zeitung, deutsche. Organ für Gesetzgebung der Neuzeit auf dem Gebiete der Justiz und Verwaltung. Redig. von mehreren deutschen Juristen und hervorragenden Verwaltungsbeamten unter Verantwortlichkeit von Ed. Küpper. 1880—1884. à Jahrg. 24 Nrn. (Bog.) gr. 4. Rheinberg, Küpper'sche Verlagsh. à Jahrg.

Justiz-Zeitung, norddeutsche. Organ für Gesetzgebung der Neuzeit. Redig. von mehreren deutschen Juristen. 6. und 7. Jahrg. 1869 und 1870. à Jahrg. 36 Nrn. (Bog.) gr. 4. Rheinberg, Küpper. à Jahrg. * 6 —

Justmann, Dr. über d. Wiesen- u. Futterbau. Ein Buch f. Oekonomen u. Thierärzte. gr. 8. Altona 790. (Aue). 16 K

Justmann, Ludwig: Über den Einfluss verschiedener Eiweisskörper auf die Zuckerausscheidung beim Diabetes mellitus. Strassburg i. E. 1910: Müh. 29 S. 8°
Straßburg, Med. Diss. v. 30. Juli 1910, Ref. Moritz
[Geb. 4. Dez. 84 Kalisch; Wohnort: Warschau; Staatsangeh.: Rußland, Vorbildung: Gymn. Warschau Reife Sommer 04; Studium: Warschau 1, München 1, Leipzig 6, Straßburg 3 S.; Rig. 25. Juli 10.] [U 10. 4050

Das liebe Geld. Heiteres Volksstück in schlesischer Mundart in 1 Akt von Ernst **Justrau** [d. i. Klara Pohl]. Schweidnitz: G. Brieger [1904]. (27 S.) 8° [F.] 105. 13160 2

Justrau, Ernst, Alle Neune! Schläs'sche Gedichtel u. Geschichtel. 8. (III, 87 S.) Schweidnitz (902). G. Brieger. n. — 80

Just's Botanischer Jahresbericht, s. Just, Leopold

Justus, meinem, zum Gedächtniß. Von M. H. S. 12. (59 S. m. 1 Bildn.) Dresden 896. E. Pierson. n. 1. 20; geb. n. 2. —

Justus Feminis [Pseud.], s. a Henlau, A. H.

Justus Feminis, (A. H. Henlau), Ambiseria, das Land der entjochten Frauen. Lustsp. in 4 Aufz. Als Manuscr. gedruckt. gr. 16. (VI u. 195 S.) Leipzig 848. H. Fritzsche. 1 Thlr

Justus Gratiosus in Deo Forti [Pseud.], s. Mann, Johann Daniel

Justus Jucundus Jocosus [Pseud.], s. Kosegarten, Friedrich Franz von

Justus Sincerus Veridicus, s. Veridicus.

Justus, Graf von Ortenburg; ein Gemälde menschl. Glückseligkeit, als Gegenstück zu Salzmanns Carl von Carlsberg. 5 Thle. 8. Leipz. Böhme. 786—96. (I—III. à 16 gr. IV. 21 gr. V. als Nachtrag, od. Familienscenen d. Grafen von Ortenburg. 21 gr.)

Justus, Graf v. Ortenburg, e. Gemälde menschl. Glücks, (von G. K. Claudius). 5 Thle. 8. Leipz. 786—792. (Gnobloch). 3 ₰ 18 gl

Justus Veracius, Jesus Christus. Zur Würdigung der Schrift Dr. Dulke's: „Der Irrgang des Lebens Jesu.". 8⁰. München, Viereck, s. a. (Sozialpolitische Zeit- u. Streitfragen, Heft 27.)

— Das Problem des ewigen Friedens. 8⁰. München, L. Viereck, s. a. (Sozialpolit. Zeit- u. Streitfragen, Heft 31.)

Justus

— — s. a. Just.

Justus, s.: Aufhebung, die, d. Klosters Neuzelle.

Justus, Kaufmann, (A. Thom. Doleschall), Geschichte u. Verfolgung d. Cölnischen Stadtwaage. 8. Cöln 792.

Justus, s.: Gesetze der Juden, 100 unenthüllte.

Justus, Judenspiegel (1883), s. a. Lippe, K., die Gesetzsammlung des Judenspiegels.

Justus, Judenspiegel oder 100 neuenthüllte, heutzutage noch geltende, den Verkehr der Juden mit den Christen betreffende Gesetze der Juden; mit einer die Entstehung und Weiterentwickelung der jüd. Gesetze darstellenden, höchst interessanten Einleitung. 3. Aufl. (96 S.); 4. verm. und verb. Aufl. 16. (88 S.) Paderborn 883, Bonifacius-Druckerei.
Aus: Bonifacius Broschüren, besonders abgedruckt.

Justus, Dr. (ps.). *Judenspiegel*, od. 100 neuenthüllte, heutzutage noch geltende, den *Verkehr der Juden mit den Christen betreffende Gesetze der Juden;* mit einer die Entstehung u. Weiterentwickelung der jüdischen Gesetze darstellenden, höchst interessanten Einleitung. Von Dr. *Justus*, speculi opifex in lumine veritatis. 4., verbess. u. vermehrte Aufl. (S.-A. von Heft 3, 4 u. 5 der „Bonifacius-Broschüren" pro 1883.) Paderborn, 1883. Druck u. Verlag der Bonifacius-Druckerei (J. W. Schröder). 8⁰. Eleg. braun. Ldrb. m. Press. u. Silbertit. auf Deckel.
88 S. — Vier Auflagen von demselben Jahre.

Justus, Speculi opifex in lumine veritatis. Judenspiegel oder 100 neu enthüllte, heutzutage noch geltende, den Verkehr der Juden mit den Christen betreffende Gesetze der Juden; mit einer die Entstehung und Weiterentwicklung der jüdischen Gesetze darstellenden, höchst interessanten Einleitung. Ebendas., 1886, 8⁰. 88 S., 4. Aufl., 50 Pf.

— Judenspiegel od. 100 neuenthüllte, heutzutage noch gelt., den Verkehr der Juden m. den Christen betreff. Gesetze der Juden; m. e. die Entstehg. u. Weiterentwickelg. der jüd. Gesetze darstell. höchst interessanten Einleitg. 5., nach der wissenschaftl. Untersuchg. d. Hrn. Jak. Ecker rev. Aufl. 12. (112 S.) Paderborn 892. Bonifacius-Druckerei. — 60

Justus, s. a. Kampf, der, gegen die Grossbetriebe.

Der Kampf gegen die Grossbetriebe, ein Irrweg der Steuerpolitik. Ein Mahnwort z. Reichsfinanzreform von **Justus**. Berlin: Liebheit & Thiesen 1905. (32 S.) 8° [of. 16375] 11

Justus, s. a.: Mankowski, Herm.

Justus, s.: Peterson, J. Oso.

Justus, das Schuldgefängniß und seine Folgen, nebst einer kurzen Frage über allgemeine Wechselberechtigung. Berlin (857.) Friedländersche Buchdr. 8 (36 S.) n. 5 ngr

Justus, das Schuldgefängniß und seine Folgen, nebst einer kurzen Frage über allgemeine Wechselberechtigung. 8. (36 S.) Berlin 858, Friedländer's Buchdruckerei.

Justus, Faust's Sohn. Ein dramat. Epos in 3 Tln. 1. Tl. 8. (132 S.) Dresden 894. E. Pierson. n. 1. 50

— Die Steuerdeklaration des Zahnarztes. (22 S.) kl. 8. Berlin (909). Berlinische Verlagsanstalt. — 80

—, talmudische „Weisheit". 400 höchst interess. märchenhafte Aussprüche der Rabbiner. Direkt aus der Quelle geschöpft u. dem christl. Volke vorgetragen. Paderborn, Bonifacius-Druckerei, 1884. Kl. 8⁰. Cart.
1 Bl. u. 67 S.

Justus, Talmudische „Weisheit". 400 höchst interessante märchenhafte Aussprüche der Rabbinen. Ebendas., 1887. IV u. 68 S., 45 Pf.

Justus, Alex., acht Tage im Thüringer Wald. Ein neuer, kundiger und zuverläßiger Führer für Reisende. Mit 1 (lith.) Karte des Thüringer-Waldes (in Fol.). Rudolstadt 855. Renovanz. (Scheitz.) 16. (2 Bl., 118 S.) 12 ngr

Justus, Alex., acht Tage im Thüringer Wald. Ein neuer, kundiger und zuverlässiger Führer für Reisende. 2., ganz umgearb. und verm. Aufl. Mit einer neuentworfenen (lithogr.) Reisekarte (in 4.) und einem Anhang: Rudolstadt und Blankenburg nebst Umgebungen. gr. 16. (XVI und 150 S.) Rudolstadt 858, [Scheitz.]

Justus, August (Zittau), De excipiente non confesso, occasione L. Siquidem 9. C. de Exc. & Praescr. Diss. jur. Präs. Jo. Samuel Stryk. Halle (Chr. Henckel) 28. IV. 1704. 46 Seiten. (6.80) 17247

Justus, C. A., de lilio pentecostali Spiritus Sancti. Leucop. 1722. 8.

Justus, Carolin, s. Justus, Karolin

Justus, Edelwald

Justus E., s. a. Edelwald, Justus.

Justus, Edelwald, bunte Blätter, Erzählungen, Schwänke, Reimereien und Dramen, 8. Berlin, 795. Nauck. 1 Rthl.

Justus, E., bunte Blätter. Eine Sammlg. der besten Gedichte u. Lieder. 2. Aufl. 8. (160 S. m. Abbildgn.) Reutlingen (899). Enßlin & Laiblin. Geb. in Leinw. m. Goldschn. 2. 25

Lose Blätter. Erzählungen von Dr. **Justus**. Münster i. W.: Regensberg [1907]. (219 S.) 8° [F.]
= **Jugend- und Volksbibliothek.** No 20–23. [08. 5021]

Justus, die Erbtante, s. a. Theater f. die weibl. Jugend. 19.

Die Erbtante. Lustspiel in 1 Aufz. von Dr. **Justus**. *Paderborn: F. Schöningh 1901.* (52 S.) 8° [F.]
— **Theater** f. d. weibliche **Jugend**. 19.

— aus der Rosenzeit. Lieder v. Liebeslust u. Liebesfreud. 8. (160 S. m. Abbildgn.) Ebd. (899). Geb. in Leinw. m. Goldschn. 2. 25

Justus, F., s. Zur Sektenfrage.

Justus, Fidelis, s.: Prinzipal, das.

Justus, Fr. Ed., die Naturheilkunde u. die Psyche. Körper u. Geist in naturheilkund. Beleuchtg. Einige Fingerzeige f. die naturgemäße Behandlg. u. Heilg. der Nerven-, Gemüts- u. Geisteskrankheiten. 8. (IV, 183 S.) Bitterfeld 894. F. E. Baumann. 1. —

Justus, Fr. J., Haare, Haarkrankheiten, Haarkuren. gr. 8. (43 S.) Leipzig 896. M. Spohr n. 1. —

Justus, Fr. J., Haare, Haarkrankheiten, Haarkuren. 2. Aufl. gr. 8. (43 S.) Leipzig 899. M. Spohr. n. 1. —

— Syphilis. Wesen, Heilg. u. Vorbeugg. gr. 8. (72 S.) Ebd. 896. n. 1. 20

Justus, Fr. J., Syphilis. Wesen, Heilg. u. Vorbeugg. 2. Aufl. gr. 8. (72 S.) Leipzig 899. M. Spohr. n. 1. 20

JUSTUS, Dr. med. F. J. (ps.?), Theorie und Praxis des Neumalthusianismus. 2 Thle. 3. Aufl. Leipzig, Spohr. (1895.)
Verboten v. Kr.-G. Leitmeritz, 12. XI. 1900. § 305, 516.

— Theorie u. Praxis d. Neumalthusianismus. Theoret. Tl.: D. Beschränkg. d. Kinderzahl durch schwangerschaftverhüt. Mittel als Recht u. Pflicht. Prakt. Tl.: D. bisher übl. Mittel z. Verhütg. d. Empfängnis, som. das neue Verfahren d. Verf. 4. Aufl. gr. 8. (65 S.) Ebd. 897. n. 1. 80

— Theorie u. Praxis des Neumalthusianismus. Theoretischer Tl.: Die Beschränkg. der Kinderzahl durch schwangerschaftverhüt. Mittel als Recht u. Pflicht. Praktischer Tl.: Die bisher übl. Mittel zur Verhütg. der Empfängnis, sowie das neue Verfahren des Verf. (8. [Umschlag-]Aufl. gr. 8. (69 S.) Ebd. (901). n. 1. 80

— — Dasselbe. 9. Aufl.
Verboten v. Kr.-G. Jicin, 24. VII. 1897. §§ 305, 516

— d. Tripper, e. Fluch d. Menschheit. gr. 8. (63 S.) Ebd. 895. n. 1. 20

— der Tripper, e. Fluch der Menschheit. 2. Aufl. gr. 8. (63 S.) Ebd. 899. n. 1. 20

— d. Weib u. s. Leiden. gr. 8. (182 S.) Ebd. 896. n. 2. 40

Justus, G. H., Raub, Mord u. Brand. Barbar. Handlungen aus d. Leben ruchloser Bösewichte. Gesammelt u. als Warnungstafel aufgestellt. 8. (10½ B.) Leipzig 840, Franke.

Justus, J., die Pflanzen-Parasiten nebst Reflexionen über land- und volkswirthschaftl. Zustände im Reiche der Stefanskrone. gr. 8. (94 S.) Fünfkirchen 873, Schön. * 1 60

Justus (J.). Die ungar. Pflanzen-Parasiten. Fuenfkirchen, 1872. 8°.

Justus, Jonas, s. Gedanken, freie, zur Beurtheilung der Kirche und ihrer Geschichte.

Justus, Julius, Das Christentum im Lichte der vergleichenden Sprach- und Religionswissenschaft und in seinem Gegensatze zur aristotelisch-scholastischen Spekulation. Wien (Gerolds Sohn) 1883, gr. 8°, VIII, 244 S., 4 Mk.

Justus, Karolin

Justus, Carolin, um e. Kreuzer. Socialer Roman. 8. (330 S.) Zürich 899. C. Schmidt. n. 3. —

Justus, L., (Ludw. Schulmann), dat Bödekerlied. 4. Uplage. gr. 8. (8 S.) Hannover 864, Kniep jun. *

Justus, Paulus, Kultusminister Dr. Studt u. die Beschwerden der Katholiken Preußens. (72 S.) gr. 8. Trier 904. Paulinus-Druckerei. n. — 60

Justus, S., die bayerischen Lyceen müssen künftig eine höhere Stellung in der Stufenreihe der Studien-Anstalten des Vaterlandes einnehmen und die k. Lyceal-Professoren eine bessere und ehrenvollere Existenz erhalten. Eine Denkschrift, dem bayer. Volke, seiner Regierung und seinen Vertretern in der Stände-Versammlung gewidmet. gr. 8. (16 S.) Augsburg 819, Schmid'sche Buchh.

Justus, Severus, Diana. Roman in 3 Thln. 1. und 2. (Titel-)Aufl. 8. (246; 254; 277 S.) Stuttgart 876,78, Hallberger. * M. 9.; geb. *

Justus, Severus, Diana. Roman in 3 Thln. 2. (Titel-)Aufl. 8. (246, 254 u. 277 S.) Stuttgart (1876) 878. Deutsche Verlags-Anstalt. n. 9. —

Justus, Siegfr., über die Bedeutsamkeit der heiligen Stättenfrage und ihren Einfluß auf das Friedenssystem zur Gewähr einer bessern Zukunft. gr. 8. (VI und 157 S.) Berlin 853, (Trowitzsch und Sohn.)

Justus I., Siegfried, ist die Klage üb. zunehmende Verarmung u. Nahrungslosigkeit in Deutschland gegründet, welche Ursachen hat das Uebel, u. welche Mittel z. Abhülfe bieten sich dar? Beantwortet. gr. 8. (7¼ B.) Leipzig 836, Brockhaus.

Justus I. (König von Israel und Hoherpriester von Jerusalem) Siegfried, ist die Klage über zunehmende Verarmung u. Nahrungslosigkeit in Deutschland gegründet, welche Ursachen hat das Uebel, und welche Mittel zur Abhülfe bieten sich dar? Beantwortet. gr. 8. Leipzig 837. Brockhaus. ½ ß

Justus I., König von Israel u. Hohepriester v. Jerusalem, Siegfried, d. Mensch als Bürger im Reiche Gottes, sieben Sendschreiben v. Zion, nebst einigen Noten aus e. diplomat. Aktenstück, das Reich Gottes betreffend. gr. 8. (7 B.) Mainz 832, Kunze.

Justus, Siegfried. Die Revolution und die Volkswehr. In 2 Abth. Leipzig. H. Hunger 1850. VIII 79 S. 8.

Justus I., Siegfr., Sendschreiben an die Stadt Berlin. Worte des ewigen Lebens zur Vereinigung aller Lichtfreunde unter den Juden u. Christen. gr. 8. (1 B.) Berlin 845. [Leop. Schlesinger.]

—— wo ist das wahre Heil zu suchen nachdem das chronische Siechthum des organischen Völkerlebens von allen Seiten zur Krisis gelangt. gr. 8. (III und 100 S.) Leipzig 849, (Hunger.)

Justus, Theodor

Justus, Th [Pseud.]
s.a. Zedelius, Theodore [Wirkl. Name]

Auf dem Altenteile. | Erzählung | von Th. Justus. | Neue Stereotyp-Ausgabe. | Reutlingen. | Druck und Verlag von Enßlin und Laiblin. (= Neue Volksbücher, 190).
o. J., 64 S., 165 × 109, U.-Fig.: *Entsetzt war Hermann einen Schritt zurückgewichen ...*, 74 × 84.
LBS d. D. oct K 3173.

Justus, Th., auf dem Altentheile. Erzählung. 8. (64 S.) Bremen 878, Nordwestdeutscher Volksschriften-Verlag. *

Justus, Th., auf dem Altenteile. Erzählg. Ausgewählt v. Oldenburger Jugendschriften-Ausschuß. 11.—13. Taus. (72 S.) kl. 8. Reutlingen (908). Enßlin & Laiblin. Kart. — 50

Justus, Th. (Frl. Th. Zedelius), Enoch Arden. Everdingshof. Zur rechten Stunde. Drei Erzählgn. Neue Ster.-Ausg. 12. (122 S. m. Titelbild) Reutlingen 896. Enßlin & Laiblin. — 50; kart. — 60

Justus, Th., Enoch Arden. — Everdingshof. — Zur rechten Stunde. 3 Erzählgn. Neue Ster.-Ausg. 8. (122 S. m. e. Titelbild.) Reutlingen 889. Enßlin & Laiblin. cart. — 50

— Lose Blätter, s.: Jugend- u. Volksbibliothek.

Justus, Th., Ebbe und Fluth. Aus tiefer Noth. Zwei Erzählungen. Mit 1 (Holzschn.-)Bilde von Carl Röhling. 8. (128 S.) Bremen 880, Nordwestdeutscher Volksschriften-Verlag. cart. *

Justus, Th. (Frl. Th. Zedelius), Ebbe u. Flut. Aus tiefer Not. Zwei Erzählgn. Mit e. Bilde v. Karl Röhling. Neue Ster.-Ausg. 12. (112 S.) Reutlingen (901). Enßlin & Laiblin — 25

Justus, Th. (Frl. Th. Zedelius), auf heimischer Erde. E. Geschichtenbuch. 8. (VIII, 277 S.) Leipzig 899. G. H. Meyer. n. 3. —; geb. in Leinw. n. 4. —

(B) — Auf heim. Erde. 899. Jetzt: Berlin, Hellbrunn & Co.

In Feuersgluten. Hist. Roman von Th. Justus [d. i. Theodore Zedelius]. Ill. von K. Storch. 1.–10. Taus. Berlin: R. Eckstein Nachf. [1898]. (141 S.) 8°
— Romanbibliothek, Ecksteins illustrierte. Jg. 1. Bd 5.

Justus, Th., um Geld u. Gut. Eine Erzählg. aus den Marschen. gr. 16. (105 S.) Bremen 876. Nordwestdeutscher Volksschriften-Verl. n. — 50

Justus, Thdr., um Geld und Gut. Eine Erzählung aus den Marschen. 8. (64 S.) Reutlingen 885, Enßlin und Laiblin. — 20

— Um Geld u. Gut. Eine Erzählg. aus den Marschen. Ausgewählt vom Oldenburger Jugendschriften-Ausschuß. 14.—17. Taus. (80 S.) kl. 8. Reutlingen (909). Enßlin & Laiblin. Geb. — 50

Justus, Th., (Frl. Th. Zedelius), Gelelte, die draußen sind, s.: Volksbücher, Wiesbadener. Nr. 72.

Justus, Th., am Küstensaum. Erzählungen. 12. (IV, 405 S.) Leipzig 890. Liebeskind. n. 5. —

— aus Volkes Mund. Eine Studie. (54 S.) 8. Oldenburg (904). Schulze. n. 1. 20

— an der Nordseeküste. Eine Erzählg. aus schwerer Zeit. Neue Ster.-Ausg. (112 S. m. Titelbild.) 8. Reutlingen (903). Enßlin & Laiblin. — 40; geb. n. — 60

— An der Nordseeküste. Eine Erzählung aus schwerer Zeit. Ausgewählt vom Oldenburger Jugendschriften-Ausschuß. 7.—10. Taus. (96 S.) kl. 8. Ebd. (909). Geb. — 50

—— in Schutt und Asche. Eine Geschichte aus Deutschlands trübster Zeit. Ster.-Ausg. 8. (131 S. mit 1 Bild.) Ebendas. 886. cart. * — 50

— in Schutt u. Asche. Eine Geschichte aus Deutschlands trübster Zeit. Ster.-Ausg. 12. (131 S. m. Titelbild.) Ebd. (901). — 25

Justus, Th., Strandgeschichten, s.: Universal-Bibliothek.

— zur rechten Stunde, s. a. Jacht's stenographische Jugend-Bibliothek. II.

Zur rechten Stunde. Erzählung von Th. Justus [d. i. Theodore Zedelius]. Berlin: F. Schulze [1899]. (S. 24–48.) 8° [Text stenogr.]
— Jugend-Bibliothek, Lehrer Jachts Stenographische. Bd 2, [2.]

—— In Sturmesfluthen. Auf dem Moor. Zwei Erzählungen. gr. 16. (64 S.) Ebendas. 876.

—— in Sturmesfluten. Auf dem Moor. Zwei Erzählungen. 8. (62 S.) Ebendas. 885. — 20

— In Sturmesfluten. Auf dem Moor. 2 Erzählgn. Ausgewählt vom Oldenburger Jugendschriften-Ausschuß. 11.—13. Taus. (63 S.) kl. 8. Ebd. (908). Kart. — 50

—— Aus vergangenen Tagen. Erzählungen. 12. (VII, 310 S.) Ebd. 890. * 4 —; geb. ** 5 —

Justus, Th., Tannenreis. Eine Weihnachtsgabe. 16. (29 S.) Bremen 877. Nordwestdeutscher Volksschriften-Verl. n. — 25

—— auf schlimmen Wegen. Aus vergangenen Tagen. Zwei Erzählungen. Mit 1 (Holzschn.-)Bilde von Carl Röhling. 8. (112 S.) Ebendas. 880. cart. *

— auf schlimmen Wegen. Aus vergangenen Tagen. Zwei Erzählgn. Mit e. Bilde v. Carl Röhling. 2. Ster.-Ausg. 12. (108 S.) Reutlingen (901). Enßlin & Laiblin. — 25

— Auf schlimmen Wegen. Aus vergangenen Tagen. 2 Erzählungen. Ausgewählt vom Oldenburger Jugendschriften-Ausschuß. 15.—18. Taus. (96 S.) kl. 8. Ebd. (909). Geb. — 50

— der Westerhof. Erzählung. gr. 16. (58 S.) Ebend. 876. n. — 25

—— der Westerhof. Erzählung. Neue Ster.-Aufl. 8. (48 S.) Ebendas. 885. — 15

— wider einander, s.: Meyer's, Ulr., Bücherei. Nr. 13.

— Wrack. Wie es kommen kann. Weihnachtsfreuden. 3 Erzählgn. Neue Ster.-Ausg. 8. (128 S. m. Titelbild.) Reutlingen 897. Enßlin & Laiblin. Kart. — 50

— Das Wrack. Erzählung. Ausgewählt v. Oldenburger Jugendschriften-Ausschuß. 12.—14. Taus. (64 S.) kl. 8. Ebd. (908). Kart. — 50

— dasselbe, s. a. Bücher, bunte.

—— Aus böser Zeit. Geschichtliche Erzählung. gr. 16. (53 S.) Ebendas. 878. *

—— aus böser Zeit oder der Fall von Weinsberg. Geschichtl. Erzählung aus dem Bauernkrieg. 8. (42 S.) Ebendas. 885. — 15

Jûsuf Hâṣṣ-Ḥâğib. Kudatku Bilik. Facsimile der uigurischen Handschrift der k. k. Hofbibliothek in Wien. Im Auftrage der Kaiserl. Akademie der Wissenschaften zu St. Petersburg herausgegeben von W. Radloff. St. Petersburg 1890.

(Jûsuf Hâss Hâgib): Das Kudatku Bilik des Jusuf Chass-Hadschib aus Bälasagun. Th. 1: Der Text. in Transscription herausgegeben von W. Radloff. St. Petersburg 1891. XCIII. 252 S. 3 Tf. 4°.

— — Alberts, Otto, Aristotelische Philosophie in der türkischen Literatur des 11. Jahrhunderts. Halle a S. 1899.

Litauische Volks-Weisen, gesammelt von Anton Juszkiewicz, nach dessen Tode bearb. von Oskar Kolberg u. Isidor Kopernicki, u. nach dieser beider Tode endgiltig bearb., red. u. hrsg. von Sigmund Noskowski u. Johann Baudouin de Courtenay. T. 1. *Krakau: Poln. Akad. d. Wiss. 1900.* 4°
[Nebent.:] Melodje ludowe litewskie, zebrane przez A. Juszkiewicza ... (00. 8,68

Jüten und Zigeuner. [A. aus den „Grenzboten“ 1850.]

Jüterbock, Carl, prakt. Tierarzt in Schönberg (Oberlausitz): Zur Diagnose und Therapie der Vaginitis infectiosa bovis. ⟨Aus dem Hygienischen Institut der Königl. Tierärztlichen Hochschule zu Hannover. Professor Dammann.⟩ Jena 1909. 39 S. 8°. S.-A. aus der Zeitschrift für Tiermedizin 1909. [14. I. 09.]
Bern, Vet.-med. Diss. 1909 10.

HILLMAR, J. (d. i. *Rich. Jüterbock*), Pfaffenliebste. Novelle. Berlin (1875). 8°. (2 Mk. Jul. Neumann, Magdeb., 1906.)

Jüterbog [Schlagwort]

Jüterbog, s.: Deutschland. Karte (Abt. Preussen). — Potsdam, Reg.-Bez.

Jüterbog, s.: Preussen. Messtischblätter.

Jüthe. Was erstrebt die auf Anregung und unter Mitarbeit des Bundes der Landwirte ins Leben getretene Vereinigung deutscher gegenseitiger Hagel-Vers.-Ges. behufs Reform d. deutschen Hagelvers.-Wesens? Ein Wort zur Aufklärung. Magdeburg 1894.

Juethe, Erich, a. Lichtenberg b. Berlin: Der Minnesänger Hiltbolt von Schwangau. ⟨Teildruck.⟩ Marburg a. L. 1908 (Breslau: A. Favorke). (32 S.) 8° ¶ (Erscheint vollst. in: Germanistische Abhandlungen b. M. & H. Marcus, Breslau.)
Marburg, Phil. Fak., Ref. Vogt, Diss. v. 3. Aug. 1908
[Geb. 16. Dez. 79 Gelnhausen; Wohnort: Lichtenberg b. Berlin; Staatsangeh.: Preußen; Vorbildung: Königstädt. u. Leibniz-Gymn. Berlin, Gymn. Treptow a. d. R. Reife M. 99; Studium: Berlin 8, Marburg 4 S.; Rig. 23. Juni 06.]

[F.] Entehrt. Modernes Drama in 3 Aufz. v. Gustav Jüthe. *Magdeburg: W. Niemann 1897.* (81 S.) 1 Bd 8. (97. 636

Jüthe, Otto: Die Schmiegungskugel einer Flächenkurve. ⟨Mit 2 Abb.⟩ Halle (Berlin: Trenkel) 1910. 42 S. 8°
Halle, Phil. Diss. v. 8. Sept. 1910, Ref. Wangerin
[Geb. 15. Juni 86 Lindow i. M.; Wohnort: Lichtenberg b. Berlin; Staatsangeh.: Preußen; Vorbildung: Andreas-Realgymn. Berlin Reife O. 06; Studium: Berlin 9 S.; Rig. 13. Juni 10.] [U 11. 1846

Jüthner, J.

— Die Schelle im Thiasos. S.-A. 1904. 6 S. m. Abb. 4°.

Jüthner, Julius

Jüthner, Jul., Fritz Knoll, Karl Patsch, Heinr. Swoboda, Vorläufiger Bericht über e. archäolog. Expedition nach Kleinasien, s. Mitteilung der Gesellschaft zur Förderung deutscher Wissenschaft usw. in Böhmen. XV.

Jüthner, Jul., der Gymnastikos des Philostratos. Eine textgeschichtl. u. textkrit. Untersuchg. gr. 8. (79 S. m. 3 Taf.) Wien 902. (C. Gerold's Sohn.) n. 2. — Sonderabdruck aus: „Sitzungsber. d. k. Akad. d. Wiss.“

Jüthner, Julius: Über Terpanders Namengliederungen. Prag, Phil. Diss., 1889/90.

Jüthner, Jul., Philostratos üb. Gymnastik, s. a. Sammlung wissenschaftlicher Kommentare zu griechischen u. römischen Schriftstellern.

Jüthner, J.: Philostratos über Gymnastik. Leipzig & Berlin 1909. 336 S. (Samml. wissenschaftl. Kommentare zu griech. u. röm. Schriftstellern.)

Jüthner, Julius: Über antike Turngeräte. Wien, Phil. F., Hab.-Schr. 1896

Jüthner, Jul., üb. antike Turngeräthe, s. a. Abhandlungen d. archäolog.-epigraph. Seminars d. Universität Wien.

Über antike Turngeräthe v. Julius Jüthner. M. 75 Abb. im Texte. *Wien: A. Holder 1896.* (2 Bl., 101 S.) 1 Bd 8.
= Abhandlungen d. archäol.-epigraph. Seminars d. Univ. Wien. II. XII.

Jüthner, Karl: Katalog der Lehrerbibliothek. 33 S. Arnau, St. G., Progr. 1899

Jüthner Karl: Zur Weltchronik Rudolfs von Ems. (23). Arnau 93. Progr.

Jutia [Schlagwort], s. Jütland

Jutkowski, Lazarus, prakt. Arzt in Militsch: Aus d. chirurg. Universitäts-Klinik zu Breslau. Direktor: Prof. Dr. v. Mikulicz-Radecki. Über plastische Operationen an Penis und Skrotum im Anschluß an einen Fall von Schindung der männlichen Genitalien. *Breslau 1904: Bresl. Genoss.-Buchdr.* (33 S.) 8°
Breslau, Med. Diss. v. 19. Juli 1904

Jütland [Sachl. OW]

Jütland. [1 : 480000.] Hamburg. 1848. 1 Bl. Fol., 60.5/45 cm. Aufgez. a. Leinen in Buchdeckel. 8°.

Jütland. Hamburg. 1848. Farbendruck. 1 Bl. Fol., 56/41 cm (beschn.). A. Leinwand gez. Mit handschriftlich eingetragenen Wegen.

Jütland. 500,000. Lith. Anstalt Longerich, Comm. bei Hoffmann in Hamburg 1848. 1 Bl.

Jütland. Fol. Lith. Hamburg 848, Hoffmann & Campe in Comm. n. 8 ngl.

Jütland [Schlagwort]

Jütland, s. a. Seekarten.

Jütland — Karte von — nach Charten von Wessel, Warberg und Harboe, ingleichen von Godiche. Entworfen von F. L. Güssefeld. Nürnberg bei Homann's Erben 1807. J. Rausch sc. 1 : 525,000 1 Bl.

Jutiae — Tabula generalis — continens Dioeceses quatuor etc. quae et sunt divisae in omnia sua dominia novissime edita a Joh. Bapt. Homanno. Noribergae 1712? 1 : 475,000. 1 Bl.

Jütländer, der, an das Volk! Eine Erwiderung auf die in Kopenhagen erschienene Broschüre: „Et Par Ord til Jyderne rc. af Intrepidus.“ 8. (20 S.) Flensburg, 852 (Korte-Jessen.) *

Jutrosinski, Berthold, a. Breslau: Über das Methylenditolylthiopyrin und einige Derivate des Tolyldimethylpyrazolons. Rostock 1905: C. Hinstorff. (51 S.) 8°
Rostock, Phil. Fak., Ref. Michaelis, Diss. v. 26. Juni 1905
[Geb. 25. Dez. 75 Breslau; Wohnort: Breslau; Staatsangeh.: Preußen; Vorbildung: Friedr.-Gymn. Breslau Prima-Reife M. 94; Studium: Breslau 4, Rostock 5 S.; Rig. 24. Juni 05.]

Jutrosinski, M., die Waisenpflege in der Berliner jüdischen Gemeinde. Vortrag, gehalten am 14. Febr. 1887. 8. (24 S.) Berlin 887, S. Gerstmann's Verlag. * — 50

Jutrosinski, M., die Waisenpflege in der Berliner jüdischen Gemeinde. Vortrag. 8. (24 S.) Berlin 887. Stuhr. n. — 50

Jutrosinski, Mor., die Bedeutung der Baumwolle im Völkerhaushalte. gr. 16. (40 S. mit 1 lithogr. Karte.) Posen 862, Merzbach.

Jutrosinski, Mauritius *(geb. Sandberg in Pos. 12. 10. 1825)*: De imperialis bibliothecae Vindobonensis codice manuscripto, qui inscriptus est: Ehrenspiegel des Erzhauses Oesterreich a Johanne Jacobo Fuggero, Augustae Vindelicorum 1555. Vratislaviae (1858). (34 S.) 8°
Breslau, Phil. Diss. v. 10. Aug. 1858

Jutrosinski, Richard: Influenza-Psychosen . . . Berlin, Druck v. J. S. Preuss, 1890; 32 S., 4 Tab. 8°
Strassburg, Med. Fak., Inaug.-Diss. v. 1890

JUTROWNE JEJKA. Z němskoh do serbskoh přewoćene pówědančko wot JAKUBA KUČANKA. (Ostereier. Erzählung übersetzt aus dem Deutschen ins Wendische von JAKOB KUČANK.) ib. 1848. — Druhi wudawk. (2. Aufl.) ib. 1876. —

Jutsch, Gustav [aus Schlesien]: Ein Fall von Cataracta lenticularis cum Atrophia nervi optici ohne Gesichtsfeldbeschränkung.... Greifswald, Druck v. J. Abel, 1891; 28 S. 8°
Greifswald, Med. Fak., Inaug.-Diss. v. 10. März 1891

Jutt, Jaan, chem. Studien üb. d. Verbindgn. d. Blutfarbstoffes m. d. Schwermetallen. Diss. gr. 8. (63 S.) Jurjew (Dorpat) 894. (E. J. Karow.) n. 1.20

Jutta, Frau. Ein neues lustig Spiel von Frau Jutta, welche ein gelahrtes Weibsbild in Mainz ist gewesen, in hohen Ehren zu Achen beim Keyser hat gestanden, u. nachhero zu Rom Papst ist geworden, als welcher sie ein Kindlein hat ans licht geboren; zum grossem Ärgernuss allsambt der Christenheit. Gemacht vor vierhundertfünfzehn Jahr A. D. 1480 von einem Messpfaffen benamset Schereberk, jetzt aber neuerdings gefunden, in schöne hochdeutsche Reim gebracht, mit weisen Sprüchen u. Klugreden gezieret u. in Druck geben dies Jahr von Hugo Zürner. [Zürich] 1895. V: Zoozmann, Richard. (EB) (Kat. d. Bibl. Dr. Franz Schnitzer. München 1902. S. 64.)

Juette, Aemil. (Georg. Henr.) (geb. Stettin 1820): De adipis genesi. Berolini (1850). (35 S.) 8°
Berlin, Med. Diss. v. 19. Aug. 1850

Jütte, J., kleine biblische Geschichte des alten und neuen Testaments für die Unter- und Mittelstufe katholischer Volksschulen. 8. (136 S.) Arnsberg 884, Stahl. geb. **

Juetting, Franz Anton (Münster/Westf.), De psychica sanguinis dignitate. Diss. psychico-medica. Bln. (Gebr. Unger) 15. XI. 1830. 32 S. mit Biogr. (M.: G. Beckmann.) (6.—) 17133
Oppon.: H. Henseler, Fr. Henkelmann, L. Gesker. — Gew.: Joa. Bapt. Friedreich (Würzburg).

Jütting, W. U., s. Jütting, Wübbe

— Wilhelm (Münster/Westf.), De ventriculi et vesicae urinariae duplicitate. Diss. anatom.-pathol. Bln. (Nietack) 20. IV. 1838. 31 S. mit Biogr. (M.: G. Beckmann.) (6.—) 17134
Oppon.: G. Zoernig, F. Schulte, L. Mettegang. — Gew.: Caspar Tourtual (Münster), Hoettger (Münster).

— Wilhelm Gottlieb (Leer / Ostfriesland), Interpretatio grammatica capitis VIIII epistolae D Paulli ad Romanos. Präs. Jo. August Noesselt. Halle (Johann Friedrich Grunert) 13. VII. 1761. 44 S. (5.50) 17135
Gew.: Jo. Ludwig Lindhammer, Andreas Arnold Gossel, Theodor Jütting (Vater). — Widm. v.: Präs., Dethard Daniel Schwers (Ostfriesland), Georg Christ. Seeland, Johann Günter Stellwagen (Norden/Ostfriesl.).

Jütting, W[übbe]

Jütting, W. U., sprachliche und pädagogische Abhandlungen. 1. Bd. gr. 8. (XV, 443 S.) Aurich 868, Frerichs. [Leipzig, Siegismund und Volkening.] * 4 —
—— dass. — 2. Bd. 1.—3. Heft. gr. 8. Leipzig, Siegismund und Volkening. [1. Heft. (S. 1—172.) 872. *M 1,20.; 2. Heft. (S. 173—284.) 873. *M 1,20.; 3. Heft. (S. 285—428.) 874. *M 1,60.] * 4 —

— u. H Weber, Anschauungsunterricht u. Heimatkunde für das 1.—4. Schuljahr mehrklassiger Schulen Grundsätze, Lehrstoffe u Lehrproben. 4., völlig umgearb. Aufl. gr. 8. (310 S. m. Bildern.) Leipzig 889. Klinkhardt. n. 3. —

— u. Hugo Weber, Anschauungsunterricht u. Heimatkunde f. d. 1.—4. Schuljahr mehrklassiger Schulen. Grundsätze, Lehrstoffe u. Lehrproben. 5. Aufl., durchgesehen v. Rich. Börner. gr. 8. (310 S. m. Abbildgn.) Leipzig 894. J. Klinkhardt. n. 3. —

— u. Hugo Weber, Anschauungsunterricht u. Heimatkunde f. das 1. bis 3. (bezw. 4.) Schuljahr. 7. Aufl., bearb. von Johs. Kühnel. (XVI, 378 S.) gr. 8. Leipzig 909. J. Klinkhardt. 4.40; geb. in Leinw. 5. —

Jütting, W. U., Aufgaben für Aufsatzübungen. 1. und 2. Aufl. gr. 8. (24 S.) Leipzig 882, Siegismund und Volkening. *

Jütting, W. U., Aufgaben f. Aufsatzübungen. 3. Aufl. [Aus: „Uebungsbuch f. d. Unterr. in der deut. Sprache".] 8. (S. 81—104.) Leipzig 899. [Schulbücherverlag A. B. Zirrgiebel.] E. Zehl. n. — 18

Jütting, W. U., die ungenügende Besoldung der preußischen Volksschullehrer, s. a. Sammelmappe, pädagogische.

—— die ungenügende Besoldung der preußischen Volksschullehrer. Eine Denkschrift, im Auftrage verfaßt. Nebst angehängten Petitionen. 5. Aufl. gr. 8. (76 S.) Ebendas. 872. * — 50
—— dass. — Mit einem Nachworte, namentlich über die Küsterfrage. 6. Aufl. gr. 8. (130 S.) Ebendas. 872. * — 90
Nachwort apart (56 S.) * — 40

—— Bilder aus der jüngsten Vergangenheit des ostfriesischen Volksschulwesens. gr. 8. (38 S.) Ebendas. 874. cart. *
Aus: Sprachliche und pädagogische Abhandlungen, besonders abgedruckt.

Jütting, W. U., Bilder aus der jüngsten Vergangenheit d. ostfriesischen Volksschulwesens. gr. 8. (38 S.) Leipzig 874. Siegismund & Volkening. cart. n. 1.20

—— die Bürgerschule in Einbeck. gr. 8. (59 S.) Aurich 869, Frerichs. * — 50

– Zur Dotation der preußischen Volksschule, s.a. Sammelmappe, Pädagogische.

—— zur Dotation der preußischen Volksschule. Kritik und Antikritik. Wider den Prov.-Schul-R. Bormann. 8. (56 S.) Minden 871, Volkening. [Leipzig, Siegismund und Volkening.] — 60

—— phonetische, etymologische und orthographische Essays über deutsche und fremde Wörter mit harten und weichen Verschlußlauten. gr. 8. (XVI, 291 S.) Wittenberg 884, Herrosé Verlag. *

—— Festschrift zur Einweihung des neuen Seminargebäudes zu Erfurt am 20. Aug. 1881. gr. 8. (IV, 138 S. mit 1 Taf.) Leipzig 882, Klinkhardt. *

—— Fibel oder Lehr- und Lesebuch für das erste Schuljahr. 1.—3. Aufl. 1871—74. * 50 Pf., und 4. und 5. verb. Aufl. 8. (78 S. mit eingedr. Holzschn.) Leipzig 874,75, Siegismund und Volkening. cart. * 55 Pf.; geb. * — 70

—— dass. — Ausg. für Lehrer mit einem methodolog. Vorworte. 8. (XXIV, 78 S., wovon 24 lithogr.) Ebendas. 871. cart. * — 60

—— dass. — 2. Abthl. 7. verb. Aufl. 8. (S. 40—78.) Ebendas. 875. geb. ** — 30

—— dass. — 2.—4. verb. Aufl. Ausg. für Lehrer mit einem methodolog. Vorworte. 8. (XXIV, 82 S., wovon 24 lithogr.) Ebendas. 872—75. * 55 Pf.; geb. **

—— Fibel oder Lehr- und Lesebuch für das 1. Schuljahr. Ausg. für Schüler. 6.—9. verb. Aufl. (II, 78 S., wovon 24 lithogr.) 1876; 10.—16. Aufl. [Durch latein. Druckschrift verm.] gr. 8. (II, 82 S., wovon 24 lithogr.) Leipzig 877—79. [Siegismund und Volkening.] Klinkhardt. * 45 Pf.; cart. *

— dasselbe. 4., verb. Aufl. Ausg. für Lehrer mit einem methodolog. Vorworte. 8. (XXIV, 78 S., wovon 24 lith.) Ebend. 877. cart. n. — 70

—— Fibel oder Lehr- und Lesebuch für das erste Schuljahr. 17. Aufl. und 18. Aufl., nach der vom preuß. Kultusministerium angeordneten Orthographie. gr. 8. (II, 82 S., wovon 24 lithogr., mit eingedr. Holzschn.) Ebendas. 880,84. * 45 Pf.; geb. *
geb. in 2 Abthlgn. à 35 Pf. *

— Fibel oder Lehr- u. Lesebuch für das erste Schuljahr. 22. Aufl. gr. 8. (II, 82 S. m. eingedr. Fig.) Ebend. 882. n. — 45; geb. n. — 60; in 2 Abtlgn. geb. à n. — 35

— Fibel od. Lehr- u. Lesebuch f. das 1. Schuljahr. 26. Aufl. gr. 8. (82 S. m. eingedr. Holzschn.) Leipzig 884. Klinkhardt. n. — 45; geb. n. — 60

— dasselbe. Ausg. f. Lehrer. Neue Bearbeitg. gr 8. (XVI, 87 S.) Ebend. 885. n. — 50

Jütting, W. U., Fibel oder Lehr- und Lesebuch für das erste Schuljahr. 30.—32. Aufl. in neuer Bearbeitung. gr. 8. (87 S. mit Abbild.) Leipzig 886—88, Klinkhardt. * — 45
geb. * — 60

Jütting, W. U., Fibel oder Lehr- u. Lesebuch für das 1. Schulj. 36. Aufl. gr. 8. (87 S. m. Bildern.) Leipzig 890. Klinkhardt. n. — 45; geb. n. — 60

Jütting, W. U. Fibel od. Lehr- u. Lesebuch f. das 1. Schuljahr. 39. Aufl. gr. 8. (87 S. m. Bildern.) Lpz. 892, Klinkhardt. * — 45; geb. * — 60

Jütting, W. U., Fibel od. Lehr- u. Lesebuch f. d. 1. Schuljahr. 42. Aufl. gr. 8. (88 S. m. Bildern.) Leipzig 894. J. Klinkhardt. n. — 45; geb. n. — 60

Jütting, W. U., Fibel od. Lehr- u. Lesebuch f. d. 1. Schuljahr. 45. Aufl. Neu bearb. v. Th. Heym. gr. 8. (IV, 96 S. m. Bild.) Leipzig 897. J. Klinkhardt. n. — 45; geb. n. — 60

— Fibel od. Lehr- u. Lesebuch f. das 1. Schulj. 47. Aufl. Neu bearb. v. Th. Heym. gr. 8. (IV, 96 S. m. Abbildgn.) Leipzig 900. J. Klinkhardt. n. — 45; geb. n.n. — 60

Jütting, W. U., Fibel oder Lehr- u. Lesebuch für das 1. Schulj. Neubearbeitung v. Th. Heym. 50. Aufl. (IV, 96 S. m. Abb.) 8. Leipzig 906. J. Klinkhardt. Geb. n.n. — 60

Jütting, W. U., Fibel od. Lehr- u. Lesebuch f. d. 1. Schuljahr. Neubearbeitg. v. Th. Heym. 52. Aufl. (IV, 96 S. m. Abbildgn.) 8. Leipzig 910. J. Klinkhardt. Geb. — 60

— Geschichte des Rückschritts in der Dotation der preußischen Volksschule. Beiträge zur innern Schulgeschichte u. zur Kritik der bestեh. Schulgesetzgebung nebst der Unterrichtsgesetzes-Vorlage. Minden 870. Leipzig, Siegismund & Volkening. n. 24 ngr

Jütting, W. U., Grundsätze über den Sprachunterricht und für die Behandlung des Uebungsbuches. 3. Aufl. 1873, und 4. Aufl. gr. 8. (11 S.) Leipzig 874, Siegismund und Volkening. *

— u. Hugo Weber

—— —— die Heimath. 3. Lehr- und Lesebuch für Pflege nationaler Bildung. [Ausgabe mit oder ohne Orthographie-Reformen.] 1. Aufl. (212 S.), und 2. Aufl. gr. 8. (207 S.) Ebendas. 875. * 80 Pf.; geb. *

—— —— die Heimat. 3. Lehr- und Lesebuch zur Pflege nationaler Bildung. [4. Schulj.] 3.—7. Aufl. gr. 8. (207 S. mit eingedr. Holzschn.) Ebendas. 876—79. * 80 Pf.; geb. *

—— —— die Heimat. Drittes Lehr- und Lesebuch zur Pflege nationaler Bildung. A und Bb. Ausg. für vier- bis sechs- und achtklass. Schulen. [Viertes Schuljahr.] 8.—15. Aufl. gr. 8. (207 S.) Ebendas. 880—83. * 80 Pf.; geb. *

—— —— dass. — Ausg. für fünf- bis achtklass. Schulen. Viertes Schuljahr. 16. Aufl. gr. 8. (224 S.) Ebendas. 884. *
geb. *

—— und Hugo Weber, die Heimat. Drittes Lehr- und Lesebuch zur Pflege nationaler Bildung. A und Bb. Ausg. für 5- bis 8klassige Schulen. 4. Schulj. 17. und 18.; 19.; 20.—22. Aufl. gr. 8. (207; 208; 224 S., mit eingedr. Holzschn.) Leipzig 885—88, Klinkhardt. * — 80
geb. ** 1 10

Vgl.: Weber, H., deutsche Sprache und Dichtung.

— — die Heimat. 3. Lehr- u. Lesebuch zur Pflege nationaler Bildung. A u. Bb. Ausg. f. 5—8klass. Schulen. 4. Schulj. 26. Aufl. gr. 8. (224 S. m. eingedr. Holzschn.) Ebd. 890. geb. n.n. 1. 10

—— —— Die Heimat. 3. Lehr- u. Lesebuch zur Pflege nationaler Bildg. A u. Bb. Ausg. für 5—8 klass. Schulen. 4. Schulj. 28. Aufl. gr. 8. (224 S. m. Bildern.) Ebd. 891. geb. ** 1 10

— — die Heimat. 3. Lehr- u. Lesebuch zur Pflege nationaler Bildg. A u. Bb. Ausg. f. 5—8klass. Schulen. 4. Schulj. 30. Aufl. gr. 8. (224 S. m. Bildern.) Ebd. 893. n. — 80; geb. n.n. 1. 10

— u. Hugo Weber, die Heimat. Lesebuch zur Pflege nationaler Bildg. Neu bearb. v. K. Lange u. H. Schillmann. Ausg. f. 5—8klass. Schulen. 4. Schulj. 36. Aufl. gr. 8. (VIII, 192 u. 32 S. m. Abb.) Leipzig 898. J. Klinkhardt. n. — 85; geb. n.n. 1. 10

— u. Hugo Weber, die Heimat. Lesebuch zur Pflege nationaler Bildg. Neu bearb. v. K. Lange u. H. Schillmann. Ausg. f. 5—8klass. Schulen. 4. Schulj. 40. Aufl. gr. 8. (VIII, 192 u. 32 S. m. Abbildgn.) Leipzig 902. J. Klinkhardt. Geb. n.n. 1. 10

— u. Hugo Weber, die Heimat. Lesebuch zur Pflege nationaler Bildung. Neu bearb. v. K. Lange u. H. Schillmann. Ausgabe f. 5—8klass. Schulen. 4. Schulj. 44. Aufl. (VIII. 192 S. m. Abbildgn.) 8. Leipzig 906. J. Klinkhardt. Geb. n.n. 1. 10

— — Die Heimat. Lesebuch zur Pflege nationaler Bildung. Neu bearb. v. K. Lange u. H. Schillmann. 46. Aufl. (VIII, 192 u. 32 S. m. Abbildgn.) 8. Ebd. 908. Geb. nn — 1. 10

— von dem Kampfe um die Volksschule in Preußen u. von der Stellung u. Besoldung ihrer Lehrer. gr. 8. (116 S.) Berlin 889. Wiegandt & Schotte. n. 1. 20

—— Leben, s. Meis, Frz.

— der 32jährige Lebenskampf eines ostpreußischen Volksschullehrers, s. a. Sammelmappe, pädagogische.

—— der 32jährige Lebenskampf eines ostpreußischen Volksschullehrers. gr. 8. (24 S.) Ebendas. 872. *

—— und Hugo Weber, Lehrbuch für Anschauungsunterricht und Heimatkunde. Eine planmäß. Darstellung von Lehrstoffen in concentr. Kreisen für das 1.—4. Schuljahr. gr. 8. (84 S. mit 4 Holzschntaf.) Leipzig 875, Siegismund und Volkening. cart. *

—— und Hugo Weber, Lehrbuch für Anschauungsunterricht und Heimatkunde. Eine planmäßige Darstellung von Lehrstoffen in concentr. Kreisen für das 1.—4. Schulj. 2. und 3. verb. und durch praktisch ausgeführte Lectionen verm. Aufl. gr. 8. (144 S.) Leipzig 877,78, [Siegismund und Volkening.] Klinkhardt. * M 1,50.; geb. *

—— Lehr- und Aufgabenbuch für den Unterricht in der deutschen Grammatik. [II. Kurs. des Übungsbuches für den Unterricht in der deutschen Sprache.] 5. Aufl. gr. 8. (192 S.) Leipzig 883, Siegismund und Volkening. * M 1.; geb. *
Vermehrt durch ein Schlußkapitel über Poetik *
geb. *

—— und F. Vorbrodt, Lehr- und Lesebuch für allgemeine und gewerbliche Fortbildungsschulen, mit besond. Berücksicht. der Bedürfnisse des gewerbl. Lebens. Mit in den Text eingedr. Holzschn. 1. und 2. unveränd. Aufl. gr. 8. (XI, 384 S.) Braunschweig 878,79, Vieweg und Sohn. *

— u. F. Vorbrodt, Lehr- u. Lesebuch für allgemeine u. gewerbliche Fortbildungsschulen, sowie zur Selbstbelehrung. 1. Thl. Für allgemeine Fortbildungsschulen m. besond. Berücksichtigung der Bedürfnisse des gewerblichen Lebens. Mit in den Text eingedr. Holzst. 2., unveränd. Aufl. gr. 8. (XI, 384 S.) Braunschweig 879. Vieweg & Sohn. n. 2. —

—— und F. Vorbrodt, Lehr- und Lesebuch für allgemeine und gewerbliche Fortbildungsschulen, sowie zur Selbstbelehrung. 1. Thl.: Für allgemeine Fortbildungsschulen mit besond. Berücksicht. der Bedürfnisse des gewerbl. Lebens. 3. unveränd. Aufl. gr. 8. (XI, 384 S. mit in den Text eingedr. Holzst.) Braunschweig 881, Vieweg und Sohn. *

—— und F. Vorbrodt, Lehr- und Lesebuch für allgemeine und gewerbliche Fortbildungsschulen in Stadt und Land. 1. Kursus. 4. umgearb. Aufl. gr. 8. (XII, 240 S. mit eingedr. Holzst.) Braunschweig 887, Vieweg und Sohn. 1 —
—— —— dass. — 2. Kursus, hrsg. von W. Jütting. 4. umgearb. Aufl. gr. 8. (X, 256 S. mit eingedr. Holzst.) Ebendas. 888. * 1 20

— u. Hugo Weber

— — Lehr- u. Lesebuch für Landschulen. Zur Pflege nationaler Bildung. Mittelstufe: Wohnort und Heimat. gr. 8. (256 S.) Ebend. 876. n. — 90

—— —— Lehr- und Lesebuch für Stadt- und Landschulen. Zur Pflege nationaler Bildung. Mittel- und Oberstufe. gr. 8. (Mit eingedr. Holzschn.) Ebendas. * M 2,10.; geb. *
Inhalt:
Mittelstufe: Wohnort und Heimat. 2.—5. Aufl. (248 S.) 876—79. * 90 Pf., geb. * M 1,20. — Oberstufe: Vaterland und weite Welt. 1.—6. Aufl. (352 S.) 876—78. * M 1,20.; geb. * M 1,55.

—— und Hugo Weber, Lehr- und Lesebuch für Stadt- und Landschulen. Zur Pflege nationaler Bildung. Mittelstufe: Wohnort und Heimat. 6. Aufl. und 7.—12. Aufl., nach der vom preuß. Kultusministerium angeordneten Orthographie. gr. 8. (248, 264 S. mit eingedr. Holzschn.) Leipzig 880—84, Klinkhardt. *
geb. *
—— —— dass. — Oberstufe: Vaterland und weite Welt. 7. Aufl. gr. 8. (352 S. mit eingedr. Holzschn.) Ebendas. 880. *
geb. *

Jütting, W. U., u. Hugo Weber, Lehr- u. Lesebuch für Stadt- u. Landschulen. Zur Pflege nationaler Bildung. C. Mittelstufe: Wohnort u. Heimat. gr. 8. (264 S. m. eingedr. Holzschn.) Leipzig 881. Klinkhardt. n. 1. 20

Jütting, W. U., und Hugo Weber, Lehr- und Lesebuch für Stadt- und Landschulen. Zur Pflege nationaler Bildung. Für zwei- bis vierklass. Stadt- und Landschulen. C. Oberstufe: Vaterland und weite Welt. 8.—11. Aufl. gr. 8. (368 S.) Leipzig 881—84, Klinkhardt. * M 1,20.; geb. *

—— —— Lehr- und Lesebuch für 2—4klassige Stadt- und Landschulen. Zur Pflege nationaler Bildung. C. Mittel- und Oberstufe. gr. 8. (Mit eingedr. Holzschn.) Ebendas. 885—88. * M 2.10.; geb. * 2 75
Inhalt:
Mittelstufe. Wohnort und Heimat. 13.—20. Aufl. (264 S.) * 90 Pf.; geb. * M 1.20.
Oberstufe. Vaterland und weite Welt. 12.—15. Aufl. (368 S.) * M 1.20.; geb. * M 1.55.

— — Lehr- u. Lesebuch f. 2—4klass. Stadt- u. Landschulen. Zur Pflege nationaler Bildung. C. Mittel- u. Oberstufe. gr. 8. (Mit eingedr. Holzschn.) Ebd. 890. n. 2. 10; geb. n.n. 2. 75
Mittelstufe. Wohnort u. Heimat. 24. Aufl. (264 S.) n. — 90; geb. n. 1. 20. — Oberstufe. Vaterland u. weite Welt. 17. Aufl. (384 S.) n. 1. 20; geb. n.n. 1. 55.

—— —— Lehr- u. Lesebuch f. 2—4klassige Stadt- u. Landschulen. Zur Pflege nationaler Bildg. hrsg. C. Mittel- u. Oberstufe. gr. 8. Ebd. 892. * 2 10; geb. ** 2 75
Mittelstufe: Wohnort u. Heimat. 27. Aufl. (264 S. m. Abbildgn.) * — 90; geb. * 1 20.
Oberstufe: Vaterland u. Weite Welt. 19. Aufl. (384 S. m. Abbildgn.) * 1 20; geb. ** 1 55.

— — Lehr- u. Lesebuch f. 2—4klassige Stadt- u. Landschulen. Zur Pflege nationaler Bildg. hrsg. C. Mittel- u. Oberstufe. gr. 8. Ebd. 894. n. 2. 10; geb. n.n. 2. 75
Mittelstufe. Wohnort u. Heimat. 30. Aufl. (264 S. m. Abbildgn.) n. — 90; geb. n. 1. 20
Oberstufe. Vaterland u. Weite Welt. 21. Aufl. (384 S. m. Abbildgn.) n. 1. 20; geb. n.n. 1. 55

— u. Hugo Weber

— — erstes Lehrbuch f. d. Realunterricht. Vaterland I. [5. Schuljahr.] gr. 8. (47 S.) Ebend. 875. n. — 30; steif br. n. — 36; geb. n. — 42

Jütting, W. U., und Hugo Weber, Erstes Lehrbuch für den Real-Unterricht. Lehrstoffe zu Vaterland I. [5. Schuljahr.] gr. 8. (47 S.) Ebendas. 875. * 30 Pf.; cart. *

— — 2. Lehrbuch f. den Realunterricht. Vaterland II. [6. Schuljahr.] gr. 8. (72 S.) Ebend. 876. n. — 50 (1. u. 2.: n. — 80)

—— Lehr- und Uebungsbuch für den Unterricht der deutschen Grammatik. 3. völlig neu bearb. Aufl. des Uebungsbuches, 2. Kursus. 1873, und 4. Aufl. gr. 8. (VIII, 192 S.) Ebendas. 875. *
geb. **

— u. **Hugo Weber, die Heimat.** Lesebuch zur Pflege nationaler Bildung. Neu bearb. v. K. Lange u. H. Schillmann. Ausgabe f. 5—8klass. Schulen. 4. Schulj. 44. Aufl. (VIII. 192 S. m. Abbildgn.) 8. Leipzig 906. J. Klinkhardt. Geb. n.n. 1. 10

— — Die Heimat. Lesebuch zur Pflege nationaler Bildung. Neu bearb. v. K. Lange u. H. Schillmann. 46. Aufl. (VIII, 192 u. 32 S. m. Abbildgn.) 8. Ebd. 908. Geb. nn — 1. 10

— von dem Kampfe um die Volksschule in Preußen u. von der Stellung u. Besoldung ihrer Lehrer. gr. 8. (116 S.) Berlin 889. Wiegandt & Schotte. n. 1. 20

—— Leben, s. Meis, Frz.

— der 32jährige Lebenskampf eines ostpreußischen Volksschullehrers, s. a. Sammelmappe, pädagogische.

—— der 32jährige Lebenskampf eines ostpreußischen Volksschullehrers. gr. 8. (24 S.) Ebendas. 872. *

—— und Hugo Weber, Lehrbuch für Anschauungsunterricht und Heimatkunde. Eine planmäß. Darstellung von Lehrstoffen in concentr. Kreisen für das 1.—4. Schuljahr. gr. 8. (84 S. mit 4 Holzschntaf.) Leipzig 875, Siegismund und Volkening. cart. *

—— und Hugo Weber, Lehrbuch für Anschauungsunterricht und Heimatkunde. Eine planmäßige Darstellung von Lehrstoffen in concentr. Kreisen für das 1.—4. Schulj. 2. und 3. verb. und durch praktisch ausgeführte Lectionen verm. Aufl. gr. 8. (144 S.) Leipzig 877,78, [Siegismund und Volkening.] Klinkhardt. * ℳ 1,50.; geb. *

—— Lehr- und Aufgabenbuch für den Unterricht in der deutschen Grammatik. [II. Kurs. des Übungsbuches für den Unterricht in der deutschen Sprache.] 5. Aufl. gr. 8. (192 S.) Leipzig 883, Siegismund und Volkening. * ℳ 1.; geb. *
Vermehrt durch ein Schlußkapitel über Poetik *
geb. *

—— und F. Vorbrodt, Lehr- und Lesebuch für allgemeine und gewerbliche Fortbildungsschulen, mit besond. Berücksicht. der Bedürfnisse des gewerbl. Lebens. Mit in den Text eingedr. Holzschn. 1. und 2. unveränd. Aufl. gr. 8. (XI, 384 S.) Braunschweig 878,79, Vieweg und Sohn.

— u. F. Vorbrodt, Lehr- u. Lesebuch für allgemeine u. gewerbliche Fortbildungsschulen, sowie zur Selbstbelehrung. 1. Thl. Für allgemeine Fortbildungsschulen m. besond. Berücksichtigung der Bedürfnisse des gewerblichen Lebens. Mit in den Text eingedr. Holzst. 2., unveränd. Aufl. gr. 8. (XI, 384 S.) Braunschweig 879. Vieweg & Sohn. n. 2. —

—— und F. Vorbrodt, Lehr- und Lesebuch für allgemeine und gewerbliche Fortbildungsschulen, sowie zur Selbstbelehrung. 1. Thl.: Für allgemeine Fortbildungsschulen mit besond. Berücksicht. der Bedürfnisse des gewerbl. Lebens. 3. unveränd. Aufl. gr. 8. (XI, 384 S. mit in den Text eingedr. Holzst.) Braunschweig 881, Vieweg und Sohn. *

—— und F. Vorbrodt, Lehr- und Lesebuch für allgemeine und gewerbliche Fortbildungsschulen in Stadt und Land. 1. Kursus. 4. umgearb. Aufl. gr. 8. (XII, 240 S. mit eingedr. Holzst.) Braunschweig 887, Vieweg und Sohn. * 1 —
—— —— dass. — 2. Kursus, hrsg. von W. Jütting. 4. umgearb. Aufl. gr. 8. (X, 256 S. mit eingedr. Holzst.) Ebendas. 888. * 1 20

— u. Hugo Weber

— — Lehr- u. Lesebuch für Landschulen. Zur Pflege nationaler Bildung. Mittelstufe: Wohnort und Heimat. gr. 8. (256 S.) Ebend. 876. n. — 90

—— —— Lehr- und Lesebuch für Stadt- und Landschulen. Zur Pflege nationaler Bildung. Mittel- und Oberstufe. gr. 8. (Mit eingedr. Holzschn.) Ebendas. * ℳ 2,10.; geb. *
Inhalt:
Mittelstufe: Wohnort und Heimat. 2.—5. Aufl. (248 S.) 876—79. * 90 Pf., geb. * ℳ 1,20. — Oberstufe: Vaterland und weite Welt. 1.—6. Aufl. (352 S.) 876—78. * ℳ 1,20.; geb. * ℳ 1,55.

—— und Hugo Weber, Lehr- und Lesebuch für Stadt- und Landschulen. Zur Pflege nationaler Bildung. Mittelstufe: Wohnort und Heimat. 6. Aufl. und 7.—12. Aufl., nach der vom preuß. Kultusministerium angeordneten Orthographie. gr. 8. (248, 264 S. mit eingedr. Holzschn.) Leipzig 880—84, Klinkhardt. *
geb. *

—— —— dass. — Oberstufe: Vaterland und weite Welt. 7. Aufl. gr. 8. (352 S. mit eingedr. Holzschn.) Ebendas. 880. *
geb. *

Jütting, W. U., u. Hugo Weber, Lehr- u. Lesebuch für Stadt- u. Landschulen. Zur Pflege nationaler Bildung. C. Mittelstufe: Wohnort u. Heimat. gr. 8. (264 S. m. eingedr. Holzschn.) Leipzig 881. Klinkhardt. n. 1. 20

Jütting, W. U., und Hugo Weber, Lehr- und Lesebuch für Stadt- und Landschulen. Zur Pflege nationaler Bildung. Für zwei- bis vierklass. Stadt- und Landschulen. C. Oberstufe: Vaterland und weite Welt. 8.—11. Aufl. gr. 8. (368 S.) Leipzig 881—84, Klinkhardt. * ℳ 1,20.; geb. *

—— —— Lehr- und Lesebuch für 2—4klassige Stadt- und Landschulen. Zur Pflege nationaler Bildung. C. Mittel- und Oberstufe. gr. 8. (Mit eingedr. Holzschn.) Ebendas. 885—88. * ℳ 2.10.; geb. * 2 75
Inhalt:
Mittelstufe. Wohnort und Heimat. 13.—20. Aufl. (264 S.) * 90 Pf.; geb. * ℳ 1.20.
Oberstufe. Vaterland und weite Welt. 12.—15. Aufl. (368 S.) * ℳ 1.20.; geb. * ℳ 1.55.

— — Lehr- u. Lesebuch f. 2—4 klass. Stadt- u. Landschulen. Zur Pflege nationaler Bildung. C. Mittel- u. Oberstufe. gr. 8. (Mit eingedr. Holzschn.) Ebd. 890. n. 2. 10; geb. n.n. 2. 75
Mittelstufe. Wohnort u. Heimat. 24. Aufl. (264 S.) n. — 90; geb. n. 1. 20. — Oberstufe. Vaterland u. weite Welt. 17. Aufl. (384 S.) n. 1. 20; geb. n.n. 1. 55.

—— —— Lehr- u. Lesebuch f. 2—4 klassige Stadt- u. Landschulen. Zur Pflege nationaler Bildg. hrsg. C. Mittel- u. Oberstufe. gr. 8. Ebd. 892. * 2 10; geb. ** 2 75
Mittelstufe: Wohnort u. Heimat. 27. Aufl. (264 S. m. Abbildgn.) * — 90; geb. * 1 20.
Oberstufe: Vaterland u. Weite Welt. 19. Aufl. (384 S. m. Abbildgn.) * 1 20; geb. ** 1 55.

— — **Lehr- u. Lesebuch f. 2—4klassige Stadt- u. Landschulen.** Zur Pflege nationaler Bildg. hrsg. C. Mittel- u. Oberstufe. gr. 8. Ebd. 894. n. 2. 10; geb. n.n. 2. 75
Mittelstufe. Wohnort u. Heimat. 30. Aufl. (264 S. m. Abbildgn.) n. — 90; geb. n. 1. 20
Oberstufe. Vaterland u. Weite Welt. 21. Aufl. (384 S. m. Abbildgn.) n. 1. 20; geb. n.n. 1. 55

— u. Hugo Weber

— — **erstes Lehrbuch** f. d. Realunterricht. Vaterland I. [5. Schuljahr.] gr. 8. (47 S.) Ebend. 875. n. — 30; steif br. n. — 36; geb. n. — 42

Jütting, W. U., und Hugo Weber, Erstes Lehrbuch für den Real-Unterricht. Lehrstoffe zu Vaterland I. [5. Schuljahr.] gr. 8. (47 S.) Ebendas. 876. * 30 Pf.; cart. *

— — 2. Lehrbuch f. den Realunterricht. Vaterland II. [6. Schuljahr.] gr. 8. (72 S.) Ebend. 876. n. — 50
(1. u. 2.: n. — 80)

—— **Lehr- und Uebungsbuch für den Unterricht der deutschen Grammatik. 3. völlig neu bearb. Aufl. des Uebungsbuches, 2. Kursus. 1873, und 4. Aufl. gr. 8. (VIII, 192 S.)** Ebendas. 875. *
geb. **

— — kleines Liederbuch. 4., vollständig umgearb. Aufl. (72 S.) 8. Ebd. 904. n.n. — 40

— u. F. Billig, Liederbuch für die Mittel- u. Oberklassen städtischer Volksschulen [auch gehobener Landschulen] u. die unteren Klassen höherer Lehranstalten. 8. (VIII, 120 S.) Hannover 879. Meyer. n. — 80

— — Liederbuch f. die Unterklassen der Volksschulen u. anderer Lehranstalten, nebst Wegweiser f. die Liederbücher. 2. Aufl. gr. 8. (39 S.) Ebd. 902. n. — 60

—— Muster und Aufgaben zu deutschen Aufsätzen s. Sammelmappe, pädagogische.

— Muster u. Aufgaben zu deutschen Aufsätzen für 8—15-jährige Schüler. Aurich 868. Frerichs. 8. (84 S.) geb. n. 4 ngr.

—— Muster und Aufgaben zu deutschen Aufsätzen für 8- bis 15jährige Schüler. 1.—3. verb. und verm. Aufl. gr. 8. (80 S.) Ebendas. 874,75. * 40 Pf.; cart. *

—— Muster und Aufgaben zu deutschen Aufsätzen für 8- bis 15jährige Schüler. 4. Aufl. gr. 8. (80 S.) Leipzig 879. Siegismund und Volkening. * 40 Pf.; cart.

—— praktische Poetik für Lehrer, Lehrerbildungsanstalten, höhere Bürgerschulen und höhere Töchterschulen. [Zugleich als Anhang zu Jütting's deutscher Grammatik.] gr. 8. (IV, 80 S.) Leipzig 884, Siegismund und Volkening.

– u. Hugo Weber

— — größeres Reallehrbuch. Zugleich ein Ergänzungsheft zu den Lesebüchern der Verf.: „Das Vaterland" u. „Die weite Welt" u. „Die Welt im Spiegel der Nationalliteratur" sowie zu ähnlichen Lesebüchern. 2., verb. u. durch Sprachdenkübungen verm. Aufl. gr. 8. (176 S.) Ebend. 878. n. — 76

— — kleineres Reallehrbuch. Zugleich ein Ergänzungsheft zu dem Lesebuch der Verf.: „Die Oberstufe" [„Das Vaterland" u. „Die weite Welt"], sowie zu ähnlichen Lesebüchern. 8. (128 S.) Ebend. 878. n. — 50; cart. n. — 60

— — Reallesebuch f. Stadt- u. Landschulen. Zugleich ein Ergänzungsheft zu den Lesebüchern der Verf. „Das Vaterland" u. „Die weite Welt", sowie zu ähnlichen Lesebüchern. gr. 8. (141 S.) Ebend. 877. n. — 60; geb. n. — 75

– u. Fr. Vorbrodt

— — Erfurter orthographische Schönschreibschule. Ausg. A. Deutsch in 12 Hftn. 4. Berlin 889. Klemann. n.n. 1. 80
1—10. (à 20 S.) à n. — 10. — 11. u. 12. (à 32 S.) à n.n. — 15.

— — dasselbe. 13.—20. Hft. Ausg. B. Deutsch in 8 Hftn. 4. Ebd. 889. n.n. — 85
13—19. (à 20 S.) à n. — 10. — 20. (32 S.) n.n. — 15.

— — dasselbe. 21.—24. Hft. Ausg. C. Latein in 4 Hftn. 4. Ebd. 889. n.n. — 45
21. 22. (à 20 S.) à n. — 10. — 23. (24 S.) n. — 10. — 24. (32 S.) n.n. — 15.

— — dasselbe. Ausg. D. Zierschriften. 4. (33 S.) Ebd. 889. n. — 30

— — dasselbe. Ausg. E. Geschäftsaufsätze. 4. (21 S.) Ebd. 889. n. — 10

—— der Schreibleseunterricht nach der Realmethode. gr. 8. (60 S. mit eingedr. Holzschn.) Ebendas. 872. *

Jütting, W. U., der Schreibleseunterricht nach der Realmethode. [Aus: „Sprachl. u. pädagog. Abhandlgn."] gr. 8. (56 S.) Leipzig 874. Siegismund & Volkening. n. — 80

—— die deutsche Sprache. Methodisch behandelt für etwa 12- bis 17jähr. Schüler. gr. 8. (X, 249 S.) Braunschweig 884, Sommermeyer.

—— die deutsche Sprache. Für den Schulgebrauch method. behandelt. 2. (Titel-)Aufl. gr. 8. (VI, 249 S.) Hannover 887, Meyer. * 1 20

— die deutsche Sprache. Methodisch behandelt f. Bürger-, höhere Mädchen-, Mittelschulen u. Präparandenanstalten. 3. Aufl., bearb. v. H. Zimmermann. gr. 8. (VIII, 141 S.) Hannover 892. C. Meyer. n. — 80

— deutsche Sprachschule, s.: Baron, M.

— Spruchbüchlein zu der biblischen Geschichte für die Unter- u. Mittelklasse der Volks- u. Bürgerschule. Im Anschluß an die bibl. Geschichte von F. W. Bodemann. Göttingen 867. Vandenhoeck & Ruprecht's Verl. 8. (24 S.) n. 1 ngr.

— die Thätigkeiten in der Schule. [Einzelausg. aus: „Sprachl. u. pädagog. Abhandlgn. 1. Bd."] 8. (59 S.) Leipzig 886. Siegismund & Volkening. cart. n. 1. 20

—— Uebungsbuch für den Unterricht in der deutschen Sprache, s. Sammelmappe, pädagogische. H. 47.

Jütting, W. U., Übungsbuch für den Unterricht in der deutschen Sprache in zwei parallelen Kursen für Schüler von 9—14 Jahren. Aurich 860. Frerichs. gr. 8. (XII, 180 S.) n. 12 ngr.

— — 2. Aufl. 1. u. 2. Cursus. Ebend. 862. gr. 8. (VIII, 80 S.; 125 S.) 1.: n. 5 ngr.; 2.: n. 8 ngr.

—— Übungsbuch für den Unterricht in der deutschen Sprache in 2 parallelen Kursen für Schüler von 9—14 Jahren. 1. Kursus. 3. Aufl. 8. (VIII und 80 S.) Aurich 866, Frerichs. *

—— Uebungsbuch für den Unterricht in der deutschen Sprache für Schüler von 9—14 Jahren. 1. Cursus. 6.—8. Aufl. gr. 8. (80 S.) Ebendas. 873—75. * 50 Pf.; geb. *

—— dass. — 2. Kursus: Grammatik. 4. Aufl. gr. 8. (192 S.) Ebendas. 875. * M 1.; geb. *

—— Uebungsbuch für den Unterricht in der deutschen Sprache. für Schüler von 9—14 Jahren. 1. Kursus. 9. und 10. Aufl. gr. 8. (80 S.) Ebendas. 877. * 50 Pf.; geb.

— Uebungsbuch für den Unterricht in der deutschen Sprache für Schüler von 9—14 Jahren. 9. u. 10. Aufl. gr. 8. (80 S.) Leipzig 877. Siegismund & Volkening. n. — 50; geb. n.n. — 65

— dasselbe. 11. Aufl. Nach der neuen preuß. Orthographie. Mit einem Anh.: Aufgaben u. Aufsatzübungen. 8. (104 S.) Ebend. 880. n. — 55; geb. n. — 72; ohne Anh. n. — 50; geb. n. — 65

— Übungsbuch f. den Unterricht in der deutschen Sprache [Orthographie, Grammatik u. Stil] f. Schüler von 9—14 Jahren. 13. Aufl. Mit e. Anh.: Aufgaben zu Aufsatzübgn. gr. 8. (104 S.) Ebend. 886. n. — 55; geb. n. — 72

— Übungsbuch f. den Unterricht in der deutschen Sprache [Orthographie, Grammatik u. Stil] f. Schüler v. 9—14 Jahren. 14. Aufl. Mit e. Anh.: Aufgaben zu Satzübgn. gr. 8. (104 S.) Leipzig 892. Siegismund & Volkening. n. — 55; geb. n. — 72

— Übungsbuch f. den Unterricht in der deutschen Sprache (Orthographie, Grammatik u. Stil) f. Schüler von 9—14 Jahren. 15. Aufl. Mit e. Anh.: Aufgaben zu Aufsatzübgn. 8. (104 S.) Leipzig 899. [Schulbücherverlag A. B. Hirrgiebel.] E. Zehl. n. — 55; kart. n. — 75

—— zum deutschen Unterrichte. gr. 8. (76 S.) Leipzig 874, Siegismund und Volkening. cart. *
Aus: Sprachliche und pädagogische Abhandlungen, besonders abgedruckt.

—— der Unterricht im Deutschen für das erste Schuljahr. Die Lautlehre, den Anschauungsunterricht und den Schreibleseunterricht umfassend. gr. 8. (XII, 316 S.) Leipzig 885, Klinkhardt. * 3 60

– u. Hugo Weber

—— —— Vaterland I. 1. Lehrbuch für den Realunterricht. [5. Schuljahr.] gr. 8. (47 S.) Ebendas. 875. *
steif broch. * 36 Pf.; geb. *

—— —— das Vaterland I. 4. Lehr- und Lesebuch zur Pflege nationaler Bildung. 1. Thl. [Ausgabe mit oder ohne Orthographie-Reformen.] 1. und 2. Aufl. gr. 8. (232 S.) Ebendas. 875. * 80 Pf.; geb. *

— — das Vaterland I. 4. Lehr- u. Lesebuch zur Pflege nationaler Bildg. 1. Thl. Ausg. m. Orthographie-Reformen. 2. Aufl. gr. 8. (224 S.) Ebend. 875. n. — 80; geb. n. 1. 10

— — das Vaterland. 4. Lehr- u. Lesebuch zur Pflege nationaler Bildg. Ausg. f. 4—6klass. Schulen. 5. u. 6. Schuljahr. gr. 8. (280 S.) Ebend. 876. n. 1. —

— — das Vaterland II. 4. Lehr- u. Lesebuch zur Pflege nationaler Bildg. Ausg. f. 8klass. Schulen. 2. Thl. [6. Schuljahr.] gr. 8. (224 S.) Ebend. 876. n. — 80

—— —— dass. — Ausg. in 1 Bd. für 4—6klass. Schulen. [5. und 6. Schulj.] 1.—4. Aufl. gr. 8. (280 S. mit eingedr. Holzschn.) Ebendas. 876—78. * ℳ 1.; geb. *

—— —— das Vaterland. 4 Lehr- und Lesebuch zur Pflege nationaler Bildung. 1. Thl. [5. und 6. Schulj.] 3. und 4. Aufl. gr. 8. (224 S. mit eingedr. Holzschn.) Ebendas. 878,79. * 80 Pf.; geb. *

—— —— das Vaterland. Viertes Lehr- und Lesebuch zur Pflege nationaler Bildung. In 2 Tln. A. Ausg. für achtklass. Schulen. gr. 8. (Mit eingedr. Holzschn.) Ebendas. 881,82. à Tl. * 80 Pf. *
geb. à Tl. * ℳ 1,10. *
Inhalt:
Tl. 1. Fünftes Schuljahr. 5. und 6. Aufl. (223 S.)
" 2. Sechstes Schuljahr. 2. und 3. Aufl. (224 S.)

—— —— dass. — B. Ausg. für vier- bis sechsklass. Schulen. Fünftes und sechstes Schuljahr. 5. Aufl. (280 S. mit eingedr. Holzschn.) 1880. * ℳ 1.; geb. * ℳ 1,30.; 6.—8. Aufl. Nach der vom preuß. Kultusministerium angeordneten Orthographie. gr. 8. (287 S. mit eingedr. Holzschn.) Ebendas. 880—82. *
geb. **

— — dasselbe. 2. Aufl. Ausg. für kathol. od. confessionell gemischte Schulen. 5. u. 6. Schuljahr. gr. 8. (280 S. m. eingedr. Holzschn.) Ebend. 877. n. 1. —; geb. n.n. 1. 30

— — das Vaterland I. Viertes Lehr- u. Lesebuch zur Pflege nationaler Bildg. A. Ausg. f. 8klass. Schulen. 5 Schulj 7. Aufl. gr. 8. (223 S. m. Holzschn.) Ebend. 885. n. – 80; geb. n. 1. 10

— — dasselbe. Ab u. B. Ausg. f. 4—6klass. Schulen. 5. u. 6. Schulj. 11. Aufl. gr. 8. (287 S m. Holzschn.) Ebend. 885. n. 1. —; geb. n. 1. 35

—— —— dass. — Ab und B. Ausg. für 4—6klass. Schulen. 5. und 6. Schulj. 12.—15. Aufl. gr. 8. (287 S. mit eingedr. Holzschn.) Ebendas. 885—88. * 1 —
geb. * 1 35

— — das Vaterland. 4. Lehr- u. Lesebuch zur Pflege nationaler Bildung. A. Ausg. f. 8klass. Schulen. 2 Tle. gr. 8. (Mit eingedr. Holzschn.) Ebd. 888. à Tl. n. — 80; geb. n.n. 1. 10
1. 5. Schuljahr. 8. Aufl. (223 S.) — 2. 6. Schuljahr. 4. Aufl. (224 S.)

— — dasselbe. Ab u. B. Ausg. f. 4—6klass. Schulen. 5. u. 6. Schulj. 18. Aufl. gr. 8. (287 S. m. eingedr. Holzschn.) Ebd. 891. n. 1. —; geb. n.n. 1. 35

Jütting, W. U., u. **Hugo Weber**, das Vaterland. 4. Lehr- u. Lesebuch zur Pflege nationaler Bildg. A. Ausg. f. 8klass. Schulen. I. u. II. gr. 8. Leipzig, J. Klinkhardt. à n. — 80; geb. n.n. 1. 10
I. 5. Schulj. 9. Aufl. (223 S. m. Abbildgn.) 892.
II. 6. Schulj. 5. Aufl. (224 S. m. Abbildgn.) 891.

—— —— Das Vaterland. 4. Lehr- u. Lesebuch zur Pflege nationaler Bildg. Ab u. B. Ausg. f. 4—6klass. Schulen. 5. u. 6. Schulj. 19. Aufl. gr. 8. (287 S. m. eingedr. Holzschn.) Ebd. 891. * 1 —; geb. * * 1 35

—— dass. — Ab u. B. Ausgabe f. 4—6klass. Schulen. 5. u. 6. Schulj. Ausg. f. Simultanschulen. gr. 8. (287 S. m. Abbildgn.) Ebd. 892. * 1 —; geb. ** 1 35

— — dasselbe. Ab u. B. Ausg. f. 4—6klass. Schulen 5. u. 6. Schulj. 22. Aufl. gr. 8. (287 S. m. Bildern) Ebd. 893. n. 1. —; geb. n.n. 1. 35

— — dasselbe. Ab u. B. Ausg. f. 4—6klass. Schulen. 5. u. 6. Schulj. (Ausg. f. Simultanschulen.) 22. Aufl. gr. 8. (287 S. m. Abbildgn.) Ebd. 893. n. 1. —; geb. n.n 1. 35

— — das Vaterland. I. u. II. 4. Lehr- u. Lesebuch z. Pflege nationaler Bildg. A. Ausg. f. 8klass. Schulen. gr. 8. Ebd. à n. — 80; geb. à n.n. 1. 10
I. 5. Schulj. 10. Aufl. (223 S. m. Abb.) 895.
II. 6. Schulj. 7. Aufl. (224 S. m. Abb.) 898.

— — dasselbe. Ab. u. B. Ausg. f. 4—6klass. Schulen. 5. u. 6. Schulj. 24. Aufl. gr. 8. (287 S. m. Abb.) Ebd. 896. n. 1. —; geb. n.n. 1. 35

— — dasselbe. Ausg. f. 4—8klass. Schulen. 5. u. 6. Schulj. 28. Aufl. gr. 8. (XII, 420 S. m. Abb.) Ebd. 898. n. 1. 25; geb. n.n. 1. 50;
m. Anh. f. Sachsen (16 S.) zu gleichen Preisen.

— — das Vaterland. Lesebuch zur Pflege nationaler Bildung. Neu bearb. v. Karl Lange. Ausg. f. 4—8klass. Schulen. 5. u. 6. Schulj. 32. Aufl. gr. 8. (XII, 420 u. 16 S. m. Abbildgn.) Ebd. 902. Geb. n.n. 1. 55

— — dasselbe. I. 4. Lehr- u. Lesebuch zur Pflege nationaler Bildg. A. Ausg. f. 8klass. Schulen. 5. Schulj. 12. Aufl. gr. 8. (223 S. m. Abbildgn.) Ebd. 901.
Geb. in Halbleinw. n.n. 1. 10

— — das Vaterland. Lesebuch zur Pflege nationaler Bildung. Neu bearb. v. Karl Lange. Ausg. für 4—8klass. Schulen. 5. u. 6. Schulj. 36. Aufl. (XII, 420 S. m. Abbildgn.) 8. Leipzig 906. J. Klinkhardt. Geb. n.n. 1. 55

Jütting, W. U., u. Hugo Weber, das Vaterland I u. II. 4. Lehr- u. Lesebuch zur Pflege nationaler Bildg. A. Ausg. f. 8klass. Schulen. 8. Leipzig 906. J. Klinkhardt.
Geb. à n.n. 1. 10
I. 5. Schulj. 18. Aufl. (228 S.) — II. 6. Schulj. 8. Aufl. (224 S.)

—— zur Veranschaulichung abstracter Begriffe. 4. (40 S.) Gotha 874, Thienemann. *
Aus: Pädagogische Blätter für Lehrerbildung, besonders abgedruckt.

– u. Hugo Weber

— — Volksschullesebuch für Mittel- u. Oberklasse in 1 Bde. 2. Aufl. gr. 8. (352 S.) Ebend. 877. n. 1. 20

— — dasselbe. D. Ausg. für 1—2klass. Schulen. 3. Aufl. gr. 8. (384 S. m. eingedr. Holzschn.) Ebend. 881. geb. n. 1. 50

—— —— Volksschullesebuch für Mittel- und Oberklasse in 1 Bde. D. Ausg. für 1—2klass. Schulen. 4. und 5. Aufl. gr. 8. (384 S. mit Holzschn.) Ebendas. 884,85. * 1 20
geb. * 1 55

Jütting, W. U. u. Hugo Weber. Volksschullesebuch f. Mittel- u. Oberklasse in 1 Bande. D. Ausg. f. 1—2klass. Schulen. 6. Aufl. gr. 8. (384 S. m. Abbildgn.) Lpz. 891, Klinkhardt. * 1 20; geb. * 155

— — Volksschullesebuch f. Mittel- u. Oberklasse in 1 Bde. D. Ausg. f. 1—2klass. Schulen. 7. Aufl. gr. 8. (384 S. m. Abb.) Ebd. 898. n. 1. 20; geb. in Halbleinw. n.n. 1. 55

— Wanderungen im Reiche der Natur. Nebst einem Anh.: Unsere Gesundheit. Ein Lesebuch für Schule u. Haus nach dem Holl. Mit zahlreichen in den Text eingedr. Holzst. gr. 8. (X, 190 S.) Braunschweig 879. Vieweg & Sohn. n. 1. 20

—— Wanderungen im Reiche der Natur. Nebst einem Anhange: Unsere Gesundheit. Eine Lesebuch für Schule und Haus nach dem Holländ. 2. (Titel-)Aufl. gr. 8. (X, 190 S. mit zahlreichen Holzst.) Braunschweig 888, Vieweg und Sohn. geb. * 1 20

– u. F. Billig

— — Wegweiser für das Liederbuch. Enth.: 1. eine Abhandlung über Auswahl u. Behandlung der Lieder, u. 2. die Lieder für die Unterstufe. gr. 8. (40 S.) Ebend. 879. n. — 60

— — die weite Welt I. u. II. 5. Lehr- u. Lesebuch zur Pflege nationaler Bildung. 2 Thle. gr. 8. Ebend. 877. à n. 1. 50
1. [7. Schulj.] (1. Abth. 272 S.) — 2. [8. Schulj.] (352 S.)

—— —— die weite Welt. 5. Lehr- und Lesebuch zur Pflege nationaler Bildung. 1. Bd. [7. Schulj.] gr. 8. (384 S.) Ebendas. 877. *M 1,50.; geb. *

—— —— dass. — 2. Bd. [8. Schulj.] gr. 8. (352 S.) Ebendas. 877. *M 1,50.; geb. *

—— —— dass. — Ausg. in 1 Bd. für 4—6klass. Schulen. [7. und 8. Schulj.] 1.—3. verb. Aufl. gr. 8. (448 S. mit eingedr. Holzschn.) Ebendas. 876—79. *M 1,60.; geb. *

—— —— dass. — 2. Aufl. Ausg. für kathol. Schulen. [7. und 8. Schulj.] gr. 8. (448 S.) Ebendas. 878. *M 1,60.; geb. *

—— —— die weite Welt. Fünftes Lehr- und Lesebuch zur Pflege nationaler Bildung. B. Ausg. für vier- bis sechsklass. Schulen. Siebentes und achtes Schuljahr. 4.—7. verb. und mit einem litteraturkundl. Anhang vers. Aufl. Nach der neuen Rechtschreibung. gr. 8. (416 S. mit eingedr. Holzschn.) Ebendas. 881—84. *M 1,40.; geb. **

—— —— die weite Welt. Fünftes Lehr- und Lesebuch zur Pflege nationaler Bildung. B. Ausg. für 4—6klass. Schulen. 7. und 8. Schulj. 8. und 9. Aufl. gr. 8. (416 S. mit Holzschn.) Ebendas. 886,87. *
geb. *

—— —— Die weite Welt. 5. Lehr- u. Lesebuch zur Pflege nationaler Bildg. B. Ausg. f. 4—6klass. Schulen. 7. u. 8. Schulj. 10. Aufl. gr. 8. (416 S. m. Abbildgn.) Ebd. 890. geb. ** 1 75

— — die weite Welt. 5. Lehr- u. Lesebuch zur Pflege nationaler Bildg. B. Ausg. f. 4—6klass. Schulen. 7. u. 8. Schulj. 12. Aufl. gr. 8. (416 S. m. Bildern.) Ebd. 893. n. 1. 40; geb. n.n. 1. 75

— — die weite Welt. Lesebuch z. Pflege nation. Bildg. Neu bearb. v. Karl Lange. 15. Aufl. Ausg. f. 4—8klass. Schulen. 7. u. 8. Schulj. gr. 8. (VIII, 464 S.) Ebd. 897. n. 1. 50; geb. in Halbleinw. n.n. 1. 75

— — die Weite Welt. Lesebuch zur Pflege nationaler Bildg. Neu bearb. v. Karl Lange. Ausg. f. 4—8klass. Schulen. 7. u. 8. Schulj. 17. Aufl. gr. 8. (VIII, 464 S.) Ebd. 901. Geb. n.n. 1. 80;
m. Anh. f. Sachsen (56 S.) geb. n.n. 1. 90

— — die weite Welt. Lesebuch zur Pflege nationaler Bildg. Neu bearb. v. Karl Lange. Ausg. f. 4—8klass. Schulen. 7. u. 8. Schulj. Mit Anh. f. Sachsen. 19. Aufl. (VIII, 464 u. 86 S. m. Abbildgn.) 8. Ebd. 905. Geb. n.n. 1. 90

— — die Welt im Spiegel der Nationalliteratur. Lesebuch für die Oberklassen deutscher Schulen aller Confessionen. Zur Pflege nationaler Bildung im Anschluß an „Wohnort", „Heimat" u. „Vaterland" hrsg. gr. 8. (400 S.) Ebend. 878. n. 1. 25

Jütting, W. U., und Hugo Weber, die Welt im Spiegel der Nationalliteratur. Lesebuch für die Oberklassen deutscher Schulen aller Confessionen. Zur Pflege nationaler Bildung im Anschluß an „Wohnort" und „Vaterland" hrsg. 2 Thle. gr. 8. Leipzig 879. [Siegismund und Volkening.] Klinkhardt. [1. Thl. (224 S.) * 90 Pf., geb. *M 1,10.; 2. Thl. (416 S.) *M 1,30, geb. *M 1,70.] *M 2,10.; geb. *

—— —— die Welt im Spiegel der Nationalliteratur. Lesebuch für die Oberklassen deutscher Schulen aller Confessionen. Zur Pflege nationaler Bildung im Anschluß an „Wohnort", „Heimat" und „Vaterland" hrsg. 2. Aufl. gr. 8. (424 S.) Ebendas. 881. *M 1,25.; geb. *

Jütting, W. U., und Hugo Weber, die Welt im Spiegel der Nationalliteratur. Lesebuch für die Oberklassen deutscher Schulen aller Confessionen. Zur Pflege nationaler Bildung im Anschluß an „Wohnort", „Heimat" und „Vaterland" hrsg. 3. und 4. Aufl. gr. 8. (424 S.) Leipzig 886,88, Klinkhardt. *M 1.25.; geb. *

—— —— der Wohnort. 2. Lehr- und Lesebuch zur Pflege nationaler Bildung. 1. Thl. Ausg. ohne Orthographie-Reformen. gr. 8. (176 S. mit eingedr. Holzschn.) Ebendas. 875. *
geb. *

—— —— dass. — 2. Aufl. 2. Thl. Ausg. mit Orthographie-Reformen. gr. 8. (232 S.) Ebendas. 875. geb. *

—— —— daſſ. — Ausg. für 4—6klaſſ. Schulen. 2. und 3. Schuljahr. 1. Aufl. 1874, und 2. verb. Aufl. gr. 8. (256 S.) Ebendaſ. 875. *

—— —— der Wohnort. 2. Lehr- und Leſebuch zur Pflege nationaler Bildung. Ausg. für 8klaſſ. Schulen. 1. Thl. [2. Schulj.] 3.—5. Aufl. gr. 8. (176 S. mit eingedr. Holzſchn.) Ebendaſ 876—78. * 70 Pf.; geb. *

—— —— daſſ. — 2. Thl. [3. Schulj.] 3.—6. Aufl. gr. 8. (224 mit eingedr. Holzſchn.) Ebendaſ. 876—79. * 80 Pf.; geb. *

—— —— der Wohnort I. Zweites Lehr- und Leſebuch zur Pflege nationaler Bildung. Ausg. für achtklaſſ. Schulen. 1. Thl. [Zweites Schuljahr.] 6. und 7. Aufl. gr. 8. (176 S. mit eingedr. Holzſchn.) Ebendaſ. 879,80. * 70 Pf.; geb. *

—— —— daſſ. — Ausg. für achtklaſſ. Schulen. 1. Tl. [Zweites Schuljahr.] 8.—12. Aufl. Nach der neuen Rechtſchreibung. gr. 8. (175 S. mit eingedr. Holzſchn.) Ebendaſ. 881—84. * geb. *

—— —— daſſ. — B. Ausg. für vier- bis ſechsklaſſ. Schulen. Zweites und drittes Schuljahr. 6.—9. nach der neuen Rechtſchreibung ſter. Aufl. gr. 8. (263 S. mit eingedr. Holzſchn.) Ebendaſ. 880—83. * ℳ 1,20.; geb. *

—— —— der Wohnort II. Zweites Lehr- und Leſebuch zur Pflege nationaler Bildung. A. Ausg. für achtklaſſ. Schulen. Drittes Schuljahr. 7.—11. Aufl. gr. 8. (223 S. mit eingedr. Holzſchn.) Ebendaſ. 881—84. * 80 Pf.; geb. *

—— —— der Wohnort. Zweites Lehr- und Leſebuch zur Pflege nationaler Bildung. I. und II. A. Ausg. für 8klaſſ. Schulen. gr. 8. (Mit Holzſchn.) Ebendaſ. * geb. *

Inhalt:

I. 2. Schuljahr. 13.—16. Aufl. (175 S.) 885—87. * 70 Pf.; geb. * ℳ 1.—.

II. 3. Schuljahr. 12.—15. Aufl. (223 S.) 885—88. * 80 Pf.; geb. * ℳ 1.10.

—— —— daſſ. — B. Ausg. für 4—6klaſſ. Schulen. 2. und 3. Schulj. 10.—15. Aufl. gr. 8. (263 S. mit eingedr. Holzſchn.) Ebendaſ. 885—88. * geb. **

—— —— daſſ. — Ausg. für Braunſchweig. 2. und 3. Schulj. 15. Aufl. 8. (339 S.) Ebendaſ. 888. geb. *

— — der Wohnort I u. II. 2. Lehr- u. Leſebuch zur Pflege nationaler Bildung. A. Ausg. f. 8klaſſ. Schulen. Mit Abbildgn. gr. 8. Ebd. 890. geb. n.n. 1. 95

1. 2. Schulj. 20. Aufl. (175 S.) n.n. — 95. — 2. 3. Schulj. 17. Aufl. (223 S.) n.n. 1. —.

— — daſſelbe. B. Ausg. f. 4—6klaſſ. Schulen. 2. u. 3. Schulj. 17. Aufl. gr. 8. (263 S. m. Bildern.) Ebd. 890. n. 1. —; geb. n.n. 1. 35

—— —— Der Wohnort. Zweites Lehr- u. Leſebuch zur Pflege nationaler Bildung. A. Ausg. f. 8klaſſ. Schulen. I. u. II. gr. 8. (Mit Abbildgn.) Ebd. 891. * 1 45; geb. ** 1 95

I. 2. Schulj. 22. Aufl. (175 S.) * — 70; geb. ** — 95.

II. 3. Schulj. 18. Aufl. (200 S.) * — 75; geb. ** 1 —

—— daſſ. — B. Ausg. f. 4—6klaſſ. Schulen. 2. u. 3. Schulj. 19. Aufl. gr. 8. (263 S. m. Abbildgn.) Ebd. 891. * 1 —; geb. ** 1 35

— — der Wohnort. 2. Lehr- u. Leſebuch zur Pflege nationaler Bildg. A. Ausg. f. 8klaſſ. Schulen. I. u. II. gr. 8. Mit Abbildgn. Ebd. n. 1. 45; geb. n.n. 1. 95

I. 2. Schulj. 24. Aufl. (175 S.) 893. n. — 70; geb. n.n. — 95

II. 3. Schulj. 21. Aufl. (200 S.) 894. n. — 75; geb. n.n. 1. —

— — daſſelbe B. Ausg. f 4—6klaſſ. Schulen. 2. u. 3. Schulj. 21. Aufl gr. 8 (263 S. m. Bildern.) Ebd. 893. n. 1. —; geb. n.n. 1. 35

— — der Wohnort. I. u. II. Leſebuch z. Pflege nation. Bildg. Neu bearb. v. K. Lange u. H. Schillmann. Ausg. f. 8klaſſ. Schulen. gr. 8. Ebd. 898. n. 1. 45; geb. n.n. 1. 95

I. 2. Schulj. 31. Aufl. (VIII, 168 S. m. Abb.) n. — 70; geb. n.n. — 95

II. 3. Schulj. 26. Aufl. (VIII, 184 S. m. Abb.) n. — 75; geb. n.n. 1. —

— — daſſelbe. B. Ausg. f. 4—6klaſſ. Schulen. 2. u. 3. Schulj. 25. Aufl. gr. 8. (VIII, 262 S. m. Abb.) Ebd. 897. n. 1. 10; geb. in Halbleinw. n.n. 1. 35

— — der Wohnort I. u. II. Leſebuch zur Pflege nationaler Bildg. Neu bearb. v. K. Lange u. H. Schillmann. Ausg. f. 8klaſſ. Schulen. gr. 8. Ebd. 902. Geb. n.n. 1. 95

I. 2. Schulj. 34. Aufl. (VIII, 168 S. m. Abbildgn.) n.n. — 95

II. 3. Schulj. 29. Aufl. (VIII, 184 S. m. Abbildgn.) n.n. 1. —

— — daſſelbe. B. Ausg. f. 4—6klaſſ. Schulen. 2. u. 3. Schulj. 29. Aufl. gr. 8. (VIII, 262 S. m. Abbildgn.) Ebd. 902. n. 1. 10; geb. n.n. 1. 35

— — der Wohnort I u. II. Leſebuch zur Pflege nationaler Bildg. Neu bearb. v. K. Lange u. H. Schillmann. Ausg. f. 8klaſſ. Schulen. 8. Ebd. 906. Geb. n.n. 1. 95

I. 2. Schulj. 38. Aufl. (VIII, 162 S. m. Abb.) n.n. — 95

II. 3. Schulj. 33. Aufl. (VIII, 184 S. m. Abb.) n.n. 1. —

— — daſſelbe. B. Ausg. f. 4—6klaſſ. Schulen. 2. u. 3. Schulj. 31. Aufl. (VIII, 256 S. m. Abbildgn.) 8. Ebd. 905. Geb. n.n. 1. 35

— bibliſches Wörterbuch enthaltend eine Erklärung der alterthümlichen und ſeltenen Ausdrücke in M. Luther's Bibelüberſetzung. Für Geiſtliche u. Lehrer. Leipzig 864. Teubner. gr. 8. (XVIII, 234 S.) 1 ℛ

Juttke, Julius, über die Bindung des Krystallwassers in einigen Alaunen. Diss. Berlin 1886, Mayer & Müller. 8°. 32 S. mit 8 Taf.

Juttke, Julius [aus Berlin]: Ueber die Bindung des Krystallwassers in einigen Alaunen .... Berlin, Buchdr. v. J. S. Preuss (1887); 32 S. + 1 Bl. u. 8 Taf. 8°.

Berlin, Phil. Fak., Inaug.-Diss. v. 11. Jun. 1887.

Jüttler, Carl August (Eybau / Laus.), Nonnulla de complicatione ani praeternaturalis cum hernia. Diss. med. Lpz. (Carl Heinrich Hossfeld) 5. III. 1849. 24 S. mit Biogr. (M. A. R. Kiessling.) (6.—) 17136

Gew.: Christian Theophil Jüttler (Vater), Carl Heinrich Matthiae. — Krankengeschichte d. W. Kötsch (Schkölen).

Jüttner, geognostische Uebersichts- und Floetzkarte des westphaelischen Steinkohlengebirges. Im Auftrage des königl. Ober-Berg-Amts zu Dortmund bearb., gez. von W. Kapp. Maassstab 1 : 64,000. 2 Blatt. Chromolithogr. gr. Fol. Iserlohn 867, Baedeker. *

Jüttner, Bruno [vielmehr Hugo] Bericht über die Einweihung des neuen Schulhauses und über die Feier des funfzigjährigen Bestehens der Anstalt. S 3- 39. 4.

Progr. Kgl. Gymn. mit real Ersatzunterr *Rawitsch* 1904 (198).

Jüttner, Bruno, Dr.: Bericht über die Einweihung des neuen Schulhauses und über die Feier des fünfzigjährigen Bestehens der Anstalt. Rawitsch 1904: R. F. Frank. (S. 1—39.) 4° [F.]

Rawitsch, k. G OP 1904 (198)

Jüttner, F., Brüderlein komm, tanz' m. mir! Bilderbogen aus Mariaberg. qu. gr. 16 (6 farb. Bl.) Berlin 895. Exped. d. „Luſtigen Blätter". — 10

Jüttner, Ferencz: ⟨Aus d. chemischen Institut d. Universität Breslau.⟩ Beiträge zur chemischen Auffassung des Lösungsvorganges. *Leipzig: W. Engelmann 1901.* (70 S.) 8° · ¶(Aus: Zeitschrift f. physikal. Chemie, Bd 38, H. 1.)
Breslau, Phil. Diss. v. 31. Juli 1901

Jüttner, Frz., „backe, backe Kuchen!" Liebe Kinderreime, m. Zeichngn. (81 S. m. z. Tl. farb. Abbildgn.) 4. Mainz (906). J. Scholz. Geb. 3.—; auf Pappe (16 S. m. farb. Abbildgn.) Geb. 3.—

Jüttner, Frz., „Backe, backe Kuchen!" Liebe Kinderreime m. Zeichngn. v. J. 12.—15. Tausd. (31 S. m. z. Tl. farb. Abb.) 31×23,5 cm. Mainz (910). J. Scholz. Kart. 3.—

Jüttner, Gf., bibl. Fragen über alle Bücher des A. u. N. Testam. 8. Breslau, Korn d. j. 750–51.

Juettner, Hugo: De Polemonis rhetoris vita, operibus, arte. P. I. *Vratislaviae: M. & H. Marcus 1897.* (37 S.) 8° ¶[Erschien vollständig als H. 1 des 8. Bds von: Breslauer philologische Abhandlungen.]
Breslau, Phil. Diss. v. 16. Nov. 1897

Jüttner, Hugo, de Polemonis rhetoris vita, operibus, arte, s.a. Abhandlungen, Breslauer philolog.

De Polemonis rhetoris vita operibus arte scripsit Hugo Jüttner. *Vratislaviae: M. & H. Marcus 1898.* [S. 1—37 erschien als Breslauer Diss. 1897.] (3 Bl., 116 S.) 8.
— Abhandlungen, Breslauer philologische. Bd 8. H. 1. [98. 2118]

Jüttner, J.

— **Anweis. für d. Gebrauch e. neu verfertigten Globus. Mit 1 Kpf. gr. 8. Prag 827. Krauß. (a. Haase Söhne). 8 gr.**

Jüttner, J., Anweisung z. Gebr. d. Himmelskugel. gr. 8. ... Prag ..., Haase Söhne.

— **Anweis. zum Gebrauch der Ringkugel. (Sphaera armillaris). Als Anh. zum Gebrauch der Himmelskugel. gr. 8. Prag 828. Haase Söhne. 6 gr.**

— **Grundriß der königl. Hauptstadt Prag, trigonometr., geometr. u. topograph. beschrieben in d. J. 1811—1815. Zwei große Blätter in Imp.-Fol. Prag. (Kronberger u. W.) 5 fl. ill. 7 fl.**

Jüttner, J. M., das Meer, s. Hölder's geographische Jugend- und Volksbibliothek.

Jüttner, J. M., s.: Mitteilungen d. k. k. geograph. Gesellschaft in Wien.

Jüttner, J. W., das Meer, s.: Hölder's geographische Jugend- u. Volksbibliothek.

Jüttner, J. W., die gefürstete Grafschaft Tirol u. Vorarlberg, s.: Länder, die, Oesterreich-Ungarns in Wort u. Bild.

Jüttner, Jos., Anleitung zum Gebrauch d. Erdkugel. 2., verm. Aufl. gr. 8. (10 B., 2 Kpfr.- u. 3 Stnt.) Wien 838, (Beck'sche Universitäts-Buchh.)

Jüttner, Jos., sollen noch ferner Kartoffeln gebaut werden oder nicht? Eine der wichtigsten Fragen des Augenblicks. Nach vielseit. Aufforderungen verfaßt ꝛc. und der Ertrag davon zu einer ausführl. Preisschrift über denselben Gegenstand bestimmt. gr. 8. (47 S.) Wien 847, (Pfautsch und Voß.)

Jüttner, Joseph, k. k. Hauptm. Trigonometrische Vermessungen der königl. Hauptstadt Prag und ihrer Umgebungen von 1804—1812 Sammt einem Dreyecknetz. 8. Prag 1823.

Jüttner, (J.,) trigonometr. Vermessungen d. kön. Hauptstadt Prag u. ihrer Umgebungen von 1804—12. Sammt 1 Dreyecknetz. gr. 8. Prag 824, Krauß. Rthlr.

Jüttner, Jos. Barth. Wendelin, die kirchlichen Gebete u. Betrachtungen z. heil. Altarssakramente in der Frohnleichnamszeit, verdeutscht nach d. Brevier, Missal u. Ritual hrsg. 8. (9¾ B. u. 1 Stahlst.) Breslau 842, G. P. Aderholz.

Jüttner, Rhold., die Gesundheitspflege, nebst Anleitg. zur ersten Hilfeleistg., Conservation der Früchte u. Nahrungsmittel. Kochkunst, Thermen, Tabellen. gr. 8. (IV, 220 S.) Neiße 891. (J. Graveur's Verl.) n. 2.50

Jutz, Georg W[ilhelm] [aus Staad. Baden]: Ueber Bildungs- und Zersetzungsweisen einiger Derivate der Zimmtsäure. München F. Straub Dr. 1882. 50 S. 8°.
Zürich. Phil. Diss. [v. 9. März 1883].

Jutzi, Georg (und Zook, Sam): Ermahnungen von Georg Jutzi in Stark County, Ohio, an seine Hinterbliebenen, *nebst einem Anhange über die Entstehung der amischen Gemeinde, von Sam Zook, Mifflin County, Pennsylvania. Somerset, Pa. Herausgegeben von* **Alexander Stutzman,** *Somerset Co., Pa.; Gedruckt von G. Voegtly in Somerset. 1853. 336 S.*

Jutzi, W., d. Arbeitslosigkeit u. ihre Bekämpfg. gr. 8. (IV, 144 S.) Darmstadt 895. (H. L. Schlapp.) n. 1.60

Elektrizitätsversorgung und Gemeindeverwaltung. Von W[ilhelm] Jutzi. Berlin: F. Siemenroth 1907. (60 S.) 8° [08. 3922]

Jutzi, W., deutsches Geld u. deutsche Währung. gr. 8. (VIII, 232 S.) Leipzig 902. Duncker & Humblot. n. 4.40; geb. n. 5.40

Jutzi, W., die deutsche Montanindustrie auf dem Wege zum Trust. (III, 46 S.) gr. 8. Jena 905. G. Fischer. n. 1.—

Jutzler, Albert [aus Schopfheim i. W. (Baden)]: Die Funktion des Stickstoffs im Isochinolin und einigen substituierten Isochinolinen ... Freiburg i. B., Buchdr. v. Ch. Ströcker, 1895; 53 S., 1 Bl. 8.
Freiburg i. B., Phil. Fak., Inaug.-Diss. v. 1895

Jutzler, Friedrich [cand. med. aus Schopfheim in Baden]: Über die Bedeutung des Traumas in der Ätiologie der multiplen Sklerose ... Strassburg i. E., Buchdr. C. Goeller, 1895; 52 S., 2 Bl. 8.
Strassburg, Med. Fak., Inaug.-Diss. v. 1895

Augustenburg. **A. Juuel** del. Em. Baerentzen & Co. lithogr. Inst. [Kopenhagen.] o. J. 1 Bl. Fol., 45/62 cm.

Juvalt, Wolfg[ang] von. Zu den Forschungen ([über] die Feudalzeit im Curischen Raetien) von Wolfg. von J. 2 [Teile]. *Autographiert. 4. o. O. u. J.* [ca. 1871].
[Teil] 1. Der Autor beleuchtet die Kritik des Herrn [Basilius] H[id]b[er].
[Teil] 2. Der Autor äussert ... seine Ansicht über die Forschungen.

Juvalt, Wolfgang von. Forschungen über die Feudalzeit im Curischen Raetien. (2 Hefte.) 8. Zürich 1871.
(Heft 1. [Mit] Nachtrag.)
(Heft 2. [Mit 10] Tabellen und [2] Karten.)

Juvalt, Wolfgang v., Forschungen über die Feudalzeit im Curischen Rätien. Mit 2 Karten und Tabellen. 2 Hefte. 248 Stn. gr.8. Zürich, in Commiss. bei Orell, Füssli & Co. 1871. 8. —
Inhalt: 1. Maass u. Gewicht. 2. Das Geld. 3. Der Werth. 4. Die Münze. 5. Die Vertheurung. 6. Rätiens Vorgeschichte. 7. Die Grafschaft in Rätien. 8. Das Bisthum Cur. 9. Die Curische Vogtei. 10. Die rätischen Herrschaften. 11. Das Gotteshaus, der Bund und die Gerichte.

Juvalt, Wolfgang v., Forschungen üb. die Feudalzeit im curischen Raetien. 1. u. 2. Hft. gr. 8. (XII, 76 u. VI, 270 S. m. 2 chromolith. Karten u. 3 Tabellen in qu. 4.) Zürich 871. Orell, Füssli & Co. n. 7. —

Juvalt, Wolfgang von. Necrologium curiense, das ist: Die Jahrzeitbucher der Kirche zu Cur. Bearb. und hrg. von W' von J'. 4. Cur 1867.

– Dass. s.a. Juwalt

Juvalta, Fortunat von. Kurze Anzeigung der Herkunft und Adels des uralten .. Stammes von Juvalta, aufgeführt von Fortunato a Juvaltis ... (Anno 1642). Nunmehro samt Fortsetzung der Stammtafel ... hrg. von Petro Dominico Rosio a Porta ... [Mit 1 Vignette. Sep.-Ausg. von: Historia Reformationis Ecclesiarum Raeticarum ... a P' D' de Porta ... Tomus 2.] 4. Chur 1777.

Juvalta, Fortunat von. Herrn Fortunats von Juvalte ... hinterlassene Beschreibung der Geschichte Gemeiner drey Bünde vom Jahre 1592. bis 1649. aus einer lateinischen Handschrift übersetzt und hrg. von Heinrich Ludewig Lehmann. 8. Ulm 1781.

Juvalta, Fortunat von. Fortunati a Juvaltis, Raeti, commentarii vitae et selecta poemata. ([Edidit] Lucius Hold.) 4. Curiae Raetorum 1823.

v. Juvalta, Fortunat, Denkwürdigkeiten, s.a. **Archiv f. d. Geschichte der Republik Graubünden. 1. Hft.**

Juvalta, Fortunat. v., Denkwürdigkeiten, s.a. **Zur Geschichte der Republik Graubünden.**

Juvalta, Fortunat von. Denkwürdigkeiten des F' von Juvalta, 1567–1649. Aus dem Lateinischen übersetzt und mit Anmerkungen hrg. von Conradin v[on] Mohr .... 8. Chur 1848.
(Archiv für die Geschichte der Republik Graubünden. Band 1. Heft 1.)

v. Juvalta, F., Geschichte gemeiner drei Bünde von 1592—1649; aus d. Latein. v. H. L. Lehmann. 8. Zürich 773. Ziegler u. S. 16 K

Juvalta, Fortunat, von aus Zuoz (Graubünden): Aus der medizinischen Universitätsklinik Zürich. Direktor: Professor Dr. H. Eichhorst. Über die Vergiftungen, welche in den Jahren 1884—1904 auf der Züricher medizinischen Klinik beobachtet wurden. Zürich 1905. 63 S. 8°. [1. V. 05.]
Zürich. Med. Diss. 1904/1905.

Juvalta, Fortunat v[on]. Über die Vergiftungen, welche in den Jahren 1884—1904 auf der Züricher medizinischen Klinik beobachtet wurden. *Kopftitel:* Aus der m' Universitätsklinik Zürich. Direktor: Professor Dr. H[ermann] Eichhorst. 63 S. 8. Zürich, W. Coradi-Maag, 1905.

Juvalta, L[eonhard]. Zuoz, Ober-Engadin .... Hochalpiner Luftkurort ersten Ranges. Seine Lage, Klima, Kurmittel und Indicationen. [Umschlag illustriert.] 8. Samaden 1892.

Juvalta, Nicolaus, aus Bergün (Ct. Graubünden): Ueber Oxydationsproducte der Caprylsäure (normalen Octylsäure). Chur Casanova Dr. 1879. 41 S. 8°.
Zürich, Phil. Diss. [v. 1. Aug. 1879].

Juvalta, Wolfgang Friedrich. Risposta del Landamma W' Federico J' alla supplica del dot. Francesco Foico ... per l'affare delle miniere de' Laveggi = Antwort von dem Landammann W' Friederich Juwalta über die Bittschrift des Doktor F' F' ... das Geschäft der Lavetschgruben betreffend. fol. Chur 1776.

Juvalta, Wolfgang P. Ueber die Emigration. An unsre im herrschenden Lande wohnhafte ... Landsleute und Religionsgenossen ...; Im Namen der in der Grafschaft Klefen domicilirenden reformirten Kauf- und Handelsleuten, Profeßionisten und Feldarbeiter. Durch W' P. Juwalta. 8. o. O. 1790.

Juvan, Frz., Bericht üb. e. durch Böhmen u. Deutschland unternommene landwirtschaftliche Studienreise. Erstattet dem Central-Ausschusse der k. k. Landwirtschafts-Gesellschaft f. Kärnten. gr. 8. (III, 101 S.) Klagenfurt 890. (v. Kleinmayr.) n. 1. 60

Juvan, Frz. X., die ersten Schritte zur Förderg. d. Meliorationswesens im Egerlande. [Aus: „Jahresber. d. Egerer Ackerbauschule".] gr. 8. (30 S.) Eger 898. (J. Kobrtsch & Gschihay.) n. — 80

Leitfaden für die chirurgische Anatomie v. Dr. E. Juvara, Subdir. ... am Inst. f. pract. Anatomie ... zu Bukarest. M. 183 Abb. im Text. *Berlin: A. Hirschwald 1899.* (XVI, 291 S.) 1 Bd 4.(8.) [96. 643]

Juvavia. Salzburg 1784. V: *Kleimayrn, Franz Thaddäus.* (Hr)

***Juvavia* rediviva sub novo Principe Ferdinando Austriaco. Auctore Lebbaeo Renuza. (J. Th. Zauner). 4. (Salzb.) 803. Ausg. in Fol. ibid. 803.**

Juvavo, aufgefunden im Burgerwalde der Stadt Traunstein gegenüber. S. A. 1855. 8 S. —.76

Juvénal: Le Juvénal
① Rétrospectif et Contemporain (18. 3. 1902). Journal de combat paraissant au Locle (10. 5. 1902—12. 6. 1902) ⑤ 18. 3. 1902—12. 6. 1902 (6 numéros) ⑥ in-4° (18. 3. 1902—5. 4. 1902); in-2° (10. 5. 1902—12. 6. 1902) ⑦ 2× par mois ⑧ Porrentruy: B. Marquis ⑩ Marc-A. Jeanjaquet, Le Locle ⑪ l'éditeur; collaborateurs: C. Bouglé, Jean Grave, Camille Flamarion, Elisée Reclus ⑫ socialiste-anarchiste ⑬ Be: L.

Juvenal, s. Bergmüller, Ludovicus.

Juvenalis v. Anagni, O. Cap., der goldene Zirkel. Eine prakt. Denkmethode, wodurch üb. jeden Gegenstand e. Wissenschaft zahlr. Gedanken- u. Beweismaterial gefunden werden kann. Für Redner u. alle Freunde der Wissenschaft zusammengestellt. Frei aus dem Lat. übers., m. Anmerkgn. versehen u. m. e. Anh. erweit. v. Fr. Seraph Haggenmiller, O. Cap. (XVI, 159 S. m. 1 Taf.) 8. Augsburg 904. Literar. Institut v. Dr. M. Huttler. n. 2. 40

Juvenalis Minor, s.: Hoheit, zweierlei.

Juvenalis, Christianus (ps.), Der Georgia Augusta, der sehr ehrwürdigen und sehr berühmten Hochschule zu Göttingen, erstes hundertjähriges glänzendes Stiftungsfest, geschildert in einem satyrischen Gedichte von drei Gesängen. 1838.
Weller, Lex. Ps. p. 292. — Rar!

Juvenalis, Decimus Junius

Juvenalis, D. J. Von dem **wahren Adel . . . Wien 1796.** H & Ü: *Denis, Joh. Nep. Cosmas Mich.* (Ky) (ErschDL) (Jes)

— v. wahr. Adel, m. Erläut. (v. Denis.) gr. 4. Wien, Alberti. 796.

Velinp.

— vom wahren Adel, mit Erläuterungen (v. Denis). gr. 4. Wien 796. (Rehmann u. Schw.) 12 $\mathcal{K}$ Velinp. 16 $\mathcal{K}$

—— Satirarum delectus. In lectionis scholasticae academicaeque us. c. lectis tam alior. notis quam suis ed. Car. Schmidt. 8maj. (24½ B.) Bielefeldae 835, [Velhagen et Klasing.]

— et Persii fragmenta Bobiensia ed. G. Götz. Pr. 1884. 10 S. 4°.

Juvenalis et Persii fragmenta Bobiensia edita a Geo. Goetz. gr. 4. (10 S.) Jena 884, Neuenhahn. *

Juvenalis, Decimus Junius, übers. von Alex. Berg, s. Bibliothek, Langenscheidt'sche, sämmtlicher griechischer und römischer Klassiker.

Juvenalis, s. a. Bibliothek d. Übersetzungen...

JUVENAL. Überſetzt und mit Anmerkungen für Ungelehrte verſehen von K. F. Bahrdt. Deſſau 1781. 8°. LXXII, 228 S.

Juvenal, übersezt (!) u. mit Anmerkgn. f. Ungelehrte versehen von *C. F. Bahrdt*. Frankfurth (!) u. Leipzig. 1783. 8°. Ppb.
4 Bll., LXXII S. Anmerkgn., 185 S. Ist wohl ein Nachdruck. — Die erste Ausg. dieser metrischen Uebertragung erschien Dessau 1781. 8°. (Cfr. Dr. Carl Fedr. Bahrdt's Geschichte s. Lebens etc. Von ihm selbst geschrieben. Th. 4. Berlin 1791. 8°. S. 20.) Neue Ausg. Nürnberg. Monath. 1801. Kl. 8°.

Juvenal, übers. v. K. F. Bahrdt. 8. Nürnb. Monath u. K. 783.

— — desselben 2te Aufl. 8. Berlin, Vieweg d. ält. 788.

— — *Juvenal* uebersetzt und mit Anmerkungen für Ungelehrte versehen von D. Carl Friedr. Bahrdt. Neue verbesserte Auflage. Leipzig 1810. (Gestoch. Titel u. Kupfertitel.) 8°. (6 Mk. F. Waldau, Fürstenwalde, 1909.)
Uncastrirte Uebersetzung. Ed. I. c. 1785. — H. Bukowski's Stockholmer Novbr.-Auct. 1894, Nr. 477, wo auch sub Nr. 475 folgende seltene Text-Ausgabe: D. *Junii Juvenalis*, et Avli Persii Flacci Satyræ: cum veteris scholiastæ, & variorum commentariis. Accurante Cornelio Schrevelio. Lugd. Batav. et Roterod., ex officina Hackiana. 1664. (Gestoch. Tit.) 8°.

Juvenal, übers. und mit Anmerkungen für Ungelehrte versehen von C. F. Bahrdt. 2te Aufl. 8. Nürnberg, Monath und K. 820.

Juvenalis et Persius. In usum schol. Halae 821. 8. 6 gr.

— Probe einer metr. Uebersetzung d. sämmtl. Satyren v. Chr. W. Ahlwardt. 4. Oldenb. 800.

— Probe e. Uebers. d. Satyren v. J. H. Chr. Lünemann. 8. (Königsb.) 821. (16 S.)

— Probe e. treuen hexametr. Verdeutschung d. Juvenals, oder d. 7n Satyre, mit beigedr. latein. Texte u. kurzen Anmerkk. v. F. W. E. Rost. (Progr.) 4. Leipz. 805.

—— et A. Persii Flacci satirae, s. a. Persius Flaccus, A.

—— s. a. Wirz, H.

— et A. Persii Fl. Satyrae cura Farnabii. 8. Amst.

— — id. lib. recognit., argum. et chrestomathias addid. I. P. Miller. 8. Berl. Haude. 750.

— — id. lib. ad fid. optimor. libror. accurate recensitus. 12. Gött. Vandenhök. 769.

— Satyrae ex recens. Henninii et Persii Satyrae ex recens. Cassauboni. 12. Nürnb. 780. Ed. n. 807. Riegel u. W. 5 $\mathcal{K}$

— — ex rec. Henninii. 8. Mannh. Löffler. 781.

Postp.

— 8. Wien 804, s. *Persius.*

— — id. lib. sine notis cura Hennig et Casauboni. 8. Norimb. Riegel et W. 807.

— — et Auli Persii Flacci Satyrae. 1 Vol. in charta vél. Fol. maj. Mediolani e Typographaeo Mussiano, 807. (Vienne, Volke.)

— — Satyrae ex Recensione Rupertiana editae in usum Scholarum academicarum. 8maj. Havniae, Schubothe. 816.-

— — et Persii Satyrae, in usum scholarum et praelectionum. 8. Halle, Waisenhaus-Buchhdl. 821.

— satyras, commentarii vetusti; post P. Pithoei, curas auxit viror. doct. suisque not. instruxit A. G. Cramer. 8 maj. Hamburg 823, Perthes et. B.

— id. lib. Editio ad scholarum accommodata atque praecipuarum lect. var. ornate cur. H. L. J. Billerbeck. 8. Hannover 827, Hahn.

— Satirae illustr. A. Chardin. Lex.-8. Leipzig 838. Barth. 1⅙ $\mathcal{R}$ (Vgl. **Bibliotheca** nova Scriptorum latinorum. Vol. XXII.)

Iuvenalis, Dec. Iun., Satirae, c. comment. Caroli Frid. Heinrichii. Acced. scholia vet., ejusd. Heinrichii et Ludov. Schopeni annotationibus crit. instructa. II Vol. 8maj. (63½ B.) Bonnae 839, Marcus.

—— id. — ex recensione et c. summariis Caroli Frid. Heinrichii. Edit. minor, in us. praelectionum academ. 8maj. (9¾ B.) Bonnae 839, Marcus.

— Satirae, cum commentariis Caroli Frid. Heinrichii. Accedunt Scholia vetera, ejusdem Heinrichii et Ludovici Schopeni annotationibus criticis instructa. II Vol. 8maj. Bonnae 839, 40. Marcus. 5 $\mathcal{R}$

—— id. — Ex recensione et cum commentariis Ottonis Jahnii. Vol. I. Et. s. t.: D. Junii Juvenalis satirarum libri V, cum scholiis veteribus. Recensuit et emendavit Otto Jahn. 8maj. (III und 498 S.) Berolini 851, G. Reimer.

Juvenalis, D. Junii, satirarum libri V. Recensuit Adph. Haeckermann. 8. (XXV und 105 S.) Lipsiae 851, Teubner.

Juvenalis, D. Junii, satirarum libri V. Accedit Sulpiciae satira. Ex recensione Car. Frdr. Hermanni. 8. (XXXII und 118 S.) Lipsiae 854, Teubner.

Vlnp.

Juvenalis, D. Junii, satyrae. Edidit Otto Ribbeck. Editio stereot. Leipzig 859. B. Tauchnitz. 16. (XVIII, 134 S.) 4½ ngr.

— — Ebend. 859. 8. (XVI, 112 S.) 4½ ngr.;
Prachtausg. in gr. 8. 12 ngr.

Juvenalis, D. Junii, Saturae. Erklärt von Andr. Weidner. gr. 8. (VI, 342 S.) Leipzig 873. Teubner. 3. 75

Juvenalis, D. Junii, saturae. Erklärt v. A. Weidner. 2., umgearb. Aufl. gr. 8. (XXXII, 313 S.) Leipzig 889. Teubner. n. 4. 40

— saturarum libri V. M. erklär. Anmerkgn. v. Ludw. Friedlaender. 2 Bde. gr. 8. (612 u. 108 S.) Leipzig 895. S. Hirzel. n. 14. —

D. Junii Juvenalis Satirarum libri quinque. Acc. Sulpiciae Satira. Ex recogn Caroli Friderici Hermanni. Ed. ster. Lipsiae: Teubner 1904. XXXII, 118 S. 8°
(Bibliotheca scriptorum Graecorum et Romanorum Teubneriana.) 10

— Satyrae XIV, cum brev. schol. tironum usui accommodatis ed. C. F. L. Arndt. 4. Hamburg 825, Nestler.

Iuvenalis, D. Iun. Aq., Satyrae XVI. ad opt. Exemplar ed. G. A. Ruperti. 2 Vol. 8. maj. Lips. Fritsch. 801.

— Satyrae XVI. Ad opt. exempl. fidem recens, var. lect., perpetuo commentario illustr. et ind. verbor. a G. A. Ruperti. 8maj. Götting. 804. Dieterich. 2 ℛ 2 ggr Hbg. Pr. 1 ℛ 10 ggr Schrbp. 3 ℛ 4 ggr Hbg. Pr. 2 ℛ 3 ggr Velinp. 4 ℛ 20 ggr Hbg Pr. 3 ℛ 6 ggr Der Text apart Hbg. Pr. 12 ggr Schrbp. 19 ggr Velinp. 1 ℛ 6 ggr Der Commentar apart. Hbg. Pr. 22 ggr Schrbp. 1 ℛ 8 ggr Velinp. 2 ℛ

Juvenalis, D. Junii Aquinatis Satirae XVI a G. A. Ruperti. 2 Volum. Editio altera et emendatior. 8maj. Leipzig, Hahn. 819 et 20.
Velinpap.

Juvenalis, (J.,) Satirae XVI. Recens. et annotat. instrux. E. Wilh. Weber. 8 maj. Weimar 825, Ind. Compt.

— Satyrae VII, ad fidem codicis, Schwarzii recusa (cura G. Andr. Will). 8. Nürnb 760 Monath u. K. 1 ggr

— Satyrae XIII, ed. G. A. Ruperti. gr. 8. Götting. Dieterich. 804. **(ist mit d. Commentar d.** Script. class. rom. T. I. p. I.)
Schreibp.
Velinp.

— — d. Commentar hierzu. gr. 8. Ebend. 804.
Schreibp.
Velinp.

—— Satirae tres: tertia, quarta, quinta. Ed. Car. Lud. Roth. 8maj. (6½ B.) Norimbergae 841, Stein.

— 8e Satyre, im Sylbenmaße d. Originals übers. v. Chr. W. Ahlwardt. 4. Oldenb. 800.

— III. Satire in deutscher Uebersetzung v. H. Schmauser. Pr. 1871. 18 S. 1°.

— erste Satyre, metr. übersetzt, mit e. Commentar v. K. L. Struve. 4. Dorpat 807. (Riga, Meinshausen). 12 ggr

— erste Satyre, v. Eckermann. 4. Kiel. Akad. Buchh. 807.

— erste Satyre, als Probe e. neuen metr. Uebersetzung v. K. H. Eckermann. 4. (Kiel) 807. (Heisse). 12 ggr Auch recht 4 ggr ?

— — dieselbe. 4. Hamb. Schmidt. 808.

— 1. u. 3. Satire metrisch übers. u. erklärt v. C. Rehdantz. Pr. 1887. 38 S. 4°.

—— sechste Satire. Mit Einleitung und Uebersetzung von Ed. Casp. Jac. v. Siebold. Lex.-8. (XI und 47 S.) Braunschweig 854, Vieweg und Sohn.

— 10e Satyre, übers. v. Fel. Nüscheler. 8. Zürich 768.

—— Satiren, s. a. Bibliothek, Langenscheidt'sche.

— s. a. Dichter, römische.

Juvenalis, D. J., Satiren, s. a. Sammlung Griech. und Röm. Classiker.

— — Satiren. Uebersetzt und erläutert von A. Berg. Berlin, o. J. 8°. (Br. Mk. 3,50; Orig.-Hfz. Mk. 4—.) (2 Mk. 50 Pfg., wie neu, Lipsius & Tischer, Kiel, 1906; 1 Mk. 80 Pfg. List & Francke, 1908.)
„Eine so nackte Aufdeckung d. Scheusslichkeiten d. Lasters, wie Juvenal sie (dazu in poetischer Form) liefert, kennt keine andere Literatur mehr ..... Sein Auge späht mit virtuoser Sehkraft umher, um den Unrat in allen Ecken u. Winkeln auszubeuten u. d. Dichter findet inmitten s. glühenden Hasses, womit er d. Laster verfolgt, auch die richtigen Worte, die es kennzeichnen u. zugleich an d. Pranger stellen." Mähly.

Iuvenalis, D. Iun. Aq., Satyren in e. erklär. Uebersel 8. Berlin, Rottmann. 772. Rthlr.

JUVENALIS, Decimus Junius, Die Satiren des — in einer erklärenden Übersetzung (von Friedr. Gotthilf Findeisen, mit dem lat. Text). Berlin und Leipzig bey George Jacob Decker. 1777. (Titel gestoch. von D. Berger.) 8°.
Anon.-Lex. II. p. 348 (nach Degen, Ebert, Meusel).

— Satyren, in e. erklärenden Uebersetzung (v. Fr. G. Findeisen). 8. Berl. 777. Rottmann. 2 ℛ

— übersetzt mit Anmerkk. für Ungelehrte v. K. Fr. Bahrdt. 8. Halle u. Dresd. 781. Neuer Titel Berl. 788. Vieweg in Braunschw. 16 ggr

— u. Sulpitius Satyren, nebst deren Leben etc. Uebersetzt u. mit Anmerkk. begleitet v. Fr. Gf. Abel. gr. 8. Lemgo 785. Meyer. 1 ℛ

— — Satyren. Im Versmaße des Originals übersetzt und mit erklärenden Anmerkungen von Otto Graf von Haugwitz. 8. Leipzig, G. Fleischer. 818.

— übers. u. mit Anmerkk. versehen von K. F. Bahrdt. 2e unveränd. Aufl. 8. Nürnb. 820. Monath u. K. 1 ℛ

— — Satyren in der Versart der Urschrift verdeutscht von J. J. C. Donner. 8. Tübingen, Osiander. 821.

—— Satiren. Uebers. u. erläut. v. Wilh. Ernst Weber. gr. 8. (39½ B.) Halle 838, Buchh. d. Waisenhauses.

— — Satiren, übersetzt und erläutert von W. E. Weber. Hamburg (Halle?) 1838. 8°. 616 S. (8 Mk. H. Barsdorf, Berlin, c. 1905.)
Vollständige Uebersetzung. Vergriffen u. selten!

—— Satiren. Lateinisch und deutsch. Mit verbess. Text, Einleitungen und Anmerkungen von A. Haeckermann. I. Bd. I—V. gr. 8. (X und 290 S.) Greifswald 847, Otte.

—— Satiren. Lateinischer Text mit metrischer Uebersetzung und Erläuterungen von Ed. Casp. Jac. v. Siebold. Lex.-8. (XXIII und 320 S.) Leipzig 858, Engelmann.

— des Dec. Jun., *Satiren.* Im Versmasse d. Originals übers. u. erläut. von Dr. *Alex. Berg.* Stuttgart 1863. 8⁰. Eleg. Hfrzb.
322 S. (incl. 32 S. für Titel, Vorr. u. Einleitg.).

Juvenalis' Satiren, übersetzt von W. Hertzberg und W. S. Teuffel. Stuttgart 1867. 8⁰.

— Satiren. Im Versmaße d. Originals übers. u. erläutert v. Alex. Berg. 10 Lfgn. 2. Aufl. 8. (à 2 B.) Berlin 890. Langenscheidt. à n. — 35

Juvenalis', d. Decimus Junius, Satiren. J. Versmaße d. Originals übers. u. erläut. v. Alex. Berg. 1.—5., 7., 9. u. 10. Lfg. 3. Aufl. 8. Berlin, Langenscheidt. à n. — 35
1. 2. (64 S.) 897. — 5. (S. 129—160.) 896.
3. 4. (S. 65—128.) 897.
7. (S. 193—224.) 898. — 9. 10. (S. 257—320.) 898.

— Satiren. Im Versmaße des Originals übers. u. erläutert v. Alex. Berg. 8. u. 9. Lfg. 3. Aufl. 8. (S. 225—288.) Berlin 899. Langenscheidt. à n. — 35

Juvenalis, des Decimus Junius, Satiren. Im Versmaße des Originals übers. u. erläutert v. Alex. Berg. 2—8. u. 10. Lfg. 4. Aufl. (S. 33—256 u. 289—320.) 8. Berlin-Schöneberg (903. 904). Langenscheidt's Verl. à n. — 35

Juvenalis, des Decimus Junius, Satiren. Im Versmaße d. Originals übers. u. erläutert v. Alex. Berg. 10 Lfgn. 5. Aufl. (320 S.) kl. 8. Berlin-Schöneberg (908. 09). Langenscheidt's Verl. à — 35

— — *Juvenals* und *Sulpizia's* sämtliche Satiren. Nebst beider Leben und Summarien nach dem beygefügten Henninischen Grundtext in Verse übersetzt und mit Anmerkungen begleitet von Fr. Gottfr. Abel. Lemgo 1785. 8⁰. (1 Mk. 60 Pfg. List & Francke, 1908; 4 Mk. 50 Pfg. R. Hirsekorn, Berlin, 1908.
Urtext und Uebersetzung stehen einander gegenüber. 405 S. In Wolfenbüttel befindet sich folgende Seltenheit: Le Jovenal travesty, tradvit en vers burlesques. Par le sieur (François) Colletet. Paris, Veufve Pierre David, 1662. 12⁰.

— u. Sulpicius, sämmtl. Satyren, nebst beyd. Leben, von Abel. gr. 8. Lemgo, Meyer. 785.

— — Die Sechzehn Satiren des *Decimus Junius Juvenalis* von Aquinum in deutschen Jamben von C. Hausmann, nebst beigefügt. neudurchgesch. Urschrift. Leipzig 1839. 8⁰. 10 u. 293 S. (2 Mk. 50 Pfg. O. Rauthe, Friedenau-Berlin, 1910.)

—— sechzehn Satiren in deutschen Jamben, nebst beigefügter neudurchgeseh. Urschrift v. Carl Hausmann. gr. 8. (19 B.) Leipzig 839, Baumgärtners Buchh.

— Satyres trad. p. Duboys la Mollinière en vers Français. 8 Leipz. Wolf.

Juvenal and Persius, Satires. With english notes, critical and explanatory, from the best commentators. By Charles Anthon. gr. 12. (VI und 306 S. mit 1 Stahlst.) New York 859. (Philadelphia, Schäfer und Koradi.) *

— Sitten- u. Culturgemälde aus Rom um die Zeit d. Kaisers Domitian. In deutschen Jamben v. Th. Jos. Hilgers. gr. 16. (XIV, 397 S.) Leipzig 876. Barth. n. 4. —

Juvenal, Decimus Junius, Roms Weiber. (Kulturhistor. Satire aus der Weltliteratur.) Deutsch v. Max. Kohn. gr. 8. (24 S.) Hamburg 899. A. Will. n. — 50

Juvencius, S. J., Erläuterungsschriften z. Studienordng. d. Gesellschaft Jesu, s.: Sacchini.

Juvencius, Jh., candidatus rhetoricae auctus. 12. Lausanne 766. Pott. 8 gl

— s. Ovidii Metamorphoses.

Iuvencius, Ios., candidatus rhetoricae auctus. 12. Colon. 715.

— — id. lib. 12. Laus. Pott. 766.

Juvencus, Gaius Vettius Aquileius

Iuvencius, Vet. Aq., historiae evangelicae libri IV. 8. Francf. (Monath, Norimb.) 710.

Juvencus, C. Vet. Aq., Historiae Evangelicae Libri IV. Ejusdem Carmina dubia, aut suppositicia ad Mss. Codices Vaticanos aliosque et ad Veteres editiones recensuit Faust. Arevalus. 4maj. Romae. 792. (Viennae, Volke.)

Juvenci, histor. Evangelicae ed. Gebser, s. Bibliotheca, lat. poetar.

Juvenci histor. evangelicae L. IV. ad vet. edit. fid. edid. prolegomena et animadv. crit. adj. A. R. Gebser. Vol. I. 8maj. Jena 827. Schmid. 5 ℛ

Juvenci, Gai Vetti Aquilini, evangeliorum libri IV, s. a. Corpus scriptorum ecclesiasticorum latinorum.

Juvenci, C., Vettii Aquilina, libri evangeliorum IIII. Ad fidem codicum antiquissimorum recognovit Carolus Marold. 8. (XVIII, 119 S.) Leipzig 886, Teubner.

Juvenel de Carlencas Versuch einer Geschichte der schönen und anderer Wissenschaften, wie auch der freien und einiger mechanischen Künste. Aus dem Französ. mit Verbess. von J. E. Kapp. Leipz. 749. 52. 2 Thle. 8. 1 rthl.

Juvenel de Carlencas, Vers. e. Gesch. d. schön. Wissensch. u. freyen Künste, a. d. Franz. 2 Thle. 8. Leipzig, Gleditsch. 749.

Juvenes dum sumus. Aufsätze zur klassischen Altertumswissenschaft, der 49. Versammlung deutscher Philologen und Schulmänner zu Basel dargebracht von Mitgliedern des Basler klassisch-philologischen Seminars aus den Jahren 1901—1907. [Mit 1 Tabelle.] 8. Basel, Helbing & Lichtenhahn, 1907.
Vorläufige Ausg. (*ohne* Diogenis Laertii vita Platonis). II + 90 + 2 S.
Ausg. im Buchh. ([Mit Anhang:] Diogenis Laertii vita Platonis...) II + 90 + *Anhang* XX + 52 S. [fr. 4. —]

Juvenes variis propaedeumatibus ... erudiendos esse. Baruthi 1751. V: *Braun, Johann Friedrich.* (Fiker)

Juvenile life; or the history of several young ladies. 12. Frankfurt.. Schmerber. 1/4 ℛ — Mit Titelkpfr. 3/8 ℛ

Iuvenis christiano-catholicus dei sanctorumque cultui pie deditus sive libellus precum formulis tam vulgaribus quam peculiaribus maxime hymnis et litaniis compositus a sacerdote archidioeceseos Monaco-Frisingensis. 12. (XIV, 568 S. m. Titelbild.) Kempten 899. J. Kösel. n. 2. 50; geb. in Leinw. n. 3. 25; in Ldr. n. 3. 70; m. Goldschn. n. 3. 90

Juventus, academica. Die deutschen Studenten nach Sprache und Sitte. Lexicographisch, histo- und anthropolog. dargestellt von Herodotus junior aus Halikaparnaß. 16. (94 S.) [Celle 886.] Leipzig, Literar. Anstalt. *
Ausg. B. mit einem Biercomment als Anhang (94, 47 S.) *

Juventus c. r. gymnasii academici Clagenfurtensis. Clagenfurti, de Kleinmayer, ? —48. Quart. (Das älteste vorhandene von 1813. — V. auch: „Programm".)

Juventus c. r. Gymnasii ad S. Paulum in valle Lavantina. Clagenfurti. Leon, (1810)—48. Quart. (V. auch: „Jahresbericht".)

Juvet, Alfred, aus Fleurier (Schweiz): **Über den Reimgebrauch** in Bruder Philipps Marienleben. *Halle a. d. S. 1903: E. Karras.* (48 S.) 8° ¶(Aus: Beiträge z. Gesch. d. deutsch. Sprache u. Literatur, Bd 29.)
Leipzig, Phil. Diss. v. 1903

Juville, (Jean): Abhandlung über die Bruchbänder, und andere bei Gebährmuttersenkungen, Aftervorfällen, künstlichen Aftern und Unenthaltsamkeit des Harns anwendbaren Verbänden. (Traité des bandages herniaires... Dt.) 138 S., gbd., 14 Taf.

Nürnberg: Stein 1800

JB 3.479

Juvilles, s. Juville

* Juwalt, Wolfgang von. Necrologium Curiense, das ist: Die Jahrzeitbücher der Kirche zu Cur. Bearb. und hrg. von W' von J' [Mit 12 autographierten Schrifttafeln.] gr.-8. Cur 1867.

– Dass., s.a. Juvalt

Juweelen für gläubige Seelen. Gefunden in den Werken Chrn. Scriver's. 8. (116 S.) Barmen 850, Langewiesche.

Juweelen für gläubige Seelen. Gefunden in den Werken Chrn. Scriver's. 8. (116 S.) Barmen 852, Langewiesche.

Juwelen und Bijouterien f. Deutsche jedes Alters u. Geschlechts. Eine Samml. d. Vortrefflichsten in Ernst u. Scherz aus d. Werken deutscher Dichter u. Prosaiker d. Vergangenheit u. Gegenwart. Mit erklär. Anmerkn. z. allgem. Verständniß d. vorkomm. bildl. Ausdrücke u. Beziehn. hrsg. v. C. F. W. Lorenz. 1. Bdchn. 1—4. Hft. 16. (13 B.) Leipzig, (Lorenz.) Exped. d. Handelsschule. à H. *

Juwelen aus e. 60jährigen Buchhändler-Laufbahn. Zum 80. Geburtstag des Hrn. Hermann Julius Meyer u. 80jähr. Bestehen des Bibliographischen Instituts (Meyer) dargeboten. (Von Ernst Alb. Pfalz.) (48 S.) gr. 8. Leipzig (906). A. Pfalz. n.n.n. — 60

Juwelenkästchen d. Erheiterung. Gallerie auserles. Novellen, Erzählungen, Biographien ꝛc. 16. Wien 846. (Schmidt u. Leo.) n. 2/3 ₰

Juwelenkästchen der Erheiterung. Gallerie auserles. Novellen, Erzählungen, Biographien ꝛc. 16. (398 S.) Wien 847, Schmidt u. Leo in Comm. n. 2/3 ₰

JUWELEN-KASTCHEN des Frohsinns und der heitern Laune (hrsg. von Stephan Schütze). Mit Titelkpf. Wien 1817. 8°. 192 S. (1 Mk. 80 Pfg., geles. Expl., Taussig, c. 1905.)

Juwelenkästchen des Frohsinns u. d. heitern Laune. Mit 1 Kpf. Wien 817. Pichler. (Leipz., Liebeskind). 16 K

Juwelenschnüre, s. a. Abul-Maani's.

JUWELIENSCHNURE (so!) Abul-Maani's (des Vaters der Bedeutungen) das ist Bruchstücke eines unbekannten persischen Dichters. Gesammelt und übersetzt durch Joseph von Hammer. Wien 1822. Im Verlage bey Anton Doll. 8°. XIX, 196 S.

Goedeke VII, 763, 60: Enth. S. III: Zuneigung an .... Friedr. Creuzer.. und Carl Umbreit (Verse). — S. V: Vorrede. — I: Saphire. Lob Gottes. — II. Diamanten. Fürstenlob. — III: Corallen. Spottgedichte. — IV. Smaragde. Frühlingsgedichte. — V. Türkisse. Klaggedichte. — VI. Amethyste. Trinkgedichte. — VII. Perlen. Schönheitslob. — VIII. Granaten. Liebeserklärungen. — IX. Rubine. Genuß und Trennung. — X. Rauchtopase. Schmerz und Wahnsinn der Liebe. — XI. Achate. Liebespflichten. — XII. Carneole. Buch des Rathes.

Vgl. Wiener Jb. 1822. 19, 142—154 (M. v. Collin). 1827. 39, 2; Heidelb. Jb. 1823. Nr. 25. S. 389—397 (Umbreit); Nr. 92.)

Juwelier, der. Ein Kunst- u. Fachblatt f. die Bijouterie-Branche. Red.: M. O. Fischer. I. Jahrg. 1893. 24 Nrn. m. jährlich 8 Kunstbeilagen. (à Nr. ca. 1 Bog.) gr. 4. Mit Gratis-Beilage: Diamanten u. Perlen. 12 Nrn. (Bog.) gr. 4. Kaiserslautern, C. Th. Schmidt. n. 7. 20

Der aufrichtige Jubelier [Juwelier], welcher eine kurtze doch zulängliche Anweisung, wie man die vornehmsten Edelgesteine...zu dem Schmuck der Menschen gebrauchende Wercke der Natur und Kunst recht erkennen...u.sich vor Schaden hüten könne. Franckfurth a.M.: Multzen 1729. 115 S. 8°

Juwelier, der aufrichtige, die Edelsteine u. Perlen recht zu kennen. Aus d. Engl. mit e. Abhandl. v. Diamanten u. Perlen u. Kpf. u. Tabell. 8. Frankfurt a. M. 763. 3e A. 801. (Schäfer). 16 K

Juwelier, d. aufrichtige, die Edelsteine u. Perlen recht zu kennen. 8. Frkft. (Raspe in Nürnb.) 763.

— — dasselbe. m. K. 8. Frkft. Keßler. 772.

— d. aufricht., od. Anweis. alle Art. v. Edelstein, Diamanten ꝛc. recht zu erlernen. m. K. 8. Frkft. Eßlinger. 801.

Jux, Der höchste. Lustige Anekdoten zur Erheiterung in frohen Gesellschaften. Wien [ca. 1890]. V: *Bartl, Hans.* (EB)

Jux und Spass zum Buckliglachen oder: So hilft man sich über die schlechte Zeit hinweg! Wien [1890]. V: *Bartl, Hans.* (EB)

Jux-Bonbons. [Charlottenburg-Berlin] 1897. V: *Jurtschovitz, Ludwig.* (EB)

Der Juxbruder: 1867—1872?
Humorous weekly. Circulation: 1870, 5000 (est.). Edited by Winckler, 1867–69; by Dr. A. C. Lebell, 1870; by A. C. Lebell & H. von Sangen, 1871–72?; published by J. M. Geyerstanger, 1867?–72.
Chicago, IL

Juxbruder, der Wiener, als Humorist, Deklamator u. Vorleser bei allen Gelegenheiten. Eine ganze Sammlung von humoristischen Vorlesungen, Theater-Couplets, Anekdoten u. Bomonts. Arrangirt von F. Ullmayer. In zwanglosen Heften. (1. Abthl.) 10 Hefte u. 2. Abthl. (12 Hefte.) Wien 864. Wenedikt. 32. Jedes Heft (72 S.) n. 2 ngr.

Jux-Halle, wiener. Album für Witz, Scherz und Satyre. Hrsg. von dem Vereine der „Jux-Brüder." Mit 100 Illustr. (in Holzschn.) 8. (142 S.) Wien 850, (Gerold, Verlag.) *

JUX-HALLE, Wiener. Album für Witz, Scherz u. Satyre. Hrsg. von dem Vereine der Jux-Brüder. Mit 100 Holzschnitt-Illustr. Wien, J. Stöckholzer von Hirschfeld, 1850. 8°. 142 S. (3 Mk. Rich. Bertling, Dresden, 1907.)

Juxicus, F. W., s.: Lateiner, der lustige.

Jux-Kalender, Wiener, für Traurige und Lustige auf das Jahr 1865. Von einem Haupthallodri zusammengestellt. Wien 864. Wenedikt. 8. (XVIII, 96 S. m. Holzschn.) 9 ngr.

Jux-Kalender, Wiener, für Traurige u. Lustige auf das J. 1866. Wien, Wenedikt. 8. (XVIII, 96 S. mit vielen Illustr. in eingedr. Holzschn.) 6 ngr.

Juynboll, Abraham Willem Theodoor

Juynboll, A. W. T., jus Shafiiticum. At-Tanbîh auctore Abu Ishâk As-Shîrâzî, quem e codice Leidensi et codice Oxoniensi ed. A. W. T. J. gr. 8. (LXXXVIII, 350 S.) Leiden 879. Brill. n.n. 9. —

Juynboll, Hendrik Hermann

Juynboll, H. H., javanische Altertümer, s.: Katalog d. ethnogr. Reichsmuseums.

Juynboll, H. H., die ind. Batikkunst, s.: Rouffaer, G. P.

— Borneo, s.: Katalog d. ethnogr. Reichsmuseums.

Juynboll, Theodoor Willem

Juynboll, Th. W., s.: el-Bokhâri, Abou Abdallah Mohammed ibn Ismaîl, le recueil des traditions mahométanes.

— Catalogus codicum arabicorum bibliothecae academiae Lugduno-Batavae, s.: Goeje, M. J. de.

— Handbuch d. islāmischen Gesetzes nach d. Lehre d. Schāfi'itischen Schule nebst e. allgem. Einleitung. 2 Lfgn. (XVI, 384 S.) gr. 8. Leiden 908. Buchh. u. Drucker. vorm. E. J. Brill. — Leipzig, O. Harrassowitz. 9. —

Juynboll, Th. W., le livre de l'impôt foncier de Yaḥyā ibn Ādam, publié d'après le manuscrit unique appartenant à M. Charles Schefer, membre de l'Institut. gr. 8. (IX, 142 S.) Leiden 896. Buchhandlung u. Druckerei vorm. E. J. Brill. n.n. 4. —

Juynboll, Theodoor Willem Johannes

Juynboll, T. W. J., Disputatio de Amoso ejusque scriptis ac veteribus eorum interpretibus. Pars I. De Amoso. 4 maj. (14 B.) Lugd. Bat. 828, Luchtmans. (Lipsiae, Weidmann; Weigel.)

Juynboll, Theod. Guil. Joh., Oratio de codicum orientalium, qui in academia Lugduno-Batava servantur, bibliotheca. 8 maj. (45 S.) Lugduni-Bat. 854, Brill. **

Juynboll, Th. Guil. Joan., Chronicon Samaritanum Arabice conscriptum, s. Liber Josuae.

Juynboll, Th. Guil. Joh., Commentarii in historiam gentis Samaritanae. 4 maj. (22¾ B.) Lugduni Bat. 846, S. et J. Luchtmans. **

Juynboll, Hoogl. T. W. J., s. Orientalia.

—— oratio de praecipuis progressibus, quos literae semiticae hoc ipso decennio fecerunt. gr. 8. (2 B.) Lugduni Batavorum 846, Hazenberg et Soc. *

Juzi, Cornelius Henr. Julianus (geb. Stolberg a. H. 16. 6. 1833): De atrophia musculorum progressiva. Berolini (1858). (32 S.) 8°
Berlin, Med. Diss. v. 15. Mai 1858

Juzi, O., ausgew. Abschnitte d. kaufmänn. Arithmetik, s.: Kolatschek, W.

Juzi, Otto [von Flawil, St. Gallen]: Ueber den Feuerbach'schen Kreis in variablen Dreiecken. (Mit 10 Tafeln.) Langenthal 1903. 80 S. 8°.
Bern. Phil. Diss. 1902/1903.

Juzi, Otto. Ueber den Feuerbach'schen Kreis in variablen Dreiecken. Diss. Phil. Bern. [Mit 10 Tafeln.] II + 80 S. 8. Langenthal, G. Dysli, 1903.

Juzi, Victor. Fester Grund. Religiöse Betrachtungen über Denken und Glauben von Viktor J', Pfarrer.... 260 S. 8. Basel, Friedrich Reinhardt, [1908]. [geb. fr. 4. —]

Juzi, Vikt., fester Grund. Religiöse Betrachtgn. üb. Denken u. Glauben. 2. Aufl. (260 S.) 8. Basel (908). F. Reinhardt. Geb. in Leinw. 3. 20

Ivan der Vierte. Historisch-dramatische Darstellung aus der russischen Geschichte. Leipzig 1810. V: *Bonafont, Carl Philipp.* (Ky)

* Ivan der Vierte. Eine hist. dramat. Darstellung aus d. russ. Geschichte, v. C. Bonafont. gr. 8. Leipz. Gräff. 810.

Ivančević, Peter S., Ruinen u. Sagen in der Krajina. [Aus: „Wissenschaftl. Mittheilgn. aus Bosnien u. d. Hercegovina" 1. Bd.] Lex.-8. (9 S.) Wien 893. (C. Gerold's Sohn.) n. 40

Ivánchich, Vict. v., gemischte urologische Abhandlungen, didaktischer, casuistischer und kritisch-polemischer Natur. gr. 8. (IV und 208 S. mit eingedr. Holzschn.) Wien 866, Seidel und Sohn. *

Ivanchich, Vict., kritische Beleuchtung der Blasensteinzertrümmerung wie sie heute da steht, gestützt auf eine Erfahrung von 23 gelungenen Fällen. Mit 4 zincograph. Tafel-Abbildungen. gr. 8. (19 B.) Wien 842, Beck'sche Universitäts-Buchh. *

Ivánchich, Vict., neuer Bericht üb. 19 Fälle ausgeführter Blasenstein-Zertrümmerung [Fortsetzung der Schriften: „Kritische Beleuchtung der Blasensteinzertrümmerung wie sie heute dasteht etc. Wien 1842, Beck" u. „Ein u. zwanzig neue Fälle v. Blasensteinzertrümmerung." Wien 1846, bei Kaulfuss Wwe. Prandel & Co.] nebst e. Anh.: Ueber den Fortschritt in der Litholripsie durch Beiziehg. der Aether-Narcose. gr. 8. (VIII u. 63 S.) Wien 851. (Leipzig, Hübner.) ½ ₰

Iváuchich, Vict. v., mein Epilog. Achter Sammelbericht von 33 Fällen von Lithotripsie zur Ergänzung meiner Casuistik auf die Zahl 300, nebst einem Vor- und Schlusswort, zugleich auch Votum zu Hrn. Prof. Theod. Billroth's in der Sitzung der k. k. Gesellschaft der Aerzte in Wien am 22. Octbr. 1880 angeregten Discussion über Lithotripsie, hiezu meine, im J. 1857 erschienene Kritik von weil. Prof. Heinr. Meckel v. Hemsbach's „Mikrogeologie" über die Concremente im thier. Organismus, nach des Verf. Tode hrsg. und bevorwortet von Dr. Thdr. Billroth, Berlin 1856, Verlag von Geo. Reimer, so auch mein am 18. Mai 1878 in der königl. ungar. Gesellschaft der Aerzte in Budapest gehaltener Vortrag, betitelt: Fragmentarisches von Anschauungen aller Zeiten über Aetiologie, Pharmakodynamik und Chirurgie in Sachen der Urolithiasis. gr. 8. (90 S.) Wien 881, Sallmayer'sche Buchh. *

—— ein u. zwanzig neue Fälle v. Blasenstein-Zertrümmerung. Aus d. Praxis. gr. 8. (5 B.) Wien 846, Kaulfuss Wwe., Prandel u. Comp. *

Jvánchich, Vict. v., 26 neue Fälle vollführter Blasenstein-Zertrümmerung zuweilen mit Beihilfe der Chloroform-Narcose. 3. Suppl. zur krit. Beleuchtung der Blasenstein-Zertrümmerung wie sie heute dasteht, gestützt auf eine Erfahrung von 23 gelungenen Fällen. gr. 8. (XXXII und 95 S.) Wien 854, Seidel. *

Ivánchich, Vict. v., sechster Sammelbericht von weiteren 50 Fällen von Blasensteinzertrümmerung. Nebst einem Vorwort: über Lithotripsie und Steinschnitt. gr. 8. (IX, 76 S.) Wien 873, Seidel und Sohn. *

—— über die organische Verengerung der Harnröhre u. ihre auf patholog. Anatomie u. zahlreiche Erfahrungen gegründete vollkommenste Behandlung. Mit 1 zincograph. Tafel-Abbild. gr. 8. (11 B.) Wien 846, Kaulfuss Wwe., Prandel u. Comp.

Ivančič, Jos. Wie hat Walther von Castiglione Vergil nachgeahmt? 22 S. 8. Progr. *Mitterburg* 1878.

Ivancsics, Joan, Instit. Logicae et Metaphysicae. 4. Ofen 763. Typ. Soc. 19 Kr

Ivánda. Kurze Abhandlung über dessen Lage, Geschichte, Gebrauchsweise und Wirkung. Zusammengestellt von D. L. P. Nebst der chemischen Analise von Dr. Nagiszky. Wien. 1855. Druck und Commissionsverlag von L. C. Zamarsky (16 S. 8.)

Ivándi, A., über Curorte u. Curmittel im Allgemeinen u. speciell über Gleichenberg. Balneologische Skizzen. 8. (VIII, 158 S.) Wien 880. Braumüller. n. 2. —

Ivánetić, Maximilian. „Sičara". Die Wunderquelle Bosniens. Klgft., St. Josefs-Druck., 1895. 32 S.

Ivánetić, Max., „Sičara", die Wunderquelle Bosniens. 8. (32 S.) Klagenfurt 895. (A. Raunecker.) n.n. 2. —

Ivanhoe. Nach d. Engl. des Walter Scott, von K. L. M. Müller. 3 Theile. 8. Leipzig, Hinrichs, 820. (1r Thl. 1 Thlr. 6 Gr. 2r 3r 2 Thlr. 16 Gr.)

— Dessen 2te wohlf. Ausg. 8. Ebend. 821.

Jvanic [Schlagwort]

Jvanić Kloštar, s.: Geologische Karten. Gorjanović.

Ivanic [Verfasser]

IVANIĆ, Josephus: Historia ecclesiae Istrianae et Tergestinae. — (1894) 201 S. 4° (Handschr.) Diss. 508

Diss. Wien, Univ.

Ivanjica [Schlagwort]

Ivanjica, s.: Serbien.

Ivannovich Demeter. Situationsplan des Wagner'schen Hauses „zum weißen Wolf" und der Grenze des k. k. Universitäts-Gebäudes. Artist. Anstalt von Reiffenstein und Rösch in Wien. (Gez.) von — — in Pesth im Jänner 1843. Ein lithogr. Plan mit Farbendruck.

Ivanof, A., Observations faites au cercle vertical, s.: Nyrén, M.

Ivanof, A., et A. **Wassilief,** Observations faites au cercle vertical, rédigées par M. Nyrén, s.: Publications de l'observatoire central Nicolas. II, 15.

Ivanoff, Charalampi, aus Smolsko b. Pirdop, Bulgarien: Darstellung der Ethik Johann Gottlieb Fichtes im Zusammenhange mit ihren philosophischen Voraussetzungen. *Leipzig-R. 1899: O. Schmidt.* (77 S.) 8°
Leipzig, Phil. Diss. v. [5. Jan.] 1900

Ivanoff, Charalampi, Darstellung der Ethik Johann Gottlieb Fichtes im Zusammenhange m. ihren philosophischen Voraussetzungen. Diss. gr. 8. (78 S.) Leipzig 899. (Kössling.) n.n. 1.50

Ivanoff, Christo [aus Rahovo, Bulgarien]: Die Wahldelicte nach den bulgarischen Gesetzen. Sofia 1903. 90 + 1 S. 8°. [4. III. 04.]
Zürich. Jur. Diss. 1903/1904.

Ivanoff, Christo. Die Wahldelicte nach den bulgarischen Gesetzen. Diss. Jur. [Univ.] Zürich. 91 S. 8. Sofia, Brüder Prošek, 1903.

Ivanoff, E : Recherches expérimentales sur le dessin des écoliers de la Suisse romande. Corrélation entre l'aptitude au dessin et les autres aptitudes. Avec sept figures et huit planches. ⟨Travail du Laboratoire de psychologie de Genève. Prof. Claparède.⟩ Genève 1908. 64 p. 8°. Extraits des Archives de psychologie. T. 8, 1908. [6. XI. 08.]
Lausanne. Thèse let. 1908/09.

Ivánoff, Michaël, aus Sophia (Bulgarien): Aus der medicinischen Klinik des Herrn Professor Dr. H. Eichhorst. Der Typhus abdominalis nach Beobachtungen auf der Zürcher Klinik in den Jahren 1885—1890. Zür. E. Meyer Dr. 1892. 43 S. 8°.
Zürich, Med. Diss. [v. 30. Jan. 1892].

Ivanoff, Theodor [aus Samokov in Bulgar.]: Die Abweichungen Steinthals von Herbart auf dem Gebiete der ethischen Elementarlehre ... Jena, Druck v. B. Engau, 1893; 56 S., 1 Bl. 8.
Jena, Phil. Fak., Inaug.-Diss. v. 1893

Ivanova, s. Iwanoff

Ivanovich, A. P. M., *Dr. d. Med.* Autoiatria, Selbstheilart (Lebensmagnetismus). Theoretisch u. praktisch dargestellt. *Gratz* 1858. Druck v. *C. Tanzer.* 58 S., 1 Bl. kl. 8.

Ivanowitsch, Fedor, Worte e. Russen an d. Deutschen. Zur Erinnerung an die vergangene u. jetzige Zeit. (Gedicht.) 8. (2 B.) Danzig 832, Gerhard.

Jvanski, Karl, s. J w a n s k i

Ivanus, Georg, a. Turnu-Măgurele (Rumänien): Die rechtlich-geschichtliche Entwickelung des Grundbesitzes und die sozial-wirtschaftliche Lage der Bauern in Rumänien. Halle a. S. 1905: C. A. Kaemmerer. (239 S.) 8°
Halle, Phil. Fak., Ref. Conrad, Diss. v. 27. Okt. 1905
[Geb. 18. Dez. 82 Turnu-Măgurele, Rumänien; Wohnort: Turnu-Măgurele; Staatsangeh.: Rumänien; Vorbildung: Oberrealgymn. Bukarest Reife O. 01; Studium: Berlin 1, Leipzig 4, Halle 4 S.; Rig. 6. Febr. 05.]

Iványi, St., Leitfaden der deutschen Literaturgeschichte. Für den Schulgebrauch. 8. (IV, 50 S.) Budapest 871. Lampel. n. — 80

Iványi, St., Leitfaden der deutschen Literaturgeschichte. Für den Schulgebrauch. 8. (IV, 50 S.) Pest 871, Lampel. *

Jvar, s.a. I w a r

Ivar, König d. Normänner. Trsp. in 5 Akten v. G. Linde. 8. Berl. Kunst- u. Ind. Comt.

Ivar, König der Normänner; Trauerspiel von Linden. 8. Berlin. 810. Ist jetzt Berl. v. Schlesinger.

Iwèls, Frz. (J. F. Schütz), in tausend Aengsten, s.: Volkstheater, Wiener.

Ive, A., Grammatik der italien. Umgangssprache, s.: Lovera, R.

— Lehr- u. Lesebuch der italien. Sprache, s.: Boerner, Otto, u. R. Lovera.

Ive Anton: Canti popolari istriani raccolti a Rovigno.
D: Turin, 1878.
1877 PN 96 **Diss.Wien, Univ.** 2213

Ive, Ant., I dialetti ladino-veneti dell' Istria. Studio. Con sovvenzione dell' imperiale accademia delle scienze di Vienna. gr. 8. (XXIII, 207 S.) Strassburg 900. K. J. Trübner. n. 5. 50

Ive, Anton: Die istrianischen Mundarten. *Wien: 1893.*
in: **Xenia Austriaca.** Bd 1. [97. 3463

Ive, Anton Die istrianischen Mundarten. 8 (42 S.).
Progr. K. k. Staats-G. *Innsbruck* 1893.
Auch in Xenia Austriaca IV (1893).

[Umschlagt.:] Pianta di Pola. Plan v. Pola, gez. v. Dom(enico) **Ive.** (Scala 1 : 4000.) *Pola: F. W. Schrinner 1898.* (1 Ktnbl. [illegible]) 1 Bd 8. [98. 11305

Ive, Ed., Reisen nach Indien u. Persien; aus d. Engl. mit Anmerkk. u. Zusätzen v. Chr. K. W. v. Dohm u. Büsching. 2 Thle. Mit Kpf. u. Karten. gr. 8. Leipz. 774, 75. Weidmann. 3 ℛ︎

Jveizapot (Schweizerpost)
① Schweizerische Weltsprachezeitung - Organ für die schweizerischen Volapükisten und des Zentralvorstandes — Sprechsaal für in- und ausländische Weltsprachefreunde ③ Volapükaflen jveizik - Schweizer Volapükfreund ⑤ April 1890—August 1891 ⑥ 4° ⑦ Monatsblatt ⑧ Zürich: Buchdruckerei Koulen (Nrn. 1—5). Ed. Leemann (Nrn. 6—9) ⑩ J. Walser, Zürich ⑪ J. Walser und Robert Thomann, Zürich ⑬ Schweiz. Gutenbergmuseum 1947, Nr. 4 ⑭ Zh: Z ⑮ BGSZ 12 führt die Zeitschrift unter den politischen Zeitungen auf und schreibt: «1890—1892, 1893 (?).» Die Zeitschrift enthält zwei interessante Aufsätze «Über den Ursprung der Sprache - Dö rig püka» von Dr. Otto Stoll und «Die Schweiz zur Römerzeit - Jvezän du romatim» von Prof. Dr. Konrad Meisterhans.

Iveković, Cirillo M., Dalmatiens Architektur u. Plastik. Gesamtansichten u. Details m. e. reichillustr. Text. (8 S.) 1. Bd. (40 Taf.) 41×31 cm. Wien (910). A. Schroll & Co. In Halbleinw.-Mappe 80. —

Die Entwickelung der mittelalterlichen Baukunst in Dalmatien. Von Arch. C[yrill] M. **Iveković** Z. V., Baurat. Wien: Schroll 1910. 22 S., 28 Taf. 4° [09. 13326

IVEKOVIĆ, Franciscus: De indulgentiis. — (1866) 102 S. 8° (Handschr.)
Diss.Wien, Univ. Diss. 222

Jvelson, Alfred v.

— — Erfahrungen und Betrachtungen über Soldatenreiterei und das Fahren der Artillerie. 2. vermehrte und verbesserte Auflage. 8. Wien (1904).

Iven, Franz [aus Binsfeld]: Aus d. Klinik f. Hautkrankheiten u. Syphilis. Ueber Syphilis maligna.... Bonn, Hauptmann'sche Buchdr. (1890); 28 S. + 1 Bl. 8°
Bonn, Med. Fak., Inaug.-Diss. v. 5. März 1890

Jven, Joh. Jakob

— Anrede bei d. Einführung d. Böhmischen Frauenvereins. 8. Wien ... (Köln), Dü-Mont-Schauberg. 1 K

Iven, J. J., die christl. Fürbitte f. d. Verstorbenen. Eine Rede, bei d. ersten Jubelfeier d. St. Johannes-Nepomucenus-Conföderation gehalten. gr. 8. (1 B.) Köln 830, DüMont-Schauberg.

Iven, (J. J.,) Rede über die christl. Erziehung. gr. 8. Cöln 824, Dü-Mont-Schauberg.

Iven, Joh. Jakob, Die unchristliche Tendenz der Stunden der Andacht, dargestellt aus ihrer eigenen jüngst erschienenen Verteidigung. Mit besonderer Rücksicht auf das in jenem Buche selbst u. in dessen Verteidigung versteckte Truggewebe. Köln, Du-Mont-Schauberg, 1827, gr. 8°, 74 S.

Iven, J. J., Trauerrede, bei der Begräbnißfeier des Erzbischofs Ferd. Aug. Grafen Spiegel zum Desenberg u. Canstein vorgetragen, d. 7. August 1835. gr. 8. Cöln 835. Du Mont-Schauberg. $2\frac{1}{2}$ gGr.

Ivens saga, hrsg. v. Eug. Kölbing, s.a. Saga-Bibliothek, altnordische.

Ivens, Wilh., de rege rattorum et felium. Dissertatio inaug. medica. 8maj. (1¾ B. u. 1 Stnt.) Kiliae 842, Universität-Buchhandlung. ● *

Ivensehn, Carl, Kurländer, Beiträge zur Kenntniss der Elephantiasis Arabum aus der chirurgischen Klinik zu Dorpat. Diss. Dorpat. 8°. 90 pp. 1864.

Ivensen, Dietr. Alex. Valent., Terpsichore, ein Taschenbuch für Freunde u. Freundinnen des Tanzes in Liv-, Esth- u. Kurland. Mit Kpf. 12. Riga (Mitau) 806.

IVENSENN, D. A. V., Terpsichore, ein Taschenbuch f. Freunde u. Freundinnen des Tanzes in Liv-, Kur- u. Ehstland. Mit 2 Kpfrn. (incl. Titelkpf.: Tänzerin. W. . . . . n fec.). Riga 1806. Gedruckt bei Steffenhagen u. Sohn in Mitau. 16°. Orig.-Cart. (1 Mk. 50 Pfg. Th. Bertling, Danzig, 1887; jetzt theurer!)
161 S. (incl. XIV S. Vorst.), 2 Bll. Beschreibg. der Tanz-Touren, 1 Bl. Druckf., 2 gefalt. Musikbeil.

Ivens Saga. Hrsg. v. Eugen Kölbing. *Halle a. S.: M. Niemeyer 1898.* (4 Bl., XXVII, 135 S.) 1 Bd 8.
= **Saga-Bibliothek,** Altnordische. H. 7. [98. 6844

Ivernois, F. v., die Ehe des Kriegers und Warnung vor dem zu frühen Heirathen. Berlin 860. Mittler's Sorthdlg. (Bath.) gr. 8. (50 S.) n. 5 ngr.

Ivernois, Fr. v., Kalender der Jagd- u. Hegezeiten des Wildes nach d. preußischen Gesetze vom 26. Febr. 1870, m. Angabe e. im Interesse der Jagd wünschenswerthen strengeren Schonzeit bearb. 1 Blatt. Fol. Gohlis 874. Wolff. n. — 80

Ivernois, François d'

Ivernois, d', Exposé de l'Exposé de la Situation de l'Empire français. 4. Berl. Realschulbuchh. 813.

—Exposé de l'Exposé de la Situation de l'Empire français. 4. Berl. 813. Reimer. 1 ₰ 8 ℊ

— Gedanken über d. Krieg. Als Antwort auf d. Gedanken über d. Frieden. Aus d. Französ. 8. Hamb. 796. (Campe). 12 ℊ

— Gedanken über d. Krieg. a. d. Frz. 8. Hamb. Hoffmann 796.

Ivernois, Frz. d'. Geschichte der französischen Finanzadministration im Jahre 1796. Aus dem Französischen und bis April 1797 fortgesetzt von Fr. v. Gentz. 8°. Berlin 1797; Vieweg in Braunschweig.

— über Frankreichs Hülfsquellen. Aus d. Französ. gr. 8. Berl. Hamburg. (Barth in Leipz.) 1 ₰ 6 ℊ

— d. letztere Revolution in Genf; e. Bemerk. über Frankreichs Betragen gegen diese Republik, vom Octbr. 1792 bis Octbr. 1794. Aus d. Französ. 8. Leipz. 795. Schmidt. 12 ℊ

— histor. u. polit. Schilderung der Verluste, welche d. Revolution u. d. Krieg dem französ. Volke an s. Bevölkerung, seinen Colonien rc. zugezogen haben. Nach d. Französ. u. den Berichtigungen d. Engl. Uebersetzung v. J. P. Velthusen. gr. 8. Hamb. 800. Bohn. (Campe.) 2 ₰ 4 ℊ Schrbp. 2 ₰ 12 ℊ

Ivernois, F. Die Sperre des festen Landes und ihr Einfluss auf den Handel, die Finanzen, den Kredit und das Wohl der brittischen Inseln. Aus dem Französischen von Schmidt. 8°. s. l. 1810.

— tableau politique de l'Europe depuis la Bataille de Leipsic, gagnée le 18. Octbr. 1813. gr. 8. Londres. (Leips. Gerh. Fleischer.) 814.

— — le même. 8. Brunsv. Plüchart. 814.

Ivernois, Franc̣is d'. Les cinq promesses: Tableau de la conduite du gouvernement consulaire envers La France, l'Angleterre, l'Italie, l'Allemagne, et surtout envers la Suisse. 2de éd. Augmentée d'un supplément à l'introduction, et d'un appendice sur la Suisse. 8. Londres, Hambourg etc., Avril 1803.
Appendice *u. d. h. T.*: App' Tabl' de la cond' du gouv' français envers les Suisses: depuis sa proclamation du 30 septembre 1802, jusqu'à son acte de médiation du 19 février 1803. [Avec 1 portrait hors texte.] Londres, avril 1803.

— Usurpation et chûte du Général Bonaparte. 8. Braunschw. 800. Vieweg 18 ℊ

Ivernois, François d'. Bonapartes 5 Verheissungen ... Cöln 1806. Ü: *Bergk, Joh. Adam.* (MGT) (Wr) (Ky) (BrMm) (NN)

d'Ivernois, Frz., Bonaparte's 5 Verheißungen, oder Schilderung seines Verfahrens gegen Frankreich rc. Aus d. Französ. (v. J. A. Bergk). gr. 8. Cöln 806. 3e A. gr. 8. Münster 815. Waldeck. 1 ₰ 12 ℊ

Zum Hafenbau in der Wiker Bucht. [Verf.: (C)hristian (Ivers).] Kiel. 1893. 8°

Ivers, Peter [Arzt aus Stettin]: Ein Fall von Cirrhosis hepatis luetica. ... München, *Verl.-Anst vorm. G. J. Manz*, 1891; 21 S., 1 Bl. 8° München, Med. Fak., Inaug.-Diss. v. 1891

Iversen, Bemerkungen über die dorsalen Wurzeln des Nervus Hypoglossus, s. Berichte der naturforschenden Gesellschaft zu Freiburg i. Br.

Soolbad Segeberg (in Holstein) und Umgegend. Aufnahmen v. Andreas Iversen, Segeberg. Lichtdruck v. Joh. Nöhring, Lübeck (Lübeck.) [1901.] 4° k.

Iversen, H., nationale Jugenderziehung, od. die obligator. Fortbildungsschule als notwend. Konsequenz der sozialen Entwicklg., s. a. Studien, pädagogische. 182. Hft.

Nationale Jugenderziehung oder die obligatorische Fortbildungsschule als notwendige Konsequenz d. sozialen Entwicklung. Dargelegt von H. Iversen. Leipzig: Siegismund & Volkening 1903. 19 S. 8°
(Pädagogische Studien. H. 182.) A. 1575

Iversen, H., ev. Religionsbuch, s.: Gottschalk, Herm. & J. Meyer.

Portraits v. Heinrich Iversen. Flensburg. (1888.) 8°

Iversen, Jakob

— s. Anleitung zum Hopfenbau.

Iversen J.: Beyträge z. Kenntniss d. schleswig-holsteinischen Landwirthschaft u. ihrer jetzigen Verhältnisse. Augustenburg 1819. 194 S.
(O. m. Tit.: Versuch einer ... pract. Anweisung z. Mergeln ... Dem angehängt Beyträge ...).

— Beitrr. zur Kenntniß d. Schleswig-Holstein. Landwirthschaft u. ihrer jetzigen Verhältnisse. (A. u. d. T.: Versuch e. auf Theorie u. Erfahrung gegründeten prakt. Anweisung z. Mergeln rc.) 8. Augustenb. 819. Zimmermann. (Kayser'sche B. in Leipz.) 1 ₰

— Ist der Rapsaatbau auf der Geest wirklich so bedenklich, dass wir ihn aufgeben müssen? und: wirkt der Mergel nur auf einen Saaten-Umlauf? Veranlasst durch die Bemerkungen d. Freih. v. Voght... Augustenb. 1821. (20) 105 S.

— ist der Rapssaatbau auf d. Geest wirklich so bedenklich, daß wir ihn aufgeben müssen? u. wirkt der Mergel nur auf einen Saaten-Umlauf? beantwortet. 8. Augustenb. 821. Zimmermann. (Kayser'sche B. in Leipz.) 12 ℊ

Iversen J.: Die Nothwendigkeit d. Landumtauschungen (Vermagschiftungen) als Folge d. fehlerhaften ... Einkoppelungen d. vorigen Jahrhunderte ... Apenrade 1830. 90 S.

Die Nothwendigkeit der Landumtauschungen (Vermagschiftungen) ... oder: Ansichten eines Landwirths über die Vortheile eines zusammenhängenden, bequem um den Hof herum liegenden Landbesitzes, und die Nachtheile zerstreut herum liegender Felder für den Landbetrieb, in Beziehung auf Nationalwohlstand v. Jacob Iversen. Apenrade. 1830. 8°.

Iversen, J., der Rappsaatbau auf der Geest rc. 8. Augustusburg 821. jetzt Wünsow in Kiel. 1/8 ₰

— — über den Rapsaatbau. 8. Leipzig. (Ebend. in Comm.) 821.

— der Rapssaatbau im Holsteinischen, besonders im Herzogthum Schleswig. 8. Bremen 806. Müller. 4 gl

Versuch einer auf Theorie und Erfahrung gegründeten practischen Anweisung zum Mergeln v. Jacob **Iversen.** Augustenburg. 1818. 8°.

Iversen, Jak., († d. 5. März 1831.) Versuch einer auf Theorie u. Erfahrung gegründeten prakt. Anweisung zum Mergeln. gr. 8. Augustenb. 819. Zimmermann. (Leipz., Kaysersche B.) 12 gl

Iversen, J., Versuch einer auf Theorie und Erfahrung gegrundeten prakt. Anweisung zum Mergeln. gr. 8. Augustenburg. (Leipzig, Steinacker und Wagner.) 819.

Iversen, Johs., die deutsche Charkuterie, Wurst- und Fleischwaaren-Fabrikation. Kurzgefaßtes Handbuch des rationellen Betriebes. 8. (IV, 178 S.) Leipzig 888, Blüher.

—— dass. — 2. wesentlich verm. und verb. Aufl. 12. (248 S.) Ebendas. 888. *M 2.—.; geb. *

Iversen, Johs. Die deutsche Charkuterie, Wurst- und Fleischwaren-Fabrikation. 3. neubearb. u. wesentlich verm. Aufl. 8. (IV, 325 S.) Lpz. 890, Blüher. * 2 50; geb. * 3 -

Iversen, Johs., die deutsche Charkuterie, Wurst- u. Fleischwaren-Fabrikation. Kurzgefaßtes Handbuch des rationellen Betriebes. 4. durchgeseh. Aufl. (818 S.) kl. 8. Leipzig (905). B. M. Blüher. n. 2. 50; geb. in Leinw. n. 3. —

Iversen, Johannes, appr. Arzt: Aus d. chir. Universitätsklinik zu Kiel. Über die traumatische Entstehung der Dupuytren'schen Kontraktur u. deren Lokalisation am Daumen. Kiel 1909: Ehmke & Schmidt. 22 S. 8°
Kiel, Med. Diss. v. 24. Juli 1909, Ref. Anschütz
[Geb. 29. Okt. 82 Norderbrarup; Wohnort: Flarupgaard; Staatsangeh.: Preußen; Vorbildung: Gymn. Husum Reife O. 03; Studium: Kiel 5, München 2, Kiel 3 S.; Coll. 13. Nov. 08; Approb. 1. Juni 09.] [U 09. 2270

IVERSEN, Jul. G.
Über die Schwankungen des Agglutinationsvermögens des Serums im Verlaufe des Typhus abdominalis. Leipzig 1904. IV + 119 pg. 8:o. Diss. Hels.
1903 - 1904, 10.

Iversen, Julius

Iversen, J. Beitrag zur russischen Medaillenkunde. 160 bisher unedirte, Privat-Personen ertheilte Medaillen. St. Petersburg 1870. 8°.

Iversen, J., Beitrag zur russischen Medaillenkunde. 160 bisher unedirte, Privatpersonen ertheilte Medaillen. gr. 8. (88 S. m. 1 Steintaf.) St. Petersburg 872. (Haessel.) 3. —

Denkmünzen auf Personen, die in den Ostseeprovinzen geboren sind oder gewirkt haben. Hrsg. von J[ulius] **Iversen.** Mit 29 lith. Taf. *St. Petersburg & Leipzig: K. L. Ricker in Komm. 1899.* (167 S.) 4° [F.] 3854

— **Medaillen auf d. Thaten Peter d. Grossen.** gr. 4. (XXVII, 70 S. m. 12 Steintaf.) Ebend. 872. n. 18. —

Ives, s. Anna.

Ives, Anna, St. aus dem Engl. von K. P. Moritz übersetzt, 5 Theile, 8. Berlin, 792-94. Unger. Schreibp. 3 Rthl. 5 sgl.
Dasselbe Buch. Druckp. 2 Rthl. 10 sgl.

Ives, Anna St. Eine Geschichte aus d. Engl. v. Moritz. 5 Thle. 8. Berlin, Unger. 792. (Reimer.)

Ives, Eduard. Reisen nach Indien und Persien. In einer freyen Uebersetzung aus dem englischen Original geliefert, mit historisch-geographischen Anmerkungen und Zusätzen vermehrt von Christian Wilhelm Dohm. Mit einer Vorrede begleitet von ... D. Büsching. Theil I. II. 2 voll. Leipzig 1774. 1775.

Ives, L. S., Kampf und Sieg auf dem Wege zur katholischen Kirche, s. a. Sammlung von klassischen Werken der neuern kathol. Literatur Englands.

Ives, L. Silliman, Kampf u. Sieg auf dem Wege zur kath. Kirche. Ein Sendschreiben an seine ehemal. Freunde u. Amtsgenossen. Aus dem Engl. von Gerh. Schündelen. Köln, Bachem, 1855, 8°, XVI, 208 S., 1,60 Mk. (Bdchen 5 aus: Sammlung von klass. Werken der neuern kath. Litt. Englands in deutscher Übers., das.)
Vgl. (Wiener) Allg. Littztg 1855, S. 283.

Ivey, Joe Nettles, aus Amerika: Ueber die **Periodicitätsmoduln der Abelschen Integralen erster Gattung.** *Berlin (1901): E. Ebering.* (52 S.) 8°
Berlin, Phil. Diss. v. 25. Febr. 1901

Ivić Alexander: Radosav Pavlović.
H. 1905 PN 1914 Diss. Wien, Univ. 2709

Ivic, Mt., Die Haus-Kommunionen. 8°. Semlin 1874.

Ivinger, Karl (Hrsg.), s. Wandkarte, Oesterr.-ungar.

Ivo, mein Heiligtum. Aus dem Tagebuche e. jungen Priesters. 8. (VIII, 127 S.) Mainz 899. [F. Kirchheim.] Essen, Fredebeul & Koenen. n. 1. 20; geb. n. 2. —

Ivo u. Verena od. das Schneeglöckchen. Eine Erzählung. 16. (127 S.) Eßlingen 849, Dannheimer. 1/4 rl

Ivo und Verena oder das Schneeglöckchen. Eine Erzählung. 16. (127 S.) Eßlingen 849, [Weychardt'sche Buchh.]

Ivo, Berengarius, Dichtungen. 16. (12 7/8 B.) Innsbruck 843, Wagner'sche Buchh.

Ivo, Berengarius, die Lebensquelle. Ein dramatisirtes Mährchen. gr. 12. (3 1/2 B.) Innsbruck 839, Wagner'sche Buchh.

Ivo, Pedro, Novellen, s.: Barrera, Pedro Maria, soll ich heirathen?

— die Piquefünf, s.: Bibliothek der fremden Zungen.

Ivo, Pedro. Das Stationskreuz, s. Familien-Bibliothek.

Ivo rdk. Zum Entwurfe eines Gesetzes gegen die Trunksucht. Wien 1895.

Ivory. Ueber die Anziehung homogener Ellipsoide, s. Klassiker der exacten Wissenschaften.

Ivory, üb. die Anziehung homogener Ellipsoide, s.: Ostwald's, W., Klassiker der exacten Wissenschaften.

Ivoy, Alex. v., die Geschichten des Jager-Franzl. Ernstes u. Heiteres aus den Wäldern Oesterreichs. (125 S.) 8. Wien 903. C. W. Stern. n. 2. —

Ivrogne, l', corrigé. Coméd. en 2 Actes p. Dieulafoix. 8. Brswg. Pluchart. 806.

Ivrogné, le, corrigé, Comédie en 2 Act. et en prose, par Dieulasoi L**, nouv. Edit. gr. 8. Brunsv. Pluchart. 812.

Iwan, s. L. Hartmann (Ritter).

Iwan Basiliewiz, Czaar von Rußland. Eine Herrschergeschichte aus d. XVI. Jahrhunderte. St. Petersburg (Frankf. a. M., Gebhardt & Co.) 1802. 8⁰. (2 Mk. 50 Pfg. Scheible, c. 1905.)
Tit., 1 Bl. Zuschr. (an Josepha Gräfinn Karoly, Exc.), 236 S. Meist nach d. latein. Werke des Oderborn. — War nicht im Handel.

Jwan, F., Fastnachtsbräuche in Mecklenburg. („Illustr. Chronik der Zeit." 1891. Nr. 13.)

Jwand, M., und A. Fischer: Die Appretur der glatten Tuche aus Streichgarn mit Berücksichtigung der neuesten Maschinen. Grünberg 1876

Jwand, M., u. A. Fischer, die Appretur d. glatten Tuche aus Streichgarn m. Berücksicht. der neuesten Maschinen. gr. 8. (61 S.) Grünberg 876. Weiß Nachf. in Comm. n.n. 3. —

Iwanette und Stormond ein Trauerspiel in drey Handlungen. Wetzlar [1770]. V: *Goué, August Siegfried von.* (schstr S. 151)

Iwanette und Stormond, ein Trauerspiel. Wetzlar 1771 [1770]. V: *Goué, Aug. Frdr. von.* (ML) (Ky) (VLBS VI, 147)

Jwanitschew, Fedor, Geschichte d. russ.-türk. Krieges. 1. Thl. Feldzug v. 1828, nebst Darstell. d. diplomat. Verhandln. u. d. dem Kampfe vorhergegang. Ereignisse, mit Rücksicht auf d. Gang d. Begebenheiten im J. 1829. gr. 8. (14½ B) Ilmenau 829, [Weimar,] Voigt.

Jwanitschew, F. Geschichte des russisch-türkischen Krieges. T. 1. Feldzug von 1828. Ilmenau 1829. 230 S.

Iwanoff, Alex., Darstellungen aus der heiligen Geschichte. Hinterlassene Entwürfe. 1. Lfg. qu. Fol. (15 Chromolithogr.) Berlin 879, (Asher und Comp.) In Mappe **

Iwanoff, Alex., Darstellungen aus der heiligen Geschichte. Hinterlassene Entwürfe. 2.—8. Lfg. qu. Fol. (à Lfg. 15 Chromolithogr.) Mit Text: Alexander Andrejewitsch Iwanoff 1806—1858. Eine biographische Skizze von Mich. Botkin. (Deutsch und russ.) hoch 4. (66 S.) Berlin 880—84, (Asher und Comp.) In Mappe à Lfg. **ℳ 80. ** 5
1. Lfg. (Ebendas.) 1879. In Mappe **ℳ 80.
Vgl.: Botkin, Mich.

Iwanoff, Alex., Darstellungen aus der heiligen Geschichte. Hinterlassene Entwürfe. 9.—14. Heft. qu. Fol. (à Heft 15 Chromolithogr.) Berlin 885—87, (G. Reimer.) In Mappe à Heft **ℳ 80.—. ** 4
1.—8. Heft. (Ebendas.) 1879—84. **ℳ 640.—.

Iwanoff, Boris, in Sofia (Bulgarien): Untersuchungen über den Einfluss des Standortes auf den Entwicklungsgang und den Peridienbau der Uredineen. Jena 1907. IV + 50 S. 8⁰. S.-A. a. d. Centralblatt f. Bakteriologie, Parasitenkunde und Infektionskrankheiten. II. Abt. Bd. 18. 1907. [22. XI. 06.]
Bern. Phil. Diss. 1906/1907.

Iwanoff, Boris. Untersuchungen über den Einfluss des Standortes auf den Entwicklungsgang und den Peridienbau der Uredineen. Diss. Phil. Bern. [Mit Figuren.] (Abdruck aus dem Centralblatt f. Bakteriologie, Parasitenkunde u. Infektionskrankheiten. Abteilung II.... Band 18....) IV + 50 S. 8. Jena, Gustav Fischer, 1907.

Iwanoff Manol: Ueber die Konjugation im Neubulgarischen.
H. 1893 PN 773 Diss. Wien Univ. 2672

Iwanoff, Neonilla

Iwanoff, N. Das Vorkommen der organischen Herzkrankheiten in der Schweiz nach Höhenlagen. Gr. in-8⁰. 28 S. Bern (Huber & Co.). 1890. — 60

Iwanoff, Neonilla. Das Vorkommen der organischen Herzkrankheiten in der Schweiz nach Höhenlagen. Nebst e. Beitrag v. A. Vogt. gr. 8. (46 S.) Bern 890, (Wyss). * 1 —

Iwanoff, Neytscho, a. Kasanlik (Bulgarien): **Das Geldwesen** Bulgariens. Leipzig: Boden 1907. (VI, 126 S.) 8⁰
Erlangen, Phil. Fak., Ref. v. Eheberg, Diss. v. 19. Okt. 1907
[Geb. 5. Okt. 83 Kasanlik; Wohnort: Erlangen; Staatsangeh.: Bulgarien; Vorbildung: Pädagog. Gymn. Kasanlik Reife M. 02; Studium: Leipzig Handelshochsch. 2, Univ. 4, Erlangen 2 S.; Rig. 11. Juli 07.]

Iwanoff, Nicolai, Beiträge zu der Frage über die Glycosurie der Schwangeren, Wöchnerinnen und Säugenden. Inaugural-Dissertation. gr. 8. (VI und 82 S. mit 1 Tab. in gr. 4.) Dorpat 861, (Gläser's Verlag.) *

[Russ.] Architekturnyja izslědovanija Sergěja Andreeviča Ivanova. S pojasnitel'nym slovom Avgusta Mau (Vyp. II: Richarda Bona). Izd. Imperat. Germansk. Archeolog. Inst. (Vorr.: [Alexander] Conze.) Tablicy [nebst] Pojasnitel'n. slovo. Vypusk (I.) II. *Berlin: Na Komm. u G. Rejmera 1892—95.* [A. T.:] Architektonische Studien v. . . . Iwanoff. M. Erl. v. A. Mau (II. II: R. Bohn) . . . Hrsg. v. Dtsch. Archaeolog. Inst. H. 1. II. . . . gr. 2. 4. [97. 335

Iwanoff, Sergius Andrejewitsch, architektonische Studien. Mit Erläutergn. v. Rich. Bohn. Hrsg. vom kaiserl. deutschen archäolog. Institut. (In deutscher u. russ. Sprache.) 1. Thl. gr. Fol. (44 Taf. m. je 1 Bl. Text.) Nebst Textbd. gr. 4. (20 Doppels. m. 1 Bildnis.) Berlin 892. G. Reimer. In 2 Mappen u. kart. n. 96. —

Iwanoff, Sergius Andrejewitsch, architektonische Studien. II. Hft. M. Erläuterungen v. Aug. Mau. Hrsg. v. kaiserl. deutschen archaeolog. Institut. (Russisch u. deutsch.) gr. 4. (18 u. 18 S. m. 20 Fig.) Mit Atlas. gr. Fol. (15 [6 farb.] Taf. m. 1 Bl. Text, in Mappe.) Berlin 895. (G. Reimer.) Kart. n. 40. — (I. u. II.: n. 136. —)

Iwanoff, Sergius Andrejewitsch, architekton. Studien. 3. Hft. Mit Erläutergn. v. Chrn. Hülsen, in das Russ. übers. v. Mich. Rostowzew. Hrsg. vom kaiserl. deutschen archäolog. Institut. (Russisch u. deutsch.) Imp.-4. (81 u. 81 S. m. 20 Taf.) Mit Atlas. gr. Fol. (43 z. Tl. farb. Taf. m. 1 Bl. Text, in Mappe.) Berlin 898. (G. Reimer.) Kart. n. 120. —; (I—III n. 256. —)

Iwanoff, Wassil, aus Ruschenzy (Bulgar.): **Netzstieltorsion bei** Hernia inguinalis. *Berlin (1903): G. Schade.* (29 S.) 8⁰
Berlin, Med. Diss. v. 13. Okt. 1903

Iwanoff, Wera, Beitrag zur Kenntniss der physiologischen Wirkung des Antipyrins, s. Archiv für Anatomie und Physiologie, Suppl.-Bd. zur physiolog. Abthl.

Iwanow, Andrej [Pseud.], s. Fuchs, Paul

Iwanow, D. Die Russen in Turkestan. Nach den Skizzen....., deutsch von A. v. Drygalski. (Militärische Lebensbilder: I. Ein Krähwinkel in der Kirgisensteppe (Fort Perowsk). II. Soldatenleben bei den Vortruppen, auf dem Marsche, im Gefechte. III. Auf stolzer Stätte (Samarkand). 8. Stuttgart 1876.

Iwanow, D., die Russen in Turkestan. Nach d. „Skizzen" deutsch v. A. v. Drygalski. 8. (XIV, 342 S.) Stuttgart 876. Auerbach. n. 5. —

Iwanow, F. N., neuer Leitfaden der russischen Sprache zum Schul- u. Selbstunterricht, mit besond. Berücksicht. militärischer Bedürfnisse. gr. 8. (IV, 159 S.) Wien 890. Brockhausen. cart. n. 2. 20

Iwanow, H., eine Schuldige? Novelle. In's Deutsche übers. von H. Stern. 16. (117 S.) Wien 879. Rosner. n. 2. —

Iwanowa, A[nna], aus Krasnojarsk (Russland): Ueber die Behandlung der Kreislaufstörung bei Diphtherievergiftung. ⟨Aus dem pharmakologischen Institut der Universität Zürich.⟩ Zürich 1908. II + 10 S. 8°. S.-A. aus der Deutschen medizinischen Wochenschrift. 1908. [4. III. 08.]
Zürich. Med. Diss. 1907/08.

Iwanowa, A[nna]. Ueber die Behandlung der Kreislaufstörung bei Diphtherievergiftung. Diss. Med. Univ. Zürich. [Mit Figuren.] (Sonderabdruck aus der »Deutschen medizinischen Wochenschrift«.... 1908. No. 1.) *Kopftitel:* Aus dem Pharmakologischen Institut der Universität Zürich (Direktor: Prof. Dr. [Max] Cloetta). II + II + 10 S. 8. Zürich (Verlag Georg Thieme in Leipzig) 1908.

Iwanowicz, I., über die historische Bedeutung des Basilianerordens in Galizien und seine gegenwärt. Verhältnisse. gr. 8. (40 S.) Leipzig 885, [G. Wolf.] G. Levien. *

Die bronzene Thür des Battisteriums S. Givanni von Lorenzo Ghiberti in Florenz. 12 Blatt gezeichnet und radirt von Feodor Iwanowitsch, Kalmuk. Herausgegeben von H. Keller, Bildhauer. Mit deutschem und französischem Text. Rom 1798. Fol.

Iwanowitsch, Geo., opiniones Homeri et tragicorum graecorum de inferis, s. a. Studien, Berliner, f. classische Philologie u. Archäologie.

Iwanowitsch, Georg [Borussus orientalis]: Opiniones Homeri et tragicorum Graecorum de inferis per comparationem excussae ... (Soll fortges. werden.) Berolini, S. Calvary & C., 1894; 105 S., 1 Bl. 8.
Erlangen, Phil. Fak., Inaug.-Diss. v. 1894

Iwanowitsch, Iwan, die Weltspreche Volapük in 3 Lectionen. Autoris. deutsche Ausg. 1.—3. Aufl. 8. (28 S.) Leipzig 887, E. H. Mayer. *

Iwanowitsch, Nikolai, u. F. Booch-Arkossy, sprechen Sie russisch?, s. a. Koch's Sprachführer. 13. Bd.

Iwanowitsch, Nikolai, sprechen Sie Russisch? Die nützlichsten u. nothwendigsten russisch-deutschen Gespräche, Redensarten u. Wörtersammlungen, nebst kurzgefaßter Grammatik u. einer (lith.) Tab. des geschriebenen russ. Alphabets. Ein unentbehrliches Hülfsbuch zur schnellen u. praktischen Erlernung der russ. Umgangssprache. 2. Aufl. verb., verm. u. mit beigesetzter richtiger russ. Aussprache in deutschen Buchstaben versehen von F. Booch-Arkossy. 8. (VIII, 273 S.) Leipzig 881. E. A. Koch. 2. 50

Iwanowitsch, Nikolai, Sprechen Sie Russisch? Die nützlichsten und nothwendigsten russisch-deutschen Gespräche, Redensarten und Wörtersammlungen, nebst kurzgefaßter Grammatik und einer Tabelle des geschriebenen russ. Alphabets. Ein unentbehrl. Hülfsbuch zur schnellen und prakt. Erlernung der russ. Umgangssprache. 3. Aufl., verb., verm. und mit beigesetzter richt. russ. Aussprache in deutschen Buchstaben versehen von F. Booch-Arkossy. 8. (VIII, 285 S.) Leipzig 888, E. A. Koch.

Iwanowius, Heinrich: Die Vernichtung des ständischen Einflusses und die Reorganisation der Verwaltung in Ostpreussen durch Friedrich Wilhelm I. '(I.)' (Umschlagt.: Die Verdienste Friedrich Wilhelms I. um Ostpreussen.) Königsberg i. Pr., Hartungsche Buchdr., *1894;* 42 S. 8.
Königsberg i. Pr., Altstädt. G, OP 1894 (9)

Iwanowski, A. R., Mandjurica. I. hoch 4. St. Petersburg 894. (Leipzig, Voss' Sort) n. 2. 40
Proben d. solon. u. dachur. Sprache. (In russ. Sprache.) (XIV, 79 S.)

Iwanowski, Alexis *Arsenievitsch:* Die Mongolei. Ethnograph. Skizze ... Leipzig, Druck v. Jüstel & Göttel, 1895; 3 Bl., 27 S. 8.(4.)
Leipzig, Phil. Fak., Inaug.-Diss. v. [18. Okt.] 1895

Jwanowski, Waclaw: Ueber Bestimmungen des Wertes und des Preises der Brennereikartoffelschlempe. 1909. 43 S. 8°
¶ Ausz. in: Zeitschrift f. Spiritusindustrie. Jg. 43. N. F. Jg. 32; Referat des Verf. in: Journal f. Landwirtschaft. Jg. 57.
München, Dr.-Ing.-Diss. v. 26. 3. 1909

Iwanowsky, Dm. u. W. Poloftzoff. Die Pockenkrankheit der Tabakspflanze, s. Mémoires de l'académie impériale des sciences de St.-Pétersbourg.

Iwański, Arthur, s. Iwański v. Iwanina

Iwański, Carl, Handbuch der Militär-Stilistik. Wien 866. Gerold's Sohn. gr. 8. (VIII, 371 S.) n. 1 *ℛ* 10 *ngr.*

Iwański, Carl, Handbuch der Militär-Stilistik. 2. Aufl. (VIII, 375 S.) 1871. *ℳ 4,60., und 3. Aufl. gr. 8. (VIII, 383 S.) Wien 874, Gerold's Sohn. *

Iwański, Carl, Handbuch der Militär-Stilistik. 4. Aufl. gr. 8. (IV, 384 S.) Wien 878, Gerold's Sohn.

Iwański, Carl, Handbuch der Militär-Stilistik. 5. Aufl. gr. 8. (VIII, 380 S.) Wien 882. Gerold's Sohn. n. 5. 20

Iwański, Carl, Handbuch der Militär-Stilistik. 6. Aufl. gr. 8. (VIII, 392 S.) Wien 888, Gerold's Sohn. *

Iwański v. Iwanina, Arthur

Iwański v. Iwanina, Art., applikatorische Besprechungen üb. das Dienst- u. Privatleben des neuernannten Offiziers (Kadetten) der Fusstruppen, s. a. Braumüller's militärische Taschenbücher.

Iwański, Arthur, k. u. k. Hauptmann etc. Applicatorische Besprechungen über das Dienst- und Privatleben des neuernannten Officiers (Cadetten) der Fusstruppen. (Aus): „Braumüller's militärische Taschenbücher." 8. Bd. kl. 8. Wien u. Leipzig 1899.

IWAŃSKI, Arthur
Applicatorische Besprechungen über das Dienst- und Privatleben des neuernannten Officiers (Cadetten) der Fusstruppen von Arthur Iwański. Wien und Leipzig. 1899. Braumüller. 16°. XI, 179 S. Geb. fl. 1.20

Braumüller's militärische Taschenbücher, Bd. 8.

Iwański von Iwanina, A., Applikatorische Besprechungen über das Dienst- und Privatleben des neuernannten Offiziers (Kadetten) der Fußtruppen. 2. Aufl. [Braumüller's militärische Taschenbücher. Bd. 8.] 8°. (VIII, 182 S.) geb. K 2.40
Wien: Braumüller 1902.

Iwański von Iwanina, A., Applikatorische Besprechungen über das Dienst- und Privatleben des neuernannten Offiziers (Kadetten). 4. Aufl. [Braumüller's militärische Taschenbücher. Bd. 8.] 8°. (XII, 239 S.) geb. K 3.—. Geschenkausgabe K 5.—
Ebd. 1907.

Iwański v. Iwanina, Art., applikatorische Besprechungen üb. das Dienst- u. Privatleben d. neuernannten Offiziers (Fähnrichs), s. a. Braumüller's milit. Taschenbücher. 8. Bd.

Iwanski von Iwanina, A., Applikatorische Besprechungen über das Dienst- und Privatleben des neuernannten Offiziers (Fähnrichs). 5. Aufl. [Braumüllers militärische Taschenbücher Bd. 8.] 8°. (XII, 240 S.) Wien: Braumüller 1910. geb. K 3.—

Iwantschoff, *Iwan:* Primitive Formen des Gewerbebetriebs in Bulgarien ... Leipzig-R., Druck v. O. Schmidt, 1896; 89 S. 8.
Leipzig, Phil. Fak., Inaug.-Diss. v. [14. Juli] 1896

Iwanzoff, N.

— d. mikroskop. Bau d. elektr. Organs v. Torpedo. [Aus: „Bulletin de la soc. impér. des naturalistes de Moscou".] gr. 8. (125 S. m. 3 Taf.) Ebd. 895. n.n. 7.—

Iwanzoff, N., üb. d. Bau, d. Wirkungsweise u. d. Entwickelg. d. Nesselkapseln d. Coelenteraten. [Aus: „Bulletin de la soc. des naturalistes à Moscou".] gr. 8. (99 S. m. 4 Taf.) Moskau 896. (Berlin, R. Friedländer & Sohn.) n.n. 4.—

— das Schwanzorgan v. Raja [Aus: „Bulletin de la soc. impér. des naturalistes de Moscou".] gr. 8. (66 S. m. 3 Taf.) Ebd. 895. n.n. 4. 50

Iwar König der Normänner. Trauerspiel in fünf Acten. Berlin 1811. V: *Stein, Carl.* (GGr)

— Dass., s.a. Jvar

Iwasa, Arata [aus Tokio]: Über einen Fall von Tuberkel im Thalamus opticus ... Freiburg i. B., Univ.-Buchdr. v. Ch. Lehmann, 1894; 25 S. 8.
Freiburg i. B., Med. Fak., Inaug.-Diss. v. 1894

Iwasaki, Kojiro, Rechtsanwalt a. Osaka ⟨Japan⟩: Das Japanische Eherecht. Leipzig: Roßberg'sche Verlagsbuchhandlung 1904. (64 S.) 8°
Leipzig, Jur. Fak., Diss. v. 3. Dez. 1904
[Geb. 6. Apr. 74 Osaka, Japan; Wohnort: Osaka; Staatsangeh.: Japan; Vorbildung: Osakachugaku in Osaka Reife Aug. 91; Studium: Berlin 5, Leipzig 1 S.; Rig. 9. Dez. 04.]

Iwasaki, Kojiro, das japanische Eherecht. (64 S.) gr. 8. Leipzig 904. Rossberg'sche Verlagsbuchh. n. 1. 80

Iwaschkiewitsch-Klewtschinsky, Marie, aus Petersburg: Ueber den Einfluss der Alkalisalze auf das Flimmerepithel des Frosches. Basel 1909. 32 S. 8°. [17. VIII. 09.]
Zürich. Med. Diss. 1908/09.

Iwaya, s.: Sazanami Sanjin.

Iwaya, Magoso [aus Japan]: Die rechtliche Stellung des Nebenintervenient-Streitgenossen nach den Bestimmungen der deutschen Civilprocessordnung.... Jena, Frommannsche Buchdr. (Hermann Pohle), 1890; VI S. + 1 Bl. + 73 + 1 S. 8°
Halle, Jur. Fak., Inaug.-Diss. v. 10. Mai 1890

Iwaya, Magoso, die rechtliche Stellung d. Nebenintervenient-Streitgenossen nach den Bestimmungen der deutschen Civilprocessordnung. Inaug.-Diss. gr. 8. (VII, 71 S.) Jena 890. (Pohle.) n. 1.—

Jwein, v. Hartmann v. d. Aue. — **Wörterbuch hierzu,** s. Benecke, Geo. Friedr.

Iwein, oder der Ritter mit dem Löwen, s. Classiker, deutsche, des Mittelalters.

Iwein, der Ritter rc., s. Hartmann von der Aue.

Iwein und Parzival, s. Richter, A.

Iwensky, David: Die Verfügung über den Miterbenanteil, zugleich ein Beitrag zur Wesensbestimmung der Erbberechtigung, der Erbschaft und des Erbteils. Emmendingen: Dölter 1910. 167 S. 8°
Freiburg i. B., Rechts- u. staatsw. Diss. v. 1910, Ref. Schultze
[Geb. 23. März (4. April) 86 Kowna; Wohnort: Freiburg i. B.; Staatsangeh.: Rußland; Vorbildung: Gymn. Kowna Reife 04; Studium: Petersburg 4, Freiburg i. B. 7 S.; Rig. 14. Febr. 10.]
[U 10. 940

Traum und Leben. Liedesklänge aus Schleswig-Holstein v. Adelaide Marie [Iwersen] Garding. 1886. 8°

Iwersen, Ferdinand: Die Rinderpest. Ihr Wesen, die Symptome, sammt Vorbeugung und Tilgung derselben. Segeberg 1870. 36 S.

Iwersen, Ferd., **die Rinderpest. Ihr Wesen, die Symptome, sammt Vorbeugung und Tilgung derselben. Zunächst für den schleswig-holstein. Landwirth. 8. (36 S.) Kiel 872, (Haeseler.) ***

Iwersen, Th. J., Enchiridion der Geburtskunde. Mit Einschluß der pathischen Vorgänge im Wochenbette u. in der Säuglingsperiode. Zur Repetition u. Vorbereitung für die Staatsprüfung entworfen. Mit 2 Tafeln Abbild. gr. 8. Berlin **845,** A. Hirschwald. 1¼ ℔

IWIG, FRIEDRICH. Ueber Oxydation des Mannits mit übermangansauren Kalium in alkalischer und saurer Lösung, und über trockene Destillation von essigsauren Silber. Würzburg, 1884.

Ixnard, d', Recueil d'architecture repres. en 34 planches. fol. Strasb. Treutel et W. 791.

(Ixtlilxóchitl, Don Fernando d'Alva): Grausamkeiten der Eroberer Mexicos. (Herausgegeben von Carlos Maria Bustamente)
in: Amerika, seine Entdeckung und seine Vorzeit. Bd. 1. S. 1—154. Meissen 1839. 8°.

Ix-Wunderle, die neueste Pocken-Epidemie und das Züricher Pockenspital, s. Zeit- und Streitfragen.

Jyny und Asnana; eine wahre Gesch. 8. Lpz. Hilscher. 775.

Jyny und As-snaua, eine wahre Geschichte. Leipzig 1775. V: *Opiz (Opitz), Joh. Ferdinand.* (GGr VI/717, Nr. 2/15) (BiblPort)

Jyny und As-snaun eine wahre Geschichte. Leipzig 1775. V: *Opiz, Joh. Ferd.* (GGr) (MGT) »As-snana« (Adel)

Izarn, Joseph, Hypothese uber den Ursprung der Meteorsteine. (Annalen der Physik. Bd. 13, 1803.)

[Russ.] **Izbienie** russkoj molodeži. Dokumentaľnyja podrobnosti poslědnich studenčeskich bezporjadkov v Peterburgě, Moskvě i Kievě S vstupiteľnym pis'mom P. (Vladimiroviča) Karpoviča. *Berlin: I. R.,* *1902.* (80 S.) 8°
[Auf d. Umschl.:] Karpowicz, [Die Ermordung der] Russische[n] Jugend. [Urkundl. Einzelheiten d. letzten student. Unruhen in Petersb., Moskau u. Kiev. Mit einleit. Briefe von K.]

v. Izco, Ayguals, Marie die Spanierin, s. a. Ausland, das belletristische, 969—978. Bdchn.

IZCO, Wenceslas Ayguals („Ehemal. Deputirter bei den Cortes, Commandant der Nationalgarde, Direktor der literar. Gesellschaft in Madrid"), Marie die Spanierin, oder das Schlachtopfer eines Mönches. Histor.-polit. Roman. Eingeführt von Eugène Sue. 10 Bdchn. (in 2 Bdn.). Stuttgart. Verlag der Franckh'schen Buchhandlung. 1847. (Umschl.-Tit.: Das belletrist. Ausland, hrsg. von Carl Spindler. Kabinetsbibliothek der classischen Romane aller Nationen. Bdchn. 969—973.) (à Bdchn. 6 xr. od. 2 Neugr. (Cplt. 1 fr. 30 cts. Adolf Geering, Basel, 1898.)
1—5: X—332 S. 6—10: Tit. u. 376 S. — Zahm.

Izdanie Socialno-revoljucionnoi partii. 3 vols. 8°. s. l. impr. à Zurich 1873—74.
Vol. 1. Gosudarstvennost i Anarchiia (par Bakounine). 1873.
Vol. 2. Istoritcheskie razvitie Internacionala. 1. partie. 1873.
Vol. 3. Anarchia po Prudonu. 1874.

Izdubar-Nimrod, s. Jeremias, Alfr.

Izidor, sedlák Lhotsky. Podlé německého wzdelany od Jos. Megstrjka, dekana Swetelského. Druhé od Františka Slamy, dekana Bechynského oprawené wydanj. gr. 8. (26⅝ B.) Praze 845. (Calve'sche Brlzsh.)

IZOUF (ps.), Staatsveränderungen in Tretucheschei (teutschem Reich). 1761. Rar!
Weller, Lex. Ps. p. 292.

Izquierdo, Vicente [aus Santiago, Chile]: Beiträge zur Kenntniss der Endigung der sensiblen Nerven. Strassburg, Universitäts-Buchdruckerei von Johann Heinrich Eduard Heitz, 1879. 8. 80 S.

Izquierdo, Vicente, Beiträge zur Kenntniss der sensiblen Nerven. Inaugural-Dissertation. gr. 8. (80 S. mit 3 Stnt.) Strassburg 879, Trübner.

Изреченія спасителя. (По четыремъ евангелистамъ.) (Sprüche des Erlösers. Nach den vier Evangelisten.) 16. (113 S.) Dresden 864, Wienecke. [Leipzig, Fries.] *
geb. mit Goldschn. *

Izvadak iz velikoga katekizma za pučke škole. Wien 1895. K. k. Schulbücher-Verlag. (Min.-Erl. vom 12. Juni 1895, Z. 13490.) Geb. —.20

[Russ.] **Radostnoe izvěstie**. *Berlin: G. Štejnic (1903).* (23 S.) 8°
[Auf d. Umschl.:] Eine glückliche Nachricht ...
(Sobranie lučšich russkich proizvedenij. Č. 61.)

Izz ad-Dīn Abū 'Abd Allāh Ibn Ǧamā'a. Commentar des Izz-ed-Din Abu Abd-ullah über die Kunstausdrücke der Traditionswissenschaft ... von Friedrich Risch. [Diss.] Leiden 1885.

Izzo, Johann Baptist

— Anfangsgründe d. bürgerl. Baukunst. gr. 8. Wien 780. Camesina. (Bolke). 1 ℳ 8 ₰

— —, vormals Lehrer der Baukunst, jetzt Vicedirector am k. k. Teresiano. Anfangsgrunde der Kriegsbaukunst. In das Deutsche übersetzt. (Mit 26 Taf.) 8. Wien 1776.

Izzo, J. B. de. Anfangsgründe der Kriegsbaukunst. Ins Deutsche übs. Mit Taf. Wien 1777. 192 S.

— Anfangsgründe der Kriegsbaukunst. gr. 8. Wien 777. (Heubner). (a. Bolke). 1 ℳ 8 ₰

Izzo, Jh. Bapt., († d. 5. Dec. 1793.) elementa architecturae civilis. 8maj. Wien 764. Trattner. 20 ₰

Izzo, Joanne Baptista. Elementa architecturae militaris. (Mit 27 Taf.) 8. Vindobonae 1765.

— architectura militaris. 8maj. Wien 765. Camesina. (Heubner). 1 ℳ 6 ₰

— elementa geographiae. 8maj. Wien 769. (Heubner). 10 ₰

Izzo, Jean Bapt. Elements de l'architecture civile à l'usage des Cavaliers du Collège Royal Thérésien, traduits du latin ... Vienne 1772. Ü: *Bossicart, Nic.* (Jes)

Izzo, J. B. Elements de l'architecture militaire, ... Nouv. édition corrigée ... et traduite du latin ... Vienne 1772. Ü: *Bossicart, Nic.* (Jes)

Izzo, Jh. Bapt., élemens de l'Architecture militaire. Avec fig. gr. 8. Wien 772. (Heubner). 1 ℳ 8 ₰

— tractatus de pyrotechnia et ballistica. 8maj. Wien 764. Trattner. 6 ₰

— tract. de pyrotechnia et ballistica. 8, maj. Vien. Trattner, 766.

K..., d. englischen Gräfin von, Geschichte, von ihr selbst beschrieben. 8. Frankf. Stößel. 774.

Къ Сербамъ посланіе изъ Москвы. (An die Serben, Sendschreiben von Moskau.) gr. 8. (100 S.) Leipzig 860, Wagner. Thlr. *

Ka, Jh. Chr., s. die Verfolgten; e. Schspl.

Kaaden [Schlagwort]

Kaaden, s.: Annaberg. Gaebler.

Kaak, Alfred, approb. Arzt aus Wichmar a/Saale, S. M.: Aus d. pathol. Institute zu Kiel. Ein Fall von 'primärem' Myxocysto-Sarkoma Pericardii. *Kiel 1904: Schmidt & Klaunig.* (34 S.) 8°
Kiel, Med. Diss. v [30. Mai] 1904

Kaal, S., Kreuzweg-Andacht. Nebst Belehrung über den Ursprung dieser Andacht, die damit verbundenen Ablässe etc. Abdr. aus „Das tägliche Seelenbrod." Münster 855. Deiters. (Aschendorff.) 16. (40 S.) 2½ ngr.

—— das tägliche Seelenbrod für den Tageslauf des Christen. Zur Kräftigung und Erquickung auf dem Wege zum himmlischen Vaterlande. 16. (XI und 696 S. mit 1 Stahlst.) Münster 855, Deiters. *
fein Pap. * –

Kaalaas, B[aard]: Beiträge zur Lebermoosflora Norwegens v. –. Christiania: In Komm. b. J. Dybwad: A. W. Bröggers Buchdr. 1898. (28 S.) 4⁰. 8⁰.
= Skrifter udg. af Videnskabsselskabet i Christiania. 1898. I. Mathem.-naturv. Kl. No 9.

Kaan, Hanns, der neurasthenische Angstaffect bei Zwangsvorstellungen u. der primordiale Grübelzwang. gr. 8. (148 S.) Wien 892. F. Deuticke. n. 4. —

Kaan, Hans, üb. Beziehungen zwischen Hypnotismus u. cerebraler Blutfüllung. Eine Studie. Mit 3 Taf. gr 8. (35 S.) Wiesbaden 885. Bergmann. n. 2. —

Kaan, Heinr., Gedanken eines Arztes über die Cholera als Weltseuche. Innsbruck 854. Wagner. 8. (50 S.) 7½ ngr.

— Ischl et ses environs. 8. (91 S.) Wien 879. Braumüller. n. 1. 60

Kaan, Heinr., Ischl und Umgebung. 3. verm. und verb. Aufl. gr. 8. (96 S.) Wien 874, Braumüller. *

Kaan, Heinr., der Curgast in den Alpenländern. Vademecum für Reisende und Touristen. 12. (64 S.) Graz 882, [Ferstl'sche Buchh.] Pechel. *

Kaan, Heinr., der Kurgast in Ischl. 1. Aufl. 1864. * 8 Ngr. und 2., umgearb. Aufl. 8. (VI und 118 S.) Wien 868, Braumüller. *

Kaan, Henr., Psychopathia sexualis. 8maj. (8½ B.) Lipsiae 844, Voss. *

Kaan, Heinr., Versuch einer topographisch-medicinischen Skizze v. Meran. 8. (41 S.) Innsbruck 851, Wagner. 8 ngr.

Kaan, Jul., Anleitung zur Berechnung der einmaligen terminlichen Prämien für die Versicherung von Leibrenten, Activitäts-, Invaliditäts- und Witwenrenten, sowie zur Berechnung der bezügl. Prämienreserven zum Zwecke der Bilanz-Berechnung der Bruderladen. Im Auftrage des k. k. Ackerbauministeriums verf. gr. 8. (135 S. mit 9 Taf.) Wien 888, (Manz'sche Hof-Verlags- und Universitäts-Buchh.) *

Kaan, Jul., die Arbeiter-Unfallversicherung, s.: Verwaltung, sociale, in Oesterreich. I. 1.

—— Bericht über die im Auftrage des Ackerbauministers vorgenommenen Berechnungen, betr. die österreichischen Bruderladen. gr. 4. (15 S. mit 2 Tab.) Wien 885, Hof- und Staatsdruckerei. *

Kaan, Jul., zur Beurtheilung des österreichischen Gesetzentwurfes betr. die Unfallversicherung der Arbeiter vom Standpunkte der Theorie und Praxis des Versicherungswesens. gr. 8. (28 S.) Wien 884, Toeplitz und Deuticke. *

Kaan, Jul., die mathematischen Rechnungen bei Pensions-Instituten der Eisenbahn-Beamten und deren Witwen mit Rücksicht auf die bei den Eisenbahn-Gesellschaften in Oesterreich besteh. Pensionsinstitute, dann Beurtheilung der Bestandfähigkeit derselben. Lex.-8. (X und 94 S.) Wien 864, (Manz' Verlag.) *

Kaan, Jul., zur Reform u. Neugründung von Invaliden- u. Witwen-Pensions-Cassen. Mit 14 Tabb. Wien 869. (Czermak.) Lex.-8. (44 S.) n. 20 ngr.

Kaan, Max, Atlas d. Histopathologie d. Nase, d. Mundrachenhöhle u. d. Kehlkopfes, s.: Seifert, Otto.

Kaan, Rich., Erkenntnisse u. Bescheide d. im Grunde d. Gesetzes vom 28. Decbr. 1887, R. G. Bl. Nr. 1 ex 1888, betr. d. Unfallversicherung d. Arbeiter, errichteten Schiedsgerichte. Für d. Handgebrauch geordn. u. hrsg. i. Auftrage d. Vorstandes d. Arbeiter-Unfallversicherungsanstalt f. Niederösterreich in Wien. Lex.-8. (X, 1034 S.) Wien 895. Manz. n. 8. —

Kaan, Rich., zur Frage der Beurtheilung der Leistungen u. Verwaltungskosten der Arbeiter-Unfallversicherungsanstalten. 8. (36 S.) Wien 894. Manz. n. — 60

— d. Gesetz v. 16. Juli 1892, R. G. Bl. Nr. 202 ex 1892, betr. d. registr. Hilfscassen sammt Vollzugsverordng. u. Musterstatut. Z. Handgebr. geordn. u. unt. Benutzg. amtl. Materialien erläut. 12. (XVI, 233 S.) Ebd. 895. n. 3. 20

— dasselbe, s.a. Gesetze, die österreichischen.

Kaan, Rich., Zauberlehrlinge. Der Eroberer. (Buchschmuck v. Louise Fränkl.) (90 S.) 8. Wien (906). Wiener Verlag. n. 2. —

Kaarsberg, Hans, Grete. Aus d. Erinnergn. e. Arztes. Aus d. Dän. v. Frdr. v. Känel. In vereinfachter deutsch. Stenographie, System Stolze-Schrey. (32 S.) 8. Berlin 906. Frz. Schulze. — 40

Kaarsberg, Hans S., zwei dänische Dorfgeschichten (Das Mütterchen. Andreas) s.a. Bibliothek d. Gesamtlitteratur d. In- u. Auslandes.

[F.] Zwei dänische Dorfgeschichten v. Hans S. Kaarsberg. Das Mutterchen. Andreas. Autoris. Übs. a. d. Dän. v. Friedr. v. Känel. Halle a. d. S.: O. Hendel (1897). (IV, 144 S., 1 Port.) 1 Bd. 8⁰
= Bibliothek d. Gesamtlitteratur d. In- u. Auslandes. No 1069. 1070.
[97. 7965

Kaarsen, Magda, Skizzen. 12. (III, 192 S.) Reval 895. F. Kluge. Kart. n. 4. —

Kaart, nieuwe generale, van het Koningrijk der Nederlanden, naar de nieuwste en naauwkeurigste opmetingen en berigten, met medewerking van eenen zeer gunstig bekenden nederlandschen ingenieur in 8 bladen. Schaal van 1 : 200,000. Imp. Fol. Lith. in. color. Wolfenbuttel 845. Holle. n. 1 ℛ

Kaart, topographisk, over Kongeriget Danmark med Hertugdömmet Slesvig. Udarbejdet og udgivet of Generalstaben. Maalestocksforhold : 1 : 80,000. Einleitungshft. gr. Fol. (4 schwarze u. 2 color. Karten in Kupferst. u. 6 S. Text in gr. 4.) Kopenhagen 847. (Kiel, Schwers.) n. 6 ℛ

Kaas, Franz (Winzig/Schles.), De funiculi umbilicalis deligatione non negligenda. Diss. med. Bln. (Feister) 16. XII. 1820. 36 S. mit Biogr. (M.: J. Wolda.) (6.50) 17252
Oppon.: Car. Nagel, Traug. Jacklsch, Car. Kelsch. — Gew.: Stanislaus Kaas (Kalicienei [= Kalisch]).

Kaas, Georg

Kaas: Einige Bemerkungen zu Sophokles Aias. 7 S.
–Graz, Progr. 1862

Kaas, Gg. Die Lehre des Aristoteles von der Lust — Exkurs: Über die Definition: die Lust ist eine ungehemmte Thätigkeit des naturgemäfsen Zustandes (ἡ ἡδονὴ ἀνεμπόδιστος ἐνέργεια τῆς κατὰ φύσιν ἕξεως). 46 S. 8. **Progr.** II. G. *Graz* 1878.

Die limnetischen Peridineen in norwegischen Binnenseen. Von H[enrik] Huitfeldt-Kaas. Mit 1 Taf. *Christiania: J. Dybwad in Komm. 1900.* (7 S.) 4°
—Skrifter udg. af Videnskabsselskabet i Christiania. 1900. I. Math.-naturv. Kl. No 2. (01. 1069

Kaas Karl: Über Cincholoiponsäure und Apophyllensäure. 1. Mitteilung. S. 111. IIb. [illegible] vgr.
— — 2. Mitteilung. S. 111. IIb. [illegible] vgr.
Separatabdruck

— Zur Konstitution des [illegible] und des [illegible] (mit 1 Textfigur). S. 113. IIb. [illegible] vgr.
Separatabdruck

— Zur Konstitution des [illegible]. S. 113. IIb. [illegible] vgr.
Separatabdruck

— Über den [illegible] von [illegible]. S. 125. IIb. [illegible] vgr.
Separatabdruck

Kaase, E., Beiträge zur Lehre von der Facialislähmung. Inaugural-Dissertation. gr. 8. (31 S.) Göttingen 879. (Vandenhoeck & Ruprecht.) n. — 60

Weisheit, Schönheit, Stärke. Freimaurerische Fest-Cantate (Dichtung von O. Leschhorn); für Clavier, Soli und Männerchor comp. von F. **Kaatz**, Dessau: Anhaltische Verlagsanstalt 1902 15 S. 2° [Umschlagtit.]
Recens: Bh. 46 (1903) S. 192 (Ch. Gotthold); L. 25 (1902) S. 72 (R. Fischer); S. 9 (1902) S. 42 (J. G. Findel).
L. G. R. Fischer, Gera.

Kaatz, Gust. (geb. Hochzeit in d. Neum. [15. 11. 1844]): Thesen. Berlin (1870). (2 Bl.) 8°
Berlin, Med. Thes. v. 22. Juli 1870

Kaatz, H., die Frage der Volksbühnen. gr. 8. (III, 45 S.) Dresden 890. Pierson. n. 1. —

— über moderne Ideen in der Litteratur. [Aus: „Litterar. Korrespondenz".] 12. (23 S.) Posen 890. (Spiro.) n. — 50

Kaatz, Hugo, die Weltanschauung Friedrich Nietzsches. 1. u. 2. Thl. gr. 8. Dresden, E. Pierson. à n. 2.
1. Cultur u. Moral. Mit 1 Bilde Friedrich Nietzsches. (XI, 127 S.) 892.
2. Kunst u. Leben. (III, 105 S.) 893.

P. **Kaatz**, Hugo, die Weltanschauung Fr. Nietzsches. 892. 893. (KWB 27.)
Jetzt: Berlin, Verlag Berlin-Wien.

Kaatz, Leopold, Referendar a. Dessau: Einwirkungen des Konkurses auf gegenseitige Verträge bei teilweiser Erfüllung seitens des Gemeinschuldners und Ablehnung weiterer Erfüllung durch den Konkursverwalter. Dessau 1907: H. S. Art'l. (VII, 38 S.) 8°
Rostock, Jur. Fak., Ref. Wachenfeld, Diss. v. 20. Juni 1907
[Geb. 7. Dez. 80 Dessau; Wohnort: Dessau; Staatsangeh.: Anhalt; Vorbildung: Gymn. Dessau Reife O. 00; Studium: Genf 1, Berlin 1, Tübingen 1, Berlin 1, Halle 3 S.; Rig. 5. Dez. 06.]

Kaatz, Leopold: Über die elektrolytische Zinnabscheidung aus borfluorwasserstoffsaurer Lösung. (Oranienbaum 1910: Buchdr. Oranienbaum.) 41 S. 8°
Berlin, Phil. Diss. v. 13. Aug. 1910, Ref. Nernst
[Geb. 8. Juli 84 Wörlitz; Wohnort: Berlin; Staatsangeh.: Anhalt u. Preußen; Vorbildung: Gymn. Dessau Reife O. 04; Studium: Leipzig 2, Berlin Techn. Hochsch. 8 S.; Rig. 2. Juni 10.] [U 10. 183

Kaatz, Louis, Buchführung für Hotels und Restaurants. Leitfaden zur Selbst-Erlernung. Enthaltend die einfache und doppelte Buchführung, nebst Wechsel- und Conto-Corrent-Lehre als Anhang, nach prakt. System. 4. Aufl. gr. 8. (III, 276 S.) Leipzig 886, Blüher. *ℳ 3.—.; geb. *

Kaatz, Mor., English-German and German-English medical dictionary, s.: Waller, Jos. B.

Kaatz, Moritz [aus Wronke (Posen)]: Ein Fall von excessiver Allgemeinentwickelung und vorzeitiger Menstruation nach Hirnerschütterung. . . . Würzburg, Köhl & Hecker'sche Buchdr., 1889; 23 S. 8°
Würzburg, Med. Fak., Inaug.-Diss. v. 1889

Kaatz, M., Englisch-deutsches medizinisches Wörterbuch. 2. Aufl. 8°. (229 S.) Wien: Franz Deuticke 1905. geb. K 4.80

Kaatz, S.: Abraham Geiger's religiöser Charakter. Von Dr. [S.] Kaatz, Rabbiner. T. 1. Frankfurt a. M.: 'Israelit' 1911. 8°
Erw. aus: Israelit. Jg. 1909.

Kaatz, S., das Wesen d. prophetischen Judentums. Ein Beitrag z. Verständnis der Propheten. (109 S.) gr. 8. Berlin 907. M. Poppelauer. 2. —

Kaatz, S.: Das Wesen des jüdischen Religionsunterrichts von S. Kaatz, Rabbiner in Zabrze. Berlin: Nathanson & Lamm 1904. (51 S.) 8°

Kaatz, Saul [aus Schwersenz]: Die Scholien des Gregorius Abulfaragius Bar Hebraeus zum Weisheitsbuch des Josua ben Sira nach vier Handschriften des Horreum mysteriorum m. Einl., Uebs. u. Anm. hrsg. ... Halle, *Druck v. H. Itzkowski, Berlin*, 1892; 34 S., 1 Bl. 8.
Halle, Phil. Fak., Inaug.-Diss. v. [5. Febr.] 1892

Kaatz, Saul, d. Scholien d. Gregorius Abulfaragius Bar Hebraeus zum Weisheitsbuch d. Josua ben Sira, nach 4 Handschriften d. Horreum mysteriorum m. Einleitg., Uebersetzg. u. Anmerkgn. hrsg. gr. 8. (34 S.) Frankfurt a/M. 892. J. Kauffmann. n. 1. 25

Kaats, Wilhelm, approb. Arzt aus Arys: **Aus d. chirurg. Universitätsklinik zu Kiel. Zur Casuistik der Medianen Halsfisteln.** *Kiel 1904: H. Fiencke.* (13 S.) 8°
Kiel, Med. Diss. v. [20. Juni] 1904

Kaatzer, (Hrsg.), s. Album, Kaatzer's

Kaatzer, Hermann, Referendar: Die rechtliche Stellung des Prinzgemahls der Niederlande. Aachen 1909: Kaatzer. 53 S. 8°
Greifswald, Jur. Diss. v. 23. Juli 1909, Ref. Hubrich
[Geb. 2. Mai 84 Aachen; Wohnort: Aachen; Staatsangeh.: Preußen; Vorbildung: Realgymn. Aachen Reife O. 04; Studium: Lausanne 1, Paris 1, München 2, Greifswald 4 S.; Rig. 22. März 09.] [U 09. 1460

Kaatzer, Herm., die rechtl. Stellung des Prinzgemahls d. Niederlande. (VI, 53 S.) 8. Aachen 909. Cremer. 1.—

Kaatzer, Pet., Halleluja rc., s. Halleluja.

Kaatzer, Peter, die Krampfkrankheiten, s.: Hausbücher, medicinische.

— kurzer practischer Leitfaden für den Besucher v. Bad Rehburg. Mit 1 Ansicht v. Rehburg (Holzschntaf.) u. 2 (lith.) Karten. gr. 8. (15 S.) Aachen 879. Beyers-Kaatzer. n. — 75

Kaatzer, Peter, Bad Rehburg. Eine Heilstätte für Lungenkranke, Reconvalescenten rc. Beiträge zur Phthiseotherapie und prakt. Ratschläge für Ärzte und Kurgäste. 2. erweit. und neubearb. Aufl. 8. (VII, 55 S. mit 4 Phototypien und 1 Karte.) Hannover 885, Norddeutsche Verlagsanstalt. *

— das Sputum. Ein Beitrag zur klin. Diagnostik. Für prakt. Aerzte und Cursisten. 8. (VII, 80 S. mit 15 Abbild.) Wiesbaden 887, Bergmann. *

Kaatzer, Pet., das Sputum u. die Technik seiner Untersuchung. Mit 24 in den Text gedr. Präparatzeichngn. u. 3 Krankengeschichten. 3., umgearb. u. verm. Aufl. 12. (VIII, 106 S.) Wiesbaden 891. J. F. Bergmann. n. 2.—

Kaatzer, Pet., **die Technik der Sputum-Untersuchung auf Tuberkel-Bacillen [Bacillus tuberculoseus Kochii], nach den bis jetzt angewandten Methoden zusammengestellt und nach eigener Erfahrung erläutert. 1. und 2. unveränd. Aufl. 8. (IV, 15 S.) Wiesbaden 884, Bergmann.** *

Kaatzer, Pt., Wilhelm Tell, s. a. Florian.

Kaatzer, Pet., Wilhelm Tell, od. d. Befreiung d. Schweiz, frei nach Florian. 1., u. 2., verb. Aufl. (Ausg.) (à 2⅓ B. u. Titelvign.) gr. 12. Aachen 833, 34, Kaatzer'sches Lese-Inst. h

—— allgemeine Volksbibliothek, s. Volksbibliothek.

Kaatzky, Chr. Fr.

— Diss. logica de mysterio philosophico. 4. Königsb. 769.

Kaatzky, Chr. Fr., († d. 9. Juni 1804.) Gedichte. 8. Mitau 791. (194 S.)

— die höchste Kultur ist die tiefste Barbarei. Eine Rede. 4. Mitau 785. (20 S.)

— e. immer fortschreitende Vervollkommnung ist nicht Bestimmung d. Menschengeschlechts. Eine Rede. 4. Mitau 787. (18 S.)

— Nachtrag zu d. beiden Reden „die höchste Kultur rc." u. „Eine immer fortschreitende Vervollkommnung rc." 4. Mitau 789. (22 S.)

— der Weise studirt eigentl. nicht für dieses, sondern für ein höheres Leben. Eine Rede. 4. Mitau 788. (24 S.)

van der Kaay, Gerard Johan [Artz [sic!] aus Utrecht]: Eine neue Indication zur Anwendung des Kaiserschnittes. . . . Freiburg i. B., Univ.-Buchdr. v. Chr. Lehmann, 1891; 46 S. 8°
Freiburg i. B., Med. Fak., Inaug.-Diss. v. 1891

Ka'b ben Zuhair ben Abi Suimā

— — Caabi ben-Sohair carmen in laudem Muhammedis dictum denuo ... una cum carmine Motenabbii gratulatorio propter novi anni adventum et carmine ex Hamasa utroque inedito edidit G. W. Freytag. [Mit handschriftlichen Randnoten.] Halae 1823.

[F.] **Käb,** Lorenz: **Zur Lehre der Freiheitsberaubung ...** München, J. Schweitzer, 1897; 2 Bl., 55 S. 8.
Erlangen, Jur. Fak., Inaug.-Diss. v. 1897

Kaback, Dav., die Heirat aus Rache. Trauerspiel in 4 Aufzügen u. 1 Vorspiel nach der gleichnam. Novelle des Leiage. (135 S.) Lex. 8. Berlin 907. R. Trenkel. 2.—

Kabajan, Th. G. v.: Bericht über die bisherigen Leistungen der historischen Commission der k. Academie der Wissenschaften. Wien 1852.

Kabale, die,. Operette v. H. Lampe. 8. Stendal, Franzen.

Kabale, d. bestrafte, s. Henriettens Flucht.

Kabale und Liebe. Ein Roman. Frankfurt a. M. 1790.
Selten! Hat nur den Titel von Schiller. — Goedeke V. 174. f.

KABALE und Liebe, eine (etwas pikante) Hofbegebenheit. Von einem Ungenannten. Mit Titelvign. Frankfurt a. M. 1790. 8°.
R. Zinke's Dresdener März-Auct. 1906, no. 379: Mindestgebot 1 Mk. 50 Pfg.

— und Liebe; eine Hofbegebenheit, von einem Ungenannten. 8. Frankf. Gebhardt u. K. 790.

— u. Liebe. Trsp. v. Fr. Schiller. gr. 8. Mannheim, Schwan u. G. 804.

— — dasselbe, neue Aufl. gr. 8. Tübing. Cotta. 806.

Kabale und Liebe, Trauerspiel von Fr. v. Schiller. N. Aufl. gr. 8. Tübingen, Cotta. 816.

Kabale und Liebe d. 16. Jahrh. Dramat. Gedicht in 4 Abthln. gr. 8. (10¾ B. u. 2 Abbild.) Kiel 841, Schwers'sche Bh. Thlr. *

— — u. Rache. Trsp. in 5 A. 8. Weißenf. Severin. (Merr.) 796

— im Civildienst; ein dramatischer Roman. 8. Grottkau, Schulbuchhdl. 790.

Kabale im Civildienst; e. dramat. Roman (v. J. J. Kausch). 8. Grottkau 790. N. Aufl. 8. Leipz. 807. (W. Rauck). 12 gr.

— — dasselbe. 8. Leipz. Sommer. 807.

Kabalen und Liebschaften der Thronbeherrscherinnen des alten Roms. Aus gleichzeitigen Quellen. Erfurt, bey Joh. Karl Müller. 1810. 8°.
Tit. u. 409 SS. (3 Mk., geles., Kühl, vor 1885.)

Kabalen u. Liebschaften der Thronbeherrscherinnen des alten Roms. 8. Frankf. 810. Müller. (Weygand in Leipz.) 1 ℳ

— des Schicksals, (von Jh. Jak. Brückner). 6 Thle. 8. Leipz. 798—804. Andrä. 3 ℳ 20 ℊ

— des Schicksals. 6 Thl.. 8. Leipz. Kleefeld. (Bauer.) 798—804. (I. u. III—VI. à 16 gr. II. 12 gr.)

Kabalist, G. T. H., Harm upp de Kriegstribüne. Een woord to siener tied. Leer 859. (Dresden), Bock. 8. (16 S.) 3 ngr.

Kabalisten, d.; od. Leidenschaft u. Reue. Schsp. 8. Leipz. (Compt. f. Lit.) 794.

Kabane, M. und Pietschmann, F., Die gebräuchlichsten neueren Arzneimittel, deren Anwendung und Dosierung. 8°. (V, 267 S.) Wien: Urban & Schwarzenberg 1906. geb. K 6.—

Kabath, D. H., s. Kabath, Josef

Kabath, E., Adreßbuch von Breslau, s. Adreßbuch.

Kabath, Herm., Flora der Umgegend v. Gleiwitz, m. besond. Berücksichtig. d. geognost. Boden- u. Höhen-Verhältnisse. 8. ($13\frac{1}{2}$ B.) Gleiwitz 846, Landsberger. *

Kabát, J. E., mykologische Beiträge, s.: Babák. Fr.

Kabath, Josef

Kabath, Jos.: Das Bild eines guten Schülers. 9 S.
Gleiwitz, Progr. 1843

Kabath, J. Biographie des Erzpriesters Stanislaus Sigmund in Pilchowitz, mit besonderer Hervorhebung seiner Verdienste um das Gymn. zu G. 14 S. . . . .
Progr. Gleiwitz 1837

Kabath, Jos., kleines Deklamations-Büchlein für Kinder. 8. (VIII und 80 S.) Gleiwitz 847. [Breslau,] Landsberger. *

Kabath, Jos.: Festrede bei der Einweihung des neuen Klassenhauses. 9 S.
Gleiwitz, Progr. 1847

Kabath, Jos., kleine Gedichte f. d. früheste Jugendalter. 16. ($5\frac{1}{2}$ B.) Breslau 828, (Leuckart.)

Kabath, D. H., biblische Geschichte des alten und neuen Testaments für katholische Gymnasien und Bürgerschulen. 1r und 2r Theil. gr. 8. Breslau, Leukart. 820. (1r 10 Gr. 2r 6 Gr.)

Kabath, (Joseph,) bibl. Geschichte d. alten u. neuen Testaments, f. kathol. Gymnasien u. Schulen 2c. 1r Thl. Alt. Test. 2e Aufl. gr. 8. Bresl. 822, Leuckart.

— dass. im Auszuge, Alt. u. N. Testament. gr. 8. Breslau 826, Leuckart.

—— bibl. Geschichte d. alten u. neuen Testaments f. kathol. Schulen. 1. Thl. Geschichte d. alten Testaments. 3. Aufl. 828. ($17\frac{1}{2}$ B.) 8 Gr., 4. A. (17 B.) 8. Breslau 834, Leuckart.

— dass. im Auszuge, Alt. u. N. Testament. gr. 8. Bresl. 823. 3e Aufl. 829. Leuckart. 5 ℊ

—— dass. In Polnischer Sprache. 3. Aufl. 8. (9 B.) Ebds. 828.

—— dass., im Auszuge f. kathol. Elementarschulen bearb. 3. Aufl. 8. ($8\frac{1}{2}$ B.) Ebds. 828.

—— dass. 2. Thl. Geschichte d. neuen Testaments. 3. Aufl. 8. (9 B.) Ebds. 829.

Kabath, Jos., bibl. Geschichte d. alt. u. neu. Testaments f. kathol. Schulen. 2 Thle. 4. Aufl. ($26\frac{1}{4}$ B.) 834, 36, $\frac{2}{3}$ Thlr., 5. A. 8. (26 B.) Breslau 840, Leuckart. *

Kabath, Jos., biblische Geschichte des alten und neuen Testaments, im Auszuge für kathol. Elementarschulen. 5e Aufl. 8. Breslau 836. Leuckart. 5 ℊ geb. $6\frac{1}{2}$ ℊ — Mit deutscher und latein. Schrift. ders. Preis. — 6e Aufl. 8. Ebd. 838. n. $\frac{1}{6}$ ℳ — 7e Aufl. 840. n. $\frac{1}{6}$ ℳ

Kabath, Jos., biblische Geschichte des alten und neuen Testaments für kathol. Schulen. 1r Thl. Geschichte d. alten Testaments. 4e Aufl. 8. Breslau 834. Leuckart. n. $\frac{1}{3}$ ℳ — 5e Aufl. 2 Thle. 8. Ebd. 840. n $\frac{1}{2}$ ℳ — 2r Thl. 4e Aufl. 8. Ebd. 836. 5e Aufl. 840. $\frac{1}{4}$ ℳ

—— biblische Geschichte des alten u. neuen Testaments im Auszuge f. kathol. Elementarschulen nach sein. größern Werke bearb. 8. Aufl. 8. (9 B.) Breslau 842, Leuckart. *

—— dass. in polnischer Sprache. 8. ($8\frac{1}{2}$ B.) Ebds. 842. *

—— dass. im Auszuge f. kathol. Elementarschulen m. Beifügung der Sonn- u. Feiertags-Evangelien aus Allioli's Bibelübersetzung. Nach seinem größern Werke bearb. 9. Aufl. 8. (12 B.) Ebds. 845. à

Kabath, Jos., biblische Geschichte des alt. u. neuen Testaments f. kathol. Schulen. 2 Thle. 6. Aufl. gr. 8. ($17\frac{1}{4}$ B.) Breslau 845, Leuckart. Thlr. *

—— biblische Geschichte des alten und neuen Testaments für kathol. Schulen. 2 Thle. 7. Aufl. 8. (XVI und 256 S.) Breslau 848, Leuckart. *

—— dass. — im Auszuge für kathol. Elementarschulen, mit Beifügung der Sonn- und Feiertags-Evangelien aus Allioli's Bibelübersetzung, nach seinem größern Werke bearb. 14. Aufl. gr. 16. (XII und 180 S.) Breslau 851, Leuckart. *

Kabath, Jos., biblische Geschichte des alten und neuen Testaments im Auszuge für kathol. Elementarschulen, mit Beifügung der Sonn- und Feiertags-Evangelien aus Allioli's Bibel-Uebersetzung, nach seinem größeren Werke bearb. 15. Aufl. 1853, 16. Aufl. 1854. und 17., verb. Aufl. 8. (XII und 180 S.) Breslau 856, Leuckart. *

Kabath, Jos., biblische Geschichte des alten und neuen Testaments für katholische Schulen. Unter Zugrundlegung der Bibelübersetzung von Allioli umgearb. und erweit. von F. Austen. 2 Thle. 9. Aufl. 8. (XVI und 327 S. mit zahlreichen eingedr. Holzschn. und 1 Karte von Palästina in Holzschn.) Breslau 866, Korn. *

—— dass. — im Auszuge für kathol. Elementarschulen mit Beifügung der Sonn- und Feiertags-Evangelien aus Allioli's Bibel-Übersetzung, nach seinem größeren Werke bearb. 19. Aufl. 1863. und 20. Aufl. 8. (XII und 178 S. mit zahlreichen, in den Text gedr. Holzschn.) Breslau 865, Leuckart. *

Kabath, Jos., biblische Geschichte des alten und neuen Testaments im Auszuge für kathol. Elementarschulen mit Beifügung der Sonn- und Feiertags-Evangelien aus Allioli's Bibel-Uebersetzung nach seinem größeren Werke bearb. 22. Aufl. 1869, und 23. Aufl. Mit Anh. gr. 8. (XII, 132 S. mit zahlreichen eingedr. Holzschn. und 1 lithogr. Karte von Palästina in qu. 4.) Breslau 871, Korn's Verlag. *

Anhang apart

Kabath, Jos., biblische Geschichte des alten und neuen Testaments, im Auszuge für kathol. Volksschulen, mit Beifügung der Sonn- und Feiertags-Evangelien, der chronolog. Zeittafeln und [illegible]) Karte von Palästina rc. Nach seinem größeren Werke bearb. 24.—32. Aufl. 8. (VIII, 127 und 48 S. mit eingedr. Holzschn.-Abbild.) Breslau 871—77, Korn. **

Kabath, Jos., biblische Geschichte des alten und neuen Testaments, im Auszuge für kathol. Volksschulen mit Beifügung der Sonn- und Feiertags-Evangelien, der chronolog. Zeittafeln und einer Karte von Palästina rc. Nach seinem größeren Werke bearb. 33.—40. Aufl. Mit (eingedr.) Abbild. 8. (VIII, 127; Anhang 48 S.) Breslau 878—84, Korn. **

geb. **

Kabath, Jos., biblische Geschichte des alten und neuen Testaments, im Auszuge für kathol. Volksschulen, mit Beifügung der Sonn- und Feiertags-Evangelien. Nach seinem größeren Werke bearb. 41. Aufl. 8. (127, 48 S. mit Abbild., chronolog. Zeittafeln und 1 Karte von Palästina.) Breslau 885, Korn. **

Kabath, Jos., kleine biblische Geschichte d. Alten u. Neuen Testaments. (In poln. Sprache.) 23. Aufl. 12. (VIII, 160 S. m. Abb.) Breslau 897. W. G. Korn. n.n. — 50; Einbd. n.n.n. — 15

Kabath, Jos. Kennzeichen der sittlichen Reife eines Abiturienten. 8 S. .
Gleiwitz, Progr. 1843

[illegible]

—— deutsches Lese- u. Deklamationsbuch f. d. unt. Klassen d. Gymnasien u. f. höh. Stadtschulen. 8. (11 B.) Breslau 829, (Leuckart.)

Kabath, J. De Chori tragoediae Graecae natura et munere. 18 S.
Gleiwitz, Progr. 1827

Kabath, Jos. Rede bei der Entlassung der Abiturienten im Jahre 1852. 4 S.
Gleiwitz, Progr. 1853

Kabath, J., Die griechische Sprache als allgemeines Bildungsmittel dargestellt. Pr. 1832. 16 S. 4°. 1.—

Kabath, Jos. Trauerrede gehalten nach dem Tode des hochwürdigsten Herrn Cardinals und Fürstbischofs von Breslau, Freiherrn Dr. Melchior von Diepenbrock. 9 S.
Gleiwitz, Progr. 1853

Kabath, J. Die Tugend des Gehorsams überhaupt, und insbesondere in pädagog. Hinsicht. 20 S. . . . .
Progr. Glatz 1825

Kabath, Jos., wypis Zhistoryi Swiętéj starego i Nowego Testamentu dla szkól początkowich w. jezyku niemickim wydany. W język polsky przetlumaczony przez X. J. H. M. P. P. Zadozwoleniemzwierzchnościduchowný. Piaty Naklad. 8. Wroclawiu 816, Leuckart. n. 1/6 ℛ︀

— wypis z historyi świętej starego i nowego testamentu dlą szkól początkowych w języku niemieckim wydany. Na język polski przetlumaczony przez X. J. H. M. P. P. 5. wydanie. 8. (VIII u. 120 S.) Ebd. 819. — 6. wydanie 8. (VIII u. 120 S.) Ebd. 850. — 7. poprawne wydanie. 8. (VIII u. 120 S.) Ebd. 851. n. 1/6 ℛ︀

—— Wypis z historyi świętéj starego i nowego testamentu dla szkół początkowych. Z niemieckiego na polskie przełożył J H. M. P. P. 8. poprawne wydanie. 8. (VIII und 117 S.) Breslau 853, Leuckart.

Kabath, Jós., Wypis z historyi świętéj starego i nowego testamentu dla szkół początkowych. Z niemieckiego na polskie przełożył ksiądz J. H. 10. wydanie 1857. 4 Ngr. 1 11. poprawne wydanie. (Auszug aus der Geschichte des Alten und Neuen Testaments für die Elementarschulen. Aus dem Deutschen ins Polnische übertragen) 8. (VIII und 117 S.) Breslau 859, Leuckart.

—— Wypis z historyi świętéj starego i nowego testamentu dla szkół początkowych. Z niemieckiego na polskie przełożył ksiądz J. H. M. P. P. 13. proprawne wydanie ozdobione drzeworytami. 8. (VIII und 117 S.) Breslau 865, Leuckart.

—— dass. — 14. wydanie. 8. (VIII und 158 S. mit eingedr. Holzschn.) Breslau 866, Korn. *

Kabatnik, F., deutsche Volkslieder. Für Schule u. Haus zusammengestellt. 8. (64 S.) Gera 883. Th. Hofmann. n. — 30

Kabatnik, F., die zweite Lehrerprüfung. Praktische Winke zur Vorbereitung f. die 2. Prüfung, nebst einer Anzahl v. Themen aus stattgefundenen Prüfungen. 2. Aufl. 8. (V, 36 S.) Langensalza 882. Schulbuchh. — 40

97

Kabatschnik, G[itlja]. Über die medikamentöse Beeinflussung der durch Chloroform bedingten Blutdrucksenkung. Diss. Med. Univ. Zürich. Sonderabdruck aus Therapeutische Monatshefte (1907, Dezember). *Kopftitel:* Aus dem pharmakologischen Institut der Universität Zürich. [II + 6 S.] 4. Berlin, (Julius Springer,) 1907.

Kabbadias, Panagiotis, die Tholos v. Ppidauros. (S. 536 bis 540 m. 2 Fig. u. 3 Taf.) Lex. 8. Berlin. 908. G. Reimer. — 50
Sonderabdr. aus: „Sitzungsber. d. preuss. Akad. d. Wiss."

Kabbala, Die, oder das Lottoglück, ein Lustspiel in einem Aufzug. Wien 1770. V: *Gebler, Tobias Phil. Freih. v.* (ML) (Ky)

Kabbala. Darstellung d. wundersamen Ergebnisses, daß Hussein Pascha d. wiedererstand. Napoleon ist. In geheimnißvollen Zahlenbildern u. durch Vergleichen u. Berechnen vieler gegeb. Dinge aufgefunden. 8. (2½ B.) Leipzig 829, Rein. Thlr.

Kabbala, die. Das ist: Die Wissenschaft der Wahrsagekunst. Sammt der Lehre sich sein Horoscop zu stellen oder die Kunst der Prophezeiung nach dem Stande der Gestirne. 32. (46 S.) Leipzig 850, Spamer. *

Kabbala, die. Ihre Hauptlehren und ihr Verhältniss zum Christenthum. gr. 8. (58 S.) Innsbruck 884, Vereins-Buchhandlung. *

Die Kabbalá, ihre Hauptlehren und ihr Verhältnis zum Christentum. Innsbruck, Vereinsbuchhandlung, 1885, 58 S., 1,20 Mk.

Kabballas, P., *Περὶ τοῦ ναοῦ τῆς Απτέρου Νίκης.* S.-A. 1897. 6 S. m. 2 Taf.

Kàbdebo, Heinr., Bibliographie zur Geschichte der beiden Türkenbelagerungen Wiens 1529 u. 1683. Mit e. lith. Taf. u. 50 Holzschn. (eingedr. u. auf 8 Taf.) gr. 8. (XVIII, 157 S.) Wien 876. Faesy & Frick. n. 8. —

Kábdebo, Heinr., Matthäus Donner u. die Geschichte der Wiener Graveur-Akademie in der ersten Periode ihres Bestandes. Nach den Archivs-Acten der k. k. Hofkammer, der k. k. Akademie der bild. Künste u. den Sammlungen der k. k. Graveur-Akademie dargestellt. Mit urkundlichen Beilagen u. Illustr. gr. 4. (XIV, 80 S. m. 2 Lichtdr.) Wien 880. (Faesy.) n. 24. —

Kábdebo, Heinr., Matthäus Donner und die Geschichte der Wiener Graveur-Akademie in der ersten Periode ihres Bestandes. Nach den Archivs-Acten der k. k. Hofkammer, der k. k. Akademie der bildenden Künste und den Sammlungen der k. k. Graveur-Akademie dargestellt. Mit urkundl. Beilagen und Illustr. gr. 4. (XIV, 80 S. mit 2 Lichtdr.) Wien 880. (Frick.) *

— die poetische Literatur der Stadt Wien vom Beginne des XVI. bis zum Schlusse des XVIII. Jahrh. Nach handschriftl. u. literar. Quellen hrsg. 1. Abt. A. u. d. T.: Die Dichtungen des Hans Sachs zur Geschichte der Stadt Wien. 1. u. 2. unveränd. Aufl. 8. (XIII, 111 S.) Ebend. 878. n. 4. —

— Wiener Schmiedewerk des XVIII. Jahrh., s.: Ilg, A.

Kabe, unua legolibro. Gradigitaj legaĵoj kun frazlibro kaj modeloj de leteroj. 3. eldono. (III, 179 S.) kl. 8. Berlin 910. Esperanto Verlag Möller & Borel. 1. 50

Kabel, Paul, a. Berlin: Die Sage von Heinrich v. bis zu Shakespeare. Kap. 1 bis 4. (Berlin: Mayer & Müller 1907.) (47 S.) 8° ¶(Erscheint vollst. als Palaestra 69.) x)
Berlin, Phil. Fak., Ref. Brandl, Diss. v. 27. Juli 1907
[Geb. 25. Juni 81 Berlin; Wohnort: Berlin; Staatsangeh.: Preußen; Vorbildung: Großherzogl. Realgymn. Schwerin Reife O. 02; Studium: Marburg 2, Berlin 6 S.; Rig. 8. Nov. 06.]

Kabel, Paul, die Sage v. Heinrich V. bis zu Shakespeare, s.a. Palaestra. LXIX.

Die Sage von Heinrich v. bis zu Shakespeare. Von Paul **Kabel**. Berlin: Mayer & Müller 1908. (VI, 142 S.) 8°
— Palaestra. 69. [08. 13324 4

Kabel, Walth., die Gefangenen v. Folkerston. Phantastische Erzählg. aus dem 2. Viertel d. 20. Jahrh. (74 S.) 8. Dresden-Blasewitz (909). E. Leonhardi. 1. 50

— Das Geheimnis der Ginsterschlucht, s.: Enßlin's Roman- u. Novellenschatz.

[F.] Theodor **Kabelitz**. Gründe und Abgründe. Xstrahlen in das Frauenleben. *Berlin: Schuster & Loeffler 1897.* (158 S.) 1 Bd 8. [97. 3824

Kabelitz, Thdr., Gründe u. Abgründe. X-strahlen in das Frauenleben. 2. Aufl. 8. (158 S.) Berlin 898. Schuster & Loeffler. 1. 50

Kabelitz, Wilhelm [aus Paplitz bei Ziesar]: Über zwei Fälle von Doppelmissbildungen . . . . Berlin, Buchdr. v. Gustav Schade (Otto Francke) (1888); 33 + 1 S. 8°
Berlin, Med. Fak., Inaug.-Diss. v. 23. Jun. 1888

Kabelka: Entwurf und Erläuterung der Rede des Demosthenes über die Angelegenheiten im Chersones. 10 S.–W.Neustadt, Progr. 1859

Kabelka, Friedr.: Analyse des logisch-rhetorischen Baues der zweiten philippischen Rede des Demosthenes. 16 S.– W.Neustadt, Progr. 1858

KABELKA, Mathias
(F) Kirchengesänge und Gebete für Zöglinge der k. u. k. Militär-Erziehungs- und Bildungs-Anstalten. Zusammengestellt von Mathias Kabelka. Mit Genehmigung des apostolischen Feld-Vicariates. Wien. 1901. [In Comm.] Seidel & Sohn. 16°. VI, 19 S. Geb. K —.75

Kabellatsch, Josef, *k. k. Grundbuchs-Commissär.* Formularien über Grundbuchsgesuche und deren Beilagen für Parteien, welche ohne Beihilfe eines Rechtsfreundes bücherliche Eintragungen selbst bewirken wollen. — Nach der für Ungarn, Croatien, Slavonien und für das Temeser Banat bestehenden hohen Grundbuchs-Verordnung vom 15. Dez. 1855. *Ungar-Altenburg* 1858. Druck und Verlag von *Alex. Czéh.* IV. 80 S. 8°.

Kabellatsch, Jos., Formularien über Grundbuchsgesuche und deren Beilagen für Parteien, welche ohne Beihilfe eines Rechtsfreundes bürgerliche Eintragungen selbst bewirken wollen. Nach der für Ungarn, Croatien, Slavonien u. für das Temeser Banat bestehenden hohen Grundbuchs-Verordnung vom 15. Dezbr. 1855. (Reichsgesetzblatt XLVIII. Stück Nr. 222.) Ungarisch-Altenburg 858. (Pest, Osterlamm.) gr. 8. (80 S.) n. 12 ngr.

Kabelmann, Karl, aus Rostock ⟨Parchim⟩: Joseph Addison's litterarische Kritik im 'Spectator'. *Rostock 1900: C. Hinstorff.* (73 S.) 8° [F.]
Rostock, Phil. Diss. v. [14. Dez.] 1899

Kabelmann, Karl, Joseph Addison's litterarische Kritik im „Spectator". Diss. gr. 8. (74 S.) Rostock 900. (H. Warkentien.) n. 1. 20

Kabelwerk. – Das Kabelwerk der Allgemeinen Elektricitäts-Gesellschaft, Berlin. (Berlin: Selbstverl. d. Ges.) 1904: (Druck: O. Elsner). 51 S. quer-8°

Kaeber, Ernst, a. Charlottenburg: Die Idee des europäischen Gleichgewichts in der publizistischen Literatur vom 16. bis zur Mitte des 18. Jahrhunderts. ⟨Teil 1.⟩ (Berlin: A. Duncker 1906.) (47 S.) 8° ¶(Erschien vollst. 1907 im gleichen Verlage.)
Berlin, Phil. Fak., Ref. Hintze, Diss. v. 24. Nov. 1906
[Geb. 5. Dez. 82 Westend (Charlottenburg); Wohnort: Charlottenburg; Staatsangeh.: Preußen; Vorbildung: Realgymn. Charlottenburg, Joachimsthalsches Gymn. Berlin Reife O. 01; Studium: Berlin 2, Königsberg 2, Berlin 5 S.; Rig. 12. Juli 06.]

Kaeber, E., die Idee d. europäischen Gleichgewichts in d. publizistischen Literatur v. 16. bis zur Mitte des 18. Jahrh. (Diss.) (IV, 153 S.) gr. 8. Berlin (907). Schöneberg. A. Duncker, Verl. 4. —

Die Lieferung botanischen Unterrichtsmaterials an die Schulen der Stadt Königsberg i. Pr. (Verf.: [Paul] **Kaeber**, städt. Garteninsp.) Königsberg i. Pr. 1905: Hartung. (20 S.) 8° [F.] [05. 13303 10

Kaberlin, s. Proteste, kritische, e. germanischen Christen gegen die neueste Bleichröder- u. Judenhetze.

Kablerschke, *August Ernst Theodor* [pr. Arzt]: Über die acuten Nierenerkrankungen im Frühstadium der Lues und ihre Behandlung . . . Breslau, Druck d. Bresl. Gen.-Buchdr., 1896; 30 S., 2 Bl., 1 Taf. 8.
Breslau, Med. Fak., Inaug.-Diss. v. 27. Juli 1896

Kablerschke, A., üb. d. acuten Nierenerkrankungen im Frühstadium d. Lues u. ihre Behandlung. Diss. gr. 8. (30 S. m. 1 graph. Taf.) Breslau 896. (Schlottor.) n. — 70

Kablerske, Eduardus *(geb. Neiße 8. 2. 1819)*: De partu praematuro artificiali. Nissae (1845). (42 S.) 8° *[Verf. erlebte die Diplomerneuerung 1895 als Arzt in Breslau.]*
Breslau, Med. Diss. v. 20. [vielmehr 30.] Jan. 1845

Kabierske, Eugen (geb. Breslau 2. 2. 1855): Die Chromniere. Breslau 1880. (46 S.) 8° [Im Buchhandel 1880 bei Köhler in Breslau.]
Breslau, Med. Diss. v. 10. Aug. 1880

Kabierske, das Breslauer Hallenschwimmbad. Seine Entstehungsgeschichte u. Einrichtungen, nebst e. geschichtl. Ueberblick üb. die Entwickelung des Badewesens u. des Schwimmens u. Abhandlgn. üb. die gesundheitl. Bedeutg. v. Baden, Schwimmen u. Schwitzbädern. gr. 8. (226 S. m. Abbildgn.) Breslau 899. W. G. Korn. n. 3. —

Kabierske, zum Verständnis d. Schwitzbäder u. ihrer Anwendg. bei Fettleibigkeit. gr. 8. (32 S.) Breslau 898. W. G. Korn. n. — 60

Kabierske, jr. Eug. Wie schützt sich e. Jeder selbst am besten vor der Cholera? gr. 8. (7 S.) Bresl. 892, (Morgenstern's Sort.). * — 20

Kabierske, J.

—— 50 Uebungen im Schönschreiben latein. Schrift. Lith. v. C. Krone. 2. Hft. 4. Aufl. qu. 8. (8 Bl.) Ebds. (830.)

Kabierske, J., 100 Übungen im Schönschreiben deutscher Schrift. 1. Heft. 19. Aufl. qu. gr. 8. (15 lithogr. S.) Neisse 862, Graveur.

—— 102 Uebungen im Schönschreiben lateinischer Schrift. 1. Heft. 10. Aufl. Gänzlich umgearb. und verm. qu. gr. 8. (15 lithogr. S.) Neisse 862, Graveur.

Kabierske, J., 60 Uebungen im Schönschreiben deutsch. Schrift. 1s Heft. qu. 8. Bresl. ... 5e Aufl. 828. 6e Aufl. Neisse 830. (Hennings). 3 gr. 2s Heft. 50 Uebungen im Schönschreiben latein. Schrift. qu. 8. Bresl. u. Neisse ... 4e Aufl, 828. (Hennings). 3 gr.

Kabierske, J., 80 Vorlegeblätter im Schönschreiben deutscher Schrift, als Fortsetz. an anfänglichen Uebungen. qu. gr. 8. (10 lith. Bl.) Breslau 830, Grass, Barth u. Comp.
1. u. 2. Hft. Neisse 830, (Hennings.) à 3 Gr.

Kabilka, Johanna: Kreuzstich-Muster ..., s. Kabilka, Pauline.

Kabilka, Pauline, u. Johanna Kabilka, Kreuzstich-Muster im neuen Stil. 25 Blatt, enth. 65 Muster. gr. 4. Wien (900). Gesellschaft f. graph. Industrie. In Leinw.-Mappe n. 2. —

Kabilka, Pauline. Altdeutsche Sprüche zur Verzierung v. Handarbeiten. Ausgewählt u. gesammelt. 2. verm. Aufl. 8. (84 S.) Wien 892, Gerold's Sohn. * 1 60

Kabinet, s.a. Cabinet

— aufgeschloss. d. Grossbritt. Geheimnisse. 8. Frankft 715.

Kabinet berlinischer Charactere. 8. Berlin, Dunker u. H. 808.

— eröffnetes groser Herren. 25 Thle. 8. Leipz. 732-35.

Kabinet d. Feen od. Feenmärchen. 9 Thle. 8. Nürnb Raspe. 761-76. Rthlr.

Kabinet der Feen, oder Feenmährchen; übers. (von Fr. Im. Bierling). 9 Thle. 8. Nürnb. 761-66. N. A. 820. Bauer u. R. 4 rf — Dass. Französ. IX Tom. Mit Kpf. Ebd. 762. 4 rf 12 gr

Kabinet (Cabinet)

— — des Fees. IX Tom. av. fig. Nürnb. Raspe. 762.

— — des Fées. av. fig. XXXI Vol. gr. 12. Genev. Halle. 785.

— (Cabinet) des Fées. XLI Vol. av. 150 pl. gr. form. Bern. Typ. Soc. 792.

— — — le même livr. gr. 12. chez le même. 792.

— — des Fées. av. fig. Tom. I. 8. Vien. Keyserer. 792.

— von edlen Gemälden für gefühlvolle Jünglinge u. Mädchen. 2 Thle. 8. Leipz. 798. Compt. f. Lit. 20 gr

— Gottes neu aufgeschlossen. rc. 8. Frft. (Metzler in Stuttg.) 754.

— d'histoire naturelle s.a. Lehrbuch der Naturgeschichte.

— (Cabinet) d'Histoire naturelle d'apres le Syst. de Linné cont. 360 Estamp. gr. 4. Potsd. Horvath. 805. enlum.

— — d. Lehrbuch dazu besonders. Ebendas.

KABINET, Das historische; ein unterhaltendes Lesebuch für alle Stände. Stendal, Franzen u. Grosse, 1793. 8°. (2/3 Rthl.)

— v. 106 Crystallmodellen z. Erläut. d Grundgestalten rc. der Mineralien in Kästchen m. Erkldr. f. Anfänger im Studium d. Mineralogie v. C. C. Haberle. Weimar. Indust. Compt. 805.

— curieuses, ausländ. u. andere Merkwürdigkeiten. 6 Thle. m. K. 8. Halle, Renger. 717-19.

— d. Liebe, das, od. wie kann man durch den Genuß der Liebe sein Leben verlängern rc., (v. Chr. G. Flittner). Mit Kpf. 8. Berl. 806. W. Oehmigke. 1 rf 8 gr (vergl. F. W. Jung).

— (Cabinet) de Médailles de l'Elect. de Brandenb. consist. en médaill. gravées, et expl. p. Oelrichs T. I. gr. 4. Berl. Rottmann. 778.

— das neue, der Natur, zur angenehmen Unterhaltung, (v. Karl Gf. Müller). 2 Thle. Mit Kpf. ... .. 808.

— neueröffn., gegenwärt. Hof-Staats rc. v. Verfasser all Reiche. 12 Thle. 8. Leipz. 740-743.

— physiognomisches, f. Freunde u. Schüler d. Menschenkenntniß. 3 Thle. Mit Kpf. 8. Münst. 777 — 80. Perrenon. 2 rf 16 gr

— Pomologisches, enthalt. alle im deutschen Obstgärtner u. Garten-Magazin beschriebene Obstfrüchte Deutschlands, über die Natur selbst geformt, in Wachs mit mögl. Treue nachgebildet, unter Aufsicht J. V. Sicklers. 1e—21e Liefer. Weimar 797 — 812. Industrie-Cpt. 91 rf

Kabinet ausländ. Romane. 1r bis 5r Bd. 12. Pesth, Hartleben. 817.

— der neuesten engl. Romane. 1s Bdchen. (A. u. d. T.: Vacenza, od. die Gefahren der Leichtglaubigkeit, von Mrs. Robinson; aus d. Engl. (von K. Ph. Moritz u. K. F. Klischnig). 8. Berl. 793.

— der Spiele, enth.: Vogel- u. Scheibenschießen, Dominospiel, Altes u. Neues in e. Papkästchen, mit 1 Kpft., Marken u. Würfel. Quedlinb., Ernst. 18 gGr.

— das, der Tuilerien unter Napoleon als Consul u. Kaiser, oder Beiträge zu dessen Lebensgeschichte. Aus dem Französ. von K. A. Ritter. 8. Quedlinb. 827. (Basse). 1 Thlr. 8 gGr.

— zum Unterr. in d. Naturgeschichte s. a. Lehrbuch d. Naturgesch.

— z. Unterricht in d. Naturgesch. in 366 Abbild. nach Linnés Syst. auf 18 Kupferplat. gr. 4. Ebend. 805. 3 2
illum. 6 2

— — dess. 2te Lief. v. 5 Platten, für d. Besitz. d. 1st. Aufl. v. 803. d. 1st. Lief. besond. gr. 4. Ebend. 805. 1 —
illum. 2 —

**Kabinet zum Unterricht in d. Naturgeschichte rc. N. Aufl. mit 460 Abbildungen auf 18 Kupferplatten. gr. 4. Potsdam, Horvath. 814. mit schwarzen Kupf.
mit illum. Kupf.
das Lehrbuch dazu besonders**

KABINET des Vergnügens. Bestehend in einer Sammlung von Anekdoten, Räthseln, Aufsätzen in Stammbücher etc. Prag 1803. 8°.
Gmähle's Münchner Leihbibl.-Cat., no. 5624.

— des Vergnügens, od. Samml. von Anekdoten, Räthseln, Gedichten u. Fabeln. 8. Prag 803. (Haase Söhne). 8 gGr.

• — des Vergnügens, od. Sammlung von Anecdoten, Räthseln, Gedanken u. Fabeln. 8. Prag, Krammer. 804.

Kabinete. — Daktaro kabinete. Komedija viename akte. Pagal lenkiska sutaise K. M-s. Tilzeja: v. Mauderode 1907. 39 S. 8°
[Das Doktorkabinett. Komödie in 1 Akt. Nach d. Poln.]

Kabinet (Cabinet) Library, British, in Deutschen Bearbeitungen von mehrern Gelehrten. 1r Thl. 1e u. 2e Abthl. A. u. d. T.: Gemälde von Aegypten in alter und neuer Zeit. Aus d. Engl. d. M Russel. Mit 11 Abbildd. d. engl. Ausg. 2 Thle. 8. Leipzig 835. Hartleben. 1 1/4 Thlr.

Kabinets-Bibliothek, s. a. Cabinets-Bibliothek.

Kabinets-Bibliothek, 1e Supplement-Reihe, 1s—3s Bdchn. Auch u. dem T.: Geschichte d. Bartholomäusnacht. Aus dem Französ. v. G. Jacobs, herausg. von F. Jacobs. 3 Bdchn. 12. Gotha 827. 2e A. 831. (Hennings u. H.) à 4 gGr. 12 gGr. 4s—6s Bdchn. A. u. d. T.: Fain, Denkwürdigkeiten d. französ. Gesch. v. 1813; aus d. Französ. v. G. Jacobs, u. herausgeg. von Fr. Jacobs. 3 Bdchn. 829. 12 gGr. 7s—9s Bdchn. A. u. d. T.: Baron Fain, Denkwürdigkeiten d. französ. Geschichte im J. 1812. Aus d. Französ. übers. v. G. Jacobs u. herausgeg. von Fr. Jacobs. 3 Bdchn. 829. 12 gGr.

Kabinets-Bibliothek, Edinburger, für geschichtliche, geographische, naturhistorische u. biographische Kenntnisse. Aus dem Engl. 1r u. 2r Thl. A. u. d. T.: Leben u. Reisen der ersten engl. Seefahrer Drake, Cavendish u. Dampier, mit einer Uebersicht der frühesten Entdeckungen in der Südsee und der Geschichte der Buccanier. Nach d. 2n Ausg. übersetzt v. Dr. Diezmann. Mit 3 Bildnissen. 2 Thle. 8. Leipzig 836. Hartleben. 3/4 Thlr. — 3r u. 4r Thl. A. u. d. T.: Historische u. beschreibende Darstellung von Persien, von den ältesten Zeiten bis auf die neueste, nebst e. genauen Uebersicht seiner Hülfsquellen, Regierung, Bevölkerung, Naturgeschichte u. des Charakters seiner Einwohner, insbesondere der wandernden Stämme; mit Einschluß einer Beschreibung von Afghanistan u. Beludschistan. Von James B. Fraser. Deutsch v. Jh. Sporschil. Mit 1 Karte u. Abbildd. 2 Thle. 8. Ebd. 836. 3/4 Thlr. — 5r u. 6r Thl. A. u. d. T.: Gemälde der Berberei, oder Geschichte u. gegenwärtiger Zustand der Staaten Tunis, Tripolis, Algier und Marocco. Nebst einer Uebersicht der Staatseinrichtungen, den Alterthümern, den Künsten, der Religion, der Literatur, dem Handel, dem Ackerbaue u. den Naturproducten in denselben. Aus d. Engl. des M. Russel, übersetzt v. Dr. Diezmann. 2 Thle. Mit 1 Karte u. Abbildd. 8. Ebd. 836. 3/4 Thlr. — 7r u. 8r Thl. A. u. d. T.: Die Reisen u. Forschungen des Frhrn. Alex. von Humboldt; eine gedrängte Darstellung seiner Reisen in den Aequinoctial-Gegenden v. Amerika u. im asiatischen Rußland, mit beständiger Rücksicht auf seine wichtigsten Forschungen von W. Macgillivray. Aus d. Engl. von Jh. Sporschil. Mit 1 Karte, 1 Bildn. u. 2 Abbildd. 2 Thle. 8. Ebd. 836. 3/4 Thlr. — 9r u. 10r Thl. A. u. d. T.: Palästina oder das heilige Land, von der frühesten bis auf die gegenwärtige Zeit. Aus d. Engl. d. M. Russel übersetzt von A. Diezmann. Mit 1 Karte u. 9 Abbildd. 2 Thle. 8. Ebd. 836. 3/4 Thlr. — 11r u. 12r Thl. A. u. d. T.: Gemälde von Aegypten in alter u. neuer Zeit. Aus d. Engl. d. M. Russel. Mit 11 Abbildd. u. 1 Karte. 8. Ebd. 836. 3/4 Thlr. NB. Diese 12 Thle. erschienen schon früher unt. d. T.: British Cabinet Library. — 13r u. 14r Thl. A. u. d. T.: Geschichtliche Darstellung der Erdumseglung u. der Entdeckungen in der Südsee, von der Reise des Magalhaen bis zum Tode Cooks. Nach d. Engl. v. A. Diezmann. 2 Bdchn. Mit Cooks Portrait u. 1 Facsimile von dessen Beobachtungen des Venusdurchganges im Jahre 1769 u. 21 Abbildd. 8. Ebd. 837. 1 Thlr. (1—14. 10 Thlr.)

— in Gedichten, Sagen u. kleinen Aufsätzen. 4 Bdchn. 32. Cöln 830. Gaul u. Tonger. 3/8 Thlr.

— geheime, für die elegante Welt. 2 Bdchn. 2e Aufl. 16. Berlin 833. (Schumann.) 1 Thlr. — A. u. d. T.: Das Geheimniß üb. die Frauen zu siegen, und die Kunst zu lieben u. Männer an sich zu fesseln, nebst den Zeichen, woran man erkennen kann, ob gegenseitige Neigung zur Liebe vorhanden sei, mit e. Anhange: Der kluge Brautwerber rc., von Bapt. Adolphi.

Kabinets-Bibliothek d. Geschichte; oder Geschichte der merkwürd. Staaten u. Völker d. Erde. Herausg. von e. Vereine von Historikern, unt. Mitwirkung u. Leitung v. Galletti, u. redig. v. J. G. Hahn. I. Abtheil. 1s u. 2s Bdchn. Auch u. dem T.: J. H. Möller, Gesch. von Griechenland. 2 Bdchn. Mit 2 Kpf. u. 2 Vign. 12. Gotha 820. 2e Aufl. Mit 2 Kpf. u. 1 Karte. 829, 30. (Hennings u. Hopf in Erf.) 8 gGr. 3s Bdchn. Auch u. dem T.: Galletti, Geschichte des Osman. Staates. 823. 4 gGr. 4s Bdchn. Auch u. d. T.: Lebrecht, Geschichte v. Brasilien. 823. N. A. 832. 4 gGr. 5s—9s Bdchn. Auch u. d. T.: J. H. Möller. Geschichte von Frankreich. 1s—5s Bdchn. Gotha. (à 4 gGr.) 20 gGr. 10s Bdchn. Auch u. dem T.: J. J. Hahn, Geschichte v. Ostindien. 827. 4 gGr. 11s Bdchn. Auch u. dem T.: Galletti, Geschichte v. Persien. 827. 4 gGr. 12s—14s Bdchn. Auch u. d. T.: Galletti, Gesch. von Rußland. 3 Bdchn. 827. 12 gGr. 15s—17s Bdchn. A. u. d. T.: Galletti, Geschichte d. österr. Kaiserthums. 3 Bdchn. 827. 12 gGr. 18s Bdchn. in 2 Abtheill. A. u. d. T.: M. Fritsch, Geschichte v. Schweden. 1r Bd. 1e u. 2e Abtheil. Mit 1 Bildn. 829. 8 gGr. 19s—21s Bdchn. Geschichte v. Schlesien, v. H. Gr. v. S. 3 Bdchn. 12. Erf. 829—32. Hennings u. Hopf. 12 gGr. II. Abtheil. Redig. v. J. H. Möller. 1s u. 2s Bdchn. Auch u. dem T.: Ad. v. Schaden, Geschichte v. Baiern; fortges. v. M. Fritsch. Mit 2 Bildnn. 829—31. 8 gGr. 4s u. 5s Bdchn. A. u. d. T.: Alb. Lüne. Geschichte von Großbritannien. 2 Bde. 829. 8 gGr. III. Abtheil. 1s Bdchn. Graf K. v. Bothmer, Gesch. v. Würtemberg. 831. 6 gGr. 2s Bdchn. Graf K. von Bothmer, Geschichte von Baden. 831. 6 gGr. 3s Bdchn. Gr. K. v. Bothmer, Geschichte des Großherzogth. Hessen. 831. 4 gGr. 4s u. 5s Bdchn. Auch u. d. T.: Graf K. v. Bothmer, Geschichte v. Polen. 2 Bdchn. 12. Erf. 832. Hennings u. Hopf. 8 gGr. 6s u. 7s Bdchn. Auch u. d. T.: Geschichte d. Niederlande, von d. Zeitpunkte ihrer Entstehung an bis auf d. neueste Zeit, u. ausführl. Schilderung d. Belgischen Revolution von ihrem Ausbruche bis zu Ende d. J. 1831. 1s, 2s Bdchn. 12. Erfurt 833. Hennings u. Hopf. 8 gGr.

— der Geschichte; oder Geschichte der merkwürd. Staaten und Völker d. Erde rc. Redigirt v. J. G. Hahn. 2 Abthll. 6r u. 7r Bd. A. u. d T.: Geschichte von Großbritannien, fortgesetzt v. J. M. Koch. 3r u. 4r Bd. 12. Gotha 834. Hennings u. Hopf. 1/3 ℛ — 37 Hefte u. 9 Hefte Supplemente 7 5/6 ℛ Vgl. Thl. III. S. 292.

— der neüesten Reisen und Forschungen im Gebiete der Länder-, Völker- u. Staatenkunde. Herausg. v. Hnr. Berghaus. 1r Bd. A. u. d. T.: Ausgewählte Schriften der Königl. geograph. Gesellschaft zu London. 1r Thl. gr. 8. Berlin 834. Reimer. 2 1/3 ℛ — 2r Bd. A. u. d. T.: Viermalige Reise durch das nördliche Eismeer auf der Brigg Nowaja Semljoo in d. Jahren 1821—1824 ausgeführt von Friedr. Litke. Aus dem Russischen übersetzt von A. Erman. Mit 1 Karte. gr. 8. Ebd. 835. 2 1/6 ℛ

Kabinetsbibliothek d. class. Romane aller Nationen, s. Ausland, das belletristische.

—— der vorzüglichsten Romane des Auslandes. Atar-Gull. Roman v. Eug. Sue. 3., wohlf. Ausg. 16. (19 1/2 B.) Leipzig 845, Otto Wigand. *

—— dass. Latreaumont. Roman v. Eug. Sue. 3., wohlf. Ausg. 16. (17 3/8 B.) Ebds. 845. *

—— dass. Plick u. Plock. Novellen v. Eug. Sue. 3., wohlf. Ausg. 16. (20 3/8 B.) Ebds. 845. *

—— dass. Der Salamander. Roman aus d. Seeleben v. Eug. Sue. 3., wohlf. Ausg. 16. (29 1/8 B.) Ebds. 845. *

Kabinets-Justiz, neueste, in der Republik Bern. Ein Seitenstück zur Cabinetsjustiz des vertriebenen Herzogs von Braunschweig. gr. 8. Tübingen 834. Osiander. 1/6 ℛ

Die *Kabinetskassenfrage* richtig beleuchtet. Des Münchener Kindl's Antwort auf „des Königs Civilliste" an seinen Mitbürger im „Lande der verfehlten Gelegenheiten". Von *G. S.* München, Wilh. Behrens, 1885. Cart.*) 16 S.

Kabinets-Ordre, Allerhöchste, nebst Ausführungs-Bestimmungen betr. die Übungen d. Beurlaubten-Standes im Etatsjahre 1889/90. 8. (38 S.) Berl. 889, Mittler u. Sohn. * — 35

„Allerhöchste Kabinetsordre vom 2. Juli 1840, den Entwurf des Wechselrechts betreffend". — Vorh.: Bibl. des Reichsbankdirektoriums Berlin.

„Allerhöchste Kabinetsordre vom 17. Juli 1846, den Gesetz-Entwurf über die Handelsfirmen betreffend". — Vorh.: Bibl. des Reichsbankdirektoriums Berlin.

Kabinets-Ordre, Allerhöchste, vom 15. Mai 1866 betr. die Regelung der Militair-Rechtspflege im Felde. gr. 8. (8 S.) Berlin 866, (v. Decker'sche geheime Ober-Hofbuchdruckerei.)

Allerhöchste **Kabinetsordre** vom 4ten Mai 1813, wegen der Suspension der Processe, bei welchen Militairpersonen interessirt sind, während der Dauer des jetzigen Krieges. Dresden, den 4ten Mai 1813. Berl. o. J. Fol.

Königliche **Kabinetsordre** vom 24. April c. in Betreff einiger Punkte der Militair-Justiz-verfassung. Gegeben Charlottenburg den 24sten April 1812. Berl. o. J. Fol.

Betrifft Handlungen der freiwilligen Gerichtsbarkeit.

Kabinets-Ordres, allerhöchste, betr. Kriegsartikel, Disziplinar-Strafordnungen und Vollzug der Freiheits-Strafen für Heer und Marine des deutschen Reiches. 2. vervollständ. Aufl. 8. (III, 52 S.) Berlin 873, Kortkampf. *

Kabinetsschreiben, die kaiserlich österreichischen, vom 20. Aug. 1851. Ein staatsrechtl. und polit. Gutachten. 8. (46 S.) Leipzig 851, Jackowitz.

Kabinetsstücke, 16 Bdchen s. a. Bust. Honig, Grigri.

Kabinetstücke von Gustav Honig (Fr. Schulz) 1r Theil, 8. Weimar, 795. Hoffmann. 27 igl. Auch unter dem Titel: Grigri, eine Arabeske, von Gustav Honig.

Kabinets-Stücke, historisch-romantische. 16. Leipz. 826. 3e Aufl. 829. Central-Cpt. 3 ℛ (Vgl. Aehrenlese, 36 Bdchn.)

Kabinettstücke der Weltliteratur. I. u. II. Bd. 8. Berlin, Heilbrunn & Co. n. 5. —
I. Eurialus u. Lukrezia. Roman. Von Aeneas Sylvius Piccolomini (Papst Pius II.). Nach der Uebersetzg. vom J. 1797 neu bearb. u. hrsg. v. Max Bauer. (XIX, 78 S.) Dresden 905. n. 2. —
II. Die Celestine. Eine Tragikomödie in 5 Aufzügen. Von Fernando de Rojas. Nach der dramat. Novelle des span. Dichters frei bearb. v. Rich. Zoozmann. (XIV, 154 S.) Dresden 905. n. 3. —

Kabinoff, Dimitri, David Ricardo u. die Grenzwerttheorie. 8°. Tübingen, H. Laupp, 1907. (Zeitschr. f. Staatswiss., Erg.-Heft 22.)

Kabis, Johannes: Tamulisches Dorfleben im Landbezirke v. Madrâs, s. Palmzweige aus d. ostind. Missionsfelde.

– Dorfmission im Landbezirke von Madrâs, s. Palmzweige aus d. ostind. Missionsfelde.

Kabis, Johannes: Sechs neue Gemeinden im Landbezirke v. Madrâs, s. Palmzweige vom ostind. Missionsfelde.

– Heidentaufen in zwei Landgemeinden d. Station Madrâs, s. Palmzweige aus d. ostind. Missionsfelde.

Kabis, Johs., e. Tag in Mäjâweram, s.: Palmzweige von dem ostindischen Missionsfelde.

Kabis, Johs., unter d. Zepter d. Radscha. Bilder aus Maisur, dem Lande der Kanaresen. (56 S. m. 11 Abb.) 8. Leipzig 910. Verlag d. evang.-luth. Mission. — 40

Kabisch, Carl, s. Kabisch, Karl

Kabisch E. die jeweiligen Neuheiten auf dem Gebiete der Bleicherei-Verfahren (27 S) Ludwigsburg 1895

Kabisch, Karl

Kabisch, Carl [cand. med. aus Berlin]: Zur Behandlung der Scharlachdiphtherie mit parenchymatösen Carbolinjektionen ... München, Buchdr. v. M. Ernst, 1896; 22 S., 1 Bl. 8.
München, Med. Fak., Inaug.-Diss. v. 1897

Kabisch, L.

— Der 300jährige Ahnentempel berühmter Männer und Frauen oder die in 9 Generationen aufgestellte mütterliche Stammreihe der Frau Christ. Fried. Kees. Leipzig 1829. fol.

Kabisch, L. H., Frhr. von Lindenthal, Der Ahnentempel; histor. (poet.) Schilderung der Ahnherren des Keesischen Hauses. Leipzig 1826. 4.

Kabisch, Ludwig Heinrich: De eruditione metallicorum universa, s. Assmann, Christian Gottfried.

Kabisch, Mart. Rich., Lores Beruf. Novelle. (143 S.) 8. Stuttgart 904. Strecker & Schröder. n. 2.—

Kabisch, Mor., Trennung der Schule von der Kirche? gr. 8. (15 S.) Barmen 848, (Sartorius.) *

Kabisch, Otto

Kabisch, O., kleine Pfarr-Registrande für die Geistlichen der Prov. Sachsen, d. i. Nachweisung aller wichtigen in Kirchen- und Pfarrsachen sowohl gedruckten als ungedruckten Verordnungen vom J. 1816 bis Ende Septbr. 1882. gr. 8. (III, 47 S.) Delitzsch 882, Pabst. *

Kabisch, O., kleine Pfarr-Registrande f. die evangel. Geistlichen der preußischen Landeskirche m. besond. Rücksicht auf die Prov. Sachsen üb. die Zeit vom 1. X. 1882 bis 1. X. 1905. (Fortsetzung der Kleinen Pfarr-Registrande I von 1816—1882.) (55 S.) 8. Delitzsch 905. R. Papst. n. 1.—

Kabisch, Otto: Marie de Rabutin-Chantal, Marquise de Sévigné. Ein deutsches Charakterbild. Berlin, R. Gaertner, 1891; 88 S. 4°
Berlin, Luisenst. G, OP 1891 (64)

—— kleine Schul-Registrande für die Schul-Inspektoren, Rektoren und Lehrer des Reg.-Bez. Merseburg, d. i. Nachweisung aller wichtigen in Schulsachen sowohl gedruckten als ungedruckten Verordnungen vom J. 1816 bis Ende Septbr. 1882. gr. 8. (45 S.) Ebendas. 882. *

Kabisch, O. Kleine Schul-Registrande f. die Schulinspektoren, Rektoren u. Lehrer d. Reg.-Bez. Merseburg. Nachtrag. (Oktbr. 1882 bis Ende Juni 1889.) gr. 8. (37 S.) Delitzsch 889, Pabst. * — 40
Hauptwerk. Ebd. 1882. * — 50.

Kabisch, O., kleine Schul-Registrande f. einf. preuß. Volksschulverhältnisse. 2., völlig umgearb. Aufl. gr. 8. (77 S.) Delitzsch 898. R. Pabst. n. 1.—; kart. n. 1.15

— kleine Schul-Registrande f. einfache preuß. Volksschulverhältnisse. 2. Aufl. Nachtrag. (24 S.) gr. 8. Ebd. 903. n. — 40
Hauptwerk Ebd. 898. n. 1.—.

Kabisch, O., Vers-Register zu d. evangel. Gesangbuch f. die Prov. Sachsen u. das Herzogt. Anhalt m. gleichzeitigem Hinweis auf d. evang. Gesangbücher f. die Provv. Posen, Brandenburg, f. den Konsistorial-Bez. Cassel u. f. das Königr. Sachsen. (68 S.) gr. 8. Halle 908. Buchh. des Waisenhauses. 2.50

—— Das Wichtigste aus dem Ergebnis der Bibelrevision. Zur prakt. Verwertg. besonders im Schul- u. Konfirmanden-Unterricht zusammengestellt. gr. 8 (47 S.) Merseb. 892, Stollberg. * — 70

Kabisch, Otto, Wörterbuch d. französ. u. deutschen Sprache, s.: Thibaut, M. A.

Kabisch, P., Wegweiser durch d. Erzgebirge, s.: Berlet, Bruno.

Kabisch, Rich., s.: Aufsätze zeitgenössischer pädagog. Schriftsteller.

Kabisch, Rich., evangel. Bibelkunde f. Lehrerbildungsanstalten u. die oberen Klassen der Gymnasien u. Realschulen. (IV, 98 S.) gr. 8. Göttingen 908. Vandenhoeck & Ruprecht. Geb. 1.60

Kabisch, Rich., d. Episteln d. christl. Kirchenjahres f. d. Gebrauch an Schulen u. z. häusl. Erbauung in Andachten ausgelegt. gr. 8. (VI, 129 S.) Göttingen 896. Vandenhoeck & Ruprecht. n. 1.80; geb. in Leinw. n. 2.40

— dasselbe f. Volksschullehrer, Präparanden u. Seminaristen schulmäß. erläut. gr. 8. (VIII, 20[illegible]) [illegible] 896. n. 2.[illegible]0; geb. n. [illegible]

Kabisch, Rich., die Episteln des christlichen Kirchenjahrs, f. Volksschullehrer, Präparanden u. Seminaristen schulmäßig erläutert. 2. verb. Aufl. (VIII, 197 S.) gr. 8. Göttingen 904. Vandenhoeck & Ruprecht. n. 2.40; geb. n. 2.80

Kabisch, Rich., die Eschatologie d. Paulus in ihren Zusammenhängen m. dem Gesamtbegriff d. Paulinismus. gr. 8. (VIII, 338 S.) Göttingen 893. Vandenhoeck & Ruprecht. n. 8. —

Kabisch, Rich. Das vierte Buch Esra, auf seine Quellen untersucht. gr. 8. (VIII, 176 S.) Gött. 889, Vandenhoeck u. Ruprecht. 4 —

[J.] Die Evangelien des christlichen Kirchenjahrs f. Volksschullehrer, Präparanden u. Seminaristen schulmässig erläut. v. Lic. Richard Kabisch, Seminar-Oberl. in Dramburg. *Göttingen: Vandenhoeck & Ruprecht 1898.* (IV S., 1 Bl., 146 S.) 1 Bd 8. [98. 10121 Go

— die Evangelien des christlichen Kirchenjahrs, f. Volksschullehrer, Präparanden u. Seminaristen schulmäßig erläutert. 2. verb. Aufl. (VI, 145 S.) 8. Ebd. 904. n. 1.80; geb. n. 2.20

— Die Evangelien des christl. Kirchenjahrs, f. Volksschullehrer, Präparanden u. Seminaristen schulmäßig erläutert. 3. verb. Aufl. (VI, 144 S.) 8. Ebd. 909. 1.80; geb. 2.40

— das Gewissen, sein Ursprung u. seine Pflege. (66 S.) kl. 8. Ebd. 906. n. 1.—

— Gottes Heimkehr. Die Geschichte e. Glaubens. (412 S.) 8. Ebd. 907. 3.80; geb. 4.80

Kabisch, Rich., die neuen epistolischen Perikopen nach der im amtlichen Verzeichnis v. 1899 gegebenen Abgrenzung schulmäßig erläutert als Anh. zu der Erläuterung der Episteln des christlichen Kirchenjahres. 8. (XIV S.) Göttingen 901. Vandenhoeck & Ruprecht. n. — 20

Religionsbuch für evangelische Lehrerseminare von Lic. Richard **Kabisch**, Seminaroberl. in Oranienburg. T. 1—3. *Göttingen: Vandenhoeck & Ruprecht 1900—02.* 3 Bde 8° [J.]
1. Lehrbuch d. Unterr. im alten Test. 1900.
2. Lehrbuch d. Unterr. im neuen Test. 1901.
3. Christl. Glaubens- u. Sittenlehre. 1902. [illegible] 7

— Religionsbuch f. evangelische Lehrer- u. Lehrerinnenseminare u. Präparandenanstalten. I. Tl. 2 Abtlgn. II. u. III. Tl. gr. 8. Ebd. Geb. in Leinw. n. 8.20
I, 1. Lehrbuch des Unterrichts im Alten Testament. 1. Abtlg.: Die bibl. Geschichte des Alten Testaments. Für Präparandenanstalten. 3. verb. Aufl. (VI, 114 S.) 904. Geb. n. 1.60
2. Dasselbe. 2. Abtlg.: Die Bibelkunde des Alten Testaments. Für Lehrer- u. Lehrerinnenseminare. 3. verb. Aufl. (VI, 90 S.) 904. Geb. n. 1.40
II. Lehrbuch des Unterrichts im Neuen Testament. 3. verb. Aufl. (XII, 236 S.) 904. Geb. n. 3.—
III. Christliche Glaubens- u. Sittenlehre. 2. durchgeseh. Aufl. (X, 152 S.) 904. n. 1.90; geb. n. 2.20

-- Religionsbuch f. evang. Lehrer- u. Lehrerinnenseminare u. Präparandenanstalten. I. Tl. 1. u. 2. Abtlg., II. u. III. Tl. gr. 8. Ebd. Geb. in Leinw. 8. 30

I, 1. Lehrb. d. Unterrichts im Alten Testament. 1. Abtlg.: Die bibl. Geschichte d. Alten Testaments. Für Präparandenanst. 5. Aufl. (13.—16. Tauf.) (VI, 121 S.) 909. Geb. 1. 6·

I, 2. Dasselbe. 2. Abtlg.: Die Bibelkunde des Alten Testaments. Für Lehrer- u. Lehrerinnenseminare. 5. Aufl. (13.—16. Tauf. (VI, 92 S.) 910. Geb. 1. 40

II. Lehrbuch des Unterrichts im Neuen Testament. 5. verb. Aufl. (11.—14. Tauf.) (X, 237 S.) 909. Geb. 3. —

III. Christl. Glaubens- u. Sittenlehre. 3., durchgeseh. Aufl. (5. bis 7. Tauf.) (X, 158 S.) 910. Geb. 2. 30

Religionsbuch für evangelische Lehrerseminare und Präparandenanstalten. Von Lic. **Richard Kabisch**, Seminaroberl. in Oranienburg. 2. verb. Aufl. T. 2. *Göttingen: Vandenhoeck & Ruprecht 1902.* 8° [F.]

Kabisch, Ricardus [Pommeranus]: Theses theologicae . . . ad licentiati in theologia evangelica honores impetrandos . . . Bonnae, typ. Caroli Georgi, typogr. acad. (1889); 2 Bl. 8°
Bonn, Ev.-theol. Fak., Thes. v. 5. Aug. 1889

Wie lehren wir Religion? Versuch e. Methodik d. evang. Religionsunterrichts f. alle Schulen auf psycholog. Grundlage. Von Lic. Richard **Kabisch**. Göttingen: Vandenhoeck & Ruprecht 1910. IX, 324 S. 8°

Kabisius, F. A., deutsche Alterthümer, für Schulen. 8. Leipz. 819. (Lehnhold). 6 gr.

Kabitz, Hermann, approb. Thierarzt aus Hannover: **Aus d. pathol. Institute d. Universität Giessen. Beitrag zur Kenntniss der Nephritis maculosa ⟨fibroplastica⟩ der Kälber.** *Stuttgart 1901: Union.* (36 S.) 8° ¶ [Erschien u. d. T.: Untersuchungen über die weisse Fleckniere (Nephritis fibroplastica) der Kälber in: Monatshefte f. prakt. Thierheilkunde, Bd 12, H. 4.]
Giessen, Veterinär-med. Diss. v. 1901

Kabitz, Willy, Dr.: **Die Philosophie des jungen Leibniz. Untersuchungen zur Entwicklungsgeschichte seines Systems. Naumburg a. S. 1908: Lippert & Co. ⟨G. Pätz⟩ (48 S.) 8° ¶ (Erscheint vollst. b. C. Winter, Heidelberg.)**
Breslau, Phil. Fak., Hab.-Schr. v. 7. März 1908
(Nicht für den Austausch)

Kabitz, Willy, die Philosophie des jungen Leibnitz. Untersnchungen zur Entwicklungsgeschichte seines Systems. (VIII, 159 S.) gr. 8. Heidelberg 909. C. Winter, Verl. 4. 20

Kabitz, Willy, aus Berlin: **Studien zur Entwicklungsgeschichte der Fichteschen Wissenschaftslehre aus der Kantischen Philosophie.** *(Halle 1901: C. A. Kaemmerer & Co.)* (32 S.) 8° ¶ (Erscheint vollst. mit d. Beilagen aus Fichtes handschr. Nachlass in: Kantstudien, Bd 6.)
Berlin, Phil. Diss. v. 1. Juni 1901

Kabitz, Willy, Studien zur Entwicklungsgeschichte der Fichteschen Wissenschaftslehre aus der Kantischen Philosophie. Mit bisher ungedruckten Stücken aus Fichtes Nachlass. gr. 8. (III, 100 u. 32 S.) Berlin 902. Reuther & Reichard. n. 4. 50

Käbitz, Berthold: Über die Absorptionsspectra der Chlorsäuren. Bonn 1904: P. Hauptmann. (29 S.) 8°
Bonn, Phil. Fak., Ref. Kayser, Diss. v. 25. Jan. 1905
[Geb. 9. Juni 79 Muggensturm, Amt Rastatt; Heimatsort: Muggensturm; Staatsangeh.: Preußen; Vorbildung: Oberrealschule Aachen Reife 01; Studium: T.H. Aachen 2, Bonn 4 S.; Rig. 30. Nov. 04.]

Kaebitzsch, A., s.: **Rambert,** E., die Alpenpflanzen.

Kablauer, Der geschickte . . .
O. O. [1893]. V: *Nörrenberg, Constantin.*
(Cat. d. Stadtbibl. Zürich. Zürich 1864—97.)

Kablé, Rudolf [aus Bad Münster a./Stein]: Über Sarkoma uteri . . . Würzburg, Becker's Univ.-Buchdr., 1893; 33 S. 8.
Würzburg, Med. Fak., Inaug.-Diss. v. 1893

Käblinger, Ign., s. Darstellung, histor.-topograph., d. Pfarren, 5r Bd. u. ändere Kublinger in Käblinger ab.

(**Käblinger** u. Koll,) Darstellung v. Pottenstein, s. Darstellung, histor. u. topograph., d. Pfarren rc., 12. Bd.

Kablitz, Richard, approb. Arzt aus Rostock: **Aus d. Poliklinik f. Haut- u. Geschlechtskrankh. zu Rostock ⟨Direktor: Prof. Dr. Wolters⟩. Ein Beitrag zur Frage der Epidermolysis bullosa traumatica ⟨hereditaria et acquisita⟩.** *Rostock i. M. 1904: Adlers Erben.* (63 S.) 8°
Rostock, Med. Diss. v. [20. Apr.] 1904

Kablitz, Vollrath: Aus d. psychiatr. Klinik zu Rostock. Zur Casuistik der Unfall-Neurosen. Rostock 1910: Adler. 55 S. 8°
Rostock, Med. Diss. v. 9. Sept. 1910, Ref. Schuchardt
[Geb. 8. Okt. 81 Schwerin i. M.; Wohnort: Schwerin; Staatsangeh.: Mecklenburg-Schwerin; Vorbildung: Gymn. Schwerin Reife O. 00; Studium: Berlin 3, Bonn 3, Rostock 4 S.; Coll. 29. Sept. 09; Approb. 30. Juni 10.]
[U 11. 4108

Kablukow, die ländliche Arbeiterfrage, s.a. Bibliothek, internationale.

— Die ländliche Arbeiterfrage. 8°. Stuttgart, Dietz, 1887. (Internat. Bibliothek. Heft 11 u. 12.)

Kabos, Ed., weiße Nächte u. andere Geschichten, s.: Sammlung mod. Belletristik in- u. ausländ. Autoren.

Kabos, Ed., Vogel ohne Schwingen, s.: Bibliothek der fremden Zungen.

Kaboth, Hans, aus Dorf u. Wald. Novellen. (V, 263 S.) 8. Dresden (906). E. Pierson. n. 3. —; geb. n. 4. —

(B) **Kaboth,** Hans, aus Dorf u. Wald. 906. (KVL 33.) Jetzt: Berlin, Verlag Berlin-Wien.

— Der Friedhof d. Heimatlosen. (Eine) Erzählung. (124 S.) 8. Leipzig-Gohlis 908. B. Volger. 2. —; geb. 3. —

— Margarete Jansen u. Anderes. Erzählungen. (V, 259 S.) 8. Dresden. [E. Pierson]. Berlin, Verlag Berlin-Wien. 2.50; geb. n 3. 50

— Im grünen Rock. Eines wandernden Jägers Erzählg. (210 S.) 8. Straßburg 909. J. Singer. 3. —; geb. 4. —

— aus meiner Waldkanzel. Jägerliches Allerlei. (VII 311 S.) 8. Berlin 905. F. Fontane & Co. n. 3. 50 geb. n. 5. —

— Der Wanderer aus d. Forsthause. Novellen. (296 S.) 8. Berlin 907. F. Fontane & Co. 3. 50; geb. 5. —

— Das grüne Wandern. Eines Grünrocks Roman. (280 S.) 8. Dresden 910. C. Reißner. 4. —; geb. 5. —

Kabrhel, Gust., der Abstinentismus u. seine Bedeutung f. d. Individuum u. f. d. Gesellsch. (III, 69 S.) gr. 8. München 907. R. Oldenbourg. 1. 50

Kabrhel, Gust., Fr. Velich u. A. Hraba, die Lüftung u. Heizung der Schulen. 3 Vorträge, geh. in der Jahresversammlg. des Klubs f. öffentl. Gesundheitspflege in Prag. (78 S.) gr. 8. Wien 904. J. Šafář. n. 1. 80

Kabrhel, Gust., Theorie u. Praxis der Trinkwasser-Beurteilung. gr. 8. (VII, 234 S.) München 900. R. Oldenbourg. Geb. in Leinw. n. 5. —

Kaebrich, s.: Concurrenz-Entwürfe v. Decken- u. Wand-Skizzen.

Kaebrich, neueste Decken- u. Wandskizzen, s.: Engelhardt, Aug.

Kabrun, Jak., († d. 25. Oct. 1814.) s.a. Ideen e. Geschäftsmannes üb. Staatsbedürfnisse.

Ideen eines Geschäftsmannes über Staatsbedürfniss und Geldmangel (von J. Kabrun). 8°. Leipzig, Reclam, 1809.

Kabsch, Hugo [app. Arzt aus Rudolfsbach]: Ueber Scheidenerkrankungen des Sehnerven ... Liegnitz, Druck v. C. Seyffarth, *1882* [1]; 22 S. 8.
Würzburg, Med. Fak., Inaug.-Diss. v. 1882

Kabsch, W[ilhelm], [von Breslau]: Ueber die Löslichkeit des Stärkemehls und sein Verhalten zum polarisirten Licht. Zür. J. H. Telimann Dr. 1862. 1 Bl., 71 S. 8°.
[Zürich, Phil. Diss. v. 9. Aug. 1862].

— das Pflanzenleben der Erde. Eine Pflanzengeographie für Laien und Naturforscher. Nach dem Tode des Verf. mit einem Vorworte versehen von H. A. Berlepsch. Mit 59 in den Text gedr. Holzschn. Hannover 865. C. Rümpler. gr. 8. (XVI, 642 S. u. 1 Holzschntaf.) n. 4 ℳ

Kabsch, Wilh., das Pflanzenleben der Erde. Eine Pflanzengeographie für Laien und Naturforscher. Nach dem Tode des Verf. mit einem Vorworte versehen von H. A. Berlepsch. 2. Ausg. Lex.-8. (XVI, 642 S. mit 59 in den Text gedr. Holzschn. und 1 Holzschntaf.) Hannover 870, Rümpler.

Kabsch, W. Untersuchungen über die chem. Beschaffenheit der Pflanzengewebe. 1863.

Kabsch, W., Ueber die Vegetationswärme der Pflanzen und die Methode, sie zu berechnen.

Kaebsch, A., Gesangbuchschlüssel, s.: Reymann, G.

Kabstein, Ernst Rud., Leitfaden zur Heimathskunde als Vorstufe des geograph. Unterrichts. gr. 8. (24 S.) Görlitz 864, Vierling. geb.

Kabstein, Rud., chronikalischer Hand-Kalender für Görlitz auf das Viertel-Jahrhundert 1851 bis 1875. gr. 16. (III, 66 S.) Görlitz 876, Vierling. *

Kabus, das Buch, s. H. F. v. Dieg.

Kačer, Filip: I. Über die Einwirkung von Knallquecksilber und Aluminiumchlorid auf Toluol, o-, m- und p-Xylol und auf Mesitylen. II. Über die Einwirkung von Knallquecksilber auf Phenol. 1901. 46 S. 8°
¶ Vgl. zu II: Berichte d. Deutschen Chem. Gesellschaft. Jg. 33. 1900.
Karlsruhe, Dr.-Ing.-Diss. v. 19. 7. 1901

(**Kaech**, [François].) Notice sur la Société de secours mutuels de la ville de Fribourg à l'occasion de la célébration de son cinquantenaire (20 Novembre 1851—1901). [Avec un portrait.] 40 p. 8. (Fribourg, Galley, 1902.)

*(**Käch**, Joseph.) Beschreibung des Kurorts (**Umschlag:* Der Kurort) Menzberg. 1857. 8. Willisau (1857).

Kaech, Max. Geologisch-petrographische Untersuchung des Porphyrgebietes zwischen Lago Maggiore und Valsesia. Diss. Phil. Basel. [Mit 6 Tafeln und 1 Karte.] (Extrait des Eclogæ Geologicæ Helvetiæ, Vol. 8, N° 1.) IV S. + S. 47—166. 8. Lausanne, Georges Bridel & Cie., 1903.

Kache, Willi, prakt. Arzt: Aus dem Hygienischen Institut der Universität Breslau (Prof. Dr. Flügge). Über charakteristische Merkmale und Resistenz des Mikrococcus meningitidis cerebrospinalis (Weichselbaum). Breslau 1906: H. Fleischmann. (33 S.) 8°
Breslau, Med. Fak., Ref. Flügge, Diss. v. 10. Juli 1906
[Geb. 5. Sept. 79 Hermsdorf, Kr. Brieg; Wohnort: Breslau; Staatsangeh.: Preußen; Vorbildung: Gymn. Brieg Reife O. 09; Studium: Greifswald 1, München 1, Breslau 1, Erlangen 1, Breslau 5 S.; Coll. 23. Juni 06; Approb. 1. Nov. 05.]

Kachel: Die Gleichungen 3. u. 4. Grades. 12 S. — Neustadt i. Ob.-Schl., Progr. 1872.

KACHEL, EMIL. Untersuchungen über die Sorbinsäure. Tübingen, 1873.

Kachel G, kunstgewerbliche Vorbilder. Darstellungen ausgewählter Arbeiten der antiken Kunstindustrie, der Kunst des Orients und der Renaissance sowie des modernen Kunsthandwerks. (36 Bl mit Text) Karlsruhe 1880

Kachel, Gust., kunstgewerbliche Vorbilder aus dem Alterthum. 100 Blätter nach den besten Quellen zusammengestellt. Autogr. v. Frz. Sales Meyer. 2. Aufl. (In 12 Lfgn.) 1—7. Lfg. Fol. (59 Bl.) Karlsruhe 881. Bielefeld's Verl. à n. 1. 50

Kachel, Gust. Kunstgewerbliche Vorbilder aus dem Alterthum. 100 Blätter, nach den besten Quellen zusammengestellt, autogr. v. Frz. Sales Meyer. 3. (Titel-)Ausg. Fol. (4 S. Text.) Karlsr. 889, Bielefeld's Verlag. In Mappe * 9 —

Kachel, Gust., s. Wagner, Ernst, die Grundformen der antiken classischen Baukunst.

Kachel, Mally, approb. Aerztin aus Karlsruhe i. B.: Untersuchungen über Polyarthritis chronica adhaesiva. *Jena: G. Fischer 1903.* (38 S.) 8°
Freiburg i. B., Med. Diss. v. 1903

Kächele, J., elf Betrachtungen über das Vater-Unser. gr. 8. (VI, 128 S.) Nürtingen 876. (Reutlingen, Kocher's Buchh.) *

Kächele, J., schriftgemäße Casual-Predigtentwürfe, nebst einem Anhang von Entwürfen für die kirchl. Festzeiten. 8. (XVI, 327 S.) Tübingen 887, (Heckenhauer.) *

—— die Lästerung wider den heiligen Geist näher erklärt und mit ergreifenden Beispielen erläutert. gr. 16. (63 S.) (Ebendas.) 875. *

— die Lästerung wider den heiligen Geist. Näher erklärt u. m. ergreif. Beispielen erläutert. 3. Aufl. 8. (59 S.) Stuttgart 883. Verlag der Evangel. Gemeinschaft. — 25

—— die Lehre der Wiederbringung aller Dinge im Lichte der heiligen Schrift betrachtet. gr. 16. (96 S.) (Ebendas.) 875. *

Kächele, J., fünfzig Predigtentwürfe üb. d. Persönlichkeit, Aemter, Ausgießg. u. Wirkgn. d. Heiligen Geistes. 8. (VII, 125 S.) Buffalo, N.-Y., 896. (Tübingen, J. J. Heckenhauer.) n. 2. —

Kächele, J., schriftgemäße Predigt-Entwürfe über freie Texte. 8. (XI, 404 S.) Tübingen 881, (Heckenhauer'sche Buchh.) *

Kächele, J., die Zeichen der Zeit u. ihre Bedeutung. 3 Thle. in 2 Bdn. 8. (VI, 245 u. VII, 251 S.) Tübingen 883. (Heckenhauer.) n. 3. —

Kachelek (A.), Donau-Nachtlieder e. Zigeuners. (46 S.) kl. 8. Stuttgart 904. Strecker & Schröder. n. — 80

Kachelhofer, Carl, s. Kachelhofer, Karl

Kachelhofer, Karl, Bilder u. Skizzen aus d. russisch-türkischen Kriege 1877/78, s.: Verein f. Verbreitg. guter Schriften, Bern.

Kachelhofer, Carl. Erinnerungen eines Waisenhauslers. Bilder aus einem schönen Jugendleben. Von K. K. [Mit 2 Tafeln.] 8. Bern 1900.

Kachellek, Alb., Ahasver u. Bonaparte. Romantisch-histor. Drama in 6 Bildern. (IV, 142 S.) 8. Dresden 904. E. Pierson. n. 2. —

— lose Blüten. (XII, 136 S.) 8. Ebd. 903. n. 2. 50; geb. n. 3. 50

Kachelmann, Joh., das Alter und die Schicksale des ungarischen, zunächst schemnitzer Bergbaues nebst einer Erklärung der Eigennamen des Landes. Zur Secularfeier der schemnitzer Bergacademie. Mit dem (lithogr.) Portr. des Frhrn. Nicl. v. Jacquin. gr. 8. (X, 228 S.) Pressburg 870, (Wigand.) **

Kachelmann, Joh., Geschichten der ungarischen Bergstädte und ihrer Umgebung. 1. und 2. Vorlesung (bis zum Jahre 1301). Mit dem ältesten schemnitzer Stadt- und Bergrechte und 5 (lithogr.) Bildern. gr. 8. (XVI und 272 S.) Schemnitz 853,55. (Presburg, Wigand.) **

Kachelmann, Joh., Geschichte der ungarischen Bergstädte und ihrer Umgebung. 3. Thl. Ein Beitrag zur Geschichte der Hussiten und der Reformation. gr. 8. (173 S.) Pressburg 867, (Wigand.) **

Kachler, Jo. Siegfr., Morbi spasmodici, aliquot historiae. 96 pp. Sorav. 8°. A. D. B. XXXIX, 454.
1778

Kachler, Johann

Kachler, J., Analyse des Poschitzer Sauerbrunnens. [Aus: „Sitzungsber. d. k. Akad. d. Wiss."] Lex.-8. (3 S.) Wien 874. (Gerold's Sohn.) — 15

Kachler, J., über Aethyleneisenchlorür. [Aus den Sitzungsber. der k. Akad. der Wiss.] Wien 865. (Gerold's Sohn.) Lex.-8. (3 S.) 1½ ngr.

—— über Aethyleneisenchlorür. Lex.-8. (3 S.) (Ebendas.) 869.

Kachler, Johann, u. F. V. Spitzer

— — Über zwei isomere Bibromkampfer aus Monobromkampfer. S. 85. II. 588 . . vgr.
Separatabdruck

— — Bildungsweise der isomeren Bibromkampfer. S. 87. II. 130 . . . . vgr.
Separatabdruck

— Über trockene Destillation von Silbersalzen organischer Säuren. S. 100. IIb. 280 . vgr.
Separatabdruck

Kachler, Johann, u. F. V. Spitzer

— — Über die Einwirkung von Natrium auf Kampfer. Vorläufige Mitteilung. S. 88. II, 74 . . . . vgr.
Separatabdruck

— Über die Einwirkung der Salpetersäure auf einige gebromte Fettkörper. S. 84. II. 564 vgr.
Separatabdruck

Kachler, J., neueste Entdeckungen im Gebiete d. allgem. Rechenkunst f. alle Stände u. Nationen. 8. Wien 811. Gräffer. (Wienbrack in Leipz.) 12 K

Kachler, J., Grundriß d. Pflanzenkunde, in Gestalt e. Wörterbuches d. botan. Sprache. Beigefügt: Tabellar. Uebersicht d. Linné'schen Systems nach Thunberg's Abänderungen. — Deutsches Wörterbuch f. d. botan. Ausdrücke. — Anh., enthalt. d. neueste System: Uebersicht d. Gewächsreiches in seinen natürl. Entwickelungsstufen. — Gedrängte Darstell. dies. Systems in Tabellenform. Für Freunde d. Gewächskunde z. umfass. Anleit. z. gründl. Selbststudium. Für Botaniker e. bequemes Nachschlagebuch. Lex.-8. (20 B. u. 1 Tab.) Wien 830, Sollinger. 2 Thlr. 12 Gr., hrbgs. Pr.

—— und F. V. Spitzer, über das Camphen des Borneols und des Camphers. [Aus dem chemischen Laboratorium des Prof. Lieben.] Lex.-8. (20 S.) (Ebendas.) 879 *

— — Über Kampferonsäure. Vorläufige Mitteilung. S. 90. II. 162 . . . . vgr.
— — 2. Mitteilung. S. 91. II. 553 . . . . vgr.
Separatabdruck

Kachler, J., und F. V. Spitzer, über einen neuen Kohlenwasserstoff der Camphergruppe. [Aus dem Laboratorium des Prof. A. Lieben.] Lex.-8. (7 S.) Wien 880, (Gerold's Sohn.) *
Aus: Sitzungsberichte der k. Akademie der Wissenschaften, besonders abgedruckt.

— Über Mannit im Cambialsaft der Fichte. S. 94. II. 175 . . . . vgr.
Separatabdruck

Kachler, Johann, u. F. V. Spitzer

— — Über Jackson und Menkes Methode der Bereitung des Borneols aus Kampfer. S. 89. II. 18 . . . . vgr.
Separatabdruck

— — Über Oxykampfer aus Bibromkampfer. S. 88. II. 545 . . . . vgr.
Separatabdruck

— — Über Oxykampforonsäuren. S. 97. IIb. 754 . . . . vgr.
Separatabdruck

Kachler, Johann

— über den Perubalsam. [Aus den Sitzungsber. der k. Akad. der Wiss.] Ebend. 869. Lex.-8. (8 S.) n. 2 ngr.

—— encyclopädisches Pflanzenwörterbuch aller einheim. u. fremden Vegetabilien, welche sich durch Nutzen, Schönheit, Seltenheit oder sonst. Eigenthümlichkeiten besonders auszeichnen; ihrer botan., deutsch., franz. u. engl. Benennungen, ihrer Dauer, Heimath, Formen, Eigenschaften etc. Mit beständ. Hinweisung auf d. Sextual-System. Nebst e. angehängten Polyglotten-Lexicon. Ein gemeinnütz. Hand- u. Hilfsbuch f. Botaniker etc. Nach d. neuesten u. bewährt. Quellen kritisch bearb. 2 Bde. Lex.-8. (40¼ B.) Wien 829, Sollinger. 5 Thlr., hrbgs. Pr.

— alphabet. tabellarisch-scientifisches Samenverzeichniss. Wien, 1839. 1. —

— **Studien** üb. die Verbindungen aus der Camphergruppe. (1. Abhandlg.) [Aus: „Sitzungsber. d. k. Akad. d. Wiss."] Lex.-8. (22 S.) Ebend. 871. n. — 40

—— **Studien über die Verbindungen aus der Camphergruppe.** Lex.-8. (22 S.) (Ebendas.) 872. *

Kachler, J., Studien über die Verbindungen aus der Camphergruppe. [5. u. 6. Abhandlung.] [Aus dem chem. Laboratorium von Lieben.] [Aus: „Sitzungsber. d. k. Akad. d. Wiss."] Lex.-8. (30 u. 17 S.) Wien 877. 79. (Gerold's Sohn.) à n. — 40 (1. 5. u. 6.: 1. 20)
Die 2—4. Abhandlung erschien in den Annalen der Chemie u. Pharmacie u. den Berliner Berichten.

Kachler, Johann, u. F. V. Spitzer

— — Untersuchungen über Benzolkohlensäure und Kampfer... [illegible] S. 85. II. 716 ... vgl.
Separatabdruck

— — Verhalten der isomeren Bibromkampfer gegen Salpetersäure. S. 88. B. ... vgl.
Separatabdruck

Kachnik, Jos., die Auferstehung im Lichte der Offenbarung u. der Zukunft. 6 dogmatisch-apologet. Vorträge. gr. 8. (48 S.) Olmütz 899. E. Hölzel. n. 1. 10

Kachnik, Jos., Ethica catholica. Praelectionis academiae. Liber I et III. gr. 8. Olmütz, R. Promberger. 17. —
I. Ethica catholica generalis. (555 S.) 910. 11. —
III. Ethica socialis seu sociologia. (287 S.) 909. 6. —
Liber II ist noch nicht erschienen.

Kachnik, Jos., historia philosophiae. gr. 8. (III, 113 S.) Olmütz 896. R. Promberger. n. 2. —

— Historia philosophiae. Ed. II, emendata et aucta. (132 S.) gr. 8. Ebd. (909). 2. 60

Kachnik, Jos. De natura entis. Dissertatio philosophica, quam usibus theologiae studiosorum concinnavit J. K. gr. 8. (40 S.) Olmütz 891, Promberger. * — 60

Kachoubsky-Koutschkovsky, Wanda: Contribution à l'étude de la toxicité urinaire au moyen du poisson-chat. (Travail du laboratoire de la Clinique dermatologique et syphiligraphique de l'Université de Genève. Directeur: Prof. Oltramaro.) Genève 1909. 18 p. 8°. [13. III. 09.]
Genève. Thèse méd. 1908/09.

Käçikü, s. Liebich, Bruno.

Käckenhoff und Hartig, das Möbel-Magazin. 6 Hefte. Fol. (à Heft 10 autogr. Taf.) Hamburg 883, Boysen. à Heft *ℳ 4. *

Kaczaluba, Michel. La valeur pratique de la réaction biologique de la grossesse. Thèse Méd. Genève. 48 p. 23 × 15,5 cm. Genève, Impr. du commerce, 1937.

Kaczander, M., das Taschenbuch der provisorischen Hauskuren für geheime Krankheiten. 8. (84 S.) Wien 863, (Wenedikt.) cart.

Kaczander, Dr. M., Die Vernichtung der Lustseuche ohne Arzt, oder radicale u. sichere Heilung aller geheimen Krankheiten in den ersten Stadien u. bei vorgeschrittenen Uebeln. Ein zuverlässiger Rathgeber für beide Geschlechter, sich vor jeder Ansteckung möglichst zu sichern, und wo sie erfolgt ist, sie unschädlich zu machen, die Schwächen der Genitalien zu heben, so daß dieselben wieder Jugendkraft erlangen u. das Zeugungsvermögen bis in's Alter zu erhalten, nebst Mitteln gegen die Unfruchtbarkeit der Frauen. 16. (81 S.) Wien, Wenedikt. cart. 80 kr.

—— die Vernichtung der Lustseuche ohne Arzt. Radicale Heilung aller geheimen Krankheiten in den ersten Stadien und bei vorgeschritt. Uebeln. Ein Rathgeber für beide Geschlechter. 1. Aufl. 1865. und 2., außerordentlich verm. Aufl. 16. (141 S.) Wien 866, Wenedikt.

Kaczewski, Telesfort, die Kunst in 12 Stunden ohne Lehrer u. ohne alle Vorkenntnisse d. Bleistift-Zeichnen, d. oriental.-chines. Malerei, u. d. französ. Schnell-Oelmalerei, aus dem Grunde zu erlernen, eben so auch Silhouettiren, nebst deutl. Anweis. z. Miniatur-, Glas- u. Wachsmalerei, zur schwarzen Kunst, auf Glas abzudrucken, Kupferstiche auf Holz abzuziehen, u. die schönsten Tusche von verschied. Farben auf eine leichte u. wohlf. Art darzustellen. 8. (7 B. u. 4 Stnt.) Berlin 835, Schumann. (?)

Kaczlány, Ferd. Zur Regelung d. Geld-, Münz-, Bank- u. Zahlungswesens. Eine staatsbürgerrechtl. u. national-ökonom. Frage. 8. (40 S.) Wien 889, (Steckler). * — 50

Kaczlány, Géza v., Alarm! — ein Jahr in Montur, } s.: Eckstein's Reise-bibliothek.

Zygmunt Kaczkowski. Mój pamiętnik z lat 1833–1843. Lwów: Gubrynowicz & Schmidt 1899. [... Mein Tagebuch v. J. 1833–1843 ...] (2 Bl., 171 S.) 1 Bd 8. 1898. 11372

Kaczkowski, Zygm., Rewolucyjne sądy i wyroki. Rzecz osobista. Lex.-8. (87 S.) Wien 866. (Leipzig, Kasprowicz.)

[Kaczkowski, Zygmunt.] Offenes Sendschreiben an den Fürsten von Bismarck, von einem Polen. 8. Zürich 1894.

Kaczmarczyk, Hugo: De Orosii codice Rehdigerano 107. Vratislaviae (1909): Grass, Barth & Co. 68 S. 8°
Breslau, Phil. Diss. v. 23. Sept. 1909, Ref. Skutsch
[Geb. 16. Sept. 81 Sczedrzik; Wohnort: Sczedrzik; Staatsangeh.: Preußen; Vorbildung: Gymn. Oppeln Reife O. 03; Studium: Breslau 13 S.; Rig. 7. Juli 09.] [U 10. 613

Kaczorek, Wilhelm: Die Aufsichtsrechte des Staates gegenüber dem städtischen Etat im Gebiete der Städteordnung für die östlichen Provinzen der Preußischen Monarchie vom 30. Mai 1853. Düsseldorf 1909: Dietz. 40 S. 8°
Bonn, Jur. Diss. v. 17. Okt. 1909, Ref. Zorn
[Geb. 11. Juni 84 Neuß; Wohnort: Düsseldorf; Staatsangeh.: Preußen; Vorbildung: Oberrealsch. Krefeld Reife O. 05; Studium: Bonn, Freiburg i. B., Berlin zus. 7 S.; Rig. 30. Juli 09.] [U 10. 397

de Kaczorowski, Theophil (geb. St. Barbara bei Thorn ... 1831): De urinae incontinentia. Berolini (1853). (30 S.) 8°
Berlin, Med. Diss. v. 24. Jan. 1853

Kaczynska, Marie. Succès scolaire et intelligence. Thèse Philos. Genève. IV + 159 p. 23 × 15,5 cm. Neuchâtel (Suisse), Delachaux et Niestlé S. A., (1934).

Kaczyński, Joan. August. (geb. Dt. Crone 19. 6. 1838): De febribus intermittentibus. Berolini (1862). (31 S.) 8°
Berlin, Med. Diss. v. 9. Aug. 1862

Kada, Alexius v., die Csikosehre, s.: Bibliothek der fremden Zungen.

Kadainka, Vikt., Elemente der Elektrizität u. Elektrotechnik f. Bergleute, s. a. Bibliothek, elektrotechnische. 64. Bd.

Elemente der Elektrizität und Elektrotechnik für Bergleute. Wesen d. Elektrizität, Elektrotechnik u. der wichtigsten Maschinen u. Apparate. Von Viktor Kadainka. Mit 198 Abb. Wien & Leipzig: A. Hartleben 1905. (VIII, 288 S.) 8°
= Bibliothek, Elektrotechnische. Bd 64. 1905. 4014 9

Kadár, Adressenbuch; s.: Adressenbuch.

Kaddatz, Otto Herm. (geb. Münster in Westf. 16. 10. 1838): De adipis in corpore humano depositi et physiologia et pathologia. Berolini (1862). (32 S.) 8°
Berlin, Med. Diss. v. 24. März 1862

Kadderadatsch. Bismarck-Nummer v. 31. 3. 1895. Berlin 895.

Kade

— s. a. Kaden.

[Lied.] Den drei Meistern zum 21. Okt. 1892. [Unterz.]: Kade. o. O. [1892]. 1 Bl. 8° [Umschlagtit.]
Ohne Noten: „Bekannt ist's rühmlichst weit und breit . . ."

KADE, Deutschlands Mission und Kolonisation. Zwei Vorträge, gehalten in der Abtheilung Aschaffenburg der Deutschen Kolonial-Gesellschaft. 2. Aufl. Aschaffenburg 1893. Wailandt'sche Druckerei, Act.-Ges. 8°.

Allgemeines: **Tafel-Lied zum Brudermahl der drei vereinigten Logen Königsbergs am 19. Oktober 1895. [Unterz.:] Kade. 1 Bl. 8⁰.**
„Es war vor langen altersgrauen Zeiten . . .“

Kade, C. C. G., s. Kade, Karl Gottfried Wilhelm

Kade, E. v., Streifzüge eines modernen Junkers. [I. Vom Rhein nach Pommern. II. Erlebtes und Erschautes auf einer Reise nach Italien.] 8. (IV, 238 S.) Berlin 883, F. Luckhardt. *

Kade's, Emil, Anleitung zur Erlernung der englischen Sprache, Neubearbeitg., s.: Legler, Hugo, englische Sprachlehre.

Kade, Emil, Anleitung zur Erlernung der englischen Sprache und zum Uebersetzen ins Englische. 6. und 7. unveränd. Aufl. gr. 8. (VIII, 276 S.) Hamburg 875,78, Haendcke und Lehmkuhl.

Kade, Emil, Anleitung zur Erlernung der englischen Sprache u. zum Uebersetzen ins Englische. 7., unveränd. Aufl. gr. 8. (VIII, 276 S.) Hamburg 877. Haendcke & Lehmkuhl. 3. —

Kade, Emil, erste Anleitung zum Übersetzen ins Englische. An des Verf. „Kurzgefaßte Grammatik der englischen Sprache“ sich anschließend u. zunächst für das Königliche Cadettencorps bestimmt. Leipzig 859. G. Mayer. (Altona, Haendcke & Lehmkuhl.) gr. 8. (VIII, 280 S.) 1 ℳ

Kade, Emil, erste Anleitung zum Uebersetzen ins Englische. 3., durchgängig verb. und verm. Aufl. gr. 8. (VIII und 291 S.) Altona 867, Haendcke und Lehmkuhl.

Kade, Emil, erste Anleitung zur Erlernung der englischen Sprache und zum Uebersetzen ins Englische. 5. durchgängig verb. Aufl. 8. (VIII, 288 S.) Hamburg [Gotha] 872, Haendcke und Lehmkuhl.

Kade, Em., kurzgefaßte Grammatik der englischen Sprache. Für höhere Lehranstalten, zunächst für die K. Kriegsschule bestimmt und durch zahlreiche Beispiele aus guten Schriftstellern erläutert. Leipzig 856. G. Mayer. gr. 8. (XIV, 257 S.) 1 ℳ.

Kade, Emil, die vierte Säcularfeier d. Buchdruckerkunst zu Leipzig am 24. 25. 26. Juni 1840. Eine Denkschrift im Auftrage d. Comité z. Feier d. Erfind. d. Buchdruckerkunst. gr. 4. (10¾ B.) Leipzig 841, Druck v. Breitkopf u. Härtel.
Diese Schrift wurde v. der Deputation d. Buchhandels zu Leipzig an die Leipziger Buchhandlungen gratis vertheilt und kam nicht in den Handel.

—— Uebersetzungsstücke zur Einübung der Regeln der englischen Grammatik. 2., veränd. Aufl. gr. 8. (VIII und 156 S.) Altona 867, Haendcke und Lehmkuhl.

—— Uebersetzungsstücke zur Einübung der Regeln der englischen Grammatik. 3. Aufl. (VIII, 154 S.) Altona 1868, und 4. verb. und verm. Aufl. 8. (VIII, 168 S.) Ebendas. 872.

—— Uebersetzungsstücke zur Einübung der Regeln der englischen Grammatik. 5. Aufl. 8. (X, 166 S.) Ebendas. 878.

Kade, E. Von der Umstellung der Satzglieder in der englischen Sprache. Neustadt, H. B., 1847. *Progr.*

[Gedicht.] Auf den Tod des [Br.] Gallisch von F. W. Kade. Leipzig 1783: Sommer. 2 Bl. 4⁰ [Umschlagtit.]
„Eilst Du auch schon fort von hinnen . . .“ 281.

Kade, Fr. Wilhelm
— Beleuchtung d. Albersch[illegible] Kritik einer Schrift, die lettische Industrieschule betitelt, vom Verf. d. genannten Schrift. 8. Mitau [illegible]. (30 S.)

Kade, Fr. Wilh., freimüthige Gedanken üb. den Nutzen, die Grenzen u. Einrichtung d. Unterrichts für [illegible]. Zum Besten armer Bauerkinder. 8. Königsb. [illegible]. ([illegible])

Kade, Fr. Wilh., die lett. Industrieschule, in Absicht ihrer Möglichkeit, Nützlichkeit u. wesentl. innern Einrichtung dargestellt. 8. Mitau [illegible]. (60 S.)

— Predigt am ersten 100jähr. Jub[illegible] d. Kurländ[illegible] üb. Ebräer 10, 25; (nebst J. C. Ungers lettischer bei derselben Gelegenheit gehalt. Predigt). 8. Mitau [illegible]. (43 S.)

Kade, G., über den Anbau und die Benutzung der Erdäpfel (Topinambour) Helianthus Tuberosus L., (aus dem schlesischen Provinzialblatt abgedruckt.) 8. Ebend. 820. –

Kade, (G.) über d. Anbau und die Benutzung d. Erdäpfel, (Helianthus Tuberosus L.) 3s Heft. Bresl. 823, Leuckart.

— fortgesetzte Bemerkk. üb. d. Anbau u. d. Benutzung d. Erdäpfel (Helianthus Tuberosus L.) 8. Bresl. 822, Leuckart

Kade: Die devonischen Fischreste eines Diluvialblockes. 24 S. u. Kupfertafel. – Meseritz, Progr. 1858.

Kade (G.). Die losen Versteinerungen des Schanzenberges bei Meseritz. Ein Beitrag zur geologischen Kenntniss der südbaltischen Ebene. Meseritz 1852. 4. Mit 1 Tafel. Hrsg. v. H. Loew

— Johann Gottfr. Wilhelm (Leubing./Thür.), Pro puritate Symmachi. Disp. philos. Präs. M. Carl August Thieme. Lpz. (Langenheim) 15. XI. 1755. 32 S. (6.40) 17254

Kade, Karl

Kade, Carl, die Berufung in Strafkammersachen. gr. 8. (26 S.) Berlin 893. C. Heymanns Verl. n. — 50

— Die Beseitigung der Rieselfelder v. Groß-Berlin. (16 S.) 8. Berlin 908. Baedeker & Moeller. — 50

Kade, Carl, die Ehrengerichtsbarkeit der Aerzte in Preussen. Eine Bearbeitg. des Ehrengerichtsgesetzes u. der veröffentlichten Entscheidgn. des ärztl. Ehrengerichtshofes. (VI, 133 S.) Lex.-8. Berlin 906. A. Hirschwald. n. 2. 60

— der Eid u. das Recht auf Wahrheit. gr. 8. (VIII, 87 S.) Ebd. 895. n. 1. 60

— Gründung u. Namen v. Stadt u. Schloß Meseritz. Mit e. Stadtplane vom J. 1780. gr. 8. (85 S.) Meseritz 893. C. Haug. n. 1. —

Kade, Carl, Klassenjustiz. (32 S.) 8. Berlin 908. A. Nauck & Co. — 60

Kade, Carl, die Privatklage in den Strafprozessordnungen der Jetztzeit, insbesondere in der deutschen R.Str.Pr.O. gr. 8. (XI, 116 S.) Berlin 900. C. Heymann. n. 3. —

— der deutsche Richter. Ein Wort zur Abwehr u. zur Förderg. (III, 142 S.) gr. 8. Berlin 904. C. Heymann. n. 1. 20

— Der deutsche Richter. 2., neubearb. u. verm. Aufl. (VIII, 284 S.) 8. Berlin 910. C. Heymann. 3. —

— Strafgesetzbuch f. das Deutsche Reich, s.: Taschen-Gesetzsammlung. 14. Bd.

— Unbedingte od. bedingte Strafverfolgungspflicht? (Legalitäts- od. Opportunitätsprinzip?) Die erste Hauptfrage f. das neue strafgerichtl. Verfahren. Dem Deutschen Richterbunde gewidmet. (34 S.) gr. 8. Hannover 909. Helwing. 1. —

Kade, Karl Gottfried Wilhelm

Kade, Carl Gottfried Wilhelm (Saxo.), De morbis ventriculi ex materiei animalis mixtura formaque laesa explicandis. Specim. medic. Halle (Bathe) 28. XI. 1798. 24 S. u. 2 Tfln. Abbild. (gez. u. gest. v. A. G. Eberhard.). (6.20) 17253
Gew.: Erdmann Friedrich Senff.

Kade, L., die Phantasie als wirkende Seelenkraft u. als schaffende Weltkraft. (48 S.) 8. Coburg 908. J. F. Albrecht. — 60

Kade, L. Otto, Mattheus le Maistre, niederländischer Tonsetzer und churfürstlich sächs. Kapellmeister. Ein Beitrag zur Musikgeschichte des 16. Jahrh., nach den Quellen bearb. und mit Musikbeilagen versehen. (Gekrönte Preisschrift.) Nebst einem Facs. le Maistre's. Lex.-8. (VIII und 119 S. mit Musikbeilagen 70 S.) Mainz 862, Schott's Söhne.

Kade, Otto, vierstimmiges Choralbuch zu dem auf grossherzogl. Befehl 1867 erschienenen Melodienbuche f. das mecklenburgische Kirchengesangbuch. 2. Aufl. qu. 4. (XXIV, 145 S.) Wismar 886. Hinstorff's Verl. n. 6 ; geb. n. 7. 50

Kade, Otto, vierstimm. Choralbuch zu dem auf grossherzogl. Befehl 1867 erschien. Melodienbuche f. das mecklenb. Kirchengesangbuch. 3. Aufl. (XXIV, 146 S.) qu. gr. 4. Wismar 903. Hinstorff's Verl. n. 6. —; geb. in Leinw. n. 7. 50

Kade, Otto, eine feste burgk ist unser got. Der neuaufgefundene Luther-Codex vom J. 1530. Eine von dem großen Reformator eigenhändig benutzte und ihm von dem kursächs. Kapellmeister Joh. Walther verehrte handschriftl. Sammlung geistl. Lieder und Tonsätze. Zum ersten Male in ihrer hohen Bedeutung für die Geschichte des evangel. Gemeindegesanges gewürdigt und mit musikal. Beilagen sowie getreuen Nachbildungen der Handschriften begleitet. Eine Denkschrift für evangel. Christen und Freunde Luthers dargebracht im Jahre der Wiederherstellung des deutschen Reiches 1871. 6 Hefte. qu. 4. (XVI, 183 S. mit 7 Stnt.) Dresden 872, Schrag'sche Verlagsanstalt. à Heft * 90 Pf. * 5 40

Kade, Otto, ein feste burgk ist vnser got. Der neuaufgefundene Luther-Codex vom J. 1530. Eine v. dem großen Reformator eigenhändig benutzte u. ihm v. dem Kursächs. Kapellmeister Joh. Walther verehrte handschriftl. Sammlung geistl. Lieder u. Tonsätze. Zum ersten Male in ihrer hohen Bedeutg. f. die Geschichte d. evangel. Gemeindegesangs gewürdigt u. m. musikal. Beilagen, sowie getreuen Nachbildgn. der Handschriften begleitet. 1—6. Lfg. qu. 4. (XVI, 183 S. m. 7 Steintaf.) Dresden 873. Schrag. à — 90

Kade, Otto, die deutsche weltliche Liedweise in ihrem Verhältnisse zu dem mehrstimmigen Tonsatze. Ein populärer Vortrag mit Musikbeilagen. Lex.-8. (34 S. und Beil. 18 S.) Mainz 874, Schott's Söhne. 2 40

Kade, Otto. Die älteren Musikalien der Stadt Freiberg in Sachsen. Herausgegeben von Reinhard Kade. (Beilage zu den Monatsheften für Musik-Geschichte.) Leipzig 1888.

Kade, Otto. Die Musikalien der Stadtkirche zu Pirna. („Serapeum", 18. Jahrg.) Leipzig 1857.

Kade, Otto: Die Musikalien-Sammlung des Grossherzoglich Mecklenburg-Schweriner Fürstenhauses aus den letzten zwei Jahrhunderten. Auf Allerh. Befehl ... des Grossh. Friedrich Franz III. alphab.-thematisch verzeichnet u. ausgearb. v. Prof. Dr. Otto Kade, Grossh. Musikdir. Unter Abdr. vieler archival. Schriftstücke u. urkundl. Belege. Bd 1. 2. [Nebst] Nachtr. Schwerin: Hinstorff 1893-99. 3 Bde 8°. 1. 2. 1893.

Kade, Otto, der musikalische Nachlass weil. Ihrer königl. Hoh. der verwittw. Frau Erbgrossherzogin Auguste v. Mecklenburg-Schwerin, geb. Prinzessin v. Hessen-Homburg (geb. 1776, gest. 1871), als Nachtrag zur Musikalien-Sammlg. des grossherzogl. mecklenburg-schweriner Fürstenhauses aus d. letzten zwei Jahrhunderten. Auf höchsten Befehl Sr. Hoh. des Herzog-Regenten Johann Albrecht alphabet.-themat. verzeichn. u. ausgearb. gr. 8. (VII, 142 S.) Schwerin 899. Wismar, Hinstorff's Verl. n. 2. 40

— die ältere Passionskomposition bis zum J. 1631. 4 Hfte. gr. 8. (IV, 346 S.) Gütersloh 891—893. C. Bertelsmann. n. 9. —
1.—3. Hft. à n. 2. —. — 4. Hft. n. 3. —.

Kade, Rhard., (Begleitwort f.) das erste Zwickauer Gesangbüchlein v. 1525. (20 S.) kl. 8. Zwickau 904. (Zwickauer Zeitg.) n. — 60

Kade, Rhard., Geschichte des Freiberger Buchdrucks. [Aus: „Mitteilgn. des Freiberger Altertumsvereins".] gr. 8. (II, 85 S. m. Abbildgn. u. 19 Taf.) Freiberg 894. Gerlach'sche Buchdr. n. 2. —

Kade, Reinhard [Hrsg.], s. Kade, Otto: Die älteren Musikalien der Stadt Freiburg in Sachsen.

Kade, R., Proben aus dem neuangelegten Handschriftenkatalog der Freiberger Gymnasialbibliothek, s.a. Rachel, M., über die Freiberger Bibelhandschrift.

Kade, Reinhard Proben aus dem neuangelegten Handschriftenkatalog der Freiberger Gymnasialbibliothek. 4 (S. 23—31).
Progr. G. Albertinum *Freiberg* 1886 (495).

Kade, Wilhelm, Regierungsreferendar: Der § 331 Abs. 1 B.G.B. Ludwigsburg 1906: G. Langenstein. (VI, 29 S.) 8°
Rostock, Jur. Fak., Ref. Matthiaß, Diss. v. 30. Okt. 1906
[Geb. 22. März 78 Cassel; Wohnort: Wiesbaden; Staatsangeh.: Preußen; Vorbildung: Gymn. Celle Reife O. 00; Studium: Brüssel 1, Paris 1, Edinburg 1, Berlin 4 S.; Rig. 25. Jan. 06.]

Kade, [Wilhelm]: Umschwung in Strafe und Strafvollzug im 18. Jahrhundert von Dr. Wilhelm Kade, Reg.-Ref. Berlin: Haering 1908. 96 S. 8°

Kadelbach, M. Christian Friedrich (Görlitz) u. **Heinrich Carl Reich** (Ysenburg-Büdingen), De exhalationibus naturalibus I. Disp. philos. Lpz. (Loeper) 4. IV. 1767. 54 S. (6.80) 17255
Gew.: Christian Gottlieb Ludwig (Leipzig).

— — Dasselbe. II. Disp. med. Lpz. (Loeper) 7. IV. 1767. 66 S. (6.50) 17256
Gew.: Johann Abraham Heine (Leipzig).

Kadelbach, Christian Friedrich (Präs.), s. Geyer, Immanuel Christoph: Tympanitidis therapia.

— — u. (Respond.) **Johann Salomon Schubert** (Weigsdorf/Lausitz), Tympanitidis pathologia. Diss. med. Lpz. (Loeper) 7. VIII. 1772. 73 S. (7.—) 17257

— Tympanitidistherapie ... 4. Leipz. 773.

Kadelbach, H., Bilder u. Erinnerungen aus dem Kriegsleben v. 1870/71. gr. 8. (IV, 222 S.) Leipzig 871. Dörffling & Franke. 2. —

Kadelbach, H. Erbauliches u. Erwedliches. Erinnerungen. 8. (110 S.) Berl. 889, Hauptverein f. christl. Erbauungsschriften. cart. * — 80

Kadelbach, Oswald: Ausführliche Geschichte Caspar v. Schwenkfelds und der Schwenkfelder in Schlesien, der Ober-Lausitz und Amerika, *nebst ihren Glaubensschriften von 1524—1860 nach den vorhandenen Quellen bearbeitet von . . . Lauban: M. Baumeister 1860. (1), (1), (2), 254, (1) S.*

Kadelburg, Gertrud, Else. E. Erzählg. f. junge Mädchen. 8. (258 S.) Dresden (894). Berlin, H. J. Meidinger. Geb. in Leinw. u. Celluloid n. 4. 50; ermäß. Preis 3. 50

Kadelburg, Gustav

— als ich wiederkam, s.: Blumenthal, Osc.

Kadelburg, Gust., der Familientag. Lustspiel in 3 Akten. (125 S.) 8. Berlin (906). E. Bloch. n. 3. —

— das schwache Geschlecht s.a. Bloch's, Ed., Theater-Korrespondenz. 337.

Das schwache Geschlecht. Schwank in 1 Akt von Gustav Kadelburg. *Berlin: E. Bloch (1903).* (40 S.) 8° [F.]
= Theater-Korrespondenz. Eduard Blochs. No 337.

— Die Großstadtlust, s. Blumenthal, Oskar

— Hans Huckebein, s. Blumenthal, Oskar

— humoristische Kleinigkeiten. 8. (122 S.) Charlottenburg 899. [M. Simson.] Berlin, H. Steinitz. n. 2. —; erm. Pr. n. 1. —

Kadelburg, G., Migraine, s.: Theater-Mappe.

— Migräne, s.: Wilken, H.

— Die Orientreise, s. Blumenthal, Oskar

— das Pulverfaß s.a. Bloch's, Eduard, Theater-Korrespondenz. 336.

Das Pulverfaß. Schwank in 1 Akt von Gustav Kadelburg. Berlin: E. Bloch (1903). (48 S.) 8°
= Theater-Korrespondenz, Eduard Blochs. No 330.

— im weißen Rößl, s.: Blumenthal, Osc.

Kadelburg, Gust., zwei Wappen, s.: Blumenthal, Osc.

Kadelburg, Gust., dramat. Werke, s.: Schönthan, Frz. v.

Kadelburg, Gust., in Civil, s.a. Bloch's, Ed., Theater-Korrespondenz.

[F.] In Civil. Schwank in 1 Akt v. Gustav Kadelburg ... 2. Aufl. *Berlin: E. Bloch [1893].* (46 S.) 1 Bd 8.
= Theater-Korrespondenz, Eduard Blochs. No 259.

Kadelburg, Heinrich
-- Funfzehn Jahre d Dten Theaters in San Fr. San Fr. 1883.

Kadelburg, Heinr., aus dem Reich der Schminke u. der Tinte, s.: Fellner, Rich.

Kadelburg, Heinrich. Das dte Theater in NY. NY. 1878

Kaden, Edm., aus Höhen u. Tiefen. Gedichte. 8. (III, 112 S. m. Bild.) Annaberg 897. (Graser.) Geb. n.n. 1. 75

Kaden, Ernst, Gesetz üb. die Gerichtskosten, s.: Handbibliothek, Leipziger jurist.

Kaden, Ernst, kgl. sächs. Gesetz üb. die Gerichtskosten, 2. Aufl. v. Walt. Brachmann. s.: Handbibliothek, juristische.

Kaden, Ernst, Hand-Lexikon des im Königr. Sachsen geltenden Familien-, Vormundschafts- u. Erbrechts m. Erläuterungen aus der Rechtsprechung u. e. Anh. Letzterer enth.: A. Erbschaftssteuer- u. Kosten-Gesetze m. Tarif-Auszügen, sowie andere einschlag. gesetzl. Bestimmgn. B. Formulare. C. Gesetzesregister. gr. 8. (V, 553 S.) Meißen 894. C. E. Klinkicht & Sohn. n. 4. 20; geb. n. 4. 80

— Handlexikon des bürgerl. Gesetzbuchs f. das Deutsche Reich. gr. 8. (IV, 611 S.) Leipzig 899. 900. Roßberg'sche Verlagsbuchh. n. 8. —; geb n. 9. —; auch in 4 Lfgn. à n. 2. —

Kaden, Ernst, das kgl. sächs. Kosten-Gesetz v. 6. Novbr. 1890. Text-Ausg. m. Anmerkgn., Gebührentafeln u. Sachregister. gr. 8. (VII, 83 S.) Meißen 895. C. E. Klinkicht & Sohn. n. 2. 20; kart. n. 2. 50

Kaden, Heinr., üb. d. Beseitigg. unreiner Töne der Messinginstrumente, Klarinette u. Flöte. 3. Aufl. Anh.: Preisverzeichnis d. Blas- u. Schlaginstrumente. 12. (32 S.) Hannover 898. Lehne & Co. — 15

Kaden, Heinr. Entgegnung auf M. v. Egidy's ernste Gedanken. — Bestes Mittel gegen Sozialdemokratie u. Unglauben. gr. 8. (8 S.) Naundorf b. Freiberg 891. (Freiberg, Grimmer.) — 20

Kaden, Johannes, Referendar: Die Wahlschuld mit Wahlrecht des Schuldners nach dem Bürgerlichen Gesetzbuche. Borna-Leipzig 1909: Noske. IX, 70 S. 8°
Leipzig, Jur. Diss. v. 27. Juli 1909
[Geb. 20. Mai 81 Zwickau i. S.; Wohnort: Dresden; Staatsangeh.: Sachsen; Vorbildung. Gymn. Bautzen Reife O. 00; Studium: Freiburg i. B. 1, Leipzig 7 S.; Rig. 23. Jan. 04.] [U 09. 2561

Kaden, P., bürgerl. Gesetzbuch f. d Königr. Sachsen, Nachtrag, s.: Hoffmann, Steph., neuere Entscheidgn. ꝛc.

Kaden, Paul: Die Sprache des Saint François de Sales. Weida i. Th. 1908: Thomas & Hubert. 153 S. 8°
Leipzig, Phil. Diss. v. 5. Jan. 1909, Ref. Birch-Hirschfeld, Wülker
[Geb. 7. März 85 Brand b. Freiberg i. S; Wohnort: Leipzig; Staatsangeh.: Sachsen; Vorbildung: Realgymn. Freiberg Reife O. 04; Studium: Leipzig 9 S.; Rig. 29. Okt. 08.] [U 09. 2992

Kaden, Rich., s.: Musikschule, die pädagog., zu Dresden.

Kaden, Rich. Wie studiert man Musik? Nebst Anh.: Bericht üb. d. pädagog. Musikschule. gr. 8. (26 S.) Dresd. 892, Weiske. * — 40

Kaden, Woldemar

Kaden, Wold., rotes Blut u. and. Geschichten aus Süditalien. Illustr. v. F. Matania. 12. (III, 435 S.) Stuttgart 898. A. Bonz & Co. n. 4. —; geb. in Leinw. n. 5. —

Kaden, Wold., la ferrovia del Gottardo ed i suoi dintorni. Con 10 disegni, 2 panorami e carta. 8. (115 S.) Luzern 883, Prell. *

—— praktischer Führer nach den Hauptorten der Riviera von Nizza über Genua bis Pisa, s. Grieben's Reise-Bibliothek.

Kaden, Woldemar (Prof.) Der Gotthard und sein Gebiet. In-8°, mit 10 Vollbildern, Karten und Panoramen. Luzern, Prell. 1883. 1 20

—— die Gotthardbahn und ihr Gebiet. Mit 10 Vollbildern, 2 Plänen, Panoramen und (chromolithogr.) Karte. 8. (100 S.) Luzern 883, Prell. *

—— italienische Gyps-Figuren. 1. und 2. Aufl. gr. 8. (IV, 454 S.) Oldenburg 881,82, Schulze'sche Hofbuchh. * geb. *

Kaden, Wold., italienische Gyps-Figuren. 2. Aufl. gr. 8. (IV, 454 S.) Oldenburg 882. Schulze. n. 6. 60; geb. n. 6. 50

Kaden, Wold. Italienische Gypsfiguren. 3. (Titel-)Aufl. gr. 8. (IV, 454 S.) Oldenb. 890, Schulze. * 4 —; geb. * 5 —

—— die Insel Ischia in Natur-, Sitten- und Geschichtsbildern aus Vergangenheit und Gegenwart. 8. (115 S. mit 4 Illustr. und 1 Karte.) Luzern 883, Prell. *

Kaden, Woldemar, s. Italien.

— Italien, s.a. Grieben's Reise-Bibliothek.

—— Italien. Eine Sommerfahrt nach dem Süden. Mit 88 (4 chromolithogr., 20 Tondr.- und 64 eingedr. Holzschn.-)Bildern unserer ersten deutschen Künstler und 1 (lithogr. und color.) Karte. Lex.-8. (VIII, 380 S.) Glogau 881, Flemming. geb. *

—— Bad Kissingen. 1. Aufl. (VII, 130 S. m. Illustr., 1 Plan u. 1 Karte.) 889. * 2 —; 2. Aufl. 12. (IX, 133 S. m. Abbildgn.) Kissingen 892, Weinberger. * 1 20

— Bad Kissingen. 3. Aufl. 8. (IX, 130 S. m. Abb., 1 Panorama, Plan u. Karte.) Kissingen 896. F. Weinberger. n. 1. 20

—— pompejanische Novellen und andere. 8. (XI, 462 S.) Stuttgart 882, Bonz und Comp. *M 6.: geb. *

—— unter den Olivenbäumen. Süditalische Volksmärchen, nacherzählt. 8. (XL, 265 S.) Leipzig 880, Brockhaus. * geb. *

Kaden, Wold., Pegli bei Genua. Ein Wanderziel und Winterasyl an der ligurischen Küste. 8. (III, 51 S. mit zahlreichen autotyp. Abbild., 1 Karte von Pegli und 1 Plane von Genua.) München 885. (Luzern, Gebhardt.) geb. *

Kaden, Woldemar. Die Perle der Schweizer Landschaften [das Berner Oberland. Illustriert. A.]. 4. [Stuttgart 1887.]

—— Die Riviera, s.a. Grieben's Reise-Bibliothek.

—— und Herm. Nestel, die Riviera. 14 Lfgn. Fol. (VIII, 242 S. mit eingedr. Holzschn., 16 Holzschntaf. und 4 Chromolithogr.) Stuttgart 884,85, Spemann. à Lfg. *M 2. * geb. mit Goldschn. *

Kaden, Woldemar. St. Moritz-Bad. Der Oberengadiner Kurort par excellence. [Mit 4 Tafeln.] 8. Zürich 1885.

—— s.a. Schweizerland, das.

Kaden, Woldemar. Das Schweizerland. Eine Sommerfahrt durch Gebirg und Thal. In Schilderungen von W. K. Mit Bildern (90 Tafeln und 351 Textillustrationen) von G(ustav) Bauernfeind, A[nton] Braith ... B[enjamin] Vautier. Joh[ann Heinrich] Zügel. Holzschnitte von A(dolf) Closs. (Neue wohlfeile unveränderte Ausg. 60 Lieferungen.) fol. Stuttgart [1880].

— durchs Schweizerland. Sommerfahrten in Gebirg u. Thal. M. 6 Vollbild., 13 Doppelbild. u. 103 Text-Illustr., nebst 6 Farbendr.-Bildern uns. ersten Künstler u. zwar G. Bauernfeind, Alex. Calame, Arth. Calame &c. gr. 8. (X, 405 S.) Gera 895. C. B. Griesbach. Geb. in Leinw. 12. —

Kaden, Wold., Skizzen und Kulturbilder aus Italien. gr. 8. (VIII, 332 S.) Jena 882, Costenoble. *

—— Skizzen u. Kulturbilder aus Italien. 2. (Titel-)Aufl. gr. 8. (VIII, 332 S.) Jena 889, Costenoble. * 3 —

—— Sommerfahrt. Eine Reise durch die südlichsten Landschaften Italiens. gr. 8. (VIII, 367 S.) Berlin 880, Janke. *

—— Sonnenbrut. Kopien realist. Bilder aus der neuesten italien. Novellistik. 8. (VI, 335 S.) Dresden 887, Pierson. * geb. *

—— dass. — 2. Aufl. 8. (VI, 335 S.) Ebendas. 889. * geb. *

(B) **Kaden,** Wold., Sonnenbrut. 889. (KVL 25.) Jetzt: Berlin, Verlag Berlin Wien.

—— und Fritz Wernick, Nach dem Süden! Wanderungen durch die Schweiz und die Riviera. 2 Thle. in 1 Bde. 8. (103; 136 S.) Leipzig 882, Schloemp. *

—— durstige Tage. Eine wälsche Weinwanderung. 16. (VIII, 128 S.) Stuttgart 874, Meyer und Zeller's Verlag. cart. * 3 —

Kaden, Woldemar: Taschenkompas für die Reise in Italien, s. Grieben's Reise-Bibliothek.

— volksthümliches aus Süditalien, s.: Kennst du das Land?

—— Wandertage in Italien. gr. 8. (482 S.) Ebendas. 874. * 6 —

– Praktischer Wegweiser für Reisende in Italien, s. Grieben's Reise-Bibliothek.

—— neue Welschland-Bilder und Historien. gr. 8. (VI, 418 S.) Leipzig 886, Elischer Nachf. * geb. *

Kaden, Woldemar, Italiens Wunderhorn. Volkslieder aus allen Provinzen der Halbinsel und Siciliens in deutscher Uebertragung. 8. (XLVI, 165 S.) Stuttgart 878, Meyer und Zeller's Verlag. *

— s.: Zehnpfennig-Bibliothek Nr. 2, 4, 7. u. 8.

Kadenberge [Schlagwort]

Kadenberge, s.: Geologische Karten. Karte (Preussen).

Kader, Bronislaw. Ein experimenteller Beitrag zur Frage d. localen Meteorismus bei Darmocclusion. Diss. gr. 8. (VII, 162 S.) Dorpat 891, (Karow). * 3 —

Kader [handschr. hinzugef.: **v.**], Bronisław [Dr., I. Assistenzarzt d. chir. Klinik]: Klinische Beiträge zur Ätiologie und Pathologie der sog. primären Muskelentzündungen . . . Breslau, Bresl. Gen.-Buchdr., 1897; 86 S., 1 Bl. 8.
Breslau, Med. Fak., Hab.-Schr. v. 9. Aug. 1897

Kader, Bronisław, klin. Beiträge z. Ätiologie u. Pathologie d. sog. primären Muskelentzündungen. Habilitationsschrift. gr. 8. (86 S.) Breslau 897. (Schletter.) n. 1. 60

Kadeřávek, Eug., der Atheismus. Lex.-8. (25 S.) Wien 881, (Schmid.)
Aus: Christlich-pädagogische Blätter, besonders abgedruckt.

—— Die christliche Philosophie, verglichen mit einigen philosophischen Systemen der Neuzeit. Olmütz, Slavik. 1885. 8°. 118 S., 1,50 Mk. (90 kr.)

Kadeřávek, Eug., Wissen und Glauben. Was ist schön? Zwei philosophisch-krit. Vorträge. gr. 8. (56 S.) Wien 885, (Edm. Schmid.) * 1 —

Kadeřávek, Rudolf. Die kohligen Substanzen des Mineralreiches. Eine vergleichende Studie. 8 (20 S.) K. k. G. *Mähr. Weisskirchen* 1889
Progr.

Kaebern, K. v., Erinnerungen an d. Begebenheiten in Schlesien, Kalisch u. Töplitz, im J. 1835. 8. (2 B.) Berlin 836, Lewent.

Kadesch, Adolf [aus Mainz]: Über die Einhüllungsflächen von Potenzebenenscharen . . . . Marburg, Univ.-Buchdr. (R. Friedrich), 1887; 1 Bl. + 33 + 1 S. 4°.
Marburg, Phil. Fak., Inaug.-Diss. v. [17. Jul.] 1887.

Kadesch, Adolf, Dr.: Ueber die Einhüllungsflächen von Potenzflächenscharen. T. 1. *Wiesbaden 1902: P. Plaum.* (S. 3—45.) 4°
Wiesbaden, st. OR, P 1902 (471)

Kadesch, Adolf, Dr.: Ueber die Einhüllungsflächen von Potenzflächenscharen. T. 2. *Wiesbaden 1903: P. Plaum.* (63 S.) 4° ¶(Schluß d. P-Beil. 1902.)
Wiesbaden, st. OR, P 1903 (486)

Kadesch, Adf., Leitfaden der Physik. Unterstufe. (VII, 166 S. m. 283 Fig.) Lex. 8. Wiesbaden 907. J. F. Bergmann. 1.50; geb. 1. 80

— dasselbe. Oberstufe. Mit 294 Fig. im Texte, 1 (farb.) Spektraltaf. am Schlusse u. 386 Übungsaufgaben. (VIII, 312 S.) Lex. 8. Ebd. 908. 3.—; geb. 3. 60

Kadesch, Adf., die elektrischen Strommaschinen. Für Unterrichtszwecke sowie z. Selbststudium dargestellt. 10 Wandtaf. f. den Unterricht. Imp.-Fol. Mit Erläuterungsschrift. gr. 8. (VII, 40 S. m. 1 Fig. u. 10 Taf.) Wiesbaden 900. J. F. Bergmann.
In Mappe n. 15. —; Text allein n. 1. 60

Kadeten ..., s. Kadetten ...

Das Kadettenkorps in Basel. Basel 1863. 8 S.

Das Kadettenkorps der Stadt Schaffhausen 1790—1891. Den Alten und Jungen zur Erinnerung an das 100 jährige Bestehen des Kadettenkorps gewidmet von der Kadettendirection. Mit Abbild. Gr. in-8°. 81 S. Schaffhausen, Carl Schoch. 1891. 2 80

Kadettencorps, das, sonst und jetzt. Zur richtigen Beurtheilung dieser Anstalt. gr. 8. (21 S.) Berlin 848, Decker'sche geheime Ober-Hofbuchdr.

— unsere, v. ***. 1. u. 2. Aufl. gr. 8. (49 S.) Leipzig 894. W. Friedrich. n. 1. —

Kadettenkorps, unsere. 3. Aufl., s.: Fort m. d. Kadettenkorps.

Kadetenprüfung, die, für Bewerber, welche die k. k. Kadetenschulen nicht absolvirt haben. [Zusammengestellt aus der Schul-Instruction für das k. k. Heer VIII. Thl.] 8. (16 S.) Wien 880, Seidel und Sohn. *

Kadetenschulen, die k. k. Aufnahmsbedingungen und Organisation. Zusammengestellt aus den Schul-Instructionen für das k. k. Heer, VIII. Thl. 8. (III, 50 S.) Wien 880, Seidel und Sohn. *

Kadettenzeit. — Aus oesterreichischer Kadetten- und Leutnantszeit. Jugenderinnerungen e. alten deutschen Offiziers. Von K. G. M. Bd 1. 2. Berlin: A. Duncker 1902. 2 Bde 8°

Kadgien, Arno: Untersuchungen über den Kalkgehalt ostpreussischer Bodenarten und seine Beziehungen zu einigen wichtigen Kulturpflanzen ⟨unter spezieller Berücksichtigung litauischer und einiger masurischen Kreise⟩. Königsberg i. Pr. 1904: R. Leupold. (77 S.) 8°
Königsberg, Phil. Fak., Ref. Albert, Diss. v. 22. Dez. 1904
[Geb. 30. Sept. 81 Goldap; Wohnort: Königsberg i. Pr.; Staatsangeh.: Preußen; Vorbildung: Friedrichskollegium Königsberg i. Pr. Reife M. 01; Studium: Königsberg 7 S.; Rig. 15. Dez. 04.]

Kadi, Der betrogene. Eine Operette in einem Aufz. A. d. Franz. Frankf. u. Leipzig 1772. V: *Le Monnier, Pierre René.* Ü: *Faber, Joh. Hnr.* (GGr) (Ky) (ML) Lustspiel in einem Aufz. nach dem Franz. Frankf. u. Leipz. 1772. V: *André, Joh.* (GGr)

Kadić, Ottokar, Mesocetus hungaricus Kadić, e. neue Balaenopteridenart aus dem Miozän u. Borbolya in Ungarn, s.: Mitteilungen aus dem Jahrbuche der königl. ungarischen geologischen Anstalt. XVI, 2.

Kadió, Otokar, aus Agram: Studien über das Labium der Coleoptern. Mit 6 Fig. im Text. *Jena: G. Fischer 1901.* (25 S.) 8° ¶[Aus: Jenaische Zeitschrift f. Naturwiss., 1901.]
München, Phil. Diss. v. 1901

Kadich, Hanno von, s. Kadich, Hanns von

Kadich, Hanns von

Kadich, Hanns v., genannt Waldlieb, der Fichtenkreuzschnabel. Loxia curvirostra Linn. Ein monograph. Beitrag zur Gesammt-Ornithologie. [Aus: „Der Naturhistoriker".] gr. 8. (26 S.) Wien 892. (M. Perles.) n. — 60

Kadich, Hanns v., St. Georg. Eine Waldgeschichte. 8. (39 S.) Klagenfurt 886, Leon sen. — 80
Aus: Waidmanns Heil, besonders abgedruckt.

Kadich, H. v., die deutschen Vorstehhunde. 1. Buch. Der stichelhaarige deutsche Vorstehhund. Ein monograph. Beitrag zur Gesammt-Kynologie. Mit 30 Illustr. gr. 8. (183 S.) Berlin 888. Baensch. n. 5. —

— **Waidmann,** Kynologe u. „Gebrauchshund". Eine krit. Studie ohne Vorwort m. einziger Zugrundelegg. der waidmänn. Praxis. gr. 8. (55 S.) Wien 890. Perles. n. 1. 50

Kabich, Hanns von (genannt Waldlieb). Wald-Fahrten. Wild-, Wald- u. Waidmannsbilder aus Oesterreichs Bergen. gr. 8. (III, 123 S.) Neudamm 888, Neumann. * 1 —; geb. * 1 50
—— dass. — Neue Folge. Wild-, Wald- u. Waidmannsbilder aus Oesterreichs Bergen. 8. (IV, 105 S.) Wien 889, Perles. * 2 —

Kadich, Hanns M. v., „Hamsibeg". Ein Roman aus den Gebirgswildnissen der Balkanhalbinsel. (V, 460 S. m. Bildnis.) 8. Wien 903. K. Mitschke. n. 6. —; geb. n. 6. 50

Kadich, Heinrich von

u. Conr. **Blažek**, der mährische Adel, s.: Siebmacher's, J., grosses u. allgem. Wappenbuch. IV. 10.

Kadich, Heinr. v., s.: Fischerei-Kalender, Fromme's österr.

— Jagd u. Landwirthschaft in Oesterreich. E. ernstes Wort in 12. Stunde. D. österreich. Jägerei gewidmet. [Aus: „Österr. Forst- u. Jagd-Zeitg."] gr. 8. (67 S. m. 4 Tab.) Wien 898. (C. Gerold's Sohn.) n. 1. 20

— das Landescultur-Schutzorgan in Tirol u. Vorarlberg. Ein Leitfaden. 8. (63 S.) Innsbruck 897. Wagner. n. — 72

Kadich, Heinr. Edler v., aus dem Tagebuche e. Sonntagsjägers. Erlebtes u. Erlauschtes. 8. (V, 100 S.) Dresden 902. E. Pierson. n. 1. 50; geb. n. 2. 50

Kadich, Heinr. v., wie wäre die Bodencultur strafrechtlich zu schützen? Eine Studie anläßlich der Reform der österreich. Gesetzgebg. [Aus: „Oesterr. Forst-Zeitg."] gr. 8. (22 S.) Wien 894. (Manz.) n. — 40

Kadiera, Viktor: Über die Einwirkung von Schwefelsäure auf Butan-1, 3-diol. S. 112. Ilb. 1100 ..... vgr.
Separatabdruck

Kadik, Pet., Theorie der sechsstelligen Charakteristiken. Abhandlung. gr. 8. (61 S. mit 6 Tab.) Dorpat 885, (Schnakenburg.) 3 —

Kadimah. Kalender f. d. J. 5667 (1906/07), hrsg. v. der zionist. Vereinigg. f. Deutschland. (96 S.) 8. Berlin (Auguststr. 49a), Verlag der jüd. Rundschau. — 50

Käding, Christoph: Über das Anhydrid des 1-o-Carboxylphenyl-5-methyl-3-pyrazolons. Rostock 1909: Adler. 72 S. 8°
Rostock, Phil. Diss. v. 29. Okt. 1909, Ref. Michaelis
[Geb. 21. Nov. 68 Prerow; Wohnort: Kolmar i. P.; Staatsangeh.: Preußen; Vorbildung: Gymn. Stralsund bis O. 88, pharm. Staatspr. 90; Studium: Greifswald 2, Breslau 1, Rostock 6 S.; Rig. 26. Okt. 09.] [U 10. 3959

Kaeding, F. W.

Kaeding, F. W., die Druckverstärkung in der Schrift u. die Verdoppelung der Konsonanten. (30 S.) Lex. 8. Berlin (908). Gerdes & Hödel. — 75

Kaeding, F. W., die Fortbildung in der Verwendung der Stenographie. Lehr- und Übungsbuch für den Selbstunterricht angehender Stenographen, für Fortbildungskurse und Vereinsübungen. 1. und 2. Tl. 8. Berlin 888, Mittler und Sohn. * 3 25
Inhalt:
Tl. 1. Der Fortbildungs-Unterricht. (107 S.) *M 1.75.
„ 2. Musterübertragung der Übungen des 1. Teiles in Stolze'sche Stenographie. [Zugleich Lesebuch für Stolzesche Stenographen.] (112 autogr. S.) *M 1.50.

Käding, F. W. Ueber die Fortbildung in der Verwendung der Stenographie. Vortrag im stenograph. Verein zu Berlin am 12. November 1888. gr. 8. (6 S.) Berl. 892, (Mittler u. Sohn). — 15
Aus: Archiv f. Stenographie, besonders abgedruckt.

Käding, F. W.: Fortbildungsbuch

— dasselbe f. Stenographen. Anweisg. z. gründl. Einübg. d. vereinf. deutschen Stenographie (Einigungssystem Stolze-Schrey) durch Selbstunterricht, in Fortbildungs- u. Übungskursen, sowie in Vereinsübgn. 2 Tle. 6. Aufl. gr. 8. Ebd. 897. à n. 1. 50
1. Der Fortbildungsunterricht. (84 S.)
2. Musterübertragg. d. Übungen d. 1. Teiles. (Zugl. Lesebuch f. Stenographen.) (III, 100 S.)

Kaeding, F. W., Fortbildungsbuch f. Stenographen. Anweisung zur gründl. Einübg. der vereinfachten deutschen Stenographie (Einigungssystem Stolze-Schrey) durch Selbstunterricht, in Fortbildungs- u. Übungskursen, sowie in Vereinsübgn. 2 Tle. 7. Aufl. gr. 8. Berlin, E. S. Mittler & Sohn. à n. 1. 50
1. Der Fortbildungsunterricht. (84 S.) 900.
2. Musterübertragung der Übgn. des 1. Tls. (Zugleich Lesebuch f. Stenographen.) (III, 100 S.) 900.

Kaeding, F. W., Fortbildungsbuch f. Stenographen. Anweisung zur gründl. Einübg. der vereinfachten deutschen Stenographie (Einigungssystem Stolze-Schrey) durch Selbstunterricht, in Fortbildungs- u. Uebungskursen, sowie in Vereinsübgn. 2. Tl. Musterübertragung der Uebgn. des 1. Tls. (Zugleich Lesebuch f. Stenographen.) 8. Aufl. (III, 100 S.) 8. Berlin 905. E. S. Mittler & Sohn. n. 1. 50

—— Fortbildungsbuch f. Stolzesche Stenographen. Anweisung zur gründl. Einübg. der Stenographie durch Selbstunterricht, in Fortbildungs- u. Übungskursen, wie in Vereinsübgn. 1. u. 3. Tl. gr. 8. Ebd. à Tl. * 1 75; * 3 50
1. Der Fortbildungs-Unterricht. 2. vervollständ. Aufl. (110 S.) 890. — 3. Das Schnellschreiben. (116 S.) 889.
2. Tl. Ebd. 1888. * 1 50 u. d. T.: Kaeding, F. W. Die Fortbildung etc. 2. Tl.

— Fortbildungsbuch f. Stolzesche Stenographen Anweisung zur gründl. Einübg. der Stenographie durch Selbstunterricht, in Fortbildungs- u. Übungskursen, sowie in Vereinsübgn. 1. u. 2. Tl. 3., vervollständ. Aufl. gr. 8. Ebd. n. 3. 25
1. Der Fortbildungsunterricht. (112 S.) 894. n. 1. 75
2. Musterübertragung der Übgn. des 1. Tls. in Stolzesche Stenographie. (Zugleich Lesebuch f. Stolzesche Stenographen.) (III, 112 S.) 893. n. 1. 60

Fortbildungsbuch für Stolzesche Stenographen. Anweisung z. gründl. Einübung d. Stenographie ... Bearb. von **F. W. Kaeding**. 4., vervollst. Aufl. T. 1. 2. *Berlin: E. S. Mittler & Sohn 1895–96.* 2 Bde 8° [5]
1. Der Fortbildungsunterr. 1896.
2. Musterübertragung d. Übungen d. 1. Teiles in Stolzesche Stenogr. (Zugl. Lesebuch.) 1895.

Kaeding, F. W., Fortbildungsbuch f. Stolzesche Stenographen. Anweisg. z. gründl. Einübg. d. Stenographie durch Selbstunterr., in Fortbildungs- u. Übungskursen, sow. in Vereinsübgn. 2 Tle. gr. 8. Berlin, E. S. Mittler & Sohn. n. 3. 25
1. Fortbildungsunterricht. 6. Aufl. (112 S.) 897. n. 1. 75
2. Musterübertragg. d. Übgn. d. 1. Tls. in Stolzesche Stenographie. (Zugl. Lesebuch f. Stolzesche Stenographen.) 5., vervollst. Aufl. (IV, 112 S.) 896. n. 1. 50

— über Geläufigkeitsuntersuchungen od. Feststellg. d. Schreibflüchtigkeit d. Schriftzeichen. gr. 8. (29 S.) Steglitz 893. Ebd. n. — 75

— **über Geläufigkeitsuntersuchungen od. Feststellung der Schreibflüchtigkeit der Schriftzeichen. II.** gr. 8. (IV, 54 u. 27 autogr. S.) Steglitz 899. Ebd. n. — 75

Kaeding, F. W. (Hrsg.), s.a. Häufigkeitswörterbuch der dt. Sprache.

— Häufigkeitswörterbuch d. deutschen Sprache. Festgest. durch e. Arbeitsausschuß der deutschen Stenographiesysteme. gr. 8. (VI, 671 S.) Steglitz 897. 98. Ebd. 22. 50
Erschien auch in 15 Lfgn. à n. 1. 50.

— die Hilfszeitwörter in ihrem Verhältnis zum deutschen Wortschatz. gr. 8. (14 S.) Berlin 897. E. S. Mittler & Sohn. n. — 50

—— Kürzungs-Verzeichnis, enth.: die Zusammenstellung der sämtl. in der Stolzeschen Stenographie vorkommenden Affixe, der Kürzungen nebst deren Ableitungen und Zusammensetzungen, der wichtigeren Nebensilben und derjenigen deutschen Wörter, deren Abstammung verdunkelt ist. gr. 8. (16 S.) (Ebendas.) 886. * — 40

—— dass. — enth. die sämtl. in der Stolzeschen Stenographie vorkommenden Affixe, die Kürzungen nebst deren Ableitungen und Zusammensetzungen, die wichtigeren Nebensilben, diejenigen deutschen Wörter, deren Abstammung verdunkelt ist, und die in den „Beantwortungen der Prüfungskommission" erwähnten Schreibweisen. 2. verm. Aufl. gr. 8. (16 S.) (Ebendas.) 887. * — 40

—— dass. — enth. die sämtl. in der Stolzeschen Stenographie vorkommenden Affixe, die Kürzungen nebst deren Ableitungen und Zusammensetzungen, die wichtigeren Nebensilben und diejenigen deutschen Wörter, deren Abstammung verdunkelt ist, bearb. nach den Beschlüssen der Prüfungs-Kommission und der Verbandsvertretung vom Septbr. 1888. 3. verm. Aufl. gr. 8. (16 S.) (Ebendas.) 888. * — 40

—— Kürzungs-Verzeichnis, enth. die sämtl. in der Stolzeschen Stenographie vorkomm. Affixe, die Kürzgn. nebst deren Ableitgn. u. Zusammensetzgn., die wichtigeren Nebensilben u. e. Anzahl Wörter, deren Abstammg. verdunkelt ist. 5. u. 6. Aufl., bearb. nach d. System-Urkunde. gr. 8. (16 autogr. S.) (Ebd.) 890,91. * — 40

— Kürzungs-Verzeichnis, enth. die sämtl. in der Stolzeschen Stenographie vorkomm. Affixe, die Kürzgn. nebst deren Ableitgn. u. Zusammensetzgn., die wichtigeren Nebensilben u. e. Anzahl Wörter, deren Abstammg. verdunkelt ist. 9., vervollständ. Aufl., bearb. nach der System-urkunde. gr. 8. (16 autogr. S.) Ebd. 893. n. — 40

— Kürzungs-Verzeichnis, enth. die in der vereinf. deutschen Stenographie (Einigungssystem Stolze-Schrey) vorkomm. Affixe, d. Kürzgn. nebst deren Ableitgn. u. Zusammensetzgn., d. wicht. Nebensilben u. Musterbeispiele. 14. Aufl., bearb. nach d. System-Urkunde. gr. 8. (15 S.) Ebd. 898. n. — 40

— stenographisches Lese- u. Ubungsbuch. Nach Stolze'schem System zum Gebrauch f. Handels-, Gewerbe- u. Fortbildungsschulen bearb. 2 Tle. gr. 8. Ebd. Kart. n. 2. 75
1. Unterstufe. 1. u. 2., verb. Aufl. (84, davon 80 autogr. S.) 891. 892. n. 1. 25
2. Oberstufe. (104, davon 100 autogr. S.) 892. n. 1. 50

Stenographisches Lese- und Übungsbuch. Nach Stolzeschem System z. Gebr. f. Handels-, Gewerbe- u. Fortbildgssch. bearb. v. F. W. Kaeding, gepr. Lehrer d. Stenogr. . . . 3. Aufl. Tl 1. Berlin: Selbstv; zu beziehen durch E. S. Mittler & Sohn 1896. 8°. [Text lithogr.] (84 S.)

— stenographisches Lese- u. Ubungsbuch. In vereinf. deutscher Kurzschrift (Einigungssystem Stolze-Schrey) zum Gebr. f. Handels-, Gewerbe- u. Fortbildungsschulen bearb. 4. Aufl. gr. 8. (84 S.) Steglitz 898. Ebd. n. 1. 25

Kaeding, F. W., stenographisches Lese- u. Übungsbuch. In vereinfachter deutscher Kurzschrift (Einigungssystem Stolze-Schrey) zum Gebrauch f. Handels-, Gewerbe- u. Fortbildungsschulen bearb. 5. Aufl. gr. 8. (84 S.) Steglitz 901. (Berlin, E. S. Mittler & Sohn.) n. 1. —

— stenographisches Lese- u. Uebungsbuch. In vereinfachter deutscher Kurzschrift (Einigungs-System Stolze-Schrey) zum Gebrauch f. Handels-, Gewerbe- u. Fortbildungsschulen bearb. 6. Aufl. (IV, 80 S.) 8. Berlin 905. Buchh. des Stenographenverbandes Stolze-Schrey. n. 1. —

— Stenographisches Lese- u. Übungsbuch. In vereinfachter deutsch. Kurzschrift (Einigungs-System Stolze-Schrey) zum Gebrauch f. Handels-, Gewerbe- u. Fortbildungsschulen bearb. 7. Aufl. (IV, 80 S.) 8. Ebd. 910. 1. —

— Der Konsonant „r" im Gabelsbergerschen Stenographie-System. Im Lichte der Häufigkeits-Untersuchgn. der stenograph. Schrift. Ein Beitrag zur Schaffg. des deutschen Einheitsstenographie-Systems. (24 u. 18 S.) gr. 8. Ebd. 907. — 60
Sonderabdruck aus: „Archiv f. Stenogr." u. „Der deutsche Stenograph".

—— s. a. Stolze-Bibliothek.

— Stolze-Bibliothek. 1.—6. Bd. 8. Ebd. 889. 890. n. 6. —; geb. n. 10. —
1. Die Denkmäler Stolze's. (64 autogr. S. m. 1 Lichtdr.) n. 1. —; geb. n. 2. —
2. Ueber Stolze's Reden. Die sten. Prüfungskommission in Berlin. Die sten. Vereine u. ihre Wirksamkeit. (64 autogr. S. m. 1 Lichtdr.) n. 1. —; geb. n. 2. —
3. 4. Wilhelm Stolze's Orig.-Schriften u. Reden, sein Briefwechsel u. die auf seine Person bezüglichen Dokumente. Die stenographischen Vereine u. ihre Wirksamkeit, II. (IV, 100 S.) n. 2. —; geb. n. 3. —
5. 6. Wilh. Stolze's Briefwechsel u. die auf seine Person bezüglichen Dokumente. (128 S.) n. 2. —; geb. n. 3. —

— Stolze-Bibliothek. 7.—18. (Schluß-)Bd. 8. Ebd. n.n. 11. 75; geb. n.n. 16. 75 (Bd. 1—8 u. 9—18 in je 1 Leinw.-Bd. geb. n.n. 19. 75)
7. 8. Wilh. Stolze's Briefwechsel u. die auf seine Person bezüglichen Dokumente. (130 S.) 891. n.n. 2. —; in 1 Bd. geb. n.n. 3. —
9. 10. Biographie Wilhelm Stolze's. (115 S. m. 1 Bildnis.) 891. n.n. 2. —; in 1 Bd. geb. n.n. 3. —
11—13. Wilhelm Stolze's Arbeiten, seine Reden, Gutachten u. wissenschaftlichen Vorträge. (176 u. 16 autogr. S.) 891. n.n. 3. —; in 1 Bd. geb. n.n. 4.
14—16. Wilhelm Stolze's Arbeiten, seine Reden, Gutachten u. wissenschaftlichen Vorträge. (192 S.) 892. n.n. 3. —; in 1 Bd. geb. n.n. 4.
17. 18. Wilh. Stolze's Arbeiten, seine Reden, Gutachten u. wissenschaftlichen Vorträge. (7[illegible] u. Reg. XLIV S.) 892. n.n. 1. 75; geb. n.n. 2. 75

Kaeding, F. W., der Unterricht in der Stolze'schen Stenographie. Eingehende Darstellung einer zweckmäßigen Leitung von Unterrichtskursen. Für Lehrer und zur Unterstützung des Selbstunterrichts in Vortragsform bearb. gr. 8. (X, 70 S., wovon 24 lithogr.) Berlin 877, Mittler und Sohn. *

—— der Unterricht in der Stolze'schen Stenographie. Eingehende Darstellung des Systems und einer zweckmäß. Leitung von Unterrichtskursen. Für Lehrer, sowie zur Unterstützung des Selbstunterrichts und zur Erleichterung der häusl. Arbeiten für die Teilnehmer an Unterrichtskursen bearb. 2. verb. und vervollständ. Aufl. 8. (XII, 81 S., wovon 24 autogr.) Ebendas. 885. * 2 25

—— Der Unterricht in der Stolze'schen Stenographie. Eingehende Darstellg. d. Systems u. e. zweckmäß. Leitg. v. Unterrichtskursen. Für Lehrer, sowie zur Unterstützg. d. Selbstunterrichts u. zur Erleichterg. der häusl. Arbeiten für die Teilnehmer an Unterrichtskursen bearb. 3. nach der „System-Urkunde" umgearb. u. vervollständ. Aufl. 8. (72 u. 8 autogr. S.) (Ebd.) 891. * 1 50

—— Unterrichtsbuch der Stolzeschen Stenographie, s. Dreinhöfer, A.

—— Vortrag üb. Geschichte, Wesen u. Bedeutung der Stenographie. 3. Aufl. gr. 8. (16 autogr. S.) Ebd. 890. * — 35

— Vortrag üb. Geschichte, Wesen u. Bedeutg. d. Stenographie. 4. Aufl. gr. 8. (16 S.) Ebd. 897. n. — 40

— Welche Kraftleistung verwendet die Kurrentschrift auf die Darstellung der Sprache? (Festgestellt f. die 20 Millionen im „Häufigkeitswörterbuch der deutschen Sprache" vorarb. Silben.) gr. 8. (31 S.) Ebd. 898. n. — 75

Würden die in der Stenographie bestehenden Verwechselungsmöglichkeiten durch den Fortfall der Konsonantenverdoppelung wesentlich vermehrt werden? Von F. W. **Kaeding**. Berlin: Gerdes & Hödel [1900]. 14 S. 8°
[Aus: Archiv f. Stenographie] A 12.10,8: 11

— üb. d. zweckmässigste Zählmethode b. d. wissenschaftl. Kritik stenograph. Systeme, sow. üb. d. Wert d. Schulschriftkürzgn. im Einigungssystem Stolze-Schrey. Vortrag, geh. am 15. IV. 1898 in d. stenograph. Gesellschaft Stolze zu Berlin. gr. 8. (20 S.) Ebd. 898. n.n. — 60

Kaeding, Heinr., Fierabend-Klocken. Allerhand drull. u. spaß. Schosen un Schelmknääp in plattdütsche Mundort. 1. Bd. (104 S.) 8. Hamburg 909. C. H. A. Kloß. 1. —

Kaeding, Karl Gf., Diss. inaug. de cauteriis actualibus. 8. Dorpat 825. (72 S.)

Kaeding, M., Misdroy u. Umgebg., s. a. Grieben's Reiseführer.

Misdroy und Umgebung. Prakt. Reiseführer. 14. Aufl. neu bearb. von M. Kaeding. Mit 2 Karten. Berlin: A. Goldschmidt 1908–09. (28 S.) 8°
= **Reiseführer**, Griebens. Bd 50. 10. 13383

Kadisch, C. F. W., s. Kadisch, Karl Friedrich Wilhelm

Kadisch, F., s. Kadisch, Karl Friedrich Wilhelm

Kadisch, Hans von, s. Kadich

Kadisch, Heinrich von, s. Kadich

Kadisch Hermann: Die Stellung Herbarts zum Staatsbegriff des Hugo Grotius. Diss. Wien, Univ
H. 1890 PN 645 49

Kadisch, Karl Friedrich Wilhelm

Kadisch, F., Über die prosodischen Grundsätze und deren Einfluſs in die griechische und lateinische, so wie auch die deutsche Dichtkunst. Halle und Leipzig 796. 8. 4gr.

Kadisch, Karl Fr. Wilh., († d. 17. Mai 1826.) üb. die prosodischen Grundsätze u. deren Einfluß in d. griech. u. latein., wie auch in d. deutsch reimfreie Dichtkunst. 8. Halle 795. (Reinicke u. G.) 6gl

Kadisch, C. F. W., üb. d. prosod. Grundſ. u. der. Einfl. in d. Griechiſch. u. Latein. wie a. in d. deutſch. reimfreie Dichtkunſt. 8. Halle, Ruff. 796. — 8

Kadisch, M., Lykophron. Trauerspiel in 5 Aufzügen. (80 S.) 8. Wilhelmsburg (Elbe) 909. (Leipzig, R. Streller.) nn 1. 60

Kadlczik, V., Routen-Buch v. Nieder-Osterreich f. Radfahrer. 16. (129 S.) Wien 892. (Leipzig, Literar. Anstalt A. Schulze.) Geb. in Leinw. n. 1. 60

Kadlec, Frz., Blätter f. textile Kunst. Ein Vorlagenwerk f. Textilschulen, Fabrikanten u. Musterzeichner. 32 Blätter im Farbendr. (m. Text am Fusse). gr. Fol. (IV S. Text.) Wien 900. A. Schroll & Co. In Mappe n. 50.—

Kadlec D. Ignaz, Deutsches Lesebuch für die obersten Klassen der Mittelschulen mit böhmischer Unterrichtssprache. Prag 1906. Unie. Geh. K 4.—, geb. K 4.50.

Kadlec, Dr. Ignaz, Deutsches Lesebuch für die oberen Klassen der Mittelschulen mit böhmischer Unterrichtssprache. Mit 24 Abbildungen. 2., unveränderte, somit gemäß Min.-Erl. vom 7. März 1906, Z. 2690, allgemein zulässige Auflage. Prag 1907. Unie. Geh. K 4.—, geb. K 4.50

Kadlec, Dr. Ignaz, Deutsches Lesebuch für die obersten Klassen der Mittelschulen mit böhmischer Unterrichtssprache. Mit 24 Abbildungen. 3., unveränderte, sonach gemäß Min.-Erl. vom 29. April 1907, Z. 16546, allgemein zulässige Auflage. Prag 1909. Unie. Geh. K 4.—, geb. K 4.50.

Kadlec, Karel, u. Karel Heller

Kadlec, K., u. K. Heller, deutsch-böhmische amtl. u. jurid. Terminologie. Handwörterbuch f. Gerichte, Verwaltgs.-, Finanz-, Post-, Verkehrs-, Rechngs.- u. überhaupt für Staats- u. autonome Behörden, sow. z. Privatgebrauch b. Verkehr m. denselben. 1.—29. Hft. 12. (1. Thl. IV, 747 S. u. 2. Thl. S. 1—176.) Prag 897—898. J. Otto. à n. — 48

Kadlec, K., u. K. Heller, deutsch-böhmische amtliche u. juridische Terminologie. Handwörterbuch f. Gerichte, Verwaltungs-, Finanz-, Post-, Verkehrs-, Rechnungs- u. überhaupt f. Staats- u. autonome Behörden, sowie zum Privatgebrauch beim Verkehr m. denselben. 30.—52. (Schluß-)Hft. 12. (2. Thl. V u. S. 177—908.) Prag (899. 900). J. Otto. à n. — 48

Kadler, A., Sprichwörter und Sentenzen der altfranzösischen Artus- und Abenteuerromane, s. a. Ausgaben und Abhandlungen aus dem Gebiete der romanischen Philologie.

Kadler, A. Sprichwörter und Sentenzen der altfranzösischen Artus- und Abenteuerromane. Diss. Marburg 1885. 42 S.

Kadlubko, Vincentius & Martinus Gallus, ex Msto editi. Gedani 1769. H: *Lengnich, Gottfried.* (MI.)

Kadlubko et Martino Gallo, Scriptores historiae Poloniae vetustissimi a) Kadlubkonis Chronicon Polonorum ab adhuc edito ad ann. 1358. b) Martini Galli Chronicon etc. fol. Lips. Sommer. 2 —

Kadlubko et Martinus Gallus, scriptores histor. Poloni vetustiss. cum duobus anonymis ex Mss. Gedan. 749. f.; zu 1 rthlr. 16 gr.

Kadmut Hajehudim neged Apion. Josephi contra Apionem liber hebraice versus opera Sam. Schullem. Ex edit. Constantinop. denuo ediderunt editores Ephemerid. Ha-Maggid. gr. 8. (VI und 20 S.) Berlin 860, Adolf und Comp. * *

Kadnar, Albert: 'Zu Schutz und Trutz' oder Wie sich Pastor v. Bodelschwingh mit d. 'Wahrheit über d. Anstalt Bethel' abfindet. Von Albert Kadnar [d. i. Franz Paßler]. Bielefeld: Selbstverl. 1897. (30 S.) 8°

Kadner

— **s. a. Cadner.**

Kadner, Gust. Adph., vierzehn Casual-Reden. Pädagogen gewidmet. 8. (83 S.) Chemnitz 851, (Focke.) *

Kadner, Ludw., die Forstwirthschaftseinrichtung in Bayern nach den instruktiven Erlassen der kgl. bayr. Forstverwaltung mit den bezügl. forstwirthschaftl. Grundsätzen und Regeln zusammengefaßt. gr. 8. (X, 203 S.) Trier 875, Lintz'sche Buchh. *

Kadner, Paul

Kadner, P., zur Anwendung diätetischer Curmethoden [Ebstein, Oertel, Weir Mitchell, v. Düring und Schroth] bei chronischen Krankheiten. gr. 8. (46 S.) Neuwied 887, Heuser's Verlag. 1 —

Kadner, Paul, die Diätetik in ihren Heilbeziehungen zum Kranksein nebst Grundlinien eines einfachen rationellen diätet. Heilverfahrens auf Grundlage der sogen. Schroth'schen Heilmethode nach eigenen Beobachtungen und Erfahrungen für Aerzte und gebildete Nichtärzte gezeichnet. 8. (XV und 143 S.) Leipzig 853, Matthes.

Kadner, Paul, Einfachheit ist das Siegel der Wahrheit. Ein Vortrag. gr. 8. Bautzen 866, Schmaler und Pech.
Aus: Rückkehr zur Natur, besonders abgedruckt.

—— gelehrte und ungelehrte Heilkunst. Aufklärungen in populären Briefen dem gebildeten nichtärztlichen Publikum zu ernstl. Beherzigung und zugleich als Grundlage seiner mündl. Vorträge gegeben. 8. (XIV und 174 S.) Leipzig 855, Bethmann.

— und Louis **Baumgarten**, die diätetische Heillehre in ihrer praktischen Anwendung. Eine gemeinfaßliche Darstellung der Krankheiten u. ihrer Behandlung auf Grund der sogenannten Schroth'schen Methode. Dresden 863. Höckner. gr. 8. (VI, 336 S.) n. 1 *ℛ* 20 *ngr.*

Kadner, Paul, die Schroth'sche Heilmethode nach eigner auf selbstgemachte Erfahrungen gegründeten Anwendungsweise kurz dargestellt. 8. (16 S.) Leipzig 851, Hartmann.

—— die Schroth'sche Heilmethode nach eigner auf selbstgemachte Erfahrungen gegründeter Anwendungsweise kurz dargestellt. 2. (Titel-)Aufl. 8. (16 S.) Hildburghausen (851)65, Kesselring'sche Hofbuchh.

Kadner, Paul, die Wahrheit kann warten. Nacht u. Morgen in der Heilkunst. Zwei Vorträge. (Abdr. aus dessen Zeitschrift: „Rückkehr zur Natur.") Bautzen 864. Schmaler & Pech. gr. 8. (32 S.) 7½ *ngr.*

— ein Wort der Wahrheit über Dr. Mor. Kypke's Buch: „Die gründlichste Heilung ꝛc." „Ausführlich beschrieben nach der diätetischen Heilmethode des Naturarztes Schroth" im besonderen Auftrage des Vereines der Freunde der diätetischen Heilkunst ꝛc. zu Dresden gesprochen. Dresden 860. Breyer in Komm. gr. 8. (31 S.) 7½ *ngr.*

Kadner, Paul Theodor Noa (Dresden), De pharmacopoliis, rite condendis, administrandis, inspiciendis. Diss. politico-medica. Breslau (Brehmer & Minuth) 25. VI. 1842. 56 S. mit Biogr. (M.: Th. Noa.) (6.50) 17259
Oppon.: Theodor Scholz, Robert Langer. — Gew.: Wilhelm Hermann Georg Remer, Carl Ludwig Klose.

Kadner, Siegfr., Deutschtum u. Protestantismus. Vortrag, geh. am Begrüßungsabend des II. Landesfestes des evangel. Bundes in Bayern diess. d. Rh. (27. VIII. 1901 zu Nördlingen). gr. 8. (24 S.) Nördlingen (901). C. H. Beck. n. — 20

Kadner, Siegfr., s.: Jahrbuch f. die evangelisch-lutherische Landeskirche Bayerns.

— Luther im Kampfe f. das Evangelium, s.a. Wartburghefte. 21.

Luther im Kampfe für das Evangelium. Vortrag, geh. 1902 von Pfarrer S. Kadner. *(Leipzig: C. Braun 1903.)* (24 S.) 8° [F.]
— Wartburghefte. H. 21.

— Sedan-Predigt üb. Matth. 13, 12. Gehalt. bei der Sedanfeier 1910 in der protest. Kirche zu Bad Kissingen. (12 S.) 8. Kissingen (910). (Schweinfurt, E. Stoer.) — 20

Kado, A., deutsche Kultur-Probleme. Ein Vortrag. (29 S.) 8. Leipzig 909. Teichmann & Co. 1. —

Kado, O., Entwicklung, s.a. Schriften des Monistenbundes in Österreich in Wien. 1. Heft.

(F) **Kado, O.**, Entwicklung. Vortrag, gehalten im Monistenbunde in Österreich in Wien. [Schriften des Monistenbundes in Österreich in Wien. Heft 1.] 8°. (23 S.) K —.50
Wien: Svschibky 1909.

— Regeneration der Freimaurerei. Ein Vortrag. 2. Aufl. Hrsg. vom literar. Klub Ardens in Wien. (30 S.) gr. 8. Leipzig 909. R. Gerhard. 1. —

Kadowaki, Shōho, appr. Arzt a. Japan: Casuistischer Beitrag zur Lehre von der traumatischen Entstehung der Schädel-Endotheliome. (Zwei Abb.) München 1907: C. Wolf & Sohn. (18 S., 1 Taf.) 8°
München, Med. Fak., Ref. v. Bollinger, Diss. v. 7. Mai 1907
[Geb. 25. Aug. 65 Watarimura, Prov. Tottori in Japan; Wohnort: Watarimura; Staatsangeh.: Japan; Vorbildung: Gymn. Matsue (Japan) Reife Mai 81; Studium: Tokio 8, München 3 S.; Rig. 7. Mai 07.]

Kadyi, H., s.: **Archiv**, polnisches, f. biologische u. medizinische Wissenschaften.

Kadyi, Heinr. Ueber die Blutgefässe d. menschlichen Rückenmarks. Nach e. im XV. Bde. der Denkschriften der math.-naturw. Classe der Akademie der Wissenschaften in Krakau erschienenen Monographie, aus dem Poln. übers. vom Verf. Mit 10 chromolithogr. Taf. gr. 4. (VIII, 152 S.) Lemberg 889, Gubrynowicz u. Schmidt. * 20 —

Kadyi, Heinrich: Über die Gelenkflächen des Ellenbogengelenks. Mit 1 Taf. Leipzig 1892. S. 37—43. 4°
Aus: Festschrift z. 70. Geburtst. [illegible]

—— Ueber die Nothwendigkeit e. durchgreifenden Reform d. thierärztlichen Studiums. gr. 8. (74 S.) Wien 891, Perles. * 2 —
Aus: Oesterreich. Monatsschr. f. Thierheilkunde, besonders abgedruckt.

Kadyon, J., Reform des Geldsystems als Vorbedingung der gründlichen Lösung der Valuta- und Finanzfrage nebst eingehender Kritik und Würdigung des Dr. Ehrenfeld'schen Finanzplanes „der Realbesitz". gr. 8. (64 S.) Leitomischl, Augusta. 1891 50 kr.

Kadzielski's, Stanislaw, Kiew-sibirische Erlebnisse von 1892—1900 u. die 24tägige Komödie des Kiewer Kriegsgerichts m. 39 sog. politischen Verbrechern im Sommer 1894. Aus dem Poln. vom Verf. übers. (280 S.) 8. Zürich 905. C. Schmidt. n. 3. —

Kafarelli, Kamilla, eine florentinische Gesch. 8. Halle, Heller: (Ruff.) 787. *Fr. Fleischer*

Kafemann's neue Anschauungsbilder. (4 Bilder.) 1. 2. u. 4. Bild. Farbdr. Danzig, A. W. Kafemann. à Bild 4. —; auf Leinw. 8. —
1. Frühling. 2 Blatt à 110,5×82 cm. (910.) 4. —; auf Leinw. 8. —
2. Sommer. (3. Aufl.) 2 Blatt à 110,5×82 cm. (910.) 4. —; auf Leinw. 8. —
4. Winter. 2 Blatt à 110,5×82 cm. (910.) 4. —; auf Leinw. 8. —
Das 3. Bild (Herbst) noch nicht erschienen.

Kafemann's, A. W., Adreßbuch f. Zoppot. M. 1 Plane v. Zoppot. 1. Jahrg. gr. 8. (63 S.) Danzig 898. A. W. Kafemann. n. 1. —

Kafemann, Rudolf

Kafemann, R. Ueber die Behandlung d. chronischen Otorrhoe m. einigen neueren Borverbindgn. Aus der Poliklinik f. Ohren-, Nasen- u. Halskrankheiten d. Hrn. Prof. Dr. E. Berthold. Dem Begründer der deutschen patholog. Anatomie Hrn. Virchow zu seinem 70. Geburtstage gewidmet. gr. 8. (58 S.) Danzig 891, Kafemann. * 1 60

—— Ueber die Beziehungen gewisser Nasen- u. Rachenleiden z. Stottern auf Grund v. Schuluntersuchungen. gr. 8. (39 S.) Ebd. 891. * 2 —

Kafemann, R., über die Denkschwäche der Schulkinder aus nasaler Ursache. Vortrag, geh. im Königsberger Lehrer-Verein. gr. 8. (16 S.) Danzig 901. A. W. Kafemann. n. 1. —; erm. Pr. n. — 60

Kafemann, R., üb. Desinfection d. oberen Luftwege auf Grund klin. u. bacteriolog. Erfahrgn. 8. (20 S.) Berlin 898. Berlinische Verlagsanstalt. n. 1. —

— die Erkrankungen der Sprechstimme, ihre Ursachen u. Behandlung, nebst e. kurzen Hygieine, f. Lehrer, Geistliche, Advokaten u. Offiziere. gr. 8. (48 S.) Ebd. 899. n. 2. —; ermäss. Pr. n. 1. 20

Kafemann, R., Hygiene der Sprechstimme f. Lehrer, Vorleser, Geistliche, Kommandoführer u. Sänger. Vortrag, geh. im Fortbildungskursus Königsberger Lehrer f. Sprachheilkunde. (12 S.) 8. Danzig 908. A.W. Kafemann. — 40

—— Der Catarrh d. Recessus pharyngeus medius [Bursa pharyngea-Tornwaldt'sche Krankheit], seine Bedeutg. u. vereinfachte chirurg. Behandlg. gr. 8. (III, 60 S.) Wiesb. 889, Bergmann. * 1 60

— Lebensversicherung u. sogenannte primäre Kehlkopftuberkulose. Vortrag, geh. im Verein f. wissenschaftl. Heilkunde zu Königsberg i. P. gr. 8. (15 S. m. Abbildgn.) Halle 900. C. Marhold. n. — 60

—— Ueber electrolytische Operationen in den oberen Luftwegen. Vortrag, geh. in dem Verein f. wissenschaftl. Heilkunde zu Königsberg am 15. April 1889. gr. 8. (16 S.) Ebd. 889. * — 80

— rhino-pharyngologische Operationslehre m. Einschluss der Elektrolyse, f. Ärzte u. Studierende. gr. 8. (VIII, 112 S. m. 72 Abbildgn.) Ebd. 900. n. 3. —

Kafemann, R., rhino-phayrngologische Operationslehre m. Einschluss der Elektrolyse f. Aerzte u. Studierende. 2. verm. u. neubearb. Aufl. (XI, 206 S. m. etwa 140 Abbildgn.) gr. 8. Halle 903. C. Marhold. n. 5. —

— z. Reform d. rhino-pharyngolog. Unterrichtes. Vortrag, geh. im Verein f. wissenschaftl. Heilkunde zu Königsberg am 9. XI. 1896. gr. 8. (10 S.) Wien 897. F. Deuticke. n. — 40

—— Schuluntersuchungen des kindlichen Nasen- u. Rachenraumes an 2238 Kindern, m. besond. Berücksicht. d. tonsilla pharyngea u. der aprosexia nasalis. Nach zwei in der physikalisch-ökonom. u. medicin. Gesellschaft in Königsberg i. Pr. gehaltenen Vorträgen. gr. 8. (29 S.) Danzig 890, Kafemann. * 1 20

— d. Tuberkulose in ihren Beziehgn. z. d. oberen Luftwegen, sow. ihre u. d. Lupus örtl. Erscheingn.. s.a. Sammlung zwangloser Abhandlgn. a. d. Gebiete d. Nasen- etc. -Krankheiten.

Die Tuberkulose in ihren Beziehungen zu den oberen Luftwegen sowie ihre u. des Lupus örtliche Erscheingn v. Dr. R[udolf] Kafemann, Privatdoz. in Königsberg i. Pr. . . . *Halle a. S.: C. Marhold 1897.* (60 S.) 8. — Sammlung zwangl. Abhandlungen a. d. Gebiete d. Nasen-, Ohren-, Mund- u. Hals-Krankhtn. Bd II. H. 4 u. 5. (97. 1380

Kafemann, R., Verhaltungsmassregeln b. chron. Mittelohreiterg. Allgem. verständl. dargest. gr. 8. (18 S. m. 1 Abb.) Danzig 898. A. W. Kafemann. n. 1. —

— Die Winzer v. Marcillac. Eine Verteidigg. d. Weines im antialkohol. Streit (la défense du vin dans la lutte antialcoolique, faculté de médecine de Paris), m. Anmerkgn. I. Abhandlg. (23 S.) gr. 8. Königsberg i/Pr. 909. Verlag f. hygien. Kultur. (Nur direkt.) 1. —

Käfer

Die Käfer von Mitteleuropa. Die Käfer der österreichisch-ungarischen Monarchie, Deutschlands, der Schweiz, sowie des französischen und italienischen Alpengebietes. Bearbeitet von Ludwig Ganglbauer. III. Bd. Familienreihe Staphylinoidea. II. Theil. Familienreihe Clavicornia. Mit 46 Holzschnitten im Text. Wien. 1899. Gerold's Sohn. Lex.-8°. III, 1046 S. Geb. fl. 20.50

Käfer, Carl, s. Käfer, Karl

1778. Abhandlung über die Lehre von den Parallellinien. Wien, beym Edl. von Trattner. 8. 27 S. 1 Kupf. (Der Verfass. *Franz Xaver von Kaefer.*)

Käfer, Johann Philipp, siehe Johann Laurentius Hölzlein.

Käfer, Karl

Käfer, Carl, der Baugewerke. Ein Leitfaden f. Baubeflissene u. solche, die das Bauzeichnen lernen wollen. Nachschlagebuch f. Maurer u. Zimmerleute, sowie Steinmetzen. Handbuch f. Baubureaux. Eine übersichtl. Zusammenfassg. aller dem Baugewerken nöth. Kenntnisse u. Fertigkeiten, m. e. Anh., enth. Berechnungstabellen f. Kanthölzer. (50 Taf. m. je 1 Bl. Text u. IV, 10 S. Text m. 1 farb. zerlegbaren Modell u. 1 Bl. Erklärgn. dazu.) qu. gr. 4. Dresden 903. O. Groh. Geb. in Leinw. n. 18. —

Käfer, N., Jugenderinnerungen an Abraham Neufeld, weiland Realschuldir. in Berdjansk, geb. 1862, gest. 9. 1. 1909. Odessa: Nitzsche

Kaefer, Nicolai. Zur Methodik der Elasticitätsmessungen an der Gefässwand. Diss. gr. 8. (43 S. m. 1 Taf.) Dorpat 891, (Karow). * 1 —

Käfer, Vict., vollständige Anweisung z. Schachspiele. Zum ersten Male wissenschaftl. geordnet, u. nach allen Original-Schriftstellern zusammengestellt. (In 4 Abthlgn.) gr. 8. (40 B. u. 3 Stnt.) Grätz 842. (Damian u. Sorge.) *

Kaefer, Victor [app. Arzt aus Esslingen]: Ein Fall von Echinococcus zwischen Magen und Milz ... Tübingen, Druck d. L. F. Fues'schen Buchdr., 1891; 23 S. 8.
Tübingen, Med. Fak., Inaug.-Diss. v. 1891

Kaefer, Vict., e. Fall v. Echinococcus zwischen Magen u. Milz. Diss. gr. 8. (23 S.) Tübingen 891. (A. Moser.) n.n. — 70

Käfer, Vict., Gedichte. gr. 8. ($11\frac{1}{2}$ B.) Grätz 839, (Damian u. Sorge.) *

Käfer- u. Insekten-Atlas, s.a. Mück's prakt. Taschenbücher. Nr. 4.

Käfer- und Insektenatlas in Taschenformat. [Mücks praktische Taschenbücher. Nr. 4.] 8°. (129 Abbildungen) K —.70 Wien: Szelinski 1904.

Käfer- und Insektenatlas in Taschenformat. [Mücks praktische Taschenbücher. 4.] 8°. (12 Bl.) K —.90
Wien: Szelinski & Co. 1905.

Käferbäck: Drei alte deutsche Uebersetzungen der Benediktiner-Regel. 26 S.–Graz, Progr. 1868

Käferbuch, kleines, für Knaben. Eine Anleitung zur Kenntniß der Käfer und zur Einrichtung von Käfersammlungen. 2., verb. Aufl. br. 12. (XVI und 120 S. mit 5 ill. Kpfrt.) Halle 856, Hendel. *

Käferbuch, kleines, für Knaben. Eine Anleitung zur Kenntniß der Käfer im Allgemeinen wie auch zur Anlage und zweckmäß. Einrichtung von Käfersammlungen. 3., verb. Aufl. 16. (V und 135 S. mit 72 ill. Abbild. und 5 Stnt.) Halle 863, Hendel. cart. *

Käfer-Büchlein oder Beschreibung der schönsten ... in- und ausländischen Käfer ... Reutlingen 1849. V: *Gebauer, August.* (Ky)

Käfer-Büchlein oder Beschreibung der schönsten, nützlichsten u. schädlichsten in- u. ausländ. Käfer. Nebst einer kurzen Anweisung, Käfer zu fangen u. sie, nebst ihren Eiern, Larven u. Puppen f. Sammlungen herzurichten. Für Knaben, die sich in ihren Freistunden gern angenehm u. nützlich beschäftigen wollen rc. (v. Aug. Gebauer, pseud. Heinr. Reban). Mit 5 (lith. u. color.) Taf. Abbildgn. 4. (XVI u. 61 S.) Reutlingen 849. Fleischhauer & Spohn. 1 Thlr.

Käfersammlung, die, s.: Miniatur-Bibliothek.

Kaff, Sigmund [Hrsg.], s. Arbeiterschutz

Kaff, Sigm., der Handlungsgehilfe u. sein Recht. Ein Rathgeber in allen das Arbeitsverhältniß der Handlungsgehilfen betr. Fragen. Nebst e. Anh.: Ein Gesetzentwurf zum Schutze der Handlungsgehilfen. Hrsg. im Auftrage des Vereines kaufmänn. Angestellter in Wien. schmal gr. 8. (51 S.) Wien 899. Wiener Volksbuchh. n.n. — 35

— s.: Jahrbuch f. die Interessenten u. Organe der österreich. Arbeiterversicherung.

Kaff, Sigm., das Recht der Eisenbahner. Eine krit. Darstellg. der Arbeitsbedinggn. auf den österreich. Eisenbahnen. (208 u. XLIV S.) gr. 8. Wien 907. (Wiener Volksbuchh.) 1. —

— Aus dem Reiche der britischen Genossenschaften. Orig.-Bericht üb. die Englandreise österreich. Genossenschafter. (92 S.) 8. Ebd. 909. 1. —

— s.: Taschenkalender f. d. Interessenten u. Organe d. österr. Arbeiterversicherg.

Die Unternehmerverbände in Oesterreich. Ihre Ziele u. Kampfmittel. Von Sigmund Kaff. Wien: Oesterr. Metallarbeiterverband 1908. (97 S.) 8° [J.] (08. 11579

Kaff, Sigm., wie schützt d. Arbeiter s. Recht in Streitigkeiten aus d. gewerbl. Arbeits-, Lehr- u. Lohnverhältnisse? E. leichtfaßl. Darstellg. d. Arbeiterrechtes u. der Mittel z. s. Wahrnehmg. vor Gewerbe- u. Bezirksgerichten. gr. 8. (89 S.) Wien 898. Wiener Volksbuchhandlung. n. — 10

Kaffee

Kaffee, der, od. Abhandl. üb. d. Urspr., Gesch., Zubereit. rc. dies. Getränks. 8. Ulm, Stettin. 804. — 8

Kaffee, der, od. Abhandl. üb. den Ursprung, die Geschichte, Zubereitung rc. dieses Getränkes. 8. Ulm 814. Stettin. 8 Gr.

Kaffee, der. Gemeinfassliche Darstellg. der Gewinng., Verwertg. u. Beurteilg. des Kaffees u. seiner Ersatzstoffe. Hrsg. vom kaiserl. Gesundheitsamt. (VI, 174 S. m. 7 Abbildgn. u. 1 lith. Karte.) gr. 8. Berlin 903. J. Springer. n. 1. 40

— üb. den deutschen, als e. höchst wichtigen Gegenstand f. Deutschland. Nebst e. Nachricht von d. größern Vervollkommnung dieses Produkts in d. Fabrik der Gebr. Spehr in Lüchow im Lüneburgischen. 8. Leipz. ... (Rein). 4 Gr.

— der, der Ruin d. Menschheit. Dem reifern Alter, so wie Erziehern u. Lehrern z. Beherzigung gewidmet v. d. Verf. der: neuesten Entdeckung d. Heilkräfte d. Brunnenwassers. 8. Rothenb. 827. (Claß). 4 Gr.

Kaffee, der, der Ruin der Menschheit. Dem reifern Alter sowie Erziehern und Lehrern zur Beherzigung gewidmet von dem Verf. der neuesten und bewährten Entdeckung der Heilkräfte des Brunnenwassers. 8. (41 S.) Heilbronn 851, Landherr.

— u. Tabak, üb., e. Aufruf an deutsche Bürger, (v. D. G. Schroka). gr. 12. Bresl. 799.

— Thee u. Chokolate, od. Kenntniß des dienlichen Gebrauchs, der Güte rc., des Kaffees u. der vorzügl. Kaffeesurrogate, Kenntniß der verschiedenen Theesorten rc. Mit 1 Kpf. 8. Leipz. (823). Central-Cpt. 12 Gr. (A. u. d. T.: Jochers Magie, 18s Heft.)

— Zucker u. Syrup, d. neue wohlfeile, oder deutl. Anweis. in Bereitung e. vortreffl., nicht allein gesunden, sond. auch wohlfeilen, deutsch. Kaffees, Zuckers u. Syrups rc. 8. Pirna 808. Friese. 8 Gr.

KAFFEEGESPRACH, Freymüthiges, zweyer jüdischen Zuschauerinnen. Königsberg, Wagner, 1771. 8°. (6 xr.) Rar!
Cat. Monath II. Nürnb. 1783. 8°. p. 415.

Kaffeehaus

— s. a. Caffeehaus.

Kaffeehaus, das, oder d. Schottländerin. Lstspl. (v. Jh. Joach Cph. Bode). 8. Berl. 761. Rüdiger. 5 Gr. N. A. 8. Hamb. 769. ...

Kaffeehaus, das, od. vermischte Abhandll. e. Wochenschrift. Aus d. Italien. (v. Fel. Rüscheler od. Chr. Hnr. Bögelin?) 1r Bd. gr. 8. Zürich 769. Orell. 1 Thlr.

— d., (la Comedia nueva o el Café) aus dem Spanischen rc. 8. Dresd. Beger. 800.

— das schottische. Lstspl. 12. Gießen 786. Krieger. 3 Gr.

Kaffeetasse, die prophetische, von Sybille Sophie. 8. Jena 765. Gollner. 4 Gr.

KAFFEETRÄGERIN, die schöne, eine Geschichte unserer Tage. Hamburg 1810. 8°.
Gmähle's Münchner Leihbibl.-Cat., no. 4130.

Kaffee-Zeitung, allgemeine. Redact.: Frz. Stapff. 1. Jahrg. 1884. (52 Nrn.) Bog. Fol. Rotterdam. (Leipzig, Werner.) *

Kaffee-Zeitung, allgemeine. Organ für Production, Handel und Consum. Redact.: Frz. Stapff. 2.—5. Jahrg. 1885—1888. à Jahrg 52 Nrn. (à Nr. 1/2 Bog.) Fol. Rotterdam. (Leipzig, Werner.) à Jahrg. * 12 —

Kaffee-Zeitung, allgemeine. Organ f. Production, Handel u. Consum. Red.: Frz. Stapff. 9. Jahrg. 1892. 52 Nrn. (1/2 Bog.) gr. 4. Rotterdam, Selbstverl. der Redaction. n. 14. 40

Kaffé-Surrogat, neuestes, od. Anweisung zur Bereitung einer äußerst billigen Substanz, welche im Geschmack vom Mokka-Kaffé nicht zu unterscheiden ist. 2e unveränd. Aufl. 1 versieg. Couvert. Leipzig 837. (Schreck.) 1/6 ß

Kaffka, Johann Christoph [Pseud.]
Wirkl. Name: Johann Christoph Engelmann

– s. Albrecht d. Erste.

– s. Archiv, Nordisches.

— Ausstellungen histor. Gemälde. 8. Cöthen 790. Aue. 16 K

Kaffka, Jh. Cph., (sein wahrer Name soll Engelmann heißen.) († d. 17. Jan. 1815.) interessante Beiträge zu d. nöthigen Erläuterung üb. Kotzebue's merkwürd. Jahr seines Lebens rc. 8. Leipz. 803. Rein. 6 K

– s. Braut, Die steinerne.

– s. Brüder des Bundes für Menschenglück.

–s.a. Erläuterungen zu d. Schrift v. Kotzedue.

(Kaffka, Joh. Chrph.) Nöthige Erläuterungen zu der Schrift des Herrn von Kotzebue: Das merkwürdigste Jahr meines Lebens. Von einem Freunde der Wahrheit. (Motto.) Leipzig, bei Voß und Kompagnie, 1802. 8°. Titel, 190 S.
Goedeke V, 75, a.

Kaffka, Joh. Christoph: Erzählungen

— — und Bruchstücke aus dem Gebiete der Wahrheit (von *Joh. Chp. Kaffka*, eigentl. *Engelmann*). Glatz, Neisse u. Leipzig 1798. 8°. Rar!
Anon.-Lex. II. p. 61 (nach Recke-Napiersky, Kayser, Goedeke, Meusel).

— sechs Freier u. keine Braut. Ein Lstspl. in 3 Aufz. 3. Magdeb. 787. Creutz. 10 K Vergl. Freier, sechs.

— histor. Gemälde. 8. Cöthen, Aue. 790.

— die Günstlinge, oder in d. Noth lernt man Freunde kennen. Schspl. in 5 A. 8. Riga 791. Hartknoch in Leipz. 8 K

– s. Handzeichnungen e. Naturmenschen.

— Hugo, Graf v. Almanko. Trspl. in 4 A. 8. Leipz. 797. Sommer. (Nauck). 8 K

– s. Klostergelübde.

KAFFKA, Joh. Cph. (eigentlich *Engelmann*), Miniaturen. (Erzählungen.) 2 Bdchn. Riga u. Leipzig, bei Joh. Cph. Kaffka (Bd. 2 in der nordischen Commissionshandlg.). 1802—3. 8°.
Theilweise freien Inhalts.
I: 8 Bl. Vorst. u. 238 S. Vorr. dat. Riga 2. Sept. 1802. Inh. 1. Liebe à la Marlborough. 2. Liebe auf englische Manier. 3. Korona. 4. Das Gelübde. 5. Der Märtyrer des Schicksals. 6. Der Postwagen. 7. Die Grotte. 8. Miltons Erscheinung. 9. Ehe nach der Mode.
II: Tit., 1 Bl. u. 250 S. 1. Weiblicher Leichtsinn. 2. Der Vater seines Volkes. 3. Jakob Hunter. 4. Der Weise in der That. 5. Eduard. 6. Adelaide. 7. Familien-Ränke. 8. Der Theezirkel. 9. Der Schriftsteller.

– s. Miscellancen, Nordisches.

— kleine Naturgemälde. 2 Bde. Mit Kpf. 8. Riga 804. N. A. 813. (Voigt in Jena). 1 ß 8 K

— — Kleine Naturgemälde. 2 Bdchn. (die vorigen 18, z. Theil etwas freien Erzählgn.). Riga u. Leipzig, im Verlage der nordischen Kommissionshandlung 1806.
I: 2 Bll. u. 238 S. Inh.: Liebe à la Marlborough. — Liebe auf englische Manier. — Korona. — Das Gelübde. — Der Märtyrer des Schicksals. — Der Postwagen. — Die Grotte. — Miltons Erscheinung. — Ehe nach der Mode.
II: 2 Bll. u. 250 S. Inh.: Weiblicher Leichtsinn. — Der Vater seines Volkes. — Jakob Hunter. — Der Weise in der That. — Eduard. — Adelaide. — Familien-Ränke. — Der Theezirkel. — Der Schriftsteller.

— Polyhymnia, d. vaterländ. Singbühne gewidmet. 2 Bde. 8. Riga 805. (Leipz., Rein). 1 ß 12 K (Das Reich d. Unmöglichkeiten. — Die junge Indianerin. — Ignaz del Monte, oder Trennung u. Wiedersehen. — Die Ehestandscandidaten, oder d. Parodie aus d. Stegreif).

— die Rückkehr aus Ostindien, oder wer den andern eine Grube gräbt, fällt selbst hinein. Lstspl. in 5 A. 8. Magdeb. 787. N. A. 789. Creutz. 10 K

— Ruinen der Vorzeit. 2 Bde. 8. Bresl. 790.

Kaffka, eigentl. Engelmann, Jh. Cph., († d. 17. Jan. 1815.) Samml. ausländ. Theaterstücke für d. deutsche Bühne bearb. 8. Bresl. 783. W. G. Korn. 10 K

— Samml. ausländ. Theaterstücke. 8. Bresl. Korn d. j. 784.

– s. Schauspieler, Die verfolgten.

– s. Schilderungen v. Deutschland.

— statist. Schilderung d. gegenwärt. Rußland unter Alexander I. 8. Leipz. 809. Fr. Fleischer. 18 K (Ein Plagiat aus C. H. Benckens Schilderung d. Russ. Reichs.)

SCHILDERUNGEN von Deutschland. Aus dem Taschenbuche eines Reisenden, voll interessanter Lokalbemerkungen u. Wahrheiten (von *Joh. Christoph Kaffka*, der eigentlich *Engelmann* hieß). Mit Titelkpf. (Kynast). Glatz, Neiße u. Leipzig. bei J. E. F. Rordorf. 1798. 8°. (Im British Museum.)
Sehr selten! S. 258—59 kurze Notiz (abfällige) über die Gräfin v. Lichtenau. — Anon.-Lex. IV. p. 35 (nach Kayser, Meusel, Goedeke).

– s. Schöpfung, Rußlands.

–s.a. Studien, Hogarthsche.

STUDIEN, Hogarth'sche, für Unerfahrene, Lüsterne und Kenner. Aus dem Portefeuille eines Veteranen (von *Joh. Chp. Kaffka*). 1. (einz.) Bdchn. Mit TKpf. Cöln am Rhein, bei Peter Hammer (Riga, Hartknoch, laut Weller fing. Dr. II 204; Leipzig, Rein, laut Kayser 121) 1805. 8°. (In Wien. Stadtbibl.: Secr. A 150.) (6 Mk., wenig fleckig, Jul. Neumann, 1906; 10 Mk. Adolf Weigel, 1910.)
Titel 1 Bl. Inh. u. 328 S. Enth. obscöne Erzählungen. — Zuerst gedr. Th. 1. (einz.) Mit TKpf. O. O. 1785. 8°. Rar! (2 Rthlr. Schmidt, Halle; 3 Rthlr. Scheible; jetzt theurer!)

— — Dasselbe. Cöln . . . . (Neuer Druck, Stuttgart, J. Scheible, c. 1865.) 8°. 212 S. (1⅓ Rthl. Fischhaber; 6 Mk. Scheible, 1872.)

Inh.: Das Fest der Sinne. — Bunte Lebenswanderung. — Der deutsche Ritter d'Eon. — Bekenntnisse einer jüngst verstorbenen Schauspielerin. — Seltsame Rettung. — Der moderne Künstler. — Die Berliner Maskerade. — Die unvermuthete Zusammenkunft.

— die Tempelherren; e. Trspl. in 5 Aufz. 8. Manh. 796.

— der Transport. Lstspl. in 1 Akt. 8. Nürnb. 777.

— Vaterlandsliebe u Bürgertreue; e. Schspl. in 5 A. 8. ...

— s. Weisen v. Scheschian.

— wer ist nun betrogen? oder d. spanische Bräutigam. Lstspl. 8. Bresl. 789. Gutsch. 4 gr

Kaffler, Adalbert (Blesen/Posen). De Sigismundo Rositzio. Diss. histor.-crit. Breslau (Brehmer & Minuth) 12. VIII. 1856. 28 S. mit Biogr. (M.: J. Zehe.) (6.20) 17358
Oppon.: Franz X. Smolka. Eduard Ligon. — Gew.: Vincenz Zehe.

Kaffler, Carl, einstimmige Kirchenlieder für katholische Schulen. Im Anschluß an das vierstimm. Laudate Dominum hrsg. 8. (IV, 100 S.) Konitz 888, Wollsdorf. ** — 50

Kaffler, Carl, Kirchenlieder f. katholische Schulen. Ausg. ohne Noten der „einstimm. Kirchenlieder". 12. (63 S.) Konitz 891. C. F. Wollsdorf. n.n. — 30

Kaffler, Carl, Kirchenlieder f. kathol. Schulen. Ausg. ohne Noten d. „Einstimm. Kirchenlieder". 2., verb. u. verm. Aufl. 8. (VIII, 99 S.) Konitz 894. Selbstverlag. n.n. — 30

—— laudate Dominum. Lieder für den kathol. Gottesdienst, gesammelt und für gemischten Chor bearb. 2 Hefte. qu. 4. Ebendas. à Heft *M 2.—. * 4 —
Inhalt:
Heft 1. Lateinische Kirchenlieder. (VI, 113 S.) 886.
» 2. Deutsche Kirchenlieder. (VII, 136 S.) 887.

— laudate Dominum. Lieder f. d. kath. Gottesdienst. Ges. u. f. gem. Chor bearb. qu. gr. 4. (192 S.) Ebd. 894. n.n. 6. —

— dasselbe. Einstimm. Kirchenlieder f. kath. Schulen. Im engen Anschl. an d. 4stimm. Laudate Dominum hrsg. 2., verb. u. verm. Aufl. 8. (VIII, 176 S.) Ebd. 894 n.n. — 50

Kaffol, Fil. Jak., Domači ogovori po nedelskih evangeljih za verne ljudi na deželi. Del I. in 2. gr. 8. (564 S.) Klagenfurt 853, Leon'sche Buchh. *

Kaffol, Fil. Jak., večne resnice v pogovorih za ljudske misione po slovenskih deželah. Görz 861, 62. Sochar. gr. 8. (621 S.) n. 2 rf

Käficht, der, eine kom. Oper in 1 Akt, v. Aug. v. Kotzebue; s. Kotzebue Operalmanach im Alphabet.

Käfig, der, ein Gesellschaftsspiel für 2, 3, 4 u. mehrere Personen. Mit 16 Karten, deutsch, französ. u. italienisch. Wien ... Müller. 16 gr

Käfig, Der, eine Begebenheit unserer Tage . . . Nördlingen 1840. V: *Nelk, Th. (= Alois Adelb. Waibel).* (Ky)

Käfig, der, eine Begebenheit uns. Tage. Für Jung u. Alt neu erzählt v. ein. Weltmanne († Th. Nelk). 12. (3½ B. u. Titkpfr.) Nördlingen 840, Beck'sche Buchh.

Kafka, Rabbiner Angelus, דרך אמונה Mosaische Religionslehre, in Fragen und Antworten eingerichtet. In 2 Abschnitten. 8. Bregenz 832. (Augsburg, Kollmann.) ¼ rf

Kafka, Angelus, Derech Emuna. Mosaische Religionslehre in Fragen u. Antworten u. in 2 Abschnitte eingetheilt. 3. Aufl. gr. 8. (4½ B.) Prag 845. (Leipzig, Fritzsche.) *

Kafka, Angelus. *Kreisrabbiner in Pilsen.* Derech Emunah. Mosaische Religionslehre in Fragen und Antworten und in zwei Abschnitte eingetheilt. 5., vermehrte und durch hebräische und deutsche Citate vermehrte Auflage. *Prag* 1857. Eigenthum und Verlag von *Wolf Pascheles.* In *Leipzig* bei *C. L. Fritzsche*, in *Frankfurt a. M.* bei *J. Kaufmann.* 74 S. 8°.

Kafka, Angelus, Derech Emunah. Mosaische Religions-Lehre in Fragen und Antworten und in zwei Abschnitte eingetheilt. 6.—8. verb. und durch hebr. und deutsche Citate verm. Aufl. gr. 8. (71 S.) Prag 880—83, Brandeis. geb. *

Kafka, B., s. Krasnopolski.

Kafka, Bruno, Lehrbuch des österr. Privatrechts, s.: Krasnopolski, Horaz.

— s.: Verfassung u. Verwaltungsorganisation der Städte Österreichs.

Die eheliche Gütergemeinschaft auf den Todesfall nach österreichischem Recht. Von Dr. Bruno A. **Kafka.** Wien: Manz 1906. (VI, 330 S.) 8° 1906. 9047

Kafka, C. M. (Hrsg.), s. Rundschau, Moderne.

Kafka, E. Die Pacificirung Ungarn's. 8. Wien 1849.

Kafka, Ed., oesterreichisch-ungarische Eisenbahn-Angelegenheiten. Sämmtlichen oesterreichisch-ungar. Eisenbahnverwaltungen gewidmet. 1. Aufl. (IV, 808 S.) 1868. *M 4,40., und 2. verm. und verb. Aufl. 8. (XVI, 389 S.) Wien 872, Herzfeld und Bauer. [Brüder Winter.] * 6 —

Kafka, Ed., Eisenbahn-Angelegenheiten und Personalien in lexikalischer Form. gr. 8. (X, 318 S.) Leipzig 885, Felix. [*M 8.—.] * 5 —

Kafka, Ed., der Papst und der Imperator. gr. 8. (30 S.) Wien 860. Mayer und Comp.

Kafka, Emil [aus Mähr. Ostrau]: Zur Kenntniss der Benzaldehydmonosulfosäure ... Berlin, Buchdr. v. G. Schade, *1891*; 53 S. 8.
Rostock, Phil. Fak., Inaug.-Diss. v. [21. Okt.] 1891

Kafka, Gustav, a. Wien: Über das **Ansteigen der Tonerregung.** Mit 22 Figuren im Text. **Leipzig: W. Engelmann** 1906. (39 S.) 8° ¶(**Aus:** Wundt's **psychol. Studien** Bd 2, H. 3 u. 4.)
Leipzig, Phil. Fak., Ref. Wundt, Wiener, Diss. v. 8. Aug. 1906
[Geb. 23. Juli 83 Wien; Wohnort: Wien; Staatsangeh.: Österreich; Vorbildung: Schottengymn. Wien Reife Juli 01; Studium: Wien 3, Göttingen 1, Leipzig 3 S.; Rig. 3. Mai 06.]

Kafka, Gustav: Versuch einer kritischen Darstellung der neueren Anschauungen über das Ichproblem. Leipzig: W. Engelmann 1910. 241 S. 8° [Umschlagt.] ¶(Aus: Archiv f. d. ges. Psychol. Bd 19, H. 1. 2.)
München, Phil. Hab.-Schr. v. 1910 [U 10. 3723
(Nicht für den Austausch)

Kafka, Hugo, Therapie d. Haut- u. Geschlechts-Krankheiten. Nach Rezepten d. Abteilg. d. Primararztes Professor Dr. Mraček im k. k. Rudolfsspitale in Wien zusammengest. 8. (IV, 76 S.) München 898. J. F. Lehmann's Verl. n. 1.20

Kafka, J., Aerzte-Codex, s.: Schürer v. Waldheim, F.

Kafka, J., die homöopathische Therapie auf Grundlage der physiologischen Schule. Ein prakt. Handbuch für Aerzte, welche die homöopath. Heilmethode kennen lernen und am Krankenbette versuchen wollen. 1. Bd. 6 Hefte und 2. Bd. 1.—4. Heft. Lex.-8. (1. Bd. XXVI und 948 S., 2. Bd. S. 1—640.) Sondershausen [Gotha] 863—68, Eupel's Verlag. à Lfg. * 1 Thlr. 5 Ngr. *

Kafka, J., die homöopathische Therapie auf Grundlage der physiologischen Schule. Ein prakt. Handbuch für Aerzte, welche die homoöpath. Heilmethode kennen lernen und am Krankenbette versuchen wollen. 2. Bd. 5. Heft. gr. 8. (XV, S. 641—832.) Gotha 869, Eupel. [Langensalza, Dr. Günther.] * 4 50

Kafka, J., Virchow u. die Homöopathie. Worte der Abwehr. (8 S.) 8. Leipzig 872. Täschner & Co. — 15
Sonderabdruck aus: „Allg. homöop. Ztg."

Kafka, Ign., Bindungs- und Schnürungs-Buch für die glatte Weberei. Zusammenstellung von 230 der gebräuchlichsten und neu entworf. Bindungen nebst Schnürungen und Schaftmustern. Ein Handbuch für Fabrikanten, Meister und Gesellen. 8. (119 S. mit eingedr. Holzschn.) Prag 866, (Reichenecker.) *

—— Unterrichtsblätter für Weberei. Für Webeschulen und zum Selbstunterricht. 1. Jahrg. 12 Lfgn. qu. gr. 4. (1. Lfg. 32 S. mit 4 Stnt.) Warnsdorf 866,67, (Andrć'sche Sortimentsh.) à Lfg. * 10 Ngr. *

Kafka, Jg., Unterrichtsblätter für Weberei. Für Webeschulen und zum Selbstunterricht. 2. Jahrg. 12 Lfgn. qu. Fol. (à Lfg. 32 S. mit Chromolithogr.) Prag 869, Reichenecker.
à Lfg. *ℳ 1. * 12 –

Kafka, Jos. Kurze Anleitung zur Karpfenzucht, s. Frič, Ant.

Kafka, J., die Crustaceen der böhmischen Kreideformation, s. Fritsch, A.

Kafka (Jos.), Die Fauna der böhmischen Teiche. 1892. *s. Zeit- u. Gesellsch.-Schriften: Archiv f. d. naturwiss. Landesdurchforsch. von Böhmen. Bd 8, No 2.*

– Recente u. fossile Nagethiere Böhmens, s. Archiv der naturwissenschaftl. Landesdurchforschung v. Böhmen.

Kafka, Jos., Fossile u. recente Raubtiere Böhmens (Carnivora), s.a. Archiv der naturwissenschaftlichen Landesdurchforschung v. Böhmen. X, 6.

Fossile und recente Raubthiere Böhmens (Carnivora). Verf. von Josef **Kafka**. Adjunkt d. Museums. Mit 55 Textfig. **Prag: F. Rivnac in Comm.** 1903. (120S.) 4° (8°)
— Archiv d. naturwiss. Landesdurchforschung von Böhmen. Bd 10, No 6. [04. 4943

—— die Süsswasserbryozoen Böhmens, s. Archiv für naturwissenschaftliche Landesdurchforschung von Böhmen.

– Untersuchungen üb. die Fauna der Gewässer Böhmens, s. Archiv der naturwissenschaftl. Landesdurchforschung v. Böhmen.

Kafka, Leop., všeobecně užitečný stavitelský rádce při všech rozpočtech prací a potřeb stavebních. Dle 4. vydání Wachova díla „Baurathgeber" sestavil. Prag 865. Bellmann. 8. (XII, 363 S.) n. 1 *ℛ* 2 *ngr.*

Kafka, Rud., vom ewigen Traum. Verse. 8. (IV, 67 S.) Dresden 901. E. Pierson. n. 1.50; geb. n. 2.50

Kafka, Theod., der Diabetes mellitus u. seine homöopathische u. balneologische Behandlung. [Aus: „Allg. homöopath. Zeitg."] 12. (88 S.) Leipzig 891. (Verl. d. „Reichs-Medicinal-Anzeigers", B. Konegen.) n. 1.60

KAFRAH, Heinrich, oder die erzwungene Heirath. Eine Geschichte in 6 Kapiteln. (Leipzig, Taubert; c. 1810?) 8°. (2 gr.)
Selten gewordene Volksschrift.

Kaftan, Joh.

Kaftan, s.: Donau-Moldau-Elbe-Kanalprojekt, das.

Kaftan, Joh., die systematische Reinigung und Entwässerung der Städte mit besond. Berücksicht. der Schwemm-Canalisation und Berieselungs-Anlagen. Ein Handbuch für städt. Baumeister, städt. Baubeamte, Aerzte, Sanitätspersonen, Stadtvertreter etc. gr. 8. (250 S. mit 5 lithogr. Taf. [in 4.].) Wien 880, [Lehmann und Wentzel.] Spielhagen und Schurich.

— Fr. **Steiner,** Rud. **Urbanitzky,** gegenwärt. Stand d. Donau-Moldau-Elbe-Kanal-Projekts (Frühjahr 1897), s.a. Verbands-Schriften d. deutsch-österr.-ungar. Verbandes f. Binnenschiffahrt.

Gegenwärtiger Stand des Donau-Moldau-Elbe-Kanal Projekts '(Frühjahr 1897)'. Vorträge v. Reichsrathsmitgl. Joh. **Kaftan**-Prag, Prof. Dr. Fr[iedrich]Steiner-Prag,[&]beh.autor.Bauing.RudolfUrbanitzky-Linz. *Berlin: Siemenroth & Troschel 1897.* (24 S., 1 Sk.) 1 Bd 8.
— Deutsch-Oesterreichisch-Ungarischer Verband für Binnenschiffahrt. **Verbands-Schriften.** No XII. [98. 4614

Kaftan, Julius

Kaftan, Jul., die religionsphilosophische Anschauung Kants in ihrer Bedeutung für die Apologetik. Antrittsrede gehalten beim Antritt des akadem. Lehramtes in Basel den 6. Novbr. 1873. gr. 8. (22 S.) Basel 874, Bahnmaier's Verlag. * — 50

Kaftan, Jul., die Askese im Leben des evangelischen Christen. Vortrag auf der kurmärk. kirchl. Konferenz zu Potsdam am 26. IV. 1904. (22 S.) gr. 8. Potsdam 904. Stiftungsverlag. n. — 60

Kaftan, Jul. Brauchen wir e. neues Dogma? Neue Betrachtgn. üb. Glaube u. Dogma. gr. 8. (77 S.) Bielef. 890, Velhagen u. Klasing. — 75
Aus: Christl. Welt, besonders abgedruckt.
Vgl.: Kempert, H. Das alte u. das neue Dogma.

Das Christentum und die indischen Erlösungsreligionen. Vortrag geh. auf d. Kirchl. Konferenz d. Kurmark 1903 von D. [Julius] **Kaftan**, Prof. in Berlin. *Potsdam: Stiftungsverl. 1903.* (27 S.) 8° [F.] [03. 19670

Kaftan, Jul., d. Christentum u. Nietzsches Herrenmoral. E. Vortrag, geh. im Berliner Zweigverein d. Evangel. Bundes. 1. u. 2. Aufl. gr. 8. (24 S.) Berlin 897. G. Nauck. n. — 50

Kaftan, Jul., das Christentum u. Nietzsches Herrenmoral. Ein Vortrag, geh. im Berliner Zweigverein des Evangel. Bundes. 3. Aufl. gr. 8. (24 S.) Berlin 902. G. Nauck. n. — 30

— d. Christentum u. d. Philosophie. Ein Vortrag. 2. Aufl. gr. 8. (26 S.) Leipzig 896. J. C. Hinrichs' Verl. n. — 50

Kaftan, Jul., Dogmatik, s.a. Grundriss der theologischen Wissenschaften. II. Abt.

Dogmatik v. D. Julius Kaftan, Prof. ... in Berlin. 1. u. 2. Aufl. *Freiburg i. B., Leipzig & Tübingen: J. C. B. Mohr 1897.* (VIII, 644 S.) 1 Bd 8.
= Grundriss d. Theolog. Wissenschaften. Tl 5. Bd 1. [97. 6111

Dogmatik von Julius Kaftan, Prof. 3. u. 4. verb. Aufl. Tübingen & Leipzig: J. C. B. Mohr 1901. (VIII, 656 S.) 8°
— Grundriss d. Theol. Wissenschaften. Th. 5, Bd 1. [08. 1232 II

— zur Dogmatik. 7 Abhandlgn. aus der „Zeitschrift f. Theologie u. Kirche". (III, 337 S.) gr. 8. Tübingen 904. J. C. B. Mohr. n. 4. —

Kaftan, Julius: Die Einheit des Erkennens. Berlin 1907: G. Schade. (23 S.) 4°
Berlin, Rede zur Gedächtnisfeier Friedrich Wilhelms III. 1907

Kaftan, Jul., das Evangelium des Apostels Paulus in Predigten der Gemeinde dargelegt. gr. 8. (VII, 152 S.) Basel 879, Bahnmaier's Verlag. *

—— Glaube u. Dogma. Betrachtungen üb. Dreyers undogmat. Christentum. 1.—3. Aufl. gr. 8. (60 S.) Ebd. 889. — 60
Aus: Christl. Welt, besonders abgedruckt.
Vgl.: Behn, Ulr. Dürfen wir bei uns. alten Glaubensbekenntn. bleiben? — Verax. d. Dogmat. u. undogmat. Christenthum.

—— Grundtvig, der Prophet des Nordens. Zwei Vorträge. gr. 8. (35 S.) Ebendas. 876. *

—— Claus Harms. Ein Vortrag. gr. 16. (28 S.) (Ebendas.) 875. *

Jesus und Paulus. Eine freundschaftl. Streitschrift gegen d. Religionsgeschichtlichen Volksbücher von D. Bousset u. D. Wrede von D. Julius Kaftan. Tübingen: J. C. B. Mohr 1906. (77 S.) 8° [F.] [c6. 86...

— Kant, der Philosoph des Protestantismus. Rede, geh. bei der vom Berliner Zweigverein des evangel. Bundes veranstalteten Gedächtnisfeier am 12. II. 1904. (34 S.) gr. 8. Berlin 904. Reuther & Reichard. n. — 50

Kaftan, Jul., das Leben in Christo. Acht Predigten. 8. (IV, 111 S.) Basel 883. Detloff's Buchh. *

— - die christliche Lehre vom Gebet. Ein Vortrag. gr. 8. (23 S.) Ebendas. 876. *

Kaftan, Julius: [Kants Lehre vom kategorischen Imperativ.] *Berlin 1901: G. Schade.* (23 S.) 4°
Berlin, Rede zur Feier d. 200j. Jub. d. Kgr. Preussen u. d. Geburtstags d. Kaisers am 18. Jan. 1901

— s.: Philotesia.

—— die Predigt des Evangeliums im modernen Geistesleben. gr. 8. (IV, 96 S.) Ebendas. 879. *

— s.: Predigten, 7, bei der 56. Hauptversammlung des evangel. Vereins der Gustav Adolf-Stiftung geh.

— die Rechtfertigung durch den Glauben als Grundartikel der protestantischen Kultur, s.a. Flugschriften des Evangelischen Bundes.

Die Rechtfertigung durch den Glauben als Grundartikel der protestantischen Kultur. Ein Vortrag von D. Dr. Julius Kaftan, Prof. in Berlin. *Leipzig: C. Braun 1901.* (16 S.) 8° [F.]
— Flugschriften d. Evangel. Bundes. 188. [01. 5973

— Drei akadem. Reden. Die Lehre Kants vom kategor. Imperativ. Der eth. Wert der Wissenschaft. Die Einheit des Erkennens. (IV, 71 S.) gr. 8. Tübingen 908. J. C. B. Mohr. 1. 50

— heilige Schrift u. kirchliches Bekenntnis in ihrem Verhältnis zu einander. Vortrag, geh. auf der sächs. kirchl. Konferenz zu Chemnitz am 12. X. 1898. 8. (29 S.) Leipzig 899. G. Wigand. n. — 40
Sonderabdruck aus: „Neues sächs. Kirchenblatt".

—— Sollen und Sein in ihrem Verhältniss zu einander. Eine Studie zur Kritik Herbarts. gr. 8. (II, 78 S.) Leipzig 872, (J. Naumann.) * 1 —

Kaftan, J., die christliche Sorglosigkeit. 23 Stn. kl. 8. Basel, C. Detloff. 1877. —. 10

— suchet, was droben ist! Predigten, geh. in der Zwölfapostelkirche zu Berlin. gr. 8. (VII, 160 S.) Freiburg i/B. 893. J. C. B. Mohr. n. 2. — ; geb. n.n. 3. —

— d. Verhältnis d. evang. Glaubens z. Logoslehre. Vortrag, geh. in Eisenach am 5. Oktbr. 1896. [Aus: „Zeitschr. f. Theologie u. Kirche".] gr. 8. (27 S.) Freiburg i/B. 896. Tübingen, J. C. B. Mohr. n.n. — 50

— das Verhältnis der lutherischen Kirche zur sozialen Frage. Vortrag, auf dem 10. evangel.-sozialen Kongreß in Kiel am 25. V. 1899 geh. gr. 8. (28 S.) Göttingen 899. Vandenhoeck & Ruprecht. n. — 60
Sonderabdruck aus: „Verhandlgn. d. 10. ev.-soz. Kongresses".

Kaftan, J. Die Verheissung des Herrn an seine Kirche auf Erden. Pfingstpredigt über Matthäus 16, 17 u. 18. In-8°. Basel, C. Detloff. — 50
1879.

— die Verpflichtung auf das Bekenntnis in der evangelischen Kirche, s.: Hefte zur „Christlichen Welt".

—— s. Vortäge, gottesdienstliche.

— die Wahrheit der christlichen Religion, dargelegt v. J. K. gr. 8. (X, 586 S.) Basel 888. [Detloff.] R. Reich. n. 9. —

— was die Rechtgläubigkeit in der evangelischen Kirche bedeutet. Vortrag, geh. auf der theologisch-kirchl. Konferenz der Prov. Brandenburg am 26. XI. 1903. (22 S.) gr. 8. Berlin 904. G. Nauck. n. — 50

Kaftan, Julius. Aus der Werkstatt des Übermenschen (Friedrich Nietzsche). 80 S. 8. Heilbronn, Eugen Salzer, 1906. [M. 1. —]

(Aufsätze, erstmals in der «Deutschen Rundschau» Oktober und November 1905 veröffentlicht.)

Kaftan, Julius: Der ethische Wert der Wissenschaft. Berlin 1906: G. Schade. (22 S.) 4°
Berlin, Rede zum Antritt des Rektorats 1906

—— das Wesen der christlichen Religion. gr. 8. (XI, 467 S.) Basel 881, [Bahnmaier's Verlag.] Detloff's Buchh. *

—— das Wesen der christlichen Religion. 2. Aufl. gr. 8. (XI, 490 S.) Ebendas. 888. * 8 —

Kaftan, Theodor

Kaftan, Thdr., Auslegung d. lutherischen Katechismus. Den Arbeitsgenossen in Kirche u. Schule dargeboten. gr. 8. (XIII, 323 S.) Schleswig 892. J. Bergas. n. 4. 20; m. e. Anh.: Der Konfirmationsunterricht auf Grund d. luth. Katechismus. (XII, 372 S.) n. 4. 80; geb. in Leinw. n.n. 5. 80

— **dasselbe. Mit e. Anh.: Der Konfirmations-Unterricht auf Grund des luth. Katechismus.** 2., verb. Aufl. gr. 8. (VIII, 391 S.) Ebd. 894. n. 4. 80; geb. n. 5. 80

Kaftan, Thdr., Auslegung des lutherischen Katechismus. Den Arbeitsgenossen in Kirche u. Schule dargeboten. Mit e. Anh.: Der Konfirmations-Unterricht auf Grund des luth. Katechismus. 3. neu bearb. Aufl. gr. 8. (VIII, 412 S.) Schleswig 901. J. Bergas Verl. n. 4. 80; geb. n.n. 5. 80

Kaftan, Thdr., Auslegung des lutherischen Katechismus. Den Arbeitsgenossen in Kirche u. Schule dargeboten. Mit e. Anh.: Der Konfirmations-Unterricht auf Grund des luth. Katechismus. 4. durchgearb. Aufl. (VIII, 410 S.) gr. 8. Schleswig 906. J. Bergas Verl. n. 4. 80; geb. n.n. 5. 80

Kaftan, Thdr., Auslegung d. lutherischen Katechismus. Den Arbeitsgenossen in Kirche u. Schule dargeboten. Mit e. Anh.: Der Konfirmations-Unterricht auf Grund des luther. Katechismus. 5. durchgearb. Aufl. (VIII, 418 S.) gr. 8. Schleswig 910. J. Bergas' Verl. 4. 80; geb. n 5. 80

Kaftan, Thdr., Auszug aus d. Matutin f. geistl. Synoden, entworfen v. K., musikal. bearb. v. H. Prahl u. C. Heinebuch. gr. 8. (8 S.) Flensburg 896. A. Westphalen. n.n. — 50

— d. christl. Glaube im geist. Leben d. Gegenwart. 2., verb. Aufl. gr. 8. (VII, 114 S.) Schleswig 898. J. Bergas. n 1. 20

— **der christliche Glaube im geistigen Leben der Gegenwart. 3., unveränd., durch e. Nachtrag verm. Aufl. (VII, 162 S.) gr. 8. Ebd. 904.** n. 1. 60

— Der Mensch Jesus Christus, der einige Mittler zwischen Gott u. den Menschen, s. a. Zeit- u. Streitfragen, biblische. IV, 4.

Kaftan, D. Theodor: Der Mensch J e s u s Christus, der einige Mittler zwischen Gott und den Menschen. Ein Wort z. Klärung. Den Mitgl. d. schlesw.-holst. Gesammtsynode von 1907 gewidmet von –. Gr.-Lichterfelde-Berlin: Runge 1908. 37 S. 8°
(Biblische Zeit- u. Streitfragen. Ser. 4. H. 4.)

— s.: Jesus Christus f. unsere Zeit.

— **vier Kapitel v. der Landeskirche. Den Freunden der Kirche zur Erwägung dargeboten. (III, 232 S.) gr. 8. Ebd. 903.** n. 3. —

— **Vier Kapitel v. der Landeskirche. Den Freunden der Kirche zur Erwägg. dargeboten. 2. durchgearb. Aufl. (VII, 244 S.) gr. 8. Schleswig 907. J. Bergas Verl.** 3. 60

— **Von der Kirche. Predigt, geh. zur Eröffng. der außerordentl. Gesamtsynode der evangelisch-luther. Kirche Schleswig-Holsteins am 5. XII. 1907. (15 S.) gr. 8. Ebd. 908.** — 30

Kaftan, Th., Matutin f. geistliche Synoden, entworfen v. Th. K., musikalisch bearb. v. H. Prahl u. C. Heinebuch. Lex.-8. (19 S.) Flensburg 890. Westphalen. n. — 75

Kaftan, Thdr., Predigt am Jahresfest des schleswig-holsteinischen Hauptvereins der Gustav-Adolf-Stiftung 17. Juni 1886 in der St. Marienkirche zu Flensburg. gr. 8. (14 S.) Flensburg 886, Huwald. * — 40

— **s.: Predigten, 3, bei der 58. Hauptversammlung des evangel. Vereins der Gustav Adolf-Stiftung geh.**

— **die Schule im Dienste der Familie, des Staates u. der Kirche. Referat auf der 25. Generalversammlg. des evangelischen Lehrerbundes am 4. X. 1906 in Hamburg. 1. u. 2. Taus. (Je 30 S.) 8. Hamburg 906. G. Schloeßmann.** n. — 60

— **taugt das evangelisch-lutherische Bekenntnis für das 20. Jahrh.? Vortrag, geh. am 27. IX. 1904 auf der internationalen allgemeinen evangelisch-luther. Konferenz in Rostock. (32 S.) 8. Ebd. 904.** n. — 50

Moderne Theologie des alten Glaubens. Zeit- u. ewigkeitsgemäße Betrachtungen. Theologisch interessierten Evangelischen dargeboten von Theodor **Kaftan,** Gen.Superint. Schleswig: J. Bergas 1905. (117 S.) 8° [5.] 2

— **moderne Theologie des alten Glaubens. Zeit- u. ewigkeitsgemäße Betrachtungen. Theologisch interessierten Evangelischen dargeboten. 2. verb. Aufl. (VII, 122 S.) gr. 8. Schleswig 906. J. Bergas Verl.** n. 2. —

— Zur Verständigung üb. moderne Theologie d. alten Glaubens. (III, 113 S.) gr. 8. Schleswig 909. J. Bergas' Verl. 2. —

— Gemeinsame Weltanschauung, Ultramontanismus, Protestantismus. Vortrag, geh. auf der 23. General-Versammlg. des evangel. Bundes in Chemnitz am 28. IX. (19 S.) 8. Halle 910. Verlag d. ev. Bundes. — 25

Kagan, Bernard, Anthologie erstklassiger Schachpartien, Endspiele u. Probleme aus alter u. neuer Zeit. Nebst e. Anh.: Berliner Schachleben 1905. (IV, 125 S. m. Diagr. u. 1 Bildnistaf.) 8. Potsdam (905). (A. Stein.) n. 2. —; geb. n. 3. —

Kagan, B., s.: Schachkalender.

Kagan, Eugen. (geb. Rakow in Russl. 13. 1. 1839): De ulceris syphilitici dualitate. Berolini (1860). (32 S.) 8°
Berlin, Med. Diss. v. 30. Apr. 1866

Kagan, Isaak, a. Reshitza ⟨Rußland⟩: Über die schräge Gesichtsspalte. Freiburg (Baden): E. Kuttruff 1906. (28 S.) 8°
Freiburg i. B., Med. Fak., Ref. Kraske, Diss. v. 1907
[Geb. 7. Dez. 65 Reshitza; Wohnort: Freiburg i. B.; Staatsangeh.: Rußland; Vorbildung: Privatsch.; Studium: Berlin 2, Freiburg i. B. 9 S.; Rig. 1. März 07.]

Kagan, Naum: Beitrag zur Kenntnis der Hernia muscularis unter Berücksichtigung der in der Literatur aufgezeichneten Fälle. Breslau 1910: Nischkowsky. 37 S. 8°
Breslau, Med. Diss. v. 14. März 1910, Ref. Küttner
[Geb. 10. Mai 85 Petersburg; Wohnort: Taschkent; Staatsangeh.: Rußland; Vorbildung: Gymn. Taschkent Reife O. 04; Studium: Tomsk 1, Breslau 1, Freiburg i. B. 2, Kiel 1, Wien 3, Breslau 2 S.; Rig. 17. Febr.–5. März 10.]
[U 10. 572

Kagan, Schmuel, a. Rußland: Ueber den Einfluss der venösen Hyperämie auf das Zustandekommen und die Zusammensetzung der Transsudate bei der ac. Urannephritis. Berlin (1906): E. Ebering. (30 S.) 8°
Berlin, Med. Fak., Ref. v. Leyden, Diss. v. 4. Aug. 1906
[Geb. 6. Jan. 78 Kiew, Rußland; Wohnort: Kiew; Staatsangeh.: Rußland; Vorbildung: Gymn. Kiew Reife O. 99; Studium: Genf 2, Berlin 8 S.; Rig. 30. Juli 06.]

Kagan, Suß, a. Ladyschin (Podolien): Ueber die manuelle Placentarlösung. Berlin (1906): E. Ebering. (37 S.) 8°
Berlin, Med. Fak., Ref. Bumm, Diss. v. 5. Juli 1906
[Geb. 5. Febr. 81 Ladyschin, Rußland; Wohnort: Ladyschin; Staatsangeh.: Rußland; Vorbildung: Gymn. Odessa Reife O. 00; Studium: Berlin 2, Bern 4, Berlin 4 S.; Rig. 25. Juni 06.]

Kagarlitzky, S[chloma], aus Koschowatto (Russland): Aus dem Kinderspital Zürich. Beiträge zur Rachitis. Zürich 1907. 24 S. 8°. [19. VI. 07.]
Zürich, Med. Diss. 1906/1907.

Kagarlitzky-Ilion, Bassia, aus Petersburg (Russland): Aus dem Kinderspital Zürich. Meningitis tuberculosa bei Kindern 1874—1903. Zürich 1906. 32 S. 8°. [20. III. 06.]
Zürich, Med Diss. 1905/1906.

Kaegbein, August: Zur Geschichte und Organisation der mecklenburgischen Segelschiffrhederei. *Rostock 1903: C. Hinstorff.* (111 S.) 8°
Rostock, Phil. Diss. v. [15. Dez.] 1902

Kaegbein, Paul, Meteorologie, s.: Volksbibliothek, wissenschaftliche. 85. 86.

Kagel, Joachim, Einen rechtschaffenen Ehemann als einen starken Andream wollte als der Herr Johann Andreas Mehrling, wohlemeritirter Bürgermeister zu Freyenwalde an der Oder mit der Hoch-Edlen Jungfer Sophia Dorothea Rischkin, zu Beyersdorf den 4. May 1740 ihr Hochzeit-Festin vollzogen, vorstellen. (Gedicht.) Berlin. (Expl. in der Bibl. d. Vereins f. d. Geschichte Berlins.) Sehr rar!

Kagel, [illegible] (1851) [illegible]
Berlin. Med. Diss. v. 26. Apr. 1851

Kageler, Ludw., Liederbuch f. höhere Mädchenschulen, sowie f. Lyzeen (Lehrerinnenseminare) u. Studienanstalten. In 3 Tln. hrsg. 8. Hannover 910. Norddeutsche Verlagsanstalt O. Goedel. 4. 70
1. (Unterstufe.) Enth. 65 Kinder- u. Spiellieder, sowie 38 Volks- u. volkstüml. Lieder nebst rhythm. u. melod. Übgn. zur Einführg. in die Notenschrift. (76 S.) — 60
2. (Mittelstufe.) Enth. 133 nach Tonarten geordnete Lieder u. Kanons nebst e. kurzen Gesanglehre. (164 S.) Geb. 1. 70
3. (Oberstufe.) Chorbuch, enth. 215 ein- u. mehrstimm. Lieder nebst e. Abriß der allgemeinen Musiklehre, der Harmonie- u. Formenlehre. (IV, 364 S.) Geb. 2. 60

Kageler, Ludw., deutsche Volkslieder aus dem 16. bis 19. Jahrh. Auswahl u. dreistimm. Tonsatz f. 2 Soprane u. 1 Altstimme. (43 S.) gr. 8. Leipzig 904. C. Merseburger. n. — 76

Kaegeler, Gust., e. Damen-Duell, s.: Sacher-Masoch.

Kagell, Jak. Dietr., Was läßt sich mit einiger Wahrscheinlichkeit üb. die Grundmischung der vegetabil. Kohle sagen? Beantwortet etc. Eine gekr. Preisschrift. 8. Dorpat 807.

Kagelmacher, Ernst, Filippo Maria Visconti und König Sigismund. 1413—1431. Ein Beitrag zur Geschichte des 15. Jahrh. gr. 8. (IV, 121 S.) Berlin 885, Siemenroth und Worms. * 2 50

Kagenaar, D. B: Kurze Umschreibung und Preisangabe einiger Justrumente. Utrecht (Um 1890?)

Kageneck, H. J. Graf v., Geschichte der gräflichen Familie von Kageneck. Freiburg 1870. 8.

Kagerbauer, Ernst, schwimmende Sanatorien, s.: Diem, Karl.

Kagerer, Fel., das autogene Schweissen u. Schneiden m. Sauerstoff, s.a. **Praxis, technische. I.**

Kagerer, F., Das autogene Schweißen und Schneiden mit Sauerstoff. 8°. (ill. 176 S. mit 20 Tabellen) geb. K 4.—
Wien: Waldheim & Eberle 1909.

— Moderne Werkzeugmaschinen, s.a. **Praxis, technische. III.**

Kagerer, [illegible] Moderne Werkzeugmaschinen [illegible]
Wien: Eberle & Co. (v. Waldheim) 1910.

Kagerer, Paul, Die Heiligkeit der christlichen Kirche. Eine exegetisch-historisch-dogmatische Abhandlung. Regensburg, Pustet, 1859, gr. 8°, 124 S., 1,20 Mk.
Eine fleißige u. klar gedachte Inauguraldiss. Recens. (Wiener) Kath. Littztg 1859, S. 393—4.

Kagerer, Paul, Trauerrede bei der Beerdigung des hochwürd. Hrn. Domcapitulars, königl. und erzbischöfl. geistl. Rathes, Dompfarrers etc. Nikolaus Weber, gehalten am 25. Aug. 1882. gr. 8. (8 S.) München 882, Stahl. *

Kageyama, Masaharu, üb. d. Ligatur d. Vena femoralis communis, s.a. **Abhandlungen, Münchener medicin.**

Kageyama, Masaharu [pr. Arzt aus Tokio (Japan)]: Ueber die Ligatur der Vena femoralis communis ... München, J. F. Lehmann, 1895; 53 S. 8.
München, Med. Fak., Inaug.-Diss. v. 1895

Kaegi, Adf., Alter und Herkunft des germanischen Gottesurtheils, s.a. Festschrift zur Begrüssung der XXXIX. Versammlung deutscher Philologen und Schulmänner, dargeboten von der Universität Zürich.

Kaegi, Adlf, Alter und Herkunft des germanischen Gottesurtheils. Ist enthalten in: Festschr. z. Begrüss. d. 39. Vers. deut. Philol. u. Schulm. Zürich 1887. gr. 4.

Zum Andenken an Prof. Dr. Georg Bühler, k. k. Hofrat aus Wien. Geb. 1837. Gest. 1898. (Verf.: A[dolf] **Kaegi.**) Zürich 1898: Neue Zürcher Zeitung. 12 S. 8°
Aus: Neue Zürcher Zeitung. [11. 16334

— offene Antwort auf die sogenannte „Vertheidigung“ d. Hrn. Prof. Dr. Wilh. v. Hartel. gr. 8. (23 S.) Berlin 889. Weidmann. n. — 20

Kaegi, Adolf, (von Bauma, Kt. Zürich): Kritische geschichte des spartanischen staates von 500—431 v. Chr. mit ausschlusz der kriegsereignisse von 480 und 479. ([S.A. aus:] Jahrbücher f. class. Philologie — Fleckeisen'. Suppl. Bd VI. Heft 2. S. 435—505). [Leipz. B. G. Teubner 1873]. 1 Bl., S. 437—505. 8°.
[Zürich, Phil. Diss. v. 8. März 1873].

Kaegi, Adolf, Die Neunzahl bei den Ostariern. Kulturhistorische Analekten. SA. 4. [Zürich 1891.]

Kaegi, Adf., Repetitionstabellen zur kurzgefaßten griechischen Schulgrammatik. gr. 8. (42 S.) Berlin 893. Weidmann. n. — 60

Kaegi, Adf., Repetitionstabellen z. kurz gefaßten griech. Schulgrammatik. 3., verb Aufl. gr. 8. (43 S.) Berlin 898. Weidmann. n. — 60

Kaegi, Adf., Repetitionstabellen zur kurz gefaßten griechischen Schulgrammatik. 4. verb. Aufl. gr. 8. (45 S.) Berlin 902. Weidmann. n. — 60

Kaegi, Adf., Repetitionstabellen zur kurzgefaßten griechischen Schulgrammatik. 5. verb. Aufl. (45 S.) 8. Berlin 905. Weidmann. n. — 60

Kaegi, Adf., Repetitionstabellen zur kurzgefaßten griechischen Schulgrammatik. 6. Aufl. (45 S.) 8. Berlin 907. Weidmann. — 60

Kaegi, Adolf: Der Rig-Veda, die älteste Litteratur der Inder. Theil 1. 2. (Wissenschaftliche Beilage zum Programm der Kantonsschule in Zürich 1878. 1879.) [Zürich 1878. 1879.] 4°
– – Dasselbe. Zweite, umgearbeitete und erweiterte, mit vollständigem Sach- und Wortregister versehene Auflage. Leipzig 1881.

—— griechische Schulgrammatik. Mit einem Anhang, enthaltend Repetitionstabellen. gr. 8. (XIV, 301, 46 S.) Berlin 884, Weidmann'sche Buchh. *

— griechische Schulgrammatik. 2., verb. Aufl. gr. 8. (XVIII, 286 u. Repetitionstabellen XLVI S.) Ebd. 889. geb. n. 3. —

— griechische Schulgrammatik. Mit Repetitionstabellen als Anh. 3., verb. Aufl. gr. 8. (XX, 286 u. XLIV S.) Ebd. 892. Geb. in Leinw. n. 3. 40

— griech. Schulgrammatik. M. Repetitionstabellen als Anh. 4., verb. Aufl. gr. 8. (XXII, 286 u. XLIV S.) Ebd. 895. Geb. in Leinw. n. 3. 40

— griechische Schulgrammatik. Mit Repetitionstabellen als Anh. 5., verb. Aufl. gr. 8. (XXII, 290 u. XLVI S.) Ebd. 900. Geb. in Leinw. n. 3. 60

— griechische Schulgrammatik. Mit Repetitionstabellen als Anh. 6., verb. Aufl. (XXIII, 290 u. XLVI S.) gr. 8. Ebd. 903. Geb. in Leinw. n. 3. 60

— Griechische Schulgrammatik. Mit Repetitionstabellen als Anh. 7., verb. Aufl. (XXIII, 290 u. XLVI S.) 8. Ebd. 906. Geb. 3. 60

—— zur griechischen Schulgrammatik. 2. Artikel. gr. 8. (III, 94 S.) Berlin 888, Weidmann'sche Buchh. * 1 50
Der 1. Artikel erschien in der Zeitschrift für das Gymnasialwesen und ist als Sonderabdruck nicht publicirt.

— kurzgefaßte griechische Schulgrammatik. Nach den Bestimmgn. der neuen Lehrpläne f. die höheren Schulen bearb. 8. unveränd. Aufl. gr. 8. (XII, 120 S.) Ebd. 894. Geb. in Leinw. n. 2. —

[F.] Kurzgefasste Griechische Schulgrammatik. Nach d. Bestimmgn d. neuen Lehrpl. f. d. höh. Schulen bearb. v. Dr. Adolf Kaegi, Prof. ... zu Zürich. 6. Aufl. *Berlin: Weidmann 1896.* (XII, 171 S.) 1 Bd 8. (97. 164)

— kurzgef. griech. Schulgrammatik. Nach d. Bestimmgn. d. neuen Lehrpläne f d höh. Schulen bearb. 8. Aufl. gr. 8. (XII, 171 S.) Ebd. 898. Geb. in Leinw. n. 2. —

Kaegi, Adolf. Kurzgefasste Griechische Schulgrammatik. Nach den Bestimmungen der neuen Lehrpläne für die höheren Schulen bearb. von Dr. Adolf Kaegi, Professor... zu Zürich. 11. Aufl. XII + 174 S. 8. Berlin, Weidmann, 1901. [geb. M. 2. —]

— kurzgefaßte griechische Schulgrammatik. Nach den Bestimmgn. der neuen Lehrpläne f. die höh. Schulen bearb. 12. Aufl. gr. 8. (XII, 173 S.) Ebd. 902. Geb. in Leinw. n. 2. —

Kaegi, Adolf: Kurzgefaßte Griechische Schulgrammatik. Nach d. Bestimmungen d. neuen Lehrpläne f. d. höh. Schulen bearb. von Dr. Adolf Kaegi, Prof. 15. Aufl. Berlin: Weidmann 1905. (XII, 173 S.) 8°

— kurzgefaßte griechische Schulgrammatik. Nach den Bestimmgn. der neuen Lehrpläne f. die höheren Schulen bearb. 16. Aufl. (XII, 173 S.) gr. 8. Ebd. 906. Geb. n. 2. —

Kurzgefaßte Griechische Schulgrammatik. Nach d. Bestimmungen d. neuen Lehrpläne f. d. höh. Schulen, bearb. von Dr. Adolf Kaegi, Prof. 18. Aufl. Berlin: Weidmann 1908. (XII, 173 S.) 8° [F.] 108. 8336

— Kurzgefaßte griechische Schulgrammatik. Nach den Bestimmgn. der neuen Lehrpläne f: die höh. Schulen bearb. 20. Aufl. (XII, 173 S.) gr. 8. Ebd. 910. Geb. in Leinw. 2. —

— Schulwörterbuch zu d. homerischen Gedichten, s.: Autenrieth.

— griechisch-deutsches u. deutsch-griechisches Schulwörterbuch, s.: Benseler, G. E.

— Griechisches Übungsbuch. 1. Tl.: Das Nomen u. das regelmäß. Verbum auf — ω. gr. 8. (VIII, 147 S.) Ebd. 891. * 1 40

— griechisches Übungsbuch. 1. u. 2. Tl. gr. 8. Ebd. Geb. in Leinw. n. 3. 40
1. Das Nomen u. das regelmäßige Verbum auf -ω. 2., verb. Aufl. (VIII, 160 S.) 894. n. 1. 80
2. Das Verbum auf -μι u. das unregelmäßige Verbum. Die Hauptregeln der Syntax. (VI, 139 S.) 895. n. 1. 60

[F.] Griechisches Übungsbuch. Von Dr. Adolf Kaegi, Prof. ... zu Zürich. Tl 1. 2. *Berlin: Weidmann 1896.* 2 Bde 8.
1. D. Nomen u. d. regelmass. Verbum auf -ω ... 3., verb. Aufl. (VIII, 150 S.)
2. D. Verbum auf -μι u. d. unregelmässige Verbum. D. Hauptregeln d. Syntax. 2. verb. u. verm. Aufl. (VI, 171 S.) (97. 160)

— griech. Übungsbuch. 2 Tle. gr. 8. Ebd. 898. Geb. in Leinw. n. 3. 80
1. D. Nomen u. d. [illegible] Verbum auf -ω. 4., verb. Aufl. (VIII, 1[illegible] S.) n. 1. 80
2. D. Verbum auf -μι u. d. unregelmäß. Verbum. D. Hauptregeln d. Syntax. [illegible] Aufl. (VI, 173 S.) n. 2. —

— griechisches Übungsbuch. 2 Tle. gr. 8. Berlin 901. Weidmann. Geb. in Leinw. n. 3. 80
1. Das Nomen u. das regelmäßige Verbum auf -ω. 6. verb. Aufl. (VIII, 149 S.) n. 1. 80
2. Das Verbum auf -μι u. das unregelmäßige Verbum. Die Hauptregeln der Syntax. 5. verb. Aufl. (VI, 173 S.) n. 2. —

— griechisches Uebungsbuch. 3 Tle. 8. Berlin, Weidmann. Geb. n. 6. 40
1. Das Nomen u. das regelmäßige Verbum auf -ω. 9. erweit. u. verb. Aufl. (XII, 177 S.) 906. Geb. n. 2. —
2. Das Verbum auf -μι u. das unregelmäßige Verbum. Die Hauptregeln der Syntax. 8. verb. Aufl. (VIII, 210 S.) 906. Geb. n. 2. 20
3. Zusammenhängende deutsch-griech. Uebungsstücke. (VI, 203 S.) 906. Geb. n. 2. 20

Griechisches Übungsbuch. Von Dr. Adolf Kaegi, Prof. 10. Aufl. T. 1. Berlin: Weidmann 1907. 8° [F.] 108. 9811

— Griechisches Übungsbuch. 2 Tle. gr. 8. Berlin 910. Weidmann. Geb. in Leinw. 4. 20
1. Das Nomen u. das regelmäß. Verbum auf -ω. 12. Aufl. (XII, 177 S.) Geb. 2. —
2. Das Verbum auf -μι u. das unregelmäßige Verbum. Die Hauptregeln der Syntax. 10. Aufl. (VIII, 210 S.) Geb. 2. 20

—— Vasta usrāḥ im Ṛgveda, s. Festgruss an Otto v. Böhtlingk.

— Wörterbuch zu den Homerischen Gedichten, s.: Autenrieth, Geo.

— griechisch-deutsches u. deutsch-griech. Wörterbuch, s.: Benseler, Gust.

Kägi, Friedrich. Untersuchungen über das elektrische Verhalten des Glimmers als Condensatormedium. Inaug.-Dissertation. In-8°, 54 S. Zürich, Druck von Schiller & Cie. (B. Cotti), 1882.
Zurich. Phil. Diss. [v. 9. März 1883].

(Kägi, H[ans].) Das Bauwesen der Stadt Zürich. Separatabdruck aus dem Schweiz. Zentralblatt für Staats- und Gemeinde-Verwaltung. Jahrg. 3, Nr. 11—15 und 17, 1902. 54 S. 8. Zürich, Art. Institut Orell Füssli.

Kaegi, Hans: Die Kriegführenden im Landkrieg. Basel 1909: Werner-Riehm. VIII, 112 S. 8°
Rostock, Jur. Diss. v. 5. Juni 1909, Ref. Hübner
[Geb. 25 Okt 85 Riehen-Basel; Wohnort: Basel; Staatsangeh.: Schweiz; Vorbildung: Stadt Gymn. Basel Reife O. 05; Studium: Basel 4, Rostock 3 S.; Rig. 20 Febr. 09.] [U 09. 3605

Kägi, Jakob

Kägi, J., der rechte Arzt oder zwölf Krankengeschichten aus den Evangelien. Mit Liedern, Gebeten und kurzen Betrachtungen für Diakonissen und andere Krankenfreunde zusammengestellt. Sep.-Ausg. des I. Tls. von des Verf. „Für unsere Kranken". 8. (III, 128 S.) Basel 887, Detloff's Verlag. * 1 —
geb. * 1 50

— von der christlichen Barmherzigkeit u. vom Diakonissenberuf. Eine Predigt. 8. (16 S.) Basel 884. Spittler. — 15

—— einige Bedenken gegen den Diakonissen-Beruf. Ein Vortrag. 1. und 2. Aufl. 8. (16 S.) Basel 883, Schneider. *

Kaegi, J[acob]. Eben Ezer. Das Diakonissenhaus Riehen 1852—1902. Mitteilungen aus der Geschichte seines Werdens und Wirkens. Für seine Schwestern und seine Freunde im Auftrag des Komites aufgezeichnet von J[ohann] J[acob] Kaegi, Pfarrer. [Mit Illustrationen und 10 Tafeln.] IV + 196 S. 8. Riehen, Selbstverlag des Diakonissenhauses, (1902). [geb. fr. 5. —]

Kägi, J[acob]: Zur Erinnerung an Frau Katharina Friederike Dieterle, geb. Mack. Personalien und Leichenrede, gehalten den 28. Mai 1893 ... [zu] Riehen. 8°
(St. Chrischona bei Basel 1893.)

—— „Ich bin der Herr, dein Arzt". Ein Wort der Mahnung und der Warnung für Kranke und ihre Freunde. 8. (14 S.) Basel 883, Detloff's Buchh. *

—— „Ich bin der Herr dein Arzt." Ein Wort der Mahnung und der Warnung für Kranke und ihre Freunde. 2. verm. Aufl. 8. (23 S.) Ebendas. 885. * — 35

—— für unsere Kinder. Eine Auswahl von Bibelsprüchen und -Abschnitten, Liedern und Gebeten, zusammengestellt für Diakonissen, die in der Kinderpflege stehen, und andere Kinderfreunde. 8. (128 S.) Basel 884, Detloff's Buchh. cart. *
geb. *

—— für unsre Kranken. Eine Sammlung von Schriftabschnitten, Liedern, Gebeten und kurzen Betrachtungen, wie sie am Krankenbett gebraucht werden können. Für Diakonissen und andere Krankenfreunde zusammengestellt. 8. (XVI, 555 S.) Ebendas. 885. *M 2.60.; geb. ** 3 20

Kägi, J. Für unsere Kranken. Eine Sammlung von Schriftabschnitten, Liedern, Gebeten und kurzen Betrachtungen, wie sie am Krankenbett gebraucht werden können. Für Diakonissen und andere Krankenfreunde zusammengestellt. 2. Aufl. 8°. XVI, 486 S. Basel, R. Reich. 1900. gebd. 4 —

Kägi, J., für unsere Kranken. Eine Sammlg. v. Schriftabschnitten, Liedern, Gebeten u. kurzen Betrachtgn., wie sie am Krankenbett gebraucht werden können. Für Diakonissen u. andere Krankenfreunde zusammengestellt. 2. Aufl. 8. (XVI, 486 S.) Basel 901. Helbing & Lichtenhahn.
Geb. in Leinw. n. 3. 20

—— Krankentrost. Bibelworte, Gebete und Lieder für die Tage der Krankheit und des Sterbens. Für Geistliche, Diakonissen und andere Krankenfreunde zusammengestellt. Sep.-Ausg. des III. Tls. von des Verf. „Für unsere Kranken" mit einer Beigabe „Zur Krankencommunion". 8. (X, 290 S.) Ebendas. 887. *M 1.60.; geb. * 2 20

Kägi, J., zur Krüppelpflege. Bilder v. großer Not u. freud. Hilfe. (32 S. m. Abbildgn.) 8. Basel 903. (E. Reinhardt.) n. — 85

—— die Passions- und Ostergeschichte unseres Herrn und Heilandes Jesu Christi. In kurzen Betrachtungen mit Liedern und Gebeten für Diakonissen und andere Krankenfreunde bearb. Sep.-Ausg. des II. Tls. von des Verf. „Für unsere Kranken". 8. (VIII, 156 S.) Ebendas. 887. * 1 —
geb. * 1 50

Kägi, Joh[ann] Heinrich. Geschichte der Herrschaft und Gemeinde Wadensweil, nach den besten Quellen bearbeitet. Eine Festgabe zur hundertjährigen Kirchweihfeier am 25. August 1867. [Mit 1 Tafel.] 8. Wadensweil.

Kägi, Otto, erste Liebe. Aus d. Leben e. Landschullehrers. Nacherz. v. K. 12. (IV, 91 S.) Zürich 897. Th. Schröter. n. 1. 20; geb. n. 2. —

Kaegler, E. A. J., die Armenanstalten, milden Stiftungen, Unterstützungskassen und Wohlthätigkeits-Vereine, sowie die sonst noch im Interesse der Armenpflege bemerkenswerthen Einrichtungen Oberschlesiens. Nach amtl. Quellen hrsg. gr. 8. (V und 226 S.) Oppeln 867, Reisewitz. **

Kaegler, J., die Verwaltungsgerichtsbarkeit in Preußen. Die Verfassung und die Zuständigkeit der Verwaltungsgerichte, sowie das Verwaltungsstreitverfahren, systemat. zumeist mit dem Wortlaut der gesetzl. Vorschriften dargestellt. gr. 16. (112 S.) Berlin 887, R. v. Decker's Verlag. cart. * 1 50

Kaegler, Johannes (geb. Ahrensdorf in d. Mark 11. 3. 1848). Ueber Urämie. Berlin (1873). (32 S.) 8°
Berlin, Med. Diss. v. 31. Juli 1873

Kaegler, P., Gedichte u. Vorträge, s.: Esser, Emilie.

— Vorträge u. Aufführungen in denen nur Damen mitwirken, s.a. Polterabend u. Hochzeit.

Kaegler, P.: Vorträge und Aufführungen, in denen nur Damen mitwirken, von —. Berlin: E. Bloch (1898). (104 S.) 8°
= Polterabend und Hochzeit. Bd. 21.

Kaegler, P.: Vorträge f. e. Person b. d. Ueberreichg. v. Geschenken, s.a. Polterabend u. Hochzeit.

Kaegler, P.: Vorträge für eine Person bei der Ueberreichung von Geschenken von —. Berlin: E. Bloch (1898). (96 S.) 8°
= Polterabend und Hochzeit. Bd. 20.

Kägler, W. H. Th., Elementarbuch d. latein. Sprache. I. Curs. 8. (7¾ B.) Brandenburg 843, Müller. *

Geschichte der Johannis-Loge „Zum Bienenkorb" in Thorn von 1793 bis 1893. [Von Kah. Thorn 1893: Lambeck.] 51 S. 1 Taf. 4°
[Lithogr. Vortit.:] Festgabe zur 100-jährigen Jubelfeier der Johannis Loge zum Bienenkorb Thorn.
Nebst Verzeichn. der Mitgl.

Kah, Bernh., Beiträge zum Recht der Erwerbs- und Wirthschafts-Genossenschaften. gr. 8. (VIII, 319 S.) Mannheim 881, Bensheimer. *

— Ueber den rechtlichen Charakter und die Organisation der Erwerbs- und Wirtschaftsgenossenschaften. 8°. Freiburg 1880.

Kah, C., s. Kah, Karl

Kah, F. Ad., das 500jähr. Jubiläum d. königl. Stadt Rastenburg in Ostpreußen, gefeiert durch e. Predigt rc. Nebst e. Anh., eine kurze Beschreibung des Festes enthaltend. 8. Mohrungen 830. (Berl., Lüderitz). 6 gl

Kah, Fürchtegott Ado., das 500jähr. Jubiläum d. Kgl. Stadt Rastenburg in Ostpreußen, gefeiert durch e. Predigt üb. 1. Kön. 8, 57. 58. u. durch e. Rede zur Weihe e. neuen Bürgerfahne, am 3. Aug. 1829. Nebst e. Anh., e. kurze Beschreib. d. Festes enthalt. 8. (3 B.) Mohrungen 830, Rautenberg.

Kah, Jb. Ad., († ...) Bekenntniß der Einwohner Preußens am Tage d. Proklamation des zu Teschen geschlossenen Friedens. 8. Königsb. 779.

Kah, Karl

Kah, K., die Ehe und das bürgerliche Standesamt nach badischem Recht bearb. unter Hinweisung auf die Reichsgesetze und anderweit. Gesetze und Verordnungen, sowie Erläuterungen des großherzogl. Justizministeriums mit Benützung der Motive der Regierung und des Commissionsberichtes der II. Kammer. 2. umgearb. Aufl. 8. (206 S.) Heidelberg 872, Emmerling. * 2 70

— die deutsche Gewerbeordnung erläutert nach den Entscheidungen der höchsten Gerichtshöfe. Zum Handgebrauche für Behörden, Anwälte u. Gewerbetreibende. [Text-Ausg. mit sämmtlichen bundesräthlichen Ausführungsbestimmungen u. Abdruck des Patentgesetzes, sowie der Gesetze über die eingeschriebenen Hülfskassen u. Markenschutz nebst Vollzugsverordnungen, sowie des preuß. Gesetzes, betr. die Besteuerung des Gewerbebetriebes im Umherziehen.] Mit ausführlichem Sachregister. 8. (343 S.) Berlin 877. Germania. 3. –

— die Gewerbe-Ordnung des deutschen Reichs erläutert nach den Motiven des Regierungsentwurfes, den stenograph. Berichten über die Verhandlungen des Reichstags, den Ausführungs-Verordnungen des Bundesrathes und Reichskanzleramtes, sowie den einschläg. Stellen des Reichsstraf- und Handelsgesetzbuches, der Zoll- und Handelsverträge, den Entscheidungen des Obertribunals, Ministerial-Erläuterungen und andern Quellen. Mit Rücksicht auf Elsaß-Lothringen. gr. 8. (IV, 371 S.) Würzburg 873, Stahel'sche Buchh. * 5 50

— das Haftpflichtgesetz betr. die Verbindlichkeit zum Schadenersatze für die bei dem Betriebe von Eisenbahnen, Bergwerken, Fabriken, Steinbrüchen und Gräbereien herbeigeführten Tödtungen und Körperverletzungen, erläut. nach den Motiven, stenograph. Reichstagsverhandlungen, Praejudicien und anderen Quellen. Mit Sachregister. gr. 8. (201 S.) Mannheim 874, Bensheimer. 4 —

Kah, K., das badische Handelsrecht in seiner jetzigen Geltung. Nebst einem Anh. enth.: 1. die Reichsgesetze über: a) vertragsmäß. Zinsen; b) Ausgabe von Papiergeld und Banknoten; c) Inhaberpapiere mit Prämien; d) Erwerbs- und Wirthschaftsgenossenschaften; 2. Landesgesetze über: a) Schuldverschreibungen auf den Inhaber; b) die bad. Bank und rhein. Hypothekenbank nebst Statuten; c) Ausgabe von Darlehenscassenscheinen durch die allgemeine Versorgungsanstalt. Annotirt nach den einschläg. Gesetzen, Verordnungen, Rechtsbelehrungen zum Handgebrauch für Juristen und Kaufleute. 2. verb. und verm. Aufl. 8. (170 S.) Heidelberg 872, Emmerling. * 2 20

— das badische Landrecht nach Einführung der Reichsjustizgesetze, bearbeitet unter Hinweisung auf Reichs- u. Landesgesetze, Verordnungen u. Parallelstellen. Zum Handgebrauche. [Textausg. nach der neuesten Fassung m. erläut. Noten u. einem die in der Praxis vorzugsweise zur Anwendung kommenden Gesetze enth. Anhang, nebst ausführl. Sachregistern.] 8. (IV, 662 S.) Mannheim 879. Löffler. n. 5. —; geb. in Leinw. n. 6. —; in Hlbfrz. n. 6. 50

Kah, K., das badische Landrecht nach Einführung der Reichsjustizgesetze unter Hinweisung auf Reichs- und Landesgesetze, Verordnungen und Parallelstellen, nebst einem die in der Praxis vorzugsweise zur Anwendung kommenden Gesetze enth. Anhang und Sachregister. Zum Handgebrauche. 2. nach dem neuesten Stand der Gesetzgebung bearb. und verb. Aufl. 12. (VII, 702 S.) Baden-Baden 887, Weber. * 5 —
geb. in Leinw. *M 6.—; in Halbfrz. * 6 50

Kah, C., das badische Landrecht annotirt nach den Entscheidungen der badischen Gerichtshöfe und der badischen Doctrin. Ergänzungsband. gr. 8. (326 S.) Freiburg im Br. 867, Herder'sche Verlagsh.

— das badische Landrecht in seiner jetzigen Geltung annotirt nach Gesetzen, Verordnungen und Parallelstellen. 2 Lfgn. 8. Freiburg im Br., Herder'sche Verlagsh. [1. Lfg. (S. 1—224) 865. * 26 Ngr., 2. Lfg. (II und S. 225—640.) 866. * 1 Thlr. 8 Ngr.] *

— das badische Landrecht in seiner jetzigen Geltung annotirt nach Gesetzen, Verordnungen und Parallelstellen. 2., verm. und verb. Aufl. 8. (IX, 678 S.) Freiburg i. Br. 870, Herder'sche Verlagsh. 6 40

— dass. — annotirt nach Reichs- und Landesgesetzen, Verordnungen und Parallelstellen. 3. verm. und verb. Aufl. Mit einem die das Landrecht abändernden oder ergänzenden Gesetze enth. Anh. gr. 8. (579 S.) Mannheim 874, Bensheimer. * 9 —

Kah, K., das badische Landrecht mit Einschluß des Handelsrechts u. der Prozeß-Ordnung annotirt nach den Entscheidungen der badischen Gerichtshöfe u. der badischen Doctrin. Unter Hinweisung auf die bezüglichen Gesetze u. Verordnungen für den Handgebrauch des prakt. Juristen bearb. 1—4. Liefg. Freiburg i. Br. 856—58. Literarische Anstalt. gr. 8. (S. 1—638.) Jede Liefg. n. 21 ngr.

Kah, K., das badische Landrecht mit Einschluß des Handelsrechts und die Proceß-Ordnung annotirt nach den Entscheidungen der badischen Gerichtshöfe und der badischen Doctrin unter Hinweisung auf die bezüglichen Gesetze u. Verordnungen. 1—6. Liefg. Freiburg im Br. 860. Literar. Anstalt. gr. 8. (1. Abth.: Landrecht. S. 1—952.) Jede Liefg. n. 21 ngr.

Kah, E., das badische Landrecht mit Einschluß des Handelsrechts und die Prozeß-Ordnung annotirt nach den Entscheidungen der badischen Gerichtshöfe und der badischen Doctrin unter Hinweisung auf die bezügl. Gesetze und Verordnungen für den Handgebrauch des prakt. Juristen. 7. Lfg. gr. 8. (2. Abthl. Handelsrecht mit Wechselrecht S. 953—1045.) Freiburg im Br. 861, Literarische Anstalt. *

—— die Polizeivergehen [Uebertretungen §§ 360—370] des deutschen Strafgesetzbuchs erläutert nach den Motiven, den Entscheidungen der höchsten Gerichtshöfe und der Doctrin, mit zahlreichen Rechtsfällen. Zum Handgebrauche für Behörden, Anwälte und Schöffen. Nebst ausführl. Sachregister. 8. (IV, 372 und VII S.) Stuttgart 879, Kohlhammer. *

—— Rechtsfälle aus dem Geltungsgebiete des französischen Rechts mit Rücksicht auf die badischen Zusätze, die Haftpflicht beim Betriebe von Fabriken, Steinbrüchen und Gräbereien, sowie das Anfechtungsgesetz, entschieden durch das Reichsgericht, sowie die Oberlandesgerichte zu Darmstadt, Karlsruhe, Köln, Kolmar und Zweibrücken. Nach der Legalordnung bearb. gr. 8. (IV, 694 S.) Heidelberg 884, Emmerling und Sohn. *
geb. *

Kah, K., Rechtsfälle aus dem Geltungsgebiete des französischen Rechts mit Rücksicht auf die badischen Zusätze, die Haftpflicht beim Betriebe von Fabriken, Steinbrüchen und Gräbereien, sowie das Anfechtungsgesetz, entschieden durch das Reichsgericht, sowie die Oberlandesgerichte zu Darmstadt, Karlsruhe, Köln, Kolmar und Zweibrücken. Nach der Legalordnung bearb. 2. Bd. gr. 8. (III, 654 S.) Heidelberg 888, Emmerling und Sohn. *ℳ 9.—.; geb. **

—— dass. — Nach der Legalordnung bearb. Ergänzungsheft I. gr. 8. (96 S.) Karlsruhe 886, Macklot. *

— die Staatsverträge u. Vereinbarungen des Deutschen Reichs u. d. Grossherzogt. Baden mit ausländischen Staaten zum Zwecke der Rechtshilfe in gerichtl. Angelegenheiten m. den einschläg. Vollzugsverordngn. d. Reichskanzleramtes etc. [Konsularverträge ausgeschlossen], m. erläut. Noten bearb. Nebst e. Anh. gr. 8. (155 S.) Lahr 889. Schauenburg. n. 3. —

— das Verfahren bei öffentlichen Hinterlegungen von Geld u. Werthpapieren [Gesetz vom 7. Juni 1884, Ges.- u. V.-Bl. Nr. XX], erläutert nach den Motiven d. Regierungsentwurfes, den Kommissionsberichten der beiden Kammern u. einschlag. Verordngn. Mit e. Uebersicht der Amtskassen u. deren Bezirke, sowie der nach dem Stande der Gesetzgebg. hauptsächl. Hinterlegungsfälle. gr. 8. (67 S.) Karlsruhe 886. Macklot. n. 1. 50

—— die gesetzlichen und reglementarischen Vorschriften über die Vorbereitung zum höheren Justizdienste in Preußen, zusammengestellt und erläutert. 8. (74 S.) Berlin 880, Vahlen. cart. *

—— die deutsche Civilprozeßordnung erläutert nach den Motiven, den Protokollen der Justizkommission des Reichstages, den Entscheidungen des Reichsgerichts und der Doctrin. Zum Handgebrauch. [Textausg. mit Parallstellen und Abdruck des Gerichtsverfassungsgesetzes und der Konkursordnung, sowie eines Verzeichnisses sämmtl. schweizer. Gerichtsbehörden und denjenigen österreichisch-ungar. Behörden, deren Urkunden im Deutschen Reiche keiner Beglaubigung bedürfen, nebst ausführl. Sachregister.] 10 Lfgn. gr. 8. (VII, 873 S.) Mannheim 881—83, Bensheimer. à Lfg. *ℳ 1.; compl. *
geb. *

Kah, Karl, die deutsche Civilprozeß-Ordnung und das Gerichtsverfassungsgesetz im Großherzogth. Baden. Zum Handgebrauche. [Text-Ausg. mit Parallelstellen, Abdruck der zur Einführung der bezeichneten Gesetze erlassenen Reichs- und Landesgesetze und Verordnungen, nebst erläut. Noten und Sachregister.] 8. (V, 619 S.) Mannheim 880, Löffler. *
geb. in Leinw. *ℳ 6.; in Halbfrz. *

—— die Zwangsvollstreckungen wegen Geldforderungen in das unbewegliche Vermögen, mit Einschluß des Verfahrens zum Zwecke des Strichs der auf den versteigerten Liegenschaften haftenden Vorzugs- und Unterpfandsrechte und des Aufgebotsverfahrens bei Liegenschaften, mit erläut. Noten. Mit Sachregister. gr. 8. (X, 88 S.) Karlsruhe 882, Macklot'sche Buchh. *

Kahan, Esther, aus Witebsk: Über die Morbidität nach Eihaut und Placentarlösungen bei Sublimatantisepsis des Genitalkanals. Charlottenburg 1904. 17 S. 8°. + 25 Tabellen. [13. I. 04.]
Bern, Med. Diss. 1904/1905.

Kahan, Herman: Hat Moses Maimonides dem Krypto-Mohammedanismus gehuldigt? Nach geschichtl. Quellen untersucht ... von –. Berlin: C. Boa's Nachf. in Comm. 1899. (68 S.) 8°
Aus: 'Ungar. Wochenschrift' Budapest 1898–99.

Kahan, J.: Über die verbalnominale Doppelnatur der hebräischen Participien und Infinitive und ihre darauf beruhende verschiedene Konstruktion. . . . *Leipzig, Druck v. C. W. Vollrath* (1889); 48 S. 8°
Leipzig, Phil. Fak., Inaug.-Diss. v. 20. Apr. 1889

Kahan, J., üb. die verbalnominale Doppelnatur der hebräischen Participien u. Infinitive u. ihre darauf beruhende verschiedene Konstruktion. Preis- u. Promotionsschrift. gr. 8. (43 S.) Leipzig 889. Fock. n. 1. 50

Kahan, Monus [aus Mohilew '(Russl.)']: Beitrag zur Kenntnis des Diacetonalkamins '(2 Amido — 2 Methyl — 4 Oxypentans)' ... Berlin, Buchdr. v. L. Wechselmann, *1897;* 35 S. 8.
Berlin, Phil. Fak., Inaug.-Diss. v. 31. März 1897

Kahane, Arth., Lieder. (116 S.) 8. Berlin 910. Oesterheld & Co. Geb. 2.50; in Halbperg. 3. —

Kahane, Baruch. Das Mitleid in der neueren Ethik. Diss. Phil. Bern. 66 S. 24.5 16cm. Berlin. (A. Scholem.) 1905.

Kahane, Heinr., der defekte Mensch. (Zwang u. Drang in der psych. Mechanik.) (80 S.) gr. 8. Wien 911, G. Szelinski. 2. 50

Kahane, Max

— u. **Frz. Pietschmann,** die gebräuchlichsten neueren Arzneimittel, deren Anwendung u. Dosierung, sowie besond. ärztliche Verschreibungen im Wiener allgem. Krankenhause. (VII, 267 S.) kl. 8. Wien 907. Urban & Schwarzenberg. Geb. in Leinw. n. 5. —

Kahane, Max, die Arzneitherapie der Gegenwart. Die neuesten Arzneimittel u. ihre Anwendg. in der ärztl. Praxis. (VIII, 603 S.) 8. Wien 910. Urban & Schwarzenberg. 9.—; geb. n 10. 50

Kahane, Max, die Behandlung der Erkrankungen der oberen Luftwege, s.a. **Klinik, Wiener.** 1906. Hft. 6/7.

Die Behandlung bei Erkrankungen der oberen Luftwege. Von Dr. Max **Kahane,** Wien. Berlin, Wien: Urban & Schwarzenberg 1906. (S. 173–224.) 8° [Umschlagt.]
= Kahane: Aus klin. Grenzgebieten. [1.]
= **Klinik,** Wiener. 1906. H. 6 u. 7. [07. 11034

Die Behandlung der Erkrankungen der oberen Speisewege. Für prakt. Ärzte dargest. von Dr. Max **Kahane,** Wien. Berlin, Wien: Urban & Schwarzenberg 1907. (S. 203–238.) 8° [Umschlagt.]
= Kahane: Aus klin. Grenzgebieten. 2.
= **Klinik,** Wiener. 1907, H. 7. 8. [07. 11035

Kahane, Max, die Chlorose. (Vegetationsstörung der weibl. Pubertätsperiode.) Für prakt. Ärzte dargestellt. gr. 8. (IV, 168 S.) Wien 901. Urban & Schwarzenberg. n. 5. —
Sonderabdruck aus: „Wiener Klinik".

— dasselbe, s.a. Klinik, Wiener. 1900. Hft. 6. 7.

Kahane, Max: Aus klinischen Grenzgebieten. Von Dr. Max Kahane, Wien. [1.] Berlin, Wien: Urban & Schwarzenberg 1906. 8°
= Klinik, Wiener. 1906. H. 6 u. 7.

— Grundriss der inneren Medicin. Für Studierende u. prakt. Ärzte. gr. 8. (XVII, 810 S. m. 65 Abbildgn.) Wien 901. F. Deuticke. n. 12. —

Kahane, Max, Gutachten u. Gebräuche im Königsberger Handel. Gutachten d. Vorsteheramts d. Kaufmannsch. zu Königsberg i. Pr. üb. Gebräuche im Handelsverkehr, nebst e. Anh. Im Auftrage des Vorsteheramts der Kaufmannschaft hrsg. (X, 175 S.) gr. 8. Königsberg 908. Hartung. Geb. in Leinw. 3. 50

Kahane, Max, s.: Handlexikon, medizinisches, f. prakt. Ärzte.

Kahane, Max, Referendar aus Zoppot: Rechtsgrundsätze über Gebietsveränderungen nach preussischem und deutschem Reichsstaatsrecht mit besonderer Berücksichtigung aller hierauf bezüglichen Gesetzgebungsakte. (Umschlagt.: Beitrag zur Lehre von den Gebietsveränderungen.) *Danzig 1899: J. Haarbrücker.* (47 S.) 8°
Erlangen, Jur. Diss. v. 16. Dez. 1898

— Therapie der Darmkrankheiten, s.a. Handbibliothek, medizinische. 12. Bd.

Kahane, M., Therapie der Darmkrankheiten. [Medizinische Handbibliothek. 12. Bd.] 8°. (176 S.) geb. K 3.20
Wien: Hölder 1904.

— Therapie der Erkrankungen des Respirations- u. Circulationsapparates, s.a. Handbibliothek, medic. II.

61. Kahane, M., Therapie der Erkrankungen des Respirations- und Circulationsapparates. [Medicinische Handbibliothek. II. Bd.] 8°. (XIV, 391 S.) Wien: Hölder 1902. geb. K 6.80

— Therapie der Magenkrankheiten, s.a. Handbibliothek, medizinische. 8. Bd.

Kahane, M., Therapie der Magenkrankheiten. [Medizinische Handbibliothek. 8. Bd.] 8°. (VIII, 206 S.) geb. K 3.20
Wien: Hölder 1903.

Kahane, Max, üb. das Verhalten d. Indicans bei der Tuberculose d. Kindesalters, s.: Beiträge zur Kinderheilkunde

Kahane, Regina. Über das Vorkommen von Scharlach im Kanton Zürich in den Jahren 1884 bis 1902, mit besonderer Berücksichtigung der in die medizinische Klinik aufgenommenen Kranken. Diss. Med. Univ. Zürich. [Mit 2 Doppel-Tafeln.] *Kopftitel:* Aus der medicinischen Klinik der Universität Zürich. ⟨Direktor: Herr Prof. Dr. [Hermann] Eichhorst⟩. 48 S. 8. Zürich, A. Markwalder, 1904.

Die Münze im Dienste der Liebe und Ehe. Kulturgeschichtl. Bild. Von S. B. **Kahane**, Numismatiker. Danzig (1910: Katemann). 31 S. 8° [10. 6315]

Kahane, S. B. [Hrsg.], s. Numismatiker, Der

Kahlabl. Über die Feuergefährlichkeit von Fabriken. Berlin 1867.

Kah-ge-ga-gah-bouh, die Ojibway-Eroberung. Sage aus dem Nordwesten Amerika's. Aus dem Engl. übers. von R. Adler. 12. (XIX und 70 S.) Frankfurt a. M. 851, Brönner. *

Kahl [Schlagwort]

Kahl, s.: Bayern. Karte.

Kahl [Verfasser]

Kahl, über magnetische Declination u. Inclination. gr. 8. (10 S. m. eingedr. Holzschn.) Dresden 875. Expedition d. Jahresberichte d. Vereins f. Erdkunde. — 40

Kahl, die Frage des Befähigungsnachweises im Handwerk. Vortrag, geh. auf der Hauptversammlg. des Verbandes deutscher Gewerbevereine in Straßburg i. E. im J. 1904. (36 S.) 8. Darmstadt 905. (E. Roether). n. — 30

Kahl, W., Handelsgesellsch., siehe Festgabe f. Dernburg.

— s.: Normallehrgang f. den Papparbeits-Unterricht.

Kahl, s.: Predigten, 3, bei der 59. Hauptversammlung des evang. Vereins der Gustav Adolf-Stiftung.

Kahl: Was muss unter d. gegenwärt. Verhältnissen d. Waldarbeiter an Lohn u. Unterkunft gewährt werden, um d. Walde einen sesshaften tüchtigen Arbeiterstand zu erhalten? 4°
Aus: Mitteilungen d. Deutsch. Forstvereins. 1910, Nr 2.

Kahl, A. (II.), Abschiedspredigt über 2. Cor. 13, 13. Gehalten am Sonntag Rogate den 30. Mai 1886 in Schweinfurt. 2. Aufl. gr. 8. (11 S.) Schweinfurt 886, Giegler. *

Kahl, A., Heimatskunde d. Landkreises Straßburg. Ein Hilfsbuch f. die Lehrer d. Kreises. 8. (64 S.) Straßburg 888. Schmidt. cart. n. — 60

Kahl, A., der Jugendfreund. Eine Lesebuch für die oberen Klassen und Abtheilungen kathol. Volksschulen. 5. Aufl. 1872, und 6. Aufl. 8. (VII, 408 S.) Köln und Neuß 873, Schwann'sche Verlagsh. *M. 1.; geb. * 1 20

Kahl, A., der Jugendfreund. Ein Lesebuch für die oberen Klassen und Abteilungen kathol. Volksschulen. 7.—16. Aufl. 8. (VIII, 408 S.) Düsseldorf 874—84, Schwann'sche Verlagsh. geb. *

Kahl, A. (I.), der Jugendfreund. Ein Lesebuch für die oberen Klassen und Abteilungen kathol. Volksschulen. 17. Aufl. 8. (VIII, 408 S.) Düsseldorf 887, Schwann. geb. *

—— Wie wir Bibelfest feiern können in den Fußtapfen Jesu! Predigt über Matth. 11, 25—30, gehalten am Bibelfest in Nürnberg in der St. Aegidienkirche am 14. Juni 1882. gr. 8. (14 S.) Nürnberg 882, Löhe. *

Kahl, Achatius, Narratiunculae de vitis hominum in diario E. Swedenborgii commemoratorum, s. Swedenborgii, E., diarium spirituale.

Kahl, Adf., auf d. Höhe. Predigt üb. Luc. 5, 4—7, geh. am Missionsfeste zu Nürnberg in d. St. Lorenzkirche. gr. 8. (12 S.) Nürnberg 895. G. Löhe. n. — 20

Kahl, Adf., gen Jerusalem. Die 3 ersten Predigten nach der Rückkehr vom hl. Lande Himmelfahrt, Pfingsten, Trinitatis 1899, nebst dem am Abend des Trinitatisfestes im evangel. Handwerkerverein erstatteten Reisebericht. gr. 8. (V, 59 S.) München 899. Th. Ackermann. n. — 80

Kahl, Alb., lyrische Gedichte. 12. (88 S.) Dresden 896. A. Beyer. n. 1. —; geb. n. 2. —

Kahl, Alexis, aus St. Petersburg: Die Philosophie der Musik nach Aristoteles. *Leipzig 1902: Breitkopf & Härtel.* (47 S.) 8° Leipzig, Phil. Diss. v. [15. Apr.] 1902

Kahl, Anton Wilhelm, s. Kahl, Wilhelm

Kahl, Aug., die deutsche Arbeitergesetzgebung der J. 1883—1892 als Mittel zur Lösung der Arbeiterfrage. gr. 8. (XI, 128 S.) Freiburg i/B. 893. Herder. n. 1. 80

KAHL, August: Der Buchenhochwald auf dem Vogesensandstein der Oberförsterei Bannstein (Kanton Bitsch, Lothringen) nach Standort und Art der Verjüngung. - Mainz 1883. 32 S. - Diss. Univ. München 1883

KAHL, August: Kurze Darstellung der Thätigkeit des Elsaß-Lothringischen Forstvereins aus Anlaß der Feier des 25-jährigen Bestehens und der 21. Versammlung zu Colmar am 28. bis 30. Mai 1899. - Barr 1899. 40 S. - (Vereinsh. Nr. 20)

Kahl, Aug., Handbuch f. den elsaß-lothring. Förster, enth. e. Zusammenstellg. u. Erläuterg. aller wicht. Gesetze, Verordngn., Vorschriften f. die Forstschutzbeamten in den Staats- u. ungeteilten Waldgn. u. in den Gemeinde- u. Anstalts-Waldgn. gr. 8. (X, 141 S.) Neudamm 900. J. Neumann. Kart. n. 2. 40

Kahl, Aug., Reise durch Chile u. die westlichen Provinzen Argentiniens. Natur- u. Sittenschilderungen, mit besond. Bezugnahme auf das volkswirthschaftl. Leben jener Nationen. Berlin 866. Gaertner. gr. 8. (VIII, 391 S.) n. 2 ℛ

Kahl, Aug., forstgeschichtliche Skizzen aus den Staats- u. Gemeindewaldungen in Rappoltsweiler u. Reichenweier aus der Zeit vom Ausgange des Mittelalters bis zu Anfang des XIX. Jahrh., s.a. Beiträge zur Landes- u. Volkoskunde v. Elsass-Lothringen.

KAHL, August: Forstgeschichtliche Skizzen aus den Staats- und Gemeindewaldungen von Rappoltsweiler und Reichenweier aus der Zeit vom Ausgang des Mittelalters bis zu Anfang des 19. Jahrhunderts. - Strassburg 1894. IV, 77 S., 1 Kt. - (Beitr. z. Landes- u. Volkskde. v. Elsaß-Lothr. H. 19)

Kahl, Carl, s. Kahl, Karl

Kahl, Ch., die Gnadenmittel und ihre Wirkung. Eine pastorale Abhandlung. gr. 8. (62 S.) Rostock 861, Stiller'sche Hofbuchh. *

Kahl, Ch., noch einmal der Mitgenuß des heil. Abendmahls von Seiten der austheilenden Geistlichen. gr. 8. (20 S.) Rostock 861, Stiller'sche Hofbuchh. Thlr.

Kahl, Chr., das Werk der Erlösung, das Werk der seligen Liebe Gottes. gr. 8. (374 u. XVII S.) Rostock 891. Stiller. n. 6. —

Kahl, Chr., ein kurzes Wort zur Beleuchtung des auf dem letzten Landtage in Betreff der Versagung des kirchlichen Begräbnisses durch die Pastoren gefaßten ritterschaftlichen Beschlusses. gr. 8. (16 S.) Rostock 863, Stiller'sche Hofbuchh.

Kahl, Ch., die Civil-Ehe. Zum Verständniß über dieselbe. gr. 8. (8 S.) Rostock 875, Stiller'sche Hofbuchh.

Kahl, Christian Gottlob (Hirschberg/Schles.), Dissertatio de dexteritate seu aptitudine et sinceritate apostolorum testium religionis christianae fide dignissimorum. Präs. Christian Benedict Michaelis. Halle (Hendel) März 1760. 28 Seiten. (6.20) 17359
Gew.: M. Ferdinand Weissig, M. Gottlob Kahl (Vater), M. Gottlob Benjamin Weinmann, Paul Heinrich Burchardi. — Widm. v. Präs.

Kahl, Ed.: Verzeichnis der v.d. Loge Pythagoras... gesammelten Bücher, s. Barthelmess, Richard

Kahl, Emil, mathematische Aufgaben aus der Physik nebst Auflösungen. Zum Gebrauche an höheren Lehranstalten und zum Selbstunterricht bearb. 2 Thle. Mit in den Text gedr. Holzschn. gr. 8. Leipzig 857, Teubner. *
Inhalt:
Thl. 1. Aufgaben. (X und 166 S.) * 24 Ngr.
» 2. Auflösungen. (III und 138 S.) * 20 Ngr.

Kahl, Emil, mathematische Aufgaben aus der Physik nebst Auflösungen. Zum Gebrauche an höheren Lehranstalten und zum Selbstunterricht. 2. gänzlich umgearb. verm. und verb. Aufl., mit allseit. Berücksicht. des metr. Massesystems. gr. 8. (XII, 311 S. mit in den Text gedr. Holzschn.) Leipzig 874, Teubner. 5 —

Kahl, Emil, deutsches Liederbuch, s.: Hirt, Ferd.

Kahl, F. W., Karl May, e. Verderber d. deutschen Jugend. (20 S.) gr. 8. Berlin 908. Herm. Walther. — 50

Kahl, Frz., Anleitung zu einem christlichen Leben mittelst täglicher Betrachtung eines Ausspruches des heil. Franz v. Sales. Frei nach dem Italienischen bearbeitet. 2., gänzlich umgearb. u. mit einem Anh. von Gebeten verm. Aufl. Mit 1 Stahlst. 16. (196 S.) Amberg 879. Habbel. — 60

Kahl, Frz., Anleitung zu e. christl. Leben mittels tägl. Betrachtung e. Ausspruches des hl. Franz v. Sales. Frei nach dem Ital. bearb. 3. Aufl. (194 S. m. 1 Stahlst.) 16. Regensburg (908). J. Habbel. Geb. in Leinw. — 50

Kahl, Frz., Blüthenlese aus den Schriften des heil. Kirchenlehrers Franz von Sales. Mit dem (Stahlst.-)Bildnisse des heil. Franz von Sales. 8. (XVIII, 464 S.) Regensburg 881, Manz.

Kahl, Frz., Lehrbuch der Handelswissenschaften zum Selbstunterrichte. gr. 8. (VIII, 305 S.) Reichenberg i/B., (P. Sollors) n. 4. 60

Kahl, Friedrich: Deutsche Elektrotechnik im Ausland, s. Schulz, Otto

Kahl, F[riedrich] W[ilhelm]. Karl May, ein Verderber der deutschen Jugend. Von F. W. Kahl-Basel. 20 S. 8. Berlin, Hermann Walther, 1908. [M. —. 50]

Kahl, G., de aetate, qua apud Ebraeos et Christianos vett. sacra auspicari munera moris erat. Lips. 1735. 4.

(F) **Kahl**, G. K., Geschichte der Erziehung und des Unterrichtes für Lehrer- und Lehrerinnenbildungsanstalten. Gr.-8°. (VI, 251 S.) Graz: „Styria" 1908. K 2.90

Kahl, G. W., über Kinderarbeit. Ein Wort an das deutsche Volk. (68 S.) gr. 8. Segeberg 903. J. F. Meier. n. — 60

Kahl, G. W., der Reformobstbaum. Ein dring. Vorschlag, dem Obstbaum seine alte, solide Grundlage wiederzugeben. gr. 8. (56 S.) Kiel 900. Lipsius & Tischer. Kart. n. 1.—

Kahl, Georg, aus Ohlau, Referendar zu Hildesheim: Die bürgerliche **Anweisung**. Systematische Darstellung auf Grund d. Bürgerlichen Gesetzbuches vom 18. Aug. 1896 unter kurzer vergleichender Berücksichtigung d. Gemeinen Rechts. *Hildesheim 1899: A. Lax.* (52 S.) 8° [F.]
Erlangen, Jur. Diss. v. 2. Dez. 1899

Kahl, Gerh. Karl, daheim, s.: Elternabende.

— Elternabende. Eine Sammlg. v. verschiedenen erziehl. u. unterrichtl. Abhandlungen f. Schule u. Haus. I. Serie. 1. u. 2. Heft. kl. 8. Kaufbeuren, G. Mayr. — 80
1. Kinderkrankheiten. 2. Aufl. (45 S.) 907. — 40
2. Die Mutter als Erzählerin. (44 S.) 907. — 40

— Gehorsam u. Charakterbildung, s.: Elternabende.

— Geschichte der Erziehung u. des Unterrichtes f. Lehrer- u. Lehrerinnen-Bildungsanstalten. (VI, 251 S.) gr. 8. Graz 908. Styria. 2.50; geb. 3.—

— Die Hausaufgaben, s.: Elternabende.

— Lehrbuch der allgem. Erziehungskunde, s.: Milde, Vinzenz Eduard.

— Spiegel f. Mütter, s.: Elternabende.

Kahl, Johann Carl Friedrich, s. Kahl, Johann Karl Friedrich

Kahl, Johann Christoph

Kahl, Jh. Chph., († d. 11. Dec. 1707.) Andachtsübungen üb. die christlichen Glaubenslehren u. Tugendpflichten. 8. Liegnitz [illegible]. [illegible] 10 [illegible]

Kahl, Johann Karl Friedrich

— **Johann Carl Friedrich** (Sirksrade/Lübeck), **Beitrag zur Anatomie und Symptomatologie der syphilitischen Affectionen der Leber.** Diss. med. Lpz. (A. Th. Engelhardt) 23. III. 1869. 36 S. mit Biogr. (5.50) 17361
Oppon.: Barth, Wittner, Knecht. — Krankengeschichte des Johann Görlitz.

Kahl, Johannes [pr. Arzt zu Nieder-Ohmen '(Hessen)']: Aus d. gynäkolog. Klinik zu Marburg. Über das einseitige Hydramnion bei eineiigen Zwillingen ... Marburg, Univ.-Buchdr. '(C. L. Pfeil)', 1894; 38 S., 1 Bl. 8.
Marburg, Med. Fak., Inaug.-Diss. v. 28. Aug. 1894

Kahl, Jos[eph] Oscar. Sonate in A dur für Pianoforte und Violine von Jos. Oskar K' [Konzertmeister in Zürich]. *Partitur (resp. Klavier-Stimme) u. Violin-Stimme. Part.* 35 *u. Violine* 11 S. 4. Leipzig, J. Rieter-Biedermann, 1903. M. 6.—

Kahl, Justus [wirkl. Name], s. Baronius, Justus [Pseud.]

Kahl, Karl

Kahl, Carl, Anleitung zur Behandlung der acuten Krankheiten mit Wasser. 8. (V und 72 S.) Hamburg 852, Hoffmann und Campe.

Kahl, Carl, Jahrbuch der Wasserheilkunde. 8. (XII und 80 S.) Hamburg 850, Hoffmann und Campe. *

—— Jahres-Bericht für 1847 über die Wasserheilanstalt zu Stuer bei Plau in Meklenburg. 8. (44 S.) Parchim 848, (Hinstorff'sche Hofbuchh.)

Kahl, Karl Friedrich Wilhelm

—— Begriffe f. d. Unterricht in d. deutschen Sprache. 8. (2¼ B.) Leipzig 841, (Hermann.)

Kahl, Karl Frdr. Wilh., Begriffe für den Unterricht in der deutschen Sprache. Für Schüler bearb. 4., umgearb. Aufl. Löwenberg 859. Holäufer. 8. (44 S.) 2½ ngr

Kahl, Carl Friedr. Wilh., der gemüthl. Sänger, od. 90 leichte dreistimm. Lieder f. d. Jugend in Schulen u. kleinern gesangliebenden Kreisen, in Musik gesetzt. 2 Hfte. qu. Lex.-8. (13¼ B.) Meißen 834, Goedsche.

Kahl, Karl Friedr. Wilh., kurzgefaßte deutsche Sprachlehre f. Volksschulen. 8. (10¼ B.) Leipzig 841, (Hermann.)

Kahl, Karl Fr. Wlh., kurzgefaßte deutsche Sprachlehre für Volksschulen. 8. Leipzig 841. (Hermann.) ⅜ ℛ
Ein für Schüler bearbeiteter Auszug hieraus ist:
— Begriffe für den Unterricht in der deutschen Sprache. 8. Ebend. 841. $^1/_{12}$ ℛ

Kahl, Ludwig Martin

— — **Artes ingenuas vanas ac perniciosas sine vehementi atque assidua animi ad philosophiam adplicatione habendas sistit.** Götting. (Abraham Vandenhoeck) 14. IV. 1737. 14 S. (3.50) 17363

Kahl, Ludw. Mart. (Präs.), s. Brandes, Geo. Friedr.: De Jurejurando principis.

— **Ludwig Martin** (Magdeburg), **Quaestio an naturalis animae humanae competat divinandi facultas resolvitur.** Diss. philos. Präs. Johann Joachim Lang. Halle (Hendel) 18. IX. 1734. 46 S. mit Widm. v. Präs. (6.80) 17362

Kahl, L. M., (Götting. 1737. 4.) Werenfels, S., (Basil. 1711. 4.) de scholis prophetarum.

KAHL, OTTO, De antiquitate et usu Betulæ pentecostalis frondiumque sacrarum universe. Vom Pfingst-Mayen. Kilonii. 1707. 4. P. [Præs. And. Ludov. Koenigsmann].

Kahl, Otto, Dein ist das Reich und die Kraft und die Herrlichkeit. Predigt über Matthäus 6, 13 gehalten am Missionsfeste zu Schweinfurt den 23. Juni 1867. gr. 8. (22 S.) Schweinfurt 867, Giegler. *

Kahl, Dr. R. E., Mathemat. Aufgaben aus der Physik nebst Auflösungen. Zum Gebrauche an höheren Bildungsanstalten etc. Mit Holzschn. i. Text. Leipzig 1874. 8°.

Kahl, Richard, a. Bochum: Über die Paarung von Säurehydraziden mit Zuckerarten. Berlin 1904: Buchdr. „Die Post". (31 S.) 8°
Freiburg i. B., Phil. Fak., Ref. Gattermann, Diss. v. 12. Jan. 1905
[Geb. 21. Aug. 75 Bochum; Wohnort: Freiburg; Staatsangeh.: Preußen; Vorbildung: Realgymn. z. hl. Geist in Breslau; Studium: Berlin 10 S.; Rig. 20. Juli 04.]

Kahl, Richard *Viktor* [aus Schlesien]: Aus d. med. Klinik zu Greifswald. Der Typhus abdominalis in der Greifswalder Universitätsklinik im Sommer 1892 ... Greifswald, Druck v. J. Abel, 1893; 30 S. 8.
Greifswald, Med. Fak., Inaug.-Diss. v. 24. Febr. 1893

Kahl, Robert. Schlesisches Museum der bildenden Künste zu Breslau. Beschreibendes Verzeichniss der Gemälde. Breslau 1886. 8°.

Kahl, R., das venezianische Skizzenbuch und seine Beziehungen zur umbrischen Malerschule, s.a. Beiträge zur Kunstgeschichte.

Kahl, Robert. Das Venezianische Skizzenbuch und seine Beziehungen zur Umbrischen Malerschule. (Seemann's Beiträge zur Kunstgeschichte, No. VI.) Leipzig 1882. 8°.

Kahl, Walter, appr. Arzt a. Stettin: Aus d. med. Poliklinik d. Univ. Greifswald. Direktor: Prof. Dr. Strübing. Zur Kenntnis der Sarcome des untersten Pharynxabschnittes. Greifswald 1908: H. Adler. (65 S.) 8°
Greifswald, Med. Fak., Ref. Strübing, Diss. v. 21. März 1908
[Geb. 20 Sept. 78 Stettin; Wohnort: Greifswald; Staatsangeh.: Preußen; Vorbildung: Gymn. Gartz a. O. Reife M. 01; Studium: Berlin 1, Jena 4, München 1, Berlin 3, Greifswald 1 S.; Coll. 25. Jan. 07: Approb. 22. Dez. 07.]

— Wenceslaus Gottlob (Liegnitz), Nonnulla de sale sodae. Diss. chymico-medica. Präs. Johann Friedrich Cartheuser. Frankfurt a. O. (Johann Christian Winter) März 1756. 32 S. (6.50) 17364
Gew.: Gottlob Hentschel (Strehlen). — Widm. v.: D. Friedrich August Cartheuser.

Kahl, Wilh., die deutschen Amortisationsgesetze. gr. 8. (VII, 322 S.) Tübingen 879. Laupp. n. 6. —

Kahl, Wilhelm: Aphorismen zur Trennung von Staat und Kirche. Berlin: G. Schade 1908. 34 S. 4°
Berlin Univ., Rede zum Antritt des Rektorates 1908
[U 09. 305

Kahl, Wilh., der Arzt im Strafrecht. (III, 23 S.) Lex. 8. Jena 909. G. Fischer. 1.—
Sonderabdruck aus: „Ztschr. f. d. ges. Strafrechtswiss."

— Adph. **Wagner** u. **K. Lamprecht**, die nationale Bedeutung der Reichsfinanzreform. 3 Reden, geh. in Berlin am 6. XI. 1908. Hrsg. v. der Vereinigg. zur Förderg. der Reichsfinanzreform. (1—10000.) (44 S.) gr. 8. Berlin (908. 09). H. Hillger. — 30

Kahl, Wilh., die Bedeutung des Toleranzantrags für Staat u. evangelische Kirche. gr. 8. (46 S.) Halle 902. E. Strien. n. 1.—
Sonderabdruck aus: „Deutsch-evangel. Blätter".

Kahl, Wilh., Bekenntnissgebundenheit u. Lehrfreiheit. Akadem. Festrede. Geh. z. Feier d. 27. I. 1897 an d. Universität Berlin. gr. 4. (30 S.) Berlin 897. J. Becker. n. 1.

Bekenntnissgebundenheit und Lehrfreiheit. Rede z. Feier d. Geburtst. S. M. d. Kaisers u. Königs geh. in d. Aula d. Kgl. Friedrich-Wilhelms-Universität in Berlin am 27. Jan. 1897 v. Wilhelm **Kahl**. Berlin, Druck v. W. Büxenstein, 1897; 30 S. 4.

Kahl, Wilhelm: [Umschlagt.:] Bismarck lebt. Gedächtnisrede bei d. allgem. Trauerfeier in Berlin am 7. August 1898 gesprochen v. D. Dr. Wilhelm Kahl.
Freiburg i. B., Leipzig & Tübingen: J. C. B. Mohr 1898. (16 S.) 1 Bd. 8°

Kahl, Wilh. Unser Bismarck. Festrede, geh. in Bonn am 1. April 1890. gr. 8. (24 S.) Bonn 890, Strauß. * 1 —

— s.: **Blätter, deutsch-evangelische.**

Kahl, Wilhelm [Hilfsl. Dr.]: Democritstudien. I. Democrit in Ciceros philosophischen Schriften. Diedenhofen, Buchdr. v. F. Hollinger, 1889; 28 S. 4°
Diedenhofen, G, P 1889 (479)

Kahl, Wilhelm [Hrsg.], s. Deutsch-Evangelisch

Kahl, Wilhelm. Deutsche mundartliche Dichtungen. Für den Schulgebrauch hrg. von Dr. Wilhelm Kahl.... Mit einer Karte. XXVI + 201 S. 8. Prag *und* Wien, F. Tempsky; Leipzig, G. Freytag, 1901. geb. M. 2. —

— Ebenbürtigkeit u. Thronfolgerecht d. Grafen zu Lippe-Biesterfeld. gr. 8. (VIII, 99 S. m. 2 Tab.) Bonn 896. E. Strauß. n. 2.—

— die Errichtung v. Handelsgesellschaften durch Religiose, s.a. **Festgabe f. Heinrich Dernburg.**

Kahl, Wilhelm: Die Errichtung von Handelsgesellschaften durch Religiose. Von D. Dr. Wilhelm Kahl.
Berlin: H. W. Müller 1900. (37 S.) 8°

Kahl, Wilhelm: Geschichtliches und Grundsätzliches aus der Gedankenwelt über Universitätsreformen. Berlin 1909: G. Schade. 32 S. 4°
Berlin Univ., Rede zur Gedächtnisfeier Friedrich Wilhelms III. 1909 [U 09. 308

Kahl, Wilh., über Gewissensfreiheit. Populärwissenschaftlicher Vortrag. gr. 8. (24 S.) Erlangen 886, Deichert'sche Verlagsb. Nachf.

Grundriß zu den Vorlesungen über Geschichte und Erklärung der Preußischen Verfassung von D. Dr. Wilhelm **Kahl**, Prof., Berlin. Als Ms. gedr. Guben 1896: A. Koenig. (28 S.) 8° [F.]

Kahl, Wilh., das neue Kaisertum. Festrede, geh. am 18. Jan. 1898 im liberalen Bürgerverein in Bonn. gr. 8. (16 S.) Bonn 898. (E. Strauß, Verl.) n. — 60

Kahl, Wilh., das obere Kirchengericht für die Grossherzogthümer Mecklenburg. gr. 8. (IV, 105 S.) Tübingen 880, Laupp'sche Buchh. *

Kahl, Wilh., Kirchenordnung f. die evangelischen Gemeinden der Prov. Westfalen u. der Rheinprovinz vom 5. März 1835, s.: **Bluhme-Hälschner.**

— die Konfession der Kinder aus gemischter Ehe. Zu den Vorschlägen üb. die Kodifikation des deutschen bürgerl. Rechts. gr. 8. (78 S.) Freiburg i/B. 895. J. C. B. Mohr. n. 1. 20

—— Cornelius Labeo, s. Philologus, 5. Suppl.-Bd.

Kahl, Wilhelm [aus Strassburg im Elsass]: Die Lehre vom Primat des Willens bei Augustinus, Duns Scotus und Descartes .... Strassburg, Verl. v. Karl J. Trübner, 1886; 10 + 120 S. 8°.
Strassburg, Phil. Fak., Inaug.-Diss. v. 1886.

— Lehrsystem des Kirchenrechts u. der Kirchenpolitik. 1. Hälfte. Einleitung u. allgemeiner Tl. gr. 8. (XV, 414 S.) Ebd. 894. n. 8. —; geb. in Halbfrz. n.n. 10.50

Kahl, Wilhelm, Referendar in Rügenwalde: **Die** missio canonica zum Religionsunterricht und zur Lehre der Theologie an Schulen bezw. Universitäten nach dem Rechte der katholischen Kirche und dem staatlichen Rechte in Preußen. Stolp 1907: W. Delmanzo. (49 S.) 8°
Greifswald, Jur. Fak., Ref. Sartorius, Diss. v. 16. Jan. 1908
[Geb. 20. Febr. 80 Stettin; Wohnort: Rügenwalde; Staatsangeh.: Preußen; Vorbildung: Gymn. Danzig Reife O. 04; Studium: Bonn 3, Berlin 1, Greifswald 2 S.; Rig. 10. Dez. 07.]

— Mundart u. Schriftsprache im Elsass. gr. 8. (VIII, 62 S.) Zabern 893. (H. Fuchs.) n. 1.50

Kahl, Wilh., allgemeine Pädagogik, s.: Waitz, Thdr.

— üb. Parität. Akadem. Festrede. Geh. z. Feier des 27. Jan. 1895 an d. Universität Bonn. gr. 8. (31 S.) Freiburg i/B. 895. Tübingen, J. C. B. Mohr. n. — 80

— Der Rechtsinhalt des Konkordienbuchs, s.: Festgabe d. Berliner juristischen Fakultät f. Otto Gierke.

— **s.: Rechtswissenschaft, systematische.**

— Üb. Reichstagsauflösung u. Kolonialpolitik, s.: Schmoller, Gust.

— **Heilborn, Kohlrausch, Kohler, Stooss, Religionsvergehen; falsche Anschuldigung; Zweikampf; Münzdelikte; Meineid, s.: Darstellung, vergleichende, des deutschen u. ausländischen Strafrechts.**

Kahl, Wilhelm [Hrsg.], s. Richter; Lehrbuch des katholischen und evangelischen Kirchenrechts.

Christian Gotthilf Salzmann. Sein Leben u. s. pädag. Schriften. Bearb. von Dr. Wilhelm **Kahl**, Prov.Schulrat. Halle a. S.: Schroedel 1910. 121 S. 8°
(Die pädagogischen Klassiker. Bd 27.) [11. 13280

Kahl, Wilh., die Selbstständigkeitsstellung der protestantischen Kirche in Bayern gegenüber dem Staate. gr. 8. (IV, 84 S.) Erlangen 874, Deichert. * 1 40

— Das neue Strafgesetzbuch, s.a. Zeit- u. Streitfragen, neue. XIII, 6.

Kahl, Wilhelm: Das neue Strafgesetzbuch. Vortrag geh. zu Dresden 1907 von D. Dr. Wilhelm Kahl, Prof., Berlin. Dresden: v. Zahn & Jaensch 1907. (26 S.) 8°
= Zeit- u. Streit-Fragen, Neue, hrsg. von d. Gehestiftung. Jg. 4, H. 6.

— **Strafrecht u. freie Liebestätigkeit,** s.a. **Schriften des freiwilligen Erziehungsbeirats f. schulentlassene Waisen. 4. Bd.**

Strafrecht und freie Liebestätigkeit. Vortrag von D. Dr. Wilhelm **Kahl**, Prof., Berlin, geh. in d. 7. Hauptvers. d. Freiwill. Erziehungsbeirats f. schulentlassene Waisen zu Berlin 1904. Berlin: O. Liebmann 1904. (29 S.) 8° [F.]
— **Schriften** d. freiwilligen Erziehungsbeirats f. schulentlassene Waisen. Bd 4. 105. 7807

— über die Temporaliensperre, besonders nach bayerischem Kirchenstaatsrecht. Mit Benützg. handschriftlicher Quellen. Habilitationsschrift. gr. 8. (X, 227 S.) Ebend. 876. n. 4. —

Kahl, üb. d. Temporaliensperre. Erlangen 876.

—— die Verschiedenheit katholischer und evangelischer Anschauung über das Verhältniß von Staat und Kirche. Vortrag, gehalten auf der Leipziger luther. Pastoralconferenz am 17. Juni 1886. Lex.-8. (30 S.) Leipzig 886, B. Tauchnitz.

Kahl, Wilhelm: Der elsässische Wein in Geschichte und Sage. Strassburg 1896. 16 S. -- [Zit. nach Barth, Medard: Der Rebbau des Elsass ... 1958]

Kahl, Wilhelm: Der elsässische Wein in Geschichte und Sage. Vortrag, gehalten am 24. Oktober 1896 in der Vogesenklubsektion Pfalzburg. Straßburg: Kayser 1896. 16 S. Aus: Straßburger Neueste Nachrichten. Bibliothèque Nationale et Universitaire de Strasbourg.

-- Geminderte Zurechnungsfähigkeit, s.: Darstellung, vergleichende, des deutschen u. ausländischen Strafrechts.

Kahla [Schlagwort]

Kahla, s.: Preussen. Messtischblätter.

Kahlbau, C. G., Erzählungen u. Sagen aus der Altmark. (A. u. d. T.: Die Volkssagen der Altmark. 2. Thl.) 8. (11 B.) Tangermünde 845, Doeger. —
Hieraus ist abgedruckt:
Das Gespenst zu Schorstedt, u. Jungfer Lorenz. Zwei altmärk. Volkssagen. (5⅞ B.) 11¼ Ngr.
Rothmännchen, od. das Grab der Sarcsja. (5⅛ B.) 11¼ Ngr.

Kahlbau, C. G., Napoleon auf Helena. Historisch-romantisches Drama in 5 Aufzügen. 8. (155 S.) Tangermünde 855, Doeger'sche Buchh. *

Kahlbau, C. G., Napoleon auf Helena. Historisch-romantisches Drama in 5 Aufzügen. 2., wohlf. (Titel-)Aufl. gr. 8. (155 S.) Tangermünde (855)57. [Osterburg,] Doeger'sche Buchh.

Kahlbau, Joh. Sam. Fr., neue biblische Blumenlese enthaltend tausend auserlesene Aussprüche der heiligen Schrift, nach der Folge der biblischen Bucher. 8. Stendal, Franzen und Große. 818.
Auch unter dem Titel:
Neues Altmärkisches Spruchbuch ꝛc.

Kahlbau, (J. S. F.,) Wochenspruchbuch, od. Samml. auserles. Bibelstellen u. dazu passender neuer Liederverse f. d. Jugend. 2e Aufl. 8. Stendal 827, Franzen u. Gr.

Kahlbau, Joh. Sam. Friedr., Wochenspruchbuch, od. Sammlung auserl. Bibelstellen u. dazu pass. neuer Liederverse ꝛc. Für d. Schuljugend. 3., verb. u. verm. Aufl. 8. (4 B.) Stendal 830, Franzen u. Große.

Kahlbaum, Dr. med. in Görlitz. Ein internationaler Vorschlag zur rationellen Behandlung der Dipsomanie. Vortrag. Sonderabdruck der Wiener Medizinischen Wochenschrift. Wien 1891. 8 S.

Kahlbaum, Carl, s. Kahlbaum, Karl

Kahlbaum, G., siehe: *Verhandlungen.*

Kahlbaum, Georg Wilhelm August

– Über d. Anteil Lavoisier's an d. Feststellg. d. d. Wasser zusammensetz. Gase,
s. Monographieen aus d. Geschichte d. Chemie.

Kahlbaum, G. W. A: Antwort auf die Entgegnung der Herren Rollet und Zoth. (Quecksilberpumpe). Basel 1896

Kahlbaum, Geo. W. A., s.: Berzelius, Jonas Jak., u. Chrph. Frdr. Schönbein. 20 Briefe.

Kahlbaum, G. W. A. (Hrsg.), s. Briefwechsel (zw.) J. v. Liebig u. C. F. Schönbein.

– u. Aug. Hoffmann: Die Einführg. d. Lavoisier'schen Theorie im Besond. in Deutschland, s.a. Monographieen aus d. Geschichte d. Chemie.

Die Einführung der Lavoisier'schen Theorie im Besonderen in Deutschland. Über d. Anteil Lavoisier's an d. Feststellg der d. Wasser zusammensetzenden Gase. Von Georg W. A. Kahlbaum u. August Hoffmann. *Leipzig: J. A. Barth 1897.* (XI, 211 S.) 1 Bd 8.
= Monographieen a. d. Geschichte d. Chemie. H. 1. [97- 97

— s.: Faraday and Schoenbein, letters.

Kahlbaum, Georg W. A.: Zu Christ. Friedr. Schönbeins hundertstem Geburtstag. Akad. Festrede geh. am 18. Okt. 1899 von –. Basel 1899: E. Birkhäuser. (19 S.) 4°

— u. Siegfr. Räber, die Konstante der inneren Reibung des Ricinusöls, u. das Gesetz ihrer Abhängigkeit v. der Temperatur, s.a.: Acta, nova, academiae etc. naturae curiosorum. 84, III.

Kahlbaum, Georg W[ilhelm] A[ugust], und Räber, Siegfr[ied]. Die Konstante der inneren Reibung des Ricinusöls von Georg W. A. K' und Siegfr. R' und das Gesetz ihrer Abhängigkeit von der Temperatur von Siegfr. Räber. Mit [Figuren und] 6 Tafeln Nr. XIII—XVIII. Eingegangen bei der Akademie am 22. November 1904. S. 201—308 ⟨108 S.⟩. 4. Halle a. S., Druck Ehrhardt Karras; Comm. Wilh. Engelmann, Leipzig, 1905. [M. 9.—]
Nova Acta. Abh. der Kaiserl. Leop.-Carol. Deutschen Akademie der Naturforscher. Band 84. Nr. 3.
Ausg. B. — Ausg. A s. Räber, Siegfried. ... Diss. Phil. Basel....

Kahlbaum, Georg W. A.: Aus Christian Friedrich Schönbeins Leben. Vortrag geh. im Bernoullianum zu Basel am 5. Nov. 1899 von –. Basel: R. Reich 1900. (25 S.) 8°

Kahlbaum, Geo. W. A., s.: Liebig, Just. v., u. Frdr. Mohr in ihren Briefen.

— s.: Liebig, Just. v., u. Chrn. Frdr. Schönbein, Briefwechsel.

Kahlbaum, G. W. A: Über Metalldestillation und über destillierte Metalle. Basel 1903

— s.: Mitteilungen zur Geschichte der Medizin u. der Naturwissenschaften.

— s.: Monographieen z. Geschichte d. Chemie.

— Mythos u. Naturwissenschaft unt. bes. Berücksicht. d. Kalewala. Vortrag, geh. an d. Jahresschlusssitzg. d. naturforsch. Gesellschaft zu Basel. gr. 8. (VIII, 48 S.) Leipzig 898. J. A. Barth. n. 2.—

Kahlbaum, Geo. W. A., Theophrastus Paracelsus. Ein Vortrag, geh. am 17. Dezbr. 1893. gr. 8. (70 S.) Basel 894. B. Schwabe. n. 1. 50

— u. Ed. Schaer, Christian Friedrich Schönbein, s.a. Monographieen aus d. Geschichte d. Chemie. 6.

Christian Friedrich Schönbein 1799–1868. Ein Blatt z. Gesch. d. 19. Jhs von Georg W. A. Kahlbaum u. Ed[uard] Schaer. (1. 2.) *Leipzig: J. A. Barth 1899–1901.* 2 Bde 8°
= Monographien aus d. Geschichte d. Chemie. H. 4. 6. [01. 4589

— Siedekurven der normalen Fettsäuren. Steintaf. 55×188 cm. Mit Text. gr. 8. (4 S.) Leipzig 894. Breitkopf & Härtel. n. 3. —

Kahlbaum, Geo. W. A., Siedetemperatur u. Druck in ihren Wechselbeziehungen. Studien u. Vorarbeiten. Mit 1 in den Text gedr. Holzschn. u. 107 Fig. auf 15 lith. Taf. gr. 8. (VIII, 153 S.) Leipzig 885. Barth. n. 10. —

— e. Spitzbergenfahrt. Plaudereien. M. e. Bildn. S. A. Andrées v. H. B. Wieland. 12. (117 S.) Ebd. 896. n. 2. —

— Studien üb. Dampfspannkraftmessungen. In Gemeinschaft m. Paul Schroeter u. andern Mitarbeitern. gr. 8. (XII, 315 S. m. 9 lith. u. 3 Kurventaf.) Basel 893. B. Schwabe. n. 16. —

— Studien üb. Dampfspannkraftmessungen. In Gemeinschaft m. C. G. v. Wirkner u. and. Mitarbeitern. II. Abtlg. 1. Hälfte. M. 1 Taf., 3 Holzschn. im Text u. 4 Kurventaf. gr. 8. (XII, 221 S.) Basel 897. B. Schwabe. n. 8. — (I. u. II, 1.: n. 24. —)

Kahlbaum, Georg W[ilhelm] A[ugust]. Um halb Europa herum. Eine Empfehlung. Mit 13 Lichtdrucken nach photographischen Aufnahmen des Verfassers (1 auf dem Umschlag [und 12 Tafeln]). 69 S. 8. Basel, Benno Schwabe, 1902. [fr. 2. 50]

—— aus der Vorgeschichte der Spectralanalyse. Vortrag, gehalten in der Aula des Museums zu Basel. gr. 8. (48 S.) Basel 888, Schwabe. *

—s.a. Wöhler, Friedrich, e. Jugendbildnis in Briefen.

KAHLBAUM, G. W. A. Friedrich Wöhler. Ein Jugendbildniss in Briefen an H. von Meyer. Mit Anmerkungen. Leipzig, 1900. 8vo.

Kahlbaum, Karl

Kahlbaum, Karl, klinische Abhandlungen über psychische Krankheiten. 1. Heft: Die Katatonie. gr. 8. (XVI, 104 S.) Berlin 874, Hirschwald. * 2 80

Kahlbaum, Karl *Friedrich Wilhelm:* Zur Differentialdiagnose der Jodoform-Intoxikation bei Hysterectomieen ... Leipzig, Druck v. A. Th. Engelhardt, 1895; 32 S. 8.
Leipzig, Med. Fak., Inaug.-Diss. v. 5. Dez. 1895

Kahlbaum, Karl, Entwurf einer Wissenschaftslehre nach der Methode der Naturforschung. 1. u. 2. Abdr. Danzig 860, 61. Kafemann. Lex.-8. (31 S.) 7½ *ngr.*

Kahlbaum, K., die klinisch-diagnostischen Gesichtspunkte der Psychopathologie, s.: Sammlung klinischer Vorträge.

Kahlbaum, K., die Gruppirung der psychischen Krankheiten und die Eintheilung der Seelenstörungen. Entwurf einer historisch-krit. Darstellung der bisher. Eintheilungen und Versuch zur Anbahnung einer empirisch-wissenschaftl. Grundlage der Psychiatrie als klin. Disciplin. Lex.-8. (XII und 182 S.) Danzig 863, Kafemann. *

Kahlbaum, Car. (Ludov.) (geb. Driesen 28. 12. 1828): De avium tractus alimentarii anatomia et histiologia nonnulla. Gedani (1854). (20 S.) 8°
Berlin, Med. Diss. v. 14. Okt. 1854

Kahlbaum, Siegfried [app. Arzt aus Görlitz]: Ueber einen Fall von Carcinoma ventriculi et peritonaei ... München, J. G. Weiss'sche Buchdr., 1896; 19 S. 8.
München, Med. Fak., Inaug.-Diss. v. 1896

Kahlberg, Albert, a. Uslar (Provinz Hannover): Die Ethik des Bachja ibn Pakuda. Breslau 1906: H. Fleischmann. (37 S.) 8° ¶ (Nur T. 1. Erscheint später vollständig.)
Breslau, Phil. Fak., Ref. Baumgarten, Diss. v. 30. März 1906
[Geb. 8. Febr. 83 Uslar, Prov. Hannover; Wohnort: Uslar; Staatsangeh.: Preußen; Vorbildung: Gymn. Kreuznach Reife O. 01; Studium: Breslau 10 S.; Rig. 23. Juni 05.]

Kaehlbrandt. – E m i l Kaehlbrandt. Lebensbild e. livländ. Pastors. (Verf.: Die Tochter.) Riga: Jonck & Poliewsky 1910. IV, 376 S. 8°

Kaehlbrandt, Bernh., Zeugnisse von Christo. Predigten aus dem schriftl. Nachlaß. gr. 8. (IX, 230 S.) Riga 885, Stieda. *

Kaehlbrandt, Emil, Jesus Christus gestern u. heute u. derselbe in Ewigkeit. 12 Festpredigten. gr. 8. (96 S.) Riga 879. Stieda. n. 2. —

Kaehlbrandt, Emil, in welchem Sinne giebt es bei uns e. Frauenfrage? Vortrag, geh. am 9. XII. 1898 zu Riga. gr. 8. (16 S.) Riga 899. L. Hörschelmann. n.n. — 50
Sonderabdruck aus: „Balt. Monatsschrift."

Kaehlbrandt, Emil, Predigt am V. Sonntage nach Epiphanias, den 7. II. 1899. gr. 8. (8 S.) Riga 899. [L. Hoerschelmann.] Jonck & Poliewski. n.n. — 20

— vier Vorträge über das Wesen des Christenthums, geh. im Winter 1900/1901. gr. 8. (41 S.) Riga 901. Jonck & Poliewsky. n. 1. 20

Kaehlbrandt, Emil, „die Zeit der Erquickung". Apost.-Gesch. 3, 19—21. Abschiedspredigt, geh. am III. Advent, 17. XII. 1906, in der St. Petri-Kirche in Riga. (15 S.) 8. Riga 907. Jonck & Poliewsky. — 40

Kaehlbrandt, Friedrich: Über die Oxydation der Isobutyl-Itakonsäure, -Citrakonsäure und -Mesakonsäure mit Kaliumpermanganat. *Strassburg i. E. 1897: C. & J. Goeller.* (27 S.) 8°
Strassburg, Math.-naturw. Diss. v. 1897

Kahlden, v., die Landarbeiterfrage. Vortrag, geh. in der ökonom. Gesellschaft im Königr. Sachsen zu Dresden am 4. II. 1910. (36 S.) gr. 8. Leipzig 910. Fritzsche & Schmidt. — 80

Kahlden, v., die Verwerthung der städtischen Abfallstoffe in der Landwirthschaft. Vortrag, geh. am 14. XI. 1902 in der ökonom. Gesellschaft im Königr. Sachsen. (31 S. m. 1 farb. Karte.) gr. 8. Dresden 903. Berlin, G. Schönfeld. n. 1. —

Kahlden, Clemens, s. K a h l d e n , Klemens von

Kahlden, Eberhard von, aus Fritzlar: Beitrag zur Frage der Konkurrenzfähigkeit des Kleinbetriebes gegenüber dem Grossbetriebe in der Landwirtschaft. *Berlin 1898: F. Weber.* (126 S.) 8°
Rostock, Phil. Diss. v. [4. Aug.] 1898

Kahlden, Klemens von

Kahlden, C. v., s.: Centralblatt f. allgem. Pathologie u. patholog. Anatomie.

Kahlden, C. v., Technik der histologischen Untersuchung pathologisch-anatomischer Präparate, s.a. Ziegler, Ernst, Lehrbuch der allgemeinen u. speciellen pathologischen Anatomie.

Technik der histologischen Untersuchung pathologisch-anatomischer Präparate f. Studirende u. Ärzte von Dr. C[lemens] v. **Kahlden,** Prof., Freiburg. 3. verm. u. verb. Aufl. Jena: G. Fischer 1893. (VIII, 122 S.) 8°
= **Ziegler,** Ernst: Lehrbuch d. allgem. u. spec. pathol. Anatomie. Erg.H.
[6. 11374 10

Technik der histologischen Untersuchung pathologisch-anatomischer Präparate für Studirende u. Ärzte von Dr. C[lemens] v. **Kahlden.** Prof., Freiburg i. B. 6. verm. u. verb. Aufl. *Jena: G. Fischer 1900.* (VIII, 174 S.) 8°
— **Ziegler.** Ernst: Lehrbuch der allg. u. spec. pathol. Anat. Erg.H. [0?. 119 11

Technik der histologischen Untersuchung pathologisch-anatomischer Präparate für Studierende u. Ärzte von Dr. C[lemens] v. **Kahlden,** weil. Prof., Freiburg. 7. verm. u. verb. Aufl. bearb. von Dr. Edgar Gierke, Assist., Freiburg. *Jena: G. Fischer 1904.* (X, 199 S.) 8°
= **Ziegler,** Ernst: Lehrbuch d. allgem. u. spez. pathol. Anatomie. Erg.H.
[04. 6511 11

Kahlden's, (C.) v., Technik der histolog. Untersuchg. pathologisch-anatomischer Präparate v. Edg. Gierke. 8. umgearb. Aufl. Mit Technik der Untersuchg. des Nervensystems v. Spielmeyer. (XI, 220 S.) Lex. 8. Jena 909. G. Fischer. 4.—; geb. n 4. 60

Kahldorf, über den Adel, s.a. Heine, Heinr.

Kahldorf über den Adel in Briefen an Grafen von Moltke ... Nürnb. 1831. V: *Wesselhöft, Robert.* (GGr)

Kahldorf, ..., s. Alliston, W., Monatbl.

Kahldorf, Berlin u. Rom. Unpartheiische Betrachtungen üb. d. Conflict d. preuß. Staatsregierung mit d. röm. Stuhl. 8. (3 B.) Leipzig 838, Volckmar.

Kahle, d. pommer. Bauernordnung erläutert. Berlin 879.

— in Liebesketten, s.: Weber's mod. Bibliothek.

Kahle, A., Lasson's System der Rechtsphilosophie, in seinen Grundzügen beurtheilt, s.a. Vorträge, philosophische.

A. Lasson's System der Rechtsphilosophie in seinen Grundzügen beurtheilt von **Kahle,** Ger.Ass. a. D. Ein Vortrag nebst der dabei stattgehabten Diskussion. Halle a. S.: C. E. M. Pfeffer 1883. (64 S.) 8°
= **Vorträge,** Philosophische. N. F. H. 5.
[07. 3108

Kahle, Adf. Auszug aus d. gerichtl. Gebührentaxe nach d. deutschen Gerichtskosten-Gesetze u. d. preußischen Landeskosten-Gesetzen, enth.: Gesetz, betr. die den Medicinal-Beamten f. die Besorgg. gerichtsärztl., medicinal- od. sanitätspolizeil. Geschäfte zu gewähr. Vergütiggn. A. Tarif f. Gerichtsärzte (als Sachverständige.) B. Gebühren d. Chemiker. Mit erläut. Anmerkgn. 12. (30 S.) Striegau 890, Wattenbach. * 1 —

Kahle, Adf., d. Kriminalbeamte, s.a. Weichert's Wochenbibl.

— gerichtliche Gebührentaxe nach dem deutschen Gerichtskostengesetze u. d. preußischen Landeskostengesetzen in systemat. u. tabellar. Darstellung, nebst Erläutergn. 2 Thle. Fol. Colberg 886. 887. [Post.] Striegau, Wattenbach. n. 9. 50
1. Betr. die Prozeß-, Konkurs-, Zwangsverwaltungs-, Subhastations- u. Strafsachen. 28 Tabellen u. Anhang. (III, 80 S.) n. 4. 50
2. Betr. die Akte der freiwilligen Gerichtsbarkeit, Grundbuch-, Vormundschafts-, Nachlaß-, Fideikommiß-, Stiftungs-, Handels- u. Schiffahrtssachen, Austritt aus der Kirche. Nebst e. Anh. (S. 81—168 u. Sachreg. zu beiden Thln. 8 S.) n. 5. —

Kahle, Adf. Gerichtliche Gebührentaxe nach dem deutschen Gerichtskostengesetze u. den preußischen Landeskostengesetzen in systematischer u. tabellarischer Darstellung nebst Erläuterungen. 2. verm. u. verb. Aufl. Hrsg. v. Berth. Kahle u. J. Heinrichs. 2 Thle. Fol. Striegau 892, Wattenbach. geb. in Leinw. à Thl. * 6 50; * 13 —
1. [Streitige Gerichtsbarkeit.] Betr.: Die Prozeß-, Konkurs-, Zwangsverwaltungs-, Subhastations- u. Strafsachen. (III, XI, 83; IV S.)
2. [Nichtstreitige Gerichtsbarkeit.] Betr.: Die Akte der freiwill. Gerichtsbarkeit, Grundbuch-, Vormundschafts-, Nachlaß-, Fideikommiß-, Stiftungs-, Handels- u. Schiffahrtssachen, Austritt aus der Kirche. Nebst e. Anhange. (III, 99; IV S.)

Kahle's, Adf., gerichtliche Gebührentaxe nach dem deutschen Gerichtskostengesetze u. den preuß. Landeskostengesetzen in systematischer u. tabellarischer Darstellung nebst Erläuterungen. 3., gänzlich umgearb. Aufl. v. Ed. Schulz. 2 Tle. Fol. Berlin, G. Wattenbach. à n. 6. 75; geb. in Leinw. à n. 7. 75

1. Allgem. Bestimmungen. Gebühren in Angelegenheiten der streit. Gerichtsbarkeit. (IV, 112 u. VII S.) 902.
2. Gebühren in Angelegenheiten der freiwillig. Gerichtsbarkeit. Auslagen in Rechtssachen aller Art. (III, 113 u. VII S.) 903.

Kahle, Adf., das Lübische Gesetzbuch in seinen noch gültigen Bestimmungen u. seiner Anwendbarkeit mit dem Texte des revidirten Lübecker Stadtrechts von 1586, ergänzt u. erläutert durch die Aussprüche der hervorragendsten Schriftsteller u. die Entscheidungen des königl. preuß. Ober-Tribunals zu Berlin bis auf die neueste Zeit, u. die Pommersche Bauerordnung vom 30. Dezbr. 1764, ergänzt u. erläutert durch die Entscheidungen des königl. Ober-Tribunals. Zum Gebrauch für die Gerichte, Rechtsanwälte, Verwaltungsbehörden, Magistrate hrsg. gr. 8. (VII, 87 S.) Berlin 879. Guttentag. n. 1. 80

Der Kriminalbeamte. Kriminal-Erzählung von Adolf Kahle. Mit 3 Vollbildern. *Berlin: A. Weichert [1902].* (96 S.) 8° [F.]
— Wochen-Bibliothek, Weichert's. Bd 132. [03. 8538

—— vollständiger Stempelsteuer-Tarif nach dem preußischen Stempelsteuergesetze vom 7. März 1822, den ergänz. preuß. Landes- und Reichsstempelgesetzen unter Berücksicht. des preuß. und des deutschen Gerichtskostengesetzes. Zum Gebrauch für die Gerichte, Rechtsanwälte, Notare und Verwaltungsbehörden. Fol. (III, 202 S.) Ebendas. 888. *

-- vollständiger Stempelsteuer-Tarif nach dem preußischen Stempelsteuergesetze vom 7. März 1822, den ergänz. preuß. Landes- u. Reichsstempelgesetzen unter Berücksicht. d. preuß. u. d. deutschen Gerichtskostengesetzes. Zum Gebrauch f. die Gerichte, Rechtsanwälte, Notare u. Verwaltungsbehörden. Hrsg. v. Berth. Kahle u. J. Heinrichs. 2., verb. u. verm. Aufl. Fol. (IV, 226 S.) Ebd. 891. Geb. n. 12. --

Kahle's, Adf., vollst. Stempelsteuer-Tarif nach dem preuß. Stempelsteuergesetze v. 31. VII. 1895 M. d. dazu erlass. Ausführungsbestimmgn., m. Auszügen aus d. Erbschaftssteuergesetz u. d. Reichsstempelgesetz, sow. m. umfass. Tabellen, unt. Berücksicht. d. preuß. Gerichtskostengesetzes v. 25. VI. 1895. Zum prakt. Gebrauche f. Gerichte, Rechtsanwälte, Notare, Verwaltungsbehörden ꝛc. Neu bearb. v. W. Schulz. 3., gänzl. umgearb. u. verm. Aufl. Fol. (VII, 251 S.) Berlin 897. G. Wattenbach. Geb. in Leinw. n. 12. —

Kahle, Adf., Stempelsteuer-Tarif. Nachtrag zur 3. Aufl. u. zu dem preuß. Stempelsteuergesetz v. 31. VII. 1895, enth. e. Zusammenstellg. der seit dem Erscheinen der 3. Aufl. — 1898 — im Rahmen des Stempelsteuergesetzes ergangenen u. bekannt gewordenen wichtigsten Entscheidungen der höchsten Gerichte u. Ministerialerlasse m. dem Erbschaftssteuergesetz u. e. Auszuge aus d. Reichsstempelgesetz v. 3. VI. 1906. Zum prakt. Gebrauch geordnet f. Gerichte, Rechtsanwälte, Notare, Verwaltungsbehörden etc. v. W. Schulz. (VIII, 95 S.) 32,5×22 cm. Berlin 908. G. Wattenbach. Geb. in Leinw. 6. 50

Hauptwerk Ebd. 897. Geb. 12.—.

— Verbrecherwege, s.a. Weichert's Wochen-Bibliothek.

Kahle, Adolf: Verbrecherwege. Kriminalroman von –. Mit 3 Vollbildern. Berlin: A. Weichert [1901]96 S.8°
= Wochen-Bibliothek, Weicherts. Bd. 119.

Kahle, Adf. W. J., mysteriöses Dunkel. Kriminal-Erzählg. (96 S.) 8. Neuweißensee (905). E. Bartels. 1. —

Kahle, Alb., die wichtigsten Eröffnungen des Schachspieles. Uebersichtlich zusammengestellt. Tabelle. 28×40,5 cm. Auo 893. (Leipzig, Kössling.) n.n. — 25

Kahle, Alb., die wichtigsten Eröffnungen des Schachspieles. Übersichtl. zusammengestellt. 3. verb. Aufl. (1 Bl.) 32,5×45 cm. Leipzig (908). H. Hedewig's Nachf. Gebrochen in kl. 8. nn — 35

Kahle, Alb., biblische Eschatologie. 1. Abthl. gr. 8. Gotha 870. Leipzig, Lehmann. (* ℳ 6.) *

Kahle, Alb., biblische Eschatologie. 1. Abthl.: Eschatologie des Alten Testamentes. gr. 8. (XII, 320 S.) Gotha 870, Schloessmann. * 6 —

[F.] Ein Hauptrad im Geschäftsgetriebe und seine Metamorphosen im Laufe der Jahrhunderte. E. Vortrag v. Albert Kahle. *Berlin: M. Wieland 1898.* (32 S.) 1 Bd 8. [98. 2673

—— Synodal-Predigt gehalten in der Domkirche zu Königsberg am 15. Oktbr. 1872. gr. 8. (12 S.) Königsberg 872, (Koch.) — 30

Kahle, Albert, s. Zum Gedächtnis.

Kahle, Alfr., die verhängnisvolle Inschrift, s.: Enßlin's Roman- u. Novellenschatz.

Kahle, Aug., Abriß der deutschen Grammatik, s.: Führer, Ant.

Kahle, A[ugust]: Der erste Entwurf der Fürstenbergschen Schulordnung. Aus einer bisher unbeachteten Handschrift veröffentlicht. *Münster i. W. 1898: Aschendorff.* (73–104 S.) 8°
Münster i. W., k. Paulinisches G, Festschr. 1898

Kahle, Aug., deutsches Lesebuch, s.: Führer, Ant.

Kahle, Augustus [Guestfalus]: De ἐπί praepositionis usu Euripideo Pars prima .... Marburgi Cattorum, typ. C. L. Pfeilii typogr. acad., 1888; 62 S. + 1 Bl. 8°
Marburg, Phil. Fak., Inaug.-Diss. v. [28. Jun.] 1888

Kahle, Bernhard

Kahle, B., isländische geistl. Dichtungen d. ausgeh. Mittelalters. Hrsg. v. K. gr. 8. (VII, 120 S.) Heidelberg 898. C. Winter. n. 4. —

Einladung zur öffentlichen Probe-Vorlesung, welche Dr. Bernhard Kahle zur Erlangung der Venia legendi bei der philosophischen Facultät der Ruprecht-Carls-Universität zu Heidelberg Freitag, d. 26. Febr. 1892 ... abhalten wird. Thema: Altnordische Culturverhältnisse, geschildert nach den Eddaliedern. *Heidelberg,* Druck v. J. Hörning, *1892;* 1 Bl. 8.
(Nicht für den Austausch)

— altisländ. Elementarbuch, s.a. Sammlung v. Elementarbüchern d. altgerman. Dialekte.

Altisländisches Elementarbuch. Von Dr. B[ernhard] Kahle, Privatdoz. an d. Univ. Heidelberg. *Heidelberg: C. Winter 1896.* (XII, 238 S.) 1 Bd 8.
— Sammlung v. Elementarbüchern d. altgerman. Dialekte. [Bd] III. [96. 3965

Altisländisches Elementarbuch von Dr. B[ernhard] Kahle, Prof., Heidelberg. [Neue Tit.-Aufl.] *Heidelberg: C. Winter 1900.* (XII, 238 S.) 8°
= Sammlung germanischer Elementarbücher. Reihe 1, Bd 3. [00. 1407] 11

Kahle, Bernhard: Zur Entwicklung der consonantischen Declination im Germanischen .... Berlin, Haude- & Spener'sche Buchh. (F. Weidling), 1887; 2 Bl. + 54 S. 8°.
Heidelberg, Phil. Fak., Inaug.-Diss. v. 1886.

Kahle, B., zur Entwicklung der consonantischen Declination im Germanischen. gr. 8. (III, 54 S.) Berlin 887. Haude & Spener. n. 1. 20

Kahle, *Wilhelm Otto* Bernhard [aus Cöslin]: Über zwei Fälle von Tuberculosis coniunctivae ... Berlin, C. Vogts Buchdr., *1895*; 27 S., 2 Bl. 8.
Berlin, Med. Fak., Inaug.-Diss. v. 8. März 1895

Kahle, Bernh., Henrik Ibsen, Björnstjerne Björnson u. ihre Zeitgenossen, s.a. Aus Natur u. Geisteswelt.

Henrik Ibsen, Björnstjerne Björnson und ihre Zeitgenossen. Von Prof. Dr. B[ernhard] **Kahle** in Heidelberg. Mit 7 Bildn. auf 4 Taf. Leipzig: B. G. Teubner 1908. (IV, 140 S.) 8° [F.]
— **Natur,** Aus, u. Geisteswelt. Bdch. 193. [08. 7415

Kahle, B., s.: Kristnisaga.

— Ortsneckereien u. allerlei Volkshumor aus dem badischen Unterland. (III, 74 S.) gr. 8. Freiburg i/B. 908. F. E. Fehsenfeld. 1. —
Sonderabdr. a.: „Blätter d. bad. Ver. f. Volkskde."

— ein Sommer auf Island. Mit zahlr. Illustr. u. e. Karte v. Island. gr. 8. (VIII, 285 S.) Berlin 900. A. Bodenburg. n. 4. —; geb. in Leinw. n. 5. —

Kahle, Bernh. Die altnordische Sprache im Dienste d. Christenthums. 1. Tl.: Die Prosa. [Acta Germanica I, 4.] gr. 8. (S. 305—441.) Berl. 890, Mayer u. Müller. * 4 —

Kahle, Bernhard [Dr. phil.]: Die Sprache der Skalden auf Grund der Binnen- und Endreime ... [Erschien vollst. 1892.] Strassburg, K. J. Trübner, 1892; IV, 92 S. 8.
Heidelberg, Phil. Fak., Hab.-Schr. v. [26. Febr.] 1892

Kahle, C., s.a. Kahle, Karl

Kahle, C., De Plutarchi ratione dialogorum componendorum. Diss. 1912. 113 S. 4.—

Kahle, Carl L. H., s. Kahle, Karl. – Kahle, Karl L. H.

Kahle, Carl Maur., s. Kahle, Karl Moritz

Kahle, E., christliche Epigramme zu Taufnamen. Neu-Ruppin 860. (Berlin, Gaertner.) 32. (51 S.) n. 5 ngr.

Kahle, E. Wie steht die neuere Kritik zum vierten Evangelium? 45 S. Progr. *Hohenstein* 1876

— Züge aus dem Leben und Ende des Superintendenten u. Pfarrer der Altroßgärtischen Gemeinde zu Königsberg i. Pr. Ernst Gottfried Kahle. Ebend. 860. 8. (51 S.) n. 4 ngr.

Kahle, E., Vergleichende Zusammenstellung der Versicherungsbedingungen u. wichtigsten Prämiensätze der im Deutschen Reiche arbeitenden Lebensversicherungsgesellschaften. 1907. 6. Jahrg. (VI, 68 S.) 8. Berlin, E. S. Mittler & Sohn. In Leinw. kart. 1. 50.

Kahle, E., Vergleichende Zusammenstellung der Versicherungsbedingungen u. wichtigsten Prämiensätze der im Deutschen Reiche arbeitenden Lebensversicherungsgesellschaften. 1909. 8. Jahrg. (V. 68 S.) 8. Berlin, E. S. Mittler & Sohn. In Leinw. kart 1. 50.

Kahle, E. G., v. Borowski als Prediger, s. Borowski, Ludw. Ernst v.

Kahle, Ed., Beiträge zur Kenntniss des Chloralhydrats. Inaugural-Dissertation. gr. 8. (50 S.) Königsberg 879. (Beyer.) n. 1. —

Kahle, Erich, Kammergerichtsrefer.: Der Versuch der Tötung auf Verlangen. ⟨§ 210 StGB.⟩ Berlin 1908: Marschner. V, 42 S. 8°
Rostock, Jur. Diss. v. 25. Okt. 1908, Ref. Wachenfeld
[Geb. 5. Aug. 80 Brandenburg a. H.; Wohnort: Berlin; Staatsangeh.: Preußen; Vorbildung: Stadt. Gymn. Brandenburg Reife O. 00; Studium: Göttingen 2, Leipzig 2, Berlin 2 S.; Rig. 17. Dez. 07.] [U 09. 3606

Kahle, Ernst

Kahle, Fabulae poetarum Graecorum de caede Agamemnonis et vindicta Orestis. Allenstein 1880, 4°, 26 S., Progr. d. Gymn.

Kahle, Ernst Fabulae quae de caede Agamemnonis et vindictae Orestis feruntur apud Graecorum poetas quomodo inter se differant. 26 S. Progr. *Allenstein* 1880.

Kahle, E[rnst], Prof., Dir.: Mitteilungen aus den Lehraufgaben der Reform-Sexta. Verteilung des grammatischen Pensums für den französischen Unterricht im Anschluss an Kühns Lesebuch für Anfänger. *Danzig 1900: A. Schroth.* (S. 8—14.) 4°
Danzig, st. G, P 1900 (27)

Kahle, E[rnst], Prof., Dir.: Mitteilungen aus den Lehraufgaben der Reform-Quinta. Verteilung des grammatischen Pensums für den französischen Unterricht im Anschluss an Kühns Lesebuch für Anfänger. *Danzig 1901: A. Schroth.* (S. 11—22.) 4° ¶[Forts. d. Progr. 1900: ... Reform-Sexta.]
Danzig, st. G, P 1901 (27)

Kahle, *Ernst* [Dir. Prof.]: Die Verteilung des Stoffes für den evangelischen Religionsunterricht in den Klassen Sexta bis Obertertia. Danzig, Druck v. E. Groening, 1896; 3—9 S. 4.
Danzig, st. G, P 1896 (29[vielm. 28])

Kahle, F., s. Ungeheuer, das.

Kahle, F., architektonische und plastische Verzierungen, s. Verzierungen.

Kahle, F. Hermann

Kahle, F. Herm., ausführliche Behandlungen biblischer Geschichten und Entwürfe zu solchen. Zur Ergänzung des Haupttextes der Geschichte des Reiches Gottes. Separat-Abdruck dieses Nachtrages zur 2. Aufl. des Werks für die Besitzer der 1. Aufl. gr. 8. (36 S.) Breslau 872, Dülfer's Verlag. * — 55

Kahle, F. Herm., Claudius und Hebel nebst Gleichzeitigem und Gleichartigem. Ein Hilfsbuch zum Studium deutscher, besond. der volksthüml. Sprache und Litteratur, sowie eine Handreichung zum Eintritt in die Geschichte derselben. Für Seminaristen, Lehrer und alle Freunde der Volksstimme, Volkssprache und Volksschrift. gr. 8. (XV und 358 S.) Berlin 864, Wiegandt und Grieben. *

Kahle, F. Herm., pädagogische Erquickstunden. Aus dem Schatz deutscher und ausländ. Poesie und Prosa für Eltern, Lehrer und Lehrerinnen zusammengestellt. 8. (XVI, 271 S.) Breslau 880, Dülfer's Verlag. * M 2,75.; geb. *

Kahle, F. Herm., pädagogische Erquickstunden. Aus dem Schatz deutscher u. ausländ. Poesie u. Prosa f. Eltern, Lehrer u. Lehrerinnen zusammengestellt. 2., verm. Aufl. 8. (XII, 242 S.) Breslau 898. C. Dülfer. n. 3. —; geb. in Leinw. n.n. 3. 90

Allgemeine Erziehungs- und Unterrichtslehre. In entwickelnder Weise dargest. von F. Herm. **Kahle.** Mit 2 Holzschn. 11. verm. u. verb. Aufl. bearb von Eduard Sperber. *Breslau: C. Dülfer 1900.* (204 S.) 8° [F.]
— **Kahle:** Grundzüge d. ev. Volksschulerziehung. T. 2. [00 3176

Die Geschichte des Reiches Gottes im alten Bunde. Zum Studium u. z. unterr. Behandlung d. bibl. Gesch. f. Präparanden, Seminaristen u. Lehrer. Von F. Herm. Kahle, † Reg.- u. Schulrat. Mit 12 Abb. u. 4 Karten. 10. verb. Aufl., neu bearb. von O. Harnisch, Sem.D. in Pr. Friedland. *Breslau: C. Dülfer 1900.* (XII, 264 S.) 8° [J.]
— **Hilfsbuch** b. evangel. Religions-Unterricht. T. 1, Abt. 1.

Kahle, F. Herm., die Geschichte d. Reiches Gottes im alten u. neuen Bunde, s. a. Hilfsbuch f. den evangelischen Religions-Unterricht f. Lehrer u. Seminaristen.

—— die Geschichte des Reiches Gottes im alten und neuen Bunde. Für Seminaristen und Lehrer dargestellt. 2 Thle. gr. 8. Ebendas. 870. * 3 35
Inhalt:
Thl. 1. Die Geschichte des Reiches Gottes im alten Bunde. (VIII, S. 1—208.)
" 2. Die Geschichte des Reiches Gottes im neuen Bunde. (S. 209—388.)

J.] Die Geschichte des Reiches Gottes im alten und neuen Bunde. Z. Studium u. z. unterrichtl. Behandlg d. bibl. Gesch. wie d. Sonn- u. Fest-tags-Evangelien f. Präparanden, Seminaristen u. Lehrer. Von F. Herm. Kahle, † Regiergs- u. Schulr. 9. durchges. u. verm. Aufl. *Breslau: C. Dülfer 1896.* (XXXII, 460 S., 4 Bl. Kt.) 1 Bd 8.
— Kahle, F. Herm., Schultz, Franz, & Triebel, Rob.: Hilfsbuch beim evang. Religions-Unterr. f. Lehrer u. Seminaristen. Tl 1.

Die Geschichte des Reiches Gottes im neuen Bunde. Zum Studium u. z. unterr. Behandlung d. bibl. Gesch. wie d. Sonn- u. Festtags-Evangelien f. Präparanden, Seminaristen u. Lehrer. Von F. Herm. Kahle. Nebst kirchengesch. Anh. Mit 4 Karten. 10. verb. Aufl., neu bearb. von O. Harnisch. *Breslau: C. Dülfer 1900.* (235 S.) 8° [J.]
— **Hilfsbuch** b. evangel. Religions-Unterricht. T. 1, Abt. 2.

Kahle's, F. Herm., Grundzüge der Pädagogik. Für Seminare, Lehrer u. Lehrerinnen. 12. gänzlich umgestaltete Aufl. I. Tls. 1. Abtlg. Pädagogische Psychologie u. Logik. Nach den neuen Lehrplänen bearb. v. Otto Gerlach. (VII, 436 S. m. 37 Abb.) 8. Breslau 906. C. Dülfer. n. 4. 40; geb. in Leinw. n. 5.—

Kahle's, F. Herm., Grundzüge der Pädagogik. Für Seminare, Lehrer u. Lehrerinnen. 12. gänzlich umgestaltete Aufl., hrsg. v. Otto Gerlach. I. Tls. 1. Abtlg. Leitfaden der pädagog. Psychologie u. Logik f. Seminare. Nach den neuen Lehrplänen bearb. v. Otto Gerlach. (VIII, 256 S. m. 37 Abb.) gr. 8. Breslau 907. C. Dülfer. 2.80; geb. 3. 40

— dasselbe, neue Aufl., s.: Gerlach, Otto.

— **Grundzüge der evangelischen Volksschulerziehung. Für Seminaristen u. Lehrer dargestellt. 1. Abth. Mit 3 (eingedr.) Holzschn. gr. 8. (VIII, 268 S.) Breslau 873. Dülfer. n. 3. 60**

—— Grundzüge der evangelischen Volksschulerziehung. Für Seminaristen und Lehrer dargestellt. 1. Abthl. 1. Aufl. (VIII, 268 S.) 1873. *M. 3,60., und 2. verm. und verb. Aufl. gr. 8. (VIII, 309 S. mit 3 eingedr. Holzschn.) Ebendas. 875. * 4 —
—— dass. — 2. Abthl.: Specielle Methodik des Volksschul-Unterrichts. In chronolog. Vorführung der hervorragendsten Hilfsmittel und Anweisungen für die einzelnen Unterrichtsfächer. 1. und 2. Abdr. gr. 8. (VIII, 215 S.) Ebendas. 875. * 2 60

—— Grundzüge der evangelischen Volksschulerziehung. Für Seminaristen und Lehrer dargestellt. In 2 Abthlgn. 3. verb. und verm. Aufl. gr. 8. (XIV, 336; IV, 242 S. mit 3 eingedr. Holzschn.) Breslau 878, Dülfer's Verlag. *M. 7.; geb. *
2. Abthl. (specielle Methodik) allein *

—— **Grundzüge der evangelischen Volksschulerziehung. Für Seminaristen und Lehrer, wie auch zum Gebrauch in Lehrerinnen-Bildungsanstalten. 2 Abthlgn. in 1 Bd. Mit 6 (eingedr.) Holzschn. 4. verb. Aufl. (XVI, 343; 244 S.) 1880; 5. verm. und verb. Aufl. gr. 8. (XVI, 343; 253 S.) Breslau 882, Dülfer's Verlag. * geb. in Halbleinw. *M. 7,60.; in Halbfrz. ***

Kahle, F. Herm., Grundzüge der evangelischen Volksschulerziehung. Für Seminaristen u. Lehrer, wie auch zum Gebrauch in Lehrerinnen-Bildungsanstalten. 2 Abtlgn. Mit 6 Holzschn. 6. Aufl. gr. 8. (XVI, 343 u. 255 S.) Breslau 885. Dülfer. n. 7.—; Einbd. in Leinw. n.n. — 60; in Halbfrz. n.n. 1.—

— **Grundzüge d. evangelischen Volksschulerziehung. Für Seminaristen u. Lehrer, wie auch zum Gebrauche in Lehrerinnen-Bildungsanstalten. 2 Abtlgn. Mit 6 Holzschn. 7., verb. Aufl. gr. 8. (XVI, 343 u. 255 S.) Breslau 887. Dülfer's Verl. n. 7.—; geb. in Leinw. n. 7. 60; in Halbfrz. n. 8.—**

—— Grundzüge der evangelischen Volksschulerziehung. Für Seminaristen u. Lehrer, wie auch zum Gebrauch in Lehrerinnen-Bildungsanstalten. 2 Abtlgn. (in 1 Bde.). 8. Aufl. gr. 8. (XVI, 344; 255 S.) Bresl. 890, Dülfer's Verlag. * 7 —; geb. ** 7 70

— **Grundzüge der evangelischen Volksschulerziehung. Für Seminaristen u. Lehrer, wie auch zum Gebrauch in Lehrerinnen-Bildungsanstalten. 2 Abtlgn. in 1 Bde. 9., verm. u. verb. Aufl., bearb. v. E. Sperber. gr. 8. (XVI, 362 u. VI, 258 S.) Breslau 894. C. Dülfer. n. 7. —; geb. in Halbldr. n. 7. 70**

Kahle, F. Herm., Grundzüge der evang. Volksschulerziehung. Für Seminaristen u. Lehrer, wie auch z. Gebr. in Lehrerinnenbildungsanst. 2 Abtlgn. in 1 Bde. 10., verm. u. verb. Aufl., bearb. v. E. Sperber. gr. 8. (XVI, 364 u. IV, 263 S. m. 6 Abb.) Breslau 897. C. Dülfer. n. 7. —; geb. in Halbldr. n.n. 7. 80

— **Grundzüge der evangelischen Volksschulerziehung. Für Seminaristen u. Lehrer, wie auch zum Gebrauch in Lehrerinnen-Bildungsanstalten. 11. verm. u. verb. Aufl., bearb. v. Ed. Sperber. 3 Tle. gr. 8. Breslau, C. Dülfer. n. 7.—; geb. in Leinw. n. 8.60; in 1 Halbfrzbd. n. 8.—**
1. Das Wesentlichste aus der Geschichte der Erziehung auf dem Gebiete der Volksschule. Im Anschluß an geeignete Abschnitte aus den Schriften hervorrag. Pädagogen des 16.—19. Jahrh. dargestellt. Mit 10 Holzschn. (XII, 16 u. 175 S.) 900. n. 2.—; geb. n. 2.50
2. Allgemeine Erziehungs- u. Unterrichtslehre. In entwickelnder Weise dargestellt. Mit 2 Holzschn. (204 S.) 900. n. 2.20; geb. n. 2.70
3. Spezielle Methodik des Volksschulunterrichts. In chronolog. Vorführg. der hervorragendsten Hilfsmittel u. Anweisgn. f. die einzelnen Unterrichtsfächer dargestellt. Nebst e. Anh. ausgeführter Lehrproben. Mit 4 Holzschn. (VIII, 275 S.) 900. n. 2.80; geb. n. 3.40

[J.] Hilfsbuch beim evangelischen Religions-Unterricht f. Lehrer u. Seminaristen, wie auch z. Gebr. in Lehrerinnen-Bildgsanst. (Von (F. Herm.) Kahle, [Franz] Schultz u. [Rob.] Triebel.) Tl 1. *Breslau: C. Dülfer (1896).* 8.

— der kleine Katechismus Luthers, s. a. Hilfsbuch f. den evangelischen Religions-Unterricht f. Lehrer u. Seminaristen.

[J.] Der kleine Katechismus Luthers anschaulich, kurz und einfach erklärt, sowie mit d. nötigen Zusätzen aus d. Glaubens- u. Sittenlehre versehen, f. Präparanden, Seminaristen u. Lehrer. Von F. Herm. Kahle, † Regiergs- u. Schulr. 13. Aufl. *Breslau: C. Dülfer 1897.* (XXIV, 239 S.) 8.
— **Hilfsbuch** b. evangel. Religions-Unterricht f. Lehrer u. Seminaristen ... n. Tl. Abt. 1.

Der kleine Katechismus Luthers anschaulich, kurz und einfach erklärt, sowie mit d. nötigen Zusätzen aus d. Glaubens- u. Sittenlehre versehen f. Präparanden, Seminaristen u. Lehrer. Von F. Herm. Kahle, † Reg.- u. Schulr. 15. Aufl. *Breslau: C. Dülfer 1901.* (XXIV, 239 S.) 8° [J.]
— **Hilfsbuch** b. evangel. Religions-Unterricht. T. 2, Abt. 1.

Der Kleine Katechismus Luthers anschaulich, kurz und einfach erklärt, sowie mit d. nötigen Zusätzen aus d. Glaubens- u. Sittenlehre versehen f. Präparanden ... Von F. Herm. Kahle, † Reg.R. Bearb. von Lic. E. Fischer, Sem.Dir. 17. verb. Aufl. Breslau: C. Dülfer 1905. (XVI, 272 S.) 8° [J.]
— **Hilfsbuch** beim Evang. Religions-Unterricht. T. 2, Abt. 1.

—— Lehrplan für einklassige utraquistische Schulen. Nebst einer Einleitung betr. den Unterricht in utraquist. Schulen besonders Ostpreußens. gr. 8. (IV, 128 S. mit 1 Tab. in qu. 4.) Berlin 871, Wiegandt und Grieben. * 1 50

— Logik. Eine Ergänzg. zu K.'s Erziehungs- u. Unterrichtslehre. Auf Grund des neuen Seminarlehrplanes bearb. gr. 8. (S. 56a—f.) Breslau 902. C. Dülfer. n. — 10

Spezielle Methodik des Volksschulunterrichts. In chronol. Vorführung d. hervorrag. Hilfsmittel u. Anweisungen f. d. einz. Unterrichtsfächer dargest. von F. Herm. Kahle. Nebst e. Anh. ausgeführter Lehrproben. Mit 4 Holzschn. 11. verm. u. verb. Aufl., bearb. von Eduard Sperber. *Breslau: C. Dülfer 1900.* (VIII, 275 S.) 8° [F.]
= Kahle: Grundzüge d. ev. Volksschulerziehung. T. 3. [01. 5177

—— Sonntagsfeier. Kurze Betrachtungen über die Evangelien und Episteln aller Sonntage und Festtage des Kirchenjahres. Neue (Titel-)Ausg. gr. 8. (159 S.) Ebendas. 888. *
vgl. Kahle, Wilhelm geb. * *

— Verordnungen, betr. das Schulwesen des Reg.-Bez. Cöslin, s. a. Metz, Jul., kurzer Abriß der Gesetze u. allgemeinen Verfügungen 2c.

— Verordnungen, betr. das Schulwesen d. Reg.-Bez. Cöslin. Nach amtl. Quellen zusammengestellt. gr. 8. (XXIV, 884 S.) Breslau 884. F. Hirt. n. 4. —

Das Wesentlichste aus der Geschichte der Erziehung auf dem Gebiete der Volksschule. Im Anschluss an geeign. Abschnitte aus d. Schriften hervorrag. Pädagogen d. 16.–19. Jh. dargest. von F. Herm. Kahle. Mit 10 Holzschn. 11. verm. u. verb. Aufl., bearb. von Eduard Sperber. *Breslau: C. Dülfer 1900.* (XII, 174 S.) 8° [F.]
= Kahle: Grundzüge d. ev. Volksschulerziehung. T. 1. [01. 5175

— das Wesentlichste aus der Geschichte der Erziehung im Altertum u. Mittelalter. Eine Ergänzg. zu K.'s Geschichte der Erziehg. Auf Grund des neuen Seminar-Lehrplanes bearb. gr. 8. (16 S.) Ebd. 902. n. — 20

Kahle, Fr. Ludwig

— s. Entdeckung u. Strafe geheimer Verbrechen.

Kahle, Fr. Edw., († d. 11. Juni 1805.) üb. die Schädlichkeit der Erbverpachtungen d. Kirchen- u. Pfarrländer. 8. Halle 803. Waisenhaus-B. 2 K

Kahle, Friedrich

Kahle, *Johann* Friedrich *Eduard* [aus Neuendorf bei Wittstock]: Über Antiseptik im Altertum und Mittelalter ... Hannover, Druck d. Buchdr. v. A. Weichelt, 1895; 28 S., 2 Bl. 8.
Berlin, Med. Fak., Inaug.-Diss. v. 13. Aug. 1895

Kahle, Friedr., die Rebellen, od.: Die Schicksalsverwandten. Ein romant. Gemälde aus d. neuen Zeitgesch. 2 Thle. 8. (24 B.) Quedlinburg 830, Ernst'sche Buchh.

—— der Seidenbau, od. Anleit. zu Maulbeerbaumpflanzungen u. z. Seidenraupenzucht in Deutschland. Ein Handb. f. Landwirthe, Seidenzüchter 2c. 8. (4 B. u. 1 Taf. Abbild.) Weimar 837. [Leipzig, Schreck.]

Kahle, Fridericus: De Demosthenis orationum Androtioneae, Timocrateae, Aristocrateae temporibus. Gottingae 1909: Dieterich. 52 S. 8°
Göttingen, Phil. Diss. v. 7. April 1909, Ref. Schwartz-Leo
[Geb. 16. Juni 85 Frankfurt a. M.; Wohnort: Frankfurt a. M.; Staatsangeh.: Preußen; Vorbildung: Goethe-Gymn. Frankfurt a. M. Reife O. 04; Studium: Göttingen 5, Berlin 1, Göttingen 3 S.; Rig. 24. Febr. 09.] [U 09. 1366

Kahle, G., poet. Versuche. 8. Hannov. 799. (Hahn). 8 K Schweiz. Pap. 12 K

— **Georg Friedrich** (Berlin), De abscessu frigido. Diss. med.-chir. Bln. (Nietack) 29. III. 1834. 32 S. mit Biogr. (M.: W. Schulz.) (6.50) 17367
Oppon.: Victor Wichura, Gustav Maizier, Ludwig Boehm. — Gew.: Philipp Leop. Kahle (Vater).

Kahle's, H., Führer durch Ilmenau, s.: Bleisch, Paul.

Kahle, H., s. Sammlung v. Gesetzen u. Verordnungen f. d. die Residenzstadt Eisenach.

Sammlung von Gesetzen und Verordnungen für die Residenzstadt Eisenach. Hrsg. von H. Kahle. Bd 1–4. *Eisenach: Hofbuchdr. 1888–99.* 4 Bde 8° [F.]
1. 1888. 2. 1889. 3. 1893. 4. 1899. [04. 1828

Kahle, H: Vergleichende Untersuchung technischer Strom- und Spannungsmesser für Gleichstrom. Berlin 1891 (Mitteil. a. d. Physik.-Techn. Reichsanst.)

Kahle, **H. C., de remediis juris haeredi ad consequendam quartum Falcidiam etc. 8 maj. Gött. 800. Brose. 4 K**

Kahle, H[arry]: Die **Einführung** der negativen Zahlen im arithmetischen Unterricht. *Oschersleben 1900: W. Eichel.* 1900. (S. 3—11.) 4°
Oschersleben, R (m. gymn. Nebenkursus in d. unt. Kl.), OP 1900 (290)

Kahle, Harry: **Grundzüge** der mathematischen Erdkunde. *Oschersleben (1903): W. Eichel.* (35 S.) 8° [F.]
Oschersleben, R (mit gymnasialem Nebenkursus in d. 3 unt. Kl.), OP 1903 (315)

— **Heinrich Christoph** (Göttingen), De remediis juris haeredi ad consequendam quartam falcidiam competentibus. Specim. jurid. Göttingen (Barmeier/I. C. Baier) 3. V. 1803. 28 S. (6.—)
Gew.: Ernst Brandes. 17368

Kahle, J. v., s.: Goethe's italienische Reise.

Kahle, J. Eh., Andachtsübung. üb. d. christl. Glaubenslehre. 8. Liegnitz, Siegert. 770.

Kahle, J. Conr., bibl. Realconcordanz, A. u. N. Test. Fol. Braunschw. Meyer. 755.

Kahle, Julie v., auf Märkischer Haide. gr. 4. Berlin 874, Lubarsch und Comp. geb.

Kahle, Julie v., auf Märkischer Haide. Eine Flora der Mark Brandenburg. 24 Illustrationen. Farbendr. von W. Loeillot. gr. 4. Berlin 874, Wagner. geb. 45 —

Kahle, Julie v., auf märkischer Haide. Eine Flora der Mark Brandenburg in Blättern aus d. Neumark, illustr. von J. v. K. 2. Aufl. Fol. (24 Farbendr. m. eingedr. u. 4 S. Text.) Berlin 890. Mitscher. geb. m. Goldschn. n. 45. —

—— Die schönste Rose der Welt, s. Andersen, H. C.

Kahle, Karl

Kahle, K: Zur Behandlung des Silbervoltameters und seine Verwendung zur Bestimmung von Normalelementen. Leipzig 1899

Kahle, Karl [aus Hannover]: Ein Beitrag zur Theorie von den Magnetischen Kraftlinienströmen. . . . Marburg. *Druck v. Friedr. Barth.* 1880: 32 S. + 1 Bl. u. 3 Taf. 8⁰
Marburg. Phil. Fak., Inaug.-Diss. v. 16. Jul. 1880

Kahle, K: Beiträge zur Kenntniß der elektromotorischen Kraft des Clark'schen Normalelementes. Berlin (1892) (Mittheil. a. d. Physik.-Techn. Reichsanst.)

Kahle, K., Dr., Beiträge zur Kenntniss der elektromotorischen Kraft des Clark'schen Normalelementes. (Separat-Abdr. aus der Zeitschrift für Instrumentenkunde, 1892.) Berlin.

Kahle, K: Bemerkungen zu einer Arbeit der Herren Callendar und Barnes über Clark-Elemente. Leipzig 1898

Kahle, C., Bewerbungsschreiben um alle in der Technik vorkommenden Stellen, nebst Anhängen. (80 S.) gr. 8. Ilmenau (906). H. Reinmann. n. — 80

Kahle, K: Das Helmholtz'sche absolute Elektrodynamometer. Leipzig 1896

Kahle: Die Elektrotechnik auf der Weltausstellung in St. Louis 1904. Berlin 1906

Kahle, Karl, s.: Fortschritte d. Elektrotechnik.

Kahle, K.: Die Grundlagen der elektrischen Widerstandseinheit ..., s. Jäger, Wilhelm

Kahle, Carl. Die fahrenden Leute der Gegenwart u. ihre Sprache. Ein Beitrag zur Geschichte d. Vagabundentums u. d. Gaunerwesens. 8. (38 S.) Gera 889, Bauch's Verlag. cart. * 1 25

Kahle, Carl, die Maschinen-Elemente in Frage u. Antwort. Kurzgefasstes Repetitorium nebst Aufgabensammlg. 1.—12. Heft. 8. Berlin 908. E. S. Mittler & Sohn. à — 85
1. Niete. Mit 25 Fig. im Text. (24 S.)
2. Schrauben. Mit 31 Fig. im Text. (30 S.)
3. Keile. Mit 26 Fig. im Text. (24 S.)
4. Zapfen. Mit 21 Fig. im Text. (22 S.)
5. Achsen u. Wellen. Mit 33 Fig. im Text. (35 S.)
6. Lager. Mit 54 Fig. im Text. (48 S.)
7. Riementrieb. Mit 66 Fig. im Text. (74 S.)
8. Seiltriebe. Mit 36 Fig. im Text. (45 S.)
9. Zahnräder, Stirnräder. Mit 54 Fig. im Text. (61 S.)
10. Zahnräder. Konische Räder, Schnecken usw. Mit 34 Fig. im Text. (S. 63—122.)
11. Kupplungen. Nicht ausrückbare Kupplgn. Mit 24 Fig. im Text. (36 S.)
12. Kupplungen. Ausrückbare Kupplgn. Mit 47 Fig. im Text. (S. 37—84.)

Kahle, Karl, u. H. Böhland: Eßbare Pilze und ihre Verwertung im Haushalte, s. Kahle, Karl L. H.

Kahle, K.: Über Quecksilber-Zink und Quecksilber-Kadmium, s. Jäger, Wilhelm

Rede, zur Lichteinbringung in die Loge zum Bruderbund an der Ilm Glück auf! Ilmenau am Sonntag den 7. Juni 1896 von Carl **Kahle.** [Ilmenau 1896.] 4 Bl. 8⁰ [Umschlagtit.]
Abgedr. in: Bh. 39 (1896) S. 401—403; ML. 25 (1896—1897) S. 125—128.
Üb. die Arbeit des Mrs.

Rede. Gehalten in der grossen Trauerloge am 5. April 1888 zum Gedächtniss an den Heimgang Sr. K. K. Maj. Wilhelms des Siegreichen, unseres allergnädigsten Protektors, in den ewigen Osten. Eine Gabe für die Brüder von C[arl] **Kahle.** [Münchenbernsdorf 1888: Neidhardt.] 4 Bl. 8⁰ [Umschlagtit.]

Rede gehalten in der grossen Trauerloge am 24. Juni 1888 zum Gedächtnis an den Heimgang Sr. K. K. Maj. Br. Friedrichs III. des königlichen Dulders, unseres allergnädigsten Protektors in den ewigen Osten. Eine Gabe für die Brüder von Carl **Kahle.** [Weida 1888: Aderhold.] 4 Bl. 8⁰ [Umschlagtit.]

Kahle, Karl, aus Eisenachs guten u. bösen Tagen, s.a. **Beiträge zur Geschichte Eisenachs. IX.**

[5.] Aus Eisenachs guten und bösen Tagen. Von Karl Kahle. H. 1. Eisenach: H. Kahle 1898. 8⁰
– Beiträge z. Geschichte Eisenachs. [H.] IX.

Kahle, K., Dr., Vergleichende Untersuchung technischer Strom- und Spannungsmesser für Gleichstrom. (Sep.-Abdr.) Berlin 1891.

Kahle, K: Vorschriften zur Herstellung von Clark'schen Normalelementen. Berlin 1893 (Mittheil. a. d. Physik.-Techn. Reichsanst.)

Kahle, Karl Friedrich

Kahle, Carl Friedr., gründliche Anweisung zur Tachygraphie und Cryptographie, oder: Anleitung, Alles in deutscher Sprache Diktirte, Gedachte u. Gelesene mit den möglichst einfachsten Zeichen u. der größten Raum- u. Zeit-Ersparniß genügend deutlich u. vollständig darzustellen. Nebst 12 höchst interessanten u. belehr. Uebungs-Beispielen. Für Diplomaten, Gesandtschaftssecretaire, Finanzmänner, Banquiers, Studirende rc. Erfurt 853. (Müller.) 8. (24 S.) n. 7½ ngr.

—— der treue Führer durch die Lehrjahre des jungen Kaufmanns. Die Comtoir-Wissenschaften enthaltend. Ein nützl. Geschenk für jeden Handlungs-Lehrling, der durch bloßen Selbstunterricht in wenigen Wochen die zu seinem Berufe erforderlichen Comptoir-Kenntnisse erlernen will. 8. (VIII und 254 S. mit 1 Tab. und 1 Stnt. in Fol.) Erfurt 853, Körner's Verlag. –

Kahle, Carl Herm. Traug., Choralbuch f. die evangel. Kirche in Preußen zum kirchl. u. häusl. Gebrauch ausgesetzt u. mit Zwischenspielen versehen. qu. gr. 4. (19½ B.) Königsberg 846, Theile.

—— kurzgefaßte Harmonielehre f. Orgelspieler. Enthalt.: Das Nothwendigste aus d. allgem. Musiklehre, die Lehre von den Accorden, v. 4stimmigen Satz rc. nebst ein. kurz. Beschreibung der Orgel. Mit einigen Notenbeispielen. gr. 8. (9⅝ B. u. ¾ B. Musikbeilagen.) Königsberg 843, Theile. –

—— musikalischer Kinderfreund, s. Vetter.

— s. Unterricht, kurzer, in der Erdbeschreibung.

Kahle, Carl L. H., der Geschäftsverkehr in der Technik. Vorlagen-Sammlg. f. d. deutschen Unterricht an techn. höh. u. mittl. Fachschulen. 1. u. 2. Folge. hoch 4. Leipzig 898. C. G. Naumann. Geb. n. 3. 90
1. (IV, XII, 56 S.) n. 1. 50. — 2. (VII, 157 S.) n. 2. 40.

Kahle, Carl L. H., der Geschäftsverkehr in d. Technik. Vorlagen-Sammlung f. techn. Fachschulen. 1. Folge. 2. Aufl. (2.—5. Taus.) gr. 4. (IV, XVIII, 50 S. m. Formularen.) Leipzig 902. C. G. Naumann. Geb. n. 1.50

Kahle, Carl L. H., der Geschäftsverkehr in d. Technik. Vorlagen-Sammlg. f. techn. Fachschulen. 1. Folge. 2. Aufl. (2.—5. Taus.) (Neue Ausg. m. Postscheckordng. nebst Vorlagen.) (IV, XX S., 2, 50 S. Formulare u. 14 S. Briefpap.) Lex. 8. Leipzig 909. A. Kröner. Geb. 1.60

Kahle, Carl L. H. Eßbare Pilze u. ihre Verwertung im Haushalte. Ein Volksbuch f. Schule u. Haus. 8. (122 S. m. Abbildgn.) Jena 891, Mauke. cart. * 1 60

Kahle, Carl, u. **H. Böhland,** eßbare Pilze u. ihre Verwertung im Haushalte Ein Volksbuch f. Schule u. Haus. Mit e. Tab. zur Bestimmg. der wichtigsten eßbaren Schwämme nach ihren äußeren Merkmalen. 2. Aufl. 8. (112 S. m. Abbildgn.) Jena 893. Fr. Mauke. Kart. n. 1. 80

Kahle, Carl, u **H. Böhland,** eßbare Pilze u. ihre Verwendg. im Haushalte. E. Volksbuch f. Schule u. Haus. M. 1 Tab. z. Bestimmg. d. wichtigsten eßbaren Schwämme nach ihren äuß. Merkmalen. 2. Aufl. 8. (112 S.) Leipzig 895. H. Haacke. Kart. n. 1. 80; geb. in Leinw. n. 2. —

Kahle, Karl Moritz

Kahle, Carl Mor., Rousseau's Contrat social beurtheilt. 8. (2¼ B.) Berlin 834, Logier.

Kahle, Carl Moriz, Darstellung u. Critik d. Hegelschen Rechtsphilosophie. gr. 8. (7½ B.) Berlin 845, Vossische Sort.-Bh.

—— die deutsch-kathol. Frage vom protestant. Gesichtspunkte betrachtet. gr. 8. (1½ B.) Berlin 845, Vossische Sort.-Buchh. *

Kahle, Carl Mor., die Grundsteuerfrage. gr. 8. (19 S.) Berlin 849, Logier. Thlr. *

— s. Leibnitz, vinculum substantiale.

Kahle, Carl Moritz (Berlin), De Davidis Humii philosophia. Diss. philos. Bln. (August Petsch) 8. II. 1832. 47 S. (6.50) 17365
Oppon.: Heidemann, M. Troschel, F. Strauss.

—— die speculative Staatslehre od. Philosophie des Rechts. 8. (28⅞ B.) Berlin 846, Nicolai'sche Buchh. *

Kahle, Karl Mor., Zeit und Raum. gr. 8. (15¾ B.) Berlin 839, Logier.

Kahle, Ludw. Martin, s. Abriß v. d. neuesten Zustande ...

Kahle, Louis Martin. La balance de l'Europe . . . Berl. et Gott. 1744. H: *Formey, Jean Henri Samuel.* (Milchs) (CBH) (BrMm)

Kahlius. Ludw. Mart.: Compendium elementorum juris canonico-pontificio-ecclesiastici tum veteris tum hodierni. Hannoverae 1747.

— compend. elementor. iuris canon-pontif. ecclestiast. 8. Hannov. Helwing. 747.

Kahle. Lud. Mart.: Corpus iuris publici S. I. R. G. Das ist: Vollständige Sammlung der wichtigsten Grundgesetze des Heil. Röm. Reichs Deutscher Nation, gesammelt, verb., mit Anm. u. Parallelen wie auch mit e. Vorr. versehen. Th. 1. 2. Göttingen 1744. 45. 2 Bde

— corpus iuris publ. S. I. R. od. vollst. Samml. d. wicht. Grundges. d. heil. röm. Reichs deutsch. Nation. 2 Theile, 8. Gött. Schmidt. 744. 45.

Kahle, Lud. Mart. [Präs.], s. Dolge, Just. Heinrich: De praecedentia gentium.

— elementa iuris canon.-pontificio-ecclesiast. t. vet. t. hodierni. II. Tmi. 4. Halae, Renger. 743-44.

— elem. logicae probabilium methodo mathem. adornatae. 8. Gött. (Renger. Hal.) 736.

— Erinner. wid. d. Balance Europens. 2 Thle. 8. Ulm, Stettin.

Kahlius, Lud. Mart.: Commentatio de exceptione suspecti iudicis admisso in caussis iustitiae recursai ad comitia I. R. G. universalia non adhibenda nec ulli statuum voto opponenda. Gottingae (1747).

Kahlius, Lud. Mart.: Commentatio iuris publici de iustis repressaliarum limitibus tum a gentibus tum a statibus S. I. R. G. observandis. Gottingae 1746.

KAHLE, Lud. Mart.: Commentatio de variis constituendi feuda advocatiae modis et juribus praecipuis ex illis manantibus tum in Germania generatim tum in terris Brunswico-Luneburg. sigillatim. *Gott.* 750. (14 Gr.)

Kahle, Ludv. Mart., de variis constituenda feuda advocatiae modis et iurib. 4. Gött. Schmidt. 750.

KAHLIUS, L. M.: Opuscula minora jur. publ. et priv. T. I. *Francf.* 751. 4. (1 Thl. 8 Gr.)

— opuscula minora, quibus varia juris etc. argument. illustr. Tom. I. 4. Frankf. 751. Hermann. 1 Thlr 8 Gr

KAHLE, Lud. Mart.: Diss. de trutina Europae, quae vulgo appellatur die Ballance v. Europa, praecipua belli et pacis norma. *Goett.* 744. Franz. unt. d. Tit.: La balance de l'Europe etc. 744. 8.

— Vergleich. d. Leibnitz. und Newton. Metaphysik. 2c. 8. Gött. Schmidt. 741.

Kahle, Martin, appr. Arzt in Leipzig: Auf Grund zweier in Dr. Bettmann's Klinik in Leipzig beobachteter Fälle. Ueber subkutane traumatische Rupturen des Musculus biceps brachii. Leipzig 1906: B. Georgi. (43 S.) 8°
Leipzig, Med. Fak., Ref. Sattler, Diss. v. 23. Juni 1906
[Geb. 1. Okt. 68 Kolberg: Wohnort: Leipzig; Staatsangeh.: Preußen; Vorbildung: Domgymn. Kolberg Reife M. 89; Studium: Berlin 10 S.; Coll. 23. Juni 06; Approb. 25. April 95.]

Kahle, Ost., Bericht über das Auffinden und die Verbreitung der Reblaus [Phylloxera vastatrix Pl.] in den Weingeländen von Freyburg a. d. U. und Umgegend, sowie über das Vorkommen der Reblaus im übrigen Deutschland und den außerdeutschen Staaten. 8. (15 S.) Freyburg a. d. U. 888, Kirchner. *

Kahle, Paul

Kahle, P., d. Aufzeichngn. d. [illegible] beim [illegible]kieren f. geograph. u. techn. Zwecke. 12. (VIII, [illegible] m. 28 Abb., 4 farb. Taf. u. 3 Bl. Erklärgn.) [illegible] 896. J. Springer. Kart. n. 2. 40

Kahle, Paul: Textkritische und lexikalische **Bemerkungen** zum samaritanischen Pentateuchtargum. *Halle a/S. 1898: W. Drugulin in Leipzig.* (58 S.) 8°
Halle, Phil. Diss. v. 23. Apr. 1898

Kahle, Paul, textkrit. u. lexikal. Bemerkgn. zum samaritan. Pentateuchtargum. gr. 8. (58 S.) Leipzig 898. O. Harrassowitz. n. 2. 40

Kahle, Paul, die arabischen Bibelübersetzungen. Texte m. Glossar u. Literaturübersicht. (XVI, 66 S.) gr. 8. Leipzig 904. J. C. Hinrichs' Verl. n. 4. —; geb. n. 4. 60

Kahle, Paul, zur Geschichte des arabischen Schattentheaters in Egypten, s.a. Volksdichtung, neuarabische, aus Egypten. 1. Heft.

Kahle, Paul, Dr. phil. Lic. theol.: Zur Geschichte des arabischen Schattenspieles in Egypten. Halle a. S. 1909: Waisenhaus. 36 S. 8° ¶(Ersch. vollst. b. Haupt, Leipzig, u. d. T.: Neuarabische Volksdichtung aus Egypten. H. 1.)
Halle, Phil. Hab.-Schr. v. 19. April 1909 [U 09. 1724

Kahle, Paul: Zur Geschichte des arabischen Schattentheaters in Egypten. Von —. Leipzig: Haupt 1909 49 S. 8°
(Neuarabische Volksdichtungen aus Egypten. H. 1.)

Kahle, P., Landes-Aufnahme u. Generalstabs-Karten. Die Arbeiten der königl. preuß. Landes-Aufnahme. gr. 8. (IX, 86 S. m. 12 Abbildgn. u. 2 Kartenbeilagen.) Berlin 893. E. S. Mittler & Sohn. n. 2. 25

Kahle, Paul, appr. Arzt: Ueber Perichondritis cricoidea posterior externa. Berlin 1909: Ebering. 35 S. 8°
Berlin, Med. Diss. v. 18. Juni 1909, Ref. Passow
[Geb. 21. Jan. 83 Neuendorf, Pr. Brandenburg; Wohnort: Bromberg; Staatsangeh.: Preußen; Vorbildung: Realgymn. I Hannover Reife O. 03; Studium: Berlin K. W. A. 10 S.; Coll. 17. Juni 09; Approb. 17. Juni 09.] [U 09. 60

— Sonnen- u. Sterntafeln f. Deutschland, Österreich u. die Alpen. Zur Bestimmg. der Himmelsrichtg. u. Zeit nach dem Stand der Sonne u. Sterne im geograph. Unterricht, bei topograph. Aufnahmen u. auf Reisen. Nebst erläut. Text u. e. Übersichtskarte v. Mitteleuropa zur Bestimmung d. Unterschiedes zwischen Ortszeit u. der mitteleurop. Einheitszeit (M. E. Z.). 8. (28 u. VII S.) Aachen 892. C. Mayer's Verl. n.n. 1. 35

Kahle, Paul, Dr. phil., cand. min. rev.: Der masoretische **Text** des Alten Testaments nach der Überlieferung der babylonischen Juden. ⟨T. 1.⟩ *Halle a. S. 1902: W. Drugulin in Leipzig.* (50 S.) 8° • [Erschien vollst. 1902 bei J. C. Hinrichs in Leipzig.]
Halle, Theol. Diss. v. 7. Aug. 1902

Kahle, Paul, d. masoretische Text d. Alten Testaments nach der Überlieferung d. babylonischen Juden. gr. 8. (IV, 108 S.) Leipzig 902. J. C. Hinrichs' Verl. n. 3. 50

Kahle, Richard, aus Koeslin: Über **Hausindustrie** und Heimarbeit in Deutschland und Österreich. *Halle a. S. 1903: Wischan & Burkhardt.* (144 S.) 8°
Halle, Phil. Diss. v. 1903

Kahle, Richard [Alfred Johann], a. Straßburg: **Der Klerus** im mittelenglischen Versroman. Straßburg i. E. 1906: L. Zorn. (XII, 219 S.) 8°
Straßburg, Phil. Fak., Ref. Koeppel, Diss. v. 24. Febr. 1906
[Geb. 17. Juli 82 Straßburg i. E.; Wohnort: Straßburg; Staatsangeh.: Sachsen; Vorbildung: Realsch. b. St. Johann u. Oberrealsch. Straßburg Reife M. 00; Studium: Straßburg 7 S.]

Kahle, T., und **J. A. Vetter,** musikalischer Kinderfreund, s. Vetter, J. A.

Kahle, W., s.a. Kahle, Adolf

Kahle, W. Milton's pädagogische Grundsätze, vorzugsweise nach seiner Abhandlung „Of Education". Cöthen, G., 1890. 48 S. Progr.

Kahle, W., Lehrbuch der französischen Sprache, s.: Bünger, J.

Kahle, W., französ. Lesebuch f. Lehrer- u. Lehrerinnen-Seminare m. erklär. Anmerkgn. u. biograph. Notizen. 3 Tle. gr. 8. Cöthen 895. O. Schulze, Verl. n. 5. —; Einbde. in Leinw. à n.n. — 45
1. La France et les Français. Mit 1 Karte v. Frankreich u. 1 Plan v. Paris. (VIII, 128 S.) n. 1. 40
2. Littérature. (IV, 209 S.) n. 1. 80
3. Pédagogie. (IV, 183 S.) n. 1. 80

— u. **H. Rasch,** französ. Lesebuch f. Mittelschulen m. sachl. Anmerkgn. u. e. Wörterbuche. gr. 8. (XI, 304 S.) Cöthen 897. O. Schulze Verl. Geb. n. 2. 80

Kahle, W., De vocabulis Graecis Plauti aetate in sermonem Latinum vere receptis. Diss. 1918. 83 S. 2.50

Kahle, Walth., die Paedogenesis der Cecidomyiden, s.a. Zoologica. 55. Heft.

Kahle, Walther: ⟨Aus d. Zool. Inst. d. Univ. Leipzig.⟩ Die Paedogenesis der Cecidomyiden. Mit 20 Textfig. u. 5 Taf. Stuttgart: Schweizerbart 1908. 59 S. 4° ¶(Ersch. vollst. als: Zoologica. H. 55.) *)
Leipzig, Phil. Diss. v. 11. Jan. 1909, Ref. Chun, Pfeffer
[Geb. 13. Jan. 79 Nerchau; Wohnort: Nerchau; Staatsangeh.: Sachsen: Vorbildung: Sem. Grimma bis O. 99, Wahlfähigkeitszeugnis M. 02; Studium: Leipzig 6 S.; Rig. 6. Dez. 07.]

Kahle, Walther: Die Paedogenesis der Cecidomyiden. Von Dr. —. ⟨Aus d. Zoolog. Inst. d. Univ. Leipzig.⟩
Mit 38 Textfig. u. 6Taf. Stuttgart: Schweizerbart 1908. 80 S.4°
(Zoologica. H. 55.)

Kahle, Wilh., Dr. Martin Luthers kleiner Katechismus ausgelegt. 2. Aufl. 8. (44 S.) Königsberg 867, Gräfe und Unzer. cart. **

Kahle, Wilh., Dr. Martin Luther's kleiner Katechismus ausgelegt. 3.—6. Aufl. (44 S.) 1876; 8. Aufl. 8. (52 S.) Königsberg 879, Gräfe. geb. **

—— dass. — Nebst einer Auslegung der drei ersten Hauptstücke, für Schulen hrsg. Umarbeitung der Katechismusauslegung für Konfirmanden. 7. Aufl. 8. (48 S.) Ebendas. 877. cart. **

Kahle, Wilh., Dr. Martin Luther's kleiner Katechismus, ausgelegt. 9. Aufl. (52 S.) 1881. ** 25 Pf.; 10. und 11. Aufl. 8. (52 S.) Königsberg 883,84, Gräfe. geb. **

Kahle, Wilh., Dr. Martin Luthers kleiner Katechismus, ausgelegt. 13. und 14. durchgeseh. Aufl. 8. (51 S.) Danzig 886,88, Saunier. cart. *

Kahle, Wilh., Dr. Martin Luther's kleiner Katechismus, ausgelegt. 15., durchgeseh. Aufl. 8. (51 S.) Danzig 890. Saunier. geb. n. — 30

Kahle, Wilh., Martin Luthers kleiner Katechismus, ausgelegt. 16. Aufl., bearb. v. E. Kahle. 8. (58 S.) Danzig 892. L. Saunier. Geb. n. — 30

Kahle, Wilh., Dr. Martin Luthers kleiner Katechismus, ausgelegt. 20. Aufl., besorgt v. E. Kahle. 8. (58 S.) Danzig 898. A. Scheinert. Geb. n. — 30

Kahle, Wilh., Dr. Martin Luthers kleiner Katechismus ausgelegt. 23. Aufl., besorgt v. E. Kahle. 8. (60 S.) Danzig 902. A. Scheinert. Geb. n. — 30

Kahle, Wilh., Dr. Martin Luthers kleiner Katechismus ausgelegt. 25. Aufl., besorgt v. E. Kahle. (60 S.) 8. Danzig 905. A. Scheinert. Geb. n. — 30

Kahle, Wilh., Dr. Martin Luthers kleiner Katechismus ausgelegt. 27. Aufl., besorgt v. Th. Kahle. (60 S.) kl. 8. Breslau 910. F. Hirt. — 30

Kahle, Wilh., offnes Sendschreiben an Hrn. Dowiat, Prediger d. deutsch-kathol. Gemeinde zu Danzig. 8. (1 B.) Danzig 846, Kabus.

—— Sonntagsfeier. Kurze Betrachtungen über die Evangelien und Episteln aller Sonntage und Festtage des Kirchenjahres. gr. 8. (159 S.) Königsberg 874, Academische Buchh. *

— Sonntagsfeier. Kurze Betrachtgn. über die Evangelien u. Episteln aller Sonntage u. Festtage d. Kirchenjahres. Neue (Titel-)Ausg. gr. 8. (159 S.) Ebd. 888. n. 1. —; geb. n.n. 2. —

vgl. Kahle, F. Hermann

Kahle, Wilhelm, a. Köthen in Anhalt: Die mittelniederdeutsche urkunden- und kanzleisprache Anhalts im XIV. jahrhundert hinsichtlich ihrer lautlichen verhältnisse untersucht. Borna-Leipzig 1908: R. Noske. (IX, 119 S.) 8°
Leipzig, Phil. Fak., Ref. Sievers-Köster, Diss. v. 10. März 1908
[Geb. 30. Jan. 86 Köthen; Wohnort: Köthen; Staatsangeh.: Anhalt; Vorbildung: Gymn. Köthen Reife O. 04; Studium: Heidelberg 1, Leipzig 6 S.]

Kahle-Häser, Julie, s.: Marga.

Kahleis, Benj., einige Ergebnisse einer mehr als funfzigjähr. Erfahrung über das Ungedeihen der Kinder und beiläufig über das schwere, krankhafte Zahnen. Ein Volksbuch, auch für Aerzte lesbar. 16. (III und 63 S.) Köthen 850, Neubürger.

Benjamin Kahleis

Homöopathische Gurkensonate oder Hahnemann's des Homöopathen Leben und letzte Thaten zur Unterhaltung und Belehrung für Aerzte... Von K.H. Elias [d.i. Benjamin Kahleis]. Halle: Ruff 1827. 47 S.8°

Kahleis, Fridericus Guilielmus: Adumbratio systematis naturalis physiologiae cum appendice de coenaesthesi. Halis (1834): Ploetz. 31 S. 8°
Halle-Wittenberg, Med. Diss. v. 4. Apr. 1834
Geb. Jeßnitz (Anhalt-Dessau) [27.7.] 1810. V.
In der Vita schreibt er den Namen des Vaters Kahlysius.

Kahleis, Jak. Gf. Benj., s. K. H. Elias.

Kahlen, von, Zur Geschichte und Kritik der Grundsteuer in Livland. Leipziger Dissertation, 1882.

Kahlen, J. M., Handbüchlein für Küfer rc., s.a. Handbüchlein.

Kahlen, J. M., Handbüchlein für Küfer und Faßbinder. Oder ganz genau berechnete kubische Tabellen zur Bestimmung des Inhaltes jeder Art runder Gefäße in Berliner Quart rc. rc. 3e Aufl. 8. Crefeld 834. (Funke'sche Buchh.) 1/3 ßf

Kahlen, M., ein Frühlingstraum, s. Wallner's allgemeine Schaubühne.

Kahlen, Math., Ocher Schnorre, Pallestrech en Aviechere. Aachen 856. Hensen u. Co. 12. (136 S.) 10 ngr.

Kahlenberg [Sachliches OW]

Kahlenberg, Der, und Leopoldsberg mit seinen Burgruinen. Wien 1839. V: *Sartori, Franz.* (EB)

Kahlenberg, der — (vormals Josefsberg) bei Wien und seine Schicksale. 8. (16 S.) Wien. Mechitharisten-Buchdruckerei. 1854.

Kahlenberg [Schlagwort]

Kahlenberg, s.: Wiener Ausflugskarten.

Kahlenberg [Verfasser]

Kahlenberg, Gtthld., († d. .. Nov. 1805.) Hauptschlüssel zur deutschen Sprache, ein Buch f. die Jugend u. Leute, die gern richtig schreiben. 8. Berl. 802. Schöne. 16 ℋ

Kahlenberg, G., Hauptschlüssel z. deutschen Sprache, e. Buch für die Jugend und Leute, die gern richtig schreiben. 8. Berlin, Schöne. 805.

Kahlenberg, Hans v. (Frau Helene Keßler, geb. v. Monbart), Ahasvera. Roman. 1.—4. Taus. (312 S.) 8. Berlin-Ch. (910). Vita. nn 3.50; geb. 4.50

Kahlenberg, Hans v. (Frl. Helene v. Monbart), der Alte. Roman. 8. (213 S.) Berlin (901). Vita. n. 3. —

— die Familie v. Barchwitz. Roman. 1.—3. Aufl. 8. (à 213 S.) Berlin 899. 902. S. Fischer, Verl. n. 3. —; geb. n. 4. —

(B) — Die Familie v. Barchwitz. 902. (KBL 31.) Jetzt: Berlin-Ch., Vita.

— Ulrike Dhuym, e. schöne Seele. Roman. 8. (269 S.) Berlin (902). Vita. n. 3. 50; geb. n. 4. 50

Ulrike Dhuym, eine schöne Seele. Roman von Hans v. Kahlenberg [d. i. Helene v. Monbart]. 2. Aufl. *Berlin: Vita [1903].* (269 S.) 8° [...]
[04. 6.] 1]

— der Fremde. Ein Gleichnis. 8. (400 S.) Dresden 901. E. Reißner. n. 5. —; geb. n. 6. —

Kahlenberg, Hans v. (Frl. Helene v. Monbart), die starke Frau v. Gernheim. (206 S.) 8. Leipzig (904). [H. Seemann Nachf.] F. Rothbarth. n. 3. —; geb. n. 4. 50

Kahlenberg, Hans von [d.i. Helene v. Monbart] : Die starke Frau von G e r n h e i m . 4. Aufl. Berlin: Concordia [um 1906] . 199 S. 8o
(Bibliothek Rothbarth Bd 10.)

— die sieben Geschichten der Prinzessin Kolibri. 1—5. Tauf. (269 S.) kl. 8. Wien 904. Wiener Verlag. n. 2. —, geb. n.n. 3. —

Gesellschaftstypen. Von Hans v. Kahlenberg [d. i. Helene v. Monbart]. Dresden & Leipzig: Reissner [1902]. 92 S. 8° [10. 5326

— häusliches Glück. Aus den Papieren e. Ehemanns. 8. (III, 118 S.) Ebd. 901. n. 1. 50; geb. n. 2. 50

— Häusliches G l ü c k. Variationen v. e. Glücklichen. 3. Aufl. (127 S.) kl. 8. Berlin (908). Concordia. 1.—; geb. 1. 60

— Der liebe G o t t. Eine Kindheitsgeschichte. 1.—4. Tauf. (V, 261 S.) 8. Berlin-Ch. (908). Vita. 3.—; geb. 4. —

Kahlenberg, Hans v. (Helene v. Monbart), d. J u n g e n. Ein Roman aus d Jubiläumsjahr. 8. (270 S.) Dresden 896. C. Reißner. n. 3. —; geb. n. 4. —

— Ediths K a r r i e r e. Ein Salonroman. 2. u. 3. Tauf. (358 S.) 8. Berlin-Ch. (907). Vita. nn 3.50; geb. 4.50

— der K ö n i g. Roman. 1—7. Aufl. (à 322 S.) 8. Berlin (906). Vita. n. 3. 50; geb. n. 4. 50

Kahlenberg, Hans v. [d. i. Helene v. Monbart] .Der enigmatische M a n n . Berlin: Vita (1909). 188 S. 8o

— ein Mann v. Geist, s.a. B i b l i o t h e k mod. deutscher Autoren. 18. Bd.

Kahlenberg, Hans v. [d. i. Helene v. Monbart] . Ein M a n n von Geist. Novellen. 1–5.(auf d. Umschl.: 6.–10.) Taus. Wien & Leipzig: Wiener Verl. 1906. 132 S. 8o
(Bibliothek moderner deutscher Autoren. Bd. 18.)

— ein gesunder Mann, s.a. S a m m l u n g moderner Meisterskizzen.

Hans v. Kahlenberg [d. i. Helene v. M o n b a r t]. Ein gesunder Mann ... (Groß-Lichterfelde-Ost: P. Langenscheidt [1906]. (160 S.) 8°
— Sammlung moderner Meisterskizzen. Bd 3. [07. 11675

Kahlenberg, Hans v. (Frl. Helene v. Monbart), der letzte M a n n. Roman. 3. Aufl. 8. (271 S.) Berlin (900). Vita. n. 3. —
Die beiden ersten Aufl. erschienen anonym.

— Jungfrau Marie, s.: B i b l i o t h e k moderner deutscher Autoren 10. Bd.

— M i s e r e. Roman. 8. (328 S.) Ebd. 897. n. 3. —; geb. n. 4. —

— M i s e r e. Roman. 2. [Titel-]Ausg. 8. (328 S.) Dresden [897.] 900. C. Reißner. n. 3. —; geb. n. 4. —

Ⓑ — Misere. 900. (KBL 31.) Jetzt: Ebd.

Kahlenberg, Hans: Ein N a r r . Roman von Hans v. Kahlenberg (d. i. Helene v. Monbart).
Dresden & Leipzig: C. Reissner 1895. (227 S.) 8o

KAHLENBERG, Hans v. (d. i. Frln. *Helene v. Montbart* in Berlin-Steglitz, geb. 23. Febr. 1870 zu Heiligenstadt), D a s N i x c h e n. Ein Beitrag zur Psychologie der höheren Töchter. (Zahme Novelle.) Dresden, Karl Reißner, 1899. 8°. 123 S.
C o n f i s z i r t laut Erkenntniss des Berliner Landger. II v. 22. Sept. 1903, weil angebl. objektiv unsittlich, Verfasserin und Verleger wurden aber f r e i g e s p r o c h e n.

— — Dasselbe. 6. Aufl. (110. Tausend.) Ebd., o. J. (190*). 8°. (1 Mk. 50 Pfg. H. Hugendubel, München, c. 1905.)

— N i x c h e n. Ein Beitrag zur Psychologie der höheren Töchter. 6. Aufl. 8. (123 S.) Dresden (902). [C. Reissner.] Wien, Wiener Verlag. n. 1. 50; geb. n. 2. 50

— N i x c h e n. Ein Beitrag zur Psychologie der höheren Töchter. Umschlag v. Herm. Liebich. 15—19. Taus. (123 S.) gr. 8. Wien 904. Wiener Verlag. n. 1. 50; geb. n.n. 2. 50

— Die unechten R a n d o w s. 4. u. 5. Tauf. (193 S.) 8. Berlin-Ch. (907). Vita. 2.50; geb. 3. 50

Kahlenberg, Hans von. Die Schweizer Reise. Eine lustige und empfindsame Sommergeschichte. [2 Teile.] gr.-8.
In: Über Land und Meer. Oktav-Ausgabe. Jahrg. 24. Heft 1 *u.* 2. Berlin-Stuttgart-Leipzig, Deutsche Verlags-Anstalt, [1907]. *je* M. 1. —. S. 1—28 *u.* 113—141.

— Die S c h w e i z e r Reise. Eine lustige u. empfindsame Sommergeschichte. Illustr. v. Ed. Cucuel. (258 S.) 8. Stuttgart (908). Union. 3.—; geb. n 4. —

— Eva S e h r i n g. Die Geschichte e. Jugend. 8. (289 S.) Berlin 901. S. Fischer, Verl. n. 3. 50; geb. n.n. 4.50

— Eva Sehring, s.: F i s c h e r ' s Bibliothek zeitgenöss. Romane. II, 11.

Kahlenberg, Hans: Eva S e h r i n g . Roman von Hans v. Kahlenberg [d. i. Helene v. Monbart] . Berlin: S. Fischer [1910] . 151 S. 8o
(Fischers Bibliothek zeitgenössischer Romane. Jg. 2, Bd. 11.)

— die Sembritzkys. Roman. 1.—3. Aufl. 8. (à 211 S.) Berlin 899. 902. Vita. n. 3. —

— S p i e l z e u g. Roman. (Den Buchschmuck zeichnete Adf. Hirschwald.) 1.—4. Tauf. (287 S.) 8. Berlin-Ch. (909). Vita. nn 3.50; geb. 4. 50

— der W e g des Lebens. Kulturroman. 3. Aufl. (508 S.) 8. Berlin (905). Vita. 4. —; geb. 5. —

[F.] Kahlenberg, Hermann [aus Nordhausen a/Harz]: Über die Entwicklung des Stachelapparates, der Geschlechtsorgane und des Darmkanales bei der Honigbiene ... München, kgl. Hof- u. Univ.-Buchdr. v. Dr. C. Wolf & Sohn, 1895; 24 S. 8.
Erlangen, Phil. Fak., Inaug.-Diss. v. 1895

Kahlenberg, Louis [Two Rivers, Wis. U. S. A.]: Über komplexe Tartrate und gewisse alkalische Lösungen des Kupfers und des Bleies ... (Aus: Zeitschr. f. physik. Chem., Bd XVII Heft 4.) Leipzig, W. Engelmann, 1895; 45 S. 8.
Leipzig, Phil. Fak., Inaug.-Diss. v. [2. Aug.] 1895

Kahlenberg, Guilelmus, Alsata: De paraphrasis Homericae apud tragicos poetas Graecos vestigiis quaestiones selectae. *Straßburg i. E. 1903: Herzer, Hubert & Fritsch.* (65 S.) 8°
Straßburg. Phil. Diss. v. 1902

Kahlenberger. – Die Kahlenberger. s. P f a f f vom Kalenberg.

Kahlenborn, Edmund: Beiträge zur niederrheinischen Kirchengeschichte unter französischer Herrschaft. Stellung der Pfarrer des Roerdepartements auf Grund der napoleonischen Kirchengesetzgebung. Bonn 1910: Ludwig. 39 S. 8° ¶ (Vollst. u. d. T.: Beiträge ... Herrschaft. Die Pfarreien u. Pfarrer d. Roerdep., in: Annalen d. Histor. Ver. f. d. Niederrhein. 1911.)
Bonn, Phil. Diss. v. 23. Nov. 1910, Ref. v. Bezold
[Geb. 1. Febr. 87 Simmern; Wohnort: Bonn; Staatsangeh.: Preußen; Vorbildung: Gymn. Viersen Reife O. 05; Studium: Bonn 6, Paris 1, Bonn 4 S.; Rig. 27. Juli 10.] [U 11.480

Kahlenborn, Johannes *Aloys* [aus Köln]: Aus d. chirurg. Klinik zu Bonn. Ueber Hydrocele funiculi spermatici ... Bonn, Buchdr. J. Bach Wwe., 1892; 26 S., 1 Bl. 8.
Bonn, Med. Fak., Inaug.-Diss. v. [7.] März 1892

Kahlenborn, M., der Schreiblesеunterricht mit besond. Berücksicht. der vom Kölner Lehrerverein herausgegebenen Fibel. gr. 8. (II, 56 S.) Köln 881, DuMont-Schauberg'sche Buchh. *

Kahlenburg, E. (Hrsg.), s.a. Buch der Liebe und Ehe.

KAHLENBURG, J., Buch der Liebe und Ehe. Hand- und Nachschlagebuch für alles Wissenswerte aus dem Bereiche der Liebe und Ehe. 2 Bde. Berlin und Leipzig, o. J. (1892). 8°. (à Bd. Mk. 2— eleg. br.; cplt. in Orig.-Lwdbd. Mk. 5—.) (4 Kr. 80 H. Halm & Goldmann, 1907.)

— — Wohl dasselbe (?), titulo: Konversations-Lexikon zur Kulturgeschichte der Liebe und Ehe. 2 Thle. Ebd. 1892. 8°. (Mk. 5—.) (3 Mk. 50 Pfg., Orig.-Lwdbd., Adolf Weigel, 1906; 6 frcs. A. Geering, Basel, 1893.)

Kahlenburg, J., Konversations-Lexikon, zur Kulturgeschichte der Liebe u. Ehe. 2 Tle. in 1 Bde. 8. (320 u. 318 S.) Berlin 892. A. H. Fried & Co. Geb. in 1 Leinw.-Bd. n. 5. —

Kahler, Ant.

— **stenographisches Lesebuch f. Schul- u. Privatunterricht. Nach den Wiener Beschlüssen vom J. 1895 verf. (III, 64 S.) 8. Dresden 906. F. Jacobi. n. — 68**

Kahler, Ant., die neue Berliner Gabelsbergersche Systemurkunde, s.: Pehl, Heinr.

Kahler, Ant., die „3"-Frage, s.: Krejčí, Johann.

Kahler, Antoinette, Tobias Immerschneller. Mit (farb.) Bildern v. Rich. Teschner. (25 S.) Lex. 8. Wien (910). Eisenstein & Co. Geb. 6. 50

Kahler, Carl, s. Kahler, Karl

Kahler, Erich, die Brücke der Iris. Gedichte. (112 S.) kl. 8. Berlin 905. Schuster & Loeffler. n. 2. —; geb. n. 3. —

Kahler Erich: Ueber Recht und Moral. M. 1910 PN 2828 Diss. Wien, Univ. 139

Kahler, Erich, Syrinx. Gedichte. Umschlagzeichnung v. Emil Orlik. (83 S.) 4. Leipzig 903. [Magazin-Verlag.] F. Rothbarth. n. 2. —

Kahler, Fel., der Arbeitsnachweis, s.a.: Sammlung gemeinnütziger Vorträge.

Kahler, F., Der Arbeitsnachweis. (16 S.) 8. Prag, J. G. Calve. —. 20.
Sammlung gemeinnütziger Vorträge. Nr. 286.

Kahler, J. von, Auszug aus sämmtlichen k. k. österreichischen allerhöchsten Patenten und Vorschriften in Stempelsachen, nach alphabetisch-chronologischer Ordnung abgefaßt, als ein Handbuch zum Nachschlagen, und um sogleich zu wissen, wessen Stempel was immer für eine Urkunde oder persönliche Eigenschaft unterliegt. gr. 4. Innsbruck, Wagner. 818. —

Kahler, J., de praedicatione evangelii universali. Rint. 1700. 4.

v. Kahler, (J.,) neueste, ganz sichere, bequeme u. verbess. Rechnungs-Sachen. 16 Heft. 4. Insbruck 820, Wagner.

Kahler, Jo. Engelh., († d. 12. Juli 1804.) Pr., der Brief des Apostels Juda, mit Bestätigung d. Inhalts u. Anmerkk. 8. Rinteln 798.

Kahler, J. E., de festis ecclesiae evang. lutheranae diebus et quid de eorum abrogatione ac diminutione sentiendum sit. I—II. Rint. 1773. 4.

Kahler, M. Johann Philipp, Honorem poetae laureati a viro Ludovico Martino Kahlio, juris et philos. prof. celeb. comite Caes. Palatino et acad. Georgiae Augustae pro-rectore vener. collatum prid. id. dec. 1749. debita pietate et gratibus dignis gracili licet vena canebat. Rinteln (Joh. Gottfr. Enax). 4 Bl. (4.50) 17371

Kahler, Johs., Erklärung des Eides und Warnung vor dem falschen Eide und dem Meineide für Confirmanden und diejenigen, die einen Eid schwören wollen und darüber Belehrung suchen. 2. Aufl. 8. (23 S.) Rinteln 852, Bösendahl.

Kahler, Karl

Kahler, Carl: Stammtafel der aus Wollmar-Rinteln stammenden Familie Kahler. Aufgestellt von Carl Kahler, Villa Waldfrieden bei Detmold. 2. verm. u. verb. Aufl. Frühjahr 1909. (Detmold 1909: Bartosch.) 31 S. 4°

Kahler, O., Anleitung zur Behandlung der Cholera, s.: Nothnagel, H.

Kahler, O. Behandlung der Cholera, s. Nothnagel, H.

Kahler, O., über die Erweiterung des Symptomencomplexes der Basedow'schen Krankheit, s. Wander-Vorträge, medicinische.

Kahler, Otto, klinische Beiträge zur Oesophagoskopie u. Tracheo-Bronchoskopie. (Aus d. k. k. Universitätsklinik f. Kehlkopf- u. Nasenkrankheiten in Wien [Vorstand: Chiari].) (106 S. m. Abb.) gr. 8. Wien 910. M. Perles. 2. 40
Sonderabdr. a.: „Wiener med. Wochenschr."

Kahler, Otto, u. Arnold **Pick,** Beiträge zur Pathologie u. pathologischen Anatomie des Centralnervensystems. Mit 3 (lith.) Taf. [Aus: „Prager Vierteljahrsschr."] gr. 8. (186 S.) Leipzig 879. Hirschfeld. n. 3. —

Kahler, Waldemar, Referendar aus Saarunion i. Els.: **Die Vertragsschliessung** unter Abwesenden nach bürgerlichem Gesetzbuch. *Strassburg i. E. 1901: Ch. Müh & Co.* (96 S.) 8°
Freiburg i. B., Rechts- u. staatswiss. Diss. v. 1901

Kähler. Abhandlung von der Erzeugung der Kristalle. Aus dem Lateinischen. Grätz 1771. 8.

Kähler, ..., Anfangsgründe der Musik. .. Berlin 840. Cyssenhardt. 1/6 ℛ

vgl. Kähler, F. M. – Kähler, M. F.

Kähler, A., Bilder aus dem Kinderleben. 8. (16 ill. Stnt. mit Text.) Neu-Ruppin. (Berlin 864, R. Kühn.) cart. *

FILIBERT (d. i. *August Kähler*), Bauer Martin der Mörder. Leipzig 1801.

Kähler, Bernh(ard) Aug(ust) (Übers.u.Comm.):

s.: Andral, G(abriel): Die Krankheiten des Gehirns. (Clinique médicale. Cinquième partie. Dt.) Th.1 - 2. Königsberg: 1837

JB 4.539

Kaehler, Bernh. Aug., de causa Hippocratis et Aretaei Cappadocis commentatio. 8. (3½ B.) Regiomontii Pruss. 834, (Fratres Borntraeger.)

Kaehler, Bernhard August (Canig/Nied.-Laus.), De vomitu urinae vesicalis. Diss. med.-chir. Königsberg (Conrad Paschke) 10. V. 1831. 53 S. mit Biogr. (6.50) 17260
Oppon.: Otto Theodor Rosenberger (Curonus [= Kurland]), August Froehlich (Königsberg). — Gew.: Georg Hirsch.

Kaehler. Bernhardus Aug[ustus] Ioann[es]: Nonnulla ad doctrinam de versione in pedes angusta pelvi. Halis (1866): Orphanotropheum. 39 S. 8°
Halle-Wittenberg. Med. Diss. v. 11. Mai 1866
Geb. Königsberg i. Pr. 12. 5. 1837. V.

Stimmen des Herzens. Lieder und Gedichte v. C. A. Kähler. Eckernförde. 18[illegible]. 8°.

Kähler, C. N., s. Kähler, Karl Nikolaus

Der Kirche zu Sankt Annen in Norderdithmarschen Geschichte und dreihundertjähriges Grundungsfest nebst der an diesem Tage gehaltenen Festpredigt v. Christian Kähler. St. Annen. 1872. 8°.

Kähler, D. Gebetbüchlein f. Kinder. 12. verb. Aufl. 16. (48 S.) Hamb. 889, Agentur d. Rauhen Hauses. — 15

Kähler, (D. K. F.,) kindliche Gedichte, geordnet nach den Jahres- und Tageszeiten. Mit einem Anhang. Ein Lern- und Lesebüchlein für Haus und Schule. 24. (IV und 103 S.) Hamburg 850, Agentur des Rauhen Hauses.

Kähler, D. C. F., kindliche Gedichte, geordnet nach den Jahres- und Tageszeiten. Mit einem Anhang. Ein Lern- und Lesebüchlein für Haus und Schule. 2., verm. Aufl. 32. (VIII und 132 S.) Hamburg 853, Agentur des Rauhen Hauses.

—— der kleine Katechismus Luther's, erläutert durch Bibelsprüche, schriftmäßige Christenlehre, Erzählungen aus dem Reiche Gottes und geistl. Lieder. Ein Lern- und Erbauungsbuch für Schule und Haus. gr. 8. (VIII und 344 S.) Hamburg 852, Agentur des Rauhen Hauses. -

—— der kleine Katechismus Luther's, erläutert durch Bibelsprüche, schriftmäßige Christenlehre, Erzählungen aus dem Reiche Gottes und geistliche Lieder. Ein Lern- und Erbauungs-Buch für Schule und Haus. 2. Aufl. gr. 8. (X und 351 S.) Hamburg 856(57,) Agentur des Rauhen Hauses. —

Kähler, D. K. F., der kleine Katechismus Luthers, nebst einer kurzen Erklärung desselben in 160 Bibelsprüchen u. 80 gereimten Lehr- u. Lernstücken. Berlin 861. W. Schultze. 16. (180 S.) n. 5 ngr

Kähler, D. K. F., der kleine Katechismus Luthers, zerlegt für den evangelisch-lutherischen Religionsunterricht auf der Oberstufe einklass. Volksschulen in 120 Stundenpensen, mit Fragen und Antworten, Bibelsprüchen, Hinweisung auf bibl. Geschichten und auf geistl. Lieder. Ein Hülfsbuch für Lehrer und Schüler. 8. (VIII, 128 S.) Flensburg 878, Westphalen. *

—— katechistischer Sentenziarius mit Perlen der christlichen Weisheit. Gereiht an die feste Schnur des kleinen Katechismus Lutheri. gr. 8. (XXIII und 367 S.) Berlin (861)62, W. Schultze. *

—— über die Sonntagsheiligung. Sieben Abendbetrachtungen für christl. Hausväter. Eine gekrönte Preisschrift. gr. 12. (113 S.) Kiel 853, Schröder und Comp. *

—— evangelisches Tagebüchlein. Schriftwort und Liedervers auf jeden Tag des evangel. Kirchenjahres nach Ordnung und Inhalt unserer altkirchl. Episteln und Evangelien. 16. (484 S.) Kiel 854, Schröder und Comp. *

—— Uebersichts- und Spruchbüchlein zum kleinen Katechismus Lutheri. 2., durchgeseh. Aufl. br. 12. (IV und 72 S.) Hamburg 857, Agentur des Rauhen Hauses. *

Kähler, D. K. F., die sprachlichen und stilistischen Uebungen der einklassigen Volksschule, im Anschluß an die deutsche Fibel von K. F. Th. Schneider und an das norddeutsche Lesebuch von H. Keck und Chr. Johansen. 1. Hälfte: Die Sprach- und Stilübungen auf der Unter- und Mittelstufe. Ein Hülfsbuch für Lehrer. gr. 8. (VII, 194 S. mit 1 Holzschntaf.) Halle 875, Buchh. des Waisenhauses. *

Kähler, Detlev. Das Unentbehrlichste aus der Satz- u. Wortlehre. 180 sprachl. Übungsaufgaben, geknüpft an K. Th. Schneiders „Deutsche Fibel u. 1. Lesebuch". 8. (31 S.) Neuwied 892, Heuser's Verlag. * — 30

Kähler, E. W. Vom Amte d. Gemeindevorsteher. Predigt üb. Apostelgesch. 6, 1—6., geh. am 2. Sonntage nach Epiphanias 1891. 12. (15 S.) St. Louis, Mo. 891. (Dresd., H. J. Naumann.) * — 25

Kähler, E. W., Jubelfestbüchlein für die liebe lutherische Schuljugend. Ein Gespräch über die am 29. Mai 1577 zu Kloster Bergen bei Magdeburg vollendete Bekenntnißschrift, genannt Concordienformel. 1.—4. Aufl. 8. (15 S.) St. Louis, Mo. 877. (Dresden, H. J. Naumann.) *

— Jubellied. Eine Festgabe zum 300jährigen Jubiläum der Concordienformel, am 29. Mai 1877. 8. (7 S.) Ebend. 877. n. — 10

Kähler, Erich, mit Fangnetz u. Sammelschachtel, s.: Kieckbusch, Ernst.

Kaehler, Ernst (geb. Lieberose 12. 3. 1854): Ueber die Rotzkrankheit beim Menschen. Berlin (1876). (31 S.) 8°
Berlin, Med. Diss. v. 7. März 1876

Kähler, Ernst Chr. A., Daniel Quorm und seine religiösen Meinungen. Für das deutsche Christenvolk bearb. Nach dem Engl. des Mark Guy Pearse. 8. (VIII, 150 S. mit Titelbild.) Basel 885, Spittler. *

Kähler, Ernst Chr. A., Daniel Quorm u. seine religiösen Meinungen. Für das deutsche Christenvolk bearb. Nach dem Engl. des Mark Guy Pearse. 2 Aufl. gr. 8. (VIII, 115 S. m. Titelbild.) Basel 894. Jaeger & Kober. n. 1. 20; geb. in Leinw. n. 2. —

Kähler, F. M., Anfangsgründe der Musik f. angehende Musikschüler zur häusl. Wiederholung. gr. 8. Züllichau 820. Darnmann. 4 gr
vgl. Kähler, M.F.

Kähler, Friedrich, Dr.: Strabos **Bedeutung** für die moderne Geographie. T. 1. Die Entwickelung d. Geographie bis auf Strabo. *Halle a. S. 1900: E. Karras.* (S. 19—39.) 4°
Halle a. S., Stadt-G, OP 1900 (512 [vielm. 251])

Kähler, *Friedrich* [cand. med. aus Siemz]: Ein Fall von Blutcyste der seitlichen Halsgegend ... Rehna i. M., Druck v. Lehmann & Bernhard, *1891;* 74 S., 3 Bl. 8.
Erlangen, Med. Fak., Inaug.-Diss. v. 23. Juni 1891

Kähler, Frdr., s.: Festschrift des Stadtgymnasiums zu Halle a. S. zur Begrüssung der 47. Versammlung deutscher Philologen.

— Forschungen zu Pytheas' Nordlandsreisen. (60 S.) gr. 8. Halle 903. M. Niemeyer. n. 1. 60
Sonderabdr. aus: „Festschr. des Stadtgymn. zu Halle z. Begrüssung der 47. Versammlg. deut. Philologen".

Kaehler, Fridericus [Zacherianus Lauenburgensis]: De Aristophanis Ecclesiazuson tempore et choro quaestiones epicriticae. . . . Ienae, typ. expr. offic. Frommanniana, 1889; 2 Bl. + 59 + 1 S. 8°
Kiel, Phil. Fak., Inaug.-Diss. v. 29. Mai 1889

Kaehler, Friedr. De Aristophanis Ecclesiazuson tempore et choro quaestiones epicriticae. Diss. gr. 8. (57 S.) **Jena** 889. **(Pohle).** * 1 20

Kaehler, Friedrich Wilhelm Robert, s. Kaehler, Robert

Nige Kamellen, römische un dütsche, von Fritz **Kähler.** Berlin: Röwer 1905. 180 S. 8° [10. 15337 11

Kaehler, G. A. R., Ueber den Gedankengang der Platonischen Apologia Socratis. Diss. 29 S. 1.25

Kähler, G. C., Denkschrift zur Gedächtnisfeier v. Friedrich Gottlieb Klopstocks 100jährigem Todestage am 14. III. 1903 auf dem Friedhofe zu Ottensen. Mit 3 Abbildgn. u. urkundl. Schriftstücken. (20 S.) gr. 8. Altona-Ottensen (903). Th. Christiansen. n. — 50

Kähler, H., prakt. Anleitung z. Englischschreiben, mit besond. Rücksicht auf Befestigung in d. Grammatik, enthalt. Sheridan's „Lästerschule," a. d. Engl. übers., u. mit fortlauf. Phraseologie, nebst beständ. Hinweisn., z. Behuf d. anzuwend. Regeln, auf d. Sprachlehren v. Burkhardt u. Jost u. Lloyd versehen. gr. 8. (10½ B.) Zürich 830, Orell, Füßli u. Comp. Thlr.

KAEHLER, Heinrich: Patentirte transportable Feld- und Waldeisenbahnen. D. R. P. No. 23029. Prospect der Eisengießerei und Maschinenbauanstalt von Heinrich Kaehler in Güstrow i. M. - Güstrow o. J. 15 S.

Kähler, H., Handbuch f. den Landmann; od. üb. Mergelfahren, Bewässerung d. Wiesen, Raps-, Tabaks- und Hanfbau, Kartoffelbranntweinbrennerey, Wechselwirthschaft etc. Mit e. Vorrede von Albr. Thaer. Nebst 2 Kupfert. gr. 8. Berl. Realschulbuchh. 811.

Kähler, Heinrich: „Handbuch für den Landmann; oder über Mergelfahren, Bewässerung der Wiesen, Raps-, Tabaks- und Hanfbau, Kartoffelbranntweinbrennerei, Wechselwirthschaft und Uebung in selbigen. . ." Mit einer Vorrede von Albrecht Daniel Thaer, Berlin 1811 (Reimer).

Kähler, J., das schleswig-holstein. Gesangbuch in seiner Verwertung besond. f. Kirche u. Schule. (VIII, 363 S.) gr. 8. Glückstadt 903. M. Hansen. n. 4. —; geb. n. 5. —

Kühler, J., Ratschläge f. stellungsuchende Kaufleute. (72 S.) 8. **Hamburg** (909). **München, G. D. W. Callwey.** 1. —

— Vorschläge zur Verbesserung des kaufmänn. Briefstils, s.a. Bücherei, kaufmännische. 1.

Kähler J. Vorschläge z. Verbesserung d. kaufm. Briefstils. (48 S.) München 1909

Kähler, Johann: Das Stör-Bramautal. Ernstes u. Heiteres aus s. Erd- u. Menschengeschichte von Pastor Johann Kähler. Mit 20 Abb. u. 1 Kt. Stellau bei Wrist: Selbstverl.: Kellinghusen: Nissen in Komm. 1905. IV, 287 S. 8°

Kaehler, Joan. Philipp. Otto (geb. Spremberg 1809): De phlebitide. Berolini (1842). (32 S.) 8°
Berlin, Med. Diss. v. 8. Nov. 1842

***Kähler,* Jh. Siegfr., († d. 10. Mai 1820.) epistola ad virum ill. ac cel. Fr. Wendt, cont. adversaria de tussi convulsiva et variolis. 8. Erlang. 783.**

— **Johann Siegfried** (Tribela/Lausitz), De ferro ejusque praecipuis praeparatis. Diss. chemico-medica. Lpz. (Langenheim) 3. VI. 1768. 32 S. (6.30) 17261

— morbi spasmodici aliquot historiae. 8. Sorau 778. Ackermann.

Kähler, Julius, a. Kirchbarkau: **Die Gilden in den holsteinischen** Elbmarschen mit besonderer Berücksichtigung des Versicherungswesens. Itzehoe 1904: G. J. Pfingsten. (188 S.) 8°
Leipzig, Phil. Fak., Ref. Stieda u. Bücher, Diss. v. 8. Okt. 1904
[Geb. 4. Febr. 73 Kirchbarkau, Kr. Plön; Wohnort: Berlin; Staatsangeh.: Preußen; Vorbildung: Gymn. Plön Reife O. 93; Studium: Kiel 2, Halle 2, Rostock 2, Berlin 1, Kiel 1, Leipzig 2 S.; Rig. 15. Juli 04.]

Kähler, Karl, Referendar in Lübeck: Das **Heimfallsrecht** des Fiskus und anderer juristischer Personen nach Lübischem Rechte und BGB. *Rostock 1902: H. Winterberg.* (116 S.) 8°
Rostock, Jur. Diss. v. [10. Nov.] 1902

Kähler, Karl, das Heimfallsrecht d. Fiskus u. anderer juristischer Personen nach Lübischem Rechte u. BGB. gr. 8. (116 S.) Rostock 902. Lübeck, Lübcke & Nöhring n. 1. 50

Kaehler, Karl, aus Kiel: Ueber die durch Wasserfälle erzeugte **Leitfähigkeit** der Luft. *Kiel 1903: P. Peters Erben.* (34 S.) 8°
Kiel, Phil. Diss. v. [8. Aug.] 1903

Kähler, Karl Nikolaus

Kähler, C. N., Auslegung der Epistel Pauli an die Colosser in 36 Betrachtungen. Herausg. von dem christl. Vereine im nördl. Deutschland. Eisleben 853. Christlicher Verein. (Leipzig, G. E. Schulze.) gr. 8. (IV, 195 S.) n. 8 ngr.

—— **Auslegung der Epistel Pauli an die Epheser in 34 Predigten. gr. 8. (VIII und 375 S.) Kiel 854, Schwers'sche Buchh.** *

—— Auslegung der Epistel Pauli an die Philipper in 25 Predigten. gr. 8. (IV und 294 S.) Kiel 855, Schwers'sche Buchh. *

Kähler, C. N., die katechetische Baukunst, oder Beiträge zur Reform des Katechismus- und Katechumenen-Unterrichts. gr. 8. (48 S.) Kiel 850, Schwers'sche Buchh. *

—— **Lebens Ernst und Lebens Scherz in Bildern für liebe Kinder. 8. (24 ill. Stnt. mit Text und 1 Bl. Text.) Berlin 855, R. Kühn.**

—— die Fernen die Nahen. Predigt bei der gottesdienstlichen Feier des holstein. Hauptvereins der evangel. Gustav-Adolf-Stiftung am 22. Aug. 1855 in Rendsburg gehalten. gr. 8. (16 S.) Kiel 855, Schwers'sche Buchh. *

—— dritter Lutherischer Katechismus oder vollständ. Glaubens- und Sittenlehre auf Grundlage des kleinen Katechismus für Kirche, Schule und Haus, aus Luther's Schriften gesammelt. gr. 8. (XII und 546 S.) Kiel 849, Schwers'sche Buchh.

Kähler, C. N., dritter lutherischer Katechismus oder vollständige Glaubens- und Sittenlehre auf Grundlage des kleinen Katechismus für Kirche, Schule und Haus aus Luthers Schriften gesammelt. 2., wohlf. (Titel-)Ausg. gr. 8. (XII und 546 S.) Kiel (849)61, Homann. *

Kähler, C. N., keine Kirchen-Agende! Ein Aufruf. gr. 8. (2¼ B.) Kiel 813, Schwers'sche Buchh.

Kähler, C. N., die christliche Lehre nach Luther's kleinem Katechismus. Zum Gebrauch beim Schul- und Confirmanden-Unterricht. 1.—3., verb. Aufl. 8. (III und 167 S.) Altona 861—67, Haendcke und Lehmkuhl.

Kähler, C. N., die christliche Lehre nach Luthers kleinem Katechismus. Zum Gebrauch beim Schul- und Confirmanden-Unterricht. 4. verm. und verb. Aufl. 8. (168 S.) Gotha 873, Haendcke und Lehmkuhl.

Kähler, C. N., die christliche Lehre nach Luther's kleinem Katechismus. Zum Gebrauch beim Schul- u. Konfirmanden-Unterricht. 5., verm. u. verb. Aufl., besorgt v. G. C. Kähler. 8. (V, 168 S.) Leipzig 892. Dürr'sche Buchh. n. 1. 50

—— Moses in Christo. 21 Predigten über Mathäi 5, 1—16. gr. 8. (12⅝ B.) Kiel 844. [Naeck.]

— Predigt bei der Wahl zum Archidiakonat an der Nikolaikirche in Kiel am 13. Decbr. 1835. 8. Kiel 835. Universit.-B. ⅛ ₰

— s. Schulblatt, Schleswig-Holsteinisches.

Kähler, C. N., die Sitte am Neujahrsfeste. Predigt. gr. 8. Kiel 832. Bünsow. ⅛ ₰

Kähler, Leo: Die Halligbraut, s. Kähler, Otto

Kähler, Ludw. Aug., wissenschaftl. Abriß d. christl. Sittenlehre, nach Johanneisch-apostol. Prinzipien. (2 Hälften.) gr. 8. Königsberg, Unzer. [1. (11¾ B.) 835. ¾ Thlr., 2. (15⅓ B.) 837. 11/12 Thlr.] Thlr.

Kähler, L. A., Abschiedspredigt, in Kottbus gehalten. 8. Königsberg, Unzer (in Comm.) 819. Rthlr.

Kähler, Ludw. Aug., christliches Abschiedswort an meine kirchl. Freunde. 8. (2¼ B.) Königsberg 843, Gebr. Bornträger. *

— Antrittspredigt in Königsberg. 8. Königsb. 819. Unzer. 4 gr

Kähler, Ludw. Aug., Antwort auf d. Brief d. Hrn. Pfar. Wigand an d. Hrn. Erzbischof D. v. Borowski, betreff. d. Erläuterung e. von d. Kgl. Konsistorium zu Königsberg in Preußen an sämmtl. evang. Superintendenten seines Bezirks üb. Bekämpfung d. Teufelsglaubens erlass. Schreiben. 8. (2 B.) Königsberg 831, Unzer.

—— über Bedeutung u. Werth d. heil. Schrift. Pred. gr. 8. (1¼ B.) Königsberg 837, Gebr. Bornträger. *

—— Beitrag zu d. Versuchen neuerer Zeit, d. Katholizismus zu idealisiren, in e. Schreiben an d. kathol. Hrsgeb. d. „neuen kathol.-protestant. Kirchenzeitung." 8. (9½ B.) Königsberg 828, Universit.-Buchh.

Kähler, (Ludw. Aug.,) Betracht. über die doppelte Ansicht, ob Jesus blos ein jüdischer Landrabbiner od. Gottes Sohn gewesen sei? 8. Königsberg 821, Univers.-B.

— Betrachtt. über die doppelte Ansicht, ob Jesus blos ein jüdischer Landrabbiner od. Gottes Sohn gewesen sei? 8. Königsb. 821. (J. Müller in Leipz.) 1 ₰ 4 gr

— — sonnenklarer Beweis, daß ein christlicher Regent stets der oberste Bischoff der Kirche in seinem Lande sey. 8. Leipzig, Märker. 819.

Ludwig August Kaehler

Einiges über die Verwandtschaft der Medizin und der Theologie. ... gewidmet von Ludwig August Kähler. Kottbus (1818:) Kunzack. 29 S. 8°
[Festschrift zur Feier des Doktor-Jubiläums von Johann Siegfried Kähler, 5. Juni 1818.]

— Diss. inaug. de eo, quod positivum est in ecclesia christiana. Leipz. 819.

Kähler, Ldw. Aug., s. Epheuranken.

— s. Filibert.

Kähler, Ludw. Aug., Geschichte von Cottbus, während d. Jahre 1813 u. 14, nebst einer Auswahl Predigten. gr. 8. Cottb. Verf. (in Comm. bei G. Fleischer u. Waisenhausbuchh. in Halle.) 814.

— Geschichte von Kottbus, während d. Jahre 1813 u. 14, nebst e. Auswahl in dieser Zeit üb. die polit. Ereignisse gehaltener Predigten. gr. 8. Kottb. 816. Verf. (Waisenhaus-B. in Halle). 1 ₰ 8 gr

— — Glossa perpetua zu Harms Uebersetzung der 95 Theses Luthers für das Jubeljahr 1817. 8. Leipzig, G. Fleischer. 818.

— — Preußens Größe, eine Rede. 8. Königsberg, Universitäts-Buchhandl. 821.

— die Herrlichkeit der evangel.-christl. Kirche. Predigt. gr. 8. Königsb. 823. Universitäts-B. 5 gr

—— die christl. Lehre nach d. heil. Schrift. Für seine Confirmanden kurz dargestellt. 8. (3 B.) Königsberg 831, Unzer.

—— die christl. Lehre nach d. heil. Schrift. Für seine Konfirmanden kurz dargestellt. 2., verm. u. verb. Aufl. 8. (3½ B.) Königsberg 836, Unzer.

—— Leichenrede bei Beerdigung d. Erzbischofs 2c. v. Borowski. 8. (1 B.) Königsberg 831, Unzer.

LÖBENECK, Hermann von, oder Geständnisse eines Mannes (von *Ludw. Aug. Kähler*, 1775—1855). 3 Thle. Leipzig, bey J. G. Göschen. 1805—6. 8°. Zahm.
Goedeke VI, 330, 19, 4; fehlt in Anon.-Lex.
— — Dasselbe. (Nachdruck.) Leipzig (Wien) 1807. 8°.
Weller, fing. Dr., wo aber unrichtig „Lübeneck".

— s. Maimonides, d. Titel des

MANSTEIN, Theodore von. (Roman von *Ludw. August Kähler*, 1775—1855.) 2 Bde. Mit Titelkpfrn. Leipzig 1808. 8°. (24 Kreuzer Coppenrath, Regensburg; jetzt theurer!)
Fehlt im Anon.-Lex.

— s. Meinungen e. Bürgers über d. Adel.

(—) Neujahrsgeschenk für Patrioten, in 2 Liedern. 8. Berl. 814.

— — noch einige Worte über die Wahrheit: daß ein christl. Landesherr der oberste Bischoff jeder Kirche in seinem Lande ist. 8. Königsberg, Universitäts-Buchhdl. 820.

— Philagathos; Andeutungen üb. d. Reich des Guten, e. Beitrag z. einfachen Verständigung über christl.-religiöse Wahrheit für denkende Freunde derselben. 1s u. 2s Stck. 8. Königsb. 823 u. 24, Universitätsbuchh. 10 gr. 2s Stck. 18 gr.

— Predigt bei der 300jähr. Jubelfeier der in d. St. Königsberg angefang. Kirchenreformation. gr. 8. Königsb. 823, Universitäts-Buchh.

Kähler, Ldw. Aug., Predigt üb. die Verpflichtung z. Theilnahme an d. öffentl. Religionsübung. 8. Kottbus 810.

— sechs Predigten üb. d. seligmachenden Glauben an Jesum Christum. 16. Königsb. 827. Bornträger. 10 Kr

—— Rede zu Dinters Ehrengedächtniß. Gehalten im Dinterverein d. 29. Febr. 1840. 8. (1 B.) Königsberg, Hartung. (Gräfe u. Unzer.)

Kähler, (Ludw. Aug.,) üb. Religionsduldsamkeit u. Religionseifer; 2 Predigten. gr. 8. Königsb. 822, Universitäts-Buchh. Rthlr. .

—— Schutzrede f. das auf Vernunft gegründ. Christenthum u. dess. Lehrer. Veranlaßt durch d. dogmat. Lehrbuch d. Hrn. Prof. D. Hahn. 8. (13 B.) Königsberg 829, [Gebr. Bornträger.]

— über Schwärmerei, Begeisterung, scheinbare u. wahre Größe. 3 Predigten. 8. Königsb. 821. Nicolovius. 10 Kr

— Sendschreiben an Dr. Hahn in Leipzig, in Beziehung auf dessen Schrift: An die evangel. Kirche 2c. Ein Beitrag z. rechten Würdigung d. Rationalismus. 8. Königsb. 827. Univers.-B. 6 Kr

— sind Kirchenstrafen ein wesentliches Stück d. Kirchenzucht? In Beziehung auf zeitgemäße Kirchenordnung beantwortet. gr. 8. Magdeb. 819. Creutz. 10 Kr

—— christl. Sittenlehre. 1., theoret. Thl. 1. Abthl. — A. u. d. T.: Religion u. Christenthum in sittl. Beziehung. 1. Abthl. Entwickelung d. relig. u. Christl. Idee aus d. Natur d. Seele. gr. 8. (26 B.) Königsberg 833, Unzer.

L. A. Kähler: Supernaturalismus u. Rationalismus in ihrem gemeinschaftl. Ursprunge, ihrer Zwietracht u. hohen Eintracht; e. Wort z. Beruhigung f. alle, welche nicht wissen, ob sie glaubend erkennen od. erkennend glauben sollen. *Lpz.*, Fleischer. 818. 8° 1 ß 16 ₰

— Synodalpredigt, gehalten am 16. Sept. 1818 vor der Geistlichkeit des Kottbusser Kreises. 8. Leipz. 810. Gr. Fleischer. 4 Kr

— — Synodalpredigt, gehalten am 16. Septbr. 1818 vor der Geistlichkeit des Kottbusser Kreises. 8. Ebendas. 819.

—— der Tag d. Gerichts u. d. ewigen Aussöhnung. Eine Christl. Dichtung. 8. (6 B.) Königsberg 829, Unzer.

— s. Theodore v. Manstein.

— s. Versuch e. Beantwortung d. Frage: ziemt es e. Prediger 2c.

— was haben wir zu halten von den Wunderthätern unserer Zeit? eine Predigt. Königsb. 823, Univers.-B.

— — Weltkunde, ein Mittel höherer Geistesbildung für die spätere weibliche Jugend, oder: Handbuch einer anschaulichen in sich selbst zusammenhängenden, deutlichen und vollständigen Belehrung über Sternkunde, Naturkunde, Länder- und Völkerkunde, Geschichte und Religion, für alle, welchen Gelehrsamkeit unnöthig oder entbehrlich ist. 1r u. 2r Theil mit Kupf. 8. Ebend. 818 und 819. (1r Theil 2 Rthlr. 12 Gr. 2r Thl. 2 Rthlr.)
Auch unter dem Titel:
Die Naturwissenschaften 2c.

WERBEN, Graf Friedrich von, oder Lohn der Entsagung. (Roman von *Ludw. Aug. Kähler.*) Mit Titelkpfr. Leipzig 1907. 8°.

Kaehler, M., & Martini, Fabrik chemischer, elektrochemischer u. bakteriologischer Apparate: Prospekt. Berlin 1904

Kaehler, M., & Martini: Preis-Verzeichniß über chemische Apparate und Geräthschaften. Berlin 1889

Kaehler, M., & Martini: Preis-Verzeichniß über chemische Apparate und Geräthschaften. 3. Aufl. Berlin 1891

Kaehler, M., & Martini: Preis-Verzeichniß über chemische Apparate und Geräthschaften. 5. Aufl. Th. 1. 2. Berlin 1899
Nebst: Nachtrag. 1901. 1902

Kaehler, M., & Martini: Preis-Verzeichniß über chemische Apparate und Geräthschaften. 6. Aufl. T. 1. 2. Berlin 1903

Kaehler, M., & Martini: Preis-Verzeichniß über Apparate zur Elektroanalyse, elektro- und physikochemische Apparate. 3. Aufl. Berlin 1900

Kähler, (M. F.,) d. Anfangsgründe der Musik, f. angehende Musikschüler zur häusl. Wiederholung. gr. 8. Züllichau 826, Darnemann.
vgl. Kähler, F.M.

Kähler, Martin

Kähler, Mart., die Bedeutung der Mission f. Leben u. Lehre der Kirche. Vortrag, geh. auf Veranlassung des Vereins f. evang. Mission in Kamerun am 25. IX. 1899 in Stuttgart. gr. 8. (32 S.) Stuttgart (899). Buchh. der ev. Gesellschaft. n. — 20

Kähler, Martin, Berechtigung und Zuversichtlichkeit des Bittgebets. Vortrag, auf der sächs. Pastoralkonferenz zu Halle a. d. S. gehalten. gr. 8. (32 S.) Halle 888, Fricke's Verlag. *

Kähler, Mart., die Bibel, das Buch der Menschheit. 1—6. Taus. (à 44 S.) gr. 8. Berlin 904. M. Warneck. n. — 60

Kähler, Martin: Der Brief des Paulus an die Galater in genauer Wiedergabe seines Gedankenganges dargestellt und übersichtlich erörtert. Halle 1884: Heynemann. 54 S. 8°

Halle-Wittenberg. Oster-Progr. 1884

Buchausg. 1884 bei Fricke in Halle u. d. T.: Neutestamentliche Schriften, in genauer Wiedergabe ihres Gedankenganges dargestellt und durch sich selbst ausgelegt. Lfg 2.

Der Brief des Paulus an die Galater in genauer Wiedergabe seines Gedankenganges durch sich selbst ausgelegt u. übersichtlich erörtert von D. Martin **Kähler**, Prof. 2. durchges. Aufl. Halle a. S.: J. Fricke 1893. (VIII, 56 S.) 8° [F.]
— **Kähler**: Neutestamentl. Schriften. Lfg 2. [06. 8:6o 11

Angewandte Dogmen. Von Martin **Kähler**, Prof. 2. gänzl. veränd. u. verm. Aufl. Leipzig: A. Deichert Nachf. 1908. (XII, 531 S.) 8° [F.]
Die 1. Aufl. erschien u. d. T.: Zur Lehre von d. Versöhnung. Von M. Kähler.
— **Kähler**: Dogmatische Zeitfragen. Bd 2. [08. 6812

Kaehler, Martinus: Sententiarum quas de conscientia ediderint theologi per ecclesiae secula florentes brevis enarratio. Fasc. 1. Halis Saxonum (1860): Orphanotropheum. 48 S. 8°

Halle-Wittenberg, Theol. Hab.-Schr. v. 20. März 1860

Geb. [Neuhausen b. Königsberg (Ostpr.)] 6. 1. 1835. V. Hall. gekr. theol. Preisschrift v. 1857. — Verf. erlebte sein 50jähriges Lizentiaten- und Dozentenjubiläum 1910 als ordentlicher Professor der Dogmatik und neutestamentlichen Exegese in Halle.

Kaehler, Martin, approb. Arzt aus Halle a. S.: Über **Fremdkörper** in den Luftwegen. *Halle a. S. 1901: C. A. Kaemmerer & Co.* (36 S.) 8°
Halle, Med. Diss. v. 15. Juni 1901

Zum Gedächtnis Friedrich III., **Deutschen Kaisers und Königs von Preußen.** Rede gehalten am 30. Juni 1888 von Martin **Kähler, D. u.** Prof. d. Theol., d. Z. Rector d. Univ. Halle-Wittenberg. **Halle a. S.,** Max Niemeyer, 1888; 21 + 1 S. 8°

— August Tholucks Gedächtnis, gefeiert im 100. Jahre seiner Geburt v. der theolog. Fakultät zu Halle. Rede. 8. (30 S.) Leipzig 899. A. Deichert Nachf. n. — 50

Kähler, Martin: Die G e d ä c h t n i s f e i e r n für Herrn Pastor D. Hoffmann weiland Pastor an St. Laurentii geh. von Martin Kähler u. Hans Meinhof. Halle a. S.: R. Mühlmann 1899. 22 S. 8°

Gehört Jesus in das Evangelium? Von D. Martin **Kähler**. *Leipzig: A. Deichert 1901.* (38 S.) 8°. [F.] [01. 7773

Kähler, M[artin], Prof. D.: **Geschichte** der Bibel in ihrer Wirkung auf die Kirche. Ein Vorschlag. *Halle a. S. 1902: Waisenhaus.* (S. 1–34.) 4°
Halle, Progr. zur akadem. Preisverteilung 1902

Kähler, Mart., das Gewissen. Ethische Untersuchung. 1., geschichtl. Thl. A. u. d. T.: Das Gewissen. Die Entwickelung seiner Namen u. seines Begriffes. Geschichtliche Untersuchung zur Lehre von der Begründung der sittlichen Erkenntniß. 1. Hälfte: Alterthum u. neues Testament. gr. 8. (XIV, 338 S.) Halle 878. Fricke's Verl. n. 6. —

Kähler, Mart., der lebendige Gott. Fragen u. Antworten von Herz zu Herz. gr. 8. (71 S.) Leipzig 894. A. Deichert Nachf. n. 1. 20

Kähler, Mart., d. lebendige Gott. Fragen u. Antworten v. Herz zu Herz. 2., durchgeseh. Aufl. 8. (72 S.) Leipzig 897. A. Deichert Nachf. n. 1. 20

— der lebendige Gott. Fragen u. Antworten von Herz zu Herz. 3. durchgeseh. Aufl. (72 S.) 8. Leipzig (906). A. Deichert Nachf. n. 1. 20

Kähler, Mart., der Hebräerbrief in genauer Wiedergabe seines Gedankenganges dargestellt und durch sich selbst ausgelegt. gr. 8. (VIII, 39 S.) Halle 880, Fricke's Verlag. *

— die Herrlichkeit Jesu. Vortrag, geh. auf der Konferenz der deutschen christl. Studenten-Vereinigg. zu Wernigerode. 8. (40 S.) Leipzig 902. A. Deichert Nachf. n. — 75

— u. Herm. Hering, D. Heinrich Hoffmann, Pastor zu St. Laurentii in Halle a. S. Sein Leben, sein Wirken u. seine Predigt. 8. (VI, 133 S. m. 1 Abbildg. u. 1 Bildnis.) Halle 900. R. Mühlmann's Verl. n. 2. —; geb. n. 2. 75

Kähler, Mart. Der sogenannte historische Jesus u. der geschichtliche, biblische Christus. Vortrag, auf der Wupperthaler Pastoralkonferenz geh. gr. 8. (48 S.) Lpz. 892, Deichert Nachf. * — 75

— d. sogen. histor. Jesus u. d. geschichtl., bibl. Christus. 2., erweit. u. erläut. Aufl. gr. 8. (XII, 206 S.) Ebd. 896. n. 3. 25

— Jesus u. d. Alte Testament. Erläutergn. zu Thesen. gr. 8. (X, 72 S.) Ebd. 896. n. 1. 20

Kähler, Mart., die schriftgemäße Lehre vom Gewissen in ihrer Bedeutung für das christliche Lehren und Leben besonders unserer Tage. Vortrag, gehalten in der Wupperthaler Pastoralkonferenz am 14. Aug. 1863. 16. (68 S.) Halle 864, Fricke.

— der Menschensohn u. seine Sendung an die Menschheit. Vortrag, geh. auf der Missions-Konferenz zu Halle a. S. [Aus: „Allg. Missions-Zeitschr."] gr. 8. (32 S.) Gütersloh 893. C. Bertelsmann. n. — 50

— Mittelstraße 10. Erinnergn. an August u. Mathilde Tholuck im 100. Jahre nach seiner Geburt. 8. (42 S. m. 7 Abbildgn.) Ebd. 899. n. 1. —

— eine Morgen-Andacht am 15. IX. 1899 im Kurhaus Palmenwald zu Freudenstadt. 12. (8 S.) Lichtenthal bei Baden-Baden 899. Christl. Kolportage-Verein. — 02

— D. Julius Müller, der Hallische Dogmatiker. Gest. 27. Septbr. 1878. Zur Eröffnung der Vorlesung über dogmatische Theologie gelesen am 23. Octbr. 1878. 8. (27 S.) Ebend. 878. n. — 50

— das Offenbarungsansehen der Bibel, s.a. **Salz u. Licht. 6.**

Das Offenbarungsansehen der Bibel. Erläuterte Thesen von D. Martin **Kähler**. *Barmen: Wuppert. Traktat-Ges. (1903).* (55 S.) 8° [F.]
— **Salz** u. Licht. 6. [03. 2373 5

—— Paulus der Jünger und Bote Jesu von Nazareth. Ein Lebens- und Charakterbild. 16. (60 S.) Halle 862, Fricke. *

— die Sacramente als Gnadenmittel. Besteht ihre reformator. Schätzg. noch zu Recht? (VII, 96 S.) gr. 8. Leipzig 903. A. Deichert Nachf. n. 1. 80

Kähler, Mart., neutestamentliche Schriften, in genauer Wiedergabe ihres Gedankenganges dargestellt u. durch sich selbst ausgelegt. 2. Lfg. A. u. d. T.: Der Brief d. Paulus an die Galater, in genauer Wiedergabe seines Gedankenganges durch sich selbst ausgelegt u. übersichtlich erörtert. gr. 8. (X, 52 S.) Halle 884. Fricke's Verl. n. 1. 20 (1. u. 2.: n. 2. 20)
Die 1. Lfg. bildet: Kähler, M., der Hebräerbrief.

—— neutestamentliche Schriften in genauer Wiedergabe ihres Gedankenganges dargestellt und durch sich selbst ausgelegt. 2. Lfg. A. u. d. T.: Der Brief des Paulus an die Galater, in genauer Wiedergabe seines Gedankenganges durch sich selbst ausgelegt und übersichtl. erörtert. gr. 8. (X, 52 S.) Ebendas. 884.

— neutestamentliche Schriften, in genauer Wiedergabe ihres Gedankenganges dargestellt u. durch sich selbst ausgelegt. 1. Lfg.: Der Hebräerbrief. 2. Aufl. gr. 8. (X, 89 S.) Halle 889. Fricke's Verl. n. 1.—

— neutestamentliche Schriften, in genauer Wiedergabe ihres Gedankenganges dargestellt u. durch sich selbst ausgelegt. 2. u. 3. Lfg. gr. 8. Halle, J. Fricke's Verl. n. 2. 20 (1—3.: n. 3. 20)
2. Der Brief des Paulus an die Galater, übersichtlich erörtert. 2., durchgeseh. Aufl. (VIII, 56 S.) 893. n. 1. 20
3. Der sogenannte Epheserbrief d. Paulus, übersichtlich erörtert. (VI, 36 S.) 894. n. 1. —

Der gegenwärtige Stand der Theologie. Vortrag geh. auf d. Eisenacher Konferenz 1903 von Prof. Dr. [Martin] Kähler, Halle. *Berlin: Reich Christi-Verl. 1904.* (22 S.) 8° [F.] [03. 14960

— der gegenwärtige Stand der Theologie. Vortrag, geh. auf der Eisenacher Konferenz am 10. VI. 1903. (22 S.) gr. 8. Berlin 904. Gr. Lichterfelde, Tempel-Verlag. n. — 75

— das Sterben unsers Herrn u. Heilandes im Lichte seiner Verkündigung u. seines Lebens. Vortrag, geh. während der Wupperthaler Festwoche in der evangel. Kirche zu Unterbarmen am 9. Aug. 1894. gr. 8. (33 S.) Barmen 894. Wupperthaler Traktat-Gesellschaft. n. — 60

— unser Streit um d. Bibel. Vorläufiges z. Verständigg. u. Beruhigg. f. „Bibelverehrer" v. einem d. ihrigen. 8. (III, 78 S.) Ebd. 895. n. 1. 25

— August Tholuck, geb. den 30. März 1799, heimgegangen den 10. Juni 1877. Ein Lebensabriß. Als Nachtrag zu der „Erinnerung an seinen Heimgang" mit Erweiterungen aus der „Neuen evangel. Kirchenzeitg." abgedr. 8. (48 S.) Ebend. 877. n. — 75

Academiae Fridericianae Halensis . . . rector Eduardus Hiller cum senatu nomina civium suorum qui in certamine litterario . . . praemia reportaverunt renuntiat novasque simul quaestiones in annum sequentem propositas promulgat. — Praemissa est oratio Martini Kaehler Die Universitäten und das öffentliche Leben. Halis, form. Gebauero-Schwetschkeianis, 1890; 23 + 1 S. + 2 Bl. 4°

—— Die Universitäten u. das öffentliche Leben. Über die Aufgabe d. akad. Unterrichtes u. seine zweckmäßigere Gestaltg. gr. 8. (IV, 129 S.) Lpz. 891, Deichert Nachf. * 2 40

— der Verkehr m. Christo in seiner Bedeutung f. das eigene Leben u. den Gemeindedienst der Geistlichen nach dem Neuen Testamente. Vortrag. (30 S.) 8. Ebd. 904. n. — 75

—— die Versöhnung durch Christum in ihrer Bedeutung für das christliche Glauben und Leben. Erläuterung zu Thesen, vor einer Versammlung christl. Männer und Frauen vorgetragen und für den Druck mit Erweiterungen aufgezeichnet. gr. 8. (42 S.) Erlangen 885, Deichert'sche Verlagsh. Nachf. *

Kähler, Mart., die Versöhnung durch Christum in ihrer Bedeutung f. d. christl. Glauben u. Leben. Erläuterg. zu Thesen vor christl. Männern u. Frauen. 2. durchgeseh. Aufl. (74 S.) 8. Leipzig 907. A. Deichert Nachf. 1. 20

Kähler, M[artin]: Das Wort Versöhnung im Sprachgebrauche der kirchlichen Lehre. *Leipzig: A. Deichert Nachf. 1898.* (38 S.) 8° [F.]
Halle, Osterprogr. 1897

— wie Hermann Cremer wurde?, s.: Beiträge zur Förderung christlicher Theologie. VIII. 1.

—— Wie studiert man Theologie im 1. Semester? Briefe an e. Anfänger. 1. Aufl. (45 S.) 891. 2. Aufl. 8. (44 S.) Ebd. 892. † — 60

— wie studiert man Theologie im ersten Semester? Briefe an e. Anfänger. 3. erweit. Aufl. (69 S.) gr. 8. Leipzig 903. A. Deichert Nachf. n. 1. 20

— wiedergeboren durch die Auferstehung Jesu Christi. Osterbetrachtungen. gr. 8. (VIII, 124 S.) Ebd. 901. n. 2. 10; kart. n.n. 2. 60

— Wiedergeboren durch die Auferstehung Jesu Christi. Osterbetrachtgn. 2. Aufl. (VIII, 124 S.) gr. 8. Ebd. 908. 2.10; kart. n 2. 60

—— die Wissenschaft der christlichen Lehre, von dem evangel. Grundartikel aus im Abrisse dargestellt. 1. und 2. Heft. gr. 8. Erlangen, Deichert. *
Inhalt:
Heft 1. Einleitung und Apologetik. (VIII, S. 1—216.) 883. * M 3,80.
- 2. Dogmatik. (S. 217—460.) 884. * M 3.

—— die Wissenschaft der christlichen Lehre, von dem evangel. Grundartikel aus im Abrisse dargestellt. 3. Heft: Ethik. gr. 8. (IX—XII, S. 461—676.) Ebendas. 887. *

— die Wissenschaft der christlichen Lehre, von dem evangel. Grundartikel aus im Abrisse dargestellt. 2., umgestalt. Aufl. gr. 8. (XIII, 648 S.) Ebd. 893. n. 11.—

— die Wissenschaft der christlichen Lehre, v. dem evangel. Grundartikel aus im Abrisse dargestellt. 3. Aufl., sorgfältig durchgearb. u. durch Anführgn. aus der hl. Schrift vermehrt. (XX, 723 S.) gr. 8. Ebd. 905. n. 12. 75; geb. n.n. 14. 25

Kähler, Mart., die starken Wurzeln unserer Kraft. Betrachtungen über die Begründung des deutschen Kaiserreiches und seine erste Krise. gr. 8. (VIII, 235 S.) Gotha 872, F. A. Perthes. *

— dogmatische Zeitfragen. Alte u. neue Ausführgn. z. Wissenschaft d. christl Lehre. 2 Hfte. gr. 8. Ebd 898. n. 12. 50; einz. n. 13. 50
1. (XII, 276 S.) n. 5. —
2. Zur Lehre v. d. Versöhng. (VI, 482 S.) n. 8. 50

— dogmatische Zeitfragen. Alte u. neue Ausführungen zur Wissenschaft der christl. Lehre. 2. sehr verm. Aufl. 1. Bd. Zur Bibelfrage. (X, 441 S.) gr. 8. Ebd. 907. n. 8. 50

— Dogmatische Zeitfragen. Alte u. neue Ausführgn. zur Wissenschaft der christl. Lehre. 2. gänzl. veränd. u. verm. Aufl. 2. Bd. Angewandte Dogmen. (XII, 531 S.) gr. 8. Ebd. 908. 10.—; geb. 11.—

Kaehler, O[tto]: Annotationes ad comicos Graecos. *Vinariae 1901: Aulae off. typogr.* (18 S.) 8°
Weimar, Wilhelm-Ernstisches G, OP 1902 (756)

Kaehler, Otto (Mitarb.), s. Aristophanes: Die Wolken.

Kähler, Otto, die Entschädigung f. Strafe u. Untersuchungshaft. Nach den Reichsgesetzen vom 20. V. 1898 u. 14. VII. 1904 dargestellt f. den prakt. Gebrauch. (IV, 93 S.) gr. 8. Halle 904. Buchh. des Waisenhauses. n. 1. 80

Kähler, Otto, aus Altona-Ottensen: **Gründe und Umfang der Haftung des bösgläubigen Besitzers betreffend die vindicierte Sache.** *Altona 1898: P. Meyer.* (86 S.) 8°
Erlangen, Jur. Diss. v. 16. Okt. 1898

Kähler, Otto, das schleswig-holstein-lauenburgische Landesrecht. Eine Darstellg. des in Schleswig-Holstein u. Lauenburg seit Inkrafttreten d. bürgerl. Gesetzbuchs noch gelt. einheim. Privatrechts. Unter Berücksicht. einiger Gebiete des öffentl. Rechts sowie der Fragen der Übergangszeit. 3 Lfgn. (782 S.) gr. 8. Glückstadt 908. J. J. Augustin. (Nur direkt.) 15.—; geb. in Leinw. 16.—
(früherer Subskr.-Pr. 12. —)

[F.] **Kähler,** Otto [aus Fedderwardersiel in Oldenb.]: **Die Grafschaften Oldenburg und Delmenhorst in der ersten Hälfte des xv. Jahrhunderts ... Marburg i. H.,** *Druck v. G. Stalling in Oldenburg,* 1894; 3 Bl., 112 S., 1 Bl. 8.
Marburg, Phil. Fak., Inaug.-Diss. v. [20. Juli] 1894

Kaehler, Otto De partibus servorum, qui sunt in Aristophanis Equitibus, Vespis, Pace. 13 S. **Progr.** G. *Weimar* 1877.

Kähler, Otto August Johannes

Einhundertundfünfzig Jahre des Königl. Preussischen Dragoner-Regiments Prinz Albrecht v. Preussen '(Litthauischen)' Nr. 1 seit seiner Errichtung am 1. Mai 1717 bis z. J. 1867. Nach urkundl. Quellen dargest. v. (Otto August Johannes) **Kähler,** z. Zt Rittmeister ... im 2. Schles. Drag.-Reg. Nr. 8 ... Unveränd. Abdr. d. Ausg. v. J. 1867. *Berlin: E. S. Mittler & Sohn 1898.* (XX, 747 S., 1 Tab.) 1 Bd 8. [97. 8039

Kaehler, v., **der grosse Kurfürst. Ein geschichtl Versuch zur Gedächtnissfeier d. Tages v. Fehrbellin Mit e. (lith.) Karte (in gr. Fol.) [Aus: „Jahrb. f. d deut. Armee u. Marine."] gr. 8. (224 S.) Berlin 875 Schneider & Co.** n. 4. —

Kähler, Major, Die Cavalleristischen Reglements und Instruktionen Friedrich des Grossen. Ein Gedenkblatt seiner Thätigkeit auf dem Gebiete der Bildung, Erziehung und Verwendung des Heeres. Vortrag. Berlin 1876.

— die preußische Reiterei von 1806 bis 1876 in ihrer inneren Entwickelung. Aus authentischen Aktenstücken dargestellt. gr. 8. (IX, 424 S.) Berlin 879. Mittler & Sohn. n. 7. —

Kaehler, die Reiterei in der Schlacht bei Vionville und Mars la Tour am 16. August 1870. 2. Aufl. 1873. *M 1,20., und 3. bericht. und ergänzte Aufl. gr. 8. (69 S. mit 1 Stnt. in qu. 4.) Berlin 874, Mittler und Sohn. *

—— **Seydlitz in seiner Bedeutung für die Reiterei von damals und jetzt. Vortrag in der militär. Gesellschaft zu Berlin am 100jähr. Gedächtnisstage seines Todes am 7. Novbr. und 10. Decbr. 1873 gehalten. gr. 8. (94 S.) Berlin 874, Schneider und Comp.** *
Aus: Jahrbücher für deutsche Armee und Marine, besonders abgedruckt.

—— s. Uebungen, die, der kombinirten Kavallerie-Division des 1. und 2. Armee-Korps bei Konitz im Aug. und Septbr. 1875.

Kähler, anti R. B., Untersuchungen über den Werth der Kavallerie in den Kriegen der Neuzeit, s.a. Beiheft zum Militär-Wochenblatt.

Kähler. Untersuchungen über den Werth der Kavallerie in den Kriegen der Neuzeit. Beihft. z. „Milit.-Wochenblatt".
Berlin 1881.

Kaehler, Paul, Referendar in Kiel: **Die Rechtsstellung, insbesondere die Auskunftspflicht des „Dritten" bei der Mobiliar-Zwangsvollstreckung. Kiel 1907: Schmidt u. Klaunig.** (77 S.) 8°
Rostock, Jur. Fak., Ref. Wachenfeld, Diss. v. 5. Aug. 1907
[Geb. 28. Juli 76 Dietrichsdorf (Landkr. Kiel); Wohnort: Kiel; Staatsangeh.: Preußen; Vorbildung: Gymn. Kiel Reife O. 96; Studium: Göttingen 3, Kiel 5 S.; Rig. 11. Juni 07.]

Kaehler, (Frid. Guil.) Rob. (geb. Joachimsthal in d. Uckerm. Juni 1816): De angina membranacea. Berolini (1845). (27 S.) 8°
Berlin, Med. Diss. v. 11. Okt. 1845

Kähler, Siegfried August

Kähler, über den neueren Entwickelungsgang der Verfassung unserer evangelischen Landeskirche mit besond. Beziehung auf die in der Prov. Preußen angeordneten Kreissynoden. Vortrag auf der Predigerconferenz zu Königsberg gehalten am 18. Juni 1862. gr. 8. (28 S.) Königsberg [Berlin] 862, Gebr. Bornträger. *

Kähler, Siegfr. Aug., Dr. Ludwig August Kähler, weil. Konsistorialrath, ord. Prof. der Theol. ꝛc. Mittheilungen über sein Leben und seine Schriften von seinem ältesten Sohne ꝛc. Königsberg 856. Koch in Comm. 8. (4 Bl., 154 S.) n. 18 ngr

Kähler, Siegfr. Aug., die evangel. Kirche in Braunsberg. Erinnerungsblätter f. d. Glieder d. evangel. Gemeinde daselbst u. f. deren Freunde. Ein Beitr. z. Spezialkirchengesch. d. Evangelischen im Bisthum Ermeland. gr. 8. (8 B.) Königsberg 839, Gebr. Bornträger. *

Kähler, Siegfr. Aug., Sendschreiben an d. Hrn. Consistorialrath Dr. Th. Dorner zu Königsberg üb. die bevorstehende evangel. Generalsynode in Berlin. gr. 8. (2 B.) Königsberg 846, Gebr. Bornträger. Thlr.

Kähler, Siegfr. Aug., Visitation und Synode. Beiträge zur prakt. Theologie, vornehmlich zur Entwickelungsgeschichte der neueren Kirchenordnung in Erinnerungen aus dem Amtsleben eines evangel. Geistlichen. gr. 8. (XIV, 657 S.) Gotha 887, F. A. Perthes. *

Kähler, Siegfr. Aug., der Weg zur Seligkeit, wie ihn Vater u. Mutter ihrer Hausgemeinde lehrt. Faßliche Unterweisung im Christenthume nach Luthers kleinem Katechismus, durchweg begründet mit Aussprüchen des göttlichen Wortes u. begleitet von Glaubenszeugnissen aus dem geistlichen Liederschatze der evangelischen Kirche. gr. 8. (VII, 344 S.) Berlin 881. Wiegandt & Grieben in Comm. n. 2. —

Kähler, Wilh., die Anfänge v. Alfred Krupp, s.: Volks-Schriften, Pforzheimer. Nr. 5.

Kähler, Wilh., **Beiträge zur Lehre v. d. öffentl. Schulden. 1. Hft.: D. preuss. Kommunalanleihen m. bes. Rücksicht auf d. Centralisation d. Kommunalkredits. gr. 8. (IV, 121 S. m. 2 Tab.) Jena 897. G. Fischer.** n. 1. —

Kähler, W., Kaufmännisches Bildungswesen. Leipzig, 1907. 13 S. (in Jg 75

Kähler, Wilh., Die Durchführung der Arbeiterschutzgesetze und die Gewerbeinspektion in Deutschland. Bericht an die Internat. Vereinigung für gesetzlichen Arbeiterschutz. Gesellschaft für sociale Reform, Deutsche Sektion. 8°. Berlin, Vaterländ. Verlags- und Kunstanstalt, 1909. 48 S.

— die Entwickelg. d. staatswissenschaftl. Unterrichts an d. Universität Halle. [Aus: „Festschr. z. Feier des 25jähr. Bestehens d. staatswissenschaftl. Seminars z. Halle a/S."] gr. 8. (70 S.) Ebd. 898. n. 1.60

Kähler, Wilh., s.: Festgaben f. Adolph Wagner.

Kähler, Wilhelm *Martin August* [Dr. jur. aus Halle a. S.]: Gesindewesen und Gesinderecht in Deutschland ... [Erschien vollst. als Bd 11 von: Samml. nationalökon. u. statist. Abh. d. staatswiss. Sem. zu Halle a. d. S. hrsg. v. J. Conrad.] Halle a. S., *Lippert & C., Naumburg a/S.*, 1896; XII, 47 S. 8.
Halle, Phil. Fak., Inaug.-Diss. v. 28. Nov. 1896

— Gesindewesen u. Gesinderecht in Deutschland, s.a. Sammlung nationalökonom. u. statist. Abhandlgn. d. staatswissenschaftl. Seminars zu Halle a/S.

Kähler, Wilhelm: Gesindewesen und Gesinderecht in Deutschland. Von Dr. jur. et phil. Wilhelm Kähler, Ref. in Halle a. S. Jena: G. Fischer 1896. (X, 229 S.) 1 Bd 8°
= Sammlung nationalökon. u. statist. Abhandlungen d. staatswiss. Seminars zu Halle. Bd. 11.

Kähler-Aachen, die Grundlagen der Dienstbotenfrage, s.a. Hefte der freien kirchlich-sozialen Konferenz. 43.

Kaehler, [Wilhelm]: Die Grundlagen der Dienstbotenfrage. Referat auf d. 14. Hauptvers. d. Freien Kirchl.-soz. Konferenz zu Berlin am 14.–16. April 1909. Nebst Diskussionsreden. — Berlin: Vaterl. Verlags- u. Kunstanstalt 1910. 61 S. 8° (Hefte d. Freien Kirchl.-soz. Konferenz. 43.)

[Umschlagt.:] **Kähler,** Wilhelm [Dr. jur. et phil. aus Halle a/S.]: Die preussischen Kommunalanleihen unter bes. Berücks. e. Centralisation d. Kommunalkredits ... [Erschien vollst. in d. Vfs: Beiträge z. Lehre v. d. öffentl. Schulden. Heft 1. Jena 1897.] Halle a/S., *Frommannsche Buchdr. in Jena*, 1897; XVI, 32 S. 8.
Halle, Phil. Fak., Hab.-Schr. v. 19. Juni 1897

Die preussischen Kommunalanleihen mit besonderer Rücksicht auf eine Centralisation des Kommunalkredits. Von Dr. jur. et phil. Wilhelm Kähler, Privatdoc. ... a. d. Univ. Halle. *Jena: G. Fischer 1897.* (2 Bl., 121 S., 2 Tab.) 8.
— Beiträge z. Lehre v. d. öffentl. Schulden. Bd 1. H. 1. [97. 3973

Der zweijährige Kursus für Handelswissenschaften, angelehnt an die Kgl. Technische Hochschule zu Aachen, seine Ziele und seine Einrichtungen, dargest. von Dr. W[ilhelm] Kähler, Prof. d. Nationalökonomie an der Kgl. Technischen Hochschule zu Aachen. Auf Veranlassung des Kuratoriums des Kursus als Ms. gedr. [1901.] 10 S. 8°

— Materialien zur Beurteilung der rechtlichen Stellung der Hausindustrie in Deutschland. Schriften d. Vereins f. Sozialpol., Bd. 87. gr. 8°. Leipzig 1899.

Kähler, W[ilhelm]: Nationalökonomie und Ingenieurbildung. [1906.] 18 S. 8° ¶ Ausz. in: Hochschul-Nachrichten. Jg. 16. 1905/06.

— Staat u. Vaterland. Grundsätzliche Gedanken über staatsbürgerl. Bildg. Festrede, zur Vorfeier des 51. Geburtstages Sr. Maj. d. Kaisers u. Königs Wilhelm II. geh. am 26. I. 1910 in der Aula der kgl. techn. Hochschule zu Aachen. (16 S.) gr. 8. Aachen (910). J. A. Mayer. — 80

[F.] **Kähler,** Wilhelm *Martin August* [aus Halle a S.]: Die Stellvertretung im Gewerbebetrieb. E. gewerberechtl. Untersuchg. 1. Tl ... (Erscheint vollst. bei A. Deichert in Leipzig.) Halle, 1893; 4 Bl., 33 S. 8.
Halle, Jur. Fak., Inaug.-Diss. v. 8. Juli 1893

Kähler, Wilh., die Stellvertretung im Gewerbebetrieb. Eine gewerberechtl. Untersuchg. gr. 8. (VII, 68 S.) Leipzig 894. A. Deichert Nachf. n. 1.20

Deutsche Sektion, Gesellschaft für Soziale Reform. — Die Weiterbildung der Gewerbeinspektion in Deutschland. Gutachten für die Internationale Vereinigung für gesetzlichen Arbeiterschutz, in Ergänzung des früheren Berichts, erstattet von Dr. WILHELM KÄHLER. Sonderabdruck aus der „Sozialen Praxis", Jahrg. XIX, Nr. 11, 12 u. 13. Nicht im Handel. Berlin. Gedruckt bei Julius Sittenfeld, Hofbuchdrucker. 8°.

Wie studiert man an einer Handelshochschule? Ein Briefwechsel. Studien-Anleitung für die Studierenden des zweijährigen Kursus für Handelswissenschaften, angelehnt an die Kgl. Technische Hochschule zu Aachen, hrsg. von Dr. W[ilhelm] Kähler, Prof. d. Nationalökonomie an d. Kgl. Technischen Hochschule zu Aachen. Mit Einverständnis des Kuratoriums des Kursus als Ms. gedr. [1901.] 12 S. 8°

— wie studiert man auf der Handelshochschule? Eine Einführung in das Handelshochschulstudium, seinen Zweck, seine Mittel u. Wege. (Violets Studienführer.) (VIII, 154 S.) gr. 8. Stuttgart 905. W. Violet. n. 2.50

Kähler, Willib., s.: Bruckner's Symphonien.

Kähler, Willib., Anton Bruckner's Sinfonie No. VIII in Cmoll, s.a. **Musikführer, der.**

Anton Bruckner. Sinfonie No. VIII in Cmoll. Erl. von Willibald Kähler. *Leipzig: H. Seemann Nachf. [1903].* (20 S.) 8°
— Musikführer. No 262. [03. 14946

Kähler, Wilib., Grossmutters Weihnachtslieder, s.: Odemar, Fritz.

Predigt zur Eröffnung der 10. ostpreußischen Provinzial-Synode am 2. Nov. 1902 in der Schloßkirche zu Königsberg i. Pr. geh. von Superint. [August Wolfgang Adalbert] Kähler-Darkehmen. *Königsberg i. Pr. 1902: Ostpr. Dr. u. Verlagsanst.* (13 S.) 8° [F.] 10

Kahlersberg [Schlagwort]

Kahlers-Berg, s.: Bayern. Positionskarte.

Kahlert, s. Veröffentl. f. Versich.-Wissenschaft.

Kahlert, die Versicherung der Aufsichtsrathaftpflicht, s.: Georgii.

Kahlert, Anton: Ansprache . . . bei dem aus Veranlassung des 50jährigen Jubiläums des Czernowitzer k. k. Obergymnasiums am 16. Dezember 1858 veranstalteten Festmahle. Czernowitz Eckhardt 1859.

Kahlert, August

Kahlert, Aug., Schlesiens Antheil an deutscher Poesie. Ein Beitrag zur Literaturgeschichte. gr. 8. Breslau 835. Schulz u. Comp. 1/4 ℛ

Kahlert, Aug., Blätter aus d. Brieftasche e. Musikers. 8. (14 1/2 B.) Breslau 832, Förster.

— s. a. Breslau vor 100 Jahren.

Kahlert, Aug., Breslau vor hundert Jahren. Auszüge aus e. handschriftl. Chronik. gr. 8. (7 B.) Breslau 840, G. Ph. Aderholz.

—— Ewald u. Bertha Idyllisches Epos in 6 Ges. 16. (13 B.) Leipzig 829, Kollmann.

— s. Hirten. Flappert.

Kahlert, Aug., Gedichte. 16. (X und 201 S. mit dem lithogr. Portr. des Dichters.) Breslau 864, Trewendt.

Kahlert August: Geschichte der Schlesischen Gesellschaft für vaterländische Kultur. Mit urkundlichen Beilagen.
in: Denkschrift zur Feier des fünfzigjährigen Bestehens der Schlesischen Gesellschaft für vaterländische Kultur. S. 1–46. (Breslau 1853.) 46 S. 8°.

Kahlert, Augustus (geb. Breslau 5. 3. 1807): De homoeoteleuti natura et indole. Vratislaviae (1836). (58 S.) 8°
Breslau, Phil. Diss. v. 2. Jan. 1836

— Novellen. 1) Der Kartendämon. 2) Donna Elvira. 3) Eugen. gr. 12. Bresl. 832. Pelz. 1 ℛ

Rede bei der am 23. Nov. 5844 von der ger. u. vollk. Loge Friedrich z. g[oldnen] Zepter im Or. zu Breslau veranstalteten Trauer-Loge gehalten vom Br. Aug. Kahlert. [Als Ms. f. Brr.] Breslau [1844]: Grass, Barth & Co. 11 S. 8° [Umschlagtit.]
Üb. den Zustand nach dem Tode.

—— Romanzen. 8. (13 1/2 B.) Breslau 834, W. G. Korn.

— die Schwätzerin, s. Jahrbuch deutscher Bühnenspiele rc. v. Gubitz. 14r Jahrg.

Kahlert, Aug., Angelus Silesius. Eine literar-histor. Untersuchung. Mit zwei urkundl. Beilagen. gr. 8. (VII und 96 S.) Breslau 853, Gosohorsky's Buchh.

—— Tonleben. — Novellen u. vermischte Aufsätze. 8. (21 1/2 B.) Breslau 838, G. Ph. Aderholz.

Kahlert, August J.

Kahlert, A.: Ueber die platonischen Beweise der Unsterblichkeit der Seele. 15 S.–Czernowitz, Progr. 1855

— s. Briefe von Göthe.

Kahlert, Aug. J., Erinnerungen an Italien besonders an Rom. Aus meinem Reise-Tagebuche. gr. 8. (27 1/2 B.) Breslau 843, G. P. Aderholz. *

— die Kunstausstellungen Breslau's seit 25 Jahren. Ein Rückblick am Dürerfeste 1843. 8. Ebend. 845. n. 1/6 ℛ

Kahlert, A.: Parallele zwischen der platonischen u. aristotelischen Staatsidee. 52 S.–Czernowitz, Progr. 1853, 1854

—— Reiseschilderungen aus Deutschland u. der Schweiz, entworfen auf einer Reise im Sommer 1843 durch Böhmen, Baiern, die Schweiz, das Elsaß, die Rheingegenden, Thüringen u. Sachsen. gr. 8. (35 B.) Breslau 845, Friedr. Aderholz. *

Kahlert, A. J. Corn. Taciti sententiae de natura, indole ac regimine Deorum. Part. I. 24 S. Part. II. 22 S.
Leobschütz, Progr. 1844, 1847

— Cornelii Taciti sententiae de natura, indole ac regimine Deorum. Part. I. 4maj. Vratislaviae 844, Hirt. n. 1/3 ℛ

—— System d. Aesthetik. gr. 8. (28 B.) Leipzig 846, Breitkopf u. Härtel.

Kahlert, Bruno, Apotheker aus Braunschweig: **Beiträge zur Kenntnis der Aufspaltung des Cumarons und einiger seiner Derivate.** *Rostock 1903: C. Boldt.* (76 S.) 8°
Rostock, Phil. Diss. v. [6. Juni] 1902

Kahlert, Carl, s. Kahlert, Karl

Kahlert, Emilie, die Schwestern oder das enthüllte Geheimniß. 2 Thle. Leipzig 857. Kollmann. 8. (2 Bl., 312; 2 Bl., 308 S.) 2 ℛ.

Kahlert, Hans [cand. med. aus Thurnau]: Über Erblichkeit der Klumpfüsse. . . . Erlangen, Druck d. Univ.-Buchdr. v. Junge & Sohn, 1889; 30 S. 8°
Erlangen, Med. Fak., Inaug.-Diss. v. Nov. 1889

Kahlert, Hermann, appr. Arzt a. Großbauchlitz (Kgr. Sachsen): Aus der medizinischen Poliklinik zu Jena. Beitrag zur Lehre von der progessiven neurotischen Muskelatrophie. Jena 1906: A. Kämpfe. (45 S.) 8°
Jena, Med. Fak., Ref. Gerhardt, Diss. v. 27. Febr. 1906
[Geb. 24. Mai 75 Großbauchlitz; Wohnort: Jena; Staatsangeh.: Hessen; Vorbildung: Domgymn. Naumburg Reife O. 94; Studium: Marburg 1, Leipzig 4, Bonn 5 S.; Coll. 31. Jan. 06; Approb. 14. Aug. 05.]

Kahlert, Justus (Darmstadt)
Die Form der Erbverträge nach geltendem gemeinen Recht und nach den Partikularrechten des Großherzogthums Hessen.
Darmstadt: Bergstraeßer 1884. 48 S.
Diss. jur. Giessen 27.5.1884. vorh. 26. la. 11.

Kahlert, Karl

Neues Taschenliederbuch f. Turner, hrsg. v. Carl Kahlert, Großschönau 1889, 260 S., 16°.

Kahlert, Karl Friedrich [wirkl. Name],
s.a. Stein, Bernhard [Pseud.]

FLAPPERT, Hieronymus, oder (zahme) Geschichte eines fünfmal verheirathet gewesenen Ehemannes, aus seinem Tagebuche gezogen. (Verfaßt von *Carl Friedr. Kahlert*, 1765—1813.) Leipzig, bey Carl Friedrich Schneidern, 1788. 8°.
158 S. (incl. Titel m. Vignette). — Allg. dtsch. Bibl. 89, 463; Anon.-Lex. II. p. 102 (nach Kayser).

Der Geisterbanner, eine Wundergeschichte aus mündlichen und schriftlichen Traditionen gesammelt von Lorenz Flammenberg [d. i. Karl Friedr. Kahlert.] Bd 1. 2 mit Kpfrn. Breslau: Korn 1792. 8°
1. 288 S.; 2. 317 S.
°[Dasselbe.] 2. verm. Aufl. [u. d. T.:] Der Geisterbanner, eine Geschichte, aus den Papieren eines Dänen gesammelt. Bd 1—3. Breslau: Korn 1799—1800. 8°
Kl. 3965b, TB. 144. Auch in's Englische übers.

STEIN, Bernhard (d. i. *Karl Friedr. Kahlert*), Die Waffenbrüder. Tragisches Sittengemälde aus den Zeiten der Kreuzzüge. Mit Titelkpfr. Breslau 1792. 8°. (1 Mk. 50 Pfg. Jul. Neumann, Magdeb., 1906.)

— — Dasselbe. O. O. 1792. 8°. (1 Mk. der Vorige.)

Kahlert, Karl Wilhelm

Kahlert, Carl Wilh., prakt. Anleitung zu einer naturgemäßen Geburtshülfe der landwirthschaftl. Thiere rc. Hrsg. v. der k. k. patr.-ökon. Gesellschaft in Prag. Wohlf. Ausg. gr. 8. (21 B.) Prag 845. (Calve'sche Vrlgsh.) *

— – Prakt. Anleitg. zu einer naturgemässen Geburtshilfe d. landwirtschaftl. Tiere etc. Herausg. von der k. k. patriot.-ökonom. Gesellschaft in Prag. Wohlfeile Ausg. gr. 8. (336 S.) Ebd. 45. Tempsky. n. M. 1.50

—— die Euter-Krankheiten der nutzbarsten Haus-Säugethiere. Eine kurze Belehrung f. d. Landwirth u. Schäfer zur Berichtigung der bestehenden falschen Meinungen üb. die Entstehungsursachen dieser Uebel. gr. 8. (3³/₈ B.) Prag 844. Leitmeritz, Medau.

Kahlert, C. W., die Hühnerpest (der Hühnertod) u. ein sicheres, durch Erfahr. bewährtes Mittel geg. d. plötzl. Umstehen d. Hausfederviehes. 8. (1¼ B.) Prag 838, Haase Söhne.

—— ein neues Kartoffelbüchlein zu dem alten mit versuchsweiser Beantwort. d. Frage: Woher es kommen mag, daß uns. Kartoffeln heutigen Tags nicht mehr so haltbar sind, als sonst, leichter faulen u. verderben? Nebst e. Vorschlage: Wie dies. Uebel am ehesten abzuhelfen seyn dürfte. 8. (1½ B.) Prag 841, Scheib.

—— die Schafwollwäsche, eine systematisch geordnete geschichtl. Darstellung aller bisher. Ergebnisse u. Unternehmungen in Bezug auf Wollwäsche mit d. neuen Mitteln, nebst Beurtheilung ihr. Erfolge, nach Theorie u. Erfahrung. gr. 8. (6 B.) Leipzig 842, Jackowitz.

Kahleyss, Carl, s. Kahleyss, Karl

Kahleyss, Carl Eduard Max, s. Kahleyss, Max

Kahleyss, Carl Otto, s. Kahleyss, Karl Otto

Kahleyss, Frid. (Guil.) [illegible] De [illegible] medullae spinalis symptomatologia. Berolini [illegible]
Berlin, Med. Diss. v. [illegible] Apr. 1840

Kahleyss, Karl

Kahleyss, Carl [aus Wernigerode a. H.]: **Über das Verhalten der Blasen- und Mastdarmfunction bei der disseminierten Sclerose. . . . Berlin, Buchdr. v. G. Schade, *1890;* 30 S., 1 Bl. 8°**
Berlin, Med. Fak., Inaug.-Diss. v. 23. Aug. 1890

Kahleyss, Karl Otto

Kahleyss, Car. Otto (geb. Radegast in Anh. 12. 11. 1837): De calculis urinalibus. Berolini (1862). (32 S.) 8°
Berlin, Med. Diss. v. 4. Aug. 1862

Kahleyss, *Carl Eduard* Max [App. Arzt aus Gröbzig i. Anhalt]: Beitrag zur Entfernung der Blasensteine durch Sectio alta ... Halle a. S., Druck v. E. Karras, 1894; 46 S., 1 Bl. 8.
Halle, Med. Fak., Inaug.-Diss. v. 14. Aug. 1894

Kahlhammer, Maria, Mittheilungen seliger Geister rc., s. Mittheilungen.

Kahlhofer, Th. Lehrgänge aus der Arbeitskunde. St. Veit a. d. Gl., Schlick, (1908). Folio. 4 S.

Kähllig, Eduard von, k. u. k. Generalmajor d. R. Ueber die Bogumilengräber in Bosnien und der Hercegovina. Eine culturhistorische Skizze. Separatabdruck aus der „Deutschen Rundschau für Geographie und Statistik". 17. Jhrg. 6. und 7. Heft. Mit 12 Abbild. 8. Graz 1895.

Kähllig, Ed. v., vor u. nach Custozza. Alte Tagebuchblätter a. d. Feldzuge 1866 in Italien. gr. 8. (59 S. m. 1 Bildn.) Graz 892 („Leykam"). n.n. 1.—

Kählig, E. v., das österreich.-ungar. Heer, s.a. Heere u. Flotten, die, der Gegenwart. IV.

[F.]Oesterreich-Ungarn. Das Heer v. E[duard] v Kählig, K. u. K. Generalmajor i. R. Die Flotte v. R. R' v. Jedina, K. u. K. Korvettenkapitän i. R. *Berlin: A. Schall (1898).* (xviii, 568 S., 1 Bl., 46 Portr. u. Taf., 3 Kt.) 1 Bd 4. (8.)
= Heere, Die, u. Flotten d. Gegenwart. Bd 4.

Kählig, Eduard v., vor 20 Jahren. Lose Blätter der Erinnerg. an die Bekämpfg. des Aufstandes in der Hercegovina im J. 1882. Mit e. Kartenskizze. (136 S.) gr. 8. Graz 902. (Leykam.) n. 2. 20

Kaehlig, Thdr., Geschichte der Belagerung von Querétaro. Nach authentischen Quellen u. eigenen Erlebnissen. gr. 8. (VII, 118 S.) Wien 879. Seidel & Sohn. n. 3. —

Kaehlig, Thdr., Wanderungen in Mexico. Schilderung von Land und Volk. 2 Bdchn. 12. (IV, 192; IV, 174 S.) Würzburg 880, Woerl. geb. in 1 Bd. *

Kahlius, s. Kahle

Kahlke, Johann *Maria* [Referendar]: **Über die rechtliche Natur der öffentlichen Anleihe und des Anleiheemissionsgeschäfts ... Altona, P. Meyer, Buchdr., 1897;** 4 Bl., 36 S., 1 Bl. 8.
Kiel, Jur. Fak., Inaug.-Diss. v. [2. Apr.] 1897

Kahlke, Joh., üb. d. rechtl. Natur d. öffentl. Anleihe u. d. Anleiheemissionsgeschäfts. Diss. gr. 8. (VII, 36 S.) Altona 897. (Leipzig, Buchh. G. Fock.) n. 1. —

Kahlmann, Aleis Norbert, neue, zum tägl. Gebrauche eingericht. Andachtsübungen f. fromme Katholiken. 1. u. 2. Aufl. 12. (à 11 B. u. 1 Holzschn.) Augsburg 837, 38. (Regensburg, Manz.) à

Kahlmann, F.: Die Praxis d. Skizzierens im Schulzeichenunterr. u. d. pädagog. Bedeutung d. Schülerskizzenbuches. (16 S. 17 T.) 4° Hamburg 1901

Vergleichende Zusammenstellung der Versicherungsbedingungen der im Deutschen Reiche arbeitenden Lebensversicherungsgesellschaften. Hrsg. von Ernst Kahlo. 2. Aufl. *Berlin: A. Paritschke 1902.* (60 S.) 8°

Kahlo, Ernst, vergleichende Zusammenstellung der Versicherungsbedingungen u. wichtigsten Prämiensätze der im Deutschen Reiche arbeit. Lebensversicherungsgesellschaften. 1906. (VI, 66 S.) 8. Berlin 906. (E. S. Mittler & Sohn.) In Leinw. kart. n. 1.50

Kahlo, Ernst, vergleichende Zusammenstellung der Versicherungsbedingungen u. wichtigsten Prämiensätze der im Deutschen Reiche arbeitenden Lebensversicherungsgesellschaften. 1907—1910. 6.—9. Jahrgang. (VI, 68; VI. 68; V, 68 u. V. 68 S.) 8. Berlin 907—10. (E. S. Mittler & Sohn.) In Leinw. kart. à Jahrg. 1.50

Kahlo, Jo. Gtt., († ...) Denkwürdigkeiten d. preuß. Grafschaft Glatz, von ihrem ersten Ursprunge bis auf gegenwärt. Zeiten. 4. Berl. u. Leipz. 757. (C. F. Günther in Glogau). 14 ℛ

— d. völlige Sieg im Grabe u. d. süßen Tröstungen Jesu bei d. Absterben d. Seinigen in dieser Welt. 4. Bresl. 753. W. G. Korn. 3 ℛ

Kahlo, Mart., Diktatstoffe in einheitlicher Schreibung. Lehrerheft zu der „Deutschen Rechtschreibg. (in 4 Heften) v. M. Kahlo" u. zu beiden Ausgaben der „Deutschen Sprachlehre u. Rechtschreibg. v. M. Kahlo u. R. Müller" 2., umgearb. Aufl. (128 S.) gr. 8. Breslau 904. F. Hirt. n. 1.25

Kahlo, Mart. Deutsche Rechtschreibung. Für mehrklass. Schulen, insbesondere f. die Vor- u. Unterklassen höherer Unterrichtsanstalten. In 3 Schülerheften u. 1 Lehrerheft: Diktatstoffe zu d. 3 Schülerheften. gr. 8. (VIII, 128 S.) Bresl. 891, F. Hirt. 1 25
— — dass. — 3 Schülerhefte. 8. Ebd. 891. [1. Heft. (Elementarstufe.) (40 S.) * — 30. — 2. Heft. (40 S.) * — 30. — 3. Heft. (56 S.) * — 40.] * 1 —

Kahlo, Mart., deutsche Rechtschreibung. Für mehrklass. Schulen, insbes. f. d. Vor- u. Unterklassen höh. Unterrichts-Anst. (In 3 Schülerheften, e. Lehrerhefte u. e. Ergänzungshefte: „Kleines orthograph. Wörterbuch".) 3 Schülerhefte. 2., durchgeseh. Aufl. gr. 8. Breslau 898. F. Hirt. n. 1. —
1. (I. u. II. Schulj.) (II, 41 S.) n. — 30.
2. (40 S.) n. — 30. — 3. (56 S.) n. — 40.

Kahlo, Mart., deutsche Rechtschreibung. Für mehrklass. Schulen, insbesondere für die Vor- u. Unterklassen höh. Unterrichts-Anstalten. (In 3 Schülerheften, e. Lehrerhefte u. e. Ergänzungshefte: „Kleines orthograph. Wörterbuch".) 1.—3. Schülerheft. 3. Aufl. gr. 8. Breslau, F. Hirt. n. 1. —
1. (I. u. II. Schulj.) (II, 41 S.) 899. n. — 30. — 2. (40 S.) 899. n. — 30. — 3. (56 S.) 901. n. — 40.

Kahlo, Mart., deutsche Rechtschreibung. Für mehrklass. Schulen, insbesondere f. die Vor- u. Unterklassen höherer Unterrichts-Anstalten. In 4 Schülerheften u. 1 Lehrerhefte. 4 Schülerhefte. gr. 8. Breslau, F. Hirt. n. 1.15
I. 4., umgearb. Aufl., in der neuen deutschen Rechtschreibg. (32 S.) 903. n. — 25
II. 5., durchgeseh. (Ster.-)Aufl. (32 S.) 906. n. — 25
III. 4., umgearb. Aufl. in der neuen deutschen Rechtschreibung. (32 S.) 903. n. — 25
IV. (56 S.) 903. n. — 40

Kahlo, Mart., deutsche Rechtschreibg. Für mehrklass. Schulen, insbesondere f. die Vor- u. Unterklassen höh. Unterrichts-Anstalten. (In 4 Schülerheften u. 1 Lehrerheft.) 1. u. 3. Schülerheft. 5., durchgeseh. (Ster.-)Aufl. (à 32 S.) 8. Breslau 906. 09. F. Hirt. à — 25

— u. R. Müller, deutsche Sprachlehre u. Rechtschreibg. Beispiel-, Merk- u. Übungsbuch. Ausg. A. Für 8stuf. Schulen in 7 Hftn. 1.—4. Hft. gr. 8. Ebd. n. 1.15
1. (2. Schulj.) (40 S.) 900. n. — 25
2. (3. Schulj.) (48 S.) 900. n. — 30
3. (4. Schulj.) (48 S.) 900. n. — 30
4. (5. Schulj.) (48 S.) 901. n. — 30

— — dasselbe. Ausg. B. Für 7stuf. Schulen in 5 Hftn. gr. 8. Ebd. n. 1.30
1. (3. Schulj.) (32 S.) 900. n. — 20
2. (4. Schulj.) (40 S.) 900. n. — 25
3. (5. Schulj.) (48 S.) 901. n. — 25
4. (6. Schulj.) (56 S.) 902. n. — 30
5. (7. u. 8. Schulj.) (56 S.) 902. n. — 30

— u. R. Müller, deutsche Sprachlehre u. Rechtschreibung. Beispiel-, Merk- u. Uebungsbuch. Ausg. A: Für 8 stuf. Schulen in 7 Heften. 1—3. u. 5—7. Heft. 8. Ebd. n. 1.85
1. (2. Schulj.) 3., durchgeseh. (Ster.-) Aufl. (40 S.) 906. — 25
2. (3. Schulj.) 3., durchgeseh. (Ster.-) Aufl. (48 S.) 906. — 30
3. (4. Schulj.) 2., nach der neuen deutschen Rechtschreibung geänd. Aufl. (48 S.) 904. — 30
5. (6. Schulj.) (48 S.) 903. — 30
6. (7. Schulj.) (52 S.) 903. — 30
7. (8. Schulj.) (64 S.) 905. — 40

— — dasselbe. Ausg. B: Für 7stuf. Schulen in 5 Heften. 1—4. Heft. gr. 8. Ebd. n. 1. —
1. (3. Schulj.) 3., durchgeseh. Ster.-Aufl. (32 S.) 905. — 20
2. (4. Schulj.) 2., nach der neuen deutschen Rechtschreibg. geänd. Aufl. (40 S.) 904. — 25
3. (5. Schulj.) 2., durchgeseh. Ster.-Aufl. (48 S.) 906. — 25
4. (5. Schulj.) 2., nach der neuen deutschen Rechtschreibg. geänd. Aufl. (48 S.) 903. — 30

— u. R. Müller, deutsche Sprachlehre u. Rechtschreibung. Beispiel-, Merk- u. Übungsbuch. Ausg. A: Für 8stuf. Schulen in 7 Heften. V. Heft. (6. Schulj.) 2., durchgeseh. (Ster.-)Aufl. (48 S.) 8. Ebd. 906. — 30

— — dasselbe. Ausg. B: Für 7stuf. Schulen in 5 Heften. II. u. IV. Heft. 8. Ebd. — 55
II. (4. Schulj.) 3. durchgeseh. Ster. Aufl. (40 S.) 907. — 25
IV. (6. Schulj.) 2., durchgeseh. (Ster.-)Aufl. (56 S.) 906. — 30

Kahlo, Mart., kleines orthograph. Wörterbuch f. d. Schulgebrauch. Ergänzungsheft z. „Deutschen Rechtschreibg." v. K. gr. 8. (56 S.) Breslau 898. F. Hirt. Kart. n. — 60

Kahlweiss, Frz., über die Veränderung der Uterus-Schleimhaut während der Gravidität u. deren Neugestaltung im Wochenbette. Inaugural-Dissertation. gr. 8. (8 S.) Königsberg 877. (Beyer.) n. — 80

Kahlweiss, Paul, prakt. Arzt a. Braunsberg Ostpr.: Zur Casuistik der Bindehautverwertung. Königsberg i. Pr. 1905: O. Kümmel. (72 S.) 8°
Königsberg, Med. Fak., Ref. Kuhnt, Diss. v. 4. Sept. 1905
[Geb. 8. März 77 Frauenburg; Wohnort: Braunsberg; Staatsangeh.: Preußen; Vorbildung: Altstädt. Gymn. Königsberg i. Pr. Reife O. 96; Studium: Königsberg 3, Greifswald 1, Königsberg 8 S.; Coll. 31. Aug. 05; Approb. 16. April 02.]

Kahm's Etiketten f. Käfer-Sammlungen, m. Anweisg. üb. Fang der Käfer, nebst Winken üb. Anlegg. u. Behandlg. e. Sammlg. (38 Bl. u. S.) 10×17 cm. Frankenberg (908). F. Kahm. — 60

— Etiketten f. Schmetterlings-Sammlungen, m. Anweisg. üb. die Zucht u. den Fang der Schmetterlinge, nebst Winken üb. Anlegg. u. Behandlg. e. Sammlg. (24 Bl. u. S.) 10,5×17 cm. Ebd. (907). — 60

Kahm, Philipp, heimatliche Bauweise. 1. Tl. Preisgekrönte Anleitg. zur Ausführg. ländl. Bauten. (208 S. m. Abbildgn. u. 17 Taf.) Lex. 8. Wiesbaden 910. Westdeutsche Verlagsgesellschaft. 6.—; geb. in Leinw. n 7.50

— Praktischer Ratgeber f. heimatliche Bauweise auf dem Lande. (152 S. m. Abbildgn. u. 7 Taf.) Lex. 8. Ebd. (910). Kart. 4.—

Kahmann, G.: Übersicht der Stadt Ballenstedt, s. Meyer, A.

Kahmann, Heinr.: Eine schmertzliche Jammer-Klage, über den entsetzlichen u. gewaltsamen Tod des ... Herrn Mart. **Heinrichs**, welcher Anno 1710 den 10. Jan. ermordet worden; in einer Leich- u. Trauer-Rede gehalten. Berlin 1716.

Kahmann, Heinr.: Praeliminair-Abfertigung, der zancksüchtigen Schmäh-Schrifft, so Herr Andr. Schmidt, Prediger zu St. Nicolai, anno 1716 am 17. Dec., wider die, zur neu aufgelegten Parentation, des erschlagenen seel. Meister Mart. **Heinrichs**, im Monath Aug., 1716 gedruckte Vorrede, ausgehen lassen. [Berlin] 1717.

Kahn, Inhalt, Natur u. Methode des internationalen Privatrechts. Jena 899.

Kahn, Adolf [aus Pirmasens]: Das Resorptionsvermögen der intacten Haut unter der Wirkung des constanten Stromes. ... Strassburg i. E. Buchdr. C. Goeller, 1891; 61 S., 1 Taf. 8°
Strassburg, Med. Fak., Inaug. Diss. v. 1891

Kahn, Alfred, Justizref. in Stuttgart: Die **Bestrafung des Ehebruchs in der heutigen Gesetzgebung und de lege ferenda.** *Stuttgart 1903: Paulinen-Pflege.* (65 S.) 8°
Tübingen, Jur. Diss. v. 1902

Kahn, Alfred, a. Baisingen in Württemberg: Die Didaktiker auf dem Gebiete der physikalischen Geographie im XVIII. Jahrhundert in ihren Beziehungen zu Kircher, Riccioli und Varenius. Würzburg 1906: A. Boegler. (51 S.) 8°
Würzburg, Phil. Fak., Ref. Regel, Diss. v. 30. April 1906
[Geb. 6. Aug. 82 Baisingen; Wohnort: Würzburg; Staatsangeh.: Württemberg; Vorbildung: Goethe-Gymn. Frankfurt a. M. Reife O. 01; Studium: Berlin 3, Würzburg 3 S.; Rig. 9. März 06.]

Kahn, Alfr., die Zwangsvollstreckung in das literarische u. artistische Urheberrecht, s.a. Forschungen, zivilprozessrechtliche. 2. Heft.

Kahn, Alfred: Die **Zwangsvollstreckung in das literarische und artistische Urheberrecht. Berlin u. Leipzig: W. Rothschild 1908. (62 S.) 8° [J. u. Ant.] ¶ (Erscheint vollst. als: Forschungen z. Zivilprozeßrecht, hrsg. v. R. Schmidt, H. 2.)**
Freiburg i. B., Rechts- u. staatsw. Fak., Ref. Schmidt, Diss. v. 1907
[Geb. 7. Nov. 84 Karlsruhe; Wohnort: Karlsruhe; Staatsangeh.: Baden; Vorbildung: Gymn. Karlsruhe Reife 04; Studium: Heidelberg 1, Genf 1, Berlin 3, Freiburg i. B. 3 S.; Coll. 15. Juli 07.]

Kahn, Alfred: Die Zwangsvollstreckung in das literarische und artistische Urheberrecht. Von Dr. –. Berlin & Leipzig: W. Rothschild 1908. (62 S.) 8°
[Erschien auch als Inaug.-Diss. Freiburg im Br. 1908.]
= Forschungen, Zivilprozeßrecht. H. 2.

Kahn, Anselm, aus Augsburg: Ueber **Abkömmlinge** des o-ω-Dinitrophenyläthylens. *München 1903: F. Straub.* (31 S.) 8°
München, Phil. Diss. v. 1903

Kahn, Anton Friedrich

Kahn, Ant. Fr., († d. 13. Mai 1797.) Anfangsgründe d. Fechtkunst, nebst e. Vorrede, in welcher e. kurze Geschichte d. Fechtkunst abgehandelt wird. 4. Götting. 739. Neue Aufl., (mit e. Anh. über d. Kunst, auf d. Hieb zu fechten). Mit 25 Kpft. 4. Helmst. 761. (Leipz., Weygand). 2 ℳ 4 𝒦

Kahn, Anton Friedrich. Anfangsgründe der Fechtkunst nebst einer Vorrede, in welcher eine kurze Geschichte der Fechtkunst vorgetragen ... wird Herausgegeben von Anton Friedrich Kahn ... Neue und vermehrte Ausgabe. Helmstädt, bey Christian Friedrich Weygand 1761.
Titelkupfer, Tit., 2 Bl. Widmung, 52 + 164 + 36 S., 25 Taf. in Kupferst. 8°
Stecher: C. F. Fritzsch u. J. F. Kauffmann nach L. E. Cuerland u. J. F. Schmauss. 1. Aufl. Göttingen 1739. Im Anhang Nachrichten über die Fechtkunst an deutschen Universitäten
Gelli S. 262

Kahn, Armand: Le théâtre social en France de 1870 à nos jours. Lausanne 1907. 235 S. 8°. [14. XII. 05.]
Bern. Phil. Diss. 1906/1907.

Kahn, Arth., Damon u. Phintias in der Judengasse, s.: Bibliothek, belletristische, des „Israelit". 2. Bd.

— Jüdische Dorfgeschichten. (III, 172 S.) 8. Berlin 910. M. Poppelauer. 2.—; geb. 2.50

Kahn, Arth., entschwindende Gestalten. Erzählungen aus dem rhein. Gemeinde- u. Familienleben. (VI, 356 S.) gr. 8. Frankfurt a/M. 905. J. Kauffmann. n. 2.—

Sabbathstimmungen. Von Arthur **Kahn**. Frankfurt a. M.: Jüd. Volksschriftenverl.; (Berlin: Verband d. Sabbathfreunde 1909). 72 S. 8°
(Jüdische Volksbücherei. Bd 1.)
(Schriften d. Verbandes d. Sabbathfreunde. 5.) [11. 1909]

Kahn, Arthur [aus Gross-Gerau (Hessen-Darmstadt)]: Ueber Struma ossea .... Berlin, Buchdr. v. Gustav Schade (Otto Francke) 1886; 31 + 1 S. 8°.
Berlin. Med. Fak. Inaug.-Diss. v. 11. Jun. 1886.

Kahn, Bernhard, aus Oscarshamn: Die **Schadenszufügungen** durch Tiere nach dem Bürgerlichen Gesetzbuch ⟨§ 833 u. 834⟩. *Würzburg 1902: C. J. Becker.* (61 S.) 8°
Würzburg, Jur. Diss. v. 1902

Kahn, Carl, s. Kahn, Karl

Kahn, Eman. Systematische Anordnung u. kritische Besprechung einiger Gruppen neuer Arzneimittel der letzten 15 Jahre m. Angabe der wichtigsten Literatur. Diss. gr. 8. (79 S.) Mitau 891. (Dorpat, Karow.) 1 50

Kahn, Ernst [prakt. Arzt aus Frankfurt a. Main]: Über Acetanilid (Antifebrin) und Benzanilid in der Kinderpraxis .... Leipzig, Druck v. B. G. Teubner, 1888; 47 S. 8°
Strassburg, Med. Fak., Inaug.-Diss. v. 1888

Kahn, Ferdinand [aus Germersheim]: Über die Frage der Unität der Lichenerkrankung ... Frankfurt a. M., Buchdr. v. M. Slobotzky, 1891; 19 S. 8°
Würzburg, Med. Fak., Inaug.-Diss. v. 1891

Kahn, Franz

Kahn, Frz., zur Geschichte des römischen Frauen-Erbrechts. Eine von der Juristen-Facultät Leipzig gekrönte Preisschrift. gr. 8. (V, 122 S.) Leipzig 884, Breitkopf und Härtel. *

Kahn, Frz., über Inhalt, Natur u. Methode des internationalen Privatrechts. gr. 8. (87 S.) Jena 899. G. Fischer. n. 2.40
Sonderabdruck aus: „Iherings Jahrbücher für die Dogmatik des bürgerl. Rechts".

Kahn, Frz., die einheitliche Kodifikation des internationalen Privatrechts durch Staatsverträge. (III, 85 S.) gr. 8. Leipzig 904. Duncker & Humblot. n. 1.—

Kahn, Friedrich: Sammlung gemeinnütziger Recepte, so bey denen meisten Fehlern der Pferde nützlich und leicht zu gebrauchen, in Alphab. Ordnung gebracht, u. mit e. Anh. von einigen Krankheiten d. Kuhviehes versehen. Lübeck 1789. 88 S.

Kahn, Fr., Samml. gemeinnütz Recepte, bei den Fehlern d. Pferde zu gebrauchen. 8. Lübeck 789. Niemann u. C. 3 K

Kahn, Grete: Eine allgemeine Methode zur Untersuchung der Gestalten algebraischer Kurven. Göttingen 1909: Kaestner. 43 S. 8°
Göttingen, Phil. Diss. v. 29. Dez. 1909, Ref. Hilbert
[Geb. 27. Aug. 80 Eschwege; Wohnort: Eschwege; Staatsangeh.: Preußen; Vorbildung: Gymn. Hersfeld Reife M. 04; Studium: Berlin 3, Göttingen 1, Berlin 1, Göttingen 4 S.; Rig. 30. Juni 09.] [U 10. 1425

François Boucher von Gustave Kahn. Mit 30 Mattkunstdruckbildern, 18 Reprod. in Tondr., 1 Vierfarbendrucktaf. u. 1 Grav. 3. Aufl. Berlin: Internat. Verlagsanst. f. Kunst u. Lit. [1910]. 59 S. 2°
(Kunst d. Gegenwart. Samml. moderner Künstlermonographien. [4.]) [11. 1310

— Jean Honoré Fragonard. Mit 1 Vierfarbentaf., 28 Mattkunst-, 20 Tondr.-Bildern u. 1 Gravure. (60 S.) 37×23 cm. Berlin (909). Internationale Verlagsanstalt f. Kunst u. Literatur. 5.—

Jean Honoré Fragonard von Gustave Kahn. Mit 1 Vierfarbentaf., 28 Mattkunst-, 20 Tondruckbild. u. 1 Grav. 3. Aufl. Berlin: Internat. Verlagsanst. f. Kunst u. Lit. [1910]. 59 S. 2°
(Kunst d. Gegenwart. Samml. moderner Künstlermonographien. [2.]) [11. 1310

— Europas Fürsten im Sittenspiegel d. Karikatur. Mit 468 Textillustr. u. 72 farb. Kunstblättern nach seltenen u. amüsanten Karikaturen aus allen Ländern u. Zeitepochen. 1.—10. Taus. (VII, 472 S.) Lex. 8. Berlin 907.08. Herm. Schmidt. 20.—; auch in 20 Lfgn. à 1.—

Louis Legrand von Gustave Kahn. Mit 31 Mattkunstdruckbild., 21 Reprod. in Tondr., 1 Grav. u. 3 Vierfarbentaf. 3. Aufl. Berlin: Internat. Verlagsanst. f. Kunst u. Lit. [1910]. 59 S. 2°
(Kunst d. Gegenwart. Samml. moderner Künstlermonographien. [3.]) [11. 1311

Auguste Rodin von Gustave Kahn. Mit 54 Orig.-Reproduktionen in Tondr. u. 2 Grav. 4. Aufl. Berlin: Internat. Verlagsanst. f. Kunst u. Lit. [1910]. 59 S. 2°
(Kunst d. Gegenwart. Samml. moderner Künstlermonographien. [1.]) [11. 1309

— Félicien Rops. Mit 3 Vierfarbentaf., 18 Mattkunst-, 28 Tondr.-Bildern (im Text) u. 1 Gravure. (60 S.) 37×29.5 cm. Paris (909). Berlin, Internationale Verlagsanstalt f. Kunst u. Literatur. 6.—

Félicien Rops von Gustave Kahn (Neue Folge: von Rudolf Klein). (Bd 1 [nebst] N. F.) Paris: Libr. artistique internat. (2: Berlin: Internat. Verlagsanst. f. Kunst u. Lit.) [1910]. 2°
(1.) Mit 3 Vierfarbentaf., 18 Mattkunst-, 28 Tondruckbild. u. 1 Grav.
(N. F.) Mit 5 Vierfarbentaf. u. 48 Tondruckbild.
(Kunst d. Gegenwart. Samml. moderner Künstlermonographien. [17. 18.]) [11 1325

Kahn, Gust., das Weib in der Karikatur Frankreichs. Mit 450 Textillustr. u. 60 farb. Kunstblättern nach seltenen u. amusanten französ. Karikaturen aus allen Zeitepochen. (In 20 Lfgn.) 1.—8. Lfg. (S. 1—72.) Lex.-8. Stuttgart 906. H. Schmidt. à n. 1.—

— Das Weib in der Karikatur Frankreichs. Mit 450 Textillustr. u. 72 farb. Kunstblättern nach seltenen und amüsanten französischen Karikaturen aus allen Zeitepochen. 4.—20. Lfg. (VII u. S. 73—472.) Lex. 8. Stuttgart 907. Berlin, H. Schmidt. à 1.—
(Vollst. geb. 25.—)

KAHN, Gust., Das Weib in der Karikatur Frankreichs. Mit 450 Textabbildungen und 60 meist doppelseitigen farbigen Kunstblättern mit seltenen, nur französischen Karikaturen aus allen Zeitepochen. Stuttgart 1907. Lex.-8°. Eleg. Orig.-Prachtband, nach dem Entwurf von Raph. Kirchner. (Mk. 25—.) (20 Mk. Adolf Weigel, 1906; 25 Mk. Dieterich, 1907; 27 Mk. A. Ackermann, München, 1907.)

Kahn, Herm., kurzer Abriß des Handelsrechts für Handelsschulen. 3 Hefte. 8. Weinheim, F. Ackermann. —80
1. Handelsstand. (17 S.) 910. —20
2. Handelsgesellschaften u. stille Gesellschaft. (30 S.) 910. —35
3. Handelsgeschäfte. (21 S.) 910. —25

— Kurzer Abriß der Verfassung des Großherzogt. Baden. (14 S.) 8. Ebd. 910. —20

Kahn, Hermann [aus Hildburghausen]: Beitrag zur Lehre der primären Tuberculose der Diaphysen der langen Röhrenknochen ... Würzburg, Becker's Univ.-Buchdr., 1893; 43 S., 1 Bl. 8.
Würzburg, Med. Fak., Inaug.-Diss. v. 1893

Kahn J A, über die Kunstweberei der Alten. (Samml. kunstgewerbl. Vortr. 2) Leipzig

Kahn, Jacob, prakt. Arzt aus Klüsserath: Über penetrierende und stumpfe Bauchverletzungen. *Würzburg 1901: Verlagsdruckerei.* (27 S.) 8°
Würzburg, Med. Diss. v. 1901

Kahn, Ignaz

Kahn, medicin.-polizeil. Abhandlung üb. d. Mosaischen Sanitäts-Gesetze. Ein wissenschaftl. Beitr. z. gelegenheitl. Gebr. f. Gelehrte, Aerzte u. Beamte, vorzügl. f. d. Bekenner d. mosaischen Glaubens. gr. 12. (2½ B.) Augsburg 833. (Regensburg, Manz.)

Kahn, Ign. (Dr. med.). über den medicinisch-polizeylichen Sinn der mosaischen Gesetze, eine Inaugural-Abhandl. Augsburg, 1825. Gedr. bey J. M. Hillenbrand. 8°. Cart. *)
56 S. Lat. Lett. — Dem Banquier Anselm Frhrn. v. Rothschild gewidmet.

Ignaz Kahn über den medicinisch-polizeilichen Sinn der Mosaischen Gesetze. Inauguralabhandlung. Augsburg 1825. 8. — *Nov. ed. paulo mutato titulo*: Augsb. 1833. (1834.) 12.; *cfr. pag.* 98.

Kahn, Jos., „die Bestrebungen der neuen Rabbinen zielen nur darauf hin, das wahre alte Judenthum wieder herzustellen." Antritts-Predigt. gr. 8. (1⅛ B.) Trier 842, Gall. *

— das heut. Budapest. M. Beiträgen v. Herm. Aldor, J. Bruck, Jos. Freund etc. Illustr. v. H. Lakos, L. Richter u. F. P. Zich. Nebst Beilage: Neuester Führer durch Budapest u. Umgebg. gr. 8. (IV, 258 u. VIII, 53 S. m. farb. Plan.) Ebd. 895.
In Leinw. kart u. geh. n. 4.—

Kahn, Jos., Budapest z. Zeit d. Milleniums. Neuester Führer durch Budapest u. Umgebg. 2. Jahrg. 12. (VIII, 194 S. m. farb. Plan.) Budapest 895. C. Grill. Geb. 1.50

Kahn, Jos., illustr. Führer auf der Donau v. Regensburg bis Sulina, s.: Heksch, Alex.

— neuester Führer durch Budapest u. Umgebg. 8. (VIII, 75 S. m. Abb.) Ebd. 895. n. — 80

Kahn, Jos. An illustrated guide of Budapest. With numerous illustrations, from drawings by F. P. Zich. 1. annual edit. gr. 8. (IV, 120 S.) Budapest 891, (Kilián). cart. * 3 50

Kahn, Joseph. Hirtenbriefe. Klgft., St. Josefs-Druck., St. Hermagoras-Druck., 1886—1910. Quart. (Deutsch u. sloven.)

Kahn, Jos., Jeder bei seiner Fahne. Predigt, gehalten in der Synagoge zu Trier an den beiden Tagen des Schobuoth-(Wochen-)Festes 5623. (24. und 25. Mai 1863.) 8. (21 S.) Trier 863, (Troschel.)

— Liebe und Versöhnung nach der Lehre des Judenthums. Predigt, gehalten am Vorabende des Versöhnungstages 5626 (1865). gr. 8. (14 S.) Trier 866, Troschel.

Kahn, J., die ungarische Metropole 1889, s.: Szalay, M.

Kahn, Jul., Börsengesetz f. d. Deutsche Reich v. 22. VI. 1896. Erläut. u. m. Ausführungsbestimmgn. hrsg. 12. (VI, 333 S.) München 897. C. H. Beck. Geb. in Leinw. n. 3. —

Kahn, Jul., Börsengesetz f. das Deutsche Reich v. 22. VI. 1896/8.V. 1908. Erläutert u. m. Ausführungsbestimmgn. hrsg. 2. völlig neu bearb. Aufl. (VIII, 485 S.) 11. 8. München 909. C. H. Beck. Geb. in Leinw. 5. —

Kahn, Jul., Geschichte des Zinsfusses in Deutschland seit 1815 und die Ursachen seiner Veränderungen. Von der staatswirthschaftl. Fakultät der Universität München gekrönte Preisschrift. gr. 8. (VIII, 247 S.) Stuttgart 884, Cotta'sche Buchh. *

— d. Gesetz zur Bekämpfg. d. unlaut. Wettbewerbes. Vom 27. Mai 1896. Erläutert v. K. 8. (IV, 115 S.) München 896. J. Schweitzer Verl. Geb. in Leinw. n. 2.40

Kahn J. Gesetz gegen den unlauteren Wettbewerb vom 7.6.09. 2. Auflage von Ch Weiss. (404 S) München 1910

Kahn, Jul., Münchens Großindustrie u. Großhandel. Imp.-4. (X, 207 S. m. Abbildgn.) München 891. A. Ackermann's Nachf. Geb. in Leinw. n. 10. —

Kahn, Julius, Referendar in Mainz: **Inwieweit ist der deutsche Richter berechtigt und verpflichtet, Gesetze und Verordnungen auf ihre Verfassungsmäßigkeit hin zu prüfen?** München: J. Schweitzer 1907. (41 S.) 8° [J.] ¶[Aus: Annalen des Deutschen Reichs Jg. 40, 1907.]
Gießen, Jur. Fak., Ref. van Calker, Diss. v. 26. Aug. 1907
[Geb. 12. Jan. 85 Mainz; Wohnort: Mainz; Staatsangeh.: Hessen; Vorbildung: Ludwig-Georgs-Gymn. Darmstadt Reife M. 03; Studium: Heidelberg 1, München 1, Berlin 2, Gießen 2 S.; Rig. 15. Juni 06.]

— Kommentar zum Gesetz zur Bekämpfung des unlauteren Wettbewerbs. 2. Aufl., s.: Weiß, Christian, Gesetz gegen den unlauteren Wettbewerb.

— die Reichs-Wuchergesetze v. 24. Mai 1880 u. 19. Juni 1893. Erläut. v. K. Nebst Anh., enth.: 1) die in Deutschland gelt. gesetzl. Bestimmgn. üb. d. Zinsfuß, 2) d. landesrechtl. Vorschriften üb. d. Betrieb d. Pfandleihgewerbes, 3) die bayer. Ministerialbekanntmachg. üb. den gewerbsmäß. Betrieb d. Handels m. ländl. Grundstücken. 8. (VIII, 134 S.) Bamberg 895. C. C. Buchner, Verl. n. 1.40

Kahn, Julius: Die 25jährige Thätigkeit der Handels- und Gewerbekammer für Oberbayern (München). 1869–1894. Geschildert im Auftr. der Kammer. München 1894: Wolf. 117 S. 4°

Kahn, Karl

Kahn, Carl, appr. Arzt a. Ranstadt (Hessen): **Aus d. patholog. Institut zu Gießen. Zur Casuistik der Pfortaderthrombose.** Nied a. M. (1906): Bauer u. Kunze. (35 S.) 8°
Gießen, Med. Fak., Ref. Bostroem, Diss. v. 28. Juni 1906
[Geb. 11. Aug. 78 Ranstadt; Wohnort: Ranstadt; Staatsangeh.: Hessen; Vorbildung: Neues Gymn. Darmstadt Reife O. 97; Studium: Gießen 4, Berlin 1, Gießen 5 S.; Coll. 20. Dez. 02; Approb. 11. Febr. 02.]

Kahn, Karl, aus Frankenthal (Rheinpfalz): Zur **Casuistik** der Psammome. *Würzburg 1903: J. B. Grunewald.* (36 S.) 8°
Würzburg, Med. Diss. v. 1903

[F. u. Ant.] Die fünf Moses als Befreier Israels. Hebräische Poesie v. L. **Kahn** m. deutscher Uebs. . . . *Brüssel: M. van Dantzig 1892.* (11, 12 S.) 1 Bd 8. [96 3193]

Kahn, Lena, die Frau auf richtiger Fährte. Erzieherische Winke u. prakt. Ratschläge. 8. (96 S.) Basel 901. (Frankfurt a/M., A. J. Hofmann.) Kart. n.n. 1.25

Kahn, Leo: * Iudaeorum educatio (i. e. Erziehung i. e. S., mit Ausschluss des Unterrichts), quomodo librorum sacrorum et Talmudis praeceptis instituta sit. 93 S. 4° (2°)
Halle-Wittenberg, Phil. Diss. v. 1. Nov. 1870
Geb. [Salzburg b. Freiburg (Baden) 7. 9. 1842]

Kahn, Leopold, Kaiserslautern: Rechte der Obligatär-Communion nach in- u. ausländischem Rechte unter besonderer Würdigung des Schuldverschreibungsgesetzes vom 4. XII. 1899. Würzburg 1908: F. Scheiner. (102 S.) 8°
Würzburg, Jur. Fak., Ref. Mayer, Diss. v. 18. März 1908
[Geb. 25. Juni 82 Kaiserslautern; Wohnort: Kaiserslautern; Staatsangeh.: Bayern; Vorbildung: Gymn. Kaiserslautern Reife Juli 01; Studium: Berlin 1, München 1, Würzburg 6 S.; Rig. 6. Nov. 07.]

Kahn, Leopold: Warum? Die alte Lehre im Lichte neuer Katastrophen. Juden erwachet! Von Dr. Leopold Kahn, Wien. 23. Taus. Wien: [1908]: 'Industrie'. [Berlin: 'Jüd. Rundschau']. 15 S. 8°

Kahn, Ludwig [Rechtspraktikant aus Würzburg]: Prolongation und Reportgeschäft in juristischer Construction ... Würzburg, F. Scheiner, kgl. bayer. Hoflief., 1897; 48 S. 8.
Erlangen, Jur. Fak., Inaug.-Diss. v. Juli 1896

Kahn, Ludwig, appr. Arzt aus Augsburg: **Über Vergiftungen im Kindesalter mit Ausschluss der medikamentösen.** *Augsburg 1898: J. P. Himmer.* (47 S.) 8°
München, Med. Diss. v. 1899

Kahn, M., die Gewerbe- u. Berufskrankheiten d. Ohres, s.: Vorträge, klin., aus d. Gebiete d. Otologie u. Pharyngo-Rhinologie.

Kahn, Max, Atlas der Histopathologie der Nase etc., s.: Seifert, Otto.

Kahn, Max [aus Würzburg]: Beitrag zur Pathologie der hereditär-syphilitischen Schädelcaries und zur Pathogenese der eitrigen Meningitis. . . . Würzburg, Druck d. Ferdinand Rohrl'schen Buchdr., 1890; 24 S. 8°
Würzburg, Med. Fak., Inaug.-Diss. v. 1890

Kahn, Max [aus Staufen]: Über Makroglossie. '(Lymphangiom der Zunge.)' ... Würzburg, kgl. Universitätsdr. v. H. Stürtz, 1896; 42 S. 8.
Würzburg, Med. Fak., Inaug.-Diss. v. 1896

Kahn, Max: Der Übergangswiderstand von Kohlenbürsten. 1902. 57 S. 8°
¶ Auch bei Enke in Stuttgart u. als: Sammlung elektrotechn. Vorträge. Bd 3, H. 12.
Karlsruhe, Dr.-Ing.-Diss. v. 1. 3. 1902

Kahn, Moritz, aus Hachenburg: Der **Lieferungsvertrag** nach gemeinem Recht. *Frankfurt a. M. 1899: H. L. Brönner.* (37 S.) 8°
Erlangen, Jur. Diss. v. 10. Okt. 1898

Kahn, Otto, das neue Liegenschaftsrecht in der Rechtsprechung, s.: **Baumann, Hans.**

Kahn, Otto, Rechtspraktikant aus Würzburg: Der ausserstrafrechtliche **Rechtsirrtum.** Ein Beitrag zur Lehre vom Rechtsirrtum im Strafrecht. *Breslau: Schletter 1900.* (68 S.) 8°
Würzburg, Jur. Diss. v. 1900

Kahn, Otto, der ausserstrafrechtliche Rechtsirrtum, s.a. **Abhandlungen, strafrechtliche.**

Der ausserstrafrechtliche Rechtsirrtum. Ein Beitrag z. Lehre v. Rechtsirrtum im Strafrecht. Von Dr. jur. et rer. pol. **Otto Kahn**. *Breslau: Schletter 1900.* (68 S.) 8°
= **Abhandlungen,** Strafrechtliche. H. 30. (... 2

Kahn, Robert: Ueber **Azofarbstoffe** aus Methylphenylglycin und Phenylglycin. *Heidelberg 1898: J. Hörning.* (39 S.) 8°
Heidelberg, Naturw.-math. Diss. v. [14. Jan.] 1898

Kahn, Robert: Die Grundbegriffe der Philosophie Leibnizens dargestellt und auf ihren Zusammenhang geprüft unter besonderer Berücksichtigung der Leibnizschen Rechtsphilosophie. Tübingen 1909: Schnürlen. 85 S. 8°
Tübingen, Phil. Diss. v. 20. Febr. 1909, Ref. Maier
[Geb. 30. Sept. 78 Hermannstein; Wohnort: Bensberg; Staatsangeh.: Preußen; Vorbildung: Gymn. Dillenburg Reife M. 97; Studium: Berlin 6, Marburg 1 S.; Coll. 3. Aug. 08.] [U 11. 4393

Kahn, Rob., das volkstümliche Vortragswesen, s.a. **Volkskultur,** die. Nr. 10.

Kahn, Robert: Das volkstümliche Vortragswesen. Ein programmat. Versuch mit Vorschlägen f. d. Praxis. Von Dr. –. Leipzig: Quelle & Meyer 1909. 50 S. 8°
(Die Volkskultur. Nr. 10.)

Kahn, Siegfried: Über den Morbus Addisonii und seine Beziehungen zur Hyperplasie der lymphatischen Apparate und der Thymusdrüse. Berlin 1910: G. Reimer. 38 S. 8°
¶ (Aus: Virchows Archiv f. pathol. Anat. u. Physiol. Bd 200.)
Heidelberg, Med. Diss. v. 10. Juni 1910, Ref. Ernst
[Geb. 7. Mai 85 Darmstadt; Wohnort: Karlsruhe i. B.; Staatsangeh.: Hessen; Vorbildung: Ludwig-Georgs-Gymn. Darmstadt Reife O. 03; Studium: München 2, Freiburg i. B. 3, München 2, Berlin 1, Heidelberg 2 S.; Coll. 24. Juli 09; Approb. 1. Juli 09.] [U 10. 2066

Kahn, Siegmund, appr. Arzt: Ueber intermittierendes Hinken. Leipzig 1905: B. Georgi. (29 S.) 8°
Leipzig, Med. Fak., Ref. Flechsig, Diss. v. 22. Dez. 1905
[Geb. 3. Mai 76 Eschwege; Wohnort: Fürstenwalde; Staatsangeh.: Preußen; Vorbildung: Gymn. Warburg Reife O. 95; Studium: München 3, Heidelberg 2, Würzburg 2, Freiburg i. B. 3, Bonn 2 S.; Coll. 22. Dez. 05; Approb. 11. März 02.]

Kahn, Solly, Untersuchungen üb. das 2 Methylakridon u. das 2 Methylakridin. Diss. gr. 8. (29 S.) München 894. Dr. H. Lüneburg. n. 1. —

Kahn, Walter Ernst, a. Frankfurt a. M.: Über Betaïne. Mit einem Anhang: Reaktionen des Chlordimethylamins. München 1904: V. Höfling. (92 S.) 8°
München, Phil. Fak., Ref. v. Baeyer, Diss. v. 18. Aug. 1904
[Geb. 17. Aug. 78 Frankfurt a. M.; Wohnort: Frankfurt; Staatsangeh.: Preußen; Vorbildung: Realgymn. „Wöhlerschule" Frankfurt a. M. Reife O. 97; Studium: Heidelberg 3, München 10 S.; Rig. 18. Juli 04.]

Kahn, Zadoc, die Sclaverei nach Bibel und Talmud. Mit Autorisation des Verf. aus dem Französ. übers. von J. Singer. 8. (133 S.) Prag 888, Brandeis. *

Kahn, Zarod., Die Sklaverei nach Bibel u. Talmud. Mit Autoris. des Verfassers aus dem Französ. übersetzt v. J. Singer, 8°. Prag, Brandeis, 1888.

Kahn-Benninger, Max [approb. Arzt aus Mannheim]: **Myxoma** Chorii bei einem Zwillingsei .... Giessen, C. v. Münchow, Univ.-Buch- & Steindr., 1887; 16 S. u. 1 Taf. 8°.
Giessen, Med. Fak., Inaug.-Diss. v. 1887.

Kahn-Hut, Daniel, pract. Arzt aus Mainz: Die **Operation** des grauen Staar's in geschlossener Kapsel. *Strassburg i. E.: J. Singer 1898.* (62 S.) 8°
Strassburg, Med. Diss. v. 1898

Kähn, Johs., Gedichte in Rieser Mundart. Mit e. Rezension v. Melchior Meyr. 8., verm. Aufl. gr. 16. (XI, 124 S.) Nördlingen 894. (C. H. Beck.) n.n. 1. 20; geb. n.n. 1. 60

Kahne, David, Eben Negeph (Ein Stein des Anstossens). Eine Monographi [so!] der lurianischen Kabbala ... Herausgegeben von P. Smolensky. Separat-Abdruck aus dem Haschachar 1873. Wien 1873.

— — Eben Hatoim (Die Verirrten). Eine kritisch-historische Abhandlung über Sabathai Zewie, seine Schüler und Nachfolger. Herausgegeben ... von P. Smolensky. [A. d. Haschachar.] Wien 1872.

Kähne, C. W., Raupach u. Häring, od.: Einiges üb. d. Stellung v. Preußens Dichtern zu Süddeutschland u. Europa. 8. (3 B.) Berlin 833, Mittler.

Kaehne, Herm., Dienstunterricht f. den Train, s.: **Eiswaldt.**

— Geschichte des königl. preuß. Garde-Train-Bataillons. Mit Bildnissen, Abbildgn., Karten u. Plänen. (VII, 331 S.) gr. 8. Berlin 903, E. S. Mittler & Sohn. 8.50; geb. n.n. 10. —

Handbuch f. Einjährig-Freiwillige usw. des Trains, s.: Eiswaldt.

Kaehne, Hermann: Die Rechtsverhältnisse einer Zweigniederlassung, insbesondere auch die Zulässigkeit ihrer Umwandlung in ein selbständiges Handelsgeschäft nach Deutschem Handelsrecht. Halle 1882: Karras. 34 S. 8°
Halle-Wittenberg, Jur. Diss. v. 26. Juli 1882
Geb. Jerchel (Kr. Jerichow II) 13. 12. 1853. V.

Kaehne, Richard, Apotheker aus Treuenbrietzen ⟨Prov. Brdbg.⟩: **Die -N-Chlorarsine und -N-Arsine der secundären Amine und über das Verhalten der Jodalkyle gegen die sogen. Phosphorigsäureester oder -O-Phosphine.** *Rostock 1898: C. Hinstorff.* (49 S.) 8°
Rostock, Phil. Diss. v. [9. Febr.] 1899

Kaehne-Zöllner u. Carp, Geschichte der Fuß-Artillerie-Schießschule. Auf dienstl. Veranlassg. bearb. gr. 8. (V, 117 S.) Berl. 892, Mittler u. Sohn. * 2 50; geb. * * 3 40

Kahnemann, Abr. (geb. Zempelburg in Westpr. 28. 5. 1836): De morbo Addisonis, bronzed skin, nonnulla, adjecta singulari observatione. Berolini (1860). (32 S.) 8°
Berlin Med. Diss. v. 6. Aug. 1860

Kahnemann, Emil: **Über N-Oxychlorphosphine des Piperidins und einige Oxyphosphazoverbindungen.** *Rostock 1897: C. Hinstorff.* (45 S.) 8°
Rostock, Phil. Diss. v. [29. Juli] 1897

Kahnemann, Walter, a. Berlin: **Über einzelne Fragen aus dem Wechselrecht, insbesondere über den Kauf eines blankoindossierten Wechsels in öffentlicher Versteigerung.** Ein Beitrag zur Lehre vom Blankoindossament. Borna-Leipzig 1906: R. Noske. (IX, 46 S.) 8°
Heidelberg, Jur. Fak., Ref. Schroeder, Diss. v. 21. Dez. 1906
[Geb. 1. Jan. 84 Berlin; Wohnort: Berlin; Staatsangeh.: Preußen; Vorbildung: Friedrichs-Werdersches Gymn. Reife O. 03; Studium: London 1, Freiburg i. B. 1, Berlin 4 S.; Rig. 31. Okt. 06.]

Kahnert, Hermann Rudolf Paul, approb. Arzt aus Wenzken i. Ostpr.: **Ueber den Befund von virulenten Diphtheriebazillen bei Fällen von chronischer Rhino-Pharyngitis.** *Leipzig 1900. B. Georgi.* (20 S.) 8°
Leipzig, Med. Diss. v. (26. Okt.) 1900

Kahnert, Paul: Studien über die Durchführung des Roheisen-Erz-Prozesses im Martinofen. [1909.] 40 S. 8°
Berlin, Dr.-Ing.-Diss. v. 11. 6. 1909

Kahnis, Carl August, s. K a h n i s , Karl August

Kahnis, Carl Friedrich August,
s. K a h n i s , Karl Friedrich August

Kahnis, Heinr., Bibelkunde f. Schulen. gr. 8. (VI, 90 S.) Leipzig 898. J. C. Hinrichs' Verl. Kart. n. 1. 20

Kahnis, Heinr., Bibelkunde f. höh. Schulen. 2., verm. u. verb. Aufl. gr. 8. (VI, 102 S.) Leipzig 900. J. C. Hinrichs' Verl. Geb. n. 1. 40

Kahnis, Heinr., Bibelkunde f. höhere Schulen. 3., umgearb. Aufl. (VII, 204 S.) 8. Leipzig 908. J. C. Hinrichs' Verl. Geb. 2. 50

Kahnis, (Heinrich): [**Das Ecce für die im verflossenen Kirchenjahre verstorbenen Nicolaitaner.**] *Leipzig: Dürr in Comm. 1900.* (S. V—VI.) 4°
Leipzig, Nicolai-G, OP 1900 (578)

Kahnis, Heinrich: **Die natürliche Freiheit des Menschen.** E. Beitr. z. Kritik d. modernen Determinismus. Leipzig, Druck v. C. Grumbach, 1895; 1 Bl., 34 S. 4.
Leipzig, Nicolai-G, OP 1895 (552)

Kahnis, Heinr., d. n... Freiheit d. Menschen. E. Beitrag z. Kritik d. mod. Determinismus. Progr. 4. (34 S.) Leipzig 895. Dürr'sche Buchh. n. 1. —

— K i r c h e n g e s c h i c h t e f. höh. Schulen. gr. 8. (IV, 107 S.) Leipzig 899. J. C. Hinrichs' Verl. Kart. n. 1. 40; geb. in Leinw. n.n. 1. 70

Kahnis, H., kurze Morgengebete in Bibelsprüchen u. Liederversen. Für den Schulgebrauch zusammengestellt. (127 S.) gr. 8. Leipzig 904. Abel & Müller. n. 1. —; geb. in Leinw. n. 1. 60

Kahnis, *Heinrich* [Oberl.]: Rede zum Gedächtnis des Herrn Oberl. K. H. Koch, geh. in d. Aula d. Nicolaigymn. am 15. Juni 1891. Leipzig, Druck v. O. Dürr, 1892; 1 VII S. 4.
Leipzig, Nicolai-G, OP 1892 (538)

Kahnis, K. A., s. K a h n i s , Karl Friedrich August

Kahnis, K. T. A., s. K a h n i s , Karl Friedrich August

Kahnis, Karl Friedrich August

Kahnis, Car. Frid. Aug., de a n g e l o Domini diatribe. Lipsiae 858. Dürr'sche Buchhdlg. 4. (20 S.) 4½ *ngr.*

— s y m b o l a e apologeticae. Particula I. et II. Lipsiae 857. Dürr'sche Buchhdlg. 4. (24; 19 S.) I.: 6 *ngr.*; II.: 3 *ngr.*

— — Symbolae apologeticae. Part. I. (Rector univers. Lips. D. Friedrich T u c h sacra pentecostalia). Lpz. (Alexander Edelmann) 31. V. 1857. 24 S. (4.20) 17374

— v i n d i c i a e pacis religionis Augustanae. Particula I. II. Lipsiae 855, 56. Dürr'sche Buchhdlg. 4. (36; 26 S.) I.: 9 *ngr.*; II.: 6 *ngr.*

— V i n d i c i a e pacis religionis Augustanae. Particula I. et II. 4maj. Lipsiae, libr. Dürr. [I. (36 S.) 855. 9 Ngr., 2. (26 S.) 856. 6 Ngr.]

Kahnis, D. Carl Friedrich August, Vindiciae pacis **religionis Augustanae. Part. I. (Rector univers. Lips. D. Otto Linnaeus E r d m a n n memoriam instauratae ecclesiae et pacis religionis ante haec tria saecula Augustae compositae). Lpz. Alexander Edelmann) 31. X. 1855. 36 S. (5.—) 17373**

Kahnis, Carl Friedr. Aug., A b e n d b e t r a c h t u n g während der Generalsynode der evangelisch-luther. Kirche in Preußen, am 30. Septbr. 1852 zu Breslau gehalten. gr. 8. (11 S.) Breslau 852, [Dülfer's Buchh.] *

Kahnis, K. F. A., A d v e n t s p r e d i g t über Jeremia 31, 31—34 in der Universitätskirche zu Leipzig gehalten. Leipzig 860. Dörffling & Franke. gr. 8. (15 S.) n. 2½ *ngr.*

Kahnis, Karl Friedr. Aug., die A u f e r s t e h u n g Christi als geschichtliche Thatsache. Die Nacht und das Licht der Gegenwart. Zwei Vorträge. gr. 16. (IV, 56 S.) Leipzig 873, J. Naumann. *
geb. mit Goldschn. *

Kahnis, Karl Friedr. Aug., die B e d e u t u n g der Persönlichkeit Luther's für die Entstehung und die Entwickelung des deutschen Protestantismus. Festrede, am 10. Novbr. 1883 in der Aula der Universität Leipzig gehalten. 8. (29 S.) Leipzig 883, Böhme. *

— C h r i s t e n t h u m und Lutherthum. gr. 8. (XII, 371 S.) Leipzig 871, Dörffling und Franke. *

— die lutherische D o g m a t i k historisch-genetisch dargestellt. 1. Bd. gr. 8. (XVI und 674 S.) Leipzig 861, Dörffling und Franke. *

Kahnis, Karl Friedr. Aug., die lutherische D o g m a t i k historisch-genetisch dargestellt. 2. und 3. Bd. gr. 8. Leipzig, Dörffling und Franke. à Bd. * 3 Thlr. *
Inhalt:
Bd. 2. Der Kirchenglaube. (XVIII und 626 S.) 864.
„ 3. System der Lutherischen Dogmatik. (XX und 576 S.) 868.

Kahnis, Karl Friedr. Aug., die lutherische Dogmatik historisch genetisch dargestellt. 3. Bd. System der lutherischen Dogmatik. Leipzig 868. Dörffling & Franke. gr. 8. (XX 576 S.) n. 3 rℓ

— die lutherische Dogmatik historisch-genetisch dargestellt. 2. umgearb. Aufl. in 2 Bdn. gr. 8. Ebend. 874. 75. à n. 9. —

1. Prolegomena. Die Lehren v. Gottes Wesen, Dreieinigkeit, Schöpfung, Vorsehung, Sünde. (X, 518 S.)

2. Die Lehren v. Christi Person u. Werk, Gnade, Gnadenmitteln, Taufe, Abendmahl, Kirche, Leben nach dem Tode u. letzten Dingen. 2. umgearb. Ausg. (V, 530 S.)

Kahnis, K. F. A., die heilige Elisabeth. 8. Gotha 868. Leipzig, Drescher. *

die heilige Elisabeth. Vortrag am 20. März 1868 zu Leipzig gehalten. Gotha 868. F. A. Perthes. 8. (17 S.) n. 8 ngr.

— die Entstehung der Kirche. Vortrag zu Gunsten des Kirchenbauvereins am 16. Dezbr. 1867 gehalten. Leipzig 867. Dörffling & Franke. 8. (31 S.) 6 ngr.

Kahnis, Karl Fr. Aug., die Erfüllung der Zeiten. Vortrag, gehalten am 24. Jan. 1877 im evangel. Vereinshaus zu Leipzig. gr. 16. (30 S.) Leipzig 877, [Böhme und Drescher.] Böhme. *

— der innere Gang des deutschen Protestantismus seit Mitte des vorigen Jahrhunderts. Leipzig 854. Dörffling u. Franke. 8. (VI, 262 S.) n. 1 rℓ 6 ngr.

- der innere Gang des deutschen Protestantismus seit Mitte des vorigen Jahrhunderts. 2. Aufl. Ebend. 860. gr. 8. (XII, 284 S.) n. 1 rℓ 10 ngr.

—— der innere Gang des deutschen Protestantismus. 2 Thle. 3. erweit. und überarb. Ausg. gr. 8. (329; 313 S.) Leipzig 874, Dörffling und Franke. *

Kahnis, Karl Friedr. Aug., der Gang der Kirche, in Lebensbildern dargestellt. gr. 8. (XII, 464 S.) Leipzig 881, Dörffling und Franke. *

— der Kampf des Christen. Kriegspredigt am 7. Aug. 1870 in der Universitätskirche zu Leipzig gehalten. Ebend. 870. gr. 8. (14 S.) 3 ngr.

—— die Kirche nach ihrem Ursprung, ihrer Geschichte, ihrer Gegenwart, s. Luthardt, C. E.

Kahnis, Carl Friedr. Aug., die Lehre vom Abendmahle. gr. 8. (VIII und 472 S.) Leipzig 851, Dörffling und Franke. *

—— die Lehre vom heil. Geiste. 1. Thl. gr. 8. (XVI und 356 S.) Halle 847, Schmidt. *

—- und E. H. D. C. Closter, zwei Missionsreden am 5. und 6. Oktbr. 1853 in Greiz und Zwickau gehalten. gr. 8. (12 S.) Leipzig 853. (Greiz, Henning.) *

Kahnis, Carolus Augustus: De spiritus sancti persona capita duo. Vratislaviae (1845). (30 S.) 8° *[Vorarbeit zu d. Verf.: „Lehre vom heiligen Geiste". Th. 1. 1847.]*
Breslau, Ev.-theol. Fak., Antr.-Progr. als außerord. Prof. v. 11. Aug. 1845

—— Predigt über das Evangelium von den 10 Jungfrauen in der Universitätskirche zu Leipzig am 21. Sonntage p. Tr. 1857 gehalten. gr. 8. (14 S.) Leipzig 858, Dörffling und Franke. **

Predigt am Jahresfeste des Leipziger Hauptvereins der Gustav Adolph-Stiftung zu Zwickau am 19. Aug. 1868 über Apostelgeschichte 21, 14—16 gehalten. Leipzig 868. Dörffling & Franke. gr. 8. (15 S.) n. 5 ngr.

—— Predigten. gr. 8. (IV und 220 S.) Leipzig 866, Dörffling und Franke. *

—— Predigten. 2. Sammlung. gr. 8. (VI, 222 S.) Ebendas. 871. *

—— Predigten. 3. Sammlung. gr. 8. (IV, 231 S.) Leipzig 877, Dörffling und Franke. *

—— zwei Predigten gehalten im Dom zu Meißen und in der Universitätskirche zu Leipzig. gr. 8. (27 S.) Leipzig 861, Dörffling und Franke. *

—— über die Principien des Protestantismus. Reformationsprogramm. gr. 8. (72 S.) Leipzig 865, Dörffling und Franke. *

—— Rede zum Gedächtniß Melanchthon's gehalten am 19. April 1860 in der Aula der Universität Leipzig. gr. 8. (36 S.) Leipzig 860, Dörffling und Franke. *

—— Rede zum Gedächtniß Schleiermacher's am 21. Novbr. 1868 in der Aula der Universität Leipzig gehalten. gr. 8. (30 S.) Ebendas. 869. *

—— die deutsche Reformation. 1. Bd. gr. 8. (VIII, 411 S.) Ebendas. 872. *

Kahnis, Karl Aug., Dr. Ruge u. Hegel. Ein Beitrag zur Würdigung Hegelscher Tendenzen. gr. 8. Quedlinb. 838. Franke. 1/2 rℓ

—— die Sache der lutherischen Kirche gegenüber der Union. Sendschreiben an Hrn. Ober-Konsist.-Rath Prof. Dr. C. J. Nitzsch. gr. 8. (97 S.) Leipzig 854, Dörffling und Franke. *

—— Stolberg und Voß. Vortrag. 8. (26 S.) Leipzig 876, Buchh. des Vereinshauses.

Kahnis, Car. Augustus: Theses theologicae. Berolini (1842). (2 Bl.) 4°
Berlin, Theol. Thes. v. 6. Aug. 1842

— die moderne Unionsdoktrin. Vortrag auf der Leipziger Konferenz vom 31. Aug. u. 1. Septbr. 1853 gehalten. Leipzig 853. Dörffling u. Franke. gr. 8. (38 S.) 5 ngr.

— über das Verhältniß der alten Philosophie zum Christenthum. gr. 8. (IV, 84 S.) Leipzig 884. Dörffling & Franke. n. 1. 60

—— drei Vorträge. gr. 8. (56 S.) Leipzig 865, Dörffling und Franke.

—— Was dem wahren Christen die Anbetung Gottes in der Gemeinde sein soll. Predigt am Sonntage Estomihi, 3. März 1867, über Joh. 4, 10—30. gr. 8. (14 S.) Leipzig 867, Dörffling und Franke.

Kahnis, Karl Friedr. Aug., das Werk der inneren Mission im Lichte des Werkes Christi. Predigt am Jahresfeste des Hauptvereins für innere Mission der evangel.-luther. Kirche im Königr. Sachsen am 24. Mai 1869 in Dresden gehalten. Nebst dem vom Vereinssecr. Hugo W. Hickmann erstatteten Berichte. gr. 8. (29 S.) Dresden 869, Bach. *

Kahnis, K. F. A., [illegible] Wissenschaft des [illegible] Mission u. Belehrung [illegible] kirchl. Theologie u. [illegible] schaft. gr. 8. [illegible] 1/2 ℔

—— Zeugniß von den Grundwahrheiten des Protestantismus gegen Dr. Hengstenberg. gr. 8. (136 S.) Leipzig 862, Dörffling und Franke.

Kähnl Adolf, Illustriertes Lehrbuch der katholischen Liturgik zum Unterrichtsgebrauche an Mittelschulen. Mit 56 Illustrationen. 2. Aufl. Teplitz-Schönau 1909. Selbstverlag. Geb. K 1.60.

Kahnmeyer, Ludwig, u. Hermann Schulze

Kahnmeyer, L., u. H. Schulze, offener Brief an Hrn. Dir. Dr. Frdr. Dittes in Wien betr. die im „Pädagogium" veröffentlichte Recension unseres „Anschaulich-ausführlichen Realienbuches". Eine Abwehr. gr. 8. (31 S.) Braunschweig 884. Wollermann. — 25

Chemie, Mineralogie und Physik für höhere Mädchenschulen ⟨8. u. 9. bezw. 10. Schuljahr⟩ von L. Kahnmeyer u. H. Schulze. Mit 292 in d. Text gedr. Abb. u. 1 Spektraltaf. *Bielefeld & Leipzig: Velhagen & Klasing 1900.* (X, 262 S.) 8° [F.] (01. 8439

— — Chemie, Mineralogie u. Physik f. höh. Mädchenschulen (8. u. 9. bezw. 10. Schulj.) Mit 292 in den Text gedr. Abbildgn. u. 1 farb. Spektraltaf. 3. Aufl. (X. 263 S.) 8. Ebd. 905. Geb. n. 2. 40

Chemie, Mineralogie und Physik für höhere Mädchenschulen ⟨8. u. 9. bezw. 10. Schuljahr⟩ von L[udwig] Kahnmeyer u. H[ermann] Schulze. Mit 292 Abb. u. 1 Spektraltaf. 4. Aufl. Bielefeld & Leipzig: Velhagen & Klasing 1907. (X, 263 S.) 8° [F.] (01. 3984

—— —— Hr. Dr. Dittes als Verteidiger einer verunglückten Recension. Eine Beleuchtung des von Fr. Dittes im Pädagogium veröffentlichten Artikels: Ein Realienbuch und zwei Schulinspektoren. Mit Nachschrift. gr. 8. (17, 2 S.) Ebendas. 884.

—— —— Erdkunde in anschaulich-ausführlicher Bearbeitung f. d. Hand d. Schüler. [Realienbuch Nr. 6.] 11. Aufl. 8. (II, 112 S. m. 31 Abbildgn.) Ebd. 892. geb. * — 60

— — Erdkunde in anschaulich ausführlicher Bearbeitung f. die Hand der Schüler. (Realienbuch Nr. 6.) 12., verm. Aufl. gr. 8. (112 S. m. Abb.) Ebd. 893. Geb. n. — 60

Kahnmeyer, L., u. H. Schulze, Erdkunde in anschaulich-ausführl. Bearbeitg. f. d. Hand d. Schüler. (Realienbuch Nr. 6.) 25., neubearb. u. verm. Aufl. gr. 8. (120 S. m. 36 Abb.) Bielefeld 898. Velhagen & Klasing. Geb. n. — 60

— — Erdkunde in anschaulich-ausführlicher Bearbeitung f. die Hand der Schüler. (Realienbuch Nr. 6.) 41. Aufl. gr. 8. (120 S. m. 36 Abbildgn.) Ebd. 901. Geb. n. — 60

— — Erdkunde in anschaulich-ausführlicher Bearbeitung f. die Hand der Schüler. (Realienbuch Nr. 6.) 71. bis 75. Aufl. (120 S. m. 36 Abb.) 8. Ebd. 906. Geb. n. — 60

— — Geographie in anschaulich-ausführlicher Bearbeitung f. die Hand der Schüler. [Realienbuch Nr. 6.] 9., verb. Ster.-Aufl. gr. 8. (88 S.) Ebd. 890. geb. n. — 50

Kahnmeyer, L., und H. Schulze, Geographie für Volks- und Bürgerschulen in anschaulich-ausführlicher Bearbeitung. 5. umgearb. und verb. Aufl. gr. 8. (88 S.) Braunschweig 887, Wollermann. * 40 Pf.; cart. *

Kahnmeyer, L., u. H. Schulze, Geschichte des Altertums, f. Volks- u. Bürgerschulen bearb. [Realienbuch Nr. 3.] 5., verb. Aufl. gr. 8. (36 S.) Braunschweig 887. Wollermann. n. — 15; cart. n. — 20

—— —— Geschichte des Altertums. [Realienbuch Nr. 3.] 11. Aufl. 8. (40 S. m. Abbildgn.) Ebd. 892. cart. * — 30

— — Geschichte d. Altertums. 14. Aufl. (Realienbuch Nr. 3.) gr. 8. (XL S.) Ebd. 894. Kart. n. — 30

— — Geschichte des Altertums. (Realienbuch Nr. 3.) (25. Aufl.) [Aus: „Realienbuch" Ausg. A.] gr. 8. (XL S. m. Abb.) Ebd. 898. Kart. n. — 30

— — Geschichte des Altertums. (Realienbuch Nr. 3.) (38. Aufl.) [Aus: „Realienbuch" Ausg. A.] gr. 8. (XL S. m. Abbildgn.) Ebd. (901). Kart. n. — 30

— — Geschichte des Altertums. (Realienbuch Nr. 3.) (58.—62. Aufl.) [Aus: „Realienbuch" Ausg. A.] (XL S. m. Abbildgn.) 8. Ebd. (904). Geb. n. — 30

— — Geschichte f. gehobene Knabenschulen. 3 Tle. gr. 8. Ebd. 900. Kart. n. 4. 10
1. Vorstufe. (VI, 120 S. m. 56 Abbildgn.) n. 1. 20
2. Alte Geschichte. (VI, 96 S. m. 57 Abbildgn.) n. — 90
3. Deutsche Geschichte m. Ausblick auf die Nachbarstaaten. (VIII, 266 S. m. 85 Abbildgn.) n. 2. —

— — dasselbe f. höhere Mädchenschulen. 3 Tle. gr. 8. Ebd. 900. Geb. n. 4. —
1. (1. u. 2. Stufe.) (VI, 124 S. m. 63 Abb.) n. 1. 20
2. (3. Stufe.) (V, 76 S. m. 50 Abb.) n. — 80
3. (4. u. 5. Stufe.) (VIII, 263 S. m. Abb.) n. 2. —

— — dasselbe. Ausg. für konfessionell gemischte Schulen. 3 Tle. gr. 8. Ebd. 900. Geb. n. 4. —
1. (1. u. 2. Stufe.) (VI, 114 S. m. 56 Abbildgn.) n. 1. 20
2. (3. Stufe.) (V, 76 S. m. 50 Abbildgn.) n. — 80
3. (4. u. 5. Stufe.) (VIII, 263 S. m. 102 Abbildgn.) n. 2. —

— — dasselbe f. Volks- u. Bürgerschulen in anschaulich-ausführlicher Bearbeitung. 45. Aufl. (Realienbuch Nr. 5.) gr. 8. (152 S. m. Abbildgn.) Ebd. 901. Geb. n. — 70

— — Geschichte f. gehobene Knabenschulen. 3. Tl. Deutsche Geschichte m. Ausblick auf die Nachbarstaaten. Mit 85 in den Text gedr. Abbildgn. 2. Aufl. (VIII, 266 S.) 8. Ebd. 904. Geb. in Leinw. n. 2. 20

— — dasselbe f. höhere Mädchenschulen. 3 Tle. 8. Ebd. Geb. in Leinw. n. 4. 30
I. (1. u. 2. Stufe.) Mit 63 in den Text gedr. Abbildgn. 2. Aufl. (VI, 123 S.) 903. n. 1. 20
II. (3. Stufe.) Mit 50 in den Text gedr. Abbildgn. 2. Aufl. (V, 78 S.) 904. n. — 90
III. (4. u. 5. Stufe.) Mit 88 in den Text gedr. Abbildgn. 2. Aufl. (VIII, 263 S.) 904. n. 2. 20

— — dasselbe f. die Schulen des Herzogt. Braunschweig. (Realienbuch Nr. 20.) 5. Aufl. (XXVIII, 84 S. m. Abbildgn.) 8. Ebd. 905. Geb. n. — 75

— — dasselbe f. Volks- u. Bürgerschulen in anschaulich-ausführl. Bearbeitung. (Realienbuch Nr. 5.) 66.—70. Aufl. (152 S. m. Abb.) 8. Ebd. 906. Geb. n. — 70

Kahnmeyer, L., u. H. Schulze, Geschichte f. gehobene Knabenschulen. 1. u. 3. Tl. gr. 8. Bielefeld, Velhagen & Klasing. Geb. 3. 50
1. (Vorstufe.) 2. Aufl. (VIII, 120 S.) 906. 1. 30
3. Deutsche Geschichte m. Ausblick auf die Nachbarstaaten. Mit 85 in den Text gedr. Abb. 3. Aufl. (VIII, 266 S.) 907. 2. 20

— — Geschichte f. Mittelschulen in 3 Bdn. Neubearb. nach den Bestimmgn. üb. die Neuordng. des Mittelschulwesens vom 3. II. 1910 v. A. Dilcher. 1. u. 2. Bd. gr. 8. Ebd. Geb. 2. —
1. (IV, 96 S. m. 43 Abbildgn.) 911. Geb. 1. —
2. (Griechische u. römische Geschichte.) (IV, 84 S. m. 45 Abbildgn. u. 2 farb. Karten.) 911. Geb. 1 —

—— —— Geschichte für die Schulen des Herzogtums Braunschweig. [Realienbuch Nr. 20.] 8. [II, 84 S. m. 19 eingedr. Abbildgn.) Ebd. 892. geb. * — 60

[F.] Geschichte für die Schulen des Herzogtums Braunschweig. Von L. Kahnmeyer u. H. Schulze, Schulinspektoren. M. Abb. 2. Aufl. *Bielefeld & Leipzig: Velhagen & Klasing 1896.* (1 Bl., XXVIII, 84 S.) 1 Bd 8. = Realienbuch. No 20. [96. 7325

—— —— Geschichte für katholische Schulen in anschaulich-ausführlicher Bearbeitung v. Fr. Liekefett. [Realienbuch Nr. 12.] 3. verb. Aufl. 8. (II, 84 S. m. 12 Abbildgn.) Ebd. 891. geb. * — 50

—— dass. — Mit alter Geschichte. [Realienbuch Nr. 12a.] 3. verb. Aufl. 8. (II, 84; 40 S.) Ebd. 891. geb. * — 60

—— —— Geschichte für Volks- und Bürgerschulen in anschaulich-ausführlicher Bearbeitung. 5. verb. Aufl. Ausg. mit „Geschichte des Altertums". gr. 8. (XXXVI, 96 S.) Ebendas. 887. * 60 Pf.; cart. *
Ausg. ohne „Geschichte des Altertums" (96 S.) * cart. *

— — Geschichte f. Volks- u. Bürgerschulen in anschaulich-ausführlicher Bearbeitung. [Tl. I des Realienbuchs Ausg. A.] Ausg. m. „Geschichte d. Altertums". [Realienbuch Nr. 4.] 10. Ster.-Aufl. gr. 8. (XXXVI, 98 S.) Ebd 890. geb. n. — 75

— — dasselbe. Ausg. ohne „Geschichte des Altertums". [Realienbuch Nr. 5.] 10. Ster.-Aufl. gr. 8. (98 S.) Ebd. 890. geb. n. — 50

—— —— Geschichte für Volks- u. Bürgerschulen in anschaulich ausführlicher Bearbeitung. Ausgabe mit Geschichte d. Altertums. [Realienbuch Nr. 4.] 11. Aufl. 8. (II. XL, 112 S. m. 19 Abbildgn.) Ebd. 892. geb. * — 80

—— dass. — ohne Geschichte d. Altertums. [Realienbuch Nr. 5.] 11. Aufl. 8. (II, 112 S. m. 19 Abbildgn.) Ebd. 892. geb. * — 60

— — Geschichte f. Volks- u. Bürgerschulen in anschaulich-ausführlicher Bearbeitung. Ausg. m. Geschichte d. Altertums. 12., verm. Aufl. Mit Abbildgn. (Realienbuch Nr. 4.) gr. 8. (XL, 152 S.) Ebd. 893. Geb. n. — 90

— — dasselbe. Ohne alte Geschichte. 14. Aufl. Mit Abbildgn. (Realienbuch Nr. 5.) gr. 8. (II, 152 S.) Ebd. 894. Geb. n. — 70

— — Geschichte f. Volks- u. Bürgerschulen in anschaulich-ausführl. Bearbeitg. (Realienbuch Nr. 5.) 25. Aufl gr. 8. (152 S. m. Abb.) Ebd. 898. Geb. n. — 70

— — dasselbe. Ausg. m. Geschichte des Altertums. (Realienbuch Nr. 4.) 25. Aufl. gr. 8. (XL, 152 S.) Ebd. 898. Geb. n. — 90

— — dasselbe. Ausg. f. Simultanschulen. (Realienbuch Nr. 26.) 25. Aufl. gr. 8. (152 S. m. Abb.) Ebd. 898. Geb. n. — 70

— — dasselbe. Ausg. m. Geschichte des Altertums. (Realienbuch Nr. 25.) 25., neubearb. Aufl. gr. 8. (XL, 152 S.) Ebd. 898. Geb. n. — 90

—— —— Geschichtsbilder für einfache Volksschulen. (Nach d. neuesten Lehrplänen der Königl. Preuß. Regierung.) [Realienbuch Nr. 10a.] 6. Aufl. 8. (II, 46 S. m. Abbildgn.) Ebd. 891. cart. * — 30

— — Geschichtsbilder f. einfache Volksschulen. (Nach den neuesten Lehrplänen der königl. preuß. Regiergn.) (Realienbuch Nr. 10a.) 2. Aufl. gr. 8. (44 S. m. Abbildgn.) Ebd. 894. n. — 30

— — Geschichtsbilder f. einfache Volksschulen. (Nach den neuesten Lehrplänen der königl. preuß. Regiergn.) (Realienbuch Nr. 10a.) 3. Aufl. gr. 8. (II, 46 S. m. Abbildgn.) Ebd. 900. n. — 30

— — der erste Geschichtsunterricht. Für die Hand der Schüler bearb. Mit vielen Abbildgn. v. Paul Bender, v. Eschwege u. A. (Realienbuch Nr. 17.) gr. 8. (49 S.) Ebd. 892. n. — 40

—— —— Der erste Geschichtsunterricht. Für die Mittelstufe d. Schulen des Herzogtums Braunschweig. [Realienbuch Nr. 21.] 8. (48 S. m. 21 Abbildgn.) Ebd. 892. cart. * — 40

— — der erste Geschichtsunterricht. Für d. Hand d. Schüler bearb. M. vielen Abb. v. Paul Bender, v. Eschwege u. A. (Realienbuch Nr. 17.) 3. Aufl. gr. 8. (II, 48 S. m. Abb.) Ebd. 897. n. — 40

— — der erste Geschichtsunterricht. Für die Hand d. Schüler bearb. Mit vielen Abbildgn. v. Paul Bender, v. Eschwege u. A. (Realienbuch Nr. 17.) 6. Aufl. gr. 8. (II, 48 S. m. Abbildgn.) Ebd. 901. n. — 40

— — dasselbe. Für die Mittelstufe der Schulen des Herzogt. Braunschweig bearb. Mit vielen Abbildgn. v. Paul Bender, v. Eschwege u. a. (Realienbuch Nr. 21.) 3. Aufl. gr. 8. (48 S.) Ebd. 898. n. — 40

— — der erste Geschichtsunterricht. Für die Hand der Schüler bearb. Mit vielen Abbildgn. v. Paul Bender. v. Eschwege u. a. (Realienbuch Nr. 17.) 7. Aufl. (II, 48 S. m. Abbildgn.) gr. 8. Bielefeld 903. Velhagen & Klasing. n. — 40

Kahnmeyer, L., u. H. Schulze, der erste Geschichtsunterricht. Für die Mittelstufe der Schulen des Herzogt. Braunschweig bearb. Mit vielen Abbildgn. v. Paul Bender, v. Eschwege u. a. (Realienbuch Nr. 21.) 4. Aufl. (48 S.) 8. Bielefeld 903. Velhagen & Klasing. n. — 40

Kahnmeyer, L. u. H. Schulze. Inwiefern bedarf der Aufsatzstoff in Volks- u. Bürgerschulen e. Sichtung u. teilweisen Umgestaltung? 1. u. 2. Aufl. gr. 8. (32 S.) [Braunschw. 890,91, Wollermann.] Bielef., Velhagen u. Klasing. * — 50

Kahnmeyer, L., u. H. Schulze, inwiefern bedarf der Aufsatzstoff in Volks- u. Bürgerschulen e. Sichtung u. teilweisen Umgestaltung? 3. Aufl. gr. 8. (32 S.) Bielefeld 899. Velhagen & Klasing. n. — 50

Kahnmeyer, L., und H. Schulze, Lesebuch für Volksschulen. 2 Tle. gr. 8. Braunschweig 885, Wollermann. * 2 20
geb. in 1 Bd. ** 1 70

Inhalt:

Tl. 1. Belletristisches Lesebuch. (IV, 176 S.) * 60 Pf.
" 2. Anschaulich-ausführliches Realienbuch, enth. Geschichte, Geographie, Naturgeschichte und Naturlehre. Kleinere Ausg. 2. wesentl. verb. und verm. Aufl. (256 S.) * 80 Pf.; geb. ** ℳ 1.—.

Kahnmeyer, L., u. H. Schulze, inwiefern bedarf der Aufsatzstoff in Volks- u. Bürgerschulen e. Sichtung u. teilweisen Umgestaltung? 4. Aufl. (32 S.) 8. Bielefeld 906. Velhagen & Klasing. n. — 50

— — Lesebuch f. Volksschulen. 2 Tle. gr. 8. Ebend. 885. 86. n. 1. 40; in 1 Bd. geb. n.n. 1. 70

1. Belletristisches Lesebuch. (IV, 176 S.) n. — 60
2. Anschaulich-ausführliches Realienbuch, enth. Geschichte, Geographie, Naturgeschichte u. Naturlehre. Kleinere Ausg. 3. Aufl. (256 S.) n. — 80; geb. n.n. 1. —

Kahnmeyer, L., u. H. Schulze, Lesebuch f. Volksschulen, Ausg. A in 1 Bde. gr. 8. (XII, 422 S. m. Abbildgn.) Bielefeld 894. Velhagen & Klasing. n. 1. 20; geb. n. 1. 55

— — Lesebuch für Volksschulen. Ausg. A in 1 Bde. 2., verb. Aufl. gr. 8. (XII, 436 S. m. Abb.) Ebd. 895. n. 1. 20; geb. n. 1. 55

— — der kleine Naturforscher. Naturgeschichtliche Bilder aus der heimatl. Flur f. unsre Kleinen. Lex.-8. (III, 97 S. m. Bildern.) Ebd. 893. Kart. n. 1. 50

— — Naturgeschichte, in Lebensgemeinschaften dargestellt. [Realienbuch Nr. 7.] 9., verb. Ster.-Aufl. Mit Abbildgn. gr. 8. (152 S.) Ebd. 890. geb. n. — 80

—— —— Naturgeschichte in Lebensgemeinschaften dargestellt. Für die Hand der Schüler. [Realienbuch Nr. 7.] 11. Aufl. 8. (II, 184 S. m. 60 Abbildgn.) Ebd. 892. geb. * 1 —
—— dass. — Mit einem Anhange enthaltend Gedichte. [Realienbuch Nr. 7a.] 11. Aufl. 8. (III, 184; 16 S. m. 60 Abbildgn.) Ebd. 892. geb. * 1 10

— — Naturgeschichte, in Lebensgemeinschaften. Für die Hand der Schüler bearb. 14. Aufl. (Realienbuch Nr. 7.) gr. 8. (184 S. m. 60 Abbildgn.) Ebd. 894. Geb. n. 1. —

— — dasselbe. (Realienbuch Nr. 7a.) 12. Aufl. Mit Anh., enth. Geschichte. gr. 8. (200 S. m. 60 Abbildgn.) Ebd. 892. Geb. n. 1. 10

Kahnmeyer, L., u. H. Schulze, Naturgeschichte, in Lebensgemeinschaften dargest. m. Anh., enth. Gedichte. Für d. Hand d. Schüler bearb. (Realienbuch Nr. 7a.) 21., neubearb. Aufl. gr. 8. (160 u. 16 S. m. 70 Abb.) Bielefeld 897. Velhagen & Klasing. Geb. n. 1. 10

— — Naturgeschichte, in Lebensgemeinschaften dargest. Für d. Hand d. Schüler bearb. (Realienbuch Nr. 7.) 25., neubearb. Aufl. gr. 8. (160 S. m. 70 Abb.) Ebd. 898. Geb. n. 1. —

— — Naturgeschichte in Lebensgemeinschaften dargest. Für die Hand der Schüler bearb. 41. neubearb. Aufl. (Realienbuch Nr. 7.) gr. 8. (160 S. m. 70 Abbildgn.) Ebd. 901. Geb. n. 1. —

— — Naturgeschichte in Lebensgemeinschaften dargestellt. Für die Hand der Schüler bearb. 57.—60. Aufl. (Realienbuch Nr. 7.) (160 S. m. 70 Abbildgn.) 8. Ebd. 904. Geb. n. 1. —

— — Naturgeschichte in Lebensgemeinschaften in Gruppenbild. f. gehobene Schulen. 3 Tle. gr. 8. Ebd. 898. Kart. n. 4. 20
1. (I u. II. Stufe.) 2., verb. Aufl. (VI, 129 S. m. 116 Abb.) n. 1. 20
2. (III. Stufe.) 2., verb. Aufl. (IV, 120 S. m. 109 Abb.) n. 1. 20
3. (IV. u. V. Stufe.) 2., verb. u. verm. Aufl. (VI, 238 S. m. 160 Abb.) n. 1. 80

— — dasselbe, f. höh. Mädchenschulen in 4 Hftn. Nach d. amtl. Bestimmungen üb. d. höh. Mädchenschulwesen in Preußen v. 31. V. 1894. gr. 8. Ebd. 898. Geb. n. 3. 60
1. (4. Schulj.) (IV, 60 S. m. 50 Abb.) n. — 60
2. (5. Schulj.) (IV, 80 S. m. 68 Abb.) n. — 80
3. (6. Schulj.) (III, 96 S. m. 98 Abb.) n. 1. —
4. (7. Schulj.) (IV, 112 S. m. 73 Abb.) n. 1. 20

— — Naturgeschichte in Lebensgemeinschaften u. Gruppenbildern (auf biolog. Grundlage) f. gehobene Schulen. 1. u. 2. Tl. gr. 8. Ebd. Kart. à n. 1. 20
1. (I. u. II. Stufe.) 3. verb. Aufl. (IV, 182 S. m. 115 Abb.) 901.
2. (III. Stufe.) 3. verb. Aufl. (IV, 130 S. m. 107 Abb.) 901.

— — dasselbe in Lebensgemeinschaften u. Gruppenbildern (auf biolog. Grundlage) f. gehobene Schulen. 1.—3. Tl. gr. 8. Ebd. n. 4. 20
1. I. u. II. Stufe. 4. verb. Aufl. (IV, 182 S. m. 115 Abb.) 903. Kart. n. 1.20
2. III. Stufe. 4 Aufl. (IV, 130 S. m. 107 Abbildgn.) 905. Geb. n. 1. 20
3. IV. u. V. Stufe. 3. verb. Aufl. (VI, 238 S. m. 160 Abbildgn.) 903. Kart. n. 1. 80

— — Naturgeschichte in Lebensgemeinschaften u. Gruppenbildern f. gehobene Schulen. Neubearb. v. W. Mevius. 1. Tl. I. u. II. Stufe. Mit 2 Taf. in Farbendr. u. üb. 200 Abbildgn. auf 135 in den Text gedr. Holzschn. 5., verb. u. verm. Aufl (IV, 166 S.) gr. 8. Ebd. 907. Geb. 1. 50

Naturgeschichte für höhere Mädchenschulen in 4 Heften. Bearb. von **L. Kahnmeyer** u. H. Schulze. H. 1-4. Mit Abb. Nach den amtl. Bestimm. über d. höh. Mädchenschulwesen in Preussen v. 31. Mai 1894. 2. Aufl. *Bielefeld & Leipzig Velhagen & Klasing 1900.* 4 Bde 8° [F.]
1 4. Schuljahr 2 5. Schuljahr. 3. 6. Schuljahr 4 7 Schuljahr

— — Naturgeschichte f. höhere Mädchenschulen in 4 Hftn. Nach den amtl. Bestimmgn. üb. das höhere Mädchenschulwesen in Preußen vom 31. V. 1894. 3. Aufl. gr. 8. Ebd. 902. Geb. n. 4. —
1. (4. Schulj.) (II, 66 S. m. 47 Abbildgn.) n. — 70
2. (5. Schulj.) (II, 86 S. m. 65 Abbildgn.) n. — 90
3. (6. Schulj.) (IV, 100 S. m. 98 Abbildgn.) n. 1. 10
4. (7. Schulj.) (IV, 112 S. m. 73 Abbildgn.) n. 1. 30

— — Naturgeschichte f. höhere Mädchenschulen in 4 Heften. Nach den amtl. Bestimmgn. üb. das höhere Mädchenschulwesen in Preußen vom 31. V. 1894. I., II. u. IV. Heft. 8 Ebd. Geb. n.n. 3. 10
I. (4. Schulj.) 4. Aufl. (II, 66 S. m. 47 Abb.) 904. n. — 80
II. (5. Schulj.) Mit 65 in den Text gedr. Abbildgn.) 4. Aufl. (II, 86 S.) 904. n.n. 1. —
IV. (7. Schulj.) Mit 73 in den Text gedr. Abbildgn. 4. Aufl. (IV, 112 S.) 905. n.n. 1. 30

— — Naturgeschichte f. höh. Mädchenschulen in 4 Heften. Nach den amtl Bestimmgn. üb. das höh. Mädchenschulwesen in Preußen vom 31. V. 1894. I.—III. Heft. 8. Ebd. 907. Geb. 3.
I. (4. Schulj.) Mit 47 in den Text gedr. Abbildgn. 6. Aufl. (II, 66 S.) Geb. 80
II. (5. Schulj.) Mit 65 in den Text gedr. Abbildgn. 5. Aufl. (II, 88 S.) Geb. 1. —
III. (6. Schulj.) Mit 98 in den Text gedr. Abbildgn. 5. Aufl. (IV, 100 S.) Geb. 1. 20

Kahnmeyer, L., u. H. Schulze, Naturgeschichte f. Mittelschulen in 3 Tln. Neubearb. nach den Bestimmgn. üb. die Neuordng. des Mittelschulwesens v. 3. II. 1910 v. W. Mevius. 1. Tl. (I. u. II. Stufe.) Mit 4 Taf. in Farbendr. u. üb. 246 Abb. auf 141 in den Text gedr. Holzschn. (IV, 185 S.) gr. 8. Bielefeld 911. Velhagen & Klasing. Geb. 1. 60

—— —— Der erste Naturgeschichtsunterricht. Nach Lebensgemeinschaften geordnet u. für d. Hand d. Schüler bearb. [Realienbuch Nr. 19.] 8. (81 S. m. 52 Abbildgn.) Ebd. 892. cart. * — 60

— — Der erste Naturgeschichts-Unterricht. Nach Lebensgemeinschaften geordnet u. f. d. Hand d. Schüler bearb. M. vielen Abb. v. T. Marckwort u. A. (Realienbuch Nr. 19.) 3. Aufl. gr. 8. (II, 80 S.) Ebd. 897. n. — 60

— — der erste Naturgeschichts-Unterricht. Nach Lebensgemeinschaften geordnet u. f. die Hand der Schüler bearb. Mit vielen Abbildgn. v. T. Marckwort u. a. (Realienbuch Nr. 19.) 5. Aufl. (II, 80 S.) gr. 8. Ebd. 903. n. — 60

— — Naturkunde f. höh. Mädchenschulen. Neubearb. auf Grund der Lehrpläne f. das höh. Mädchenschulwesen vom 12. XII. 1908 v. Hans Bongardt. 8 Hefte. gr. 8. Ebd. Geb. 13. —

1. (Klasse 7.) Mit 50 in den Text gedr. Abbildgn. u. 5 farb. Taf. 8. Aufl. (IV, 66 S.) 909. Geb. 1. 10
2. (Klasse 6.) Mit 132 in den Text gedr. Abbildgn. u. 7 farb. Taf. 8. Aufl. (II, 119 S.) 910. Geb. 1. 50
3. (Klasse 5.) Mit 135 in den Text gedr. Abbildgn. u. 12 farb. Taf. 8. Aufl. (II, 116 S.) 910. Geb. 1. 70
4. (Klasse 4.) Mit 148 in den Text gedr. Abbildgn. u. 8 farb. Taf. (IV, 114 S.) 910. Geb. 1. 50

5. I. (Klasse 3 u. 2.) I. Tl. Botanik. (IV, 108 S. m. 112 Abbildgn. u. 1 farb. Karte.) 910. Geb. 1. 30

5. II. Dasselbe. II. Tl. Zoologie. (IV, 150 S. m. 165 Abbildgn. u. 1 farb. Karte.) 910. Geb. 1. 70

6. (Klasse 3.) (VI, 114 S. m. 127 Abb.) 910. Geb. 1. 30
7. (Klasse 2.) (IV, 132 S. m. 162 Abbildgn. u. 1 Farbentaf.) 910. Geb. 1. 50
8. (Klasse 1.) (IV, 128 S.) 910. Geb. 1. 40

— — Naturlehre u. Chemie f. Volks- u. Bürgerschulen in anschaulich-ausführlicher Bearbeitung. [Realienbuch Nr. 8.] 4., verb. Aufl. gr. 8. (47 S. m. Abbildgn.) Ebd. 887. geb. n. — 50

—— —— Naturlehre u. Chemie in anschaulich-ausführlicher Bearbeitung f. d. Hand d. Schüler. [Realienbuch Nr. 8.] 11. Aufl. 8. (64 S. m. 41 Abbildgn.) Ebd. 892. cart. * — 50

— — Naturlehre, [illegible] u. Mineralogie in anschaulich-ausführl. [illegible] d. Hand d. Schüler. (Realienbuch Nr. 8.) 25., [illegible] Aufl. gr. 8. (96 S. m. 53 Abb.) Ebd. [illegible]. Geb. n. — 60

— — Naturlehre, Chemie u. Mineralogie in anschaulich-ausführlicher Bearbeitg. f. die Hand der Schüler. (Realienbuch Nr. 8.) 41. Aufl. gr. 8. (96 S. m. 53 Abbildgn.) Ebd. 901. Geb. n. — 60

— — Naturlehre, Chemie u. Mineralogie in anschaulich-ausführl. Bearbeitung f. die Hand der Schüler. (Realienbuch Nr. 8.) 59—62. Aufl. (96 S. m. 53 Abbildgn.) 8. Ebd. 905. Geb. n. — 60

— — Realienbuch. Für Berlin u. Vororte bearb. v. H. Sandt u. E. Trautwein. 2. Tle. Mit zahlr. Abbildgn. gr. 8. Ebd. 903. Geb. in Leinw. n 3. —

1. Mittelstufe. (VI, 246 S.) n. 1. 20
2. Oberstufe. (VI, 541 S.) n. 1. 80

[Ludwig] Kahnmeyer u. [Hermann] Schulze. Realienbuch. Für Berlin u. Vororte bearb. von H[ermann] Sandt, Rektor, u. E[mil] Trautwein, Rektor. Mit zahlr. Abb. 2. Aufl. T. 1. 2. Berlin, Bielefeld & Leipzig: Velhagen & Klasing 1905. 2 Bde 8° [F.]
2. Mit 4 Taf. [illegible]

— — Realienbuch. Neubearb. v. Fr. Baade, E. Borchers, A. Gieseler. Nr. 1—9, 9a, 10, 11, 11a, 13—15, 24, 25 u. 28. Mit zahlr. in den Text gedr. Abbildgn. gr. 8. Ebd. Geb. 22. 90

1. Ausg. A. Vollständige Ausg., enth., Geschichte, Erdkunde, Naturgeschichte, Physik, Chemie u. Mineralogie. 81.—85. Aufl. (VII, XXXVI, 152; 120, 164 u. 96 S.) 907. Geb. 2. —
2. Dasselbe. Ohne Geschichte des Altertums. 81.—85. Aufl. (VI, 152; 120, 164 u. 96 S.) 907. Geb. 1. 75
3. Geschichte des Altertums. 81.—85. Aufl. (XXXVI S.) 907. Geb. — 35
4. Geschichte f. Volks- u. Bürgerschulen. Ausg. m. Geschichte des Altertums. 81.—85. Aufl. (IV, XXXVI, 152 S.) 907. Geb. 1. —
5. Dasselbe. Geschichte f. Volks- u. Bürgerschulen. (Ausg. ohne Geschichte des Altertums.) 81.—85. Aufl. (II, 152 S.) 907. Geb. — 80
6. Erdkunde in anschaulich-ausführlicher Bearbeitung. 81.—85. Aufl. (II, 120 S.) 907. Geb. — 70
7. Naturgeschichte, in Lebensgemeinschaften dargestellt. 81.—85. Aufl. (IV, 164 S.) 907. Geb. 1. —
8. Physik, Chemie u. Mineralogie in anschaulich-ausführlicher Bearbeitung. 81. 85. Aufl. (96 S.) 907. Geb. — 70
9. Ausg. B. Mittlere Ausg., enth. Geschichte, Erdkunde, Naturgeschichte, Physik, Chemie u. Mineralogie. 49.—52. Aufl. (VI, 382 S.) 907. Geb. 1. 40

9a. Dasselbe. (Mit Anh. zur Naturgeschichte.) 49.—52. Aufl. (VI, 382 u. 16 S.) 907. Geb. 1. 50

10. Ausg. C. Enth. Geschichte, Erdkunde, Naturgeschichte u. Naturlehre. Für einfache Schulverhältnisse neubearb. 47. bis 49. Aufl. (IV, 176 S.) 907. Geb. — 75
11. Ausg. B. Mittlere Ausg., enth. Geschichte, Erdkunde, Naturkunde, Physik, Chemie u. Mineralogie. Ausg. f. kathol. Schulen. Bearb. v. Fr. Liekefett. (Ohne Geschichte des Altertums.) 14. Aufl. (VI, 382 S.) 907. Geb. 1. 40

11a. Dasselbe. Mit Geschichte des Altertums. 14. Aufl. (VI, XXXVI, 382 S.) 907. Geb. 1. 60

13. Ausg. A. Dasselbe. Ausg. f. Simultanschulen. 81.—85. Aufl. (VII, XXXVI, 152; 120, 164 u. 96 S.) 907. Geb. 2. —
14. Ausg. B. Dasselbe. Ausg. f. Simultanschulen. 49.—52. Aufl. (VI, 382 S.) 907. Geb. 1. 40
15. Ausg. C. Geschichte, Erdkunde, Naturgeschichte u. Naturlehre. Ausg. f. kathol. Schulen. Bearb. v. Fr. Liekefett. 10. Aufl. (IV, 176 S.) 907. Geb. — 80
24. Ausg. C. Enth. Geschichte, Erdkunde, Naturgeschichte u. Naturlehre. Für einfache Schulverhältnisse neubearb. 47. bis 49. Aufl. Ausg. f. Simultanschulen. (IV, 176 S.) 908. Geb. — 75
25. Geschichte f. Volks- u. Bürgerschulen. Ausg. m. Geschichte des Altertums. Ausg. f. Simultanschulen. 81.—85. Aufl. (IV, XXXVI, 152 S.) 907. Geb. 1. —
28. Ausg. A., enth. Geschichte, Erdkunde, Naturgeschichte, Physik, Chemie u. Mineralogie. Ausg. f. kathol. Schulen. Bearb. v. Fr. Liekefett. 81.—85. Aufl. (VII, XXXVI, 152; 120, 130 u. 96 S.) 907. Geb. 2. —

— — dasselbe. Für Berlin u. Vororte bearb. v. H. Sandt u. E. Trautwein. Mit 3 Taf. in Farbendr., 2 farb. Kart. u. zahlr. in den Text gedr. Abb. (VIII, 554 S.) gr. 8. Ebd. 907. Geb. nn 2. —

—— —— anschaulich-ausführliches Realienbuch, enthaltend Geschichte, Geographie und Naturgeschichte. Für die Hand der Schüler bearb. 3 Tle. gr. 8. Ebendas. 883. cart. **
Mit alter Geschichte **
compl. in 1 Bd. geh. ** *M* 1,10.; geb. **
Ohne alte Geschichte ** *M* 1.; geb. **

Inhalt:

Tl. 1. Geschichte. (32 S.) * 45 Pf.; mit alter Geschichte. * 55 Pf.
» 2. Geographie. (II, 80 S.) ** 45 Pf.
» 3. Naturgeschichte. (178 S.) * 65 Pf.

—— —— anschaulich-ausführliches Realienbuch, enthaltend Geschichte, Geographie, Naturgeschichte und Naturlehre. Für die Hand der Schüler bearb. Kleinere Ausg. gr. 8. (II, 216 S.) Ebendas. 884. geb. *

—— —— dass. — Enthaltend Geschichte, Geographie, Naturgeschichte, Physik und Chemie. Für die Hand der Schüler bearb. Größere Ausg. 4 Tle. gr. 8. Ebendas. 884. geb. *
cart. in 4 Tln. *

Inhalt:

Tl. 1. Geschichte. 2. Aufl. (S. 1—112.) * 60 Pf.
» 2. Geographie. 2. Aufl. (S. 113—192.) * 50 Pf.
» 3. Naturgeschichte. 2. Aufl. (S. 193—326.) * 70 Pf.
» 4. Naturlehre. 3. Aufl. (S. 327—366.) * 40 Pf.

Kahnmeyer, L., u. H. Schulze, anschaulich-ausführliches Realienbuch, enth. Geschichte, Geographie, Naturgeschichte, Physik u. Chemie. Für die Hand der Schüler bearb. Größere Ausg. (2. Aufl.) gr. 8. (366 S.) Braunschweig 884. Wollermann. geb. n. 1. 60; in 4 Tln. cart. n. 2. 20

1. Geschichte. 2. Aufl. (112 S.) n. — 60
2. Geographie. 2. Aufl. (S. 114—192.) n. — 50
3. Naturgeschichte. 2. Aufl. (S. 193—326.) n. — 70
4. Naturlehre. (S. 327—366.) n. — 40

— — dasselbe. 3. Aufl. gr. 8. (366 S.) Ebend. 884. n. 1. 20; geb. n. 1. 60

— — dasselbe. Für die Hand der Schüler bearb. Kleinere Ausg. gr. 8. (II, 216 S.) Ebend. 884. geb. n. — 80

— — dasselbe, enth. Geschichte, Geographie, Naturgeschichte u. Naturlehre [zugleich 2. Tl. d. Lesebuchs f. Volksschulen]. Für die Hand der Schüler bearb. Kleinere Ausgabe. 3. Aufl. gr. 8. (IV, 256 S.) Ebend. 886. n. — 80; geb. n. 1. —

— — dasselbe. Ausg. C. Für einfache Schulverhältnisse bearb. Mit vielen Abbildgn. gr 8. (IV, 167 S.) Ebend. 886. n. — 50; geb. n. — 65

—— —— anschaulich-ausführliches Realienbuch, enth. Geschichte, Geographie, Naturgeschichte und Naturlehre. Für die Hand der Schüler bearb. Ausg. A. Nr. 1. Vollständ. Ausg. 5. und 6. verb. Ster.-Aufl. gr. 8. (XXXVI, 96, 88, 152, 48 S.) Braunschweig 887,88, Wollermann. * 1 45
geb. * 1 80

—— —— dass. — Nr. 2. Ausg. „ohne alte Geschichte". 5. und 6. Aufl. gr. 8. (96, 88, 152, 48 S.) Ebendas. 887,88. * 1 25
geb. * 1 60

—— —— dass. — 6. Aufl. in Einzel-Ausgaben. Nr. 3—8. gr. 8. Ebendas. 888. cart. * 2 50

Inhalt:
Nr. 3. Geschichte des Alterthums. (XXXVI S.) * 15 Pf.
„ 4. Geschichte [mit alter Geschichte]. (XXXVI, 96 S.) * 60 Pf.
„ 5. Geschichte [ohne alte Geschichte]. (96 S.) 40 Pf.
„ 6. Geographie für Volks- und Bürgerschulen. (88 S.) * 40 Pf.
„ 7. Naturgeschichte in Lebensgemeinschaften. (152 S. mit Abbild.) * 65 Pf.
„ 8. Naturlehre. (48 S. mit Abbild.) * 40 Pf.

—— —— dass. — [Zugleich 2. Tl. des Lesebuchs für Volksschulen.] Für die Hand der Schüler bearb. Kleinere Ausg. 3. verb. Aufl. [Von 4. Aufl. an als „Mittlere Ausg. B." weitergeführt.] gr. 8. (IV, 256 S.) Ebendas. 886. * — 80
geb. * 1 —

—— —— dass. — Ausg. B. Mittlere Ausg. [bisher kleinere Ausg.]. 4. umgearb. und verb. Aufl. gr. 8. (IV, 256 S.) Ebendas. 887. * 80 Pf.; geb. * 1 —

—— —— dass. — Ausg. C. Für einfache Schulverhältnisse bearb. gr. 8. (IV, 167 S. mit vielen Abbild.) Ebendas. 886. * — 50
geb. * — 65

Ausg. für katholische Schulen, s. Liekefett, Fr.

— — anschaulich-ausführliches Realienbuch, enth. Geschichte, Geographie, Naturgeschichte und Naturlehre u. Chemie. [Zugleich 2. Tl. d. Lesebuchs f. Volksschulen.] Für die Hand der Schüler bearb. Ausg. A. [Realienbuch Nr. 1 u. 2.] 9., verb. Ster.-Aufl. gr. 8. Ebd. 890. geb. n. 3. 40

1. Mit alter Geschichte. (XXXVI, 96; 88, 152 u. 48 S.) n. 1. 80
2. Ohne alte Geschichte. (96, 88, 152 u. 48 S.) n. 1. 60

— — dasselbe. Ausg. B. Mittlere Ausg. 5., verb. Ster.-Aufl. gr. 8. (256 S.) Ebd. 889. geb. n. 1. —

— — dasselbe [zugleich 2. Tl. d. Lesebuchs f. Volksschulen]. Ausg. C. Für einfache Schulverhältnisse bearb. 4., verb. Aufl. Mit vielen Abbildgn. gr. 8. (IV, 167 S.) Ebd. 890. n. — 50; geb. n.n. — 65

—— —— Anschaulich ausführliches Realienbuch enthaltend Geschichte, Erdkunde, Naturgeschichte u. Naturlehre. Ausg. C. Für katholische Schulen u. einfache Schulverhältnisse bearb. v. Fr. Liekefett. [Realienbuch Nr. 15.] 2. verb. Aufl. 8. (II, 167 S. m. 56 eingedr. Abbildgn.) Ebd. 891. geb. * — 65

—— —— Anschaulich-ausführliches Realienbuch enthalt. Geschichte, Erdkunde, Naturgeschichte u. Naturlehre. Für kathol. Schulen bearb. v. Fr. Liekefett. Ausg. B. [Realienbuch Nr. 11.] 3. verb. Aufl. 8. (II, 336 S. m. 121 eingedr. Abbildgn.) Ebd. 891. geb. * 1 20

—— dass. — Mit Geschichte d. Altertums. [Realienbuch Nr. 11a.] 3. verb. Aufl. 8. (II, 336, 40 S. m. 121 eingedr. Abbildgn.) Ebd. 891.
geb. * 1 40

—— —— Anschaulich-ausführliches Realienbuch enthaltend Geschichte, Erdkunde, Naturgeschichte, Naturlehre u. Chemie. Für die Hand der Schüler bearb. Ausg. A für Mittelschulen. Vollständ. Ausg. [Realienbuch Nr. 1.] 11. Aufl. 8. (II, 40, 110, 112, 182, 64 S. m. 154 eingedr. Abbildgn.) Bielef. 892, Velhagen u. Klasing. geb. * 2 —

—— dass. — ohne Geschichte des Altertums. [Realienbuch Nr. 2.] 11. Aufl. 8. (II, 110, 112, 182, 64 S. m. Abbildgn) Ebd. 892.
geb. * 1 75

Kahnmeyer, L. u. H. Schulze. Anschaulich ausführl. Realienbuch, enthaltend Geschichte, Erdkunde, Naturgeschichte u. Naturlehre. Für die Hand d. Schüler bearb. Ausg. B. Für mehrklassige Volksschulen. [Realienbuch Nr. 9.] 8. verb. Aufl. 8. (II, 336 S. m. 124 eingedr. Abbildgn.) Bielef. 892, Velhagen u. Klasing. geb. * 1 20

—— dass. — Mit ausführlicher Uebersicht in d. Naturgeschichte. [Realienbuch Nr. 9a.] 8. Aufl. 8. (II, 336, 15 S. m. 124 eingedr. Abbildgn.) Ebd. 892. geb. * 1 30

—— dass. — Ausg. C. Für einfache Schulverhältnisse (zugleich 2. Tl. d. Lesebuches f. Volksschulen. [Realienbuch Nr. 10.] 6. Aufl. 8. (II, 167 S. m. 62 eingedr. Abbildgn.) Ebd. 892. * — 50; geb. * — 65

—— —— Anschaulich-ausführliches Realienbuch enthaltend Geschichte, Erdkunde u. Naturgeschichte f. d. Mittelstufe. Ausg. D. [Realienbuch Nr. 16.] 8. (II, 48, 40, 80 S.) Ebd. 892. geb. * 1 —

—— —— Anschaulich-ausführliches Realienbuch enthaltend Geschichte, Erdkunde u. Naturgeschichte für d. Mittelstufe der Schulen d. Herzogtums Braunschweig. Ausg. D. [Realienbuch Nr. 22.] 8. (II, 48, 40 80 S.) Ebd. 892. geb. * 1 —

— — anschaulich-ausführliches Realienbuch, enth. Geschichte, Erdkunde, Naturgeschichte, Naturlehre u. Chemie. Für die Hand der Schüler bearb. Ausg. A. (Realienbuch Nr. 1 u. 2.) Mit vielen Abbildgn. v. Paul Bender, T. Marckwort u. A. gr. 8. Ebd. Geb. n. 3. 75

1. Vollständige Ausg. 14. Aufl. (XL, 152; 112, 184 u. 64 S.) 894. n. 2. —
2. Ohne Geschichte d. Altertums. 12., verb. Aufl. (152; 112, 184 u. 64 S.) n. 1. 75

— — dasselbe, enth. Geschichte, Erdkunde, Naturgeschichte u. Naturlehre. Für die Hand der Schüler bearb. Ausg. B. Mittlere Ausg. (Realienbuch Nr. 9.) 9., verb. Aufl. gr. 8. (II, 336 S. m. Abbildgn.) Ebd. 893. Geb. n. 1. 25; m. ausführl. Übersicht in der Naturgeschichte. (Realienbuch Nr. 9a.) (II, 336 u. 15 S.) Geb. n. 1. 35

Ausg. f. katholische Schulen, s.: Liekefett, Fr.

— — dasselbe. Für einfache Schulverhältnisse bearb. Ausg. C. (Realienbuch Nr. 10.) 8. Aufl. gr. 8. (IV, 167 S. m. Abbildgn.) Ebd. 894. Geb. n. — 70

— — anschaulich-ausführliches Realienbuch, enth. Geschichte, Erdkunde, Naturgeschichte, Naturlehre u. Chemie. Für d. Hand d. Schüler bearb. Ausg. A. Nr. 1. Vollst. Ausg. 25. Aufl. M. vielen Abb. v. Paul Bender, T. Marckwort u. a. (Realienbuch Nr. 1.) gr. 8. (XL, 152; 120, 160 u. 96 S.) Ebd. 898. Geb. n. 2. —

— — dasselbe. Ausg. A. 21., neubearb. Aufl. Ausg. f. Simultanschulen. (Realienbuch Nr. 13.) gr. 8. (XL, 152; 120, 160 u. 96 S.) Ebd. 897. Geb. n. 2. —

— — dasselbe, enth. Geschichte, Erdkunde, Naturgeschichte, Naturlehre. Ausg. B. Mittlere Ausg. (Realienbuch Nr. 9.) 17., verb. Aufl. gr. 8. (IV, 340 S. m. Abb.) Ebd. 898. Geb. n.n. 1. 25

— — dasselbe. Ausg. B. Mittlere Ausg. Ausg. f. Simultanschulen. (Realienbuch Nr. 14.) 15., neubearb. Aufl. gr. 8. (IV, 340 S. m. Abb.) Ebd. 897. Geb. n. 1. 25

— — dasselbe. Mit ausführl. Übersicht in der Naturgeschichte. (Realienbuch Nr. 9a.) 17., neubearb. Aufl. gr. 8. (IV, 340 u. 16 S. m. Abb.) Ebd. 898.
Geb. n. 1. 40

— — dasselbe. Für einfache Schulverhältnisse bearb. Ausg. C. (Realienbuch Nr. 10.) 18., neubearb. Aufl. gr. 8. (IV, 172 S. m. Abb.) Ebd. 898. Geb. n. — 70

— — dasselbe. Ausg. C. Ausg. f. Simultanschulen. (Realienbuch Nr. 24.) 14., neubearb. Aufl. gr. 8. (IV, 172 S. m. Abb.) Ebd. 897. Geb. n. — 70

— — dasselbe, enth. Geschichte, Erdkunde, Naturgeschichte, Naturlehre u. Chemie. Für die kathol. Schulen bearb. v. Fr. Liekefett. Ausg. B. (Realienbuch Nr. 11.) 6., verb. u. verm. Aufl. gr. 8. (IV, 340 S. m. Abb.) Ebd. 898. Geb. n. 1. 30

— — dasselbe. Mit Geschichte d. Altertums. (Realienbuch Nr. 11a.) 6., verb. u. verm. Aufl. gr. 8. (IV, XL, 340 S. m. Abb.) Ebd. 898. Geb. n. 1. 40

— — dasselbe, enth. Geschichte, Erdkunde u. Naturgeschichte f. d. Mittelstufe. Ausg. D. Mit vielen Abb. v. Paul Bender, v. Eschwege, T. Marckwort u. a. (Realienbuch Nr. 16.) 2. Aufl. gr. 8. (II, 48, 40 u. 80 S.) Ebd. 895. Geb. n. 1. —

— — dasselbe, Ausg. f. kathol. Schulen, s.: Liekefett, Fr.

— — anschaulich-ausführliches Realienbuch, enth. Geschichte, Erdkunde, Naturgeschichte, Naturlehre u. Chemie. Für die Hand der Schüler bearb. Ausg. A. Nr. 1. Vollständige Ausg. 45. Aufl. Mit vielen Abbildgn. v. Paul Bender, T. Marckwort u. a. (Realienbuch Nr. 1.) gr. 8. (XL, 152, 120, 160 u. 96 S.) Bielefeld 902. Velhagen & Klasing. Geb. in Halbldr. n. 2. —

Kahnmeyer, L., u. H. Schulze, anschaulich-ausführliches Realienbuch, enth. Geschichte, Erdkunde, Naturgeschichte, Naturlehre u. Chemie. Für die Hand der Schüler bearb. Ausg. A. 45. Aufl. Mit vielen Abbildgn. v. Paul Bender, T. Marckwort u. a. (Realienbuch Nr. 13.) Ausg. f. Simultanschulen. gr. 8. (XL, 152; 120, 160 u. 96 S.) Bielefeld 902. Velhagen & Klasing. Geb. in Halbldr. n. 2.—

— — dasselbe, enth. Geschichte, Erdkunde, Naturgeschichte, Naturlehre u. Chemie. Ausg. B. Mittlere Ausg. (Realienbuch Nr. 9.) 29. verb. Aufl. gr. 8. (IV, 340 S. m. Abbildgn.) Ebd. 901. Geb. n.n. 1. 25

— — dasselbe. Ausg. B. Mittlere Ausg. Ausg. f. Simultanschulen. (Realienbuch Nr. 14.) 24. neubearb. Aufl. gr. 8. (IV, 340 S. m. Abb.) Ebd. 900. Geb. n. 1. 25

— — dasselbe. Ausg. B. Für kathol. Schulen bearb. v. Fr. Liekefett. (Realienbuch Nr. 11.) 8. verb. u. verm. Aufl. gr. 8. (IV, 340 S. m. Abbildgn.) Ebd. 902. Geb. n.n. 1. 30

— — dasselbe. Ausg. B. Für kathol. Schulen bearb. v. Fr. Liekefett. 8. verb. u. verm. Aufl. Ausg. f. die Prov. Hannover. (Realienbuch Nr. 27.) gr. 8. (390 S. m. Abb.) Ebd. 902. Geb. n. 1. 60

— — dasselbe. Für einfache Schulverhältnisse bearb. Ausg. C. (Realienbuch Nr. 10.) 31. neubearb. Aufl. gr. 8. (IV, 172 S. m. Abbildgn.) Ebd. 902. Geb. n. — 70

— — dasselbe. Ausg. C. Ausgabe f. Simultanschulen. (Realienbuch Nr. 24.) 24. neubearb. Aufl. gr. 8. (IV, 172 S. m. Abbildgn.) Ebd. 900. Geb. n. — 70

— — dasselbe, enth. Geschichte, Erdkunde u. Naturgeschichte f. die Mittelstufe. Ausg. D. Mit vielen Abbildgn. v. Paul Bender, v. Eschwege, T. Marckwort u. A. (Realienbuch Nr. 16.) 3. Aufl. gr. 8. (IV, 80 S.) Ebd. 897. Geb. n. 1. —

— — anschaulich-ausführliches Realienbuch, enth. Geschichte, Erdkunde, Naturgeschichte, Naturlehre u. Chemie. Für die Hand der Schüler bearb. Ausg. A. Nr. 1. Vollständige Ausg. 66.—70. Aufl. Mit vielen Abbildgn. v. Paul Bender, T. Marckwort u. a. (Realienbuch Nr. 1.) (XL, 152; 120, 160 u. 96 S.) gr. 8. Ebd. Geb. n. 2. —

— — dasselbe. Ausg. A. Nr. 2. Ohne Geschichte des Altertums. 49. Aufl. Mit vielen Abbildgn. v. Paul Bender, T. Marckwort u. a. (Realienbuch Nr. 2.) (150, 120, 160 u. 96 S.) gr. 8. Ebd. 903. Geb. in Halbldr. n. 1. 75

— — dasselbe. Ausg. A. 49. Aufl. Mit vielen Abbildgn. v. Paul Bender, T. Marckwort u. a. (Realienbuch Nr. 13.) Ausg. f. Simultanschulen. (XL, 152; 120, 160 u. 96 S.) gr. 8. Ebd. 903. Geb. in Halbldr. n. 2. —

— — dasselbe. Für die Hand der Schüler bearb. Ausg. B. Mittlere Ausg. (Realienbuch Nr. 9.) 44. verb. Aufl. (IV, 340 S. m. Abbildgn.) 8. Ebd. 906. Geb. n. 1. 25

— — dasselbe. Ausg. B. Ausg. f. Simultanschulen. (Realienbuch Nr. 14.) 32. Aufl. (IV, 340 S. m. Abb.) gr. 8. Ebd. 903. Geb. n. 1. 25

— — dasselbe. Ausg. B. Für kathol. Schulen bearb. v. Fr. Liekefett. (Realienbuch Nr. 11.) 12. verb. u. verm. Aufl. (IV, 340 S. m. Abb.) 8. Ebd. 906. Geb. n. 1. 30

— — dasselbe. Ausg. B. Für kathol. Schulen bearb. v. Fr. Liekefett. Ausg. f. die Prov. Hannover. (Realienbuch Nr. 27.) 9. verb. u. verm. Aufl. (390 S. m. Abbildgn.) 8. Ebd. 904. Geb. n. 1. 60

— — dasselbe, enth. Geschichte, Erdkunde, Naturgeschichte u. Naturlehre. Für einfache Schulverhältnisse bearbeit. Ausg. C. (Realienbuch Nr. 10.) 41.—44. Aufl. (IV, 172 S. m. Abb.) 8. Ebd. 905. Geb. n. — 70

— — dasselbe. Ausg. C. Für kathol. Schulen bearb. v. Fr. Liekefett. (Realienbuch Nr. 15.) 7. verb. Aufl. (IV, 172 S. m. Abb.) gr. 8. Ebd. 903. Geb. n. — 75

— — dasselbe, enth. Geschichte, Erdkunde u. Naturgeschichte f. die Mittelstufe. Ausg. D. (Realienbuch Nr. 16.) Mit vielen Abbildgn. v. Paul Bender, v. Eschwege, T. Marckwort u. A. 6. Aufl. (IV, 48, 40 u. 80 S.) gr. 8. Bielefeld 904. Velhagen & Klasing. Geb. n. 1. —

—— —— Sammlung v. Sprachfehlern. 8. (39 S.) Ebd. 892.

— — Sammlung v. Sprachfehlern. Beigabe zu der Parallel-Ausg. d. Sprachbuchs. gr. 8. (39 S.) Ebd. 893. n. — 50

— — Sammlung v. Sprachfehlern. Beigabe zu der Parallel-Ausg. d. Sprachbuchs. 3. Aufl. gr. 8. (39 S.) Bielefeld 898. Velhagen & Klasing. n. — 50

—— —— die Scheingründe der Gegner des Reallesebuchs. Eine krit. Beleuchtung des von Hrn. Greßler in Barmen veröffentlichten Vortrags über „die Reallesebuchfrage". gr. 8. (43 S.) Ebendas. 886. * — 50

Aus: Evangelisches Schulblatt von Dörpfeld, besonders abgedruckt.

— — deutsches Sprachbuch. Übungsstoffe f. den Unterricht in der deutschen Sprachlehre. Ausg. A. [In 1 Hfte. f. Landschulen.] 5., verm. Aufl. 8. (64 S.) Ebd. 890. n. — 40

— — dasselbe. Ausg. B. [In 2 Hftn. f. Landschulen.] 8. Ebd. 890. n. — 65

1. 5., verb. Aufl. (44 S.) n. — 30. — 2. 4., verb. Aufl. (56 S.) n. — 35.

— — dasselbe. Ausg. C. [In 3 Hftn. f. 4klass. Schulen.] 8. Ebd. 890. n.n. — 90

1. 4., verb. Aufl. (32 S.) n. — 25. — 2. 5., verb. Aufl. (44 S.) n. — 30. — 3. 4., verb. Aufl. (56 S.) n. — 35.

— — dasselbe. Ausg. D, E, F. [In 5/7 Hftn. f. 6/8klass. Schulen.] 1.—5. Hft. 8. Ebd. 890. n.n. 1. 55

1. 4., verb. Aufl. (24 S.) n.n. — 25. — 2. 4., verb. Aufl. (32 S.) n.n. — 25. — 3. 5., verb. Aufl. (44 S.) n. — 30. — 4. 4., verb. Aufl. (56 S.) n. — 35. — 5. 3., umgearb. Aufl. (80 S.) n. — 40.

— — dasselbe. Ausg. E, F. [In 6/7 Hftn. f. 7/8klass. Schulen.] 6. Hft. 2., verb. Aufl. 8. (96 S.) Ebd. 890. n. — 50

— — dasselbe. Ausg. F. [In 7 Hftn. f. 8klass. Schulen.] 7. Hft. 8. (120 S.) Ebd. 890. cart. n. — 60 (cplt.: n.n. 2. 65)

— — dasselbe. Ausg. G. [In 3 Hftn. f. Präparanden-anstalten.] gr. 8. Ebd. 890. n. 1. 50
1. (80 S.) n. — 40. — 2. (96 S.) n. — 50. — 3. (120 S.) n. — 60.

—— —— Deutsches Sprachbuch. Übungsstoffe f. d. Unterricht in d. deutschen Sprachlehre. Ausg. A. (In 1 Hefte f. Landschulen.) 6. Aufl. 8. (64 S.) Ebd. 891. cart. * — 40
—— dass. — Ausg. B. (In 2 Heften f. Landschulen.) 2 Hefte. 8. Ebd. [1. Heft. 7. Aufl. (44 S.) 891. cart. * — 30; 2. Heft. 6. Aufl. (56 S.) 892. cart. * — 35.] cart. * — 65
—— dass. — Ausg. C. (In 3 u. 4 Heften f. 5- u. 6klassige Schulen.) 4 Hefte. 8. Ebd. [1. Heft. 6. Aufl. (32 S.) 892. cart. * — 25; 2. Heft. 8. Aufl. (44 S.) 892. cart. * — 30; 3. Heft. 6. Aufl. (56 S.) 892. cart. * — 35; 4. Heft. 6. Aufl. (80 S.) 892. cart. * — 40.] cart. * 1 80

Kahnmeyer, L. u. H. Schulze. Deutsches Sprachbuch. Übungsstoffe f. den Unterricht in der deutschen Sprachlehre. Ausg. D. E. F. (In 5 bis 7 Heften f. 6- bis 8- u. mehrklassige Schulen.) 7 Hefte. 8. Bielef., Velhagen u. Klasing. [1. Heft. 6. Aufl. (24 S.) 892. cart. — 25; 2. Heft. 6. Aufl. (32 S.) 892. cart. * — 25; 3. Heft. 7. Aufl. (44 S.) 891. cart. * — 30; 4. Heft. 6. Aufl. (56 S.) 892. cart. * — 35; 5. Heft. 5. Aufl. (80 S.) 892. cart. * — 40; 6. Heft. 3. Aufl. (96 S.) 891. cart. * — 50; 7. Heft. 2. Aufl. (120 S.) 892. cart. * — 60.] cart. * 2 65

—— dass. — Ausg. G. (In 3 Heften f. Präparandenanstalten.) 3 Hefte. 8. Ebd. [1. Heft. 2. Aufl. (80 S.) 891. cart. * — 40; 2. Heft. 2. Aufl. (96 S.) 891. cart. * — 50; 3. Heft. (120 S.) 890. cart. * — 60.] cart. * 1 50

—— dass. — Parallel-Ausg. Ausg. H. (In 1 Heft f. Landschulen.) 8. (88 S.) Ebd. 892. cart. * — 40

—— dass. — Parallel-Ausg. Ausg. I. (In 2 Heften für Landschulen.) 2 Hefte. 8. Ebd. 892. [1. Heft. (44 S.) cart. * — 30; 2. Heft. (64 S.) cart. * — 35.] cart. * — 65

—— dass. — Parallel-Ausg. Ausg. K. (In 3 u. 4 Heften f. 4- u. 5klass. Schulen.) 4 Hefte. 8. Ebd. 892. [1. Heft. (40 S.) cart. * — 25; 2. Heft. (44 S.) cart. * — 30; 3. Heft. (64 S.) cart. * — 35; 4. Heft. (80 S.) cart. * — 40.] cart. * 1 30

—— dass. — Parallel-Ausg. Ausg. L. (In 5, 6 u. 7 Heften für 6-, 7- u. 8klass. Schulen.) 8. Ebd. 892. [1. Heft. (32 S.) cart. * — 25; 2. Heft. (40 S.) cart. * — 25; 3. Heft. (44 S.) cart. * — 30; 4. Heft. (64 S.) cart. * — 35; 5. Heft. (80 S.) cart. * — 40; 6. Heft. (80 S.) cart. * — 50; 7. Heft. (120 S.) cart. * — 60.] cart. * 2 65

— — deutsches Sprachbuch. Übungsstoffe f. den Unterricht in der deutschen Sprachlehre. Ausg. A. (In 1 Hfte. f. einfache Verhältnisse.) 8. Aufl. 8. (64 S.) Ebd. 892. n. — 40

— — dasselbe. Ausg. B. (In 2 Hftn. f. Landschulen.) 8. Ebd. n. — 65
1. 8. Aufl. (44 S.) 896. n. — 30. — 2. 8. Aufl. (56 S.) 894. n. — 35.

— — dasselbe. Ausg. C. (In 3/4 Hftn. f. 5/6 klass. Schulen.) 8. Ebd. n. 1. 30
1. 8. Aufl. (32 S.) 896. n. — 25. — 2. 9. Aufl. (44 S.) 893. n. — 30. — 3. 8. Aufl. (56 S.) 894. n. — 35. — 4. 6. Aufl. (80 S.) 893. n. — 40.

— — dasselbe. Ausg. D. E. F. (In 5/7 Hftn. f. 6/8- u. mehrklass. Schulen.) 1.—5. Hft. 8. Ebd. n. 1. 55
1. 7. Aufl. (24 S.) 893. n. — 25. — 2. 8. Aufl. (32 S.) 893. n. — 25. — 3. 8. Aufl. (44 S.) 893. n. — 30. — 4. 8. Aufl. (56 S.) 894. n. — 35. — 5. 6. Aufl. (72 S.) 893. n. — 40.

— — dasselbe. Ausg. E. F. (In 6/7 Hftn. f. 7/8- u. mehrklass. Schulen.) 6. Hft. 4. Aufl. 8. (96 S.) Ebd. 893. n. — 50

— — dasselbe. Ausg. F. (In 7 Hftn. f. 8klass. Schulen.) 7. Hft. 3. Aufl. 8. (120 S.) Ebd. 893. n. — 60

— — dasselbe. Ausg. G. (In 3 Hftn. f. Präparanden-anstalten.) 8. Ebd. n. 1. 50
1. 6. Aufl. (80 S.) 894. n. — 40. — 2. 4. Aufl. (96 S.) 894. n. — 50. — 3. 3. Aufl. (120 S.) 894. n. — 60.

— — dasselbe. Parallel-Ausg. Ausg. H. (In 1 Hft. f. Landschulen.) 8. (88 S.) Ebd. 892. n. — 40

Kahnmeyer, L., u. H. Schulze, deutsches Sprachbuch. Übungsstoffe f. den Unterricht in der deutschen Sprachlehre. Parallel-Ausg. Ausg. J. (In 2 Hftn. f. Landschulen.) 8. Bielefeld, Velhagen & Klasing. n. — 65
1. 2. Aufl. (44 S.) 894. n. — 30. — 2. 2. Aufl. (64 S.) 894 n. — 35.

— — dasselbe. Parallel-Ausg. Ausg. K. (In 3 u. 4 Hftn. f. 4- u. 5klass. Schulen.) 8. Ebd. n. 1. 30
1. 2. Aufl. (40 S.) 894. n. — 25. — 2. 2. Aufl. (44 S.) 894 n. — 30. — 3. 2. Aufl. (64 S.) 894. n. — 35. — 4. 2. Aufl. (80 S.) 891. n. — 40.

— — dasselbe. Parallel-Ausg. Ausg. L. (In 5, 6. u 7 Hftn. f. 6-, 7- u. 8klass. Schulen. gr. 8. Ebd. n. 2. 65
1. 2. Aufl. (32 S.) 894. n. — 25. — 2. 2. Aufl. (40 S.) 894 n. — 25. — 3. 2 Aufl. (44 S.) 894. n. — 30. — 4. 2. Aufl. (64 S.) 894. n. — 35. — 5. 2. Aufl. (80 S.) 894. n. — 40 — 6. (80 S.) 892. n. — 50. — 7. (120 S.) 892. n. — 60.

— — dasselbe. Parallel-Ausg. Ausg. M. (In 3 Hftn. f. Präparandenanstalten.) 1. Hft. gr. 8. (80 S.) Ebd. 893. n. — 40

— — Deutsches Sprachbuch. Übungsstoffe f. d. Unterr. in d. deutschen Sprachlehre. Ausg. A. (In 1 Hfte. f. einf. Verhältnisse.) 11. Aufl. gr. 8. (64 S.) Ebd. 897. n. — 40

— — dasselbe. Ausg. B. In 2 Hftn. f. Landschulen. gr. 8. Ebd. 898. n. — 65
1. 15. Aufl. (44 S.) n. — 30. — 2. 13. Aufl. (56 S.) n. — 35

Kahnmeyer, L., u. H. Schulze. Deutsches Sprachbuch. Übungsstoffe f. d. Unterr. in d. deutschen Sprachlehre. Ausg. C. (In 3/4 Hftn. f. 5/6 klass. Schulen.) 4 Hfte. gr. 8. Bielefeld, Velhagen & Klasing. n. 1. 30
1. 15. Aufl. (32 S.) 898. n.n. — 25
2. 15. Aufl. (44 S.) 898. n. — 30
3. 13. Aufl. (56 S.) 898. n. — 35
4. 11. Aufl. (80 S.) 897. n. — 40

— — dasselbe. Ausg. D, E, F. (In 5/7 Hftn. f. 6/8- u. mehrklass. Schulen.) 1.—6. Hft. gr. 8. Ebd. n. 2. 05
1. 11. Aufl. (25 S.) 897. n.n. — 25
2. 15. Aufl. (32 S.) 898. n.n. — 25
3. 15. Aufl. (44 S.) 898. n. — 30
4. 13. Aufl. (56 S.) 898. n. — 35
5. 11. Aufl. (80 S.) 897. n. — 40
6. 5. Aufl. (96 S.) 897. n. — 50

— — dasselbe. Ausg. G. (In 3 Hftn. f. Präparanden-anst.) 1. u. 2. Hft. gr. 8. Ebd. n. — 90
1. 7. Aufl. (80 S.) 895. n. — 40
2. 5. Aufl. (96 S.) 897. n. — 50

— — dasselbe. Ausg. H. (In 1 Hfte. f. Landschulen.) 4. Aufl. gr. 8. (88 S.) Ebd. 898. n. — 40

— — dasselbe. Parallel-Ausg. Ausg. J. In 2 Hftn. f. Landschulen. gr. 8. Ebd. 898. n. — 65
1. 12. Aufl. (44 S.) n. — 30
2. 11. Aufl. (65 S.) n. — 35

— — dasselbe. Parallel-Ausg. Ausg. K. (In 3/4 Hftn. f. 4/5 klass. Schulen.) 4 Hfte. gr. 8. Ebd. n. 1. 30
1. 11. Aufl. (40 S.) 898. n.n. — 25
2. 12. Aufl. (44 S.) 898. n. — 30
3. 11. Aufl. (64 S.) 898. n. — 35
4. 7. Aufl. (80 S.) 897. n. — 40

— — dasselbe. Parallel-Ausg. Ausg. L. (In 5, 6 u. 7 Hftn. f. 6-, 7- u. 8klass. Schulen.) 7 Hfte. gr. 8. Ebd. n. 2. 65
1. 8. Aufl. (32 S.) 898. n.n. — 25
2. 11. Aufl. (40 S.) 898. n.n. — 25
3. 12. Aufl. (44 S.) 898. n. — 30
4. 11. Aufl. (64 S.) 898. n. — 35
5. 7. Aufl. (80 S.) 897. n. — 40
6. 4 Aufl. (80 S.) 898. n. — 50
7. 3. Aufl. (120 S.) 898. n. — 60

— — dasselbe. Parallel-Ausg. Ausg. M. (In 3 Hftn. f. Präparandenanst.) 3 Hfte. gr. 8. Ebd. n. 1. 50
1. 8. Aufl. (80 S.) 898. n. — 40
2. 3. Aufl. (80 S.) 896. n. — 50. — 3. (120 S.) 893. n. — 60

— — deutsches Sprachbuch. Übungsstoffe f. den Unterricht in der deutschen Sprachlehre. Ausg. A. (In 1 Hfte. f. einf. Verhältn.) 16. Aufl. 8. (64 S.) Ebd. 902. n. — 40

— — dasselbe. Ausg. B. In 2 Hftn. f. Landschulen. gr. 8. Ebd. 902. n. — 65
I. 21. Aufl. (44 S.) n. — 30. — II. 19. Aufl. (56 S.) n. — 35

— — dasselbe. Ausg. C. In 3/4 Hfn. f. 4/5 klass. Schulen. gr. 8. Ebd. 902. n.n. 1. 30
I. 20. Aufl. (32 S.) n.n. — 25. — II. 21. Aufl. (44 S.) n. — 30
III. 19. Aufl. (56 S.) n. — 35. — IV. 12. Aufl. (80 S.) n. — 40

— — dasselbe. Ausg. D, E, F. (In 5, 6 u. 7 Hftn. f. 6-, 7- u. 8klass. Schulen.) I.—VII. Hft. gr. 8. Ebd. 902. n.n. 2. 65
I. 16. Aufl. (24 S.) n.n. — 25. — II. 20. Aufl. (32 S.) n.n. — 25
III. 21. Aufl. (44 S.) n. — 30. — IV. 19. Aufl. (56 S.) n. — 35
V. 12. Aufl. (80 S.) n. — 40. — VI. 6. Aufl. (96 S.) n. — 50
VII. 4. Aufl. (90 S.) n. — 60.

— — dasselbe. Ausg. G. In 3 Hftn. f. Präparandenanstalten. gr. 8. Ebd. 902. 1. 50
I. 12. Aufl. (80 S.) n. — 40. — II. 6. Aufl. (96 S.) n. — 50
III. 4. Aufl. (92 S.) n. — 60.

— — dasselbe. Parallel-Ausg. Ausg. H. (In 1 Hfte. f. Landschulen.) 7. Aufl. gr. 8. (88 S.) Ebd. 902. n. — 40

— — dasselbe. Parallel-Ausg. Ausg. J. In 2 Hftn. f. Landschulen. gr. 8. Ebd. 902. n. — 65
I. 26. Aufl. (44 S.) n. — 30. — II. 25. Aufl. (60 S.) n. — 35

— — dasselbe. Parallel-Ausg. Ausg. K. (In 3/4 Hftn. f. 4/5klass. Schulen.) 1.—4. Hft. gr. 8. Ebd. 902. n.n. 1. 30
I. 24. Aufl. (40 S.) n.n. — 25. — II. 26. Aufl. (44 S.) n. — 30
III. 25. Aufl. (60 S.) n. — 35. — IV. 15. Aufl. (80 S.) n. — 40

— — dasselbe. Parallel-Ausg. Ausg. L. (In 5, 6 u. 7 Hftn. f. 6-, 7- u. 8klass. Schulen. 7 Hfte. gr. 8. Ebd. 902. n.n. 2. 65
I. 19. Aufl. (28 S.) n.n. — 25. — II. 24. Aufl. (40 S.) n.n. — 25
III. 26. Aufl. (44 S.) n. — 30. — IV. 25. Aufl. (60 S.) n. — 35
V. 15. Aufl. (80 S.) n. — 40. — VI. 9. Aufl. (84 S.) n. — 50
VII. 4. (Umschlag-)Aufl. (120 S.) n. — 60.

— — dasselbe. Parallel-Ausg. Ausg. M. In 3 Hftn. f. Präparandenanstalten. gr. 8. Ebd. 902. n. 1. 50
I. 15. Aufl. (80 S.) n. — 40. — II. 9. Aufl. (84 S.) n. — 50
III. 4. Aufl. (120 S.) n. — 60.

Kahnmeyer, L., u. H. Schulze, deutsches Sprachbuch. Uebungsstoffe f. den Unterricht in der deutschen Sprachlehre. Ausg. A. (In 1 Hefte f. einfache Verhältnisse.) 16. Aufl. (Neudr.) (64 S.) 8. Bielefeld 905. Velhagen & Klasing. n. — 40

— — dasselbe. Ausg. B. In 2 Heften f. Landschulen. I. Heft. 23. Aufl. (44 S.) gr. 8. Ebd. 903. n. — 30

— — dasselbe. Ausg. C. (In 3/4 Heften f. 4/5 klassige Schulen.) I., II. u. IV. Hft. gr. 8. Ebd. n. — 95
I. 23. Aufl. (32 S.) 906. n.n. — 25. — II. 23. Aufl. (44 S.) 903. n. — 30. — IV. 13. Aufl. (80 S.) 903. n. — 40.

— — dasselbe. Ausg. D, E, F. (In 5, 6 u. 7 Heften f. 6-, 7- u. 8klass. Schulen.) I.—VI. Hft. 8. Ebd. n.n. 2. 05
I. 18. Aufl. (24 S.) 905. n.n. — 25. — II. 23. Aufl. (32 S.) 905. n.n. — 25. — III. 25. Aufl. (44 S.) 905. — 30. — IV. 22. Aufl. (56 S.) 905. — 35. — V. 14. Aufl. (80 S.) 906. n. — 40. — VI. 7. Aufl. (96 S.) 905. n. — 50

— — dasselbe. Ausg. F. (In 7 Heften f. 8- u. mehrklass. Schulen.) VII Heft. 5. Aufl. (90 S.) 8. Ebd. 905. n. — 60

— — dasselbe. Ausg. G. In 3 Heften f. Präparandenanstalten. I. Heft. 13. Aufl. (80 S.) gr. 8. Ebd. 903. n. — 40

— — dasselbe. Parallel-Ausg. Ausg. H. (In 1 Hefte f. Landschulen.) 12. Aufl. (88 S.) 8. Ebd. 905. n. — 40

— — dasselbe. Parallel-Ausg. Ausg. J. (In 2 Heften f. Landschulen.) gr. 8. Ebd. n. — 65
I. 43./46. Aufl. (44 S.) 905. n. — 30
II. 31. Aufl. (60 S.) 903. n. — 35

— — dasselbe. Parallel-Ausg. Ausg. K. (In 3/4 Heften f. 4/5 klass. Schulen.) 4 Hefte. gr. 8. Ebd. n.n. 1. 30
I. 27.—29. Aufl. (40 S.) 903. n.n. — 25. — II. 43.—46. Aufl. (44 S.) 905. — 30. — III. 31. Aufl. (60 S.) 903. — 35. — IV. 27. Aufl. (80 S.) 905. — 40.

— — dasselbe. Parallel-Ausg. Ausg. L. (In 5, 6 u. 7 Heften f. 6-, 7- u. 8 klass. Schulen.) 7 Hefte. gr. 8. Ebd. n.n. 2. 65
I. 30.—33. Aufl. (28 S.) 905. n.n. — 25. — II. 41.—44. Aufl. (40 S.) 906. n.n. — 25. — III. 43.—46. Aufl. (44 S.) 905. — 30. — IV. 43.—46. Aufl. (60 S.) 906. n.n. — 35. — V. 26.—27. Aufl. (80 S.) 905. — 40. — VI. 14. Aufl. (84 S.) 905. — 50. — VII. 7. Aufl. (120 S.) 905. n.n. — 60.

— — dasselbe. Parallel-Ausg. Ausg. M. In 3 Heften f. Präparandenanstalten. gr. 8. Ebd. 903. n. 1. 50
I. 17. Aufl. (80 S.) — 40. — II. 10. Aufl. (84 S.) — 50. — III. 6. Aufl. (120 S.) — 60.

Kahnmeyer, L., u. H. Schulze, deutsches Sprachbuch. Parallel-Ausg. Ausg. H. (In 1 Hefte f. Landschulen.) 13. Aufl. (88 S.) 8. Bielefeld 906. Velhagen & Klasing. — 40

— — dasselbe. Parallel-Ausg. Ausg. K. (In 3/4 Heften f. 4/5 klass. Schulen.) II. Heft. 51.—55. Aufl. (44 S.) 8. Ebd. 907. — 30

— — dasselbe. Parallel-Ausg. Ausg. L. (In 5, 6 u. 7 Heften f. 6-, 7- u. 8 klass. Schulen.) I.—VI. Heft. gr. 8. Ebd. nn 2. 05
I. 34.—36. Aufl. (28 S.) 907. nn — 25
II. 45.—48. Aufl. (40 S.) 907. nn — 25
III. 47.—50. Aufl. (44 S.) 907. — 30
IV. 47.—50. Aufl. (60 S.) 907. nn — 35
V. 28.—29. Aufl. (80 S.) 907. — 40
VI. 15. Aufl. (84 S.) 907. — 50

— — Deutsches Sprachbuch. Ausg. D. E. F. (In 5, 6 u. 7 Heften f. 6-, 7- u. 8 klass. Schulen.) Übungsstoffe f. den Unterricht in der deutschen Sprachlehre. II.—IV. Heft. 8. Bielefeld 907. Velhagen & Klasing. nn — 90
II. 24. Aufl. (32 S.) nn — 25
III. 26. Aufl. (44 S.) — 30
IV. 23. Aufl. (56 S.) — 35

— — Stoffe f. d. deutschen Aufsatz in Volks- u. Bürgerschulen, f. die Hand des Lehrers bearb. 2., verb. u. verm. Aufl. gr. 8. (VIII, 282 S.) Ebd. 890. n. 2. 50; geb. n. 3. —

—— —— Stoffe f. d. deutschen Aufsatz in Volks- u. Bürgerschulen f. d. Hand d. Lehrers. 2 Tle. 8. Ebd. 891. * 5 50; geb. * 6 60
1. 3. Aufl. (VIII, 232 S.) * 2 50; geb. * 3 —; 2. Für die Oberklassen von Bürgerschulen, Mittelschulen, höheren Töchterschulen sowie für Präparandenanstalten. 8. (304 S.) * 3 —; geb. * 3 60.

— — Stoffe f. den deutschen Aufsatz in ausführlicher Darstellung. 1. u. 2. Tl. gr. 8. Ebd. n. 5. 50; geb. n. 6 60
1. 1.—4. Stufe. Für 1—6 klass. Volks- u. Bürgerschulen, sowie f. die Mittelklassen der Mittelschulen, höheren Töchterschulen ꝛc. 4. Aufl. (VIII, 232 S.) 893. n. 2.50; geb. n. 3. —
2. Für die Oberklassen v. Bürgerschulen, Mittelschulen, höheren Töchterschulen, sowie f. Präparandenanstalten ꝛc. bearb. (304 S.) 891. n. 3. —; geb. n. 3. 60

— — Stoffe f. den deutschen Aufsatz in Volks- u. Bürgerschulen f. die Hand d. Lehrers. 3. Aufl. gr. 8. (VIII, 232 S.) Ebd. 891. n. 2. 50; geb. n. 3. —

— — Stoffe f. d. deutschen Aufsatz in ausführl Darstellg. 2 Tle. gr. 8. Ebd. n. 6. —
1. 1.—4. Stufe. Für 1—6 klass. Volks- u. Bürgerschulen, sowie f. d. Mittelklassen d. Mittelschulen, höh. Töchterschulen ꝛc. 6. Aufl. (VIII, 232 S.) 898. geb. n. 3. —
2. 5. u. 6. Stufe. Für d. Oberklassen v. Bürgerschulen, Mittelschulen, höh. Töchterschulen, sowie f. Präparandenanst. ꝛc. 2. Aufl. (304 S.) 895. brosch. n. 3. —

— — Stoffe f. den deutschen Aufsatz, in ausführlicher Darstellg. bearb. 2 Tle. gr. 8. Ebd. Geb. n. 6. 60
1. 1.—4. Stufe. Für 1—6 klass. Volks- u. Bürgerschulen, sowie f. die Mittelklassen der Mittelschulen, höh. Töchterschulen ꝛc. 7. Aufl. (VIII, 240 S.) 901. Geb. n. 3. —
2. 5. u. 6. Stufe. Für die Oberklassen v. Bürgerschulen, Mittelschulen, höh. Töchterschulen, sowie f. Präparandenanstalten ꝛc. 3. Aufl. (304 S.) 899. n. 3. —; geb. n. 3. 60

— — Stoffe f. den deutschen Aufsatz in ausführl. Darstellung. 2 Tle. 8. Ebd. 904. n. 5. 50; geb. n. 6. 60
I. 1.—4. Stufe. Für 1—6 klass. Volks- u. Bürgerschulen, sowie f. die Mittelklassen der Mittelschulen, höh. Töchterschulen ꝛc. 8. Aufl. (VIII, 240 S.) n. 2. 50; geb. n. 3. —
II. 5. u. 6. Stufe. Für d. Oberklassen v. Bürgerschulen, Mittelschulen, höh. Töchterschulen, sowie f. Präparandenanstalten usw. 4. verb. Aufl. (VI, 304 S.) n. 3. —; geb. n. 3. 60

— — Übungsstoffe f. den deutschen Sprachunterricht neubearb. v. O. Schumann u. P. Börger. Ausg. I in 5, 6 u. 7 Heften. I.—V. Heft. 8. Ebd. 910. 1. 55
I. 1.—10. Taus. (24 S.) — 25
II. 1.—10. Taus. (45 S.) — 30
III. 1.—10. Taus. (49 S.) — 30
IV. 1.—10. Taus. (61 S.) — 35
V. 1.—10. Taus. (65 S.) — 35

— — zur Umgestaltung des Unterrichts in d. deutschen Sprachlehre [nebst e. Anh.: „Inhalt d. Kern'schen Satzlehre u. ihr Wert f. die Volksschule"]. 2., verm. Aufl. gr. 8. (37 S.) Ebd. 890. n. — 50

— — zur Umgestaltung d. Unterrichts in der deutschen Sprachlehre (nebst e. Anh.: „Inhalt der Kern'schen Satzlehre u. ihr Wert f. die Volksschule"). 4., verm. Aufl. 8. (42 S.) Ebd. 892. n. — 50

Zur Umgestaltung des Unterrichts in der deutschen Sprachlehre (nebst e. Anh.: 'Inhalt d. Kernschen Satzlehre u. ihr Wert f. d. Volksschule'). Bearb. von L. **Kahumeyer** u. H. Schulze. 5. Aufl. *Bielefeld & Leipzig: Velhagen & Klasing* 1896. (42 S.) 8° [F.] [∞ 394 6

Zur Umgestaltung des Unterrichts in der deutschen Sprachlehre (nebst e. Anh.: 'Inhalt d. Kernschen Satzlehre u. ihr Wert f. d. Volksschule.'), Bearb. von L. **Kahnmeyer** u. H[erm.] Schulze, Schulinspektoren. 6. Aufl. *Bielefeld & Leipzig: Velhagen & Klasing* 1901. (42 S.) 8° [F.]

— — zur Umgestaltung des Unterrichts in der deutschen Sprachlehre (nebst e. Anh.: „Inhalt der Kern'schen Satzlehre u. ihr Wert f. die Volksschule"). 7. Aufl. (42 S.) 8. Ebd. 906. n. — 50

— — der erdkundliche Unterricht auf der Mittelstufe. Für die Hand der Schüler bearb. (Realienbuch Nr. 18.) gr. 8. (40 S. m. 27 Abbildgn.) Ebd. 892. Kart. n.n. — 8[illegible]

— — der erdkundliche Unterricht auf d. Mittelstufe. Für die Hand der Kinder bearb. (Realienbuch Nr. 18.) 3. Aufl. gr. 8. (II, 40 S. m. Abb.) Ebd. 897. n. — 30

Kahnmeyer, L., u. H. Schulze, der erdkundl. Unterricht auf der Mittelstufe. Für die Hand der Kinder bearb. (Realienbuch Nr. 18.) 5. Aufl. gr. 8. (II, 40 S. m. Abb.) Bielefeld 901. Velhagen & Klasing. Kart. n. — 30

— — der erdkundliche Unterricht auf der Mittelstufe. Für die Hand der Kinder bearb. (Realienbuch Nr. 18.) 6. Aufl. (40 S. m. Abbildgn.) 8. Ebd. 903. n. — 30

— — Vorstufe f. den deutschen Aufsatz. gr. 8. (8 S.) Ebd. 890. n. — 10

— — Vorstufe f. den deutschen Aufsatz. 3. Aufl. gr. 8 (8 S.) Ebd. 894. n. — 10

— — Vorstufe f. d. deutschen Aufsatz. 4. Aufl gr. 8. (8 S) Ebd. 896. n. — 10

— — Vorstufe f. den deutschen Aufsatz. 5. Aufl. gr. 8. (8 S.) Ebd. 899. n. — 10

— — Vorstufe f. den deutschen Aufsatz. 7. Aufl. (8 S.) 8. Ebd. 904. n. — 10

Kahns, Hans: Zur Kenntnis der physiologischen Anatomie der Gattung Kleinia. Kiel 1909: Schmidt & Klaunig. 83 S. 8°
Kiel, Phil. Diss. v. 2. Febr. 1909, Ref. Reinke
[Geb. 17. Okt 86 Lübeck; Wohnort: Lübeck; Staatsangeh.: Lübeck; Vorbildung: Realgymn. d. Katharineums Lübeck Reife O. 05; Studium: Marburg 2, Halle 2, Kiel 3 S.; Rig. 18. Dez. 08.] [U 09. 2315

Kahnt, Carl, s. Kahnt, Karl

Kahnt, Ferd., das Evangelium Johannis. Zum Gebrauche in der Schule bearb. gr. 8. (IV, 83 S.) Leipzig 899. F. Brandstetter. n. 1. 20

Kahnt, Ferd., Kirchengeschichte f. evangelische Schulen m. besond. Berücksicht. der Heimat u. des Vaterlandes. (VIII, 224 S.) gr. 8. Leipzig 905. A. Hahn. n. 2. 20; geb. n. 2. 70

Kahnt, Gottfried

Kahnt, G. Animadversiones crit. in nonnullos locos Tullianos. (Orr. p. Balbo, de leg. agrar., Philipp. II., p. Sextio, Font., de leg. Manil., Brut., Epist. ad Q. fr. I. 2. Zusammen 10 Stellen.) 10 S. . . . . . .
Zeitz, Progr. 1829

Kahnt, G. Animadvers. criticae in Verrin. Cic. orat. 18 S. .
Zeitz, Progr. 1837

Kahnt, G. Gedächtnißrede zum Andenken an den am 5. Januar d. J. entschlafenen Herrn Rector Professor D. Gottlieb Kießling. 16 S. . . . .
Zeitz, Progr. 1849

Kahnt, Gottfr. Symbolae criticae in M. Tullii Ciceronis epistolas. 12 S.
Zeitz, Progr. 1844

Kahnt, Gustave: Der Apotheker. Humoristischer Männer-Chor. O. O. u. J. [Leipzig. 1885.] 3 S. 4°
Hrsg.: J. G. Stomps.

Kahnt, Gustave: Den wackern Feuerwehrmännern gewidmet. Luxemburger Feuerwehr-Marsch. O. O. u. J. [Leipzig. 1893.] 3 S. 4°
Hrsg.: J. G. Stomps.

Kahnt, Gustave: Seiner Hochgeboren dem Grafen Fritz Wolff-Metternich. Graf Metternich-Marsch.
Leipzig o. J. [1899.] 3 S. 4⁰
Hrsg.: J. G. Stomps.

Kahnt, Gustave: Seiner Königlichen Hoheit Adolph Grossherzog von Luxemburg. Herzog-Adolph-Marsch.
Leipzig o. J. [1891]. 3 S. 4⁰
Hrsg.: J. G. Stomps.

Kahnt, Gustave: A tous les visiteurs de l'Exposition internationale de Paris, 1900. Marche luxembourgeoise.
Leipzig o. J. [1900.] 3 S. 4⁰
Hrsg.: J. G. Stomps.

Kahnt, Gustave: Luxemburger Soldatenleben. Potpourri.
Leipzig o. J. [1893.] 9 S. 4⁰
Hrsg.: J. G. Stomps.

Kahnt, Gustave: Valse de Mélusine. Melusinenwalzer. Dédiée, a Son Altesse Royale, Monseigneur le Prince Guy de Lusignan, par l'éditeur. Leipzig o. J. [1891.] 9 S. 4⁰
Hrsg.: J. G. Stomps.

Kahnt, Karl

Kahnt, Carl (geb. Wettin 16. 3. 1850). Die Aspirationsmethode. Berlin (1882). (51 S.) 8°
Berlin, Med. Diss. v. 17. Febr. 1882
[Verf. wurde laut Diplom und Fakultäts-Album am 18. Febr. promoviert.]

Kahnt, Karl, kurze Darstellg. d. Grundsätze u. Anwendungsweise d. Glünicke'schen Heilverfahrens, e. neuen systemat. Kräuterkur. gr. 8. (16 S.) Berlin 897. (M. Glünicke.) — 25

Kahnt, Karl, die rheumatischen Erkrankungen u. ihre Behandlung nach den Grundsätzen d. Naturheilverfahrens m. besond. Berücksicht. d. Pflanzenheilverfahrens (Phytotherapie). I. Heft: Der akute Gelenkrheumatismus (Polyarthritis rheumatica acuta). (IV, 41 S.) 8. Berlin 906. (O. Nahmmacher.) n. 1. —

Kahnt, Karl, die rheumatischen Erkrankungen u. ihre Behandlung nach den Grundsätzen d. Naturheilverfahrens m. besond. Berücksicht. d. Pflanzenheilverfahrens (Phytotherapie). II. Heft: b) Der chron. Gelenkrheumatismus. c) Der akute u. chronische Muskelrheumatismus. (37 S.) 8. Berlin (907). (O. Nahmmacher.) 1. —

Kahnt, Karl, Krankheiten des Herzens u. der Blutgefäße u. ihre Behandlung nach den Grundsätzen des Naturheilverfahrens mit giftfreien, pflanzlichen Heilmitteln. 1. u. 2. Aufl. gr. 8. (à 82 S.) Berlin 899. 901. (O. Nahmmacher.) n. 1. —

Krankheiten des Herzens und der Blutgefässe u. ihre Behandlung nach d. Grundsätzen d. Naturheilverfahrens mit giftfreien, pflanzl. Heilmitteln. Von Dr. med. **Karl Kahnt**, Stabsarzt a. D. 2. Aufl. *Berlin 1901: A. Bertinetti.* (82 S.) 8° [F.] [01. 7633

Krankheiten des Herzens und der Blutgefäße u. ihre Behandlung nach d. Grundsätzen d. Naturheilverfahrens m. giftfreien, pflanzl. Heilmitteln. Von Dr. med. Karl **Kahnt**, Stabsarzt a. D. 3. Aufl. Berlin 1910: Bertinetti. 84 S. 8° [10. 17258

— Krankheiten des Herzens u. der Blutgefäße u. ihre Behandlung nach den Grundsätzen des Naturheilverfahr. m. giftfreien pflanzlichen Heilmitteln. 3. Aufl. (82 S.) 8.
Berlin: Nahmmacher 1910. 1. —

Verein f. Pflanzenheilkunde. Die Krankheiten des Nervensystems u. ihre Behandlung v. Standpunkte d. Naturheilmethode. Von Stabsarzt a. D. Dr. Karl **Kahnt**. H. 1. *(Berlin 1902: A. Bertinetti).* 8° [F.] [03. 7976

— die Krankheiten des Nervensystems u. ihre Behandlg. vom Standpunkte der Naturheilmethode. (Hrsg. vom Verein f. Pflanzenheilkunde.) 1. Hft. Allgemeine Einleitg. Neurasthenie. Hysterie. gr. 8. (IV, 98 S.)
Berlin: Nahmmacher (1902). n. 1. —

— die Krankheiten des Nervensystems u. ihre Behandlung vom Standpunkte d. Naturheilmethode. Hrsg. vom Verein für Pflanzenheilkunde in Berlin. 2. Aufl. 1. Heft. Allgemeine Einleitg. Neurasthenie. Hysterie. (IV, 98 S.) 8. Ebd. (904). n. 1. —

Verein f. Pflanzen-Heilkunde. Die Krankheiten des Stoffwechsels u. ihre Behandlung nach d. Grundsätzen d. Naturheilverfahrens mit giftfreien, pflanzl. Heilmitteln von Dr. Karl **Kahnt**, Stabsarzt a. D. H. 1. *Berlin (1902): A. Bertinetti.* 8° [Umschlagt. F.] [03. 7977

— die Krankheiten des Stoffwechsels u. ihre Behandlung nach den Grundsätzen des Naturheilverfahrens m. giftfreien, pflanzlichen Heilmitteln. 1.—3. Heft. gr. 8. Berlin (O. Nahmmacher). n. 3. 50
1. Fettleibigkeit. (IV, 61 S.) (902.) n. 1. —
2. Zuckerharnruhr (Diabetes mellitus). (IV, 78 S.) (904.) n. 1. 50
3. Gicht. (Arthritis urica.) (IV, 44 S.) 905. n. 1. —

— Die Krankheiten des Stoffwechsels u. ihre Behandlung nach den Grundsätzen des Naturheilverfahrens m. giftfreien, pflanzlichen Heilmitteln. Hrsg. vom Verein f. Pflanzen-Heilkunde. 1. u. 3. Heft. Ebd. 2. —
1. Fettleibigkeit. 2. Aufl. (IV, 51 S.) 907. 1. —
3. Gicht. (Arthritis urica.) 2. Aufl. (IV, 44 S.) (909.) 1. —

— Männerkrankheiten u. deren naturgemäße Behandlung durch das Pflanzenheilverfahren. Vortrag, geh. im Verein f. Pflanzenheilkunde. Abdr. nach dem Stenogramm. gr. 8. (27 S.) n. — 50
Berlin: Nahmmacher (1899).

(Verein f. Pflanzenheilkunde.) **Männerkrankheiten** und deren naturgemäße Behandlung durch das Pflanzenheilverfahren. Vortrag geh. von Stabsarzt a. D. Dr. (Karl) **Kahnt** im Ver. f. Pflanzenheilkunde. Abdr. nach d. Stenogr. *Berlin: Ver. f. Pflanzenheilkunde (1899).* (19 S.) 8° [F.] [03. 16005

— Der Mittelohrkatarrh u. die Schwerhörigkeit u. ihre Behandlung nach den Grundsätzen der Naturheilmethode u. insbesond. des Pflanzenheilverfahrens. (II, 53 S.) 8. Ebd. 908. 1. —

— Phytotherapie, e. Methode innerl. Krankheitsbehandlg. nach d. Grundsätzen d. Naturheilverfahrens m. giftfreien, pflanzl. Mitteln. 8. (III, 146 S.) Berlin 898. (O. Nahmmacher.) n. 1. —

Kahnt, Karl: Phytotherapie, eine Methode innerlicher Krankheitsbehandlung nach d. Grundsätzen d. Naturheilverfahrens mit giftfreien, pflanzl. Heilmitteln. Von Dr. med. Karl Kahnt, Stabsarzt a. D.
Berlin: Selbstverl. 1898. (III, 146 S.) 8⁰

Die Phytotherapie, eine Methode innerlicher Krankheitsbehandlung mit giftfreien, pflanzl. Heilmitteln nach d. Grundsätzen d. Naturheilverfahrens, dargest. von Dr. med. **Karl Kahnt**, Stabsarzt a. D. 2. Aufl. *Berlin: Selbstverl. 1900.* (V, 152 S.) 8° [01. 7640

— die Phytotherapie, e. Methode innerlicher Krankheitsbehandlung m. giftfreien, pflanzlichen Heilmitteln, nach den Grundsätzen des Naturheilverfahrens dargestellt. 2. Aufl. gr. 8. (VIII, 152 S.) Ebd. 901. n. 1.50

Kahnt, Karl, die Phytotherapie, e. Methode innerlicher Krankheitsbehandlung m. giftfreien, pflanzlichen Heilmitteln nach d. Grundsätzen d. Naturheilverfahrens. 4. Aufl. (VIII, 169 S.) 8. Berlin 906. (O. Nahmmacher.) n. 2. —
3. Aufl. (VIII, 153 S.) 904. n. 1. 50.

Die Phytotherapie, eine Methode innerlicher Krankheitsbehandlung mit giftfreien, pflanzl. Heilmitteln nach d. Grundsätzen d. Naturheilverfahrens, dargest. von Dr. med. Karl **Kahnt**, Stabsarzt a. D. 4. Aufl. Berlin: Selbstverl. 1906. VIII, 169 S. 8° [10. 398

Kahnt, Oswald, aus Wiederau: **Idee einer allgemeingiltigen Pädagogik.** *Leipzig: A. Hahn 1902.* (56 S.) 8°
Leipzig, Phil. Diss. v. [5. März] 1902

Kahnt, Oswald, Vulkan-Ausbrüche, Erdbeben u. die Erdrinde. Eine gemeinverständl. Betrachtg. üb. die Bedeutg. der Vulkan-Ausbruch- u. Erdbeben-Erscheingn. gegenüber der Größe der Erde, deren Beschaffenheit, Bau u. Entstehg. aus Veranlassg. der im Juni 1902 entstandenen Ausbrüche auf den kleinen Antillen, der Insel Martinique ꝛc. gr. 8. (22 S. m. 2 farb. Taf.) Sagan 902. (W Daustein — R. Schoenborn.) n. 1. —

Vulkan-Ausbrüche, Erdbeben und die Erdrinde. Eine gemeinverständl. Betrachtung über d. Bedeutung d. Vulkan-Ausbruch- u. Erdbeben-Erscheinungen gegenüber d. Grösse d. Erde, deren Beschaffenheit, Bau u. Entstehung aus Veranlassung der im Juni 1902 entstand. Ausbrüche auf d. kleinen Antillen, d. Insel Martinique etc. von Oswald Kahnt. *Sagan 1902: A. Menzel.* (21 S.) 3° [F.] 1902-1933

Kahnt, P., Gedankenkreis der Sentenzen in Jodelle's und Garnier's Tragödien und Seneca's Einfluss auf denselben, s.a. **Ausgaben und Abhandlungen aus dem Gebiete der romanischen Philologie.**

Kahnt, Paul [aus Dorna]: **Gedankenkreis der Sentenzen in Jodelle's u. Garnier's Tragödien und Seneca's Einfluss auf denselben** .... (Aus: Ausg. u. Abh. aus d. Geb. d. roman. Philol.) Marburg, Univ.-Buchdr. (R. Friedrich), 1885; 45 S. 8°.
Marburg, Phil. Fak., Inaug.-Diss. v. 30. Sept. 1885.

Kahnt, Paul, vollständiges musikalisches Taschen-Fremdwörterbuch für Musiker u. Dilettanten, enthltd. die Erklärung aller in der Musik vorkommenden Kunstausdrücke. Nebst einer kurzen Einleitung über das Wichtigste der Elementarlehre der Musik, sowie e. Anh. über Abbreviaturen. Leipzig 870. Kahnt. 32. (XVI, 78 S.) 5 ngr.

Kahnt, Paul, vollständiges musikalisches Taschen-Fremdwörterbuch f. Musiker u. Musikfreunde, enth. die Erklärg. aller in der Musik vorkomm. Kunstausdrücke. Nebst e. kurzen Einleitg. üb. das Wichtigste der Elementarlehre der Musik, sowie e. Anh. der Abbreviaturen. 3. stark verm. u. verb. Aufl. 32. (XV, 158 S.) Leipzig 874. Kahnt. n. — 50; geb. n. — 75; geb. m. Goldschn. 1. 50

Kahnt, Paul, vollständiges musikalisches Taschen-Wörterbuch, enthaltend die Erklärung aller in der Musik vorkommenden Kunstausdrücke, nebst einer kurzen Einleitung über das Wichtigste der Elementarlehre der Musik, einem Anhang der Abbreviaturen, sowie einem Verzeichniss empfohlenswerther progressiv geordneter Musikalien, hauptsächlich für den Pianoforte-Unterricht bestimmt. 4., stark verm. u. verb. Aufl. 32. (XVIII, 176 S.) Leipzig 877. Kahnt. n. — 50; geb. n. — 75; m. Goldschn. n. 1. 50

Kahnt, Paul, vollst. musikal. Taschen-Wörterbuch, enth. d. Erklärg. aller in d. Musik vorkomm. Kunstausdrücke, nebst e. kurzen Einleitg. üb. d. Wichtigste d. Elementarlehre d. Musik, e. Anh. d. Abbreviaturen, sowie e. Verzeichniss empfohlenswerther progressiv geordneter Musikalien, hauptsächlich f. d. Pianoforte-Unterricht bestimmt. 6. Aufl. 32. (VIII, 168 u. 8 S.) Leipzig (888), C. F. Kahnt Nachf. n. — 50; geb. n. — 75; m. Goldschn. n. 1. 50

Kahnt, Paul, vollständiges musikal. Taschen-Wörterbuch, enth. die Erklärg. aller in der Musik vorkomm. Kunstausdrücke, nebst e. kurzen Einleitg. über das Wichtigste der Elementarlehre der Musik, e. Anh. der Abbreviaturen, sowie e. Verzeichnis empfehlensw. progressiv geordn. Musikalien, hauptsächlich f. den Pianoforte-Unterricht bestimmt. 8. verb. u. verm. Aufl. (XVIII, 168 S.) 16. Leipzig (905). C. F. Kahnt Nachf. n.n. — 50; geb. n.n. — 75; m. Goldschn. n.n. 1.50

Kahr, Adolf [aus Kronach]: Ueber den Einfluss von Glycerin und Ammoniumcarbonat auf den Zuckergehalt im Blute bei Blutentziehung ... Würzburg, P. Scheiner's Buchdr., 1897; 25 S. 8.
Würzburg, Med. Fak., Inaug.-Diss. v. 1897

Kahr, G. H. S., Predigt zum Gedächtniß d. Durchl. Fürstin, Frau Sophie, Fürstin v. Oettingen-Oettingen, Oettingen-Wallerstein. 8. Nördl. ... Beck. 2 gl.

Kahr, Gust. v., bayerische Gemeindeordnung f. die Landestheile diesseits des Rheins, erläutert u. m. Vollzugsvorschriften hrsg. 1. u. 2. Abth. gr. 8. (1. Bd. S. 1—484.) München 893. 894. C. H. Beck. à n. 3. 50

Kahr, Gust. v., bayerische Gemeindeordnung f. die Landestheile diesseits d. Rheins, erläut. u. m. d. Vollzugsvorschriften hrsg. 3. Abth. gr. 8. (1. Bd. XII u. S. 485—1000.) München 896. C. H. Beck. n. 7. — (1. Bd. kplt.: n. 14. —; geb. in Halbfrz. n.n. 16. 50)

Kahr, Gust. v., bayerische Gemeindeordng. f. die Landestheile diesseits des Rheins, erläutert u. m. den Vollzugsvorschriften hrsg. 2. Bd. gr. 8. (VI, 563 S.) München 898. C. H. Beck. n. 8. 50; geb. in Halbfrz. n.n. 10. 50; (kplt. n. 22. 50; geb. n.n. 27. —)

Kahr, Gust., das bayerische Gesetz über die Errichtung eines Verwaltungsgerichtshofes u. das Verfahren in Verwaltungsrechtssachen vom 8. Aug. 1878, nebst dem Einführungsgesetze vom 10. März 1879 u. den Vollzugsvorschriften, hrsg. u. erläutert. gr. 8. (XLIII, 357 S.) Nördlingen 879. Beck. n. 6. 40

Kahrel, Daniel Philipp Ludwig (Marburg)
Theses juris selectae.
Gissae 24. Sept. 1788: Joh. Jac. Braun. 8 S. 4°
pro licentia summos in jure honores consequendi.

Kahrel, F. W.

— d. neueste Kirchengeschichte u. Reformation in Deutschland unter Kaiser Joseph II. 8. Frankf. a. M. 787.

Kahrel, F. W., Samml. nützl. Kunststücke, d. Oekonomie, Baukunst u. Chemie betreffend. 2 Bde. 8. Frankf. a. M. 791. Jäger. 1 ₰

Kahrel, Hermann Friedrich, s. Apologie, Neue, des Christenthums u. d. christl. Kirche.

Kahrel, Herm. Friedr.: Von der Beschaffenheit des Rechts in Teutschland und dessen Verbesserung. Acad. Einlad.-Schr. Herborn 1750.

Kahrel, Herm. Fr., († d. 17. Dec. 1787.) prakt. Betracht. über d. richtige Bestimmung u. Ausnahme d. Gesetze, als eine d. vornehmsten Ursachen d. Verwirrung u. Dunkelheiten in den Rechten. 4. Wetzlar 754. Winkler. 4 gl.

Kahrel, Herm. Frid., Continuatio I. regularum nonnullarum artis inveniendi generalium, in qua artificiis quibusdam euristicis adhuc, veluit ideis exemplaribus et notionibus vulgaribus in specie, et earum regulis agitur. Marburg (Philipp Casimir Müller) 1742. 64 S. (7.—) 17375
Gew.: D. Joh. Adam Kopp.

— — Dasselbe. Contin. II. De fictionibus illustrantibus, fabulis, fictionibus reductivis, notionibus imaginariis, et reductione ad oppositum, earumque regulis, utpote artificiis quibusdam euristicis. Marburg (Philipp Casimir Müller) 1743. (S. 65—180.) (7.50) 17376

— d. Denkkunst, worin die Erfindungkunst, d. Logik d. Wahrscheinlichkeiten ꝛc. 8. Gießen 755. 6 gr

Kahrel, Herrm. Fr., Erörterung d. Fr.: ob u. wie weit d. Verpfändung u. Einlösung d. verpfändeten Güter u. Herrschaften d. Reichsfürsten u. Stände, bevor was d. Stamm- u. Lehngüter betrifft, statt finde. 4. Wetzlar 751.

— Erörterung wichtiger Rechtsstücke, 1) von d. Nothwendigkeit d. Unterschiedes e. nothwend. u. willkührl. Kirchenrechts. 2) Von d. Natur d. Rechtspraxis. 3) Von den Grenzen d. Recurses an den Reichstag. 8. Herborn 753.

— Gedanken über d. wichtige Rechtsstück, was wegen Zahlungen d. Schulden d. Vorfahren bei e. Reichsfürsten u. Grafen Rechtens sey? 4. Wetzlar 753.

— Gedanken über d. Weltweisheit u. Rechtsgelahrtheit. 4. Marb. 764. (Cramer in Cassel). 5 gr

— Gedanken v. Zahlung hinterl. Schulden d. Vorfahr. d. e. Reichsfürsten. 4. Wetzlar, Winkler. 753.

— Geschäftslogik, oder Kunst, Privatgeschäfte glückl. u. mit Klugheit auszuführen. 8. Eisenach 752. 4 gr

— initia philosophiae morum generalis, quae notiones et praecepta morum generalia, praecipue ea, quae juri naturae lumen praeferunt, continent. 8 Hersfeld 763.

— institutiones juris universi. 8maj. Frankf. 762. Brönner. 8 gr

Kahrelus, Herm. Fridr.: De jure nothorum et spuriorum occasione Germannorum dicti vulgaris: Den Huren Kindern wird der Semmel eben so groß gebacken wie denen andern. Progr. Marburgi 1742.

— jus. publ. univers. 8. maj. Giess. (Hermann in Frankf.) 765.

— meditat. de regulis quibusd artis inveniendi generalib. 4. Marb. Hermann. 742.

— Oelzweig d. Friedens, oder Lusthandlung im Reich d. Wahrheit ꝛc. 8. Marb. 779.

— opuscula quaed. varii argum. 8. maj. Marb. (Cramer Cass.) 764.

— oratio, stirps nassavio aurica. fol. Frft. 754.

— oratio, stirps nassav aurica. Fol. Herborn 754. 5 gr

— de philosophia universa, s. encyclop. logica. 8. Frankf. 757. Kochendörfer. 4 gr

— Recht d. Natur, worin d. Gründe der Sittenl. und Staatsl. gelegt ꝛc. 8. Frft. Andreä. 746.

— Schlüssel zur allerältesten Geschichte d. Welt. gr. 8. Frankf. a. M. 786. Varrentrapp. (Mainz, Kupferberg). 6 gr

— europäisches Staats- u. Völkerrecht. 8. Marb. 750. Krieger. 12 gr

— theologia naturalis ad consensum cum revelata redacta. 8. Frankf. 762. Brönner. 8 gr

KAHREL, H. F.: Völkerrecht, worin d. vornehmsten Verbindlichkk. u. Rechte d. Könige, Monarchen, Regenten u. Völker, sowohl nach d. nothwend. als willkürl. u. Gewohnheitsvölkerrechte aus d. Wesen u. d. Natur ders. entwickelt werden. Nebst Anh. ein. kurzen Entwurfs d. Kriegs-, Friedens- u. Gesandschaftsrechts. *Herborn*. 750. 8.

— d. Völkerrecht, worin d. vornehmsten Verbindlichkeiten d. Könige, Monarchen, Regenten u. Völker ꝛc. entwickelt werden. 8. Marb. 750. Krieger. 16 gr

Kaehren, (Ferd. Leop.) Rud. (geb. Erxleben in d. Altm. 19. 2. 1826): De morbis hepatis. Berolini (1851). (26 S.) 8°
Berlin, Med. Diss. v. 11. Okt. 1851

Kahrer, C.: Zur analytischen Perspektive. 11 S. 8°. – Wien OR., Inn. St., Progr. 1860.

Kahrer, G.: Anleitung zur graphischen Darstellung v. Sonnenuhren. 12 S. 8°. – Wien OR. Inn. St., Progr. 1863.

Kahriger, Johann (Kamenz/Schles.), De vitae sobriae deliciis. Diss. med. Frankfurt a. O. (Apitz) 28. IX. 1797. 52 S. (6.—) 17377

Kaehrn, Mor., der Mensch u. die Natur. (40 S.) gr. 8. München 906. E. Reinhardt. n. 1. —

Kahrs, Ernst, a. Hannover: Krystallographische Verhältnisse des Acetamid, Acetanilid und ihrer Homologen. Mit 18 Textfig. Leipzig: W. Engelmann 1901. (26 S.) 8°
¶ (Aus: Zeitschr. f. Krystallographie und Mineralogie Bd XL, H. 5.)
München, Phil. Fak., Ref. v. Groth, Diss. v. 8. Mai 1905
[Geb. 23. Juni 76 Münster i. W.; Wohnort: Hügel; Staatsangeh.: Preußen; Vorbildung: Leibniz-Realgymn. Hannover Reife O. 94; Studium: Hannover T.H. 6, München 4 S.; Rig. 19. Dez. 01.]

Kahrs, Wilh., stenographisches Ziffern- u. Zahlensystem, s.: Büchersammlung f. Gabelsberger'sche Stenographen.

Kahrstedt, Ulr., Forschungen zur Geschichte des ausgehenden 5. u. des 4. Jahrh. (VI, 283 S.) gr. 8. Berlin 910. Weidmann. 7. —

Kahrstedt, Ulrich: Die Politik des Demosthenes. ⟨T. 1. Die Chronologie.⟩ (Dessau 1910: Buchdr. Gutenberg.) 96 S. 8°
¶ (Ersch. vollst. in dess. Verf. Forschungen z. Gesch. d. ausgeh. 5. u. d. 4. Jahrh. b. Weidmann, Berlin.)
Berlin, Phil. Diss. v. 13. Aug. 1910, Ref. E. Meyer
[Geb. 27. April 88 Neiße; Wohnort: Charlottenburg; Staatsangeh.: Preußen; Vorbildung: Gymn. Neiße Reife O. 06; Studium: Jura Edinburgh 1, Berlin 1, Phil. Straßburg 1, Berlin 6 S.; Rig. 23. Juni 10.] [U 10. 184

Kahtlor, Georg Wilhelm Christoph von.

v. Kahtlor, G. W. Chr., über d. zweckmäß. Anwendung d. Haus- u. Flußbäder zur Erhaltung d. Gesundheit, Jugend u. Schönheit. gr. 8. Wien 821. Schaumburg u. C. 1 -ß 4 ½

Kahtlor, Georg W(ilhelm) Chr(istoph) von: Zweckmäßigster Gebrauch und Anwendung der kalten und warmen Haus- und Flußbäder, zur Erhaltung der Gesundheit, Jugend und Schönheit. Neueste Ausg. 290 S., gbd.

Wien: Sammer 1837

JB 2.731

Kajaba, Jul., ein Beitrag zur Theorie der in der Praxis hauptsächlich verwendeten Polarplanimeter. Lex.-8. (22 S. mit 1 lithogr. Taf.) Wien 882, (Gerold's Sohn.) *
Aus: Sitzungsberichte der k. Akademie der Wissenschaften, besonders abgedruckt.

Kajakmänner. Erzählungen grönländ. Seehundsfänger, hrsg. von Signe Rink. Ausgewählt vom Hamburger Jugendschriften-Ausschuss. 1.—4. Taus. (86 S. m. Abbildgn.) 8. Hamburg 905. 906. A. Janssen. Geb. in Leinw. n. 1.—

Kajakmänner. Erzählungen grönländ. Seehundsfänger, hrsg. v. Signe Rink. Ausgewählt v. Hamburg. Jugendschriften-Ausschuss. 5.—7. Taus. (86 S. m. Abbildgn.) 8. Hamburg 908. A. Janssen. Geb. in Leinw. 1.—

Kajan. Simon [Montan-Erarial u. Bezirksarzt aus Verespatak in Siebenbürgen]: Ein Beitrag zur Therapie der puerperalen Sepsis .... Jena, Frommann'sche Buchdr. (Herm. Pohle), 1886; 35 S. 8°.
Jena, Med. Fak., Inaug. Diss. v. [5. Dez.] 1886.

KAJAVA, Yrjö
Die kurzen Muskeln und die langen Beugemuskeln der Säugetierhand. I. Monotremata und Marsupialia. Vergleichend-anatomische Untersuchungen. Wiesbaden 1910. 194 pg. nebst 4 Tafeln. Diss. Hels.

Kaibel, Frz., Demetrius. Eine Tragödie in 1 Vorspiel u. 4 Akten. Das Schiller'sche Fragment für die deutsche Bühne bearb. u. ergänzt. (V, 187 S.) 8. Dresden 905. E. Pierson. n. 2.—

Kaibel, Franz: Die andere Hälfte. Drama in 3 Akten von —. Berlin: Vita (1907). (74 S.) 8°
(Bibliothek moderner Dramen.)

— Der Mönch v. Sendomir, s.: Lorenz, Alfr.

— Muhammed. Ein Schauspiel in 4 Akten. (148 S.) 8. Karlsruhe (907). F. Gutsch. 1.50

— Wenn Verliebte schwören! Lustspiel in 6 Verwandlgn. (163 S.) 8. Ebd. (909). 2.—

Kaibel, Georg

Ad praemiorvm a qvattvor ordinibvs propositorvm pvblicam renvntiationem qvae fiet d. II. m. Ivnii a. 1897 ... invitant Vniversitatis Georgiae Avgvstae prorector et senatvs. — De Sophoclis Antigona scripsit Georgivs **Kaibel.** Gottingae, offic. acad. Dieterichiana typ. expr., *1897*; 27 S. 8.

— **de Sophoclis Antigona.** Progr. Lex.-8. (27 S.) **Göttingen** 897. Vandenhoeck & Ruprecht. n.n. — 50

Kaibl, G., Aratea. S.-A. 1894. 42 S.

Kaibel, Georg (geb. am 30 Okt. 1849 in Lübeck): De monvmentorvm aliqvot Graecorvm carminibvs ... Bonnae, form. C. Georgi (1871). 2 Bl., 46 S. 8.
Bonn, Phil. Fak., Diss. v. 16 Dez. 1871

Kaibel, Geo., s.: **Comicorum graecorum fragmenta.**

Kaibel, G., Euripides Cyclops. 1895

Kaibel, Geo., epigrammata graeca ex lapidibus conlecta. gr. 8. (XXIV, 703 S.) Berlin 878. G. Reimer. n. 12.—

Kaibel, G., Philodemi Gadar. epigrammata ed. Pr. 1885. 27 S. 4°.

Kaibl, G., Theokrits Ἑλένης ἐπιθαλάμιον. S.-A. 1891. 11 S.

— De Athenaei epitome. Pr. 1883. 9 S. 4°.

Kaibel, G., Menander Γεωργός. S.-A. 1898. 21 S.

Kaibel, Geo., s.: Hermes.

Kaibel, G., De inscriptione Halaesina commentariolus. Gel. 1882. 18 S. 4°.

Kaibel, Geo., s.: Inscriptiones graecae Siciliae et Italiae etc.

Kaibel, G., Ein Komödienprolog. S.-A. 1899. 8 S. u. 1 Taf.

Kaibel, G., Cassius Longinus u. die Schrift περὶ ὕψους. S.-A. 1898. 26 S.

Kaibel, G. Observat. crit. in Athenaeum. Pr. 1883. 10 S. 4°.

Kaibel, G., Kratinos' Ὀδυσσῆς und Euripides' Κύκλωψ. S.-A. 1895. 18 S.

Kaibel, Georgius: De Phrynicho sophista. *Gottingae (1899): Dieterich.* (37 S.) 8°
Göttingen, Progr. zur akadem. Preisverteilung 1899

— de Phrynicho sophista. Progr. gr. 8. (37 S.) Göttingen (899). Vandenhoeck & Ruprecht. n.n. — 50

— d. Prolegomena περὶ κωμῳδίας, s. a. Abhandlungen d. kgl. Gesellschaft d. Wissenschaften zu Göttingen.

Die Prolegomena περὶ κωμῳδίας. Von Georg **Kaibel.** *Berlin: Weidmann 1898.* (70 S.) 4.
= **Abhandlungen** d. Kgl. Gesellschaft d. Wissenschaften zu Göttingen. Phil.-hist. Klasse. N. F. Bd 2. No 4. [98. 1806]

Kaibel, G., Quaestiones Simonideae. S. A. s. a. 17 S.

Kaibel, G., Stil u. Text der Πολιτεία Ἀθηναίων des Aristoteles. gr. 8. (VII, 277 S.) Berlin 893. Weidmann. n. 8.—

— Die Vision des Maximus. S.-A. 1895. 9 S.

Kaibel, G., Antike Windrosen. S.-A. s. a. 46 S.

Kaibel, Georg: Wissenschaft und Unterricht. *Göttingen (1898): Dieterich.* (19 S.) 8°
Göttingen, Rede am Geburtstage d. Kaisers am 27. Jan. 1898

— Wissenschaft u. Unterricht. Rede, zur Feier d. Geburtstages d. Kaisers u. Königs am 27. I. 1898 im Namen der Georg-Augusts-Universität geh. Lex.-8. (19 S.) Ebd. 898 n. — 40

Kaibel, Geo. Burkh., Wahrheit zur Gottseligkeit, oder Unterw. d. Seelen. 8. Frft. Eßlinger. 752. Rthlr.

Kaibel, Georg David

— Anleit. zur würdigen Feier des Gedächtnisses Jesu in dem heil. Abendmahl. 8. Manh. 787. (Mohr in Heidelb.) 9 gr

— Anleitung zum Religionsunterricht f. Kinder. 8. Ebend. 801.

— Denkmal d. dreilezten Monate 1792, in einigen Zeitreden gehalten. 8. Manh. 793.

— etwas zum Angedenken d. rettenden Güte des Herrn, welche Manheims Einwohner d. 28. Hornung 1784 erfahren haben. 8. Manh. 784.

— etwas von d. Unbarmherzigkeit gegen d. Ehre des Nächsten. 8. Manh. 781.

— etwas zur Verbesserung d. Sitten überhaupt u. zur Achtung d. Lehrstandes insbesondere. 8. Manh. 785.

Kaibel, Geo. Dav., († d. 4. Mai 1805.) Fest u. Casualpredigten. 2 Bde. 8. Heidelb. 808. Mohr. 2 rß 12 gr

— Gelegenheitspredigten. 8. Manh. 796. Kaufmann. 4 gr

— d. Glaube d. Christen, e. Lehrgedicht. 8. Manh. 790. Schwan u. G. 2 gr

— kleiner Kinderunterricht über d. Religion, nebst Glauben d. Christen. 12. Manh. 801. Schwan u. G. 3 gr

— s. Petrarch, Lieder.

— Predigten, bei besondern Anlässen gehalten. 8. Manh. 781. Eßller. 16 gr

— Predigten vermischten Inhalts. gr. 8. Manh. 784. Schwan u. G. 16 gr

— zwei Reden bei Gelegenheit d. ersten Gottesverehrung in d. neu erbauten reform. Kirche zu Manheim. 8. Manh, 800.

— (zwei) heil. Reden. 8. Geldern 776.

— christl. Religionsunterricht für seine Confirmanden. 8. Manh. 781. 2e A. unt. d. T.: Anleit. zum Religionsunterricht f. Kinder. 8. Ebd. 790. N. A. 801. Schwan u. G. 6 gr

Kaibel, Karl, Gefunden. Lstspl. in 1 A. 8. Bresl. 806. J. F. Korn. 6 gr

Kaibl, s. Kaibel

Kaïdanoff, J.

— kurzer Abriß der russischen Geschichte, als Leitfaden beim Vorstudium der russischen Geschichte. Aus dem Russischen. (Mitau.) 839. (Severin in Dorpat.) n. 9 ngr

Kaïdanoff, J., Précis de l'histoire de Russie. Pour servir d'introduction à l'étude de l'histoire générale de cet Empire. Trad. par J. Languen. 8. (6½ B. u. 1 Tab.) St. Pétersbourg 842. (Brunsvick, Leibrock.) -

Kajdiz S. Mr Berchmana: Temperale Verteilung der [illegible] und Ostrakoden im Triester Golf in den Jahren 1902/03 (mit 4 Textfiguren) S. 121. I. 905 . . . . . . 1 —
Separatabdruck

Kajetan, J. K., Grundzüge der Projections-Lehre u. Perspective, s.: Zeichenunterricht, der, u. seine Hilfswissenschaften.

Kajetan, Jul., methodische Einführung in das technische Zeichnen. Unter Voraussetzg. e. begrenzten Darstellungsraumes. gr. 8. (36 S. m. 80 Fig.) Wien 892. A. Hölder. n. 1. —

Kajetan, Julius, Die Projectionslehre. (Technisches Zeichnen für das Kunstgewerbe. II.) 2. durchgesehene und vermehrte Auflage. Mit 360 Textfiguren. Gr.-8. (184 S.) 1.80

—— der mechanische Schattenzeichner. Ein Lehrmittel für den Anschauungsunterricht. Construiert und in seiner method. Verwendung vom Standpunkte der Gewerbeschule besprochen. gr. 8. (16 S. mit 10 in den Text gedr. Fig.) Wien 883, Hölder. 4

Kajetan, Jul., Systematik des Zeichnens unter Zugrundelegung der Strockenvergleichung. schmal Fol. (59 Taf. m. 16 S. Text) Wien 900. A. Schroll & Co. In Mappe n. 10. —

Kajetan, Jul., der Vorbereitungsunterricht für das perspectivische Zeichnen, nebst dessen Grundlehren. Lex.-8. (III, 60 S. mit 61 Textfig.) Wien 886, Graeser. * 1 60

Kajetan, Jul., das schaubildliche Zeichnen. a) Die Quadratmethode. b) Methode der perspektiv. Achse u. Ergänzungskonstruktionen. (IV, 76 S. m. 148 Fig.) gr. 8. Wien 910. A. Pichler's Wwe. & Sohn. 3. 50

—— technisches Zeichnen für das Kunstgewerbe. I.—III. gr. 8. Ebendas. * 7 60

Inhalt:

I. Das geometr. Zeichnen. Im Auftrage des k. k. österreich. Museums für Kunst und Industrie in Wien hrsg. (76 S. mit 139 Textfig.) 887; 2. durchgeseh. und verm. Aufl. (77 S. mit 141 Textfig.) 888. *M 1.60.

II. Die Projectionslehre. Im Auftrage des k. k. österreich. Museums für Kunst und Industrie und mit Unterstützung des k. k. Ministeriums für Cultus und Unterricht hrsg. (167 S. mit 342 Textfig.) 888. *M 3.—.

III. Schattenlehre und Perspektive. Im Auftrage des k. k. Museums für Kunst und Industrie und mit Unterstützung des k. k. Ministeriums für Cultus und Unterricht hrsg. (III, 155 S. mit 239 Textfig.) 889. *M 3.—.

—— Technisches Zeichnen f. das Kunstgewerbe. II.: Die Projectionslehre. Im Auftrage d. k. k. österr. Museums f. Kunst u. Industrie in Wien u. m. Unterstützg. d. k. k. Ministeriums f. Cultus u. Unterricht hrsg. 2. durchgeseh. u. verm. Aufl. gr. 8. (185 S. m. 357 Textfig.) Wien 892, Graeser. * 3 60

I. Ebd. 1888. * 1 60; III. Ebd. 1889. (* 3 —) * 3 60; * 5 20.

Kajetan, Jul., techn. Zeichnen f. d. Kunstgewerbe. I. Das geometr. Zeichnen. Im Auftr. d. k. k. österr. Museums f. Kunst u. Industrie in Wien hrsg. 3., durchgeseh. u. verm. Aufl. gr. 8. (78 S. m. 143 Fig.) Wien 896. C. Graeser. n. 1. 60

— dasselbe. III. Schattenlehre u. Perspective. 2., verm. Aufl. gr. 8. (III, 159 S. m. 242 Fig.) Ebd. 894. n. 3. 60 (I. III.: n. 8. 80)

Kajetan, K., Hundert heitere Anekdoten. 16°. (68 S.) †
K —.40
Linz-Urfahr: Verlag des Katholischen Pressvereines 1903.

Kâi fêng fee [Schlagwort]

Kâi fêng fee, s.: Tschili.

Kaifenheim [Schlagwort]

Kaifenheim, s.: Preussen. Messtischblätter.

Kaiser, Ph., Gottes Allwalten in der Natur, s.a. **Broschüren, Frankfurter zeitgemäße. 19. Bd. 10. Hft.**

Gottes Allwalten in der Natur. Von Prof. Ph[ilipp] **Kaiser**. *Frankfurt a. M.: P. Kreuer 1899.* (31 S.) 8° [F.]
= Broschüren, Frankfurter zeitgemässe. N. F. Bd. 19, H. 10.

Kaiser, Ph., Katholizismus u. Wissenschaft, s.a. **Broschüren, Frankfurter zeitgem.**

[F.] Katholizismus und Wissenschaft. Von Prof. Ph. **Kaiser**, Religionslehrer. *Frankfurt a. M.: P. Kreuer 1897.* (138—160 S.) 8.
= Broschüren, Frankfurter zeitgemässe. N. F. Bd 18. H. 5.

Kaiser, Ph., Shakespeare's Zeugnis wider die Unsittlichkeit, s.a. **Broschüren, Frankfurter zeitgemäße. 25. IV.**

Shakespeares Zeugnis wider die Unsittlichkeit. Von Prof. Ph[ilipp] **Kaiser**. Hamm: Breer & Thiemann 1906. (39 S.) 8° [Umschlagt. F.]
= Broschüren, Frankfurter zeitgemäße. N. F. Bd 25, H. 4.

Kaiser, Ph., das Ceremonienwesen der katholischen Kirche, s. **Broschüren, Frankfurter zeitgemäße.**

Kaigel, B. O.: Über die Entwickelung der Architektur vom 10 – 14ten Jahrhundert unter den Normannen in Frankreich, England, Unteritalien und Sicilien. Aus dem Englichen mit einer Einleitung von Lipsius. Leipzig. 1841. 8°

Kaji, Kanji: Ein Fall von diffuser fibroadenomatöser Umwandlung der Mamma (Mammom). Würzburg 1909: Staudenraus. 19 S. 8°
Würzburg, Med. Diss. v. 20. Juli 1909, Ref. Borst
[Geb. 26. Juni 81 Kagawaken; Wohnort: Würzburg; Staatsangeh.: Japan; Vorbildung: Gymn. Tokio Reife 99; Studium: Okayama 9, Würzburg 2 S.; Rig. 22. Juni 09.] [U 09. 4130

KAJIĆ, Emerikus, OSB.: Sacra Congregatio Concilii Tridentini interpretum, ejus institutio, modus procedendi atque edicta. — (1898) 87 S. 4° (Handschr.) Diss. 498
Diss. Wien, Univ.

Kaikâûs b. Iskandar: Buch des Kabus oder Lehren des persischen Königs Kjekjawus für seinen Sohn Ghilan Schach. [Ins Türkische übertragen von Marğumak Ahmad b. Iljâs.] Ein Werk für alle Zeitalter ... übersetzt und ... erläutert von Heinrich Friedrich von Diez. Berlin 1811.

Kail, Frz., prakt. Erfahrungen üb. systemat. Eintheil. d. Wälder, nebst e. Anh. zur vortheilhaften Erzeugung d. Zuckers aus Ahorn. gr. 8. ($7\frac{1}{2}$ B., 4 Tab. u. 1 Stnt.) Prag 837, Haase Söhne.

Kail, J. A., über einen Krokodil-Schädel aus den Tertiärablagerungen von Eggenburg in Niederösterreich, s. **Toula, F.**

Kail, Joh. A.

— Beiträge zur Experimentalchemie. 26. ibd. 01.
Progr.

Kail Joh. A.: Einiges über unsere Schreibtinte. 16. Wien I. R. 92.
Progr.

— Aus dem chemischen Laboratorium der Realschule: Einrichtungen und Versuche. 27. ibd. 96.
Progr.

Kail J. A.: Die praktischen Übungen im chemischen Laboratorium der Realsch. 34. Wien R. I. 88. **Progr.**

— Über einige Unterrichtsbehelfe. 11. 20. ibd. 04. 05.
Progr.

Kail, Jos., Anleit. zur allgem. Land- u. Hauswirthschaft. 2 Bde, mit 2 Kpft. u. 43 Tabellen. gr. 4. Wien 805. Schaumburg u. C. 4 ß

— **Anleit. zur Pferdezucht für d. österr. Staaten.** 8. Wien 811. Degen. 8 ℋ

Kail Dr. Josef: Einige englische Gedichte aus dem Anfange des 15. Jahrh. 32. Prag II. d. St. R. 95.
Progr.

Kail Josef: Ueber die Parallelstellen in der angelsächsischen Poesie.
II. 1890 PN 613 Diss. Wien. Univ. 1917

— **über d. Rindviehpest.** 8. Wien 812. Wimmer. 8 ℋ

— **über d. Vervollkommnung d. Landeskultur, als zweckmäß. Mittel, dem Mangel d. Lebensbedürfnisse abzuhelfen.** 8. Wien 811. Schaumburg u. C. 9 ℋ

KAILA, Lauri G. G.

Zur Syntax des in verbaler Abhängigkeit stehenden Nomens im alttestamentlichen Hebräisch mit Berücksichtigung der Kasusverhältnisse in anderen semitischen Sprachen. Halle 1906. IV + 102 pg. 8:o.
Diss. Hels.

Kailan, Anton

— Über Chloräthylbildung. S. 116. IIb. 459 . . . . vgr.

— (29) Über die Einwirkung von ultraviolettem Licht auf o-, m- und p-Nitrobenzaldehyd sowie auf Benzaldehyd selbst. S. 121. IIa. 1329 . . . . —.80
Separatabdruck
(Mitteilungen aus dem Institut für Radiumforschung)

— Über das Entwässern von Alkohol mit Kalk. S. 116. IIb. 5[illegible] . . . . vgr.
Separatabdruck

Kailan Anton: Über Garmgesetze [illegible]. S. 112. IIb. [illegible] . . . . ver.
Separatabdruck

— Über die Veresterung der α- und β-Naphtoesäure durch alkoholische Salzsäure. S. 116. IIb. 5[illegible] . . . . ver.
Separatabdruck

— Über die Veresterung der Aminobenzoesäuren durch alkoholische Salzsäure. S. 115. IIb. 7[illegible] . . . . ver.
Separatabdruck

— Über die Veresterung der Anissäure und der Gallussäure durch alkoholische Salzsäure. S. 116. IIb. 8[illegible] . . . . vgr.
Separatabdruck

— Über die Veresterung der Benzoesäure durch alkoholische Salzsäure. S. 115. IIb. [illegible] . . . . vgr.
Separatabdruck

— Über die Veresterung von Dinitrobenzoesäuren durch alkoholische Salzsäure. 1. Mitteilung. S. 115. IIb. 471 . . . . vgr.
— — 2. Mitteilung. S. 116. IIb. 5[illegible] . . . . vgr.
Separatabdruck

— Über die Veresterung der Mandelsäure (Para) und der Benzoylameisensäure. S. 116. IIb. 1001 . . . . vgr.
Separatabdruck

— Über die Veresterung der Monooxybenzoesäuren durch alkoholische Salzsäure. S. 116. IIb. 75 . . . . vgr.
Separatabdruck

Kailan Anton: Über die Veresterung der Nitrozimtsäuren durch alkoholische Salzsäure. S. 116. IIb. 1089 . . . . vgr.
Separatabdruck

— Über die Veresterung der Pyridinmonocarbonsäuren durch alkoholische Salzsäure. S. 116. 511 . . . . vgr.
Separatabdruck

— Über die Veresterung der Zimtsäure und der Hydrozimtsäure durch alkoholische Salzsäure. S. 116. IIb. 1043 . . . . vgr.
Separatabdruck

— Über das Verhalten der Schwefelsäure bei der Esterbildung. S. 117. IIb. 775 . . vgr.
Separatabdruck

— Über das Verhalten der Trichloressigsäure bei der Esterbildung. S. 117. IIb. 543 vgr.
Separatabdruck

— [1] Mitteilungen aus dem Institut für Radiumforschung. 3. Über die chemischen Wirkungen der durchdringenden Radiumstrahlung. 1. Der Einfluß der durchdringenden Strahlen auf Wasserstoffsuperoxyd in neutraler Lösung. S. 120. IIa. 1213 K — 50
Separatabdruck

— —[1] 7. Über die chemischen Wirkungen der durchdringenden Radiumstrahlung. 2. Der Einfluß der durchdringenden Strahlen auf Alkalijodide in wässeriger Lösung. S. 120. IIa. 1373 . . . . 1.—
Separatabdruck
(Mitteilungen aus dem Institut für Radiumforschung)

— —[1] 21. Über die chemischen Wirkungen der durchdringenden Radiumstrahlung. 3. Der Einfluß der durchdringenden Strahlen auf einige anorganische Verbindungen. S. 121. IIa. 153 . . . . 1.—
Separatabdruck
(Mitteilungen aus dem Institut für Radiumforschung)

— —[1] 22. Über die chemischen Wirkungen der durchdringenden Radiumstrahlung. 4. Der Einfluß der durchdringenden Strahlen auf einige organische Verbindungen und Reaktionen. S. 121. IIa. 185 . . . . —.60
Separatabdruck
(Mitteilungen aus dem Institut für Radiumforschung)

— —[1] 32. Über die chemischen Wirkungen der durchdringenden Radiumstrahlung. 5. Der Einfluß der durchdringenden Strahlen auf sterilisierte wässerige Rohrzuckerlösungen. S. 121. IIa. 202 . . . . —.30
Separatabdruck
(Mitteilungen aus dem Institut für Radiumforschung)

— —[1] 40. Über die chemischen Wirkungen der durchdringenden Radiumstrahlung. 6. Der Einfluß der durchdringenden Strahlen auf die Jodide der alkalischen Erden. S. 122. IIa. 787 . . . . —.80
Separatabdruck
(Mitteilungen aus dem Institut für Radiumforschung)

— —[1] 41. Über die chemischen Wirkungen der durchdringenden Radiumstrahlung. 7. S. 122. IIa. 811 . . . . —.70
Separatabdruck
(Mitteilungen aus dem Institut für Radiumforschung)

— —[1] 57. Über die chemischen Wirkungen der durchdringenden Radiumstrahlung. 8. S. 123. IIa. 581 . . . . 1.—
Separatabdruck
(Mitteilungen aus dem Institut für Radiumforschung)

— —[1] 39. Über einige Zersetzungen im ultravioletten Lichte. S. 122. IIa. 751 . . . 1.10
Separatabdruck
(Mitteilungen aus dem Institut für Radiumforschung)

Kailer, Alb., der Christ im Gebete. Ein Andachtsbuch f. gebildete Katholiken. Nebst ein. Anh. v. Litaneien u. Kirchengesängen. Frei bearb. 12. ($9\frac{1}{12}$ B. u. Ttlkpfr.) Wien 815, Grund.

Kailer, Albert, Weltpriester, Urquelle der Vollkommenheit. Gebetbuch für katholische Christen. 12. (390 S.) Wien, Müllner & Comp. 45 kr.
1821

Kaim, Adph., Missa sancta Caecilia. Kurze und leichte Vocal-Messe für Sopran, Alt, Tenor und Bass mit oder ohne Orgel-Begleitung. Partitur und Stimmen. Fol. (20 S.) Ravensburg 863, [Ulmer.]

Kaim, Adf., Missa „Jesu redemptor" ad 4 voces inaequales [Canto, Alto, Tenore, Basso] composita. Op. 5. Ed. 1. 1871, et Ed. 2. (12 S.) 1872. * 75 Pf., et Ed. 3. hoch 4. (16 S.) Regensburg 875, Pustet. Partitur *
Stimmen (24 S.) *

Kaim, Adf., te deum laudamus. Hymne f. sechsstimm. Chor. [2 Sopran, 1 Alt, 1 Tenor, 2 Bass.] Opus 6. Partitur. qu. 4. (24 S.) Regensburg 873. Pustet. n. 1. 20; Stimmen. hoch 4. (à 4 S.) n. — 60

Kaim, B.

— an Börne's Freunde, s. Narr, der, in der Stadt Berlin zu Leipzig.

—— Heinrich d. Vierte, König v. Frankreich u. Navarra. Geschichtl. Orig.-Trauersp. in 4 Aufz. 8. ($6\frac{1}{2}$ B.) Leipzig 834, Drobisch.

Kaim, B., Corinna. Dramatisches Phantasie-Gemälde in zwei Aufzügen. 8. Leipzig 834. Zirges'sche B.; jetzt Melzer. ½ rf

—— Corinna. Dramat. Phantasie-Gemälde in 2 Aufz. 8. ($4\frac{1}{2}$ B.) Leipzig 834, [Franke.]

Kaim, C., s. Zeitschrift des Museum Francisco-Carolinum.

Kaim, F. (Hrsg.), s. Blätter aus dem Allgäu.

Kaim, Frz., Shakespeares Macbeth. Eine Studie. Habilitationsschrift. gr. 8. (34 S.) Stuttgart 888, (Kohlhammer.) * — 60

Kaim, Frz., der Messias. Festspiel in 3 Akten. (88 S.) 8. Heilbronn 903. E. Salzer. n. 1.—

Kaim, Frz., der Messias. Bühnendichtung. (VIII, 75 S.) 8. Stuttgart 910. M. Kielmann. 1.20

Kaim, Hans, a. Breslau: Aus d. chem. Institut d. Univ. Breslau. Synthese und Konstitution des inaktiven δ-Coniceins. Breslau 1908: Th. Schatzky. (57 S.) 8°
Breslau, Phil. Fak., Ref. Ladenburg, Diss. v. 22. Febr. 1908
[Geb. 10. Okt. 84 Breslau; Wohnort: Breslau; Staatsangeh.: Preußen; Vorbildung: Johannes-Gymn. Breslau Reife O. 03; Studium: Freiburg i. B., Breslau; Rig. 22. Jan. 08.]

Kaim, Isidor, Zur kritischen Beleuchtung des Kirchenstreites im Großherzogthum Baden. Rückblicke. Consequenzen. gr. 8. (56 S.) Leipzig 854, Hunger. Thlr. *

Kaim, Isid., der sächsische Entwurf einer evangelisch-lutherischen Kirchenordnung im Lichte des Protestantismus. Im Anhang: Grundzüge einer evangelischen Kirchenverfassung. Leipzig 861. Deckmann. gr. 8. (79 S.) n. 12 ngr.

Kaim, Isid., ein Jahrhundert der Judenemancipation u. deren christliche Vertheidiger. Rückblick auf Literatur u. Geschichte. Leipzig 869. Theile. gr. 8. (VIII, 90 S.) n. 1 rf

Kaim, Isidor, das Kirchenpatronatrecht nach seiner Entstehung, Entwickelung u. heutigen Stellung im Staate mit steter Rücksicht auf die ordentliche Collatur. 1. Thl. Die Rechtsgeschichte. gr. 8. ($20\frac{1}{2}$ B.) Leipzig 845, Barth.

Kaim, Isid., das Kirchenpatronatrecht nach seiner Entstehung, Entwickelung und heutigen Stellung im Staate mit steter Rücksicht auf die ordentl. Collatur. 2. Thl. Das Kirchenpatronat nach den Grundsätzen der katholischen und protestantischen Kirche und dem Partikularrecht in und außer Deutschland. gr. 8. (XIV und 389 S.) Leipzig 866, Priber. *
Velinp. *

— die Reform des Handelsgerichts zu Leipzig. Leipzig 860. O. Voigt. gr. 8. (32 S.) n. 6 ngr.

— Revision der sächsischen Rezesse von 1740 und 1835 mit dem Hause Schönburg. Leipzig 860. J. A. Barth. gr. 8. (VIII, 228 S.) n. 1 $\not{a}$ 10 ngr.

— die Staatserbfolge Herzogs Friedrich VIII. im Herzogthum Lauenburg. Zugleich gegen Michelsen, Sintenis u. Wippermann. Dresden 864. L. Wolf. gr. 8. (79 S.) 10 ngr.

—— ein Wort über die rechtl. Zustände der Juden im preuß. Staate. gr. 12. (3 B.) Leipzig 842, Phil. Reclam jun.

Kaim, Otto: Die Vererblichkeit des Besitzes in der geschichtlichen Entwickelung; insbesondere die praktische Bedeutung der Vererblichkeit im heutigen Recht. *Breslau 1904: Th. Schatzky.* (61 S.) 8°
Heidelberg, Jur. Diss. v. 1904

Kaim v. Kaimthal, Ferd., das k. k. Infanterie Regiment Erzherzog Rainer Nr. 59. vom J. 1856—63. gr. 8. (IV und 112 S. mit 3 lithogr. Karten in 4. und qu. Fol.) Salzburg 864, (Mayrische Buchh.) * *

Kaimperger, Otto. Tractatus juridico-theologicus de Contractibus, in monasterio ad S. Paulum in Carinthia publicae disputationi expositus. Clagenfurti, Kleinmayr, 1706. 259 S.

Kain und Abel: die Geschichte der ersten zwei Brüder. 16. (64 S.) Cleveland 871. (Philadelphia, Schäfer und Korabl.) geb. *

Kain, Alb., s.a. Ungarn.

Kain, A.: Ungarn. Im Auftrage des königl. ungarischen Handelsministers herausgegeben von der Direktion der königl. ungarischen Staatsbahnen, Fol. (ill. 400 S.) † K 60.-
mit englichem Text K 60.-, mit französischem Text K 60.-
Budapest: Grill's Hofbuchhandlung 1910.

Kain, Joh., Lieder aus Aussee. [2. verm. Aufl.] 8. (IV, 153 S. mit Lichtdr.-Portr.) Wien 884, Rosner. *

KAINDL, Adolph (Grassau): Ueber Heilung des Symblepharon durch Transplantation von Kaninchenbindehaut in den Bindehautsack des Menschen.- München: Wolf 1877. 29 S.
77.7.1877 - Urk (Titel: De symblephari curatione quae fit coniunctiva cuniculi in fornicem coniunctivalem hominis transplantata.); Chr 1877/78,9
Diss. Ingolst.-Landsh.-Mchn.

Kaindl, Heinrich, Assistenzarzt, appr. 1901/02: Ein Fall von Kleinhirntumor mit transitorischer, cerebellarer Glykosurie. München 1904: Kastner & Callwey. (38 S.) 8°
München, Med. Fak., Ref. v. Bauer, Diss. v. 18. Aug. 1904
[Geb. 17. Mai 74 Friedberg, Oberbayern; Wohnort: München; Staatsangeh.: Bayern; Vorbildung: Luitpoldgymn. München Reife Juli 96; Studium: München 9 S.; Coll. 25. Juli 04; Approb. 8. März 02.]

Kaindl, Jh. Evangel., die Anfänge Prislingens. Drama. 4. Regensb. 774.

— Gab auch T. XIII. d. Monumenta boica heraus.

Kaindl, Jo. Evangelist, († im April 1823.) d. deutsche Sprache aus ihren Wurzeln, mit Paragraphen über d. Ursprung d. Sprachen. 5 Bde. gr. 8. Regensb. u. Sulzb. 815—26. v. Seidel. 7 $\not{a}$ 10 K Vergl. auch Th. A. Rixner, Handwörterbuch,

Kaindl, (J. E.,) d. deutsche Sprache aus ihren Wurzeln, mit Paragraphen über den Ursprung der Sprachen. 5 Bde. gr. 8. Sulzb. 822 — 26, v. Seidel.

KAINDL, Johann Evangelist (Freising): De symblepharosi.- Monachii: Hübschmann 1832. 30 S.
25.5.1830 - Urk; F 59
Diss. Ingolst.-Landsh.-Mchn.

Kaindl, Max., s.: Schule, Bukowiner.

Kaindl, Raim. Frdr., das Ansiedlungswesen in der Bukowina seit der Besitzergreifung durch Österreich, s.a. Quellen und Forschungen zur Geschichte, Litteratur u. Sprache Österreichs. VIII.

Kaindl, Raimund Friedrich: Das Ansiedelungswesen in der Bukowina seit der Besitzergreifung durch Österreich. Mit bes. Berücks. d. Ansiedlung d. Deutschen. Mit Benützung d. urkundl. Materialien aus d. Nachlasse von F. A. Wickenhauser von Dr. Raimund Friedrich Kaindl, Prof., Czernowitz. Innsbruck: Wagner 1902. (XVI, 537 S.) 8°
= Quellen u. Forschungen z. Geschichte, Litt. u. Sprache Österreichs u. s. Kronländer. 8.

Kaindl, Raim. Frdr., Beiträge zur älteren ungarischen Geschichte. gr. 8. (III, 86 S.) Wien 893. M. Perles. n. 2.40

Kaindl, Raim. Frdr., Beiträge zur Geschichte des deutschen Rechtes in Galizien. I u. II. (72 S.) gr. 8. Wien 906. A. Hölder. n. 1.90
Sonderabdruck aus: „Archiv f. öst. Gesch."

Kaindl, Raim. Frdr., Beiträge zur Geschichte des deutschen Rechtes in Galizien. III—XII. gr. 8. Wien. A. Hölder. 5.90
III—VIII. (71 S.) 907. 1.90
IX—XII. (185 S.) 910. 4.—
Sonderabdrucke aus: „Archiv f. öst. Gesch."

Kaindl, Raim. Frdr., kleine Beiträge zur Kunde d. Bukowina. 1. Folge. [Aus: „Jahrb. d. Bukowiner Landesmuseums" V.] gr. 8. (10 S.) Czernowitz 897. (H. Pardini.) n n. — 60

— kleine Beiträge zur Kunde der Bukowina. 2. Folge. Lex.-8. (21 S.) Czernowitz 900. (H. Pardini.) n.n. — 70
Sonderabdruck aus: „Jahrb. d. Bukowiner Landesmuseums".

— Beiträge zur Vorgeschichte u. Ethnographie Osteuropas. (Sp. 97—114, Sp. 17—44, 1 Bl., S. 145—150, 339—343, 354—358, 315—318, 331—334, 62—65, 79—82, 341—344, 365—368, 283—289, 281—288, 505—508 u. 525—528 m. Abbildgn.) Lex. 8. Wien u. Braunschweig 910. Czernowitz, H. Pardini. nn 6. —
Sonderabdr. a.: „Jahrb. d. k. k. Zentr.-Komm." u. „Globus".

— s.a. Bericht üb. d. Arbeiten z. Landeskde. d. Bukowina.

— Bericht üb. d. Arbeiten z. Landeskunde d. Bukowina während d. J. 1894, 1895 u. 1896. (4.—6. Jahrg.) M. Unterstützg. d. Bukowiner Landesmuseums-Vereins. gr. 8. (16, 16 u. 13 S.) Ebd. 895—897.
à Jahrg. n.n. — 40

— e. deutsches Beschwörungsbuch. Aus der Handschrift hrsg. Vorgelegt in der Sitzg. der Berliner anthropolog. Gesellschaft vom 14. Jan. 1893. [Aus: „Zeitschr. f. Ethnologie“.] Lex.-8. (28 S.) Berlin 893. A. Asher & Co. Nicht im Handel.

Kaindl, Raim. Frdr., geschichtliche Bilder aus der Bukowina, s.: Zieglauer, v.

Kaindl, R. F., s. Buchenwald, der.

– Die Bukowina im J. 1809. (Erweiterter Abdr. aus der „Wiener Zeitg.“) (11 S.) Lex. 8. Czernowitz 909. (H. Pardini.) nn —80
Sonderabdr. aus: „Jahrb. d. Bukowiner Landesmus.“

— die Bukowina in den J. 1848 u. 1849. gr. 8. (68 S.) Wien 900. (Czernowitz, H. Pardini.) n.n. 1. 50
Sonderabdruck aus: „Österr.-ungar. Revue“.

— d. Entstehen u. die Entwicklg. der Lippowaner-Colonien in d. Bukowina. Zumeist nach urkundl. Materialien aus d. Nachlasse d. Finanzr. a. D. Frz. Adf. Wickenhauser. [Aus: „Sitzungsber. d. k. Akad. d. Wiss.“] gr. 8. (152 S.) Wien 896. (C. Gerold's Sohn.) n. 3. 30

— die Erwerbung der Bukowina durch Oesterreich, s.a. Buchenwald, der.

Kaindl, Dr. Raimund Friedrich, Die Erwerbung der Bukowina durch Oesterreich. (Der Buchenwald. Beiträge zur Kunde der Bukowina. 1894. Nr. 6.) 8. (26 S.) —.36
Czernowitz: Paradini 1894.

— der Festkalender d. Rusnaken u. Huzulen. [Aus: „Mittheilgn. d. k. k. geogr. Gesellsch. in Wien.“] gr. 8. (46 S.) Czernowitz 896. (H. Pardini.) n.n. 1. 20

Kaindl, R. F.: Geschichte der Bukowina, s.a. Buchenwald, Der.

— Geschichte d. Bukowina. 1. Abschn. V. d. ältesten Zeiten bis zu d. Anfängen d. Fürstenth. Moldau (1342). 2., verb. Aufl. Mit 9 Abb. im Text u. 17 Fig. auf 2 Taf. gr. 8. (35 S.) Ebd. 896. n.n. 1.—

— dasselbe. 2. Abschn., s.: Buchenwald, der.

— dasselbe. 3. Abschn.: D. Bukowina unt. d. Herrschaft d. österr. Kaiserhauses (seit 1774). Festschrift z. 50jähr. Regierungsjubiläum Franz Josef I. M. d. Porträten Kaiser Franz Josef I., Kaiserin Maria Theresia u. Kaiser Josef II., ferner 10 Abb. im Text. gr. 8. (VIII, 79 S.) Czernowitz 897. (H. Pardini.) n.n. 1. 60
(1.—3.: n.n. 5. 10)

— zur Geschichte der Bukowina im J. 1849. Aus e. in der Hauptversammlg. des Bukowiner Museums-Vereines am 24. IV. 1898 geh. Vortrage. gr. 8. (21 S. m. 1 Tab.) Czernowitz 898. H. Pardini. n.n. 1.—
Sonderabdruck aus: „Jahrb. d. Bukow. Landesmuseum“.

— Geschichte der Bukowina von den ältesten Zeiten bis zur Gegenwart unter besond. Berücksicht. der Kulturverhältnisse. 2. Abschn. Von d. Begründg. des Fürstent. Moldau bis zur Okkupation der Bukowina durch Oesterreich (1342—1774). 2. vollständig umgearb. Aufl. (IV, 115 S. m. 25 Abbildgn.) gr. 8. Czernowitz 903. H. Pardini. n.n. 2. 50 (Vollständig, 3 Tle. in 1 Bd.: n. 5 —)

— Geschichte der Stadt Czernowitz, s. Buchenwald, Der.

— Geschichte v. Czernowitz von den ältesten Zeiten bis zur Gegenwart. Festschrift zum 60jähr. Regierungsjubiläum Sr. Maj. Kaiser Franz Joseph I. u. zur Erinnerg. an die erste urkundl. Erwähng. v. Czernowitz vor 500 Jahren. Auf Veranlassg. der Czernowitzer Stadtgemeinde verf. Mit 105 Bildnissen, Abbildgn. u. Plänen. (XIV, 231 S.) 32×24 cm. Ebd. 908. nn 6. —

— Geschichte d. Deutschen in d. Karpathenländern, s.a. Landesgeschichten, deutsche.

— Geschichte der Deutschen in den Karpathenländern, s.a. Staatengeschichte, allgemeine. III. 8.

Geschichte der Deutschen in den Karpathenländern von Raimund Friedrich **Kaindl**, Prof. Bd 1–3. Gotha: F. A. Perthes 1907–11. 8°
1. Geschichte d. Deutschen in Galizien bis 1772. Mit 1 Kt. 1907.
2. ... in Ungarn u. Siebenbürgen bis 1763, in d. Walachei u. Moldau bis 1774. Mit 1 Kt. 1907.
(Deutsche Landesgeschichten. Werk 8.)
(Allgemeine Staatengeschichte. Abt. 3, Werk 8.) [illegible]

— Haus u. Hof bei d. Huzulen. Ein Beitrag z. Hausforschg. in Oesterreich. [Aus: „Mitth. d. anthropol. Ges. in Wien“.] gr. 4. (S. 147—185 m. 228 Abb.) Wien 896. (A. Hölder.) n. 5. —

— die Huzulen. Ihr Leben, ihre Sitten u. ihre Volksüberlieferg., geschildert v. R. F. K. Mit Unterstützg. der anthropolog. Gesellschaft in Wien. Lex.-8. (V, 130 S. m. 30 Abbildgn. u. 1 farb. Taf.) Wien 894. A. Hölder. n. 5. —

— bei d. Huzulen im Pruththal. E. Beitrag z. Hausforschg. in Oesterreich. [Aus: „Mittheilgn. d. anthropol. Gesellsch. in Wien“.] gr. 4. (16 S. m. 42 Abb.) Ebd. 897. n. 1. 60

— Kaiser Joseph II. in s. [illegible] zur Bukowina. Vortrag, geh. in [illegible] d. Bukowiner Landesmuseum-Ve[illegible] 10. Mai 1896. [Aus: „Jahrb. d. Bukowin[illegible] [illegible]museums“.] Lex.-8. (22 S.) Czernowitz [illegible]. H. Pardini. n.n. 1.—

— Unser Kaiser in der Bukowina. 1851. 1855. 1880. Ein Festblatt zum sechzigjähr. Regierungs-Jubiläum. (11 S. m. Abb.) 31×23,5 cm. Czernowitz 903. (H. Pardini.) 1. —

Kaindl, Raimund Friedrich: 359 Kinderreime, Spiele, Scherze und Rätsel aus der Bukowina und Galizien. Czernowitz: Pardini 1899.

— kurze Landeskunde d. Bukowina z. Selbstbelehrg. f. Schulen u. Reisende. gr. 8. (52 S, m. 18 Illustr. u. 1 Kartenskizze.) Ebd. 895. n.n. 1. —

Kaindl, Raimund Friedrich: Liebesorakel. Eine volkshistorische Studie. Czernowitz: Pardini 1887.

Kaindl, Raimund Friedrich: Die Lipowaner in der Bukowina. Czernowitz: Pardini 1893.

Kaindl, Raim. Friedr. u. Alex. Manastyrski. Die Rutenen in der Bukowina. s.a. Buchenwald, der.

Kaindl, Raimund Friedrich u. **Manastyrski**, Alexander: Die Ruthenen in der Bukowina. 2 Bde. Czernowitz: Pardini 1889/90.

Kaindl, Raimund Friedrich: „Jud Selman“. Ein ruthenisches Osterspiel und seine geschichtliche Grundlage. Czernowitz: Pardini 1893.

Kaindl, Raimund Friedrich: Sind die Huzulen Skythen? Czernowitz Pardini 1903

— ethnographische Streifzüge in den Ostkarpathen. Beiträge zur Hausbauforschg. in Oesterreich. gr. 4. (S. 223—249 m. 74 Illustr.) Wien 898. (A. Hölder.) n. 2. —
Sonderabdr. aus: „Mitth. d. anthropolog. Gesellsch. in Wien“.

— Studien zur Geschichte des deutschen Rechtes in Ungarn u. dessen Nebenländern. I—III. (89 S.) gr. 8. Wien 908. A. Hölder. 2. 60
Sonderabdruck aus: „Archiv f. öst. Gesch.“

— Studien zu den ungarischen Geschichtsquellen. I. u. II [Aus: „Archiv f. österr. Gesch.“] Lex.-8. (23 S.) Wien 894. (F. Tempsky.) n. — 50

— Studien zu d. ungarischen Geschichtsquellen. III. u. IV., V. u. VI., u. VII. [Aus: „Archiv f. österr. Geschichte“.] Lex.-8. Wien (C. Gerold's Sohn.) n. 3. 70 (I.—VII. n. 4. 20)
III. IV. (52 S.) 895. n. 1. 10. — V. VI. (41 S.) 898. n. 1. — VII. (77 S.) 898. n. 1. 60.

— Studien zu den ungarischen Geschichtsquellen. VIII.—XVI. gr. 8. Wien 899. (C. Gerold's Sohn.) n. 5. 70
VIII. (109 S.) 899. n. 2. 10. — IX, X, XI u. XII. (106 S.) 900. n. 2. 30. — XIII, XIV, XV u. XVI. (58 S.) 902. n. 1. 30
Sonderabdrucke aus: „Archiv f. österr. Geschichte“.

— kleine Studien (Zur Alterthumskunde der Bukowina. Zum Hunneneinfall. Die Lippowaner. Zauberglaube bei den Rutenen. Jud Selman), s.: Buchenwald, der.

Kaindl, Raim. Frdr., das Unterthanswesen in der Bukowina. Ein Beitrag zur Geschichte des Bauernstandes u. seiner Befreig. gr. 8. (164 S.) Wien 899. (C. Gerold's Sohn.) n. 3. 40
Sonderabdruck aus: „Archiv f. österr. Gesch.“

— die Volkskunde, s.a. Erdkunde, die. XVII.

Die Volkskunde. Ihre Bedeutung, ihre Ziele u. ihre Methode. Mit bes. Berücks. ihres Verhältnisses zu den hist. Wissenschaften. Ein Leitfaden z. Einführung in d. Volksforschung von Dr. Raimund Friedrich **Kaindl**. Prof., Czernowitz. Mit 59 Abb. *Leipzig & Wien: F. Deuticke 1903.* (XI, 149 S.) 4°(8°)
— Erdkunde, Die. T. 17. [03. 11.8

— Deutsche Volkslieder aus der Bukowina. Gesammelt u. mitgeteilt. (S. 259—274, 20 S. u. S. 189—193.) gr. 8. Czernowitz 909. H. Pardini. nn 1. —
Sonderabdr. aus: „Ztschr. d. Ver. f. Volkskde.“

— Wesen u. Bedeutung der Impersonalien. [Aus: „Philos. Monatshefte“.] gr 8. (S. 278—350.) Berlin 892. Philosophisch-histor. Verl. Dr. R. Salinger. Nicht im Handel.

— d. Wetterzauberei bei d. Rutenen u. Huzulen. [Aus: „Mittheilgn. d. k. k. geogr. Gesellschaft“.] gr. 8. (20 S.) Wien 894. (Czernowitz, H. Pardini.) n.n. — 70

Kaindl, Raim. Frdr., Franz Adolf Wickenhauser, s.a. **Buchenwald, der.**

Kaindl, Dr. Raimund Friedrich, Franz Adolf Wickenhauser. 1809—1891. Gedächtnissblatt zu seinem dritten Todestage gewidmet. (Der Buchenwald. Beiträge zur Kunde der Bukowina. Nr. 1.) Mit dem Bildnisse Wickenhauser's. Gr.-8. (16 S.) —.48
Czernowitz: Pardini 1894.

Kaindl, Raimund Friedrich: Zauberglaube bei den Ruthenen. Czernowitz Pardini 1893

— Zuozka. Beiträge zur Geschichte des Bukowiner Religionsfondes. Aus dem Nachlasse v. Frz. Adf Wickenhauser mitgetheilt. Vortrag, geh. in der Hauptversammlg. des Landesmuseum-Vereines am 13. V. 1900. Lex.-8. (40 S.) Czernowitz 900. (H. Pardini.) n.n. 1. —
Sonderabdruck aus: „Jahrb. d. Bukowiner Landesmuseums“.

Kainerstorfer, Clotilde, Natur u. Romantik od. Schöne Träume, s.a. Schul- u. Vereinsbühne. christliche. Nr. 25.

(F) **Kainerstorfer,** C., Natur und Romantik oder Schöne Träume. Lebensbilder in 5 Abteilungen. [Christl. Schul- und Vereinsbühne. Nr. 25.] 8°. (76 S.) K —.60
Linz-Urfahr: Verlag des Katholischen Pressvereines 1904.

§ * **KAINIS,** Dr. (ps.), Die Derbheiten im Reden des Volkes. Gesammelt von —. Leipzig. Verlag des Literatur-Bureau. O. J. (1872). Breit-kl. 8°. Vergriffen! (Auch in Leipzig, Univ.-Bibl.) (5 Mk. H. Hugendubel, 1904.)
Vieles in plattdeutscher Sprache u. in andern Dialekten. 156 S. (incl. Tit. u. 2 Bll. Vorr.). Lat. Lett. Jahrzahl nennt Weller's Lex. Ps.) Anhängend 2 Bll. Verlagsbücher (Erotica). — Fehlt im Handel!
Den meisten Stoff lieferten folgende Stichworte: Arsch (S. 15—18), Bauer (S. 22—25), Braut (S. 28—29), Buhlen (Buhler, Buhlschaft etc., S. 30—34), Dirne (Deern) (S. 38 bis 39), Dreck (S. 40—42), Floh (S. 59—61), Frau (S. 52 bis 57), Hure (Hurenhaus, Hurerei etc., S. 79—90), Jungfer (Jungfrau, Jungfrauschaft etc., S. 96—101), Liebe (S. 123 bis 125), Mädchen (Magd etc., S. 127—131), Mönch (S. 134 bis 135), Nonne (S. 139—140).

— — Dasselbe. 2. Auflage. Ebd, o. J. (c. 1875). 8°. 154 S. (In Dresden.)

Kainis, die Derbheiten im Reden d. Volkes, gesammelt. 2. Aufl. 12. (156 S.) Leipzig 890. W. Radestock. 2. —

Kainrad Georg: Die Gestalt des Kaisers Tiberius in der deutschen Literatur.
H. 1910 PN 2863 Diss. Wien, Univ. 334

Kainradl Elise: Über ein Makrosporangium mit mehreren Sporentetraden von *Selaginella helvetica* und entwicklungsgeschichtliche Untersuchungen über die Makrosporangien unserer einheimischen Selaginellen (mit 1 Taf. und 2 Textfiguren) S. 121. 1 654. 1 —
Separatabdruck

Kainradl, Leo, das Jahr in 12 Postkarten. Ein neues Bilderbuch. Text v. C. A. Hennig. (12 farb. Bl. m. III S. Text.) gr. 8. Eßlingen (906). J. F. Schreiber. Kart. n. 1. 20

— künstlerische Wandbilder für den Anschauungs-Unterricht, s.: Schreiber.

— Wandtafel f. den Sprach- u. Anschauungsunterricht, s.: Schreiber.

Kainradl, Leo., Wandtafeln zur Erklärung der Formen der Erdoberfläche, s.: Müller, A.

Kainrath's, J., kurzer u. nöthigster Unterricht für Lehrlinge des Forsts u. Waldwesens in Oesterreich u. den angrenden Provinzen. 8. Wien, Bauer. 16 K Hbg. Pr. 8 K

Kains Schuld u. ihre Sühne. Wort- u. Tondichtg. f. d. Schaubühne, in 7 Tln. Von M. E. S. 8. München, Ph. L. Jung. n. 6. —
I. Kain. (58 S.) 896. n. — 80
II. Nimrud. (58 S.) 897. n. — 80
III. Moses. (63 S.) 897. n. — 80
IV. Abas. (67 S.) 897. n. — 80
V. Juda ben Salem. (59 S.) 898. n. — 80
VI. Levi. (59 S.) 898. n. — 80
VII. Ahasvers Erlösg. M. d. Vorspiel König Salomo im neuen Jerusalem. (103 u. VI S.) 898. n. 1. 20

Kainz, Frau, s. Hutzler, Sara.

Kainz, Marktordngn. in Oesterreich, s.: Verwaltung, sociale, in Oesterreich. II. 7.

Kainz, C., s. Kainz, Karl

Kainz, Geo., Geschichts-Bilder-Bogen. Fol. (10 Steintaf.) München 880. J. A. Finsterlin in Comm. n. 1. —

Kainz, Geo., Geschichts-Bilderbogen zur Verbreitung der Geschichtskunde im Volke und zugleich Illustrationen zu jedem vaterländischen Geschichtsbuche. Fol. (10 Holzschntaf.) München 865, (J. A. Finsterlin.) * 12 Ngr.; geb.

— der Schematismus des Lehrpersonals an den Volksschulen in Oberbayern, nach dem Stande des 30. Novbr. 1867. Aus amtl. Quellen bearb. Ebend. 867. gr. 8. (VI, 205 S.) n. 20 ngr.

Kainz, Gg., Schematismus des Schullehrer-Personals von Oberbayern nach dem Stande im Monat April 1859. Mit hoher Regierungsgenehmigung aus amtlichen Quellen bearb. München 859. J. A. Finsterlin in Komm. gr. 8. (IV, 250 S.) n. 18 ngr.

Hamiltons Theorie und ihre Anwendung auf Probleme der Statik und Dynamik. Mit 5 Figurentafeln. — Von Georg Kainz, Ass. — 1885, Schweinfurt, Fr. J. Reichardt. 8. 3—64.
Progr. Münnerstadt, K. Gymn.

Kainz, Geo., das Wissenswertheste aus d. Naturgeschichte, Naturlehre, Geographie, Welt- u. Vaterlandsgeschichte. Im Benehmen mit erfahrnen Schulmännern verfasst u. den deutschen Schulen gewidmet. 4. (5½ lith. B.) München 839, Hof-Buchh. von Bayer. (Leipzig, Müller.) *

Kainz, Joh., s.: Sann, Hans v. der.

Kainz, Josef, s.: Adreßbuch der Kreishauptstadt Regensburg u. deren Nachbarstadt Stadtamhof.

Kainz, Josef. Kritische Blitze eines forschenden Zuschauers. Von †Kühnhold Wahr [Jul. Türk]. 1. und 2. Aufl. 8. (51 S.) Berlin 887, A. Reinecke. * 1 —

Kainz, Jos., Sardanapal, s.: Byron, Lord.

Kainz, Karl

Kainz, Karl: Praktische Grammatik der armenischen Sprache, s.a. Kunst, Die, der Polyglotte

Kainz, C., Praktische Grammatik der Armenischen Sprache für den Selbstunterricht. I. Classische Sprache. II. Neu-armenische Sprache mit einem neu-armenisch-deutschen und deutsch-neu-armenischen Wörterbuche und zahlreichen Lesestücken. 8. (VIII, 196 S.) [Bibliothek der Sprachenkunde. 35. Theil.] Geb. 1.10
Wien: Hartleben 1891.

Kainz, C., praktische Grammatik der chinesischen Sprache, s.a. Kunst, die, der Polyglottie.

Kainz, C., Praktische Grammatik der Chinesischen Sprache für den Selbstunterricht. Mit Lesestücken, einem chinesisch-deutschen und deutsch-chinesischen Wörterbuch und 10 commentirten Schrifttafeln. 8. (VIII, 191 S.) Geb. (Bibliothek der Sprachenkunde. 29. Theil) Wien: Hartleben 1890. 1.10

Kainz, C[arl]: Praktische Grammatik der Chinesischen Sprache für den Selbstunterricht. Mit Lesestücken, e. chines.-deutschen u. deutsch-chines. Wörterbuch u. 10 commentirten Schrifttaf. Von —. 2., verb. Aufl.
Wien, Pest, Leipzig: A. Hartleben [1900]. (VIII, 191 S.) 8°
= Kunst d. Polyglottie. T. 29.
(Bibliothek d. Sprachenkunde.)

Kainz, Karl: Praktische Grammatik der mittelhochdeutschen Sprache, s.a. Kunst, Die, der Polyglotte

Kainz, C., Praktische Grammatik der Mittelhochdeutschen Sprache. Mit Lesestücken und Wörterverzeichniß. 8. (VIII, 174 S.) Geb. (Bibliothek der Sprachenkunde. 43. Theil) 1.10
Wien: Hartleben 1894.

— die ältesten chinesischen Staatsmünzen. Ein Beitrag zur Münzkunde des chines. Alterthums. [Aus: „Berliner Münzblätter".] gr. 8. (36 S. m. Abbildgn. u. 6 Taf.) Berlin 894. A. Weyl. n. 3. —

Kainz, C., d. sogen. chines. Tempelmünzen. Ein Beitrag zur chines. Medaillenkunde. Mit 101 Orig.-Abb. u. e. alphabet. Verzeichniss d. chines. Schriftzeichen. gr. 8. (72 S.) Berlin 895. A. Weyl. n. 4. —

Kainz-Hutzler, [Sara]: Zwei Frauen. Erzählung von —.
Berlin: Zehnpfennig-Bibliothek 1902. (135 S.) 8°
= Zehnpfennig-Bibliothek, Kaufmann's moderne. [Jg. 1,] Bd. 6.

Kainzbauer, Ludw., Holbein der „Verbesserte". Eine neue Untersuchg. der beiden Madonnen des Bürgermeisters Meyer in Basel. (28 S. m. 2 Taf.) gr. 8. München (906). A. Bruckmann. n. 1. —

Kainzenbad, das, bei Partenkirchen in Oberbayern. [Aus: „Aerztl. Intelligenzblatt".] gr. 8. (8 S.) München 877. J. A. Finsterlin. n. — 20

Kainzlsberger, Franz: Abhandlung über die Milz in anatomisch-physiologischer Beziehung. 78 S., gbd.

Wien: typ. Wallishausser 1834

Kainzlsberger F.: Dissertatio inauguralis anatomico-physiologica de liene. Vindob. 1834. 78 S.

Dvi moteri. Kaip kas išmano, Teip save gano. Drama iš trijų veikmių. Tilsit: M. Saunus 1904. (47 S.) 8°
Aus: 'Varpas'.
[Zwei Frauen. Wie es einer versteht, so schützt er sich. Drama in 3 Akten.] 10

Kaip nuspakajyti sumene. (Kaip nutildyti sąžinę.) Penktą kartą atspausta. Tilžėje: O. v. Mauderode [1904]. (78 S.) 8°
[Wie d. Erinnerung zu beschwichtigen ist. (Wie d. Gewissen zu beruhigen ist.) 5. Aufl.] 10

Kaip reikia pinti rėčkos, baldai ir kiti pinamiejei daiktai. Su 37 paveik. Parašė G...s. Tilžė: Neris 1903. 50 S. 8°
[Wie flicht man Körbe, Korbmöbel u. andere geflochtenen Geräte.] 10

Kaiphas, Judas, Pilatus, Herodes und die übrigen Widersacher Christi in ältester und neuester Zeit von Christonymus. 8. (90 S.) Osnabrück 873, Overwetter.

Kairo. Die schönsten Bauwerke, Denkmäler, Ansichten, u. s. w. (67 Bromsilber-Photographien.) qu. 8. Berlin-Steglitz 904. Neue Photograph. Gesellschaft.
In Leinw.-Mappe 26. 80; einzelne Blatt — 50

Kairos, Andr., Jesus hat in seiner Kirche ein eigenes Priesterthum eingesetzt. Aus den Worten u. Handlungen Jesu u. der Apostel u. den ältesten Zeugnissen der Kirche. Gratz 861. (Wießner.) gr. 8. (260 S.) n. 20 ngr.

Kais [Hrsg.], s. Vierteljahreshefte zur Statistik des deutschen Reiches.

Kaisar, P.: Die Frühreife, ein Hindernis, welches unser Zeitgeist einer vernünftigen Erziehung in den Weg legt. 15 S.– Teschen ev., Progr. 1854.

Kaisar, P.: Die Schule und der Zeitgeist in ihrer Wechselwirkung. 15 S.– Teschen ev., Progr. 1865.

Kaisar, P.: Worin besteht die humanistische Bildungsaufgabe des Gymnasiums. Teschen ev., Progr. 1852.

Kaisarije [Schlagwort]

Kaisarije, s.: Asien, Kiepert, Kleinasien.

Rede über F.·. M.·.rei und ihren Zweck in Hinsicht der zu verbreitenden ächten Aufklärung. Gehalten in der ger.·. u.·. v.·. □.·. der ver.·. Freunde der Nahe und des Rheins am O.·. zu Kreuznach, am 27ten Tag des 10ten Monats 5810 bei Gelegenheit des Johannisfestes von **Kaiselreiter.** Kreuznach [1810]: Henss. 15 S. 8⁰
[3] in: Sammlung v. Freimaurer-Reden gehalten zu Kreuznach. 1829.
Kl. 1163 b. Selten.

Kaisenberg, Georg, a. Nördlingen, Rechtsprakt. am Stadtmagistrat München: Das Recht des Staates an öffentlichen Flüssen nach römischem und deutschem Recht. München 1908: R. Oldenbourg. (XI, 64 S.) 8°
Erlangen, Jur. Fak., Ref. Rieker, Diss. v. 25. April 1908
[Geb. 4. Mai 83 Nördlingen; Wohnort: München; Staatsangeh.: Bayern; Vorbildung: Ludwigs-Gymn. München Reife 02; Studium: München 7, Berlin 1 S.; Rig. 10. März 08.]

Kaisenberg, H., Vom Grafen Oscar. (In Göttingen spielender Roman.) 2 Bde. (c. 1900.) 8⁰. (Mk. 8—.) (3 Mk. 50 Pfg., Dieterich, Göttingen, 1911, ohne Orts- u. Jahresangabe.)

Kaisenberg, Heinr., Gesetz, das Unschädlichkeitszeugniß betr., vom 15. VI. 1898. Handausg. m. einleit. Text, Anmerkgn. u. Sachregister sowie zwei Anhängen, enth. e. vergl. Zusammenstellg. der Entwürfe m. dem Gesetzestext u. Beispiele. 8. (X, 146 S.) München 899. J. Schweitzer Verlag. Geb. in Leinw. n. 3. —

— Kommentar zum bayerischen Notariatsgesetze vom 9. VI. 1899. 1.—3. Lfg. gr. 8. (S. 1—240.) Ebd. 900. 901. à n. 1. 50

Kaisenberg, Heinr., Kommentar zum bayer. Notariatsgesetze vom 9. VI. 1899. Nach K.'s Tode fortgeführt v. Wilh. Dennler. 4. (Schluß-)Lfg. (VIII u. S. 241—493.) gr. 8. München 907. J. Schweitzer Verl. 6. —
(Vollst.: 10.50; geb. n 13. —)

— die Notariatsgebührenordnung f. das Königr. Bayern, m. den einschläg. Bestimmgn. des Gebührengesetzes in der Fassg. vom 11. XI. 1899, u. e. tabellar. Berechng. der bei Notariatsgeschäften anfall. Staats-, Gemeinde- u. Notariats-Gebühren bearb. gr. 8. (IX, 239 S.) Ebd. 900. n. 10. —; geb. n. 12. —

— Tabellen der bei Notariatsgeschäften anfallenden Staats-, Gemeinde- u. Notariats-Gebühren. 2. durch e. große Wand-Tabelle verm. Ausg. (III, 239 S.) Lex. 8. Ebd. 907. Geb. in Leinw. 7. —

Kaisenberg, H., s.: Zeitschrift f. das Notariat usw. in Bayern.

Kaisenberg, Mor. v., s. Berg, Mor. v.

Kaisenberg, Mor. v., L'Aigle et l'Aiglon. Napoleon I. u. sein Sohn. s.a. Napoleon I.

Kaisenberg, Mor. v. (Mor. v. Berg), L'Aigle et L'Aiglon. Napoleon I. u. sein Sohn. Der Lebensroman e. Enterbten. Ein Zeit- u. Lebensbild in 8 Abschnitten nach bisher wenig bekannten Quellen in ganz neuer Beleuchtg. dargestellt u. m. zahlreichen Orig.-Portraits sowie anderen Illustr. versehen. gr. 8. (XV, 280 S.) Leipzig 901. H. Schmidt & C. Günther. n. 7. 50

— s.: Berg-Nesselröden, Mor. v.

— Bonaparte. Die Geschichte e. Liebe des ersten Napoleon. Histor. Roman in 8 Abschnitten. (VI, 326 S. m. 1 Bildnis.) 8. Leipzig 906. R. Sattler. n. 4. 50; geb. n. 6.—

— der Junker Werner v. Brunshausen. Histor. Roman. 8. (XV, 329 S.) Marburg 899. N. G. Elwert's Verlag. n. 4. —; geb. n. 5. —

— Emil Buxbaum, der deutschen Reiter-Regimenter Ehrentage. Geschichte sämtl. deutscher Kavallerie-Regimenter in Umrissen. (VI, 371 S.) Lex. 8. Oldenburg (909). G. Stalling's Verl. 7.—; geb. n 8. 50
Aus d. Handel zurückgezogen.

[F.] Einer von den Ersten Husaren der Englisch-deutschen Legion. Militärisch-historische Erzählg v. Moritz v. Berg(-Nesselröden) [d. i. Moritz v. Kaisenborg]. M. 1 Uniformbilde u. 3 Sk. im Text. *Berlin: E. S. Mittler & Sohn 1897.* (XII, 251 S., 1 Taf.) 1 Bd 8.
= Kriegs- u. Friedensbilder. Bd 1. [97. 9531

— Erlebnisse d. Husarenleutnants Baron Gerdau in Japan vor Ausbruch des russisch-japanischen Krieges. 1. u. 2. unveränd. Aufl. (à 287 S.) 8. Berlin 904. C. A. Schwetschke & Sohn. n. 4. —; geb. n. 5. —

Kaisenberg, Moritz v.: Erlebnisse des Husarenleutnants Baron Gerdau in Japan vor Ausbruch des Russisch-Japanischen Krieges von —. 2. unveränd. Aufl.
Berlin: C. A. Schwetschke & Sohn 1905. (287 S,) 8⁰

Kaisenberg, Moritz v.: Graf Hasso Felsberg. E. Lieut. v. d. Garde du Corps '(König Georgs)'. Roman aus d. letzten Zeit Alt-Hannovers in 4 Abschnitten v. Moritz v. Berg [d. i. Moritz v. Kaisenberg]. Bd 1. 2.
Breslau: S. Schottlaender 1898. 2 Bde. 8⁰
1. (4 Bl., V. 204 S.) 2. (2 Bl., 215 S.)

— die Folgen e. Leidenschaft, s.: Bibliothek, interessante.

— aus e. kleinen althannoverschen Garnison u. andere Geschichten. Illustriert von H. Lüders. (Neue [Titel-]Ausg. v.: Der Roman e. Leutnants vom Husarenregiment „Königin".) (IV, 218 u. 44 S.) 8. Hannover [901] (905) Berenberg'sche Buchdr. n. 3. 50

Kaisenberg, Moritz v.: Das Geheimfach meines Schreibtisches. Erinnergn. aus d. Leben e. alten Reitersmannes ... Von Moritz v. Berg [d. i. Kaisenberg] . ... M. Ill. v. O. Günther-Naumburg u. H. Lüders. Bd. I–III.
Biefefeld: E. Siedhoff 1894. 95. 3 Bde. 8°
I. 1894. (4 Bl., 42, 48. 46, 102 S., 4 Taf.)
II. 1894. (2 Bl., 81, 80, 25, 49 S.)
III. 1895. (2 Bl., 33, 45, 30, 44, 25, 45, 18 S.)

Gelb-Weiss. Plaudereien aus militär. Jugendzeit v. Moritz v. Berg [d. i. Kaisonberg], Vf. d. Ulanen-Briefe. *Bielefeld: E. Siedhoff [1894].* (148 S.) 1 Bd 8. [97. 9181

— vom Gesandtschaftsattaché. Briefe üb. Japan u. seine erste Gesellschaft. gr. 8. (XIV, 319 S.) Hannover 899. M. & H. Schaper. n. 5. —; geb. n. 6. 50

Kaisenberg, Mor. v., intime Geschichten aus Niedersachsen. (Neue [Titel-]Ausg. v.: „Vom Grafen Oskar".) 2 Tle. in 1 Bde. (204 u. 259 S.) 8. Hannover 907. E. Geibel. 4. —

— König Jérome Napoleon. Ein Zeit- u. Lebensbild, nach Briefen 1) der Frau v. Sothen in Kassel an meine Goßmutter, 2) des Reichserzkanzlers von Dalberg an meinen Großvater, 3) u. meines Vaters als westfäl. Garde du Corps an seine Eltern, sowie anderen Familienaufzeichngn. bearb. gr. 8. (XV, 331 S. m. Bildnis u. 6 Fksm.-Beilagen.) Leipzig 899. H. Schmidt & C. Günther. n. 7. 50: geb. n. 10. —

Kaisenberg, Mor. v., Jesuitenränke. Si cum Jesuitis, non cum Jesu—itis. Roman. (IV, 264 S.) 8. Braunschweig 905. Leipzig, R. Sattler. n. 3. 50; geb. n. 4. 50

Kaisenberg, Moritz von. Die Intriguen der Gräfin Elisabeth Seefeld. Ein Hofroman in zwei Abschnitten aus den Memoiren eines souveränen Fürsten. II + 361 S. 8. Zürich, Caesar Schmidt, 1901. (M. 4. —)

[F.] Kürassier-Briefe an eine Dame. E. Remontekommando von dazumal. Von Moritz v. Berg-Nesselröden [d. i. Kaisenberg]. *Berlin: E. S. Mittler & Sohn 1896.* (VI, 167 S.) 1 Bd 8. [97. 9183

— Der Landwirt als Pferdezüchter u. Pferdehalter; nebst e. Anh. üb. Rennreiten usw. (VIII, 229 S. m. 3 Abb. auf 1 Taf.) 8. Berlin 907. Zuckschwerdt & Co. 4.—; geb. in Leinw. 5. —

— die Memoiren d. Baronesse Cecile de Courtot, Dame d'atour der Fürstin v. Lamballe, Prinzeß v. Savoyen-Carignan. Ein Zeit- u. Lebensbild. Nach Briefen d. Baroneß an Frau v. Alvensleben, geb. Baronesse Loö u. nach deren Tagebuch bearb. gr. 8. (XVI, 367 S. m. Abb.) Leipzig 898. H. Schmidt & C. Günther. n. 7. 50; geb. n.n. 10. —

— die Memoiren der Baronesse Cecile de Courtot, Dame d'atour der Fürstin v. Lamballe, Prinzeß v. Savoyen-Carignan. Ein Zeit- u. Lebensbild. Nach Briefen der Baroneß an Frau v. Alvensleben, geb. Baronesse Loö u. nach deren Tagebuch bearb. v. ihrem Urenkel. 2. sorgf. durchgeseh. u. verb. Aufl. 4.—6. Taus. gr. 8. (XVIII, 382 S. m. Abbildgn.) Leipzig 899. H. Schmidt & C. Günther. n. 7. 50; geb. n.n. 10. —

— die Memoiren der Baronesse Cecile de Courtot, Dame d'atour der Fürstin v. Lamballe, Prinzeß v. Savoyen-Carignan. Ein romant. Zeit- u. Lebensbild, nach Briefen der Baroneß an Frau v. Alvensleben, geb. Baronesse Loö u. nach deren Tagebuch bearb. v. ihrem Urenkel. 3., stark verm. u. verb. Aufl. 7.—8. Taus. (XX, 392 S. m. Abbildgn.) gr. 8. Leipzig 906. H. Schmidt & C. Günther. n. 5. —; geb. n. 7. —

— Napoleon I. u. Eugénie Desirée Clary-Bernadotte, s.a. Napoleon I.

— Napoleon I. u. Eugénie Desirée Clary-Bernadotte. Roman aus dem Leben e. Königin in 3 Abschnitten. Ein Zeit- u. Lebensbild nach bisher theilweise noch nicht bekannten französ. u. schwed. Quellen. gr. 8. (IV, 423 S. m. Abbildgn., 2 Taf. u. 5 Fksms.) Ebd. 901. n. 8. —

— Der berittene Offizier u. sein Pferd. Ein Ratgeber u. e. Vademekum f. alle berittenen Offiziere der Armee. (VIII, 231 S.) 8. Ebd. 907. 4.—; geb. in Leinw. 5. —

— „vom Grafen Oskar". Ein Zeitbild napoleon. Zwangsherrschaft in Deutschland, seinen Freunden erzählt. 2 Bde. 8. Hannover, M. & H. Schaper. 8. —
1. (IV, 204 S.) 901. 3. 50. — 2. (III, 259 S.) 902. 4. 50.

Kaisenberg, Moritz v.: Die Ritter vom Sporn. Erzählgn. aus kavalleristischen Kreisen v. Moritz v. Kaisenberg '(Moritz v. Berg)'. M. Ill. v. H. Lüders.
Berlin: K. Siegismund 1899. (4 Bl., 272 S.) 1 Bd. 8°

— der Roman e. Leutnants vom Husarenregiment Königin u. andere Geschichten. Illustriert v. H. Lüders. (XII, 218 u. 44 S.) 8. Hannover (903). Berenberg'sche Buchdr. n. 3. 50

— Gräfin Elisabeth Seefeld, Durchlauchts Geheimnis. Ein Hofroman, auf wahren Tatsachen beruhend. (361 S.) 8. Leipzig (906). Fritzsche & Schmidt. Geb. in Leinw. n.n. 3. 50

Kaisenberg, Moritz v.: Auf den Spuren der Jugendzeit. Harzplauderei e. alten Mannes v. Moritz v. Berg [d. i. Moritz v. Kaisenberg] . Reich ill. v. H. Lüders-Lichterfelde. Bd I. II.
Minden i. W.: J. C. C. Bruns [1898] . 2 Bde. 8°
I. (VIII, 256 S.) II. (VIII, 208 S.)

[F.] Ulanen-Briefe von der 1. Armee. Von Moritz v. Berg [d. i. Kaisenberg]. 3 Tle in 1 Bde. Nebst 1 Kt. d. Kriegsschaupl. um Amiens. *Bielefeld: E. Siedhoff 1893.* (4 Bl., 253 S., 1 Kt.) 1 Bd 8. [97. 9124

— vom Pastorssohn z. Fürsten, s.a. Kriegs- u. Friedensbilder.

Vom Pastorssohn zum Fürsten. Histor. Roman aus d. Tagen d. Engl.-deutschen Legion von Moritz v. Kaisenberg (Moritz v. Berg). Neue Ausg. von: 'Einer von d. Ersten Husaren d. Engl.-deutschen Legion.' Mit 1 Uniformbilde u. 3 Skizzen im Text. *Berlin: E. S. Mittler & Sohn 1899.* (XII, 251 S.) 8° [F.]
— Kriegs- u. Friedensbilder. [Neue Ausg.] Bd 1. [95. 9365 II

Kaiser, dem. Festgabe z. 50 jähr. Regierungsfeier d. Kaisers Franz Joseph I. Ges. u. hrsg. v. Wlad. Kuk. gr. 8. (V, 152 S.) Wien 898. C. Konegen. n. 2. —

Kaiser, der, u. der Abt, nach Gottfr. Bürger. Als Gespräch f. 4 Personen eingerichtet v. O. M. (8 S.) kl. 8. Stuttgart (909). Holland & Josenhans. n — 15

Kaiser, die beiden ersten, des neuen Deutschen Reiches. Wilhelms I. Leben, Tod und Bestattung. Friedrichs III. Regierungsantritt. Erweiterte Sep.-Ausg. der Kaiser-Nummern von „Ueber Land und Meer", deutsche illustr. Zeitung. Lex.-8. (IV, 71 S. mit 52 Abbild. im Text und 5 Kunstbeilagen.) Stuttgart 888, Deutsche Verlags-Anstalt. * 1 —

Der deutsche **Kaiser** in Wien. E. histor.-polit. Studie über d. Bedeutg d. letzjähr. Kaiserbegegnung u. d. Ausgestaltg d. Bündnisses m. Deutschland v. e. Veteranen d. deutsch. Publicistik. *Wien: Commc. v. H. Goldschmidt; (Dr. v. J. Schwarzinger) 1892.* (1 Bl., 45 S.) 1 Bd 8. [98. 4180 Ic

Der deutsche **Kaiser** in Wien, in Rom und in Ungarn. Histor.-polit. Studie üb. d. Bedeutg d. Monarchen-Zusammenkünfte in Wien u. Rom u. üb. d. Ausgestaltg d. Dreierbundes v. e. Veteranen d. deutsch. Publicistik. 2. Aufl. Ausgegeben zu Ostern 1893. *Wien: Dr. & Comm.-V. v. J. Schwarzinger (1893).* (2 Bl., 48 S.) 1 Bd 8. [58. 4170 Ic

Kaiser, der (deutsche), spricht! Randglossen e. Unbefangenen zu den Reden Kaiser Wilhelms II. Von Veritas, Verf. v. „Kaiser Wilhelm II., die Kunst u. das Kunstverständnis der Massen". (1.—10. Taus.) (15 S.) gr. 8. München 909. O. Mütterlein. — 30

Kaiser, die deutschen. Nach den Bildern des Kaiser-Saales im Römer zu Frankfurt a. M. in Kupfer gestochen u. in Farben ausgeführt. Mit den Lebensbeschreibungen der Kaiser v. Alb. Schott. 1—20. Lfg. Roy.-Fol. (35 col. Kpfrt. u. 40 B. Text.) Frankfurt a. M. 844—47, Schmerber'sche Bh. à L. * 2 Thlr. 10 Ngr. *

Kaiser, die deutschen. Nach den Bildern des Kaiser-Saales im Römer zu Frankfurt a. M. in Kupfer gest. und in Farben ausgeführt. Mit den Lebensbeschreibungen der Kaiser, von Alb. Schott und Carl Hagen. 21—26. Lfg. Roy.-Fol. (12 ill. und 2 schw. Kpfr. und 41 Bl. Text.) Frankfurt a. M. 847—52, Schmerber'sche Buchh. à Lfg. * 2 Thlr. 10 Ngr. *
1—20. Lfg. Ebendas. 1844—47. à Lfg. * 2 Thlr. 10 Ngr. * 46 Thlr. 20 Ngr.

Kaiser, die deutschen. Nach den Bildern des Kaiser-Saales im Römer zu Frankfurt a. M. in Kpfr. gest. und in Farben ausgeführt. Mit den Lebensbeschreibungen der Kaiser von Albert Schott und Carl Hagen. 27. Lfg. Imp.-Fol. (18 S. mit 1 ill. Kpfrt.) Frankfurt a. M. 854, Keller. *
1—26. Lfg. Ebendas. 1844—52. * 60 Thlr. 20 Ngr.

Kaiser, die deutschen. Nach den Bildern des Kaiser-Saales im Römer zu Frankfurt a. M. in Kpfr. gest. u. in Farben ausgeführt. Mit den Lebensbeschreibungen der Kaiser von Alb. Schott. 27. Liefg. (Schluß.) Frankfurt a. M. 854. Schmerber. Fol. (1 color. Kpfrtaf. u. 4 Bgn. Text.) n. 1 ₰. 5 ngr.

—— die deutschen. In Holzschn. nach Bildern deutscher Künstler. 1 Bog. in Imp.-Fol. Leipzig 852, G. Wigand.

—— die deutschen, nach den Bildern des Kaisersaales im Römer zu Frankfurt a. M. Mit den Wahlsprüchen der Kaiser, lateinisch und deutsch, eine Uebersicht der Kaiserbilder, nebst Angabe der Maler und der Stifter. (52 lithogr. Portr. auf einem 21' langen und 8" hohen Tableau.) Frankfurt a. M. 853, [Keller.] In gr. 8.-Carton *

— — Mit den Wahlsprüchen der Kaiser lateinisch u. deutsch, einer Uebersicht der Kaiserbilder, nebst Angabe der Maler u. Stifter. Frankfurt a. M., (853). Schmerber. gr. 8. (52 lith. Bildnisse.) n. 16 ngr.

Kaiser, die deutschen. 53 Farbendr.-Bilder auf 29 Taf. mit (eingedr.) geschichtl. Text in Reime gebracht von M. Barack. hoch 4. (1 Bl. Text.) Stuttgart 885, Thienemann's Verlag. cart. *

—— die deutschen, in Holzschnitten nach Bildern deutscher Künstler im Römer zu Frankfurt a. M. und Kaiser Wilhelm I., Kaiser Friedrich III., Kaiser Wilhelm II. (9. Neudruck.) Fol. (1 Bl.) Leipzig 888, G. Wigand. ** — 50
In Etui * 1 —

—— dass. — 55 Farbendr.-Bilder auf 31 Taf. mit (eingedr.) geschichtl. Text, in Reime gebracht von M. Barack. 2. Aufl. hoch 4. (2 Bl. Text.) Stuttgart 888, Thienemann. cart. * 6 —

— die deutschen. In Holzschn. nach Bildern deutscher Künstler. (10. Abdr.) Tafel. 60 × 85 cm. Leipzig 893. G. Wigand. n. — 60; in Etui n. 1. —; in Etui kolor. n.n. 2. 25

—— die deutschen, und ihre Bildnisse im Römer zu Frankfurt a. M., in sorgfältig ausgeführten Holzschn. aus dem Atelier von A. Mauch und J. Nisle und charakterist. Lebensbeschreibungen von L. Pfau. (12 Lfgn.) br. gr. 8. (IV und 348 S. und 47 Holzschn.) Stuttgart 848—50, Erhard. (à Lfg. 7 Ngr.)
Wurde u. d. T.: Die Geschichte der deutschen Kaiser. Ein Volksbuch für Jung und Alt, mit 49 Holzschn. nach den Gemälden im Römer zu Frankfurt a. M. complet ausgegeben.

—— dass. — nach den Originalen im Römer zu Frankfurt, s. Schattenbilder, neue, zum Ausschneiden.

—— die deutschen, und ihre Wappen. Chromolithogr. Imp.-Fol. Frankfurt a. M. 872, Rommel. 4 50

— die deutschen, u. ihre Wappen (44). (2. Aufl.) Tableau in Gold- u. Farbendr. 58,5 × 39 cm. Frankfurt a/M. 892. H. Keller. n. 4. 50

Kaiser, der, in Dortmund. Erinnerungs-Blätter an den 11. VIII. 1899. 2. Aufl. Hrsg. v. der Red. der „Dortmunder Zeitg." 8. (72 S. m. Abbildgn. u. 1 Taf.) Dortmund (899). C. L. Krüger. n. — 50

—— drei, von Gottes Gnaden. Ein Vermächtniß an das deutsche Volk von einem deutschen Theologen. 8. (58 S.) Berlin 888, Knorr. * — 60

— drei, v. Gottes Gnaden. Ein Vermächtniß an das deutsche Volk v. e. deutschen Theologen. 16. (54 S. m. Abbildgn.) Berlin 889. Knorr's Verl. n. — 60

Kaiser Franz Josef I. und Europa. Aus dem Französ. 8. (81 S.) Wien 860, Hügel.
Vgl.: Franz Josef.

—— Franz und Metternich, s. Franz, Kaiser.

—— Friedrich. Gedächtniß-Nummer des Daheim. gr. 4. (24 S. mit eingedr. Holzschn.) Leipzig 888, Daheim-Expedition. * — 50

—— Friedrich. Ein Gedenkblatt aus Bayern. gr. 8. (19 S.) München 888, Buchholz und Werner. * — 50

—— Friedrich in Versailles. Vom 20. Septbr. 1870 bis 7. März 1871. Erinnerungen eines Diplomaten. *** gr. 8. (80 S.) Leipzig 888, Renger'sche Buchh. * 2 —

— der heimliche, od. der Dampfsbauer od. der wildgewordene Bliemchenkaffee. Unheimliches Geheimnis „Rembrandt des Erziehers", enthüllt v. e. begeisterten Zögling. 1. u. 2. Aufl. 8. (23 S.) Stuttgart 891. Deutsche Verlags-Anstalt. n. — 40

Kaiser Heinrich der Vierte. 1. Thl. Heinrich u. Gregor. Schausp. in 5 Aufz. gr. 8. (8 1/2 B.) Stuttgart 844, Hallbergersche Vrlgsh. —

— höre die Wahrheit! Ein offener Brief an S. Maj. Kaiser Wilhelm II. (Von Bruno Wagener.) gr. 8. (32 S.) Leipzig 897. W. Friedrich. n. — 50

—— Josef, s. Josef.

Kaiser Joseph II., s. Joseph II.

Kaiser Josef II. u. seine Zeit, nach dem Urtheile seiner Freunde u. Feinde v. e. Geschichtsfreunde. 8. (223 S. m. eingedr. Holzschn.) Amberg 874. Habbel. 1. 50

— u. Kanzler v. e. deutschen Oesterreicher. gr. 8. (31 S.) Wien 898. G. Szelinski. n. — 50

—— Karl der Große u. d. fränkische Jungfrauenheer. Ein Beitrag z. unvergänglichen Ruhme der Frauen in 23 Liedern v. Frauenlob dem Jüngeren. 8. (23½ B.) Zürich 846, Meyer u. Zeller.

Kaiser, der, auf dem Commers der Bonner Corps am 6. Mai 1891. Lex.-8. (16 S.) Bonn 891. F. Cohen. n. 1. —

—— Friedrich's Krankheit. Was lehrt sie? Ein ernstes Wort in ernster Zeit an das deutsche Volk. 1. und 2. Aufl. gr. 8. (VIII, 326 S.) Leipzig 888, Mutze. * 4 —
geb. * 5 —

— der, u. der südafrikanische Krieg. 5. Kapitel des Buches Gedanken u. Erinnerungen an den Krieg Englands gegen die Burenstaaten in den J. 1899/1900. Von Fürchtegott Peinlich, Registrator im Dienste der histor. Wahrheit. gr. 8. (III, 86 S.) Leipzig 900. F. Luckhardt. n. 1. —

Kaiser, Der, die Kultur und die Kunst. Betrachtungen über die Zukunft des deutschen Volkes. München 1904. V: *Fuchs, Georg.* (Kat. der ständ. Bibl. Stuttg. 1907. S. 474.)

— der, die Kultur u. die Kunst. Betrachtungen üb. die Zukunft des deutschen Volkes aus den Papieren eines Unverantwortlichen. 1. u. 2. Aufl. (Je 139 S.) gr. 8. München 904. G. Müller. n. 2. —; geb. n. 3. —

— dasselbe. 3. Aufl., s.: Fuchs, Geo., der Kaiser u. die Zukunft des deutschen Volkes.

— der, u. die Kunst. Hrsg. v. Paul Seidel. (XI, 307 S. m. Abbildgn.) 37×27,5 cm. Berlin 907. A. Schall. Geb. in Leinw. 25. —

—— Wilhelm's I. Lebensgrundsätze, niedergeschrieben am Tage seiner Confirmation, 8. Juni 1815. Lebensrückblicke niedergeschrieben in seinen letztwilligen Aufzeichnungen, 10. April 1857 und 31. Dezbr. der J. 1866, 1871, 1878. 8. (16 S.) Hamburg 888, Herold'sche Buchh. — 30
Auf Velinpap. * — 50

— der, in der Mitte. ***. gr. 8. (70 S.) Dresden 892. Druckerei Glöß. n. 1. —

Kaiser, Der neue, der Franzosen. Politische Bedenken. Wien 1852. V: *Jeitteles, Ignaz.* (EB)

Kaiser, der neue, der Franzosen. Politische Bedenken. gr. 8. (81 S.) Wien 852, [Hügel.]

—— Nicolaus u. seine Rathgeber, s. Europa, d. östliche.

— Otto der Große. Eine anmuth. u. erbaul. Historie. Aufs neu erzählt f. Jung u. Alt u. m. vielen Fig. (in eingedr. Holzschn.) geziert. 8. (48 S.) Reutlingen 873. Fleischhauer & Spohn. — 20

Kaiser u. Papst, reddite Caesari, quae sunt Caesaris. 8. Frankf. 782. Hermann. 6 gr (Bildet auch den 2ten Thl. des Promemoria an alle weltl. Regenten rc.)

—— und Papst vom Verf. der Rundschauen. gr. 8. (80 S.) Berlin 872, van Muyden. * 1 50

Kaiser und Papst. gr. 8. (72 S.) Altona 874, Verlags-Bureau. — 75

— der, u. d. Pastoren. gr. 8. (59 S.) Dresden 896. Druckerei Glöß. n. — 75

— der, u. s. Rathgeber. Aus d. Tagebuche e. deutschen Staatsmannes. gr. 8. (51 S.) Berlin 895. Litterar. Institut. n. — 80

Für Kaiser und Reich. Ein Kalender f. d. deutsche Volk. Jg. 1. 1907. Schleswig: J. Ibbeken (1906). 8° [F.] (G. 13335 8

— u. Reich. Goldene Blätter aus den Thaten u. Worten d. Kaisers Wilhelm I. u. seines Reichskanzlers, d. Fürsten Bismarck. 8. (347 S.) Stuttgart 884. J. F. Steinkopf. geb. n. 2. —

Kaiser u. Reich, Zepter u. Krummstab, Kirchen u. Schulen rc., s. Kammerpräsidenten.

Kaiser und Reich, Zepter und Krummstab . . . Frankf., München u. Leipz. 1790. V: *Springer, Joh. Chph Erich v.* (Ky)

Kaiser, d. römischen, des Abendländ. Reiches. In chronolog. Folge, von Jul. Cäsar bis Romulus Augustus. 82 Köpfe nach Antiken. (Lithogr. von F. A. Fricke.) In 5 Abtheill. gr. 4. Leipz. 828. Köhler. Subscr.-Pr. 5 ₰ 4 gr Große Ausg. 6 ₰ 20 gr

Kaiser, die Römischen, des Abendländ. Reiches. In chronolog. Folge v. Julius Cäsar bis Tacitus. Köpfe nach Antiken. (Lith. v. F. A. Fricke.) 1—3. Lfg. No. 1—48. gr. 4. Leipzig 829. [Stuttgart, Köhler.] à 1 Thlr. 8 Gr., Fol. à

Kaiser, der scheidende, u. sein Volk. (Gedicht.) gr. 8. Zerbst 835, Kummer.

Der Kaiser im Kreise Schweidnitz am 8. Sept. 1906. Enthüllungsfeier d. Denksteines z. Erinnerung an d. Bunzelwitzer Lager Friedrich d. Großen. Schweidnitz: L. Heege (1906). (14 S.) 8° [F.] (Gr. 8981

— unser. Festschrift f. die vaterländ. Jugend zum 40jährigen Regierungs-Jubiläum Sr. k. u. k. apostol. Maj. Franz Josef I. Hrsg. vom Lehrerhaus-Verein in Wien. 12. (82 S. m. Abbildgn. u. farb. Bildnis.) Wien 888. (A. Siegl & Co.) n. — 20

— unser. Lebensbilder d. deutschen Kaisers u. der deutschen Kaiserin Wilhelm u. Augusta Victoria. Dem deutschen Volke u. der deutschen Jugend in Wort u. Bild geschildert. Mit zahlr. Abbildgn. 6. Aufl. 8. (IV, 96 S.) Leipzig 889. Spamer. n. — 60; cart. n. 1. 50

Unser Kaiser. Ein Gedenkbuch der 50 jährigen Regierung, zugleich ein Lebens- und Charakterbild. Kaiser Franz Joseph I. Mit vielen künstlerischen Illustrationen, Porträts, Ansichten, Reproductionen interessanter Stiche, Lithographien 2c. 1. Liefrg. 4. (S. 1—32) -.50
Wien: Schirmer 1897.

— unser. Zehn Jahre d. Regierg. Wilhelms II. 1888—1898. Bearb. v. Gerh. v. Amyntor, Rich. Aßmann, Graf Hans Bernstorff 2c. Hrsg. v. Geo. W. Büxenstein. Mit 1 Titelbild, 12 Kunsttaf. u. 394 Abb. im Text. 4. (VII, 396 S.) Berlin 898. Deutsches Verlagshaus Bong & Co. Geb. in Leinw. n. 5. —; Liebhaber-Ausg., geb. in Kalbldr. m. Goldschn. n. 50. —

— unser. Festschrift f. d. vaterländ Jugend z. 50jähr. Regierungs-Jubiläum Sr. k. u. k. Apostol. Maj. Franz Josef I. Hrsg. vom Lehrerhaus-Verein in Wien. 8. (32 S.) Wien 898. (Sallmayer'sche Buchh.) n.n. — 40

— unser. Strahlen seiner Weltanschaug., v. e. Deutschen. (78 S.) 8. Neurode 908. Verlags-Anstalt Dr. E. Rose. 1.—; Luxus-Ausg., auf Perg.-Pap., geb. in Leinw. 5.—

Kaiser (österreich.), unser. Allegorische Märchen v. Carmen Sylva, Adele Billitzer, Albine Schroth-Ukmar, Milena Gnad, Cyrill Breton, Vikt. Blüthgen. Hrsg. v. Milena Gnad. (80 S. m. 1 Bildnis.) 8. Wien 908. W. Braumüller. 1.40; geb. in Leinw. n 2.60

Kaiser, unser, u. seine Familie. Eine Skizze zum Anhalt beim Unterricht, sowie zur Selbstbelehrung der Mannschaft d. preuß. Heeres bestimmt. gr. 8. (IV, 25 S.) Berlin 879. Mittler & Sohn. — 30

— unser, u. unsere **Kaiserin.** 2 Preisgedichte auf Deutschlands Herrscherpaar als volksthüml. Gedenkblatt f. Schule u. Haus, hrsg. v. Max Oberbreyer. gr. 8. (4 S.) Leipzig 890. M. Ruhl. — 15

— unser, u. sein Volk! Deutsche Sorgen. Von e. Schwarzseher. 5. Aufl. (VI, 179 S.) 8. Freiburg i/B. 906. P. Waetzel. n. 1.50; geb. in Leinw. n. 2.50
1.—4. Aufl. (à VII, 178 S.) 906.

— unser, u. sein Volk! Deutsche Sorgen. Von e. Schwarzseher. 6. u. 7. Aufl. (19.—25. Taus.) (Je VI, 179 S.) 8. Freiburg i/B. 906. P. Waetzel. 1.50; geb. in Leinw. 2.50

— unser, als Weidmann. Mit e. Beitrage v. Th. Micklitz. Bildliche Beigaben gesammelt v. W. Beetz. Hrsg. v. Fr. Schnürer. (141 S. m. farb. Titelbild.) kl. 8. Wien (910). Gerlach & Wiedling. Geb. in Leinw. 3. —

— unsere. 3 Lebensbilder, nebst e. Anh. Ein Wiederholungsbuch zur Unterstützg. des Geschichtsunterrichts auf der Mittelstufe der Volksschule. 8. (30 S. m. 3 eingedr. Bildnissen.) Dortmund 901. W. Crüwell. n. — 20

—— Wilhelm's letzte und frühere Unterschrift. 1 Bl. gr. 8. Stuttgart 888, (Metzler'sche Buchh., Sortiment.) * — 10
Ausg. auf Carton — 15

—— Wilhelm's letzte Unterschrift auf dem Sterbebette und dieselbe sonst. 16. (1 Bl. auf Carton.) München 888, Merhoff. — 10

—— Wilhelm's Vermächtniß an sein Volk. Enth. seine Reden, Proklamationen, Kriegsberichte, Briefe 2c. in dem Zeitraum von Uebernahme der Regentschaft bis zu seinem Tode. gr. 8. (XV, 227 S. mit dem Bilde des Kaisers und dem Facs. seiner letzten Unterschrift.) Berlin 888, Staude. * 1 50

Kaiser, der, u. sein Volk bei der Ueberschwemmung in Wien 1862. Nach treuen Daten in Versen u. mit des Kaisers Worten. Zum Vortheile der Ueberschwemmten von Dr. K. Wien 862. (Wallishausser'sche Buchh.) 8. (15 S.) 4 ngr.

— werde hart! Offener Brief an den mächtigsten Mann im Reiche. Von Ghibellinus (Heinr. Fränkel). 1.—10. Aufl. gr. 8. (56 S.) Weimar 891. H. Weißbach. u. — 80

— dasselbe. Volks-Ausg. gr. 8. (56 S.) Ebd. 892. — 30

Kaiser werde modern! Berlin 1905. V: *Fried, Alfred Hermann.* (Degener II, 1906)

Kaiser werde modern! (Von Alfr. H. Fried.) (56 S.) gr. 8. Berlin 905. Hüpeden & Merzyn. n.n. — 50

— der, u. Wien. Ansprachen u. Handschreiben Sr. Maj. Kaiser Franz Josefs I. Zur Feier des 80. Geburtsfestes Sr. Maj. hrsg. v. der Gemeinde Wien. (204 S.) gr. 8. Ebd. 910. 5. —

Kaiser Wilhelm. Ein Abriß aus seinem Leben und Wirken. Als Gedenkblatt zur Feier des 80. Geburtsfestes Sr. kaiserl. und königl. Majestät zusammengestellt für das Volk und für die Armee von einem süddeutschen Offizier. Mit dem (lithogr.) Bilde des Kaisers und Facs. gr. 16. (VII, 129 S.) Stuttgart 877, J. Weise. *

—— Wilhelm I. Gedächtnis-Nummer des Daheim. gr. 4. (32 S. mit eingedr. Holzschn.) Leipzig 888, Daheim-Expedition. * — 75

—— Wilhelm I. und die Freimaurerei. Actenmäßige Darstellung für Maurer und Nichtmaurer von F. M. gr. 8. (16 S.) Königsberg 888, Hartung'sche Verlagsdr. * — 50

— s. a. **Kayser, Keiser, Keyser.**

Kaiser, (I.), Adreßbuch f. d. großh. bad. Residenzstadt Karlsruhe. 1842. gr. 8. (9 B.) Karlsruhe, Müller'sche Hofbuchh. Thlr.

— s. Adreß-Kalender, Karlsruher.

Kaiser, die Anlage erhöhter Trottoirs in Stuttgart. Vortrag, geh. im Verein für Baukunde am 9. Novbr. 1878. gr. 8. (23 S. m. 1 autogr. Taf. in gr. Fol.) Stuttgart 879. Kohlhammer. u. — 80

Kaiser: Beiträge zur Geschichte der Stadt Rawicz im 17. Jahrhundert. Rawicz. 1865.
Schul-/Univ.-Schrift

Kaiser, die Bekämpfung der Korpulenz od. die richtige Ernährung des Menschen. (93 S.) 8. Dresden (906). F. Casper & Co. n. 1.50

Kaiser, (II.), üb. Bier-Untersuchungen u. Fehler, welche dabei gemacht werden können. gr. 8. ($2\frac{1}{2}$ B.) München 840, Lindauer'sche Buchh.
Aus: Kunst- u. Gewerbe-Blatt besond. abgedruckt.

Kaiser. Byron's und Delavigne's Marino Faliero. Düsseldorf, G., 1870. 14 S. 4. Progr.

Kaiser: Gesetz über den Ansatz und die Erhebung der Gerichtskosten vom 10. Mai 1851, nebst den dasselbe erg. Gesetzen vom 3. Mai 1853 u. 9. Mai 1854 [usw.]. [Nebst] Nachtrag 1. Arnsberg 1857. 61. fol.
— 3. Aufl. 1867. fol.
— 4. Aufl. 1869. fol.

Kaiser: Gratulationsrede zur 3. Säcularfeier des Lissaer Gymnasiums. - Progr. Brieg 1856.

Kaiser, der Kopfschmerz, s.: Ergebnisse u. Fortschritte der Heilkunde.

Kaiser, ..., s. J. M. R. Lenz, flüchtige Aufsäze.

Kaiser & Co, Bern. «Liberty» Echt amerikanische Goldfedern und Goldfüllfederhalter. [Illustrierte Reclame-Broschüre.] [19 S.] quer 8. [1902.]

Kaiser (H), Predigt u. Rede am Schlusse d. vierten Generalsynode zu Bayreuth, s. Kapp, G.

Kaiser: Ueber philosophische Propädeutik. Teschen ev., Progr. 1851.

Kaiser (L.), die Schulweihe zu Thalheim in der Steinlach, den 12. Nov. 1838. 8. Tübingen, Fues.

Kaiser, Verordnungen wegen Vergütung der Diäten u. Reisekosten für kommissarische Geschäfte in Königl. Dienstangelegenheiten, vom 28. Juni 1825 u. 10. Juni 1848 u. wegen Vergütung der Umzugskosten bei Versetzungen Königl. Beamten, vom 26. März 1855. Nebst den erläut. u. ergänz. Bestimmungen. 2., verb. u. verm. Aufl. Arnsberg 857. Grote. gr. 8. (2 Bl., 11 S.) n. 5 ngr.

Kaiser: Verordnungen wegen Vergütung der Diäten und Reisekosten für kommissarische Geschäfte in Königlichen Dienstangelegenheiten, vom 28. 6. 1825 und 10. 6. 1848 und wegen Vergütung der Umzugskosten . . . vom 26. 3. 1855. 3. Aufl. Arnsberg 1862.

Kaiser, kirchliche Volkssitte, ihr Werth und ihre Pflege. Vortrag, gehalten am 11. Octbr. 1882 in der Ephoral-Conferenz zu Schneeberg. gr. 8. (16 S.) Lößnitz 882. (Glauchau, Peschke.) *
Aus: Schneeberger Kirchenbote, besonders abgedruckt.

Kaiser, „Wir gehen dem Herrn entgegen". Predigt üb. Luc. 17, 26—30, am 2. Bußtage 1906 in der Stadtkirche zu Radeberg geh. (11 S.) 8. Radeberg 906. Th. Pfeil. n. — 20

Kaiser, wodurch entstehen Frauen-Krankheiten?, s.: Volksschriften, Dresdner. Nr. 6.

Kaiser, A.

—— s. Adreßbuch von Augsburg und Häuserverzeichniß.

— s. Adreßbuch, neuestes, der k. b. Kreishauptstadt Augsburg.

Kaiser, A., die Armenhäuslerin, s.: Volksbühnenwerke.

Kaiser, A., s. Darstellungen aus Wallis.

Kaiser, A., neuer Wiener Deklamator. Eine Sammlung ausgewählter Vorträge in österr. Mundart f. heitere u. gesell. Kreise. Neue Ster.-Ausg. 8. (96 S.) Reutlingen (902). Enßlin & Laiblin. — 50

Kaiser, A., Festpredigt beim Feldgottesdienste zu Ehren d. 25jähr. Jubiläums d. großen Krieges 1870—71, geh. am 4. Aug. 1895 in Bamberg. gr. 8. (7 S.) Bamberg 895. (Schmidt.) n.n. — 15

—— der Schreiner Franz oder die Wirkungen eines guten Rathes. 8. (95 S.) Ebendas. 881.

—— der Handwerker nach dem Evangelium oder das Leben des Schuhmachers Heinrich, gewöhnlich der gute Heinrich genannt. gr. 8. (IV, 60 S.) Bonn 879, Hauptmann. *

Kaiser, A., Häuser-Verzeichniß mit Angabe der Hausbesitzer. gr. 16. (116 S.) Augsburg 878, Rieger'sche Buchh. cart. *

Kaiser, A., Häuser-Verzeichniß von Augsburg mit Angabe der Hausbesitzer. 8. (111 S.) Augsburg 881, Rieger'sche Buchh. geb. *

— das Leben des heiligen Martinus, Bischofs v. Tours. 12. (79 S.) Regensburg 880. Manz. — 60

— Maria, die gute Familien-Mutter, oder moral. Unterhaltungen. 8. (158 S.) Ebend. 880. 1. 50

Kaiser, A., Plan der kgl. Kreishauptstadt Augsburg. Neu bearb. und hrsg. von C. G. Wenng. 1 : 5000. 2. revid. Aufl. 2 Bl. Lithogr. und color. Imp.-Fol. Augsburg 876, Rieger'sche Buchh. *

Kaiser, A., s. Suil Dhuv.

Kaiser, A., tabula geographica Imperii Alexandri magni. Sculps. W. C. van Baarsel. Fol. maj. Leyd. 828. Cyfveer. (Leipz., Weigel). 1 ₰ 8 gr

— Verzeichniß der Haus-Besitzer der königl. Kreishauptstadt Augsburg. Bearb. nach authent. Quellen. gr. 8. (III, 144 S.) Augsburg 875. Rieger. n. 2. —

Kaiser, A. F.: Vergleichende Untersuchung der Säuren [illegible] aus dem Trimethylenglycol und aus Aethylenoxydhydrat. München 1875.

Kaiser, Adolf (Hrsg.), s. Drogistenzeitung

Kaiser, Adolf, aus Wilhelmsburg (Prov. Hannover): Die Fastnachtspiele von der actio de sponsu. T. 1. Die Rumpolt-Mareth-Spiele. *Göttingen 1898: E. A. Huth.* (50 S.) 8°
[Erschien vollst. 1899 bei Vandenhoeck & Ruprecht in Göttingen.]
Göttingen, Phil. Diss. v. [14. Jan.] 1899

Kaiser, Adf., die Fastnachtspiele v. der Actio de sponsu. Ein Beitrag zur Geschichte d. deutschen Fastnachtsspieles. gr. 8. (189 S.) Göttingen 899. Vandenhoeck & Ruprecht. n. 3. —

Kaiser, Adolf [aus Alfeld i. Hann.]: Ueber Mononitroderivate der Para- und Meta-acet-amidobenzoësäure sowie deren Reductionsproducte (Anhydrosäuren) . . . . Alfeld, Buchdr. F. Stegen, 1885: 50 S. + 1 Bl. 8°.
Göttingen, Phil. Fak., Inaug. Diss. v. 1885.

Kaiser, Adf., über Mononitroderivate der Para- und Metnacetamidobenzoësäure, sowie deren Reductionsproducte [Anhydrosäuren]. Inaugural-Dissertation. gr. 8. (50 S.) Alfeld 885. (Göttingen, Vandenhoeck und Ruprecht.) * 1 20

Kaiser, Adph. Hub., der Eintritt in die Welt, oder die Standeswahl. 8. (137 S.) Regensburg 880. Manz. 1. 50

Kaiser, Adph. Hub., das Leben der ehrwürdigen Dienerin Gottes Maria Christina von Savoyen, Königin beider Sicilien. Nach dem Italien. frei bearb. 8. (124 S.) Bonn 877, Hauptmann. *

Kaiser, Adph. Hub., der Segen einer Wohlthat. Eine Erzählung aus der Gegenwart mit einem Rückblick auf die socialen und commerciellen Zustände der jüngstvergangenen Tage. gr. 16. (III, 106 S.) Trier 870, Groppe. *

Kaiser, Albert, approb. Arzt aus Schönebeck: Ein Fall multipler narbiger Dünndarmstricturen. *Leipzig (1899): A. Edelmann.* (55 S.) 8°
Leipzig, Med. Diss. v. 24. Febr. 1899
(Nur in beschränkter Zahl für den Austausch)

Kaiser, Albert: Lautlehre der Mundart von Todtmoos-Schwarzenbach. Bonn: Georgi 1910. 46 S. 8°
Freiburg i. B., Phil. Diss. v. 1910, Ref. Kluge
[Geb. 2. April 86 Todtmoos; Wohnort: Todtmoos; Staatsangeh.: Baden; Vorbildung: Gymn. Freiburg i. B. Reife Juli 06; Studium: Freiburg i. B. 8 S.; Rig. 2. Juli 10.] [U 11. 1141

Kaiser, *Carl Felix* Albert [aus Berlin]: I. Die Oxydationsprodukte des Phenols. II. 2. 4 Dinitrophenyl-o-Anisidin und Derivate ... Dresden, Albanus'sche Buchdr., 1897; 3 Bl., 72 S., 1 Bl. 8.
Erlangen, Phil. Fak. Inaug.-Diss. v. 8. März 1897

Kaiser, Albert, appr. Arzt: Über primäre Tuberkulose der Lymphdrüsen. Leipzig: Hirzel 1909. S. 129—144. 8°
¶ (Aus: Arbeiten auf d. Gebiete d. pathol. Anat. u. Bakteriol. aus d. pathol.-anat. Inst. zu Tübingen. Bd 7.)
Tübingen, Med. Diss. v. 12. Okt. 1909, Ref. v. Baumgarten
[Geb. 25. Sept. 81 Schweidnitz; Wohnort: Oberdigisheim; Staatsangeh.: Preußen; Vorbildung: Gymn. Schweidnitz Reife M. 02; Studium: Breslau 1, Tübingen 5, Berlin 1, Tübingen 3 S.; Coll. 14. Dez. 08; Approb. 28. Dez. 08.] [U 10. 4157

KAISER, ALBRECHT. Ueber Chromcyanverbindungen. Göttingen, 1864.

Kaiser, Alex., s. Blumenschule.

Kaiser, Alfred. Erkundigungen, Impressionen und spekulative Betrachtungen über ägyptische Wirtschaftsverhältnisse. Vorläufiger Bericht über einen zweimonatlichen Aufenthalt in Unterägypten ⟨Frühjahr 1907⟩. (Als Manuskript gedruckt.) 94 S. gr.-8. Bern, Rösch & Schatzmann, 1907.

Kaiser, Alfred. Die Schöller'sche Expedition in Aequatorial-Ost-Afrika. Geologische, botanische und zoologische Beobachtungen, gesammelt in den Jahren 1896 und 1897. ⟨Mit einer Kartenskizze.⟩ SA. 8. St. Gallen 1898.

Der Harlekin. Oper in e. Vorspiel u. 1 Act von Victor Léon. Musik von Alfred **Kaiser**. [Text.] Leipzig: J. Weinberger (1892). (46 S.) 8° [ʒ.]

Die Schwarze Nina. Volksoper in 3 Aufz. Text u. Musik von Alfred **Kaiser**. Als Ms. gedr. [Textbuch.] Stuttgart: Lebrecht [aufgestempelt: Feuchtinger] [1904] 56 S. 8°

Kaiser, Alfr., die schwarze Nina. Volksoper in 3 Aufzügen. Text u. Musik v. K. (Textbuch.) (56 S.) 8. Stuttgart 904. [Luckhardt.] R. Lebrecht. n. — 50

Kaiser gen. **Hagen, Alois,** appr. Arzt a. Niederbergstrasse i. Westfalen: Ueber das Enchondrom der Lunge. ⟨Mit einer Abbildung.⟩ München 1905: C. Wolf. (21 S.) 8°
München, Med. Fak., Ref. v. Bollinger, Diss. v. 30. Juni 1905
[Geb. 19. Juni 77 Niederbergstraße; Wohnort: Niederbergstraße; Staatsangeh.: Preußen; Vorbildung: Gymn. Rheine Reife O. 01; Studium: Freiburg i. B. 1, Berlin 1, Kiel 3, Berlin 2, München 3 S.; Coll. 30. Juni 05; Approb. 10. Mai 05.]

Kaiser, Alois, Handbuch f. Stenographen der vereinfachten Stenographie Stolze-Schrey. Fortbildungs-, Lese-, Diktier- u. Nachschlagebuch. (IV, 40 S.) 8. Berlin 905. L. Oehmigke's Verl. n. 1. 10

Kaiser, Aloys., s. Kaiser Stanislaus.

Kaiser, Amadeus, Baber, Denkwürdigkeiten, s. Baber.

— s. Baber, Kaiser von Hindustan.

— s. Cunningdam, P.: Zwei Jahre in Neu-Südwales.

Kaiser, A. Geschichte der polnischen Revolution 1794. (8¾ B.) 8. Leipzig 1832. 1,00.

Kaiser, A., Geschichte der Polnischen Revolution v. Jahre 1794. (3 Abthll. in 1 Bde.) 8. Leipzig 838. Literar. Museum. 1 ⅓ (Aus der „Taschenbibliothek der Revolutionen" abgedruckt.)

Kaiser, Amadeus, Geschichte d. poln. Revolution v. J. 1794. (3 Abthl.) 8. (29½ B.) Leipzig 838, [Schreck.]
Aus der: Taschenbibliothek aller Revolutionen v. Burckhardt u. Kaiser, vgl. 2. Bd. 2. Abthl. S. 318., besond. abgedruckt.

—— und Herman H*..., Herculanum und Pompeji etc., s. Herculanum.

Kaiser, A., s. Hook, Th.: Romane.

— s. Mercey, Fr.: Österreich, Italien u. Tyrol.

— s. Nodier: Das letzte Bankett d. Girondisten.

(——) Pfennig-Magazin f. Kinder, s. 8. Bd.: Pfennig-Magazin.

—— Rußland wie es ist, s. Rußland.

Kaiser, A., Rußland wie es ist, oder Sitten, Gebräuche, Religion u. Regierung in Rußland. 4 Bde. 8. Leipz. 830, 31. Hartmann. 3 ⅙ Sg K

—— Taschenbibliothek aller Revolutionen, s. Taschenbibliothek.

— s. Walsh, Rob.: Konstantinopel und seine Umgebungen.

Kaiser, Armin.

Kaiser, A., üb. die Verbindungen einiger homologer einbasischer Fettsäuren m. α-Naphtol. Inaug.-Diss. gr. 8. (24 S.) Bern 890. (Kaeser & Co.) n. 1. —

Kaiser, Armin. Über die Verbindungen einiger homologer einbasischer Fettsäuren m. α-Naphtol. Diss. gr. 8. (24 S.) Bern 890. (Semminger). * 1 —

Kaiser, August: Studien zur Bildung des Präteritums in den heutigen deutschen Mundarten. Darmstadt 1910: Winter. 80 S. 8°
Gießen, Phil. Diss. v. 25. April 1910, Ref. Behaghel
[Geb. 15. Okt. 85 Hanau; Wohnort: Darmstadt; Staatsangeh.: Hessen; Vorbildung: Ludwig-Georgs-Gymn. Darmstadt Reife O. 04; Studium: Gießen 3, Leipzig 1, Heidelberg 1, Gießen 3 S.; Rig. 13. Dez. 09.] [U 10. 1285

Kaiser, Bruno [Magdeburgensis]: Quaestiones de elocutione Demosthenica ... (Erscheint vollst. in: Dissert. philol. Halenses, vol. XIII.) Halis Sax., form. descr. E. Karras, 1895; 2 Bl., 36 S., 1 Bl. 8.
Halle, Phil. Fak., Inaug.-Diss. v. 8. März 1895

Kaiser, Br(uno), Assistenzarzt in Plauen i. V.: Über die Behandlung der Varices. Jena 1903: B. Vopelius. (36 S.) 8⁰
Jena, Med. Diss. v. (19. Mai) 1903

Kaiser, Bruno, Dr.: **Untersuchungen zur Geschichte der Samniten. [T.] 1. Naumburg a. S. 1907: H. Sieling. (32 S.) 4⁰**
Pforta, k. Landes-S OP 1907 (303)

Kaiser, C., Lieder eines Flüchtigen. br. 8. (334 S.) Schwäbisch Hall 848, Haspel'sche Buchh. *

Kaiser, C., der Sicherungsdienst. Aufträge für den Infanterie-Subalternoffizier und Anordnungen bei Leitung von Friedensübungen. Eine Zusammenstellung der in der k. preuß. Armee übl. Bestimmungen für den Unterricht im Felddienste. (X, 133 S.) Stuttgart 868, Aue. *

— zur 25jähr. Wiederkehr d. Ehrentage d. Württemberger 30. Nov. u. 2. Dezbr. 1870. Den Waffengefährten gewidmet. Mit 2 Kartenskizzen u. 1 Plan im Text. gr. 8. (V, 93 S.) Ebd. 895. n. — 75

Kaiser, C. F., Stromkarte der Elbe. Lindenhohe bei Cöln [o. J.]

Kaiser, C. F. Vorschlag zur Verbesserung des Liernur'schen Abfuhr Systems.

(C. G. Kaiser.) Über Hagelableiter u. Hagelvers.-Anstalten. Lpg. 1827.

Kaiser, C. G., Maschinenfabrik: Catalog über Mühlenbau, Müllerei-Maschinen. Leipzig-Reudnitz 1895. Fol.

Kaiser, G. H. A. Handbuch der Mechanik. Karlsruhe 1842

Kaiser, G. H. A. Handbuch der Statik. Karlsruhe 1836.

Kaiser, C. L., De diversa Homericorum carminum origine. 1885. 28 S.
— V., Homer u. die Sibylle in Kaulbachs Bilderkreis d. Weltgeschichte. 1897. 49 S.

Kaiser, C. R., Andreas Gottlob Rudelbach, e. Zeuge der lutherischen Kirche im 19. Jahrh. gr. 8. (VII, 118 S. m. Lichtdr.-Bildnis.) Leipzig 892. J. Naumann, Verl. n. 2. 50; geb. n. 3. —

Kaiser, C. W., s.: Genossenschafts-Kalender des bayerischen Landesverbandes.

K a i s e r, C. W. Raiffeisen-Abende. Zwiegespräch über die ländlichen Darlehnskassen-Vereine nach dem System Raiffeisen. Neuwied, Leipzig: Haessel 1891.

Kaiser, C. W. Raiffeisen-Abende. Zwiegespräch üb. die ländlichen Darlehnskassen-Vereine nach dem System Raiffeisen. (36 S.) 2. Aufl. Mit d. Bildniß Raiffeisens. gr. 8. (38 S.) Neuwied 891. (Lpz., Haessel's Commissionsgeschäft.) 1. Aufl. — 15; 2. Aufl. ** — 25

Kaiser, C. W., Raiffeisen-Abende. Zwiegespräch üb. die ländl. Darlehnskassen-Vereine nach dem System Raiffeisen. 4. Aufl. gr. 8. (38 S. m. 2 Bildnissen.) Neuwied 893. (Leipzig, H. Haessel's Comm.-Geschäft.) n.n. — 25

Kaiser, C. W., s.: Raiffeisen-Kalender.

— der praktische Raiffeisenmann. Zwiegespräch üb. die landwirtschaftl. Darlehnskassen-Vereine nach dem System Raiffeisen. 2. u. 3., verm. Aufl. gr. 8. (37 S.) Regensburg 894. Nationale Verlags-Anstalt. n.n. — 25

— der prakt. Raiffeisenmann. Zwiegespräch üb. die landwirtschaftl. Darlehnskassen-Vereine nach d. System Raiffeisen. 5., verm. Aufl. (21.—24. Taus.) gr. 8. (58 S.) Regensburg 898. Nationale Verlagsanstalt. n. — 30

— der praktische Raiffeisenmann. Zwiegespräch üb. die landwirtschaftl. Darlehnskassen-Vereine nach dem System Raiffeisen. 6., stark verm. u. verb. Aufl. (25. u. 26. Taus.) (83 S.) gr. 8. Regensburg 906. Verlagsanstalt vorm. G. J. Manz. n. — 50

— praktische Winke u. Ratschläge zur Gründung u. Leitung Raiffeisenscher Darlehnskassenvereine, s.: Kolb, Jos.

Kaiser, Cajetan Georg, s. K a i s e r, Kajetan Georg

Kaiser, Carl, s. K a i s e r, Karl

Kaiser, Ch., zur Frage der Straßen-Reinigung. gr. 8 (80 S. m. 2 Tab.) Stuttgart 884. Kohlhammer. n. 2. —

Kaiser, Ch., die Stuttgarter Pferde-Eisenbahn. Bearb. im Auftrag der Bauabteilung des Gemeinderats. Ende Novbr. 1885. gr. 8. (III, 107 S. mit eingedr. Illustr. und 1 lithogr. und color. Stadtplan.) Stuttgart 885, (Kohlhammer.) *

Neun Freymaurer-Reden, gehalten in der Sch[otten] Loge zur Bescheidenheit, in Z[ürich]. Hrsg. f. F. M. [von Chr. Kaiser]. Im Jahr 4066. [Basel: Thurneisen] 1780. 125 S. 8⁰
Kl. 1031, Tt. 1864. Enth. u. a. Reden von Dieth. Lavater, Ch. Kaiser u. J. N.

Kaiser, Christian Ernst Nikolaus

Kaiser, Chr. Er. Nikl., Ansichten d. Reformation in ihrem Zusammenhange mit d. christl. Kultur u. d. Feier ihres 3ten Jubiläums. gr. 8. Ansb. 817. Gassert. 3 gr

— Antrittspredigt. 8. Ansb. 802. Gassert. 3 gr

— s. A r c h i v, Gemeinnütz., für Prediger u. Schullehrer.

(—) auch etwas zur Beherzigung für die sich bildenden Bibelgesellschaften in Deutschland; ein Sendschreiben an d. ... Bibelgesellschaft in Nürnberg, von e. redl. Freunde u. Beförderer d. guten Sache. 8. Nürnb. 816. Campe. 8 gr

Kaiser, Chrstn. Ernst Nikol., die Auferstehung d. Erlösers, ein immer fortdauernder, tägl. sich erneuernder, ewiger Sieg. Eine Oster-Predigt. gr. 8. (1 B.) München 835, Jaquet. Thlr. -

— erhebende u. stärkende Blicke auf d. Reich Gottes u. Jesu Christi. Eine Predigt am 9. Juli 1827 zu Baireuth gehalten. gr. 8. Sulzb. 827. v. Seidel. 3 gr

— Blicke auf d. scheidende Jahr. 8. Ansb. 817.

— s. E i d s c h w u r, Über den.

— brüderl. Eintracht, d. erste Pflicht u. Bedingung für d. segensreiche Gedeihen d. theuersten Angelegenheiten unserer protest.-evangel. Kirche im baier. Vaterlande. Eine Predigt bei d. feierl. Eröffnung d. ersten Generalsynode in Baireuth am 21. Sept. 1823 gehalten. gr. 8. Sulzb. 823. v. Seidel. 3 gr

— epistola ad fratrem — de conjunctione subtilioris christianae religionis cognitionis cum literarum cultu non sine sapiente providae Dei curae consilio arctissime facta. 4maj. Curiae 798.

— d. Fahnenweihe d. Bürger u. Landwehr zu Ansbach. 8. ...817.

— d. Feier d. 30. Julius im J. 1817 beim Einzug d. ersten Erndtewagens ꝛc. gr. 8. Ansb. 817. Gassert. 3 gGr.

—— zum Gedächtniß Dr. Aug. Kaisers. gr. 8. Erlangen 839, Bläsing.

— Glaube, Liebe, Hoffnung, d. Sieg d. Wahrheit u. des Rechts in unsrer Zeit. Zwei Predigten zur Feier d. Einzugs d. Verbündeten zu Paris. 8. Ansb. 814.

— charakterist. Ideen aus d. jetzigen Reformationsvorschlägen in d. protestant. Kirche, mit besond. Rücksicht auf d. Pflaum'schen Versuche ꝛc. 8. Ansb. 817. Gassert. 6 gGr.

Kaiser, Ch. E. N., Predigt u. Installationsreden, bey d. Einführung d. Hochwürd. Hrn. Dekans u. ersten Stadtpfarrers Th. A. Gabler zu Sulzbach. Nebst e. Schlußworte d. kgl. Dekans Gabler. gr. 8. (2 B.) Sulzbach 829, v. Seidel.

— e. Predigten, zum Besten einiger in Hof durch Brandschaden verarmten Familien herausg. 8. Hof 804.

Kaiser, M. Christ. Ern. Nicol., Quid sit, quod inter religionis doctorum officia refertur: eosdem in litterarum studiis ulterius progredi orpotere. — Recitatio in synodo Onoldina habita, quam viro D. Alberto Bayero observantiae et pietatis causa d. d. d. dioeceseos Onoldinae decanus, seniores, camerarius reliquique adscripti capitulares. Ansbach (Bruegel) Juli 1812. 28 S. mit Namen d. Gratul. (6.20) 17378
Handschr. Widm. d. Verf.

— Rede am Namensfest Sr. Maj. Maximil. Josephs, Königs v. Baiern, d. 12. Oct. 1808. 8. Ansb. 809. Gassert. 3 gGr.

Kaiser, (Christian Ernst Nicol,) Samml. v. Kanzelreden am Jahresschlusse von evangel. protest. Geistlichen in Baiern. 8. Kulmbach 822. (Monath u. K. in Nürnb.)

— s. Synodalreden, gehalten von protest. Distrikts-Dekanen.

— d. Vorbild d. ersten Christengemeinden zur Ermunterung für unsere Beständigkeit in d. begonnenen guten Werke. Eine Predigt am 7. Oct. 1823 bei d. Schlußfeierlichkeit d. ersten Generalsynode in Baireuth gehalten. gr. 8. Sulzb. 823. v. Seidel. 3 gGr.

— wodurch u. wie d. Christ d. Erhörung seines Gebets gewiß werden soll? Eine Predigt, mit Rücksicht auf d. Wundersucht unserer Zeit. gr. 8. Nürnb. 821. v. Ebner. 2 gGr.

Kaiser, Chr. Er. Nikl., Worte d. Theilnahme, u. zur Ermunterung am Schlusse d. Synode zu Bayreuth d. 14. Sept. 1818. 8. Bayr. 818.

— über den Zustand u. d. Verhältnisse d. neuen protestant. Theologie u. d. Religionslehrer. gr. 8. Sulzb. 813. v. Seidel. 3 gGr.

— Christian Frid. Wilhelm (Allstedt / Weimar), Quaedam de sphacelo uteri gravidi observationibus illustrato. Diss. med.-obstet. Jena (Prager & Co.) 24. IX. 1810. 46 S. (6.—) 17380
Gew.: Jo. Car. Fr. Rauchfuss, Gottfr. Wilh. Bernh. Kaiser.

— — De sacerdotio christianis nostrae familiae doctoribus rectene, an perperam vindicato. — Recitatio in synodo Onoldina habita nonis Septemb. 1815. Sulzbach (Seidel) 1818. 24 Seiten. (5.50) 17379

— de sacerdotio, christianis nostrae familiae doctoribus recte, an perperam vindicato, recitatio in synodo Onoldina habita. Nonis Septembribus MDCCCXV. 8maj. Sulzb. 821. v. Seidel. 3 gGr.

Kaiser, D. v., Die römischen Alterthümer zu Augsburg und andere Denkwürdigkeiten des Oberdonaukreises. Mit 13 Kupf. Augsb. 821. 4. 2 rthl. 6 gr.

Kaiser, E., 32 Ansprachen u. bibl. Andachten f. höhere Schulen. (64 S.) 8. Leipzig 903. [Th. Steffen.] L. A. Klepzig. n. 1. —

Kaiser, E., unsere Aufgaben zur See, s.: Bibliothek, meine. I. 1.

— die Aufnahmeprüfung am Seminar. (32 S.) 8. Ebd. 903. n. — 50

— Französisch, s.: Wie bestehe ich meine Prüfung? 2. Bd.

Kaiser, E., außer dem Gesetz. Social-polit. Erzählung aus der Gegenwart. gr. 8. (400 S.) Heidelberg 877. v. Schenk. n. 2. —

— Lateinisch, s: Wie bestehe ich meine Prüfung. 1. Bd.

Kaiser, E. Lehrbuch der geologischen Formation-Kunde. Stuttgart 1891.

Kaiser, E., Lesestoff u. Bildung. Einführung in die Literatur d. Volksschriften (Romane, Novellen, Erzählgn., Zeitschriften, Zeitgn., wissenschaftl. Werke). (31 S.) 8. Halle 905. Buchh. des Waisenhauses. n. — 80

Kaiser, E. Metrik in Ferd. Schultz lateinischer Grammatik. Pr. 1858. 8 S. 4°

Kaiser, E. Ein Mittel, den persönlichen Fehler bei Passagen-Beobachtungen zu bestimmen.

Kaiser, E. Refractions-Tafeln für Kreis-Faden- u. Positions-Micrometer. Danzig 1871.

Kaiser, E. Resultate und Beobachtungen von Sonnenflecken während der J. 1754—58.

—— s. Scheffel, Vict. v., der Trompeter von Säckingen.

Kaiser, E. De verbis in honorem et in gratiam alicujus. 4 S.
Brieg, Progr. 1846

Kaiser, E. R., die Schlachtsteuer ingleichen die Uebergangsabgabe von zollvereinsländischem u. d. Verbrauchsabgabe v. zollvereinsausländischem Fleischwerke im Kgr. Sachsen. Nach den gesetzl. Bestimmgn. bearb. 3 Thle. gr. 8. Dresden, C. Höckner. n. 8. 50
1. Allgemeiner Theil. 2. Aufl. (VIII, 131 u. III S.) 900. n. 2. —
2. Besonderer Theil. Für Steuerbeamte u. Schlachtsteuer-Einnehmer. 2. Aufl. (VIII, 102 S. m. 1 Schema.) 902. n. 2. 50
3. Die Schlachtvieh- u. Fleischbeschau, die staatliche Schlachtviehversicherung. (XIV, 199 u. 16 S.) 902. n. 4. —

Kaiser, Ed., Grundriß der Erziehungslehre f. Kleinkinderlehrerinnen. 8. (VII, 72 S.) Berlin 884. W. Schultze. n. — 70

Kaiser, Ed., das Princip des Vernunft-Rechts, mit besonderer Rücksicht auf Kant, Fichte, Schelling und Hegel gegen Fr. Fischer. 8. Lörrach 841, Gutsch. 1/2 Thlr.

Kaiser, Eduard

— s.a Steiermarks National-Trachten.

Kaiser, Eduard. 38 Steiermark's National-Trachten und Fest-Anzüge jetziger und vergangener Zeit. Eine freundliche Spende für Fremde und Einheimische. Lithographirt von Eduard Kaiser ... Gedrukt und verlegt bei Jos. Fr. Kaiser. [O. O. um 1820.] [Umschlagtit.] 38 Taf. in kol. Lithogr. 8°.

Kaiser, Eduard, aus alten Tagen. Lebenserinnerungen e. Markgräflers 1815—1875. (VII, 399 S.) 8. Lörrach (910). C. R. Gutsch. 5.—

Kaiser, Eduard (Red.), s. Zeitschrift für Mikroskopie.

Kaiser, Eleonora, von den lieben Englein droben. Ein Buch f. das Kind u. seine Freunde. Mit (farb.) Bildern v. Meta Voigt. (26 S.) Lex. 8. Wesel (910). W. Düms. Geb. 3.—

Kaiser, Emil, Abwege. Roman. (236 S.) 8. Köln 907. P. Neubner. 3.—; geb. in Leinw. 4.—

Kaiser, Emil, die Alten u. die Jungen. Roman. 8. (440 S.) Dresden 899. C. Reißner. n. 6.—; geb. n. 7.—

Emil Kaiser u. Georg Kiesau. Die Befreiung. (Als Ms. gedr.) o. O. (1900). 88 S. 8° [11. 1125, 11

Kaiser, Emil, [illegible] d. Königs. Komisch. [illegible] d. Scelli ins Deutsche übers. Musik [illegible] Musik v. M. [illegible] (123 S.) [illegible] n. 2.—

Kaiser, Emil: Darmrupturen. *Freiburg i. B. 1896: E. Kuttruf.* (52 S.) 8°
Freiburg i. B., Med. Diss. v. 1896

Einführung in das Verständnis der bildenden Kunst der Gegenwart von E[mil] Kaiser, Sem.Oberl., Plauen i. V. Langensalza: F. G. L. Gressler 1905. (63 S.) 8° [F.] [07. 13017 3

Die moderne Geographie und ihre politischen, volkswirtschaftlichen und heimatkundlichen Aufgaben. Ein Wegweiser z. Studium u. Betrieb d. Geographie. Von E[mil] Kaiser, Sem.Oberl., Plauen. Langensalza: F. G. L. Greßler 1906. (51 S.) 8° [F.] [07. 6181 3

Kaiser, Emil, Geschichte des Turn-Vereins „Schellenberg" J. V. zu Augustusburg D. T., 1860 bis 7. 8. 1910, Augustusburg 1910, 58 S., 8°.

— an der Grenze. Ein Schauspiel (in 4 Aufzügen). 8. (III, 79 S.) Quedlinburg (902). (Köln, J. G. Schmitz.) n. 1.—

Kaiser, Emil, Andreas Hofer. Romant. Oper in 3 Aufzügen. Musik von E. K. Text bearb. vom Componisten. 8. (55 S.) Reichenberg 886, Fritsche. *

— Ines. Ein Buch v. der Auferstehg. d. Fleisches. (255 S.) 8. Ebd. 908. 3.—

— Johann der Bildner. Ein Drama. 8. (198 S.) Dresden 898. C. Reißner. n. 2. 50

Kaiser, Emil, Karneval. Ein Sittenroman aus dem Köln des 20. Jahrh. (172 S.) 8. Köln 906. P. Neubner. n. 2.—

Karneval. Ein Sittenroman aus d. Köln des 20. Jhs. von Emil Kaiser. 11.-15. Taus. Köln: P. Neubner 1906. (171 S.) 8° [F.] [06. 7470 5

Kaiser, E., die deutschen Kolonien. (VI, 240 S.) 8. Langensalza 909. Schulbuchh. 3.—

Kaiser, Emil, nicht schlecht. Eine Charakterstudie. 8. (194 S.) Dresden 898. C. Reißner. n. 2. 50

Kaiser, E., das Turnwesen in Plauen u. im Vogtland in der 2. Hälfte des 19. Jahrh. Ein geschichtl. Abriß. (IX, 43 S. m. 2 Bildnissen.) gr. 8. Hof 907. R. Lion. —80

Kaiser, Emil (geb. am 7 Dez. 1855 in Zerbst): Vorausberechnung der Sonnenfinsternis am 18 und 19 Aug. 1887 ... Bonn, Buchdr. v. P. Neusser 1879. 2 Bl., 30 S., 1 Bl., 1 Taf. 8.
Bonn, Phil. Fak., Diss. v. 11 Aug. 1879

Kaiser, Émile. Pierre Abélard critique. Thèse de doctorat Théol. Fribourg. IV + VI + 333 p. 8. Fribourg, Impr.-Libr. Catholique, 1901.

Kaiser, Er.: Formeln für die Berechnung einer Kometenbahn. 7 S. Erfurt, Progr. 1870

Kaiser, Er.: Die Gleichungen einer Kometenbahn. 22 S. Erfurt, Progr. 1869

Kaiser, Er., Karl d. Erste, König v. England. Trspl. in 3 Aufz. 12. Leipz. 830. (Serig). 5 gr

Kaiser, Erhard, Referendar aus Breslau: Beiträge zur Lehre von der Handlungsagentur. *Breslau 1901: A. Stenzel.* (II, 74 S.) 8° [Umschlagt.] [F.]
Breslau, Jur. Diss. v. [18. Juni] 1901

Die geologisch-mineralogische Literatur des rheinischen Schiefergebirges und der angrenzenden Gebiete für die Jahre 1887–1900. Chronolog. u. sachl. geordnet nebst Nachträgen zu d. früheren Verzeichnissen. Zsgest. von Erich Kaiser in Berlin. T. 1. 2. Bonn: Cohen in Komm. 1903–04. 8°
1. Chronolog. Verzeichnis. 1903. 2. Sachreg. Kartenverzeichn. Ortsreg. Nachträge. 1904.
(Verhandlungen d. Naturhist. Vereins d. preuss. Rheinlande. Jg. 59, Beih. 60, Beih.) [11. 1844

Kaiser, E., Die geologische und mineralogische Literatur des Rheinischen Schiefergebirges und der angrenzenden Gebiete: 1907 und 1908. Bonn, 1910. 42 S.

Kaiser, *Friedrich Wilhelm* Erich [aus Elberfeld]: Versuche über das Zusammenfliessen zweier Flüssigkeitsmassen ... Bonn, Druck v. E. Heydorn, *1894;* 56 S. 8.
Bonn, Phil. Fak., Inaug.-Diss. v. 4. Aug. 1894

Kaiser, Ernst [Pseud.]

s. a König, Ewald August

Kaiser, Ernst, die Banditen von Paris oder die heldenmüthige Marketenderin. Eine historische Erzählung aus dem deutsch-französischen Kriege 1870. 25 Lfgn. gr. 8. Düsseldorf 870, Schoenfeld. à Lfg. 30 Pf.

— der Deserteur oder die Waffenbrüder unter Kroaten u. Panduren. Historische Erzählung aus dem deutschen Kriege des Jahres 1866. (In 26 Heften.) 1. u. 2. Heft. Düsseldorf 868. Spaarmann. gr. 8. (S. 1—96.) Jedes Heft 3 ngr.

Kaiser, Ernst, der Deserteur od. die Waffenbrüder unter Kroaten u. Panduren. Historische Erzählg. aus dem deutschen Kriege v. 1866. 3—26. (Schluß-)Hft. gr. 8. (S. 97—1248.) Berlin 871. Burmester & Stempell. à — 30

—— Engel und Teufel auf Erden und die Sündenböcke oder: Recht und Gesetz. Tendenziös-romantische Zeitgeschichte. 23 Lfgn. gr. 8. Frankfurt a. M. 874, Scherl und Sohn. à Lfg. 40 Pf.

Kaiser, E[rnst], approb. Arzt aus Göttingen: Ueber die in den Jahren 1877—1898 in der medicinischen Universitäts-Klinik behandelten **Fälle** von Diabetes mellitus im Kindesalter. *Göttingen 1899: E. Hofer.* (39 S.) 8°
Göttingen, Med. Diss. v. [29. Mai] 1899

Führer durch die Logenbücherei der ger. und vollk. unabhäng. Loge Minerva zu den drei Palmen im Or. Leipzig. Von Ernst **Kaiser.** Leipzig: Verl. d. Loge 1909. VIII, 74 S. 8°
cf. Brh. 7 (1910) S. 173.

—— Deutschlands Heldenkampf 1870. Ein patriot. Gedenkbuch für Jung und Alt im ganzen deutschen Vaterlande. 1.—7. Aufl. gr. 8. (III, 256 S. mit zahlreichen Illustr. in Holzschn. und 1 lithogr. Karte in qu. 4) Elberfeld 871, Büttmann. * M. 1.; geb. *

— der Perlenkönig u. die Rose v. Teheran, od. Diamanten, Brillanten u. Hungersnoth. Historisch-romant. Freuden- u. Leidensgeschichte e. armen Volkes. 21 Lfgn. Lex.-8. (1002 S.) Frankfurt a. M. 874. Scherl & Sohn. à — 40

—— 500,000 Thaler oder: Handwerker, Arbeiter und Fabrikant. Ein Lebensbild aus der Gegenwart. 23 Hefte. gr. 8. Düsseldorf 868, Spaarmann. à Heft 30 Pf.

Kaiser, Ernst [aus Fischhausen (Ostpreussen)]: Trauma als ätiologisches Moment der multiplen Sklerose. . . . Berlin, Buchdr. v. Gustav Schade (Otto Francke) (1889); 28 S. + 2 Bl. 8°
Berlin, Med. Fak., Inaug.-Diss. v. 20. Apr. 1889

—— die Verschwörung der Republikaner oder die Geheimnisse der Belagerung von Paris. Histor. Erzählung aus dem belagerten Paris und den Kämpfen der französ. Republik 1870—1871. 26 Lfgn. gr. 8. (1272 S. mit zahlreichen Illustr.) Düsseldorf 872, Schoenfeld. à Lfg. 40 Pf. 10 40

Kaiser, Eustach [aus Ingolstadt]: Ueber die Behandlung der Pseudo-Ankylosen . . . . München, K. Hof- u. Univ.-Buchdr. v. Dr. C. Wolf & Sohn, 1887; 31 + 1 S. 8°.
München, Med. Fak., Inaug.-Diss. v. 1887.

Kaiser, Ewald Die Revision des gymnasium illustre zu Brieg im Jahre 1625, ein Beitrag zur Geschichte desselben. 13 S.
Brieg, Progr. 1844

Kaiser, F., Alice, die Rose v. Wien oder die Stickerin in der Neustiftgasse. Roman aus Wien's jüngster Vergangenheit. 30 Hfte. gr. 8. (1. u. 2. Hft. 64 S.) Wien 878. Rubinstein. à — 40

Kaiser, F.: Dem Andenken Jahn's. Gedächtnißrede an seinem 100. Geburtstage 11. Aug. 1878. Wien 1878. 12 S.

Kaiser, F., Annalen der Sternwarte in Leiden, s. Annalen.

Kaiser, F., Per aspera ad astra. Blätter zur Erinnerung an die Siegesthaten der preuss. Armee im J. 1866. 4 Lfgn. qu. Fol. (24 Stnt. und 2 S. Text.) Berlin 867, Loeillot. à Lfg. in Mappe * 1 Thlr. 15 Ngr. *

Kaiser, F s. Risek, F A .

Kaiser, F. Chronologische Tafel der Werken van F. Kaiser. 1872?

Kaiser, F. C. Alb., neue Bahnen in der Weltanschauung u. Naturanschauung, naturgesetzlich begründet. gr. 8. (IV, 127 S.) Dresden 892. E. Pierson. n. 2. —

Kaiser, F. M., Abhandl., daß d. Praxis in mathemat. Wissenschaft ohne Theorie nicht bestehen könne. gr. 8. Würzb. 783. Stabel. 3 K

Kaiser, F. W., s. a. Gemeinschaftsfreund, der.

Der Gemeinschaftsfreund. Ein Wegweiser durch d. christl. Versammlungen u. Vereine Deutschlands, Oesterr.-Ungarns, d. Schweiz, Rumäniens etc. Hrsg. von F. W. K(aiser). *Witten: Buchh. d. Stadtmiss. [1900].* (137 S.) 8° [00. 5339

Kaiser, Fedor [aus Königshütte o/S.[!]]: Ueber das Verhältnis von Miliartuberkulose und Basilarmeningitis . . . München, Buchdr. M. Ernst, 1897; 24 S. 8.
München, Med. Fak., Inaug.-Diss. v. 1897

Kaiser, Felix, approb. Arzt aus Magdeburg: **Zur Behandlung der** Pleuritis exsudativa serosa mit Salicylsäure. *Marburg 1901: (L. Mosche, Magdeburg).* (48 S.) 8°
Marburg, Med. Diss. v. 18. Juni 1901

Kaiser, Ferdinand. Landammann Georg Joseph Sidler von Zug (1782–1861). Ein biographisches Bild. SA. 8. Bern 1862.

Kaiser, Fernande. Zug, Stadt und Kanton. Illustrirter Führer. Hrg. von F. K. Mit [1 Tafel und] Kärtchen vom Kanton Zug. 8. Zürich [1885].

Kaiser, Flavian s. Jäger, Gottfried, und Kaiser, Flavian.

Kaiser, Fl[avian]. Ragaz-Pfäfers und ihr Excursions-Gebiet. 8. Ragaz. [1. Aufl.] (1876.)
2. umgearbeitete und vermehrte Aufl. (*Umschlag:* Führer für R-Pf, mit Excursionskarte nach [Guillaume-Henri] Dufour . . .) (1880.)

Kaiser, Fl., Streiflichter auf die Geschichte des Sarganserlandes. Festschrift f. die Säcular-Feier der Befreiung v. der landvögt. Herrschaft. Im Auftrage des Bezirksgesangvereins Sargans verf. gr. 8. (101 S. m. Abbildgn.) Ragaz 898. Buchdr. Lehmann-Good. n. 1.—

Kaiser, Fr., XII Ansichten aus der Umgebung des Isteiner Klotzes längs d. Eisenbahn zwischen Schliengen u. Efringen im badischen Oberlande. Nach der Natur u. auf Stein gezeichnet. Carlsruhe 847. (Braun.) n. $3^1/_2$ ₰; einzelne Bl. à n. $^1/_3$ ₰

— die Recruten. Ebend. ... n. 4 ₰

Kaiser, Fr., VI Scenen aus dem Künstlerleben. Roy.-4. (6 lithogr. Tafeln.) Carlsruhe 844. (Braun.) n. 1 ₰ — col. n. $1^1/_2$ ₰

— 10 Scenen aus dem Münchner Volksleben. Roy.-4. (10 lith. Tafeln.) Ebend. 844. n. $1^1/_2$ ₰ — col. n. $2^1/_2$ ₰

— Thierzeichnen. 1. Hft. Das Pferd. Anfangsgründe in Umrissen. Bl. 1—12. (Lith.) Allgem. Zeichenschule II. Abth. gr. 4. Carlsruhe 847, Veith. $^3/_4$ ₰

— siehe: Zeichenschule.

Kaiser, Franz

Kaiser, F., Anleitung zum projektivischen Zeichnen f. gewerbliche Fortbildungsschulen. gr. 8. (93 S. m. 138 Fig.) Düsseldorf 899. F. Wolfrum. n. 3. 60

Anleitung zum projektivischen Zeichnen für gewerbliche Fortbildungsschulen. Hrsg. von Dr. F[ranz] **Kaiser**, Rektor in Ohligs. *Düsseldorf: F. Wolfrum [1900].* (92 S.) 4°(8°) [illegible]

Kaiser, Franz, Beiträge zum Betriebe der Ordnungsübungen in den Turnvereinen. Auf Grundlage der Ordnungsübungen von Karl Waßmannsdorff. Brünn 1876, 32 S., 8°.

Das neue Realgymnasium auf dem alten Ratsweinberge zu Meißen. I. Beschreibung des neuen Schulgebäudes von [Franz] Kaiser (Stadtbaumstr.). II. Bericht über die Einweihungsfeierlichkeiten von [Ernst Emil] Schirlitz. 20 S., 3 Taf. 4.
Progr. Realgymn. mit Realschule *Meißen* 1908 (730).

Kaiser, Franc., Tabulae memoriales pract.-medicae, cum appendice praeparator. compositor. Edit. I. (4¼ B.) 832., Ed. II. aucta et emend. (5 B.) 16. Viennae 833, Tendler. à

Kaiser, Franc., Tabulae memoriales pract.-med., c. Appendice praeparator. compositor. Edit. III. aucta et emend. ab amico et collega defuncti auctoris. 16. (5 B.) Viennae 837, [Tendler et Schaefer.]

Kaiser, Frz., Turnschule für Knaben. Anleitung zur Ertheilung des Turn-Unterrichtes an Knaben-Volks- und Bürgerschulen. gr. 8. (VIII, 131 S. mit 58 eingedr. Holzschn.-Abbild.) Wien 877, Pichler's Wwe. und Sohn.

— Turnschule. Anleitung zur Ertheilung des Turn-Unterrichtes an Volks- und Bürgerschulen. 2. durch einen Anhang „Ueber das Turnen der Mädchen" ergänzte Aufl. der „Turnschule für Knaben". gr. 8. (VIII, 151 S. mit 58 eingedr. Holzschn.-Abbild.) Ebendas. 877.

Kaiser, Frz., Turnschule. Anleitung zur Ertheilung des Turn-Unterrichtes an Volks- und Bürgerschulen. 3. Aufl. gr. 8. (VI, 146 S. mit 58 eingedr. Holzschn.-Abbild.) Wien 880, Pichler's Wwe. und Sohn.

Kaiser, Frz., der Weltorganismus, od. Ansichten üb. d. Verhältniß d. einzelnen Theile desselben sowohl untereinander, als auch in Bezieh. auf d. dieselben bewohn. Geschöpfe; nach d. gegenwärt. naturhistor. Standpunkte entworfen u. dargestellt. gr. 12. (6 B.) Wien 833, Tendler. Tndr.

Kaiser, Frz. Jos., s. Darstellung, bildliche, d. Evangelien.

* *Franz Michael Kaisers* Abhandlung, dass die Praxis in mathematischen Wissenschaften nicht ohne Theorie bestehen könne. Fuld bey Stahel. 52 Seit. 8.
1782

Kaiser, Frida. Zur Kenntniss der primären Muskeltuberculose. Diss. Med. Bern. (Sonder-Abdruck aus dem Archiv für klin[ische] Chirurgie. Bd. 77. Heft 4.) *Kopftitel:* Aus dem pathologischen Institut der Universität Bern. ⟨Director: Professor Dr. [Theodor] Langhans.⟩ 42 S. 8. Berlin, L. Schumacher, 1905.

Kaiser, Friedr., Pater Abraham a Sta. Clara, s. Theater-Repertoir, Wiener.

Kaiser, Friedrich: Antrittsrede, s. Burmester, Adolf: Abschiedsrede.

Kaiser, Friedrich — Ein Bauernkind. Charakterbild mit Gesang in 3 Aufzügen von — —. Musik vom Kapellmeister Karl Binder. Als Manuskript gedruckt und ausschließliches Eigenthum des Theater-Agenten Adalbert Prix in Wien. Wien, Druck von M. Lell. (53 S. 8.) 1857

Kaiser, Friedr., Friedrich Beckmann. Heiteres — Ernstes — Trauriges aus seinem Leben. Erinnerungen. 8. (III und 88 S.) Wien 866, Wallishausser'sche Buchh. *

Kaiser, Frdr., die Bedeutung des Versicherungswesens u. die Nothwendigkeit der Neuordnung desselben, s. Lehr- u. Wehrschriften, deutsche. 2. Hft.

KAISER, Friedrich

(F) Die Bedeutung des Versicherungswesens und die Nothwendigkeit der Neuordnung desselben. Von Prof. Friedrich Kaiser. (Deutsche Lehr- und Wehrschriften. Heft II.) Cilli. 1899. Adler. 16°. 19 S. fl. —.20

Kaiser, Friedr., wiener Bilderbuch ohne Text in 16 Blättern, auf Stein gez. (u. illum.) qu. ½ gr. Fol. Wien 837, Müller. *

Kaiser, Friedrich, Die Blumen-Nettel; s.: Theater-Repertoir, Wiener.

—— Dienstbothenwirthschaft, oder Chatoulle und Uhr. Komisches Local-Charakterbild mit Gesang in 2 Aufzügen. (Musik von Hebenstreit.) gr. 12. (95 S. mit 1 Titelbilde in Stahlst.) Wien 852, [Wallishausser's Hoftheater-Druckerei.]

Kaiser, Friedr., Doctor und Friseur, s. Theater-Repertoir, wiener. *

— – Auf dem Eis und beim Christbaum; s.: Theater-Repertoir, Wiener.

Kaiser, Friedrich. Erinnerungen an den Feldzug in der Rheinpfalz und Baden im Jahre 1849 Nach den im Besitze Sr. Majestät des Königs und Sr. Königl. Hoheit des Prinzen von Preußen befindlichen Originalen von Friedrich Kaiser. Herausgegeben ... von L. Sachse & Co. in Berlin [nach 1849].
Tit.; 12 Taf. in Lithogr. gr 2°

Kaiser, Friedrich [Dir. Prof. Dr.]: Die Erziehung der Jugend zur Wahrheit. Ein Wort an d. Eltern unserer Schüler. Barmen, W. Wandt, 1891; 19 S. 8°
Barmen-Wupperfeld, R, P 1891 (468)

Kaiser, Fr., Etwas Kleines, s.: Theater-Repertoir.

– Eine Feindin und ein Freund, s. Theater-Repertoir, Wiener.

— – [illegible] Theater-Repertoir, Wiener.

Theater-Repertoir, Wiener —. 8. Lief.: „Der Freund und die Krone." Romant. Schauspiel in 4 Aufz. von J. W. Lembert. 8. 9te Lieferung: „Zum ersten Male im Theater." Posse in 1 Akte von Friedr. Kaiser. 8. Wien, J. B. Wallishausser 1853. (831).

— **unter dem alten Fritz u. Kaiser Josef. Geschichtlicher Roman. In 24 Lfgn. gr. 8. (1147 S. m. 24 Holzschntaf.) Wien 873. 74. v. Waldheim.** à — 50

— **dasselbe. Volks-Ausg. 24 Hfte. gr. 8. (1147 S. m. je 1 Holzschntaf.) Ebend. 876.** à — 30

Kaiser, Friedr. (II.), ein Fürst. Charakterbild mit Gesang in 3 Akten. 8. (146 S. und 1 Kpfrt.) Wien 850, Wallishausser.

Kaiser, Frdr., die Gefahren der Jugend. (24 S.) 8. Bonn 910. J. Schergens. — 15

Kaiser, Friedr., Geld! Posse mit Gesang in 3 Acten. Nach d. Engl. Bulwer's frei bearb. (Als Manuscript f. sämmtl. Bühnen.) 8. (8¼ B. u. 1 ill. Kpfr.) Wien 842. (Leipzig, Liebeskind.) —

– Unrecht Gut! s. Theater-Repertoir, Wiener.

— Ein Handbüchlein f. den Unterricht in der Sonntagschule. 10 Vorträge, geh. in Hamburg, Berlin 2c. in e. größeren Kreis v. Sonntagschullehrern u. Freunden der Sonntagschule. 2. verb. Aufl. (IV, 112 S.) 8. Witten 907. (Bonn, J. Schergens.) — 75

Ein Handbüchlein für den Unterricht in der Sonntagschule. 10 Vorträge geh. in Hamburg, Berlin &c. in e. größeren Kreis von Sonntagschullehrern u. Freunden d. Sonntagschule von F[riedrich] **Kaiser**, Bonn. 2. verb. Aufl. Witten a. d. Ruhr 1907: Stadtmission. (112 S.) 8° [F.] 07. 17978

—— der baierische Hiesel, s. Theater-Repertoir, Wiener.

– Jagd-Abenteuer, s. Theater-Repertoir, Wiener.

—— Junker und Knecht. Charakterbild mit Gesang in 2 Akten. 8. (116 S. und 1 Stahlst.) Wien 850, Wallishausser.

Kaiser, Friedr., Theater-Director Carl. Sein Leben und Wirken in München und Wien, mit einer entwickelten Schilderung seines Charakters und seiner Stellung zur Volksbühne. 2. Aufl. Wien 854. Sallmayer u. Co. 8. (VII, 101 S.) 15 ngr.

Kaiser, Friedrich, aus Frankfurt a. M.: [I.] Zur Kenntnis der Reduktion α-β ungesättigter Ketone und Synthese eines Bisterpens. [II.] Über das Verhalten von Semicarbazid gegen Mesityloxyd. *Berlin (1899): G. Schade.* (67 S.) 8°
Berlin, Phil. Diss. v. 14. Aug. 1899

Kaiser, Friedr., General Laudon, s. Theater-Repertoir, Wiener.

Kaiser, Friedrich, Leute von der Bank; s.: Theater-Repertoir, Wiener.

— — Localsängerin und Postillon; s.: Theater-Repertoir, Wiener.

Kaiser, Friedr.: Ein Lump, s. Theater-Repertoir, Wiener.

—— Männer-Schönheit. Original-Charakterbild mit Gesang in 3 Akten. 8. (146 S. und 1 Titlkpfr.) Wien 850, Wallishausser.

Kaiser, F.: Meister Maso, s. Theater-Repertoir, Wiener.

Kaiser, Friedrich, Der Mensch denkt —; s.: Theater-Repertoir, Wiener.

– Mönch u. Soldat, s. a. Theater-Repertoir, Wiener.

—— Mönch und Soldat. Charakterbild mit Gesang in 3 Akten. 8. (138 S. und 1 Kpfrt.) Wien 850, Wallishausser.

– ein neuer Monte Christo, s. Theater-Repertoir, Wiener.

Theater-Repertoir, Wiener —. 36. Lieferung. Ein neuer Monte Christo. Original-Charakterbild mit Gesang in 3 Akten, von Friedrich Kaiser. 8. (64 S.) Wien. Druck und Verlag von J. B. Wallishausser. 1854. (4249/1853.)

– Müller und Schiffmeister, s. Theater-Repertoir, Wiener.

— — Gute Nacht, Rosa!; s.: Theater-Repertoir, Wiener.

– Naturmensch und Lebemann, s. Theater-Repertoir, Wiener.

Kaiser, Friedrich, [illegible]; s.: Theater-Repertoir, Wiener.

– Nichts, s. Theater-Repertoir, Wiener.

– Palais und Irrenhaus, s. a. Theater-Repertoir, Wiener.

Kaiser, Friedrich —. Palais und Irrenhaus. Original-Charakterbild mit Gesang in zwei Akten, von — —. Musik von Kapellmeister Karl Binder. (Bühnenmanuskript.) 8. (59 S.) Wien. Druck von Anton Schweiger. 1854

– Schlechtes Papier, s. Theater-Repertoir, Wiener.

—— ein Pfaffenleben. [Abraham a St. Clara.] Ein histor. Volksroman. 2 Bde. in 22 Heften. gr. 8. (456; 552 S., mit 22 Holzschntaf.) Wien 871, v. Waldheim. à Lfg. 50 Pf. 11 —
geb. 15 —

– Zwei Pistolen, s. Theater-Repertoir, Wiener.

—— eine Posse als Medizin. Original-Posse mit Gesang in 3 Akten. 8. (124 S. und 1 Kpfrt.) Wien 850, Wallishausser.

—— der Rastelbinder, oder zehntausend Gulden. Posse mit Gesang in 3 Akten. 8. (100 S. und 1 Titlkpfr.) Wien 850, Wallishausser.

Kaiser, Friedrich, Dir. Prof. Dr.: [Prof. Dr. August Reum, gest. am 2. Pfingsttage 1900, und Prof. Dr. Gustav Bartling, gest. am 17. Sept. 1900.] *Barmen (1901): W. Wandt.* (S. 16—18.) 4°
Barmen-Wupperfeld, OR, P 1901 (530)

— Hans Rehmann; s.: Theater-Repertoir, Wiener.

Kaiser, Friedr. (II.), des Schauspielers letzte Rolle. Posse mit Gesang in 3 Akten. gr. 12. (111 S. und 1 Stahlst.) Wien 851, Wallishausser. Thlr.

Kaiser, Frdr., Sabbat u. Sonntag. 8. (30 S.) Witten 898. Buchh. d. Stadtmission. n. — 25

—— der Schneider als Naturdichter, oder: Der Herr Vetter aus Steiermark. Posse mit Gesang in 2 Akten. gr. 12. (131 S. und 1 Stahlst.) Wien 851, Wallishausser.

— — Alte Schulden; s.: Theater-Repertoir, Wiener.

—— die Schule des Armen, oder: Zwei Millionen. Original-Charakterbild mit Gesang in 4 Akten. 8. (131 S. und 1 Titlkpfr.) Wien 850, Wallishausser.

— ein Seelen-Telegraf, s.: Theater-Repertoir, Wiener.

— — Der Soldat im Frieden; s.: Theater-Repertoir, Wiener.

Kaiser, Friedr. (I.), das Sonnensystem und die Gesetze seiner Bewegung populär dargestellt (und bearb.) von Ch. G. Tröbst. 16. (VI und 85 S.) Weimar 850, Voigt.

—— Stadt und Land, s. a. Theater-Repertoir, Wiener.

Kaiser, Frdr., Stadt u. Land od. Der Viehhändler aus Oberösterreich, s. a. Universal-Bibliothek.

Kaiser, Friedrich — Stadt und Land, oder: Der Viehhändler aus Oberösterreich. Von — —. 2te Auflage, Wien, 1856. Druck und Verlag von A. Pichlers Witwe und Sohn. (104 S. 8. Mit einem Titelbild.)

—— und Dohm, harte Steine. Posse mit Gesang in 3 Acten. Musik von Bossenberger. Sämmtliche Couplets mit Pianofortebegleitung. (Den Bühnen gegenüber als Mscr. gedr.) hoch 4. (15 S.) Berlin 866, Hofmann und Comp. *

—— der Sternenhimmel beschrieben. Nach der 2. holländ. Aufl. übers. von Frz. Schlegel. Mit einem Vorwort von J. F. Encke. gr. 8. (XXX und 409 S.) Berlin 850, G. Reimer.

– Zwischen zwei Stühlen, s. Theater-Repertoir, Wiener.

– Zwei Testamente, s.a. Theater-Repertoir, Wiener.

Kaiser, Friedrich —. Zwei Testamente. Charakterbild mit Gesang in drei Aufzügen. Von — —. Musik vom Kapellmeister Karl Binder. (61 S. 8.) Druck von Friedrich und Komp. Als Manuscript gedruckt und ausschließliches Eigenthum des Theater-Agenten Adalbert Prix in Wien. 1855

— unter 15 Theater-Direktoren. Bunte Bilder aus der Wiener Bühnenwelt. 16. (IV, 286 S.) Ebend. 870. n. 2. —

—— unter funfzehn Theater-Direktoren. Bunte Bilder aus der Wiener Bühnenwelt. 16. (IV, 286 S.) Wien 872, v. Waldheim. * 2 –

— — Tüchlein deck dich; s.: Theater-Repertoir, Wiener.

– Des Krämers Töchterlein, s.a. Theater-Repertoir, Wiener.

Kaiser, Friedrich —. Des Krämers Töchterlein. Charakterbild mit Gesang in 3 Akten. Musik von Carl Binder. (Bühnenmanuscript.) 8. (Falz. 59 S.) (1855.) Druck von M. Lell.

—— ein Traum — kein Traum, oder: Der Schauspielerin letzte Rolle. Posse mit Gesang in 2 Akten. gr. 12. (VIII und 126 S. mit 1 Stahlst.) Wien 851, Wallishausser.

– Verrechnet, s. Theater-Repertoir, Wiener.

Zions Wachtturm oder Millennium. Tagesanbruchslehren. Von Fr[iedr.] Kaiser. Bonn: J. Schergens 1908. (28 S.) 8° [F.] [08. 15435 6

— — Was ein Weib kann; s.: Theater-Repertoir. Wiener.

—— wer wird Amtmann? od.: Des Vaters Grab. Lokales Lebensbild m. Gesang in 2 Acten. 8. (6½ B. u. ill. Ttlkpfr.) Wien 842, Pichler's sel. Wwe. —

—— Die Frau Wirthin, s.: Theater-Repertoir.

—— der Zigeuner. Lokales Lebensbild mit Gesang in 2 Acten. 8. (6 B. u. ill. Ttlkpfr.) Wien 842, Pichler's sel. Wwe. —

– Zum ersten Mal im Theater, s. Theater-Repertoir, Wiener.

Kaiser, Fritz: Kritische Experimentaluntersuchung über die verschiedenen Aufschlussmethoden der Silikate. Untersuchung über die Möglichkeit der Trennung der Magnesia vom Kalium, gegründet auf die verschiedene Löslichkeit der Sulfate in Methylalkohol und Klarlegung der hierbei auftretenden mannigfach verschiedenen Krystalle. 1905. 57 S., 1 Taf. 8° ¶ Vgl. Zeitschrift f. analyt. Chemie. Jg. 52. 1913. S. 86 ff.
Dresden, Dr.-Ing.-Diss. v. 26. 7. 1905

Kaiser, Fritz, prakt. Arzt: Ueber einen Fall von Orbitalphlegmone mit Absceßbildung in der Nasen-, Wangen- und Schläfengegend und mit Beteiligung der Nasenhöhle und des Rachens. Leipzig: W. Engelmann 1905. (29 S.) 8° ¶ (Aus: v. Graefes Archiv für Ophthalmologie Bd 61, H. 3.)
Heidelberg, Med. Fak. Ref. Leber, Diss. v. 4. Mai 1905
[Geb. 30. Mai 78 Konstanz; Wohnort: Dortmund; Staatsangeh.: Baden; Vorbildung: Gymn. Konstanz Reife M. 98; Studium: Straßburg 2, Tübingen 1, Heidelberg 1, Berlin 1, Heidelberg 4 S.; Coll. 4. Mai 05; Approb. 24. Aug. 04.]

Kaiser, G. Grammatische Bemerkungen zu französischen Sprichwörtern, sprichwörtlichen und familiären Redensarten. Köln, Kaiser Wilh.-G., 1874. 22 S. 4. Progr.

Kaiser, G., und J. Höfliger, Gebete und Gesänge, s. Höfliger.

Kaiser, G. F. G., s. Morisoniana.

Kaiser, Gall, Worte der Erinnerung an Hrn. Reg.-Rath Peter Aloys Falk sel. in St. Fiden. Gesprochen bei dessen Beerdigungsfeier den 11. Aug. 1851. 8. (15 S.) St. Gallen 851, Scheitlin & Zollikofer. 2 ngr.

Kaiser, Gallus. Worte der Erinnerung an den verewigten Herrn Fürsprech und Nationalrath Johann Joseph Müller. Gesprochen bei dessen Beerdigungs-Feier in Wyl. den 14. November 1861 8. St. Gallen.

Kaiser, Gallus, Worte der Erinnerung an den verewigten Hrn Leonh. Gmür, Kantonsrichter u. Präsident d. kathol. Administrationsrathes in St. Gallen. Gesprochen bei dessen Beerdigungsfeier in St. Fiden den 15. Aug. 1877. gr. 8. (10 S.) St. Gallen 878. Köppel. n. — 20

Kaiser, Georg: Beiträge zu einer Charakteristik Carl Maria von Webers als Musikschriftsteller. Leipzig 1910: Kreysing. 68 S. 8° ¶ (Ersch. auch als Buch b. Schuster & Loeffler, Berlin & Leipzig.)
Leipzig, Phil. Diss. v. 19. April 1910, Ref. Riemann, Volkelt
[Geb. 1. März 83 Hartmannsdorf b. Limbach; Wohnort: Dresden; Staatsangeh.: Sachsen; Vorbildung: Dreikönigsch. Dresden Reife M. 03; Studium: Leipzig 1, München 1, Leipzig 8 S.; Rig. 18. Febr. 10.] [U 10. 3167

Kaiser, Georg, Grundlegung der kathol. Theologie. gr. 8. (13 B.) Ulm 842. (Wohler'sche Buchh.) —

Kaiser, Geo., „Mein Ideal", s.a. Thalia.

'Mein Ideal'. Schwank in 1 Akt von Georg Kaiser. *Mühlhausen i. Th.: G. Danner [1899].* (32 S.) 8° [F.]
— Thalia. 54.

Kaiser, Georg. Zur Kenntnis der Transsudate und Exsudate bei Tieren unter normalen u. pathologischen Verhältnissen. Diss. Vet.-Med. Bern. *Kopftitel:* Aus dem Königlichen Institut für experimentelle Therapie zu Frankfurt a. M. . . . . 35 S. 8. St. Goar, J. Wilbert, (1909).

Kaiser, Geo., Construction d. gezogenen Geschützrohre. M. 14 Fig.-Taf. (Atlas in Fol.) gr. 8. (VII, 448 S. m. Fig. u. Tabellen.) Wien 892. (L. W. Seidel & Sohn.) n. 20. —

Kaiser, Geo., Construction der gezogenen Geschützrohre. Mit 14 Fig.-Taf. (in gr. Fol.) 2., umgearb. Aufl. gr. 8. (VII, 419 S. m. 1 Tab.) Wien 900. L. W. Seidel & Sohn. n. 30. —

— Construction d. Kriegsfuhrwerke. M. 42 Text-Fig. u. 7 Fig.-Taf. gr. 8. (III, 144 S.) Ebd. 895. n. 6. 60

De fidei principio seu auctoritate dissertatio. Scripa. Georg. Kaiser, G. P. — 1832. Augustae Vindel. In libraria Kollmanniana. — S. 1—52.
Progr. Augsburg

Kaiser, Geo., de fidei principio seu auctoritate dissertatio. 4 maj. (7 B.) Augustae Vindel. 832, Kollmann.

Kaiser, J. G., De fidei principio seu de auctoritate dissertatio. Regensburg, Manz, 1832, 4°, 32 S., Progr. der Studienanst. St. Stephan zu Augsburg.
Recens. Katholik Bd. 54 (1834), S. 240 f.

Kaiser, Geo., de fidei Principio, seu Auctoritate. Dissert. 4 maj. Augsburg 833. Kollmann. 3/8 ₰

Kaiser, Geo., reden ist Silber, Schweigen ist Gold, s.a. Thalia.

Reden ist Silber, Schweigen ist Gold. Scherz in 1 Akt von Georg Kaiser. *Mühlhausen i. Th.: G. Danner [1898].* (24 S.) 8° [F.]
— Thalia. No 41.

— Tantalus od.: Hungrige Liebe, s.a. Bloch's, Ed., Theater-Korrespondenz.

[F.] Tantalus oder: Hungrige Liebe. Schwank in 1 Aufz. v. Georg Kaiser. *Berlin: E. Bloch [1897].* (33 S., 3 Bl.) 1 Bd 8.
— Theater-Korrespondenz, Eduard Blochs. No 297.

Kaiser, Geo., Verschlüsse der Schnellfeuer-Kanonen. Nachtrag zur Construction der gezogenen Geschütze. [Aus: „Mitteilgn. üb. Gegenst. d. Artillerie- u. Genie-Wes."] gr. 8. (III, 86 S. m. 8 Fig.-Taf.) Wien 893. (L. W. Seidel & Sohn.) n.n. 4. —

— Verschlüsse d. Schnellfeuer-Kanonen. Nachtrag zur Construction d. gezog. Geschützrohre. 2., verm. Aufl. gr. 8. (III, 115 S. m. 12 Taf.) Ebd. 896. n. 5. 60

— dasselbe. 1. Nachtrag z. 2. Aufl. [Aus: „Mittheilgn. üb. Gegenstände d. Artillerie- u. Genie-Wesens".] gr. 8. (23 S. m. 3 Fig.-Taf.) Ebd. 898. n. 1. —

Ueber Leipzig, vorzüglich als Universität betrachtet. Ein Beitrag zur Geschichte der Aufklärung in Kursachsen (von *Georg Heinr. Kaiser*). O. O. (Leipzig) 1798. 8°. 58 S. Selten! (12 Mk., Hfrz., Adolf Weigel, 1901.)

Kaiser, Gottlieb Philipp Christian,
s. Kaiser, Theophil Philipp Christian

Kaiser, Gust., Christentum u. Sozialismus. Ein Wort an die Billigdenkenden, hüben u. drüben. Vortrag, geh. am 21. X. 1909 in der Jacobikirche zu Hettstadt a. Harz. (12 S.) 8. Leipzig 910. M. Költz. — 15

Kaiser, Gustav *Heinrich* [aus Nordhausen]: Die Replicatio compensationis nach gemeinem Civilrecht . . . Halle a. S., Hofbuchdr. v. C. A. Kaemmerer & C., 1894; 57 S., 1 Bl. 8.
Halle, Jur. Fak., Inaug.-Diss. v. 21. Juli 1894

Kaiser, Gust. Adam, rette deine Seele, s.: Nitsch, Geo.

Kaiser, Gust. Adam, 70 Sendschreiben üb. Errettung u. Heiligung, s.: Nitsch, Geo.

Kaiser, H., kirchliche Andachten. Eine Sammlg. v. Ansprachen f. die Nebengottesdienste des christl. Kirchenjahres. Unter Mitwirkung zahlreicher Geistlicher der evangel. Landeskirche im Großherzogt. Sachsen hrsg. gr. 8. (VI, 313 S.) Gotha 900. Hamburg, G. Schloeßmann. n. 4. —; geb. n. 5. —

Kaiser, H. (H.), die Anfangsgründe der Determinanten in Theorie und Anwendung. Zur Selbstbelehrung leichtfasslich bearb. gr. 8. (VII, 41 S.) Wiesbaden 882, Bergmann. *

Kaiser, H. Prakt. Anleitg. z. Unterr. im Stoßfechten. Berlin 1872.

Kaiser, H., analytische Auflösung der isoperimetrischen Aufgabe Steiners f. e. Polygon auf e. gegebenen abwickelbaren Oberfläche bei gegebenen Grenzbedingungen [Crelles Journal Bd. 24, No. 66]. gr. 8. (24 S.) Leipzig 884. (Jena, Deistung.) — 60

Kaiser, H., die Bedeutung der Taufnamen, s. F. Arzerodt, wie soll man das Kindlein heißen?

—— und L. Schmerbach, (20 lithogr.) orthographische und calligraphische Blätter aus biblischem Stoffe zusammengestellt. Ein Handbuch für Schüler, welche das Wort Gottes lieb haben und nach demselben unter Anleitung ihrer Lehrer nicht nur richtig, sondern auch schön schreiben lernen wollen. qu. 4. Langensalza 854, Klinghammer. *

— — (2. Aufl.) Langensalza 858. Hentschel. 7½ ngr.

—— und C. Hentschel, das Büchlein der Wochensprüche und Wochenverse. Mit Rücksicht auf Luther's Katechismus, die bibl. Geschichten und die kirchl. Zeit besonders auf untere Schulklassen im Sinne der preuß. Regulative bearb. 8. (IV und 76 S.) Langensalza 856(57.) (Erfurt, Villaret.) *

— die Determinanten, f. den ersten Unterricht in der Algebra bearb. gr. 8. (23 S.) Wiesbaden 885. Bergmann. n. 1. —

— Einführung in die neuere analytische u. synthetische Geometrie. Für das Selbststudium leichtverständlich ausgearb. Mit 83 Holzschn. im Text u. 3 lith. Taf. gr. 8. (VIII, 190 S.) Ebend. 887. n. 6. 70

—— und Fr. Georgi, die Elemente d. Kopf- u. Tafelrechnens, nach e. neuen, durch d. Erfahr. bewährten Methode bearb. Ein Leitfaden f. Lehrer an Elementarschulen u. z. Selbstunterr. 8. (12 B.) Sondershausen 830, Eupel.

Kaiser, H., die Formen d. Büchersprache. Ein Handbuch f. Elementarlehrer bei Sprech-, Sprach- u. Schreibübungen, so wie ein Lesebuch f. Schüler. I. Curs. Enth.: den einfachen Satz u. kleine Erzählungen in den Formen desselben. gr. 8. (8¼ B.) Leipzig 818, Gebr. Reichenbach.

Formulare zur vorläufigen Anordnung der Schutzmassregeln beim Seuchenausbruch. (II.) (Die Formulare sind nach der Bundesrats-Instruktion vom 27. Juni 1895 umgearbeitet.) 1. Maul- und Klauenseuche. 2. Milzbrand. 3. Rotz. 4. Lungenseuche. 5. Räude. 6. Schweineseuche, Schweinepest, Rotlauf. Berlin 95. Schoetz. 1 Exempl. à 5 Pf., 100 St. M. 3.–

Kaiser, H., faßl. Fundamentallehre f. d. Unterr. in d. deutschen Sprache. 2. Ausg. 8. (7 B.) Quedlinburg 840, Ernst'sche Buchh.

Kaiser, H., kleine Fundamentallehre f. d. Unterr. in d. deutschen Sprache. Nach d. besten Schriften d. neuesten Zeit f. Bürger- u. Landschulen bearb. 8. (7 B.) Quedlinburg 834, Ernst.

—— Gedächtnißübungen f. d. Jugend. Eine zweckmäß. Auswahl v. Denksprüchen, Gebeten, Fabeln, Liedern u. Erzähln. Ein Buch f. Schule u. Haus. 8. (6 B.) Quedlinburg 830, Basse.

– u. C. Hentschel

—— —— der Preußen Gedenktage, s. Hentschel, C.

—— der kleine Geograph, od. Lehrbuch der Erdbeschreibung. Ein Leitfaden f. Lehrer u. ein Memorienbuch f. Schüler; nach Blanc, Volger, Hoffmann u. Raumer. 2., verm. u. verb. Aufl. 8. (8¾ B.) Leipzig 844, Drobisch.

Kaiser, H., der Geschichtsfreund. Erzählungen aus der alten, mittlern und neuen Geschichte. Ein Buch für Schule und Haus. 1.—4. Thl. gr. 8. Langensalza, Verlags-Comptoir. [1. Thl. (XII und 148 S.) 863. 12 Ngr., 2. Thl. (VIII und 150 S.) 863. 12 Ngr., 3. Thl. (280 S.) 865. 22½ Ngr., 4. Thl. (VIII und 420 S.) 867. 1 Thlr.]

Kaiser, H., der Geschichtsfreund. Erzählungen aus der alten, mittleren u. neuen Geschichte. Ein Buch für Schule u. Haus. 1—4. Thl. Langensalza, Verlags-Comptoir. gr. 8. [1. Thl. 2. Aufl. (VIII, 160 S.) 869. 12 ngr, 2. Thl. (VIII, 152 S.) 869. 12 ngr, 3. Thl. (280 S.) 865. 22½ ngr, 4. Thl. 1 u. 2. Aufl. (VIII, 420 S.) 867. 1 Thlr.] 2 Thlr. 16½ ngr

Kaiser, H. (II.), der Geschichtsfreund. Erzählungen aus der alten, mittlern und neuern Geschichte. Ein Buch für Schule und Haus. 4 Thle. 2. verm. und verb. Aufl. gr. 8. Langensalza, Beyer und Söhne. [1. Thl. (VIII, 160 S.) 869. M. 1,20.; 2. Thl. (VIII, 152 S.) 869. M. 1,20.; 3. Thl. (VIII, 292 S.) 870. M. 2.; 4. Thl. (VIII, 437 S.) 869. M. 3.] 4 40

Kaiser, H. (I.), der Geschichtsfreund. Erzählungen aus der alten, mittlern und neuern Geschichte. Ein Buch für Schule und Haus. 2. Aufl. 5. Thl., enth. der Deutschen und Franzosen Gedenktage aus den J. 1870 und 1871. gr. 8. (V, 119 S.) Langensalza 877, Beyer und Söhne.
1.–4. Thl. Ebendas. 1869,70. M. 7,40.

—— Hand- und Hilfsbuch der deutschen Sprache in alphabetischer Reihenfolge. Ein Rathgeber für Jedermann, vorzüglich für Lehrer. Enth. die wichtigsten Regeln der Grammatik, Orthographie, Interpunction rc. 8. (IV, 188 S.) Ebendas. 868. 1 50

– u. L. Schmerbach

—— —— Handwörterbuch für den historischen und doctrinellen Religionsunterricht, s. a. Handwörterbuch.

— und L. Schmerbach, Handwörterbuch für den historischen doctrinellen Religionsunterricht. Nach den neuesten und besten Quellen bearb. u. unter Mitwirkung Mehrerer herausg. Mit e. Vorw. von W. Thilo. 2. verb. u. verm. Aufl. Leipzig 854. G. Mayer. Lex.-8. (VIII, 816 S.) 2 Thlr. 15 ngr

[Umschlagt.:] Karte der Insel Rügen nebst 4 Specialkt. in Farbendr. Nach d. neuesten Aufnahmen gezeichnet v. H. Kaiser ... *Greifswald: F. Bärwolff [1898].* (5 Ktnbl.) 1 Bd 8. [98. 735]

Kaiser, H. (I.), Compendium der physiologischen Optik. Für Mediciner und Physiker bearb. gr. 8. (XVIII, 368 S. mit 3 lithogr. Taf. in gr. 8. und qu. 4. und 112 eingedr. Holzschn.) Wiesbaden 872, Kreidel's Verlag. * 7 20

Kaiser, H. (II.), über Constanz der Rasse und Individual-Potenz bei Vererbung der Thiere. Inaugural-Dissertation. gr. 8. (27 S.) Marburg 877. (Göttingen, Vandenhoeck und Ruprecht's Verlag.) *

Kaiser, H. (III.), das Kurverfahren bei der Schafräude. Eine gemeinverständl. Anleitung zur erfolgreichen Ausführung desselben. 1. und 2. Aufl. gr. 8. (22 S.) Marburg 883, Elwert'sche Verlagsh. *

– u. K. Hentschel

— — Lebensbeschreibungen berühmter Männer und Frauen, eine ergänzende u. erläuternde Schrift zu dem Werkchen: „Der Preußen Gedenktage." Ein Buch für Schule u. Haus. (In 2 Liefgn.) 1. Liefg. Langensalza 858. Schulbuchhandlung. gr. 8. (IV, 91 S.) 7½ ngr

— und K. Hentschel, Lebensbeschreibungen berühmter Männer und Frauen. Eine ergänzende u. erläuternde Schrift zu dem Werkchen: „Der Preußen Gedenktage." Ein Buch für Schule u. Haus. 2. Heft. Ebend. 860. gr. 8. (95 S.) 7½ ngr

—— Lehrbuch der Erdbeschreibung. Ein Leitfaden für Lehrer und ein Handbuch für Schüler in Bürger- und Realschulen, Gymnasien und Seminarien. 3., sehr verm. und verb. Aufl. gr. 8. (VIII und 151 S.) Langensalza 862, Verlags-Comptoir.

—— Lehrbuch der Erdbeschreibung. Ein Leitfaden für Lehrer und ein Handbuch für Schüler in Bürger- und Realschulen, Gymnasien rc. 4. Aufl. neu bearb. von Wilh. Ulrich. 8. (VIII, 198 S.) Ebendas. 869. 1 20

Kaiser, H., Lehrgang für den Unterricht in der Rechtschreibung und Zeichensetzung, sowie Materialien zu Memorir- und Dictirübungen rc. Nebst einem Anhang, enthaltend: Andeutungen zur methodischen Behandlung des Sprachunterrichts. 8. (VIII und 152 S.) Langensalza 855(56,) Schulbuchhandlung des thüringer Lehrer-Vereins.

Kaiser, H., Lehrgang für den Unterricht in der Rechtschreibung und Zeichensetzung, sowie Materialien zu Memorir- und Dictirübungen rc. Nebst einem Anhang, enthaltend: Andeutungen zur method. Behandlung des Sprachunterrichts. 2. Aufl. 8. (VIII und 158 S.) Langensalza 857, [Schulbuchhandlung von Greßler.]

– s.a. Naturgeschichte des Mineral-, Pflenzen- u. Thierreichs.

— Naturgeschichte des Mineral-, Pflanzen-, u. Thierreichs. Ein Lehrbuch für Bürger- u. Landschulen, sowie auch zur Selbstbelehrung für Erwachsene. 2. Ausg. durchgesehen u. verm. von L. A. Liegel. Ebend. 863. 8. (240 S.) 18 ngr

— Naturgeschichte des Mineral-, Pflanzen- u. Thierreichs. Ein Lehrbuch für Bürger- u. Landschulen, sowie auch zur Selbstbelehrung für Erwachsene. 3—5. verm. u. verb. Ausg. Ebend. 865—70. 8. (VI, 277 S.) 18 ngr

—— Naturgeschichte des Mineral-, Pflanzen- und Thierreichs. Ein Lehrbuch für Bürger- und Landschulen sowie auch zur Selbstbelehrung für Erwachsene. 5. Aufl. (IV, 268 S.) 1870, und 6. verm. und verb. Aufl. 8. (291 S.) Ebendas. 873. 1 80
—— dass. — 7. bedeutend verm. Aufl. 8. (303 S.) Ebendas. 874. * 2 —

— Naturgeschichte des Mineral-, Pflanzen- und Thierreichs. Ein Lehrbuch für Bürger- und Landschulen, sowie auch zur Selbstbelehrung für Erwachsene. 8. verm. und verb. Aufl. gr. 8. (III, 242 S.) Ebendas. 877.

— Naturgeschichte des Mineral-, Pflanzen- u. Thierreichs. Ein Lehrbuch für Bürger- u. Landschulen, sowie auch zur Selbstbelehrung für Erwachsene. 9., verm. u. verb. Aufl. gr. 8. (III, 242 S.) Ebend. 881. n. 2. —

—— der kleine Naturhistoriker, s. Naturhistoriker.

Kaiser, H., s.: Quellen u. Darstellungen zur Geschichte der Burschenschaft u. der deutschen Einheitsbewegung.

Kaiser, H., neue Rechen-Fibel, oder: Die Elemente des Kopf- und Tafelrechnens im Zahlenraume von 1 bis 100. Ein methodischer Leitfaden für Elementarlehrer, besonders auch für solche Väter u. Mütter, welche der Schule gern vorarbeiten. Langensalza 858. Hentschel. gr. 8. (2 Bl., 44 S.) 2 ngr.; mit 3 Wandtafeln (in gr. Fol.) 8 ngr.; die Wandtafeln einzeln à 2 ngr.

—— Rheinreise in Gesellschaft mehrerer Lehrer aus Thüringen gemacht und Aufenthalt in der Lehrerversammlung zu Mannheim. Mit einer Rede des Herrn Schulrathes Dr. Karl Schmidt aus Gotha über das Thema: „Was hat die Schule zur Erweckung und zur Pflege der Vaterlandsliebe zu thun?" Nebst einem erheit. Anh. gr. 8. (VIII und 56 S.) Langensalza 863, Verlags-Comptoir.

Kaiser, H., die Sonn- u. Festtage des christlichen Kirchenjahres, nach ihrer Entstehung u. Bedeutung, m. beigegebenen, auf das betr. Evangelium bezügl. Sprüchen u. Liederversen. Für Schule u. Haus. 8. (VII, 96 S.) Quedlinburg 879. Basse. n. 1. 50

Kaiser, H., die Sonn- u. Festtage d. christlichen Kirchenjahres, nach ihrer Entstehg. u. Bedeutg., m. beigegebenen, auf das betreff. Evangelium bezügl. Sprüchen u. Liederversen. Für Schule u. Haus. 2. (Titel-)Aufl. 8. (VII, 96 S.) Quedlinburg 889. [Basse.] Braunschweig, Wollermann. n. 1. —

— Sonntagsklänge. Eine Sammlg. v. Nachmittagspredigten zum Vorlesen in Landgemeinden. Hrsg. v. K. 7 Hfte. gr. 8. (IV, 857 S.) Gotha 902. Verlagsbureau. n. 4. 50; geb. n. 5. 50

Kaiser, H., Sonntagsklänge. Eine Sammlg. v. Nachmittagspredigten zum Vorlesen in Landgemeinden. Hrsg. v. K. (Neue [Titel-]Ausg.) (VI, 855 S.) gr. 8. Gotha [902] (905). F. E. Perthes. n. 4. 50; geb. n.n. 5. 50

Ⓑ **Kaiser, H.**, Sonntagsklänge. 905. (KBL 33.) Jetzt: Leipzig, O. Hinly.

— kleine deutsche Sprachlehre. Nach Becker- und Wurstschen Grundsätzen bearb. für Stadt- u. Landschulen u. ihre Lehrer. 2. verm. u. verb. Aufl. 8. Ebend. 843. 1/4 ₰ — 3. Ausg. 8. Penig 844. (Leipzig, Kollmann.) 1/4 ₰

—— kleine deutsche Sprachlehre. Nach Becker- und Wurstschen Grundsätzen bearb. für Stadt- und Landschulen und ihre Lehrer. 4. Ausg. (X und 112 S.) 1852. 7½ Ngr. und 5. Ausg. 8. (XII und 128 S.) Langensalza 853, Schulbuchhandlung des thüringer Lehrer-Vereins.

—— kleine deutsche Sprachlehre. Nach Becker- und Wurstschen Grundsätzen bearb. für Stadt- und Landschulen und ihre Lehrer. 6. Ausg. 8. (VIII und 128 S.) Langensalza 858, [Schulbuchhandlung von Greßler.]

—— kleine deutsche Sprachlehre. Nach Becker- und Wurst'schen Grundsätzen bearb. für Stadt- und Landschulen und ihre Lehrer. 7. Aufl. 1862. und 8. Aufl. 8. (VIII und 128 S.) Langensalza 866, Schulbuchh. von Greßler.

-- (Hrsg.), s. Statut für den Börsenverein der Deutschen Buchhändler zu Leipzig. Entwurf.

—— Preuß. Vaterlandskunde; od. Geographie u. Geschichte d. preuß. Staates. Ein Lehr- u. Leseb. f. Preuß. Schulen. 8. (7 B.) Quedlinburg 831, Basse.

— kalligraphische Vorlegeblätter religiösen Inhalts. Mit Rücksicht auf das christl. Kirchenjahr herausg. 1. Heft. Deutsche Schrift. Langensalza (858.) Hentschel. 4. (8 lith. Bl.) 5 ngr.

—— kalligraphische Vorlegeblätter. 2. Heft, s. Vorlegeblätter, kalligraphische.

— die gleich- und ähnlichlautenden Wörter der deutschen Sprache, ein vorzügliches Lehrmittel zur Schärfung des Gehörsinnes, zur Beförderung des Sprachverständnisses u. der Rechtschreibung. Langensalza (858.) Hentschel. 8. (112 S.) nn. 7½ ngr.

—— die gleich- und ähnlich-lautenden Wörter der deutschen Sprache, ein vorzügl. Lehrmittel zur Schärfung des Gehörsinnes, zur Beförderung des Sprachverständnisses und der Rechtschreibung. 8. (112 S.) Langensalza 858, [Verlags-Comptoir.] * *

—— die gleich und ähnlich lautenden Wörter der deutschen Sprache, ein vorzügl. Lehrmittel zur Schärfung des Gehörsinnes, zur Beförderung des Sprachverständnisses und der Rechtschreibung. 2., verb. und verm. Aufl. 8. (122 S.) Langensalza 866, Verlags-Comptoir.

Kaiser, H. A., eine Schreckensnacht vor der Hochzeit, s. Familien-Bibliothek.

Kaiser, H. E. Adnotationum ad quosd. Hor. locos specim. I. (Od. I. 1, 6—7. 2, 13—14.) 8 S. . . . .
Lauban, Progr. 1830

Kaiser, H.E.: Bemerkungen zur Metrik in Ferd. Schulz lateinischer Grammatik. 12 S. -- Brieg, Progr. 1858.

Kaiser, H. E. Bemerkungen zu einigen Stellen im 1. Anhange zu Zumpts latein. Gramm. 1ste Abthlg.: Von der Metrik. 9 S. .
Brieg, Progr. 1835

Kaiser, H. E. Carolo Matthissoni, directori, muneris professorii memoriam recolenti, gratulantur gymn. Bregensis praeceptores, interprete H. E. Kaiser.
(Enth. aus einem alt. Ms., welches den leges et constitutiones Scholae Bregensis von Sickius v. J. 1581 beigefügt war: 1) 1 Brief der Lehrer an d. Herzog Joachim Friedrich von Brieg, üb. Beilegung mehrerer unter ihnen entstandener Streitigkeiten. 2) Die leges convivales, über d. gemeinsame Tafel der Lehrer, nebst Bemerkungen, wie lange diese bestanden. [Beides wahrscheinlich aus d. J. 1595 oder 96]) 5 S. . . . .
Progr. Brieg 1840

Kaiser, H. E. De Cod. msto Athenagorae Laubanensi disser. ejusq. var. lect. enot. 12 S. . . . .
Brieg, Progr. 1833

Kaiser, H. E. S. F. N. Mori, theologiae quondam doctoris et Professoris in Acad. Lipsiensi, Epistolae familiares octo ad Beckertum, Gymn. Lauban. praeceptorem, scriptae, (c. notis edid. ex biblioth. Gymnas.) 9 S.
Lauban. Progr. 1829

Kaiser, H. E. De Melchiore Laubano gymnasii Bregensis quondam Rectore. 7 S.
Brieg. Progr. 1854

Kaiser, H. Ed. Nachricht von den bei der Stadtbibliothek zu Lauban befindlichen antiken römischen Münzen. I. II. . . . .
Lauban. Progr. 1827, 1828

Kaiser, H. E. Noch ein Wort über des angeblichen Valentin Gierth Denkwürdigkeiten aus dem Leben der Herzogin Dorothea Sibylla von Liegnitz und Brieg. 12 S. . . . .
Brieg. Progr. 1839

Kaiser, Hans, Anleitung zum Ordnen u. Beschreiben v. Archiven, s.: Muller Fs. 8.

Kaiser, Hans: Der collectarius perpetuarum formarum des Johann von Gelnhausen. *Strassburg i. E. 1898: Ch. Müh & C.* (160 S.) 8°
Strassburg, Phil. Diss. v. 1898

Kaiser, Hans, der collectarius perpetuarum formarum d. Johann v. Gelnhausen. gr. 8. (161 S.) Strassburg 898. Schlesier & Schweikhardt. n. 3. —

Kaiser, Hans, s.: Geylnhusen, Joh., de, Collectarius.

Kaiser, Hans, die Pflüger in Halle. Festschrift zum 60jähr. Stiftungsfest der Burschenschaft. (III, 114 S. m. 6 Taf.) gr. 8. Halle 903. (M. Niemeyer.) n. 2. —

Kaiser, Hans: Ueber metallisches Titan. 1909. 103 S. 8° ¶ Ausz. in: Zeitschrift f. anorgan. Chemie. Bd 65. 1910.
München, Dr.-Ing.-Diss. v. 1. 3. 1909

Kaiser, Hartm. Vide: Weicker, Dr. Will.: Gutachten.

Kaiser, Hedw., der Küchenzettel. 100 prakt. Anweisgn. zur Bereitg. schmackhafter, gewählter u. doch wohlfeiler Kost f. den bürgerl. Mittagstisch m. besond. Rücksicht auf den bescheideneren Haushalt. 12. (88 S.) Bern 891. J. Heuberger's Verl. Geb. in Leinw. n. 1. —

Kaiser, Heinrich [aus Gundernhausen bei Darmstadt]: Beiträge zur Kenntniss des Acetessigesters. Anhang: Ueber die Einwirkung von Natriumaethylat auf Benzaldehyd . . . . Göttingen, Druck d. Univ.-Buchdr. v. E. A. Huth, 1887; 48 S. + 1 Bl. 8°
Göttingen, Phil. Fak., Inaug.-Diss. v. 9. Dez. 1887

Kaiser, H., Beiträge zur Kenntniss d. Acetessigesters. Anh.: Ueber die Einwirkung v. Natriumaethylat auf Benzaldehyd. Inaug.-Diss. gr. 8. (48 S.) Göttingen 887. (Vandenhoeck & Ruprecht's Verl.) n. 1. 20

Kaiser, *Heinrich* [app. Arzt aus Düren im Rheinl.]: Ein Fall von Seltener Herzmissbildung . . . *Düren, Druck v. R. Hamel jun., 1896;* 24 S. 8.
München, Med. Fak., Inaug.-Diss. v. 1896

—— der Haus-Poet. Enth. Weihnachts-, Neujahrs-, Geburtstags-Gedichte etc. Gesammelt und zum Theil selbst bearb. 1. Aufl. (VIII, 128 S.) 1868; 2. Aufl. (VIII, 150 S.) 1869, und 3. verb. und verm. Aufl. gr. 8. (X, 144 S.) Ebendas. 875. 1 20

— der Haus-Poet, enth. Weihnachts-, Neujahrs-, Geburtstags-Gedichte etc. Gesammelt und zum Theil selbst bearb. 4. verb. und verm. Aufl. gr. 8. (VIII, 132 S.) Ebendas. 878.

Kaiser, H. (I.), der Haus-Poet. Gedichte für den Gebrauch in den verschiedensten Lebenslagen. Gesammelt und zum Teil selbst bearb. 5. verb. und verm. Aufl. gr. 8. (VIII, 132 S.) Langensalza 881, Beyer und Söhne.

Kaiser, H., der Haus-Poet, enth. Weihnachts-, Neujahrs-, Geburtstags-Gedichte etc. Gesammelt u. zum Theil selbst bearb. 5., verb. u. verm. Aufl. gr. 8. (VIII, 132 S.) St. Gallen 881. Köppel. 1. 20

Kaiser, H. (I.), der Haus-Poet. Gedichte für den Gebrauch in den verschiedensten Lebenslagen. Gesammelt und zum Teil selbst bearb. 6. Aufl. gr. 8. (X, 138 S.) Langensalza 884, Beyer und Söhne.

Kaiser, Heinr. Der Haus-Poet. Gedichte f. den Gebrauch in den verschiedensten Lebenslagen. Gesammelt u. zum Tl. selbst bearb. 7. verb. u. verm. Aufl. gr. 8. (X, 142 S.) Langens. 892, Beyer u. Söhne. 1 20

Kaiser, Heinr. Lehrbuch der Physik für Studierende. 2. A. Stuttgart 1891.

Kaiser, Heinr. Lehrbuch der Spectralanalyse. Berlin 1883.

—— gemeinverständlicher Leitfaden der Anatomie und Physiologie der Haussäugethiere. Zum Gebrauche an landwirthschaftl. Lehranstalten. gr. 8. (VI, 146 S. mit 145 in den Text gedr. Holzschn.) Berlin 880, [Wiegandt, Hempel und Parey.] Parey. *

Kaiser, H. (III.), gemeinverständlicher Leitfaden der Anatomie und Physiologie der Haussäugethiere. Zum Gebrauche an landwirthschaftl. Lehranstalten bearb. 2. Aufl. gr. 8. (VIII, 164 S. mit 147 in den Text gedr. Holzschn.) Berlin 885, Parey. geb. *

[S.] Gemeinverständlicher Leitfaden der Anatomie und Physiologie der Haussäugetiere. Z. Gebr. an landwirtsch. Lehranst. bearb. v. Dr. H[einr.] Kaiser, Prof. . . . in Hannover. 3. Aufl. M. 147 in d. Text gedr. Holzschn. *Berlin: P. Parey 1896.* (VIII, 168 S.) 1 Bd 8.

Kaiser, H., gemeinverständlicher Leitfaden der Anatomie u Physiologie der Haussäugetiere. Zum Gebrauche an landwirtschaftl. Lehranstalten bearb. 4. Aufl. (VII, 175 S m. 148 Holzschn.) 8. Berlin 905. P. Parey.
Geb. in Leinw. n. 4. —

— über Scabies bei den Haussäugethieren, speciell bei den Schafen, s.a. Vorträge für Thierärzte.

— Über Scabies bei den Haussäugetieren, speziell bei den Schafen. (48 S.) S.-A. Jena 82. Dege & Hänel. (Dürselen, Wiesbaden.) M. 1.50

Kaiser, Heinr., Sportbilder. Humoresken u. Novelletten. Mit Portr. d. Autors u. vielen Illustr. gr. 8. (V, 167 S.) Dresden (901). E. H. Meyer. 1. 50

Kaiser, Heinr. Wilh., die Persönlichkeit des Eigenthums in Bezug auf den Socialismus u. Communismus im heutigen Frankreich. gr. 8. (5¼ B.) Bremen 843, Kaiser. *

Kaiser, Herm., populäre Anleitung zur Differential- und Integral-Rechnung mit Anwendung auf Geometrie, Physik und Mechanik. gr. 8. (VIII und 67 S. mit 1 Stnt. in 4.) Darmstadt 854, Leske. *

—: Bericht über die Einweihungsfeier. S. 7—13. 4.
Progr. Zweite städt. Realschule *Dresden (Seevorstadt)* 1904 (655).

Kaiser, Hermann, Dir. Dr.: Beschreibung des neuen Realschulgebäudes. Bericht über die Einweihungsfeier. Dresden 1904: B. G. Teubner. (S. 1—13.) 4°
Dresden, 2. st. R OP 1904 (655)

Kaiser, Herm. Differenzial- und Integralrechnung. Darmstadt 1854.

Kaiser, Herm., Entwurf eines Gesetzes für den norddeutschen Bund zum Schutze der Orig.-Photographien gegen unbefugte Nachbildung. gr. 8. Berlin 868, G. W. F. Müller. *

Kaiser, Herm., Entwurf eines Gesetzes für den norddeutschen Bund zum Schutze der Orig.-Photographien gegen unbefugte Nachbildung. Nebst Erläuterungen u. einer Denkschrift über die Schutzberechtigung der Orig.-Photographien. Berlin 868. Schroeder. gr. 8. (72 S.) n. 15 ngr.

Kaiser, Herm., die preußische Gesetzgebung in Bezug auf Urheberrecht, Buchhandel und Presse. Zusammenstellung aller auf diesen Gebieten zur Zeit gültigen Gesetze und Verordnungen nebst gerichtl. Entscheidungen, Anmerkungen und Erläuterungen. gr. 8. (XLIV und 304 S.) Berlin 862, Schroeder's Verlag. *

— die preußische Gesetzgebung in Bezug auf Urheberrecht, Buchhandel u. Presse. Zusammenstellung aller auf diesen Gebieten zur Zeit gültigen Gesetze u. Verordnungen nebst gerichtl. Entscheidungen, Anmerkungen u. Erläuterungen. Ergänzungsheft. Ebend. 865. gr. 8. (XXIII, 168 S.) n. 1 ℛ

Kaiser, Hermann: Über die Schöpfungsgedichte des Chr. de Gamon und Agr. d'Aubigné und ihre Beziehungen zu du Bartas' „Premiere Sepmaine“ ... Bremen, M. Nössler's Buchdr., 1896; 3 Bl., 41 S. 8.
Rostock, Phil. Fak., Inaug.-Diss. v. [21. Mai] 1896

Kaiser, Herm. (Kayser). Zur Syntax Molieres. Kiel 1885.

Kaiser, Herm., das Rothstein'sche System der Gymnastik in seiner Stellung zur deutschen Turnkunst. Ein Wort zur Verständigung an alle Freunde geordneter Leibesübungen. gr. 8. (58 S.) Berlin 861, Schröder's Verlag. *

Kaiser, Herm., s.: Volksabende.

Kaiser, Hubert [approb. Arzt aus Roerkempen bei Aachen]: Ueber die Psammome an der dura mater des Gehirns .... Würzburg, A. Memminger'sche Buchdr., 1886; 24 S. 8°.
Würzburg, Med. Fak., Inaug.-Diss. v. 1886.

Kaiser, J., deutsche Fibel u. Lesebuch f. die Unterstufe der Volksschulen. Nach der Schreiblesemethode bearb. gr. 8. (90 S.) Berlin 874. Muskalla. n. — 40; geb. n. — 50

Kaiser, J. (I.), deutsche Fibel und Lesebuch für die Unterstufe der Volks-Schulen. Nach der Schreiblesemethode bearb. 2 Thle. 8. Berlin 881, Schwartz'sche Buchh. à Thl. * 40 Pf. * geb. à Thl. * 50 Pf. *
Inhalt:
Thl. 1. Fibel. 2. und 3. verb. Aufl. (120 S. mit eingedr. Holzschn.)
" 2. Lesebuch. 2. verb. Aufl. (128 S.)

Kaiser, J., deutsche Fibel und Lesebuch für die Unterstufe der Volks-Schulen. Nach der Schreiblesemethode bearb. [In 2 Tln.] 1. Tl. 4. verb. Aufl. 8. (116 S. mit Illustr.) Berlin 886, Oehmigke's Verlag. * 40 Pf.; geb. *
2. Tl. Ebendas. 1881. * 40 Pf.; geb. * 50 Pf.

Kaiser, J., Hilfsbüchlein zu Dr. Karl Ploetz' Elementarbuch der französischen Sprache. Zur Wiederholung u. festeren Einprägung der gleich- u. ähnlich laut. Vokabeln von Lektion 1 bis 78. 12. (VI, 35 S.) Essen 881. Silbermann. n. — 50

Kaiser, J. Unsere Jugend und ihre Bildung für das Leben. Waidhofen a/Y., R.. 1876. 27 S. Progr.

— Lesebuch für die Unterstufe der Volksschule. [2. Tl. der deutschen Fibel.] 2., verb. u. m. Berücksicht. der für die preuß. Schulen angeordneten Orthogr. hrsg. Aufl. 8. (128 S.) Ebend. 881. n. — 40; geb. n. — 50

Kaiser, J. Medizinische Statistik des großherzogl. badischen Armee-Korps für die 43 Jahre 1827—1869. Karlsruhe 1871. 79 S.

Kaiser, J.: Privilegirtes Kaiser'sches Subselliensystem für Unterrichts-Anstalten. München 1876. 20 S. m. Abb.

Kaiser, J., Was ist die Religion für den Arbeiter? Ansprache gehalten auf Ostermontag 1878, an die Fabrikarbeiter von Pulvermühl, in der Münsterpfarrkirche zu Luxemburg. 32. (22 S.) Luxemburg 878, Brück.

Kaiser, J. A.

— Ueber einige chemische Apparate des Laboratoriums der St. Galler Kantonsschule. St. Gallen 1881 (1882.)
Progr.

Kaiser, J. A., Ein Beitrag zum Nachweis des Arseniks in gerichtlichen Fällen. St. Gallen 1875.
Progr.

— Die Cyan-Verbindungen. St. Gallen 1887.
Progr.

— Ueber die Form des Sonnenbildes, St. Gallen 1881 (1882).
Progr.

— die vorzügl. Sauerquellen in Graub. 8. Zürich 826, Orell.

Kaiser, J. A., Ueber die astronomisch-geographische Säule im Hofe der Kantonsschule in St. Gallen. St. Gallen 1881 (1882).
Progr.

Kaiser, J. A. Chemische Untersuchung des Agaricus muscarius L. etc. Solothurn 1862.

— J. Ant. (Gamensis ex pago St. Galli), De medicina populari. Tentam. med.-chir. Präs. D. G. Aug. Bertele. Landshut (Joseph Thomann) 1816. 16 S., tlws. dtsch. (5.50) 17381

Kaiser, J. G., s. Kaiser, Georg

Kaiser, J. J., Die menschliche Seele. Neuburg a. d. Donau, 1845, 4°, 20 S., Programm.

Schweizerische Costumes- und Fahnen-Fabrik [und] Verleih-Institut J. Louis Kaiser, Basel.... Catalog №21. [Illustriert.] IV + 112 S. 8. Aarau und Lausanne, Müller & Trüb, [1902].

Kaiser, Jak., Rathgeber in Schulangelegenheiten. gr. 8. (81 S.) Budweis (Reichsstr. 20) 902. Verlagsanstalt „Moldavia“. —25

Kaiser, Jacob s. Sammlung: Amtliche S' der ältern Eidgenössischen Abschiede. Lucern ... u. Amtliche S' der neuern Eidgenössischen Abschiede. Bern.

[Kaiser, Jacob.] Kurzer Wegweiser durch die Stadt Bern. Den von der Murtenschlacht-Feier heimkehrenden Zöglingen der Kantonsschule in Chur gewidmet von ihren Landsleuten in Bern. [Mit 1 Plan.] 8. Bern 1876.

Kaiser, Jean: Was ist die Religion für den Arbeiter? Ansprache gehalten auf Ostermontag 1878, an die Fabrikarbeiter von Pulvermühl, in der Münsterpfarrkirche zu Luxemburg und allen Arbeitern seines Heimathländchens gewidmet. Mit bischöflicher Approbation. Luxemburg: Pet. Brück 1878. 22 S. 12°

Kaiser, Joh., Chronik der Wiener evangel. Gemeinde Augsburger Bekenntnisses, s.: Reuß, C.

Kaiser, Johann Anton

Kaiser, (J. A.,) die Heilquelle zu Pfäffers, ein histor.-topograph. u. heilkundiger Versuch. 8. Chur. (St. Gallen) 822, Huber.

Kaiser, J. A., die Heilquelle zu Pfäfers, e. histor.-topograph. u. heilkund. Versuch. 2., umgearb. u. verm. Aufl. mit mehr. (5) Kpfr. (2 Thle. u. e. Anh.: Auswahl v. Gedichten auf d. Heilquelle zu Pfäfers.) gr. 8. (20¼ B.) Chur 833, (Kellenberger.)

Kaiser, J. A., die Heilquelle zu Pfäfers u. Hof Ragaz sammt Umgebungen histor.-topograph., physikal. u. medicin. dargestellt. 3., umgearb. Aufl. gr. 8. (17 B. u. 4 Stahlst.) St. Gallen 843, Scheitlin u. Zollikofer.

Kaiser, J. A., die Heilquelle zu Pfäfers und Hof Ragaz sammt Umgebungen historisch-topographisch, physikalisch u. medicinisch dargestellt. 4. wohlfeile Aufl. Mit 4 Stahlst. St. Gallen 859. Scheitlin & Zollikofer. gr. 8. (IV, 263 S., Titel in Stahlst. u. 1 color. Holzschn.) * 1 ngr

Kaiser, J. A., († d. 19. Febr. 1853), die Mineralquelle zu Tarasp im Unter-Engadin. gr. 16. (54 S.) Chur 847, Hitz. 1/4 ngr

— die Mineralquellen zu St. Moritz &c., s. Capeller.

Kaiser, J[ohann] A[nton]. Die Mineralquellen zu St. Moritz, Schuls, Tarasp, Fideris, St. Bernhardin, Peiden, Wals und Belvedere. Chemisch untersucht von G[eorg] W[ilhelm] Capeller ... Historisch-topographisch und therapeutisch dargestellt von Dr. J. A. K. (Umschlag: Die vorzüglichern Sauerquellen in Graubünden.) [Mit 1 Tabelle.] 8. Chur 1826.

Kaiser, Joh. Aug. Chrst., Reden u. Festpredigten. Nach dess. Tod z. Andenken f. Freunde hrsg. v. Heinr. Schmidt mit einigen Freunden d. Verewigten. gr. 8. (16 B.) Erlangen 840, Bläsing.

Kaiser, Jh. Erh., († im Oct. 1774.) kurze u. gründl. Nachricht von d. brandigen Waizen. 12. Köthen 767. Verm. Ausg. 8. Bamb. 768.

Kaiser, Johann Friedrich

Kaiser, J. Fr., die Therme von Ragaz-Pfäfers. Mit (5 lithogr.) Ansichten (in Tondr.), (lithogr.) Plan und (2 lithogr.) Kärtchen. 5., gänzlich umgearb. Aufl. gr. 8. (IV, 210 S.) St. Gallen 869, Scheitlin und Zollikofer. * 3 60

Kaiser, Johann Friedrich, a. Jocketa i. V.: Vergleichende Untersuchungen über den Einfluß von Abtrennungen und Verwundungen auf die geotropische Reaktion von Pflanzenorganen. Weida i. Th. 1907: Thomas & Hubert. (71 S.) 8°

Leipzig, Phil. Fak., Ref. Pfeffer-Chun, Diss. v. 12. Febr. 1907

[Geb. 10. Juli 81 Jocketa i. V.; Wohnort: Jocketa; Staatsangeh.: Sachsen; Vorbildung: Kgl. Gymn. Plauen i. V. Reife O. 01; Studium: Leipzig 9 S.; Rig. 27. Nov. 06.]

Kaiser, Johann Jakob

Kaiser, J. J., Verbindung von Geist und Materie im Menschen. Neuburg a. d. Donau, 1850, 25 S., Programm.

Kaiser, Johann Konrad, pr. Arzt: Über einen Fall von Fremdkörpern in den Bronchien mit Ausgang in Bronchiektasien und relative Heilung. Borna-Leipzig 1910: Noske. 52 S. 8°

Leipzig, Med. Diss. v. 3. Aug. 1910, Ref. Hoffmann

[Geb. 3. Aug. 79 Schwabach; Wohnort: Vilseck; Staatsangeh.: Bayern; Vorbildung: Gymn. Kempten Reife Juli 98; Studium: Erlangen 5, Kiel 1, Erlangen 8 S.; Coll. 10. Aug. 10; Approb. 17. Juni 08.] [U 10. 2992

— **Joh. Wilh. Friedrich** (Kalw), De gravioribus quibusdam erroribus qui in herniotomia ex praeternaturali sacci herniosi habitu saepius occurrunt. Diss. med.-chir. Präs. I. H. F. Autenrieth. Tübing. (Fues) Nov. 1798. 47 S. (6.—) 17382

Kaiser, Johs. Beiträge zur Kenntniss der Anatomie, Histologie u. Entwickelungsgeschichte der Acanthocephalen, s. Bibliotheca zoologica.

Kaiser, Johannes: Beiträge zur Kenntnis der gekoppelten elektrischen Systeme. Halle a. S. 1909: Kaemmerer. 24 S. 4° ¶(Mitteilungen d. physikal. Versuchs-Station Halle-Cröllwitz. No. 10.)

Halle, Phil. Diss. v. 1. Juli 1909, Ref. Dorn

[Geb. 19. Febr. 87 Magdeburg; Wohnort: Halle a. S.; Staatsangeh.: Preußen; Vorbildung: Oberrealsch. Magdeburg Reife O. 05; Studium: Halle 8 S.; Rig. 12. Mai 09.] [U 09. 1067

Kaiser, Johannes, a. Hettenleidelheim: Ueber die Einwirkung von Phosphorpentachlorid auf sekundäre Säurehydrazide. Heidelberg 1908: K. Rössler. (39 S.) 8°

Heidelberg, Naturw.-math. Fak., Ref. Curtius, Diss. v. 23. Juni 1908

[Geb. 11. Sept. 80 Hettenleidelheim (Pfalz); Wohnort: Hettenleidelheim; Staatsangeh.: Bayern; Vorbildung: Gymn. Speyer Reife M. 00; Studium: Techn. Hochsch. München 3, Univ. Heidelberg 10 S.; Rig. 17. Dez. 07.]

Kaiser, Johs. E., die Akantocephalen u. ihre Entwickelung, s.: Bibliotheca zoologica.

Kaiser, Jos., bethet ohne Unterlaß! Eine Samml. frommer andächt. u. herzl. Gebethe, nebst Litaneien u. Kirchengesängen. 18. (222 Seit.) Wien 836, Grund. *

Kaiser, Jos., Elementar-Rechen-Schule. Pract. u. theoret. vorgetr. 1. Thl. — A. u. d. T.: Kleine Erzählungen, Gespräche u. Tabn. als Vorbereitungs-Büchlein z. Kopfrechnen, f. d. zarteste Jugend bearb. 8. (4½ B.) Wien 831, [C. Doll.]

—— Elementar-Rechen-Schule. Prakt. u. theoret. vorgetragen. 7. Thl. — A. u. d. T.: Prakt. Rechnungs-Aufgaben mit gemeinnütz. u. lehrr. Dictando-Stoffen, u. e. Verzeichnisse d. gewöhnl. Maße, Gewichte u. Münzen. 8. (15½ B.) Wien 836, C. Doll.

1. Thl. Ebendas. 1831. 4 Gr. — 2—6. Thl. sind bis jetzt (1842) nicht erschienen.

—— fröhlich sein! od.: Frohe Kinder — gute Kinder, gute Kinder — glückliche Greise. Ein Geschenk f. gute Kinder. gr. 8. (6½ B. u. 6 col. Bilder.) Wien 838, Bermann u. Sohn. *

Kaiser, Jos., die civilrechtl. Haftung d. Vorstandes u. Aufsichtsrathes der Aktiengesellschaften u. Genossenschaften. Auf Grund d. dermalen gelt. Rechtes unt. Mitberücksicht. d. bürgerl. Gesetzbuches u. d. Entwurfes e. Handelsgesetzbuches systemat. bearb. M. Sachreg. gr. 8. (IV, 106 S.) München 897. C. H. Beck. n. 1.80

Kaiser, Jos., s. Jugendblätter.

—— Kleinigkeiten f. e. allzu lange Stunde. (Erzähln. u. Gedichte.) 12. (3½ B.) Wien 832, (Mayer u. Comp.)

Kaiser, Jos. (L.), moderne deutsche Currentschrift. Fol. (28 autograph. S.) München 874, Th. Ackermann. * 1 —

Kaiser, Jos., Lebensbilder, oder: Erholung mit Nutzen. Erzählungen für die Jugend &c. Mit 16 xylograph. Bildern (im Texte.) Wien 854. Pichler. (Leipzig, Liebeskind.) 8. (VII, 136 S.) 10 ngr.

Kaiser, Joseph. —. Lehrer-Schema, oder Ausweis des sämmtlichen in der Erzdiözese Wien und bischöfl. Diözese St. Pölten befindlichen, und an öffentlichen und Privatschulen, an Lehr- und Erziehungs-Anstalten, welche der k. k. Landesschulbehörde von Nieder-Oesterreich unterstehen, angestellten Lehr-Personales, mit Einschluß der weiblichen Arbeits-, Näh-, Musik-, Sprach- und Zeichnungsschul Inhaber. Nach der von der k. k. Landesschulbehörde unmittelbar gesammelten Daten und im Auftrage dieser hohen Behörde zusammengestellt. 8. (X. 298, IV., 168 S.) Wien, Gedr. bei A. Pichler's Witwe u. Sohn 1852.

Kaiser, Jos., Lehrer-Schema, oder Ausweis des sämmtlichen, in der Erzdiöcese Wien befindlichen, an öffentlichen u. an Privat-Schulen, an Lehr- u. Erziehungs-Anstalten, welche der k. k. Schulen-Oberaufsicht der Wiener Erzdiözese unterstehen, angestellten Lehrer-Personales, mit Einschluß der weiblichen Arbeits-, Näh-, Musik-, Sprach- u. Zeichnungsschul-Inhaber. Wien 860. Pichler. (Leipzig, Liebeskind.) gr. 8. (XIV, 242 S.) 1 rthl.

— erstes Lese- und Sprechbüchlein. 3. verb. Aufl. Mit vielen Holzschn. (im Text.) Wien 864. (Hoffmann & Ludwig.) gr. 8. (112 S.) n. 8 ngr.

Kaiser, Jos., das deutsche Patentgesetz vom 7. IV. 1891. Unter Berücksicht. der wichtigsten Bestimmgn. des Auslandes, der Pariser Uebereinkunft u. der v. Deutschland geschlossenen Staatsverträge erläutert 1. u. 2. Lfg. (V u. S. 1—256.) 8. Leipzig 905. 907. A. Deichert Nachf. n. 4.25

Kaiser, Jos., das deutsche Patentgesetz v. 7. IV. 1891. Unter Berücksicht. der wichtigsten Bestimmgn. des Auslandes, der Pariser Übereinkunft u. der v. Deutschland geschloss. Staatsverträge erläutert. 3. (Schluss-) Lfg. (VII u. S. 257—336.) 8. Leipzig 907. A. Deichert Nachf. 1. 75
1. u. 2. Lfg. 905. 07. 4.25

Kaiser. Sprachlehre. Bogen 1—4. 8. (1—64 S.) Wien, A. Pichler's Witwe und Sohn 1853.

Kaiser, Josef —. Sprachlehre oder die wichtigsten Regeln und Gesetze der deutschen Schriftsprache, nach den vorzüglichsten neuen Sprachwerken systematisch zusammengestellt, mit zahlreichen Beispielen und Aufgaben versehen und für den Gebrauch an österreichischen Volks- und Hauptschulen bearbeitet von — —. (Bogen 6—9 sammt Titel.) Wien. 1855. Druck und Verlag von A. Pichler's Witwe und Sohn. (IV, S. 81—134. 8.)

Kaiser, Josef — Sprachlehre, oder die wichtigsten Regeln und Gesetze der deutschen Schriftsprache, nach den vorzüglichsten neuen Sprachwerken systematisch zusammengestellt, mit zahlreichen Beispielen und Aufgaben versehen und für den Gebrauch an österreichischen Volks- und Hauptschulen bearbeitet von — —. Wien, 1856. Druck und Verlag von A. Pichlers Witwe & Sohn. (IV. 172 S. 8.)

Kaiser, Josef — Sprachlehre, oder die wichtigsten Regeln und Gesetze der deutschen Schriftsprache, nach den vorzüglichsten neuen Sprachwerken systematisch zusammengestellt, mit zahlreichen Beispielen und Aufgaben versehen, und für den Gebrauch an österreichischen Volks- und Hauptschulen bearbeitet von — —. Zweite Ausgabe. Wien, 1856. Druck und Verlag von Anton Pichlers Witwe und Sohn. (IV. 172 S. 8°)

—— Sprachlehre oder die wichtigsten Regeln und Gesetze der deutschen Schriftsprache nach den vorzüglichsten neueren Sprachwerken systemat. zusammengestellt für österreich. Volks- und Hauptschulen. 3., verb. und verm. Aufl. gr. 8. (180 S.) Wien 860, Pichler's Wwe. und Sohn.

—— Sprachlehre, oder die wichtigsten Regeln und Gesetze der deutschen Schriftsprache, nach den vorzüglichsten neuen Sprachwerken systematisch zusammengestellt, mit zahlreichen Beispielen und Aufgaben versehen und für den Gebrauch an österreich. Volks- und Hauptschulen bearb. 8. (184 S.) Wien 864, Ludwig.

Kaiser, Jos. (II.), Sprachlehre oder die wichtigsten Regeln und Gesetze der deutschen Schriftsprache mit Benützung neuerer Sprachwerke zusammengestellt, mit zahlreichen Beispielen und Aufgaben versehen und für den Gebrauch an Volks- und Bürgerschulen bearb. 5. Aufl. gr. 8. (IV, 188 S.) Wien 872, Teusen. 2 40

Kaiser, Josef — Was dürfen Eltern von der Schule, und was die Schule von den Eltern fordern? Eine wichtige und inhaltreiche pädagogische Frage unserer Zeit zur gewissenhaften Erwägung für Eltern und Lehrer, deren Erörterung vielleicht das einzige Mittel zur völligen Hebung unserer Schule biethet, und die bedauerliche Geringschätzung der österreichischen Schulen dem deutschen Auslande gegenüber endlich behebt. Von — —. Aus dem „österreichisch-pädagog. Wochenblatte 1856“ besonders abgedruckt. Wien, 1856. Gedruckt bei A. Pichlers Witwe und Sohn. (18 S. 8.)

—— werdet immer frömmer u. weiser! — Eine Samml. kl. Erzähln. u. Gedichte f. d. Jugend. gr. 12. (4 B. u. Titlkpfr.) Wien 831, Tendler.

– s. Wochenblatt. Österr. pädagogisches.

Kaiser, Joseph [gepr. Rechtspraktikant]: Die Zwangsvollstreckung in das literarische und artistische Urheberrecht ... Berlin, gedr. bei J. Sittenfeld, 1895; 1 Bl., 56 S. 8.
Würzburg, Jur. Fak., Inaug.-Diss. v. 1895

Kaiser, Jos. Adf., über die Reorganisation der Mittelschule namentlich mit Rücksicht auf das Verhältniss der sprachlich-historischen und der mathematisch-naturwissenschaftlichen Lehrfächer zu einander und zu der allgemeinen Bildung. Referat, gehalten am schweizer. Lehrertag in St. Gallen den 27. Septbr. 1887. gr. 8. (38 S. mit 1 Stundenplan.) St. Gallen 888, Huber und Comp. *

Kaiser, Jos. Ferd., Gedicht zur feierlichen Enthüllung des Monumentes Sr. Maj. des höchstsel. Kaisers Franz I. Mit d. Abbild. des Monumentes. gr. 8. (1/4 B.) Wien 846, Lechner's Universit.-Buchh.

Kaiser, Josef Franz

Kaiser, J. F. — Carta postale del Regno **Lombardo-Veneto,** Tirolo, Littorale, e della Dalmazia, nonchè di tutte le Provincie limitrofe austriache coi rispettivi punti di frontiera Estera. Rettificata in seguito alle più recenti norme da Giuseppe Zakowsky, Impiegato presso l'I. R. Contabilità Centrale per le Communicazioni. Hochachtungsvoll gewidmet dem Wohlgebornen Herrn J. Pesendorfer, Gewerken-Inhaber in Rottemann ꝛc. von — —. Gratz. Qu.-Fol. 1 Bl. lith. J. F. Kaiser. 1854

Kaiser, Jos. Frz., bildliche Darstellung, s. Darstellung.

Kaiser, Jos. Frz., s.: Führer, illustr., auf den k. k. österr. Staatsbahnen.

Kaiser, Jsf Franz, General-Karte der deutschen Staaten, von Belgien, den Niederlanden und der Schweiz. Zum Gebrauche als Strassen-, Eisenbahn-, Reise- und Marsch-Karte, nach den besten Materialien und mit Bezug der neueren Geographie entworfen u. ausgeführt. Mit 2 illum. Steintaf. Erklärungen. Gratz 1856. gr. Fol 4 lith. u. illum. Bll.
—, —— Gratz, Leykam, 1859. Imp.-Fol. Kupferst. u. illum.

Kaiser, Josef Franz. Generalkarte der deutschen Staaten, von Belgien, den Niederlanden und der Schweiz, zum Gebrauche als Straßen-, Eisenbahn-, Reise- und Marschkarte, nach den besten Materialien und mit Bezug der neueren Geographie, entworfen und ausgeführt in 4 Bl. und im Maße von 1 Wr. Zoll 18000 Wr. Klft., Hochachtungsvoll gewidmet dem wohlgebornen Herrn Josef Meny, Besitzer einer Rauchwaarenhandlung in Koppenhagen von — — ehemaligem Offizier in k. k. Kriegsdiensten, jetzt Eigenthümer einer lith. Anstalt in Gratz. Jedes der 4 Bl. 16'' hoch, 22'' breit, 1,296.000 der Natur, mit Gradeintheilung, Netz und ausführlicher Terrainzeichnung. 1857

Kaiser, Jos. Frz., neues militär. Gesellschaftsspiel. Mit 32 ill. Kartenblättern. 32. Graz 832. (Leipz., Weygand). In Etuis 16 gr.

Kaiser, Jos. Frz., Kaprunerthal-Moserboden. Tour. Skizze. 12. (16 S. m. 8 Illustr.) Wien 896. Verl. „Steyrermühl". n. — 40

Kaiser, Josef Franz: Karte von Oesterreich-, Preußisch- und Russisch-Pohlen nebst Rußland und West-Rußland. Hochachtungsvoll gewidmet Seiner hochwohlgeboren dem Herrn Ritter von Helms, k. k. Sektionsrath von ... Verlag von J. F. Kaiser in Graz. 4 Bl., jedes 17 Z. hoch, 15½ Z. br. Lith. Ohne Gradeintheilung und Rand. Maßstab 1 Zoll = 19. 500 Klaster oder 1 = 1. 400, 500 der Natur. 1855.

Steiermark. Karte des Kronlandes Steiermark von Jos. Franz Kaiser. 1853.

Kaiser, J. F. Post- und Reise-Karte der k. k. österreichischen Monarchie in 12 Blättern. Entworfen und gez. von J. Zakowsky Sr. Hochw. dem Herrn Moriz Ritter v. Horstig gewidmet von . . . . Nebst einer Uebersichts-Karte der Telegrafen-Verbindungen. (1. Telegrafen-Verbindung der Monarchie; 2. Kärnten, Krain, Görz, Gradiska, Istrien und Triest; 3. Oesterreich ob und unter der Enns; 4. Steiermark; 5. Tirol und Vorarlberg; 6. Galizien, Bukowina; 7. Lombardie und Venedig; 8. Dalmazien; 9. Ungarn; 10. Siebenbürgen; 11. Böhmen; 12. Kroatien, Slavonien, Serbien und Temeser Banat, Militärgränze; Jede Karte 7'' hoch und 9'' breit, mit dem Landeswappen.) 1855

— (Hrsg.), s. Tagebuch, Kalendarisches

Kaiser, J. F. — Taschen-Reise-Karte in Farbendruck von Mittel Europa, enthaltend alle Dampfschiff, Eisenbahn- und Hauptpost-Verbindungen so wie alle bedeutenden Orte mit Angabe ihrer Merkwürdigkeiten, die vorzüglichsten Naturseltenheiten u. s. w. Hochachtungsvoll gewidmet Sr. Exzellenz dem hochgebornen Herrn Herrn Csorich von Monte-Creto, k. k. Feldmarschall-Lieutenant ꝛc. von — —. 1 Bl. aus 2 Stücken cachirt. längl. Qu.-Fol. 1854

KAISER, Dr. med. Jos. H.
Naturärztliche Gesichtspunkte in der Behandlung des Diabetes Mellitus. Druck P. Plachner, Ahrweiler u. Neuenahr.

Kaiser, Jos. Ulrich. Repertorium für Schießstätte 2. Bändchen. 2. Auflage. 8. (148 S.) Gratz, A. Leykam und Erben. Druck 1853.

Kaiser, Isabelle. Des ailes! Poésies. In-16°. 162 p. Lausanne, F. Payot. Broché 3 50; relié 5 — 1897

Kaiser, Isabelle, epische Dichtungen, s.: Hirzel, A., Uebersetzungsproben.

Mein Dorf. Beckenried. (Verf.: Isabelle **Kaiser**. Bern [um 1900]: Neukomm & Zimmermann.) (39 S.) 8° [Umschlagt.] [06. 1-379 10

Kaiser, Isabelle, die Friedensucherin. Roman aus dem Leben e. Frau. 1.—4. Taus. (233 S.) 8. Köln 908. 09. J. P. Bachem. 3.—; geb. 4. —

— Mein Herz. Gedichte. (IX, 106 S. m. Bildnis.) 8. Stuttgart 908. J. G. Cotta Nachf. 2.—; geb. in Leinw. 3. —

Kaiser, Isabelle. Ici-bas. Poésies. Le grillon du foyer. — Soir et matin. — Poèmes. — Le chant du cygne. — La mort du Christ. In-12°, 173 p. Genève, Bâle, Lyon, H. Georg. 1888 3 —

— Seine Majestät. Novellen. (186 S.) 8. Stuttgart 905. J. G. Cotta Nachf. n. 2. 50; geb. in Leinw. n. 3. 50

Kaiser, Isabelle, siehe: *Neujahrsblatt, Zug.*

— 6 Novelletten aus Nidwalden, s.a. Verein f. Verbreitung guter Schriften. Zürich. Nr. 62.

Kaiser, Isabelle. Sechs Novelletten aus Nidwalden: Der Lanzigbub — Der Nachtzug — Ein blühender Apfelbaum — Der Herr Pfarrer — Lore Migis Frau — Holi! ho! dia! hou! I + 64 S. 8. Zürich, Jacques Bollmann, Mai 1906. fr. —. 10
(Entnommen der Novellensammlung: Seine Majestät! von J. K. — Verein für Verbreitung guter Schriften. (Zürich) No. 62. 1906.

— Der Roman der Marquise, s.: Aus Vergangenheit u. Gegenwart. 100. Bd.

— Der wandernde See. Roman aus den Unterwaldner Bergen. 1.—5. Taus. (318 S.) 8. Köln (910). J. P. Bachem. 5.—; geb. 6. —

Kaiser, Isabelle. Übersetzungsproben aus epischen Dichtungen.... 8.
Ausg. A: ... von J' K' (von Dr. Arnold Hirzel). — Programm der Städtischen Schulen in Aarau. Schuljahr 1903-1904.... Beilage.... 43 S. Aarau, H. R. Sauerländer & Co, 1904.
Ausg. B, sep.: ... J' Kaisers von Dr. A(rnold) Hirzel. II + 41 S. Aarau, H. R. S' & Cie., [1904].

— Vater unser ... Roman aus der Gegenwart. (210 S.) 8. Köln (906). J. P. Bachem. n. 3. —; geb. n. 4. —

Kaiser, Isabelle. Wenn die Sonne untergeht. Novellen. 236 S. 8. Stuttgart, J. B. Cotta, 1901. (br. M. 2.50, geb. M. 3.50)

Kaiser, Isabelle, wenn die Sonne untergeht. Novellen. 2. Aufl. 8. (235 S.) Stuttgart 902. J. G. Cotta Nachf. n. 2. 50; geb. n. 3. 50

— Wenn die Sonne untergeht. Novellen. 3. Aufl. (231 S.) 8. Stuttgart 910. J. G. Cotta Nachf. 2.50; geb. in Leinw. 3. 50

Kaiser, *Julius:* Zwei patriotische Gesänge für gemischten Chor z. Gebrauch f. höh. Schulen an vaterländ. Festen komponiert. Lüneburg, Druck d. v. Stern'schen Buchdr., 1891; 8. 11 14: 4°
Lüneburg, Johanneum, OP 1891 (306)

Kaiser, Jul., Gesang-Schule zum Gebrauch beim Gesangunterricht in den mittleren Klassen der Gymnasien und Realschulen sowie in höheren Töchterschulen und Kirchenchören. 8. (32 S.) Hannover 874, Helwing'sche Hofbuchh. — 40

Kaiser, Jul., Gesang-Schule. Elementar-Cursus zum Gebrauch beim Gesangunterricht in den unteren Klassen der Gymnasien und Realschulen, sowie in höheren Töchterschulen und Kirchenchören. 8. (16 S.) Hannover 876, Helwing'sche Verlagsh. *

Kaiser, Jul., Liederbuch für Schulen, s. Frankenberger, H.

Karl Günther Fürst von Schwarzburg-Sondershausen von Sem.-Dir. [Julius] **Kaiser** nebst d. Jugendgeschichte d. Fürstin Marie von Schwarzburg-Sondershausen von Hermann Schroedel-Friedrichstanneck. Sondershausen 1905: (Fischer & Kürsten, Leipzig). 63 S. 4° [illegible]

Kaiser, K. (I.), s. **Halliburton**, W. D. Lehrbuch der chemischen Physiologie u. Pathologie.

Kaiser, K. (H.). Ist es ratsam, d. Vorschulen aufzuheben? s. Müller, G. Zur Vorschulfrage.

Kaiser, K., Jugendlektüre u. Schülerbibliotheken, nebst einem nach Klassen geordneten Kataloge. gr. 8. (50 S.) Barmen 878. Tabbel. n. — 80

Kaiser, K. L., über Tod u. Scheintod, oder d. Gefahren d. frühen Begrabens. Mit 1 Kpf. 8. Frankf. 822. Jäger. 12 kr.

Kaiser, K. R., Fürst Bismarck als deutscher Staatsmann. Rede bei der Vorfeier zu seinem 70. Geburtstage und 50jähr. Amtsjubiläum im Auerthale. 8. (12 S.) Aue 885. (Glauchau, Peschke.) *

Kaiser, Ephoralbericht üb. die Ephorie Radeberg, s.: Meier, Wachet, stehet im Glauben.

— kirchliche Volkssitte, ihr Werth u. ihre Pflege. Vortrag, geh. am 11. Octbr. 1882 in der Ephoral-Conferenz zu Schneeberg. gr. 8. (16 S.) Lößnitz 882 Ebend. n. — 40

Kaiser, Kajetan Georg

Kaiser, C. G.
Chlorkalk und Chlornatron in ihrer Anwendung im öffentlichen Leben. Landshut, 1831.

Kaiser, Caj. G., Grundriß d. Pharmacie. Ein Hand- u. Lehrbuch f. Aerzte, Apotheker u. Wundärzte. M. 2 Taf. (lith. auf 1 gr. Fol.-Bl.) gr. 8. (52½ B.) Landshut 832. [Regensburg, Manz.]

— s. Journal für Bienenfreunde.

— s. Stratingh, ..., über Bereitung, Verbindung rc. des Chlors.

—— über d. Unterr. in d. Chemie auf Lyceen, nebst e. kurzen Uebersicht v. d. chem. Institute d. kgl. Lyceums zu Landshut. Progr. gr. 4. (2 B.) Landshut 832, Thomann.

Kaiser, Karl (Hrsg.), s. Abhandlungen der Fries'schen Schule.

Kaiser, [Karl]: Abschiedswort. S. 20—22. 4.
Progr. Oberrealschule *Barmen* 1907 (620)

Kaiser, Karl: Achsenregler mit während des Betriebes zu bedienender Umlaufzahlverstellung. – 1909. 53 S., 8 Taf.
Diss. Wien, TH

Kaiser, Karl, Edelsteine deutscher Dichtung. Eine Auswahl v. Gedichten zum Auswendiglernen in stufenmäß. Anordng. f. 9 Schuljahre. gr. 8. (XVI, 368 S.) Leipzig 872. Teubner. n. 1. 60

— dasselbe. 2. Aufl. gr. 8. (XVI, 368 S.) Ebend. 875. n. 1. 80

Kaiser, Karl, Edelsteine deutscher Dichtung. Eine Auswahl von Gedichten zum Auswendiglernen, stufenmäßig geordnet für zehn Schuljahre und mit erläut. Anmerkungen versehen. 3. Aufl. 8. (XVI, 376 S.) Leipzig 881, Teubner. *

—— Edelsteine deutscher Dichtung. Eine Auswahl von Gedichten zum Auswendiglernen, stufenmäßig geordnet für zehn Schuljahre und mit erläut. Anmerkungen versehen. 4. Aufl. 8. (XVI, 568 S.) Leipzig 888, Teubner. *

Kaiser, Karl, Edelsteine deutscher Dichtg. E. Ausw. v. Gedichten zum Auswendiglernen, stufenmäß. geordnet f. 10 Schuljahre u. m. erläut. Anmerkgn. vers. 5. Aufl. 8. (XVI, 368 S.) Leipzig 898. B. G. Teubner. Geb. n. 2. 40

Einladung zur öffentlichen Probe-Vorlesung, welche Dr. Karl **Kaiser** zur Erlangung der Venia legendi bei der medicinischen Facultät der Ruprecht-Carls-Universität zu Heidelberg Donnerstag, d. 2. März 1893 ... abhalten wird. Thema: Der Einfluss des N. vagus auf die Herzbewegungen. *Heidelberg*, Druck v. J. Hörning, *1893;* 1 Bl. 8.
(Nicht für den Austausch)

[F.] Zwei deutsche Festtage für Volk und Heer. 1. Die Kaiserproklamation in Versailles am 18. Jan. 1871 u. ihre Jubiläumsfeier in Berlin am 18. Jan. 1896. 2. Der Truppeneinzug in Berlin am 16. Juni 1871 u. die gleichzeit. Einweihg d. Denkmales S. Maj. d. Königs Friedrich Wilhelm III. Von C[arl] v. **Kaiser**, ... Oberst a. D. ... M. 1 Pl. *Stuttgart: W. Kohlhammer 1896.* (V, 55 S., 1 Pl.) 1 Bd 8. [illegible]

—— Drei Fragen über den deutsch-französischen Krieg beantwortet. 8. (22 S.) Tilsit 870, Loesch. — 30

Kaiser, Carl, Gebetbuch f. kathol. Christen. 8. (12 B. u. 2 Kpfr.) Würzburg 836, (Stahel'sche Buchh.)

—— französische Gedichte zum Auswendiglernen, stufenmäßig geordnet für 6 Schuljahre und mit erläut. Anmerkungen versehen. 8. (VIII, 144 S.) Leipzig 872, Teubner. * 1 20

Kaiser, Karl, französische Gedichte zum Auswendiglernen, stufenmäßig geordnet für sechs Schuljahre und mit erläut. Anmerkungen versehen. 2. Aufl. 8. (VIII, 142 S.) Leipzig 881, Teubner. *

Kaiser, Karl, französische Gedichte zum Auswendiglernen, stufenmäßig geordnet f. 6 Schuljahre u. m. erläut. Anmerkgn. versehen. 3. Aufl. gr. 8. (VIII, 148 S.) Leipzig 892. B. G. Teubner. Geb. in Leinw. n. 1. 45

Kaiser, Karl, französische Gedichte zum Auswendiglernen, stufenmäßig geordnet f. 6 Schuljahre u. m. erläut. Anmerkgn. versehen. 4. Aufl. (VIII, 148 S.) 8. Leipzig 905. B. G. Teubner. Geb. n. 1. 60

Kaiser, Carl, deutsch-englische Handelskorrespondenz, s.: Weber, B.

—— a brief History of the English Language and Literature, for the use of Schools. 8. (VIII, 96 S) [Mülhausen i. E. 883.] Berlin, Bufleb. cart. *

Kaiser, Karl, a brief history of the English language and literature, for the use of schools arranged. 2 ed. 8. (VIII, 99 S.) Leipzig 891. E. Schultz' Erben. Kart. n. 1 —

— A brief history of the English language and literature, for the use of schools arranged. 4. ed. (VIII, 99 S.) kl. 8. Leipzig 900. Weinheim, F. Ackermann. Kart. n. 1. —

Kaiser, Karl, aus dem Klassenkampf, s.: Fuchs, Ed.

— Lehrbuch der englischen Sprache f. höhere Handelsschulen, s.: Swoboda, Wilh.

—— der Lehrplan der städtischen und höheren Töchterschule zu Tilsit. Eine gedrängte Darlegung der Lehrziele, der Methode und der Vertheilung des Lehrstoffes. 8. (79 S.) Tilsit 875, Leesch.

Kaiser, Karl, englisches Lesebuch in drei Stufen für höhere Lehranstalten. 3 Thle. gr. 8. Leipzig 877, Teubner.

Inhalt:
Thl. 1. Unterstufe. (X, 212 S.) *ℳ 1,60.
» 2. Mittelstufe. (X, 313 S.) *ℳ 2,40.
» 3. Oberstufe. (X, 436 S.) *ℳ 3,20.

—— englisches Lesebuch für höhere Lehranstalten. Wörter-Verzeichnis zum 1. Tl. gr. 8. (VI, 48 S.) Leipzig 882, Teubner. cart. *

—— englisches Lesebuch in drei Stufen für höhere Lehranstalten. 3 Tle. 2. theilweise veränderte Aufl. gr. 8. Ebendas. 886. *

Inhalt:
Tl. 1. Unterstufe. Mit einem Wörterverzeichnis. (VI, 212 S., Wörterverzeichnis 48 S.) *ℳ 1.80.
» 2. Mittelstufe. (VI, 314 S.) *ℳ 2.40.
» 3. Oberstufe. (X, 439 S.) *ℳ 3.20.

Englisches Lesebuch in drei Stufen f. höhere Lehranstalten. 1. Tl. Unterstufe. 3. teilweise veränd. Ausg. Mit e. Wörterverzeichnisse. gr. 8. (VI, 210 u. Wörterverzeichnis IV, 48 S.) Lpz. 891, Teubner. * 2 —
2. u. 3. Tl. Ebd. 1886. * 5 60.

— französisches Lesebuch in 3 Stufen für höhere Lehranstalten. 3 Thle. gr. 8. Mülhausen i/E. 879—81. Bufleb. n. 8. 20
1. Unter-Stufe. (XIII, 191 S.) n. 1. 60
2. Mittel-Stufe. (XIII, 384 S.) n. 3. —
3. Ober-Stufe. Mit 3 in den Text gedr. Holzschn. (XI, 438 S.) n. 3. 60

— dasselbe. Inhaltsverzeichniss der Mittel-Stufe mit Hinzufügg. der wichtigsten Autoren aus der Unter-Stufe, bestimmt als Ergänzg. zu dem Aperçu historique de la littérature française in der Ober-Stufe. Nach den Verfassern alphabetisch geordnet u. m. kurzen biograph. u. literar. Notizen versehen. gr. 8. (7 S.) Ebend. 883. n — 12

— französisches Lesebuch in 3 Stufen f. höhere Lehranstalten. 1. Tl. Unter-Stufe. 2. Aufl. gr. 8. (X, 191 S) Jena 884. Bufleb. n. 1. 60; Einbd. n.n. — 45

—— Französisches Lesebuch in 3 Stufen f. höhere Lehranstalten. 1. u. 2. Tl. gr. 8. Lpz., Schultz' Erben. * 4 40; geb. ** 5 35
1. Unter-Stufe. 3. Aufl. (XVI, 191 S.) 890. * 1 60; geb. ** 2 05.
2. Mittel-Stufe. 3. Aufl. (VIII, 362 S.) 891. * 2 80; geb. ** 3 30.

— französisches Lesebuch in drei Stufen f. höhere Lehranstalten. 1. Tl. Unter-Stufe. 4. Aufl. (XVI, 172 S.) gr. 8. Ebd. 904. n. 1. 60

Kaiser's, K., französ. Lesebuch f. höh. Lehranstalten. 2. Tl. (Mittelstufe.) 3. Aufl., bearb. v. H. Ehrismann. (XV, 352 S.) 8. Weinheim 909. F. Ackermann. 2.80; geb. n 3. 40

Kaiser, Karl, der Liederkaiser. Mitteilungen aus dem Leben des sauerländ. Landmannes Peter Wilhelm Kaiser. (32 S. m. 1 Bildnis.) 8. Bonn (909). J. Schergens. — 25

Kaiser, Karl, der Luftstickstoff u. seine Verwertung, s.: Aus Natur u. Geisteswelt.

Der Luftstickstoff und seine Verwertung. Von Prof. Dr. Karl Kaiser. Mit 13 Abb. Leipzig: Teubner 1910. 101 S. 8°
(Aus Natur u. Geisteswelt. Bdch. 313.) (10. 13507

Kaiser, Carolus (geb. Tarnowitz 3. 5. 1833): De scarlatina nonnulla. Vratislaviae (1859). (36 S.) 8°
Breslau, Med. Diss. v. 11. Febr. 1859

—— précis de l'histoire de la littérature française depuis la formation de la langue jusqu'à nos jours. 8. (VIII, 143 S.) Jena 886, Bufleb. cart. *

—— Précis de l'histoire de la littérature française depuis la formation de la langue jusqu'à nos jours. 2. éd. 8. (VIII, 143 S.) Ebd. 891. * 1 20

— Précis de l'histoire de la littérature française depuis la formation de la langue jusqu'à nos jours. 3. ed. (VIII, 143 S.) kl. 8. Ebd. 899. Kart. n. 1. 60

Kaiser, Karl, Reise durch Skandinavien im Sommer 1884. Mit 40 Illustr. 8. (VIII, 216 S.) Barmen 885. Wiemann. n. 3. —; geb. n. 4. —

— Senior Book, s. Swoboda, W.

Kaiser, K. Ueber den französischen und englischen Unterricht auf höheren Töchterschulen. Tilsit, H. T., 1868. 18 S. 4. Progr.

Kaiser, Karl [Dr.]: Untersuchungen über die Ursache der Rhythmicität der Herzbewegungen ... München, Druck v. R. Oldenbourg, 1893; 26 S., 1 Doppeltaf. 8.
Heidelberg, Med. Fak., Hab.-Schr. v. [2. März] 1893

—— des Christen Weihestunde. Ein Gebet- u. Erbauungsb. in Betrachtn. üb. d. wichtigsten Wahrheiten d. menschl. Geistes. Mit Morgen-, Abend-, Beicht- u. Communiongebeten, sammt d. heil. Meßopfer u. d. Vesper-Andacht. 16. (19 B., 1 Stahlst. u. gest. Tit.) Würzburg 838, Stahel'sche Buchh.

Kaiser, Karl, welchen Anforderungen muß ein Normal-Lehrplan für die höheren Töchterschulen in Preußen und anderen deutschen Staaten entsprechen? Unter Bezugnahme auf den Normal-Lehrplan für die höheren Mädchenschulen zu Berlin beantwortet. gr. 8. (42 S.) Jena 887, Bufleb. *

Kaiser, Carl, die Wirkungen des Handwerkergesetzes in Württemberg u. Baden, s.a Abhandlungen, Tübinger staatswissenschaftliche. 4. Heft.

Kaiser, Carl: Die Wirkungen des Handwerkergesetzes in Württemberg und Baden. Stuttgart: Enke 1909. X, 92 S. 8° ¶ (Ersch. auch als: Tübinger staatswiss. Abhandlungen. H. 4.)
Tübingen, Staatswiss. Diss. v. 12. Dez. 1909, Ref. Fuchs
[Geb. 10. Febr. 85 Burgwaldniel; Wohnort: Tübingen; Staatsangeh.: Preußen; Vorbildung: Gymn. Kempen a. Rh. Reife O. 06; Studium: Lausanne 1, Berlin 1, Tübingen 5 S.; Rig. 24. Juli 09.] [U 10. 4213

Kaiser, Karl Fr., Anleit. zur Korbbienenzucht. 8. Celle 793. Schulze. 10 gr

Kaiser, Kl. Ludw., die hemöopath. Heilkunst im Einklange mit d. zeitiger. Medicin u. d. Gesetzen ders. untergeordnet. gr. 8. (11 B.) Erlangen 829, Palm u. Enke.
Vgl. Kayser, Keyser.

Kaiser, Koloman, da Franzel in da Fremd. E. Gedicht in niederösterr. Mundart in 6 Gesängen. M. e. Begleitwort v. Joh. Willib. Nagl. 8. (IV, 123 S.) Wien 898. C. Gerold's Sohn. n. 2. 40

Kaiser Konrad Dr.: Ueber poetische Gerechtigkeit im Drama.
H. 1889 PN 574 Diss. Wien, Univ. 39

Kaiser, Leo, aus Hamm i. W.: **Ueber Augenverletzungen mit besonderer Berücksichtigung des rechten und linken Auges.** *Gelsenkirchen 1891: R. Kiestadt.* (26 S.) 8°
Würzburg, Med. Diss. v. 1897

Kaiser, Leonh., Thätigkeitsbericht des „deutsch-österreich. Bauernbundes" in Budweis. Von der Gründung (18. XII. 1898) bis zur 2. Jahres-Hauptversammlg. (3. II. 1901). Hrsg. vom „deutsch-österreich. Bauernbund". gr. 8. (31 S.) Budweis (Reichsstr. 20) (901). Verlagsanstalt „Moldavia". n. — 20

Kaiser, Leopold —. Die Schöpfung Oesterreichs. Prolog zur Vermählungs-Feier Sr. k. k. Apostol. Majestät Franz Joseph I. mit Ihrer königl. Hoheit der durchlauchtigsten Prinzessin Elisabeth in Baiern. Von — —. 8. (8 S.) Wien. Gedruckt bei Ferdinand Ullrich. 1854.

Kaiser Ludwig: Valentin Greff Backlark.
H. 1907 PN 2340 Diss. Wien Univ. 2137

Kaiser, Ludwig, Oberl. in Remscheid (geb. am 8 Sept. 1848 in Kirchberg Rgbz. Koblenz): Beiträge zur Theorie eines Raumes von *n* Dimensionen ... Bonn, Univ.-Buchdr. v. C. Georgi (1877). 36 S., 1 Bl. 8.
Bonn, Phil. Fak., Diss. v. 14 Juli 1877

Kaiser, L. [Dir. Dr.]: **Dem Kaiser Friedrich III. zum Gedächtnis. (30. Juni 1888.) Wiesbaden, L. Schellenberg'sche Hof-Buchdr., 1889; S. 3–10; 4°**
Wiesbaden, st. R, OP 1889 (386)

Kaiser, Ludwig Über einige Hauptpunkte des geometrischen Unterrichts. 25 S. **Progr.** *Remscheid* 1881.

Kaiser, Ludw: Üb. d. internat. absoluten, insbes. die magnet. u. d. elektr. Maasse. Vorträge, geh. im nassauischen Verein f. Naturkunde während d. Winters 1894,95. [Aus: „Jahrbb. d. nass. Vereins f. Naturkunde."] 8° (57 S.)
Wiesbaden 1895. J. F. Bergmann.

Reden, gehalten bei der akademischen Jubiläumsfeier des 50jährigen Bestehens der Unterrichtsanstalten der Israelitischen Religionsgesellschaft zu Frankfurt a. M., am 27. April 1903 [von Jacob Rosenheim, Provinzialschulrat Dr. [Ludwig] Kaiser, Direktor Gerson Lange]. S. 7–15. 4.
Realschule der Israelit. Religionsgesellschaft *Frankfurt a. M.* 1904 (182).
Progr.

Kaiser, Ldw., Arnold v. Winkelriedt, oder d. Schlacht bei Sembach; e. eidgenöss. Trspl. in 5 Aufz. 8. Zürich 792. Ziegler u. S. 6 gr

Kaiser, Ludw., Arnold v. Winkelried od. Die Schlacht bei Sempach, s. a. Bibliothek vaterländischer Schauspiele. 79.

Kaiser, Ludwig. Arnold von Winkelried oder Die Schlacht bei Sempach. Ein eidgenössisches Trauerspiel in fünf Aufzügen. Neue Aufl. 101 S. 8. Aarau, H. R. Sauerländer & Co, 1902. (fr. 1.—)

(Bibliothek vaterländischer Schauspiele. 79.)

Kaiser, M., vom Elternhaus ins Leben. Mitgabe f. Konfirmanden zum Eintritt in das prakt. Leben. (VI, 198 S.) 8. Braunschweig 905. E. Appelhans & Co. Geb. n. 2. —; m. Goldschn. n. 2. 50

(8) **Kaiser,** M., vom Elternhaus ins Leben. 905. (KBL 33.)
Erm. Br. 1.— n. 1. 25

Kaiser, Marie, Muttersegen, s.: Jugendbühne.

Kaiser, Markus [stud. med. aus Salmannskirchen]: Ueber Seropneumothorax. Aus d. medizin. Klinik d. Hrn Geheimr. Dr. v. Ziemssen '(1889–1896)'. '(Statist. Beitrag.)' ... München, Buchdr. Kastner & Lossen, 1896; 17 S. 8.
München, Med. Fak., Inaug.-Diss. v. 1896

Kaiser, Mart., Geschichte der Herrsch. Breitenegg u. der Pfarrei Breitenbrunn. Ein Beispiel zum histor. Rechte gegenüber den schlimmen Folgen der Benefizien-Unionen aus der Zeit der Gegenpäpste. gr. 8. (VIII, 104 S.) Amberg 893. J. Habbel. n. 1. –

Kaiser, Max *(geb. Gleiwitz 8. 2. 1850)*: Aetiologie und Pathogenese der Chorea minor. Breslau (1872). (26 S.) 8°
Breslau, Med. Diss. v. 31. Juli 1872

Kaiser, Max, Baupolizei-Verordnungen f. die Städte u. das platte Land des Reg.-Bez. Posen vom 28. IV, 1904, nebst den ergangenen Anweisgn., Verfüggn. u. s. w. zusammengestellt u. m. kurzen Erläutergn. versehen. (VII, 95 S.) 8. Rawitsch 905. R. F. Frank. n. 1. 20; geb. in Leinw. n. 1. 60

Kaiser, Maximil., *Dr. der Rechte.* Ueber das impedimentum raptus mit besonderer Berücksichtigung der an der Minderjährigen begangenen Entführung. Eine Inaugural-Dissertation. *Innsbruck* 1858. *Joh. Aufschlager.* 59 S. 8°.

Kaiser, Max, über das impedimentum raptus mit besonderer Berücksichtigung der an der Minderjährigen begangenen Entführung. Eine Inaug.-Dissert. Innsbruck 858. (München, Lindauer.) gr. 8. (61 S.) 7½ ngr

Kaiser, Max, a. Halle a. S.: Laud- und Seewinde an der deutschen Ostseeküste. Halle a. S. 1906 (Berlin, E. S. Mittler & Sohn). (22 S., 3 Taf.) 4°(8°) ¶(Enthält nur einen Teil der Arbeit; der Rest erscheint später.)
Halle, Phil. Fak., Ref. Brückner, Diss. v. 29. Okt. 1906
[Geb. 20. Aug. 82 Sorau, Prov. Brandenburg; Wohnort: Halle a. S.; Staatsangeh.: Preußen; Vorbildung: Oberrealsch. d. Franckeschen Stiftungen Halle Reife O. 02; Studium: Halle 2, Marburg 2, Halle 5 S.; Rig. 23. Juli 06.]

Kaiser, Max. Rede des Abgeordneten Max Kaiser zur Börsensteuer. Gehalten in der Reichstagssitzung vom 19. Januar 1883. Wörtlicher Abdruck des amtl. stenogr. Berichts. 8°. Schwerin, J. Auer (Druck v. Wörlein u. Co., Nürnberg), s. a.

Kaiser, Mich. Oskar [aus Dresden]: Der Dualismus Ludwig Tieck's als Dramatiker und Dramaturg .... Leipzig, Druck v. Sturm u. Koppe, 1885. 2 + 67 + 1 S. 8°.
Leipzig, Phil. Fak., Inaug.-Diss. v. 17. Okt. 1886.

Kaiser, Mich. Oskar, der Dualismus Ludwig Tieck's als Dramatiker und Dramaturg. Diss. Leipzig 1885, Gustav Fock. 8°. 67 S.

Kaiser, Nikl., († d. 14. März 1800.) summar. Inhalt d. Augsburg. Confession, nebst e. Einleit. zur Reformationsgeschichte für Kinder. 8. Hof 783.

— **Nicolaus** (illustris Curiani conrector), Vivicomburium b. martyris Leonhardi Caesaris gloriosum divinae gratiae spectaculum a. D. Martino Luthero nominatum. — Ad declamationes quasdam a civibus gymnasii Albertinofridericiani invitat. Curiae Regnitianae [=Stadtamhof] (Hetschel) 12. XI. 1770. 20 S. (5.50) 17383
Friedrich Gottlob Hassius (Curiensis), Jacob Georg Hoepf (Gefrees), Johann Georg Scherzer (Curianus), Friedrich Wilhelm Hoefer (Steinbach), Adam Christoph Grimm (Losauiae Regnit.), Johann Heinrich Carl Schoenauer (Wirsberg), Carl Maximilian Wilhelm Helfreich.

Kaiser, O., die Appendizitis in der Gynäkologie. (12 S.) gr. 8. Leipzig 910. B. Konegen. 1. —
Sonderabdruck aus: „Der Frauenarzt".

Kaiser, O., Beitrag z. Alkoholfrage. (47 S.) Kiel 1888. Lipsius u. Tischer.

Kaiser, O., über Drillingsschicksal. (4 S. m. 1 Taf.) gr. 8. Leipzig 905. B. Konegen. n. 1. —

— Die junge Mutter. Zur Hilfe f. die, welche es werden sollen u. wollen. (VIII, 73 S. m. Abbild. u. Titelbild.) kl. 8. Dresden 910. v. Zahn & Jaensch. 2.—; geb. in Leinw. m. Goldschn. 2.50

— **über vaginale Ovariotomie in graviditate.** (8 S.) gr. 8. Ebd. 905. n. 1. —
Sonderabdruck aus: „Der Frauenarzt."

Kaiser, Osk., der nordische Flachschnitt, s.: Lehrmeister-Bibliothek.

Kaiser, Oscar [Assistenzarzt an d. kgl. med. Klinik zu Breslau]: Aus d. medicin. Klinik zu Breslau. Zur Kenntniss der Poliencephalomyelitis acuta ... Leipzig, Druck v. J. B. Hirschfeld, 1895; 2 Bl., 33 S., 1 Bl. 8.
Breslau, Med. Fak., Inaug.-Diss. v. 30. Juli 1895

— Liebhaberkünste. Prakt. Wegleitung zum Erlernen der Kerbschnitzerei. Nordische Flachschnitzerei. Reliefschnitt. Brandmalerei. Tiefbrand. Satin-Tarsia. Batik u. Samt-Bügeltechnik. (IV. 64 S. m. Abbildgn.) kl. 8. Hamburg (910). F. W. Thaden. 1. —

Kaiser, Oswald Beiträge zur Zahlenlehre und Chronologie. 8 (54 S.). **Progr.** Oberg. *Bielitz* 1887.

Kaiser, Oswald Beiträge zur Zahlenlehre und Chronologie. (Fortsetzung des Programmaufsatzes vom Schuljahre 1886/87.) 8 (S. 3–42). **Progr.** K. k. Staats-Oberg. *Bielitz* 1892.

Kaiser, Otto, der Ausbau der wirtschaftlichen Einteilung des Wege- u. Schneisennetzes im Walde. (VIII, 146 S. m. 16 Fig. u. 14 lithogr. Taf.) gr. 8. Berlin 904. J. Springer. n. 6. —; geb. in Leinw. n. 7. —

Kaiser, Otto, Beiträge zur Pflege der Bodenwirthschaft mit besond. Rücksicht auf die Wasserstandsfrage. gr. 8. (VII, 123 S. mit 21 lithogr. Karten und 3 eingedr. Holzschn.) Berlin 880, Springer. *

Kaiser, Otto, Beiträge zur Pflege der Bodenwirthschaft m. besond. Rücksicht auf die Wasserstandsfrage. Mit 21 lith. Karten u. 3 Holzschn. gr. 8. (VII, 123 S.) Berlin 883. Springer. n. 6. —

Die evangelische Diaspora im mittleren Kinzigtal – Wolfach, Hausach, Haslach – und ihre Geschichte. Dargest. von Otto **Kaiser,** Pfarrer. Heidelberg: Ev. Verl. 1910. 29 S. 8°
(Bilder aus d. evang.-prot. Landeskirche d. Großherzogt. Baden. 9.) [illegible]

Kaiser, Otto, die wirthschaftliche Eintheilung der Forsten m. besond. Berücksicht. des Gebirges in Verbindung m. der Wegenetzlegung. gr. 8. (VII, 164 S. m. 30 Fig., 10 lith. Taf. u. 4 Karten.) Berlin 902. J. Springer. n. 6. —

Kaiser, Otto [app. Arzt aus Lüneburg]: **Das Epithel der** Cristae und Maculae acusticae ... M. 2 Taf. (Aus: **Arch. f.** Ohrenheilkunde. 32 Bd.) Leipzig, Druck v. J. B. Hirschfeld, 1891; 16 S., 1 Doppeltaf. 8.
Göttingen, Med. Fak., Inaug.-Diss. v. [21. Apr.] 1891

KAISER, Otto: Erfahrungen über die Wegnetzlegung und forstwirthschaftliche Eintheilung in Gebirgs-Waldungen. – Wiesbaden 1873. 31 S.

Kaiser, Otto, die Funktionen der Ganglienzellen d. Halsmarkes. Mit Fig. im Text u. 19 Taf. Eine v. der Utrechter **Gesellschaft** f. Kunst u. Wissenschaft gekrönte **Preisschrift.** Lex.-8. (VII, III, 81 S.) Haag 891. M. Nijhoff. n. 10. —

Kaiser, Otto [aus Hannover]: Über Kerntheilungen der Characeen ... M. e. Taf. (Aus: Bot. Zeitg, Jg. LIV.) *Leipzig, Druck v. Breitkopf & Härtel,* 1896; 21 S., 1 Taf. 4.
Rostock, Phil. Fak., Inaug.-Diss. v. [9. Mai] 1895

KAISER, Otto: Mittheilung über bewährte Methoden der natürlichen Verjüngung der Buchen Hochwaldungen und Einmischung anderer Holzarten in dieselben. – Coblenz 1868. 16 S.

Kaiser, O., s.: Wegenetzlegung, die, im Gebirge.

Kaiser, Paul, e. neuer Advent. Visitationspredigt, geh. am 1. Advent. gr. 8. (12 S.) Halle 897. R. Mühlmann's Verl. n. — 20

Kaiser, Paul, der Aßmannshäuser. Ein Sang vom Rhein. 2. [Titel-] Ausg. (v.: Ein Sang vom Rhein). (VII, 143 S.) kl. 8. Leipzig 908. H. Haessel Verl. Geb. in Leinw. 3. —

Kaiser, Paul [Dr.]: Beiträge zur Kryptogamen-Flora von Schönebeck a. Elbe. 1. Schönebeck a. E., Druck v. C. Hirschfelder, *1896*; 36 S. 8.
Schönebeck a. E., RPG, OP 1896 (273)

Kaiser, Paul E., Prof. Dr.: Beiträge zur Kryptogamen-Flora von Schönebeck a. Elbe. II. Schönebeck a. E. 1907: Th. Wulfert. (S. 39—82.) 8° ¶(Forts. d. P-Beil. d. RPG 1896.)
Schönebeck a. E., R OP 1907 (336)

Kaiser, Paul, die Bergpredigt des Herrn, ausgelegt in Predigten. I—IV. 8. Leipzig, A. Deichert Nachf. n. 5.50; geb. n.n. 6.50
I. Die Seligpreisgn. (IV, 124 S.) 900. n. 1.50; geb. n.n. 2.20
II. Gebote. (122 S.) 900. n. 1.50; geb. n.n. 2.20
III. Das Vaterunser. (IV, 138 S.) 901. n. 1.60; geb. n.n. 2.30
IV. Letzte Mahnungen u. Warnungen. (VI, 137 S.) 901. n. 1.60 geb. n.n. 2.30

Kaiser, Paul, die Bergpredigt des Herrn, ausgelegt in Predigten. I. u. III. 8. Leipzig, A. Deichert Nachf. n. 3.10; geb. n.n. 4.60
I. Die Seligpreisungen 2. durchgeseh. Aufl. (VI, 124 S.) 904. n. 1.50; geb. n.n. 2.20
III. Das Vaterunser. 2. durchgeseh. Aufl. (VI, 138 S.) 907. n. 1.60; geb. n.n. 2.30

— Die Bergpredigt des Herrn, ausgelegt in Predigten. II. Gebote. 2., durchgeseh. Aufl. (122 S.) 8. Leipzig 907. A. Deichert Nachf. 1.50

Kaiser, Paul, Militärpfarrer in Leipzig: Der kirchliche Besitz im Arrondissement Aachen gegen Ende des 18. Jahrhunderts und seine Schicksale in der Säkularisation durch die französische Herrschaft. Ein Beitrag zur Kirchen- und Wirtschaftsgeschichte der Rheinlande. Aachen 1900: A. Jacobi & Cie. (VII, 211 S.) 8°
Leipzig, Phil. Fak., Lamprecht, Bucher, Diss. v. 7. Aug. 1900
[Geb. 26. Juni 62 Dresden; Wohnort: Leipzig; Staatsangeh.: Sachsen; Vorbildung: Obergymn. Prag-Kleinseite Reife Juni 83; Studium: Prag 6, Leipzig 7 S.; Rig. 15. Jan. 00.]

— s.: Bundespredigten, evangelische.

— du sollst nicht. — Reden an die liebe Jugend über die Gebote Gottes. 8. (V, 156 S.) Halle 903. R. Mühlmann's Verl. n. 1.60; geb. n. 2.40

— dürfen wir nun in guter Zuversicht sein? Konfirmationspredigt über Phil. 1, 6. Palmsonntag (5. IV. 1903) in der Matthäikirche zu Leipzig. (12 S.) 8. Leipzig 903. A. Deichert Nachf. n. —30

Kaiser, P., Eben-Ezer. Bis hierher hat der Herr geholfen. 4 Gelegenheitspredigten. gr. 8. (40 S.) Gotha 888. Schloeßmann. n. —80

— Festpredigt. Geh. am 7. X. 1902 beim Festgottesdienst in der Johanniskirche zu Hagen anläßlich der XV. Generalversammlung des evangel. Bundes. gr. 8. (12 S.) Leipzig 902. Buchh. des ev. Bundes v. C. Braun. n.n. —10

— für die Fest- u. Feiertage des Kirchenjahres. Predigten. 1. Hft. gr. 8. (92 S.) Leipzig 903. A. Deichert Nachf. n. 1.60; kart. n.n. 1.85

— s. die Fest- u. Feiertage des Kirchenjahres. Predigten. 2. Heft. (124 S.) gr. 8. Leipzig 903. A. Deichert Nachf. n. 2.—; kart. n.n. 2.25

Kaiser, Paulus (Martin) (geb. Berlin 2. 8. 1859): De fontibus Vellei Paterculi. Berolini 1884. (47 S.) 8°
Berlin, Phil. Diss. v. 30. Apr. 1884

Kaiser, Paul, de fontibus Vellei Paterculi. gr. 8. (47 S.) Berlin 881, Mayer und Müller. *

— Paul Gerhardt, s. a. Volksabende. 8. Heft.

— Paul Gerhardt. Ein Bild seines Lebens. (77 S. m. Abbildgn.) 8. Leipzig 906. M. Hesse. n.n. —50; geb. in Leinw. n. —80

— grüß Gott! Gedichte u. Lieder. 12. (XII, 316 S.) Leipzig 898. [G. Wigand.] A. Deichert Nachf. geb. n. 3.50

— Grüß Gott! Gedichte. 2. verm. Aufl. (VIII, 288 S.) kl. 8. Halle 906. R. Mühlmann's Verlag. Geb. in Leinw. m. Goldschn. n. 3.60

Kaiser, Paul (I.). Gustav Adolf. Ein dramat. Festspiel f. die Volksbühne. 1. u. 2. Aufl. 8. IV, 88 S.) Gotha 889, Schloeßmann. * 1 80

— Gustav Adolf. Ein christl Heldenleben. Zur Jubelfeier des 300jähr. Geburtstages Gustav Adolfs am 9. Dezbr. 1894. Dem deutschen evangel. Volke dargeboten. 1.—35. Taus. gr. 8. (83 S. m. Abbildgn.) Bielefeld 894. Velhagen & Klasing. n. —50

Kaiser, P., Gustav Adolf. Ein dramat. Festspiel f. die Volksbühne. 3.—8. Aufl. Gekürzte Textausg. 8. (90 S.) Gotha 894. G. Schloeßmann. n. —80

— Gustav-Adolf-Festpredigt, geh. im Jugendgottesdienst des Leipziger Hauptvereins zu Plauen 1901. gr. 8. (10 S.) Halle 901. R. Mühlmann's Verlag. n. —20

— f. Gustav Adolf-Vereins-Versammlungen. Den Vereinen hin u. her. (24 S.) 8. Dresden 904. F. Sturm & Co. n. —30

— zur Heiligung des Sonn- u. Feiertages. Ein Jahrgang Predigten. 1. u. 2. Hälfte. gr. 8. Gotha, C. Schloeßmann. n. 7.—; geb. n. 8.50
1. Hälfte. (Advent bis Pfingsten.) (VIII, 350 S.) 893. n. 4.—; geb. n. 5.—
2. Hälfte. (Trinitatis bis Totenfest.) (IV, 278 S.) 891. n. 3.—; geb. n. 4.—

— dasselbe. (Volksausg.) gr. 8. (III, 62 S.) Ebd. 891. n. —40; 10 Exemplare n. 2.—

— zur Heiligung des Sonn- u. Feiertages. Ein Jahrgang Predigten. 2 Hälften. 2. Taus. [Titel-Ausg.] gr. 8. Halle, R. Mühlmann's Verlag. n. 7.—; geb. in Leinw. n. 8.50
1. (Advent bis Pfingsten) (VIII, 350 S.) [893] 903.
2. (Trinitatis bis Totenfest.) (IV, 278 S.) [893] 903.

— s. Hochzeit. Fragende Blicke in den Braut- u. Ehestand. Predigt am 2. Sonntage nach Epiphanias 1893 gr. 8. (14 S.) Leipzig 893. Fr. Richter. n. —30

— ich aber u. mein Haus, wir wollen dem Herrn dienen! Sechs Betrachtgn. f. das christl. Haus. gr. 8. (III, 52 S.) Gotha 891. G. Schloeßmann. n. —80; geb. n. 1.60

— In den Kämpfen u. Zweifeln der Zeit. Apologet. Predigten. (X, 117 S.) gr. 8. Leipzig 908. A. Deichert Nachf. 2.25; geb. n 3.—

Kaiser, Paul (I.). Von Kind auf! Christl. Reden an d. liebe Jugend, den Kindern u. ihren Freunden nach der Ordng. d. Kirchenjahres geh. 5 Hefte. gr. 8. (XII, 330 S.) Gotha 891, Schloeßmann. à Heft * — 80; * 4 —; geb. * 5 —

— von Kind auf! Christl. Reden an d. liebe Jugend, d. Kindern u. ihren Freunden nach d. Ordng. d. Kirchenjahres geh. 2., wenig veränd. Aufl. gr. 8. (XII, 330 S.) Ebd. 897. n. 4.—; geb. n. 5.—
Erschien auch in 5 Hftn. à n. —80.

— von Kind auf! Christliche Reden an die liebe Jugend, den Kindern u. ihren Freunden nach der Ordnung des Kirchenjahres geh. 3. Aufl. gr. 8. (XI, 375 S.) Ebd. 901. n. 4. —; geb. n. 5. —; auch in 5 Hftn. à n. — 80

— von Kind auf! Christliche Reden an die liebe Jugend, den Kindern u. ihren Freunden nach der Ordnung des Kirchesjahres geh. 4. Aufl. (XI, 375 S.) 8. Ebd. 906. n. 4. —; geb. in Leinw. n. 5. —

— den Kindern das Himmelreich. Christliche Reden an kleine u. auch an größere Leute, nach dem Kirchenjahre geordnet. gr. 8. (VIII, 419 S.) Ebd. 903. n. 4. —; geb. n. 5 —

— Den Kindern das Himmelreich. Christliche Reden an kleine u. auch größere Leute, nach dem Kirchenjahre geordnet. 2. Aufl. (VIII, 419 S.) 8. Halle 908. R. Mühlmann's Verl. 4.—; geb. in Leinw. 5.—

—— Komm hernieder u. hilf uns! Festpredigt, bei der Versammlg. d. Leipziger Hauptvereins der Gustav-Adolf-Stiftg. zu Döbeln am 1. Juli 1890 geh. gr. 8. (10 S.) Döbeln 891, Schmidt. — 30

— Konfirmationspredigt über Offenb. Joh. 3, 11 am Palmsonntag, den 16. IV. 1905, in der Matthäi-Kirche zu Leipzig. (12 S.) 8. Leipzig 905. A. Deichert Nachf. n. — 30

Kaiser P E., einheim. Kulturpflanzen. (96 S) (Hillgers Volksbuch. 24) Berlin (1905)

Kaiser, Paul [Dr.]: Die fossilen Laubhölzer. 1. Nachweise und Belege. Schönebeck (Elbe), Druck v. C. Hirschfelder, 1890; 46 S. 8°
Schönebeck a. E., RPG, OP 1890 (269)

Kaiser, Paul (H.). Die fossilen Laubhölzer. I. Nachweise u. Beläge. gr. 8. (46 S.) Schönebeck 890. Lpz., Fock. * 1 20

— Ein neues Lied. Psalterstimmen f. Kirche u. Haus. (XVI, 319 S.) kl. 8. Gütersloh 909. C. Bertelsmann. Geb. in Leinw. 2. 40

— Philipp Melanchthon, Deutschlands Lehrer. Zur Jubelfeier s. 400jähr. Geburtstages (16. Febr. 1897). D. deutschen evang. Volke dargeboten. gr. 8. (78 S. m. Bild.) Bielefeld 896. Velhagen & Klasing. n. — 60

Kaiser, Paul, das Muskelproblem. (Physiologische Betrachtungen.) (S. 709—741.) gr. 8. Göttingen 907. Vandenhoeck & Ruprecht. n. 1. 20
Sonderabdruck aus: „Abhandlgn. d. Fries'schen Schule".

Kaiser, Paul E., einheimische Nutzpflanzen aus Garten, Feld u. Flur, s. Hillger's illustr. Volksbücher.

Einheimische Nutzpflanzen aus Garten, Feld und Flur von Prof. Dr. Paul E. Kaiser. Mit 31 Ill. Berlin, Leipzig: H. Hillger [1905]. (95 S.) 8° [F.]
= Volksbücher, Hillgers illustrierte. Bd 24. [05. 1006]

Kaiser, Paulus: Ueber die tägliche Periodicität der Dickendimensionen der Baumstämme. Halis Saxonum 1879: Karras. 38 S. 8°
Halle-Wittenberg, Phil. Diss. v. 17. Juli 1879
Geb. Rawitsch (Posen) 20. 4. 1857. V.
Verf. erlebte die Diplomerneuerung 1929 als Gymnasial-Professor a. D. in Traunstein (Bayern), vgl. Anh. Nr. 718.

—— Predigt, geh. am 2. Weihnachtstage 1890. 8. (16 S.) Lpz. 890, (Hinrichs' Sort.). * — 20

Kaiser, P., Predigten. 4 Hefte. gr. 8. Sagan, Daustein. [1. Heft. (V, 143 S.) 881. * M 1,80.; 2. Heft. (III, 155 S.) 883. * M 2.; 3. Heft. (130 S.) 884. * M 1,60.; 4. Heft. (III, 82 S.) 884. * M 1,20.] *

— Protestationsrede auf die päpstliche Borromäus-Enzyklika in d. Schloßkirche zu Wittenberg am Sonntag, den 26. VI. 1910 geh. (8 S.) 8. Leipzig 910. Serig. — 20

— ein Sang vom Rhein. (IV, 143 S.) 8. Leipzig (904). H. Haessel Verl. n. 2. —; geb. n. 3. —

Kaiser, Paul, die naturwissenschaftlichen Schriften der Hildegard v. Bingen. Progr. 4. (24 S.) Berlin 901. [R. Gaertner.] Weidmann. n. 1. —

Kaiser, P. Ulmoxylon. Ein Beitrag zur Kenntniss fossiler Laubhölzer. Halle a./S. 1878

—— Die Wächter auf den Mauern Jerusalems. Predigt, geh. auf der Meißener Kirchen- u. Pastoralkonferenz. gr. 8. (16 S.) Gotha 892, Schloeßmann. * — 30

— für Zeit und Ewigkeit. Predigten auf alle Sonn- und Festtage des Kirchenjahres. 2. Aufl. gr. 8. (XII, 613 S.) Ebendas. 886. * M 7.50.; geb. *

—— Für Zeit u. Ewigkeit. Predigten auf alle Sonn- u. Festtage d. Kirchenjahres. 3. Aufl. gr. 8. (XII, 615 S.) Ebd. 891. * 6 — geb. * 7 50; m. Goldschn. * 9 —

— für Zeit u. Ewigkeit. Predigten auf alle Sonn- u. Festtage des Kirchenjahres. 4. Aufl. gr. 8. (XII, 612 S.) Ebd. 902. n. 6. —; geb. n. 7. 50

— Für Zeit u. Ewigkeit. Predigten auf alle Sonn- u. Festtage d. Kirchenjahres. 5. Aufl. (XII, 612 S.) gr. 8. Halle 911. R. Mühlmann's Verl. 6.—; geb. 7. 50

Ein ernstes Zeit- und Zukunftsbild. Predigt am 5. März 1893 von D. P[aul] Kaiser, Pfarrer, Leipzig. Leipzig: F. Richter 1893. (11 S.) 8° [F.] [93. 1010]

— s. Zum Gedächtnis d. frühvollendeten Dr. Rich. Fürchtegott Kühn.

Kaiser, Paul E., s. Kaiser, Paul

Kaiser, Peter. Beiträge zur Geschichte Graubündens. 1. [einziger] Theil. Zugabe zu dem Schulprogramme [der Bündnerischen Kantonsschule] von 1862. 4. Chur 1862.

Anon.: Peter Kaiser. Chur. Progr. 1864.

Kaiser, P., Geschichte des Fürstenth. Liechtenstein. Nebst Schilderungen aus Chur-Rätien's Vorzeit. br. gr. 8. (VIII u. 512 S.) Chur 847, Grubenmann in Comm. n. 1½ ℳ

Kaiser, P., Geschichte des Fürstenth. Liechtenstein. Nebst Schilderungen aus Chur-Rätien's Vorzeit. br. gr. 8. (VIII und 512 S.) Chur 848, (Grubenmann'sche Buchh.) *

[Kaiser, Peter.] Graubündnerische Geschichten. Erzählt für die reformirten Volksschulen. Zugabe zum vierten Schulbuch. Hrg. vom Erziehungsrath [des Cantons Graubünden].... 8. Chur 1852.

Kaiser, P. Ueber den Namen und die Herkunft der alten Rhätier. Disentis, Kath.-Bündtnerische Kantonssch., 1838. 13 S. Progr.

Kaiser, Petrus Leop.

— s. Gesänge für d. Gottesverehrung.

Kaiser, Petr. Leop., Bischof zu Mainz, s. a. Hirtenbrief.

Kaiser, Petr. Leop., Hirtenbrief an d. Gläubigen seines Kirchensprengels bei d. Antritte seines Oberhirtenamtes, nach seiner Consecration u. Installation in d. Domkirche zu Mainz d. 30. Juni 1835. gr. 4. (1 B.) Mainz, Wirth.

Kaiser, Petrus Leop., (Bischof von Mainz) Pastoralschreiben an d. sämmtl. Geistlichen seiner Diözese beim Antritte seines Oberhirtenamtes d. 30. Juni 1835. gr. 4. Mainz 835. Wirth. 5 gl

Kaiser, Pt. Leop., Predigten auf Sonn- u. Festtage. In d. kathol. Kirche zu Gießen vorgetragen u. zum Besten derselben herausg. gr. 8. Mainz 824. Müller. 1 ₰

Kaiser, Pt. Leop., Vorbereitung zum Tode zweier am 11. Jan. 1822 zu Gießen, mit d. Schwerte hingericht. Verbrecher, Namens J. Thron u. H. Falk. 8. Gießen 822. Heyer. 3 gl

— pfarrliche Vorstellungs- u. Abschiedsrede an d. kathol. Gemeinde zu Gießen, u. Antrittsrede in Bernsheim. gr. 8. Mainz 824. Müller. 6 gl

Kaiser, Philipp

Kaiser, Ph., Gottes Allwalten in der Natur. Frankfurt a. M. (Hamm, Breer u. Thiemann) 1899, gr. 8°, 31 S., 50 Pf. (Zeitgem. Broich. Bd. 19 Heft 10.)

Kaiser, Phil., Katholicismus u. Wissenschaft. Frankfurt a. M., Kreuer, 1897, gr. 8°, 24 S., 50 Pf. (Zeitgem. Broich. N. F. Bd. 18 Nr. 5.)

Kaiser, Phil., Das Ceremonienwesen der kath. Kirche. Frankf. a. M., Fösser Nachf., 1888, gr. 8°, 36 S., 50 Pf. (Zeitgem. Broich. Bd. 10, Nr. 1.)

KAISER, R.
Chemisches Hilfsbuch für die Metall-Gewerbe. Würzburg, 1885. 8vo.

Kaiser, R.: Lehrbuch der englichen Sprache ...,
s. Swoboda, W.

Kaiser, R. [illegible]

Kaiser, Richard, approb. Arzt aus Ellern (Rheinprov.): Aus d. pathol. Institute zu Kiel. Ein Fall von Ösofagus- und Duodenalgeschwür. *Kiel 1901: Schmidt & Klaunig.* (13 S.) 8°
Kiel, Med. Diss. v. [13. Mai] 1901

Krankheit, Dämonismus, Geisteskrankheit. Von Robert Kaiser. Wetter a. d. Ruhr: Diakonieverein Bethanien [1909]. 16 S. 8° [illegible]

Kaiser, Rob., Krankheit, Dämonismus u. Geisteskrankheit. (16 S.) 8. Wetter (909). Bonn, J. Schergens. — 20

Kaiser, Rudolfus [Posnaniensis]: De inscriptionum Graecarum interpunctione ... Berolini, typ. expr. Gustavus Schade (Otto Francke) (1887); 38 S. + 1 Bl. 8°.
Berlin, Phil. Fak., Inaug.-Diss. v. 5. März 1887.

Kaiser, Rud., de inscriptionum graecarum interpunctione. gr. 8. (38 S.) Leipzig 887, Fock. *

Kaiser, Rudolf, Medizinalpraktikant: Die Therapie der Tuberkulose der Conjunctiva und Sklera unter besonderer Berücksichtigung der Milchsäure. Freiburg i. B. 1909: Günther. 40, VII S. 8°
Freiburg i. B., Med. Diss. v. 1909, Ref. Axenfeld
[Geb. 19. März 85 Pfullingen; Wohnort: Pfullingen; Staatsangeh.: Württemberg; Vorbildung: Gymn. Reutlingen Reife Juli 03; Studium: Tübingen 2, Leipzig 4, Freiburg i. B. 4 S.; Coll. 26. Febr. 09.] [U 09. 941

Kaiser, S. [illegible] Solothurn 1869.

Kaiser, S. [illegible] Zürich 1861.

Kaiser, S. B., ein Regulator der weiblichen Gesundheit oder Bleichsucht, Regelstörungen und Weißfluß der Mädchen, Jungfrauen und Frauen nach ihrem Wesen, ihren Ursachen und ihrer homöopath. Heilung. 8. (38 S.) Delitzsch 868, Pabst. — 75

Kaiser, Salo [app. Arzt aus Zabrze]: Hyperhidrosis unilateralis faciei ... München, *Druck v. Gebr. Böhm, Kattowitz,* 1891; 31 S., 1 Bl. 8.
München, Med. Fak., Inaug.-Diss. v. [28. Juli] 1891

Kaiser, Sigismund, prakt. Arzt aus Leipzig: Zur Kenntnis der hämorrhagischen Hautsyphilide. *Leipzig 1903: B. Georgi.* (43 S.) 8°
Leipzig, Med. Diss. v. (30. Nov.) 1903

Kaiser, Simon, die schweizerischen Bischöfe und das schweizerische Staatsrecht. Kurze Antwort auf die „Denkschrift der Bischöfe" bei Anlaß der Revision der Bundesverfassung. gr. 8. (55 S.) Bern 871, Fiala. — 75

Kaiser, S., die Bundesverfassung von 1848 und Versuche zu deren Revision in d. J. 1866 u. 1872. 50 Stn. gr. 8. Zürich, Orell, Füssli & Co.
Sep.-Abdr. aus d. Allgem. Beschreibung u. Statistik der Schweiz.
1873

Kaiser, Simon, Dichtung und Wahrheit oder „der Banknoten-Spektakel in der Schweiz im Herbst 1879, s. a. Zeitfragen, schweizer.

Kaiser, Simon (Nat.-Rath u. Bankdirector in Solothurn). Dichtung und Wahrheit oder der Banknoten-Spectakel in der Schweiz im Herbste 1879. In-8°, IV u. 84 S. Zürich, Orell Füssli & Cie. 1879 1 50
*** Schweizer Zeitfragen, Heft 9.

Kaiser, Sim., Geschichte einer konstitutionellen Monarchie, oder Geschichte Frankreichs unter Louis Philipp d. i. 1830–1848. Nach den besten Werken u. authent. Aktenstücken dargestellt. Stuttgart 855. Göpel. gr. 8. (XVI, 332 S.) 1 ₰. 20 ngr.

Kaiser, Sim., u. Joh. Strickler, Geschichte u. Texte d. Bundesverfassungen der schweizerischen Eidgenossenschaft von der helvetischen Staatsumwälzung bis zur Gegenwart. gr. 8. (VI, 360 S.) Bern 901. K. J. Wyss. n. 6. —

Kaiser, S. Dr. und Strickler, Joh. Dr. Geschichte und Texte der Bundesverfassungen der schweizer. Eidgenossenschaft von der Staatsumwälzung bis zur Gegenwart. 8°. 507 S. Bern, K. J. Wyss. Verlag. 1900 7 50

Kaiser, Sim., Grundsätze schweizerischer Politik, gestützt auf bestehendes Staatsrecht, auf die Resultate der Wissenschaft u. auf geschichtl. Erfahrung, in 22 Vorlesungen vor einem gemischten Publikum. (In 2 Heften.) 1. Heft. Solothurn 867. Scherer'sche Buchh. gr. 8. (210 S.) n. 1 ₰ 6 ngr.

Kaiser, S., Grundsätze schweizer. Politik. IV. Heft. Ste. 537—744, nebst Titel u. Inhalt. Solothurn, Scherer'sche Buchh. 1874

Kaiser, S. Grundsätze schweizerischer Politik. Solothurn 1875.

Kaiser, Simon, der Güter-Umlauf in seiner Bedeutung für die Volkswirthschaft und in seinen Beziehungen zur Production und Consumtion. gr. 8. (XVI, 747 S.) Frankfurt a. M. 888, Sauerländer's Verlag. *

Kaiser, Simon. Die ersten zehn Jahre unter dem neuen Bund. XV. 8. Solothurn 1858.

Kaiser, Simon, Sammlung der eidgenössischen Gesetze, Beschlüsse und Verordnungen, der Konkordate zwischen den Kantonen und der Staatsverträge der Schweiz mit dem Auslande. Neue, nach Materien geordnete Ausg., mit Ausscheidung des Veralteten und außer Wirksamkeit Getretenen. (In 4 Bdn.) 1—3. Bd. 8. (XXVII und 1369 S.) Zürich 859. 60, Schultheß. à Bd. * 1 Thlr. *

Kaiser, Sim., Sammlung der eidgenössischen Gesetze, Beschlüsse und Verordnungen, der Konkordate zwischen den Kantonen und der Staatsverträge der Schweiz mit dem Auslande. Neue, nach Materien geordnete Ausg., mit Ausscheidung des Veralteten und außer Wirksamkeit Getretenen. Anh. zum 3. Bde. 8. (184 S.) Zürich 862, Schultheß. *

—— dass. — 4. Bd. (Konkordate und Staatsverträge.) 8. (XI und 524 S.) Ebendas. 862. *
1.—3. Bd. Ebendas. 1859,60. * 3 Thlr.

Kaiser, S. Schweizerisches Staatsrecht. St. Gallen 1858—60. 3 Bde.

Kaiser, **Simon.** Untersuchungen über die Neutralität der Schweiz, ausgeführt auf den Wunsch und im Auftrag des schweizerischen Militär-Departementes (i. e. dessen Vorstehers, des derzeitigen Bundespräsidenten Oberst Emil Frey). In-4°. VI, 39 S. Solothurn, Buch- und Kunstdruckerei „Union". 1894

—— französische Verfassungsgeschichte von 1789—1852 in ihrer histor. Aufeinanderfolge und systemat. Entwicklung dargestellt. 2 Hälften. gr. 8. (1. Hälfte S. 1—423.) Leipzig 852, O. Wigand. *

—— die Wissenschaft des schweizerischen Rechtes. I. (Abthl.) A. u. d. T.: Schweizerisches Staatsrecht in 3 Büchern dargestellt. 1—3. Buch. gr. 8. St. Gallen, Scheitlin und Zollikofer.
Inhalt:
Buch 1. Die individuellen Rechte. (XVII und 273 S.) 858. 1 Thlr. 18 Ngr.
" 2. Das Staatsrecht. (VIII und 387 S.) 859. 1 Thlr. 27 Ngr.
" 3. Das Bundesrecht. (VI und 328 S.) 860. 1 Thlr. 27 Ngr.

Simon Heinrich Adolf Kaiser

Simon Heinrich Adolph Keiser [Kaiser] Abhandlung von der Gesundheit und derselben Einfluß auf die Glückseligkeit der Menschen. Giessen: Krieger 1776. 64 S. 8°

— Abhandl. von d. Gesundheit u. derselben Einfluß auf d. Glückseligkeit d. Menschen. 8. Gießen 778. Krieger. 4 gr.

Simon Heinrich Adolf Kaiser

Simon Heinr[ich] Adolph Keiser [Kaiser], Enarrationes quorundam morborum junctis observatis medicopracticis. Lemgoviae 1771: Meyer. 96 S. 8°

— observationes medicae, adj. historiis morbor. 8. Lemgo 803. Meyer. 9 gr.

— Unterricht vom Nutzen u. besonderer Heilungskraft d. Eicheln. 8. Lemgo 775. Meyer. 1 gr.

— Unterricht von d. Nutzen u. besond. Heilungskraft d. Eicheln, in Absicht auf d. Dörrsucht oder Auszehrung d. Kinder. 8. Lemgo 784. Meyer. 2 gr. (Auch als 2r Thl. d. Vorstehenden).

Kaiser, Sim. Hnr. Ad., Versuch e. theoret. u. prakt. Einleitung in d. Geschichte d. Blattern oder Pocken. 8. Lemgo 769.

Kaiser, Stanislaus, (eigentl. Aloys), († 1809.) Beschreib. d. Einweihung d. uralten Pfarrkirche aus d. Staffelsee in Oberbaiern nach Seehausen; nebst den dabei gehalt. Predigten. Mit Kpf. gr. 8. Augsb. 783. Rieger. 16 gr.

— Beschreib. d. Translocation d. Pfarrkirche von Staffelsee nach Seehausen; mit e. Anrede u. 1 Kpf. 4. (Augsb.) 773.

— kurzer Entwurf d. baier. Geschichte. gr. 8. Augsb. 782. Rieger. 9 gr.

— Geographie d. Alten. 8. Augsb., Rieger. 6 gr.

— Lobrede u. Trostpredigt an d. Scapulirfest. gr. 8. Augsb. 782. M. Rieger. 4 gr.

— Lob- u. Sittenreden bei verschied. Feierlichkeiten. 8. Augsb. 784. Rieger. 12 gr.

— memoria Damasiana in memoriam jubilaei R. D. D. Abbat. Bartholdi II. in Diessen. Fol. Augsb. 797. Rieger. 4 gr.

— d. heil. Messe d. Heiligung d. vormittäg. Gottesdienstes, zum Gebetbuch. 8. Augsb. 805. Rieger. 3 gr.

— 3 Predigten auf d. Fest d. heil. Benedikt. 8. Augsb. 785. Wolff. 5 gr.

— Predigten auf alle Festtage Mariens. 8. Augsb. 790. (M. Rieger). 1 Thlr.

— Predigten von dem Leiden Jesu Christi, besonders über d. sieben Worte am Kreuz. 8. Augsb. 788. M. Rieger. 16 gr.

— allgem. Weltgeschichte. 8. Augsb. 814. Rieger. 8 gr. (Nach seinem Tode).

Kaiser, Steph. (geb. Chotzlow in Pomm. 16. 1. 1845): De justa caussa traditionis. Berolini (1870). (50 S.) 8°
Berlin, Jur. Diss. v. 24. März 1870

Kaiser, Steph., de justa caussa traditionis. Dissertatio inauguralis. 8. (48 S.) Berlin 870, (Calvary und Comp.) * 1 20

Kaiser, Th: Preis-Liste über Kautschuk-Typen-Druckereien »Perfect«. Berlin (1902?)

Kaiser, Th., Stempelfabrik: Catalog. Berlin (1902. 1904)

Kaiser, Thea, in sonnigen Landen. Reisebericht üb. die Sommerfahrt 1906 des Orient-Reiseclubs Leipzig. Photograph. Aufnahmen v. Beck, Dürr, Jäger u. Moosdorf. (80 S.) 8. Leipzig 907. (Serig.) 1.80; erm. Pr. 1.25

Kaiser, *Philipp* Theodor [pr. Arzt in Borken]: (Aus d. med. Poliklinik zu Marburg.) Über den Einfluss von Alkohol und Glycerin auf die Vorgänge der Diffusion. . . . Marburg, Univ.-Buchdr. (R. Friedrich), 1891; 30 S., 1 Bl. 8°
Marburg, Med. Fak., Inaug.-Diss. v. [6. Aug.] 1891

Kaiser, Theophil Philipp Christian

— Antrittspredigt zu Erlangen. gr. 8. Erlang. 817. Palm. 2 gGr.

— **D. Theoph. Philipp Christian,** Commentatio, qua apostolos secundum Act. II. die pentecostali, ante quam spiritu s. impertiti sunt, s. coenam concelebrasse asseritur. (Pentecostes sacra solemnia.) Erlang. (Kunstmann) 1820. 23 S. mit handschriftl. Widm. (5.50) 17385

Kaiser, Gtli. Phil. Chr., Beitrag zu e. krit. Literär-Geschichte d. Melanchthon'schen Orig.-Ausg. d. latein. u. deutschen Augsburg. Confession u. Apologie. gr. 8. (3 B.) Nürnberg 830, Stein.

—— Commentar. in priora Geneseos capita, quatenus universae populor. mythologiae claves exhibeat. 8 maj. (12½ B.) Norimbergae 829, Stein.

– s. Communionsgesänge zur Privatandacht.

— — Commentationis de apologeticis evangelii Joannei consiliis authentiam ejus commonstrantibus particula II. (Dies memoriae Jesu Christi vitae restituti.) Erlang. (Kunstmann) 1824. 32 Seiten. (5.—) 17388

Kaiser, T. P. C., de apologetico ev. Joan. consilio. I—II. Erl. 1827. 4.

— daß d. Gedanke an d. Würde u. Kraft unserer Religion Alles enthält, was bei dem Amtantritte e. Religionslehrers zur gemeinschaftl. Erinnerung dienen soll; Antrittspredigt am 11. März 1810 zu Münchberg gehalten. 8. Hof (810).

— oratio de Doctoratus Theologorum academici dignitate, hoc maxime aevo, apud Protestantes rite sustinenda etc. 4. Erlang. 817.

– Entwurf eines Systems d. Pastoraltheologie, zum Gebrauch f. Vorlesungen. 8. Erlang. 816. Palm. 16 gGr.

Kaiser, Gli. Phil. Chr., Entwurf eines Systems d. geistl. Rhetorik nach ihrem ganzen Umfange. gr. 8. Erlang. 817. Palm. 1 Rthlr. 8 gGr.

— zusammenhängende histor. Erklärung d. fünf Psalmen-Bücher als National-Gesangbuchs, auf die Zeit v. David bis zu Simon, d. Makkabäer. gr. 8. Nürnb. 827. Schrag.

— de terris reformationis sacrorum saecularibus anno MDCCCXVII. reddituris. Erl. 817.

— Grundriß e. Systems d. neutestamentl. Hermeneutik. gr. 8. Erlang. 817. Palm. 20 gGr.

— das Hohelied, ein Collectiv-Gesang, s. Hohelied.

— d. Hohelied, e. Collectiv-Gesang, s. Salomo.

Kaiser, (G. P. C.,) Ideen zu einem Systeme der allgem. theolog. Aesthetik, f. seine Vorles. entworfen. gr. 8. Erlangen 822, Palm.

Kaiser, Gli. Phil. Chr., Ideen zu einem System d. allgem. theol. Aesthetik, für seine Vorles. entworfen. gr. 8. Erlang. 823. Palm. 18 gGr.

— Ideen zu e. System d. allgem., reinen u. angewandten Kalliästhetik; e. Versuch einiger Vereinigung d. entgegengesetzten Meinungen, auch zum Selbstunterricht in dieser Wissenschaft rc. 8. Nürnb. 813. Campe. 2 Rthlr.

– s. Koheleth, d. Collectivum d. David'schen Könige.

Kaiser, Th. Ph. Chr., De logica Pauli Apostoli logices Aristoteleae emendatrice. Pr. 1847. 22 S. 4°.

— Monogrammata theologiae christianae dogmaticae. 8maj. Erlang. 820. Palm. 1 Rthlr. 8 gGr.

— in obitum patris dilectissimi Nic. Kaiseri. Fol. Curiae 800 Deutsch. 4. Hof 800.

— in obitum adfinis, C. Voelkelii, Pastoris Schwarzenbacensis. 8. Hof 795.

– s. Ovidii fabulae.

— einige Predigten, mit Rücksicht auf d. Ereignisse d. Zeit u. an Festtagen d. J. 1817 u. 18 gehalten. gr. 8. Erlang. 818. Palm. 1 Rthlr. 4 gGr.

— üb. d. Preßbyterien überhaupt, u. über ihre Einführung in Baiern insbesondere. 8. Erlangen 822, Heyder.

— Reden zur Feier d. Fahnenweihe d. k. Landwehr d. Stadt Erlangen rc. 8. Erlang. 818.

— geistl. Reden zur Feier d. Namensfestes Sr. Maj. d. Königs Max. Joseph v. Baiern, am 12. Oct. 1818. gr. 8. Erlang. 818. Palm u. E. 3 gGr.

— neues Repertorium mannigfalt. Hauptsätze zu religiös-moral. Reden, s. unten Themata.

— de revelatione universali, s. divinitate in theologorum doctrina constiduenda principio. Comment. I.—III. 8. Erlang. 815—18.

— — **De revelatione universali in theologorum doctrina constituenda principio commentationis secundae sectio altera in aesthetice sacra versans. (Qua Jesu Christi natalitia.) Erlang. (Junge) 1821. (S. 145—170.) (1.50) 17386**

— de scepticismo vere philosophico, ejusdemque ad revelationem christianam relatione. Commentatio philosophico-theologica. 8. Erl. 801.

— 6061 Themata über d. Sonn- u. Festtags-Evangelien d. ganzen Jahres. Aus Ammon's, Bahrdt's, Bayer's u. m. and. Kanzelredner Werken sorgfält. gesammelt u. als Repertorium für gebildete Religionslehrer herausg. 3 Bde. gr. 8. Leipz. 806—8. 2e A. 812. 3e A. 823. (W. Nauck). 1 Rthlr. 16 gGr.

— 6061 Themata üb. die Sonn- u. Festtags-Evangelien des ganzen Jahres. 3 Bde. 3e Aufl. gr. 8. Lpz. 823, Sommer.

— d. bibl. Theologie, oder Judaismus u. Christianismus, nach d. grammat.-histor. Interpretationsmethode, u. nach d. freimüth. Stellung in d. kritisch-vergleichende Universalgeschichte d. Religionen u. in d. Universalreligion. In 2 Bden. (1r Thl., oder theoret. Thl. 1 Rthlr. 4 gGr. 2r 1e Abthl. 20 gGr. 2e Abthl. 20 gGr.) gr. 8. Erl. 813—21. Palm. 2 Rthlr. 20 gGr. (2n Thles 2e Abtheil. A. u. d. T.: bibl. Moral. gr. 8. Ebd. 821. 20 gGr.)

— erster Unterricht in d. Geschmackslehre oder Aesthetik. 8. Ansb. 804. Gassert. 14 K

Kaiser, Gtli. Phil. Chrstn., über d. Ursprache od. üb. eine Behauptung Mosis, daß alle Sprachen d. Welt von einer einzigen der noachischen abstammen, mit einigen Anhängen. gr. 8. (13 B.) Erlangen 840, Palm'sche Vrlsbuchh.

Kaiser, T. P. C., linguae aramaicae usus ad judicanda et interpretanda evangelia canonica. I—III. Erl. 1823—29. 4.

— — Commentationis, qua linguae aramaicae usus ad judicanda et interpretanda evangelia canonica novis exemplis defenditur, sectio prima. (Dies memoriae Jesu Christi vitae restituti.) Erlang. (Hilpert) 1823. 34 S. mit handschriftl. Widm. (6.—) 17387

—— Commentar., quo linguae Aramaicae usus ad judicanda et interpretanda plura novi testamenti loca, ea maxime, quae parallela sunt, novis exemplis defenditur. 8maj. (10 B.) Norimbergae 831, Stein.

— — Carmen saeculare de vestigiis providentiae divinae, quae in Confessione d. 25. VI. 1530 Augustae praelecta ac solenni ritu exhibita appareant. Augustanae confessionis solenniter exhibitae tertia saecularia.) Erlang. (Wwe. J. A. Hilpert) 26. VI. 1830. 19 S. (4.—) 17389

— Friedrich v. Wendt, Gedächtniß des 7. Mai 1818. 8. ...

—— über d. synopt. Zusammenstellung d. vier kanon. Evangelien. gr. 8. (8½ B.) Nürnberg 828, Riegel u. Wießner.

Kaiser, Victor

Kaiser, V., Kaulbach's Bilderkreis der Weltgeschichte, s.a. Sammlung gemeinverständlicher wissenschaftlicher Vorträge.

Kaiser V, Kaulbach's Bilder aus d. Weltgeschichte. (Slg wiss. Vortr. 319) Berlin 1879

Kaiser, V., Cornelius und Kaulbach in ihren Lieblingswerken, s.a. Vorträge, öffentliche, gehalten in der Schweiz.

Kaiser, Victor. Cornelius und Kaulbach in ihren Lieblingswerken. 8⁰. Basel, Schweigh. 1878
Oeffentliche Vorträge, Bd. IV. Heft 6.

Kaiser, Vict., Homer u. d. Sibylle in Kaulbach's Bilderkreis d. Weltgeschichte, s.a. Sammlung gemeinverständl. wissenschaftl. Vorträge.

[F.] Homer und die Sibylle in Kaulbachs Bilderkreis der Weltgeschichte. Von Victor Kaiser. *Hamburg: Verlagsanst. u. Dr. A.-G. 1897.* (49 S.) 8. — Sammlung gemeinverständl. wiss. Vorträge. N. F. Ser. 12. H. 268.

— der Humanismus in d. Kunst. gr. 8. (64 S.) Frauenfeld 896. J. Huber's Verl. n. 1.20

—— Macbeth und Lady Macbeth, s. Vorträge, öffentliche, gehalten in der Schweiz.

Kaiser V, Macbeth und Lady Macbeth in Shakespeare's Dichtung und in den Kunstwerken von Cornelius und Kaulbach. (Vortr. Öff. Bl. 5) Basel 1875

Kaiser, W., Abriß der deutschen Grammatik. Zunächst für den Gebrauch an der Stoy'schen Schule zu Jena. 2., umgearb. Aufl. der Grammatik ohne Worte. Jena 867. Fr. Frommann. gr. 8. (36 S.) cart. 7½ ngr.

Kaiser, W., Abriß der Rhetorik u. Poetik, s.: Hoff. L.

Kaiser, W. (II.), Bilder und Lebensbeschreibungen aus der Weltgeschichte. Ein Lehr- und Lesebuch. gr. 8. (VIII, 371 S.) Hannover 887, Meyer. *M 2.50.; geb. *

Kaiser, W., Bilder u. Lebensbeschreibungen aus der Weltgeschichte. Ein Lehr- u. Lesebuch f. Mittel-, Bürger- u. gehobene Volksschulen, sowie f. Töchterschulen. 2., verb. u. bis auf die Gegenwart fortgeführte Aufl. gr. 8. (VIII, 376 S.) Hannover 893. C. Meyer. n. 2.60

Kaiser, W., Bilder u. Lebensbeschreibgn. aus der Weltgeschichte. E. Lehr- u. Lesebuch f. Mittel-, Bürger- u. gehob. Volksschulen, sow. f. Töchterschulen. 3., verb. u. bis auf d. Gegenwart fortgef. Aufl. gr. 8. (VIII, 376 S.) Hannover 896. C. Meyer. n. 2.50; geb. n. 3.—

Kaiser, W., Bilder u. Lebensbeschreibungen aus der Weltgeschichte. Ein Lehr- u. Lesebuch f. Mittel-, Bürger- u. gehobene Volksschulen, sowie f. Töchterschulen. 4. verb. Doppel-Aufl. gr. 8. (VIII, 360 S.) Hannover 901. C. Meyer. n. 2.—; geb. n. 2.50

— Bilder u. Lebensbeschreibungen aus der Weltgeschichte. Ein Lehr- u. Lesebuch f. Mittel-, Bürger- u. gehobene Volksschulen, sowie f. Töchterschulen. Neu bearb. u. hrsg. v. Heinr. Heine. 6. u. 7., gleichlaut. Aufl. (VIII, 374 S.) gr. 8. Hannover 906. C. Meyer. Geb. n. 2.50

Kaiser's Bilder u. Lebensbeschreibungen aus der Weltgeschichte. Ein Lehr- u. Lesebuch f. Mittel-, Bürger- u. gehobene Volksschulen, sowie f. Töchterschulen. Nach den Bestimmgn. üb. die Neuordng. d. Mittelschulwesens in Preußen vom 3. II. 1910 bearb. u. hrsg. v. Heinr. Heine. 8. u. 9., gleichlaut. Aufl. (XI, 94 u. 288 S.) gr. 8. Hannover 910. C. Meyer. Geb. in Leinw. 2.60

Kaiser, W. Bleibe im Lande u. nähre dich redlich, s. Bibliothek interessanter Erzählungen, 175.

— - Bleib im Land und nähre dich redlich, s. Jugendbibliothek, neue.

Kaiser, W., das christliche Familienleben. Sechs Predigten über die Haustafel in der Trinitatiszeit 1854 gehalten. gr. 12. (83 S.) Berlin 855, W. Schultze. *

Kaiser, W. (III.), Handbuch für den deutschen Unterricht auf höheren Schulen, s. Hoff, L.

Kaiser, W., Leitfaden für den Unterricht in der deutschen Grammatik, s. Hoff, L.

Kaiser, W., der Rechtsanwalt im Hause, neue Aufl., s.: Hartwich, W.

Kaiser, W. (II.), der Rechtsanwalt im Hause. Ein Hand- und Hülfsbuch für Gewerbetreibende, Kaufleute, Beamte, Landwirthe, Haus- und Grundbesitzer, Techniker &c. Mit zahlreichen Formularen zur selbstständ. Anfertigung aller mögl. Eingaben, Klagen, Gesuche, Verträge, sowie mit Anleitungen zur selbstständ. Führung von Klagen jeder Art, nach der Reichs-Civil-Prozeßordnung. 4. auf's Neue verm. und verb. Aufl. 30 Lfgn. gr. 8. (XV, 924 S.) Berlin 884, Liebau. à Heft 30 Pf. *M 9.; geb. *

Kaiser, W. (I.), der Rechtsanwalt im Hause. Nachtrag. Die Unfallversicherungsgesetze vom 6. Juli 1884, vom 28. Mai 1885, vom 15. März 1886, vom 11. Juli 1887, nebst der Bekanntmachung vom 30. Septbr. 1885: Ueber die Erstattungspflicht der Betriebsunternehmer an die Krankenkassen. Text-Ausg. mit Inhalts-Verzeichniß. gr. 8. (74 S.) Berlin 888, Liebau. *
Hauptwerk. Ebendas. 1884. *ℳ 9.—.

Kaiser, W., der Rechtsanwalt im Hause. Deutsches Gesetz- u. Rechtsbuch. Neue Ausg. m. d. neuen bürgerl. Gesetzbuch f. d. Deutsche Reich. E. Hand- u. Hilfsbuch f. Gewerbetreibende, Fabrikanten, Kaufleute ꝛc. M. zahlr. Formularen z. selbständ. Anfertigg. aller mögl. Eingaben, Klagen, Gesuche, Verträge ꝛc., sow. m. Anleitgn. z. selbstständ. Führg. v. Klagen jeder Art nach d. Reichs-Civil-Proceßordng. Neu bearb. v. W. Hartwich. 6., verm. u. verb. Aufl. gr. 8. (XVI, 1104 u. VIII, 306 S.) Berlin 897. H. Liebau. n. 10. 75; geb. n. 12. 50
Erschien auch in 31 Lfgn. à — 30.

Der Rechtsanwalt im Hause. Deutsches Gesetz- u. Rechtsbuch. Ein Hand- u. Hilfsbuch. Mit zahlr. Formularen ... 6. auf's Neue verm. u. verb. Aufl. ⟨Ursprüngl. bearb. von W. **Kaiser**, Kgl. Preuss. Ger.Ass. †⟩ Auf Grund d. Bestimmungen d. B.G.B. f. d. Deutsche Reich u. d. übrigen Reichsgesetze vollst. neu bearb. von W[aldemar] Hartwich, Rechtsanw. Bd 1. 2 (in 1 Bde). *Berlin: H. Liebau 1900.* 8° [F.] 1900. 9311

Kaiser, W. C, Observationes criticae in primum Ciceronis librum de republica. Pars I. 13 S. . . .
Sagan, Progr. 1848

Kaiser, Wilh., üb. e. einf. Apparat zur Elektrolyse unt. d. Mikroskope auch bei geringem Focalabstande d. benützten Objective, welcher sich auch zu elektrophysiolog. Versuchen m. Infusorien u. Bacterien eignet. [Aus: „Sitzungsber. d. k. Akad. d. Wiss.“] Lex.-8. (14 S m. 3 Fig.) Wien 895. (C. Gerold's Sohn.) n. — 40

Kaiser, Dr. Wilhelm. Ueber einen einfachen Apparat zur Electrolyse unter dem Mikroskope auch bei geringem Focal-Abstande der benützten Objecte, welcher sich auch zu electrophysiologischen Versuchen mit Infusorien und Bacterien eignet. Mit 3 Textfiguren. Gr.-8. (15 S.) Wien: Tempsky 1895. —.20

Kaiser, Wilhelm, aus Medebach: Über die Beziehungen zwischen Druck und Brechungsexponent der Gase bei Drucken unterhalb einer Atmosphäre. *Brilon 1903: J. Meyer.* (43 S.) 8°
Münster, Phil. Diss. v. 23. Apr. 1903

Kaiser, Wilh. Die Entdeckungen der Normannen in Grönland und in Amerika. Nach den altnordischen Sagas dargestellt und sachlich erläutert. 24 S. u. Karte. Progr. Rg. *Elberfeld* 1882.

Kaiser, Wilhelm: **Ein Familienglück und grosses Vermögen durch die Loge zerstört. Von Wilhelm Kaiser. Niederdollendorf: Selbstverlag o. J. 15 S. 8°. [Umschlagtit.]**
Betrifft persönliches Schicksal des Verfassers.

Kaiser, Immermanns Gedanken üb. Erziehung u. Bildung, s. Festschrift zur Feier der 25jährigen Wirksamkeit des usw. Prof. D. Dr. Wilh. Fries.

Kaiser, Wilhelm: Immermanns Gedanken über Erziehung und Bildung. Halle a. S. 1906: Buchdr. d. Waisenhauses. (30 S.) 4° [F.] (— Festschrift z. Feier s. 25 j. Wirksamkeit als Kondirektor u. Dir. d. Franckeschen Stiftungen Herrn Geh. Regierungsrat Prof. D. Dr. Wilhelm Fries ... am 31. März 1906 dargebracht ...)
Halle a. S., OR d. Franckeschen Stiftungen OP 1906 (328)

Kaiser, Wilh., das Gehen u. der Gehsport als Mittel z. Selbsterziehung zu Kraft u. Ausdauer. (161 S. m. Abb.) gr. 8. Leipzig 908. W. Kaiser. 3. —

Kaiser, W., die Götterwelt der alten Deutschen, s. a Sammlung gemeinnütziger Vorträge.

Kaiser, Wilh., Die Götterwelt der alten Deutschen. Prag 1880. 8.
(= Sammlung gem. nutz. Vorträge. Nr. 60.)

Kaiser, Wilhelm, Dr.: Physikalische Schülerübungen in den oberen Klassen. Bochum 1907: W. Stumpf. (47 S.) 8°
Bochum, st. OR OP 1907 (463)

Kaiser, Wilh., physikal. Schülerübungen in den oberen Klassen. (47 S.) gr. 8. Leipzig (907). Quelle & Meyer. — 80

Kaiser, Wilhelm [aus Magdeburg]: Einige wichtige Städte der Vereinigten Staaten von Amerika in ihrer Abhängigkeit von geographischen Bedingungen .... Halle a. S., Druck d. Buchdr. d. Waisenhauses, 1888; 1 Bl. + 37 + 1 S. 8°
Halle, Phil. Fak., Inaug.-Diss. v. [28. März] 1888

Kaiser, Wilh., die Technik d. modernen Mikroskops. E. Leitfaden z. Benützg. mod. Mikroskope m. bes. Berücksicht. d. Untersuchgn. aus d. Gebiete d. Bacterioskopie. M. e. Vorworte v. Hans Heger. Lex.-8. (IV, 227 S. m. 180 Fig.) Wien 895. (M. Perles.) n. 4. —

Kaiser, Wilh., die Technik des modernen Mikroskopes. Ein Leitfaden zur Benützg. moderner Mikroskope f. alle prakt. Berufe im Hinblick auf die neueren Errungenschaften auch auf dem Gebiete der Bacterioskopie u. unter besond. Berücksicht. der Fortschritte der österreich. u. reichsdeutschen optisch-mechan. Werkstätten. 2., gänzlich umgearb. Aufl. (In ca. 5 Lfgn.) 1.—4. Lfg. gr. 8. (S. 1—320 m. Abbildgn.) Wien 901. 902. M. Perles. à n. 2. —

Kaiser, Wilh., die Technik des modernen Mikroskopes. Ein Leitfaden zur Benützung moderner Mikroskope für alle prakt. Berufe im Hinblick auf die neueren Errungenschaften auch auf dem Gebiete der Bakterioskopie u. unt. besond. Berücksicht. der Fortschritte der österreich. u. reichsdeutschen optisch-mechan. Werkstätten. 2., gänzlich umgearb. Aufl. 5.—8. Lfg. (VII u. S. 321—614 m. Abbildgn.) Lex.-8. Wien (903—906). M. Perles. à n. 2. —; (kplt. geb. n. 18. —)

Kaiser, Wilhelm, a. Coswig in Anhalt: Untersuchungen über Immermanns Romantechnik. Halle a. S. 1906: E. Karras. (x, 85 S.) 8°
Halle, Phil. Fak., Ref. Strauch, Diss. v. 11. Okt. 1906
[Geb. 7. Sept. 73 Coswig in Anhalt; Wohnort: Leipzig; Staatsangeh.: Sachsen; Vorbildung: Latina Halle a. S. Reife O. 93; Studium: Tübingen 1, Halle 2, Berlin 1, Halle 4 S.; Rig. 2. Aug. 06.]

Kaiser, Wilh., am hl. Weihnachtsabend, s.: Kayser, Wilh.

Kaiser, W. (I.), Aus der guten alten Zeit, s. Sammlung gemeinnütziger Vorträge.

Kaiser u. Keller, Themen u. Thesen üb. Erziehung u. Unterricht. (35 S.) Spaichingen 1880. Kupferschmid.

Kaiser v. Trauernstern, (Felix) Versuch einer Anwendung der Gesetze üb. schwere Polizei Uebertretungen. 2 Thle. in 4 Bdn. gr. 8. Grätz 833. Kienreich. 6⅔ ℛ

Kaiser von Treuenstern, Felix Josef — Supplement-Band des Haupt-Repertoriums zur Provinzial-Gesetzsammlung für Steiermark, von den Jahren 1839 bis incl 1848. A bis Z. Druck und Papier von A. Leykams Erben. (VI. 274 S. 8.)

Kaiser-Album, das. Viribus unitis. Hrsg. von der Mechitharisten-Congregation. gr. Fol. (III und 244 S. mit 1 Stahlst., 19 Holzschnt. und Titel in Holzschn.) Wien 858, Mechitharisten-Congregations-Buchh. *

Kaiser-Album. qu. 16. (12 Lichtdr.-Bilder m. Versen.) Frankenberg i/S. 887. Stange. — 25

— v. Metz. 12. (12 Taf. Photogr.-Imitat.) Metz 890. Scriba. In Decke. n. 1. —

Kaiser Alexander Garde-Grenadier-Regiment Nr. 1. 33 Bilder m. geschichtl. Vorwort, m. Genehmigg. d. Regiments hrsg. v. der Verlagsbuchhandlg. (27 Bl. u. V S. Text m. 1 Abbildg.) 15,5×24 cm. Oldenburg (909). G. Stalling's Verl. 1. 50

Das Kaiser Alexander-Grenadier-Regiment. (VII. 135) 8. M. 1 Taf. Berlin 1851.

Kaiser-Attentat. – Das ruchlose Kaiser-Attentat am 2. Juni 1878 sowie ... die bis jetzt bekannten Details über d. Attentäter Dr. C. E. Nobiling, s. Eisenrichter, A.

Kaiserberg, Moritz von, Herausgeber der Memoiren der Baronesse Cecile Courtot de Cissey. König Jérome Napoleon. Ein Zeit- und Lebensbild nach Briefen. 1) Der Frau von Bothen in Kassel an meine Grossmutter, 2) des Reichserzkanzlers von Dalberg an meinen Grossvater, 3) und meines Vaters als Westfälischer Garde du Corps an seine Eltern, sowie anderen Familienaufzeichnungen bearbeitet. (Mit 3 Porträts und 6 Facsimile.) 8. Leipzig 1899.

Kaiser-Bilderbuch, das. 2. verb. Aufl. mit Reimversen von Herm. Hoffmeister, einem Orig.-Portr. Sr. Maj. des Kaisers Wilhelm von Osk. Neumann, sowie mit neuen Holzschn. nach Zeichnungen von Herm. Lüders, C. Röhling, O. Fikentscher u. A. gr. 4. (72 S.) Leipzig 877, Allgem. deutsche Verlags-Anstalt. *

Die 1. Aufl. erschien 1876 u. d. T.: Königs-Bilderbuch. 4. (70 S.) *M.* 4.

Kaiserblatt. 1848. 1898. Festschrift d. Wiener Journalisten- u. Schriftstellervereines Concordia. gr. Fol. (40 S. m. Abb. u. Flsms.) Wien 898. (L. Rosner.) n.n. 1. —; auf Kunstdr.-Papier n.n. 2. —; numerierte Ausg. n.n. 10. —

Kaiserbraut, der hohen. Ein Festgruss aus Tirol. br. 8. (20 S.) Innsbruck 854, Wagner'sche Buchh. *

— dass. — gr. 4. (13 S.) Ebds. 854. *

Kaiser-Briefe. 1. Jahrg. 1874. 52 Nrn. (à ½ Bog. mit eingedr. Holzschn.) gr. 4. Leipzig, Expedition. * 6 —

Kaiser- u. Kanzler-Briefe. Briefwechsel zwischen Kaiser Wilhelm I. u. Fürst Bismarck. Gesammelt u. m. geschichtl. Erläutergn. versehen v. Johs. Penzler. gr. 8. (IX, 801 S.) Leipzig 900. W. Fiedler. n. 5. —; geb. in Leinw. n. 6. 50

Kaiserbrücke, Die, in Breslau. Hrsg. vom Magistrat Breslau. Breslau 1910

Kaiser-Büchlein. Kaiser Wilhelm als Christ. 1.—4. Aufl. gr. 8. (34 S.) Frankfurt a. M. 878, Zimmer'sche Buchh. *

Kaiser-Büchlein. Kaiser Wilhelm als Christ. 5.—7. verb. und bis auf die neueste Zeit fortgeführte Aufl. (51 S.); 8. verb. und bis auf die neueste Zeit fortgeführte Aufl. 8. (48 S.) Heilbronn 879, Gebr. Henninger. *

— Kaiser Wilhelm als Christ. 9.—19. verb. und bis auf die neueste Zeit fortgeführte Aufl. gr. 8. (48 S.) Heilbronn 880—82, Gebr. Henninger. *

Kaiser-Büchlein. Kaiser Wilhelm als Christ. 20.—24. Aufl. gr. 8. (48 S.) [Heilbronn 885,86, Gebr. Henninger.] Berlin, Reuther's Verlagsb. *

— dass. — 25. Aufl. Jubiläums-Ausg. zur Feier der 25jähr. Regierung Sr. Maj. als König von Preußen. gr. 8. (48 S.) Ebendas. 886. *

Kaiser-Büchlein. Kaiser Wilhelm als Christ. 26. Aufl. Jubiläums-Ausg. zur Feier der Vollendg. d. 90. Lebensjahres Sr. Maj. d. Kaisers. gr. 8. (48 S.) Heilbronn 887. [Gebr. Henninger.] Berlin, Reuther. n. — 20

Kaiserbüchlein. 10 Nrn. 12. Wien 881, Manz'sche Hofverlagsb. à Nr. * 80 Pf. *

Inhalt:

Nr. 1. Unser Kaiser in seiner Jugend. 1830—1848. (71 S.)
" 2. Unser Kaiser als Regent 1848—1853. (86 S.)
" 3. Unser Kaiser als Regent 1853—1880. (96 S.)
" 4. Unser Kaiser als Held. (88 S.)
" 5. Unser Kaiser auf Reisen und als Gastfreund. (110 S.)
" 6. Unser Kaiser als Jäger und Schütze. (80 S.)
" 7. Unser Kaiser als Beschützer der Kunst und Wissenschaft. (78 S.)
" 8. Unser Kaiser als Wohlthäter. (80 S.)
" 9. Unser Kaiser als Mensch. (77 S.)
" 10. Unser Kaiser im Glanze festlicher Ereignisse. (123 S.)

— Aus dem Leben Kaiser Wilhelms I. Historische Erinnerungen. 1.—3. Aufl. 12. (39 S.) Barmen 883,84, Klein. *

Kaiserbüchlein, das. Festgabe f. Deutschlands Jugend zum 27. Jan. 1889. 8. (46 S. m. Bild.) Styrum 889, Spaarmann. * — 10

Kaiserburg, die, zu Eger und die an dieses Bauwerk sich anschliessenden Denkmale. Aufgenommen und beschrieben von Bernhard Grueber. Mit 19 lithogr. Abbildungen. (Beiträge zur Geschichte Böhmens. III. 2.) Herausgegeben vom Vereine für die Geschichte der Deutschen in Böhmen. gr. 4. (67 S.) Prag, J. G. Calve'sche Universitäts-Buchhandlung. (Friedr. Bake.) In Comm. Carton. 5 fl. 1864

Kaisercharte, deutsche, (von J. G. A. Galletti). 8. Gotha 778. Ettinger. 12 *g*

Kaiserchronik, die, hrsg. von H. F. Massmann, s. Bibliothek der gesammten deutschen National-Literatur.

Kaiser-Chronik, die, enthaltend die Schlachten, Gefechte, Kämpfe und Waffenthaten der franz. Heere unter Napoleon. Nach Bourienne, Fain, Gourgaud, Hazlitt, Hugo, Mignet, Norvins, Ségur, Thiers u. m. a. von Joh. Sporschil. 18 Lfrgg. Mit histor. Bildern nach den Gemälden der Gallerie zu Versailles u. a. berühmter Meister. In Stahl gestochen von Reveil in Paris. 8. Leipzig 837. W. ber. (à n. 1/6 ß) 3 ß

— dies. 2e Aufl. 18 Lfrgg. (8 sind fertig.) 8. Ebd. 837. n. 3 ß

Kaiser-Chronik, die, enthalt. die Schlachten, Gefechte, Kämpfe u. Waffenthaten d. französ. Heere unt. Napoleon. Nach Bourienne, Fain, Gourgaud, Hazlitt, Hugo, Mignet u. m. a. von Joh. Sporschil. M. 90 histor. Bildern nach d. Gemälden d. Gallerie zu Versailles u. a. berühmter Meister. In Stahl gest. v. Reveil in Paris. 2 Thle. (18 Lfgn.) 1. Aufl. 837. * 4½ Thlr., 2. A. 8. (à 22 B. u. col. Titkpfr.) Leipzig 838, Weber. *

Kaiserchronik, die, nach der ältesten Handschrift des Stiftes Vorau. Aufgefunden, mit einer Einleitung, Anmerkungen und den Lesarten der zunächst stehenden Hss. hrsg. von Jos. Diemer. 1. Thl.: Urtext. gr. 8. (V und 530 S.) Wien 849, (Braumüller.) *

Kaiserchronika, Sachsens, bis Ferdinand III. Fol. Braunschweig.

Kaiser-Dom, der, zu Frankfurt am Main. (120 S. m. 76 Abbildgn.) II. 8. Frankfurt a/M. (907). B. Kreuer. 1. —

Kaiserdom, der, und seine Gemälde. Ein Führer für die Besucher des Domes zu Speyer. Speyer 859. (Bregenzer.) 8. (102 S.) n. 4 ngr.

Kaiserdom, der, u. seine Gemälde. Ein Führer für die Besucher des Domes zu Speyer. 9. Aufl. 16. (106 S.) Speyer 879. Kleeberger. n. — 60

Kaiserdom, der, u. seine Gemälde. Ein Führer f. die Besucher d. Domes zu Speyer. 10. Aufl. 12. (100 S. m. Abbildgn.) Speyer 891. F. Kleeberger. n. — 75

Kaiserer, Jakob

— Beschäft. f. d. Jugend in ihr. Erholungsstund. E. Handbuch für Aeltern u. Erzieh. ꝛc. m. K. 8. Wien, Sammer. (Joachim in Lpz.) 802.

— Beschäftigungen für d. Jugend in ihren Erholungsstunden. Ein Handbuch für Eltern u. Erzieher ꝛc. Mit 4 Kpf. 8. Wien 802. (Pichler). 1 ₰

Kaiserer, Jak., über meine Erfindung, e. Luftballon durch Adler zu regieren. Wien 1801. (Neudr.) (16 S. m. 1 Taf.) 4. Wien (908). (Halm & Goldmann.) n. 1.60

Kaiserer, Jac., prakt. Erzieh.-Katechismus f. Eltern ꝛc. 3. Wien, Kaulfuß. 802.

Kaiserer, Jak., († d. 27. Nov. 1810.) prakt. Erziehungs-Katechismus für Eltern ꝛc. 8. Wien 802. (Schaumburg u. Comp.) 1 ₰ 8 gr Hbg. Pr. 1 ₰

— Geschichte d. Ritterwesens im Mittelalter, nach seinem ganzen Umfange, nach den besten Schriftstellern bearbeitet. Mit 61 8. u. 34 Fol.-Kpf. Wien, Schalbacher. 9 ₰ 18 gr ill. 17 ₰ (Vergl. v. Spalart, Kostümes ꝛc.)

KAISERER, J., Geschichte des Ritterwesens im Mittelalter nach seinem ganzen Umfange. Mit 61 Kpfrn. Wien, Schalbacher, 1804. Gr. 8°. (Illum. 15 Rthl., schwarz $7^1/_2$ Rthl.) Sehr selten!

— d. Kriegslisten d. Alten, f. Generale u. Offiziere, aus d. Polyänus u. Frontinus gezogen. 12. Wien 805. Binz. (Liebeskind in Leipz.) 16 gr

— Merkwürdigkeiten aus d. Geschichte d. weibl. Geschlechts. 2 Bde, mit 1 Kpf. 8. Wien 807. v. Mösle. 1 ₰

— Nachr. von einer (von ihm u. Sebast. Langer herausg.) wahren Abbild. d. Angesichts unsres Herrn Jesu Christi. 8. Wien 808.

Kaiserfahrt, die, nach dem hl. Lande, s. a. Volksbücher, neue.

[F.] Die Kaiserfahrt nach dem heiligen Lande ... M. 40 Ill. *Berlin: Schriftenvertriebsanst. 1898.* (176 S., 1 Bl., 1 Kt.) 1 Bd 8.
— Volksbücher, Neue. Bdch. 59.

Die Russische **Kaiserfamilie** in Berlin. Vom 27. September bis 27. November 1834. [Berlin 1834.] In Commission bei Carl Curths ...
14 S. 8°.

Kaiserfamilie, unsere. Bilder f. die deutsche Jugend. gr. 8. (32 S. m. Illustr.) Trier 889, Lintz. * — 30

Kaiserfarben, die. Eine geschichtliche Untersuchung. gr. 8. (45 S.) Wiesbaden 871, Limbarth. * 1 —

Kaiserfeier der Dresdner Bürgerschaft am 21. März 1887 im großen Saale des Gewerbehauses. 2. Aufl. 8. (34 S.) Dresden 887, Pierson. **

Kaiserfeld's, Mor. v., Leben und Wirken, s. Krones, F. v.

Kaiserfeld, Mor. v., zwei Reden über Revision der Gemeinde-Ordnung und zwangsweise Vereinigung der Gemeinden gehalten im steier. Landtage in den Sitzungen vom 13. und 14. Jänner 1874. 8. (46 S.) Graz 874, Verlag Leykam-Josefsthal. * — 40

Kaiserfeld, Mor. v., Verwaltungs-Gerichtshof und Verwaltungsreform. 8. (X, 85 S.) Wien 875, Perles. *
Aus: Oesterreichische Zeitschrift für Verwaltung, besonders abgedruckt.

Kaiserfeld, W. v., das Ehepaar Schuppli in seiner Bedeutung f. die Steiermark. (60 S. m. 1 Taf.) 8. Graz 910. U. Moser. — 25

Kaiser-Ferdinands-Nordbahn, die. I. Sektion. A. Mit den Ansichten von Wien nach Brünn zu aufgenommen. 2e bereicherte Aufl., mit Beschreibung. .. Wien ... Rohrmann. $^7/_{12}$ ₰ ohne Beschreib. $^1/_4$ ₰ — II. Sekt. B. Die Ansichten von Brünn nach Wien zu aufgenommen. Ebd. $^7/_{12}$ ₰ ohne Beschreib. $^1/_4$ ₰

Die **Kaiser-Ferdinands-Nordbahn**, 1. Section von Brünn bis Wien, 2. Sektion von Lundenburg bis Olmütz, 3. Sektion von Olmütz bis Prag. Wien 1839. 3 Bl. L. und 1 Heft Text.

Kaiser-Ferdinands Nordbahn. 4 Karten mit Ansichten. Wien 1845?

Kaiser-Ferdinands-Nordbahn, die, 1—4. Section. Wien bis Brunn. Lundenburg bis Olmutz. Olmütz bis Prag. A. Brunn bis Bohm. Triebau. (1—3. à 1 Bl. in Kupferst. 4′ 19″, 4′ 11″ u. 6′ 19″ Hohe, 7″ Breite. — 4: 2 Bl. in Kupfrst. à 1′ 4″ Hohe u. 7″ Breite.) Wien 847, Rohrmann. (à Sct. $^3/_8$ ₰) $1^1/_2$ ₰

Kaiser Ferdinands Nordbahn, Die, und die Landwirtschaft Oesterreichs. 2. Aufl. Wien 1884. V: *Hitschmann, Hugo H.* (EB)

Kaiser Ferdinands-Nordbahn, die, und die Landwirthschaft Oesterreichs. Offenes Sendschreiben an die k. k. Landwirthschaftsgesellschaften und die landwirthschaftl. Vereine Oesterreichs. 2. verm. Aufl. gr. 8. (64 S.) Wien 884, (Gerold's Sohn.) *

Kaiser-Fest im Logen-Hause zu Strassburg i. E. am 12. Sept. 1886. [Strassburg 1886.] 4 S. 8° [Kopftit.]
Festprogramm.

Zum vierten **Kaiserfest.** (Festgedicht z. Feier d. Geburtst. Sr. Maj. d. Kaisers 1892.) Hagenau, F. Gilardone'sche Buchdr., *1892;* 20—21 S. 4.
Hagenau, G u. R, MP 1892 (507)

Kaiser-Fest-Zeitung. Nr. 3. Berlin, den 27. Jan. 1891. Hrsg. v. e. kleinen Manne f. alle Vaterlandsfreunde. gr. 4. (4 S. m. Bild.) Berlin 891. (Bohne.) n.n. — 25
Nr. 1 u. 2 kamen nicht in den Handel.

Kaiser-Franzens-Bad. Eine gedrängte Beschreibung für Curgäste und Reisende. 12. (24 S.) Plauen 847. (Leipzig, C. L. Fritzsche.) *

Kaiser Franzensbad bei Eger ... O. C. 1844. V: *Teucher, Wilh. Sigismund.* (NN)

Kaiser-Franzens-Bad bei Eger, von einem langjährigen nichtärztlichen Badegaste. 16. (7½ B.) Grimma 844, Verlags-Comptoir.

Die Kaiser Franz Joseph I.-Jubiläums-Stiftung für Volkswohnungen und Wohlfahrts-Einrichtungen. Wien, 1902. 31 S. mit 2 Taf.

Kaiser-Franz-Josef-Hochquellenleitung, die 2., der Stadt Wien. Eine Gedenkschrift z. 2. XII. 1910. (257 S. m. Abbildgn., 13 Taf., 1 farb. Karte u. 1 farb. Plan.) Lex. 8. Wien (910). Gerlach & Wiedling. Geb. in Leinw. 30. —

Troppau. Kaiser Franz-Josef-Museum für Kunst u. Gewerbe. Jahresbericht 1896. Troppau. 8.

Kaiser Franz Josef-Museum für Kunst und Gewerbe in Troppau (schles. Landesmuseum). Jahresbericht für 1906. 08. 09. Troppau 1907-10

Kaiser Franz Josephs-Ferienheim, 1892—1902. Denkschrift m. literar., musikal. u. künstler. Beiträgen hervorragendster Männer u. Frauen unserer Zeit. Hrsg. vom Vereinsvorstande. Red. u. eingeleitet v. Heinr. Glücksmann. Fol. (VIII, 71 S. m. Abbildgn. u. 2 Taf.) Wien 908. M. Perles. Geb. n. 6. —

Kaiser Friedrich-Buch, s.: Haus-Bibliothek, patriotische.

Das **Kaiser-Friedrich-Museum.** 4. Aufl. Berlin: G. Reimer 1900. XII. 264 S. 8°
(Führer durch d. Kgl. Museen zu Berlin, hrsg. von d. Generalverwaltung.) [illegible]

Das **Kaiser Friedrich Museum.** Amtl. Ausg. Mit 300 Abb. Berlin: Bard 1010. 518 S. 8°
(Führer durch d. Kgl. Museen zu Berlin, hrsg. von d. Generalverwaltung.) [illegible]

Kaiser-Galerie. Bilder aus dem Leben Kaiser Franz Joseph I. Hrsg. v. Max Herzig. Neue Folge zu Viribus unitis. Das Buch vom Kaiser. (48 Heliograv. u. 2 Titelbl.) 46×36 cm. Wien (909). Literar. Institut Kosmos. Salonsausg. in Leinw.-Mappe 83.50; Serienausg., 4 Serien in Leinw.-Mappen je 25.—; Fürstenausg. in Ldr.-Mappe 250.—; Kaiserausg. in Seehundldr.-Mappe 330. —

Kaisergebirge [Schlagwort]

Kaisergebirge, s. a. Alpen. Petters u. Trautwein.

— s. a.: Geologische Karten. Leuchs.

Kaisergebirge, s. a. Salzkammergut. Wenng, L.

— s. a. Schliersee.

Kaisergebirge. Brunn's, Osc., Spezialkarte: Das Kaisergebirge u. die Kitzbühler Alpen (m. weiterer Umgebung). 1 : 100,000. 45,5×54,5 cm. Farbdr. München (909). O. Brunn. 1.50

Kaiser-Gebirge. Karte vom Kaiser-Gebirge. Hrsg. v. deutschen u. österreich. Alpenverein. Verb. Ausg. 1898. 1 : 50,000. 32×42,5 cm. Kpfrst. München (J. Lindauer). n. 2. —

Kaisergebirge. Petters, Hugo, Kaisergebirge m. Kufstein u. dem angrenzenden bayerischen Gebiet. Auf Grund österr. u. bayer. amtl. Karten u. persönl. Begehgn. bearb. u. ausgeführt. Hrsg. von der Sektion Kufstein des D. u. ö. Alpenvereins. 1 : 33,000. 49×60 cm. Lith. Kufstein 906. (E. Lippott). n. 1. 70; in Decke n. 2. 20; auf Leinw. n. 2. 50

Kaisergeschichte, die, übers. v. L. Storch, s. Uebersetzungsbibliothek d. griech. u. röm. Klass., IV. Abthl.

Kaisergeschichte, übersetzt von Ludwig Storch. 1. Heft. Prenzlau 1828. 8°.

Kaisergeschichte, die, d. 6 Schriftsteller Aelius Spartianus rc. übers. u. mit Anmerkk. von Edw. Storch. 18 Bdchen. 16. Prenzl. 829. Ragoczy. 6 K

Kaisergeschichte, die, übers. von Closs, s. a. Prosaiker, römische.

Kaisergeschichte, die, der 6 Schriftsteller: *Aelius Spartianus, Julius Capitolinus. Aelius Lampridius, Vulcatius Gallicanus, Trebellius Pollio, Flavius Vopiscus,* übers. u. mit Anmerkgn. begleit. von *C. A. Closs.* 6 Bdchn. (in 1 Bde.). Stuttgart 1857. 12°. 766 S. Eleg. Hfrzbd.

Kaisergrab, das, Phantasie v. A...... von H....., geb. D..... gr. 12. (1 B.) Paßau 841, Pustet'sche Buchh.

Kaisergräber, Die, im Dom zu Speier. Carlsruhe 1856. V: *Fröhlich, Friedrich Wilhelm.* (Bad. Biogr. I, 1872. S. 268.)

Kaisergräber, die, im Dom zu Speier, deren theilweise Zerstörung im Jahre 1689 und Eröffnung im Jahre 1739. Eine Untersuchung nach geschichtlichen Quellen u. Akten des vormal. Fürstbischöfl. Speier'schen Archivs. Mit Urkunden u. 1 (lith.) Taf. Carlsruhe 856. Braun. gr. 8. (1 Bl., 49 S.) n. 12 ngr.

Kaisergruft, Die — bei den P. P. Kapuzinern in Wien. Ein historisch-chronologisches Verzeichniss aller daselbst ruhenden höchsten Personen bis auf die heutige Zeit. Von *einem Priester aus dem Kapuziner-Orden. Wien* 1857. Druck von *Ant. Schweiger.* 31 S. kl. 8°.

Die KAISERGRUFT bei den P. P. Kapuzinern in Wien. Ein historisch-chronologisches Verzeichniß aller daselbst ruhender höchster Personen bis auf die heutige Zeit. Nachdruck der Wiener Ausgabe vom Jahre 1857. Ofen 1871: Druck v. Martin Bagó. 16 S. - 180 mm
- Dass. Ofen 1873: Druck v. Martin Bagó. 31 S. - 180 mm

Kaiserhaus, Das Sächsische, in Teutschland ... [Görlitz 1802.] V: *Pölitz, Carl Heinrich Ludw.* (MGT) »Rudolstadt 1812« (Ky)

Kaiserhaus, d. sächs., in Deutschland rc., vom Verfass. Karls d. Großen, (K. H. L. Pölitz). 1r Bd., d. Regenten aus d. sächs. Hause enthalt. (A. u. d. T.: Deutschlands edelste u. kräftigste Regenten.) Mit Kpf. 8. Rudolst. 802. (Hildebrand in Arnst.) 1 Rthl. 8 K Hdg. Pr. 18 K

Kaiserhaus, d. sächs., in Deutschland rc. v. Verf. Carls des Großen, 1r Bd. die Regent. a. d. sächs. Hause enth. (a. u. d. Tit.: Deutschlands edelste und kräft. Regent.) m. K. 8. Rudolst. Klüger. 802. Rthlr.

Kaiserheim, ein. Darstellungen aus dem Palais weil. Sr. Maj. d. Kaisers u. Königs Wilhelm I. u. Ihr. Maj. der Kaiserin u. Königin Augusta. Hrsg. v. Ed. Mertens. Mit e. erklär. Text von Transfeldt. gr. Fol. (III, 13 S. m. 46 Taf. in Lichtdr.) Berl. 890, Alex. Duncker. geb. m. Goldschn. ** 100 —

Kaiserhistorie, erläut., 2 Thle. 8. Hamb. 712.

Kaiserhochzeit, die goldene. Ein Festspiel in 5 Bildern nebst einem Vorspiel, zum 11. Juni 1879 von F. K. M. gr. 8. (100 S.) Berlin 879, Hertz.

Kaiser-Huldigungs-Festzug, der, Wien 12. VI. 1908. Eine Auswahl v. Bildern nach eigenen photograph. Aufnahmen. I. Tl. 2. Aufl. u. II. Tl. (à 64 S.) 15×19,5 cm. Wien (908). R. Lechner's Sort. à 1. 50

— dasselbe. 240 Bilder nach eigenen photograph. Aufnahmen m. e. Einleitg. u. beschreib. Text. (XXXII, 240 S.) 17,5×24 cm. Ebd. (908). Geb. in Leinw. 10. —

An die Kaiserin! Die Versorgungs- und Beschäftigungsanstalt für erwachsene Blinde in Böhmen. Prag, im Juni 1854. 4. (2 Blätter.) Prag. K. K. Hofbuchdruckerei von Gottlieb Haase Söhne.

Kaiserin, die schöne, von Frankreich im Boudoir und hinter den Gardinen. Ein Stück pikante Weltgeschichte von Louis d'Indiscrèt. 2. Aufl. gr. 8. (32 S.) Leipzig 871, Minde. * — 25

Kaiserin und Sklavin. Ein histor. Roman aus d. dritten Jahrh. d. christl. Kirche. (Von Fanny Tarnow.) 3 Thle. 8. (60½ B.) Leipzig 840, Engelmann.

Das **Kaiserin-Augusta-Gymnasium.** Denkschrift z. Einweihung d. neuen Anstaltsgebäudes Michaelis 1899. *Charlottenburg 1899: 'Gutenberg'.* (24 S.) 4° [F.] (00. 1061)

Das **Kaiserin-Auguste-Viktoria-Heim** in Neukuhren. Eine Erholungsstätte f. bedürftige Frauen, Mütter u. Kinder an d. Ostsee. Königsberg i. Pr.: Ostpr. Dr. & Verlagsanst. 1909. 31 S. 8° (09. 1070)10

Kaiserin Elisabeth-Anlage, eine, in Wien. Ein Vorschlag zur Verschönerung unserer Stadt, v. H. B. (10 S. m. 1 Abbildg. u. 1 Plan). gr. 8. Wien 908. Manz. n. — 20

Kaiserin Elisabeth-Eisenbahn, die — von Wien bis Linz.
1 Blatt. Höhe 6¾'', Breite 2'.

Kaiserin Elisabeth-Todtentrauer auf der Alm. Scenen aus d. Septembertagen. Ein Tiroler Edelweiß auf d. Grab d. Kaiserin. 8. (16 S.) Innsbruck 898. F. Rauch. n. — 30

Kaiserin Elisabeth Westbahn — Specialkarte der K. K. priv. —. Verl. u. Eig. der typ. lit. art. Anst. v. Zamarski etc. Wien (1858). 144,000. 3 Bl.

Kaiserin Elisabeth-Westbahn, Die, und der Salzburger Bahnhof. Salzburg 1860. V: *Mielichhofer, Ludw.* (Hr)

Kaiserin Friedrich-Haus für das Ärztliche Fortbildungswesen. Wegweiser nebst Pl. Führer durch d. Dauerausstellung f. d. ärztl.-techn. Industrie. Red. von Prof. Dr. R[obert] Kutner. 1. Ausg. März 1906. (Berlin 1900: Preuss.) 40 S. 8° A 11.3674

Kaiserin Geburtstagsfeier im Jungfrauenverein. [Berlin: Verb. d. ev. Jungfrauenvereine 1906.] (2 Bl.) 4° [Kopft. F.] (07. 4969)

Kaiserin, Das 2. Leib-Husaren-Regiment, Nr. 2. Geschichte des Regiments zur Feier seines 150jährigen Bestehens . . . Berlin 1891. 2. Aufl. 1895. V: *Mackensen, Aug. v.* (Hirsch)

Kaiser-Insel, die. Eine lächerl. „Hundstags-Phantasie". Authentische Darstellg. des Prozeß Leid. (97 S.) gr. 8. Zürich 903. C. Schmidt. n. 1. —

Kaiserjournal, Roemisches, a. d. Ital. 1. Jhg. Augsb. 1785. Ü: *Schneider, Eulogius.* (ML)

Kaiserjubellieder. Sammlung e. Anzahl der bei Gelegenheit der 25jährigen Feier d. Regierungsantritts Sr. Maj. d. Königs Wilhelm v. Preußen u. Deutschen Kaisers erschienenen Festgesänge, nebst e. Festspiele v. Gust. Delpy. Hrsg. v. Ulr. Brusse. 12. (82 S. m. Holzschn.-Portr.) Berlin 886. Renßel. n. — 60

Kaiser-Jubiläums-Dichterbuch, österreich. (50 Jahre österreich. Litteratur.) Huldigungsgabe zur 50. Jahreswende der Thronbesteigg. Sr. Maj. des Kaisers Franz Joseph I. Hrsg. v. Ed. Hassenberger. Red. v. Hans Maria Truxa. Mit 96 Portr. u. Orig.-Beiträgen in hochdeutscher Sprache u. in allen deutsch-österreich. Mundarten. (VIII, 825 S.) gr. 4. Wien 899. E. Hassenberger. Geb. in Leinw. n. 20. —; Sammlerausg., geb. in Seide n. 50. —

Kaiserjubiläums-Feier der Studenten d. k. k. Gymnasiums in Brixen. Veranstaltet am 3. XII. 1908. (1848—1908.) (85 S.) gr. 8. Brixen 908. (Preßvereins-Buchh.) 1. —

Kaiser-Jubiläums-Schachturnier, internationales, Wien 1898. Hrsg. v. d. Red. d. „Wiener Schachzeitg." gr. 8. Wien (I, Schottengasse 7) 898. Wiener Schach-Club. 9. —

Internationales Kaiser-Jubiläums-Schach-Turnier 1898. Herausgegeben von der Redaction der „Wiener Schachzeitung". I. Halbbd. Gr.-8°. Wien. [1899] In Comm. Fromme. Compl. fl. 5. —

Kaiser-Jubiläums-Schachturnier, internationales, Wien 1898. Hrsg. v. der Red. der Wiener Schachzeitg. H. Fähndrich, A. Halprin, G. Marco. gr. 8. (XIX, 351 S. m. Diagrammen.) Leipzig 899. Veit & Co. n. 9. —

Kaiser-Jubiläums-Tages-Block-Kalender für 1898. Mit Farbendruckbild: „Kaiser Franz Joseph I. im Toison-Ornate" nach dem Original-Aquarellbilde von Alois Greil. Rückwand 24×12 *cm*, Block 9×6 *cm* — .60
Wien: St. Norbertus 1897.

Kaiser-Kalender

— für die J. 1881—1885. Ausg. für Westfalen. 8. (à Jahrg. 72 S. mit Illustr.) Gütersloh, Bertelsmann. à Jahrg.

Kaiser-Kalender für die J. 1886 und 1887. Ausg. für Westfalen. 8. (à Jahrg. 70–80 S. mit Illustr.) Gütersloh, Bertelsmann. à Jahrg.

—— dass. — für die J. 1888 und 1889. (à Jahrg. 72 S. mit Holzschn.) Ebendas. à Jahrg.

Kaiser-Kalender f. d. J. 1890–1893. Ausg. f. Westfalen. Nebst den Jahrmärkten in der Prov. Westfalen, den Fürstentümern Lippe-Detmold, Bückeburg u. Waldeck u. sämtl. angrenz. Landesteilen, nach dem Datum u. alphabetisch geordnet. 12. (à Jahrg. 72 S. m. Bildern.) Gütersl., Bertelsmann. à Jahrg. — 25

Kaiser-Kalender f. d. J. 1897. Ausg. f. Westfalen. Nebst d. Jahrmärkten in d. Prov. Westfalen, den Fürstentümern Lippe-Detmold, Bückeburg u. Waldeck u. sämtl. angrenz. Landesteilen, nach d. Datum u. alphabet. geordn. 12. (72 S. m. Bild.) Gütersloh, C. Bertelsmann.

Kaiser-Kalender. 1884 und 1885. (1. und 2. Jahrg.) 8. (à 51 S.) Ducherow. (Leipzig, Buchh. des Vereinshauses.) à Jahrg. *

—— 1886–1889. 8. (à Jahrg. ca. 50 S. mit Illustr.) Anklam. (Leipzig, Buchh. des Vereinshauses.) à Jahrg. *

Kaiserkalender 1890 8. (36 u. 16 S. m Illustr.) Anklam. (Leipzig, Buchhandlg d. Vereinshauses.) — 10

—— deutscher, 1881–1885. 1.–5. Jahrg. 8. (à Jahrg. ca. 180–200 S. mit Illustr.) Minden, Köhler. à Jahrg. *

—— deutscher, 1886 und 1887. 6. und 7. Jahrg. 8. (à Jahrg. ca. 200 S. mit Holzschn. und 1 Wandkalender.) Minden, Köhler. à Jahrg. *

—— dass. — 1888. 8. Jahrg. 8. (306 S. mit eingedr. Holzschn. und Wandkalender.) Ebendas. *
9. Jahrg., s. Köhler's deutscher Kaiserkalender.

-- Dass. 10. Jahrgang, s. Kaiserkalender, Köhler's deutscher.

—— dass. — Für die J. 1881–1885 (2.–6. Jahrg.) für die Provinzen Brandenburg, Pommern, Ost- und Westpreußen, Posen, Schlesien, Sachsen nebst den angrenzenden Landestheilen: Altenburg, Anhalt, Bremen, Hamburg, Koburg-Gotha, Lübeck, Mecklenburg ɔc. 8. (à Jahrg. ca. 168 S. mit 1 chromolithogr. Titelbilde und zahlreichen eingedr. Holzschn.-Illustr.) Landsberg a. W., Volger und Klein. à Jahrg. *

—— deutscher, für die J. 1886–1889. 12. (à Jahrg. ca. 160 S. mit je 1 chromolithogr. Titelbilde und zahlreichen Illustr.) Landsberg a. d. W., Volger und Klein. à Jahrg. *
(A. u. d. T.: Hauskalender, verbesserter.)

—— deutscher, f. 1890–1893. 12. (à Jahrg. ca. 150 S. m. Text illustr. u. 1 Farbendr.) Landsb. a. W., Volger u. Klein. à Jahrg. — 40

—— deutscher, für das J. 1889. Eine Erinnerung an 1888. 16. (32 S. mit Drei-Kaiser-Karte in Lichtdr.) Magdeburg, (Faber'sche Buchdr.) geb. *ℳ 1.35.; *ℳ 1.65. und *

Kaiser- u. Reichs-Kalender, deutscher. Ein prakt. Handbuch f. den deutschen Soldaten jeden Grades. 4 (98 S. m. Bildern.) Minden i/W. J. C. C. Bruns. n n. — 50

Kaiser- u. Reichs-Kalender, deutscher. Ein prakt. Handbuch f. den deutschen Soldaten jeden Grades. 1891 u. 1892. 4. (99; 98 S. m. Bildern.) Minden i. W., Bruns. à Jahrg. * — 50
Nicht weiter erschienen.

Kaiser-Kalender, illustrirter, für das Schaltj. 1880 (1. Jahrg.), für die königl. preuß. Provinzen Brandenburg, Pommern, Westpreußen ɔc. gr. 16. (XXXII, 124 S. mit 1 Titelbilde, Holzschntaf., und zahlreichen eingedr. Illustr.) Landsberg a. W., Volger und Klein.

— illustrirter, f. d. J. 1881. Mit einem Titelbilde u. zahlreichen (eingedr. Holzschn.-)Illustr. 8. (116 S.) Ebend. — 50

—— illustrirter neuer deutscher, für 1882–1885. (1.–4. Jahrg.) 4. (à Jahrg. ca. 110 S. mit eingedr. Holzschn. ɔc.) Augsburg, Gebr. Reichel. à Jahrg.

Kaiser-Kalender, illustrirter neuer deutscher, für das J. 1886. gr. 4. (112 S. mit Illustr., 1 Farbendr., 1 Karte in Farbendr. und 1 Wandkalender.) Augsburg, Gebr. Reichel. * — 60
—— dass. — für die J. 1887 und 1888. gr. 4. (105; 107 S. mit Illustr., je 1 Chromolithogr. und 1 Wandkalender.) Ebendas. à Jahrg. * — 50

—— illustr. neuer deutscher, f. d. J. 1890–1892. Mit e. Wandkalender u. e. (farb.) Kunstbl. 4. (à Jahrg. 100 S. m. 1 Bilderbog.) Augsb., Gebr. Reichel. à Jahrg. * — 50

— illustr. neuer, f. d. J. 1895. Mit e. Wandkalender u. 1 (farb.) Kunstblatt: Kaiser Wilhelm u. Fürst Bismarck. 4. (88 u. 18 S. m. 1 Farbendr.) Augsburg, Gebr. Reichel. n. — 50

— illustr. neuer deutscher, f. d. J. 1899. M. 1 Wandkal. f. d. J. 1899 u. verschied. Kunstbeilagen. gr. 4. (104, 4 u. XVIII S.) Augsburg, Gebr. Reichel. n. — 50

Kaiser-Kalender, illustrirter neuer deutscher, f. d. J. 1903. 22. Jahrg. Mit 1 Wandkalender f. d. J. 1903 u. verschiedenen Kunstbeilagen. gr. 4. (120 u. XVI S.) Augsburg, Gebr. Reichel. n. — 50

Kaiser-Kalender, illustrierter neuer deutscher, f. d. J. 1907. 26. Jahrg. Mit 1 Wandkalender f. 1907. Mit verschiedenen Kunstbeilagen. (106 u. XVI S.) Lex.-8. Augsburg, Gebr. Reichel. n. — 50

Kaiser-Kalender, illustrierter neuer deutscher, f. d. J. 1911. 30. Jahrg. Mit 1 Wandkalender f. 1911. Mit verschiedenen Kunstbeilagen. (106 u. XVI S. m. Abb.) Lex. 8. Augsburg, Gebr. Reichel. — 50

— Köhler's deutscher, 1890. 10. Jahrg. 8. (192 S. m. Abbildgn.) Minden, Köhler. n. — 50

— österreichischer, 1903. 3. Jahrg. (128, VIII, XVI, VIII u. XVI S. m. Abbildgn., 6 Taf., 3 farb. Karten, Wand- u. Portemonnaiekalender.) 4. Leipzig, A. H. Payne. n. — 50

Kaiser-Kalender, österreichischer, 1907. 7. Jahrg. (116, VIII, XVI u. XVI S. m. Abbildgn., Taf., 1 Karte, Wand- u. Portemonnaiekalender.) gr. 8. Leipzig, A. H. Payne. n. — 50

— österreichischer, 1911. 11. Jahrg. (120, VIII, XVI u. XVI S. m. Abbildgn., 5 Taf. u. Wand- u. Portemonnaiekalender.) gr. 8. Leipzig, A. H. Payne. — 50

Kaiser- und Reichs-Kalender. Ein Volks- und Familien-Kalender für das Schaltj. 1876. Mit einem Titelbild „das Hermannsdenkmal", 4 Landschaften (Holzschntaf.) und mehreren in den Text gedr. (Holzschn.-)Abbild. 8. (XXXVIII, 224 S.) Halle, Schwetschke'scher Verlag.

Kaiser- u. Reichs-Kalender. Ein Volks- u. Familien-Kalender f. d. J. 1877. Mit 8 (Holzschn.-) Abbildgn. 2. Jahrg. 8. (316 S.) Halle, Schwetschke. n. 1. —

— westfälischer, f. d. J. 1899. 29. Jahrg. M. d. Jahrmärkten in d. Prov. Westfalen, Lippe-Detmold, Bückeburg, Waldeck u. sämtl. angrenz. Landesteilen, nach d. Datum u. alphabetisch geordnet. 8. (72 S. m. Bild.) Gütersloh, C. Bertelsmann. — 25

— westfälischer, f. d. J. 1903. 33. Jahrg. Mit den Jahrmärkten der Prov. Westfalen, Lippe-Detmold, Bückeburg, Waldeck u. sämtl. angrenz. Landesteilen, nach dem Datum u. alphabetisch geordnet. 8. (74 S. m. Abbildgn.) Gütersloh, C. Bertelsmann. — 25

— westfälischer, f. d. J. 1907. 37. Jahrg. Mit den Jahrmärkten der Prov. Westfalen, Lippe-Detmold, Bückeburg, Waldeck u. sämtl. angrenz. Landesteilen, nach dem Datum u. alphabetisch geordnet. (73 S. m. Abbildgn.) kl. 8. Gütersloh. C. Bertelsmann. — 25

— westfälischer, f. d. J. 1911. 41. Jahrg. Mit den Jahrmärkten f. Westfalen, Lippe, Schaumburg-Lippe, Waldeck u. sämtl. angrenz. Landesteilen, nach dem Datum u. alphabetisch geordnet. (82 S. m. Abbildgn.) kl. 8. Gütersloh, C. Bertelsmann. — 25

Kaiserkarte, Teutsche. Gotha 1778. V: *Galletti, Joh. Gg Aug.* (MGT) (Ky)

Kaiserkirche, die, in Kunzel. Erinnerungsblätter. Souvenirs de Courcelles-Chaussy. (Hrsg. v. E. Ungerer.) (Deutsch u. französisch) gr. 8. (66 S. m. Abb.) Straßburg 896. (F. Bull.) n. 1. —

Kaiser-Kommers des Marburger Studentenausschusses am 28. Januar 1902. *(Marburg 1902: H. Bauer.)* (14 S. 8° [F.]

Die deutsche Kaiserkrone. Berlin, Juli 1849. Gedruckt bei R. Decker. Mit Illustration. 1 Bl. Fol.
Flugblatt. Berlin, 2. April 1849.

Kaiserkronen, eine Sammlung von romantischen . . . Erzählungen . . . Elberfeld 1820. V: *Rauschnik, Gfr. Peter.* (EE) (GGr) (Ky)

Kaiserkronen, eine Sammlung von romant. und abentheuerlichen Erzählungen, vom Verf. der Gespenstersagen u. d. Königskerzen. 2 Theile. gr. 8. Elberfeld, Büschler. 820. à 1 Thlr. 8 Gr.

Kaiserkronen, eine Samml. von romant. u. abentheuerl. Erzählungen, (von G. P. Rauschnick). 2 Thle. gr. 8. Elberf 820. Schönian. 2 ₰ 16 ℛ

Kaiserkrönung, die, s. Depeschen, illustrirte.

Kaiserlieder. Im Anschluß an die Sammlung der deutschen Kriegs- und Volkslieder des J. 1870. Hrsg. von Ernst Wachsmann. gr. 16. (VIII, 64 S.) Berlin 871, Liebheit und Thiesen. — 30

Kaiser-, Kriegs-, Sieges- u. Jubel-Lieder aus den J. 1870 u. 1871. 32. (96 S.) Mülheim 871. Bagel. — 30

Kaiser- u. Vaterlands-Lieder, zwölf. 12. (16 S. m. Vignetten.) Düsseldorf 897. L. Schwann. n.n. — 10

Kaiserling, s. a. Keyserling.

Kaiserling, A.: Bemerkungen über das Werk Russia and the Ural Mountains, s. Murchison, R. J.

– Geologie des europäischen Russlands, s. Murchison, R. J.

Kaiserling, A. Notiz über den alten rothen Sandstein an der Ischora. (Aus d. Verh. d. Petersb. min. Gesellsch.) Petersburg. 1844. 8

Kaiserling, Karl

Kaiserling, Carl, Lehrbuch der Mikrophotographie, s. a. Bibliothek, photographische. 18. Bd.

Lehrbuch der Mikrophotographie nebst Bemerkungen über Vergrößerung u. Projektion von Dr. med. Carl Kaiserling, Privatd. an Berlin. Mit 54 Abb. *Berlin: G. Schmidt 1903.* (VIII, 179 S.) 8°
= Bibliothek, Photographische. Bd 18.

Kaiserling, Carl (Wehlheiden b. Kassel), Die Mikrometrie und ihre Anwendung auf die Bestimmung der Grössenveränderungen der roten Blutkörperchen einiger Vertebraten durch verschiedene Zusatzflüssigkeiten. Diss. med.-chir. Bln. (C. Vogt [E. Ebering]) 21. III. 1893. 59 S. mit Biogr. (5.50) 17390
Oppon.: Hugo u. Richard Germer, Hermann Goesche.

Kaiserling, Carl, Praktikum d. wissenschaftl. Photographie. gr. 8. (XII, 404 S. m. 193 Abb. u. 4 [1 farb.] Taf.) Berlin 898. G. Schmidt. n. 8. —; geb. n. 9. —

Kaiserling, Dr. M., Die fünf Bücher Moses (Schulausgabe). Durchgesehener Text nebst einem Wörter-Verzeichnisse, einer kurzen hebräischen Grammatik und Conjugations-Tabellen.
IV. Band. Das vierte Buch Moses. Verlag von Jakob B. Brandeis. Prag 1890. In Leinwand gebunden —.45
V. Band. Das fünfte Buch Moses. Verlag von Jakob B. Brandeis. Prag 1892. In Leinwand gebunden —.45

Kaiserling, Otto, Vol.-Assist. an d. innern Station d. Augusta-Hosp.: Zur Lehre von der chronischen Myositis. *Leipzig 1902: B. Georgi.* (39 S.) 8°
Leipzig, Med. Diss. v. (18. Febr.) 1902

Kaiserling, Paul, Assistenzarzt am Krankenh. Altstadt-Magdeburg, aus Magdeburg: Über Ektopia Vesicae. *Halle a. S. 1903: C. A. Kaemmerer & Co.* (34 S.) 8°
Halle, Med. Diss. v. 13. Febr. 1903

Kaiserling, Walter: Aus d. med. Klinik d. Univ. Göttingen. Ueber Simulation von Krankheiten durch Zusetzen gewisser Substanzen zum Urin. Leipzig 1909: Hoffmann. 34 S. 8°
Göttingen, Med. Diss. v. 1. Jan. 1910, Ref. Hirsch
[Geb. 24. Nov. 84 Magdeburg; Wohnort: Barmen; Staatsangeh.: Preußen; Vorbildung: König-Wilhelms-Gymn. Magdeburg Reife M. 03; Studium: Greifswald 2, Leipzig 3, Greifswald 1, Berlin 1, Göttingen 3 S.; Coll. 5. Mai 09; Approb. 1. Jan. 10.] [U 10. 1378

Kaiser-Manöver 1891, s.: Militärkarten.

Kaiser-Manöver 1897, s.: Militärkarten.

Kaisermanöver, das, 1899, s. a. Beiheft zum Militär-Wochenblatt. 1900. Hft. 4.

Das Kaisermanöver 1899. Mit Uebersichtskarte, Plänen u. Anlagen. *Berlin: E. S. Mittler & Sohn (1900).* (S. 181–223.) 8° [F.]
— Militär-Wochenblatt. 1900. Beih. 4. [04. 3788

Die Kaisermanöver bei der deutschen Flotte und Armee 1904. (Mit 1 Uebersichtskarte.) Dresden: E. v. Witzleben 1905. (32 S.) 8°
— Revue, Internationale, über d. gesamten Armeen u. Flotten. Beih. 58. [05. 1160

Kaiser-Manöver, Die grossen, 1897 aus den Wahrnehmungen eines ehemaligen Soldaten des XI. Armeecorps. 4. Aufl. Cassel 1897. V: *Münch, Hnr.* (Berl)

Kaisermanöver, die, in Kärnten 1907. (24 S. m. 8 Kartenskizzen.) gr. 8. Wien 907. L. W. Seidel & Sohn. 1. 50

Kaisermanöver, Die, in **Mähren** 1909. Wien 1909. V: *Hoen, Maximilian Ritter v.* (EB)

— die, in Mähren, 1909. Mit 6 Kartenskizzen auf 2 Taf. (43 S.) gr. 8. Ebd. 909. 1. 50
Sonderabdruck aus: „Danzer's Armee-Ztg."

— das, bei Minden im September 1898, s.a. Beiheft zum Militär-Wochenblatt. 1899. 3. Hft.

Das Kaisermanöver bei Minden im September 1898. Mit 1 Uebersichtskarte, Plänen u. Anlagen. *Berlin: E.S. Mittler & Sohn 1899.* (S. 77–138.) 8° [F.]
— Militär-Wochenblatt 1899, Beiheft 3. [99. 1875

Kaisermanöver in der Ostmark 1902. Hrsg. von d. Redaktion d. Woche. *Berlin: A. Scherl (1903).* (16 Taf.) 4°
— [Woche, Die. Sonderheft 1.] [03. 4003

Kaiser-Manöver 1884 in Rheinland und Westfalen. Manöver-Scenen, nach dem Leben aufgenommen von Ottomar Anschütz. Fol. (15 Photogr.) Leipzig 884, [Hessling.]
Wohlf. Ausg. 20 —

Kaiser-Manöver 1884 in Rheinland und Westfalen. Manöverscenen nach dem Leben aufgenommen von O. Anschütz. 15 Photogr. Fol. Leipzig 884. Hiersemann. In Lwdmappe. n. 35. —; herabg. auf n. 18. —

Kaisermanöver, Die, in **Schlesien 1896 . . .** Wien 1906. V: *Hoen, Maximilian Ritt. v.* (EB)

Kaisermanöver, die, in Schlesien 1906. Mit 4 Kartenskizzen. (32 S.) gr. 8. Wien 904. L. W. Seidel & Sohn. n. 1. 50
Sonderabdruck aus: „Danzer's Armee-Zeitg."

(F) Die Kaisermanöver in Schlesien 1906. 8°. (32 S. mit 4 Karten) K 1.50
Wien: Seidel 1906.

— die, in Ungarn 1908. Mit 7 Kartenskizzen. (28 S.) gr. 8. Ebd. 908. 1. 20

Kaisermord, der, in Merico. Mit einem Anh.: Geschichtliche, geographische und locale Skizzen aus den letzten Tagen des merikan. Kaiserreichs, nebst persönl. Zügen aus dem dasigen Leben Marimilians. Compilirt von A. W. gr. 8. (15 S.) Pirna 867, Diller und Sohn.

Preis 10 Pfennig. | Der | Kaisermord | in Petersburg. | (Fig.: *Porträt eines Mannes,* 88 × 76) | Porträt des Attentäters. Hamburger Blättern entnommen | Hannover, | Druck und Verlag von Fr. Rodewald, Hallerstr. 4.
o. J. (1881), 4 Bl. n.n., 180 × 120.
L; SB Göttingen Poet. germ. IV. 7588 (14.

Kaisermörder, der, oder: der Bluträcher. Historisch-romant. Gemälde aus den Zeiten der heil. Vehme. 2 Bde. Leipzig 866. Literarisches Museum. gr. 16. (284 S.) 20 ngr.

Kaisermörder, der, Pfalzgraf Otto von Wittelsbach. Historische Volkserzählung von G. & B. Dom. 16. (62 S.) Urfahr-Linz 878. Kraußlich. — 20

Kaisermühlen [Schlagwort]

Kaisermühlen, s.: **Wien.**

Kaiserpaar, das deutsche. Fest-Schrift zur Feier der Silberhochzeit unseres Kaisers u. unserer Kaiserin den 27. II. 1906. Für Volk u. Jugend. Gewidmet vom „Sächs. Gustav-Adolf-Boten". (16 S. m. Abbildgn.) 8. Dresden 906. F. Sturm & Co. n. — 10

Kaiserpaar, das deutsche, im hl. Lande im Herbst 1898. Mit Allerhöchster Ermächtigg. Sr. Maj. des Kaisers u. Königs bearb. nach authent. Berichten u. Akten. Mit Zeichngn. im Text, 77 Abbildungstaf. u. 3 Karten. Lex.-8. (XV, 422 S.) Berlin 899. E. S. Mittler & Sohn. n. 7. 50; geb. in Leinw. n. 9. —; Prachtausg., geb. n. 16. —

Kaiserpaar, das deutsche, in Metz. Erinnerungsgabe an den 23. Aug. 1889. Hrsg. von der Red. des Metzer Anzeiger. gr. 8. (37 S. m. Bildern.) Metz 889. (Deutsche Buchhandlg.) n. — 60; feine Ausg. n. 1. —

— dem deutschen, im Silberkranze. Gedenkblätter für Schule u. Haus, v. e. Schulmanne. (112 S. m. Abb.) 8. Neurode 905. W. W. (Ed.) Klambt. n. — 40

—— unser. Lebensbilder d. deutschen Kaisers u. der deutschen Kaiserin Wilhelm u. Augusta Victoria. Dem deutschen Volke u. der deutschen Jugend in Wort u. Bild geschildert. Mit zahlreichen Abbildgn. 6. Aufl. 8. (IV, 96 S.) Lpz. 889, Spamer. * — 60; cart. * 1 50

— dasselbe, s.a. **Spamer's, Otto, neue Volksbücher.**

Kaiserpaar, unser. Lebensbilder des deutschen Kaisers u. der deutschen Kaiserin Wilhelm u. Augusta Viktoria. Dem deutschen Volke u. der deutschen Jugend in Wort u. Bild geschildert. Mit zahlreichen Abbildgn. 11., verm. u. bis auf die Gegenwart fortgeführte Aufl. gr. 8. (IV, 141 S.) Leipzig 894. O. Spamer. n. — 80; bessere Ausg., geb. in Leinw. n. 1. 50

Kaiserpaar, unser. Gedenkblätter zum 27. II. 1906. (478 S. m. Abbild. u. 18 z. Tl. farb. Vollbildern.) 36×27 cm. Berlin 906. Verlagsanstalt Buntdruck.
Geb. in Halbfrz. 50. —

— unser, in Wort u. Bild. Für das deutsche Volk. (478 S. m. Abbild. u. 18 z. Tl. farb. Vollbildern.) 36×27 cm. Ebd. 906. Geb. in Leinw. 16. —

Kaiserrecht, Das kleine. Cassel 1846. H: *Endemann, Herm. Ernst.* (Dn)

Kaiserrede, die, zu Aachen am 19. VI. 1902 u. die Ansprache des Generaloberst Freiherrn v. Loë in Bonn am 29. VI. 1902. — Discours de l'empereur Guillaume II à Aix-la-Chapelle le 19 VI. 1902 et allocution du général v. Loë à Bonn le 29 VI. 1902. — Discorso dell'imperatore Guglielmo II, tenuto in Aquisgrana il 19 VI. 1902, e l'allocuzione del generale v. Loë in Bonn il 29 VI. 1902. Lex.-8. (32 S.) Berlin 902. M. Schildberger. n. — 60

Kaiserreden. Reden u. Erlasse, Briefe u. Telegramme Kaiser Wilhelms II. Ein Charakterbild des deutschen Kaisers. (Hrsg. v. A. Osk. Klaußmann.) gr. 8. (VII, 438 S.) Leipzig 902. J. J. Weber. n. 6. —; geb. in Leinw. n. 7. 50

Kaiserreden, drei. Beilage zum 36. Jahresbericht d. königl. Realgymnasiums zu Rawitsch. gr. 4. (26 S.) Lpz. 889, Fock. * 1 —

Kaiser-Reden, die, im Reichstag u. die Socialdemokratie. Aus den Etat-Reden v. Vollmar's, Bebel's etc. am 20. u. 22. I. 1903. Nach den amtl. stenograph. Berichten. (40 S.) gr. 8. Berlin 903. Buchh. Vorwärts. n. — 20

Kaiserreich, das, ꝛc., 4 Bde., s. Chronique scandaleuse des Pariser Hofes, 9—12. Bd.

Kaiserreich. Das. Galante, intriguante Liebes- und Hofgeschichten aus den Jahren 1805—1815. 4 Bde. Leipzig, lit. Mus., 1837. (Auch m. d. Vortit.: Chronique galante. Bd. 1—4.) 8°. (3 Rthl. H. W. Schmidt, Halle a. S., vor 1875; jetzt theurer!)

—— das, im Kuckkasten oder: Bonaparte's Leben, Thaten und Höllenfahrt. gr. 8. (16 S.) Altona 870, Verlags-Bureau. — 25

Kaiserreich, das neue deutsche, und seine Gegner. Ein Mahnruf an die deutschen Patrioten und Conservativen. gr. 8. (28 S.) Gütersloh 871, Bertelsmann's Verlag. — 60

Kaiserreich, das russische, seine Geographie, Statistik, Volks- und Regentengeschichte, von J. 1. geograph.-statist. Thl. br. 8. (VIII und 315 S.) Grimma 847, Verlags-Comptoir. *

Kaiserreich, das soziale, u. d. Ende d. Kapitalherrschaft. Zwei Reichsgesetze a. d. Volke f. d. Volk. Von? gr. 8. (36 S.) Leipzig 895. W. Friedrich. n. — 50

Kaiser-Reise, die, nach Italien. Beilage zur Illustrirten Zeitung. Leipzig (857.) Weber. gr. Fol. (16 S. m. Holzschn. im Text.) n. 5 *ngr.*

Kaisers, s. a. Kaiser.

Bei Kaisers. Aus d. Familienleben d. Kaiserhauses. Nach Aufzeichn. e. alten Hofmannes. Mit Abb. 2. Aufl. Berlin: Riecke [1908]. 160 S. 8°

Kaiser's Bilder u. Lebensbeschreibungen aus der Weltgeschichte. Ein Lehr- u. Lesebuch f. Mittel-, Bürger- u. gehobene Volksschulen, sowie f. Töchterschulen. Nach den Bestimmgn. üb. die Neuordng. d. Mittelschulwesens in Preußen vom 3. II. 1910 bearb. u. hrsg. v. Heinr. Heine. 8. u. 9., gleichlaut. Aufl. (XI, 94 u. 288 S.) gr. 8. Hannover 910. C. Meyer. Geb. in Leinw. 2. 60

— Geburtstag 1908. Berlin, A. Parrhysius. 4. —

Festprolog zur Feier der 49. Wiederkehr des Allerhöchsten Geburtstages Sr. Maj. Kaiser Wilhelms II. Von Hans Lassert. (3 S.) gr. 8. (907.) — 75

Zum 27. I. 1908. Festrede zur Feier der 49. Wiederkehr des Allerhöchsten Geburtstages Sr. Maj. Kaiser Wilhelms II. Von Hans Lassert. (4 S.) gr. 8. (907.) — 75

Kaisergeburtstags-Überraschungen od.: Die Liebe muß jung sein — der Wein alt! Posse in 1 Akt von Mart. Böhm. (20 S.) 8. (907.) 2. —; 5 Rollenexemplare. (à 20 S.) à — 50

Wie die Großen u. die Kleinen zu der Feier sich vereinen! Neun leb. Bilder m. Prolog u. verbind. Text zur Allerhöchsten Geburtstagsfeier S. M. Kaiser Wilhelms II. Von Mart. Böhm. (4 S.) 8. (907.) 1.

Kaiser's Geburtstag in der Küche der Frau Oberst, s.: Theater-Album, militärisches. Nr. 165.

Kaisers, unseres, Wesen u. Walten. Deutschen Jünglingen vorgetr. am Geburtstage d. Monarchen v. e. deutschen Schulmanne. gr. 8. (16 S. m. 1 Bildn.) Berlin 897. E. S. Mittler & Sohn. n. — 20

— des, Worte an seine Söhne u. alle Söhne seines Volkes. (16 S.) 8. Halle (904). Gebauer-Schwetschke. n. — 30; kart. n. — 40

v. Kaisersfeld, Max., s. de Lamennais, üb. d. Gleichgültigkeit

Kaisersgeburtstagsfeier in den Volksschulen. Eine Sammlg. v. Charakterbildern aus dem Leben unseres Kaisers, Reden, Schulfeiern, Gebeten u. Gedichten. (V, 79 S.) gr. 8. Zabern 904. A. Fuchs. n. 1. 50

Kaiserslautern [Sachl. OW]

Kaiserslautern, gem. 1823. Vom K. St. K. 1:2,500. 1 Bl.

Kaiserslautern. — Pfälzisches Gewerbemuseum. Bericht f. d. die Jahre 1887 mit 1889 1890. 8.

Kaiserslautern [Schlagwort]

Kaiserslautern, s. a. Deutschland. Karte. (Abt. Bayern.)

— s. a.: Deutschland. Kürschner-Peip.

— s. a. Pfalz.

Kaiserslautern, s. a. Woerl's Reisehandbücher.

Kaiserslautern. Bockmann's neuester Plan v. Kaiserslautern. Mit Genehmigg. der Stadtverwaltg. 1 : 7500. 33,5×54 cm. Farbdr. Mit Strassenverzeichnis an der Seite. Stuttgart (902). Klemm & Beckmann. n. — 50

Kaiserslautern. Beckmann-Plan, neuester, von Kaiserslautern i. Pfalz. 1 : 7,500. (Neue Ausg.) 33×53,5 cm. Farbdr. Mit Strassenverzeichnis am Fusse. Stuttgart (908). W. Seifert. — 50

Kaiserslautern. Immetsberger, Adam, Handkarte d. Amtsbez. Kaiserslautern. 1 : 150,000. 2., verb. Aufl. 32,5×88 cm. Farbendr. Kaiserslautern 892. A. Gotthold. n. — 50

Kaiserslautern. Stadtplan, kleiner, v. Kaiserslautern. Chromolith. Nebst (lith.) Umgebungskarte. 3. Aufl. qu. 4. Kaiserslautern 887. A. Gotthold's Verl. n. — 40

— Wappes, Karte der Wegmarkirung f. die südliche Umgebung v. Kaiserslautern. 1 : 40,000. 41,5×34 cm. Farbdr. (8 S.) 8. Kaiserslautern 895. Thieme-sche Druckereien. — 90

Kaiserslautern. Wolf, Phpp., Wandkarte des Bez.-Amts Kaiserslautern. 1 : 33,000. 2 Blatt à 59 × 97,5 cm. Farbdr. Kaiserslautern 898. E. Crusius. n.n. 9. —; auf Leinw. m. Stäben n.n. 14. —

Kaiser-Sonette, 1848—1898. Von Béla Kuderna. Wien und Leipzig. Wilhelm Braumüller. 1898. Preis 1.20

Kaiserstaat, Österreichischer [Sachl. OW]

Oesterreichische Kaiserstaat — Der —. I. Die zum Deutschen Bunde gehörenden Kronländer: 8 col. Karten in Kupferstich. (Ergänz. zu Stielers Handatlas). 750,000. Gotha: J. Perthes 1855.

Kaiserstaat, Österreichischer [Schlagwort]

— — S a. Atlas v. Steinhauser H.

Oesterreichischen Kaiserstaates — General-Karte des — mit einem grossen Theile der angrenzenden Länder. Im K. K. Milit. Geogr. Inst. durch Hauptm. Jos. Scheda bearb. u. herausg. 1856—68. 576,000. 20 Bl.

Oesterreichischen Kaiserstaates — Marsch- und Reise-Karte des —. Zum Dienstgebrauche für Off. der K. K. Armee. Von Vinceuz Schusser. 1862. Wien. 1,728,000. 1 Bl.

— — Pauliny's. J. J., Schulkarte von Oesterreich. Wien, Fr. Beck's Verlagsbuchhandlung. 20 kr.
1865

Oesterreichischen Kaiserstaate — Post- und Strassenkarte von dem — Nach dem Entwurf und der Angabe des Herrn Jos. Marx F. v. Lichtenstern. Gezeichnet von Seb. Partsch, K. K. Oberkartenwerker und gest. v. A. Withalm. Wien 1811. 1 : [illegible]. 1 Bl.

— — M. von Reymond, Eisenbahn- und Telegraphenkarte des österr. Kaiserstaates. Sechste verm. und verb. Aufl. Wien, F. H. Geitler's Verlag.
Colorirt in Querfol. 60 kr., cart. 80 kr., eleg. auf Lwd. 1 fl. 30 kr.
1864

— — Schusser, Vincenz, Eisenbahn-, Post-, Dampfschiff- und Telegraphenkarte des österreichischen Kaiserstaates und der Donaufürstenthümer Neue Ausgabe. Wien. Beck'sche Universitäts-Buchhandlung (Alfred Hölder). cart. 2 fl. 60 kr., auf Leinwd. 3 fl. 50 kr.
1864

Oesterr. Kaiserstaat. Strassen- und Eisenbahnkarte von Georg Schaller, k. k. Hauptm., Mitglied der geogr. Gesellschaft. Abtheilungs-Vorstand im k. k. milit. geogr. Institut. Im Massstab v. 1:864.000. 16 Bl. (6 Bl. erschienen). Wien, Artaria & Comp. in Comm.
1864 pr. Bl Subscr. Pr. 30 kr., col. 35 kr.

Oesterr. Kaiserstaat, Strassen- und Eisenbahnkarte von Georg Schaller, k. k. Hauptmann, Mitglied d. geogr. Gesellschaft, Abtheilungs Vorstand im k. k. militär.-geogr. Institut. Im Massstabe v. 1—864000. (Nr. 7—16.) Nun complett in 16 Bl. Wien, Artaria & Comp., und Olmütz, E. Hölzel in Comm. pr. Blatt Subscr.-Pr. 30 kr., color.
1865 35 kr.

— — Uebersichtskarte der Strassen und Eisenbahnen der österreichischen Monarchie. Wien, Prandel & Ewald in Comm.
Folio. in Umschlag schwarz 70 kr., color. 1 fl.
1864

KAISERSTADT, Die. Licht- und Schattenseiten aus dem Leben der Wiener. 2 Bde. Leipzig, o. J. (1846). 8°. (10 Kr. Gilhofer & Ranschburg, 1908:)
Sehr interessante Schilderungen aus dem vormärzlichen Wien.

Kaiserstadt, die, an der Donau. Wiener Photographien. br. 8. (IV, 297 S.) Zürich 868, Woerl. * 3 —

Kaiserstadt, die, an der Donau. Kleine Bilder aus dem großen Wien. 4. Aufl. gr. 16. (151 S.) Würzburg 879. Woerl. geb. n. 2. —

Kaiserstadt, die österreichische, s. Weber's illustrirte Reisebibliothek.

Kaiserstuhl [Sachl. OW]

Kaiserstuhl — Der — bei Breysach nebst Ansichten und Quer-Profilen der benachbarten Gebirge bearbeitet durch Ernst H. Michaelis. mit Gebirgs-Ansichten nach H. Julius Froebel 1823. 1: 50,000. 1 Bl.

Kaiserstuhl, der, im Breisgau, mit 1 Karte u. einigen geograph. Bemerkk. v. Prof. C. F. Wucherer. Freiburg 821. Wagner. 6 7/8

Kaiserstuhl [Schlagwort]

Kaiserstuhl, s.: Geologische Karten. Hug.

Kaiserstuhl, s.: Schwarzwald. Karte.

Kaiserstuhl-Emmendingen, s.: Schwarzwald.

Kaiserswaldau s.: Wiese u. Kaiserswaldau, v.

Kaiserswerther Bibel-Lese-Tafel, s. Fliedner.

Kaiserswerther Verband [Schlagwort]

Kaiserswerther-Verband. Uebersichtskarte der zum Kaiserswerther Verbande gehörigen Diakonissenhäuser im J. 1894. 49 × 61 cm. Farbdr. Dresden 897. Niederlage zur Verbreitg. christl. Schriften. — 50

Kaisertag, der, in Magdeburg. Sammlung aller von der „Magdeburger Zeitung" veröffentlichten, auf die Feier vom 4. Juni 1880 bezügl. Berichte, Reden x. Lex.-8. (26 S.) Magdeburg 880, Faber'sche Buchdruckerei.

Bonner **Kaisertage** 24. bis 27. April 1901. *Bonn (1901): C. Georgi.* (39 S.) 8° [F.]
Aus: Bonner Zeitung. [04. 3413] 8

Görlitzer **Kaisertage.** Gedenkblätter z. Erinnerg an d. Anwesenheit Ihr. Maj. Kaiser Wilhelm II. u. d. Kaiserin Augusta Victoria in Görlitz v. 7. (a. d. Umschl.: 6.) — 12. Sept. 1896 unt. bes. Berücks. d. Kaiser-Parade d. 5. Armeecorps am 7. Sept. 1896 bei Görlitz-Moys. *Görlitz: F. Fiedler (1896).* (4 Bl., 36 S., 2 Pl.) 1 Bd 8. [96. 4338]

Die Halleschen **Kaisertage** in Wort und Bild. Halle a. S., am 5. u. 6. Sept. 1903. Erinnerungsblätter hrsg. v. d. 'Halleschen Zeitung'. *Halle a. S.: (O. Thiele) 1903.* (24 S.) 2° [F.] [03. angem 8

Kaisertage, die, in Ostpreußen im Septbr. 1879. gr. 8. (75 S.) Königsberg 879. Hartung. n. — 50

Kaiserthum, Das deutsche. Wien 1871. V: *Fick, Joseph.* (Hist.-polit. f. d. kath. Dtschld. 89, 1892, S. 438.)

Kaiserthum, das deutsche. Separat-Abdruck aus der Wiener Kirchenzeitung. 8. (20 S.) Wien 871, Mayer und Comp. *

Kaiserthum, deutsches, und französisches Königthum in ihrer gegensätzlichen Entwicklung. Dorpat 862. (Gläser.) gr. 8. (82 S.) n. 12 ngr.

Kaiserthum oder Direktorium? Welche ist unter den gegebenen Verhältnissen die wünschenswertheste Spitze für den neuen deutschen Bundesstaat? Unpartheiisch beantwortet von einem aufrichtigen Anhänger der deutschen Einheit. Im Mai 1849. gr. 8. (32 S.) Köln und Neuß 849, Schwann'sche Vrlgsh. *

Kaiserthum, das französische, und die europäischen Mächte, oder der Allianz-Vertrag vom 20. Novbr. 1815. gr. 8. (VIII und 107 S.) Freiburg im Br. 853, Diernfellner. *

Kaiserthum, das, Oesterreich Wien. Vom 25° — 45° östlicher Länge und vom 42° — 51° nördlicher Breite Maßstab: 1 Zoll = 10 deutschen Meilen oder 40 000 Wiener Klafter. Ord Preis à 12 kr. CM. Wien: Verlag der Schulbücher-Verschleiß-Administration 1855.

Kaiserthum, das östreichische, histor.-statistisch u. topographisch beschrieben. 1r Bd. Mit 4 Charten, 5 Plan. u. 13 Ansichten. gr. 8. Prag 827. (Kronberger u. W.)

Kaiserthum, das Oesterr., histor., statist. u. topograph. beschrieben. 2. Bd. Enthält: die gefürstete Grafschaft Tirol u. d. Königr. Böhmen. M. 3 Charten (gr. Fol.), 2 Plänen (Fol. u. gr. Fol.) u. 13 Ansichten. (Fol. u. 8.) gr. 8. (40 B.) Prag 831, (Kronberger u. Weber.)
1. Bd. Ebendas. 1827. 3 Thlr.

Kaiserthum, das österreich., histor.-statist.-topograph. beschrieben. 1—3. Bd. — A. u. d. T.: Das Königr. Böhmen. Ein histor.-statist. topograph. Handb., bearb. v. J. A. Michel. 3 Bde. Neue Ausg. Mit Karten, Plänen u. Kupfern. gr. 8. (107½ B. u. 36 artist. Beil.) Prag 840, Haase Söhne.

Kaiser-Toast zur Feier des Geburtstages Sr. Maj Kaiser Wilhelms II. am 27. I. 1907. (3 S.) gr. 8. Berlin (906). M. Böhm. n. — 75

Kaisertochter, die, Ungrische Ballade a. d. 16. Jahrh. A. d. Mspt. übers. v. e. Ungenannten. Mit gegenüberstch., hier zuerst erschein. Originaltexte, hrsg. v. † Frz. Toldy. gr. 12. (2 B.) Pesth 828. (Wien, Gerold.)

Kaisertreu (Kruka, Karl, wirkl. Name)

Kaisertreu, die principiellen Eigenschaften der automatischen Feuerwaffen. Eine Studie üb. die neuesten Errungenschaften der Waffentechnik f. Offiziere aller Waffen. Mit 52 Fig. im Text u. 16 Illustr.-Taf. schmal gr. Lex.-8. (XI, 140 S.) Wien 902. W. Braumüller. Kart. n.n. 3. 60

Kaiserurkunden in Abbildungen, hrsg. von H. v. Sybel u. Th. Sickel. 1—4. Lfg. à 30 Urkunden (in Lichtdr.) auf 29 Taf. qu. gr. Fol. Mit Text. 4. (XII, 88 S.) Berlin 880—82. Weidmann. à n.n. 30. —;
Einzelpr. à n.n. 45. —

Kaiserurkunden in Abbildungen. Hrsg. von H. v. Sybel u. Th. Sickel. 5—7. Lfg. à 30 Urkunden auf 24 (photolith.) Taf. Imp.-Fol. Nebst Text. 4. (à ca. 5 B.) Berlin 883. 84. Weidmann. Subscr.-Pr. à n.n. 30. —

Kaiserurkunden in Abbildungen. Hrsg. von H. v. Sybel und Th. v. Sickel. 8. Lfg. qu. gr. Fol. (30 Urkunden auf 19 Lichtdr.-Taf. mit Text S. 207—283 in 4.) Berlin 887, Weidmann'sche Buchh. Subscr.-Pr. ** 30 —
—— dass. — 9. Lfg. qu. gr. Fol. (32 Urkunden auf 24 Lichtdr.-Taf. mit Text S. 285—336 in 4.) Ebendas. 888.
Subscr.-Pr. ** 30 —

Kaiserurkunden in Abbildungen. Hrsg. von H. v. Sybel u. Th. v. Sickel. 10. u. 11. (Schluß-)Lfg. qu. gr. Fol. (43 Urkunden auf 25 Lichtdr.-Taf. m. Text S. 337—460; 46 Urkunden auf 30 Lichtdr.-Taf. m. Text S. 461—546 in 4.) Berl. 890,91, Weidmann.
Subscr.-Pr. à Lfg. ** 30 —; ** 60 —
1.—9. Lfg. Ebd. 1880—88. à Lfg. * 30 —; compl. ** 300 —. — 11. Lfg. für Abnehmer von Lfg. 1—10 gratis.

Kaiserwahl, d. deutsche, nach d. Wahlfreiheit d. deutschen Reichs, dem Wahlrathe d. Kurfürsten ꝛc., (von Cph. Ldw. Pfeiffer). E. Frankf. a. M. 790 Jäger. 6 K

Kaiserwahl, Die, zu Frankfurt. Komödie in drei Akten. Kiel 1850. V: *Keck, Carl Heinrich.* (schles)

Kaiserwahl, die, und die drei deutschen Reiche. gr. 8. (16 S.) Leipzig 849, O. Wigand.

Kaiser-Warte [Schlagwort]

Kaiser-Warte bei Bruneck, s.: Alpen. Forni, P.

Die **Kaiser-Wilhelm-Bibliothek** zu Posen. *Posen: Hist. Gesellsch. f. d. Prov. Posen 1902.* (44 S.) 8° [Umschlagt. F.]
Aus: Hist. Monatsblätter f. d. Prov. Posen. Jg. 3, H. 1. 2. (03. 77 4

Kaiser-Wilhelm-Brücke, die. Grösste Eisenbahnbrücke d. Kontinents, in d. Bahnlinie Solingen-Remscheid gelegen. Mit 1 Karte, 2 Ansichten u. 1 Skizze. 1. u. 2. [Umschlag-] Aufl. gr. 8. (14 S.) Remscheid 897. W. Witzel. n. — 80

Kaiser Wilhelm-Buch, s.: Haus-Bibliothek, patriotische.

Kaiser-Wilhelm-Dank-Kalender für 1910. Bearb. v. Rob. Gersbach u. v. Montowt. 3. Jahrg. (410 S.) kl. 8. Berlin, Kameradschaft. Geb. in Leinw. 2. —

Das **Kaiser Wilhelm-Denkmal** auf Hohensyburg. Festschrift aus Anlass d. Enthüllung dieses Denkmals hrsg. vom Gymn.Dir. Dr. E[rnst] J[akob] Broicher. *Essen: Baedecker 1901.* (116 S.) 8° [F.] (01. 9320 5

[Umschlagt.:] [F.] Das **Kaiser Wilhelm-Denkmal** auf dem Kyffhäuser. Z. Erinnerg an d. feierl. Enthüllg d. Denkmals am 18. Juni 1896 … *Magdeburg: 'Gutenberg' [1896?].* (44 S.) 1 Bd 8. (98. 370

Kaiser-Wilhelm-Denkmal, das, auf dem Kyffhäuser. Zum Besten des Denkmalsfonds hrsg. vom Kyffhäuser-Bunde der deutschen Landes-Kriegerverbände. Mit 9 Abbildgn., 3 Plänen u. 1 Panorama. 2. Aufl. (34 S.) 8. Berlin (W. 62, Kurfürstenstr. 97) (905). Kyffhäuser-Bund der deutschen Landeskrieger-Verbände. n. — 80

Kaiser-Wilhelm-Denkmal, das, und die Porta Westfalica. gr. 8. (8 S. mit 1 Taf.) Minden 888, (Köhler.) * — 50

Kaiser-Wilhelm-Denkmal, das niedersächsische, u. die Porta Westfalica. gr. 8. (15 S.) Minden 889, (Köhler). * — 40

Kaiser-Wilhelm-Gedächtnisskirche f. Berlin, s.: Sammel-Mappe hervorragender Concurrenz-Entwürfe.

Kaiser-Wilhelm-Kanal [Sachl. OW]

Kaiser-Wilhelm-Kanal, d., u. s. Bedeutg. f. d. Handelsschiffahrt. M. 9 Illustr. v. C. Schildt. [Aus: „Hamburgs Handel u. Verkehr".] gr. 8. (26 S.) Hamburg 897. A.-G. „Neue Börsen-Halle". n. 1. —

Der **Kaiser Wilhelm-Kanal** und seine elektrische Beleuchtung z. Eröffnungsfeier d. Kanals 1895 hrsg. von Helios, Elektr.-Aktienges., Köln. 2. Aufl. (Berlin 1900: v. Holten.) 36 S. 4° (00. 11416 5

Kaiser-Wilhelm-Kanal [Schlagwort]

Kaiser-Wilhelm-Kanal, s.: Kanalkarten. — Seekarten.

Kaiser-Wilhelm-Museum in Crefeld, s.: Sammel-Mappe hervorragender Concurrenz-Entwürfe.

Kaiser-Wilhelms-Gedenkbuch 1797—1873. Festschrift zum 22. März 1874. Berlin 1874. V: *Hahn, Ludwig.* (Klüpfel)

Kaiser-Wilhelms-Land [Schlagwort]

Kaiser-Wilhelms-Land, s.: Kolonialkarten.

Kaiser Wilhelms-Land, s.: Seekarten.

Kaiserwort, ein deutsches, s. a. Zeit- u. Streit-Fragen, deutsche.

Kaiserwort, ein deutsches. (Zeit- und Streitfragen 112) Berlin 1879

Kaiser-Worte. Festgabe f. die Kaisertage am 12., 13., 14. u. 15. Septbr. 1889. gr. 8. (18 S.) Hannover 889. Wolff & Hohorst. n. —10

Kaiserworte. 1888—1898. (Grund- u. Ecksteine aus den Allerhöchsten Kundgebgn. Sr. Maj. d. Kaisers u. Königs Wilhelm II. (Zeichngn. v. E. Doepler d. J.) 4. (VII, 184 S.) Hannover 898. Berlin, Georg Minuth. n. 4. —; geb. n. 6. —

Kaiserworte, 1848—1898. Zur Gedenkfeier des fünfzigjährigen Regierungs-Jubiläums Seiner kaiserlichen und königlichen Apostolischen Majestät Franz Joseph I., Kaiser von Oesterreich. König von Böhmen etc. und Apostolischer König von Ungarn. Herausgegeben von L. K. Rolston. Wien. Verlag von L. W. Seidel & Sohn Ladenpreis 7.—
1898

Kaiser-Zeitung. Red.: E. Hülle. 4.—7. [illegible] 1898. à 52 Nrn. (Bog. m. Abb.) gr. 4. [illegible] H. G. Wallmann.) à Jahrg. n. 2.20
Kann auch vierteljährlich bezogen werden.

Kaiser-Zeitung. Red.: E. Hülle u. v. 1902 an Th. Brandin. 8.—11. Jahrg. 1899—1902. à 52 Nrn. gr. 4. (à ca. 8 S. m. Abbildgn.) Berlin. (Leipzig, H. G. Wallmann.) à Jahrg. 2. 20

Kaiser-Zeitung. Red.: Th. Brandin. 12.—15. Jahrg. 1903—1906. à 52 Nrn. (à ca. 8 S. m. Abbildgn.) 4. Berlin, Schriftenvertriebsanstalt. à Jhrg. 1. 60

Kaiser-Zeitung. Red.: Paul Oschmann. 16.—19. Jahrg. 1907—1910. à 52 Nrn. (à ca. 8 S. m. Abb.) 32×23 cm. Berlin, Schriftenvertriebsanstalt. à Jahrg. 2. 20

Kaiser-Zug, ein, durch die Krim. (Von S. Safonow.) Frei nach dem Russischen von Fridolin Schoultz. Berlin 857. A. Duncker. 16. (3 Bl., 61 S.) 15 ngr.

Kajsiewicz, x. Hieron., Kazania na niektóre niedziele i swięta w roku. (Zeszyt III.) gr. Lex.-8. (IX und 124 S.) Breslau 848, Hirt's Verlag. *
(Zeszyt I u. II. Paris, Królikowski.)

Kajsiewicz, X. Hieron., Pisma. 2 Bde. Berlin 870. Behr. gr. 8. n. 4 ℛ
1. Kazania przygodne. (VII, 422 S.) — 2. Mowy przygodne, nekrologi, zyciorys Bł. Andrzeja Boboli. (512 S.)

Bücherverzeichnis des Verbandes oberschlesischer Volksbüchereien. Im Auftr. d. Kgl. Reg. zu Oppeln u. d. Verbands-Vorst. hrsg. von Karl Kaisig. 2. Aufl. Breslau: Priebatsch 1906. (XIV, 77 S.) 8° [F.] [illegible]

Kaisig, Karl, Bücherverzeichnis d. Verbandes oberschlesischer Volksbüchereien, im Auftrage der königl. Regierg. zu Oppeln u. des Verbands-Vorstandes hrsg. 3. Aufl. (XVI, 101 S.) gr. 8. Breslau 908. Priebatsch. Geb. in Leinw. nn 1. 75

Kaisig, Karl, zum Kampf gegen die Schundliteratur. (12 S.) gr. 8. Oppeln 909. H. Muschner. —20
Sonderabdruck aus: „Die Volksbücherei in Oberschlesien".

Kaisig, Karl: Sprachmischung in Oberschlesien. Ein Beitrag z. oberschles. Volkskunde. Von Spectator [d. i. Karl Kaisig]. Kattowitz' Böhm 1908. 27 S. 8°
Aus. Oberschlesien. Zeitschrift.

— Der Verband oberschlesischer Volksbüchereien im Rechnungsj. 1908. (1. IV. 1908—31. III. 1909.) Im Auftrage der königl. Regierg. zu Oppeln u. des Verbandsvorstandes nach den von der königl. Regierg. zur Verfügg. gestellten Unterlagen bearb. u. m. graph. Darstellgn. versehen. (59 S. m. 4 Taf. u. 1 Karte auf dem Umschlag.) Lex. 8. Kattowitz 909. Gebr. Böhm. 2. —

Verbandskatalog für Oberschlesische Volksbibliotheken. Mit bes. Berücks. d. Kreis-Wanderbibliotheken zsgest. von Karl Kaisig, Verbandsbibliothekar. T. 1. Gleiwitz 1904: (Neumann's Stadtbuch-dr.). 8° [F.] [illegible]

— s.: Volksbücherei, die, in Oberschlesien.

Kaissarow, s. Kaysarow.

Kaißer, Bernhard

Kaißer, B., die nationale Aufgabe der Volksschule. Eine mit dem 1. Preise gekrönte Preis-Arbeit. gr. 8. (98 S.) Schw.-Gmünd 874. Aman. 1. —

— Führer durch Gmünd u. seine Umgebung. Für Einheimische u. Fremde nach Quellen bearb. u. nach eigener Anschaug. geschildert. Mit e. Plane der Stadt u. e. (lith.) Karte f. röm. Alterthümer (in qu. 4.) gr. 16. (IV, 211 S.) Schw.-Gmünd 876. Schmid. n. 2. 60; cart. n. 2. 80; ohne Plan n. 2. —; cart. n. 2. 20

— der Führer zu den Hohenstaufen-Denkmalen. Der Burren, das Wäscherschlößchen, der Kaiserberg Hohenstaufen, Wäschenbeuren, das Kloster Lorch. Nach Quellen bearb. gr. 16. (IV, 139 S. mit 2 Holzschntaf. in qu. 4. und 2 lithogr. Plänen in qu. 4. und gr. Fol.) Schw.-Gmünd 874, Aman.

Kaißer, B., der Führer zu den Hohenstaufen-Denkmalen Burren, Wäscherschlößchen, Hohenstaufen, Wäschenbeuren, Kloster Lorch. Nach Quellen bearb. und aus eigener Anschauung geschildert. 2. gänzl. umgearb. Aufl. 12. (III, 127 S. mit 1 Titelbild, 1 Rundsichtsplan von Staufens Fernsicht, 3 weiteren Illustr. und 1 Kärtchen über röm. Alterthümer.) Schw. Gmünd 885, [Schmidt.] Roth. * 1 —

Kaißer, B., Geschichte der Erziehung u. des Volksschulwesens m. besond. Berücksicht. Württembergs. Für Lehrer u. Schulamtskandidaten bearb. 8. (XX, 379 S.) Stuttgart 899. [J. Roth.] Muth. n. 3. 50; geb. n. n. 4. —

Kaißer, B., Geschichte des Volksschulwesens in Württemberg. Festgabe zum 25jähr. Regierungsjubiläum Sr. Maj. d. Königs Karl. [Aus: „Magazin f. Pädagogik".] Lex.-8. (126 S. m. 2 Portr.) Spaichingen 889. Kupferschmid. n. 1. 50

Kaißer, Bernh, Geschichte des Volksschulwesens in Württemberg. gr. 8. (X, 836 S.) Stuttgart 895. J. Roth. n. 5. 50

Kaißer, Bernh., Geschichte d. Volksschulwesens in Württemberg. 2. Bd. D. Volksschulwesen in d. neuerworb. kathol. Landesteilen. — Neuwürttemberg. — gr. 8. (XI, 388 S.) Stuttgart 897. J. Roth. n. 5. 50

Kaißer, B., Geschichte Württembergs in Charakterbildern. Für Schule u. Haus bearb. 8. (VIII, 132 S. m. 1 Steintafel.) Schwäb.-Gmünd 881. Schmid. cart. n. 1. 20

—— Geschichte Württembergs in Charakterbildern. Für Schule u. Haus bearb. 2. vollständig umgearb. Aufl. [Mit e. Stammtaf. d. württemberg. Regentenhauses, e. vergleich. Übersichtstab. u. e. Titelbild.] 12. (VI, 103; 2 S.) [Schwäb.-Gmünd 891.] Stuttg., J. Roth. cart. * 1 20

—— Gmünd und seine Umgebung. Historisch-topograph. Beschreibung. 2. mit Nachträgen verseh. Ausg. gr. 16. (IV, 191 S.) Schw. Gmünd 888, Roth. cart. * — 80

—— und Z. Steible, Lesebuch für die Mittelklasse der katholischen Volksschulen Württembergs. 4. und 5. Schulj. gr. 8. (VII, 256 S. mit vielen Illustr. und Anhang XVI S.) Spaichingen 884, Kupferschmid. geb. ** 1 —
1.—3. Schulj., s. Steible, Z., Sprachbüchlein.

— u. Z. **Steible**, Lesebuch f. die Mittelklasse der katholischen Volksschulen Württembergs. 4. u. 5. Schulj. Mit vielen Illustr. Anh.: Grammatik in Beispielen. 2., vollständig umgearb. Aufl. gr. 8. (VII, 261 u. XVII S.) Ebd. 888. n.n. — 75; geb. n.n. 1. —
1.—3. Tl. s. u. d. T.: Steible, Z., Sprachbüchlein.

— das Lesebuch f. einklassige Volksschulen. Eine v. der kgl. kath. Oberschulbehörde [Württemberg] mit dem I. Preis gekrönte Concurrenzarbeit. gr. 8. (126 S.) Schwäbisch-Gmünd 881. Schmid. n. 1. 50

— s.: Magazin f. Pädagogik.

— u. Jos. Ant. **Keller**, Themen u. Thesen üb. Erziehung u. Unterricht. Eine Sammlg. v. Themen u. Thesen, Entwürfe u. Dispositionen aus den verschiedensten Gebieten der Pädagogik. Bearb. u. hrsg. unter Mitwirkg. prakt. Schulmänner v. der Redaktion des „Magazin f. Pädagogik". II. Hft. gr. 8. (VI, 92 S.) Spaichingen 891. M. Kupferschmid. n. 1. — (I. II.: n. 2. —)

— (Hrsg.), s. Volksschulwesen, Das, in den neuerworbenen Katholischen Landesteilen.

Kaissling, Friedrich [Dr. phil.]: Über den Gebrauch der Tempora und Modi in des Aristoteles Politica und in der Atheniensium Politia ... Erlangen, k. b. Hof- u. Univ.-Buchdr. v. F. Junge, 1893; x, 90 S. 8.
Erlangen, Phil. Fak., Inaug.-Diss. v. 1893

Kaissling, Frdr., üb. d. Gebrauch d. Tempora u. Modi in d. Aristoteles Politica u. in d. Atheniensium Politia. Diss. gr. 8. (X, 90 S.) Erlangen 896. (Th. Blaesing.) n. 2. —

Bericht des Br. Fritz **Kaissling** iun. über die Einweihung des Logenhauses der Loge Libanon zu den drei Cedern in Erlangen. 1890.
Aus: FZ. 44 (1890) S. 300—303, 309—312.
[Will, F.: Gesch. d. L. Libanon z. d. 3 Cedern, Erlangen. 1890 S. 289.]

Kaitar, Jos., d. alte u. neue ungar. Welt, eine kurze Verfassung aller merkwürd. Begebenheiten, Rechte rc. d. ungar. Nation. 8. Wien 793. Schmidbauer. 16 X

Kajüter, Florenz (geb. am 20 Juli 1853 in St. Mauritz bei Münster Westf.): Die Pyrogallussäure mit besonderer Berücksichtigung ihrer therapeutischen Wirkung bei Hautkrankheiten ... Köln, Druck v. Th. Quos (1879). 26 S., 1 Bl. 8.
Bonn, Med. Fak., Diss. v. 6 Aug. 1879

Kaivaljanavanita a Vedanta poem, s. Bibliotheca Tamulica, ed. Graul.

KAIZER, FERDINAND: Geschichte des Franziskaner-Klosters, der Kirche und seit 1668 verehrten Gnadenbildes der seligsten Jungfrau Maria zu Maria-Radna. Geschrieben von P. Ferdinand Kaizer, Franziskaner Priester der Capistraner Provinz. Budapest 1895 Druck v. Martin Bagó u. Sohn. 143 S. - kl. 8°

Kaizl, Jos.

Kaizl, Prof. Dr. J. Passive Eisenbahnen. Ein Capitel zur Finanz- und Sozialpolitik Oesterreichs. (Aus: „Die Zeit", No. 35 u. 37, 1. u. 8. Juni 1895.) gr. 8°. Wien, Leipzig, G. H. Meyer, 1895.

Kaizl, J.: Passive Eisenbahnen. E. Kapitel z. Finanz- u. Socialpolitik Oesterreichs. [Aus: „Die Zeit".] gr. 8° (24 S.) Wien 1895. Verlag d. Zeit.

Kaizl, Jos., Finanzwissenschaft. 1. u. 2. Thl. Mit Genehmigg. des Autors u. d. Verlagshandlg. a. dem Böhm. übers. v. Alois Körner. gr. 8. Wien 900. Manz. n. 6. 80; geb. n. 8. 70
1. (XVI, 213 S.) 900. n. 2. 80; geb. n. 4. —
2. (VII, 274 S.) 901. n. 3. 50; geb. n. 4. 70

Kaizl, Jos., der Kampf um Gewerbereform u. Gewerbefreiheit in Bayern v. 1799—1868, s. a. Forschungen, staats- u. socialwissenschaftliche.

Kaizl, Dr. J., Der Kampf um Gewerbereform und Gewerbefreiheit in Bayern von 1799—1868. Nebst einem einleitenden Ueberblick über die Entwicklung des Zunftwesens und der Gewerbefreiheit in Deutschland (2. Bandes 1. Heft der Staats- und socialwissenschaftlichen Forschungen herausgegeben von G. Schmoller.) Leipzig 1879. 8°.

Kaizl, Jos., die Lehre von der Ueberwälzung der Steuern. gr. 8. (X, 131 S.) Leipzig 882, Duncker und Humblot.

Kaizl, Jos., die Verstaatlichung der Eisenbahnen in Österreich. gr. 8. (VIII, 123 S.) Leipzig 885. Duncker & Humblot. n. 2. 80

Kaizl, Jul., Dissertation üb. Wipo, seine Schriften, insbesondere seine Vita Chuonradi Imperatoris. gr. 8. (34 S.) Wien 876. (Jena, Deistung.) n. 60

Kak jo Bohuswaw z Dubowina Boha luboh Kńeza spoznaw. Do serbskoh pśewoźene powedańćko. B. J. (Wie Gottlob von Dubowin den lieben Gott erkannt hat. Eine ins Wendische übertragene Erzählung von B. J.;) ib. 1849. —

Kakadäus, ... (Psdn.), der reiche Moyses in d. Klemme; ein Lust- u. Thränenspiel. Hadamar 819. Gelehrte B. 6 X

Kákay Aranyos II. [Pseud.], s.a. Ábrány, Kornél

Kákay, Aranyos II. [Ábrányi Cornél], Graf Julius Andrássy. Ein polit. Lebens- u. Charakterbild. Autoris. deutsche Ausg. gr. 8. (220 S.) Pressburg 879. Leipzig, Haessel. n. 4. -

Kákay, Aranyos, Licht u. Schattenbilder zur Charakteristik des ungar. Landtages. (Aus dem Ungar.) Pest 867. Gebr. Lauffer. gr. 8. (152 S.) n. 1 ℛ

Kákai, Aranyos II., Die gefesselten Prometheusse. gr. 8. (120 S.) geh. 2 fl.
Wien: Perles 1881.

Kákai, Aranyos Nr. 3. [Koloman von Mikszáth], der Untergang von Szegedin. Nach eigenem Erlebnisse u. authentischen Quellen verf. 8. (70 S.) Szegedin 879. Traub in Comm. — 75

Kaeker, Hugo (Hrsg.), s. Giesebrecht, Ludwig: Gedichte.

Kakerlak, oder Geschichte eines Rosenkreuzers . . . Leipzig 1783. 1784. V: *Wezel (Wetzel), Joh. Carl.* (GGr) (Kl) (MGT) (SJL)

Kakerlak, od. Gesch. eines Rosenkreuzers, aus dem vorigen Jahrhundert von Wezel. gr. 8, Leipz. Dyk. 784.
Holländ. Pap.
Druckpap.

— — dasselbe auf Schreibpapier mit latein. Lettern. 8. Eb.nd. 784.

Kakisowa, Berucha: Postoperative Erscheinungen bei Morbus Basedowii. Berlin 1909: Ebering. 35 S. 8°
Berlin, Med. Diss. v. 23. Juli 1909, Ref. Bier
[Geb. 5. Okt. 82 Moskau; Wohnort: Moskau; Staatsangeh.: Rußland; Vorbildung: Gymn. Theodosia Moskau Reife M. 01; Studium: Zürich 6, Berlin 4 S.; Rig. 15. Juli 09.] [U 09. 61

Kakitellaschwili, B[enjamin], aus Koutais (Kaukasus, Russland): Die künstlichen Frühgeburten im Frauenspitale Basel-Stadt. Vorsteher: Prof. von Herff. Basel 1908. 21 S. 8°.
Basel, Med. Diss. 1908/09

Kako, Hikaru, Arzt a. Japan: Aus d. mediz. Klinik d. Univ. Greifswald. Über die Funktionsprüfung des Darmes mittels der Schmidtschen Probekost. Greifswald 1905: H. Adler. (23 S.) 8°
Greifswald, Med. Fak., Ref. Moritz, Diss. v. 30. März 1905
[Geb. 3. Okt. 60 Hiyogo; Wohnort: Osaka; Staatsangeh.: Japan; Vorbildung: Homei Gijiku-Gymn. Hiyogo Reife 80; Studium: Osaka 6, Erlangen 1, Greifswald 2 S.; Rig. 13.—15. März 05.]

Kakodämon der Schreckliche. Pansalvins und Mirandas Donnerkeil . . . Pyropolis [Erfurt]. 1800. V: *Albrecht, Joh. Frdr. Ernst.* (GGr) (BGE)

Kakodämon der Schreckliche, Pansalvins und Miranda's Donnerkeil, Revisor der Menschenrechte. 8. Erfurt, Hennings. 800.

Kakomonade, die, ein Nachlaß von Doctor Pangloß. 8. Berl. 780. v. Mösle in Wien. 12 gr

Kakomonade, die, ein Nachlaß vom Doktor Pangloß, als ein Supplement des Kandide von Linguet, nach der aten Ausgabe übersetzt. 8. Berl. Mösle. 786.

Kakridis, Th. A., Barbara Plautina. Hab. 1904. 66 S.

Kakteen, blühende. (Iconographia cactacearum.) Im Auftrage der deutschen Kakteen-Gesellschaft begründet u. hrsg. v. Karl Schumann, fortgesetzt v. Max Gürke. 13.—22. Lfg. (40 farb. Taf. m. 40 Bl. u. XV S. Text.) 4. Neudamm 904—906. J. Neumann. à n. 4.—; Bd. I—V (Lfg. 1—15) geb. in Leinw. n. 65.—; in Halbfrz. n. 70.—; VI. Bd. (Lfg. 16—19) kart. 17.—
Vergl.: Schumann, Karl.

Kakteen, blühende. (Iconographia cactacearum.) Im Auftrage der deutschen Kakteen-Gesellschaft nach dem Tode v. Karl Schumann hrsg. v. Max Gürke. 23.—31. Lfg. (36 farb. Taf. m. 36 Bl. Text.) 33,5×26 cm. Neudamm 907—10. J. Neumann. à Lfg. 4.—; (Bd. 7—9 kplt. kart. à 17.—)

Kaku, Kazuma, prakt. Arzt aus Fukuoka, Japan: Über die therapeutische Bedeutung der Excision des syphilitischen Primäraffektes. *Rostock 1903: H. Winterberg.* (100 S.) 8°
Rostock, Med. Diss. v. [30. Juli] 1903

Kakujay, Karl, Hilfs- u. Handbuch f. den naturgeschichtlichen Unterricht in den Oberklassen der Volksschulen u. den Wiederholungsschulen. gr. 8. (VIII, 173 S.) Budapest 885. Lampel. n. 1. 20

Kakujay, Karl, der ungarische Sprachunterricht in den Volksschulen Ungarns mit deutscher Unterrichtssprache. 1. und 2. Jahrg. 8. (80 S.) Pest 874, Aigner. cart. *

—— dass. — Für die Hand des Lehrers. 8. (VII, 100 S.) Ebendas. 874. *

Kakuriotis Ch. Ueber ein neues Coordinaten-System in der analytischen Geometrie. 1872. 8.
Diss. München.

Kakuzo, Okakuro, moderne Probleme der Malerei. Vortrag, geh. auf dem Kongress v. St. Louis, 1904. (Antoris. Übersetzg. aus dem Engl. v. B. Oldenberg.) (26 S.) 8. Kiel 907. W. G. Mühlau. — 80

FSC
www.fsc.org
MIX
Papier | Fördert gute Waldnutzung
FSC® C083411

Kolibri 360 GmbH
Ferdinand-Jühlke-Straße 7
99095 Erfurt, Deutschland
produktsicherheit@kolibri360.de